钟翔山 主编

机械设备装配

JIXIE SHEBEI
ZHUANGPEI
QUANCHENG
TUJIE

第2版

化学工业出版社

· 北京 ·

图书在版编目（CIP）数据

机械设备装配全程图解/钟翔山主编．—2版．—北京：化学工业出版社，2019.4(2023.9重印)

ISBN 978-7-122-33975-1

Ⅰ.①机…　Ⅱ.①钟…　Ⅲ.①机械设备-设备安装-图解　Ⅳ.①TH182-64

中国版本图书馆CIP数据核字（2019）第035191号

责任编辑：贾　娜　　　　文字编辑：陈　喆
责任校对：王　静　　　　装帧设计：刘丽华

出版发行：化学工业出版社（北京市东城区青年湖南街13号　邮政编码100011）
印　　装：北京天宇星印刷厂
787mm×1092mm　1/16　印张26¼　字数724千字　　2023年9月北京第2版第7次印刷

购书咨询：010-64518888　　售后服务：010-64518899
网　　址：http://www.cip.com.cn
凡购买本书，如有缺损质量问题，本社销售中心负责调换。

定　　价：128.00元

前言
FOREWORD

机械设备是现代社会进行生产和服务的重要装备，其服务领域很广。随着工业技术的进步，机械设备正朝着自控、成套和机电一体化方向发展。机械设备装配是一项重要而又细致的技术工作，其涉及的专业面很宽，工作范围很广，且与其他的专业工种联系紧密，其所装配的机械设备质量很大程度上取决于操作人员的技术水平。

为满足市场对技能型人才的需要，笔者以提高机械装配人员的实际水平为出发点，结合机械设备的发展方向及新时期对机械设备装配操作的要求，在继承传统机械设备装配工艺内容的基础上，对新设备、新工艺等进行了补充，精心编写了本书。

本书第1版根据机械设备装配的实际需要及要求，对机械设备装配的操作步骤、过程、要点、注意事项等各方面内容进行了分析与讲解。第2版在保持第1版编写特色的基础上，围绕机械设备装配的全部操作过程，以全程、全局的视野，对第1版内容进一步优化、整理和系统归纳，进一步强化了“实用、先进、全程”的编写理念，进一步突出了帮助读者提升装配技能及实际工作能力的编写目的。修订工作主要从以下几方面进行：细化了各装配工序的操作步骤、要点；增加了装配过程中一些易被忽略的清洗、涂装、润滑、密封及起重等生产工序相关内容的讲解；删除了在现阶段机械设备装配中不常使用或使用不多的焊接、铆接、咬接等加工技术的内容。针对第1版在数控设备装配方面内容的不足，新增了“数控设备的装配”章节，并在全书有关章节中融入了较多的现代先进机构或部件的装配与调整等方面的内容。

本书可供从事机械设备装配工作的工程技术人员使用，也可供高校相关专业师生学习参考。

本书由钟翔山主编，钟礼耀副主编，参加资料整理与编写的有曾冬秀、周莲英、周彬林、刘梅连、欧阳勇、周爱芳、周建华、胡程英、周六根、曾俊斌，参与部分文字处理工作的有钟师源、孙雨暄、欧阳露、周宇琼、付英等。全书由钟翔山整理统稿，钟礼耀校审。在本书的编写过程中，得到了同行及有关专家、高级技师等的热情帮助、指导和鼓励，在此一并表示由衷的感谢。

由于水平所限，不足之处在所难免，希望广大读者与专家批评指正。

编　者

目录
CONTENTS

第1章 机械设备装配技术基础 / 001

第2章 机械设备装配基本操作技术 / 029

第3章 机械设备的清洗、涂装、平衡、润滑、密封及起重 / 090

第4章 固定连接的装配 / 121

第5章 传动机构的装配 / 150

第6章 机械设备部件及整机的装配 / 237

第7章 数控机床类设备的装配 / 319

第8章 机械设备装配的检验 / 397

参考文献 / 411

第1章 机械设备装配技术基础

1.1 机械设备的构成

机械设备是机器与机构的总称。机器是执行机械运动的装置，它的各部分之间具有确定的相对运动，并能代替或减轻人类的体力劳动，完成有用的机械功或实现能量的转换；而机构是用来传递运动和力的构件系统。构件系统中有一个构件为机架，构件系统是用运动副连接起来的。与机器相比较，机构也是人为实体（构件）的组合，各运动实体之间也具有确定的相对运动，但不能做机械功，也不能实现能量转换。

机器与机构的区别在于：机器的主要功用是利用机械能做功或实现能量的转换；机构的主要功用在于传递或转变运动的形式。例如，航空发动机、机床、轧钢机、纺织机和拖拉机等都是机器，而钟表、仪表、千斤顶、机床中的变速装置或分度装置等都是机构。通常的机器必包含一个或一个以上的机构。如图 1-1 所示的单缸内燃机，其中就有一个曲柄连杆机构，用来将气缸内活塞的往复运动转变为曲柄（曲轴）的连续转动。

如果不考虑做功或实现能量转换，只从结构和运动的观点来看，机器和机构二者之间没有区别，因此，习惯上，机械设备又俗称为机器。

(1) 机器的特性

机器的种类繁多，其构造、性能和用途也各不相同，但是从机器的组成部分与运动的确定性和机器的功能关系来分析，所有机器都具有以下三个共同的特性。

① 任何机器都是由许多构件组合而成的。如图 1-1 所示的单缸内燃机，是由气缸、活塞、连杆、曲轴、轴承等构件组合而成的。

② 各运动实体之间具有确定的相对运动。如图 1-1 所示的活塞 2 相对气缸 1 的往复移动、曲轴 4 相对两端轴承 5 的连续转动。

③ 能实现能量的转换、代替或减轻人类的劳动，完成有用的机械功。例如：发电机可以把机械能转换为电能；运输机器可以改变物体在空间的位置；金属切削机床能够改变工件的尺寸、形状；计算机可以变换信息等。

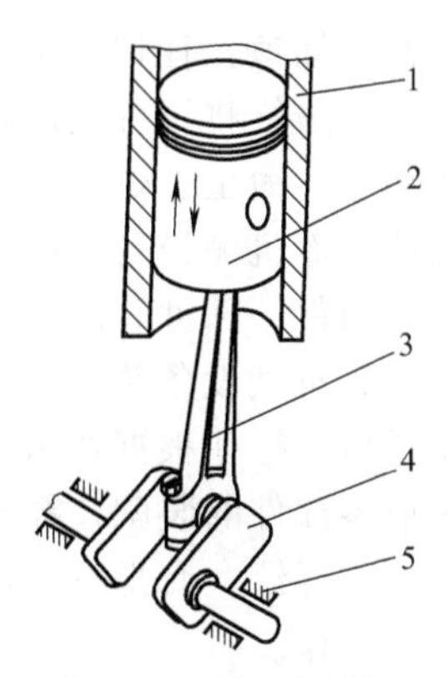

图 1-1 单缸内燃机

1—气缸；2—活塞；3—连杆；4—曲轴；5—轴承

(2) 机器的种类

机器可分为发动机（原动机）和工作机两种。

发动机是将非机械能转换成机械能的机器。例如，电动机是将电能转换成机械能的机器，内燃机是将热能转换成机械能的机器。

工作机是用来改变被加工物料的位置、形状、性能、尺寸和状态的机器。工作机是利用机械能来做有用功的机器，例如，车床、铣床、磨床等金属切削机床都是工作机。

(3) 机器的组成

机器基本上是由动力部分、工作部分和传动装置三部分组成的。动力部分是机器动力的来源。常用的发动机（原动机）有电动机、内燃机和空气压缩机等。工作部分是直接完成机器工作任务的部分，处于整个传动装置的终端，其结构形式取决于机器的用途。例如金属切削机床的主轴、拖板、工作台等。传动装置是将动力部分的运动和动力传递给工作部分的中间环节。例如金属切削机床中常用的带传动、螺旋传动、齿轮传动、连杆机构、凸轮机构等。机器中应用的传动方式主要有机械传动、液压传动、气动传动及电气传动等。

在自动化机器中，除上述三部分外，还有自动控制部分。

1.2 机械设备装配的工作内容、特点及应用

(1) 机械设备装配的工作内容

一台机械设备是由许多零件组成的，根据其不同结构和作用，可分为若干组件、部件等。因此，通常所说的装配就是根据机械设备的不同结构，依次完成上述各个部分的组装。然而，机械设备的装配并不仅仅限于机械设备的组装，其实际上需完成机械设备的组装和调试两大部分的工作。其中，组装主要是按照机械设备的组装要求，将若干零件组装成部件，直至最后将若干零件和部件组装成机械设备的过程。更明确地说，机械设备组装就是把已经加工好，并经检验合格的单个零件，通过各种形式，依次将零部件连接或固定在一起，使之成为组件、部件或产品的过程；调试则是为保证机械设备的加工精度、加工功能等，根据有关技术标准和规定，对机械设备各零部件所做的一切工作，主要包括校正、配作、平衡、检验和试验以及油漆、包装等。应该说明的是，上述两部分工作并不是完全孤立分割的，在不同的阶段，其工作内容也可能产生加工顺序的交错与交叉。如，在组件或部件装配阶段，为保证相关零件间的装配精度要求，就可能需要对所参与装配的零部件采取各种调整方法（锉削、刮削、研磨、配作、平衡等）。

我们知道：任何一种机械产品的制造，一般都是按照先生产毛坯、经机械加工等步骤生产出零件，最终将零件装配组装成为机器来完成的。为了完成整个生产过程，机械制造企业一般需要铸工、锻工、焊接工、热处理工、车工、钳工、铣工、磨工等多个工种相互配合、共同协作完成。而机械设备装配的主要工作内容是：在零件机械加工完成后，按照技术要求把这些零件进行组件、部件装配、总装配和调整、检验、试验成为一台完整的机械产品。

尽管机械设备装配的主要工作是组装、调试，但在机器组装全过程中，有些零件在机械加工完成后，往往根据技术要求，还需要操作人员进行刮削、研磨等操作才能最终完成，同时，为完成零部件的装配，操作人员还必须在掌握划线、锯切、錾削、锉削、钻孔、扩孔、锪孔、铰孔、攻螺纹、套螺纹、刮削、研磨、装配和简单的热处理等基本操作技能的基础上，才能胜任装配工作。

(2) 机械设备装配的特点

① 机械设备装配是一项重要而又细致的技术工作，其涉及的专业面很宽、工作范围很广，且与其他的专业工种联系紧密，其所装配的机械设备质量很大程度上取决于操作人员的技术

水平。

② 机械设备装配操作的工具较简单、操作灵活，可以完成用机械加工不方便或难以完成的工作。

③ 机械设备装配可加工出形状复杂和高精度的零件。技艺精湛的操作人员可加工出比使用现代化机床加工还要精密和光洁的零件；可以加工出连现代化机床也无法加工的形状非常复杂的零件。

④ 机械设备装配加工所用工具和设备价格低廉、携带方便。

⑤ 机械设备装配的生产效率较低，劳动强度较大。

⑥ 为装配好现代数控、精密机械设备，机械设备装配人员需不断进行技术创新、知识更新，改进工具、量具、夹具、辅具和工艺，以提高劳动生产率和产品质量。

(3) 机械设备装配的作用

就生产过程来说，产品的质量主要取决于产品的结构设计（设计水平）、零件的加工（加工质量）和机器的装配（装配精度）三个阶段，装配是整个机器制造工艺过程中的最后一个环节，通过装配才能形成最终的产品，它主要包括组装、调整、检验和试验等工作，并保证所装配的机器具有规定的精度和设计确定的使用功能以及质量要求等。

装配操作是一项重要而又细致的工作，其工作质量直接影响到所装配产品的质量，好的装配操作能弥补零部件加工的某些不足，如果装配不当，即使所有的零件加工质量合格，也不一定能够生产出合格、优质的产品。具体来说，装配工作具有以下重要性。

① 只有通过装配才能使若干个零件组合成一台完整的产品。

② 产品质量和使用性能与装配质量有着密切的关系，即装配工作的好坏，对整个产品的质量起着决定性的作用。

③ 有些零件精度并不很高，但经过仔细修配和精心调整后，仍能装出性能良好的产品。

1.3 机械设备装配的测量技术

在机械零部件的制造及装配的过程中，操作人员必须通过量具测量，以便及时了解加工状况并指导加工，以保证工件的加工精度和质量。常用的量具、量仪很多。根据其用途和特点，可分为通用量具和专用量具两大类，通用量具可用于所有工件尺寸与形位公差的测量，而专用量具则是针对某一种或某一类零件所使用的量具，主要用于检查使用通用量具不便于或无法检查的曲线、曲面等尺寸与形位公差。

1.3.1 常用通用量具的使用及选用

常用的通用量具有：万能角度尺、游标卡尺、千分尺、百分表、水平仪、塞尺等。

(1) 万能角度尺

万能角度尺又称角度游标尺，是用来测量工件内外角度的量具，分Ⅰ型和Ⅱ型两种，其中：Ⅰ型万能角度尺的测量范围为0°～320°，游标的测量精度分2′和5′两种；Ⅱ型万能角度尺的测量范围为0°～360°，游标的测量精度分5′和10′两种。表1-1给出了两种万能角度尺的技术参数。

表1-1 万能角度尺的技术参数

形式	测量范围	游标读数值	示值误差
Ⅰ型	0°～320°	2′,5′	±2′,±5′
Ⅱ型	0°～360°	5′,10′	±5′,±10′

如图 1-2 所示为Ⅰ型万能角度尺的结构。图 1-3 给出了Ⅰ型万能角度尺不同安装方法所能测量的范围。

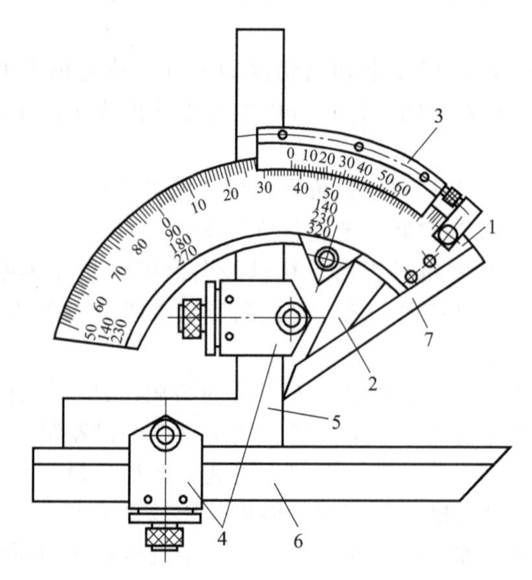

图 1-2 万能角度尺

1—尺身；2—扇形板；3—游标；4—卡块；5—90°角尺；6—直尺；7—基尺

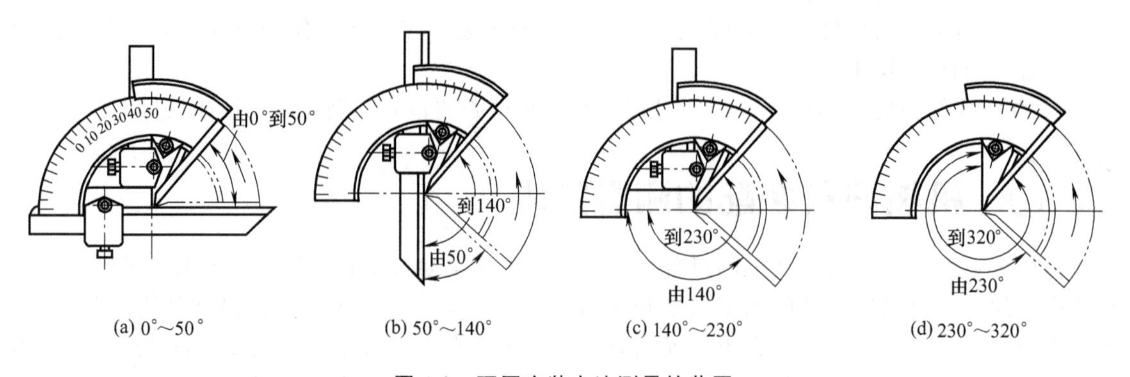

图 1-3 不同安装方法测量的范围

① 测量方法 用万能角度尺测量外圆锥时，应根据工件角度调整万能角度尺的安装。万能角度尺基尺与工件端面靠平并通过工件中心，直尺与圆锥母线接触，利用透光法检查，视线与检测线等高，在检测线后方衬一白纸以增加透视效果，若合格，投射在白纸上的为一条均匀的白色光线。若检测线从小端到大端逐渐增宽，则说明锥度小，反之则说明锥度大，需要调整小滑板角度，如图 1-4 所示。

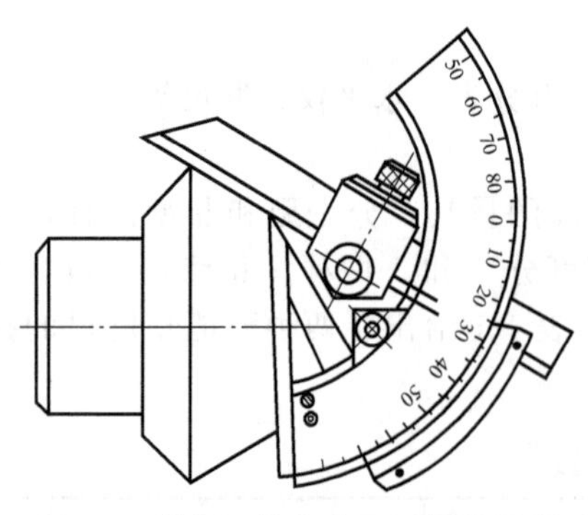

图 1-4 使用万能角度尺测量外圆锥

② 测量步骤 根据被测角度的大小按如图 1-5 所示的四种组合方式之一选择附件后，调整好万能角度尺。如图 1-5（a）所示的组合方式可测的角度范围 α 为 0°～50°；如图 1-5（b）所示的组合方式可测的角度范围 α 为 50°～140°；如图 1-5（c）所示的组合方式可测的角度范围 α 为 140°～230°；如图 1-5（d）所示的组合方式可测的角度范围 α 为 230°～320°，β 为

40°～130°。

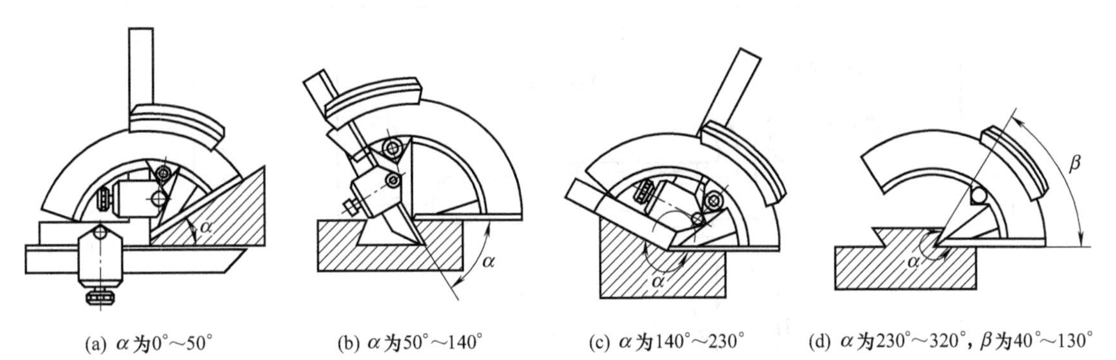

(a) α为0°～50°　(b) α为50°～140°　(c) α为140°～230°　(d) α为230°～320°，β为40°～130°

图 1-5　万能角度尺测量组合方式

松开万能角度尺锁紧装置，使万能角度尺两测量边与被测角度贴紧，目测观察无可见光隙，锁紧装置锁紧后即可读数。测量时需注意保持万能角度尺与被测件之间的正确位置。

(2) 游标卡尺

游标卡尺简称卡尺，是一种比较精密的量具，通常用来测量工件的内外径尺寸、孔心距、孔边距、壁厚、沟槽和深度等。由于游标卡尺结构简单、使用方便，是钳工使用最多的一种量具。常用卡尺分为游标三用卡尺、游标双面卡尺、游标单面卡尺、游标深度卡尺、游标表盘卡尺和游标数显卡尺等多种。游标卡尺的规格有 120mm、150mm、200mm、250mm、300mm 等多种。

① 游标卡尺的构造　游标卡尺的构造如图 1-6 所示。由主尺和副尺（即游标尺）组成。主尺和固定卡脚制成一体，副尺和活动卡脚制成一体，测量深度的装置与副尺为一体。测量时，将两卡脚贴住工件的两测量面，拧紧螺钉，然后旋转螺母，推动副尺微动，通过副尺刻度与主尺刻度相对位置，便可读出工件尺寸，如图 1-6（b）中Ⅰ、Ⅱ所示。深度测量方法如图 1-6（b）中Ⅲ所示。

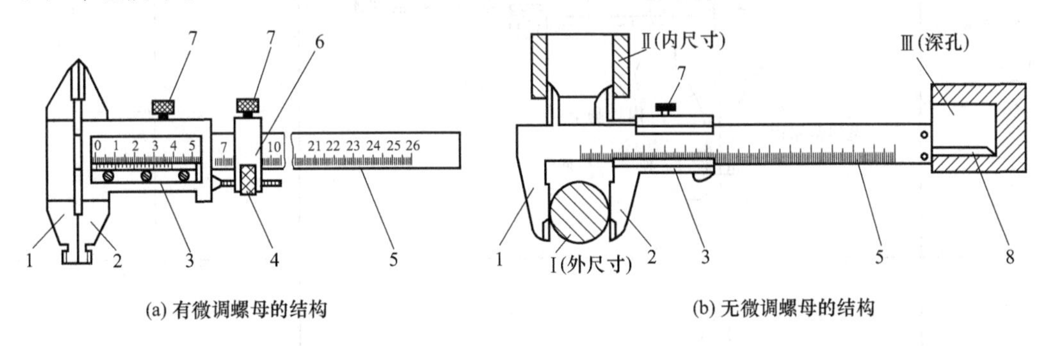

(a) 有微调螺母的结构　(b) 无微调螺母的结构

图 1-6　游标卡尺的构造

1—固定卡脚；2—活动卡脚；3—副尺；4—微调螺母；5—主尺；6—滑块；7—螺钉；8—深度尺

游标卡尺的读数精度有 0.1mm、0.05mm、0.02mm、0.01mm，读数精度高的多采用有微调螺母的结构。

选用游标卡尺时，应考虑到零件的精度要求、零件的形状及测量尺寸的大小。如表 1-2 所示给出了常用游标卡尺的结构和基本参数。如表 1-3 所示给出了游标卡尺的适用测量精度范围。

表 1-2 常用游标卡尺的结构和基本参数

种类	结构图	测量范围/mm	游标读数值/mm
游标三用卡尺(Ⅰ型)	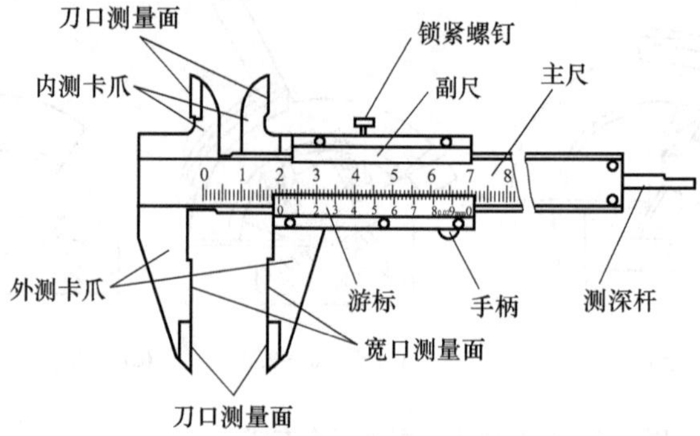	0～125 0～150	0.02 0.05
游标双面卡尺(Ⅱ型)	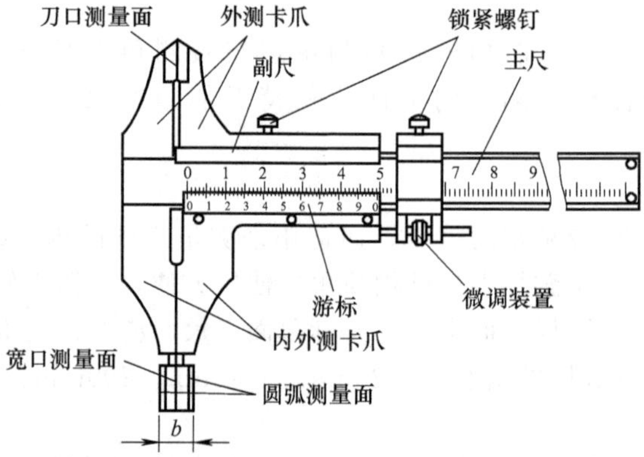	0～200 0～300	0.02 0.05
游标单面卡尺(Ⅲ型)	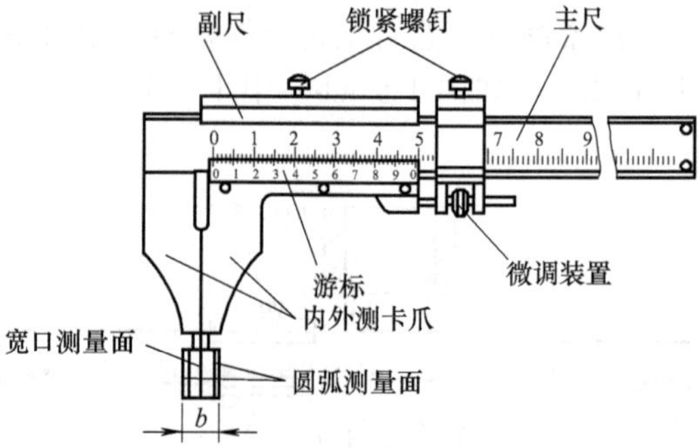	0～200 0～300	0.02 0.05
		0～500	0.02 0.05 0.1
		0～1000	0.05 0.1
游标深度卡尺	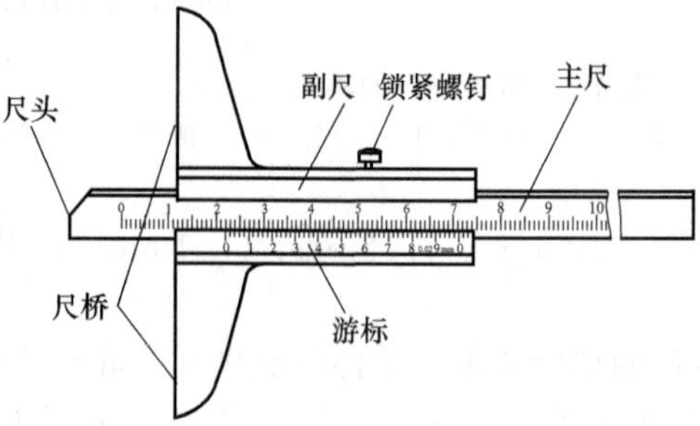	0～150 0～250 0～500 0～600	0.02 0.05

续表

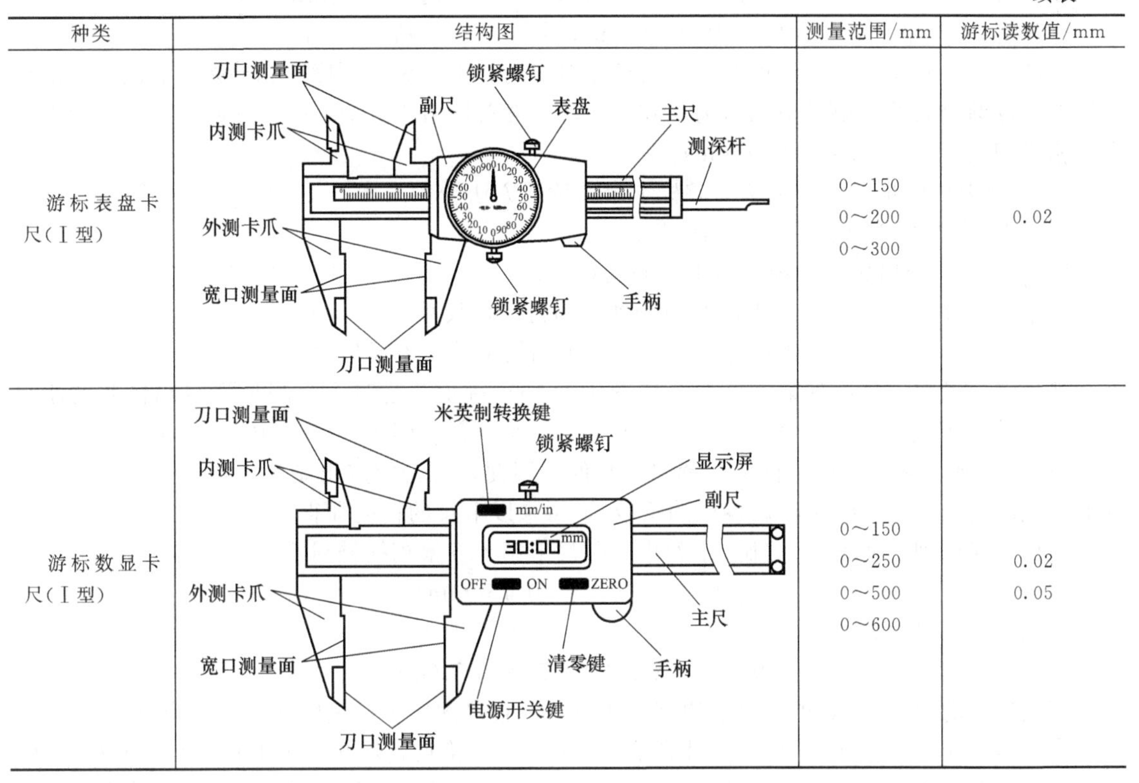

种类	结构图	测量范围/mm	游标读数值/mm
游标表盘卡尺(Ⅰ型)		0～150 0～200 0～300	0.02
游标数显卡尺(Ⅰ型)		0～150 0～250 0～500 0～600	0.02 0.05

表 1-3　游标卡尺的适用范围　　mm

游标读数值	示值误差	读数误差	适用精度范围
0.02	0.02	±0.02	IT12～IT16
0.05	0.05	±0.05	IT13～IT16
0.10	0.10	±0.10	IT14～IT16

② 游标卡尺的读数原理　如图 1-7 (a) 所示，主尺上的刻度每小格是 1mm，每大格是 10mm，副尺上的刻度是把 19mm 的长度等分为 20 格，因此副尺上的每小格等于 19/20mm，副尺上的一小格与主尺上的一小格的差为

$$\left(1-\frac{19}{20}\right)\text{mm}=\frac{1}{20}\text{mm}=0.05\ (\text{mm})$$

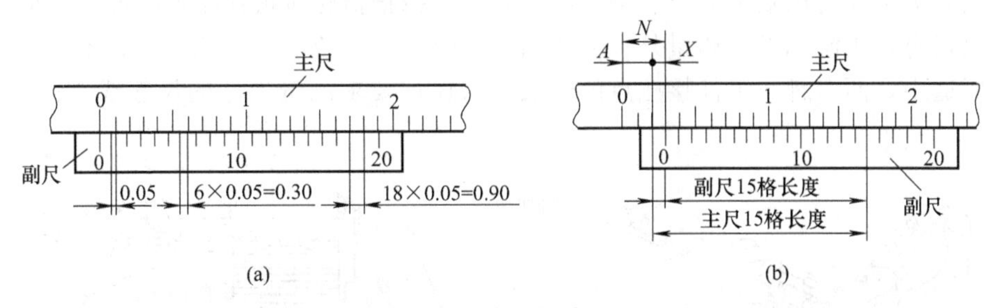

图 1-7　游标卡尺的读数原理

根据上述游标卡尺制作原理，便可得到读数精度为 0.05mm 的游标卡尺。同样，在副尺等分不同的刻线，则可得到不同的读数精度，具体如下：

副尺有 10 个格，精度 0.1mm；

副尺有 10 大格，每 1 大格分为 2 个小格，共 20 格，精度 0.05mm；

副尺有 10 大格，每 1 大格分为 5 个小格，共 50 格，精度 0.02mm；

副尺有 10 大格，每 1 大格分为 10 个小格，共 100 格，精度 0.01mm。

在图 1-7（a）中，主、副尺的零线是正好对齐的，主、副尺刻度的相差是随着副尺上的格数增多而逐渐增大的。第一格相差为 0.05mm，到第六格相差 $6\times0.05=0.30$（mm），而到第十八格就相差 $18\times0.05=0.90$（mm）。

③ 游标卡尺测量尺寸的读法　游标卡尺的读数方法分为三步。

a. 查出副尺“0”线前主尺上的整数；

b. 在副尺上查出哪一条刻线与主尺刻线对齐；

c. 将主尺上的整数和副尺上的小数相加，即得读数尺寸：

$$\text{工件尺寸}=\text{主尺整数}+\text{副尺格数}\times\text{卡尺精度}$$

如果将副尺向右移动到某一位置，如图 1-7（b）所示。这时主、副尺零线相错开的距离 N 正是卡脚张开的尺寸，即 $N=A+X$。式中，A 是整数［图 1-7（b）中 $A=2$mm］，X 是不足 1mm 的小数，它正是用游标卡尺读出的数值。因此，首先应定出副尺上被主尺任一刻线对齐的刻线的读数（该刻线距副尺零线的格数），再乘以卡尺的精度即得。

根据上述原理，从图 1-7（b）中看出，副尺上第十五根刻线被对齐，于是得

$$X=15\times0.05=0.75(\text{mm})$$

所以，工件尺寸为

$$N=A+X=2+0.75=2.75(\text{mm})$$

当副尺上的“0”线对正主尺上的刻度线时，可直接读出主尺刻度数，即为测量尺寸。

④ 游标卡尺使用注意事项　使用游标卡尺前，应先检查副尺在主尺上移动是否平稳灵活，其间不能有明显的晃动；量爪并拢时，量爪的测量面不应该有明显的漏光。如有透光不均，说明卡脚测量面已有磨损，应送检修；其次，把卡尺量爪反复并拢几次，检查主尺与副尺的零线是否对齐，如果并拢时零位对不齐，并且每次并拢零线位置都不相同时，这样的卡尺不能再用。如果并拢时零位对不齐，但是，各次并拢时零线的位置都相同，可以用于不精确的测量。但此时必须对读数结果进行零位误差修正，其方法是：读数＋零位误差＝被测尺寸。当量爪并拢时，游标零线在尺身零线之前时，零位误差为“正”，否则为“负”。

每次测量时，应将卡脚擦干净，被测零件的被测量处，应保证无毛刺。使用完毕后，应将卡尺擦拭干净放在专用的盒内，不能把卡尺放在磁性物体附近，以免卡尺磁化，更不要和其他工具放在一起，尤其不能和锉刀、凿子及车刀等刃具堆放在一起。

⑤ 游标卡尺的测量操作　用游标卡尺测量时，应掌握正确的操作方法。一般对小卡尺采用单手握尺，大卡尺要用双手握尺。测量时，右手大拇指指腹应抵住副尺下面的手柄，另外四指握住主尺尺身，用游标卡尺测量外尺寸或内尺寸时，都应使卡脚贴住工件，不可歪斜，卡脚卡紧，松紧适中，两卡脚与工件接触点的连线应为设计要求测量尺寸的尺寸线方向，如图 1-8 所示。

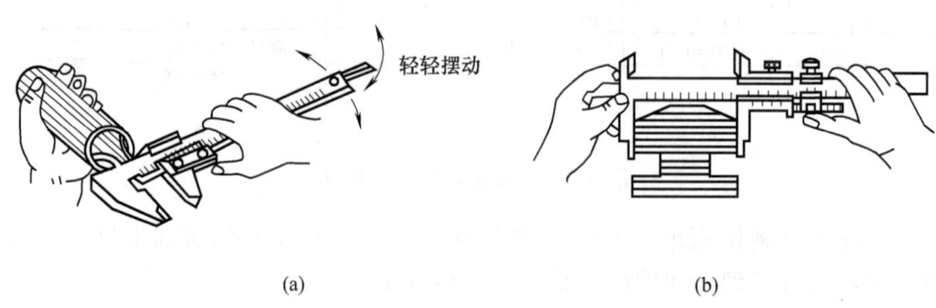

图 1-8　卡尺的握法与测量

测量时，应正确接触被测位置。图 1-9 中的实线量爪表示正确的接触测量位置，虚线为错误的接触测量位置。

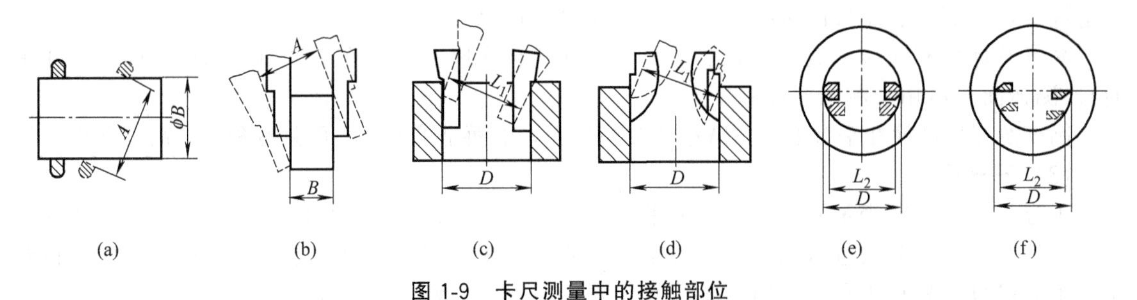

(a) (b) (c) (d) (e) (f)

图 1-9 卡尺测量中的接触部位

另外，卡尺测量时，应保证正确的进尺方法。不允许把量爪挤入工件，应预先把量爪间距调整到稍大于（测量外尺寸时）或小于（测量内尺寸时）被测尺寸，量爪放入测量部位后，轻轻推动游标，使量爪轻松接触测量面，如图 1-10 所示。

读数时可将制动螺钉拧紧后取出卡尺，把卡尺拿正，使视线尽可能正对所读刻线。

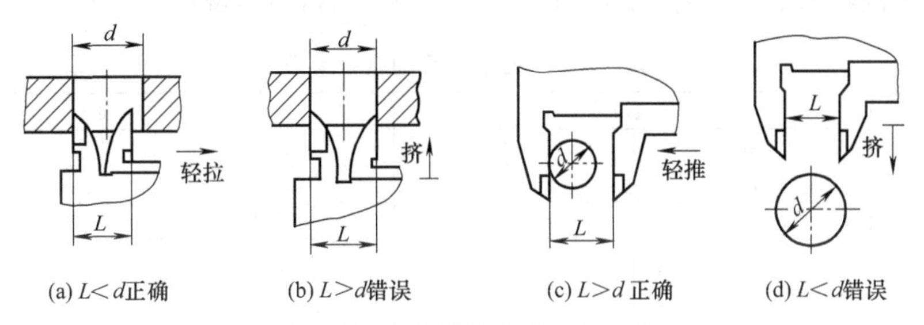

(a) $L<d$正确　(b) $L>d$错误　(c) $L>d$ 正确　(d) $L<d$错误

图 1-10 卡尺测量时的进尺方法

⑥ 其他游标尺通用量具　根据游标卡尺的刻度原理，还有游标深度尺、高度游标尺等其他游标通用量具，如图 1-11 所示。其读法与游标卡尺相同。

游标深度尺是由主尺、副尺、底座和固定螺钉组成的，其中副尺和底座二者为一体。它可用于测量深度、台阶的高度等，测量范围为 0～150mm、0～250mm、0～300mm 等多种，读

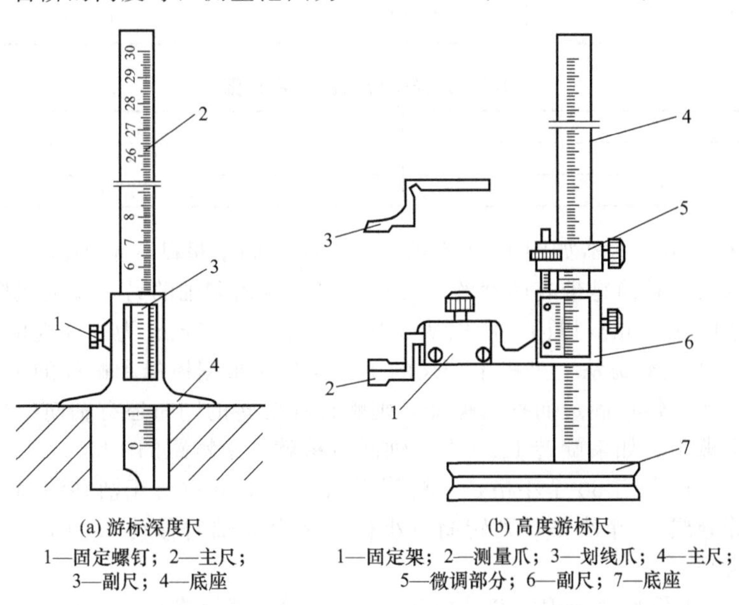

(a) 游标深度尺
1—固定螺钉；2—主尺；
3—副尺；4—底座

(b) 高度游标尺
1—固定架；2—测量爪；3—划线爪；4—主尺；
5—微调部分；6—副尺；7—底座

图 1-11 游标深度尺及高度游标尺的构造

数精度可分为 0.1mm、0.05mm、0.02mm 三种。

测量时将底座下平面贴住工件表面，将主尺推下，使主尺端面碰到被测量深度的底，旋转固定螺钉，根据主、副尺的刻线指示，即可读出测量尺寸。

高度游标尺有主尺、副尺、划线爪等，都立装在底座上，底座下平面为测量基面（工作平面）。测弧面，可用于测内曲面高度。

高度游标尺应放在平台上，量爪有两个测量面，下面是平面，上面是测量工件高度和划线。

(3) 千分尺

千分尺是一种精密量具，它的测量精度比游标卡尺高，对于加工尺寸精度要求较高的工件，一般常采用千分尺进行测量，而且千分尺使用方便、调整简单。千分尺的种类较多，按其用途不同可分为外径千分尺、内径千分尺、深度千分尺、螺纹千分尺等。

1）外径千分尺

外径千分尺的测量范围有 0～25mm、25～50mm、50～75mm 和 75～100mm 等多种，分度值为 0.01mm，制造精度分为 0 级和 1 级两种。可用于测量长、宽、厚及外径等。

选用外径千分尺时，应考虑到零件的精度要求、零件的形状及测量尺寸的大小。表 1-4 给出了外径千分尺的技术参数。表 1-5 给出了外径千分尺的适用测量精度范围。

表 1-4　外径千分尺的基本参数　　mm

测量范围	示值误差		两测量面平行度	
	0 级	1 级	0 级	1 级
0～25	±0.002	±0.004	0.001	0.002
25～50	±0.002	±0.004	0.0012	0.0025
50～75 75～100	±0.002	±0.004	0.0015	0.003
100～125 125～150	—	±0.005	—	—
150～175 175～200	—	±0.006	—	—
200～225 225～250	—	±0.007	—	—
250～275 275～300	—	±0.007	—	—

表 1-5　外径千分尺的适用范围

级别	适用范围
0 级	IT6～IT16
1 级	IT7～IT16

① 结构　外径千分尺构造如图 1-12 所示。由弓架、固定量砧、活动测轴、固定套筒和转筒等组成。固定套筒和转筒是带有刻度的主尺和副尺。活动测轴的另一端是螺杆，与转筒紧固为一体，其调节范围在 25mm 以内，所以从零开始，每增加 25mm 为一种规格。

② 外径千分尺的读数方法　外径千分尺的工作原理是根据螺母和螺杆的相对运动而来的。螺母和螺杆配合，如果螺母固定而拧动螺杆，则螺杆在旋转的同时还有轴向位移，螺杆旋转一周，轴向位移一个螺距，如果旋转 1/50 周，轴向位移就等于螺距的 1/50。

固定套筒上 25mm 长有 50 个小格，一格等于 0.5mm，正好等于活动测轴另一端螺杆的螺距。转筒沿圆周等分成 50 个小格，则转筒一小格固定套筒轴向移动 0.01mm，因此可从转筒上读出小数，读法是

$$工件尺寸=固定套筒格数\times1/2+活动套筒格数\times0.01$$

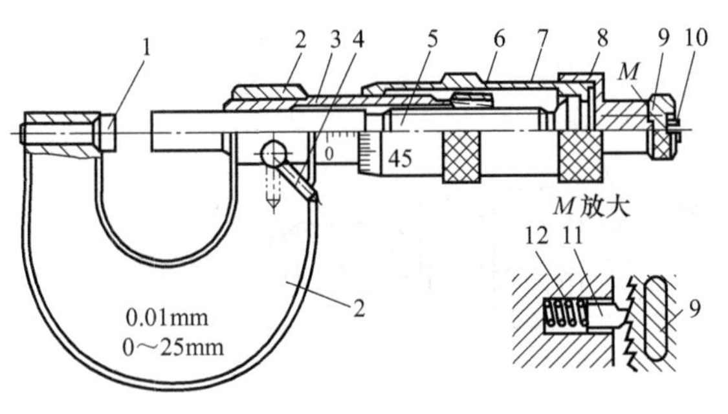

图 1-12 外径千分尺

1—固定量砧；2—弓架；3—固定套筒；4—偏心锁紧手柄；
5—活动测轴；6—调节螺母；7—转筒；8—端盖；
9—棘轮；10—螺钉；11—销子；12—弹簧

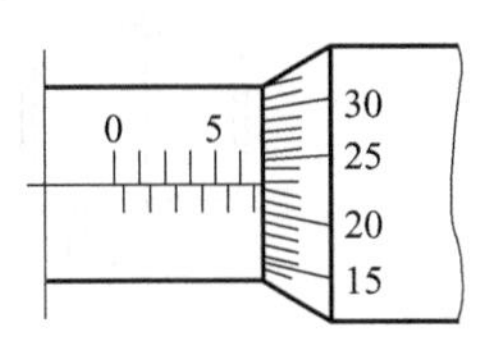

图 1-13 千分尺的读法

如图 1-13 所示，固定套筒 11 格，转筒 23 格，工件尺寸＝11×1/2＋23×0.01＝5.73（mm）。

③ 外径千分尺使用注意事项 使用外径千分尺前，应先检查微分筒，其应转动灵活并没有晃动和串动，锁住活动测砧后旋转棘轮应发出均匀的“咔咔”声响；其次，应检查固定套筒中线和转筒零线是否重合，如中线与零线重合，千分尺可以使用，如不重合，应扭动转筒进行调整。测量范围 0～25mm 的千分尺是将固定量砧和活动测轴两测量面贴近；测量范围大于 25mm 的千分尺，应将检验棒置于两测量面之间。

测量时，应先将千分尺的两测量面擦拭干净，还要将测量工件的毛刺去掉并擦净。

④ 外径千分尺的测量操作 外径千分尺测量采用双手操作，一般左手拿千分尺的弓架，右手先拧动转筒，后拧旋转棘轮，如图 1-14（a）所示。对于小工件测量，可用支架固定住千分尺，左手拿工件，右手拧转筒，如图 1-14（b）所示。

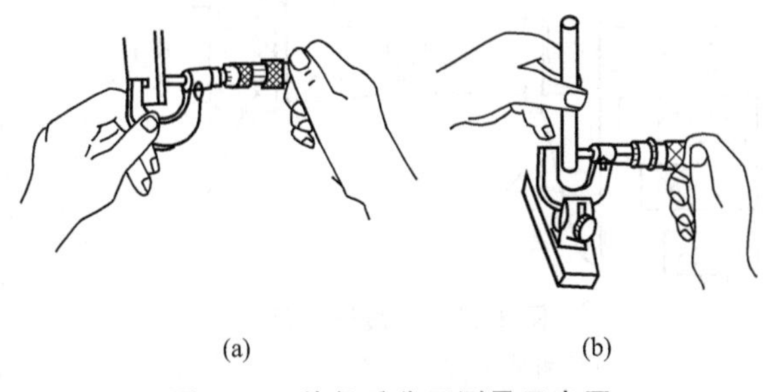

(a) (b)

图 1-14 外径千分尺测量示意图

测量时，还必须正确选择测砧与被测面的接触位置。进尺时，先调整可动测砧与活动测砧的距离，使其稍大于被测尺寸，当两测量面与工件接触后，右手开始旋转棘轮，出现空转，发出“咔咔”响声，即可读出尺寸。读数时，最好不要从被测件上取下千分尺，如果要取下，则应将锁紧手把 12 锁上，然后才可从被测件上取下千分尺。

2）其他类型的千分尺

除外径千分尺外，还有卡脚式内径千分尺、接杆式内径千分尺等其他类型的千分尺，其读数原理和读数方法与外径千分尺相同，只是由于用途不同，在外形和结构上有所差异。

如图 1-15 所示为卡脚式内径千分尺，它是用来测量中小尺寸孔径、槽宽等内尺寸的一种测微量具，测量范围为 5～30mm。

接杆式内径千分尺用来测量 50mm 以上的内尺寸，其测量范围为 50～63mm，如图 1-16（a）所示。为了扩大测量范围，一般均配有成套接长杆［图 1-16（b）］，连接时卸掉保护螺母，把接长杆右端与内径千分尺左端旋合，可以连接多个接长杆，直到满足需要为止。

如图 1-17 所示为深度千分尺，其主要结构与外径千分尺相似，只是多了一个尺桥而没有弓架。深度千分尺主要用于测量孔和沟槽的深度及两平面间的距离。在测微螺杆的下面连接着

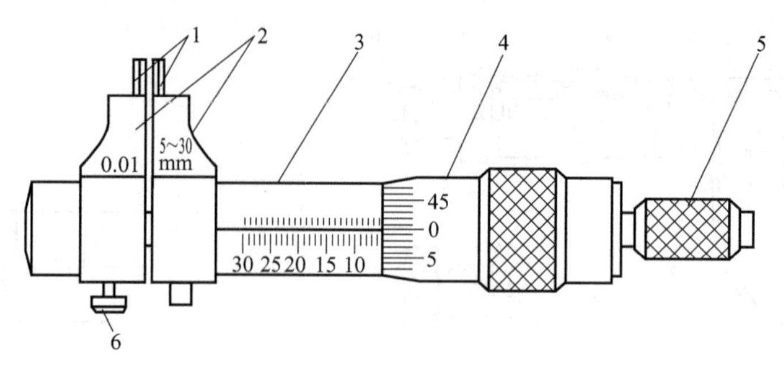

图 1-15 卡脚式内径千分尺

1—圆弧测量面；2—卡脚；3—固定套管；4—微分筒；5—测力装置；6—锁紧装置

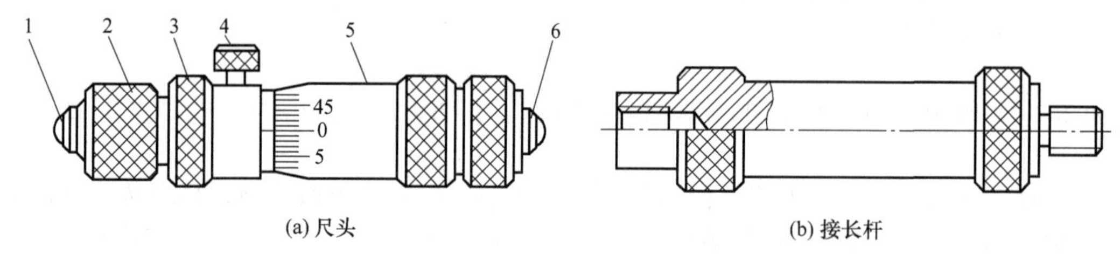

图 1-16 接杆式内径千分尺

1,6—测量头；2—保护螺母；3—固定套管；4—锁紧装置；5—微分筒

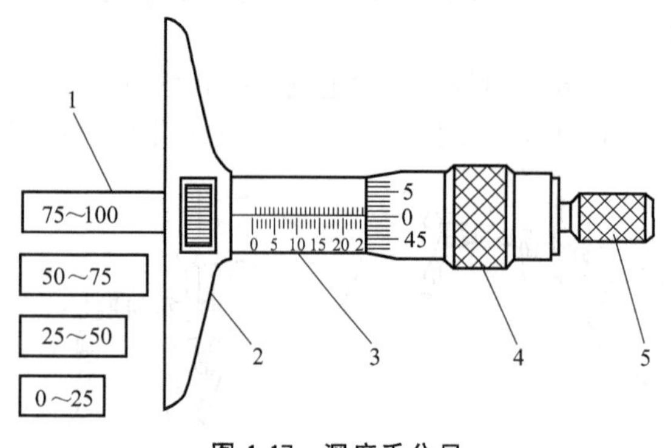

图 1-17 深度千分尺

1—可换测量杆；2—尺桥；3—固定套管；4—微分筒；5—测力装置

可换测量杆，测量杆有四种尺寸，测量范围分别为 0～25mm、25～50mm、50～75mm 和75～100mm。

(4) 百分表

百分表用于测定工件尺寸相对于规定值的偏差，如检验机床精度和测量工件的尺寸、形状和位置误差等。百分表分度值为 0.01mm，测量范围有 0～3mm、0～5mm、0～10mm 三种规格，百分表的制造精度分为 0 级、1 级和 2 级三等。此外，还有杠杆百分表和内径百分表等其他百分表类型。

选用百分表时，应考虑到零件的精度要求、零件的形状及测量尺寸的大小。表 1-6 给出了百分表的技术参数。

表 1-6 百分表的基本参数

精度等级	示值误差/mm			适用范围
	0～3	0～5	0～10	
0 级	0.009	0.011	0.014	IT6～IT14
1 级	0.014	0.017	0.021	IT6～IT16
2 级	0.020	0.025	0.030	IT7～IT16

① 百分表的结构 百分表的结构如图 1-18 所示。由表盘 1、主指针 3、表体 8、测量头 10、测量杆 11、齿轮 6、齿轮 7、齿轮 12、齿轮 13 等主要部分组成。

表体 8 是百分表的基础件，轴管 9 固定在表体上，中间穿过装有测量头 10 的测量杆 11，测量杆上有齿条，当被测件推动测量杆移动时，经过齿条、齿轮 12、齿轮 13、齿轮 7、齿轮 6 传动，将测量杆的微小直线位移转变为主指针 3 的角位移，由表盘 1 将数值显示出来。测量杆上端

的挡帽 5 主要用于限制测量杆的下移位置，也可在调整时，通过它将测量杆提起来，以便重复观察指示值的稳定性。为读数方便，表圈 2 可带动表盘在表体上转动，以便将指针调到零位。

② 百分表的使用方法及注意事项　百分表在使用时要装夹在专用的表架上，测量前应将工件、百分表及基准面清理干净，以免影响测量精度，如图 1-19 所示。表架底座应放在平整的平面上，底座带有磁性，可牢固地吸附在钢铁制件的基准面上。百分表在表架上可作上下、前后和角度的调整。

使用前，用手轻轻提起挡帽，检查测量杆在套筒内移动的灵活性，不得有卡滞现象，并且在每次放松后，指针应回复到原来的刻度位置。测量平面时，百分表的测量杆轴线与平面要垂直；测量圆柱形工件时，测量杆轴线要与工件轴线垂直，否则百分表测量头移动不灵活，测量结果不准确。

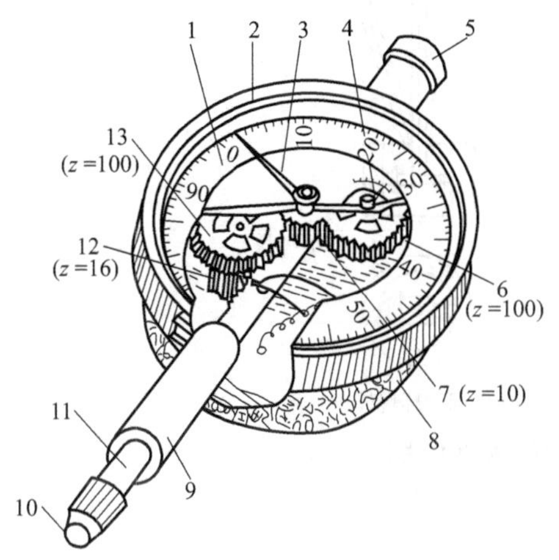

图 1-18　百分表的结构

1—表盘；2—表圈；3—主指针；4—转数指示盘；5—挡帽；6,7,12,13—齿轮；8—表体；9—轴管；10—测量头；11—测量杆

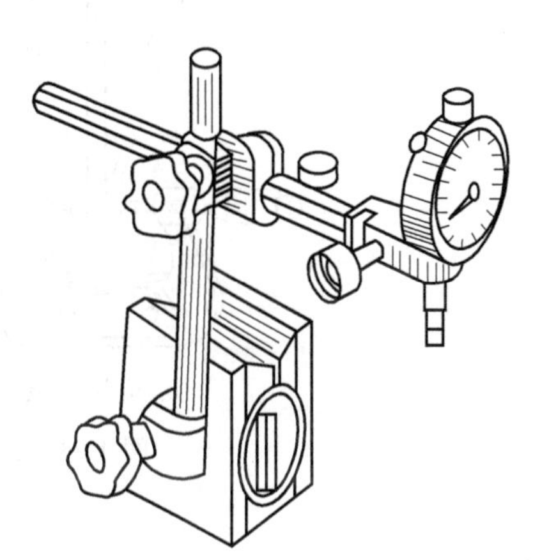

图 1-19　百分表的安装方法

测量时，测量头触及被测表面后，应使测量杆有 0.3mm 左右的压缩量，不能太大，也不能为 0，以减小由于自身间隙而产生的测量误差。用百分表测量机床和工件的误差时，应在多个位置上进行，测得的最大读数与最小读数之差即为测量误差。

③ 其他百分表　在不便使用普通百分表测量的地方（如沟槽等），可以选用杠杆百分表，如图 1-20（a）所示。它是利用杠杆原理将工件平面上的误差反映到百分表的表盘上的。当测

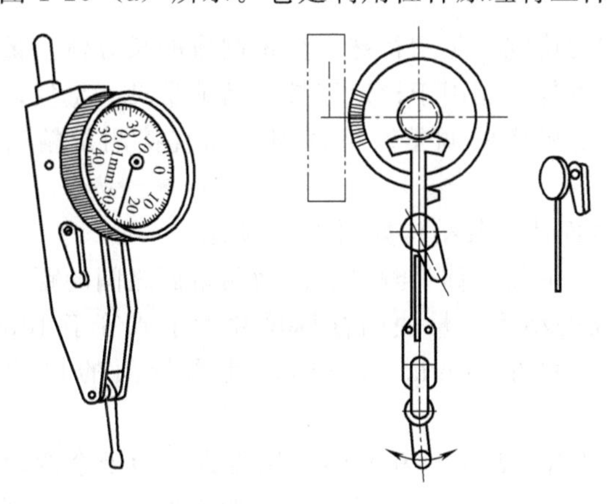

(a) 杠杆百分表

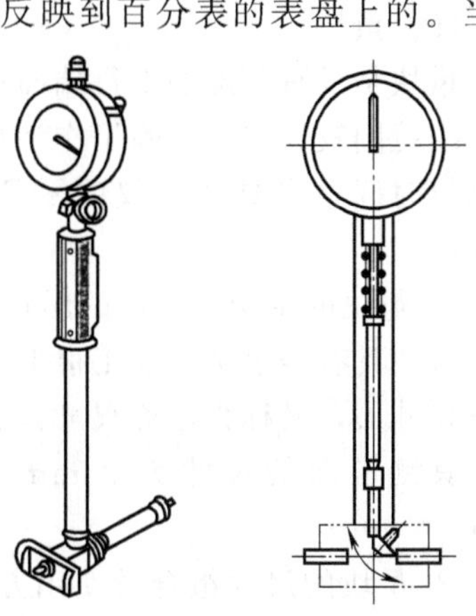

(b) 内径百分表

图 1-20　其他百分表

量孔径尺寸和孔的形状误差时，应选用内径百分表，尤其对于测量深孔极为方便，如图 1-20（b）所示。内径百分表规格较多，要根据被测孔径尺寸选用。但必须注意，内径百分表指示值误差较大，测量前必须校准尺寸。

校正内径百分表零位的方法如图 1-21 所示；用内径百分表测量孔径如图 1-22 所示；用内径百分表测量孔的形状误差如图 1-23 所示。

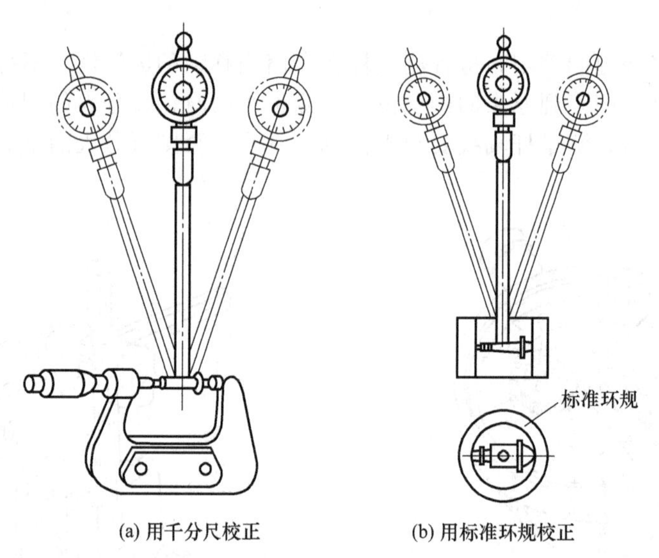

(a) 用千分尺校正　　(b) 用标准环规校正

图 1-21　校正内径百分表零位的方法

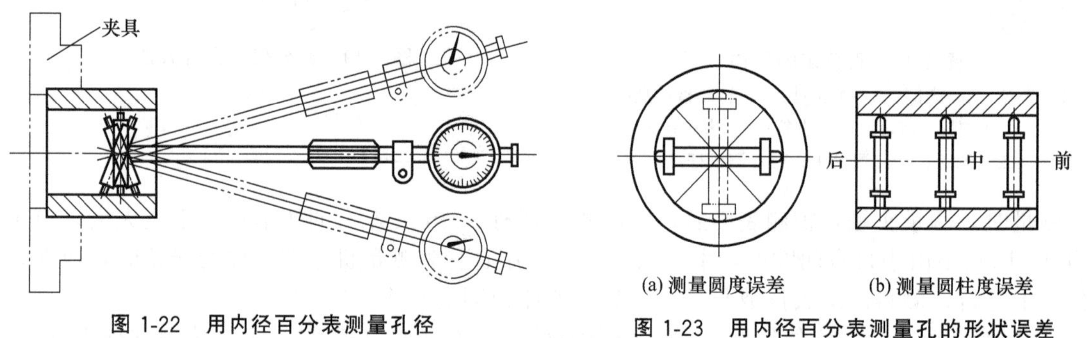

(a) 测量圆度误差　　(b) 测量圆柱度误差

图 1-22　用内径百分表测量孔径

图 1-23　用内径百分表测量孔的形状误差

（5）量块

量块是没有刻度的平行端面单值量具，又称为块规，是用特殊合金钢制成的长方体。量块的应用范围较为广泛，除了作为量值传递的媒介以外，还用于检定和校准其他量具、量仪，相对测量时调整量具和量仪的零位，以及用于精密机床的调整、精密划线和直接测量精密零件等。

① 量块的结构　量块的形状为长方形平面六面体，其结构如图 1-24 所示。

量块具有经过精密加工很平、很光的两个平行平面，称为测量面。两测量面之间的距离为工作尺寸 L，又称为标称尺寸。该尺寸具有很高的精度。量块的标称尺寸大于或等于 10mm 时，其测量面的尺寸为 35mm × 9mm；标称尺寸在 10mm 以下时，其测量面的尺寸为 30mm×9mm。

② 量块的尺寸组合及使用方法　量块的测量面非常平整和光洁，用少许压力推合两块量块，使它们的测量面紧密接触，两块量块就能黏合在一起，量块的这种特性称为研合性。利用量块的研合性，就可用不同尺寸的量块组合成所需的各种尺寸。

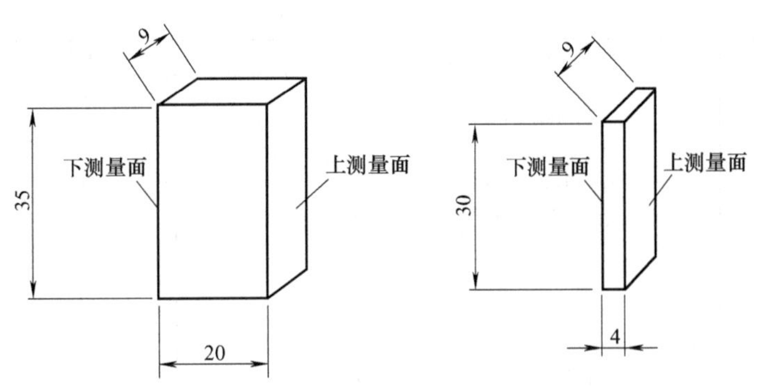

图 1-24　量块

在实际生产中，量块是成套使用的，每套量块由一定数量的不同标称尺寸的量块组成，以便组合成各种尺寸，满足一定尺寸范围内的测量需求。

为了减少量块组合的累积误差，使用量块时，应尽量减少使用的块数，一般要求不超过4～5块。选用量块时，应根据所需组合的尺寸，从最后一位数字开始选择，每选一块，应使尺寸数字的位数减少一位，以此类推，直至组合成完整的尺寸。例如校对某量具时，需要65.456mm的量块；量块组的实际尺寸计算过程是从最小位数开始选取的。如采用46块的量块（表1-7），则可按以下量块尺寸进行组合。

所需量块组的尺寸：65.456mm。

选取第一块量块尺寸：1.0060mm；

余数：64.45mm；

选取第二块量块尺寸：1.050mm；

余数：63.4mm；

选取第三块量块尺寸：1.4mm；

余数：62.0mm；

选取第四块量块尺寸：2.0mm；

余数：60mm；

选取第五块量块尺寸：60mm；

余数：0。

表 1-7　量块分组

序号	总块数	公称尺寸系列/mm	间隔/mm	块数	精度等级
1	112	0.5,1.0,1.005,1.001 1.002,…,1.009 1.01,1.02,…,1.49 1.5,2,…,25 50,75,100	0.001 — 0.01 0.5 25	3 9 49 48 3	0,1
2	88	0.5,1.0,1.005,…,1.001, 1.002,…,1.009 1.01,1.02,…,1.49 1.5,2,2.5,…,9.5 10,20,30,…,100	— 0.001 0.01 0.5 10	3 9 49 17 10	0,1
3	83	0.5 1 1.005 1.01,1.02,…,1.49 1.5,1.6,…,1.9 2.0,2.5,…,9.5 10,20,…,100	— — — 0.01 0.1 0.5 10	1 1 1 49 5 16 10	0,1,2,3

续表

序号	总块数	公称尺寸系列/mm	间隔/mm	块数	精度等级
4	46	1 1.001,1.002,…,1.009 1.01,1.02,…,1.09 1.1,1.2,…,1.9 2,3,…,9 10,20,…,100	— 0.001 0.01 0.1 1 10	1 9 9 9 8 10	0,1,2,3
5	58	1 1.005 1.01,1.02,…,1.09 1.1,1.2,…,1.9 2,3,…,9 10,20,…,100	— — 0.01 0.1 1 10	1 1 9 9 8 10	0,1,2.3

③ 量块使用注意事项。

a. 量块是一种精密量具，不能碰伤和划伤其表面，特别是测量面。

b. 量块选好后，在组合前先用航空汽油洗净表面的防锈油，然后用软绸将各面擦干，用推压的方法将量块逐块研合。

c. 使用时不得用手接触测量面，以免影响量块的组合精度。

d. 使用后，用航空汽油洗净擦干并涂上防锈油。

(6) 水平仪

水平仪主要用来测量平面对水平面或垂直面的位置偏差。在生产中常用来测量较大平面的平面度，也是机械设备安装、调试和精度检验的常用量仪之一。常用的水平仪有框式水平仪、条形水平仪和合像水平仪，如图 1-25 所示。

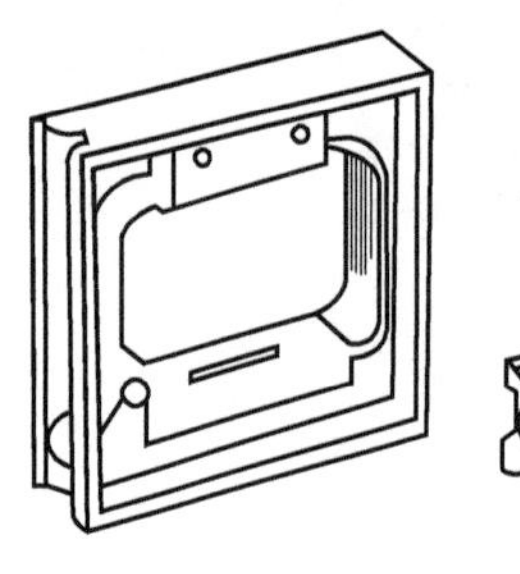

(a) 框式水平仪

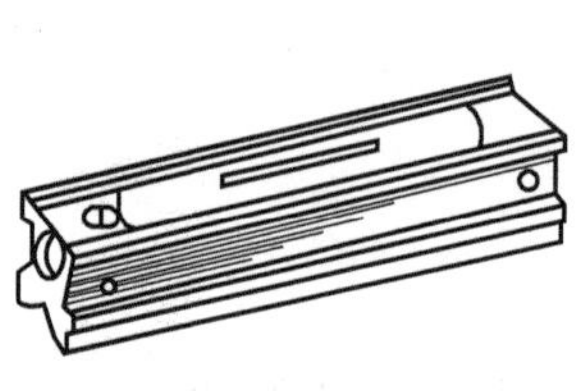

(b) 条形水平仪

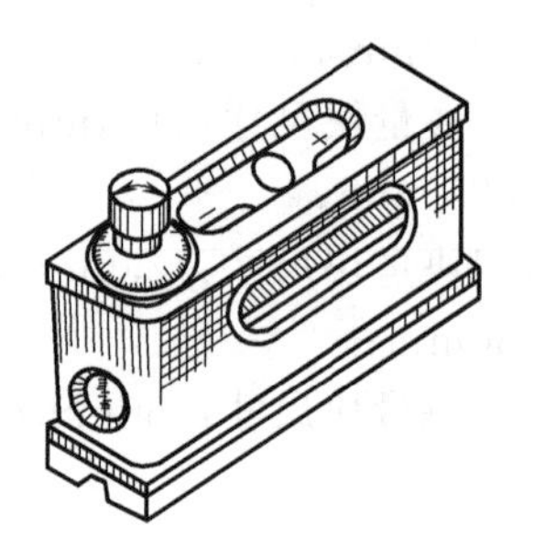

(c) 合像水平仪

图 1-25 水平仪

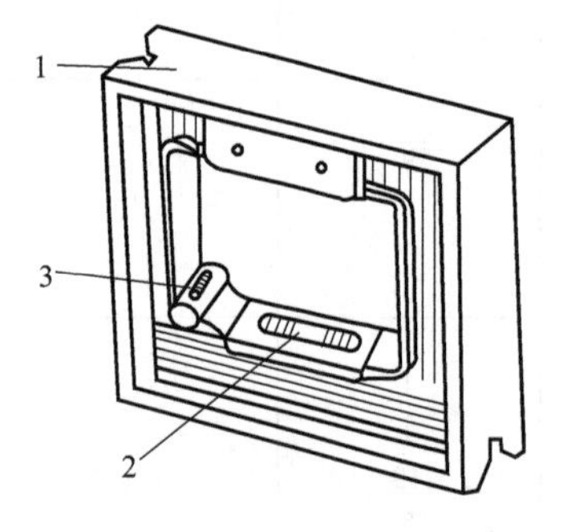

图 1-26 框式水平仪

1—框架；2—主水准器；3—调整水准器

1）框式水平仪

框式水平仪是生产中常用的水平仪之一，常用来检测工件表面或设备安装的水平情况；检测导轨、平尺、平板的直线度和平面度误差；测量两工作面的平行度和工作面相对水平面的垂直度误差等。

① 框式水平仪的结构及工作原理　如图 1-26 所示是一种框式水平仪，它由框架及水准器组成。框架上有 4 个相互垂直的工作面，有两组测量平面及 V 形槽，用 V 形槽可以在圆柱表面上测量。

水准器是一个密闭的弧形玻璃管，其内装有酒精或乙

醚并留有一定长度的气泡。玻璃管外表面上刻有相应的刻度线，它与内表面的曲率半径相适应。当水平仪倾斜一个角度时，水准器气泡就移动一定的距离，如图 1-26 所示。通常将气泡向右移动读为“+”，气泡向左移动读为“−”，在中间读为“0”。

水平仪的精度等级见表 1-8。

表 1-8 水平仪的精度等级

精度等级	Ⅰ	Ⅱ	Ⅲ	Ⅳ
气泡移动 1 格时的倾斜角度/(″)	4～10	12～20	25～41	52～62
气泡移动 1 格时 1m 内的倾斜高度差/mm	0.02～0.05	0.06～0.10	0.12～0.20	0.25～0.30

被测平面两端的高度差计算公式为

$$\Delta h = nli$$

式中 Δh——被测平面两端高度差，mm；

n——水准器气泡偏移格数；

l——被测平面的长度，mm；

i——水平仪的精度。

② 水平仪的读数方法　水平仪的读数方法有以下几种。

a. 绝对值读数法　水准器气泡在中间位置时读作“0”。以零线为基准，气泡向任意一端偏离零线的格数，就是实际偏差的格数。在测量中，习惯上大都是由左向右进行测量，把气泡向右移动读为“+”，向左移动读为“−”。如图 1-27（a）所示为+2 格。

b. 平均值读数法　当水准器的气泡静止时，读出气泡两端各自偏离零线的格数，然后将两格数相加除以 2，取其平均值作为读数。如图 1-27（b）所示，气泡右端偏离零线为+3 格，气泡左端偏离零线为+2 格，其平均值为 $\frac{(+3)+(+2)}{2}=2.5$(格)，平均值读数为+2.5 格，即右端比左端高 2.5 格。平均值读数方法不受环境温度的影响，读数值准确、精度高。

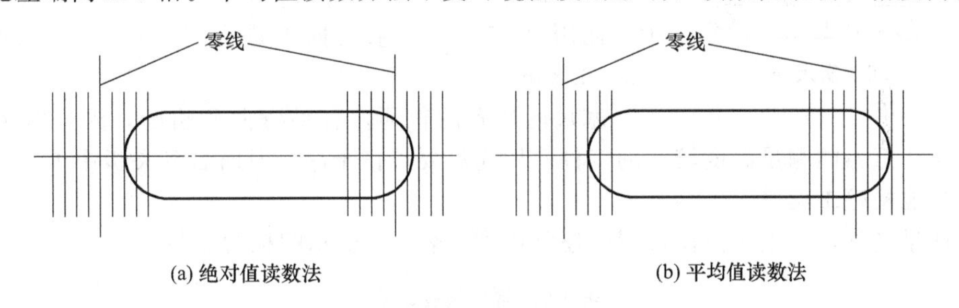

(a) 绝对值读数法　(b) 平均值读数法

图 1-27 水平仪的读数方法

2）合像水平仪

当被测工件平面度误差较大或工件倾斜度较大且难以调整时，若使用框式水平仪会因水准器气泡偏移到极限位置而无法测量。而合像水平仪，因其水平位置可以重新调整，所以能比较方便地进行测量。合像水平仪的结构及工作原理如图 1-28 所示。

合像水平仪比框式水平仪有更高的测量精度，并能直接读出测量结果。它的水准器安装在水平仪内带有杠杆的特制底板上，其水平位置可用调节旋钮通过调整丝杆、螺母获得。水准器内气泡两端的圆弧分别由三个不同方位的棱镜反射至窗口内圆形镜框内，分成两半合像。测量时，若水平仪底面不在水平位置，两端有高度差，则气泡 A、B 的像就不重合，如图 1-29（a）所示。这时应转动调节旋钮进行调节，使玻璃管处于水平位置，这样气泡 A、B 的像就会重合，如图 1-29（b）所示。

从窗口处读出高度差的毫米数和调节旋钮处刻线的百分之毫米数（每格代表在 1m 长度内

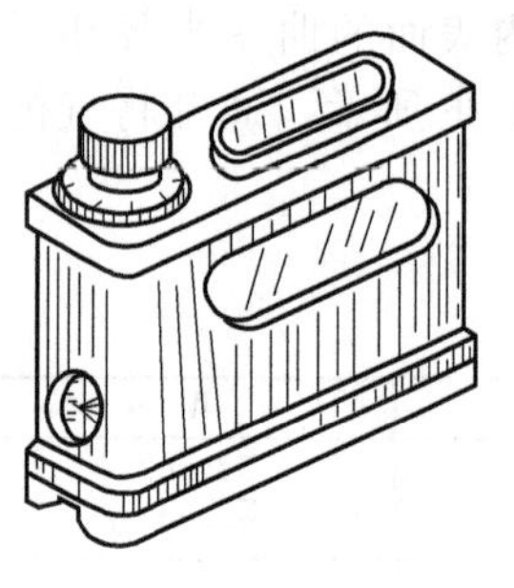

(a) 外形图

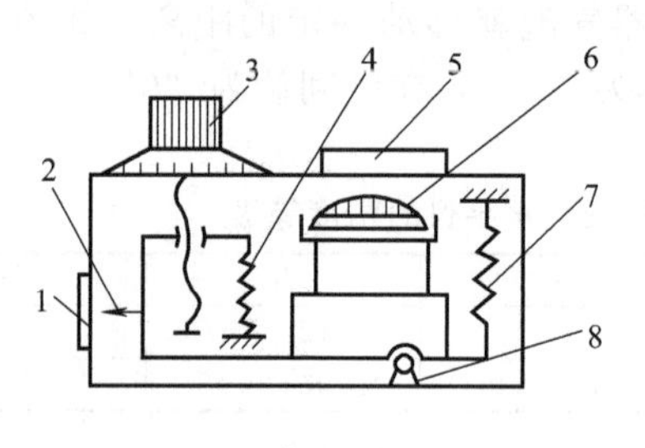

(b) 工作原理图

图 1-28　合像水平仪

1—指针观察窗口；2—指针；3—调节旋钮；4,7—弹簧；5—目镜；6—水准器；8—杠杆

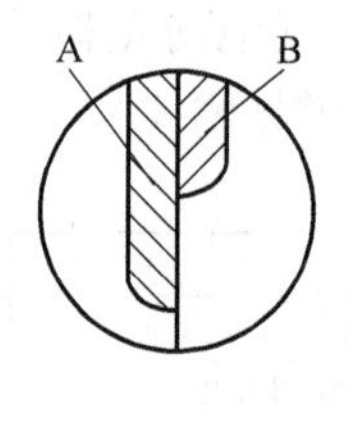

(a) 不重合

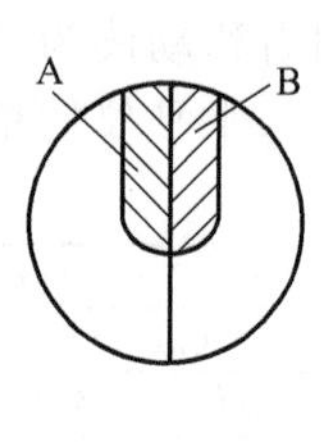

(b) 重合

图 1-29　合像水平仪气泡图

差 0.01mm)，将两个数值相加，即可得到在 1m 长度内高度差的实际数值。如在窗口内的读数为 0mm，调节旋钮刻线为 13 格，则高度差是 0mm＋0.01mm×13＝0.13（mm)，即在 1m 长度内测量面两端高度差为 0.13mm。

(7) 塞尺

塞尺又叫厚薄规，是用来检验两个接合面之间间隙大小的片状量规，如图 1-30 所示。

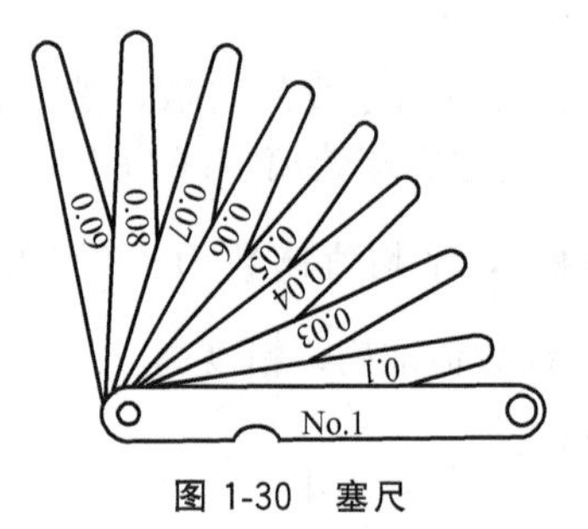

图 1-30　塞尺

塞尺有两个平行的测量平面，其长度制成 50mm、100mm 或 200mm，由若干片叠合在夹板里。厚度为 0.02～0.1mm 组的塞尺，中间每片相隔 0.01mm；厚度为 0.1～1mm 组的塞尺，中间每片相隔 0.05mm。

使用塞尺时，根据间隙的大小，可用一片或数片重叠在一起插入间隙内。例如，用 0.3mm 的塞尺可以插入工件的间隙，而用 0.35mm 的塞尺插不进去时，说明工件的间隙在 0.3～0.35mm。

塞尺的片有的很薄，容易弯曲和折断，测量时不能用力太大，还应注意不能测量温度较高的工件。用完后要擦拭干净，及时合到夹板中去。

(8) 其他检验工具

除上述量具外，在生产操作过程中还常用到如表 1-9 所示的检验工具。

表 1-9　常用检验工具

名称	图　示	用　途
平尺	(a) 桥形平尺　(b) 平行平尺　(c) 角形平尺	检验平尺主要用作导轨的刮研和测量的基准，有桥形平尺、平行平尺和角形平尺三种，如左图所示。桥形平尺上表面为工作面，用来刮研或测量机床导轨；平行平尺有两个互相平行的工作面；角形平尺用来检查燕尾槽导轨
方尺、90°角尺	H　H　H　H	用来检查机床部件的垂直度，常用的有方尺、平角尺、宽底座角尺和直角平尺四种

续表

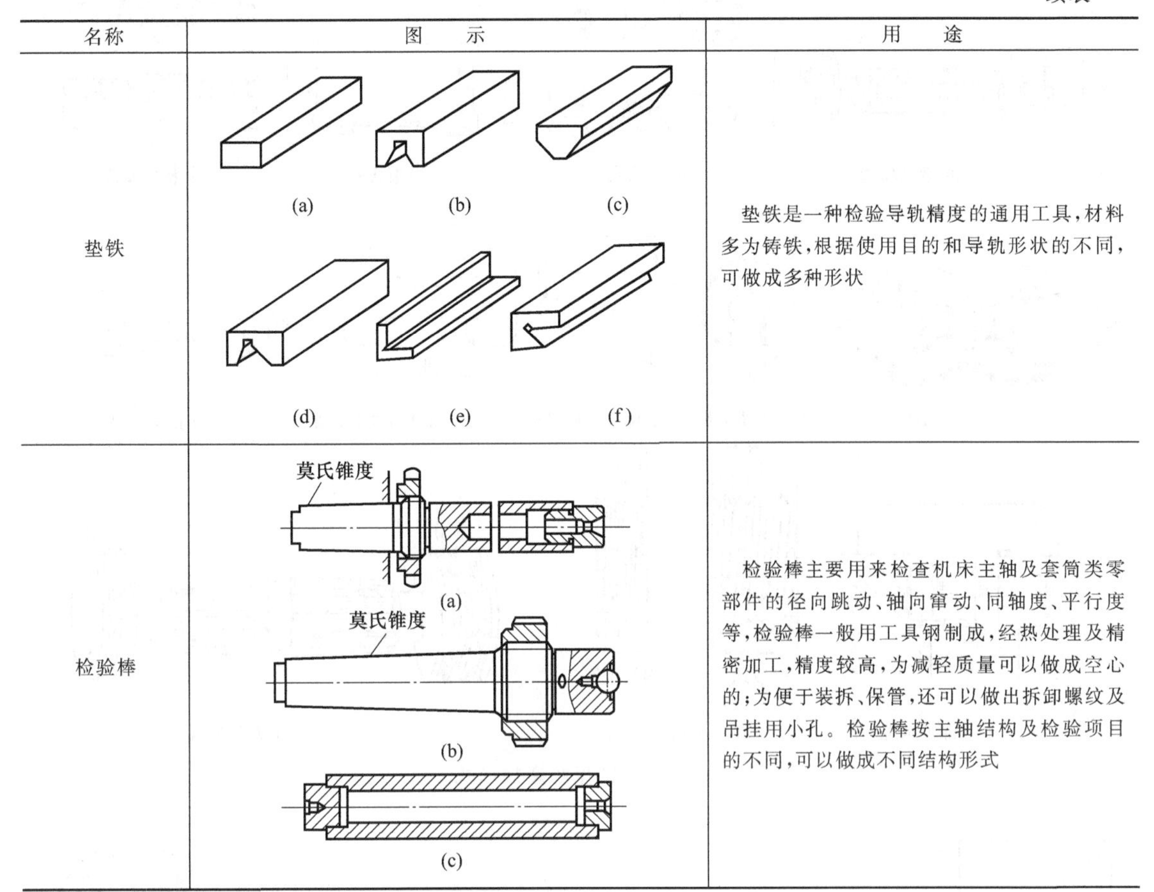

名称	图　　示	用　　途
垫铁	(a) (b) (c) (d) (e) (f)	垫铁是一种检验导轨精度的通用工具，材料多为铸铁，根据使用目的和导轨形状的不同，可做成多种形状
检验棒	(a) (b) (c)	检验棒主要用来检查机床主轴及套筒类零部件的径向跳动、轴向窜动、同轴度、平行度等，检验棒一般用工具钢制成，经热处理及精密加工，精度较高，为减轻质量可以做成空心的；为便于装拆、保管，还可以做出拆卸螺纹及吊挂用小孔。检验棒按主轴结构及检验项目的不同，可以做成不同结构形式

1.3.2　常用专用量具的使用及选用

专用量具主要用于检查使用通用量具不便于或无法检查的曲线、曲面等尺寸与形位公差。一般只能用来判定零件是否合格，不能量出实际尺寸。常用的专用量具主要有各种专用塞规、量规、平面曲线样板、角度样板及外形样板等。

如图 1-31 所示为常见的量规形式。其中：图 1-31（a）～（d）为检验孔用的塞规；图 1-31（e）、（f）为检验轴用的卡规；图 1-31（g）、（h）为检验长度或宽度的量规；图 1-31（i）为检验槽宽的量规；图 1-31（j）为检验深度或高度用的量规；图 1-31（k）为检验外螺纹用的螺纹环规；图 1-31（l）为检验螺纹孔用的螺纹塞规。但不论哪一种用途的量规，其具有一个通端、一个止端，被检验的工件只有既能通过通端，而又不能通过止端才能被确定为检验合格。

用平面样板检查属比较测量，一般配合塞规及塞尺使用，通过比较查出加工件的曲线、曲面部分与设计要求（标准样板）的吻合程度，以该不符合程度的实测值作为检测结果。如图 1-32 所示为用于检查各类工件平面样板的结构。

其中：图 1-32（a）、（b）用于检查工件的曲线形状，图 1-32（c）用于检查工件的外形样板，图 1-32（d）用于检查工件的外形角度。

此外，由于产品性能的要求，对产品零件中的形状位置尺寸如孔位的对称度、位置度、成形平面的平面度、直线度、平行度、垂直度等，在加工检测中还可能设计检验夹具（俗称检具）进行测量。一般来说，检验夹具也可能配合游标卡尺、塞规及塞尺共同使用。如图 1-32（e）所示为检查孔位对称度、位置度的样板，使用时需配合相应的测量棒（量规）使用。

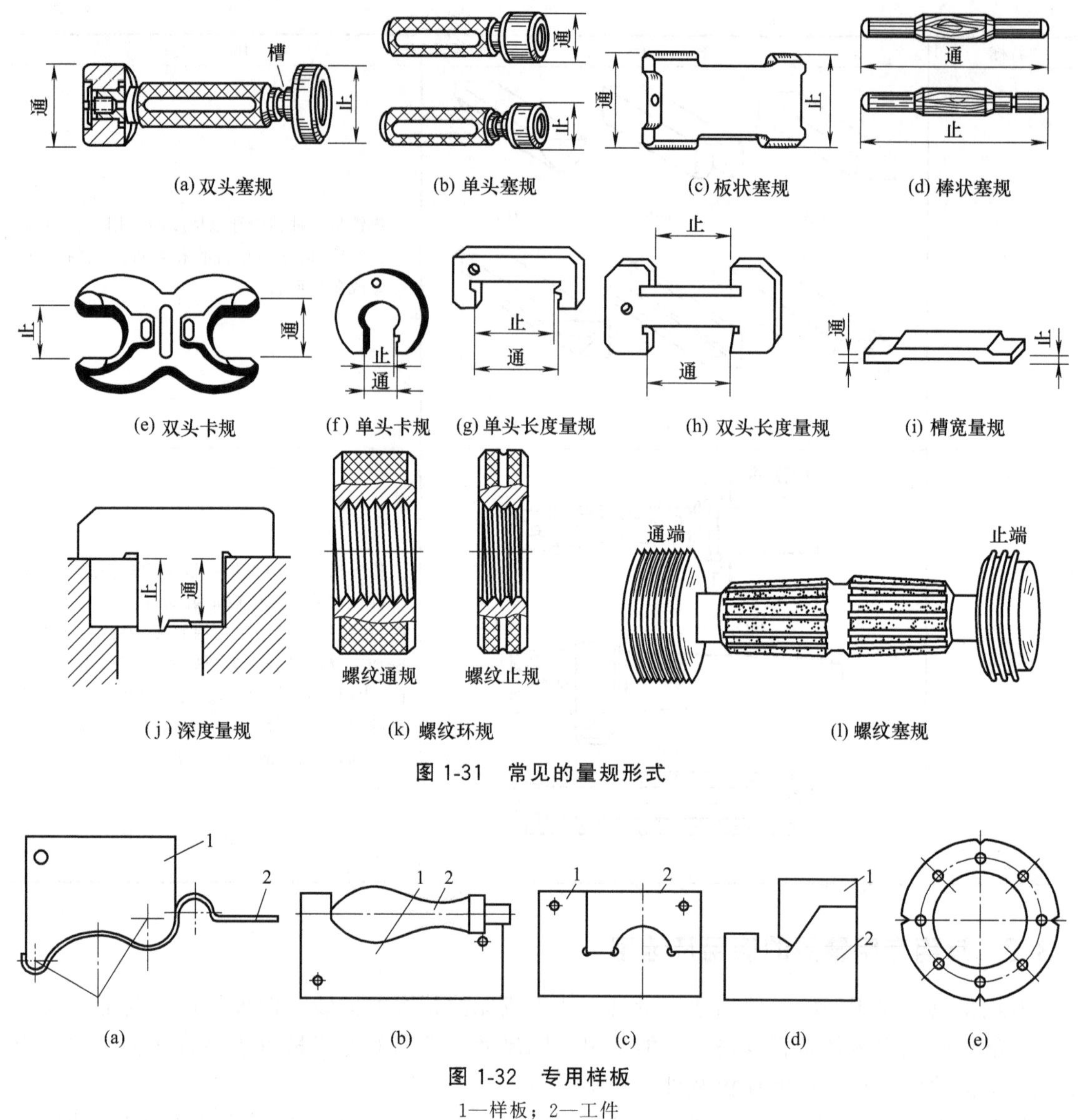

图 1-31　常见的量规形式

图 1-32　专用样板

1—样板；2—工件

1.3.3　尺寸及几何公差的测量方法

零件是组成机械设备的最小单元，其加工误差可用尺寸及几何公差来描述。在机械设备组装及调试时，操作人员常需对其进行测量，而掌握好测量方法是保证检测准确性的关键。

(1) 尺寸公差的测量方法

测量方法分直接测量和间接测量两种。直接测量是把被测量与标准量直接进行比较，而得到被测量数值的一种测量方法。如用卡尺测量冲裁孔的直径时，可直接读出被测数据，属于直接测量。间接测量只是测出与被测量有函数关系的量，然后再通过计算得出被测尺寸具体数据的一种测量方法。

生产加工的工件尺寸，有的通过直接测量便能得到，有的尽管不能直接测量，但通过间接测量，经过换算就能得到。

① 线性尺寸的测量换算　工件平面线性尺寸换算一般都是用平面几何、三角的关系式进行的。如图 1-33 (a) 所示二孔的孔距 L，无法直接测得，只能通过直接测量相关的量 A 和 B

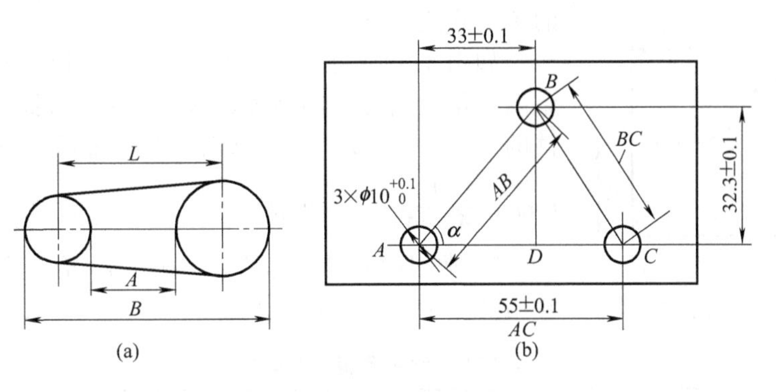

图 1-33 孔距的测量

后，再通过关系式 $L=(A+B)/2$，求出孔心距 L 的具体数值。

又如图 1-33（b）所示三孔间的孔距，利用前述方法可分别测得 A、B、C 三孔孔距为：$AC=55.03\text{mm}$；$AB=46.12\text{mm}$；$BC=39.08\text{mm}$。BD、AD 的尺寸可利用余弦定理求得。

$$\cos\alpha=\frac{AC^2+AB^2-BC^2}{2AC\times AB}=\frac{55.03^2+46.12^2-39.08^2}{2\times55.03\times46.12}=0.7148$$

$$\alpha=44.38^\circ$$

那么 $BD=AB\times\sin44.38^\circ=46.12\times\sin44.38^\circ=32.26$（mm）

$AD=AB\times\cos44.38^\circ=46.12\times\cos44.38^\circ=32.96$（mm）

图 1-33（b）所示 BD、AD 孔距也可借助高度游标尺通过划线测量。

如图 1-34 所示为圆弧的测量方法。其中：图 1-34（a）为利用钢柱及深度游标卡尺测量内圆弧的方法，图 1-34（b）为利用游标卡尺测量外圆弧的方法。

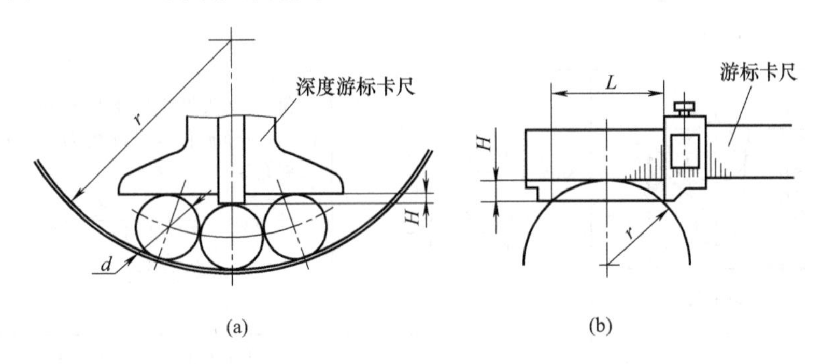

图 1-34 圆弧的测量

如图 1-34（a）所示，测量内圆弧半径 r 时，其计算公式为：$r=\dfrac{d(d+H)}{2H}$。若已知钢柱直径 $d=20\text{mm}$，深度游标卡尺读数 $H=2.3\text{mm}$，则圆弧工作的半径 $r=\dfrac{20\times(20+2.3)}{2\times2.3}=96.96$（mm）。

如图 1-34（b）所示，测量外圆弧半径 r 时，其计算公式为：$r=\dfrac{L^2}{8H}+\dfrac{H}{2}$。若已知游标卡尺的 $H=22\text{mm}$，读数 $L=122\text{mm}$，则圆弧工作的半径 $r=\dfrac{122^2}{8\times22}+\dfrac{22}{2}=95.57$（mm）。

② 角度的测量换算　一般情况下，冲裁件和各类成形工件的角度可以直接采用万能角度尺进行测量，而一些形状复杂的工件，则需在测量后换算某些尺寸。尺寸换算可用三角、几何

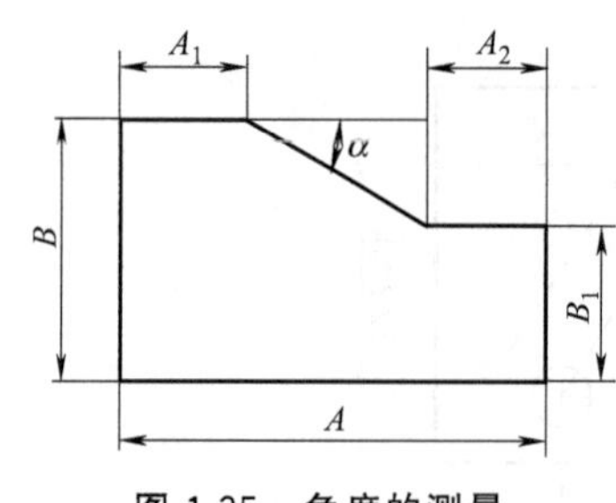

图 1-35　角度的测量

的关系式进行计算。

如图 1-35 所示零件，由于外形尺寸较小，用万能角度尺难以测量，则可借助高度游标尺划线，利用游标卡尺测量工件的尺寸 A、B、B_1、A_1、A_2，然后通过正切函数，即 $\tan\alpha=\dfrac{B-B_1}{A-A_1-A_2}$求得。

③ 常用的测量计算公式　表 1-10 给出了钣金加工中一些常用的测量计算公式及方法。

表 1-10　常用测量计算公式

测量名称	图形	计算公式	应用举例
外圆锥斜角		$\tan\alpha=\dfrac{L-l}{2H}$	例：已知 $H=15$mm，游标卡尺读数 $L=32.7$mm，$l=28.5\mu$m，求斜角 α 解：$\tan\alpha=\dfrac{32.7-28.5}{2\times15}$ $=0.140$ $\alpha=7°58'$
内圆锥斜角		$\sin\alpha=\dfrac{R-r}{L}$ $=\dfrac{R-r}{H+r-R-h}$	例：已知大钢球半径 $R=10$ mm，小钢球半径 $r=6$mm，深度游标卡尺读数 $H=24.5$mm，$h=2.2$mm，求斜角 α 解：$\sin\alpha=\dfrac{10-6}{24.5+6-10-2.2}$ $=0.2186$ $\alpha=12°38'$
		$\sin\alpha=\dfrac{R-r}{L}$ $=\dfrac{R-r}{H+h-R+r}$	例：已知大钢球半径 $R=10$mm，小钢球半径 $r=6$mm，深度游标卡尺读数 $H=18$mm，$h=1.8$mm，求斜角 α 解：$\sin\alpha=\dfrac{10-6}{18+1.8-10+6}$ $=0.2532$ $\alpha=14°40'$
V 形槽角度		$\sin\alpha=\dfrac{R-r}{H_1-H_2-(R-r)}$	例：已知大钢柱半径 $R=15$mm，小钢柱半径 $r=10$mm，高度游标卡尺读数 $H_1=43.53$mm，$H_2=55.6$mm，求 V 形槽斜角 α 解：$\sin\alpha=\dfrac{15-10}{55.6-43.53-(15-10)}$ $=0.7071$ $\alpha=45°$
燕尾槽		$l=b+d\left(1+\cot\dfrac{\alpha}{2}\right)$ $b=l-d\left(1+\cot\dfrac{\alpha}{2}\right)$	例：已知钢柱直径 $d=10$mm，$b=60$mm，$\alpha=55°$，求 l 解：$l=60+10\times\left(1+\cot\dfrac{55°}{2}\right)$ $=60+10\times(1+1.921)=89.21$(mm)

续表

测量名称	图形	计算公式	应用举例
燕尾槽	d α l b	$l=b-d\left(1+\cot\frac{\alpha}{2}\right)$ $b=l+d\left(1+\cot\frac{\alpha}{2}\right)$	例：已知钢柱直径 $d=10$mm，$b=72$mm，$\alpha=55°$，求 l 解：$l=72-10\times\left(1+\cot\frac{55°}{2}\right)$ $=72-10\times(1+1.921)=43.79$(mm)

(2) 几何公差的测量方法

几何公差是形状公差、方向公差、位置公差及跳动公差的总称。对于不同形状的零件，其测量方法也有所不同，下面以几种常见几何公差为例进行说明。

① 直线度的测量　直线度是指零件表面直线性误差的程度。不同的测量精度，可采用不同的测量方法，选用不同的量具。常见的测量方法及选用量具有以下几种。

第一种：塞尺插入法。即利用刀口尺、直尺、配合塞尺测量直线度。这种方法适于测量精度要求大于 0.02mm 的一般长度表面的直线度，测量方法如图 1-36 所示。

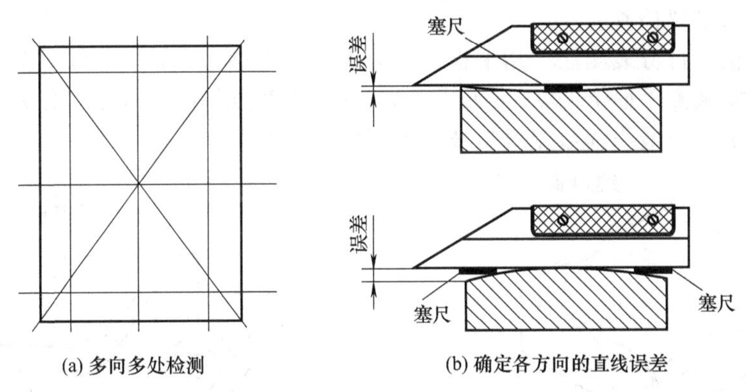

图 1-36　直线度的塞尺插入测量法

第二种：透光估测法。透光估测法的测量量具及方法如图 1-37 所示。主要用于对平面直线度的估测。

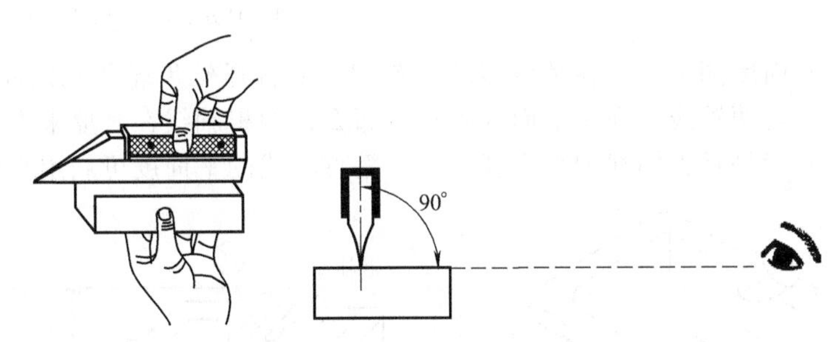

图 1-37　直线度的透光估测法

第三种：光缝比较法。光缝比较法测量平面的直线度用于平面直线度要求很高时的测量。测法是将直尺刀口放在被测表面上，观察其光缝的大小与标准光缝进行比较，以判断平面的直线度偏差。

标准光缝用平板、刀口尺寸及块规组合而成，如图 1-38 所示。

在刀口尺两端与平板之间放两片尺寸为 1mm 的块规、中间按需要放不同尺寸的块规，如 0.999，0.998，0.997……将被测表面观察到的光缝和标准光缝比较，从而判断平面直线度的

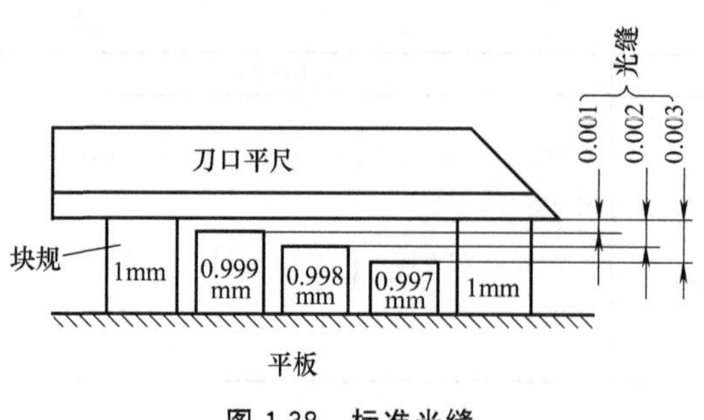

图 1-38 标准光缝

偏差值。

② 平面度的测量　平面度是指平面的平整程度，其测量方法和量具如下。

第一种：刀口尺和直尺测法。用刀口尺和直尺测量平面度，这种方法仅用于精度不高的平面凹、凸的测量。可用直尺或刀口尺测量被测表面不同位置、不同方向的直线度，并借助于塞尺得到误差数值。根据各次测量结果，按形位公差规定做出包容实际表面且距离为最小的两平行平面（图 1-39），此两平行平面间的距离 Δ 即为平面的平面度误差。

第二种：平面对研测法。用平面对研法检查平面的平面度，这种方法适于检查精度较高的平面。做法是先在被测表面涂上显示剂，再用标准平板与其对研，研后检查在 25mm×25mm 面积内的研点数。

若被测平面不是刮研表面，可看其研后接触面积的大小和均匀程度而确定平面度。

用对研法检查平面度时，选用标准平板的面积应大于被测平面的表面。若被测表面的尺寸过大时，也可用水平仪检查。

第三种：平板、百分表测法。用平板、百分表检查平面度（图 1-40），首先将被测工件支承于平板上，调整被测平面上的 a、c 两点等高，b、d 两点等高，再用百分表检查整个被测平面，表针显示的最大与最小读数差就是被测表面的平面度。

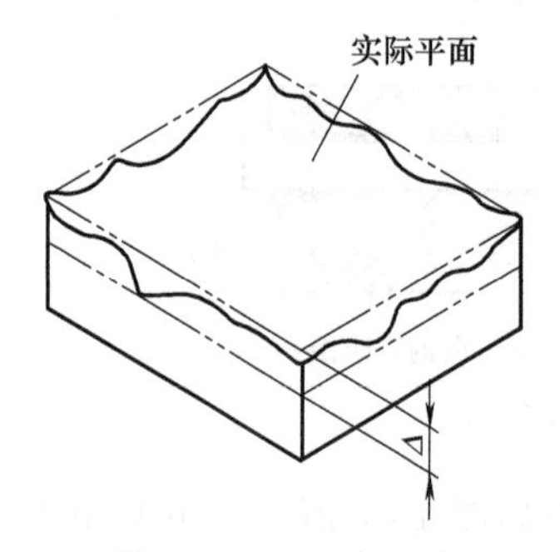

图 1-39 平面度误差

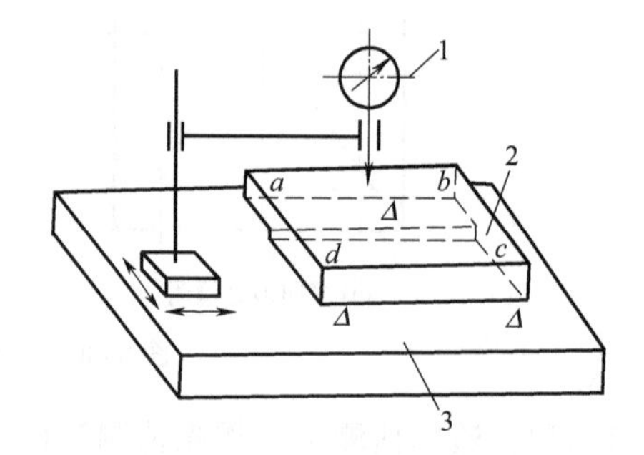

图 1-40 平面度检查

1—百分表；2—被测零件；3—平板

除上述平面的平面度测量外，在某些传动装置中（如普通锥齿轮传动的减速箱），要求两根轴线汇交于一点，若两轴线不在一平面内垂直，那么这两根轴线在其原来汇交点处的垂直距离 Δ［图 1-41（a)］就是垂直轴线的平面度误差。垂直轴线的平面度可利用平台、百分表和芯

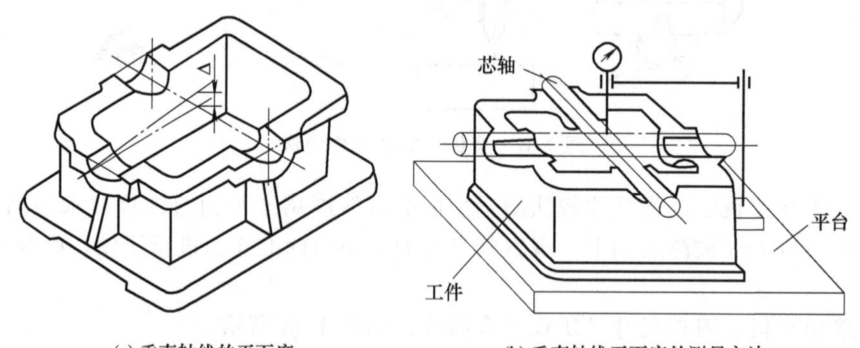

(a) 垂直轴线的平面度　　(b) 垂直轴线平面度的测量方法

图 1-41 垂直轴线的平面度及测量

轴测量。通过测量两根轴线在相交处的高度差获得，如图 1-41（b）所示。

③ 椭圆度的测量　椭圆度误差是指圆柱面（轴或孔）的同一横剖面内最大直径与最小直径之差 Δ，如图 1-42（a）所示。

测量时可用游标卡尺、外径百分尺测不同方向的轴径，或用卡尺、内径百分表测量不同方向的孔径，再计算出椭圆度 $\Delta = d_{最大} - d_{最小}$。

④ 圆度的测量　圆度误差是指包容同一横剖面实际轮廓的两个相差最小的圆半径之差 Δ，即 $\Delta = R_{最大} - R_{最小}$，如图 1-42（b）所示。圆度的测量方法有多种，视零件的具体情况而定，常见的测量方法有以下几种。

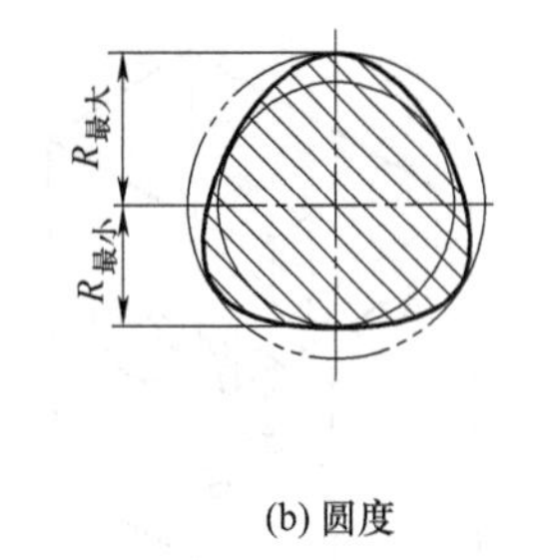

图 1-42　椭圆度与圆度

第一种：对于两端保留顶尖孔的轴，使用两顶尖及百分表测量最为方便。即将轴支承于两顶尖上，百分表放在被测部位，将轴轻轻旋转，表针指示的最大最小读数之差即为轴的圆度误差。

第二种：当轴类零件不准两端保留顶尖孔时，通常用 V 形铁或标准圆环配合百分表进行测量，如图 1-43（a）、（b）所示。

显然，用 V 形铁测量时，由于零件转动角度不同，其几何中心高度也有变化，测量误差大，不如用标准圆环测量准确。

第三种：对于孔圆度的测量，可用三点接触式内径百分表进行近似测量，但测得的偏差是直径上的偏差，折半之后才是圆度偏差。

⑤ 位置精度测量　零件各表面相互位置精度有多种情况，测量方法也有所不同，一般采用量具、仪器配合使用进行测量。

a. 测量孔轴线与平面的平行度　轴线与平面的平行度，在零件图纸上一般给出偏差要求。测时常用平板、芯轴、高度尺、百分表配合进行，如图 1-44 所示。

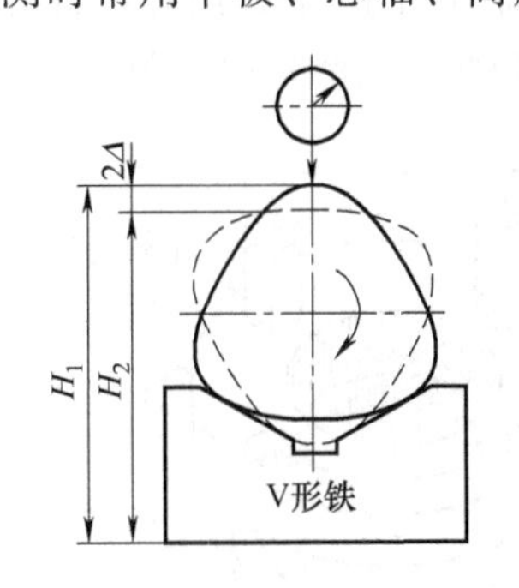

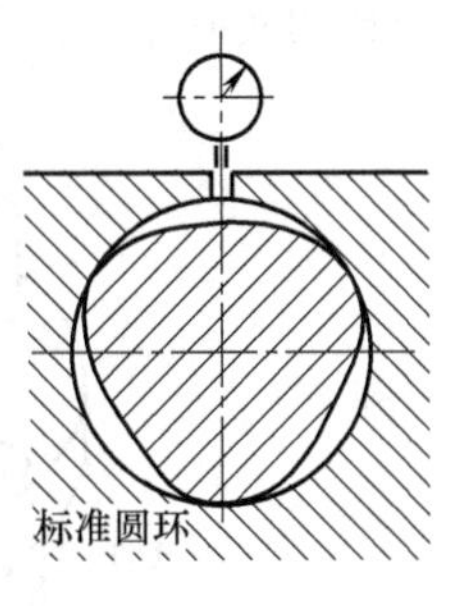

(a) V形铁、百分表测法　(b) 标准圆环、百分表测法

图 1-43　圆度的测量

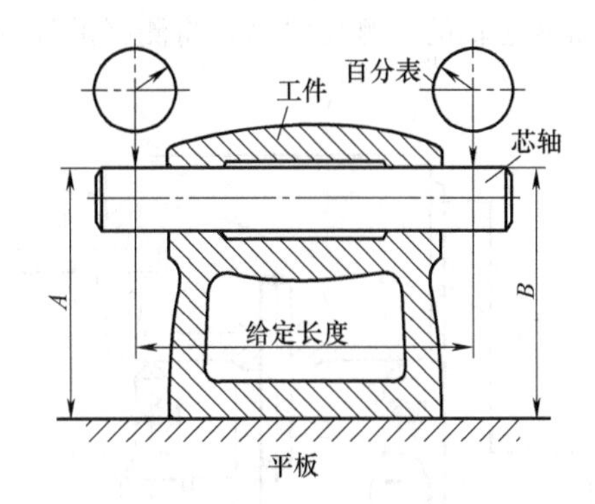

图 1-44　孔轴线与平面平行度的测量

按图示方法测量时，表针的摆差即是两尺寸 A、B 之差，也就是在指定长度上孔的轴线与平面的平行度。

b. 两孔轴线平行度的测量　如图 1-45（a）所示，在 x-x 方向标出两孔轴线的平行度 Δx。有以下两种测量方法。

第一种：当两孔中心距尺寸不大时，可用芯轴、游标卡尺或外径百分尺配合进行，量具的精度视被测件的尺寸精度而定。

第二种：当两孔中心距尺寸较大时，按工件的外形，可选用平板、V 形铁、芯轴、百分表、高度尺或滑动表座等配合使用。如图 1-46 所示为连杆两孔轴线平行度的测量实例。

两孔轴线的平行度除 x 方向外，还有 y 方向的平行度及测量方法，如图 1-45（b）及图 1-46所示。

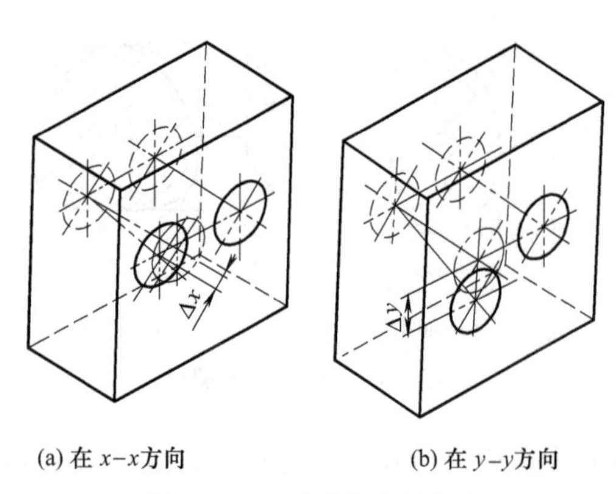

图 1-45　两孔轴线的平行度

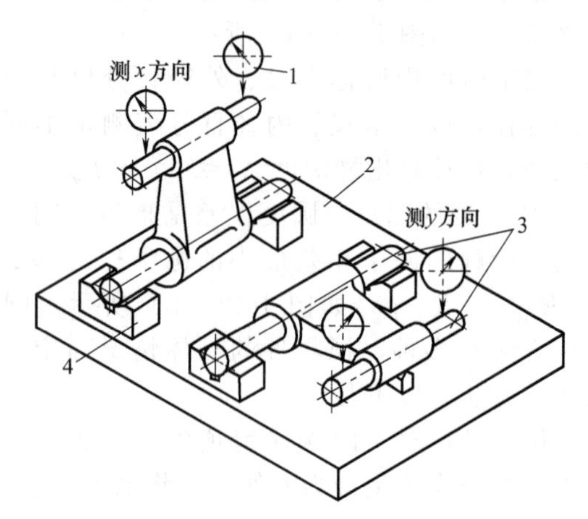

图 1-46　连杆孔轴线平行度测量

1—百分表或杠杆百分表；2—平板；3—芯轴；4—V 形铁

c. 两轴心线间垂直度的测量　可用图 1-47 所示的方法来测量。首先用千斤顶调整工件，使芯轴 2 与 90°角尺贴合（没有光缝），再用百分表在给定长度 L 的距离内，测量芯轴 1 与平台间的平行度，这时所测得的平行度误差即孔 1 轴心对于孔 2 轴心在给定长度 L 内的垂直度误差。

d. 轴线与平面间垂直度的测量　轴线与平面间的垂直度可采用与两轴心线间垂直度同样的办法测量，如图 1-47 所示。如，要求孔 1 与平面 3 的垂直度，可以使 90°角尺与平面 3 贴合，调整千斤顶，使平面 3 与角尺间没有光缝，这时百分表的摆动量（在芯轴 1 给定长度 L 上测得的摆差）就是孔 1 与平面 3 在给定长度 L 内的垂直度误差。

e. 孔系中心距的测量　在箱体或法兰盘类零件的加工或装配中，常遇到孔系的测量，当孔的位置精度较高，孔距尺寸又不大时，可在孔中插入紧配合的标准芯轴（图 1-48），用外径百分尺量得两芯轴的外侧尺寸 A，将测得的尺寸 A 减去两孔的实际半径之和便得到测量中心距。

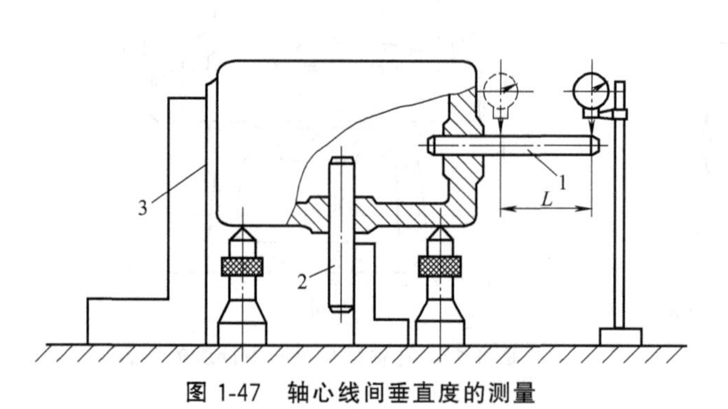

图 1-47　轴心线间垂直度的测量

1,2—芯轴；3—平面

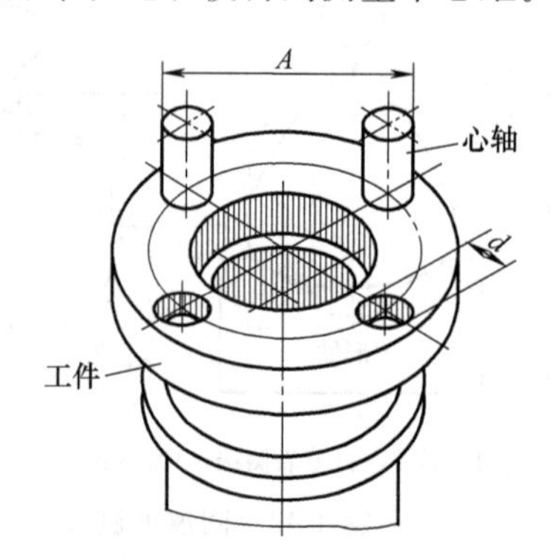

图 1-48　法兰盘孔测量

当孔的位置精度较高，孔距尺寸较大时，常用平板、块规、块规架、游标高度尺、百分表、内径百分表等配合，用坐标方法进行测量，如图 1-49 所示。

测 y-y 方向 1、2 两孔的位置尺寸（150±0.025）mm 及（145±0.025）mm 的方法是：首先用内径百分表先测出孔 $\phi70^{+0.03}_{0}$ mm 及 $\phi75^{+0.03}_{0}$ mm 的实际尺寸。假设为 ϕ70.02mm、ϕ75.02mm；然后按图示要求将工件放在平板上，使 A 面与平板接触；再测孔 1 的中心尺寸（150±0.025）mm。按尺寸 H_1＝150－35.01＝114.99（mm）组成第一组块规，再用装有杠杆

百分表的游标高度尺测尺寸 H_1 的上面，并将表针调至零位后，拿开第一组块规，用已对好的高度尺及杠杆表测孔 1 的最低点，观察表针对零位的偏摆，假如表针多偏摆了一小格，则表示孔的中心比名义尺寸高 0.01mm，即实际中心为 150.01mm；最后测孔 2 相对于孔 1 的中心高 $145^{+0.025}_{0}$ mm 时，应先将尺寸 150.01mm 反映在块规架上，可组成一组 $h_1=150.01$mm 的块规进行块规架调整（图 1-50），调好后将块规架锁紧。

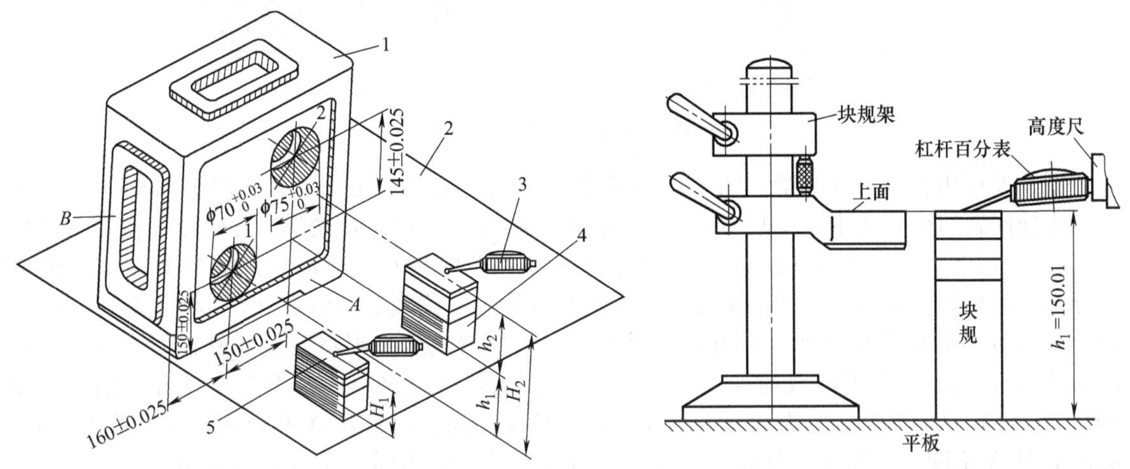

图 1-49　用坐标法测箱体孔距

1—工件；2—平板；3—杠杆百分表；4—第一组块规；5—第二组块规

图 1-50　用块规、杠杆百分表测孔距

按孔 2 相对于孔 1 的中心尺寸和孔 2 的实际半径组成第二组块规 $h_2=145-37.51=107.49$（mm）。将这组块规放在已调好的块规架上，即得到了图 1-50 所示尺寸 $H_2=h_1+h_2=150.01+107.49=257.5$（mm）。用装有杠杆表的高度尺测第二组块规的上面（即 $H_2=257.5$mm）并将表针调整至零位后，拿开第二组块规及块规架。最后用二次调好的高度尺和杠杆表测孔 2 的最低点，观察表针的偏摆，若表针多偏摆了 1.5 小格，则表示孔 2 相对于孔 1 的实际中心距为 145.015mm。

将工件转 90°，使 B 面与平板接触，用上述方法同样能测量孔 1、2 在 x-x 方向的尺寸 $160^{+0.025}_{0}$ mm 及 $155^{+0.025}_{0}$ mm。

f. 同轴度的测量　一个零件上的各圆柱形表面（包括外圆和内孔），假使有共同轴心的话（如台阶轴的各段外圆中心、轴套类零件的外圆与内孔、减速箱安装每一根轴的一对轴承孔等），那么在加工中可能产生的轴心偏移量，称为同轴度。国标规定的同轴度误差有以下两种情况。

第一种：对于基准轴心线的同轴度。例如：A、B 两孔，其中 A 孔的中心确定为基准轴心[图 1-51（a）]，则 B 孔中心就是被检验轴心，B 孔表面称为被检验表面，它的长度 C 就称为被检验表面的全长，这时被检验轴心（B 孔中心）对于基准轴心（A 孔中心）的同轴度就是指在 B 孔表面的全长上，被检验轴心线与基准轴心线之间的最大距离［图 1-51（a）中的 $\Delta_{\text{B对A}}$］。

假使在上例中，基准轴心线与被检验轴心线做了变换，即以 B 孔作为基准表面，A 孔作为被检验表面，那么被检验轴心（A 孔轴心）对于基准轴心（B 孔轴心）的同轴度就成为图 1-51（b）所示的情况，其中 $\Delta_{\text{A对B}}$ 是被检验轴心 A 对于基准轴心 B 的同轴度。

观察图 1-51（a）、（b）两个图形，显然可以看出 $\Delta_{\text{B对A}}$ 和 $\Delta_{\text{A对B}}$ 的数值是不一样的，由于基准不同，测量部位也不同，测得的误差值也不同。因此，在测量同轴度时必须弄清哪一个轴心是基准轴心，哪一个轴心是被检验轴心，只有在图样上规定可以任选基准时，才可自由选择。

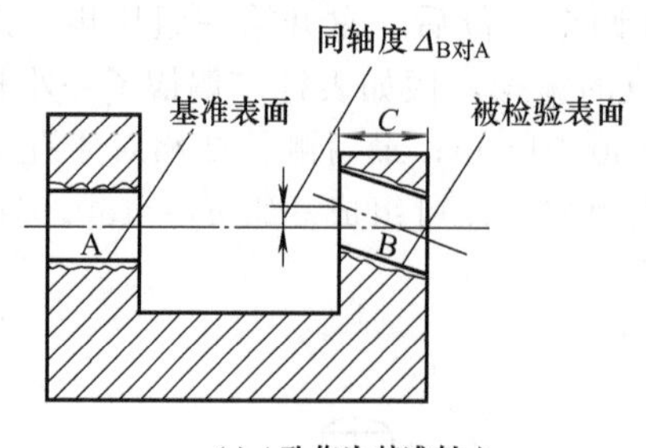

(a) A孔作为基准轴心

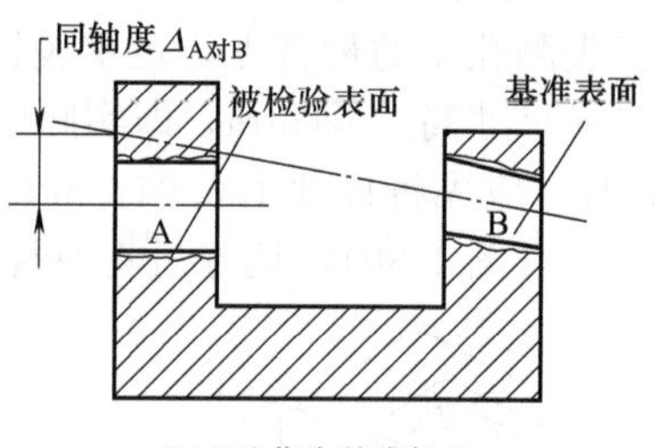

(b) B孔作为基准轴心

图 1-51 对基准轴心线的同轴度

同轴度可用百分表来测量，图 1-52 是测量以 A 孔为基准轴心时，B 孔对于轴心 A 的同轴度。为使问题简化，在本例中规定 A、B 两孔直径相等。测量时首先将工件底面放在三个千斤顶上，调节三个支承，使芯轴 A 与检验平台平行。调节时用百分表测量芯轴 A 两端点，假使百分表读数相同，就表示已调好平行，记下这时百分表的读数，再将百分表移近芯轴 B，在芯轴 B 上靠近 B 孔的两端面处（不可离开两端面较远处测量，否则将使误差值扩大，得不到正确的结果），观察百分表读数的变动情况（与 A 孔比较），假使 B 相对于 A 没有同轴度误差（即 A、B 同心），那么百分表读数不仅在 B 孔的两端相同，而且与 A 孔处测得的数值也相同。假使 B 与 A 不同心，那么百分表读数与 A 孔处测得的数值不同。在 A 孔处调整水平时，若指针正好指在“0”处，当移近 B 孔的左端指针读数为“+0.05mm”，移到 B 孔右端指针读数为“−0.03mm”，这时应以最大误差（被测表面全长上的最大距离）+0.05mm 作为同轴度的误差值。假使百分表在 B 孔的左右两端指针读数均为“−0.04mm”，那么就说明 A 与 B 是平行的，但不同心，其同轴度误差为 0.04mm（取误差时可以不计正负号）。

第二种：对于公共轴心线的同轴度。例如，A、B 两孔，测量同轴度时若既不以 A 孔作为基准，也不以 B 孔作为基准，而是以 A、B 两孔的公共轴心线作为基准，这时在被检验表面 A、B 的全长上，被检验轴心线与公共轴心线的最大距离就是 A、B 两孔分别对于公共轴心线的同轴度误差，如图 1-53 所示。其中 A 孔对于公共轴心线的同轴度误差为 Δ_A，B 孔对于公共轴心线的同轴度误差为 Δ_B。

关于公共轴心线的确定方法如下：两个孔的公共轴心线是指两孔中心线的中点连线（图 1-53）；假使是三个圆柱表面或三个以上的圆柱表面，它们的公共轴心线应该在图样上另做规定。当使用量规来检验孔的同轴度时，量规中心就是公共轴心线。

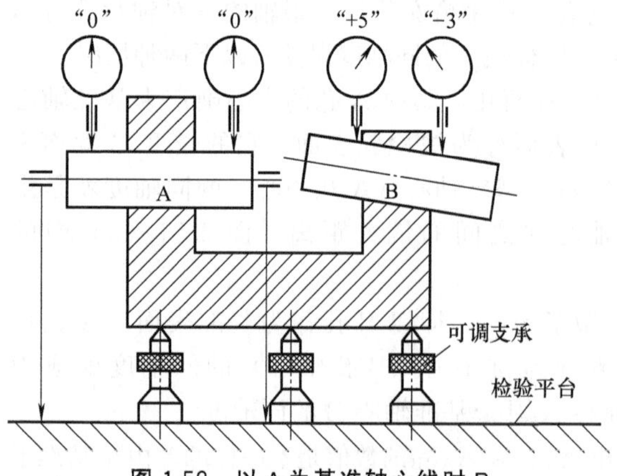

图 1-52 以 A 为基准轴心线时 B 对于 A 的同轴度的测量

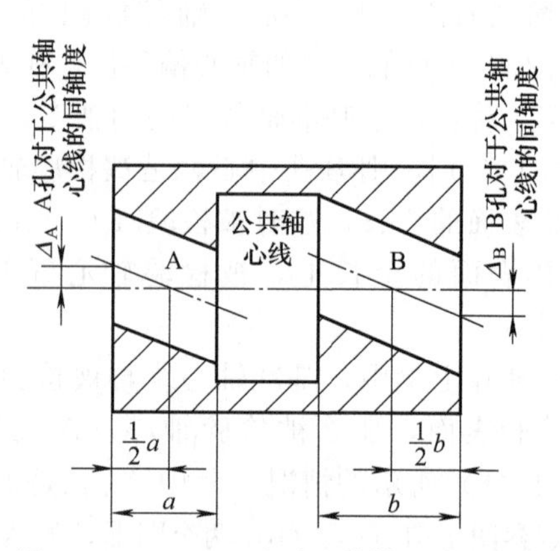

图 1-53 A、B 两孔对公共轴心的同轴度

第2章

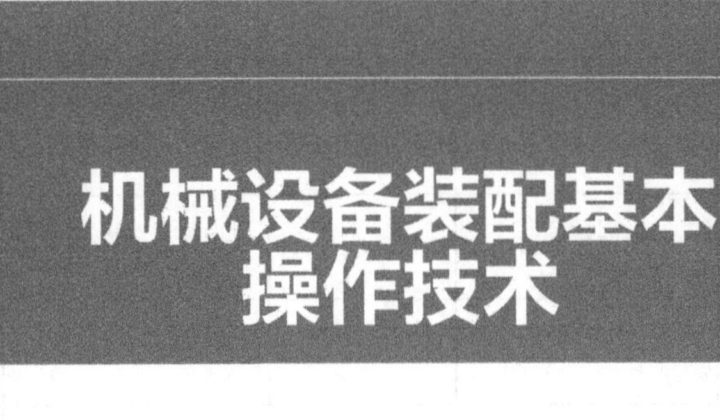

机械设备装配基本操作技术

2.1 锉削

用锉刀对工件表面进行切削加工，使工件达到所需要求的尺寸、形状和表面粗糙度，这种加工方法叫锉削。锉削在机械设备的装配及维修中应用广泛。锉削的最高精度可达 0.01mm 左右，表面粗糙度可达 $Ra1.6\mu m$ 左右。

2.1.1 锉削的工具

锉削加工的工具主要为锉刀，锉刀一般采用 T12 或 T12A 碳素工具钢经过轧制、锻造、退火、磨削、剁齿和淬火等工序加工而成，经表面淬火热处理后，其硬度不小于 62HRC。

(1) 锉刀的种类和用途

锉刀的种类很多，按锉刀使用情况，可分为普通锉刀、异形锉刀和什锦锉刀三类，其中：普通锉刀又以其断面形状分为平锉、方锉、三角锉等；异形锉刀有刀口锉、菱形锉等；什锦锉又称整形锉，外形尺寸很小，形状也很多，通常是 8 把、10 把或 12 把组成一组，成组供货。表 2-1 给出了锉刀的种类和用途。

表 2-1 锉刀的种类和用途

名称	形　状	锉号	齿形情况	用途	截面图
大方锉	正方形、向头部逐渐缩小	1、2	四面有齿	平面粗加工	
大平锉	全长截面相等	1、2	两面或三面有齿	平面粗加工	
平头扁锉	长方形、向头部逐渐缩小	3、4、5、6	三面有齿	平面和凸起的曲面	
方锉	正方形、向头部逐渐缩小	3、4、5、6	四面有齿	方形通孔方槽	
三角锉	正三角形、向头部逐渐缩小	1、2、3、4、5、6	三面有齿	三角形通孔三角槽	

续表

名称	形　状	锉号	齿形情况	用途	截面图
锯锉	向头部逐渐缩小	3、4、5、6	宽边双齿狭边单齿	锉锯齿	
刀口锉	向头部逐渐缩小	2、3、4、5、6	宽边双齿狭边单齿	楔形燕尾形的通孔	
圆锉	向头部逐渐缩小	1、2、3、4、5、6	大锉双齿小锉单齿	圆孔和圆槽	
半圆锉	向头部逐渐缩小	1、2、3、4、5、6	平面双齿圆面单齿	平面和通孔	
菱形锉	向头部逐渐缩小	2、3、4、5、6	双齿	有尖角的槽和通孔	
扁三角锉	向头部逐渐缩小	2、3、4、5、6	下面一边双齿	有尖角的槽和通孔	
橄榄锉	向头部逐渐缩小	1、2、3、4、5、6	全部双齿	半径较大的凹圆面	
什锦锉(组锉)	向头部逐渐缩小	1、2、3、4、5、6	全部双齿	各种形状通孔	各种形状
木锉	向头部逐渐缩小	1、2	锉齿大	软材料	各种形状

按锉刀齿纹齿距大小的不同，锉刀可分为：粗齿锉刀、中齿锉刀、细齿锉刀、油光锉刀、细油光锉刀 5 种，其粗细等级分如下。

① 1 号：粗齿锉刀，齿距为 2.3～0.83mm；

② 2 号：中齿锉刀，齿距为 0.77～0.42mm；

③ 3 号：细齿锉刀，齿距为 0.33～0.25mm；

④ 4 号：油光锉刀，齿距为 0.25～0.2mm；

⑤ 5 号：细油光锉刀，齿距为 0.2～0.16mm。

(2) 锉削的应用及锉刀的选用

锉削的工作范围非常广，可以锉削工件的表面、内孔、沟槽与各种形状复杂的表面。

锉削前，应正确地选用锉刀，如选择不当，会浪费工时或锉坏工件，也会过早地使锉刀失去切削能力。选用锉刀应遵循下列原则。

① 按工件所需加工部位的形状选用锉刀，图 2-1 给出了根据工件形状选用锉刀的情况。

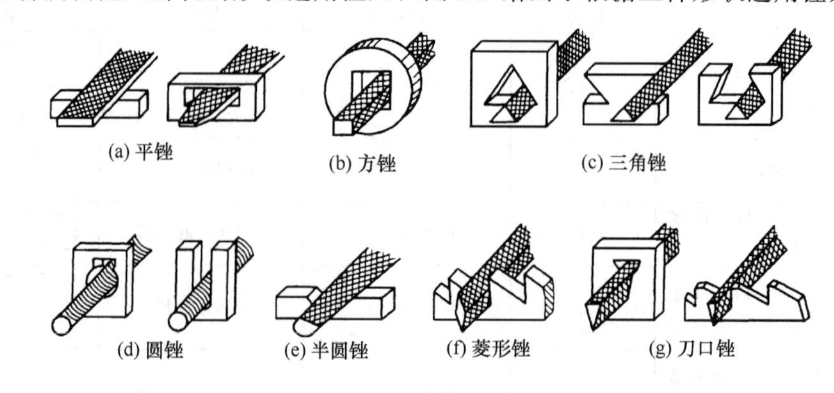

(a) 平锉　(b) 方锉　(c) 三角锉

(d) 圆锉　(e) 半圆锉　(f) 菱形锉　(g) 刀口锉

图 2-1　各种锉刀的选用

② 按工件加工的余量、精度和材料性质选用锉刀。粗齿锉刀适用于锉削加工余量大、加工精度和表面粗糙度要求不高的工件；而细齿锉刀适用于锉削加工余量小、加工精度和表面粗糙度要求较高的工件；异形锉刀用于加工特殊表面；什锦锉刀用于修整工件精密细小的部位。

2.1.2 锉削的操作

(1) 基本操作手法

锉削操作时，应熟练掌握锉刀的基本操作方法，主要有锉刀柄的装卸、锉刀的握法以及锉削时两手用力的变化等内容。

① 锉刀柄的装卸　为了能握持锉刀和使用方便，锉刀必须装上木柄。木柄必须用较紧韧的木材制作，要插孔的外部要套有一个铁圈，以防装锉时将木柄胀裂。锉刀柄安装孔的深度约等于锉舌的长度，其孔径以锉舌能自由插入 1/2 为宜。装柄与卸柄方法如图 2-2 所示。

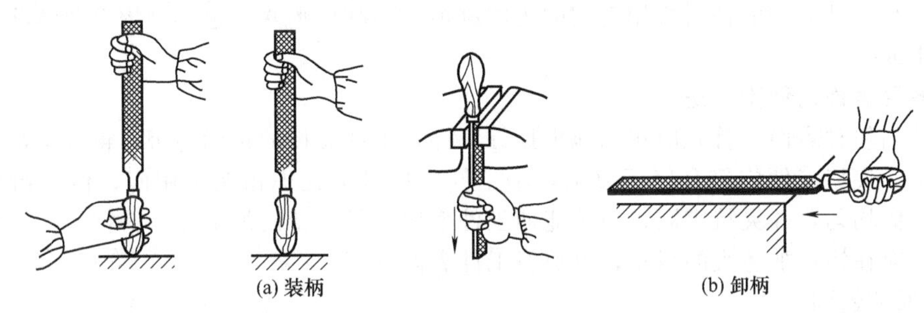

图 2-2　锉刀柄的装卸

② 锉刀的握法　锉削时，一般是右手心抵着锉刀木柄的端头握锉柄，大拇指放在木柄上面，左手压锉，如图 2-3 所示。

③ 站立姿势　锉削时对站立姿态的要求是：要以锉刀纵（轴）向中心线的垂直投影线为基准，两脚跟大致与肩同宽，右脚与锉刀纵（轴）向中心线的垂直投影线大致成 75°角，且右脚的前 1/3 处踩在投影线上；左脚与锉刀纵（轴）向中心线的垂直投影线大致成 30°角，在锉削运动中，应始终保持这种几何姿态，如图 2-4 所示。

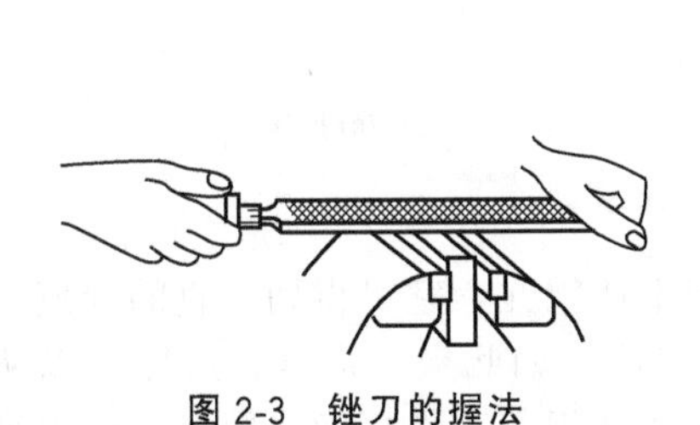

图 2-3　锉刀的握法

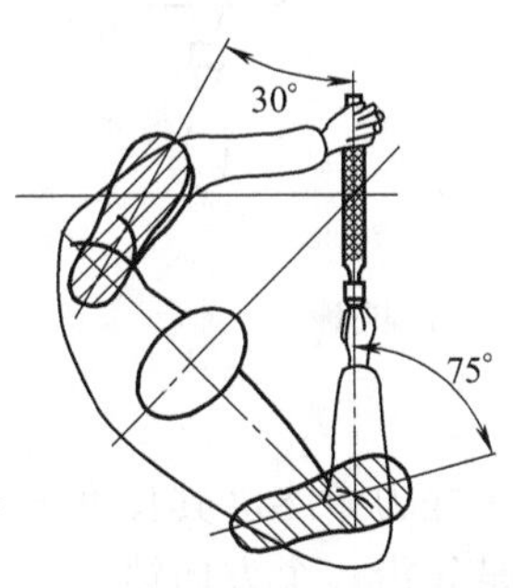

图 2-4　站立姿态

④ 锉削时的施力　锉刀推进时，应保持在水平面内运动，主要靠右手来控制，而压力的大小由两手控制，使锉刀在工件上的任一位置时，锉刀前后两端所受的力矩应相等，才能使锉刀平直水平运动。两手用力的变化，如图 2-5 所示。

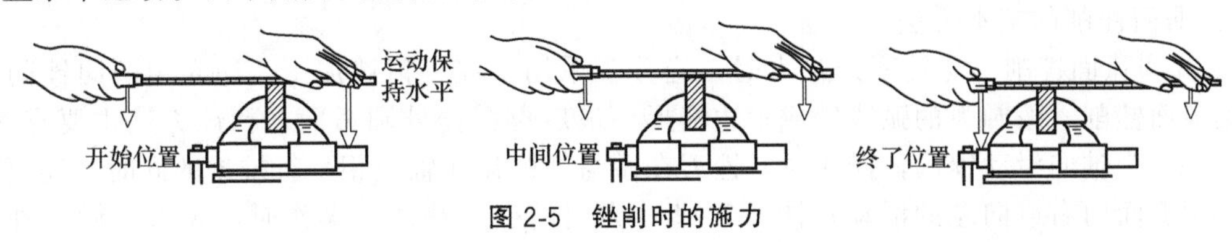

图 2-5　锉削时的施力

锉削开始时，左手压力大，右手压力小，随着锉刀向前推进，左手压力要逐渐减小，右手压力逐渐增大，到中间时两手压力应相等；再向前推进时，左手压力又逐渐减小，右手压力逐渐增大；锉刀返回时，两手都不加压力，以减少齿面磨损。如两手用力不变，则开始时刀柄会下偏，而锉削终了时，前端下垂，结果会锉成两端低，中间凸的鼓形表面。

⑤ 工件的夹持　工件夹持的正确与否，将直接影响锉削的质量与效率。一般夹持的工件应尽量夹在虎钳钳口中间，伸出钳口不要太高，且夹持牢固，但不能使工件变形；在夹持已加工面、精密工件和形状不规则工件时，应在钳口加适宜的衬垫，以免将工件表面夹坏。

⑥ 锉削时的注意事项　锉削时，要注意以下事项：新锉刀应先用一面，用钝后再使用另一面。在使用中先用于锉削软金属，使用一段时间后，再锉削硬金属，以延长锉刀使用寿命；锉刀上不可沾油或沾水，以防锉削时打滑或锉齿锈蚀；不可用锉刀来锉带有型砂的铸件或带有硬皮表面的锻件，以及经过淬硬的表面，也不可用细锉锉软金属；不可用锉刀当作装拆、锤击或撬动的工具；锉刀上的铁屑应用毛刺顺齿纹刷掉，不准用嘴吹，也不准用手去清除，以防铁屑飞进眼里或伤手。

(2) 各种表面的锉削方法

不论锉削何种表面，首先应正确地夹持好工件，工件夹持的正确与否，将直接影响锉削的质量与效率。夹持工件应符合以下要求：①工件应尽量夹在虎钳钳口中间，伸出钳口不要太高，夹持力应均匀，并夹持牢固，但不能使工件变形；②夹持已加工面、精密工件和形状不规则工件时，应在钳口加适宜的衬垫，以免将工件表面夹坏。

1）平面的锉削

常用的平面锉削方法有顺向锉、交叉锉和推锉三种，分别参见图 2-6（a）～（c）。

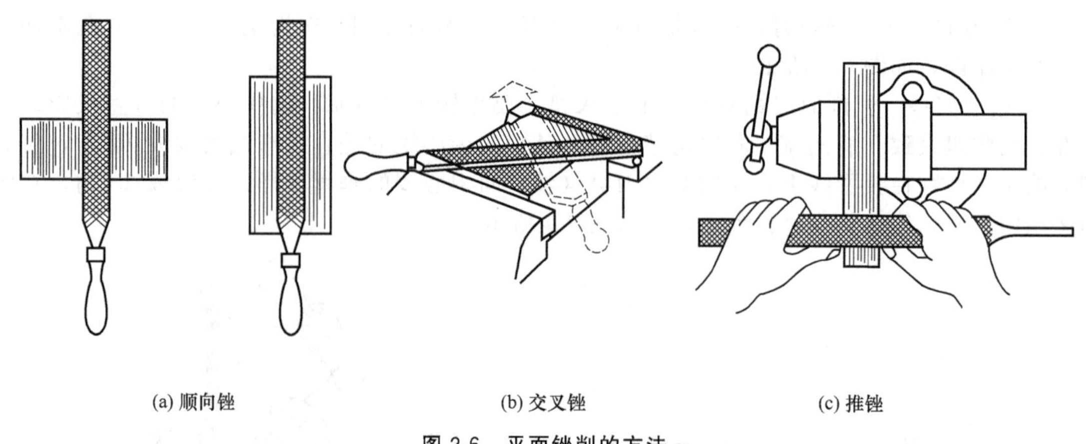

(a) 顺向锉　　(b) 交叉锉　　(c) 推锉

图 2-6　平面锉削的方法

顺向锉是锉刀始终沿其长度方向锉削，一般用于锉平或锉光，它可得到正直的锉痕。

交叉锉是先沿一个方向锉一层，然后再转 90°锉第二遍，如此交叉进行。这样可以从锉痕上发现锉削表面的高低不平情况，容易把平面锉平。此法锉刀与工件接触面较大，锉刀容易掌握平稳，适用于加工余量较大和找平的场合。

推锉是锉刀的运动与其长度方向相垂直，一般用于锉削窄长表面或是工件表面已锉平、加工余量很小时，为光洁其表面或修正尺寸用。

2）曲面锉削的基本方法

① 外圆弧面锉削　当锉削余量大时，应分步采用粗锉、精锉加工，即先用顺向锉削法横对着圆弧面锉削，按圆弧的弧线锉成多边棱形，最后再精锉外圆弧面，精锉方法主要有两种：图 2-7（a）为轴向滑动锉法，操作时，锉刀在做与外圆弧面轴线相平行推进的同时，还要做一个沿外圆弧面向右或向左的滑动；图 2-7（b）为周向摆动锉法，操作时，锉刀在做与外圆弧

面轴线相平行推进的同时，右手还要做一个沿圆弧面垂直摆动下压锉柄。

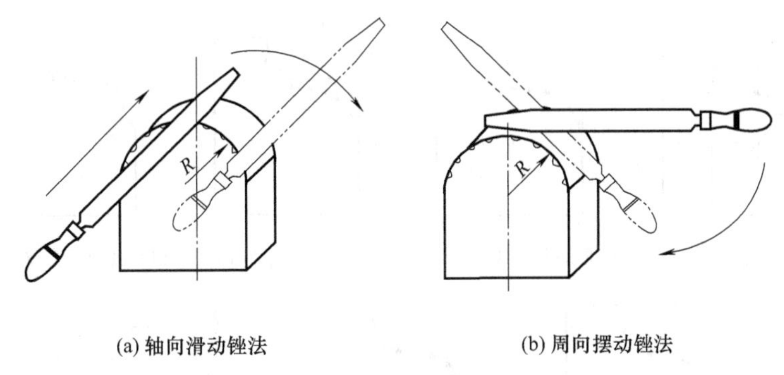

(a) 轴向滑动锉法　　(b) 周向摆动锉法

图 2-7　外圆弧面的锉削方法

② 内圆弧面锉削　锉削内圆弧面通常选用圆锉、半圆锉、方锉（圆弧半径较大）刀完成。用圆锉或半圆锉粗锉内圆弧面时，锉刀要同时合成三个运动，即锉刀与内圆弧面轴线相平行的推进运动和锉刀刀体的自身（顺时针或逆时针方向）旋转运动以及锉刀沿内圆弧面向右或向左的横向滑动，如图 2-8（a）所示；用圆锉或半圆锉精锉内圆弧面时，采用双手横握法握持刀体，锉刀要同时合成两个运动，即锉刀与内圆弧面轴线相垂直的推进运动和锉刀刀体的自身旋转运动共同进行滑动锉削的一种锉法，如图 2-8（b）所示。

③ 球面锉削　球面锉削通常选用扁锉加工。锉刀在完成外圆弧锉削复合运动的同时，还须环绕球中心做周向摆动，通常有两种操作方法。如图 2-9（a）所示为纵倾横向滑动锉法，锉刀根据球面半径 SR 摆好纵向倾斜角度 α，并在运动中保持稳定，锉刀在做推进的同时，刀体还要做自左向右的弧形滑动；如图 2-9（b）所示为侧倾垂直摆动锉法，操作时，锉刀根据球面半径 SR 摆好侧倾角度 α，并在运动中保持稳定，锉刀在推进的同时，右手还要垂直下压摆动锉柄。球面锉削操作时，要注意把球面大致分成四个区域进行对称锉削，依次循环地锉至球面顶部。

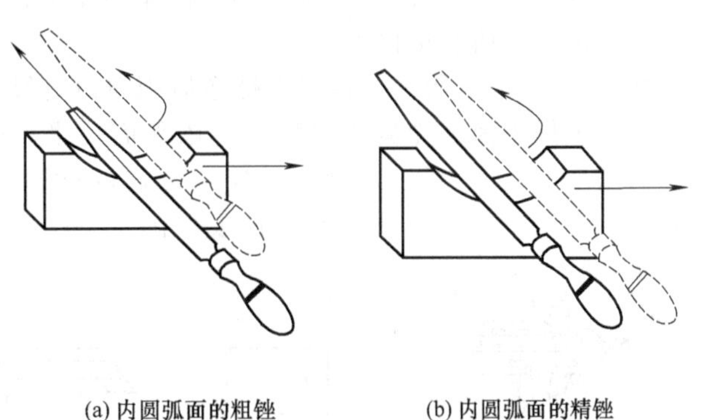

(a) 内圆弧面的粗锉　　(b) 内圆弧面的精锉

图 2-8　内圆弧面的锉削方法

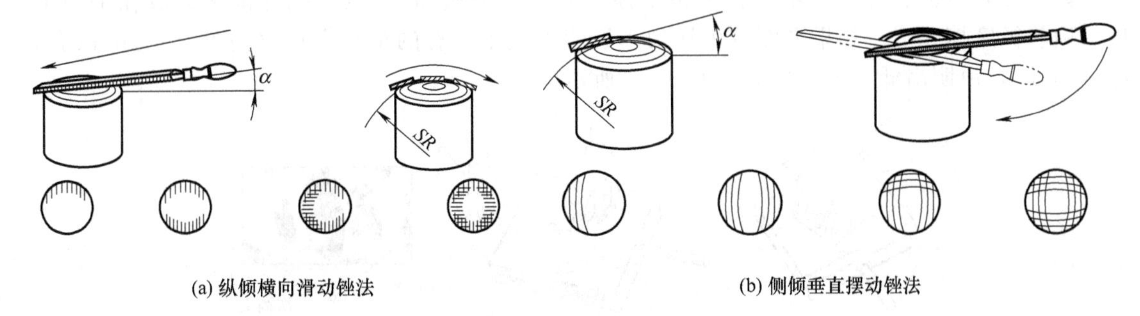

(a) 纵倾横向滑动锉法　　(b) 侧倾垂直摆动锉法

图 2-9　球面锉削的方法

3）凸圆弧面接凹圆弧面锉削的方法

如图 2-10（a）所示为加工图，首先除去加工线外多余部分，如图 2-10（b）所示；粗锉凹圆弧面 1［图 2-10（c）］，粗锉凸圆弧面 2［图 2-10（d）］；再半精锉凹圆弧面 1［图 2-10

(e)]，后半精锉凸圆弧面 2 [图 2-10 (f)]；最后精锉凹圆弧面 1 和凸圆弧面 2 [图 2-10 (g)]。

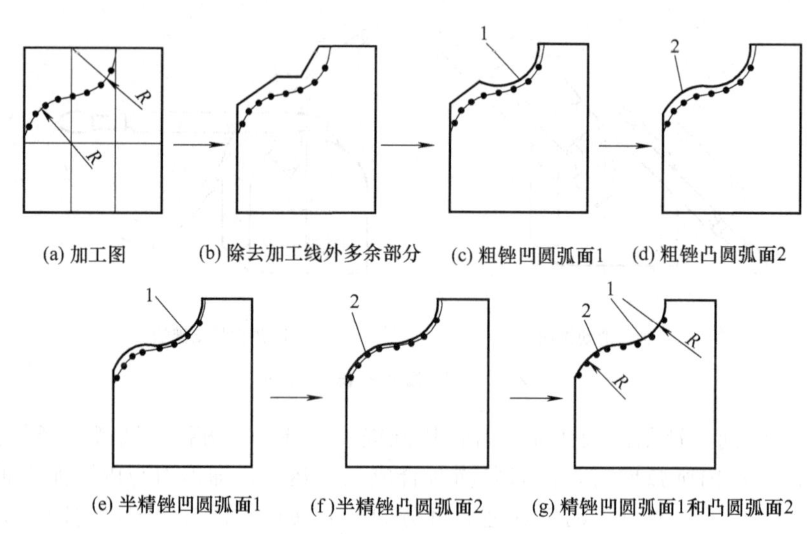

图 2-10 凸圆弧面接凹圆弧面锉削工艺

(3) 锉削质量检查

① 检查平直度　检查平直度的方法基本上有两种；一是用刀口直尺或钢板尺以透光法来检查，二是采用研磨法检查。

如图 2-11 (a) 所示，将工件擦净后用刀口直尺或钢板尺靠在工件平面上。如果刀口直尺、钢板尺与工件表面透光微弱而均匀，该平面是平直的，假如透光强弱不一，表明该面高低不平，如图 2-11 (c) 所示。检查时应在工件的横向、纵向和对角线方向多处进行，如图 2-11 (b) 所示。钢板尺一般只在粗加工时使用。

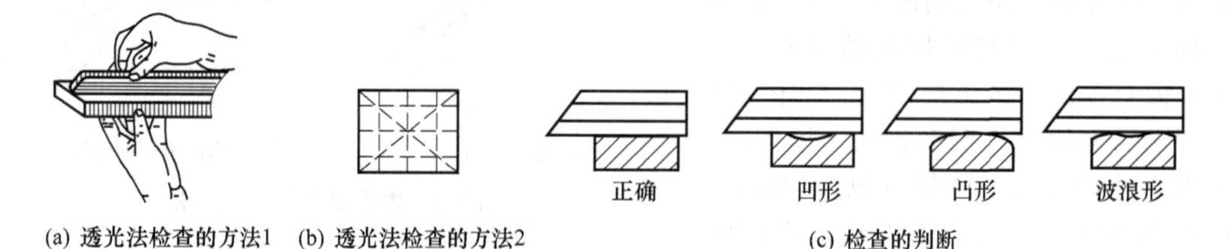

图 2-11 用刀口尺检查直线度

如图 2-12 (a)、(b) 所示，在平板上涂红丹粉（或蓝油），然后把锉削平面放在平板上，均匀地轻微摩擦几下。如果平面着色均匀，说明平直了。有的呈灰亮色（高处），有的没有着色（凹处），说明高低不平，如图 2-12 (c) 所示。

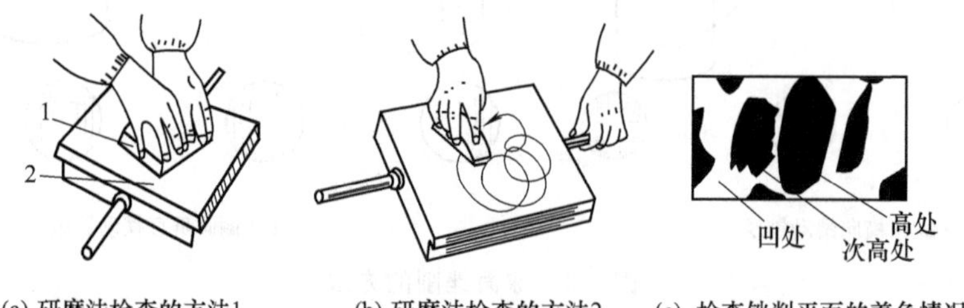

图 2-12 研磨法检查平直度

1—工件；2—标准板

② 检查垂直度　使用直角尺（俗称弯尺），同样采用透光法。以基准面为基准，对其他各面有次序地检查，如图 2-13（a）所示。阴影部分为基准面。

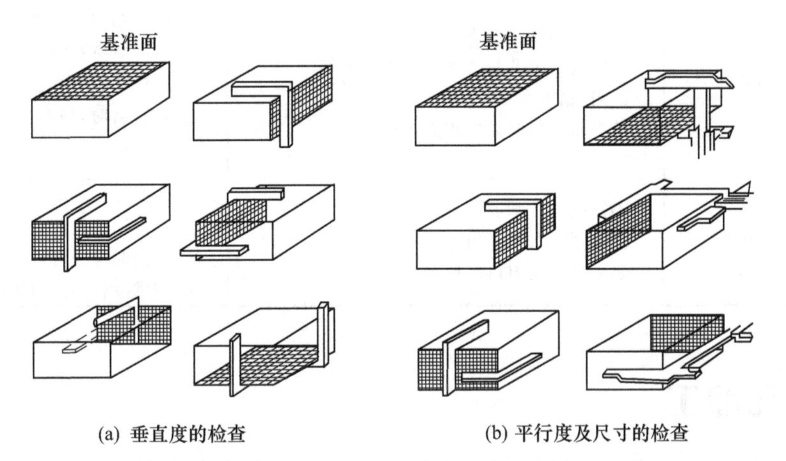

(a) 垂直度的检查　　(b) 平行度及尺寸的检查

图 2-13　检查垂直度、平行度及尺寸

③ 检查平行度与尺寸　平行度可用游标卡尺与千分尺进行检查。使用千分尺时，要根据工件的尺寸大小选择相应规格的千分尺。检查时在全长不同的位置上多测量几次，如图 2-13（b）所示。

④ 检测内、外圆弧面及球面的误差　对于锉削加工后的内、外圆弧面及球面，可采用半径样板检测其轮廓度，半径样板通常包括凹半径样板和凸半径样板两类，如图 2-14 所示。

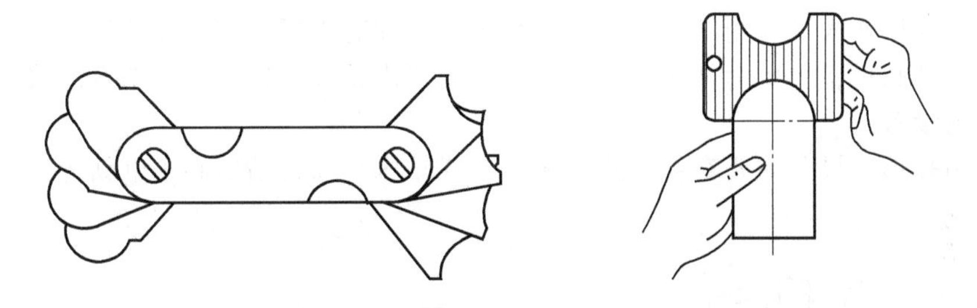

(a) 半径样板外板　　(b) 采用凹半径样板检测外圆弧面轮廓度

图 2-14　采用半径样板检测轮廓度

⑤ 检查表面粗糙度　一般用眼睛直接观察，为鉴定准确，可使用表面粗糙度样板对照检查。

2.1.3　锉削常见缺陷及防止措施

表 2-2 给出了锉削常见缺陷及防止措施。

表 2-2　锉削常见的缺陷及防止措施

常见缺陷	产生原因	防止措施
零件表面夹伤或变形	①台虎钳口未装软钳口 ②夹紧面积小,夹紧力大	①夹持零件时应装软钳口 ②调整夹紧位置及夹紧力 ③圆形零件夹紧时应加 V 形架
零件尺寸偏小超差	①划线不准确 ②锉削时未及时测量尺寸 ③锉削时忽视形位公差的影响	①划线要细心,划后应检查 ②粗锉时应留余量,精锉时应检查尺寸 ③锉削时应统一协调尺寸与形位公差

续表

常见缺陷	产生原因	防止措施
表面粗糙度超差	①锉刀齿纹选择不当 ②锉削时未及时清理锉纹中的锉屑 ③粗、精锉余量选用不当 ④直角锉削时未选用光边锉刀	①应依据表面粗糙度合理选择齿纹 ②锉削时应及时清理锉刀中的锉屑 ③精锉的余量应适当 ④锉直角时，应选用光边锉刀，以免锉伤直角面
零件表面中间凸、塌角或塌边	①锉削方法掌握不当 ②锉削用力不平衡 ③未及时用刀口尺检查平面度	①依据零件加工表面选择锉削方法 ②用推锉法精锉表面 ③锉削时应经常检查平面度，修锉表面 ④应掌握各种锉削法的锉削平衡

2.2 孔加工

用钻头在材料上加工出孔的操作称为钻孔。孔加工的方法主要有两类：一类是在实体工件上加工出孔，即用麻花钻、中心钻等进行的孔加工，俗称钻孔；另一类是对已有孔进行再加工，即用扩孔钻、锪孔钻和铰刀进行的孔加工，分别称为扩孔、锪孔和铰孔。

2.2.1 钻孔的设备与工具

钻孔属孔的粗加工，其加工孔的精度一般为1T11～1T13，表面粗糙度 Ra 约为50～12.5μm，故只能用作加工精度要求不高的孔。

钻孔加工需要操作人员利用钻孔设备及钻孔工具，同时需要一定的钻孔操作技能才能较好地完成。使用的钻孔设备主要为钻床，钻孔工具则主要由钻头及钻孔辅助工具组成。

(1) 钻孔的设备

常使用的钻孔加工设备主要有：台式钻床、立式钻床、摇臂钻床和手电钻等，其构造如图2-15所示。

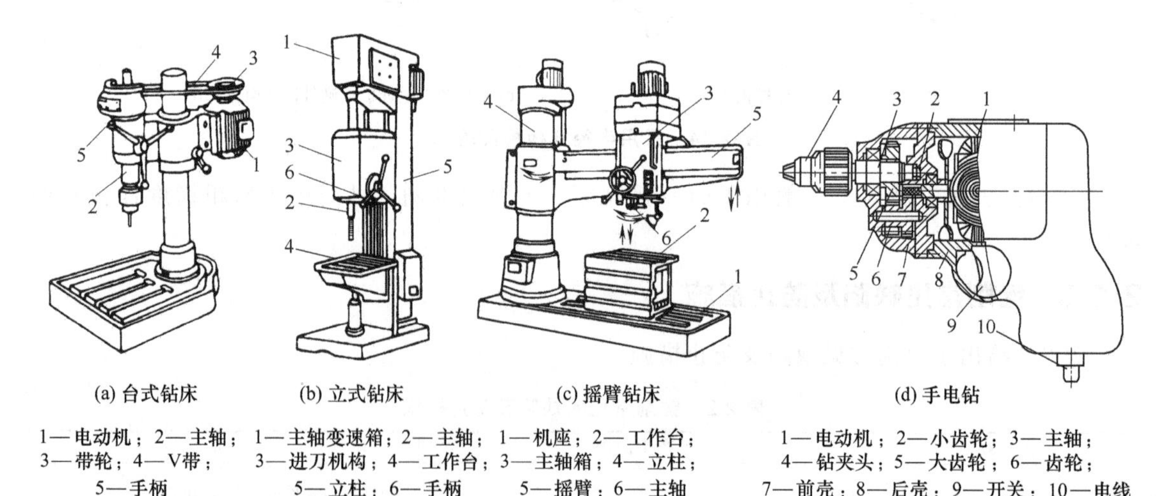

(a) 台式钻床　(b) 立式钻床　(c) 摇臂钻床　(d) 手电钻

(a) 1—电动机；2—主轴；3—带轮；4—V带；5—手柄

(b) 1—主轴变速箱；2—主轴；3—进刀机构；4—工作台；5—立柱；6—手柄

(c) 1—机座；2—工作台；3—主轴箱；4—立柱；5—摇臂；6—主轴

(d) 1—电动机；2—小齿轮；3—主轴；4—钻夹头；5—大齿轮；6—齿轮；7—前壳；8—后壳；9—开关；10—电线

图2-15　钻孔设备结构图

① 台式钻床　台式钻床简称台钻，是一种小型钻床，一般安装在台案或铸铁方箱上，使用方便、灵活性大，又由于变速部分直接用带轮传动获得，最低转速较高，一般在400r/min以上，故生产效率较高，是零件加工、装配和修理工作中常用的设备，加工孔的直径一般在

12mm 以下，同时，台式钻床也由于转速较高，对有些特殊材料或工艺需用低速加工的孔不适用。

② 立式钻床　立式钻床简称立钻，是一种应用广泛的孔加工设备，由于可以自动进给，它的功率和机构强度允许采用较高的切削用量，因此用这种钻床可获得较高的劳动生产率，并可获得较高的加工精度。一般用来钻中型工件上的孔，其最大钻孔直径有 25mm、35mm、40mm、50mm 几种。此外，这类钻床转速和进给量都有较大的变动范围，不仅可适应不同材料的钻孔加工，而且可进行扩孔、锪孔和铰孔、攻螺纹等方面的加工。

③ 摇臂钻床　摇臂钻床适用于加工大型、笨重工件和多孔的工件，它是靠移动钻轴对准工件上孔的中心来钻孔的。由于其主轴转速范围和进给量较大，因此，加工范围广泛，既可用于钻孔、扩孔、铰孔和攻螺纹等多种孔加工，也可用于锪平面、环切大圆孔、镗孔等多种加工工作。

工作时，工件安装在机座 1 或其上的工作台 2 上［图 2-15（c）］，主轴箱 3 装在可绕垂直立柱 4 回移的摇臂 5 上，并可沿摇臂上水平导轨往复运动。由于主轴变速箱能在摇臂上做大范围的移动，而摇臂又能绕立柱回转 360°，因此，可将主轴 6 调整到机床加工范围内的任何位置上。在摇臂钻床上加工多孔工件时，工件不动，只要调整摇臂和主轴箱在摇臂上的位置即可。

主轴移到所需位置后，摇臂可用电动胀闸锁紧在立柱上，主轴箱可用偏心锁紧装置固定在摇臂上。

④ 手电钻　手电钻是一种手提式电动工具。在大型工件装配时，受工件形状或加工部位的限制不能使用钻床钻孔时，即可使用手电钻加工。

手电钻电压分别为单相（220V、36V）或三相（380V）两种。采用单相电压的电钻规格有 6mm、10mm、13mm、19mm、23mm 五种；采用三相电压的电钻规格有 13mm、19mm、23mm 三种。

(2) 钻头

钻头是钻孔的主要工具，它的种类很多，常用的有中心钻头、麻花钻头等。

1）中心钻

中心钻专用于在工件端面上钻出中心孔，主要用于利用工件端面孔定位的零件加工及麻花钻钻孔初始的定心。按其结构形式的不同，分为普通中心钻、不带护锥 60°复合中心钻、带护锥 60°复合中心钻和锥柄中心锪钻四类，如表 2-3 所示。

表 2-3　常用中心钻类型

名　称	尺寸范围/mm	简　图
普通中心钻	$d=1\sim12$	d
不带护锥 60°复合中心钻	$d=1\sim6$	d 60° 120°
带护锥 60°复合中心钻	$d=1\sim6$	d 60° 120° 120°
锥柄中心锪钻	$D=22\sim60$	d 60° D

中心钻的结构与麻花钻相同，只是比较短一些。中心锪钻是一种多齿钻头，在使用中心钻

时应注意：①用中心钻与中心锪钻配合加工大尺寸（$d>6$mm）的中心孔时，应先用中心钻钻出孔，再用中心锪钻锪出要求的定心锥孔。②用中心钻与中心锪钻配合或用复合中心钻可加工小尺寸（$d=1\sim6$mm）的中心孔。复合中心钻的结构实际上是由麻花钻和锪钻组合成的，钻孔时一次就能将中心孔全部加工完毕，所以经常被使用。③复合中心钻两端都磨有切削刃，分为带护锥和不带护锥两种。对于加工工序多、精度高的中心孔，为了避免工件的定心锥孔在搬运过程中被碰坏，一般采用带护锥的复合中心钻加工。

2）麻花钻

麻花钻由于钻头的工作部分形状似麻花状故而得名，是生产中使用最多、最广的钻孔工具，用来在工件上钻削直径为 $\phi1\sim80$mm 的孔。

麻花钻根据其工作部分材料的不同，可分为高速钢麻花钻（工作部分的材料为高速钢）和镶硬质合金麻花钻（工作部分的材料为硬质合金）等。钻头直径大于 6～8mm 时，常制成焊接式结构，即工作部分材料为高速钢，其常温硬度为 63～70HRC，热硬性可达 500～650℃，常用的牌号有 W18Cr4V 和 W6Mo5Cr4V2，柄部的材料一般选用 45 钢或 T6 钢制成，其硬度为 30～45HRC，高速钢麻花钻适用于加工一般碳素钢、铸铁、软金属等。硬质合金钻头的工作部分为嵌焊硬质合金刀片，其常温硬度可达 69～81HRC，热硬性可达 800～1000℃，常用的牌号有 YG8 和 YW2，硬质合金麻花钻适用于加工高强度钢、淬火铁、非金属材料、高速切削铸铁等。

根据柄部形状的不同，麻花钻又可分为直柄麻花钻［图 2-16（a）］和锥柄麻花钻［图2-16（b）］两类。

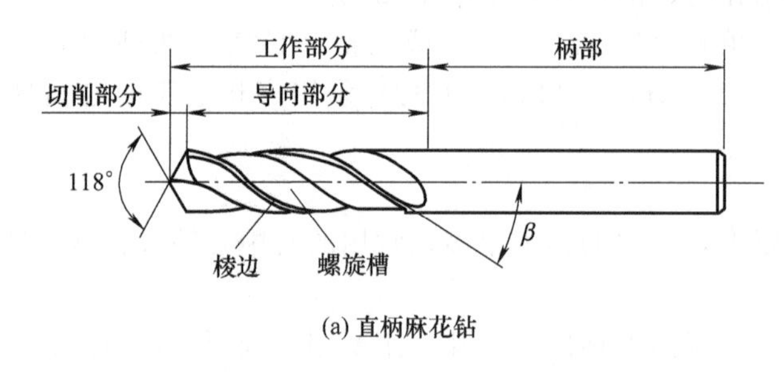

(a) 直柄麻花钻

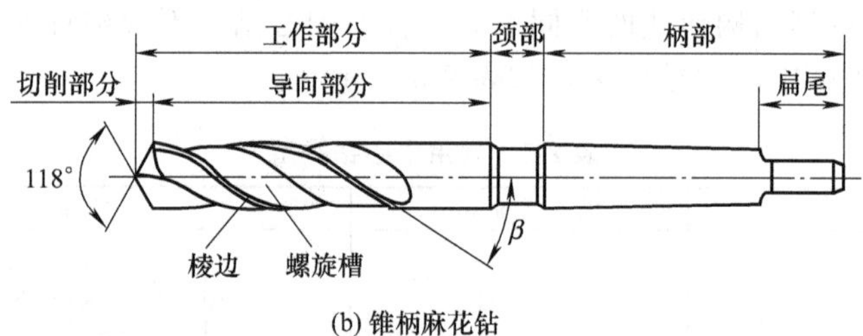

(b) 锥柄麻花钻

图 2-16　麻花钻的结构

(3) 钻孔辅助工具

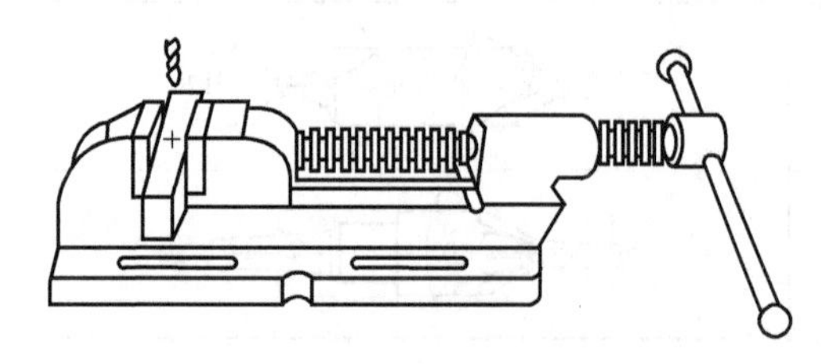

图 2-17　机床用平口钳

钻孔加工除必需的钻孔设备、钻头外，有时，还需一些钻孔辅助工具，如：分度头、千斤顶、方箱、压板等，此外，还常用到以下辅助工具。

① 机床用平口钳　在平整的工件上钻孔一般采用机床用平口钳（图 2-17）夹持。它分为一般平口钳和精密平口钳两种。精密平口钳四面都可作为基准，因此生产中采用它作为精密件的钻孔

定位基准。

② V形架　V形架是由两个定位平面并形成夹角α的一种定位件，常配合压板共同使用。V形架的标准夹角α有60°、90°和120°三种。小型V形架一般用20钢制造，表面渗碳淬硬达60～64HRC。大型的可用铸铁制造，在其工作面镶有可换的渗碳淬硬钢板，使用方法如图2-18所示。

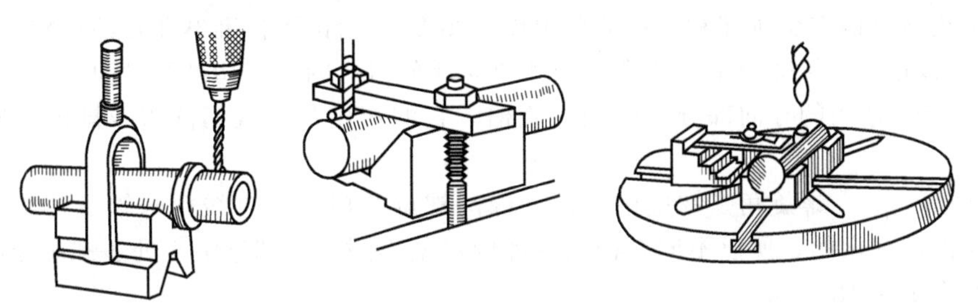

(a) 小孔的V形架装夹　(b) 较大孔的V形架装夹　(c) 较大孔的V形架装夹

图2-18　V形架的使用

③ 手用虎钳及压板　钻孔中的安全事故，大都是由于工件夹持方法不对造成的。当手不能拿住的小工件和钻头直径超过8mm且钻削力不大时，必须用手用虎钳夹持工件，如图2-19(a)所示；在较大工件上钻削较大孔径时，可用压板、螺钉将工件直接固定在钻床工作台上，如图2-19(b)所示。

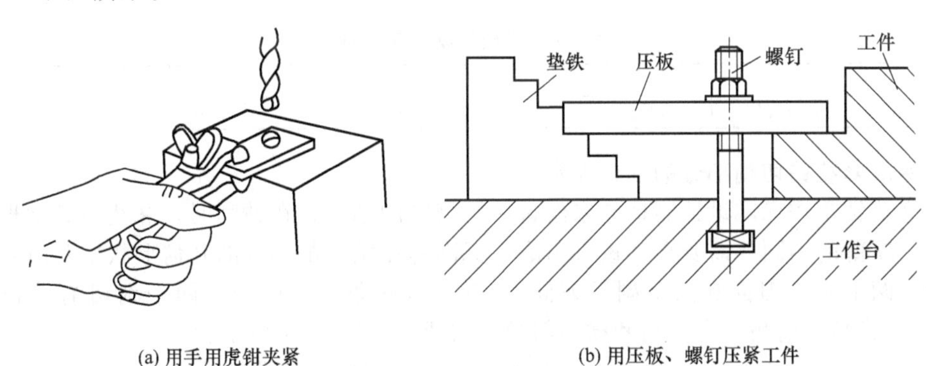

(a) 用手用虎钳夹紧　(b) 用压板、螺钉压紧工件

图2-19　工件的夹持

用压板和螺钉压住工件钻孔时应注意以下方面：a. 使垫铁和螺钉尽量靠近工件，使压紧力加大，防止工件在加工时受力，使压板弯曲、变形。b. 用垫铁应比所压工件部分略高或等高，用阶梯垫铁时，则应采用较高的一挡。垫铁比工件略高有三点好处：一是可使夹紧点不在工件边缘上而在偏里面处，工件不会翘起来；二是垫铁略高时，用已变形而微下弯的压板能把工件压得较紧；三是垫铁略高时，把螺母拧紧，压板变形后还有较大的压紧面积。c. 如果工件表面已经过精加工，在压板下应垫一块铜皮或铝皮，以免在工件上压出印痕。为了防止擦伤精加工过的表面，在工件底面应垫纸。

④ 弯板　弯板由铸铁或钢制成，两边相互垂直。为装夹工件方便，上面加工有槽和螺纹孔。弯板的用途是用来固定形状复杂且不好装夹的工件。钻孔时可用手扶着，大孔可固定在工作台面(图2-20)。

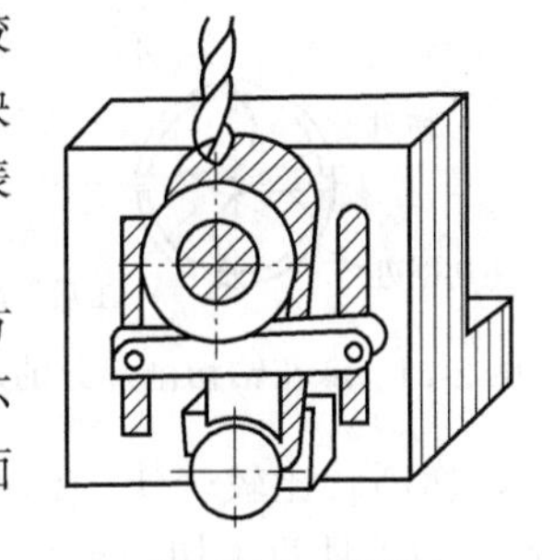

图2-20　弯板

2.2.2 麻花钻的刃磨

麻花钻是机械加工中使用最广泛的钻孔工具，然而在使用过程中，其切削部分容易变钝，此时，需要对其进行刃磨，以恢复切削部分的锋利。

(1) 麻花钻的结构

标准麻花钻由柄部、颈部和工作部分组成，图 2-16 给出了标准麻花钻的结构。

① 工作部分　工作部分是由切削部分和导向部分组成的，起切削和导向作用。

② 螺旋槽　钻头的导向部分有两条螺旋槽，它的作用是构成切削刃，排出切屑和流通切削液。

③ 螺旋角（β）　螺旋角是螺旋槽上最外缘的螺旋线展开成直线后与轴线之间的夹角。由于螺旋槽导程是一定的，所以不同直径处的螺旋角是不同的，越近中心处的螺旋角越小，标准麻花钻的螺旋角为 18°～30°。

④ 棱边　在切削过程中，为了减少钻身与孔壁之间的摩擦，沿着螺旋槽一侧的圆柱表面上制出了两条略带倒锥的凸起刃带就是棱边。棱边同时也是切削部分的后备部分，棱边也具有一定修光孔壁的作用。

⑤ 颈部　莫氏锥柄钻头在颈部标有商标、钻头直径和材料牌号。

⑥ 柄部　钻削时传递转矩和轴向力。麻花钻的柄部分为直柄和莫氏锥柄两种。一般直径小于 13mm 的钻头做成圆柱直柄，但传递的转矩比较小；一般直径大于 13mm 的钻头做成莫氏锥柄，传递的转矩比较大。莫氏锥柄钻头的直径如表 2-4 所示。

表 2-4　莫氏锥柄钻头参数

莫氏锥柄号	1	2	3	4	5	6
钻头直径 D/mm	6～15.5	15.6～23.5	23.6～32.5	32.6～49.5	49.6～65	65～80

(2) 标准麻花钻切削部分的几何参数

标准麻花钻是按标准设计制造的未经过后续修磨的钻头，在钻削时，麻花钻又常根据加工工件材质、厚薄的不同，需要重新进行刃磨。标准麻花钻切削部分的几何形状主要由六面（两个前刀面、两个主后刀面和两个副后刀面）、五刃（两条主切削刃、两条副切削刃和一条横刃）、四角（锋角、前角、主后角和横刃斜角）组成，如图 2-21 所示。

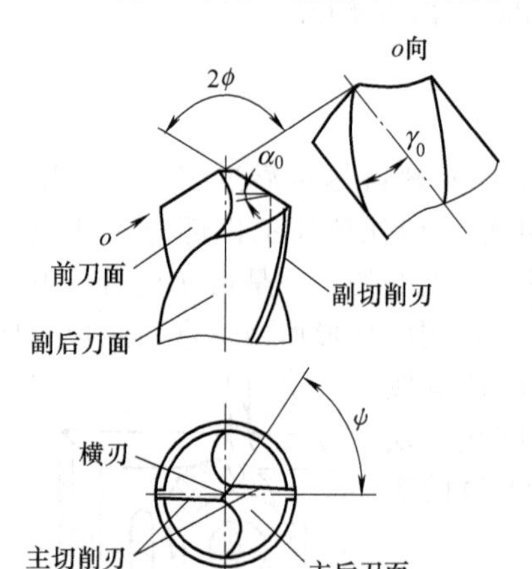

图 2-21　麻花钻切削部分的几何形状

① 前刀面　前刀面是指螺旋槽表面。

② 主后刀面　主后刀面是指钻顶的螺旋圆锥表面。

③ 副后刀面　副后刀面是指低于棱边的圆柱表面。

④ 主切削刃　主切削刃是指前刀面与主后刀面所形成的交线。

⑤ 副切削刃　副切削刃是指前刀面与棱边圆柱表面（凸起刃带）所形成的交线。

⑥ 横刃　横刃是指两主后刀面所形成的交线。横刃太短会影响钻尖的强度，横刃太长会使轴向抗力增大，影响钻削效率。

⑦ 锋角（2ϕ）　锋角是指钻头两主切削刃在其平行平面内投影的夹角。锋角越大，主切削刃就越短，定心就越差，钻出的孔径就越大。但是锋角增大，前角也会随之增大，切削就比较轻快。标准麻花钻的锋角一般为 118°±2°，锋角为 118°时两主切削刃呈直线；大于 118°时两主切削刃呈内凹曲线；小于 118°时两主切削刃呈外凸曲线。为适应不同的加工

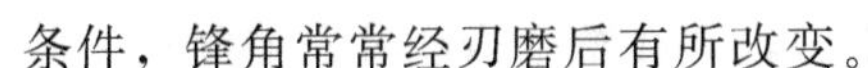

条件，锋角常常经刃磨后有所改变。

⑧ 前角（γ_0） 前角是主切削刃上任一点的基面与前面之间的夹角（图 2-22）。由于螺旋槽形状的特点，在切削刃各个点上，前角的数值不同，越靠近中心的点，前角越小；越靠近外边缘，前角越大。切削层的变形越小，摩擦越小，所以切削越省力，切屑越容易流出。一般情况下，最靠近中心处，前角约为 0°，最靠近边缘处，前角在 18°～30°。靠近横刃处主切削刃上前角为−30°左右。

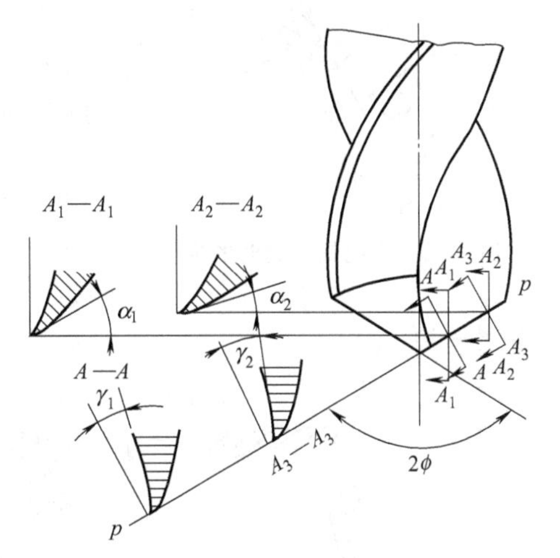

图 2-22 麻花钻的前角

⑨ 主后角（α_0） 主后角是切削平面与主后刀面的夹角。主后角的作用是减小主后刀面与切削面间的摩擦。主切削刃上各点主后角是不相同的，外缘处最小，自外向内逐渐增大。直径为 15～30mm 的麻花钻，外缘处的主后角为 9°～12°，钻心处的主后角为 20°～26°，横刃处的主后角为 30°～60°。

⑩ 横刃斜角（ψ） 横刃斜角是在垂直于钻头轴线的端面投影中，横刃与主切削刃之间的夹角。它的大小由主后角的大小决定，主后角大时，横刃斜角就减小，横刃就比较长；主后角小时，横刃斜角就增大，横刃就比较短。横刃斜角一般为 50°～55°。

(3) 标准麻花钻的缺点

① 主切削刃上各点前角的变化很大，外缘处且靠近横刃处有 1/3 长度范围的主切削刃的前角为负值，在工作时处于刮削状态，从而形成很大的轴向分力。

② 由于横刃过长，且横刃前角均为绝对值很大的负值，工作时为挤压刮削，从而增大了轴向分力且磨损严重，同时由于横刃较长，会导致定心效果比较差、钻削时容易产生振动，从而影响钻孔质量。

③ 由于主切削刃外缘处的切削速度为最高，因而切削负荷大，其前角又为最大值，会使强度大大降低，加上副切削刃的后角为零和散热条件差，会导致磨损严重并影响钻头寿命。

④ 由于主切削刃很长且全部参加切削，各处切屑排出的速度和方向不一样，使切屑容易在螺旋槽中发生堵塞。因为排屑不畅，所以切削液难以进入切削区。

在钻削不同材料时，麻花钻切削部分的角度和形状也略有不同，另外，标准麻花钻本身也存在一些结构上的缺点，影响切削性能，因此，也需要对标准麻花钻进行适当刃磨，通过这种刃磨方式，使麻花钻的切削部分磨成所需要的几何参数（故称为修磨），使钻头具有良好的钻削性能。正确地刃磨与修磨钻头，对钻孔质量、效率和钻头使用寿命等都有直接影响。

(4) 标准麻花钻刃磨的操作

标准麻花钻的刃磨主要是刃磨两个主切削刃及其后角，手工刃磨钻头是在砂轮机上进行的，要求刃磨砂轮的外圆柱表面要平整，砂轮旋转时，必须严格控制其跳动量。

① 砂轮的选择 刃磨高速钢钻头一般采用粒度为 F46～F80、硬度等级为中软级（K、L）的氧化铝砂轮（又称刚玉砂轮）；刃磨硬质合金钻头一般采用粒度为 F36～F60、硬度等级为中软级（K、L）的碳化硅砂轮。

② 刃磨麻花钻的操作方法 刃磨时，右手大拇指与其他四指上下相对捏住钻头的前端，左手大拇指与其他四指上下相对捏住钻头的尾端，两手共同协调以控制钻头的刃磨，如图2-23所示。

在接触砂轮之前（1～2mm），首先要摆好钻头轴线与砂轮圆柱母线在水平面内的夹角，

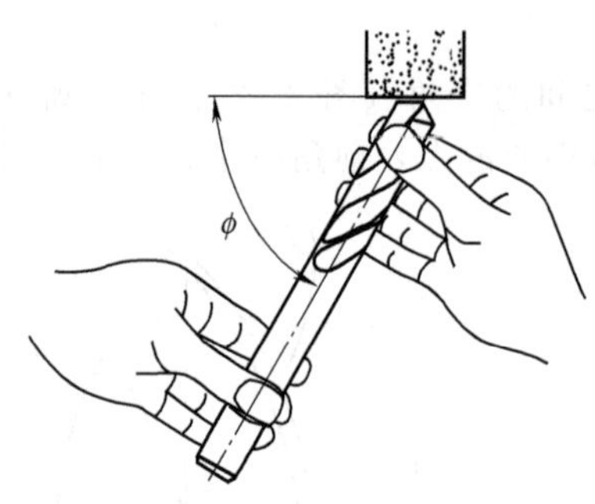

图 2-23　麻花钻刃磨时的握法

即 1/2 锋角（ϕ=58°～60°），并在整个刃磨过程中要基本保持这个角度（图 2-23）。以主切削刃的稍下部分（即钻尾轴线稍低于水平面）先行接触砂轮并开始刃磨［图 2-24（a)］，此时用力要轻些，同时双手要协同动作，使钻尾呈扇形自上而下地摆动刃磨主后刀面［图 2-24（b)］，并按螺旋角的旋转钻身 18°～30°，此时随着旋转，用力要逐渐增大；返回时，使钻尾呈扇形自下而上地摆动刃磨主后刀面，用力要逐渐减小，钻身轴线要摆至水平状态［图 2-24（c)］，以便磨到主切削刃，当磨到主切削刃时，用力一定要轻，并要控制好 1/2 锋角。每磨一至二遍后就转过 180°刃磨另一边。

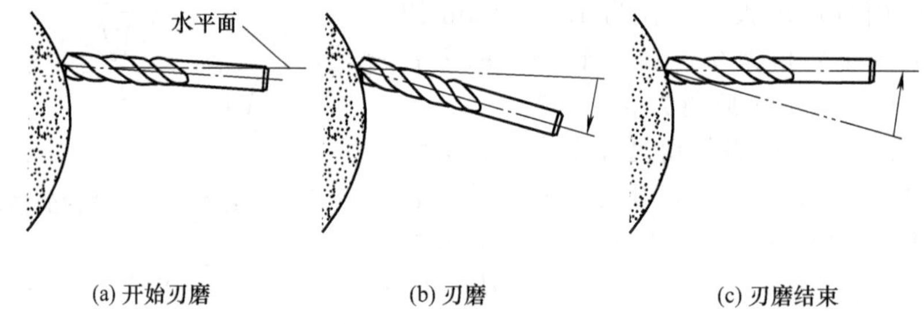

(a) 开始刃磨　　(b) 刃磨　　(c) 刃磨结束

图 2-24　刃磨主切削刃和主后刀面

③ 刃磨注意事项　在刃磨过程中，要经常检查两主切削刃的锋角是否对称、两主切削刃的长度是否等长，直至符合要求。检查可用样板进行，也可用目测法，目测时，要将钻头竖起，立在眼前，两眼平视，观察刃口一次后，应将钻头轴心线旋转 180°，再观察，并循环观察几次，以减少视差的影响。

刃磨时，钻头锋角 2ϕ 的具体数值可根据钻削材料的不同按表 2-5 选择。

表 2-5　不同材料选取的锋角数值

工件材料	2ϕ/(°)	工件材料	2ϕ/(°)
钢、铸铁、硬青铜	116～120	纯铜	125
不锈钢、高强度钢、耐热合金	125～150	锌合金、镁合金	90～100
黄铜、软青铜	130	硬材料、硬塑料、胶木	50～90
铝合金、巴氏合金	140		

刃磨时，最好不要从刀背向刃口方向进行磨削，以免刃口退火；对于高速钢钻头，每磨一至二次后就要及时将钻头放入水中进行冷却，防止退火。

(5) 标准麻花钻修磨的操作

为提高标准麻花钻的钻削性能，针对麻花钻的主要缺点，可通过有针对性地修磨，逐一改善其切削条件，逐步克服标准麻花钻的一些缺点。修磨标准麻花钻常用的方式及操作方法主要有以下几种。

1）修磨横刃

麻花钻的横刃给切削过程带来极坏的影响，很容易造成引偏，因此修磨横刃便成为改进麻花钻切削性能的重要措施。

修磨横刃的操作方法是：首先接近砂轮右侧并摆好钻身角度，钻尾相对砂轮水平面下倾 20°左右［图 2-25（a)］，同时相对砂轮侧面外倾 10°左右［图 2-25（b)］。然后手持钻头从主后刀面和螺旋槽的外缘接触砂轮右侧外圆柱面，由外缘向钻心移动，并逐渐磨至横刃，此时用力

要由大逐渐减小（以防止钻心和横刃处退火）；每磨一至二次后就转过180°刃磨另一边，直至符合要求。

修磨横刃时对砂轮的要求：一是砂轮的直径要小一些；二是砂轮的外圆柱面要平整；三是砂轮外圆棱角要清晰。

修磨横刃的方法主要有以下几种。

① 将整个横刃磨去，如图2-26（a）所示。用砂轮把原来的横刃全部磨去，以形成新的切削力，加大该处前角，使轴向力大大减小。这种修磨方法使钻头新形成的两钻尖强度减弱，定心不好，只适用于加工铸铁等强度较低的材料。

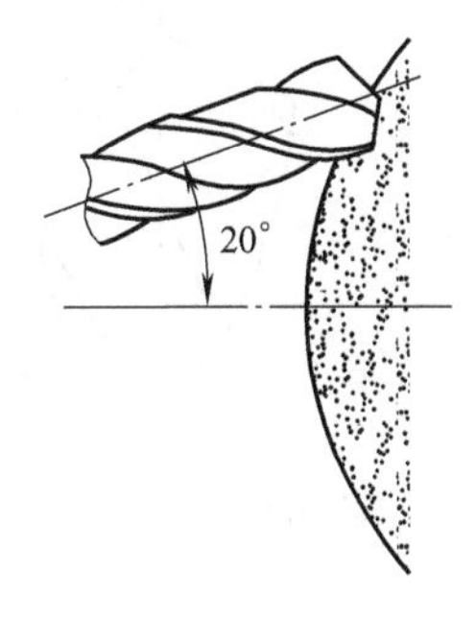

(a) 修磨横刃钻身的角度

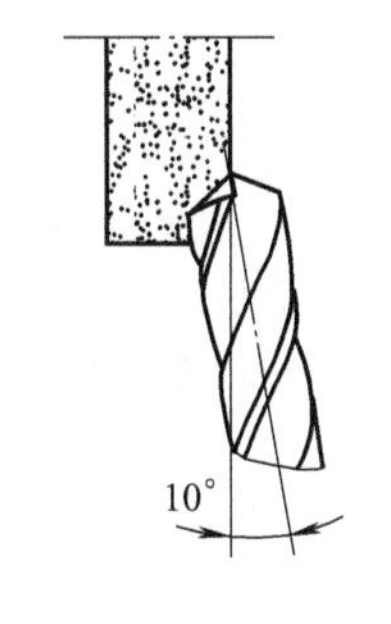

(b) 修磨横刃钻尾的角度

图 2-25 修磨横刃的操作

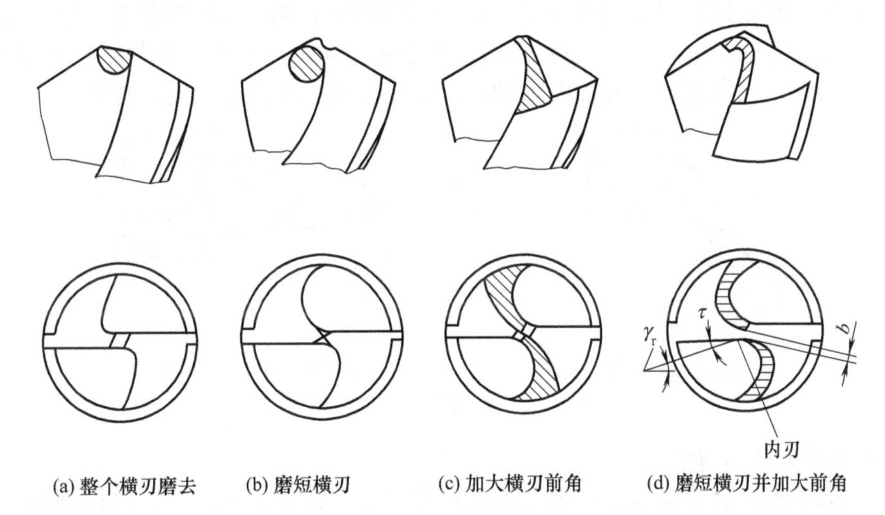

(a) 整个横刃磨去 (b) 磨短横刃 (c) 加大横刃前角 (d) 磨短横刃并加大前角

图 2-26 横刃修磨形式

② 磨短横刃，如图2-26（b）所示。采用这种修磨方法可以减少因横刃造成的不利因素。

③ 加大横刃前角，如图2-26（c）所示。横刃长度不变，将其分为两半，分别磨出一定前角（可磨出正的前角），从而改善切削条件，但修磨后钻尖被削弱，不宜加工硬材料。

④ 磨短横刃并加大前角，如图2-26（d）所示。这种修磨方法是沿钻刃后面的背棱刃磨至钻心，将原来的横刃磨短（约为原来横刃长度的1/3～1/5）并形成两条新的内直刃。内刃斜角τ（内刃与主刃在端面投影的夹角）大约为20°～30°，内刃前角τ_r=0°～15°，如图2-26（d）所示。这种修磨方法不仅有利于分屑，增大钻尖处排屑空间和前角，而且短横刃仍保持定心作用。

2）修磨前刀面

由于主切削刃前角外大（30°）内小（－30°），故当加工较硬材料时，可将靠外缘处的前面磨去一部分［图2-27（a）］，使外缘处前角减小，以提高该部分的强度和刀具寿命；当加工软材料（塑性大）时，可将靠近钻心处的前角磨大而外缘处磨小［图2-27（b）］，这样可使切削轻快、顺利。当加工黄铜、青铜等材料时，前角太大会出现“扎刀”现象，为避免“扎刀”也可采用将钻头外缘处前角磨小的修磨方法，如图2-27（a）所示。

钻头前刀面的修磨可在砂轮左侧进行。参与修磨的砂轮要求其外圆柱表面平整、外圆棱角清晰。操作的具体方法是：

首先接近砂轮左侧并摆好钻身角度，钻尾相对砂轮侧面下倾35°左右［图2-28（a）］，同

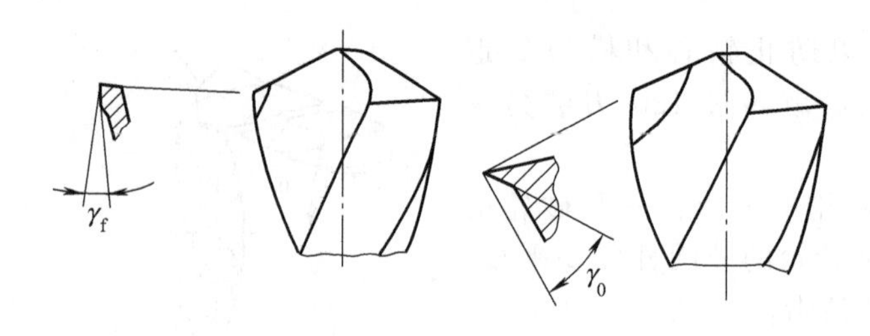

(a) 修磨外缘处前刀面　　(b) 修磨近钻心处前刀面

图 2-27　修磨前刀面

时相对砂轮外圆柱面内倾 5°左右，如图 2-28（b）所示。然后手持钻头使前刀面中部和外缘接触砂轮左侧外圆柱面，由前刀面外缘向钻心移动，并逐渐磨至主切削刃，此时用力要由大逐渐减小（以防止钻心和主切削刃处退火）；每磨一至二次后就转过 180°刃磨另一边，直至符合要求。对于高速钢钻头，每磨一至二次后就要及时将钻头放入水中进行冷却，防止退火。注意，前角不要磨得过大，在修磨前角和前刀面的同时，也会对横刃产生一定的修磨。

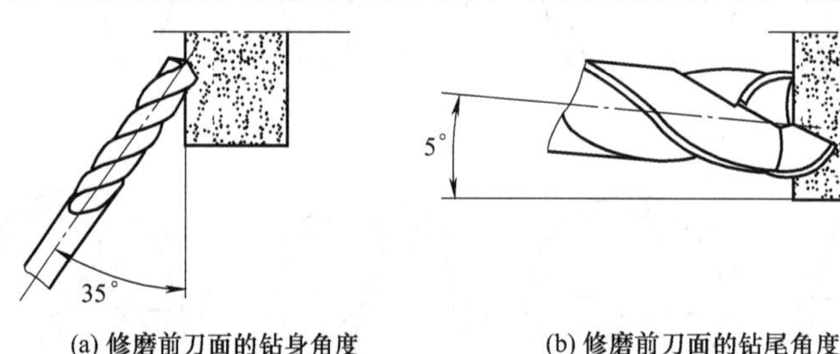

(a) 修磨前刀面的钻身角度　　(b) 修磨前刀面的钻尾角度

图 2-28　修磨前刀面的操作

3）修磨切削刃及断屑槽

由于主切削刃很长并全部参加切削，使切屑易堵塞。加之锋角较大，造成轴向力加大及刀尖角 ε 较小、刀尖薄弱。针对主切削刃上述问题，可以采用以下几种修磨方法。

① 修磨过渡刃（图 2-29）　在钻尖主切削刃与副切削刃相连接的转角处，磨出宽度为 B 的过渡刃（$B=0.2d_0$，d_0 为钻头直径）。过渡刃的锋角 $2\phi=70°\sim75°$，由于减小了外刃锋角，使轴向力减小，刀尖角增大，从而强化了刀尖。由于主切削刃分成两段，切屑宽度（单段切削刃）变小，切屑堵塞现象减轻。对于大直径的钻头有时还修磨双重过渡刃（三重锋角）。

② 修磨圆弧刃（图 2-30）　将标准麻花钻的主切削刃外缘段修磨成圆弧，使这段切削刃各

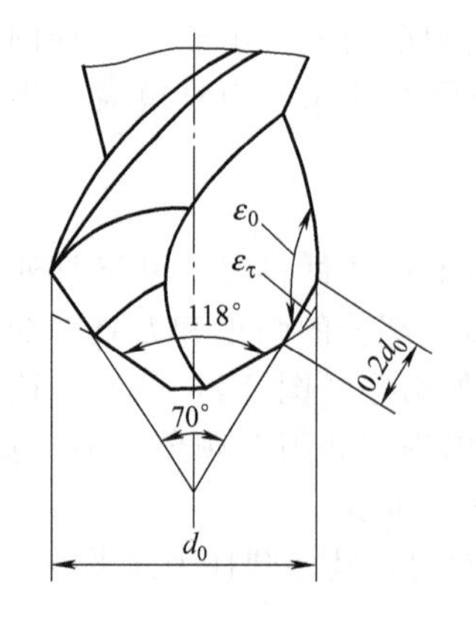

图 2-29　修磨过渡刃

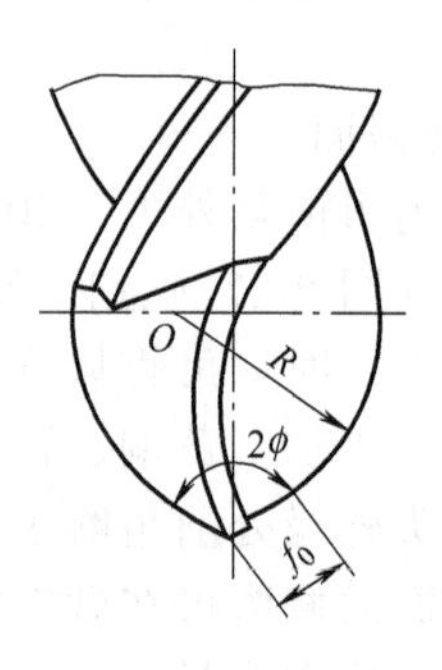

图 2-30　修磨圆弧刃

点的锋角不等，由里向外逐渐减小。靠钻心的一段切削仍保持原来的直线，直线刃长度 f_0 约为原主切削刃长度的1/3。圆弧刃半径 $R\approx(0.6\sim0.65)d_0$（d_0 为钻头直径）。

圆弧刃钻头，由于切削刃增长，锋角平均值减小，可减轻切削刃上单位长度上的负荷。改善了转角处的散热条件（刀尖角增大），从而提高了刀具寿命，并可减少钻透时的毛刺，尤其是钻比较薄的低碳钢板小孔时效果较好。虽然圆弧刃长度较长，但由于主切削刃仍分两段，故保持修磨过渡刃的效果。

③ 修磨分屑槽（图2-31） 在钢件等韧性材料上钻较大、较深的孔时，因孔径大、切屑较宽，所以不易断屑和排屑。为了把宽的切屑分割成窄的切屑，使排屑方便，并为了使切削液易进入切削区，从而改善切削条件，可在钻头切削刃上开分屑槽。分屑槽可开在钻头的后面［图2-31（a）］，也可开在钻头前面［图2-31（b）］。前一种修磨法在每次重磨时都需修磨分屑槽，而后一种在制造钻头时就已加工出分屑槽，修磨时只需修磨切削刃就可以了。

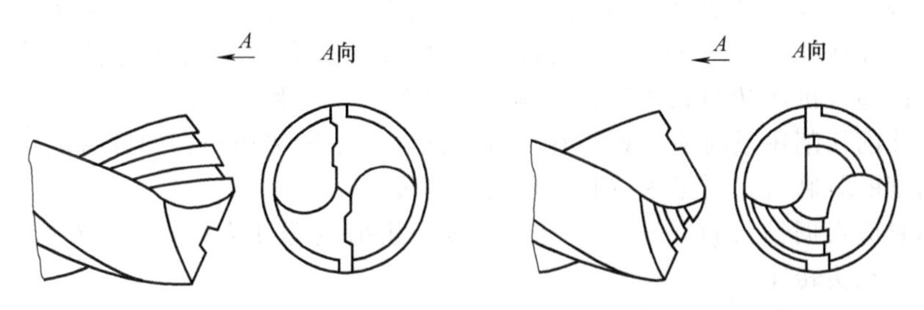

图2-31 修磨分屑槽

分屑槽的修磨是在砂轮外圆棱角上进行的，要求参与修磨砂轮的外圆棱角一定要清晰。

④ 磨断屑槽 钻削钢件等韧性较大的材料时，切屑连绵不断往往会缠绕钻头，使操作不安全，严重时会折断钻头。为此可在钻头前面上沿主切削刃磨出断屑槽（图2-32），能起到良好的断屑作用。

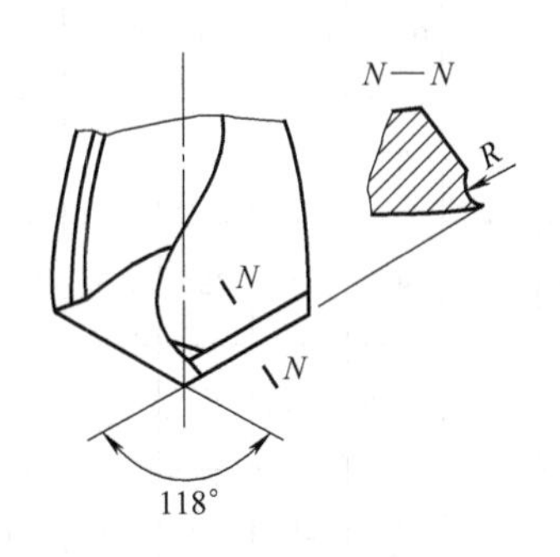

图2-32 磨断屑槽

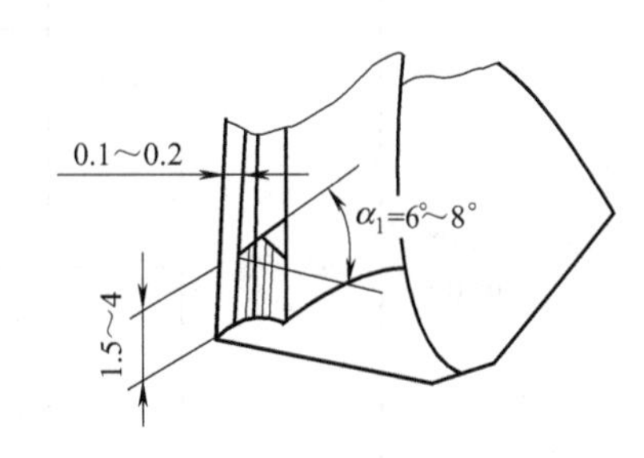

图2-33 修磨棱边

4）修磨棱边

直径大于12mm的钻头在加工无硬皮的工件时，为减少棱边与孔壁的摩擦，减少钻头磨损，可按图2-33所示修磨棱边。使原来的副后角由0°磨成6°～8°，并留一条宽为0.1～0.2mm的刃带。经修磨的钻头，其寿命可提高一倍左右。并可使表面质量提高，表面有硬皮的铸件不宜采用这种修磨方式，因为硬皮可能使窄的刃带损坏。

棱边的修磨也是在砂轮外圆棱角上进行的，因此对砂轮的要求：一是砂轮的外圆柱面要平整；二是外圆棱角一定要清晰。

2.2.3 钻孔切削用量的选择

钻孔操作加工中，钻孔切削用量的选择直接影响到钻孔的生产效率、加工精度、表面粗糙度以及钻头的耐用度等。

切削用量是切削速度、给进量和吃刀深度的总称。钻孔时的切削速度 v，是钻头直径上一点的线速度，可用下式计算

$$v=\frac{\pi Dn}{1000}\ (\mathrm{m/min})$$

式中 D——钻头直径，mm；

n——钻头的转速，r/min；

π——圆周率。

钻孔时的给进量 s 是钻头每转一周向下移动的距离。钻孔时的吃刀深度 t 等于钻头的半径 $t=D/2$。由于吃刀深度已由钻头直径所定，所以只需选择切削速度和进给量。正确地选择切削用量，是为了在保证加工表面粗糙度和精度，保证钻头合理耐用度的前提下，提高生产效率，同时不允许超过机床功率和机床、刀具、夹具等的强度和刚度。

在选择钻孔的切削用量时应考虑，在允许范围内，尽量选择较大的进给量，当受到表面粗糙度和钻头刚度的限制时，再考虑选较大的切削速度。

具体选择时应根据钻头直径、工件材料、表面粗糙度等几方面因素，确定合适的切削用量、切削速度与钻头转速。

表 2-6、表 2-7 分别给出了钻钢材及铸铁时的切削用量。

表 2-6 钻钢材的切削用量

加工材料			深径比 L/D	切削用量	直径 D/mm								
碳钢（10,15,20,35,40,45,50 等）	合金钢（40Cr,38CrSi,60Mn,35CrMo,18CrMnTi 等）	其他钢			8	10	12	16	20	25	30	35	40～60
正火 <207HB 或 σ_b <600MPa	HB<143 或 σ_b <500MPa	易切钢	≤3	进给量 s /(mm/r)	0.24	0.32	0.40	0.50	0.60	0.67	0.75	0.81	0.90
				切削速度 v /(m/min)	24	24	24	25	25	25	26	26	26
				转速 n /(r/min)	950	760	640	500	400	320	275	235	—
			3～8	进给量 s /(mm/r)	0.20	0.26	0.32	0.38	0.48	0.55	0.60	0.67	0.75
				切削速度 v /(m/min)	19	19	19	20	20	20	21	21	21
				转速 n /(r/min)	750	600	500	390	300	240	220	190	—
170～229HB 或 σ_b=600～800MPa	143～207HB 或 σ_b=500～700MPa	碳素工具钢、铸钢	≤3	进给量 s /(mm/r)	0.20	0.28	0.35	0.40	0.50	0.56	0.62	0.69	0.75
				切削速度 v /(m/min)	20	20	20	21	21	21	22	22	22
				转速 n /(r/min)	800	640	530	420	335	270	230	200	—

续表

碳钢(10,15,20,35,40,45,50等)	合金钢(40Cr,38CrSi,60Mn,35CrMo,18CrMnTi等)	其他钢	深径比 L/D	切削用量	8	10	12	16	20	25	30	35	40～60
170～229HB或σ_b=600～800MPa	143～207HB或σ_b=500～700MPa	碳素工具钢、铸钢	3～8	进给量 s/(mm/r)	0.17	0.22	0.28	0.32	0.40	0.45	0.50	0.56	0.62
				切削速度 v/(m/min)	16	16	16	17	17	17	18	18	18
				转速 n/(r/min)	640	510	420	335	270	220	190	165	—
229～285HB或σ_b=800～1000MPa	207～255HB或σ_b=700～900MPa	合金工具钢，易切不锈钢，合金铸钢	≤3	进给量 s/(mm/r)	0.17	0.22	0.28	0.32	0.40	0.45	0.50	0.56	0.62
				切削速度 v/(m/min)	16	16	16	17	17	17	18	18	18
				转速 n/(r/min)	640	510	420	335	270	220	190	165	—
			3～8	进给量 s/(mm/r)	0.13	0.18	0.22	0.26	0.32	0.36	0.40	0.45	0.50
				切削速度 v/(m/min)	13	13	13	13.5	13.5	13.5	14	14	14
				转速 n/(r/min)	520	420	350	270	220	170	150	125	—
285～321HB或σ_b=1000～1200MPa	255～302HB或σ_b=900～1100MPa	奥氏体不锈钢	≤3	进给量 s/(mm/r)	0.13	0.18	0.22	0.26	0.32	0.36	0.40	0.45	0.50
				切削速度 v/(m/min)	12	12	12	12.5	12.5	12.5	13	13	13
				转速 n/(r/min)	480	380	320	250	200	160	140	120	—
			3～8	进给量 s/(mm/r)	0.12	0.15	0.18	0.22	0.26	0.3	0.32	0.38	0.41
				切削速度 v/(m/min)	11	11	11	11.5	11.5	11.5	12	12	12
				转速 n/(r/min)	440	350	290	230	185	145	125	110	—

注：1. 钻头平均耐用度为90min。

2. 当钻床和刀具刚度低，钻孔精度要求高和钻削条件不好时，应适当降低进给量 s。

表 2-7　钻铸铁的切削用量

加工材料		深径比 L/D	切削用量	直径 D/mm								
灰铸铁	可锻铸铁、锰铸铁			8	10	12	16	20	25	30	35	40～60
143～229HB(HT10-26,HT15-33)	可锻铸铁(≤259HB)	≤3	进给量 s/(mm/r)	0.3	0.4	0.5	0.6	0.75	0.81	0.9	1	1.1
			切削速度 v/(m/min)	20	20	20	21	21	21	22	22	22
			转速 n/(r/min)	800	640	530	420	335	270	230	200	—
		3～8	进给量 s/(mm/r)	0.24	0.32	0.4	0.5	0.6	0.67	0.75	0.81	0.9
			切削速度 v/(m/min)	16	16	16	17	17	17	18	18	18
			转速 n/(r/min)	640	510	420	335	270	220	190	165	—

续表

加工材料		深径比 L/D	切削用量	直径 D/mm								
灰铸铁	可锻铸铁、锰铸铁			8	10	12	16	20	25	30	35	40～60
170～269HB（HT10-40 以上）	可锻铸铁（179～270HB）、锰铸铁	≤3	进给量 s /(mm/r)	0.24	0.32	0.4	0.5	0.6	0.67	0.75	0.81	0.9
			切削速度 v /(m/min)	16	16	16	17	17	17	18	18	18
			转速 n /(r/min)	640	510	420	335	270	220	190	165	—
		3～8	进给量 s /(mm/r)	0.2	0.26	0.32	0.38	0.48	0.55	0.6	0.67	0.75
			切削速度 v /(m/min)	13	13	13	14	14	14	15	15	15
			转速 n /(r/min)	520	420	350	270	220	170	150	125	—

注：1. 钻头平均耐用度为 120min。
2. 应使用乳化液冷却。
3. 当钻床和刀具刚度低，钻孔精度要求高和钻削条件不好时（如倾斜表面，带铸造黑皮），应适当降低进给量 s。

2.2.4 钻孔时的冷却与润滑

在钻削过程中，由于切屑变形及钻头与工件接触摩擦所产生的切削热，将严重影响到钻头的切削能力和钻孔的精度，甚至引起钻头的退火，使钻削无法进行。因此根据加工材料的不同性质和加工精度的不同要求，合理选用切削液，将显著地提高钻头的切削能力和耐用度，也提高了钻孔的加工精度和生产效率。

一般说来，钻孔属于粗加工工序，加入切削液的目的是以冷却为主。但有时采用以钻代铰精加工孔时，就要考虑切削液的既冷却又润滑的作用。所以，当加工一般结构钢、铜、铝合金及铸铁时，均可使用 3%～8%的乳化液。

在高强度材料上钻孔时，因刀具前面承受较大压力，要求润滑膜有足够的强度，以减少摩擦和切削负荷。此时，可在切削液中增加硫或二硫化钼等成分，如常用的硫化切削液。

在塑性及韧性较强的材料钻孔时，为了减少切屑瘤的产生，必须加强润滑，可在切削液中，适量地加入动、矿物油。

孔的精度和表面粗糙度值要求小时，应选用主要起润滑作用的油类切削液，如菜油、猪油、硫化切削液等。

切削液在切削加工中主要起到冷却、润滑、洗涤和防锈作用，故通常又称为冷却润滑液。钻削不同材料所用的冷却润滑液如表 2-8 所示。

表 2-8　钻削不种材料用的冷却润滑液

工件材料	冷却润滑液
各种碳素钢、合金结构钢	3%～5%乳化液，7%硫化乳化液
不锈钢、耐热钢	3%肥皂水，加 2%亚麻油水溶液、硫化切削油
纯铜、黄铜、青铜	不用；或用 5%～8%乳化液
铸铁	不用；或用 5%～8%乳化液、煤油
铝合金	不用；或用 5%～8%乳化液、煤油、煤油与菜油的混合油
有机玻璃	5%～8%的乳化液、煤油

2.2.5 钻孔的方法

（1）钻孔的操作步骤

① 准备　钻孔前，应熟悉图样，选用合适的夹具、量具、钻头、切削液，选择主轴转速、

进给量。

② 划线　划出孔加工线（必要时可划出校正线、检查线），并加大圆心处的冲眼，便于钻尖定心。

③ 装夹　装夹并校正工件。

④ 手动起钻　钻孔时，先用钻尖对准圆心处的冲眼钻出一个小浅坑。目测检查浅坑的圆周与加工线的同心程度，若无偏移，则可继续下钻。若发生偏移，则可通过移动工作台和钻床主轴（使用摇臂钻时）来进行调整，直到找正为止。当钻至钻头直径与加工线重合时，起钻阶段完成。

⑤ 中途钻削　当起钻完成后，即进入中途深度钻削，可采用手动进给或机动进给钻削。

⑥ 收钻　当钻头将钻至要求深度或将要钻穿通孔时，要减小进给量。特别是在通孔将要钻穿时，此时若是机动进给的，一定要换成手动进给操作，这是因为当钻心刚穿过工件时，轴向阻力突然减小，此时，由于钻床进给机构的间隙和弹性变形的突然恢复，将使钻头以很大的进给量自动切入，容易造成钻头折断、工件移位甚至提起工件等现象。用手动进给操作时，由于已注意减小了进给量，轴向阻力较小，就可避免发生此类现象。

(2) 一般件的钻孔方法

① 先把孔中心的样冲眼冲大一些，使钻头容易定位，不偏离中心，然后用钻头尖钻一浅坑。检查钻出的锥坑与所划孔的圆周线是否同心，否则及时予以纠正。

② 钻通孔时，当孔要钻透前，手动进给的要减小压力，钻床加工采用自动进给的最好改为手动，或减小走刀量，以防止钻心刚钻穿工件时，轴向力突然减少，使钻头以很大的进给量自动切入，造成钻头折断或钻孔质量降低等现象。

③ 钻不通孔时，应调整好钻床上深度标尺挡块，或实际测量，控制准确钻孔深度。

④ 钻深孔时一般钻深到直径的 3 倍时，需将钻头提出排屑，以后每进一定深度，钻头均应退出排屑，以免钻头因切屑阻塞而折断。

有的深孔深度超过钻头的总长度，或更深些，这时可使用加长杆钻头或接杆钻头钻孔，这两种钻头可外购或自制。

对于一些特殊的深孔，例如某些长轴的透孔的加工，一般采用专用设备，或在机床上进行，此时，需要特别的加长杆钻头。这种钻头需根据工件的具体情况，自行研究制作。

⑤ 一般钻直径超过 30mm 的大孔要分两次钻削，先用 3～5mm 小钻头钻出中心孔，再用 0.5～0.7 倍孔径的钻头钻孔，然后用所需孔径的钻头扩孔。这样可以减少轴向力，保护机床，同时也可以提高钻孔质量。

(3) 特殊孔的钻削

1) 在斜面上钻孔

钻削斜孔时，由于孔的中心与钻孔端面不垂直，因此，钻头在开始接触工件时，先是单面受力，作用在钻头切削刃上的径向力会把钻头推向一边，故易出现钻头偏斜、滑移，钻不进工件等多种缺陷，为保证钻孔质量，应有针对性地采取以下几种方法。

① 钻孔前用铣刀在斜面上铣出一个平台，或用錾子在斜面上凿出一个小平面，按钻孔要求定出中心后再钻孔。

② 可用圆弧刃多能钻直接钻出，将钻头修磨成圆弧刃多能钻，如图 2-34 所示。这种钻头相似于立铣刀，圆弧刃各点均成相同的后角（6°～10°），横刃经过修磨。这种钻头长度要短，以增强其刚度。钻孔时虽然是单面受力，由于刃呈圆弧形，钻头所受径向力小些，改善了偏切削受力情况。钻孔时应选择低转速

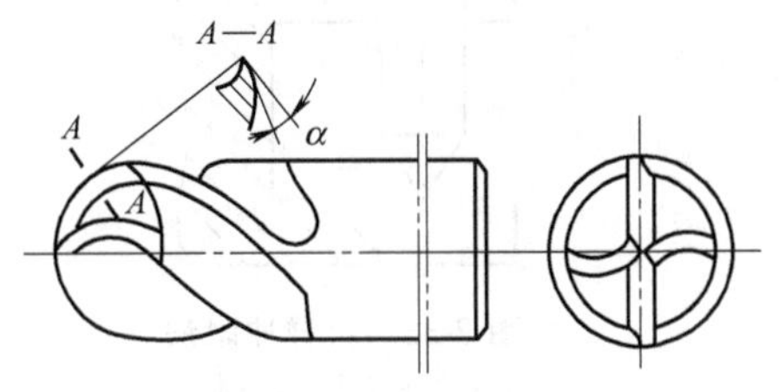

图 2-34　圆弧刃多能钻

手轮给进。

③ 在装配操作中，常遇到钻斜孔，可采用垫块垫斜度的方法，或者用钻床上有可调整斜度的工作台进行钻孔。

2）钻半圆孔（或缺圆孔）

在工件上钻半圆孔，可用同样材料的物体工件合起来，找出中心后钻孔，分开后即是要钻的半圆孔。钻缺圆孔，同样用材料嵌入工件内与工件合钻孔，然后拆开。

3）钻骑缝孔

在连接件上钻骑缝孔，例如套与轴、轮毂与轮圈之间，装骑缝螺钉或销钉。此时尽量用短的钻头，钻头伸出钻夹头外面的长度也要尽量短，钻头的横刃要尽量磨窄，以增加钻头刚度、加强定心作用、减少偏斜现象。如两件的材料性质不同，则打中心样冲眼应往硬质材料一边偏些，以防止钻头偏向软质材料一边。

4）二联孔的钻削

常见的二联孔有三种情况，如图 2-35 所示。

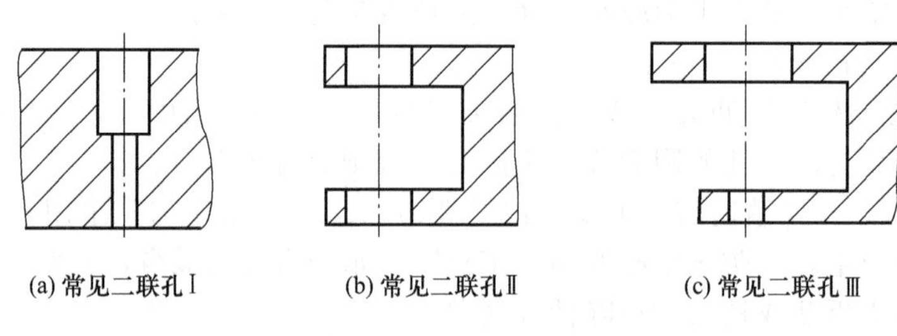

(a) 常见二联孔Ⅰ　(b) 常见二联孔Ⅱ　(c) 常见二联孔Ⅲ

图 2-35　常见二联孔

如图 2-35（a）所示的二联孔，钻削方法是先用较短的钻头钻至大孔深度，再改用加长的小钻头将小孔钻完。将大孔钻至深度，并锪大孔底平面。如果孔的同轴度要求不高也可先钻大孔，再钻小孔，再锪大孔平面。

如图 2-35（b）所示的二联孔，钻削方法是因钻头伸出比较长，下面的孔无法划线和打样冲眼，所以很难保证上下孔的同轴度要求。此时，可以用以下办法解决。

① 先钻出上面的孔。

② 用一个外径与上面的孔配合较严密的大样冲，插进上面的孔中，在下面欲钻孔中心打一个小样冲眼，如图 2-36 所示。

③ 引进钻头，对正样冲眼开慢车，锪一个浅窝以后再高速钻孔。

如图 2-35（c）所示的二联孔，钻削方法是先钻出上面的大孔，换上一根装夹有小钻头的接长钻杆（图 2-37）。接长钻杆的外径与上面的孔径为间隙配合。以上面的孔为引导，加工下面的小孔。

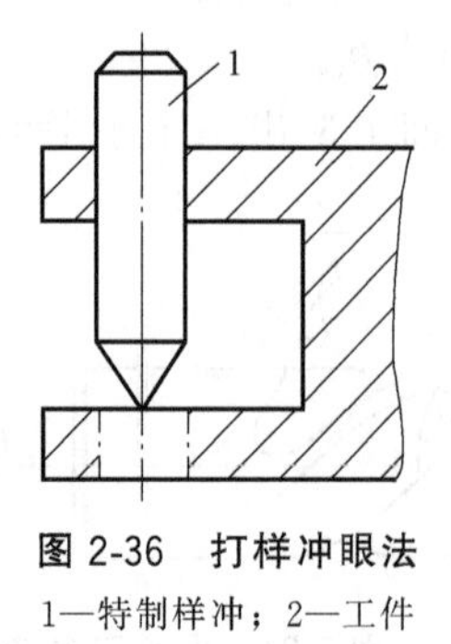

图 2-36　打样冲眼法

1—特制样冲；2—工件

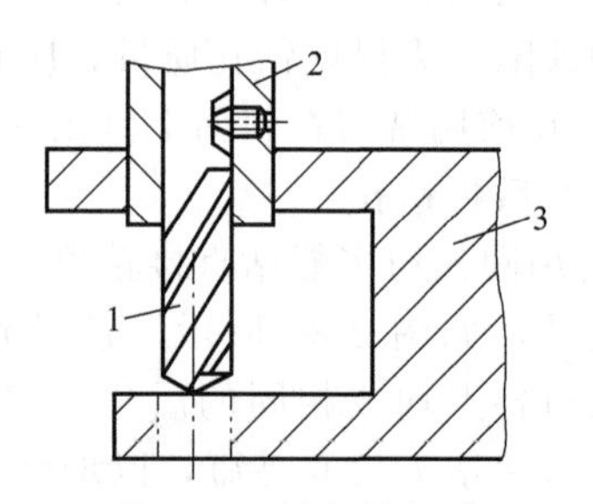

图 2-37　接长钻杆法

1—钻头；2—接长钻杆；3—工件

5）配钻孔的钻削

在装配零件时，如果零件需要用螺钉组装在一起，而且组合精度较高，螺钉数量又比较多时，常采用配钻孔的方法。

如图 2-38 所示的装配部件，当 a 件上的光孔已钻出，需要配钻 b 件上的螺纹底孔时，可先将 a、b 两个零件压在一起（相互位置对正）。然后用一个与 a 件上光孔相配合的钻头，并以 a 件上光孔为引导，在 b 件上全部欲钻孔位置的中心锪一个浅窝。再把两件分开，以浅窝为准，钻出螺纹底孔即可保证 a、b 件相互对应孔的同轴度要求。

图 2-38 装配部件

如在装配前 b 件上的螺纹通孔已加工好，需要配钻 a 工件上的光孔时，有两个方案：

① 做一个与 b 件螺纹相配合的螺纹钻套，如图 2-39（a）所示。钻孔前将 a、b 件相对位置对准并压紧，然后把螺纹钻套拧进 b 件螺纹孔内。用一个与钻套中心孔相配合的钻头，在 a 件上钻一个小孔，全部钻完后，将两件分开，将每个小孔扩大至所需直径，即可保证 a、b 两件相对应孔的同轴度要求。

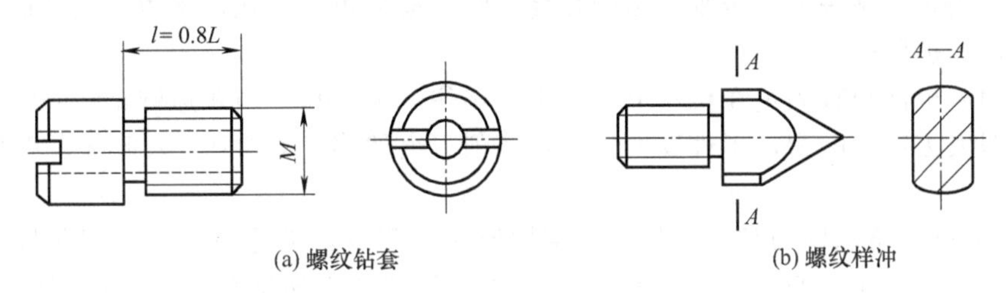

(a) 螺纹钻套　(b) 螺纹样冲

图 2-39 螺纹光孔的钻削

② 当 b 件上的螺纹孔为不通孔时，可做一种与 b 件螺纹相配合的螺纹样冲，如图 2-39（b）所示。尖端淬火 56～60HRC。螺纹样冲数量与工件孔数相等。使用时，将螺纹样冲拧进 b 件螺纹内，再将露在外面的高度与工件调整一致，然后将 a、b 件相互位置对准并放在一起，用木锤敲打 a 或 b 工件，使螺纹样冲在 a 件的欲钻孔位置上打出中心眼，然后钻孔，可保证 a、b 两工件相对应孔的同轴度要求。

6）小孔的钻削

小孔是指直径在 3mm 以下的孔，有的孔虽然直径大于此值，但其深度为直径的 10 倍以上，加工很困难，也应按小孔的特点来进行加工。小孔钻削时，由于钻头直径小，强度不够，同时麻花钻头的螺旋槽又比较窄，不易排屑，所以钻头容易折断；由于钻头的刚度差、易弯曲，致使所钻孔倾斜。

又因钻小孔时转速快，产生的切削温度高，又不易于散热，特别是在钻头与工件的接触部位温度更高，故又加剧了钻头的磨损。

在钻孔过程中，一般情况多用手动进给，进给力不容易掌握均匀，稍不注意就会将钻头损坏。

针对上述问题，钻削小孔时，应注意按以下方法操作。

① 开始钻孔时，进给力要小，防止钻头弯曲和滑移，以保证钻孔位置的正确。

② 进给时要注意手力和感觉，当钻头弹跳时，使它有一个缓冲的范围，以防止钻头折断。

③ 选用精度较高的钻床。

④ 切削过程中，要及时提起钻头进行排屑，并借此机会加入切削液。

⑤ 合理选择切削速度。

⑥ 合理选择钻小孔的转速。若钻床精度不高，转速太快时容易产生振动，对钻孔不利。

通常钻头直径为 2～3mm 时，转速可达 1500～2000r/min，钻头直径在 1mm 以下时，转速可达 2000～3000r/min。如果钻床精度很高，则上述直径的钻头其转速可提高至 3000～10000r/min。

7）深孔的钻削

深孔一般是指长径比 L/d 大于 5 的孔。加工这类孔，用一般的麻花钻长度不够，所以需用接长的钻头来加工。钻削深孔时，由于采用接长钻加工，钻头较细长，因此强度和刚度都比较差，加工时容易引起振动和孔的歪斜。当钻头螺旋槽全部进入工件后，切削液的进入和切屑的排出更为不易，使热量聚集不易散发，造成钻头加速磨损，影响加工质量。

针对上述情况，钻削深孔应注意如下几点。

① 要保证钻头本体与接长部分的同轴度要求，以免影响孔的加工精度。

② 钻头每送进一段不长的距离（当钻头螺旋槽全部进入工件后，该距离应更短），即应从孔内退出，进行排屑和输送切削液的操作。

8）薄板上孔的钻削

在薄板上钻孔，如在 0.1～1.5mm 的薄钢板、马口铁皮、薄铝板、黄铜皮和纯铜皮上钻孔，是不能使用普通钻头的，否则钻出的孔会不圆，成多角形；孔口飞边、毛刺很大，甚至薄板扭曲变形，孔被撕破。

由于大的薄板件很难固定在机床上，若用手握住薄板钻孔，当普通麻花钻的钻心尖刚钻透时，钻头立即失去定心能力，工件发生抖动，切削刃突然多切，“梗”入薄板，手扶不住就要发生事故。

如图 2-40（a）所示即为常用薄板钻的结构形状。薄板钻又称三尖钻，用薄板钻钻削时钻心尖先切入工件，定住中心起到钳制作用，两个锋利的外尖转动包抄，迅速把中间的圆片切离，得到所需要的孔。钻心尖应高于外缘刀尖 1～1.5mm，两圆弧槽深应比板厚再深 1mm。

当钻较厚的板料时，应将外缘刀尖磨成短平刃［图 2-40（b）］；钻黄铜皮时，外缘刀尖的前倾面要修磨，以减小前角［图 2-40(c) ］。

当薄板工件件数较多时，应该把工件叠起来，用 C 形夹头夹住或把它们一起压在机床工作台上再钻孔，这样生产率可以提高。这时就应根据不同的材料，选用其他钻头钻削。

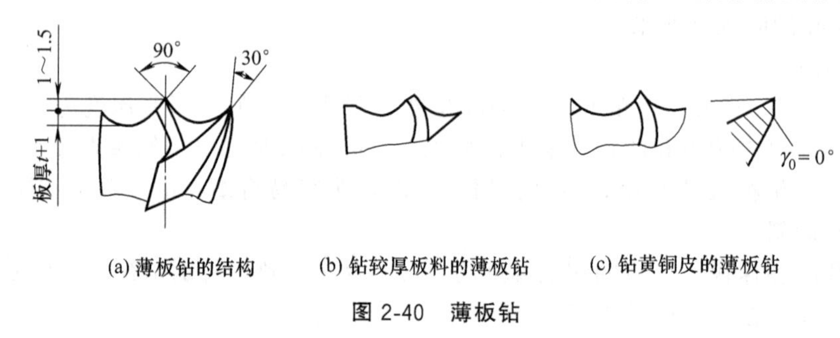

(a) 薄板钻的结构　(b) 钻较厚板料的薄板钻　(c) 钻黄铜皮的薄板钻

图 2-40　薄板钻

2.2.6 扩孔与锪孔

扩孔是用扩孔钻或钻头来扩大工件上已冲压或钻出孔的操作方法，锪孔是用锪孔钻在已有的孔口表面，加工出所需形状的沉坑或表面的一种孔加工方法。

(1) 扩孔

当加工的孔径较大时，可先钻出直径较小的孔，再通过扩孔的方法加工大直径的孔，以获得较高的孔加工质量。扩孔常作为孔的半精加工及铰孔前的预加工。一般扩孔加工孔的公差等级可达 IT10～IT9，表面粗糙度值可达 $Ra\,12.5～3.2\mu m$。

1）扩孔的刀具

扩孔主要由麻花钻、扩孔钻等刀具完成。标准扩孔钻头一般有三个以上的刀齿，如图2-41所示。刀齿增多，与孔壁接触的棱边就增加，从而改善了扩口的导向作用，使切削平稳，孔轴线的直线度也较好。同时，扩孔的背吃刀量减小，刀具的容屑空间也相应减小，因而使钻头的钻心部分加粗，提高了刀具刚度，使扩孔过程中钻头不易歪斜。

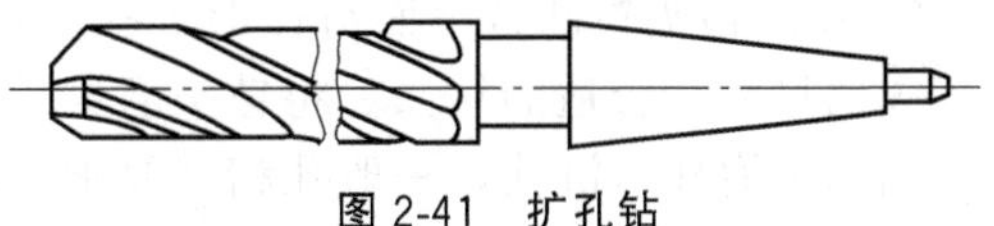

图2-41 扩孔钻

2）扩孔的切削用量

由于扩孔的背吃刀量比钻孔小，因此，其切削用量与钻孔不同，主要体现在以下方面。

① 扩孔的切削速度一般为钻孔的1/2，进给量为钻孔的1.5～2倍。

② 用麻花钻头扩孔，扩前孔径为0.5～0.7倍扩孔直径；用扩孔钻头扩孔，扩前孔径为0.9倍扩孔直径。

③ 要求较高且后续还要进行铰孔加工的孔，除先用小钻头钻出一个孔外，可分两次以不同直径进行扩孔，以保证铰前孔的质量。用麻花钻扩孔，应适当减小钻头外刃边处的后角，以防因进给切削力减小引起扎刀。对塑性材料扩孔，还必须相应地修磨前角，减小外刃边的前角，增加该处切削刃的强度。

3）扩孔的操作步骤

① 扩孔前准备　主要内容有熟悉加工图样，选用合适的夹具、量具、刀具等。

② 根据所选用的刀具类型选择主轴转速。

③ 装夹　装夹并校正工件，为了保证扩孔时钻头轴线与底孔轴线相重合，可用钻底孔的钻头找正。一般情况下，在钻完底孔后就可直接更换钻头进行扩孔。

④ 扩孔　按扩孔要求进行扩孔操作，注意控制扩孔深度。

⑤ 卸下工件并清理钻床。

4）扩孔的注意事项

① 当扩孔的余量较大时，可先用小钻头扩孔，再用扩孔钻扩孔。

② 对孔径要求较高的孔，可进行两次扩孔，以保证铰前孔的质量。

（2）锪孔

锪孔加工主要分为锪圆柱形沉孔［图2-42（a）］、锪锥形沉孔［图2-42（b）］和锪凸台平面［图2-42（c）］三类。

锪孔主要由锪钻来完成，锪钻的种类较多，有柱形锪钻、锥形锪钻、端面锪钻等。根据锪孔加工的不同形式，其所选用的锪钻种类及加工特点也有所不同。

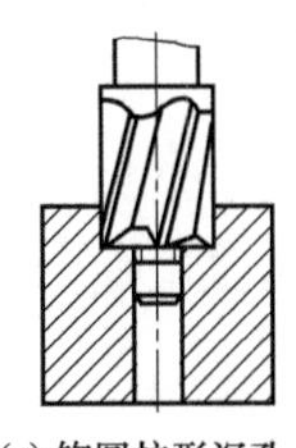

(a) 锪圆柱形沉孔

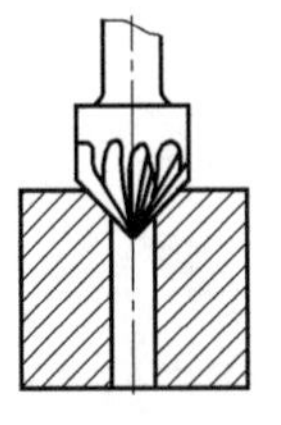

(b) 锪锥形沉孔

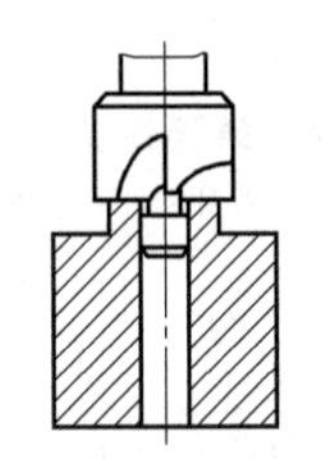

(c) 锪凸台平面

图2-42 锪孔加工的形式

1）锪钻锪孔

锪钻有柱形锪钻和锥形锪钻。这两类刀具为标准刀具，使用时按规格选择。

① 柱形锪钻　锪圆柱形沉孔（埋头孔）锪钻前端有导柱，保证良好的定心与导向。导柱与锪钻可制成一体的，也可以把导柱制成装卸式的。

② 锥形锪钻　锪锥形沉孔（埋头锥坑）用。它的锥角按工件锥形沉孔的要求不同，有60°、75°、90°及120°四种，其中90°的用得较多。

2）钻头锪孔

钻头锪孔这种方法使用非常广泛。

① 按锥形沉孔要求将钻头磨成需要的顶角。同时后角要磨得小些，在外缘处的前角也磨得小些，两边切削刃磨得对称进行锪锥孔。

② 使用钻头锪凸台平面与柱形沉孔，在锪凸台平面时往往先钻一个小孔，按小孔定位再选择大的尺寸、合适的钻头。将钻头磨成平钻头后进行锪凸台端面。

用钻头锪柱形沉孔，一般孔精度要求不高时，可将钻头磨成平钻头，直接加工柱形沉孔，如图 2- 43（b）所示；孔精度要求高时，可将钻头前端按所加工孔的尺寸磨制 15～30mm 长的导向定位部分，进行锪柱形沉孔，如图 2-43（a）所示。

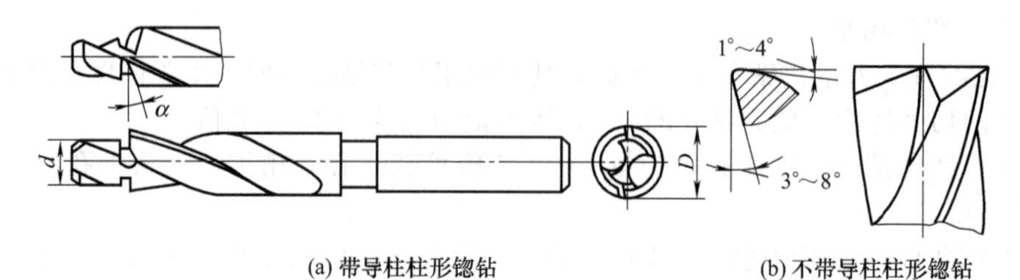

图 2-43　用钻头改制的柱形锪钻

3）端面锪钻

用来锪平孔端面的锪钻称为端面锪钻。标准的端面锪钻为多齿形。简易的端面锪钻如图 2-44 所示。刀杆与工件孔的配合为间隙配合，保证良好的导向作用。刀片上的方孔与方刀杆的配合为较小的间隙配合，并保证刀片装入后，切削刃与刀杆线垂直。刀片的切削刃前角由工件材料决定，锪铸铁孔时前角 $\gamma_0=5°\sim10°$，后角 $\alpha_0=6°\sim8°$；锪钢件时前角$\gamma_0=15°\sim25°$，后角 $\alpha_0=4°\sim6°$。

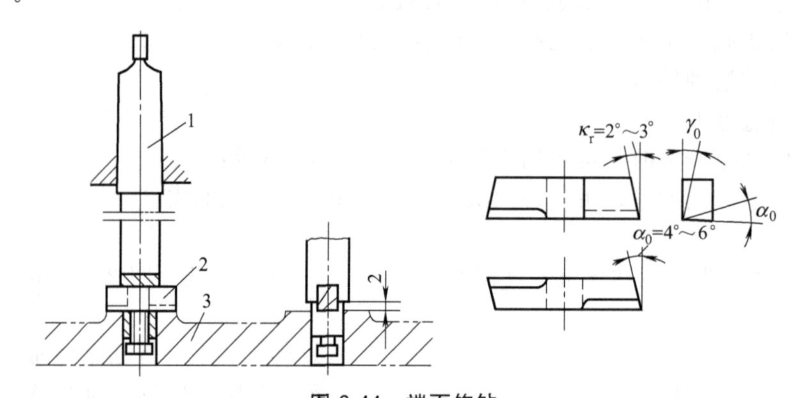

图 2-44　端面锪钻

1—刀杆；2—刀片；3—工件

2.2.7　钻孔常见缺陷及防止措施

表 2-9 给出了钻孔时可能出现的质量问题及其产生原因。

表 2-9　钻孔时可能出现的质量问题及其产生原因

出现问题	产生原因
孔大于规定尺寸	①钻头中心偏，角度不对称 ②机床主轴跳动，钻头弯曲
孔壁粗糙	①钻头不锋利，角度不对称 ②后角太大 ③进给量太大 ④切削液选择不当或切削液供给不足

续表

出现问题	产生原因
孔偏移	①工件划线不正确 ②工件安装不当或夹紧不牢固 ③钻头横刃太长,找正不准定心不良 ④开始钻孔时,孔钻偏但没有校正
孔歪斜	①钻头与工件表面不垂直,钻床主轴与台面不垂直 ②横刃太长,轴向力过大造成钻头变形 ③钻头弯曲 ④进给量过大,致使小直径钻头弯曲 ⑤工件内部组织不均有砂眼(气孔)
孔呈多棱状	①钻头细而且长 ②刃磨不对称 ③切削刃过于锋利 ④后角太大 ⑤工件太薄

2.2.8 铰孔

铰孔是用铰刀对不淬火工件上已粗加工的孔进行精加工的一种加工方法。一般加工精度可达IT9～IT7，表面粗糙度 Ra2.2～0.8μm。铰制后的孔主要用于圆柱销、圆锥销等的定位装配。

(1) 铰刀的种类及用途

铰刀是铰削加工的主要刀具，所有类型铰刀均为国家标准刃具，使用时应按所需尺寸选取。铰刀的构造主要有切削部分、颈部和尾部，如图2-45所示。

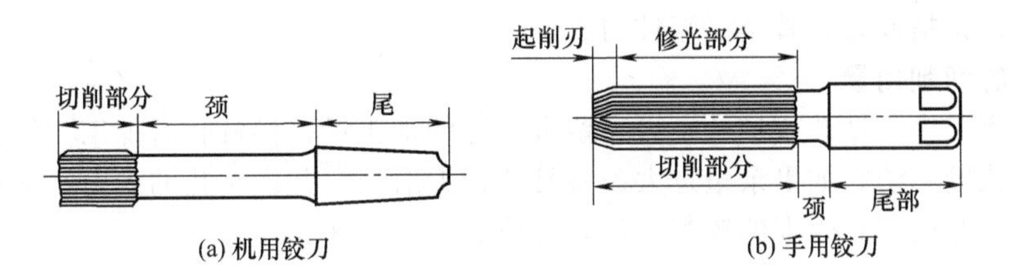

图2-45 铰刀各部名称

刀齿的数目根据铰刀直径不同有4～12条，刀刃的形状为楔形，因为它的切削量很薄，所以前角 γ 为0°，起刮削作用，如果要求精度很高，可改为负前角，一般为−5°～0°。后角 α 不宜过大，它关系到刀刃的强度（α 越小强度越高），一般铰硬质材料 α 为8°，脆性材料 α 为5°，如图2-46所示。

为了测量准确，刀刃都是偶数的，但是分布不均匀，以保证铰刀切削均匀平衡，防止孔壁产生颤痕（尤其材料硬度不均的表面上更为明显）。刀刃分布情况如图2-47所示。铰刀修光部分起着保证铰刀对中、修光孔壁、作备磨部分等作用。铰刀齿顶有0.3～0.5mm的宽刃带，用于对准孔位。

铰刀的种类比较多，按使用方法可分为手用铰刀、机用铰刀两种；按加工孔的形状可分为圆柱形铰刀、圆锥形铰刀、圆锥阶梯形铰刀；按构造形式可分为整体式铰刀、组合式铰刀；按直径是否能调整可分为不可调节铰刀、可调节铰刀。其中：

① 手用铰刀　用于钳工手工操作铰孔。

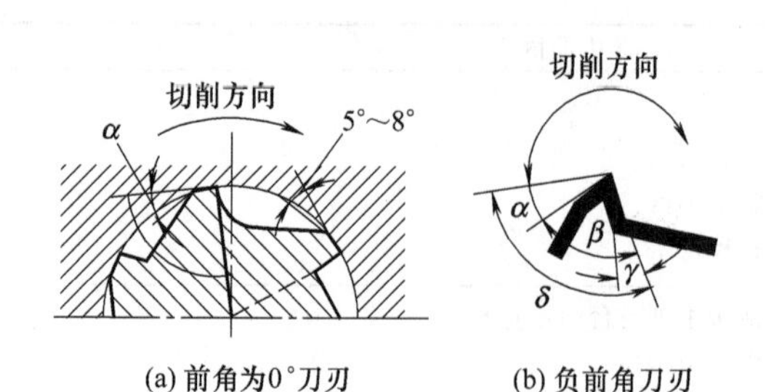

(a) 前角为0°刀刃　　(b) 负前角刀刃

图 2-46　铰刀刃形状

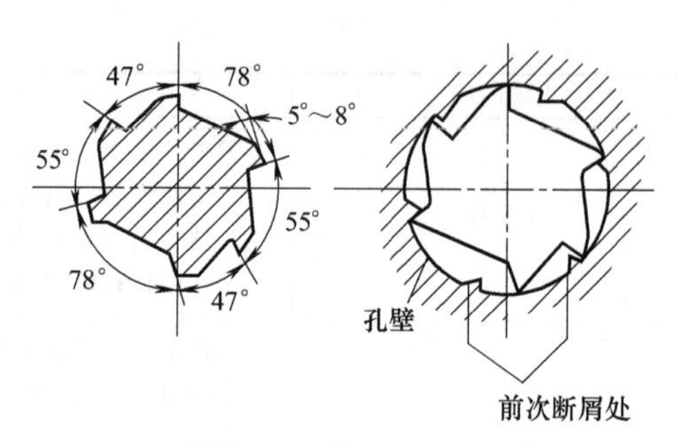

图 2-47　铰刀刃分布

② 可调节手用铰刀　用于钳工手工操作铰孔。在检修、装配、单件生产及尺寸特殊的情况下铰削通孔。使用时需在铰刀的调节范围内选用。

③ 直柄机用铰刀　用在一般机床上，对工件铰削各种配合孔用。还有一种镶硬质合金直柄机用铰刀，主要用在对工件进行高速切削和较硬的材料时用。

④ 锥柄机用铰刀　主要在机床上使用，对工件进行铰孔。另一种为镶硬质合金铰刀，其使用同直柄合金铰刀。

⑤ 套式机用铰刀　用在一般机床上对孔进行铰削。一般用来铰削较大孔，规格在 25～80mm。使用时应按铰刀配制刀杆。

⑥ 锥铰刀　锥铰刀用以铰削圆锥孔。常用的锥铰刀主要有以下四种：

第一种为 1∶10 锥铰刀，主要用于加工联轴器上与柱销配合的锥孔。

第二种为莫氏锥铰刀，主要用于加工 0 号～6 号莫氏锥孔（其锥度近似于 1∶20）。

第三种为 1∶30 锥铰刀，主要用于加工套式刀具上的锥孔。

第四种为 1∶50 锥铰刀，主要用于加工锥形定位销孔。

锥铰刀的刀刃是全部参加切削的，铰起来比较费力。其中 1∶10 锥铰刀及莫氏锥铰刀一般一套三把。一把是精铰刀，其余是粗铰刀。

(2) 铰孔的切削用量

铰孔的前道工序（钻孔或扩孔）必须留有一定的加工量，供铰孔时加工。铰孔的加工余量适当，铰出的孔壁光洁。如果余量过大，容易使铰刀磨损，并影响孔的表面粗糙度，有时还会出现多边形，因此应留有合理的铰削余量，可按表 2-10 选择。

表 2-10　铰孔余量的选择　　mm

孔公称直径	<5	5～20	21～32	33～50	51～70
加工余量	0.1～0.2	0.2～0.3	0.3	0.5	0.8

(3) 冷却润滑液的选择

铰削的切屑一般都很碎，容易黏附在刀刃上，甚至夹在孔壁与铰刀校准部分的棱边之间，将已加工表面刮毛，使孔径扩大。切削时产生的热量积累过多，从而降低铰刀的耐用度，增加产生积屑瘤的机会，因此，在铰削中必须采用适当的冷却润滑液，借以冲掉切屑和消散热量。冷却润滑液的选择如表 2-11 所示。

表 2-11　铰孔时的冷却润滑液

加工材料	冷却润滑液
钢	①10%～20%乳化液 ②铰孔要求高时，采用 30%菜油加 70%肥皂水 ③铰孔的要求更高时，可用茶油、柴油、猪油等

续表

加工材料	冷却润滑液
铸铁	①不用 ②煤油，但要引起孔径缩小，最大缩小量达0.02～0.04mm ③低浓度的乳化液
铝	煤油
铜	乳化液

(4) 铰孔的操作方法

铰孔的操作，从其操作动力源的不同，可分为手工铰孔、机动铰孔；从所铰削销孔种类的不同，可分为铰削圆锥孔、铰削定位圆柱销孔。它们的操作方法主要有以下几方面的内容。

1) 手工铰孔的操作

手工铰孔是手工铰刀配合手工铰孔工具利用人力进行的铰孔方法，常用的手工铰孔工具有铰手、活扳手等，如图2-48所示。

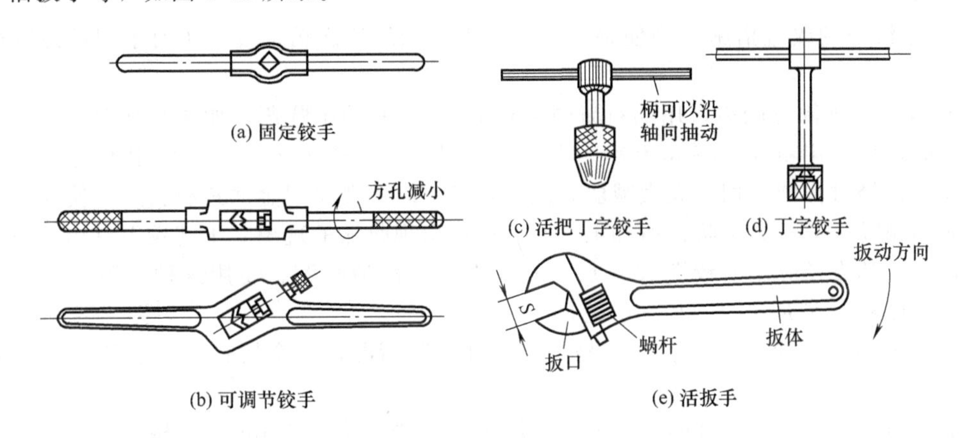

图2-48 手工铰孔的工具

其中：铰手又称铰杠，它是装夹铰刀和丝锥并扳动铰刀和丝锥的专用工具。常用的有固定式、可调节式、固定丁字式、活把丁字式四种。其中可调节式铰手只要转动右边手柄或调节螺旋钉，即可调节方孔大小，在一定尺寸范围内，能装夹多种铰刀和丝锥。丁字铰手适用于工件周围没有足够空间，铰手无法整周转动时使用。

活扳手则是在一般铰手的转动受到阻碍而又没有活把丁字铰手时，才使用的。扳手的大小要与铰刀大小适应，大扳手不宜用于扳动小铰刀。否则，容易折断铰刀。

一般说来，采用手工铰孔得不到较细的表面粗糙度，因为手工铰孔为断续切削，铰刀的每次停歇都可能在加工表面留下痕迹，进给也不容易掌握均匀，铰削速度又太低。

为此，手工铰孔操作时，为了获得比较理想的表面质量，除了按照手工铰孔的注意事项进行操作外，还要对铰刀结构和几何角度等方面加以改进。

① 手工铰孔的注意事项。

a. 工件要夹正，对薄壁零件的夹持力不能用力过大，以免零件变形，使铰孔后产生圆度误差。

b. 铰刀的中心要与孔的中心尽量保持重合，特别是铰削浅孔时，若对中性不良，铰刀发生歪斜，很容易将孔铰偏。

c. 应选用适当的切削液，铰孔前先涂一些在孔表面及铰刀上，铰削时，铰刀不得左右摇摆，以免在孔进口处出现喇叭口，或孔径扩大。

d. 进给时，不要用力压铰杠，要随铰刀的旋转轻轻加力，这样才能掌握进给均匀，使铰刀缓慢地引伸进孔内，保证较细的表面粗糙度。铰孔时，两手用力要均匀，只准顺时针方向转动。

e. 在铰削过程中，铰刀被卡住时，不要猛力扳转铰杠，防止铰刀折断。应将铰刀取出，清除切屑，检查铰刀是否崩刃，如果有轻微磨损或崩刃，可进行研磨，再涂上切削液继续铰削。

f. 注意变换铰刀每次停歇的位置，以消除铰刀常在同一处停歇所造成的振痕。

g. 工件孔在水平位置铰削时，为了不使铰刀在铰杠的压力下产生偏斜，应用手轻轻地托住铰杠，使铰刀中心与孔中心保持重合。

h. 当一个孔快铰完时，不能让铰刀的校准部分全部出头，以免将孔的下端划伤。

i. 铰刀退出时不能反转，而应正转退出。

j. 铰刀使用完毕，要清擦干净，涂上机械油（全损耗系统用油）；最好装在塑料袋内，以免混放时碰伤刃口。

② 手用铰刀的改进措施　为使手工铰孔获得较细的表面粗糙度，可对手用铰刀进行以下的改进。

a. 将铰刀切削部分的刃口用油石研磨成 0.1mm 左右的小圆角，如图 2-49 所示。

工作时，可先用粗铰刀将孔粗铰一下，留余量 0.04～0.08mm，然后用上述铰刀进行精铰。由于刃口经过修圆，切力大大减弱，因此，精铰时主要是对金属进行挤压，使加工面获得较小的表面粗糙度值。为了防止所加工孔经挤压后出现收缩的现象，上述铰刀可用一般规格的废铰刀修磨，其直径应比所铰孔大 0.02mm 左右，以抵消收缩。使用这种铰刀，铰孔的表面粗糙度值可以稳定在 $Ra6.3$～$3.2\mu m$ 之间。

b. 在塑性较大的金属上铰孔时，易出现“扎刀”情况，将金属一层一层地撕裂下来，降低加工表面质量，如图 2-50 所示。

为此，可在铰刀切削部分的刃口前面，用细油石研磨出 0.5mm 宽的棱带，并形成 $-2°$～$-3°$的前角，保留刃带宽度为原有刃带宽度的 2/3（图 2-51），从而减弱了刃口的锋利程度。使切削刃形成刮削状态，从而获得较小的表面粗糙度值。经过这样修磨的铰刀，其刀尖角加大了，改善了散热条件，而且不容易崩裂，这都是提高表面质量的措施。使用这种铰刀，铰孔的表面粗糙度值可保证在 $Ra6.3$～$3.2\mu m$ 之间。

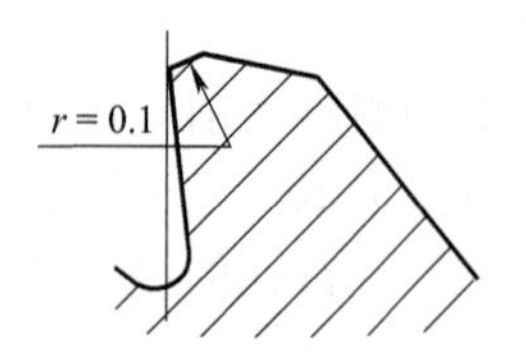

图 2-49　手用铰刀切削刃口的研磨

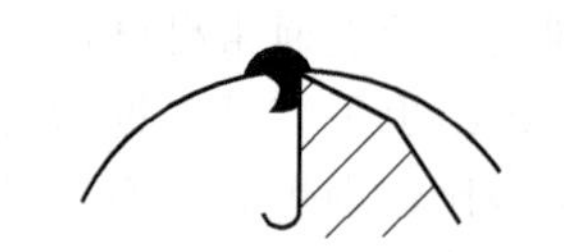

图 2-50　刀齿“扎刀”情况

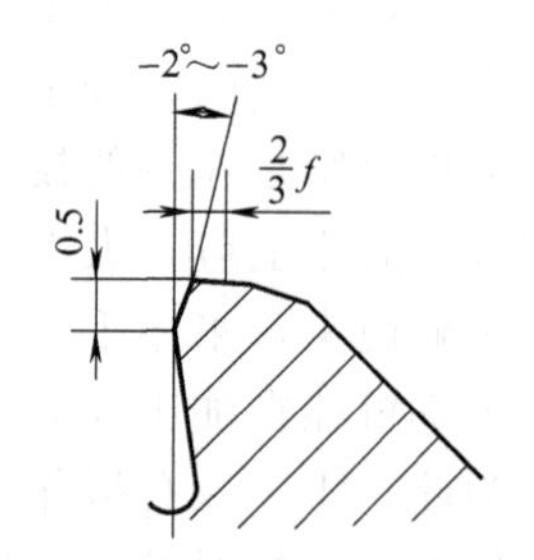

图 2-51　手用铰刀切削刃口前面的刃磨

2）机动铰孔的操作

① 选用的钻床，其主轴锥孔中心线的径向圆跳动，主轴中心线对工作台平面的垂直度均不得超差。

② 装夹工件时，应保证欲铰孔的中心线垂直于钻床工作台平面，其误差在 100mm 长度内不大于 0.002mm。铰刀中心与工件预钻孔中心需重合，误差不大于 0.02mm。

③ 开始铰削时，为了引导铰刀进给，可采用手动进给。当铰进 2～3mm 时，即使用机动进给，以获得均匀的进给量。

④ 采用浮动夹头夹持铰刀时，在未吃刀前，最好用手扶正铰刀慢慢引导铰刀接近孔边缘，以防止铰刀与工件发生撞击。

⑤ 在铰削过程中，特别是铰不通孔时，可分几次不停车退出铰刀，以清除铰刀上的粘屑和孔内切屑，防止切屑刮伤孔壁，同时也便于输入切削液。

⑥ 在铰削过程中，输入的切削液要充分，其成分根据工件的材料进行选择。

⑦ 铰刀在使用中，要保护两端的中心孔，以备刃磨时使用。

⑧ 铰孔完毕，应不停车退出铰刀，否则会在孔壁上留下刀痕。

⑨ 铰孔时铰刀不能反转。因为铰刀有后角，反转会使切屑塞在铰刀刀齿后面与孔壁之间，将孔壁划伤，破坏已加工表面；同时铰刀也容易磨损，严重的会使刀刃断裂。

(5) 铰削圆锥孔的操作方法

① 铰削尺寸比较小的圆锥孔　先按圆锥孔小端直径并留铰削余量钻出圆柱孔，对孔口按圆锥孔大端直径锪 45°的倒角，然后用圆锥铰刀铰削。铰削过程中要经常用相配的锥销来检查孔径尺寸。

② 铰削尺寸比较大的圆锥孔　为了减小铰削余量，铰孔前需要先钻出阶梯孔（图 2-52）后，再用锥铰刀铰削。

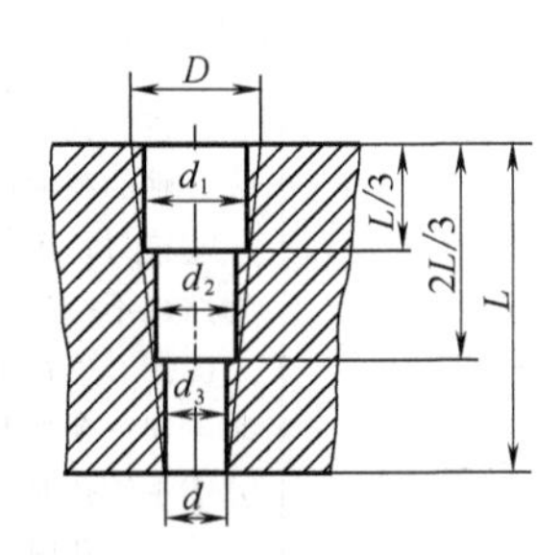

图 2-52　预钻阶梯孔

对于 1∶50 圆锥孔可钻两节阶梯孔；对于 1∶10 圆锥孔、1∶30 圆锥孔、莫氏锥孔则可钻三节阶梯孔。三节阶梯孔预钻孔直径的计算公式如表 2-12 所示。

表 2-12　三节阶梯孔预钻孔直径计算

圆锥孔大端直径 D	$d+LC$
距上端面 $L/3$ 的阶梯孔的直径 d_1	$d+\frac{2}{3}LC-\delta$
距上端面 $2L/3$ 的阶梯孔的直径 d_2	$d+\frac{1}{3}LC-\delta$
距上端面 L 的孔径 d_3	$d-\delta$

注：d—圆锥孔小端直径，mm；L—圆锥孔长度，mm；C—圆锥孔锥度；δ—铰削余量，mm。

③ 由于锥销的铰孔余量较大，每个刀齿都作为切削刃投入切削，负荷重。因此每进给2～3mm 应将铰刀取出一次，以清除切屑，并按工件材料的不同，涂上切削液。

④ 锥孔铰削时，应测量大端的孔径，由于锥销孔与锥销的配合严密，在铰削最后阶段，要注意用锥销试配，以防将孔铰深。

(6) 铰削定位销孔的操作方法

① 由于定位销孔需通过两个以上的结合零件，因此，在钻铰孔之前，应将结合零件牢固地连接在一起，装配螺钉需紧固、对称、均匀、可靠。

② 为了减小手铰刀的负荷，可先用手电钻夹持已不能做精铰用的废铰刀进行粗铰，然后再用好的铰刀进行手工精铰。

③ 用手电钻进行粗铰时，应先将铰刀放进孔内后再启动，防止因振动过大而碰伤铰刀刀齿。手电钻的转速较高，所以进给要小，否则易将铰刀折断。

2.2.9 铰孔常见缺陷及防止措施

表 2-13 给出了铰孔常见缺陷的产生原因及防止措施。

表 2-13　铰孔常见缺陷的产生原因及防止措施

常见缺陷	产生原因及防止措施
表面粗糙度达不到要求	①铰刀的切削部分及校准部分表面质量不高、刀齿不锋利、刀口磨损超过允许值、刃口上有崩裂、缺口或毛刺等，使所铰孔的表面粗糙度达不到要求 ②铰刀刀齿校准部分后端有尖角，铰刀切削刃与校准部分过渡处未经过研磨，在铰孔中将孔壁刮伤 ③铰刀后角过大，钻床精度低，当铰刀转速太快时，容易产生振动，影响了孔壁的表面质量 ④铰刀切削刃有较大的偏摆，铰刀中心与工件中心重合性差。使切削不均匀，余量多的一边切削变形大，余量少的一边不能消除预加工留下的刀痕，使孔壁的表面质量受到影响 ⑤铰刀容屑槽锈蚀或原有的粘屑没有清除干净。铰削时，切屑容易在这些地方停滞、黏附，不能及时排除，从而刮伤孔壁 ⑥加工余量太大，使切屑变形严重，切削热增高，因而降低了表面质量 ⑦加工塑性较大的材料时，铰刀前角过小，切削状态不良，使切屑变形严重，导致孔壁粗糙 ⑧切削液不充分或成分选择不适当，使工件和切削刃得不到及时的冷却和润滑，使孔壁的表面质量受到影响
孔径扩大	①铰刀校准部分的直径大于铰孔所要求的直径；研磨铰刀时没有考虑铰孔扩大量的因素；机铰孔时，钻床主轴的径向圆跳动误差过大，而铰刀又未留倒锥量，导致铰孔的孔径扩大 ②铰刀切削部分和校准部分的刃口径向圆跳动误差过大，各条切削刃和校准部分交接处的圆弧刃高度修磨得不一致。当铰刀在旋转时，实际上等于加大了铰刀直径，使所铰孔的孔径扩大 ③铰刀刃口上黏附的切屑瘤，增大了铰刀直径，将孔径扩大 ④加工余量和进给量过大时，在铰削过程中金属被撕裂下来，使铰孔直径增大 ⑤手铰孔时，两手用力不均匀，使铰刀左右晃动，将孔径铰大 ⑥铰锥孔时，没有及时用锥销检验，将锥孔铰得过深，直径也随之过大 ⑦机动铰孔时转速太快，冷却、润滑不充分，切削热增大，铰刀由于受热而直径增大，因此将孔径铰大
孔径缩小	①铰刀校准部分直径已经磨损 ②铰刀切削刃磨钝以后，切削能力降低，对一部分加工余量产生挤压作用。当铰刀退出所铰孔后，金属又恢复其弹性变形，致使所铰孔变小 ③用硬质合金铰刀高速铰孔，或者用无刃铰刀铰孔，铰刀对金属都有挤压作用。但在确定铰刀直径时，没有考虑铰孔产生收缩量的因素，孔铰完后，孔径产生了收缩
铰孔中心不直	①铰孔前预加工孔不直，特别是孔径较小时，因铰刀刚度不足，未能将孔内凸出的金属全部铰削掉，使原有的弯曲得不到纠正 ②铰刀的切削锥角太大，导向不良，铰刀在铰削中容易偏离方向，使铰孔产生弯曲 ③铰刀校准部分倒锥量太大，不能起到良好的校正和引导作用，使铰刀在工作时产生晃动，造成孔壁不直 ④手铰孔时，在一个方向上用力过大，迫使铰刀向一边偏斜，因而使铰孔中心不直
铰孔时出现多棱形	①铰削余量太大，而且铰刀刃口又不锋利时，在铰削中，铰刀有“啃切”现象，发生振动，因而使孔壁出现多棱形 ②铰孔前所钻底孔不圆，加工余量有厚有薄。这样使得铰削负荷不一致，易产生弹跳现象，从而造成多棱形孔 ③钻床精度不高，主轴径向圆跳动误差过大，铰削时铰刀产生抖动，孔壁易出现多棱形
铰孔时出现喇叭口	①铰刀切削锥角太大，始切时不易铰进，致使铰刀产生晃动，将孔口刮成喇叭口 ②机铰刀切削刃口径向圆跳动误差太大，铰削时由于铰刀切削刃部分与工件之间楔得较紧，使铰刀头部不易摆动。但由于钻床主轴的径向圆跳动，误差大，相应地使铰刀尾部产生晃动，因此将孔口刮大，而形成喇叭口 ③手工铰孔时，铰刀放得不正，或者用力不平衡，使铰刀左右晃动将孔口处铰大，形成喇叭口
铰刀过早磨损和崩刃	①铰刀在刃磨时，切削刃被灼伤，从而降低了铰刀原有的硬度，使铰刀容易磨损 ②铰刀切削刃的表面质量差，使铰刀的耐磨性减弱，因而降低了铰刀的使用寿命 ③切屑堆积在孔内，切削液不能顺利地流至切削区，使铰刀得不到及时冷却和润滑，故加快了铰刀的磨损，甚至将铰刀刃口挤崩 ④加工余量和切削用量太大，工件材料比较硬，超过了铰刀的切削能力，使铰刀过早地磨损或崩刃 ⑤机动铰孔时，铰刀的切削刃偏摆过大，造成切削负荷不均匀，使刃口容易崩裂 ⑥铰刀的前、后角太大，使切削刃的强度减弱，因而容易崩刃。用它铰削时刀齿很快就会崩裂

2.3 螺纹加工

螺纹在机械、仪器和日常生活中获得广泛的应用。其分类方法和种类很多。按其牙型形状的不同可分为三角形螺纹、梯形螺纹、锯齿形螺纹、半圆形螺纹和圆锥螺纹等；按螺旋线条数的不同可分为单线螺纹和多线螺纹；按螺纹母体形状的不同可分为圆柱螺纹和圆锥螺纹等。

三角形螺纹由于其根部强度较高，螺纹的自锁性好，主要用来连接零件，如螺杆、螺母等；梯形螺纹和锯齿形螺纹具有传动效率高、螺纹的强度也较高的特点，主要用来传递运动，如台虎钳和螺旋千斤顶上的螺杆采用锯齿形螺纹，各种机床上的传动丝杠采用梯形螺纹，锯齿形螺纹常用在承受单向轴向力的机械零件上；半圆形螺纹由于配合时无径向间隙，主要用来作管件连接；圆锥螺纹具有配合紧密的特点，被用于需要密封的场合。

机械设备装配加工的螺纹大都是三角形螺纹。三角形螺纹有米制和英制两种。米制三角形螺纹的牙型角为60°，分粗牙普通螺纹和细牙普通螺纹两种。细牙螺纹由于螺距小、螺旋升角小、自锁性好，常用于承受冲击、振动或变载荷的连接，也可用于调整机构。英制三角形螺纹的牙型角为55°。

梯形螺纹有米制和英制两种，米制梯形螺纹牙型角为30°，应用非常广泛；英制梯形螺纹牙型角为29°，在我国较少使用。蜗杆的齿形与梯形螺纹很相似，其轴向剖面形状为梯形，牙型角为40°。

螺纹的加工方法很多，机械设备装配中常用的方法主要有：攻螺纹及套螺纹。

2.3.1 攻螺纹

用丝锥在工件孔中切削出内螺纹称为攻螺纹（简称攻丝）。它是应用最广泛的螺纹加工方法，对于小尺寸的内螺纹，攻螺纹几乎是唯一有效的加工方法，如图2-53所示。

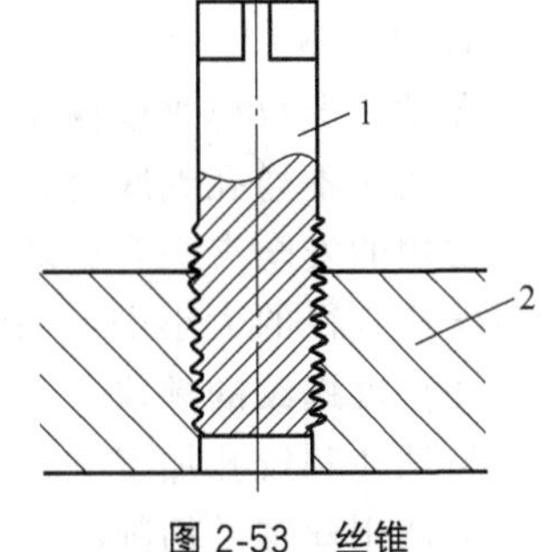

图2-53 丝锥

1—丝锥；2—工件

(1) 攻螺纹的工具

使用丝锥在孔壁上切削螺纹叫做攻螺纹。攻螺纹用工具主要包括丝锥、铰手（又称丝锥扳手、铰杠）和机用攻螺纹安全夹头等。

1）丝锥

丝锥是用来切削内螺纹的刀具，主要由工具钢或高速钢加工，并经淬火硬化制成。

① 丝锥的结构　丝锥主要由切削部分、修光部分（定径部分）、屑槽和柄部组成，其构造如图2-54所示。

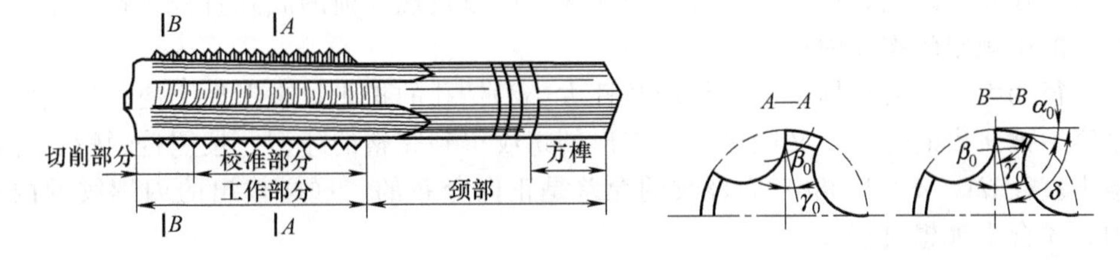

图2-54 丝锥的构造

其中，切削部分：在丝锥前端呈圆锥形，有锋利的切削刃，刀刃的前角为8°～10°，后角为4°～6°，用来完成切削螺纹工作。

修光部分：修光部分具有完整的齿形，可以修光和校准已切出的螺纹，并引导丝锥沿轴向运动。

屑槽部分：屑槽部分有容纳、排除切屑和形成刀刃的作用，常用的丝锥上有3～4条屑槽。

柄部：它的形状与作用与铰刀相同。

② 丝锥的种类及应用　按丝锥加工场合的不同，丝锥主要有手用丝锥、机用普通丝锥两种。

a. 手用丝锥：原先手用丝锥一般由两只或三只组成一组，分为头锥、二锥、三锥。由于制造丝锥材料的提高，现在一般M10以下丝锥大部分为1组1支，M10以上的为1组2支，3支1组的已经很少见了。通常普通丝锥还包括管子丝锥，它又分为圆柱形管子丝锥和圆锥形管子丝锥。

b. 机用普通丝锥：用于机械攻螺纹，为了装夹方便，丝锥柄部较长。一般机用丝锥是一支攻螺纹一次完成。它适用于攻通孔螺纹，不便于浅孔攻螺纹。机用丝锥也可用于手工攻螺纹。

2）攻丝扳手

攻丝扳手又称铰杠。攻丝扳手是用来夹持丝锥的工具，分为普通扳手和丁字扳手两类。各种扳手又分为固定式和活动式两种，扳手方孔尺寸与柄的长度都有一定的规格，使用时应根据丝锥尺寸大小选择不同规格的扳手，如表2-14所示。

表2-14　常用攻丝扳手规格

mm

丝锥直径	≤6	8～10	12～14	≥16
扳手长度	150～200	200～250	250～300	400～450

如在凸凹台旁攻螺纹时，可采用丁字形扳手。由于扳手构造简单，工作时可根据实际情况自行制作固定式扳手或丁字形扳手。

3）安全夹头

在钻床上攻螺纹或使用手提式电钻攻螺纹时，要用安全夹头来夹持丝锥，以免当丝锥负荷过大时或攻不通孔到底时，产生丝锥折断或损坏工件等现象。

常用的安全夹头有钢球式安全夹头和锥体摩擦式安全夹头等，使用时，其安全转矩应注意按照丝锥直径的大小进行调节。

(2) 攻螺纹的操作

与钻孔和铰孔加工一样，攻螺纹也有手工攻螺纹与机动攻螺纹两种，且攻螺纹操作时，应正确地选用丝锥及切削液，并进行合理的操作。攻螺纹的操作与方法主要有以下方面的内容。

1）攻螺纹前螺纹底孔直径的确定

攻螺纹时，丝锥对金属有切削和挤压作用，使金属扩张，如果螺钉底孔与螺纹内径一致，会产生金属咬住丝锥现象，造成丝锥折断与损坏。所以攻螺纹前的底孔直径（钻孔直径）必须大于螺纹标准中规定的螺纹内径。

底孔直径的大小，要根据工件材料的塑性大小和钻孔的扩张量来考虑。使攻螺纹时有足够的空隙来容纳被挤出的金属，又能保证加工出的螺纹得到完整的牙型。按照普通螺钉标准，内螺纹的最小直径$d_1=d-1.08t$，内螺纹的允差是正向分布的。这样攻出的内螺纹的内径在上述范围内，才合乎理想要求。

根据以上原则，确定钻普通螺纹底孔所用的钻头直径大小的方法，有计算或查表两种表达形式。

① 计算法　攻普通螺纹的底孔直径根据所加工的材料类型由下式决定。

a. 对钢料及韧性材料，底孔直径$D=d-t$

b. 铸铁及塑性较小的材料，底孔直径 $D=d-1.1t$

式中 D——钻头直径（底孔直径），mm；

d——螺纹外径（公称直径），mm；

t——螺距，mm。

对于英制螺纹攻螺纹底孔（钻头），可按以下经验计算公式确定。

钢料及韧性金属：$D=25.4\times\left(d_0-1.1\dfrac{1}{N}\right)$

铸铁及塑性较小的材料：$D=25.4\times\left(d_0-1.2\dfrac{1}{N}\right)$

式中 D——钻头直径（钻孔直径），mm；

d_0——螺纹外径（英寸转换），mm；

N——螺纹每英寸牙数。

② 查表法　攻螺纹前钻底孔的钻头直径也可以从表 2-15～表 2-17 中查得。

表 2-15　普通螺纹攻螺纹前钻底孔的钻头直径　mm

螺纹直径 D	螺距 P	钻头直径 d_0	
		铸铁、青铜、黄铜	钢、可锻铸铁、纯铜、层压板
2	0.4	1.6	1.6
	0.25	1.75	1.75
2.5	0.45	2.05	2.05
	0.35	2.15	2.15
3	0.5	2.5	2.5
	0.35	2.65	2.65
4	0.7	3.3	3.3
	0.5	3.5	3.5
5	0.8	4.1	4.2
	0.5	4.5	4.5
6	1	4.9	5
	0.75	3.2	3.2
8	1.25	6.6	6.7
	1	6.9	7
	0.75	7.1	7.2
10	1.5	8.4	8.5
	1.25	8.6	8.7
	1	8.9	9
	0.75	9.1	9.2
12	1.75	10.1	10.2
	1.5	10.4	10.5
	1.25	10.6	10.7
	1	10.9	11
14	2	11.8	12
	1.5	12.4	12.5
	1	12.9	13
16	2	13.8	14
	1.5	14.4	14.5
	1	14.9	15
18	2.5	13.3	13.5
	2	13.8	16
	1.5	16.4	16.5
	1	16.9	17

续表

螺纹直径 D	螺距 P	钻头直径 d_0	
		铸铁、青铜、黄铜	钢、可锻铸铁、纯铜、层压板
20	2.5	17.3	17.5
	2	17.8	18
	1.5	18.4	18.5
	1	18.9	19
22	2.5	19.3	19.5
	2	19.8	20
	1.5	20.4	20.5
	1	20.9	21
24	3	20.7	21
	2	21.8	22
	1.5	22.4	22.5
	1	22.9	23

表 2-16　英制螺纹、圆柱管螺纹攻螺纹前钻底孔的钻头直径

英制螺纹				圆柱管螺纹		
螺纹直径/in	每英寸牙数	钻头直径/mm		纹直径/in	每英寸牙数	钻头直径/mm
		铸铁、青铜、黄铜	钢、可锻铸铁			
3/16	24	3.8	3.9	1/8	28	8.8
1/4	20	5.1	5.2	1/4	19	11.7
5/16	18	6.6	6.7	3/8	19	15.2
3/8	18	8	8.1	1/2	14	18.9
1/2	12	10.6	10.7	3/4	14	24.4
5/8	11	13.6	13.8	1	11	30.6
3/4	10	16.6	16.8	1¼	11	39.2
7/8	9	19.5	19.7	1⅜	11	41.6
1	8	22.3	22.5	1½	11	45.1
1⅛	7	25	25.2			
1¼	7	28.2	28.4			
1⅜	6	34	34.2			
1¾	5	39.5	39.7			
2	2½	45.3	45.6			

表 2-17　圆锥管螺纹攻螺纹前钻底孔的钻头直径

55°圆锥管螺纹			60°圆锥管螺纹		
公称直径/in	每英寸牙数	钻头直径/mm	公称直径/in	每英寸牙数	钻头直径/mm
1/8	28	8.4	1/8	27	8.6
1/4	19	11.2	1/4	18	11.1
3/8	19	14.7	3/8	18	14.5
1/2	14	18.3	1/2	14	17.9
3/4	14	23.6	3/4	14	23.2
1	11	29.7	1	11½	29.2
1¼	11	38.3	1¼	11½	37.9
1½	11	44.1	1½	11½	43.9
2	11	55.8	2	11½	56

2）攻不通螺纹孔深度的确定

攻不通孔螺纹时，由于丝锥切削部分不能切出完整的螺纹牙型，所以钻孔深度要大于所需的螺孔深度（图纸标注深度尺寸除外）。一般取

钻孔深度 H=所需钻孔深度 $h+0.7d$（d 为螺纹外径）

3）正确选用丝锥

丝锥有机用丝锥和手用丝锥两种。机用丝锥是指高速钢磨牙丝锥，其螺纹公差带为 H1、H2 和 H3 三种；手用丝锥是指碳素工具钢的滚牙丝锥，螺纹公差带为 H4，丝锥各种公差带所能加工的螺纹精度如表 2-18 所示。

表 2-18 丝锥公差带适用范围

丝锥公差带代号	适用加工内螺纹公差带等级	丝锥公差带代号	适用加工内螺纹公差带等级
H1	5H、4H	H3	7G、6H、6G
H2	6H、5G	H4	7H、6H

4）攻螺纹方法及注意事项

① 工件上底孔的孔口要倒角，通孔螺纹要两面都倒角，可使丝锥容易切入和防止孔口的螺纹牙崩裂。

② 攻螺纹开始时，要尽量将丝锥放正，与孔端面垂直，然后对丝锥加压力并转动扳手，当切入 1～2 圈后，再仔细观察和校正丝锥的位置。也可用钢尺、角尺有直角边的工具检查，例如使用导向套，和同样直径的精制螺母等校正，以保证丝锥切入 3～4 圈时丝锥与孔端面的垂直度，不再有明显的偏差和强行纠正，此后只需转动扳手即可攻螺纹。

③ 攻螺纹时，扳手每转动 1/2～1 圈，就应倒转 1/3 圈，使切屑碎断后容易排除。在攻 M5 以下的螺纹或塑性较大的材料与深孔时，有时每扳转不到 1/2 圈就要倒转。

④ 攻不通孔时，要经常退出丝锥排屑，尤其当将要攻到孔底时更要注意。

⑤ 攻螺纹时要加冷却润滑液，以及时散热、保持丝锥刃部锋利、减少切削阻力、降低螺孔表面粗糙度、延长丝锥使用寿命。常用的冷却润滑液的选用可参见表 2-19。

表 2-19 攻螺纹冷却润滑液的选用

加工材料	冷却润滑液(体积分数)
钢	机加工可用浓度较大的乳化油，或含硫量 1.7％以上的硫化切削油。工件表面粗糙度值要求较小时，可用菜油及二硫化钼等，手加工用机油
灰铸铁	一般不用切削液，如工件表面粗糙度值要求较小，或材质较硬时，可用煤油，切削速度在 8m/min以上时，可用浓度 10％～15％的乳化液
可锻铸铁	15％～20％的乳化液
青铜、黄铜、铝合金	手加工时可不用，机加工时加 15％～20％乳化液
不锈钢	①硫化切削油 60％，油酸 15％，煤油 25％ ②黑色硫化油 ③全损耗系统用油

⑥ 机攻时，要保证丝锥与孔的同轴度。机攻时，丝锥的校准部分不能全部出头，否则返车退出丝锥时会产生乱牙现象。

⑦ 机攻时，要选择低转速进行，一般在 80r 以下为好。

(3) 丝锥的刃磨

丝锥在使用后，会产生磨损、刃部不锋利或断屑情况，经过手工刃磨后可继续使用。常用丝锥的刃磨操作方法主要有以下几方面。

当丝锥前刃面磨损不严重时，可先用圆柱形油石研磨齿槽前面，然后用三角油石轻轻研光前刃面，如图 2-55 所示。研磨时，不允许将齿尖磨圆。

如丝锥磨损严重，就需在工具磨床上修磨，修磨时要控制好前角 γ，如图 2-56 所示。

当丝锥的切削部分磨损时，可在工具磨床上修磨后刃面，以保证丝锥各齿槽的切削锥角和后角一致。

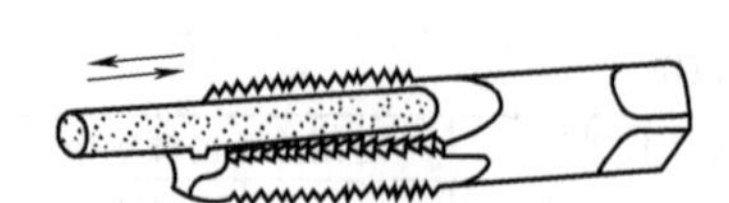

图 2-55 研磨丝锥前刃面

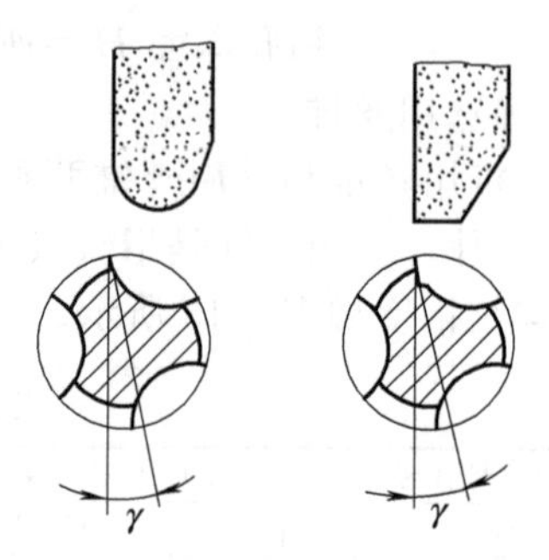

图 2-56 丝锥前角的修磨

此外，也可在砂轮机上修磨后刃面。刃磨时，要注意保持切削锥角 κ 及切削部分长度的准确和一致性，同时，要小心地控制丝锥转动角度和压力大小来保证不损伤另一刃边，且保证原来的合理后角 α，如图 2-57 所示。

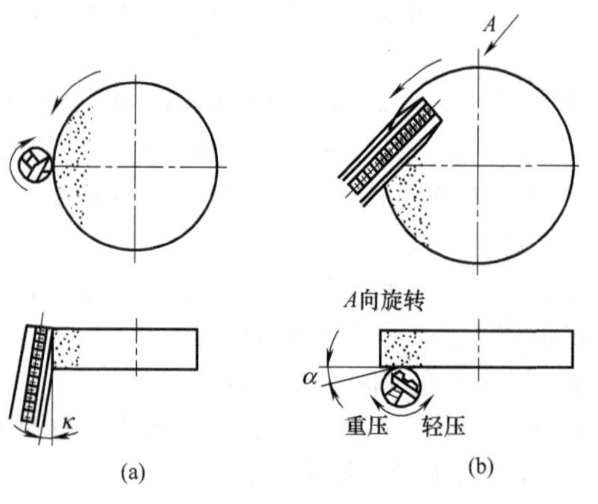

图 2-57 丝锥的刃磨

当丝锥切削部分崩牙或折断时，应先把损坏部分磨掉，再刃磨其后刃面。

(4) 螺纹测量

在机械设备装配过程中，为了弄清楚螺纹的尺寸规格，必须对螺纹的外径、螺距和牙型进行测量，以利于加工及质量检查。通常可按以下几种简便方法进行测量。

① 用游标卡尺测量螺纹外径，如图 2-58 所示。

② 用螺纹样板（螺纹规）量出螺距与牙型，如图 2-59 所示。

③ 用英制钢板尺量出英制螺纹每英吋的牙数，如图 2-60 所示。

④ 用已知螺杆或丝锥，放在被测量的螺纹上，测出是哪一种规格的螺纹，如图 2-61 所示。

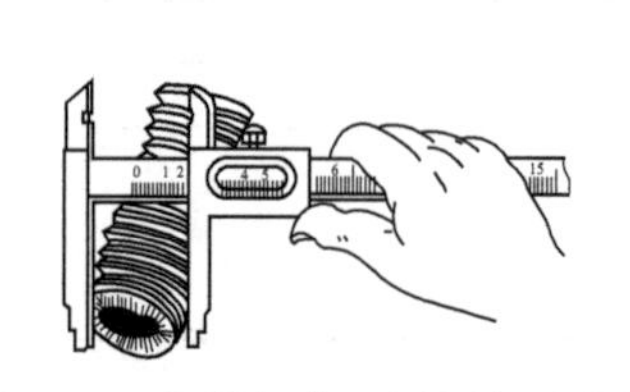

图 2-58 用游标卡尺测量螺纹外径

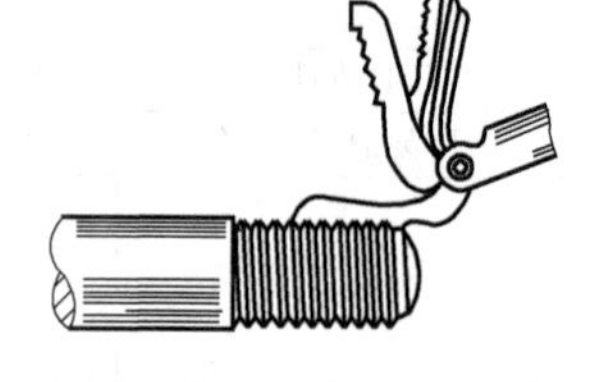

图 2-59 用螺纹样板测量牙型及螺距

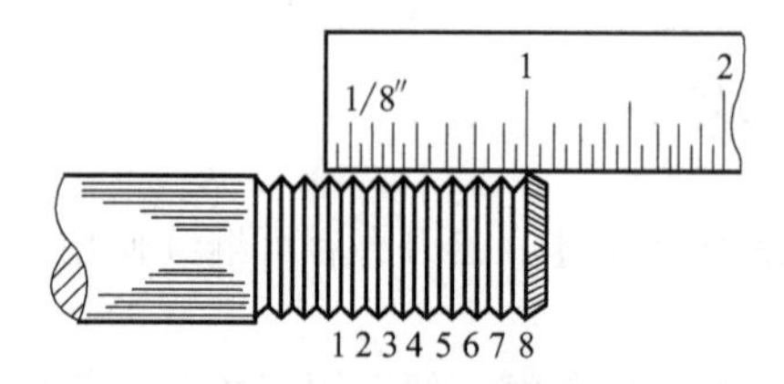

图 2-60 用英制钢尺测量英制螺纹牙数

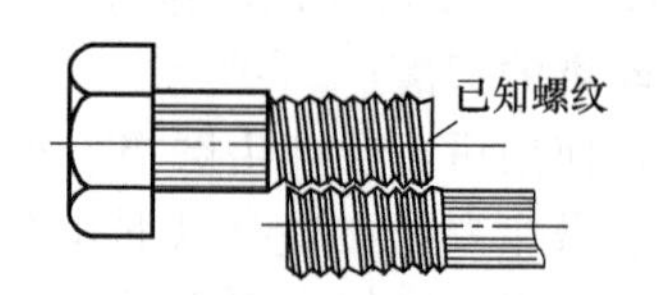

图 2-61 用已知螺纹测定公、英制螺纹方法

2.3.2 攻螺纹常见缺陷及防止措施

表 2-20 给出了攻螺纹常见缺陷及防止措施。

表 2-20 攻螺纹时产生废品的原因及防止方法

废品形式	产生原因	防止方法
螺纹乱扣、断裂、撕破	①底孔直径太小，丝锥攻不进，使孔口乱扣 ②头锥攻过后，攻二锥时放置不正，头、二锥中心不重合 ③螺孔攻歪斜很多，而用丝锥强行"借"仍借不过来 ④低碳钢及塑性好的材料，攻螺纹时没用冷却润滑液 ⑤丝锥切削部分磨钝	①认真检查底孔，选择合适的底孔钻头将孔扩大再攻 ②先用手将二锥旋入螺孔内，使头、二锥中心重合 ③保持丝锥与底孔中心一致，操作中两手用力均衡，偏斜太多不要强行借正 ④应选用冷却润滑液 ⑤将丝锥后角修磨锋利
螺孔偏斜	①丝锥与工件端平面不垂直 ②铸件内有较大砂眼 ③攻螺纹时两手用力不均衡，倾向于一侧	①起削时要使丝锥与工件端平面成垂直，要注意检查与校正 ②攻螺纹前注意检查底孔，如砂眼太大不易攻螺纹 ③要始终保持两手用力均衡，不要摆动
螺纹高度不够	攻螺纹底孔直径太大	正确计算与选择攻螺纹底孔直径与钻头直径

攻螺纹时，丝锥折断的原因及防止方法如表 2-21 所示。

表 2-21 攻螺纹时丝锥折断原因及防止方法

折断原因	防止方法
①攻螺纹底孔太小	①正确计算与选择底孔直径
②丝锥太钝，工件材料太硬	②磨锋利丝锥后角
③丝锥扳手过大，扭转力矩大，操作者手部感觉不灵敏，往往丝锥卡住仍感觉不到，继续扳动使丝锥折断	③选择适当规格的扳手，要随时注意出现的问题，并及时处理
④没及时清除丝锥屑槽内的切屑，特别是韧性大的材料，切屑在孔中堵住	④按要求反转割断切屑，及时排除，或把丝锥退出清理切屑
⑤韧性大的材料（不锈钢等）攻螺纹时没用冷却润滑液，工件与丝锥咬住	⑤应选用冷却润滑液
⑥丝锥歪斜单面受力太大	⑥攻螺纹前要用角尺校正，使丝锥与工件孔保持同心度
⑦不通孔攻螺纹时，丝锥尖端与孔底相顶仍旋转丝锥，使丝锥折断	⑦应事先做出标记，攻螺纹中注意观察丝锥旋进深度，防止相顶，并要及时清除切屑

丝锥折断在孔中后，应从实际情况出发，采用各种方法将断丝锥取出。

① 丝锥折断部分露出孔外，可用钳子拧出，或用尖凿及样冲轻轻地将断丝锥剔出。如断丝锥与孔太紧，用上述方法取不出时，可将弯杆或螺母焊在断丝锥上部，然后拧动，可将断丝锥取出，如图 2-62 所示。

弯杆焊断丝锥　　螺母焊断丝锥

图 2-62 用弯杆或螺帽焊接取出断丝锥的方法

② 丝锥折断部分在孔内，可采用钢丝插入到丝锥屑槽中，在带方榫的断丝锥上旋上两个螺母，钢丝插入断丝锥和螺母的空槽（丝锥上有几条屑槽应插入几根钢丝），然后用扳手反方向旋动，将断丝锥取出，如图 2-63 所示。钢丝可制作成接近屑槽的形状，增加强度。

也可以自制旋取器旋出断丝锥。制作方法有两种。一是用钢管制作，取接近螺孔底孔直径的钢管，按丝锥屑槽数目制作相应数目的短爪，将断丝锥旋出。二是用弯杆，在头部按丝锥屑槽尺寸钻几个小孔后，插入钢丝，将断锥旋出。如图 2-64 所示为用弯曲杆旋取器取断丝锥的方法。

③ 用电火花加工设备将断丝腐蚀掉。

④ 将断丝锥从孔中取出来，是一项难度较大，而操作时又要非常细心的工作，操作者要

有耐性。如无电火花设备，上述几种方法又取不出来，一般情况下只有将断锥敲碎取出，这种方法一般用在 M8 以上尺寸的丝锥。方法是将样冲磨细，一点一点地将丝锥敲碎，直至将丝锥取出。操作时要细心，否则将破坏螺孔，造成废品，如图 2-65 所示。

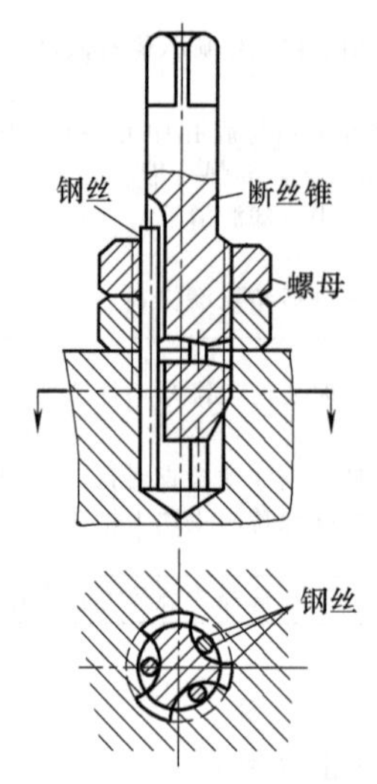

图 2-63　用钢丝插入丝锥屑槽内旋出断丝锥的方法

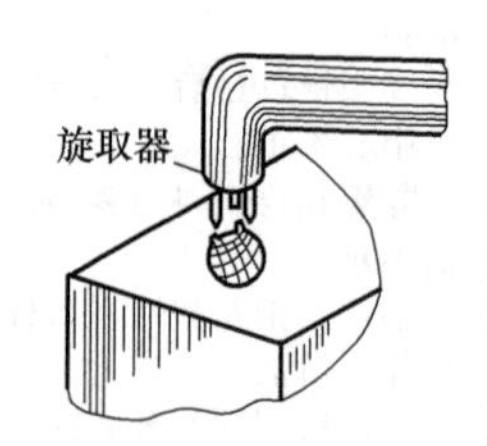

图 2-64　用弯曲杆旋取器取断丝锥的方法

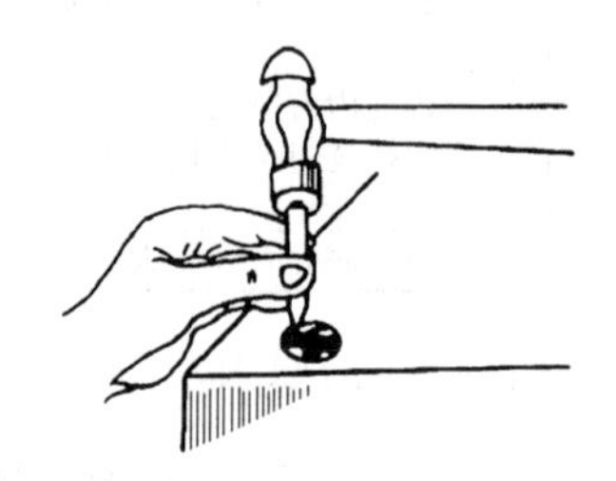

图 2-65　用錾子或冲子剔出断丝锥的方法

2.3.3　套螺纹

用板牙在圆柱体上切削螺纹，叫做套螺纹。与攻螺纹一样，套螺纹也是机械设备装配中常用的基本操作技能。

(1) 套螺纹的工具

套螺纹用工具主要有：板牙及圆板牙架。其中板牙是加工外螺纹的刀具，用合金工具钢或高速钢制作并经淬火处理。按所加工螺纹类型的不同，有圆板牙及圆锥管螺纹板牙两类；圆板牙架是安装板牙的工具。

① 板牙　板牙的种类有圆板牙、可调式圆板牙、方板牙（一般不常见）、活络管子板牙和圆锥管螺纹板牙，如图 2-66 所示。

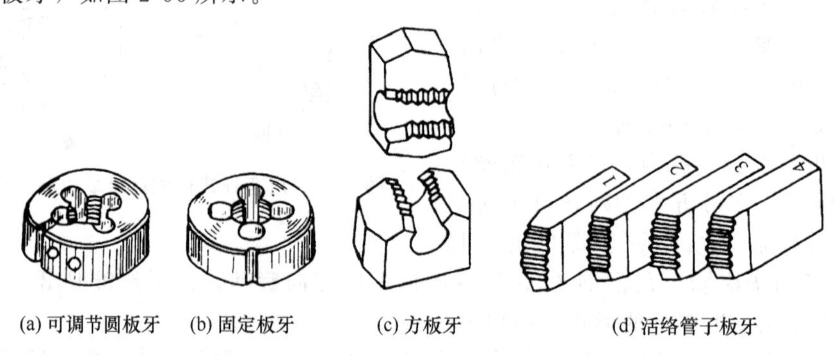

图 2-66　板牙的种类

② 板牙架的种类及应用　板牙架是装夹板牙的工具，它分为圆板牙架、可调式板牙架和管子板牙架三种，如图 2-67 所示。

使用板牙架（圆板牙架）时，将板牙装入架内，板牙上的锥坑与架上的紧固螺钉要对准，紧固后使用。可调式板牙架装入架内后，旋转调整螺钉，使刀刃接近坯料。管子板牙架可装三

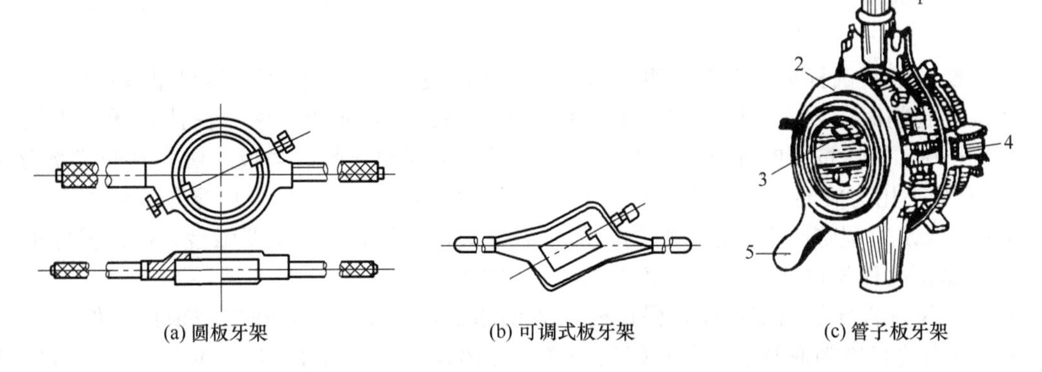

(a) 圆板牙架　(b) 可调式板牙架　(c) 管子板牙架

图 2-67　板牙架

1—套螺纹扳动手柄；2—本体；3—板牙；4—螺杆；5—板牙手柄

副不同规格的活络板牙，扳动手柄可使每副的四块板牙同时合拢或张开，以适应切削不同直径的螺纹，或调节切削量。组装活络板牙时，应注意每组四块上都有顺序标记，按板牙架上标记依次装上。

(2) 套螺纹的操作方法

1）套螺纹圆杆直径的确定

与攻螺纹一样，用板牙在钢料上套螺纹时，其牙尖也要被挤高一些，所以圆杆直径 d_0 应比螺纹的外径 D（公称直径）小一些。圆杆直径可采用下列公式计算出

$$d_0 = D - 0.13t$$

式中　D——螺纹外径，mm；

　　t——螺距，mm。

圆杆直径也可用查表方法查出，如表 2-22 所示。

表 2-22　套螺纹时圆杆的直径

粗牙普通螺纹				英制螺纹			圆柱管螺纹		
螺钉直径 d/mm	螺距 t/mm	圆杆直径 d_0/mm		螺纹直径 /in	管子外径 d_0/mm		螺纹直径 /in	管子外径 d_0/mm	
		最小直径	最大直径		最小直径	最大直径		最小直径	最大直径
M6	1	5.8	5.9	1/4	5.9	6	1/8	9.4	9.5
M8	125	7.8	7.9	5/16	7.4	7.6	1/4	12.7	13
M10	1.5	9.75	9.85	3/8	9	9.2	3/8	16.2	16.5
M12	1.75	11.75	11.9	1/2	12	15.2	1/2	20.5	20.8
M14	2	13.7	13.85	—	—	—	5/8	25.5	25.8
M16	2	15.7	15.85	5/8	15.2	15.4	3/4	26	26.3
M18	5.5	17.7	17.85	—	—	—	7/8	29.8	30.1
M20	5.5	19.7	19.85	3/4	18.3	18.5	1	32.8	33.1
M22	5.5	21.7	21.85	7/8	21.4	21.6	1.125	37.4	37.7
M24	3	23.65	23.8	1	24.5	24.8	1.25	41.4	41.7
M27	3	26.65	26.8	1.25	30.7	31	1.875	43.8	44.1
M30	3.5	29.6	29.8	—	—	—	1.5	47.3	47.6
M36	4	35.6	35.8	1.5	37	37.3			
M42	4.5	41.55	41.75						
M48	5	47.5	47.7						
M52	5	51.5	51.7						
M60	5.5	59.45	59.7						

2）套螺纹方法与注意事项

① 套螺纹时应将圆杆端部倒 30°角，倒角锥体小头一般应小于螺纹内径，便于起削和找正。

② 套螺纹前将圆杆夹持在软虎钳口内，要夹正、夹牢固，工件不要露出钳口过长。

③ 板牙起削时，要注意检查和校正，使板牙与圆杆保持垂直。两手握持板牙架手柄，并加上适当压力，然后按顺时针方向（右旋螺纹）扳动板牙架起削。当板牙切入到修光部分 1～2 牙时，两只手用力旋转，即可将螺杆套出。套螺纹中两手用力均匀，以避免螺纹偏斜，发现稍有偏斜，要及时调整两手力量，将偏斜部分借过来，但偏斜过多不要强借，以防损坏板牙。

④ 套螺纹过程与攻螺纹一样，每转 1/2～1 周时倒转 1/4 周。

⑤ 为了保持板牙的切削性能，保证螺纹表面粗糙度，要在套螺纹时，根据工件材料性质的不同，适当选择冷却润滑液。与攻螺纹一样，套螺纹时，适当加注冷却润滑液，也可以降低切削阻力、提高螺纹质量和延长板牙寿命。冷却润滑液可参见表 2-23 选用。

表 2-23　套螺纹冷却润滑液的选择

被加工材料	冷却润滑液
碳钢	硫化切削油
合金钢	硫化切削油
灰铸铁	乳化液
铝合金	50%煤油+50%全系统消耗用油
可锻铸铁	乳化液
铜合金	硫化切削油,全系统消耗用油

2.3.4　套螺纹常见缺陷及防止措施

表 2-24 给出了套螺纹产生废品的原因及防止方法。

表 2-24　套螺纹时产生废品的原因及防止方法

废品形式	产生原因	防止方法
螺纹乱扣	①塑性好材料套螺纹时,没有用冷却液 ②切屑堵塞 ③圆杆直杆过大,板牙与圆杆不垂直,强行借正造成乱扣	①按材料性质应用冷却液 ②按要求反转,及时清屑 ③圆杆尺寸合乎要求,保持板牙与圆杆垂直,不可强行借正
螺纹太瘦	①扳手摆动太大,由于偏斜多次借正,使螺纹中径小了 ②起削后仍加压力扳动 ③板牙尺寸调得太小	①握稳板牙架,旋转套螺纹 ②起削后不要施加压力 ③准确调整板牙标准尺寸
螺纹太浅	圆杆直径小	正确确定圆杆尺寸

2.4　刮削

利用刮刀在已加工的工件表面上刮去一层很薄的金属，这种操作做刮削。刮削的原理是：在工件的被加工表面或校准工具、互配件的表面涂上一层显示剂，再利用标准工具或互配件对工件表面进行对研显点，从而将工件表面的凸起部位显现出来，然后用刮刀对凸起部位进行刮削加工并达到相关技术要求。

2.4.1　刮削刀具、量具和显示剂

刮削操作，通常需要刮削刀具（简称刮刀）、校准工具、显示剂相互配合才能完成。

(1) 刮削刀具

刮刀是刮削工件表面的主要工具。刮削时由于工件的形状不同，因而要求刮刀有不同的形式。

根据刮削形面的不同，刮刀分为平面刮刀和曲面刮刀两大类。

① 平面刮刀　用于刮削平面和刮一般的花纹，大多采用 T12A 钢材锻制而成，有时因平面较硬，也采用焊接合金钢刀头或硬质合金刀头。常用的有直头刮刀（图 2-68）和弯头刮刀（又称鸭嘴刮刀，如图 2-69 所示）。

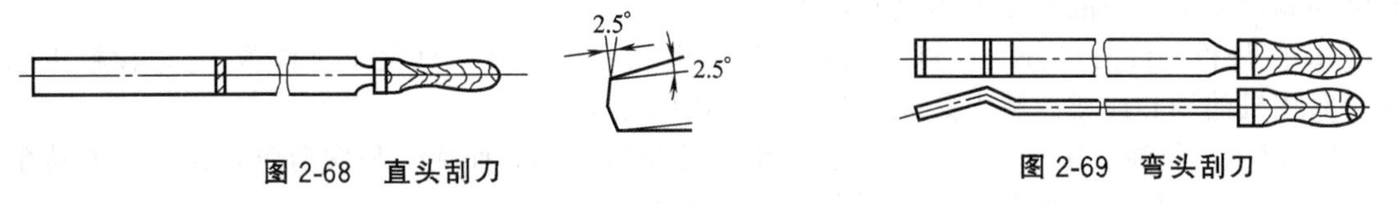

图 2-68　直头刮刀

图 2-69　弯头刮刀

② 曲面刮刀　用于刮削曲面，可分为三角形刮刀、匙形刮刀、柳叶刮刀和圆头刮刀等，如图 2-70 所示。

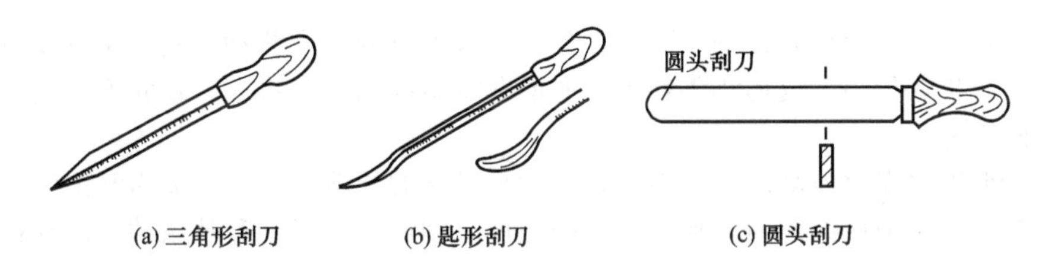

(a) 三角形刮刀　(b) 匙形刮刀　(c) 圆头刮刀

图 2-70　曲面刮刀

(2) 校准工具

校准工具是用来配研显点和检验刮削状况的标准工具，也称为研具。校准工具的作用有二：一是用来和刮削表面磨合，以接触点的多少和分布的疏密程度，来显示刮削表面的平面度，提供刮削的依据；二是用来检验刮削表面的精度。常用的校准工具有标准平板、标准平尺和角度平尺三种。

① 标准平板　如图 2-71 所示，一般用于刮削较宽平面。它有多种规格，使用时按工件加工面积选用，一般平板的面积不应小于加工平面的 3/4。平板的材质应具有较高的耐磨性。

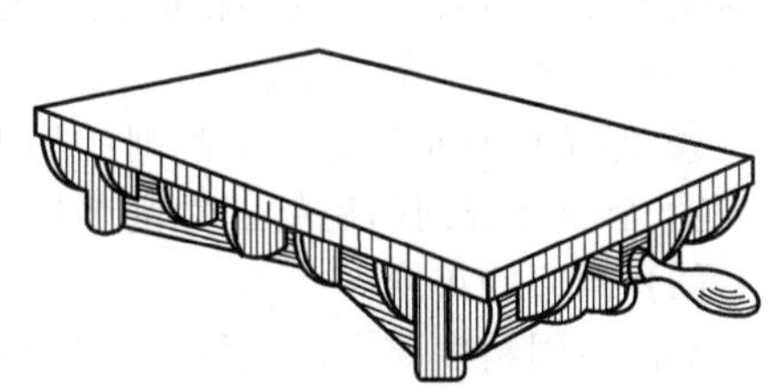

图 2-71　标准平板

② 校准直尺　图 2-72（a）是桥式直尺，用来校检较大的平面或机床导轨的直线度与平面度。图 2-72（b）是工字直尺，一般有两种：一种是单面直尺，其工作面经过精刮，精度很高，用来校验较小平面或短导轨的直线度与平面度；另一种是两面都经过刮研且平行的直尺，它除能完成工字直尺的任务外，还可用来校检长平面相对位置的准确性。

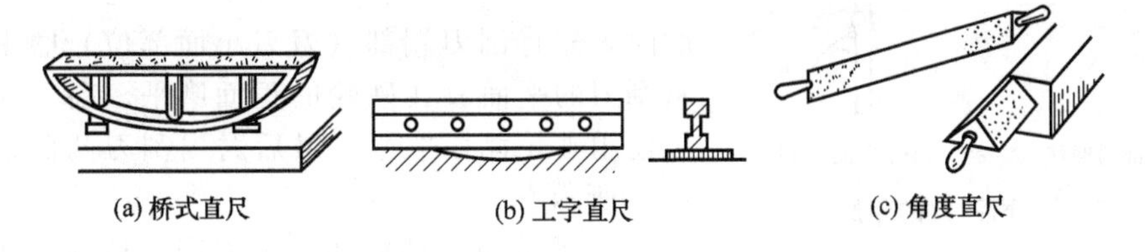

(a) 桥式直尺　(b) 工字直尺　(c) 角度直尺

图 2-72　标准直尺和角度直尺

③ 角度直尺　用来校检两个刮削面成角度的组合平面，如机床燕尾导轨的角度。尺的两面都经过精刮，并形成规定的角度（一般为55°、60°等），第三面是支承面，如图2-72（c）所示。

④ 校检轴　用于校检曲面或圆柱形内表面。校检轴应与机轴尺寸相符，一般情况下滑动轴承瓦面的校检多采用机轴本身。

(3) 显示剂

刮削时要采用显示剂，对显示剂有一定的要求，显示剂的显示效果要光泽鲜明，对工件没有磨损腐蚀作用。一般常用显示剂有以下几种。

① 红丹粉　红丹粉分为铁丹（氧化铁呈红褐色）和铅丹（氧化铅呈橘黄色），颗粒极细，使用时用机油调和而成。特点是无反光，显示出的点子清晰。

② 蓝油　蓝油是用普鲁士蓝粉和蓖麻油及适量机油调和而成，呈深蓝色，研点小而清楚，故多用于精密工件和有色金属，如铜合金、铝合金的工件上。

2.4.2 刮削的操作

刮削工作是一种比较原始的加工方法，也是一项繁重的体力劳动，它有用具简单、切削量小、切削小、产生热量小、变形小等特点，并能获得很高的形位精度、尺寸度、接触精度、传动精度及表面粗糙度。

对表面粗糙度要求比较高的配合表面，如大型机床的导轨面，往往需用刮削的方法来达到较高的精度要求。刮削后的表面，形成微浅的凹坑，创造了良好的存油条件，起到存油、减少配合摩擦的作用。

刮削操作主要分平面刮削及曲面刮削两种，但不论刮削何种表面，操作时主要应注意以下方面。

(1) 刮削的操作步骤

① 刮削前准备　主要内容有检查工件材料，掌握其尺寸和形位公差以及加工余量等基本情况，并确定刮削加工的顺序。

② 根据所确定的加工顺序及工件加工工艺要求，配备刮刀、油石（一般要配备两块油石和两块天然磨刀石，分别供精磨刮刀的平面和顶端面使用）、显示剂、研具，便可进行基准加工面的粗、细、精刮加工。

③ 再以基准面作为后续刮削的加工基准，分别粗、细、精刮。

④ 全面检查刮削后的工件刮削尺寸和形位公差，并做必要的修整性刮削。

(2) 刮刀的刃磨

刮削不同精度要求的表面，其所使用的刮刀也不同，为适宜在粗、细、精刮及修整等不同刮削阶段的加工要求，均需对刮刀进行刃磨，刮刀的刃磨操作要点如下。

1）平面刮刀的刃磨

平面刮刀的刃磨分粗磨和精磨。

① 平面刮刀的粗磨　刮刀坯锻成后，其刃口和表面都是粗糙和不平直的，必须在砂轮上基本磨平。粗磨时，先将刮刀端部（刀刃小面部位）磨平直，然后将刮刀的平面放在砂轮的正面磨平。刮刀的最终平面可使用砂轮侧面磨平，最后磨出刮刀两侧窄面，如图2-73所示。

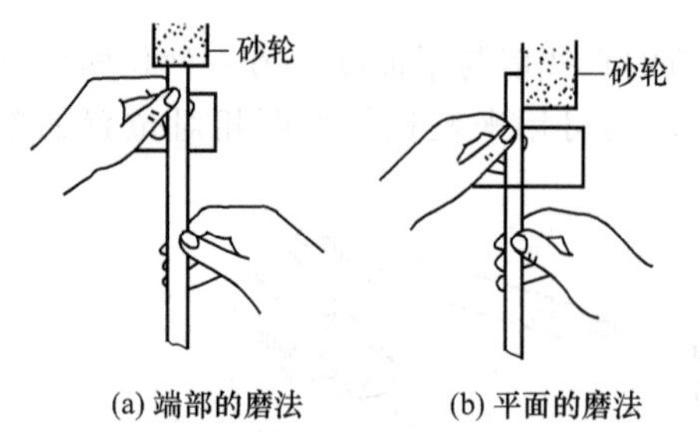

图2-73　平面刮刀的粗磨

② 平面刮刀的精磨　平面刮刀精磨应在油石上进行，将刃口磨得光滑、平整、锋利。平面刮刀的精磨如图2-74所示。

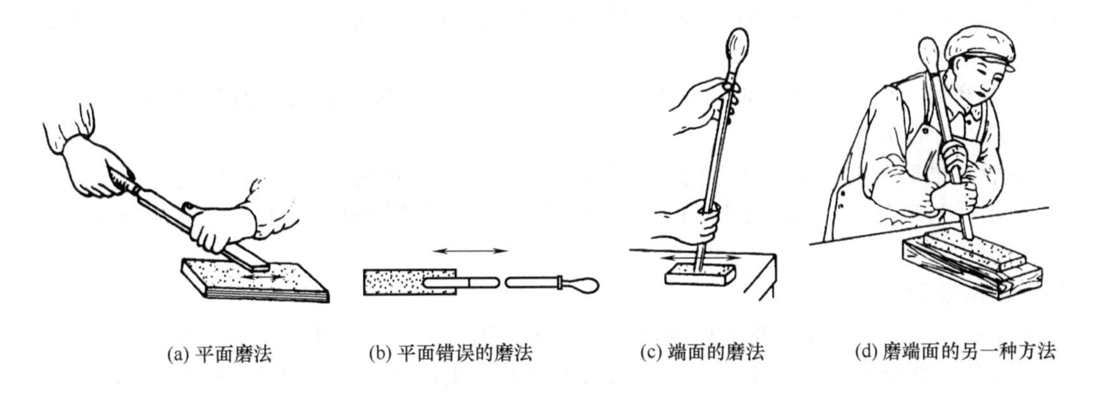

图 2-74 平面刮刀的精磨

平面的磨法：使刮刀平面与油石平面完全接触，两手掌握平稳，使磨出的平面平整光滑。

端部磨法：一般平面刮刀有双刃 90°和单刃两种，精磨端部时一手握住刀头部的刀杆，另一手扶住刀柄，使刮刀与油石保持所需要的角度，在油石上做比较短的往复运动，修磨刮刀端部时最好选择较硬的油石。

2） 曲面刮刀的刃磨

常用的曲面刮刀主要有三角刮刀、圆头刮刀、匙形刮刀与柳叶刮刀等，其刃磨方法分别为：

① 三角刮刀的刃磨　三角刮刀三个面应分别刃磨，使三个面的交线形成弧形的刀刃，接着将三个圆弧刃形成的面在砂轮上开槽。刀槽要开在两刃的中间，刀刃边上只留 2～3mm 的棱边，如图 2-75 所示。

三角刮刀粗磨后，同样要在油石上精磨。精磨时，在顺着油石长度方向来回移动的同时，还要依刀刃的弧形做上下摆动，直至三个面所交成的三条刀刃上的直面、弧面的砂轮磨痕消失，直面、弧面光洁，刀刃锋利为止。

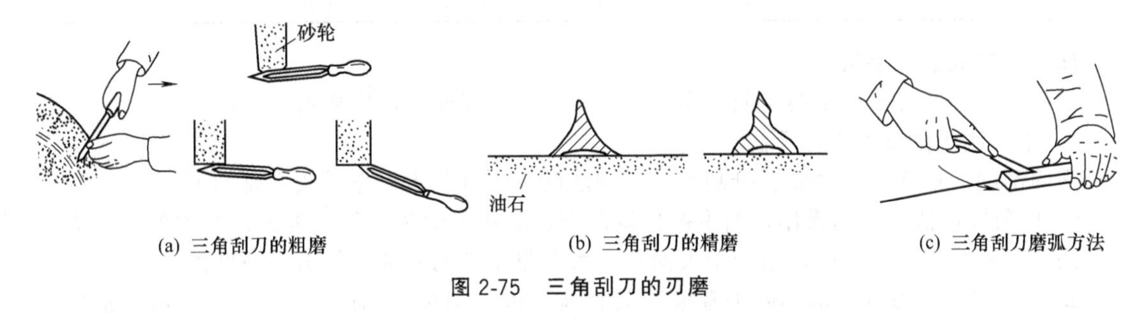

图 2-75 三角刮刀的刃磨

② 圆头刮刀的刃磨　两平面与侧面的刃磨与平面刮刀相同，刀头部位圆弧面的刃磨方法与三角刮刀的磨法相近。

③ 匙形刮刀与柳叶刮刀的刃磨　这两种刮刀刀头形状稍有不同，都有两个切削面和切削刃，切削角度要比三角刮刀大，一般在 70°～80°，适用于刮削较软金属，如巴氏轴承合金等。刃磨与精磨方法大致与三角刮刀相同。

(3) 显示剂的使用方法

显示剂的使用是否正确与刮削质量关系很大，粗刮时可调得稀些，精刮时要适当干些。其使用方法为：一是将显示剂涂在校准工具上；二是直接将显示剂涂在工件上，工件结合面刮研时也可同时涂在两结合面上。选择何种方法，要看加工情况而定。使用显示剂时应注意以下内容。

① 显示剂必须保持清洁，而且必须涂抹薄而均匀，否则，很难准确地显示出工件表面的状况。

② 在推磨研点时，整个面的压力要均匀，工件不均匀对称时应人力使其保持均匀，工件较轻时要加适当的压力。

③ 一般在推磨时要经常调换方向，防止不均匀现象，保证研点的准确显示。

④ 当工件与工件、工具与工件的表面大小或长度接近于相同时，工件落空部分不应超过其本身长度的1/4。

(4) 刮削余量

刮削是一种繁重的操作，每次的刮削量都很少，因此机械加工所留下的刮削加工余量不宜太大，否则会耗费很多的时间和劳动。但余量也不能太小，应能保证刮出正确尺寸和良好的工作表面。刮削余量的多少与工件表面积的大小有直接关系，同时与工件表面的加工精度也有直接关系。由于各厂加工工件的设备新旧程度、机床本身的精度、操作者的技术水平不同，加工后的工件精度误差存在很大的差别。所以，在确定加工余量时可按表2-25、表2-26的数值选用，但同时要考虑实际加工情况，可根据经验确定，刮削余量比表中略大些。一般说来，工件在刮削前加工精度主要是直线度、平面度和表面粗糙度，应不低于9级精度。

表2-25　平面的刮削余量　　mm

平面宽度	平面长度				
	100～500	500～1000	1000～2000	2000～4000	4000～6000
100以下	0.10	0.15	0.20	0.25	0.30
100～500	0.15	0.20	0.25	0.30	0.40

表2-26　孔的刮削余量　　mm

孔径	孔长		
	100以下	100～200	200～300
80以下	0.05	0.08	0.12
80～180	0.10	0.15	0.25
180～360	0.15	0.20	0.35

(5) 刮削的操作手法

刮削操作主要分平面刮削及曲面刮削两种，它们的操作方法主要有以下内容。

1）平面刮削的基本操作手法

平面刮削的操作方法主要有挺刮法、手刮法两种。其基本操作手法主要如下。

① 挺刮操作法　挺刮操作是两手握持挺刮刀，利用大腿和腰腹力量进行刮削的一种方法。挺刮法可以进行大力量刮削，适合于大面积、大余量工件的刮削，但劳动强度大。

a. 刀身握法：刀身的基本握法有抱握法和前后握法两种。如图2-76（a）所示为抱握法。其操作要领是右手大拇指向下放在刀身平面上且与另外四指环握刀身，左手掌心向下抱握在右手上面，同时手掌外侧压在刀身平面上，左手掌离刮刀顶端面60～100mm。

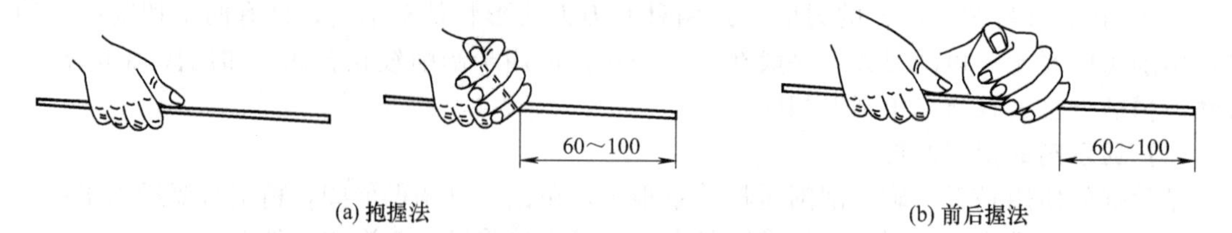

(a) 抱握法　　(b) 前后握法

图2-76　挺刮操作的刀身握法

如图2-76（b）所示为前后握法。其操作要领是右手握法同上，左手在前，离右手一掌左右距离，手掌外侧压在刀身平面上，左手掌离刮刀顶端面60～100mm。

b. 挺刮动作要领。将刀柄抵住小腹右下侧肌肉处，双手握住刀身，左手在前，掌心向下，横握刀身，距刀刃约80mm左右；右手在后，掌心向上握住刀身。双腿叉开成弓步，身体自然前倾，使刮刀与刮削面成25°～40°左右夹角。刮削时，双手使刮刀刀刃对准显点，左手下压刮刀，同时用腿部和臂发出的前挺力量使刮刀对准研点向前推挤，瞬间右手引导刮刀方向，左手快速将刮刀提起，方完成一次挺刮动作，如图2-77所示。

图2-77　挺刮动作要领

② 手刮操作法　手刮操作是两手握持手刮刀，利用手臂力量进行刮削的一种方法。手刮法的切削量小，且手臂易疲劳，适用于小面积、小余量工件和不便挺刮的地方应用。

a. 刀身握法：刀身的基本握法有握柄法和绕臂法两种。如图2-78（a）所示为握柄法，主要用于刀身较短的手刮刀时使用，操作要领是右手如握持锉刀柄姿势，左手掌心向下，大拇指侧压刀身平面，另外四指环握刀身，左手掌离刮刀顶端面60～100mm，刀身与工件表面的后角一般在15°～35°之间。

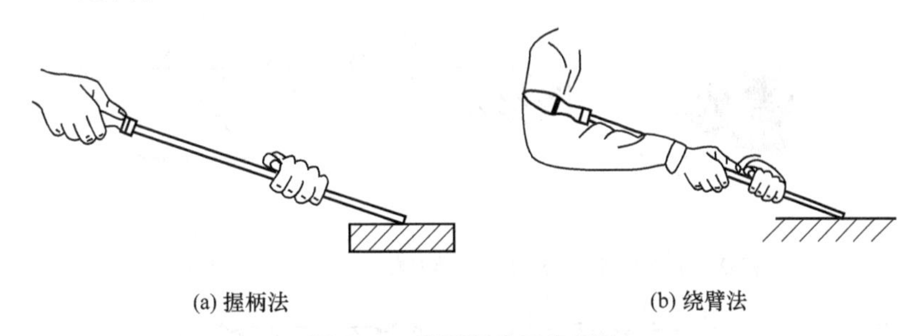
(a) 握柄法　　(b) 绕臂法

图2-78　手刮操作刀身握法

如图2-78（b）所示为绕臂法。主要用于刀身较长的手刮刀时使用，操作要领是刀身后部绕压在右手前臂上，右手大拇指侧压刀身平面，另外四指环握刀身，左手紧靠右手，掌心向下，大拇指侧压刀身平面，另外四指环握刀身，左手掌离刮刀顶端面60～100mm，刀身与工件表面的后角一般在15°～35°之间。

b. 手刮动作要领：手刮时，刮刀和刮削平面约成25°～30°夹角。使刀刃抵住刮削平面，同时，左脚前跨一步，上身随着往前倾斜一些，这样可以增加左手压力，也便于看清刮刀前面的研点情况。刮削时，右臂利用上身摆动使刮刀向前推进，随着推进的同时，左手下压并引导刮刀前进方向；当推到所需的距离后，左手立即提起刮刀，完成一次手刮动作，如图2-79所示。

2）平面刮削的过程

平面刮削过程分为粗刮、细刮、精刮和刮花四个步骤。刮削前，首先应去除工件刮削面的毛刺和四周棱边倒角，清除油污，铸件毛坯应清砂刷防锈漆，开始刮削时，工件应安放平稳、牢固、安全，高低位置应便于操作。各步的操作要点如下。

① 粗刮　用粗刮刀在工件刮削面上均匀地铲去一层较厚的金属，粗刮的目的是尽快去除机械加工刀痕和过多的余量。粗刮可采用连续推刮的方法，刀迹应连成片，刮一遍交换一下铲削方向，使铲削刀迹呈交叉状［图2-80（a）］，通过研点和测量对刮削余量较多的部位要重刮、

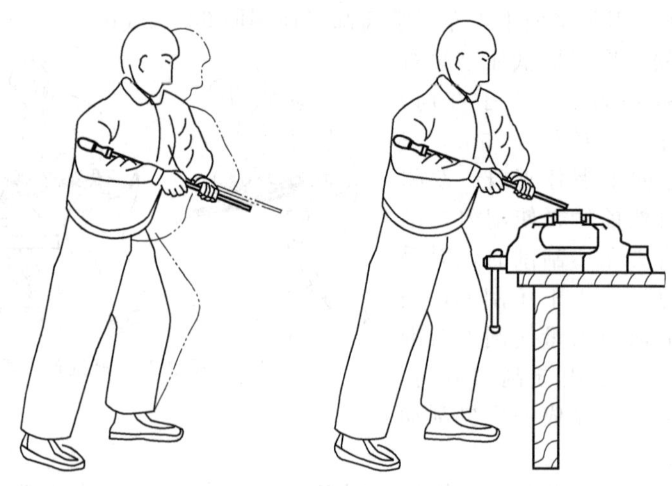

图 2-79　手刮动作要领

多刮几遍，尽快使粗刮平面均匀地达到 2～3 个研点（25mm×25mm），粗刮即告结束。

推刮的操作要领是：从落刀推刮到起刀时的刀迹要平缓。如图 2-80（b）所示，落刀时力量不要过重，起刀时不要停顿，要在直线推刮结束时顺势起刀，否则会留下较深的落刀痕和起刀痕，如图 2-80（c）所示。

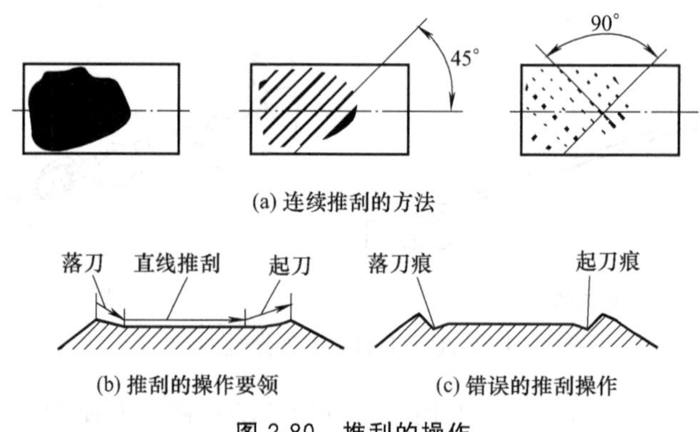

图 2-80　推刮的操作

② 细刮　细刮是进一步改善工件表面的不平直现象和减少研点高低差别，把粗刮留下稀疏的大块研点进行分割，使接触点增多并分布均匀。细刮的刀迹应随刮削遍数的增加而缩窄、缩短。刮削时，对发亮的显点要刮重些，对暗点要刮轻些，并且刮削要准确无误。各遍刮削的刀迹要呈交错状，利于降低刮削平面的粗糙度。直到在全部刮削平面内，用 25mm×25mm 的方框任意检测都均匀地达到 10～14 个研点时，细刮即告结束。

③ 精刮　精刮是在细刮的基础上进一步修整，使研点变得更小、更多。精刮时，落刀要轻，起刀要迅速；每次研点只能刮一刀，不能重复；刀迹要比细刮时更窄、更短；对大而亮的显点应全部刮去，中等稍浅的显点只将中间较高处刮去，小而浅的显点不刮。刀迹呈 45°～60°交错状。最后使整个平面都均匀地达到在 25mm×25mm 方框内研点数 20～25 时，精刮可结束。

④ 刮花　在精刮后或精刨、精铣以及磨削后的工件表面刮削出各种花纹的操作称为刮花，又称为压花和挑花。刮花操作一般选用精刮刀或刮花专用刀。刮花的目的有三个：一是使刮削面美观；二是使移动副之间形成良好的润滑条件；三是可以通过花纹的消失来判断平面的磨损程度，常见的刮花花纹如图 2-81 所示。

(a) 斜纹花

(b) 鱼鳞花

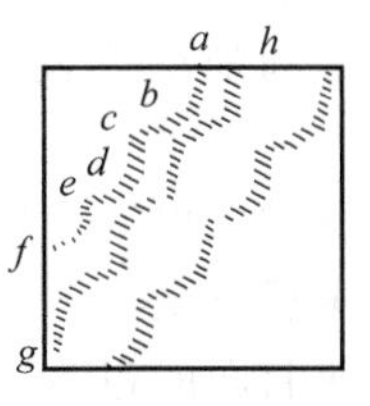

(c) 半月花

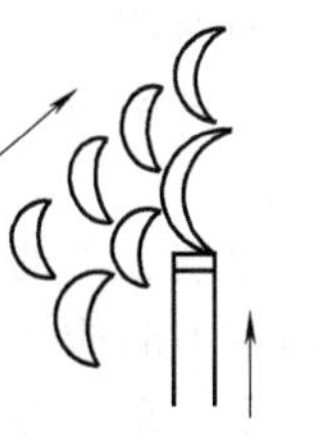

(d) 鱼鳞花的刮花

图 2-81 常见的刮花花纹

刮花操作必须在熟练掌握了刮削操作的技巧后，才能进行。

3）曲面刮削的基本操作手法

刮削曲面时，曲面刮刀刀身的基本握法与平面刮刀采用手刮操作的刀身握法基本相同，即：握柄法和绕臂法两种，具体参见图 2-78。

刮削操作主要分内曲面及外曲面两种进行操作，其基本操作手法主要有以下方面的内容。

① 内曲面刮削　内曲面主要是指内圆柱面、内圆锥面和内球面。用曲面刮刀刮削内圆柱面和内圆锥面时，刀身中心线要与工件曲面轴线成 15°～45°夹角［图 2-82（a）］，刮刀沿着内曲面做有一定倾斜的径向旋转刮削运动，一般是沿顺时针方向自前向后拉刮。三角刮刀是用正前角来进行刮削的，在刮削时，其正前角和后角的角度是基本不变的，如图 2-82（b）所示。蛇头刮刀是用负前角来进行刮削的，与平面刮削相类似，如图 2-82（c）所示。刮削时，前后面的刮削刀迹要交叉，交叉刮削可避免刮削面产生波纹和条状研点。

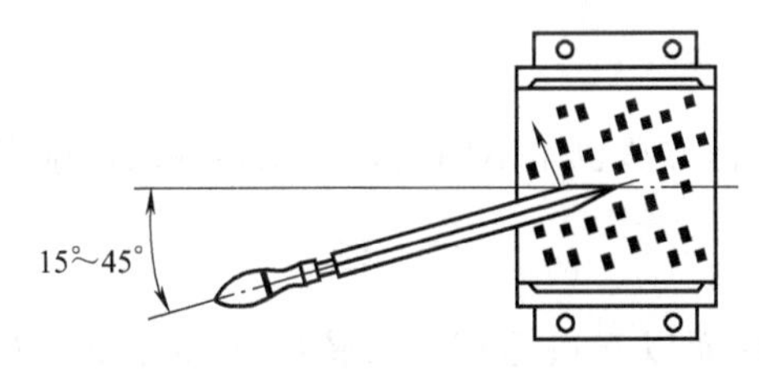

(a) 刮刀的切削角度

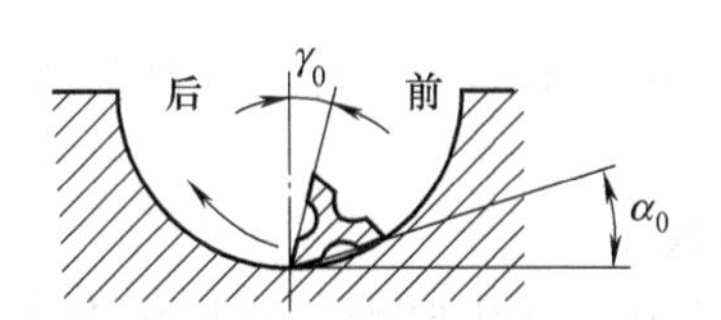

(b) 内曲面刮削的操作方法

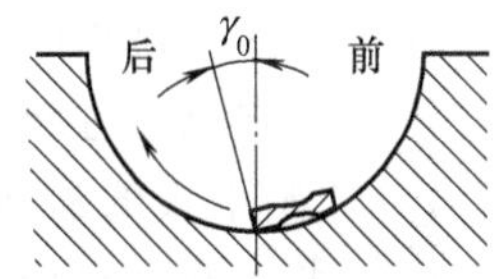

(c) 内曲面刮削的操作方法

图 2-82 内曲面刮削时和用力方向

三角刮刀可用正前角来进行刮削，所以刮削层比较深，因此在刮削时两切削刃要紧贴工件表面，刮削速度要慢，否则容易产生比较深的振痕。如果已产生了比较深的振痕，可采用钩头刮刀通过轴向拉刮来消除振痕。蛇头刮刀是用负前角来进行刮削的，所以刮削层比较浅，其刮削面的表面粗糙度值也就低一些。

② 外曲面刮削　外曲面刮削操作要领是：两手握住平面刮刀的刀身，左手在前，掌心向下，四指横握刀身；右手在后，掌心向上，侧握刀身；刮刀柄部搁在右手臂下侧或夹在腋下。双脚叉开与肩齐，身体稍前倾。刮削时，右手掌握方向，左手下压提刀，完成刮削动作，具体参见图 2-83。

图 2-83 外曲面刮削动作要领

4）曲面刮削的过程

曲面刮削也分为粗、细、精刮三个工序阶段，与平面刮削工序不同的是仅用同一把刮刀，通过改变刮刀与刮削面的相互位置就可以分别进行粗、细、精刮三个工序。在刮削曲面时，应注意以下事项。

① 开始刮削时，压力不宜过大，以防止出现抖动而产生较深的振痕。

② 刮削时前后遍的刮削刀迹要交叉。

③ 采用正前角刮削时，由于刮削层比较深，因此刮削速度要适当慢一点，以防止产生较深的振痕。

④ 当刮削面出现较深的振痕时，可采用钩头刮刀通过轴向拉刮来消除振痕。

⑤ 使用曲面刮刀时应特别注意安全。

图 2-84 给出了三角刮刀刮削曲面的过程。

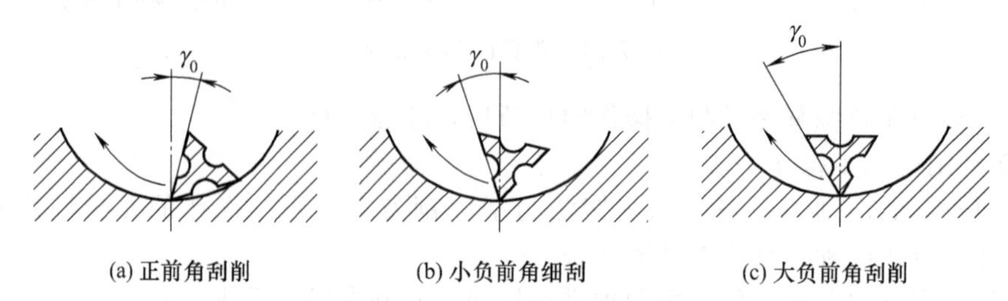

(a) 正前角刮削　　(b) 小负前角细刮　　(c) 大负前角刮削

图 2-84　曲面刮削的过程

如图 2-84（a）所示为粗刮，采用正前角刮削，两切削刃紧贴刮削面，刮削层比较深，适宜于粗刮工序。通过粗刮工序，可提高刮削效率。

如图 2-84（b）所示为细刮，采用小负前角刮削，切削刃紧贴刮削面，刮削层比较浅，适宜于细刮工序。通过细刮工序，可获得分布均匀的研点。

如图 2-84（c）所示为精刮，采用大负前角刮削，切削刃紧贴刮削面，刮削层很浅，适宜于精刮工序。通过精刮工序，可获得较高的表面质量。

（6）典型零件的刮削操作

在生产加工过程中，对于不同的零件，其刮削的操作方法也是不同的，常见零件的刮削操作技法主要有以下方面。

1）原始平板的刮削操作

原始平板的刮削是采用渐进法原理，不用标准平板而以三块毛坯平板依次循环互研、互刮，来达到平板平面度要求的一种传统刮研方法。其具体的刮削步骤如下。

① 将三块平板分别除砂，去飞边、毛刺，四周锉倒角，非加工面刷防锈漆，按 A、B、C 编号。

② 粗刮三块平板各一遍，去除机加刀痕和锈迹、氧化皮层。

③ 按原始平板刮削步骤如图 2-85 所示次序，循环轮流粗刮。

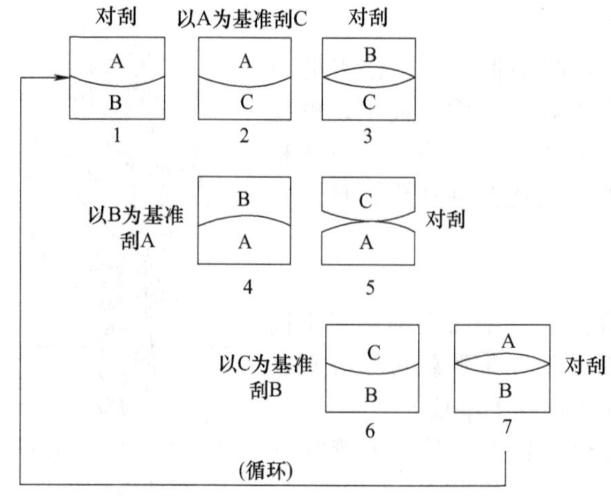

图 2-85　原始平板刮削步骤

先从循环序号 1 的 A、B 两块平板对刮开始，对研对刮 A、B 两板（C 板不参加研和刮）数遍，达到两板的显点都均匀地出现 2～3 个显点后，A、B 两板的粗刮方算结束；然后再按循环序号 2 继续刮研，以 A 基准刮 C。此遍以 A 为基准，不能刮(B 不参与，不研也不刮)。A、C 研点后，只刮 C 板。通过数遍地刮研，使 C 板上的显点达 2～3 个点时结束；接下来将序号 3 的 B、C 两板对刮刮研，（A 不参与）只对 B、C 对研、对刮。经数遍对研、对刮后，使 B、C 两板都均匀地显示 2～3 个点为止。

按以上的方法依次循环刮研序号 4、5、

6、7；再从序号7循环到序号1、2、3……直到A、B、C三块平板无论怎么研都达到2～3个显点，粗刮才告完成。

④ 按照粗刮循环的次序对A、B、C三板进行细刮和精刮。直到三块平板的显点都达到要求的精度为止。

⑤ 刮花是在技术条件有要求时才进行的。无要求时，请勿乱刮花，以免影响其接触精度。

2）角度零件的刮削操作

由图2-86可知，该零件A、B、C三个平面均需刮削。由于A面面积较大，故应先刮，然后以A面为基准刮削B、C面，这样在刮削B、C面时便于安放和测量。其刮削操作步骤如下。

① 刮削A面　粗、细、精刮，保证其平面度、直线度和显点要求，其刮削质量可用研点法检测。

② 以A面为基准，粗、细、精刮B面，保证平面度、角度30°±20′和显点要求。研点时，因重心偏移，不能直接在平板上研点，可用小型平板放在零件的B面上研点。30°±20′的角度测量可用正弦规或百分表测量（图2-87）。

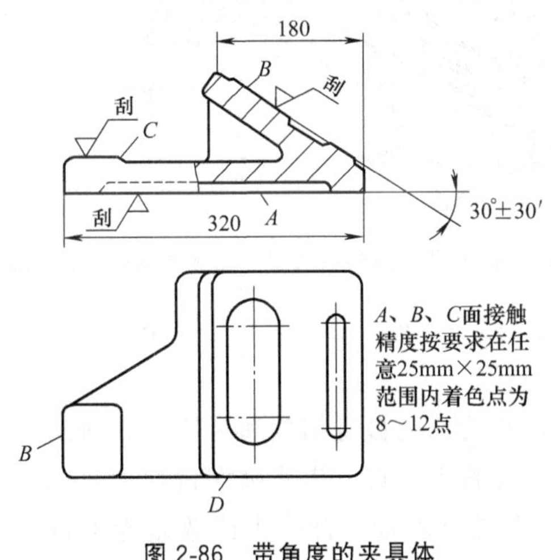

图2-86　带角度的夹具体

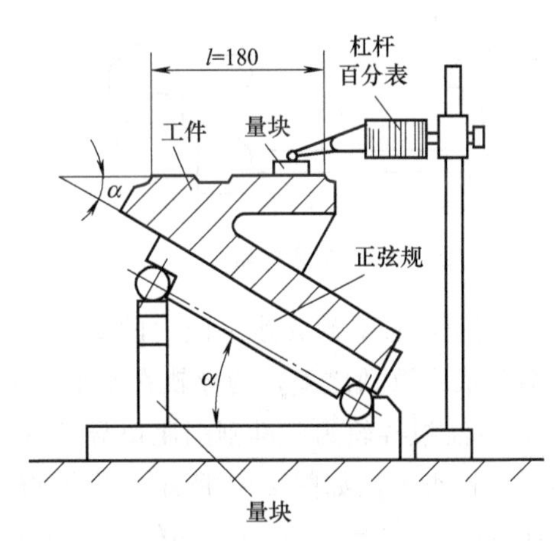

图2-87　测量角度

③ 以A面为基准，粗、细、精刮C面，使之达到技术要求各项精度。研点时用小型平板放在C面上研。测量平行度时，用百分表直接测量。

3）机床导轨的刮削操作

车床床身导轨是溜板移动的导向面，是保证刀具移动直线性的关键。图2-88给出了其截面图。其中：2、6、7为溜板用导轨，3、4、5为尾座用导轨，1、8为压板用导轨。床身导轨的几何、接触精度和表面粗糙度要求主要有以下要求：①溜板导轨的直线度，在垂直平面内，全长上为0.03mm，在任意500mm测量长度上为0.015mm，只许凸；在水平面内，全长上为0.025mm。②溜板导轨的平行度（床身导轨的扭曲度）全长上为0.04/1000。③溜板导轨与尾座导轨的平行度，在垂直平面与水平面全长上均为0.04mm，任意500mm测量长度上为0.03mm。④溜板导轨对床身齿条安装面的平行度，全长上为0.03mm，在任意500mm测量长度上为0.02mm。⑤接触精度要求在25mm×25mm方框内，研点不小于10点。⑥表面粗糙度要求$Ra1.6\mu m$。

根据车床导轨中各导轨的使用要求，由此可确定床身导轨的刮削步骤为：

① 选择刮削量最大、导轨中最重要和精度要求最高的溜板用导轨 6、7 作为刮削基准。用角度平尺研点，刮削基准导轨面 6、7；用水平仪测量导轨直线度。刮削到导轨直线度、接触研点数和表面粗糙度均符合要求为止。

② 以 6、7 面为基准，用平尺研点刮平导轨 2。要保证其直线度和与基准导轨面 6、7 的平行度要求。

③ 测量导轨在垂直平面内直线度及溜板导轨平行度，方法如图 2-89 所示。检验桥板沿导轨移动，一般测 5 个点，得 5 个水平仪读数。横向水平仪读数差为导轨平行度误差。纵向水平仪用于测量直线度，根据读数画导轨曲线图，计算误差线性值。

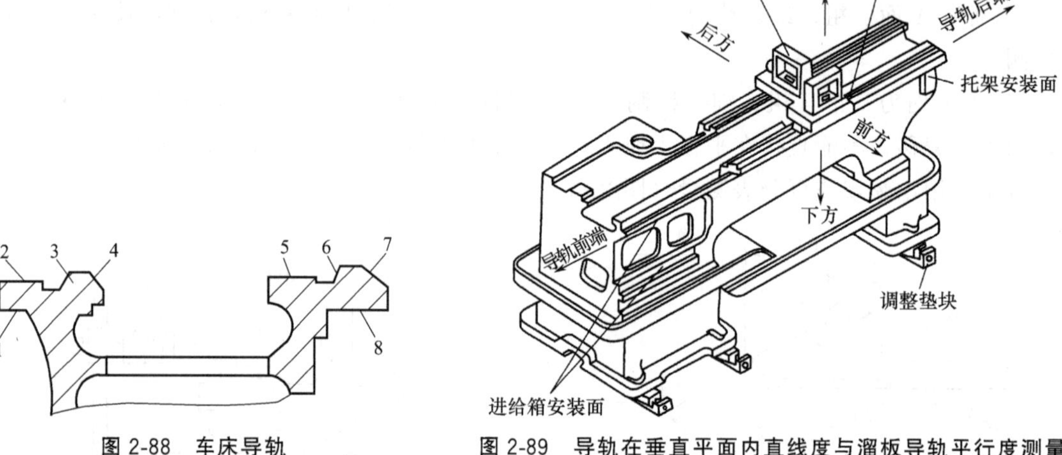

图 2-88　车床导轨

图 2-89　导轨在垂直平面内直线度与溜板导轨平行度测量

④ 测量溜板导轨在水平面内的直线度（图 2-90）。移动桥板，百分表在导轨全长范围内最大读数与最小读数之差，为导轨在水平面内直线度误差值。

⑤ 以溜板导轨为基准刮削尾座导轨 3、4、5 面，使其达到自身精度和对溜板导轨的平行度要求，检查方法如图 2-91 所示。将桥板横跨在溜板导轨上，百分表座吸在桥板上，触头触及尾座导轨 3、4 或 5 上。沿导轨移动桥板，在全长上进行测量，百分表读数差为平行度误差值。

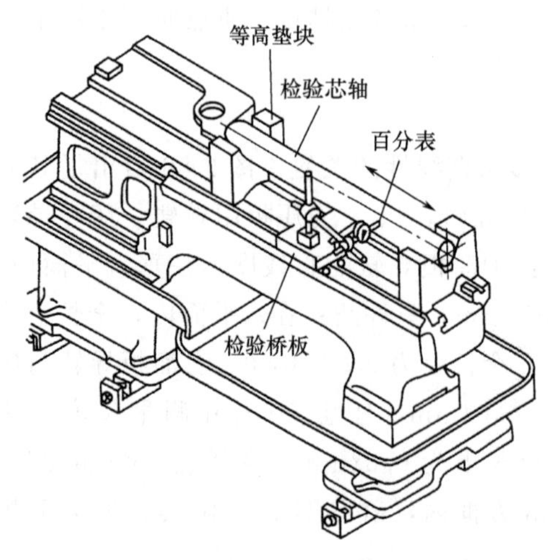

图 2-90　用检验桥板、百分表测量导轨在水平面直线度

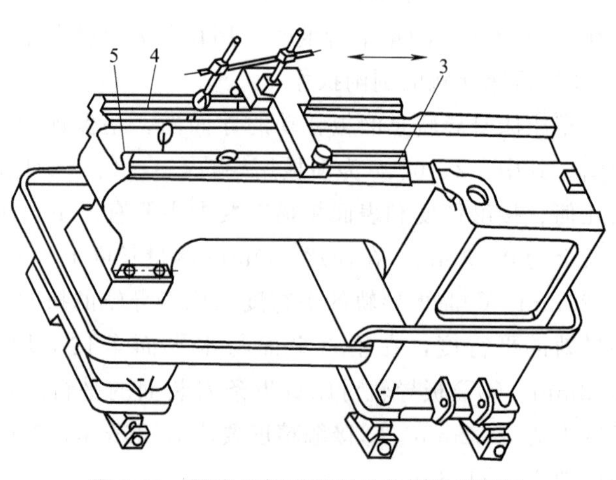

图 2-91　尾座导轨对溜板导轨平行度测量

⑥ 刮削压板导轨1、8，要求达到与溜板导轨的平行度，并达到自身精度。测量方法如图2-92所示。

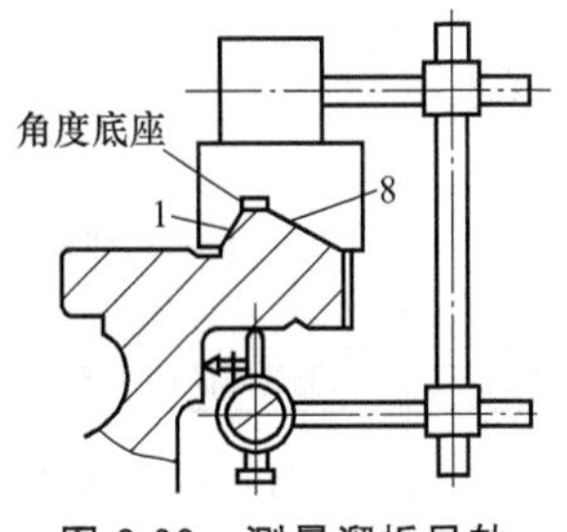

图2-92 测量溜板导轨与压板导轨平行度

(7) 刮削精度的校检

由于工件的工作要求不同，因此，对刮削工作的校验方法也要求不一。经过刮削的工件表面应有细致而均匀的网纹，不能有刮伤和刮刀的深印。常用的校检方法有以下几种。

① 校检刮削平面的接触研点　用25mm×25mm的正方形方框罩在被校检面上，依据方框内的研点数目的多少来确定精度。各种平面接触的研点数目见表2-27。

表2-27 各种平面接触的研点数

	每25mm×25mm内的研点数	应用举例
一般平面	2～5	较粗糙机构的固定结合面
	5～18	一般结合面
	8～12	机器台面，一般基准面，机床导向面，密封结合面
	12～16	机床导轨及导向面，工具基准面，量具接触面
精密平面	16～20	精密机床导轨，直尺
	20～25	1级平板，精密量具
超精密平面	＞25	0级平板，高精度机床导轨，精密量具

目前通用平板精度分0、1、2、3四个等级。0级最高，依次降低。国家标准按不同等级，规定了不同的精度要求。常用的平板精度等级见表2-28。

表2-28 通用平板的精度等级及规格

平板尺寸/mm	平面度偏差/μm			
	0级	1级	2级	3级
200×200	±3	±6	±12	±30
300×300	±3.5	±7	±13	±35
300×400	±3.5	±7	±14	±35
450×600	±4	±8	±16	±40
600×800	±4	±8	±18	±45
750×1000	±6	±12	±25	±60
研点数(25mm×25mm)	≥25	≥25	≥20	≥12

② 校检滑动轴承内孔的接触研点　曲面刮削中，常见的是对滑动轴承内孔的刮削。各种不同接触精度研点数见表2-29。

表2-29 滑动轴承的研点数

轴承直径/mm	机床或精密机械主轴轴承			锻压设备、通用机械轴承		动力机械、冶金设备的轴承	
	高精度	精密	普通	重要	普通		
	每25mm×25mm内的研点数						
≤120	25	20	16	12	8	8	5
＞120	—	16	10	8	6	6	2

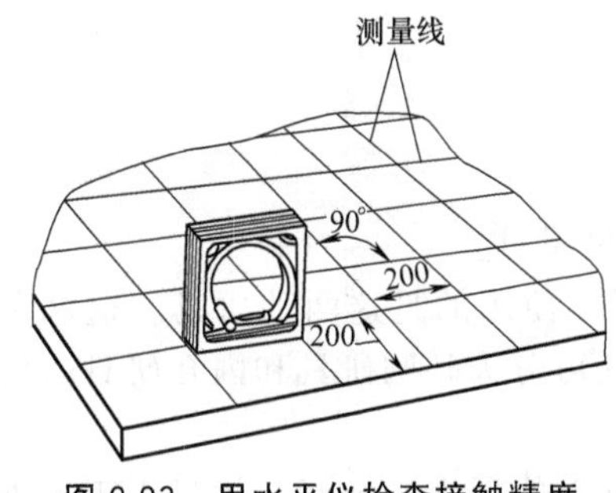

图2-93 用水平仪检查接触精度

③ 刮削面误差的校检　主要是校检刮削后平面的直线度与平面度误差是否在允许的范围内。一般用合像水平仪，精度比较高的框式水平仪进行校检，如图2-93所示。

2.4.3 刮削常见缺陷及产生原因

表2-30给出了刮削时常见的缺陷及产生原因。

表 2-30 刮削常见的缺陷及产生原因

缺陷形式	特征	产生原因
深凹痕	刀迹过深,局部显点稀少	①粗刮时用力不均匀,局部落刀过重 ②多次刀痕重叠 ③刀刃圆弧过小
梗痕	刀迹单面产生刻痕	刮削时用力不均匀,使刃口单面切削
撕痕	刮削面上呈现粗糙刮痕	①刀刃不光洁、不锋利 ②刀刃有缺口或裂纹
落刀痕或起刀痕	在刀迹的起始或终了处产生深的刀痕	①落刀时,左手压力过大和速度较快 ②起刀不及时
振痕	刮削面上呈现有规则的波纹	多次同向刮削,刀迹没有交叉
划痕	刮削面上划有深浅不一的直线痕迹	①显示剂不清洁 ②刮削面未清理干净
刮削面精度不高	显点变化情况无规律	①研点时压力不均匀 ②工件外露过多而出现假点子 ③研具工作表面本身不精确 ④研点时放置不平稳

2.5 研磨

用研磨工具和研磨剂从工件表面磨掉一层极薄的金属，使工件表面具有精确的尺寸、形状和很低的表面粗糙度，这种操作称为研磨。研磨有手工操作和机械操作。在机械设备的装配及检修工作中，常常也要运用手工研磨操作。

2.5.1 研具与研磨剂

研磨操作，通常需要研具、研磨剂等工具相互配合才能完成。其基本原理是磨料通过研具对工件进行微量切削，它包含物理和化学两个方面的作用。研磨时，在研磨工具（以下简称研具）表面涂上研磨剂，由于研具的强度比工件软，在研具和工件的相对压力下，研磨剂中的微小磨粒被嵌在研具面上，这些磨粒像无数刀刃，又在研具和工件的相对运动下产生滑动和滚动，从而将工件表面切去一层微薄的金属。而每一磨粒会在被研工件表面重复自己的运动轨迹，从而使工件逐渐得到准确的尺寸、几何精度和低的表面粗糙度，这是研磨时物理方面的作用。

由于研磨剂中的化学成分，研磨时在工件表面会形成一层氧化膜，如氧化铬、硬脂酸或其他化学研磨剂在进行研磨时，与空气接触在工件表面很快形成的一层氧化膜。由于氧化膜本身很容易被磨掉，在研磨过程中，氧化膜迅速地形成又不断地磨掉，经多次反复，加速了研磨的切削过程，这是研磨时的化学作用。

(1) 研具

研具是研磨时，决定工件表面几何形状的标准工具。

1) 研具的主要类型及适用范围

① 板条形研具　板条形研具通常用来研磨量块及各种精密量具。

② 圆柱和圆锥形研具　在制造与检修工作中，通常见到和使用的是这两种研具。这两种研具又可分为整体式和可调式两种，根据工件的加工部位，又可分为外圆研具和内孔研具。整体式圆柱和圆锥研具如图 2-94 所示。

整体式研具结构简单、制造方便，但由于没有调整量，在磨损后无法补偿，故只用于单件或小批量生产。制作整体式研具时，可按研磨工件的实际加工尺寸、研具的磨损量、工件研磨的切削量，制作一组1～3个不同公差的研具，对工件进行研磨。小批量生产时，可适当增加孔较大公差、外圆较小公差的研具，以补充不足。

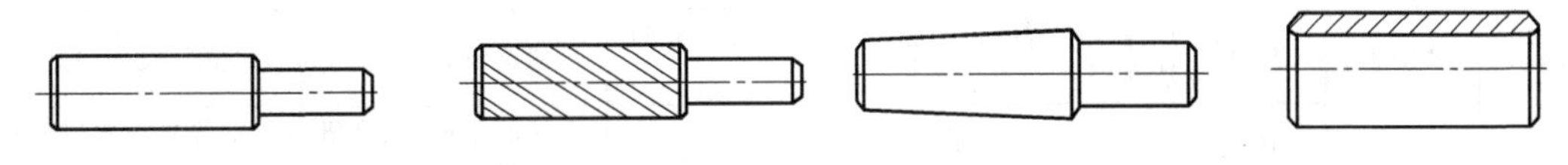

(a) 整体圆柱式研具　　(b) 整体圆锥式研具

图2-94　整体式圆柱和圆锥研具

可调式研具适用于研磨成批生产的工件。由于这种研具可在一定范围内调节尺寸，因此使用寿命较长，但结构复杂、制造比较困难、成本较高，一般工厂很少使用。可调式圆柱和圆锥形研具如图2-95所示。

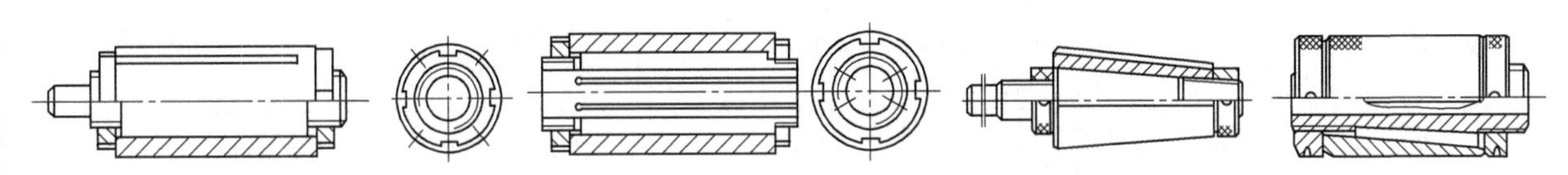

(a) 可调式外圆柱形研具　　(b) 可调式内圆柱形研具　　(c) 可调式外圆锥形研具　　(d) 可调式内圆锥形研具

图2-95　可调式圆柱和圆锥形研具

2）研具的材料

研具的材料一般有以下两点要求：一是研具材料比工件软，且组织要均匀，使磨粒嵌入研具表面，对工件进行切削不会嵌入工件表面，但也不能太软，否则嵌入研具太深而失去切削作用；二是要容易加工，寿命长和变形小。

常用的材料有灰铸铁、软钢、纯铜、铅、塑料和硬木等，其中灰铸铁的润滑性能好，有较好的耐磨性，硬度适中，研磨效率较高，是制作研磨工具最常用的材料。

软钢的韧性较好，常作为小型研具，如研磨螺纹和小孔的研具。纯铜的性质较软，容易被磨粒嵌入，适用于作粗研时的研具，其研磨效率也较高。铅、塑料、硬木则更软，用于研磨铜等软金属。

(2) 研磨剂

研磨剂是由磨料和研磨液调和而成的混合剂。

1）磨料

磨料在研磨时起切削作用，研磨的效率、精度和表面粗糙度都与磨料有密切的关系。常用的磨料主要有氧化铝、碳化硅和金刚玉三大类。

① 氧化物磨料（俗称钢玉）　氧化物磨料主要用于研磨碳素工具钢、合金工具钢、高速钢和铸钢工件，也适用于研磨铜、铝等有色金属。这类磨料能磨硬度60HRC以上的工件，其主要品种有棕色氧化铝、白色氧化铝和氧化铬等。

② 碳化物磨料　这种磨料除了用于研磨一般钢料外，主要用来研磨硬质合金、陶瓷和硬铬等高硬度工件，其硬度高于氧化物磨料，主要品种有黑色碳化硅、绿色碳化硅和碳化硼等。

③ 金刚石磨料　金刚石磨料的硬度比碳化物磨料更高，故切削能力也高，分人造的和天然的两种。由于价格昂贵，一般只用于精研硬质合金、宝石、玛瑙等高硬度工件。上述各种磨料的系列与用途见表2-31。

磨料的粗细程度用粒度表示，粒度越细，研磨精度越高。磨料粒度按照颗粒尺寸分为磨粉和微粉两种，磨粉号数在100～280范围内选取，数字越大，磨料越细；微粉号数在W40～W0.5范围内选取，数字越小，磨料越细。磨料粒度及应用如表2-32所示。

表 2-31　磨料的系列与用途

系列	磨料名称	代号	特性	适用范围
氧化铝系	棕刚玉	GZ	棕褐色；硬度高、韧性大；价格便宜	粗精研磨钢、铸铁、黄铜
	白刚玉	GB	白色；硬度比棕刚玉高，韧性比棕刚玉差	精研磨淬火钢、高速钢、高碳钢及薄壁零件
	铬刚玉	GG	玫瑰红或紫红色；韧性比白刚玉高，磨削光洁度好	研磨量具、仪表零件及高光洁度表面
	单晶刚玉	GD	淡黄色或白色；硬度和韧性比白刚玉高	研磨不锈钢、高钒高速钢等强度高、韧性大的材料
碳化物系	黑碳化硅	TH	黑色有光泽；硬度比白刚玉高，性脆而锋利，导热性和导电性良好	研磨铸铁、黄铜、铝、耐火材料及非金属材料
	绿碳化硅	TL	绿色；硬度和脆性比黑碳化硅高，具有良好的导热性和导电性	研磨硬质合金、硬铬宝石、陶瓷、玻璃等材料
	碳化硼	TP	灰黑色；硬度仅次于金刚石，耐磨性好	精研密和抛光硬质合金、人造宝石等硬质材料
金刚石系	人造金刚石	JR	无色透明或淡黄色、黄绿色或黑色；硬度高，比天然金刚石略脆，表面粗糙	粗、精研磨硬质合金、人造宝石、半导体等高硬度脆性材料
	天然金刚石	JT	硬度最高，价格昂贵	
其他	氧化铁		红色至暗红色；比氧化铬软	精研磨或抛光钢、铁、玻璃等材料
	氧化铬		深绿色	

表 2-32　常用的研磨粉

研磨粉号数	研磨加工类别	可达到的粗糙度 $Ra/\mu m$
100#～280#	用于最初的研磨加工	0.80
W40～W20	用于粗研磨加工	0.40～0.20
W14～W7	用于半粗研磨加工	0.20～0.10
W5 以下	用于粗细研磨加工	0.10 以下

2）研磨液

研磨液在研磨加工中起调和磨料、冷却和润滑的作用，能防止磨料过早失效和减少工件（或研具）的发热变形。

常用的研磨液有煤油、汽油、10#和 20#机械油、透平油等。此外，根据需要在研磨剂中加入适量的石蜡、蜂蜡等填料，和氧化作用较强的油酸、脂肪酸、硬脂酸等，则研磨效果更好。

研磨剂也可自行配制，表 2-33 给出了部分研磨剂的配制方法及用途。

表 2-33　研磨剂的配制及使用

研磨剂类别		研磨剂成分	数量	用途	配制方法
液体研磨剂	1	氧化铝磨粉 硬脂酸 航空汽油	20g 0.5g 200mL	用于平板、工具的研磨	研磨粉与汽油等混合，浸泡一周即可使用，用于压嵌法研磨
	2	研磨粉 硬脂酸 航空汽油 煤油	15g 8g 200mL 15mL	用于硬质合金、量具、刃具的研磨	材质疏松，硬度为 100～120HBS，煤油加入量应多些；硬度大于 140HBS，煤油加入量应少些
固体研磨剂（研磨膏，分为粗、中、精三种）	1	氧化铝 石蜡 蜂蜡 硬脂酸 煤油	60% 22% 4% 11% 3%	用于抛光	先将硬脂酸、蜂蜡和石蜡加热溶解，然后入汽油搅拌，经过多层纱布过滤，最后加入研磨粉等调匀，冷却后成为膏状 使用时将少量研磨膏置于容器中，加入适量蒸馏水，调成糊状，均匀地涂在工件或研具表面上进行研磨
	2	氧化铝磨粉 氧化铬磨粉 硬脂酸 电容器油 煤油	40% 20% 25% 10% 5%	用于精磨	

2.5.2 研磨的操作

研磨是精密和超精密零件精加工的主要方法之一。通过研磨能使两个紧密结合的，或有微量间隙能滑动而又能密封的工件、组合表面具有精密的尺寸、形状和很低的表面粗糙度。工件经研磨后，表面粗糙度可达 $Ra=1.6\sim0.05\mu m$，最高可达 $0.012\mu m$，尺寸精度可达0.001～0.005mm，几何形状可以更加理想。它可以加工平面、圆柱面、圆锥面、螺纹面和其他特殊面等，常用于各种液压阀的阀体、气动阀体及各类密封阀门的进出口密封部位、精密机械设备配合面的制造与修复等。

刮削操作主要分平面刮削及曲面刮削两种，但不论刮削何种表面，操作时主要应注意以下内容。

(1) 研磨余量

研磨的切削量很小，一般每研磨一遍，所磨掉的金属层厚度不超过0.002mm，为减少研磨时间，提高研具的使用寿命，研磨余量不能太大。一般情况下，可按以下三个原则来确定。

① 根据工件的几何形状与精度要求确定，若研磨表面面积大、形状复杂，且精度要求高，则研磨量应取较大值；

② 根据研磨前的工件加工质量选择，若研磨前工件的预加工质量高，研磨量可取较小值，反之则应取较大值；

③ 按实际加工情况选择，若工件位置精度要求高，而预加工又无法保证必要的质量要求时，则可适当增加研磨余量。

研磨余量的增加，要掌握一定限量。对于一个工件，经研磨后是否能够达到要求，有时取决于工件的预加工的精度、几何形状与表面粗糙度精度。例如对一个孔进行研磨，要求达到 $Ra=0.2\mu m$，这就要求孔的预加工后表面粗糙度应在 $Ra=1.6\mu m$ 以下，也就是说孔研磨前后表面粗糙度不可能相差太多，一般是1～2个精度等级，最大不应超过3个精度等级，否则研磨后的孔肯定达不到要求。其原因在于，不可能对孔无限制地进行研磨，研磨时间一旦过长，会造成孔口部位成喇叭形，孔成椭圆或尺寸超差等情况，而使工件报废。无论何种工件，在研磨时预加工精度、几何形状、表面粗糙度愈好，对研磨愈有利。有时差得太多，无论对工件怎样研磨也达不到要求。

一般情况下，平面、外圆和孔的研磨余量可分别按表2-34～表2-36选择。

表2-34 平面的研磨余量 mm

平面长度	平面宽度		
	≤25	26～75	76～150
≤25	0.005～0.007	0.007～0.010	0.010～0.014
26～75	0.007～0.010	0.010～0.014	0.014～0.020
76～150	0.010～0.014	0.014～0.020	0.020～0.024
151～260	0.014～0.018	0.020～0.024	0.024～0.030

表2-35 外圆的研磨余量 mm

直径	直径余量	直径	直径余量
≤10	0.005～0.008	51～80	0.008～0.012
11～18	0.006～0.008	81～120	0.010～0.014
19～30	0.007～0.010	121～180	0.012～0.016
31～50	0.008～0.010	181～260	0.015～0.020

表 2-36　孔的研磨余量　　mm

加工孔的直径	铸铁	钢
25～125	0.020～0.100	0.010～0.040
150～275	0.080～0.160	0.020～0.050
300～500	0.120～0.200	0.040～0.060

(2) 研磨的操作步骤

① 研磨前准备　根据工件图样，分析其尺寸和形位公差以及研磨余量等基本情况，并确定研磨加工的方法。

② 根据所确定的加工工艺要求，配备研具、研磨剂。

③ 按研磨要求及方法进行研磨。

④ 全面检查研磨的质量。

(3) 手工研磨运动轨迹的选择

研磨有手工和机械研磨两种方法，有时也用手工与机械配合的方法，可按企业及进行设备装配的实际情况加以选择。手工研磨的运动轨迹一般有直线、摆动式直线、螺旋线和 8 字形或仿 8 字形等几种，具体选用哪一种方法，应该根据工件被研面的形状特点确定。

如图 2-96（a）所示为直线研磨运动轨迹示意图，由于直线研磨运动轨迹不能相互交叉，容易直线重叠，因此使被研工件表面的表面粗糙度较差一些，但可获得较高的几何精度。一般用于有台阶的狭长平面，如平面板、直尺的测量面等。

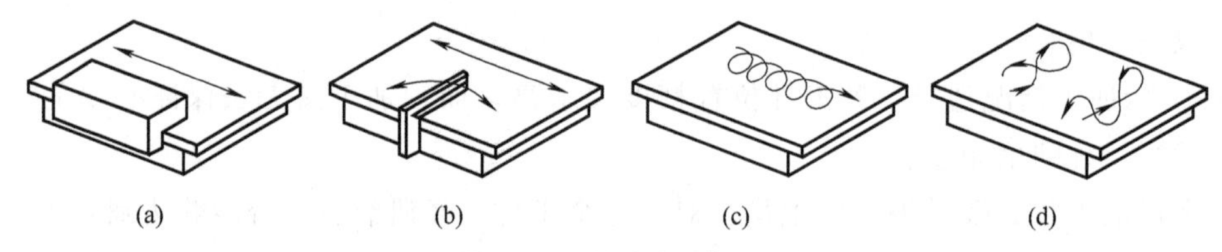

图 2-96　研磨运动轨迹

如图 2-96（b）所示为摆动式直线研磨运动轨迹示意图，其运动形式是在左右摆动的同时，做直线往复移动。对于主要保证平面度要求的研磨件，可采用摆动式直线研磨运动轨迹，如研磨双斜面直尺、样板角尺的圆弧测量面等。

如图 2-96（c）所示为螺旋形研磨运动轨迹示意图，对于圆片或圆柱形工件端面的研磨，一般采用螺旋形研磨运动轨迹，这样能够获得较高的平面度和较低的表面粗糙度。

如图 2-96（d）所示为 8 字形或仿 8 字形研磨运动轨迹示意图，采用 8 字形或仿 8 字形研磨运动轨迹进行研磨，能够使被研工件表面与研具表面均匀接触，这样能够获得很高的平面度和很低的表面粗糙度，一般用于研磨小平面的工件。

(4) 平面的研磨

研磨平面时，一般选用非常平整的平面作研具。粗研时，常采用平面上带槽的平板。带槽的平板可以使研磨时多余的研磨剂被刮去。工件容易压平，以提高粗研时平面的平整性，而不会产生凸弧面，同时可使热量从沟槽中散出。精研时为了获得低的表面粗糙度，应用光滑的平板，而不能带槽。

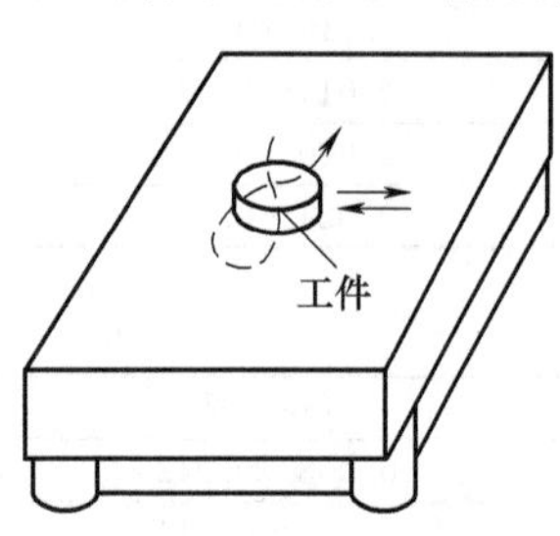

图 2-97　用 8 字形运动轨迹研磨平面

研磨平面时，合理的运动轨迹对提高工作效率、研磨质量和研具寿命都有直接的影响。图 2-97 是常采用的 8 字形运动轨迹，它能使工件表面与研具保持均匀的接触，有利于保证研磨质量和使研具均匀地磨损，但对于有台阶或狭长的平面，则必须采用直线运动。

研磨时应在研磨一段时间后，将工件调头或偏转一个位置，这是为了使工件均匀地磨去，同时避免工件因受压不均而造成不平整。研磨时压力太大，研磨切削量虽大，但表面光洁度差，也容易把磨料压碎，使表面划出深痕。一般手工研磨时的适当压力为：粗磨为 0.1～0.2MPa，精磨为 10～50kPa。研磨时的速度也不应过快，手工研磨时，粗磨 40～60 次/min，精磨为 20～4 次/min。当研磨狭窄平面时，可用标准方铁作导向，工件紧靠方铁一起研磨，防止产生偏斜。

研磨时，无论工件、磨具和研磨剂，都应该做好严格的清渣工作，以防研磨时划伤工件表面。

(5) 狭窄平面的研磨

狭窄平面研磨方法如图 2-98 所示。研磨狭窄工件平面时，要选用一个导靠块，将工件的侧面贴紧导靠块的垂直面，采用直线研磨运动轨迹一同进行研磨。为了获得较低的表面粗糙度值，最后可用脱脂棉浸煤油，把剩余磨料擦干净，进行一次短时间的半干研磨。

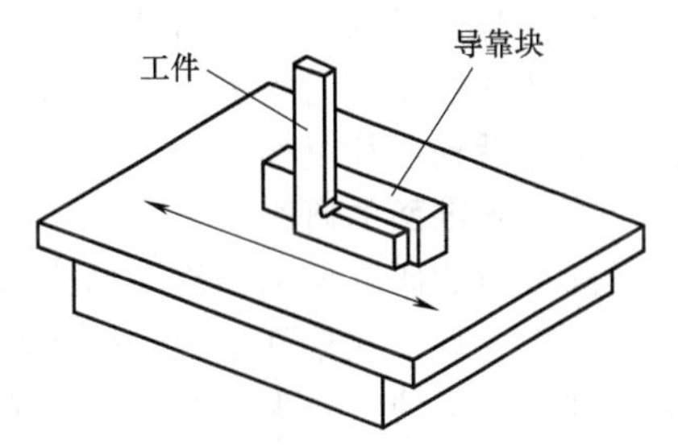

图 2-98 狭窄平面研磨方法

(6) V 形面的研磨

V 形面研磨方法如图 2-99 所示。研磨工件的凸 V 形面时，可将凹 V 形平面研具进行固定，直线移动工件进行研磨；研磨工件的凹 V 形面时，可将工件进行固定，直线移动凸 V 形平面研具进行研磨。

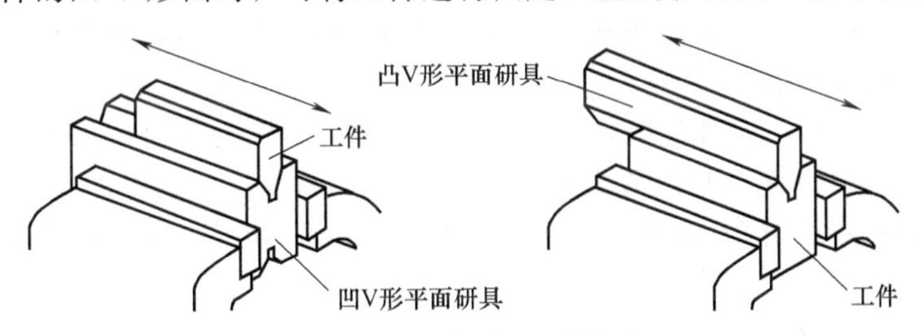

图 2-99 V 形平面研磨方法

(7) 圆柱面的研磨

圆柱面研磨分外圆柱面和圆柱孔的研磨，一般外圆柱面的研磨多采用机床配合手工进行，圆柱孔的研磨一般多采用手工方法研磨。在批量大的时候，多采用机床配合手工方法进行研磨。

1) 外圆柱面研磨

外圆柱面是采用研磨环进行的，也有的采用研磨套作为研具，两者的内径应比工件的外径大 0.025～0.05mm。如图 2-100 所示为常用的可调式研磨环，其结构为：研磨环（或套）的内孔开有两条弹性槽和一条调节槽，外圈 2 上装有调节螺钉 3，当研磨一段时间后，若研具内孔磨大，可拧紧螺钉 3 使研具孔径适当缩小，达到所需要的间隙。一般研磨环的长度为孔径的 1.2 倍。研磨方法有以下两种。

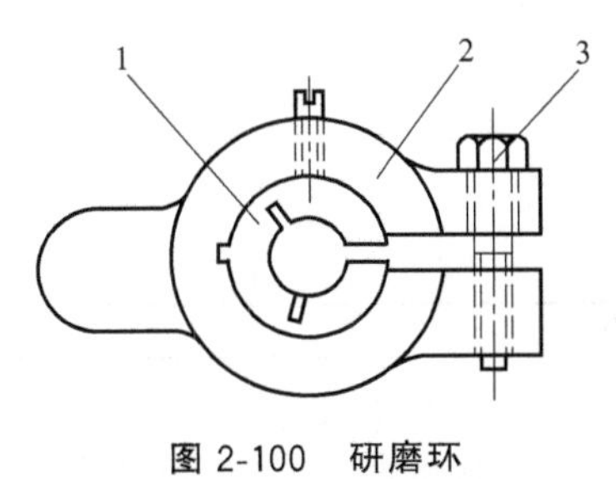

图 2-100 研磨环

1—研磨环套；2—外圈；3—调节螺钉

① 手工研磨　先在工件外圈涂一层薄而均匀的研磨剂，然后装入夹持在台虎钳上的研具孔内，调整好间隙，用手握住夹持工件的夹箍柄，使工件既做正反方向的转动，又做轴向往复移动，保证工件整个研磨面得到均匀的研削。

② 机床配合手工研磨　工件由机床带动，在工件表面上涂上研磨剂后，套上研磨环，调整好间隙，然后开动机床，手握研具在工件轴向的全长来回移动，并使研套继续旋转，以免由

于研套的自重和间隙的不均匀使工件产生椭圆形缺陷。一定要控制机床的转速，直径小于80mm时在100r/min以内，直径大于100mm时在50r/min以内。

2）圆柱孔研磨

研磨圆柱孔采用研磨棒作研具。一般经常使用的为固定式研磨棒。其中带螺旋槽的适用于粗研磨，它可以使研磨剂不致从工件两端挤出，起到一定的保留作用。精研磨时必须用光滑的研磨棒。在有条件的情况下可选择可调式研磨棒，它可以使研磨棒的外径有一定的调整量。研磨圆柱孔时采用手工方法研磨较多，研磨时正反方向转动研磨棒，并同时做轴向往复运动。操作时应注意研磨棒伸出工件孔外不能过长，避免摇晃使孔口扩大和两端直径不等。使用可调节式研磨棒时，必须注意使研磨棒两端的直径一致。

研磨圆柱孔有时也采用手工与机械配合的方法。研磨时由机床带动研磨棒进行旋转，用手握住工件沿轴向往复移动。

(8) 圆锥面的研磨

圆锥面的研磨包括圆锥孔的研磨和圆锥体的研磨，研磨时采用与工件锥度相同的研磨套或研磨棒来进行。在单件小批量生产和检修工作中，往往采用相配工件对研的办法，这样既能满足工件的加工使用要求，又不必制造研具。

研磨圆锥孔的研磨棒有固定式和可调节式两种，它们的使用方法相同，一般在机床上进行研磨。研磨棒的转动方向应与其螺旋槽的方向相适应。在研磨棒上，均匀地涂上一层研磨剂后，插入工件锥孔中缓慢地旋转4～5圈，然后将工件稍微退出一些，再推入研磨，当锥孔表面全部研磨到后，应调换一个新的研磨棒，再轻轻地研磨一次。最后将工件锥孔擦净。

(9) 阀门密封线的研磨

为了保证各种阀门的结合部位既具有良好的密封性能，又便于研磨加工，一般在阀门的结合部位加工出很窄的接触面，其形式有球面、锥面和平面，这些很窄的接触面称为阀门密封线。阀门密封线的形式如图2-101所示。研磨阀门密封线的方法，多数是用阀盘与阀座直接相互研磨。

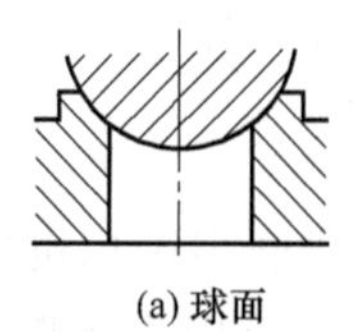

(a) 球面

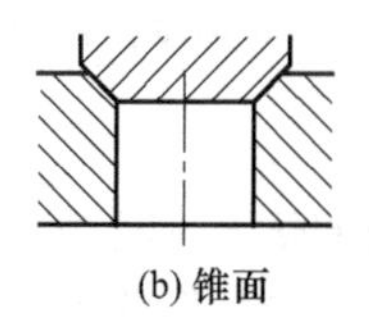

(b) 锥面

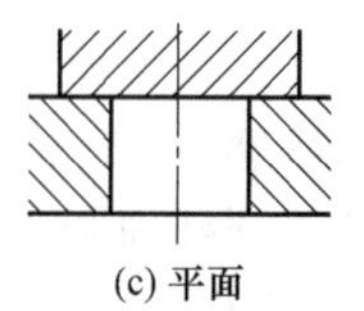

(c) 平面

图2-101 阀门密封线的形式

2.5.3 研磨常见缺陷及产生原因

表2-37给出了研磨时常见的缺陷及产生原因。

表2-37 研磨常见的缺陷及产生原因

缺陷形式	产生原因
表面粗糙度差	①磨料过粗 ②研磨液选用不当 ③研磨剂涂得过薄
表面拉毛	研磨剂中混入杂质
凹凸不平	①研磨时压力过大 ②研磨剂涂得过厚，没有及时擦去工件边缘挤出的研磨剂 ③运动轨迹没有错开 ④研磨平板选用不当

续表

缺陷形式	产生原因
孔口扩大	①研磨剂涂得过厚或不均匀 ②没有及时擦去工件孔口挤出的研磨剂 ③研磨棒伸出过长 ④研磨棒与工件内孔之间的间隙过大 ⑤工件内孔本身或研磨棒有锥度
孔成椭圆或圆柱有锥度	①研磨时没有更换方向 ②研磨时没有调头 ③工件本身有质量问题
薄形工件拱曲变形	①工件发热仍然继续研磨 ②装夹不正确引起变形

第3章 机械设备的清洗、涂装、平衡、润滑、密封及起重

3.1 装配零部件的清洗

清洗是装配操作前的重要辅助工序之一，主要是清除参与装配零件的表面油污、锈蚀、氧化皮等脏物。机器装配过程中的清洗对提高产品装配质量、延长产品使用寿命具有重要意义。装配零部件的清洗主要包括机器零部件清洗部位、清洗液的选用、清洗方法及其工艺参数的确定等内容。

3.1.1 清洗的部位及要求

装配前，对参与装配的零部件进行清洗，以去除零件表面或部件中的油污及机械杂质，是装配技术准备工作中一项重要内容，其清洗质量的优劣是机械设备功能、装配质量好坏的一项重要影响因素。特别是对于轴承、精密配件、密封件以及有特殊清洗要求的工件等更为重要。

零件装配前的清洗工作内容及要求，因不同种类、结构、功能特性的零部件而异，也导致其清洗的部位、内容不同。如：对于铸、锻等毛坯支撑承重结构件等，其清洗主要集中在清理零件外观及内腔杂质等；对于经过钻孔、铰削、镗削等机械加工的零件，则主要将金属屑末清除干净；对于具有润滑油道的零件则需要用高压空气或高压油将润滑油道吹洗干净；对于所有具有相对运动配合表面的零件，则要保持运动配合表面的洁净，以免因脏物或尘粒等混杂其间而加速配合件表面的磨损。

归纳起来，参与装配的零部件清洗部位及清洗要求主要有以下内容。

① 装配前，零件上残存的型砂、切屑、铁锈等都必须清除干净，对于孔、槽及其他容易存留杂物的地方要特别仔细地进行清理，并去除毛刺和锋利的棱边，有些零件，如箱体内部清理后还需涂漆。

如清理不彻底，会对装配质量和机械的使用寿命造成影响，如滑动导轨会因摩擦面间有残存的砂粒、切屑等而加速磨损，甚至会出现导轨“咬合”等严重事故。

② 注意清理装配过程中产生的切屑。在装配过程中，对某些零件要进行补充加工，如定位销孔的钻、铰及攻螺纹等，这些加工会产生切屑，必须清除。必要时，应尽可能不在装配场所进行补充加工，以免切屑混入配合表面。

③ 清理重要配合面时不要破坏其原有精度。加工面上的铁锈、干油漆等可用锉刀、刮刀、

砂布清除，对重要的配合表面，在清理时要特别仔细，不允许破坏其原有精度。

④ 清洗过程中不要损伤零件。零件清洗时应注意不能损伤零件，如有轻微碰损或有毛刺，可用油石、刮刀等修整后进行再次清洗。

⑤ 零件上因机械加工而产生的毛边、毛刺和在工序转运过程中因碰撞而产生的印痕，往往容易被忽视，从而影响装配精度。因此，装配中应时时注意对零件的这些缺陷进行修整。

3.1.2 机器零部件的清洗方法

机器零部件清洗时，应针对零件的材质、精密程度、污物性质不同，再根据工件的清洗要求，生产批量，表面油脂、污物和机械杂质的性质及其黏附状况等因素选定适宜的清除方法，选择适宜的设备、工具、工艺和清洗介质，才能获得良好的清除效果。此外，还需注意工件经清洗后应具有一定的中间防锈能力。

(1) 零件清洗的方法及适用范围

常用清洗方法的特点及适用范围见表3-1。

表3-1 常用清洗方法的特点及适用范围

清洗方法	清洗液	特点	适用范围
擦洗	汽油、煤油、轻柴油、乙醇和化学清洗液	操作简易，清洗装备简单，生产率低	单件、小批生产的中小型工件和大件的局部清洗
浸洗	常用的各种清洗液均适用	操作简易；清洗时间较长，一般约2～20min。通常采用多步清洗	批量较大、形状较复杂的工件。清洗轻度黏附的油垢
喷洗	汽油、煤油、轻柴油、化学清洗液、三氯乙烯和碱液	清洗效果好，生产率高，劳动条件较好，装备较复杂	中批、大批生产的工件，形状复杂的不宜采用。清洗黏附较严重的污垢和半固体油垢
气相清洗	三氯乙烯蒸气	清洗效果好，装备较复杂，劳动保护要求高	中小型工件。清洗中等黏附程度的油垢，去污效果好
超声波清洗	汽油、煤油、轻柴油、化学清洗液和三氯乙烯	清洗效果好，生产率高；装备维护管理较复杂	清洗要求高的中小型工件，往往用于工件的最后清洗
浸、喷联合清洗	汽油、煤油、轻柴油、化学清洗液、三氯乙烯和碱液	清洗效果好，生产率高；清洗设备占地面积大，维护管理较复杂	成批生产、形状复杂、清洗要求高的工件。清洗油垢和半固体油垢
气、浸联合，气、喷联合或气、浸、喷联合清洗	三氯乙烯溶液与三氯乙烯蒸气	清洗效果好，但生产率稍低；清洗设备占地面积大，维护管理较复杂	适宜于气相清洗、尺寸不大和清洗要求高的工件。能清洗油垢，特别是气-浸喷型，能清洗黏附严重的污垢，去污效果好

(2) 清洗液的种类及应用

金属零件表面油污的清除主要有电除油、热碱除油及清洗液除油等方法。其中：电除油是利用除油剂的化学清洗功能、阴极析氢鼓泡的机械清洗功能去除工件表面的油污；热碱除油则是利用纯碱助剂和添加剂等组成的碱性溶解在较高温度下浸泡，通过对污物具有的吸附、卷离、湿润、溶解、乳化、分散及化学腐蚀等多种作用将油除去，二者均消耗大量电能和热能，成本较高。常用清洗液的种类及其应用主要有以下几方面的内容。

① 石油溶剂　石油溶剂易于储存和配制防锈剂，是一种传统的清洗液。采用这类清洗液必须考虑防火、通风等安全措施。常用的石油溶剂主要有汽油、煤油和轻柴油。有特殊要求时可用性质相近的有机溶剂，如乙醇、丙酮等。

工业汽油和直馏汽油主要用于清洗油脂、污垢和一般黏附的机械杂质，适用于钢铁和有色金属工件；航空汽油是一种挥发性极强的清洗剂，一般用于高精度金属零件和精密量具的清洗。清洗前要充分做好准备工作，依次倒入容器的清洗剂要少，清洗动作要快。由于汽油极易

燃烧，清洗时必须做好现场的火灾预防工作。零件清洗后要立即进行防锈保护。

灯用煤油和轻柴油的应用与汽油相同，但清洗能力不及汽油，多用于对一般零件、建筑机械、农业机械的清洗。清洗后干得较慢，但比汽油安全。其中：航空煤油是一种去污性、去油性较强的清洗剂，适用于对各种精密金属零件的清洗。航空煤油具有良好的渗透性，多用于液压系统中各种泵、阀零件或整体清洗，清洗后必须将零件仔细擦净，以免混入润滑油内，使油的黏度降低，破坏润滑性能。

为避免工件锈蚀，可在石油溶剂中加入少量（如1%～3%）置换型防锈油或防锈添加剂。置换型防锈油有201、FY-3、661等。防锈汽油也可自行配制，防锈汽油配方见表3-2。这种防锈汽油清洗能力强，对于手汗、无机盐、油脂等均能清洗干净，且对钢铁、铜合金等工件具有中间防锈作用。同时，操作者手部应涂敷“液体手套”，以防手汗锈蚀工件，也可避免汽油、煤油、柴油等对手部皮肤的刺激。

表3-2　防锈汽油配方

成分	质量分数/%	成分	质量分数/%
石油硫酸钠	1	1%苯丙三氮唑酒精溶液	1
司盘本-80	1	蒸馏水	2
十二烷基醇酰胺	1	200号汽油	94

石油溶剂一般均在常温下使用。如需加热使用时，灯用煤油油温不应大于40℃，溶剂煤油油温不应大于65℃，并不得用火焰直接对容器加热。对机械油、汽轮机油、变压器油，油温不应大于120℃。

② 碱液　为降低成本，生产中常用自制的碱液除油，配制碱液时，也可加入少量表面活性清洗剂，以增强清洗能力。常用的碱液配方、工艺参数及适用性见表3-3。

表3-3　常用的碱液配方、工艺参数及适用性

成分/(g/L)	主要工艺参数	适用性
氢氧化钠　50～55 磷酸钠　25～30 碳酸钠　25～30 硅酸钠　10～15	清洗温度90～95℃ 浸洗或喷洗 清洗时间10min	钢铁工件，黏附较严重油垢或有少量难溶性油垢和杂质
氢氧化钠70～100 碳酸钠　20～30 磷酸钠　20～30	清洗温度90～95℃ 浸洗或喷洗 清洗时间7～10min	镍铬合金钢工件
氢氧化钠5～10 磷酸钠　50～70 碳酸钠　20～30	清洗温度80～90℃ 浸洗或喷洗 清洗时间5～8min	铜及铜合金工件
氢氧化钠5～10 磷酸钠　≈50 硅酸钠　≈30	清洗温度60～70℃ 浸洗或喷洗 清洗时间≈5min	铝及铝合金工件

用碱液清洗时应注意：油垢过厚时应先擦除；材料性质不同的工件，不宜放在一起清洗；工件清洗后，应用水冲洗或漂洗洁净，并使之干燥。

③ 化学清洗液　化学清洗液含有表面活性剂，又称乳化剂清洗液，对油脂、水溶性污垢具有良好的清洗能力。这种清洗液配制简便、稳定耐用、无毒、不易燃、使用安全、成本低，有些化学清洗液还具有一定的中间防锈能力，所以很适用于装配过程中中间工序的清洗。清洗液配方很多，表3-4所列即为常用化学清洗液配方、工艺参数及适用性。

表 3-4 常用化学清洗液配方、工艺参数及适用性

成分/%		主要工艺参数	适用性
105 清洗剂 6501 清洗剂 水	0.5 0.5 余量	清洗温度 85℃ 喷洗压力 0.15MPa 清洗时间 1min	钢铁工件。主要清洗以机油为主的油垢和机械杂质
664 清洗剂 水	2～3 余量	清洗温度 75℃ 浸洗,上下窜动 清洗时间 3～4min	钢铁工件。不适于清洗铜、锌等有色金属工件。主要清洗硬脂酸、石蜡、凡士林等
6501 清洗剂 6503 清洗剂 油酸三乙醇胺 水	0.2 0.2 0.2 余量	清洗温度 35～45℃ 超声波清洗(工作频率 17～21kHz) 清洗时间 4～8min	精密加工的钢铁工件。清洗矿物油和含氧化铬等物的研磨膏残留物
6503 清洗剂 TX-10 清洗剂 聚乙二醇(相对分子质量约 400) 邻苯二甲酸二丁酯 磷酸三钠 水	0.5 0.3 0.2 0.2 1.5～2.5 余量	清洗温度 35～45℃ 超声波清洗(工作频率 17～21kHz) 清洗时间 4min	精密加工的钢铁工件。主要清洗油脂
664 清洗剂 平平加清洗剂 三乙醇胺 油酸 聚乙二醇(相对分子质量约 400) 水	0.5 0.3 1.0 0.5 0.2 余量	清洗温度 75～80℃ 浸洗,上下窜动 清洗时间 1min	精密加工的钢铁工件。清洗油脂能力很强

④ 三氯乙烯 三氯乙烯具有除油效率高、清洗效果好、不燃等优点，加入适当稳定剂可清洗铝、镁合金等有色金属工件。但其清洗装置较复杂，要求有良好的通风系统及清洗液回收系统，同时还应注意工件和清洗槽的防腐问题。

三氯乙烯是强溶剂，沸点较低，易于汽化及冷凝，蒸气密度大，且不易扩散，故适宜于气相清洗，也可用于浸洗、喷洗或三种清洗形式联合使用。用于超声波清洗时，特别适用于清洗质量要求很高的仪表零件、光学元件、电子元件等。

⑤ 超声波清洗 超声波清洗的机理是在清洗液内引入超声波振动，使清洗液中出现大量空化气泡，并逐渐长大，然后突然闭合。闭合时会产生自中心向外的微激波，压力可达几百甚至几千个大气压，促使工件上所黏附的油垢剥落。同时空化气泡的强烈振荡，加强和加速了清洗液对油垢的乳化作用和增溶作用，提高了清洗能力。

(3) 清洗方式的选择

清洗时，应根据工厂的生产规模、批量、工件的结构尺寸、形状特点、清洁度要求、材质、清洗前的状况等具体条件来选择清洗方式及相应的清洗设备与清洗液。

对于产品批量大、生产效率高的情况，应选择与之相匹配的清洗设备，传送带式流水作业，连续不断地投入和传出，甚至可以利用先进的自动控制技术。如图 3-1 所示的清洗机。还可以辅设一些机械手以及自动调节和记数、清洗液的回收处理、自动检验反馈等控制系统。

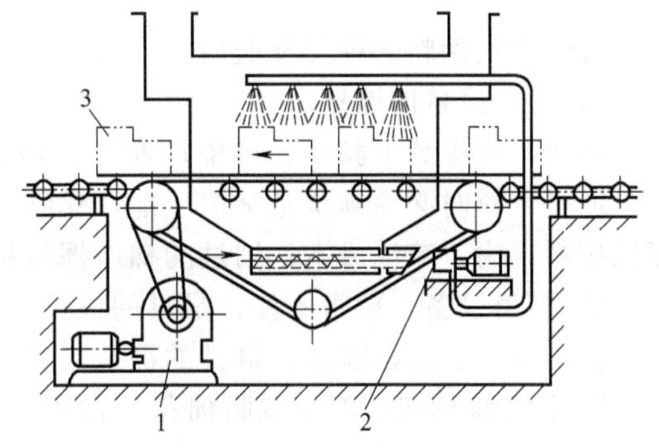

图 3-1 清洗机

1—电动机；2—循环泵；3—工件

对较大工件、小批量的可采用转盘或固定式清洗室，从不同方位选择不同角度利用清洗喷头对工件喷射清洗液。清洗过程中可以按需要对工

件进行翻转。喷洗干净之后停止喷洗，再使用压缩空气吹净吹干。

压缩空气喷头结构如图 3-2 所示；清洗用喷头如图 3-3 所示。

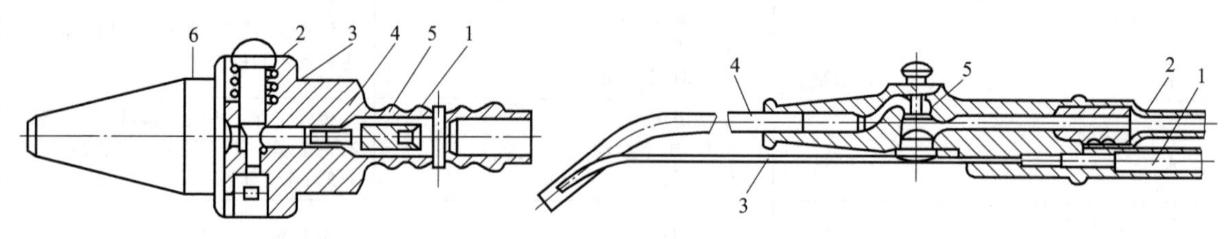

图 3-2 压缩空气喷头

1—本体；2—开关；3—弹簧；4—顶杆；5—锥形阀；6—喷头

图 3-3 清洗用喷头

1—洗涤剂管；2—压缩空气管；3—洗涤剂喷管；4—压缩空气喷管；5—开关

对小型工件，黏附油垢严重时，应先浸洗或喷洗。为提高清洗质量、缩短清洗时间，常采用几种不同的清洗液，分槽依次进行，每槽清洗油垢的作用各有所侧重。

尺寸和质量较大的工件，多为局部清洗，可将工件局部浸入超声波清洗槽中进行清洗；也可根据大型工件形状或局部清洗部位的要求，进行特殊结构设计，以实现局部清洗。

工件形状十分复杂或具有大小不等的孔、凹槽时，可用不同振动频率的超声波清洗。清洗操作应保持环境的清洁，严格按工艺规程进行，这对实现安全生产十分重要。

(4) 除锈

当参与装配的零部件某些部位残存铁锈，特别是配合部位有铁锈时，可根据零件表面粗糙度要求的不同，采用以下除锈方法进行除锈，常用的除锈方法见表 3-5。

表 3-5 常用的除锈方法

表面粗糙度值 Ra/μm	除锈方法
＞6.3	用砂轮、钢丝刷、刮具、砂布、喷砂或酸洗除锈
5.0～6.3	用非金属刮具、油石或粒度为 150 号的砂布蘸机械油擦除或进行酸洗除锈
1.6～3.2	用细油石、粒度为 150 号或 180 号的砂布蘸机械油擦除或进行酸洗除锈
0.2～0.8	先用粒度为 180 号或 240 号的砂布蘸机械油进行擦拭，然后再用干净的棉布（或布轮）蘸机械油和研磨膏的混合剂进行磨光
＜0.1	先用粒度为 280 号的砂布蘸机械油进行擦拭，然后用干净的绒布蘸机械油和细研磨膏的混合剂进行磨光

注：1. 有色金属加工面上的锈蚀应用粒度号不低于 150 号的砂布蘸机械油擦拭，轴承的滑动面除锈时，不应用砂布。

2. 表面粗糙度值 Ra＞12.5μm，形状较简单（没有小孔、狭槽、铆接等）的零部件，可用 6％硫酸或 10％盐酸溶液进行酸洗。

3. 表面粗糙度值 Ra 为 6.3～1.6μm 的零部件，应用铬酸酐-磷酸水溶液酸洗或用棉布蘸工业醋酸进行擦拭。

4. 酸洗除锈后，必须立即用水进行冲洗，再用含氢氧化钠 1g/L 和亚硝酸钠 2g/L 的水溶液进行中和，防止腐蚀。

5. 酸洗除锈、冲洗、中和、再冲洗、干燥和涂油等操作应连续进行。

(5) 擦拭用料的种类及选用

1）一般设备的擦拭

棉纺厂废棉纱下脚料、印染厂布头、服装厂和针织品厂剪裁边角料是物美价廉的擦拭用料。但是选料时必须确认是全棉质地，化纤料和化纤混纺料吸湿性、吸油性均较差，不宜作为擦拭用料。为了节约成本，用过的棉质擦拭用料可洗涤后作为设备外部擦拭用料。

2）精密设备、精密零件、量具的擦拭

精密设备、精密零件、量具的擦拭用料主要可选用以下几种。

① 长纤维棉花、医用脱脂棉花　常用于擦拭量具，如量块、千分尺、内径表等，也可用于零件黏结面的擦拭。

② 医用纱布、天然丝绸布　多用于精密零件装配时连接面的擦拭，检验平板、直尺、角

度尺和等高块的擦拭，芯棒装入前主轴孔的擦拭。

③ 擦镜纸、绒布、鹿皮 多用于光学玻璃仪器的擦拭。

表 3-6 给出了清洗和擦拭坐标镗床零部件时所选用的清洗用料及擦拭用料。

表 3-6 清洗及擦拭用料的选用

清洗和擦拭零部件	清洗用料	擦拭用料
主轴及主轴套筒	航空汽油	天然丝绸布、医用脱脂棉花
齿轮箱及齿条	航空煤油	医用纱布
镶钢导轨及导轨滚子	航空汽油	医用纱布
线纹尺	乙醚	擦镜纸

(6) 清洗注意事项

① 不要用汽油清洗橡胶制品零件。对于密封圈等橡胶制品零件，严禁用汽油清洗，以防发胀变形。应采用清洗液或酒精进行清洗。

② 不要用棉纱清洗滚动轴承。滚动轴承清洗时应用毛刷等工具，不能使用棉纱，以免棉纱头进入轴承中而影响轴承装配质量。

③ 清洗后的零件要防止二次污染。对于已经清洗过的零件，切勿在装配时再随意擦几下，这样做很容易弄脏零件，造成二次污染。

清洗后的零件，应等零件上的油滴干后再进行装配，以免污油影响装配清洁质量。

清洗后的零件如不马上装配应采取措施，不应暴露放置时间过长，以免灰尘等弄脏零件。

④ 装配前不可忽视加润滑油和做必要的修整。相配合的表面在装配前一般都要加油润滑，否则会在装配中出现零件配合表面拉伤等现象。对活动连接的配合表面，不加油润滑容易造成配合表面运动滞阻、磨损加剧，甚至会因缺乏润滑而使表面拉毛。

3.2 机械设备的涂装

涂装在机械制造业中指的是用工具或设备，通过刷、喷、浸式电沉积等方法，对工件、产品或整个工作系统的表面进行喷涂、浸漆的工作，以生成一层或多层高分子涂料的工艺方法。

(1) 涂装的目的及方法

涂装贯穿于机械设备装配的始终，一般来说，对机器、零件涂装的目的在于：提高零件的防腐蚀、耐磨或某些特种用途，便于机器或零件的清洗和保养，同时还具有外观装饰等作用。表 3-7 给出了各种涂层材料及其用途。

表 3-7 非金属涂料及涂层用途

<table>
<tr><th>树脂涂料</th><th>主要优点</th><th>缺点</th><th>用途</th></tr>
<tr><td>丙烯酸树脂</td><td>涂装干燥快、耐候性好</td><td>耐溶剂性较差</td><td rowspan="8">①防护用：防锈污、防潮、耐酸碱、耐油
②装饰用：色彩艳丽、有光泽、美观，具立体及舒适感
③标志用：交通及地面标志，区间标志、广告
④功能用：绝缘、消声阻燃、防火、防尘、磁性、导电、屏蔽
⑤特种用：示湿、隐身、耐高温、隔热烧蚀、减摩、减振</td></tr>
<tr><td>过氯乙烯类树脂</td><td>干燥快，耐化学药品和水性好</td><td>耐溶剂性较差</td></tr>
<tr><td>醇酸树脂</td><td>耐候性、附着性好</td><td>耐化学药品及水性较差</td></tr>
<tr><td>酚醛树脂</td><td>耐化学药品、油及水性好</td><td>耐候性较差，易发黄</td></tr>
<tr><td>环氧树脂</td><td>耐化学药品、溶剂及水性好</td><td>耐候性较差</td></tr>
<tr><td>聚氨酯树脂</td><td>耐化学药品、耐候及耐磨性好</td><td>容易发黄</td></tr>
<tr><td>有机硅树脂</td><td>耐候性和耐热性好</td><td>附着性较差</td></tr>
<tr><td>氯化橡胶</td><td>干燥快、耐化学药品及水性好</td><td>耐溶剂性较差</td></tr>
</table>

涂装的方法很多，不同的机械设备，由于其使用环境及性能要求的不同，其所适用及使用的涂装方法也不同。常用的涂装方法主要有：刷漆、喷漆（包括烘漆）、浸渍法涂漆、电泳涂装、静电喷漆、粉末喷漆（塑）等。

（2）涂装的工艺方法

尽管涂装的方法很多，但各类涂装方法的工艺过程却基本相同。常用的涂装工艺方法操作工艺要点主要有以下方面。

1）刷漆和喷漆的工艺

① 根据涂装工件的材质和涂装的质量等要求，先进行工件的表面处理。工件的表面处理方法主要包括去除污物、油腻、锈蚀（斑），可采用铲刮（旧漆的去除）、砂纸打磨、脱脂（表面擦溶剂等）、酸洗、磷化处理等。有些焊接表面需用角向砂轮打磨，使其表面平整；有的铸件需要经过喷砂处理。通过表面处理后的工件表面应该平整、光滑、无毛刺。

② 工件表面及衔接处刮腻子　要按工件的材质和表面质量要求来调配和刮抹。刮腻子后要进行打磨，使工件表面光滑平整，然后除去灰尘（残余的细颗粒）。

③ 涂料的调配　涂料颜色分为单色、双色、三色组合。有些涂料还需加入一定量的稀释剂（如香蕉水、甲苯之类）。调配用量应一次完成。

④ 刷漆或喷漆　涂刷和喷涂一般都要两次以上才能得到满意的结果。

⑤ 干燥　涂刷后必须把工件放在无尘、通风干燥处晾干。烘烤的工件可在烘干后直接取出使用。

2）浸渍法涂装的工艺

浸渍法涂装是最简单的上漆方法，耗漆也最少，但要考虑工件的形状和大小，即工件上应避免出现不能排出漆的槽、沟，平面式工件特别适合用此方法。准确、均匀地从漆池内把工件取出，对于保证涂漆质量是很重要的。具体有以下方面的要求。

① 工件从浸渍池内取出的速度要适当。

② 注意工件上漆的流动速度要均衡。

③ 浸漆的干燥速度要适宜（溶剂汽化时间要适当）。最好配备有可调节送漆装置的浸漆设备。

3）金属表面优化处理

为了提高机械零件的使用寿命，应根据其工作环境条件及其主要失效形式，对材料的表面进行优化处理。金属表面的优化处理包括金属表面强化处理、金属表面防腐处理和金属表面装饰处理。

① 金属表面强化处理　金属表面强化处理技术是表面优化处理技术的一个非常重要的方面。金属表面可以通过其表层的相变、改变表层的化学成分、改变表层的应力状态以及提高表层的冶金质量来改变其性能，从而达到强化表面的目的，生产中常用的表面强化方法有以下几种。

a. 金属表面的覆盖层强化法：金属表面覆盖层强化是使金属表面获得特殊性能的覆盖层，如喷涂层、气相沉积层、镀覆层等，以达到提高硬度、耐磨损、耐腐蚀、抗氧化、耐疲劳、耐热等目的。

b. 金属表面化学热处理强化法：金属表面化学热处理是利用固态扩散改变表层的化学成分，形成单相或多相扩散层、化合物层来强化表面。如渗碳、渗氮、渗硼、碳氮共渗等工艺方法，使金属表面获得高强度、高硬度及耐磨、耐腐蚀等特性。

c. 金属表面形变强化法：金属表面形变强化法是指通过喷丸、滚压、内孔挤压等方法，使金属表面形成形变强化层，以提高工件表面层的强度、硬度和疲劳强度的工艺方法。这就是

人们通常所说的冷作硬化。

d. 金属表面相变强化法：金属表面相变强化法是指通过表面层的相变来强化金属表面的一种方法。生产中表面相变强化方法有感应加热表面淬火、火焰加热表面淬火、激光加热表面淬火、电子束加热表面淬火等多种工艺方法，使表层获得马氏体组织，从而达到强化工件表面的目的。

e. 金属表面复合处理强化法：金属表面复合处理强化是将两种以上表面强化工艺用于同一工件，以使它们在性能上可以发挥各自特点的处理方法。例如渗钛与离子渗氮的复合处理，处理后，可在工件表面形成硬度极高、耐磨性很好、具有较好耐蚀性的金黄色 TiN 化合物层。再如渗碳与高频感应加热表面淬火的复合强化，不仅能使金属表面硬度提高，同时也减少了热处理变形。

② 金属表面防腐处理　金属表面与周围介质发生化学及电化学作用而失效称为金属的腐蚀。防止金属腐蚀的方法可以从以下几个方面考虑。

a. 正确选择金属材料和合理设计金属结构。金属材料的耐蚀性是有条件的，一定要与介质和使用条件联系起来考虑才能正确选择耐腐蚀材料。

b. 合理使用缓蚀剂，降低腐蚀速度。

c. 采用电化学的方法，如阴极（或阳极）保护法来防止腐蚀。

d. 覆盖层保护法：在金属表面施以覆盖层是防止金属腐蚀的最主要、最普遍的方法，如镀锡、油漆、磷化、发蓝等处理。

③ 金属表面装饰处理　金属表面装饰处理是指通过表面抛光、表面着色、光亮电镀层和美术装饰漆膜等方法，提高零件表面性能，使零件表面有装饰性的一种方法。

3.3 旋转零部件的平衡

常用机械设备中包含大量做旋转运动的零部件，如带轮、飞轮、叶轮、砂轮以及各种转子和主轴部件等，由于材料密度不匀、本身形状对旋转中心不对称，加工或装配产生误差等原因，在其径向各截面上产生不平衡（通常称原始不平衡），即重心与旋转中心发生偏移。当旋转件旋转时，此不平衡量会产生一个离心力，该离心力可利用下式来进行计算。

$$F=\frac{We}{g}\left(\frac{2\pi n}{60}\right)^2$$

式中　W——转动零件的质量，kg；

e——重心偏移量，m；

g——重力加速度，9.81m/s^2；

n——每分转数，r/min。

此外，零部件上的不平衡量所产生的离心力随着旋转而不断周期性改变方向，使旋转中心的位置无法固定，于是就引起了机械振动。这样使设备工作精度降低，轴承等有关零件的使用寿命缩短，同时会使噪声增大，严重时还会发生事故。

为了确保设备的运转质量，一般对旋转精度要求较高的零件或部件，如带轮、齿轮、飞轮、曲轴、叶轮、电动机转子、砂轮等都要进行平衡试验，此外对转速较高或直径较大的旋转件，即使几何形状完全对称，也常要求在装配前进行平衡，以抵消或减小不平衡的离心力，保证达到一定的平衡精度。

旋转件通常都存在不平衡量，根据偏心重量分布情况的不同，可以将旋转件的不平衡分为静不平衡和动不平衡两种。

3.3.1 静平衡的调整方法

旋转件在径向各截面上有不平衡量，而这些不平衡量产生的离心力通过旋转件的重心，不会引起旋转件的轴线倾斜的力矩，这样的不平衡状态，在旋转件静止时即可显现出来，这种不平衡称为静不平衡，如图 3-4 所示。

(1) 静平衡方法的选用

对旋转零件消除不平衡量的工作称为平衡。调整产品或零、部件使其达到静态平衡的过程叫静平衡。通常对于旋转线速度小于 6m/s 的零件或长度 l 与直径 d 之比小于 3 的零件，可以只作静平衡试验，如图 3-5 所示。此外，当旋转件转速低于 900r/min 时，除非有特别要求，一般情况下不需作静平衡。

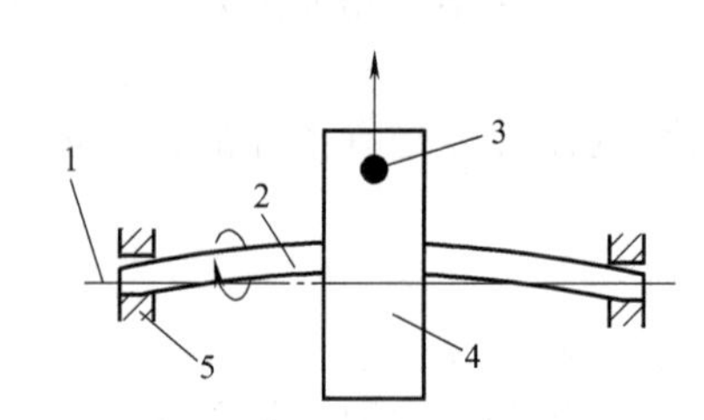

图 3-4 静不平衡情况

1—旋转中心；2—轴；3—偏重；4—工件；5—轴承

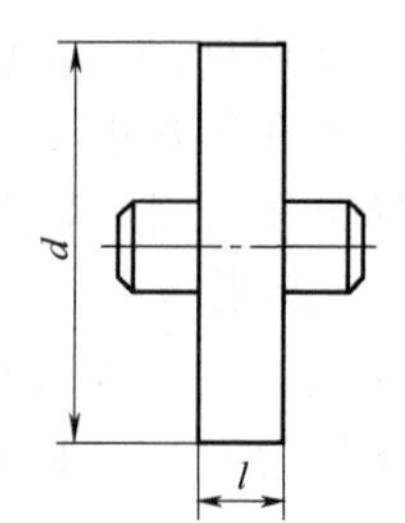

图 3-5 需作静平衡试验的零件

(2) 静平衡试验的方法

静平衡试验的方法有装平衡杆和平衡块两种。

1）平衡杆静平衡试验

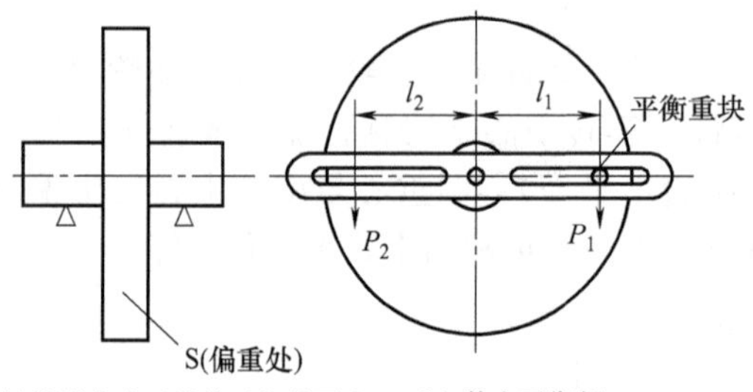

(a) 试件转轴放在水平的静平衡装置上 (b) 装上平衡杆

图 3-6 平衡杆的静平衡试验

① 将试件的转轴放在水平的静平衡装置上［图 3-6（a）］。

② 将试件缓慢转动，若试件的重心不在回转轴线上，待静止后不平衡的位置（重心）定会处于最低位置，在试件的最下方作一记号“S”。

③ 装上平衡杆［图 3-6（b）］。

④ 移动平衡重块 P_1，使试件达到在任意方向上都不滚动为止。

⑤ 量取中心至平衡重块的距离 l_1。

⑥ 在试件的偏重一边量取 $l_2=l_1$，找到对应点并做好标记 P_2。

⑦ 取下平衡块。

⑧ 在试件偏重一边的 P_2点上钻去等于平衡块重量的金属或在平衡重处加上等于平衡块的重量，就可消除静不平衡。

2）平衡块静平衡试验

① 将待平衡的旋转件装上芯轴后，放在平衡支架上。平衡支架支承应采用圆柱形或窄棱形，如图 3-7 所示。支承面应坚硬光滑，并有较高的直线度、平行度和水平度，使旋转件在上面滚动时有较高的灵敏度。

② 用手轻推旋转体使其缓慢转动，待其自动静止后，在旋转件的下方做记号，重复转动若干次，若所做的记号位置确实不变，则为不平衡方向。

③ 在与记号相对的部位粘贴一重量为 m 的橡皮泥，使 m 对旋转中心产生的力矩恰好等于

不平衡量 G 对旋转中心产生的力矩，即 $mr=Gl$，如图 3-8 所示。此时旋转件获得静平衡。

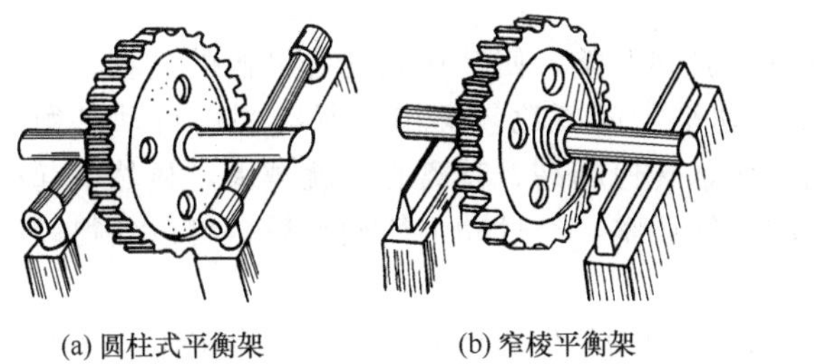

(a) 圆柱式平衡架　　(b) 窄棱平衡架

图 3-7　静平衡支架

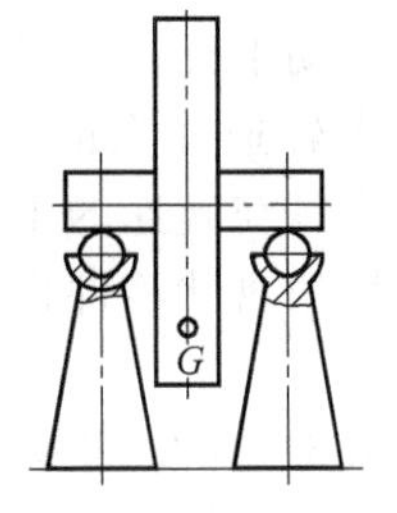

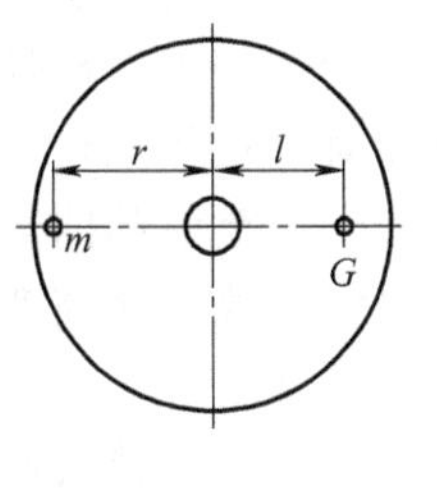

图 3-8　平衡块静平衡试验

④ 去掉橡皮泥，在其所在部位加上相当于 m 的重块，或在不平衡量所在部位去除一定质量（因不平衡量 G 的实际径向位置不知道，需按平衡原理算出）。旋转件的静平衡工作，即已完成，此时旋转件应在任何角度都能在平衡支架上停留下来。

(3) 砂轮的静平衡

对于磨床砂轮的平衡试验，通常采用装平衡块的方法使其平衡，其具体步骤如下。

① 将砂轮经过静平衡试验，确定偏重位置并做上标记 S［图 3-9（a)］。

② 在偏重的相对位置，紧固第一块平衡块 G（这一平衡块以后不得再移动）［图 3-9（b)］。

③ 与平衡块 G 相对应，紧固另外两块平衡块 K［图 3-9（c)］。

④ 再将砂轮放在平衡装置上进行试验。若仍不平衡，可根据偏重方向，移动两块平衡块 K，直至砂轮能在任何位置上停留为止。

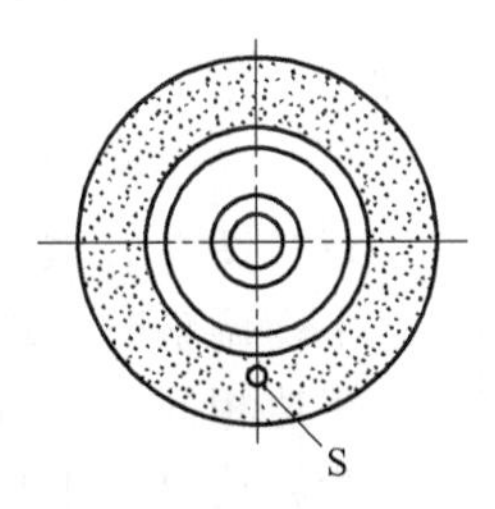

(a) 确定偏重位置并做上标记S

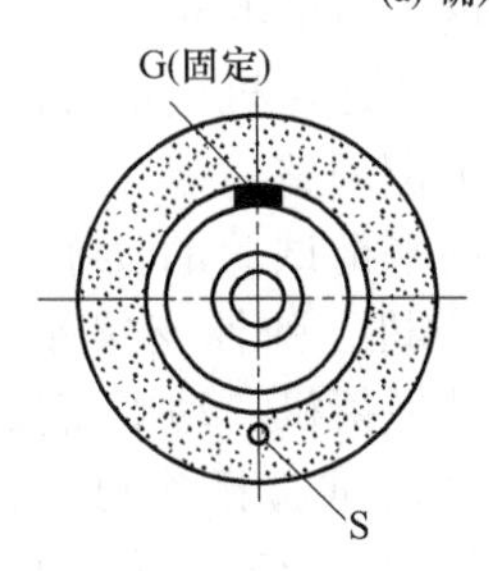

(b) 在偏重的相对位置，紧固第一块平衡块G

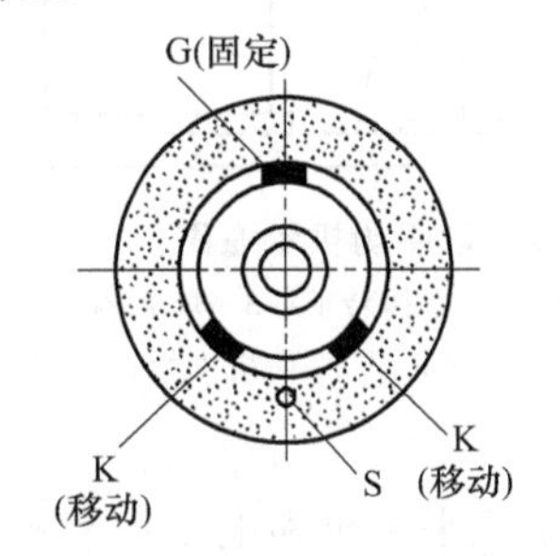

(c) 与平衡块G相对应，紧固另外两块平衡块K

图 3-9　砂轮的平衡块调整

3.3.2　动平衡的调整方法

旋转件在径向各截面上有不平衡量，且这些不平衡量产生的离心力将形成不平衡的力矩。所以旋转件不仅会产生垂直轴线方向的振动，而且还会发生使旋转轴线倾斜的振动，这种不平衡状态，只有在旋转件运动的情况下才显现出来，这种不平衡称动不平衡。

如图 3-10 所示，该旋转件在径向位置有偏重（或相互抵消）而在轴向位置上两个偏重相

隔一定距离时，就构成了动不平衡。

(1) 动平衡方法的选用

对旋转的零、部件，在动平衡试验机上进行试验和调整，使其达到动态平衡的过程，叫动平衡。对于长径比较大或者转速较高的旋转体，动平衡问题比较突出，所以要进行动平衡调整。由于偏重引起的离心力是与转速的平方成正比，转速越高，其离心力就越大，显然引起的振动也大，故有些高速旋转的盘状零件也要作动平衡调整，经过动平衡调整后，可以获得较高的平衡精度。

通常对于旋转线速度大于 6m/s 的零件或长度 l 与直径 d 大于 3 的零件，除需作静平衡试验外，还必须进行动平衡试验，如图 3-11 所示。

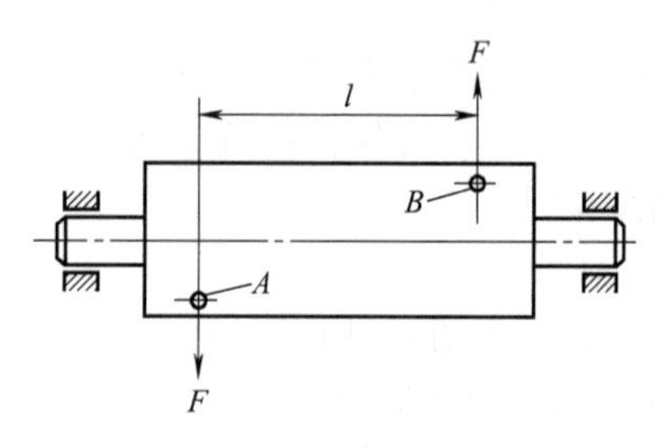

图 3-10 动不平衡情况

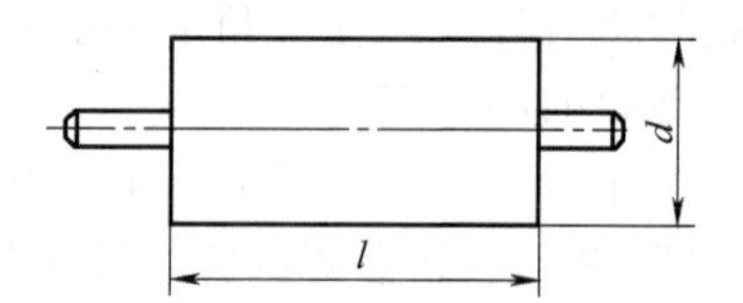

图 3-11 需作动平衡试验的零件

(2) 动平衡试验的方法

由于旋转件在作动平衡调整时，不但要平衡偏重所产生的离心力，还要平衡离心力所组成的力偶，以防止不平衡量过大而产生剧烈振动。因此，动平衡调整应包括静平衡调整，零部件在作动平衡之前，要先作好静平衡调整，在高速动平衡前，要先作低速动平衡调整。

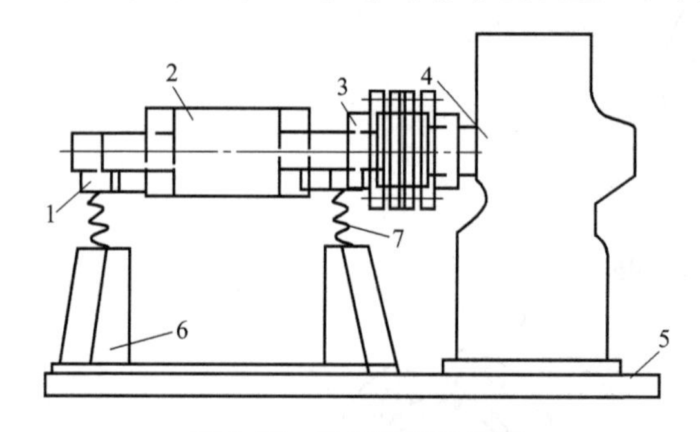

图 3-12 动平衡机示意图

1—弹性轴承；2—平衡转子；3—联轴器；4—驱动电动机；5—底座；6—平衡机支承；7—弹簧

动平衡调整一般要在专门的动平衡机上进行。图 3-12 给出了动平衡机示意图。在进行动平衡调整时，理论上要求试验转速与工件的工作转速相同，但由于动平衡机的功率限制，往往试验转速只有工作转速的 1/10 左右。这时通常采用提高精度等级的办法，来达到实际旋转体的平衡精度，有些通用机械也可以直接在旋转体运行时进行动平衡调整。

用于动平衡试验的动平衡机有支架平衡机、框架式平衡机、弹性支梁平衡机、摆动式平衡机、电子动平衡机、动平衡仪等多种。各类动平衡机的动平衡试验操作可参照其相关说明书进行，下面仅以框架式平衡机和电子动平衡机两种平衡机为例介绍其平衡原理。

① 框架式平衡机 如图 3-13 (a) 所示为框架式平衡机的原理图。在机床的活动部分 A 带有回转轴和弹簧 B，在轴承 C 中安放着被平衡的转子 D。引用外界的动力使转子转动，则框架和零件将围绕平面Ⅰ上的轴线振动。根据旋转零件的动平衡原理，任一旋转零件的动不平衡都可以认为是由分别处于两任选平面Ⅰ、Ⅱ内、旋转半径分别为 r_1 和 r_2 的两个不平衡重量 G_1 和 G_2 所产生的，如图 3-13 (b) 所示。因此进行动平衡时，只需针对 G_1、G_2 进行平衡就可以达到目的。又因为平面Ⅰ的不平衡离心力 G_1 对框架摆动轴线的力矩为 0，故不影响框架的振动。由于转子 D 不平衡，轴承 C 受到动压力的作用，该动压力的向量是转动的，致使机床发生振动。当产生共振时，出现最大振幅，用指针 E 把最大振幅记录在 F 纸上，经测定和计算后，可以确定平衡平面Ⅱ的不平衡量的大小和方向。在平面内Ⅱ加上平衡载重便可以抵消平面Ⅱ上

的不平衡。然后将零件反装，用同样的方法测定和计算出平面Ⅰ上的不平衡量的大小和方向。再在平面Ⅰ上加上平衡载重抵消平面Ⅰ上的不平衡。这样就可以使转子实现静平衡和动平衡。

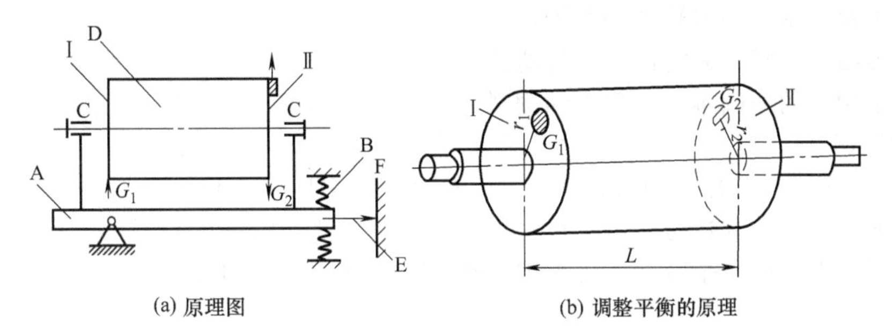

(a) 原理图　　(b) 调整平衡的原理

图 3-13　框架式平衡机原理

② 电子动平衡机　图 3-14 为电子动平衡机的原理图，被测零件 1 由两个 V 形块支承，零件上的轴肩靠在 V 形块的端面上，以防止零件轴向窜动。被测零件由丝织带在共振条件下直接带动旋转。在平衡机的左右两轴承弹性支架 2 上，由于动不平衡引起的力矩而造成水平方向的来回摆动。固定在支架上的钢丝及与钢丝另一端相连的线圈 5 也同样来回摆动，使线圈在磁场内切割磁力线而产生脉冲电压，经放大后，一方面在仪器 4 上指示出不平衡量的大小，另一方面使闪光灯 3 同步发出闪光，在被测的旋转体上显示出重心偏移的位置。预先在被测零件圆周上写出若干等分的数字，如不平衡量在“9”位置，则闪光灯经常照住这个“9”。平衡机与左右摇架相连的两个电路，可以按需要用左右开关 6 分别接通，每个电路上指出的不平衡量不受另一平面上不平衡量的影响。通过电子动平衡机的试验，可以测出不平衡量的大小和位置，然后用加重法或减重法使零件得到平衡。

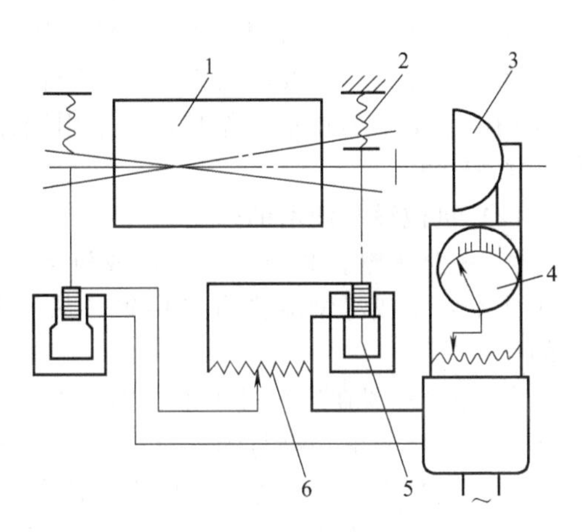

图 3-14　电子动平衡机

1—零件；2—弹性支架；3—闪光灯；4—仪器；5—线圈；6—开关

3.4 机械设备的润滑

许多机械设备是在高温、高压、高速等恶劣条件下工作的。为了延长机器寿命，需要对运动部件进行合理的润滑，以减少零件间的摩擦和磨损。因此，在机械设备装配过程中应根据受摩擦零部件的构造特点及其工作条件，周密考虑和正确选择所需的润滑材料、润滑方法，严格按照操作规程对规定的润滑部位做好润滑工作。

3.4.1 机械设备润滑的方式及作用

(1) 机械设备润滑的方式

机械设备通常采用稀油润滑和干油润滑两种方式。

1）稀油润滑

稀油润滑采用矿物润滑油（简称润滑油）作为润滑材料。在下列情况下通常采取稀油润滑。

① 除减少摩擦和磨损外，摩擦表面尚需排除由摩擦产生的热或位于高温区吸收的大量

热量。

② 摩擦表面可能实现液体摩擦时。

③ 能实现紧密密封的齿轮传动和轴承。

④ 摩擦表面除润滑外尚需冲洗保持清洁时。

⑤ 由于结构上的原因难以实现干油润滑时。

2）干油润滑

干油润滑采用润滑脂作为润滑材料。在下列情况下采取干油润滑。

① 低速下工作，经常逆转或重复短时工作的重负载滑动轴承。

② 工作环境潮湿或灰尘较多、必须保护摩擦表面不落入氧化铁皮和水且难以密封的轴承或导轨。

③ 长期停止工作无法形成润滑油膜的滚动轴承。

④ 长期正常工作而不需经常更换润滑脂密封的滚动轴承。

除了上述两种主要润滑方式外，摩擦机件在高温、高压、高速的工作条件下，当矿物润滑油和润滑脂都不能正常工作时，则采用固体润滑材料。采用合成树脂布胶的轴承，可以用水进行润滑和冷却。

(2) 机械设备润滑的作用

① 减少摩擦和磨损　在机器或机构的摩擦表面之间加入润滑材料，使相对运动的机件摩擦表面不发生或尽量减少直接接触，从而降低摩擦因数，减少磨损。这是机器润滑最主要的目的。

② 冷却机器在运转过程中，因摩擦而消耗的功通常全部转化为热量，引起摩擦部件温度升高。当采用润滑油进行润滑时，润滑油会不断从摩擦表面吸取热量加以散发，或供给一定的油量将热量带走，使摩擦表面的温度降低。

③ 防止锈蚀摩擦表面的润滑油层使金属表面和空气隔开，保护金属层不产生锈蚀。

④ 冲洗润滑油的流动油膜将金属表面由于摩擦或氧化而形成的碎屑和其他杂质冲洗掉，以保证摩擦表面的清洁。

3.4.2 润滑材料的选用

润滑是利用油、脂或者其他流体材料，使运动物体之间的接触表面能分隔开来，以求降低摩擦、减少磨损的一种重要措施，而正确合理地选用好润滑材料是保证机器及零件润滑的关键。

(1) 润滑油的品种及选用

普通机械设备中常用的润滑油主要有：工业齿轮油、轴承油、导轨油等，其选用主要应注意以下方面的内容。

1）工业齿轮油的品种及选用

① 工业齿轮油的品种。

a. CKB 工业齿轮油：又称普通工业齿轮油，用于一般的齿轮传动。

b. CKC 工业齿轮油：又称中负荷工业齿轮油，用于有冲击的齿轮传动。

c. CKD 工业齿轮油：又称重负荷工齿轮油，用于高温、潮湿、有冲击的齿轮传动。

d. CKE 工业齿轮油：CKE 工业齿轮油又称蜗杆蜗轮油，用于青铜-钢摩擦副的蜗杆蜗轮传动。

② 工业齿轮油的选用　根据不同的用途和齿轮转速等，选择不同品种和黏度的工业齿轮油。

对于减速器闭式齿轮箱，如给油方式为循环或油浴时，可按表 3-8 选择油的黏度。

表 3-8 减速器齿轮油推荐黏度

小齿轮转速/(r/min)	功率/kW	黏度等级(40℃)	
		减速比 1∶10 以下	减速比 1∶10 以上
2000～5000	3.75 以下 3.75～15 15 以上	32～46 46～68 68～100	46～68 68～100 100～150
1000～2000	7.5 以下 7.5～37.5 37.5 以上	46～68 100～150 150～220	68～100 100～150 150～220
300～1000	15 以下 15～57 57 以上	46～150 100～220 150～320	68～150 100～220 220～460
300 以下	22.5 以下 22.5～75 75 以上	150～220 220～320 320～460	220～320 320～460 460～680

对于开式齿轮传动，可按表 3-9 选择油的黏度。

表 3-9 开式齿轮传动齿轮油推荐黏度

推荐黏度(98.9℃)/(mm^2/s)			
环境温度/℃ 给油方式	−15～17	5～38	22～48
油浴	151～216(37.8℃)	16～22	22～26
涂刷(加热)	193～257	193～257	386～536
涂刷(冷却)	22～26	32～41	193～257
手涂	151～216(37.8℃)	22～26	32～41

a. CKB 工业齿轮油。

• 特性：采用精制的基础油，加入极压抗磨、抗氧化、防锈、抗泡沫等添加剂调制而成。具有良好的抗氧化、防锈、抗乳化和抗泡沫性能。

• 规格：有 100、150、220、320 共 4 种黏度等级。

• 用途：适用于润滑齿面应力小于 500MPa 的一般机械设备的减速箱，最大滑动速度与齿轮分度圆圆周速度之比为 1∶3，油温不高于 70℃的一般负荷圆柱齿轮、圆锥齿轮及蜗杆蜗轮传动。

b. CKC 中负荷工业齿轮油。

• 特性：同 CKB 工业齿轮油，但其极压抗摩性有明显提高。

• 规格：有 68、100、150、220、320、460、680 共 7 种黏度等级。

• 用途：适用于润滑齿面应力为 500～1100MPa 的密封式圆柱齿轮传动装置，最大滑动速度与齿轮分度圆圆周速度之比小于 1∶3，油温为 5～80℃的中等负荷传动装置。

c. CKD 重负荷工业齿轮油。

• 特性：采用精制的基础油，加入极压抗磨、抗氧化、防锈、金属钝化、抗乳化、抗泡沫等多种添加剂调制而成。具有良好的极压抗磨、抗氧化、防锈、抗乳化等性能。

• 规格：有 100、150、220、320、460、680 共 6 个黏度等级。

• 用途：适用于润滑齿面应力大于 1100MPa 的重负荷齿轮传动装置，最大滑动速度与齿轮分度圆圆周速度之比大于 1∶3，油温为 5～120℃的重负荷传动装置。

d. CKE 蜗杆蜗轮油。

• 特性：采用精制的基础油，加入抗氧化、防锈、油性等多种添加剂调制而成。

• 规格：有 220、320、460、680、1000 共 5 个黏度等级。

• 用途：适用于润滑青铜-钢配对的蜗杆蜗轮副，及轻载、平稳、无冲击的传动。

2）轴承油的品种及选用

① 轴承油的品种　轴承油主要有中低黏度的FC、FD和中高黏度的油膜轴承油3个品种。

② 轴承油的选用　选用轴承油要根据轴承的类型、运转温度、轴承负荷以及轴承转速与直径的乘积值（*dn*值）等因素，选择轴承油的品种。根据轴承的使用环境、工作温度、速度指数（*dn*值）和负荷大小等因素，选择轴承油的黏度。如使用温度高于100℃时，应选择黏度高的油膜轴承油；在冬季室外使用时，应选择低凝点的轴承油；有冲击负荷时，应选用含极压抗磨剂的轴承油；*dn*值大于300000mm·r/min的轴承，则要选择黏度低的主轴油。

对于滚动轴承可按表3-10选择轴承油黏度。

表3-10　滚动轴承油黏度选择

运转温度(环境温度)/℃	速度指数(*dn*值)/(mm·r/min)	黏度等级(40℃)	
		普通负荷	高负荷或冲击负荷
−10～0	各种	15～32	22～46
0～60	15000以下 15000～80000 80000～150000 150000～500000	32～68 32～46 15～32 10～15	100 46～68 32～46 15～32
60～100	15000以下 15000～80000 80000～150000 150000～500000	100～150 68～100 46～68 22～32	150～220 100～150 68～150 46～68
100～150	各种	220～320	
0～60	自动调心滚动轴承	32～68	
60～100	自动调心滚动轴承	100～150	

a. FC轴承油。

• 特性：采用精制的基础油，加入适量的抗氧化、防锈、油性、抗泡沫等添加剂调制而成，属于抗氧防锈型油。

• 规格：有2、3、5、7、10、15、22、32、46、68、100共11个黏度等级。

• 用途：适用于滑动轴承或滚动轴承润滑，也适用于在0℃以上温度工作的离合器润滑。

b. FD轴承油。

• 特性：采用深度精制的基础油，加入适量的抗氧化、防锈、油性、抗泡沫等优质添加剂调制而成。属于抗氧、防锈、抗磨型油。

• 规格：有2、3、5、7、10、15、22共7个黏度等级。

• 用途：适用于精密机床主轴轴承及其他以循环、油浴、喷雾润滑的高速滑动轴承或精密滚动轴承，使用温度在0℃以上。其中5号、7号油可用作纺织工业高速锭子油；10号油可用作缝纫机油。

c. 油膜轴承油。

• 特性：采用深度精制的基础油，加入抗氧化、防锈、抗磨等多种添加剂调制而成。具有良好的黏温性、抗氧化安定性、防锈性、抗磨性、抗泡沫性等。抗乳化性能尤为优异，混入油中的水极易被分离出来。

• 规格：分为100、300、500共3个系列，每个系列中又有不同的黏度等级。

• 用途：适用于大型冷、热轧机和高速线材轧机的油膜轴承。

3）导轨油的品种及选用

导轨油是防止机床导轨爬行的专用润滑油，除具有一般工业润滑油的抗氧化安定性和良好的防锈性外，还有良好的抗磨性以及黏温特性（静、动摩擦系数差值小）。目前，导轨油仅有

一组，组别代号为G。

① 导轨油的特性　采用深度精制的基础油，加入油性、增黏、抗氧化和防锈等添加剂调制而成，以改善其极压、抗腐蚀、润滑性和黏性，防止黏滑。

② 导轨油的规格　导轨油的规格有32、46、68、100、150、220、320共7个黏度等级。

③ 导轨油的用途　导轨油适用于润滑各种精密机床导轨、密封齿轮、床鞍、定位器等滑动部位，以及有冲击振动的摩擦点或工作台导轨，适应环境温度在0℃以上。其中32号油可用于坐标镗床、万能工具磨床；68号油用于内圆磨床、万能工具磨床、滚齿机、插齿机、双柱坐标镗床；100号油用于光学坐标镗床；150号油用于大型坐标镗床、落地镗床的导轨润滑。

4）全损耗系统用油（机械油）的品种及选用

全损耗系统用油采用加氢高黏度矿物基础油，精选防锈、防老、抗泡、抗氧化、抗磨修复等多种添加剂调和而成。共有机械油、车轴油、三通阀油三种类型。我国过去的一种油品叫机械油，即属此类用油。

① 性能特点　全损耗系统用油具有以下特点。

a. 具有良好的抗磨损性能，对机械系统提供良好的防护；

b. 具有良好的氧化安定性和抗泡性能；

c. 具有良好的剪切安定性，高温时提供有效的润滑保护；

d. 具有高黏度指数，能保障良好的润滑性能；

e. 具有优异的防锈性、防腐蚀性、抗磨修复性，提高机械运动部件使用寿命。

② 应用范围　全损耗系统油适用于各种纺织机械、各种机床、水压机、小型风动机械、缝纫机、小型电机、普通仪表、木材加工机械、起重设备、造纸机械、矿山机械等。并适用于工作温度在60℃以下的各种轻负荷机械的变速箱、手动加油转动部位等一般润滑系统。在各种机床等机械设备上广泛使用的全损耗系统油（机械油）主要为L类A组产品，我国将L类A组产品划分为AB、AN和AY三个品种，又以AN品种使用最广。其中：

a. L-AN5、L-AN7、L-AN10黏度等级的机械油属于轻质润滑油，主要应用于高速轻负荷机械摩擦件的润滑。例如，L-AN5黏度等级的机械油可用于转速达12000r/min以上的高速轻负荷机械设备的轴承、主轴处。L-AN7黏度等级的机械油可用于转速达到8000～12000r/min的高速轻负荷机械设备的轴承、主轴处。L-AN10黏度等级的机械油可用于转速在5000～8000r/min范围之内的高速轻负荷机械设备的轴承、主轴处。L-AN5、L-AN7、L-AN10黏度等级的机械油还可作为调配其他油品的基础油。

b. L-AN15黏度等级的机械油，主要适用于转速在1500～5000r/min范围之内、较轻负荷机械设备的轴承及主轴处的润滑。可作为系统压力较低的、中小型普通机械设备的液压系统冬季用油。

c. L-AN22黏度等级的机械油，主要适用于转速在1200～1500r/min范围之内、较轻负荷机械设备的轴承及主轴处的润滑。可作为系统压力较低的普通机械设备的液压系统用油。

d. L-AN32黏度等级的机械油，主要适用于转速在1000～1200r/min范围之内，轻中负荷机械设备的轴承、主轴、齿轮等处润滑。广泛作为普通机械设备的液压系统用油。例如，可作为小型车床、立钻、台钻、风动工具的齿轮箱及小型磨床、液压牛头刨床的液压箱用油。

e. L-AN46黏度等级的机械油，主要适用于转速在1000r/min以下，中等速度、中等负荷机械设备的轴承、主轴、齿轮及其他摩擦件的润滑。其应用非常广泛。例如，C620卧式车床、X62W万能铣床、Z35摇臂钻床等机械设备的各齿轮箱及各油孔注油处，都使用的是L-AN46黏度等级的机械油。

f. L-AN68黏度等级的机械油，主要适用于速度较低、负荷较重的机械设备的润滑。例如，立式车床、大型铣床、龙门刨床的传动装置的润滑以及小型吨位的锻压设备、桥式吊车减

速器、木工机械设备的润滑都应使用 L-AN68 黏度等级的机械油。

g. L-AN100、L-AN150 黏度等级的机械油，主要适用于速度低、负荷重的重型机械设备的传动部位及注油容易流失的摩擦件上的润滑。

(2) 润滑脂的主要应用

机械设备除采用润滑油润滑外，在滚动轴承、滑动轴承上大量采用润滑脂润滑，相对于润滑油润滑来讲，尽管其润滑效果相对较差一些，但由于维修、保养简单，因此，生产中应用广泛。

1) 常用润滑脂的应用特点

① 钙基润滑脂是以动植物脂肪钙皂稠化矿物油，以水作为稳定剂而制得的润滑脂。主要特点是耐水性较强、耐温性较差，在高温和低温下都会使其润滑性能丧失。它适于使用温度范围在−10～60℃、潮湿或者有水环境、转速在 1500r/min 以下、中等负荷的机械设备上使用。按工作锥入度的大小，钙基润滑脂共分为 1 号、2 号、3 号、4 号四个品种。

② 复合钙基润滑脂是以乙酸钙复合的脂肪酸钙皂稠化矿物油而制成的润滑脂。这种润滑脂具有较好的机械安定性和胶体安定性，适用于较高温度及潮湿条件下工作的机械设备摩擦件的润滑。例如，在水泵、农机、汽车、锻压设备上应用比较广泛。按工作锥入度的大小，复合钙基润滑脂共分为 1 号、2 号、3 号、4 号四个品种。1 号润滑脂可在 150℃条件下工作，2 号润滑脂可在 170℃条件下工作，3 号润滑脂可在 190℃条件下工作，4 号润滑脂可在 210℃条件下工作。

③ 钠基润滑脂是以动植物脂肪钠皂稠化矿物油而制得的润滑脂。主要特点是能耐较高温度，机械安定性良好，但是不耐水，遇水就会乳化，胶体安定性较差。这种润滑脂广泛使用在高中负荷、低中转速、较高温度、环境干燥的机械设备上。按工作锥入度的大小，钠基润滑脂共分为 2 号、3 号、4 号三个品种。2 号润滑脂、3 号润滑脂可在 110℃条件下工作，4 号润滑脂可在 120℃条件下工作。

④ 钙钠基润滑脂是用钙、钠皂稠化矿物油而制得的。其特点是耐水性能比钠基润滑脂强，但不如钙基润滑脂；耐温性能比钙基润滑脂强，但不如钠基润滑脂。它适于在工作温度 80～100℃以下，中等负荷、中等转速、比较潮湿，但不与水直接接触的环境中工作的机械设备上使用。按工作锥入度的大小，钙钠基润滑脂分为 1 号、2 号两个品种。

⑤ 铝基润滑脂有较好的耐水性及金属表面的防腐蚀性，能用于潮湿的工作环境。

⑥ 锂基润滑脂呈白色，性能优良，耐水；适用于−20～150℃温度范围，可代替钙基润滑脂、钠基润滑脂，但成本要高些。分为 0 号、00 号、000 号 3 个牌号。锂基润滑脂内加有抗氧剂、防锈剂等，适用于矿山、建筑、重型机械等大型设备的润滑。

⑦ 二硫化钼润滑脂是在润滑脂中掺入 3%～10%的二硫化钼粉末制成的，摩擦因数低，而且耐 200℃以下的高温，适用于重载的滚动轴承。

2) 滚动轴承用润滑脂的选用

滚动轴承采用润滑油润滑的效果较好，但维修、保养和密封结构复杂。滚动轴承采用润滑脂的优点更多，润滑脂可以在较长的时间内不必更换或添加，并能较好地隔绝外界的尘屑、水分等，维修、保养和密封也简单。

① 滚动轴承对润滑脂的要求　润滑脂要求能减少摩擦和磨损，防止腐蚀，并具有良好的密封性能，因此选用润滑脂时要注意其滴点、针入度和机械安定性等指标。此外，用于潮湿环境的润滑脂应具有抗水性。质量好的润滑脂结构平滑、拉丝较短。

② 滚动轴承润滑脂的选择　主要按工作温度来选用润滑脂，但在极高或极低的温度条件下工作，则需采用合成油稠化的润滑脂，如表3-11所示。

表3-11　滚动轴承润滑脂的选用

工作环境	工作温度/℃	润滑脂	备注
一般	30～90	运转速度低的，采用钠基脂或钙-钠基脂；中速的，采用钙基脂(工作温度低于70℃)；运转速度高的，采用锂基脂或主轴脂	定期加脂和更换
一般	－70～－50	采用双酯、硅油等合成润滑油稠化的润滑脂	定期加脂和更换
潮湿	<70	选用耐水性较好的钙基脂	定期加脂和更换
高温	>150	采用高黏度矿物油稠化的润滑脂	添加润滑脂的次数，应有所增加
高温	>150	采用硅油稠化的锂基脂	添加润滑脂的次数，应有所增加

注：1. 在高速、重载条件下工作的滚动轴承，可采用泵送性能良好的压延机润滑脂或复合锂基脂等。

2. 高速滚动轴承可按其速度因数选用润滑脂，速度因数为150000～200000mm・r/min的滚动轴承采用3号或4号的一般润滑脂；速度因数为400000～500000mm・r/min的滚动轴承则采用2号主轴脂或锂基脂。

润滑脂用量的多少与轴承旋转速度有着直接关系。转速在1500r/min以下时，润滑脂用量可为2/3轴承腔。转速在1500～3000r/min时，润滑脂用量可为1/2轴承腔。转速在3000r/min以上时，润滑脂用量不能超过1/3轴承腔。如果润滑脂用量过大，轴承运动阻力就会明显增大，造成轴承温度过高，影响轴承的工作能力。

滚动轴承更换润滑脂的周期一般和设备二级保养的周期相同，也允许根据轴承的实际运转情况决定，只要定期进行补充，直到拆修时再进行更换。补充新润滑脂的周期与轴承的类型、大小、转速、工作条件有关，设备的使用说明书上都会有具体要求。

3）滑动轴承用润滑脂的选用

① 滑动轴承对润滑脂的要求如下。

a. 轴承的负荷大、转速低时，润滑脂的针入度应该小些。

b. 润滑脂的滴点一般应高于轴承工作温度20～30℃。

c. 滑动轴承在水淋或潮湿环境中工作时，应选用钙基脂或锂基脂。在环境温度较高的条件下工作时，应选用钙-钠基润滑脂。

d. 具有良好的黏附性能。

② 滑动轴承润滑脂的选用　应根据单位载荷、轴颈圆周速度及最高工作温度选用滑动轴承润滑脂，如表3-12所示。

采用润滑脂润滑的滑动轴承，其给油方式主要采用旋盖式油杯和加压给油器。

表3-12　滑动轴承润滑脂的选用

单位载荷/MPa	圆周速度/(m/s)	最高工作环境/℃	选用润滑脂的名称牌号	备注
≤1	≤1	75	3号钙基脂	①潮湿环境、工作温度在75～120℃的条件下，应考虑用钙-钠基脂 ②有水或潮湿，工作温度在75℃的条件下，可用铝基脂 ③工作温度在110～120℃可用钠基脂 ④集中润滑系统给脂时，应选用针入度较大的润滑脂 ⑤压延机润滑脂冬季规格可通用
1～6.5	0.5～5	55	2号钙基脂	
≥6.5	≤0.5	75	3号、4号钙基脂	
1～6.5	0.5～5	120	1号、2号钠基脂	
≥6.5	≤0.5	110	1号钙-钠基脂	
1～6.5	≤1	50～100	2号锂基脂	
≥6.5	约0.5	60	2号压延机脂	

3.5 机械设备常见密封装置的装配

能起到阻止泄漏作用的零件称为密封件，简称密封。密封件密封性能的优劣是衡量机器设

备质量的重要指标。

泄漏是造成机器设备工作不稳定、效率降低（如一些动力机械）、磨损严重、污染环境、产品质量降低，甚至引起设备和人身事故的重要因素，所以在机械设备装配过程中要密切注意密封和防漏的操作。

3.5.1 机械设备常见的密封方式

密封在机械设备上应用广泛，它的作用主要有：用不同材料的挤压形成相互封闭的空间，阻碍两个相互分隔空间的材料（如粉尘、水、气体、油脂等）迁移；防止外界物体侵入；机器零件的密封，防止润滑油的损失等。为此，所用密封件应符合以下基本要求：严密可靠、结构紧凑、简单易造、维修方便、使用寿命较长。这要求其材料强度、硬度高，有塑性、弹性以及耐高温，材料的不透性、耐老化性、抵抗能力、耐磨性能和摩擦性能等要好。

(1) 密封的材料

由于不同的工作条件、场景及环境对密封性能的要求不同，因此，密封件的种类及结构较多，构成密封件的材料也比较多。密封的材料主要有非金属材料及金属材料，用非金属材料进行的密封称为软密封，用金属材料进行的密封称为硬密封。其中：

非金属材料用于密封（软密封）的密封料有：在油中浸过的纸和硬纸板、被织成或压成板形的用于多种材料密封的石棉、叠合板、人造橡胶、丁腈橡胶、氯丁橡胶、聚硫塑料、硅树脂，永久弹性塑料制作的密封物、密封剂等。

金属材料用于密封的（硬密封）的密封料有：铅、铝、软铜或钢网组成的密封料。

(2) 密封的分类

根据密封的工作特点，可分为静密封、动密封两种类型，其中，动密封根据其是否与零件接触，可分为接触型密封及非接触型密封。

静密封：密封表面与接合表面（零件）间无相对运动的密封。

动密封：密封表面与接合零件间有相对运动的密封。

接触型密封：靠密封力使密封表面相互压紧以减小或消除间隙的各类密封。绝大多数静密封都属于接触型密封。

非接触型密封：密封表面间存在定量间隙，不需密封力压紧密封表面的各类密封。

表 3-13 给出了常见密封的类型。

表 3-13 常见密封的类型

<table>
<tr><td rowspan="16">密封</td><td rowspan="4">静密封</td><td colspan="3">非金属件</td></tr>
<tr><td colspan="3">非金属与金属组合件</td></tr>
<tr><td colspan="3">金属件</td></tr>
<tr><td colspan="3">液压垫片</td></tr>
<tr><td rowspan="12">动密封</td><td rowspan="6">接触型密封</td><td rowspan="3">填料密封</td><td>毛毡密封</td></tr>
<tr><td>压盖填料密封</td></tr>
<tr><td>成形填料密封</td></tr>
<tr><td colspan="2">皮碗密封</td></tr>
<tr><td colspan="2">胀圈密封</td></tr>
<tr><td colspan="2">机械密封</td></tr>
<tr><td rowspan="5">非接触型密封</td><td colspan="2">间隙密封</td></tr>
<tr><td colspan="2">迷宫密封</td></tr>
<tr><td colspan="2">离心密封</td></tr>
<tr><td colspan="2">螺旋密封</td></tr>
<tr><td colspan="2">气动密封</td></tr>
</table>

(3) 常见密封的特点及应用

密封的结构形式较多，且在不断地更新、发展之中，常见密封形式的结构特点及应用主要有以下方面。

① 常见静密封的特点及应用　表 3-14 给出了常见静密封的名称、特点及适用范围。

表 3-14　常见静密封的名称、特点及适用范围

名称与简图		材料	特点	适用范围
非金属垫片	矩形橡胶垫圈(片)	耐油橡胶		用于一般介质的各种机械设备中
	油封皮垫片	工业用皮革		各种螺塞、紧密处密封
	油封纸垫片	软钢纸板		用于不经常拆卸的螺塞紧密处
	其他材质垫片	夹布橡胶、聚四氟乙烯、橡胶石棉板等	耐一定强度的酸、碱溶剂及油类等介质的侵蚀	用于低温、腐蚀性介质等特殊环境中
非金属与金属复合件	夹金属丝(网)石棉垫片	钢(包括不锈钢)丝和石棉交织构成	因金属丝网包在石棉线内，故增强了垫片的强度	用于高温、高压场合
	金属石棉交织平垫片	金属丝与金属石棉丝交织构成	耐高温、高压	用于内燃机的气缸盖等
	金属包平垫片	金属板与石棉板(石棉橡胶板)	用金属板包着石棉板或石棉橡胶板	用于高温、高压场合
金属垫片	金属平垫片	纯铜、铝、铅、软钢、不锈钢、合金钢等		用于高温、高压及高真空场合
	金属齿形垫片	10 钢、1Cr13、铝、合金钢	锯齿尖端与密封表面接触，在螺栓紧固压力作用下可产生较高的接触应力，不易泄漏	用于高压处
	金属透镜垫片	10 钢、1Cr13、合金钢、不锈钢		用于高温、高压处，适用压力小于 32MPa、温度为 500℃左右的场合
	环形垫片：椭圆形	铁、软钢、软铝、蒙乃尔合金、4%～6%铬钢、不锈钢、铜		用于高温、高压蒸汽的密封(化工设备)
	环形垫片：菱形			
	环形垫片：八角形			
	金属空心O形环	铜、铝、低碳钢、不锈钢、合金钢	用管材焊接而成，具有优良的密封性能，适用范围广泛	用于低温、高温真空条件及要求严格密封的场合

续表

	名称与简图	材料	特点	适用范围
金属垫片	**金属丝垫**	铜丝、无氧铜丝、高纯铝丝、钢条	耐烘烤温度高，耐低温，放气量小，但需较大的压紧力，材料价格高	用于放射性及高压气的场合
液态垫片	液态密封胶	酚醛树脂、环氧树脂、氯丁橡胶、丁腈橡胶	有一定的流动性和黏度的液体，耐压性能好，对密封表面的加工精度要求低	用于一般车、船、泵设备的平面法兰连接、螺纹连接等
	密封剂厌氧胶	具有厌氧性的树脂单体和催化剂	涂敷性良好，耐酸、碱、盐、水、油类、醇类等介质，耐热、耐寒性良好	适用于仪表密封

② 常见动密封的特点及应用　表 3-15 给出了常见动密封的名称、特点及适用范围。

表 3-15　常见动密封的名称、特点及适用范围

	名称与简图	材料	特点	适用范围
接触型密封	**皮碗密封(油封)** 1—卡圈；2—橡胶皮碗；3—骨架；4—弹簧	橡胶、皮革、塑料等	结构简单、尺寸紧凑、成本低廉、对工作环境条件及维护保养的要求不高；适用于大量生产	广泛用于液压油润滑系统中做旋转密封件，也可用于防尘及气体密封
	胀圈密封 1—壳体；2—胀圈；3—轴	合金铸铁、锡青铜、钢	胀圈与壳体间无相对运动，只有一端与转轴端面产生相对摩擦。胀圈结构简单	常用于液体介质密封
	毛毡密封	半粗羊毛毡和优质细羊毛毡	毛毡可储存润滑油，轴工作时可反复自行润滑	用于低速常温、常压下工作，可密封润滑脂、油、黏度大的液体，并可做防尘用，不宜用于气体密封
	压盖填料密封 1—填料箱体；2—底衬套；3—填料；4—封液环；5—压盖	天然纤维类、橡胶类、石棉纤维类、合成纤维类、金属类	在轴与壳体之间缠绕填料，并用压盖和螺钉压紧。压力与轴的转速有关(压力较低时可允许转速高，压力较高时，转速要低)。结构简单、装卸方便、成本低，但填料磨损快	适用于各种液体或气体介质的泵类密封。根据软填料材料及结构不同，适用于不同压力、温度和速度场合

续表

	名称与简图	材料	特点	适用范围
接触型密封	**成形填料密封**	用橡胶、塑料、皮革、金属制成环状密封圈	结构紧凑，品种规格多，密封性能良好	适用于各种机械设备中往复运动、旋转运动结构的密封，介质为矿物油、水及气体
	机械密封(端面密封) 1—压盖；2—静环；3—动环；4—推环；5—弹簧座；6—弹簧		密封性能好，摩擦功率损失小，对轴的磨损小，且工作状况稳定，维修周期长。但结构复杂、加工困难，安装精度要求高，维修不方便	适用于高压、真空、高温、高速、大直径、有腐蚀性、易爆、有毒等场合的密封
非接触型密封	**间隙密封** p(液) 固定环 密封间隙		因转子与密封环之间有装配间隙，故无机械磨损，使用可靠，使用寿命较长。但控制系统复杂，制造精度高，有泄漏	适用于各种压缩机、液压元件、离心泵、航空发动机等机械上的密封
	离心密封 1—壳体；2—密封盖；3—轴		借助离心力的作用，将液体介质沿径向甩出，阻止流体从缝隙泄漏。转速越高，甩油密封效果越好。并可允许有较大的密封间隙，可密封含固相杂质的介质，无磨损、使用寿命长、泄漏量小、结构简单、使用可靠	广泛用于各种传动装置的密封
	迷宫密封 1—轴；2—壳体；3—箅齿；4—卡圈		转子与机壳间有迷宫间隙，不需润滑、维修方便、使用寿命长，但泄漏量较大	主要用于密封气体，适用于高温、高压、高转速的场合
	螺旋密封		与螺杆泵原理相似，借螺旋作用将液体介质赶回机内，以保证密封。因螺旋旋向影响赶油方向，故设计时应特别注意	常用于核技术和宇航技术中

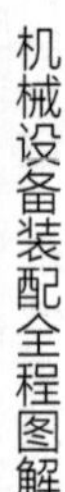

续表

名称与简图		材料	特点	适用范围
非接触型密封	气动密封		利用空气动力来堵住旋转轴的泄漏间隙，以保证密封。结构简单，但需要有一定压力的气源供气	常用于压差不大的场合，常与迷宫密封或螺旋密封组合使用

3.5.2 机械设备常见密封装置的装配要点

密封装置是机械设备的重要部件之一，机械设备常见的密封形式主要有：利用金属垫片或非金属垫片等密封垫实现的静密封（以下统称静密封）、利用液态垫片实现的静密封（以下统称密封胶密封）与毛毡密封、皮碗密封、成形填料密封、压盖填料密封、机械密封等接触型动密封（以下统称接触型动密封）形式。为保证密封性能，防止装配后泄漏现象的发生，在装配操作时，对不同种类、不同结构形式的密封装置应针对性地按其装配要点进行操作。

(1) 静密封的装配要点

① 组装时，应注意保护密封部位的密封端面，防止碰撞、划伤密封端面。

② 组装时，密封面、密封垫要清洗干净。

③ 组装时各螺栓的预紧力要均匀。

④ 对有些设备，由于受温度、振动等因素影响，应在螺栓预紧、设备运转 24h 后，再重新紧固一次，以保证设备长期安全运行。

⑤ 组装工作完成后，一般应进行试压，检查检修后的密封部位是否密封良好、达到了规定要求。试验压力为设备工作压力的 1.25～1.5 倍。

(2) 密封胶密封的装配要点

在采用密封胶密封时，应根据不同的材料和工作环境等要求选用不同的密封胶。常用液态密封胶的主要牌号及性能可参见表 4-13。但不论使用何种密封胶，在使用时，应按下列程序施工。

① 表面处理　除去灰尘、锈迹、油污，再用汽油、酒精、丙酮或三氯乙烯等有机溶剂清洗并晾干。

② 涂胶　涂胶厚度视间隙大小而定，螺纹连接密封时只在外螺纹上涂胶。

③ 干燥　各种密封胶晾干放置的时间按密封胶说明书的要求确定。厌氧胶、带胶垫片等不需要晾干放置。

④ 紧固密封　一般紧固力越大，结合面的间隙越小，密封效果越好。

⑤ 清理　及时清除结合面挤出来的多余胶液，因为密封胶固化后清理十分困难。

⑥ 固化　密封胶的固化时间一般为 8～24h，待固化后才能承受压力或试运行。

(3) 接触型动密封的装配要点

机械设备中常见的接触型动密封主要有：毛毡密封、皮碗密封、压盖填料密封、机械密封等。

1）毡圈密封

在装配以毡圈密封的密封装置时，应注意以下事项。

① 由于毡圈密封结构简单，同时具有密封、储油、防尘、抛光作用，因此，使用的毡圈需用细羊毛毡冲裁成圈，不能用毡条装入槽中代替毡圈。

② 毡圈不能紧压在轴上，装配时毡圈既要与轴接触，又不能压得过紧。

③ 毡圈装在斜度为4°的梯形沟槽中，毡圈外径与槽底面保持径向间隙0.4～0.8mm，轴和壳体间应有0.25～0.40mm的间隙。

2）皮碗密封、成形填料密封等

在装配以O形、Y形、V形、U形、L形和J形等作为标准件使用的密封圈类填料密封装置时，应注意以下事项。

① 安装部位各锐棱应倒钝，圆角半径应大于0.1～0.3mm。特别在安装O形密封圈时，零件轴头、台肩处应有倒角，且O形密封圈安装时途经之处的棱角和毛刺要用锉刀修整。

② 安装Y形、V形、U形、L形和J形等唇形密封圈时，应按载荷方向安装密封圈，切勿反装，否则会将载荷加到密封圈的背面，使密封圈失去密封作用。

③ 安装前对密封圈要通过的表面涂润滑油，对用于气动装置的密封圈则涂润滑脂。

④ 安装时，要仔细操作并防止密封圈被划伤或切断，若确有损坏，应检查原因并切实排除隐患后，更换新件重新安装。

3）压盖填料密封

压盖填料密封又称盘根密封。这种密封是在轴与壳体之间缠绕盘根，然后用压盖和螺栓压紧，以达到密封目的的，用作液体或气体介质的密封，广泛地应用于各种泵类、阀门等。使用的密封填料盘根有金属箔包石棉类、石棉编结类、石棉和铅混装类、棉纱类、橡胶类，并有不同的编结方法。在装配这类密封装置时，应注意以下事项。

① 切割盘根时最好将盘根绕在同样直径的圆钢上切割，以保证尺寸正确、切口平行、齐整、无松散线头、切口成30°。

② 为便于安装，在压装铝箔（铅箔）包石棉盘根时，在盘根内缘涂一层用机油调和的鳞状石墨粉；压装油浸石棉盘根时，第一圈及最后一圈最好压装干石棉盘根，以免油渗出。

③ 选用的盘根宽度应与盘根盒尺寸一致，或大1～2mm。

④ 组装时，盘根切口必须错开，一般成120°，盘根不宜压得过紧，压入盘根箱的深度一般为一圈盘根的高度，但不得小于5mm。

⑤ 应使盘根压盖与阀杆（轴等）的间隙保持一致，防止上偏，使盘根受力不均匀。

4）机械密封

① 所要组装的零件、部件均要清洗干净。

② 组装时要注意保护好各个密封面，不允许出现擦伤、划伤、碰伤等现象。

③ 分别将转动组件中各件与静环组件中各件组装完毕，并做好弹簧的初步预紧。

④ 把转动组件组装到轴上，静环组件装到密封腔端，初步测量动环密封端面至密封腔端面的距离、与静环密封端面至端盖端面的距离，两者之差即为机械密封的弹簧预压缩量，然后组装好轴承。

⑤ 对照技术要求的压缩量，参照实测的弹簧预压缩量，将压缩量调整合适，将压盖紧固，至此组装工作初步完成。

⑥ 组装过程中一定要注意保持干净清洁，尤其是动、静环的密封端面。装配时要在动、静环密封面上、轴上和端盖上涂以润滑油（一般可用透平油或规定使用的润滑油）。

⑦ 机械密封组装完毕后，要进行静压试验与动压试验，同时对弹簧的压缩量进行调整，达到密封要求为止。

静压试验时，应先关闭机器、设备的进出口，达到密封状态，将其内充满允许使用的试压介质（一般用水），然后试压，达到有关技术要求及规定的时间。

静压试验合格后，进行动压试验。将压力卸除为零后，开动机器设备，逐级升压，在达到规定的时间与动压试验的压力后，应无泄漏现象或达到规定的范围内（无规定时间的应连续运转4h以上）。

以上两项试验经检验合格后，方能交付使用，至此对机械密封的检修工作全部结束。

(4) 密封件的安装

不同结构形式的密封，其密封组件是不同的，因此，其密封的安装也有所不同，生产中常见的密封件安装主要有以下方面。

1）高压胶管接头的安装

如图 3-15 所示为高压胶管接头的安装图，其安装操作步骤如下。

① 将胶管外胶层剥去一段（剥离处倒角 15°，剥外胶层时切勿损伤钢丝层），装入外套内，胶管端部与外套螺纹部分应留有约 1mm 的距离，并在胶管露出端做标记，如图 3-16 所示。

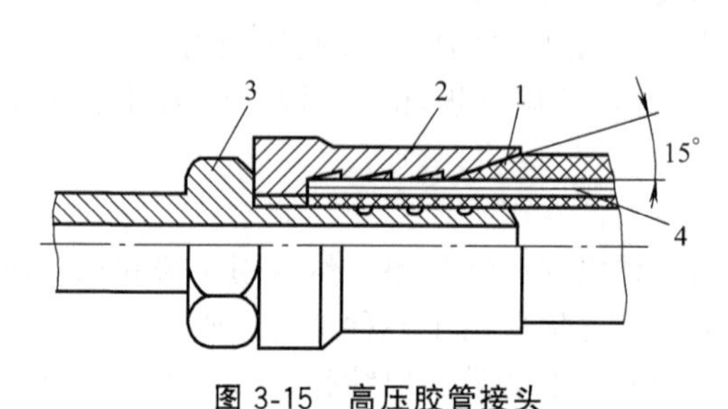

图 3-15　高压胶管接头

1—胶管；2—外套；3—接头芯；4—钢丝层

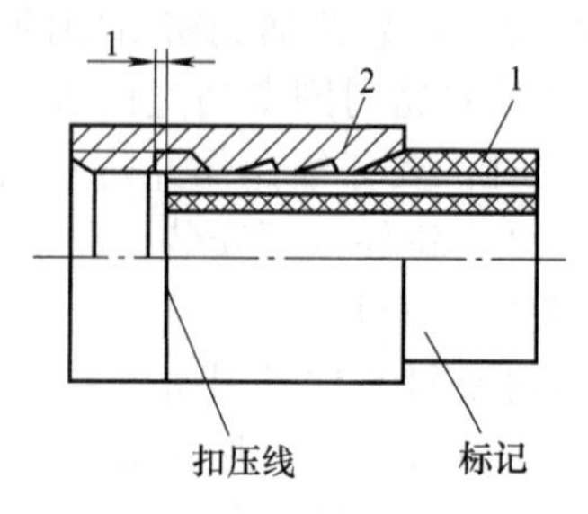

图 3-16　固定式接头

1—胶管；2—外套

② 拧紧接头芯（需涂润滑剂），注意内胶层不得有切出物。

③ 对扣压式（固定式）接头，即可进行扣压。扣压的方法有轴向与径向两种。扣压时接头与模具应相互找正、对中，按外套上的扣压线（图 3-16）进行扣压，不得多压或少压。多压会损坏外螺纹，少压则减小了密封长度，并会降低防脱性能。

2）油封的安装

油封件是用于旋转轴的一种密封装置，如图 3-17 所示。装配时应防止密封唇部受伤，并使拉紧弹簧有合适的拉紧力。其装配的操作过程如下。

① 检查油封件的尺寸、表面粗糙度是否符合要求，密封唇部有无损伤，然后在唇部和主轴上涂润滑脂。

② 用压入法装配时，要注意使油封件与壳体孔对准，不可偏斜。孔边倒角宜大些。在油封外圈或壳体孔内涂少量润滑油。

③ 油封的装配方向，应该使介质工作压力把密封唇部紧压在主轴上（图 3-17），不可装反。用于防尘时，应使唇部背向轴承。如需同时解决防漏、防尘，应采用双面油封。

④ 当轴端有键槽、螺钉孔、台阶等时，为防止油封件在装配时损伤，可采用装配导向套装配，如图 3-18 所示。

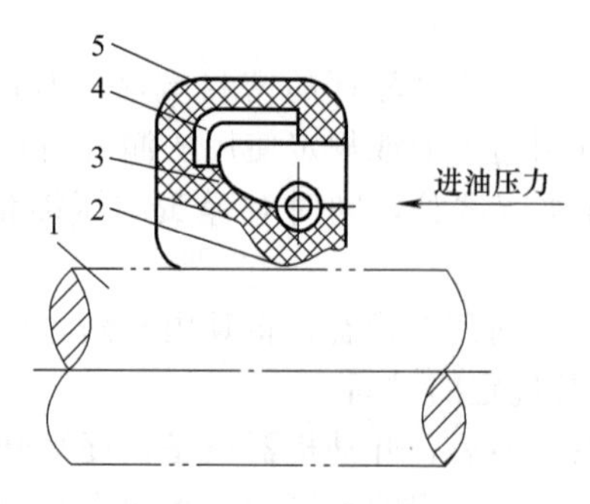

图 3-17　油封件

1—主轴；2—密封唇部；3—拉紧弹簧；4—金属骨架；5—橡胶皮碗

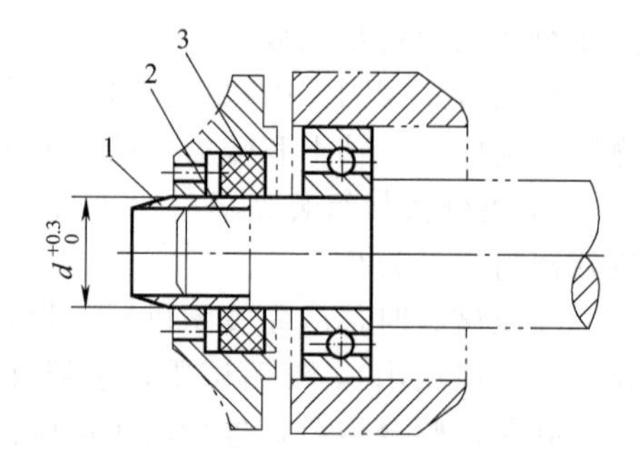

图 3-18　油封的装配

1—导向套；2—轴；3—油封

3）密封圈的安装

密封圈有O形、V形、U形、Y形等，用得最普遍的是O形密封圈。

O形密封圈有运动型和固定型两种。所谓运动型就是O形密封圈与轴有相对运动，而固定型则不与机件发生相对运动。其装配操作过程为：

① 装配前需对O形密封圈涂润滑脂。装配时应使O形密封圈的“毛边”不装在密封面上。

② 装配时，如需越过螺纹、键槽或有锐边、尖角的部位，可用导向套进行装配。

③ 大直径的固定型O形密封圈，可以用简便的方法根据需要现场自行制作。切取适当长度的圆形橡胶条，在两端涂上黏合剂（如氰基丙烯酸酯），稍干后，放在带弧形槽的样板上用手压合即成O形密封圈。

3.6 机械设备的装配起重

在机械设备装配过程中，对一些较重的零部件常需使用到各类起重设备。以减轻操作者体力、提高工作效率、保障生产安全、保证装配质量。

3.6.1 起重设备的选用原则

起重设备可分为轻小型起重设备、起重机等类型。机械设备装配常使用的主要有：

① 千斤顶　可分为机械千斤顶（包括螺旋千斤顶、齿条千斤顶）、油压千斤顶等；

② 起重葫芦　可分为手拉葫芦、手扳葫芦、电动葫芦、气动葫芦、液动葫芦等；

③ 起重机　可分为桥架型起重机、臂架型起重机、缆索型起重机三大类。机械设备装配常用的主要为桥架型起重机，其类别主要有：梁式起重机、桥式起重机、门式起重机、半门式起重机等。尤以桥式起重机使用广泛。

(1) 起重设备的选用

选用起重设备可依据起重设备的基本参数进行，起重设备基本参数主要有吊装载荷、额定起重量、最大起升高度等，这些参数是制定吊装技术方案的重要依据。

① 吊装载荷 Q　吊装载荷 Q 可根据被吊设备或构件在吊装状态下的重量和吊、索具重量确定。

② 吊装计算载荷 Q_1　起重吊装工程中常以吊装计算载荷作为计算依据。吊装计算载荷（简称计算载荷）Q_1的计算分两种情况：采用单台起重机吊装时，吊装计算载荷 Q_1 等于动载系数 k_1 乘以吊装载荷 Q，即 $Q_1=k_1Q$（动载荷系数 k_1 为起重机在吊装重物的运动过程中所产生的对起吊机具有负载影响而计入的系数。在起重吊装工程计算中，以动载荷系数计入其影响。一般取动载荷系数 $k_1=1.1$）；采用多台起重机联合起吊设备时，其中一台起重机承担的计算载荷 Q_1 等于动载系数 k_1、不均衡载荷系数 k_2 及分配至一台起重机的吊装载荷 Q 三者的乘积（不均衡载荷系数 k_2 主要是在多台起重机共同抬吊一个重物时，由于起重机械之间的相互运动可能产生作用于起重重物和吊索上的附加载荷，或者由于工作不同步，各分支往往不能完全按设定比例承担载荷，在起重工程中，以不均衡载荷系数计入其影响。一般取不均衡载荷系数 $k_2=1.1\sim1.25$。应该注意的是：对于多台起重机共同抬吊设备，由于存在工作不同步而超载的现象，有时单纯考虑不均衡载荷系数 k_2 是不够的，还必须根据工艺过程进行具体分析，采取相应措施）。

③ 额定起重量　在确定回转半径和起升高度后，起重机能安全起吊的重量。额定起重量应大于计算载荷。

④ 最大幅度　最大幅度即起重机的最大吊装回转半径，即额定起重量条件下的吊装回转

半径。

⑤ 最大起升高度 H 起重机最大起重高度 H 应满足下式要求。

$$H>h_1+h_2+h_3+h_4$$

式中 H——起重机吊臂顶端滑轮的高度起重，m；

h_1——设备高度，m；

h_2——索具高度（包括钢丝绳、平衡梁、卸扣等的高度），m；

h_3——设备吊装到位后底部高出地脚螺栓高的高度，m；

h_4——基础和地脚螺栓高，m。

(2) 钢丝绳的选用

起重吊装作业中常用的钢丝绳为多股钢丝绳，由多个绳股围绕一根绳芯捻制而成。大型吊装应采用 GB/T 8918—2006《重要用途钢丝绳》中规定的钢丝绳。钢丝绳的选用主要考虑以下几点。

① 钢丝绳钢丝的强度极限 起重工程中常用的钢丝绳钢丝的公称抗拉强度有 1570MPa（相当于 $1570N/mm^2$）、1670MPa、1770MPa、1870MPa、1960MPa 等数种。

② 钢丝绳的规格 钢丝绳是高碳钢丝制成的。钢丝绳的规格较多，起重吊装常用 6×37+F（IWR）、6×61+FC（IWR）两种规格的钢丝绳。其中 6 代表钢丝绳的股数，37（61）代表每股中的钢丝数，“+”后面为绳股中间的绳芯，其中 FC 为纤维芯，IWR 为钢芯。

③ 钢丝绳的许用拉力 钢丝绳的许用拉力 T 按 $T=p/K$ 计算。式中，p 为钢丝绳破断拉力（MPa），一般应按国家标准或生产厂提供的数据为准；K 为安全系数，钢丝绳安全系数为标准规定的钢丝绳在使用中允许承受拉力的储备拉力，即钢丝绳在使用中破断的安全裕度，做吊索的钢丝绳安全系数一般不小于 8。

(3) 吊装方法的选择

对大型机械设备的吊装，选择吊装方法时应进行技术可行性论证。对多个吊装方法进行比较，从先进可行、安全可靠、经济适用、因地制宜等方面进行技术可行性论证。

选择吊装方法应进行安全性分析。吊装工作应安全第一，必须结合具体情况，对每一种技术可行的方法从技术上进行安全分析，找出不安全的因素和解决的办法并分析其可靠性。此外，选择吊装方法还应进行成本分析。对安全和进度均符合要求的方法进行最低成本核算，以较低的成本获取合理利润。

3.6.2 起重设备的操作及注意事项

在机械设备装配过程中，千斤顶、手动葫芦、桥式起重机是经常使用到的起重设备，机械设备装配人员应分别熟悉其操作及注意事项。

(1) 千斤顶的结构及操作注意事项

千斤顶是设备装配人员在装配机械设备零部件时常用到的一种简单起重工具，它具有体积小、操作简单、使用方便等优点，按结构形式的不同，可分为齿条式千斤顶、螺旋式千斤顶和油压式千斤顶 3 种。目前常见的是油压式千斤顶，图 3-19 为油压千斤顶的结构图。

千斤顶的使用方法及安全操作规程如表 3-16 所示。

(2) 手动葫芦的结构及操作注意事项

手动葫芦分为手拉葫芦和手扳葫芦两种，如图 3-20 所示。它是一种操作简单、携带方便的起重机械，一般适用于小型机械设备或小型零部件的吊装。

手拉葫芦是一种以手拉为动力的起重设备，在生产中使用最为普遍。常用的国产手拉葫芦一般起吊高度不超过3m，起吊重量一般不超过10t，最大可达20t，可以垂直起吊，也可以水平或倾斜使用。表3-17给出了常见的HS型手拉葫芦的起重量及起重高度。常用的国产手扳葫芦其一般起吊高度不超过2m，起吊重量一般不超过5t。

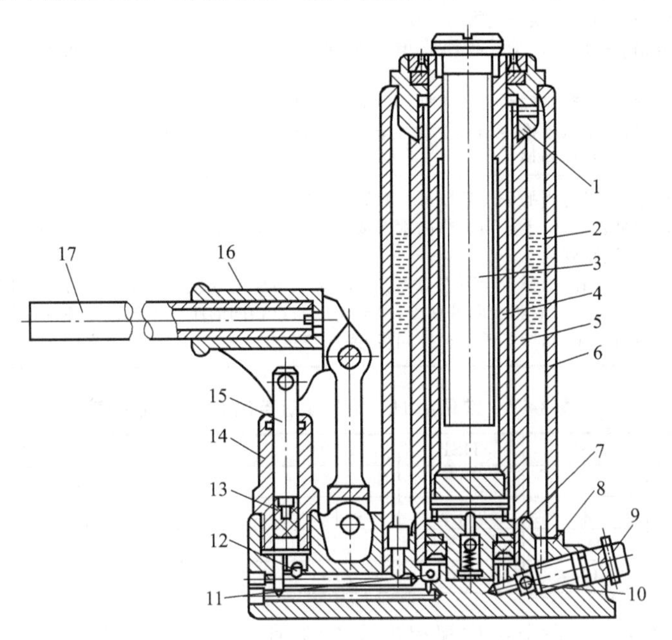

图3-19 油压千斤顶的结构

1—顶帽；2—工作油；3—调整螺杆；4—活塞杆；5—活塞缸；6—外套；7,13—活塞胶碗；8—底盘；9—回油开关；10～12—单向阀；14—油泵缸；15—油泵芯；16—揿手；17—手把

(a) 手拉葫芦　(b) 手扳葫芦

图3-20 手动葫芦

表 3-16　千斤顶的使用方法及安全操作规程

操作要点	摆平立正千斤顶，工件顶杆加木板，顶住重心莫斜偏，边起边垫才安全
操作步骤	①确定起重件的总重量，选取适当的千斤顶 ②认真检查油压千斤顶的灵活性及是否泄漏 ③千斤顶的下面要放枕木或垫铁，调整千斤顶到适当的初始高度，并在油压千斤顶调整螺杆端部垫一块坚韧的木板，摆平立正千斤顶，顶于重物的中央 ④将手柄开槽的一端套入千斤顶回油开关，顺时针转动，将开关拧紧，然后再把手柄插入撤手孔内，做上下撤动 ⑤当起重件顶起一定高度时，停止手柄的撤动，垫入略低于千斤顶高度的安全可靠的垫块 ⑥维修结束时，将手柄带槽一端再次套入千斤顶回油开关，逆时针慢慢打开回油开关，使重物慢慢回落 ⑦起重工作完毕，整理现场
安全操作规则	①估计起重量，选择适当的千斤顶型号，切忌超载使用 ②检查千斤顶是否正常，千斤顶加垫的木板或铁板等表面不能沾有油污，以防受力时打滑，用齿条千斤顶工作时，止退棘爪必须紧贴棘轮 ③确定起重物的重心，选择千斤顶着力点。同时必须考虑地面软硬程度，应垫以坚韧的木料，以免起重时产生倾斜的危险，重物回落时，应逐步向外抽出，保持枕木与重物间的距离不超过一块枕木的厚度，以防发生意外 ④数台千斤顶同时作业时，各千斤顶要同步，要保持重物平稳，并在千斤顶之间垫上支承木块

表 3-17　常见的 HS 型手拉葫芦的起重量及高度

型号	HS½		HS1		HS1½		HS2		HS2½		HS3		HS5	
起重量/t	0.5		1		1.5		2		2.5		3		5	
起重高度/m	2.5	3	2.5	3	2.5	3	2.5	3	2.5	3	3	5	3	5
试验载荷/t	0.75		1.5		2.25		3.00		3.75		4.50		7.50	
满载时的手链拉力/N	170		320		370		330		410		380		420	

手动葫芦的使用方法及安全操作规程如表 3-18 所示。

表 3-18　手动葫芦的使用方法及安全操作规程

操作要点	支点钩挂要可靠，吊点重心要捆牢，拉吊链条相平行，微量起升察隐情，中间卡住勿硬拽，稳拉匀拽向上升
操作步骤	①根据工件重量选取吨位合适的手拉葫芦，将葫芦挂钩挂在可靠的支承点上，检查葫芦动作灵活自如 ②检查工件的捆绑是否安全可靠，起升高度在手拉葫芦的行程范围内 ③逆时针拽手拉葫芦链条，降下吊钩，将捆绑工件的钢丝绳扣头套在吊钩之中 ④顺时针拽手拉葫芦链条，并保持与吊链方向平行，升起吊钩，当张紧起重链条时，微量起升工件，观察无异常变化，再顺时针拽手拉链条，稳妥地吊起工件 ⑤当需要降下工件时，逆时针拽手拉葫芦链条，工件便缓慢下降，当工件落至目的地后，继续下降一段距离，摘下吊钩，起重工作结束，整理现场
安全操作规则	①手拉葫芦不准超负荷使用 ②起重前，要认真检查吊钩、链条、墙板和制动器等主要受力部件是否损坏，并进行润滑 ③起重链条要垂直悬挂，不得有错扭的链环，以免影响正常作业 ④操作者拽动手拉链条时应站在手拉链条的同一平面内 ⑤作业前，应先试吊，并检查制动器是否正常可靠 ⑥提升或下降重物时，拽动手拉链条不可用力过猛，应均匀缓慢用力，以免引起链条跳动或卡环

(3) 桥式起重机的结构及操作注意事项

起重机具有起重吨位较大、机动性好等优点，其中，桥式起重机在大型机床设备的施工安装、维修等作业中应用最为广泛。

1）桥式起重机的结构与工作原理

桥式起重机的类型较多，但其大致结构和基本原理是相同的。下面以通用桥式起重机为例，介绍其结构与工作原理。

① 起升机构　起升机构是起重机最基本的机构，它是用来使货物提升或降落的。起升机构通常包括取物装置、钢丝绳卷绕系统、驱动系统及安全装置等。

典型的起升机构借交流线绕型电动机的高速旋转，经齿轮联轴器和齿轮减速器相连接，减

速器的低速轴带动绕有钢丝绳的卷筒转动，而卷筒是通过钢丝绳和滑轮组与吊钩相联动来工作的。机构工作时，控制电动机的正、反转，卷筒使钢丝绳卷进或放出，从而通过钢丝绳卷绕系统使悬挂的货物实现提升或降落。当机构停止工作时，悬挂的货物依靠制动器刹住。起升机构一般安装在小车架上。

② 小车运行机构（即横向运行机构） 起重机的大车（即纵向运行机构）或小车都是沿水平位置移动的，为此，在水平方向上运移的货物就是凭借运行机构实现的，图 3-21 是小车运行机构的简单结构图。小车的运行机构由双端伸出轴的电动机带动立式减速器，减速器的低速轴以集中传动的方式连接在小车架上的主动车轮上，在电动机另一端的伸出轴上装有制动器。小车采用单轮缘车轮，且车轮的轮缘设置在轨道的外侧。

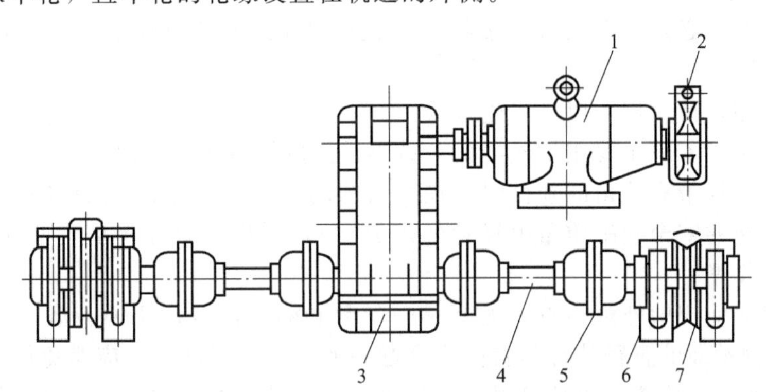

图 3-21 小车运行机构的简单结构图

1—电动机；2—制动器；3—减速器；4—补偿器；5—联轴器；6—角形轴承箱；7—小车车轮

③ 大车运行机构 在起重机桥架端梁的两端安装着大车运行机构用的车轮，起重量在 50t 以下的装置四个车轮，其中两个为主动轮；起重量在 75t 以上时，都采用平衡梁的车轮组，常装着八个以上车轮。对驱动大车机构的运行装置，通常具有两种形式，即集中驱动和分别驱动。集中驱动是用一台电动机通过减速器及传动轴带动大车的两个车轮，这种方式已基本淘汰。分别驱动方式是用两台规格相同的电动机，分别通过齿形联轴器直接与减速器高速轴连接，减速器低速轴联轴器与大车车轮连接。对分别驱动的大车运行机构，由两套各自独立的无机械联系的运行机构组成，其简单的结构形式如图 3-22 所示。要指出的是，大车车轮一般都采用双轮缘车轮。

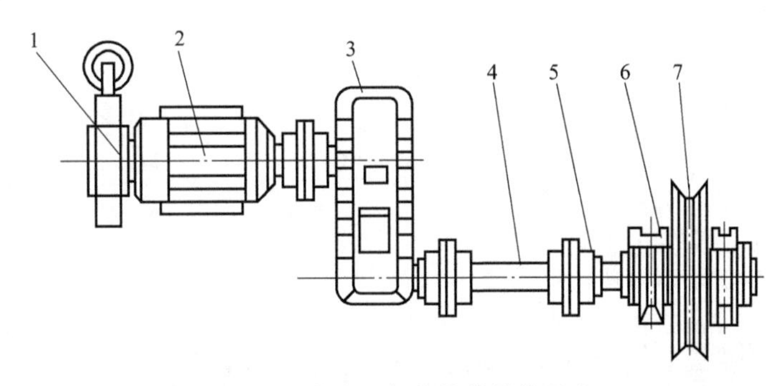

图 3-22 大车运行机构的结构形式

1—制动器；2—电动机；3—减速器；4—补偿轴；5—联轴器；6—角形轴承箱；7—车轮

2）起重机械使用时应注意的一些问题

① 行车（天车）操作者一定要经过培训。经考试合格，取得安全操作合格证书的人员方可上车操作。

② 行车在工作前，必须检查行车全部润滑系统情况、离合器及钢丝绳卡等，确认无误后才能上车启动驾驶。

③ 行车司机只允许由驾驶扶梯上下行车，禁止从房梁或其他地方攀登上下行车。

④ 使用行车时，若第一次起吊载荷，应先进行试吊和试制动。将载荷吊起不高于 0.8m，然后徐徐落下。

⑤ 每台行车的司机应该是固定的。

⑥ 行车司机上下驾驶梯时，双手不准拿任何东西。

⑦ 起吊物体时，行车司机应听从起重工的一切指挥，若指令不清，应按铃请示。禁止物件尚在地面上时进行行车。

⑧ 行车吊物时，必须离开人群，重物应离人员 2m 以外才可作业。不得将吊起的重物长时间悬挂在吊钩上。

⑨ 行车不得超负荷使用，以免发生危险。

⑩ 吊运物件时，若一定要用钢丝绳的，就不得用麻绳或 V 带之类代替。

⑪ 用钢丝绳吊挂带有棱角的物件时，在棱角的地方应垫放软垫，以免钢丝绳被折断。

⑫ 使用钢丝绳的安全起吊质量由经验公式 $P=9d^2$ [P 为允许起吊质量（kg），d 为钢丝绳直径（mm）] 求得。

⑬ 使用钢丝绳前应做外观检查，尤其是断丝数和断丝位置，锈蚀、磨损程度和位置，变形情况等。根据钢丝绳的直径估计是否能安全起吊所拆装的零部件，应避免使用断丝过多的钢丝绳。选择合适的捆钩位置，以免打滑。无论吊钩端还是工件上均应采用合适的绳扣，以免吊装过程中工件重心偏移造成倾倒。久置不用的钢丝绳应涂油，盘卷后适当放置。

⑭ 使用的钢丝绳要采用打扣及解扣方便迅速、不易打滑、较安全的绳扣。

⑮ 检修或上车检查行车时必须切断电源。

⑯ 一个班作业完成后下班时，行车司机应按规定把大、小车定位并收好吊钩。

第4章 固定连接的装配

4.1 螺纹连接的装配

不论机械设备的结构如何复杂，其部件或零件均是按照一定的连接方式进行组装的，按部件或零件连接方式的不同，可分为固定连接与活动连接两大类。各类连接的形式如表 4-1 所示。

表 4-1 零件连接的种类

固定连接		活动连接	
可拆卸连接	不可拆卸连接	可拆卸连接	不可拆卸连接
螺纹、键、销等	铆接、焊接、粘接、咬接等	轴与滑动轴承、柱塞与套筒等间隙配合零件	任何活动连接的铆合头

螺纹连接是由螺纹零件构成的可拆卸的一种固定连接方式。它具有结构简单，紧固可靠，装卸迅速、方便、经济等优点，所以在机械装置中应用极为广泛。

4.1.1 螺纹连接的形式及特点

螺纹连接是通过螺纹零件完成的，所用的螺纹零件主要有各种螺栓、螺钉和螺母、垫圈等，该类零件统称螺纹紧固件，螺纹紧固件的种类、规格繁多，但它们的形式、结构、尺寸都已标准化，可以从相应的标准中查出。常用的主要有：六角螺栓、双头螺柱、螺钉、垫圈、螺母等。

螺纹紧固件之所以能完成螺纹连接，主要是通过内、外螺纹（在圆柱或圆锥内表面上所形成的螺纹称内螺纹；在圆柱或圆锥外表面上所形成的螺纹称外螺纹）相互旋合组成螺纹副来完成的。连接螺纹的牙型（在通过螺纹轴线的剖面上，螺纹的轮廓形状称为螺纹牙型）多为三角形，而且多用单线螺纹（沿一条螺旋线所形成的螺纹称为单线螺纹）是因为三角形螺纹的摩擦力大、强度高、自锁性能好。

螺纹连接所用的螺纹紧固件中应用最广的普通螺纹，其牙型角为 60°，同一直径按螺距大小可分为粗牙和细牙两类。一般连接用粗牙普通螺纹。细牙普通螺纹用于薄壁零件或使用粗牙对强度有较大影响的零件，也常用于受冲击、振动或载荷交变的连接和微调机构的调整。细牙螺纹比粗牙螺纹的自锁性好，螺纹零件的强度削弱较少，但容易滑扣。

此外，用于管路连接的螺纹紧固件的螺纹形式为管螺纹。管螺纹的牙型角为55°，分为非螺纹密封和用螺纹密封两类。非螺纹密封的螺纹副，其内螺纹和外螺纹都是圆柱螺纹，连接本身不具备密封性能，若要求连接后具有密封性，可压紧被连接件螺纹副外的密封面，也可在密封面间添加密封物。用螺纹密封的螺纹副有两种连接形式：用圆锥内螺纹与圆锥外螺纹连接；用圆柱内螺纹与圆锥外螺纹连接。这两种连接方式本身都具有一定的密封能力，必要时也可以在螺纹副内添加密封物，以保证连接的密封性。

不论使用哪一种形式的螺纹连接件，常用的螺纹连接主要有螺栓连接、双头螺柱连接和螺钉连接三种形式。表4-2给出了螺纹连接的形式及特点。

表4-2　螺纹连接的形式及特点

连接形式		简图	特点
螺栓连接	普通		螺栓孔径比螺栓杆径大1～1.5mm，制孔要求不高，结构简单、装卸方便、应用最广
	配合		铰制孔用螺栓的螺杆配合与通孔采用过渡配合，靠螺杆受剪及接合面受挤来平衡外载荷。具有良好的承受横向载荷能力和定位能力
	高强度		螺栓孔径比螺栓杆径大，靠螺栓拧紧受拉、接合面受压而产生摩擦来平衡外载荷。钢结构连接中常用于代替铆接
双头螺栓连接			双头螺柱两端有螺纹，螺柱上螺纹较短一端旋紧在厚的被连接件的螺孔内，另一端则穿入薄的被连接件的通孔内，拧紧螺母将连接件连接起来 适用于经常装拆、被连接的一个件太厚而不便制通孔或因结构限制不能采用螺栓连接的场合
螺钉连接			直接把螺钉穿过一被连接件的通孔，旋入另一被连接件的螺孔中拧紧，将连接件连接起来 适用于不宜多拆卸、被连接件之一较厚而不便制通孔或因结构限制不能采用螺栓连接的场合

4.1.2　螺纹连接装配的技术要求

(1) 具有足够的拧紧力矩

螺纹连接为达到连接可靠和紧固的目的，必须保证螺纹副具有一定的摩擦力矩，此摩擦力矩是由连接时拧紧力矩后使螺纹副产生预紧力而获得的。拧紧力矩或预紧力的大小是根据装配要求由设计者确定的。一般紧固螺纹连接无预紧力要求，可采用普通扳手、风动或电动扳手由装配者按经验控制。规定预紧力的螺纹连接，常用控制螺纹预紧力法、测量螺栓伸长法、扭角法来保证准确的预紧力。

① 控制螺纹预紧力法是利用专门的装配工具，如指针式测力扳手（图4-1）、千斤顶、电动或风动扳手等，在拧紧螺纹时，可指示出拧紧力矩的数值，或到达预先设定的拧紧力矩时发出信号或自行终止拧紧。根据拧紧力可用下式换算出拧紧力矩。

$$M=KPd\times10^{-3}$$

式中　M——拧紧力矩，N·m；

d——螺纹公称直径，mm；

K——拧紧力矩系数（一般为：有润滑时，$K=0.13\sim0.15$；无润滑时，$K=0.18\sim0.21$）；

P——预紧力，N。

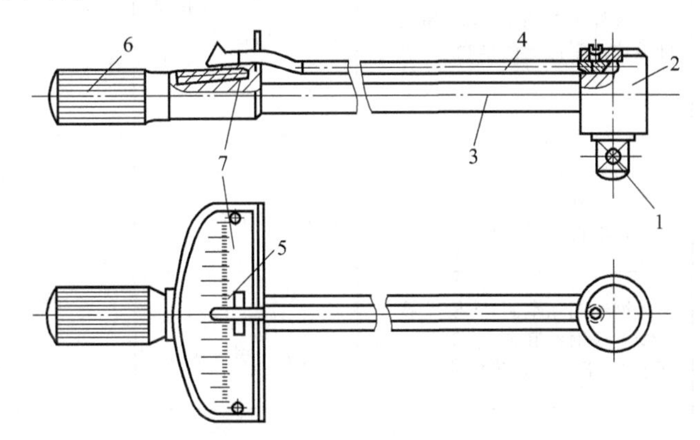

图 4-1　指针式测力扳手

1—钢球；2—柱体；3—弹性杆；4—长指针；5—指针尖；6—手柄；7—刻度板

② 测量螺栓伸长法，如图 4-2 所示。螺母拧紧前，螺栓的原始长度为 L_1，按规定的拧紧力矩拧紧后，螺栓的长度为 L_2，测定 L_1 和 L_2，根据螺栓的伸长量，可以确定拧紧力矩是否准确。

③ 扭角法的原理与测量螺栓伸长法相同，只是将伸长量折算成螺母在原始拧紧位置上（各被连接件贴紧后）再拧转的一个角度。

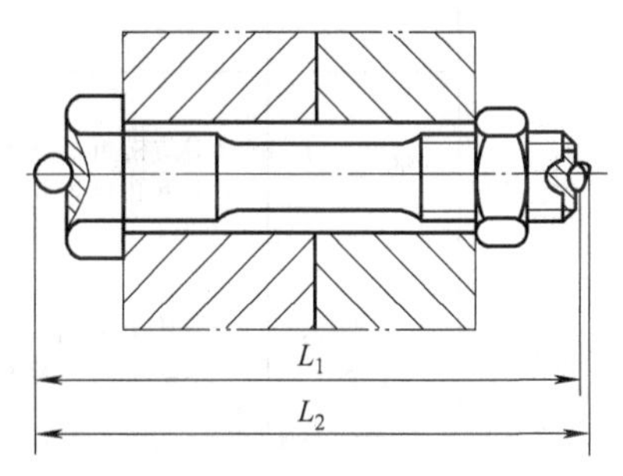

图 4-2　螺栓伸长量的测定

(2) 有可靠的防松装置

螺纹连接一般都具有自锁性，在静载荷作用下和工作温度变化不大时不会回松。但在冲击、振动或工作温度变化很大时，螺纹连接就有可能回松。为了保证连接可靠，必须采用可靠的防松装置。螺纹连接的防松原理、种类、特点及应用场合如表 4-3 所示，装配时可参照选用。

表 4-3　螺纹连接的防松原理、种类、特点及应用场合

防松原理	种类	特点	应用场合	图示
附加摩擦力	锁紧螺母	①使用两只螺母，结构尺寸和重量增加 ②多用螺母，不甚经济 ③锁紧可靠	一般用于低速重载或较平稳的场合	
	弹簧垫圈	①结构简单 ②易刮伤螺母和被连接件表面 ③弹力不均，螺母可能偏斜	应用较普遍	弹簧垫圈

续表

防松原理	种类	特点	应用场合	图示
机械防松	开口销	①防松可靠 ②螺杆上销孔位置不易与螺母最佳锁紧位置的槽吻合	用于变载或振动较好的场合	开口销
	止动垫圈	①防松可靠 ②制造麻烦 ③多次拆卸易损坏	用于连接部分可容纳弯耳的场合	止动垫圈
	串联钢丝	①钢丝相互牵制，防松可靠 ②串联钢丝麻烦，若串联方向不正确，不能达到防松的目的	适用于布置较紧凑的成组螺纹连接	
	钢丝卡紧法	①防松可靠 ②装拆方便 ③防松力不大	适用于各种沉头螺钉	钢丝
	点铆法	①防松可靠，操作简单 ②拆卸后连接零件不能再用	适用于各种特殊需要的连接	样冲 1~1.5P
粘接防松	厌氧性黏合剂	①粘接牢固 ②粘接后不易拆卸	适用于各种机械修理场合，效果良好	涂黏合剂

4.1.3 螺纹连接的装配方法及要点

(1) 螺纹连接装拆工具

由于螺栓、螺柱和螺钉的种类繁多，因此，螺纹连接装拆的工具也很多。常用的装拆工具有活动扳手、各种固定扳手、内六角扳手、套筒扳手、棘轮扳手、各种锁紧扳手等，如图 4-3 所示。

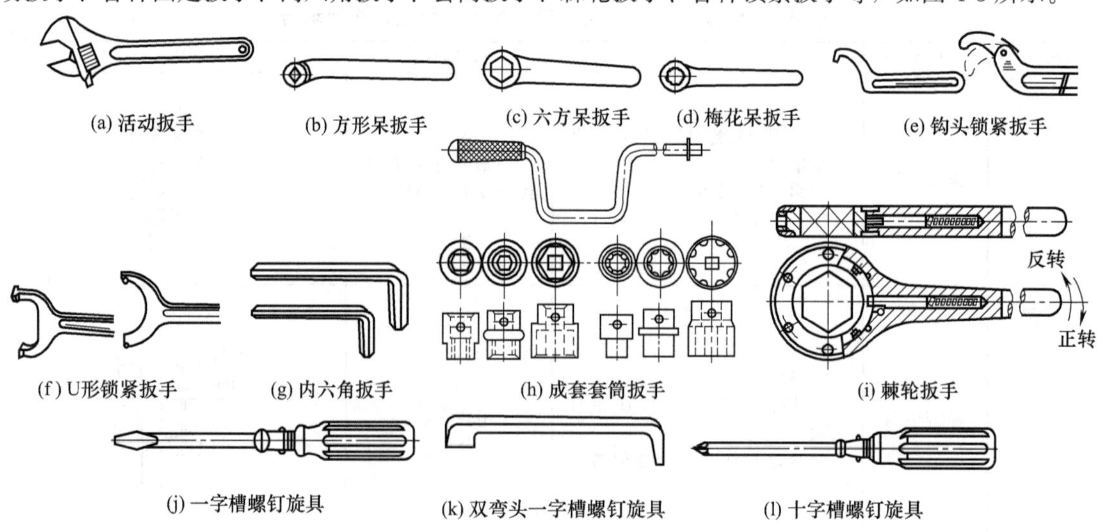

(a) 活动扳手　(b) 方形呆扳手　(c) 六方呆扳手　(d) 梅花呆扳手　(e) 钩头锁紧扳手

(f) U形锁紧扳手　(g) 内六角扳手　(h) 成套套筒扳手　(i) 棘轮扳手

(j) 一字槽螺钉旋具　(k) 双弯头一字槽螺钉旋具　(l) 十字槽螺钉旋具

图 4-3　常用的螺纹连接装拆工具

螺纹连接装拆工具的合理选用应根据螺母、螺钉、螺栓的头部形状及大小、装配空间、技术要求、生产批量等因素综合进行。

(2) 螺纹连接的装配要点

① 双头螺柱连接主要用于连接件较厚、不宜用螺栓连接的场合。双头螺柱的装配应保证双头螺柱与机体螺纹的配合有足够的紧固性，保证在装拆螺母的过程中，无任何松动现象。通常螺柱紧固端应采用具有足够过盈量的配合，也可用阶台形式固定在机体上，如图 4-4 所示；有时也采用把最后几圈螺纹做得浅一些以达到紧固的目的。当双头螺柱旋入软材料螺孔时，其过盈量要适当大些，还可以把双头螺柱直接拧入无螺纹的光孔中（称光孔上丝）。

连接时，把双头螺柱的旋入端拧入不通的螺孔中，另一端穿上被连接件的通孔后套上垫圈，然后拧紧螺母。拆卸时，只要拧开螺母，就可以使被连接件分离开。

双头螺柱的轴线必须与机体表面垂直，装配时，可用 90°角尺进行检验，如图 4-5 所示。如发现较小的偏斜时，可用丝锥校正螺孔后再装配，或将装入的双头螺柱校正至垂直。偏斜较大时，不得强行校正以免影响连接的可靠性。

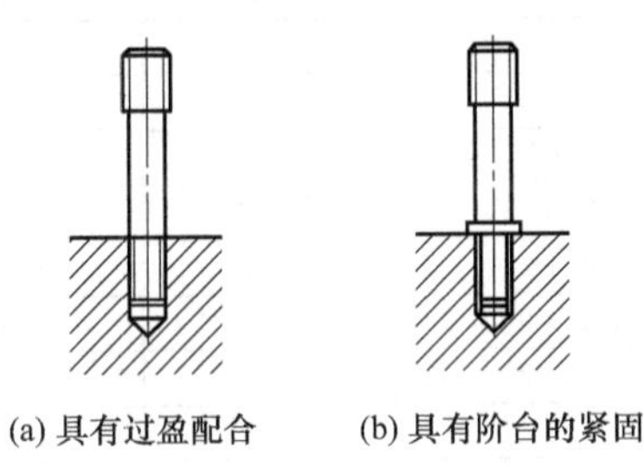

(a) 具有过盈配合　(b) 具有阶台的紧固

图 4-4　双头螺柱的紧固形式

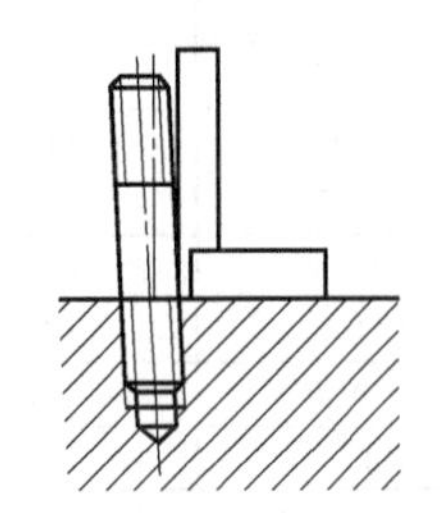

图 4-5　用 90°角尺检验双头螺栓的垂直度误差

装入双头螺柱时，必须用油润滑，以免旋入时产生咬住现象，也便于以后的拆卸。由于双头螺柱没有头部，无法直接将其旋入紧固，常采用双螺母对顶或螺钉与双头螺柱对顶的方法，也可采用专用工具拧紧的方法，如图 4-6 所示。

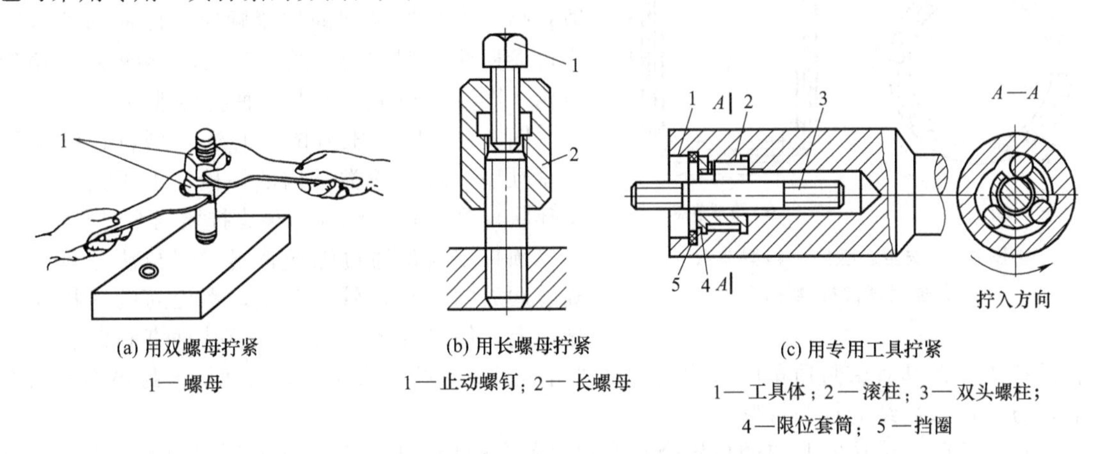

(a) 用双螺母拧紧
1— 螺母

(b) 用长螺母拧紧
1— 止动螺钉；2— 长螺母

(c) 用专用工具拧紧
1— 工具体；2— 滚柱；3— 双头螺柱；
4— 限位套筒；5— 挡圈

图 4-6　双头螺柱的装配方法

图 4-6（a）为用双螺母对顶的方法。装配时，先将两个螺母相互锁紧在双头螺柱上，然后用扳手扳动上面一个螺母，把双头螺柱拧入螺孔中固定。

图 4-6（b）为用螺钉与双头螺柱对顶的方法。用螺钉来阻止长螺母和双头螺柱之间的相对运动，然后扳动长螺母，双头螺柱即可拧入螺孔中。松开螺母时，应先使螺钉回松。

图 4-6（c）为专用工具拧紧双头螺柱的方法。专用工具中的三个滚柱放在工具体空腔内，由限位套筒 4 确定其圆周和轴向位置。限位套筒由凹槽挡圈固定，滚柱松开和夹紧由工具体内

腔曲线控制。滚柱应夹在螺柱的光滑部分，按图 4-6（c）所示箭头方向转动工具体即可拧入双头螺柱，反之可松开螺柱。拆卸双头螺柱的工具，其凹槽曲线应和拧入工具的曲线方向相反。

② 螺纹连接装配时，为润滑和防止生锈，在螺纹连接处应涂润滑油。螺钉或螺母与零件贴合表面应平整，螺母紧固时应加垫圈，以防损伤贴合表面。

③ 螺纹连接装配时，拧紧力矩应适宜，达到螺纹连接可靠和紧固的目的，为此，要求纹牙间有一定的摩擦力矩，使螺纹牙间产生足够的预紧力。对不同材料和直径的螺纹拧紧力矩，可参照表 4-4，或按设计要求。

表 4-4　最大拧紧力矩　N・m

螺纹	材料	干燥平垫圈	干燥圆垫圈	干燥平垫圈 弹簧垫圈	润滑圆垫圈	润滑平垫圈	润滑平垫圈 弹簧垫圈
M6	Q235	10.79	12.16	11.866	12.699	12.01	12.915
M8		27.37	27.81	28.27	28.19	30.39	30.744
M10		52.21	61.27	54.34	63.31	61.29	56.07
M12		88.73	97.19	96.01	108.1	96.02	102.97
M14		174.26	193.88	197.5	—	—	—
M16		277.5	343.2	318.7	—	—	—
M6	35	14.69	14.31	14.24	14.61	14.96	14.955
M8		26.61	29.65	31.8	29.23	28.82	30.234
M10		70.79	74.49	77.69	70.13	69.74	69.65
M12		121.6	121.7	122.4	142.69	123.76	130.82
M14		179.7	271.4	238.9	264.07	228.5	249
M16		389.4	—	—	—	—	—

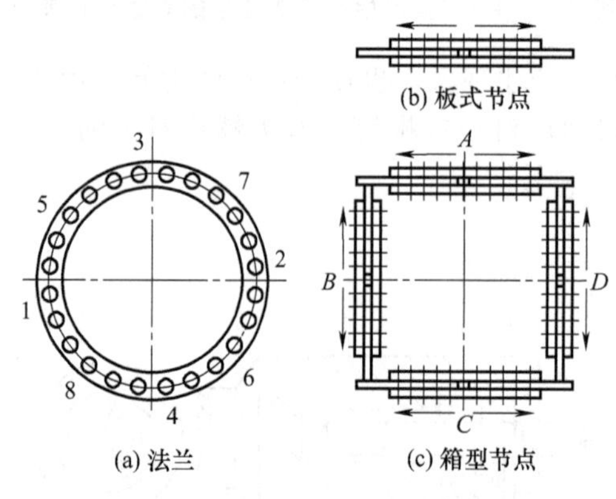

图 4-7　法兰、板式、箱型节点高强度螺栓拧紧顺序

④ 螺栓拧紧至少要分两次，同时，还要选择适当的拧紧顺序。螺栓按顺序拧紧是为了保证螺栓群中的每一个螺栓的受力都均匀一致。螺栓的拧紧顺序有两项要求：一个是螺栓本身的拧紧次数；另一个是螺栓间的拧紧顺序。螺栓的拧紧顺序可参照法兰型结构［图 4-7（a）］和板式、箱型结构［图 4-7（b）、(c)］两种类型进行。

图 4-8 给出了压力试验时法兰型盲板螺栓的拧紧顺序。对于该类结构的螺栓，由于其分布多呈环状，其拧紧分预拧与最终拧紧两个过程。

预拧主要是通过螺栓将密封圈与法兰盲板正确地摆放固定在接管法兰上，螺栓间的连接仅仅是拧上，但未拧紧，预拧对于呈垂直和倾斜法兰盲板的摆放，尤其对密封质量的影响是不可忽略的。对于凸凹形法兰，要确认密封垫圈镶入准确后，方可进入后续的加载拧紧。

预拧经检验，确认密封垫圈放置合乎要求，各个螺栓都均匀地处于刚刚受力的状态后，再进行加载拧紧，螺栓的拧紧顺序呈对角线进行，具体加载拧紧顺序如图 4-8（a）所示。加载拧紧的次数与螺栓的直径和螺纹的牙型有关。拧紧次数随直径增大而增多，齿形为梯形或锯齿形的螺纹需增加拧紧次数。

在最终拧紧过程中，拧紧顺序是从第一点开始依次进行的，如图 4-8（b）所示。在这一点上，与加载拧紧顺序是截然不同的。最终拧紧的次数与加载拧紧的规律相同。

板式、箱型节点高强度螺栓拧紧顺序：板式、箱型节点高强度螺栓的拧紧以四周扩展，或从节点板接缝中间向外、向四周依次对称拧紧的顺序进行，如图 4-7（b）、(c）所示。

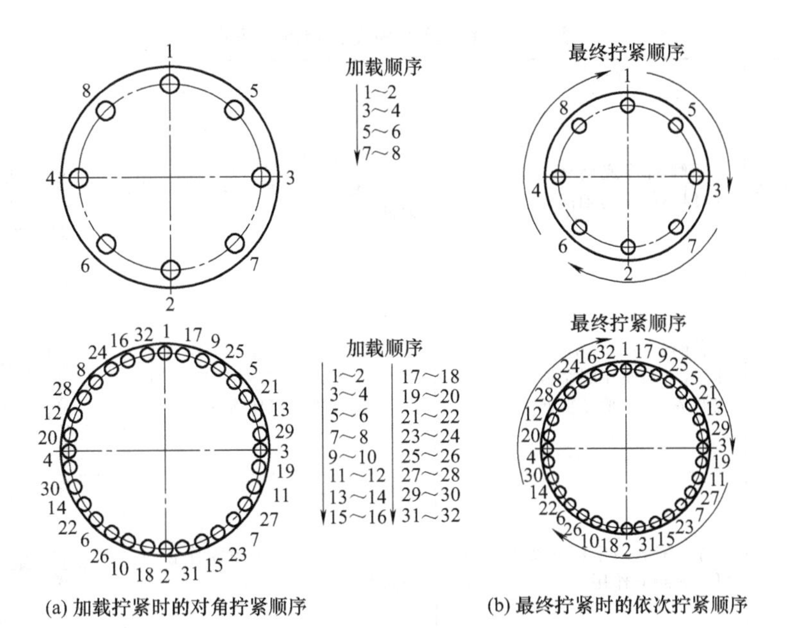

(a) 加载拧紧时的对角拧紧顺序　　(b) 最终拧紧时的依次拧紧顺序

图 4-8　螺栓的拧紧顺序

其他结构类型上的高强度螺栓拧紧顺序。除上述结构外，对其他类型结构的高强度螺栓的初拧和终拧顺序一般都是从螺栓群的中部向两端、四周进行的，如图 4-9 所示。

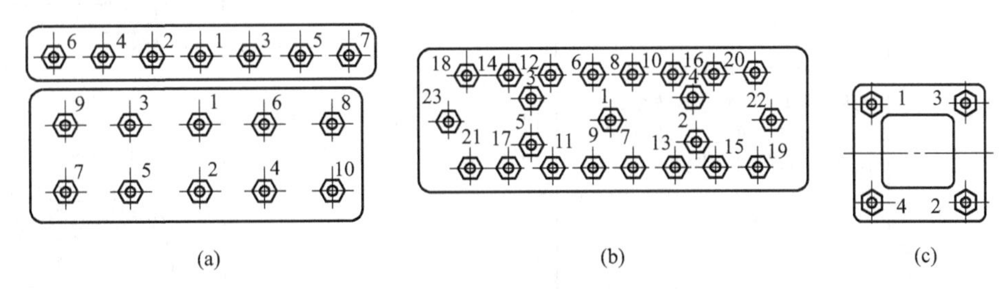
(a)　　(b)　　(c)

图 4-9　拧紧成组螺栓或螺母的顺序

对于阀门、疏水阀、膨胀节、截止阀、疏水阀、减压阀、安全阀、节流阀、止回阀、锥孔盲板等一些管路上的控制元件，在管路的连接中，还必须保证这些元件安装方向与介质的流动方向是一致的。

4.2 键连接的装配

键是用于连接传动件，并传递扭矩的一种标准件。键连接就是用键将轴和轴上零件连接在一起，用以传递扭矩的一种连接方法。因键连接具有结构简单、工作可靠、装拆方便等优点，所以在机器装配中广泛应用。如：齿轮、带轮、联轴器等与轴多采用键连接。

4.2.1 键连接的类型及应用

常用的键连接类型有：平键连接、半圆键连接、楔键连接和花键连接等。这些连接类型按结构特点和用途的不同，又可分为松键连接、紧键连接和花键连接三种。键连接的种类、特点及应用如表 4-5 所示。

应该说明的是：键连接中所用的各类键均已标准化，它们的形式、结构、尺寸（花键的齿形已标准化）都可以从相应的标准中查出。

表 4-5　键连接的种类、特点及应用

种类		连接特点	应用	图示
松键连接	普通平键	靠侧面传递转矩，对中性良好，但不能传递轴向力	主要用在轴上固定齿轮，带轮，链轮、凸轮和飞轮等旋转零件	普通平键
	半圆键	靠侧面传递较小的转矩，对中性好，半圆面能围绕圆心作自适性调节，不能承受轴向力	主要用于载荷较小的锥面连接或作为辅助的连接装置。如：汽车、拖拉机和机床等应用较多	半圆键
	导向平键	除具有普通平键的特点外，还可以起导向作用	一般用于轴与轮毂需作相对轴向滑动处	导向平键
紧键连接		主要有普通楔键和钩头楔键两种，靠上、下面传递转矩，键本身有 1∶100 的斜度，能承受单向轴向力，但对中性差	一般用于需承受单方向的轴向力及对中性要求不严格的连接处	斜度1∶100 普通楔键 h；斜度1∶100 h 钩头楔键
花键连接	矩形	接触面大，轴的强度高，传递转矩大，对中性及导向性好，但成本高	一般用于需对中性好、强度高、传递转矩大的场合。如汽车和拖拉机以及切削力较大的机床传动轴等	花键套 花键轴
	渐开线形			
	三角形			

4.2.2　键连接的装配方法及要点

(1) 松键连接的装配要点

松键连接在机械产品中应用最为广泛，其特点是只支撑扭矩，而不能承受轴向力。由于键是标准件，因此各个不同性质配合的获得，是通过改变轴槽、轮毂槽的极限尺寸来得到的。键宽 b 的配合公差带如表 4-6 所示。

松键连接的装配要点如下。

① 装配前要清理键和键槽的锐边、毛刺，以防装配时造成过大的过盈。

② 对重要的键连接，装配前应检查键的直线度误差、键槽对称误差度和倾斜度误差。

③ 用键头与轴槽试配松紧，应能使键紧紧地嵌在轴槽中。

表 4-6 键宽 b 的配合公差带

键的类型	较松键连接			一般键连接			较紧键连接		
	键	轴	毂	键	轴	毂	键	轴	毂
平键 GB 1096—2003 半圆键 GB 1098—2003 薄型平键 GB 1566—2003	h9	H9 — H9	D10 — D10	h9	N9	Js9	h9	P9	P9
配合公差带	+ 0 − h9	H9	D10	+ 0 − h9	N9	Js9	+ 0 − h9	P9	P9

④ 锉配键长、键宽与轴键槽间应留 0.1mm 左右的间隙。

⑤ 在配合面上涂机油，用铜棒或台虎钳（钳口上应加铜皮垫）将键压装在轴槽中，直至与槽底面接触。

⑥ 试配并安装套件，安装套件时要用塞尺检查非配合面间隙，以保证同轴度要求。

⑦ 对于导向键，装配后应滑动自如，但不能摇晃，以免引起冲击和振动。

(2) 紧键连接的装配要点

紧键连接主要指楔键连接，楔键分为普通楔键和钩头楔键两种。楔键上下两面是工作面，键的上表面和毂槽的底面各有 1∶100 的斜度。因此，装配时，应特别注意其工作面的贴合情况。其装配要点主要有以下几点。

① 装配前先要去除键与键槽的锐边、毛刺。

② 将轮毂装在轴上，并对正键槽。

③ 键上和键槽内涂机油，用铜棒将键打入，要使键的上下表面和轴、毂槽的底面贴紧，两侧面应有间隙。

④ 配键时，键的斜度一定要吻合，要用涂色法检查斜面的接触情况，若配合不好，可用锉刀、刮刀修整键或键槽，合格后，轻敲入内。

⑤ 钩头楔键安装后，不能使钩头贴紧套件的端面，必须留一定距离，供修理时拆用。

(3) 花键连接的装配要点

花键连接的特点是承载能力高、传递转矩大、对中性及导向性能好，广泛应用于汽车、机床及各种变速箱中。花键在装配前应按图样公差检查相配零件，如有变形，可用涂色法修整。花键连接分固定花键连接和滑动花键连接两种。

1）固定花键连接的装配要点

① 装配前，应先检查轴、孔的尺寸是否在允许过盈量的范围内。

② 装配前必须清除轴、孔锐边和毛刺。

③ 装配时可用铜棒等软材料轻轻打入，但不得过紧，否则会拉伤配合表面。

④ 过盈量要求较大时，可将花键套加热（80～120℃）后再进行装配。

2）滑动花键连接的装配要点

① 检查轴孔的尺寸是否在允许的间隙范围内。

② 装配前必须清除轴、孔锐边和毛刺。

③ 用涂色法修正各齿间的配合，直到花键套在轴上能自动滑动，没有阻滞现象，但不应过松，用手摆动套件，不应感到有间隙存在。

④ 套孔径若有较大缩小现象，可用花键推刀修整。

4.3 销连接的装配

用销钉将机件连接在一起的方法称销连接，销连接具有结构简单、连接可靠和装拆方便等优点，在机械设备中应用广泛。

4.3.1 销的基本形式及应用

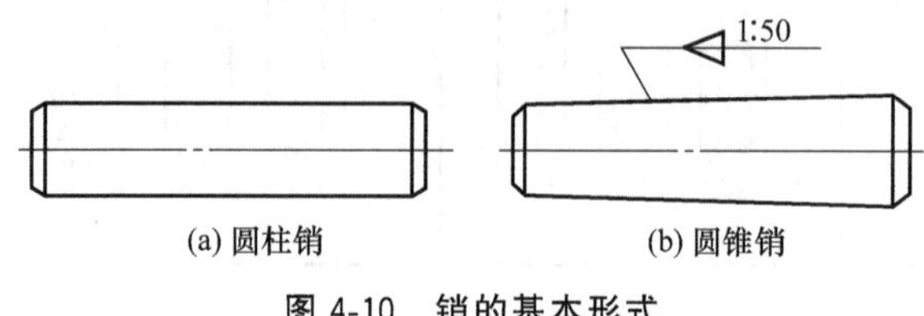

图 4-10 销的基本形式

销主要有圆柱销和圆锥销两种基本形式，如图 4-10 所示。其他形式的销都是由它们演化而来。在生产中常用的有圆柱销、圆锥销和内螺纹圆锥销、开口销等。各类销已标准化，使用时，可根据工作情况和结构要求，按标准选择其形式和规格尺寸。

销连接可用来确定零件之间的相互位置（定位）、连接或锁定零件用来传递动力或转矩，有时还可以作为安全装置中的过载剪切元件，如图 4-11 所示。

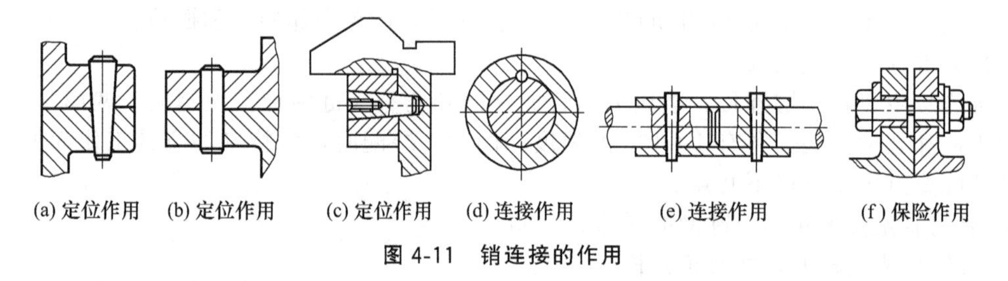

图 4-11 销连接的作用

用作确定零件之间相互位置的销，通常称为定位销。定位销常采用圆锥销，因为圆锥销具有 1∶50 的锥度，使连接具有可靠的自锁性，且可以在同一销孔中，多次装拆而不影响连接零件的相互位置精度，如图 4-11（a）所示。定位销在连接中一般不承受或只承受很小的载荷。定位销的直径可按结构要求确定，使用数量不得少于 2 个。销在每一个连接零件内的长度约为销直径的 1～2 倍。

定位销也可采用圆柱销，靠一定的配合固定在被连接零件的孔中。圆柱销如多次装拆，会降低连接的可靠性和影响定位的精度，因此，只适用于不经常装拆的定位连接中，如图 4-11（b）所示。

为方便装拆销连接，或对盲孔销连接，可采用内螺纹圆锥销［图 4-11（c）］或内螺纹圆柱销。

用来传递动力或转矩的销称为连接销，可采用圆柱销或圆锥销［图 4-11（d）、（e）］，但销孔需经铰制。连接销工作时受剪切和挤压作用，其尺寸应根据结构特点和工作情况，按经验和标准选取，必要时应作强度校核。

当传递的动力或转矩过载时，用于连接的销首先被切断，从而保护被连接零件免受损坏，这种销称为安全销。销的尺寸通常以过载 20％～30％时即折断为依据确定。使用时，应考虑销切断后不易飞出和易于更换，为此，必要时可在销上切出槽口，如图 4-11（f）所示。

4.3.2 圆柱销、圆锥销的装配及调整

为保证销连接装配的质量，应针对其所采用销的不同类型，采取相应的操作方法，通常销连接的装配方法及要点主要有以下方面内容。

(1) 圆柱销装配

圆柱销一般多用于各种机件（如夹具、各类冲模等）的定位，按配合性质的不同，主要有间隙配合、过渡配合和过盈配合。因此，装配前应检查圆柱销与销孔的尺寸是否正确，对于过盈配合，还应检查其是否有合适的过盈量。一般过盈量在 0.01mm 左右为适宜。此外，在装配圆柱销时，还应注意以下装配要点。

① 装配前，应在销子表面涂机油润滑。装配时应用铜棒轻轻敲入。

② 圆柱销装配时，对销孔要求较高，所以往往同时钻、铰被连接件的两孔，并使孔表面粗糙度低于 $Ra1.6\mu m$，以保证连接质量。

③ 圆柱销装入时，应用软金属垫在销子端面上，然后用锤子将销钉打入孔中。也可用压入法装入。

④ 在打不通孔的销钉前，应先用带切削锥的铰刀，最后铰到底，同时在销钉外圆用油石磨一通气平面（图 4-12），以便让孔底空气排出，否则销钉打不进去。

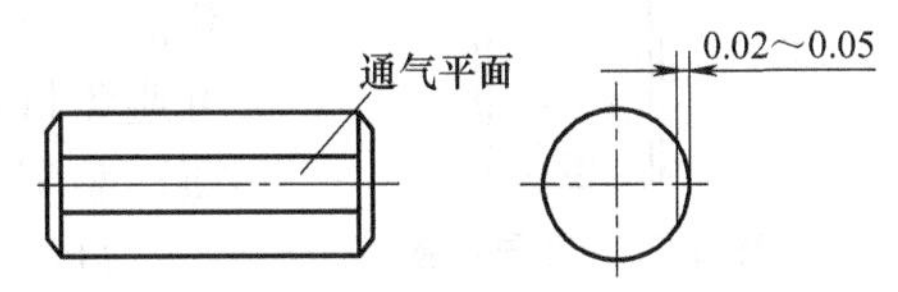

图 4-12 带通气平面的销钉

(2) 圆锥销装配

圆锥销具有 1∶50 的锥度，定位准确，可多次装拆而不降低定位精度，应用较广泛。圆锥销以小端直径和长度表示其规格。常用的圆锥销主要有：普通圆锥销、有螺尾的圆锥销及带内螺纹圆锥销。但不论装配哪一种圆锥销，装配时都应将两连接件一起钻、铰。钻孔时按圆锥销小头直径选用钻头（圆锥销以小头直径和长度表示规格）。用 1∶50 锥度的铰刀铰孔，铰孔时用试装法控制孔径，以圆锥销自由插入全长的 80%～85%为宜（图 4-13），但试插时要做到销子与销孔都应十分清洁。销子装配时用铜锤打入后，锥销的大端可稍露出或平于被连接件表面。

(3) 开口销的装配

将开口销装入孔内后，应将小端开口扳开，防止振动时脱出。

(4) 销连接的调整

拆卸普通圆柱销和圆锥销时，可用锤子加冲子轻轻敲出（圆锥销从小端向外敲击）的方法。带有螺纹尾端的圆锥销可用螺母旋出，如图 4-14 所示。

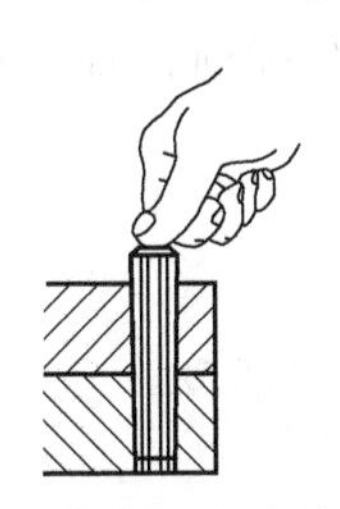

图 4-13 圆锥销自由放入深度

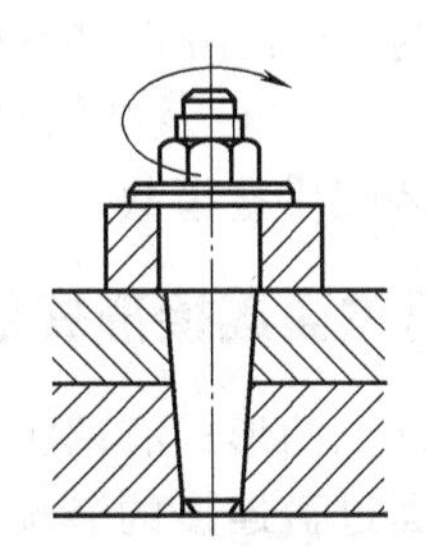

图 4-14 拆卸带有螺纹尾端的圆锥销

拆卸带内螺纹的圆柱销和圆锥销时，可用与内螺纹相符的螺钉取出，如图 4-15 所示。也可用拔销器拔出，如图 4-16 所示。销连接损坏或磨损时，一般是更换销。如果销孔损坏或磨

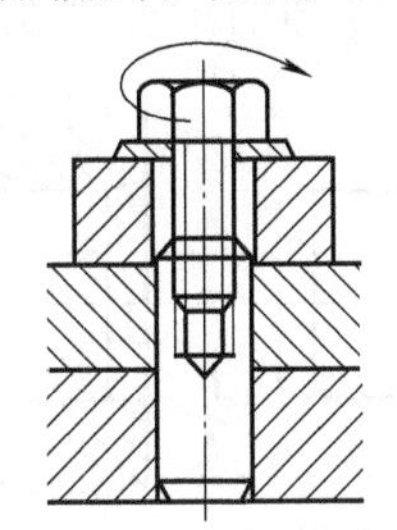

图 4-15 拆卸带有内螺纹的圆柱销

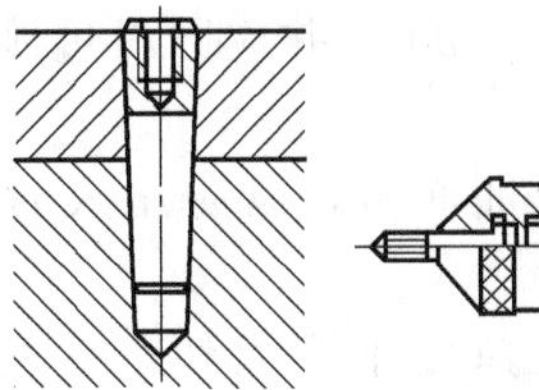

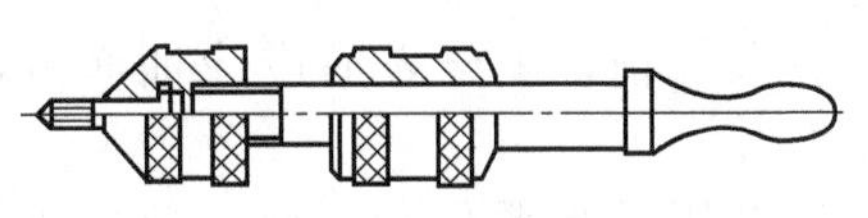

图 4-16 用拔销器拆卸带有内螺纹的销

损严重时，可重新钻铰尺寸较大的销孔，更换相适应的新销。

4.4 过盈连接的装配

过盈连接是依靠包容件（孔）和被包容件（轴）配合后的过盈值紧固连接的，如图 4-17 所示。装配后，轴的直径被压缩，孔的直径被胀大。由于材料的弹性变形，使两者配合面间产生压力。工作时，依靠此压力产生摩擦力来传递转矩、轴向力。过盈连接结构简单、对中性好、承载能力强，能承受变载和冲击力。由于过盈配合没有键槽，因而可避免机件强度的削弱，但配合面加工精度要求较高、加工麻烦，装配有时不太方便。

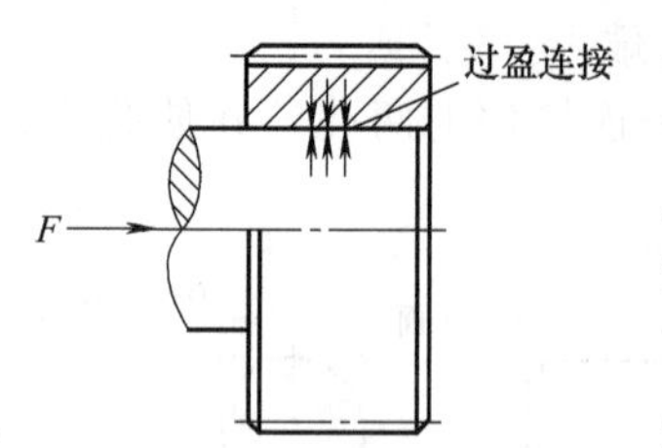

图 4-17　过盈连接

过盈连接常见的形式有两种：即圆柱面过盈连接和圆锥面过盈连接。

4.4.1　过盈连接的装配要求

过盈连接的装配按其过盈量、公称尺寸的大小主要有压入法、热装法、冷装法等。但不论采用何种装配方法，过盈连接装配时，均应满足以下要求。

① 检查配合尺寸是否符合规定要求。应有足够、准确的过盈值，实际最小过盈值应等于或稍大于所需的最小过盈值。

② 配合表面应具有较小的表面粗糙度，一般为 $Ra0.8\mu m$，圆锥面过盈连接还要求配合接触面积达到 75%以上，以保证配合稳固性。

③ 配合面必须清洁，不应有毛刺、凹坑、凸起等缺陷，配合前应加油润滑，以免拉伤表面。

④ 锤击时，不可直击零件表面，应采用软垫加以保护。

⑤ 压入时必须保证孔和轴的轴线一致，不允许有倾斜现象。压入过程必须连续，速度不宜太快，一般为 2～4mm/s（不应超过 10mm/s），并准确控制压入行程。

⑥ 细长件、薄壁件及结构复杂的大型件过盈连接，要进行装配前检查，并按装配工艺规程进行，避免装配质量事故。

4.4.2　常见过盈连接形式的装配方法及要点

过盈连接常见的形式有两种：即圆柱面过盈连接和圆锥面过盈连接。

(1) 圆柱面过盈连接的装配

1）圆柱面过盈连接的装配要点

① 依据承载力、轴向力及转矩合理选择过盈值的大小。装配后最小的实际过盈量，要能保证两个零件相互之间的准确位置和一定的紧密度。

② 配合表面应具有较小的表面粗糙度值，并应清洁。经加热或冷却的配合件在装配前要擦拭干净。

③ 孔口及轴端均应倒角 15°～20°，并应圆滑过渡、无毛刺（图 4-18）。

④ 装配前，配合表面应涂油润滑，以防压入时擦伤表面。

⑤ 装压过程要保持连续，速度不宜太快，一般 2～4mm/s 为宜。压入时，特别是开始压入阶段必须保持轴与

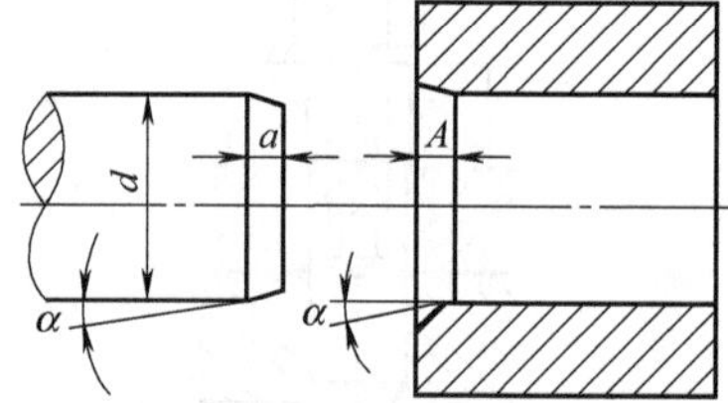

图 4-18　圆柱面过盈连接的倒角

孔的中心线一致，不允许有倾斜现象，最好采用专用的导向工具。

⑥ 细长件或薄壁件需检查过盈量和形位偏差，装配时最好垂直压入，以免变形。

2）圆柱面过盈连接的装配方法

① 压入法　当过盈量及配合尺寸较小时，一般采用在常温下压入配合法装配。压入法主要适用于配合要求较低或配合长度较短的场合，且多用于单件生产。成批生产时，最好选用分组选配法装配，可以放宽零件加工要求，而得到较好的装配质量。图 4-19 给出了常用的压入方法及设备。

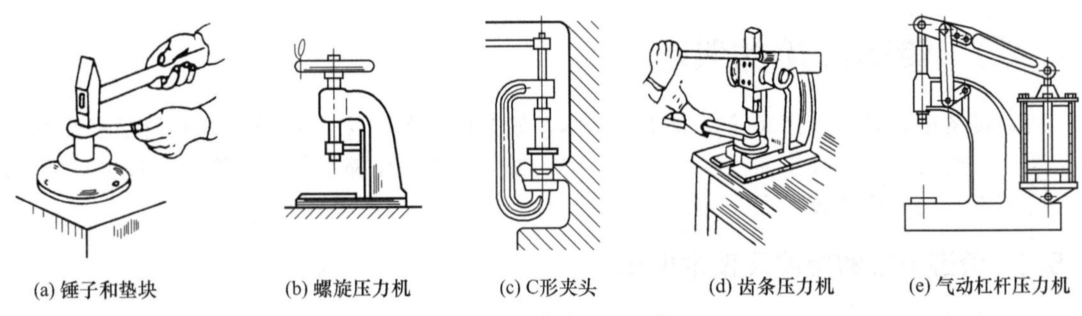

图 4-19　压入方法和设备

尽管压入法工艺简单，但因装配过程中配合表面被擦伤，因而减少了过盈量，降低连接强度，故不宜多次装拆。

② 热胀配合法　热胀配合法也称红套，它是利用金属材料热胀冷缩的物理特性，将孔加热使之胀大，然后将常温下的轴装入胀大的孔中，待孔冷却后，轴、孔就形成了过盈配合。通常根据过盈量的大小及套件尺寸选择加热方法。过盈量较小的连接件可放在沸水槽（80～120℃）、蒸汽加热槽（120℃）和热油槽（90～320℃）中加热。过盈量较大的中小型连接件可放在电阻炉或红外线辐射加热箱中加热。过盈量大的中型和大型连接件可用感应加热器加热。热胀配合法一般适用于大型零件，而且过盈量较大的场合。

③ 冷缩配合法　冷缩配合法是将轴进行低温冷却，使之缩小，然后与常温下的孔装配，得到过盈连接。如过盈量小的小型和薄壁衬套可采用干冰冷缩，可冷至－78℃，操作简单。对于过盈量较大连接件，可采用液氮冷缩，可冷至－195℃。

冷缩法与热胀法相比，收缩变形量较小，因而多用于过渡配合，有时也用于过盈量较小的配合。

(2) 圆锥面过盈连接装配

圆锥面过盈连接是利用轴和孔产生相对轴向位移互相压紧而获得过盈的配合。圆锥面过盈连接的特点是压合距离短、装拆方便、配合面不易擦伤拉毛，可用于需要多次装拆的场合。

圆锥面过盈连接中使配合件相对轴向位移的方法有多种：图 4-20 是依靠螺纹拉紧而实现的；图 4-21 为依靠液压使包容件内孔胀大后而实现相对位移；此外还常常采用将包容件加热使内孔胀大的方法。靠螺纹拉紧时，其配合的锥面锥度通常为（1∶30）～（1∶8）；而靠液压胀大内孔时，其配合面的锥度常采用（1∶50）～（1∶30），以保证良好的自锁性。

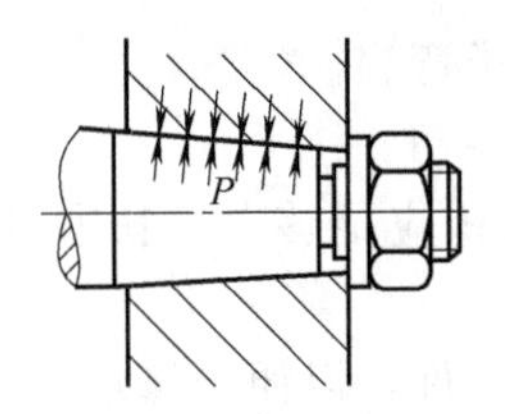

图 4-20　靠螺纹拉紧的圆锥面过盈连接

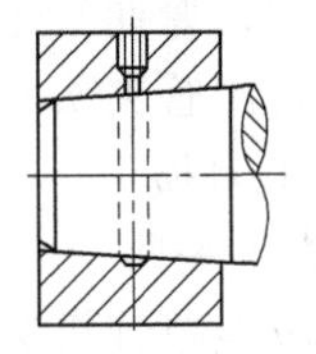

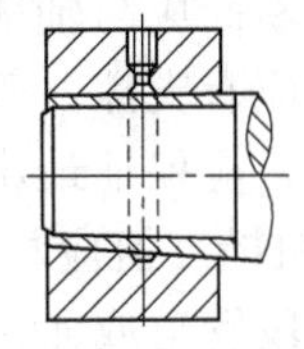

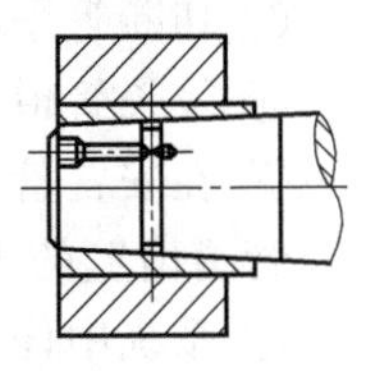

图 4-21　靠液压胀大内孔的圆锥面过盈连接

利用液压装拆圆锥面过盈连接时，要注意以下几点。

① 严格控制压入行程，以保证规定的过盈量。

② 开始压入时，压入速度要小。

③ 达到规定行程后，应先消除径向油压后再消除轴向油压，否则包容件常会弹出而造成事故。拆卸时，也应注意。

④ 拆卸时的油压比安装时要低。

⑤ 安装时，配合面要保持洁净，并涂以经过滤的轻质润滑油。

4.5 管道连接的装配

机器设备中，管道常用来输送液体或气体，如金属切削机床靠管道输送润滑油和切削液，液压系统需要管道输送液压油，在气动设备中，靠管道输送压缩空气等。管道连接也是机械设备装配工作常见的连接技术之一。

4.5.1 管道连接的组成及技术要求

管道连接分为可拆卸连接和不可拆卸连接两种。不可拆卸连接是用焊接的方法连接；可拆卸连接由管子、管接头、法兰盘和衬垫等零件组成，并与流体通道相连，以保证水、气或其他流体的正常流动。

(1) 管子的种类和特点

不论何种形式的管道连接，管子是其主要组成件，管道连接中常用的管子有钢管、铜管、橡胶管和尼龙管等。管子的种类、特点及适用场合如表 4-7 所示。

表 4-7 管子的种类、特点及适用场合

种类		特点及适用场合
硬管	钢管	耐油、耐高压、强度高、工作可靠，但装配和弯曲较困难。常在装拆方便处用作压力管道。低压用焊接钢管，中压以上用无缝钢管
	纯铜管	易弯曲成各种形状，但承压能力低(6.5～10MPa)，价高、抗振能力差，易使油液氧化。常用在仪表和液压系统装配不便处
软管	尼龙管	新型油管，软乳白色透明，价低，加热后可随意弯曲、扩口，冷却后定形，安装方便。承压能力因材料而异(2.5～8MPa)，前景较好
	橡胶软管	用于相对运动部件间的连接。分高压和低压两种，高压软管由耐油橡胶夹有几层编织钢丝网(层数越多耐压越高)制成，价高，用于压力管路。低压软管由耐油橡胶夹帆布制成，可用于回油管道
	塑料管	质轻耐油、价格便宜、装配方便、长期使用易老化，只适用于压力低于 0.5MPa 的回油管或泄油管等

(2) 管道连接的技术要求

① 油管必须根据压力和使用场所进行选择，应有足够的强度，而且要求内壁光滑、清洁，无砂眼、锈蚀、氧化皮等缺陷。

② 在配管作业时，对有腐蚀的管子应进行酸洗、中和、清洗、干燥、涂油、试压等工作，直到合格才能使用。

③ 切断管子时，断面应与轴线垂直；弯曲管子时，不要把管子弯扁。

④ 较长管道各段应有支撑，管道要用管夹头牢固固定，以免振动。

⑤ 在安置管道时，应保证最小的压力损失。管道的通流截面积应足够大，长度可尽量减小，管道内壁的表面粗糙度值应尽可能小一些。

⑥ 系统中任何一段管道或元件，应能单独拆装而不影响其他元件，以便于修理。

⑦ 在管路的最高部分应装设排气装置。

4.5.2 管连接装配的操作

管接头按结构形式不同，有螺纹管接头、法兰盘管接头、卡套式管接头、球形管接头和扩口薄壁管接头等。不同形式的管接头，其装配要点主要有以下方面。

(1) 螺纹管接头连接

如图4-22所示，螺纹管接头是靠管螺纹将管子直接与接头连接起来的，这种连接方式结构简单、制造方便、工作可靠、拆装方便、应用较广，多用于管路上控制元件和管线本身的连接。

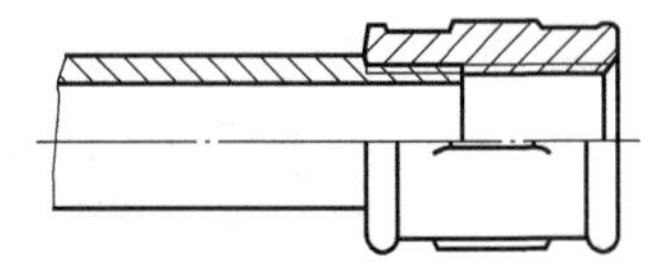

图4-22 螺纹管接头连接

螺纹管接头的装配要点：

① 管子或接头的螺纹要完好，螺纹表面要清洁。

② 螺纹管接头连接装配时，必须在螺纹间加填料，如白铅油加麻或聚四氟乙烯薄膜，以保证管道的密封性。

③ 填料的卷绕要注意方向，避免螺纹旋入时填料松散脱落。

(2) 法兰盘管接头连接

如图4-23所示，将法兰盘与管子通过对焊连接［图4-23 (a)］、螺纹连接［图4-23 (b)］、扩管法兰连接［图4-23 (c)］和卷边后压接［图4-23 (d)］等各种方式连接在一起，然后将两个需要连接的管子，通过法兰盘上的孔用螺栓紧固在一起。这种连接方式主要用于管线及控制元件的连接。

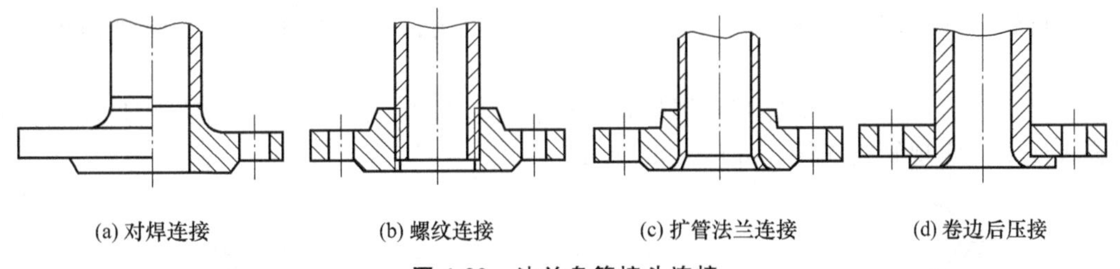

(a) 对焊连接 (b) 螺纹连接 (c) 扩管法兰连接 (d) 卷边后压接

图4-23 法兰盘管接头连接

法兰盘管接头连接要点：

① 对法兰盘连接管道，在两法兰盘中间必须垫衬垫，以保证连接的紧密性。水、气管道常用橡胶做衬垫，高温管道常用石棉作衬垫，有较大压力和高温的蒸汽管道常用压合纸板作衬垫，大直径管道常用铅垫或铜垫作为密封衬垫。

② 法兰盘端面要与管子轴线垂直，两个法兰盘及石棉垫要同心，法兰盘端面要平行。

③ 衬垫内孔尺寸不要小于管道内壁直径，以免影响管道通径流量。

④ 连接螺栓要对角、依次、逐渐地拧紧。

(3) 卡套式管接头连接

如图4-24所示，拧紧螺母时，卡套使管子的端面与接头体的端面相互压紧，从而达到管子与接头体连接的目的。这种管接头一般用来连接冷拔无缝钢管，最大工作压力可达32MPa，适用于既受高压又受振动，不易损坏的场合。但是这种管接头精度要求较高，而且对管子外圆尺寸的要求也较严格。

卡套式管接头连接要点：

① 装配前，对装配件要进行检查，保证零件精度合格，并将零件清洗干净。

② 装配时，拧紧连接螺母不要盲目用力，以防连接螺纹损坏。

③ 装配后，连接螺母要拧紧到位。

(4) 球形管接头连接

如图 4-25 所示，当拧紧连接螺母 2 时，球形接头体 1 的球形表面与接头体 3 的配合表面紧密压合使两根管子连接起来。这种连接的特点是要求球形表面和配合表面的接触必须良好，以保证足够的密封性，常用于中、高压的管路连接。

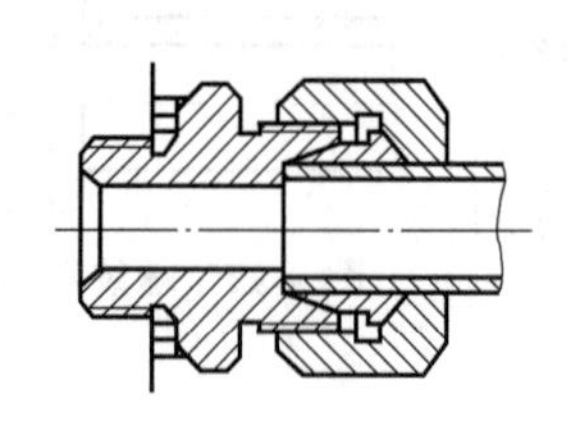

图 4-24　卡套式管接头连接

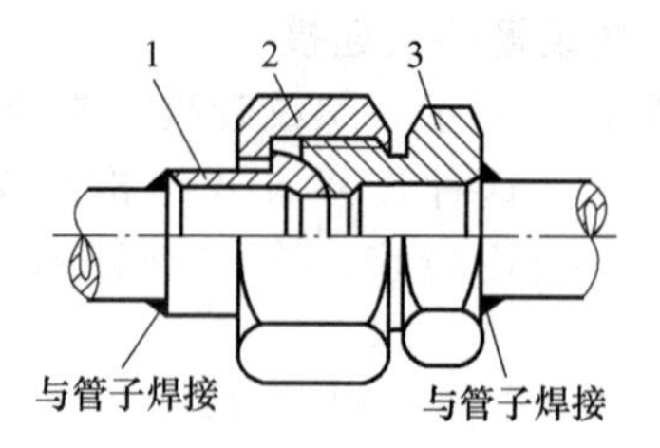

图 4-25　球形管接头连接

1—球形接头体；2—连接螺母；3—接头体

球形管接头连接要点：

① 接头的密封球面应进行配研，涂色检查时，其接触面宽度不小于 1mm。

② 连接螺母要拧到位，但不宜用力过大。

(5) 扩口薄壁管接头连接

对于铜管、薄钢管或尼龙管，都采用扩口薄壁管接头连接。扩口薄壁管接头连接常用于工作压力不大于 5MPa 的场合，机床液压系统中采用较多。

装配时，先按如图 4-26 所示，将管子端部扩口（将管子装入扩口模，用小铁棒按图 4-26 所示方向旋转滚压，即可完成扩口工作，另外，还可以用扩孔器扩口，或用 90°锥棒进行冲铆扩口等）。

扩口完成后，可分别套上导套和螺母，最后装入接头体，通过导套将薄管扩口压紧在接头体配合表面上，实现管路连接，如图 4-27 所示。

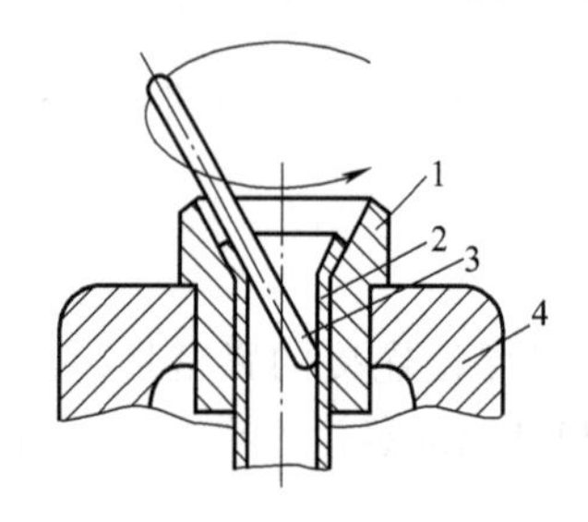

图 4-26　手动滚压扩口

1—扩口模；2—管子；3—铁棒；4—模具体

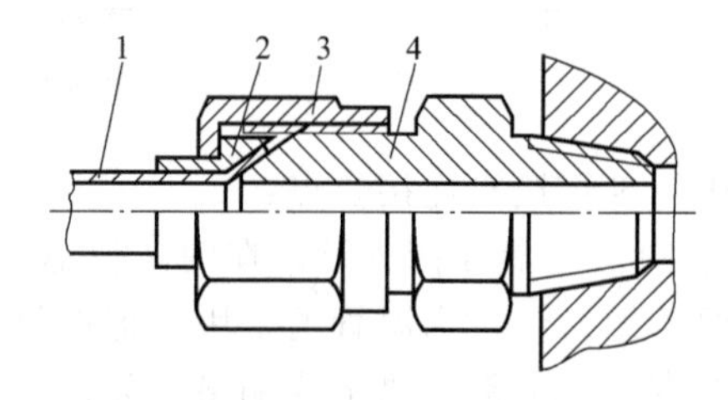

图 4-27　扩口式管接头

1—接管；2—导套；3—螺母；4—接头体

需要注意的是：在连接螺纹时，应在螺纹表面涂抹白胶漆或用密封胶带包在螺纹外，拧入螺纹孔，以防泄漏。

扩口薄壁管接头连接要点：

① 扩口必须规整，以保证配合紧密。

② 连接螺母要拧紧。

4.6 粘接

粘接是利用胶黏剂将一个构件和另一个构件表面黏合连接起来的方法。粘接技术工艺简单、操作方便，所粘接的零件不需要经过高精度的机械加工，也不需要特殊的设备和贵重的原

材料。由于粘接处应力分布均匀，不存在由于铆焊而引起的应力集中现象，所以，更适合于不易铆焊的金属材料和非金属材料应用。对硬质合金、陶瓷等使用粘接技术，可以防止产生裂纹、变形等缺陷，具有密封、绝缘、耐水、耐油等优点，此外，粘接不但可用于构件间的连接，还可用于构件间的防漏及裂纹的修补等，因此，粘接技术应用广泛。

4.6.1 胶黏剂的类型及性能

胶黏剂按基体成分的不同，可分为有机黏结剂和无机黏结剂两大类，各类黏结剂的组成如图 4-28 所示。

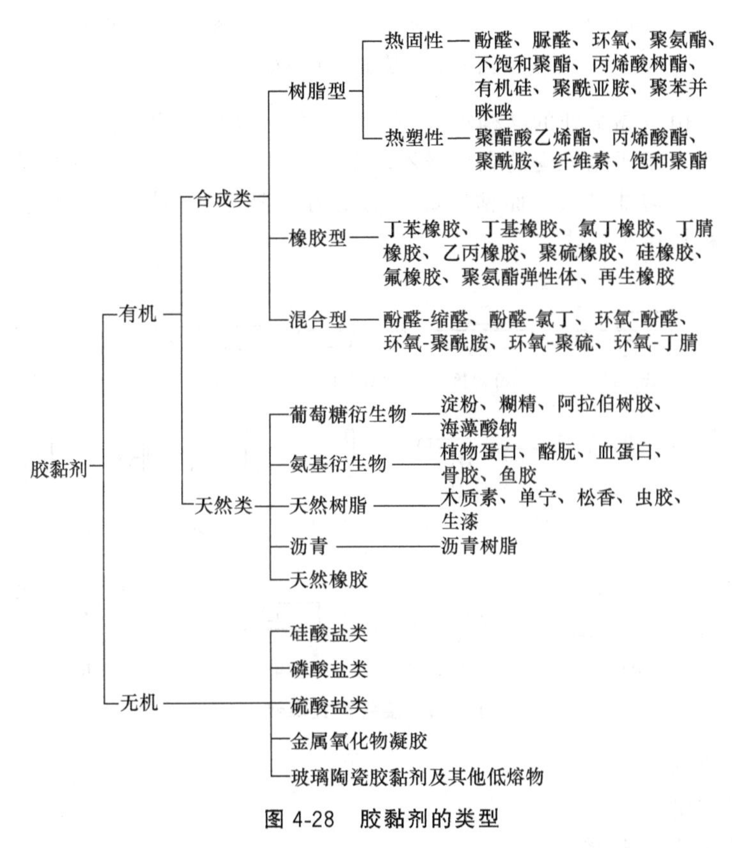

图 4-28 胶黏剂的类型

一般无机黏结剂具有耐高温，但强度低的特点；而有机黏结剂具有强度高，但不耐高温的特点。其性能差别如表 4-8 所示。目前，有机黏合剂中的合成胶黏剂是工业使用最多的一种。

表 4-8 无机粘接剂和有机粘接剂的主要性能比较

项目	无机粘接剂	有机粘接剂
抗拉强度	低	比无机粘接剂高
抗剪强度	较高	一般
脆性	大	比无机粘接剂小
粘接强度	套接、槽接时粘接强度较高	平面粘接时粘接强度比无机粘接剂高
可粘接材料	适用于黑色金属	可粘接各种材料
粘接工艺	较简单	要求较严格
固化条件	常温、不需要加压	多数要加温、加压
耐热性能	200℃以上强度稍有下降，600℃以上强度急剧下降	多数在100℃左右强度即显著下降
耐腐蚀性	耐水和油，不耐酸、碱	原料不同，但都耐水、耐油
成本	较低	比无机粘接剂高

注：表中抗拉强度、抗剪强度、脆性指粘接剂本身的强度、脆性。

4.6.2 粘接的接头

两个零件的黏结，首先考虑的是黏结强度，一般黏结表面受到的作用力主要有：剪切力、均匀扯离力、剥离力、不均匀扯离力四种基本类型，如图 4-29 所示。

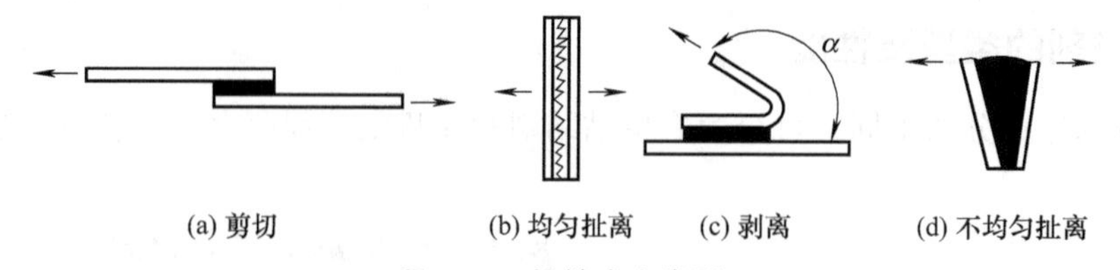

图 4-29 接缝应力类型

同一种胶黏剂，由于黏结处的结构形式不同，所能承受的力也不同。一般胶黏剂所能承受的拉力或剪切力，远大于所能承受的剥离或不均匀扯离力。因此，在考虑黏结结构形式时，应尽量避免受剥离或不均匀扯离力。而粘接部位的受力主要与粘接接头的形式有关，图 4-30 给出了生产中常见的粘接接头形式。

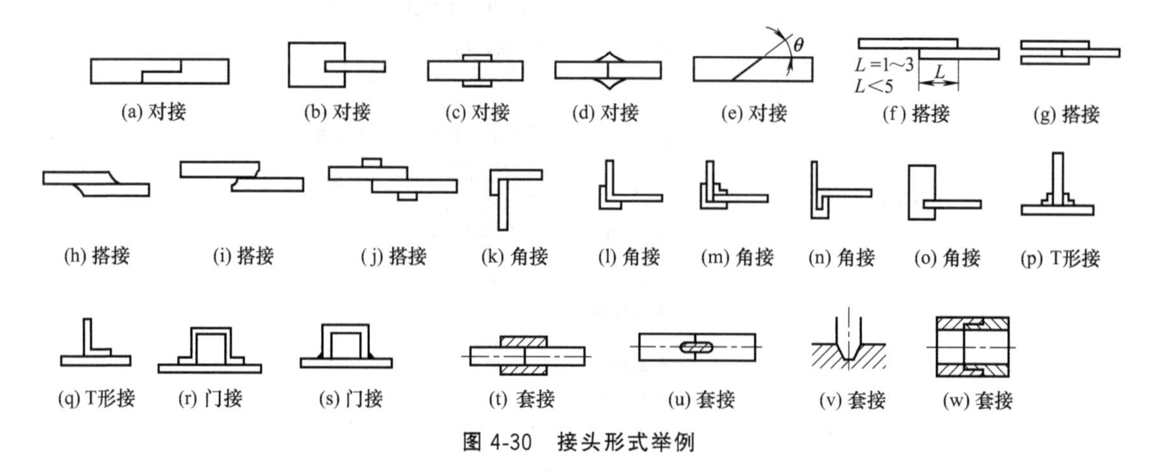

图 4-30 接头形式举例

(1) 接头设计原则

① 优先取受剪切的接头。

② 避免剥离与不均匀扯离。

③ 增大胶结面积。

④ 采取复合连接，如焊-胶、铆-胶、螺-胶。

图 4-31 给出了各类接头形式的比较。

(2) 粘接强度

粘接强度可参照表 4-9 中所列的公式进行计算；表 4-10 给出了点焊、胶接及胶接-点焊接头强度比较。

4.6.3 无机粘接的操作

目前，在一般机械行业中，使用的无机胶黏剂主要由氧化铜（CuO）和磷酸（H_3PO_4）配制而成，其操作主要包括胶黏剂的配制及操作工艺要点两方面的内容。

(1) 无机胶黏剂的配制

氧化铜（CuO）和磷酸（H_3PO_4）的配制比例，应根据所使用时的室温决定，一般冬季配制比例为 4∶1，夏季为 3∶1，配合比例越大，凝固速度越快，黏结强度越高，但配比不能

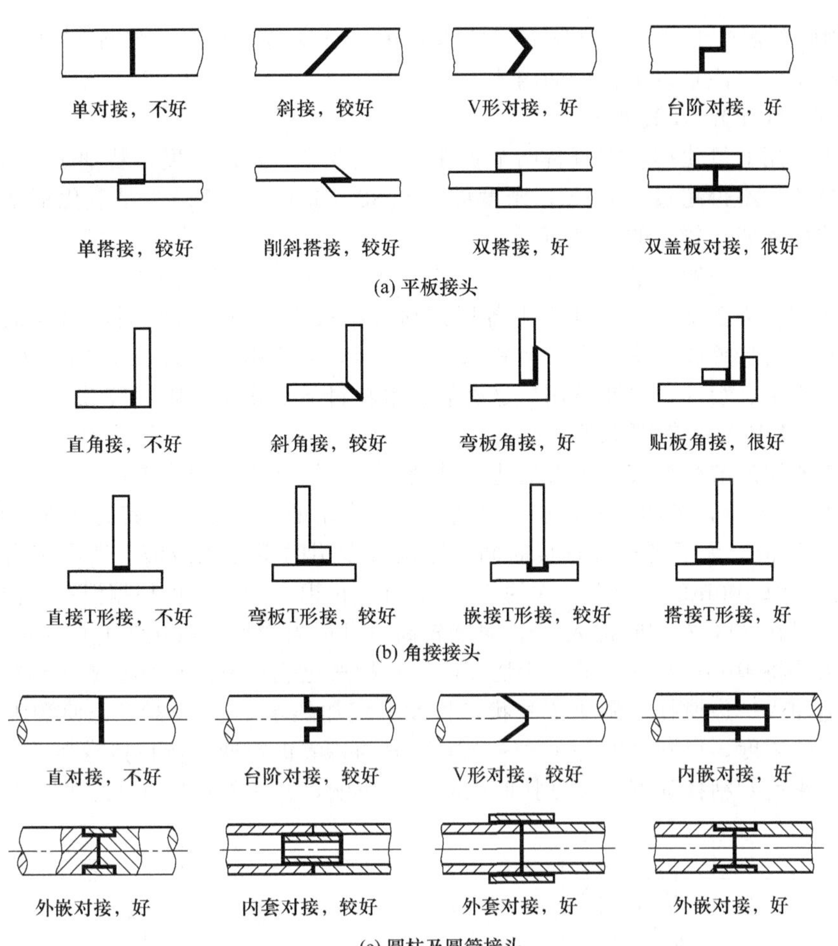

图 4-31 各类接头形式的比较

表 4-9 粘接强度的计算

接头状况		简 图	计算公式/MPa
拉伸或压缩	对接	θ, F, b, F	$\tau=\frac{F}{bt}\sin\theta\cos\theta$ $\sigma=\frac{F}{bt}\sin^2\theta$ τ——平行于胶合面的剪应力 σ——垂直于胶合面的拉应力 F——接头所受拉力，N b,t——板宽、厚，mm
	斜搭接	θ, F, t, F	
弯曲	斜搭接	θ, t, M, M	$\tau=\frac{6M}{t^2b}\sin\theta\cos\theta$ $\sigma=\frac{6M}{t^2b}\sin^2\theta$ M——胶件所受弯矩，N·mm

表 4-10 点焊、胶接及胶接-点焊接头强度比较

接头类型	剪切强度/MPa	不均匀扯离强度/MPa	疲劳强度/次
点焊，3cm^{2}一个 ϕ4 焊点	2～4	150～200	2×10^3
环氧树脂胶	18	50～100	4×10^6
胶接-点焊	18.5	300	6×10^6

大于5，否则胶黏剂产生高温放热反应，急速固化，使胶黏剂来不及发挥作用。氧化铜-磷酸粘接剂的配制主要应注意以下方面的内容。

1）氧化铜（CuO）及其处理

粘接剂中所用的氧化铜，需具备两个条件，一是要有一定的纯度，特别是所含酸性和碱性物质（质量分数）不得超过0.01%，密度应为6.32～6.42g/cm³。二是氧化铜必须是经过高温处理的，这样才能有较高的粘接强度。

其处理方法是将一般化学试剂的二、三级品氧化铜粉送入烧结炉中，以900～930℃保温3h，在烧结过程中需多次搅拌，使上下各层铜粉烧结效果一致。烧结后的氧化铜呈黑色略带银灰光泽，冷却后打碎成小块，送入陶瓷球磨机粉碎，而后用孔径为0.053mm（280目）左右的筛网过筛、烘干、装入密封瓶备用。这种氧化铜粉目前在化工商店有售。

2）磷酸（H_3PO_4）及其处理

粘接剂中所用的磷酸溶液，是普通化学试剂二、三级品正磷酸，含量（质量分数）不低于85%，密度1.7g/cm³，经加工处理后，呈透明状。常用的磷酸溶液及其处理方法有以下两种。

① 磷酸铝溶液　为了延长可粘接时间，需制成专用的磷酸铝溶液，即在正磷酸中加入适量的氢氧化铝。每100mL磷酸中加入约5～10g氢氧化铝。加入量可根据温度、湿度的不同而灵活掌握，室温在20℃左右时加入5g，温度较高时可适当增加氢氧化铝的加入量。

制取方法是将10mL左右磷酸置于烧杯内，再把按比例称量的全部氢氧化铝粉缓慢地加入磷酸中，一边加入一边搅拌，调成浓乳状，将此溶液加热至200～230℃，使酸中的水分充分蒸发，提高酸的浓度，得到密度为1.8～1.9g/cm³的磷酸铝溶液，待自然冷却后，装入密封瓶内备用。溶液密度对粘接强度和可粘接时间有很大影响，其关系如图4-32、图4-33所示。

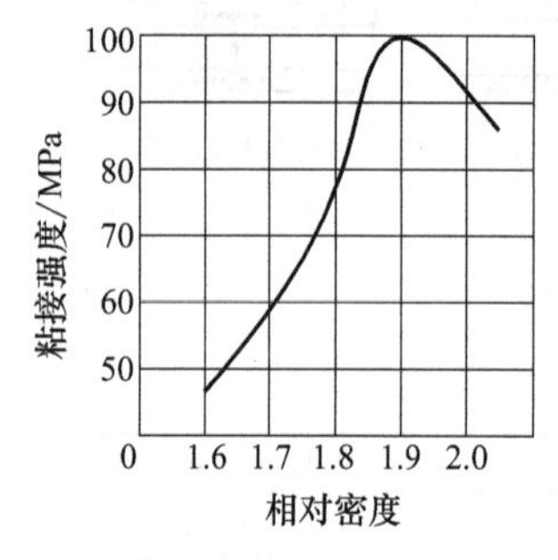

图4-32　磷酸浓度对粘接强度的影响

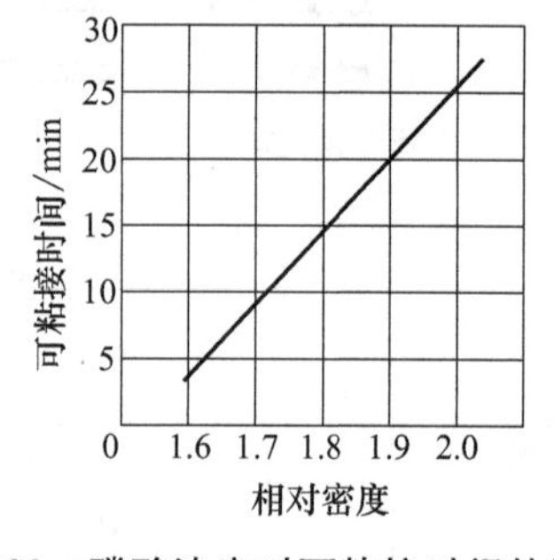

图4-33　磷酸浓度对可粘接时间的影响

② 磷酸-钨酸钠溶液　其配制方法是用100mL的磷酸加入4～10g钨酸钠。加入量的掌握原则与“磷酸中加入氢氧化铝”时大体相同。配制时，将钨酸钠粉缓慢倒入磷酸中，边倒边搅拌成糊乳状，加热升温至300℃左右，保温30min呈天蓝色，待自然冷却后装入密封瓶备用。

用氢氧化铝配制的磷酸溶液，在低温下放置过久，可能会有结晶析出，甚至凝固。处理方法是将瓶盖打开，置于热水中，使其溶解成均匀液相，即可使用。如不易溶化，可加入温水约20mL，即可溶化，但溶化后必须加热至230℃，待其自然冷却后方能使用。而用钨酸钠配制的磷酸溶液，则可久置而不结晶。

3）辅助填料

在粘接剂中，可加入某种辅助填料，以得到所需要的各种性能。

① 加入还原铁粉，可改善粘接剂的导电性能。

② 加入碳化硼和水泥，可增加粘接剂的硬度。

③ 加入硬质合金粉末，可适当增加粘接强度。

此外，还可以根据需要适当加入石棉粉、硼粉、玻璃粉等。

(2) 无机粘接的操作方法及要点

使用无机胶黏剂进行粘接操作时，应严格按以下操作步骤及操作要点进行。

① 胶黏剂及粘接用具的准备　准备所需粘接剂氧化铜粉和磷酸溶液各一瓶、光滑铜板一块（厚约 4mm）、调胶用扁竹签一根、清洗剂一瓶（一般用香蕉水或丙酮等）、干净细棉纱一团、小天平一台、医用注射器一支（不要针头）。

② 粘接件的准备　要求被粘接件尽可能选用套接和槽接结构，其配合间隙视工件大小，可控制在 0.1～0.3mm，个别间隙可大至 1mm 以上（间隙过大将降低粘接部位的抗冲击性能）。

通常被粘接面的粗糙度应为 $Ra25\sim100\mu m$。有时达不到这样的粗糙度时，应辅以人为的加工，如滚花、铣浅槽以及车成齿深为 0.3mm、螺距为 1mm 的螺纹等。如属盲孔套接，则应留排气孔或排气槽。

被粘接面必须经过除锈、脱脂和清洗处理。脱脂、清洗一般用香蕉水、丙酮，也可用四氯化碳，不能用清水或汽油。清洗时宜用刷子，不要用棉纱。

③ 调胶　按每 4～4.5g 氧化铜粉加入 1mL 磷酸溶液的比例，先将所需氧化铜粉置于铜板上，中部留一凹坑，然后用注射器抽取磷酸溶液，按需要毫升数将磷酸溶液缓慢注入凹坑中，一边注入一边用竹签反复调和约 1～2min，使胶体成稀糊状即可应用。

调和时，氧化铜粉与磷酸溶液反应会产生热量，一定的热量又促使反应加剧，放出更多的热量，导致胶体迅速凝固，影响操作，并使粘接强度降低。这种现象在夏季温度较高时比较明显。用铜板调胶，在于散去调和时产生的热量，延缓胶体凝固时间，便于操作。必要时，可以在铜板下面放置冰块，以加速降温。在冬季气温较低的情况下，也可在玻璃板上调胶，但操作时，最好将磷酸溶液和被粘接件预热一下，以防冻凝。

当第一次调的胶用完以后，应将铜板（或玻璃板）用清水洗净，并用棉纱擦干后再调第二次。一次调胶量不宜过多。有些大件粘接用胶量较大，可采取多人同时调和、同时操作的方法。由于胶体吸水性强，最好随调随用，用完再调。如一次调的较多，一时用不完，就会吸水变稀，导致粘接强度下降。

④ 粘接　将调好的胶分别迅速、均匀地涂在被粘接面上，然后进行适当的挤压，套接件则应缓慢地反复旋入，排出的多余胶体，可刮下继续使用。为保持被粘接件的美观，被粘接件表面黏附的残余胶体，可用微湿的棉纱擦拭干净。

手上粘的粘接剂，可用清水洗净，洗手时不能用肥皂，否则皂液与粘接剂反应，反而不易洗净。

⑤ 烘烤　粘接后宜迅速放在干燥温暖的地方，最好能放入电烘箱内，先用 50℃烘 1～2h，再升温至 80～100℃烘 2h。烘烤时间长短应视被粘接件的大小而定，粘后用日光晒亦可。有些较大的部件，如粘接修补机床设备，不便于搬动，也可用普通电炉、炭炉、红外线灯泡烘烤粘接部位，使胶层在较短的时间内完全凝固硬化。要注意的是，干燥温度过高、干燥速度太快，易使粘接剂急剧收缩，产生裂纹，影响粘接强度。

4.6.4 有机粘接的操作

有机胶黏剂，一般由几种材料组成。常以富有黏性的合成树脂或弹性体作为它的基体材料，根据不同需要添加一定的固化剂、增塑剂等配制而成。有机胶黏剂有多种形态，而以液体使用最多，一般都要严格按配方配制。有机粘接的操作主要包括胶黏剂的选用及操作工艺要点等方面的内容。

(1) 有机粘接剂各组分及其作用

① 黏料　黏料是粘接剂中产生粘接力的基本材料。如热塑性树脂、热固性树脂、合成橡

胶等。

② 增塑剂　加入增塑剂的主要作用是增加树脂的柔韧性、耐寒性和抗冲击强度，但对树脂的抗拉强度、刚性、软化点等则会有所降低，故其加入量应控制在20%（质量分数）以内。如邻苯二甲酸二丁酯、邻苯二甲酸二辛酯、磷酸二苯酯等，都与黏料有良好的相溶性。

③ 增韧剂　有些增韧剂（如聚硫橡胶650聚酰胺、酚醛树脂、聚乙烯醇缩丁醛等）能与黏料起化学反应，并使之成为固化体系组成部分官能团的化合物，对改进粘接剂的脆性、开裂等效果较好，能提高粘接剂的抗冲击强度和伸长率。有些增韧剂能降低粘接剂固化时的放热作用和降低固化收缩率。有的还能降低其内应力，改善粘接剂的抗剪强度、剥离强度、低温能和柔韧性。

④ 稀释剂　稀释剂主要用于降低粘接剂的黏度，使粘接剂有良好的浸透力，改善工艺性能，便于操作，有些还能降低粘接剂的活性，从而延长粘接剂的使用期。稀释剂可分非活性稀释剂和活性稀释剂两种。

非活性稀释剂的分子中不含有活性基团，在稀释过程中不参加反应，它只是共混于树脂之中并起到降低黏度的作用，对力学性能、热变形温度、耐介质及老化破坏等都有影响，多用于橡胶型粘接剂、酚醛型粘接剂、聚酯型粘接剂和环氧型粘接剂。

活性稀释剂是稀释剂的分子中含有活性基团，它在稀释粘接剂的过程中要参加反应，同时还能起到增韧作用（如在环氧型粘接剂中加入甘油环氧树脂或环氧丙烷丁基醚等就能起增韧作用）。活性稀释剂多用于环氧型粘接剂中，其他类型的粘接剂很少使用。常用的稀释剂有二甲苯、丙酮、甲苯、甘油环氧树脂等。

⑤ 固化剂　固化剂是粘接剂中最主要的配合材料。它直接或通过催化剂与主体黏料进行反应，固化结果是把固化剂分子引进树脂中，使分子间距离、形态、热稳定性、化学稳定性等都发生显著变化，使原来是热塑性的线型主体黏料变成坚韧和坚硬的体形网状结构。

当树脂中加入固化剂后，随着所加固化剂性质、称量的不同，粘接剂的可使用期、黏度、固化温度、固化时间以及放热等也就不同，所以必须根据产品的使用目的、使用条件以及工艺要求等，对固化剂进行合理的选择。

⑥ 促进剂　加入促进剂是为了加速粘接剂中的黏料与固化剂反应，缩短固化时间，降低固化温度，调节粘接剂的固化速度，如间苯二酚、四甲基二氨基甲烷等。促进剂可分为酸性和碱性两类。酸性类有三氟化硼络合物、氯化亚锡、异辛酸亚锡、辛酸亚锡等。碱性类包括大多数的有机叔胺类、咪唑化合物等。

⑦ 填料　使用填料是为了降低固化过程的收缩率，或赋予粘接剂某些特殊性能，以满足使用要求。有些填料还会降低固化过程中的放热量，提高胶层的冲击韧度及机械强度等。

⑧ 其他助剂　为了满足某些特殊要求，在粘接剂中还需要加入其他一些组分，如增黏剂：这是一种比较新的配合组分，它的主要作用在于使原来不黏或难黏的材料之间的粘接强度提高，润湿性和柔顺性等得到改善。增黏剂大多是低分子树脂物质，有天然和人工合成产品，以硅烷和松香树脂及其衍生物为主，烷基酚醛树脂也常用。防老剂：粘接剂中的高分子材料在加工或应用过程中，由于环境的影响而损伤或降低其使用性能的现象，称为聚合物的环境老化。导致粘接剂性能变化的环境因素是受力、光、热、潮、雷、化学试剂侵蚀等的影响。如果在粘接剂中加入抗氧剂、光稳定剂等，则可延缓热氧老化、光氧老化，提高粘接剂的热氧和光氧稳定性。

(2) 有机粘接剂的正确选用

有机黏结剂的种类较多，常用的主要有环氧树脂类、酚醛树脂类、丙烯酸酯类等胶黏剂，目前，许多品种已有专门厂家生产，因此，合理的选用是正确操作的前提。

① 环氧树脂类胶黏剂　这类胶黏剂的主要优点是黏附力强，固化收缩小，能耐化学溶剂

和油类侵蚀，电绝缘性好，使用方便。只需加接触力，在室温或不太高的温度下就能固化。主要缺点是耐热性及韧性差。常用的环氧类成品胶黏剂如表 4-11 所示。

表 4-11 环氧类成品胶黏剂

序号	牌号	组分	主要成分	固化条件	剪切强度/MPa	主要用途
1	911	双	环氧、三氟化硼等	室温 5～20min	铜-铜 24 铝-铝 16～21	金属、非金属小面积黏结
2	913	双	环氧、聚醚、三氟化硼	10℃ 4h	铝-铝 13～15	野外应急修补
3	914	双	环氧、聚硫等	25℃ 3h	铝-铝 22 铜-铜 15	快速小面积黏结
4	ET	三	环氧、丁腈、咪唑等	压力 0.05～0.1MPa，170℃ 2h	铝-铝 20	磁钢与不锈钢等
5	JW-1	三	环氧、KH-550 等	接触压，60℃ 2h	钢-钢 265	金属、玻璃钢、胶木等
6	SW-2	双	环氧、聚醚酚醛胺等	接触压，25℃ 4h	铝-铝 15	室温快速黏结用
7	J-13	双	二苯砜环氧、聚酰胺等	接触压，25℃ 24h	钢-钢 23	尼龙与镍、碱性蓄电池密封等
8	KH-520	双	环氧、聚硫等	20℃ 24h	钢-钢 22	金属、陶瓷、硬塑料等
9	J-19	单	环氧、聚砜、二氯甲烷等	压力 0.05 MPa，180℃ 3h	钢-钢 50～60 铜-铜 20	黏结力强、韧性材料好、耐热性好，各种材料
10	HXJ-3 万能胶	双	环氧、聚酰胺等	20℃ 24h	钢-钢 25	各种材料
11	KH-802	单	环氧、丁腈、双氰胺	接触压，15℃ 3h	钢-钢 45	各种材料，韧性好，耐温 120℃
12	CH31	双	环氧、聚酰胺等	20℃ 24h	钢-钢 25	各种材料

② 酚醛树脂类　这类胶黏剂的主要优点是成本低，有良好的耐热、耐水、耐油、耐化学介质等性质。缺点是性较脆，需加温加压固化。酚醛树脂类胶黏剂，均以成品供应，常用牌号如表 4-12 所示。

表 4-12 酚醛类胶黏剂主要牌号

序号	牌号	组分	固化条件	剪切强度/MPa	主要用途
1	201(FSC-1)	单	压力 0.1MPa；160℃ 3h	铝-铝 22.4	铝、铜、钢、玻璃、陶瓷、电木，150℃以内使用
2	203(FSC-3)		压力 0.15～0.25MPa；160℃ 2h	铝-铝 32.2 紫铜 7.8	
3	204(JF-1)	单	压力 0.1～0.2MPa；180℃ 2h	铝-铝 17.3 钢-钢 22.8	钢、铝、镁、玻璃钢、泡沫塑料等，已用于摩擦片黏结
4	E-4	双	压力 0.1MPa；130℃ 3～4h	铝-铝 24 钢-钢 18.5	铝、钢、玻璃钢、砂轮等，耐温 200℃
5	705(JX-5)	单	压力 0.2MPa；160℃ 4h	铝-铝 20 钢-钢 23.3	铝、铜、不锈钢、玻璃钢等
6	JX-9		压力 0.25MPa；160℃ 3h	铝-铝 36.1 镁-镁 24	铝、镁等

③ 丙烯酸酯类胶黏剂　这类胶黏剂一般为单组分，可在室温下固化，其中氰基丙烯酯类胶黏剂，可在室温下快干，故又称之为快干胶。丙烯酸酯类胶黏剂主要优点是具有较好的黏结性能，不需加温加压固化，操作简单，但胶层较脆，耐水耐溶液性差，耐热温度不高于 100℃，常用种类如表 4-13 所示。

④ 聚氨酯胶黏剂　聚氨酯胶黏剂具有良好的黏附性、柔软性、绝缘性、耐水性和耐磨性，还有耐弱酸、耐油和冷固化的特点，但耐热性差。这类胶黏剂主要由基体材料聚酯树脂和异氰酸酯固化剂按一定比例配制而成，为室温固化胶黏剂。异氰酸酯含量愈多，固化愈快，黏膜也愈硬，耐温愈高。常用聚氨酯胶黏剂如表 4-14 所示。

表 4-13　丙烯酸酯类胶黏剂

牌号	生产单位	成分或配方	主要用途和固化条件
BS-3 (新光 301)	上海新光化工厂	用甲基丙烯酸甲酯，氯丁橡胶和苯乙烯，用偶氮二异丁腈引发制成共聚溶液，然后和 307# 不饱和聚酯，固化剂，促进剂配合制成 共聚树脂　110 份 307# 不饱和聚酯(50%丙酮溶液) 11 份 过氧化甲乙酮　3 份 环烷酸钴　1 份	在±60℃下使用，适用于黏结铝、铁、钢、铜等金属材料，也能适用于黏结硬聚氯乙烯板，有机玻璃等非金属材料 固化条件：压力 0.05MPa，室温 24h 以上，60℃，2h
新 KH501 胶	营口盖州化工厂	α 氰基丙烯酸甲酯单体加少量对苯二酚并溶有微量二氧化硫为阻聚剂	用于－50～70℃长期工作又须快速固化的黏合部件，可黏合金属、橡胶、塑料、玻璃、木材、皮革，能耐普通有机溶剂，但不宜于酸碱及水中长期使用，亦不宜在高度潮湿和强烈受振设备上使用。胶液在两胶合面均匀涂布后，要在空气中暴露几秒至几分钟才将黏合件合上，加压 0.1～0.5MPa，半分钟至几分钟即可粘牢
502 快速胶	上海珊瑚化工厂 北京化工厂	α 氰基丙烯酸乙酯 100g，磷酸三甲苯酚酯 15g，聚甲基丙烯酸甲酯粉 7.5g，溶有微量二氧化硫	

表 4-14　常用聚氨酯胶黏剂

序号	牌号	组分	固化条件	剪切强度/MPa	主要用途
1	熊猫牌 202	双	室温 24h	耐温－20～170℃	皮革、橡胶、织物、软泡沫塑料、金属
2	熊猫牌 404	双	室温 24h	韧性好、耐水、耐热、耐寒、耐老化	
3	熊猫牌 405	双	室温 24h	铁 4.6 橡胶剥离强度 0.2	金属、玻璃、陶瓷、木材、塑料
4	熊猫牌 717	单	室温 2～3 天	铁 4.9 皮革与橡胶剥离 0.5	金属、非金属、尼龙、织物、塑料
5	101	双	20℃4 天	抗拉强度 12	金属、橡胶、玻璃、陶瓷、塑料

⑤ 厌氧性胶黏剂　厌氧性胶黏剂是丙烯酸双酯类型的室温固化剂。其特点是在空气中不固化，当被黏物黏合后，在没有空气存在时，经催化剂作用而交联，几分钟后，胶液即自行固化，24h 后，胶层可达最大强度。该胶黏剂的最大优点是韧性好、耐振动，有一定黏结强度，密封性和渗透性较好。它主要用于机械产品装配和设备安装等方面。如紧固螺栓的安装、轴承固定、管螺纹连接和法兰盘连接的耐压密封效果较好，为装配、拆卸检修工作带来方便。常用厌氧胶黏剂主要牌号如表 4-15 所示。

表 4-15　常用厌氧胶黏剂主要牌号

序号	牌号	填隙能力/mm	使用温度/℃	定位/min	完全固化/h	抗剪强度/MPa
1	铁锚 300	0.1	－30～60	10～20	8	
2	铁锚 350	0.2	－30～120	10～20	24	
3	Y-150	0.3	－30～150	5～10	2	钢 15.6
4	XQ-1				48	钢 17.6
5	XQ-2				48	钢 20.2 铝合金 18.7
6	YN-601			2～7	48	
7	KE-1	0.3		1	24	
8	KYY-1	0.3	－30～150		72	
9	KYY-2		－30～150		72	

⑥ 密封胶　近年来试制出的一些高分子密封材料——液态密封胶，可以代替各类固体密封垫圈。使用这类胶的密封面，不需要特别精密加工。它耐水、耐压、耐油、耐振、耐冲击，又可保护金属表面。具有绝缘性，防止漏气、漏水、漏油效果显著。常用密封胶的主要牌号及

性能如表 4-16 所示。

表 4-16 密封胶的主要牌号及性能

牌号	主要成分	溶剂	可耐介质	使用温度/℃	使用压力/MPa	对金属的黏结力	主要特性
601	聚酯型聚氨酯	丙酮、醋酸乙酯	汽油、煤油、润滑油、氟利昂、机油、水	−40～150	>0.7	弱	不干型密封胶，永不成膜，易拆卸，用于经常拆卸的部位
602	聚酯型聚氨酯	丙酮、二氯乙烷	汽油、煤油、水、4104 润滑油	−40～200	>0.7	弱	
609	丁腈橡胶-酚醛	丙酮、二氯乙烷	各种油类、水	−40～250	>1	稍强	干型密封胶，易成膜，弹性较好，对金属黏合力较大，用于不经常拆卸的部位
HXJ-1	聚酯型聚氨酯	丙酮、二氯乙烷	空气、水、汽油、煤油、润滑油、稀酸、稀碱	−50～250	>3	弱	永不固化，易拆卸装配，用于小间隙（0.1～0.15mm）的密封
Y-150 厌氧胶	改性环氧树脂	丙酮	汽油、机油、丙酮、水、空气、稀酸、稀碱	−30～150	>5	较强	用于不经常拆卸的螺钉接头，防松防漏，固化后黏结抗剪强度可达 10MPa，固化速度快、耐老化、弹性好、脆性较小

(3) 有机粘接的操作方法及要点

① 初清洗　将被粘接工件的被粘接表面的油污、积灰、漆皮、铁锈等附着物除去，以便正确检查被粘接表面的情况和选择粘接方法。初清洗通常用汽油、清洗剂等。对于要求高的零件则用有机溶剂。

② 确定粘接方案　在检查工件的材料性质、损坏程度，分析所承受的工况（载荷、温度、介质）等情况的基础上，选择并确定最佳的粘接（或修复）方案，其中包括选用粘接剂、确定粘接接头形式和粘接方法、表面处理方法等。

③ 粘接接头机械加工　根据已确定的粘接接头形式，进行必要的机械加工，包括对粘接表面粗糙度的加工，待粘接面本身的加工及加固件的制作，对于待修复的裂纹部位开坡口、钻孔止裂等。

④ 粘接表面处理　被粘接工件、材料的表面处理，是整个粘接工艺流程的重要工序，也是粘接成败的关键，这是因为粘接剂对被粘接物表面的润湿性和界面的分子间作用力（即黏附力）是取得牢固粘接的重要因素，而表面的性质则与表面处理有很直接的关系。通常由于粘接件（或修复件）在加工、运输、保管过程中，表面会受到不同程度的污染，从而直接影响粘接强度。常用的表面处理方法有以下三种。

第一种为溶剂清洗：可根据粘接件表面情况，采用不同的溶剂进行蒸发脱脂，或用脱脂棉、干净布块浸透溶剂擦洗，直到被粘接表面无污物为止。除溶剂清洗外，还可以用加热除油和化学除油的方法。在用溶剂清洗某些塑料、橡胶件时，要注意不能使被粘接件溶解和腐蚀。因溶剂往往易燃和有毒，使用时还要注意防火和通风。

第二种为机械处理：目前常用的机械处理被粘接物表面的方法，有喷砂处理、机械加工处理或手工打毛，包括用金刚砂打毛、砂布打毛或砂轮打毛等。至于用何种方法处理，要因地制宜，喷砂操作方便、效果好，容易实现机械化；而手工打毛简易可行，不需要什么特殊条件，对薄型和小型粘接件较为适用。不管用什么机械处理，其表面的坑凹不能太甚，以表面粗糙度 $Ra150\mu m$ 左右为宜。

第三种为化学处理：对于要求很高的工件，目前已普遍采用化学处理被粘接表面的方法。所谓化学处理方法，就是以铬酸盐和硫酸的溶液或其他酸液、碱液及某些无机盐溶液，在一定

温度下，将被粘接表面的疏松氧化层和其他污物除去，以获得牢固的粘接层。其他如阳极化、火焰法、等离子处理法等，也可以说是化学处理这一类的方法。

常用材料的表面化学处理方法如表 4-17 所示。

表 4-17 常用材料的表面化学处理

被粘接材料	脱脂溶剂	处理方法	备注
铝及铝合金	三氯乙烯、丙酮、乙酸乙酯、高级汽油等均可	脱脂后在下述溶液中，于 60～65℃下处理 15～25min，水洗，干燥 重铬酸钾 15g 浓硫酸 54g 蒸馏水 54g	处理后表面呈灰白色，能提高粘接强度
		脱脂后在下述溶液中，于 90～100℃下处理 20min，水洗，干燥 蒸馏水 1000g 碳酸钠 50g 重铬酸钠 15g 氢氧化钠 2g	
		脱脂后在下述溶液中，于 66～68℃下处理 10min，水洗，干燥 浓硫酸 10g 重铬酸钠 1g 蒸馏水 30g	适用于酚醛粘接剂效果良好
		脱脂后在下述溶液中阳极化处理 浓硫酸 200g 蒸馏水 1000g 直流电 1～1.5A/dm^2，10～15min；再在饱和重铬酸钾溶液中，于 95～100℃下处理 5～20min，水洗，干燥	
		在 20℃下，用下述溶液处理 3～5s，水洗，干燥 硝酸(67%) 30g 氢氟酸(42%) 10g	适用于铸铝件
铜与铜合金、黄铜、青铜	三氯乙烯、丙酮、甲乙酮、乙酸乙酯等均可	在下述溶液中，于 20～25℃下处理 1～2min，水洗，干燥 浓硝酸 30g 三氯化铁 15g 蒸馏水 20g	表面呈淡灰色
		在下述溶液中，于 20～ 25℃下浸泡处理 5～10min，水洗，干燥 浓硫酸 10g 重铬酸钠 5g 蒸馏水 85g	表面呈亮黄色
		在下述溶液中，于 25～30℃下浸泡 1min，水洗，50～60℃干燥 浓硫酸 8g 浓硝酸 25g 蒸馏水 17g	有较好的粘接强度
		在下述溶液中，于 60～70℃下浸蚀 10min，水洗，60～70℃干燥 浓硫酸 19g 硫酸亚铁 12g 蒸馏水 100g	有较好的粘接强度
		在下述溶液中，于 25～30℃下处理 5min，水洗，干燥 三氧化铬 40g 浓硫酸 4g 蒸馏水 1000g	表面呈淡灰色，有较好的粘接强度

续表

被粘接材料	脱脂溶剂	处理方法	备注
不锈钢	三氯乙烯、丙酮、甲乙酮、苯及乙酸乙酯等均可	在下述溶液中，于50℃下浸泡10min，水洗，干燥 重铬酸钠 7g 浓硫酸 7g 蒸馏水 400g	处理后表面呈灰白色
		在下述溶液中，于65℃下处理10min，水洗，干燥 浓硫酸 100g 甲醛(37%) 20g 过氧化氢(30%) 4g 蒸馏水 90g	
		在下述溶液中，于63℃下处理10min，水洗，干燥 甲醛(37%) 30g 过氧化氧(30%) 20g 蒸馏水 50g	
		在下述溶液中，在室温下处理10min，水洗，70℃干燥 浓硝酸 20g 氢氟酸(40%) 5g 蒸馏水 75g	
软钢、铁及铁基合金	三氯乙烯、苯、丙酮、汽油、乙酸乙酯、无水乙醇等均可	在下述溶液中，于20℃下浸泡5～10min，水洗，干燥 盐酸(37%) 100g 蒸馏水 100g	
		在下述溶液中，于71～77℃下浸泡10min，水洗，干燥 重铬酸钠 4g 浓硫酸 10g 蒸馏水 30g	
		在下述溶液中，于60℃下浸泡10min，水洗，干燥 磷酸(88%) 20g 酒精 20g	
		在等量的浓磷酸与甲醇混合液中，于60℃下处理10min，水洗，干燥	
锌及锌合金	三氯乙烯、丙酮、乙酸乙酯、汽油及无水乙醇等均可	在下述溶液中，于室温下处理5～10min，水洗，干燥 浓硫酸 5g 蒸馏水 95g	
		在下述溶液中，于室温下处理3～5min，水洗，干燥 盐酸(37%) 20g 蒸馏水 80g	
		在下述溶液中，于38℃下浸泡4～6min，水洗，40℃干燥 浓硫酸 20g 重铬酸钠 10g 蒸馏水 80g	
		在下述溶液中，于20℃下浸泡10～15min，水洗，干燥 浓硫酸 10g 硝酸(相对密度1.41) 20g 蒸馏水 450g	
镁及镁合金	三氯乙烯、丙酮、乙酸乙酯、甲乙酮均可	在下述溶液中，于80℃下处理10min，水洗，干燥 三氧化铬 10g 蒸馏水 40g	
		在下述溶液中，于70℃下处理20min，水洗，干燥 氢氧化钠 30g 蒸馏水 450g	

续表

被粘接材料	脱脂溶剂	处理方法	备注
钛	三氯乙烯、苯、丙酮、汽油、无水乙醇等	在下述溶液中，于50℃处理20min，水洗，干燥 浓硝酸 9g 氢氟酸(50%) 1g 蒸馏水 30g	
铬	三氯乙烯、丙酮、汽油、乙酸乙酯等均可	在下述溶液中，于90～95℃下浸泡1～5min，水洗，干燥 盐酸(37%) 20g 蒸馏水 20g	
氟塑料	丙酮、苯、丁酮、甲乙酮均可	将精萘128g溶解于1L四氢呋喃中，在搅拌下2h内加入金属钠23g，温度不超过5℃，继续搅拌致使溶液呈蓝黑色为止。在氮气保护下，将氟塑料放入溶液中处理5min，水洗，干燥	处理后粘接强度较高
聚乙烯、聚丙烯	丙酮、丁酮均可	在下述溶液中，于20℃下处理90min，水洗，干燥 重铬酸钠 5g 浓硫酸 100g 蒸馏水 8g	
		在热溶剂或蒸汽中暴露15～30s，如甲苯、三氯乙烯等	
聚苯乙烯	丙酮、无水乙醇	在60℃的铬酸溶液中浸泡20min，水洗，干燥	
ABS	丙酮、无水乙醇	在下述溶液中，于室温下处理20min，水洗，干燥 浓硫酸 26g 重铬酸钾 3g 蒸馏水 13g	
尼龙	无水乙醇、丙酮、乙酸乙酯均可	在表面涂一层10%的尼龙苯酚溶液，于60～70℃下保持10～15min，然后擦净溶剂	立即粘接
氯化聚醚	丙酮、丁酮均可	在下述溶液中，于65～70℃下浸泡5min，水洗，干燥 重铬酸钠 5g 硫酸 100g 蒸馏水 8g	
聚酯薄膜、涤纶薄膜	无水乙醇、丙酮均可	在80℃的氢氧化钠溶液中浸5min，再在二氯化锡溶液中浸5min，水洗，干燥	
橡胶	甲醇、无水乙醇、丙酮均可	在浓硫酸中，于室温下处理2～8min，水洗，干燥	粘接强度提高
		涂南大-42偶联剂	
玻璃、陶瓷	丙酮、丁酮	在下述溶液中，于室温下浸泡5～15min，水洗，烘干 三氧化铬 1g 蒸馏水 4g	
		在下述溶液中，于室温下处理10～15min，水洗，烘干 重铬酸钠 7g 浓硫酸 400g 蒸馏水 7g	
玻璃纤维	三氯乙烯，丙醇等均可	可用各种表面处理剂进行处理，如KH-560、南大-42等	

⑤ 调胶或配胶　如果是市售的胶种，可按产品说明书进行调胶，要求混合均匀，无颗粒或胶团。对于自行配制的胶种，可按典型配方和以下顺序调配：先将黏料与增塑剂、增韧剂拌均匀，再加填料拌均匀，然后加入固化剂拌均匀，最后可进行后续的粘接涂胶。

⑥ 涂胶与粘接　涂胶工艺视胶的状态以及被粘接面的大小，可以采用涂抹、刷涂或喷涂等方法。要求涂抹均匀，不得有缺胶或气泡，并使胶完全润湿被粘接面。对于涂盖修复的胶层（如涂盖修复裂纹或表面堵漏），表面应平滑，胶与基体过渡处胶层宜薄些，过渡要平缓，以免受外力时引起剥离。

胶层厚薄要适中，一般情况下薄一些为好。胶层太厚往往导致强度下降，这是因为一般胶种的黏附力较内聚力大。通常胶层厚度应为0.05～0.15mm，涂胶的范围应小于表面处理的面积。某些胶种对涂胶温度有一定的要求（如J-17胶），则应按要求去做。

涂胶后是否应马上进行粘接，要看所用的粘接剂内是否含有溶剂，无溶剂胶涂后可立即进行粘接，对于快固化胶种尤其应迅速操作，使之在初凝前粘接好；对于含有溶剂的胶种，则要依据情况将涂胶的表面晾置一定时间，使溶剂挥发后再进行粘接，否则会影响强度。进行粘接操作中，特别要防止两被粘接面间产生并留有气泡。

⑦ 装配与固化　装配与固化是粘接工艺中最重要的环节。有的粘接件只要求粘牢，对位置偏差没有特别要求，这类粘接只要将涂胶件粘接在一起，给予适当压力和固化就行了。而对尺寸、位置要求精确的粘接件，则应采用相应的组装夹具，细致地进行定位和装配，以免在固化时产生位移。对大型部件的粘接，有时还可借助点焊，或加几滴“502”瞬干胶，使粘接件迅速定位。装配后的粘接件即可进行固化。

对热固型粘接剂，它的固化过程就是使其中的聚合物由线型分子交联成网状体型结构，得到相应的最大内聚强度的过程。在此过程中使粘接剂完成对被粘接物的充分润湿和黏附，并形成具有粘接强度的物质，把被粘接物紧密地粘接在一起。

固化过程中的压力、温度，以及在一定压力、温度下保持的时间，是三个重要参数。每一个参数的变化，都会对固化过程及粘接性能产生最直接的影响。

固化时加压可促进粘接剂对被粘接表面的润湿，使两粘接面紧密接触；有助于排出粘接剂中的挥发性组分或固化过程中产生的低分子物（如水、氨等），防止产生气泡；均匀加压可以保证粘接剂胶层厚薄均匀致密；可保证粘接件正确的形状或位置

加压是必要的，但要适度，太大或太小会使胶层的厚度太薄或太厚。环氧树脂粘接剂不含有溶剂，在固化过程中又不放出低分子物，所以只需较小的接触压力，以保证胶层厚度均匀就行了；而对于酚醛类粘接剂，因固化过程中有低分子物（水）产生，因此固化压力必须高于这些气体的分压，以使它排出胶层之外。

对热固性粘接剂来说，没有一定的温度，就难以完成交联（或很缓慢），因此也不能固化。不同粘接剂的固化温度不同，而固化温度的差异将直接影响粘接接头的性能。

在固化时，某种粘接接头已升到一定温度后，还需保持一定时间，固化才能比较彻底。而时间的长短，又取决于温度的高低。一般来说，提高温度以缩短时间或延长时间以降低温度，可达到同样的结果。大型部件的粘接不便加热，就可以延长时间来使固化完全。相对来说，温度比时间对固化更重要，因为有的粘接剂在低于某一温度时，很难或根本就不能固化；而温度过高，又会导致固化反应激烈，使粘接强度下降。

因此，在确定固化工艺时，一定要确定固化压力、固化温度和固化时间。

⑧ 粘接质量的检验　为达到粘接的尺寸规格、强度及美观要求，固化后要对粘接接头胶层的质量进行检查，如胶层表面是否光滑，有无气孔及剥离现象，固化是否完全等。对于密封性的粘接部件，还要进行密封性检查或试验。

⑨ 修理加工　经检验合格的粘接接头，有时还要根据形状、尺寸的要求进行修理加工，为达到美观要求，还可以进行修饰或涂防护涂层，以提高抗介质和抗老化等性能。

第5章 传动机构的装配

5.1 带传动机构的装配与调整

带传动是常用的一种机械传动，它是利用带与带轮之间的摩擦力来传递运动和动力的，也有依靠带和带轮上齿的啮合传递运动和动力的，如图 5-1（c）所示。带传动按带的截面形状不同可分为 V 带传动、平带传动和同步带传动，如图 5-1 所示。

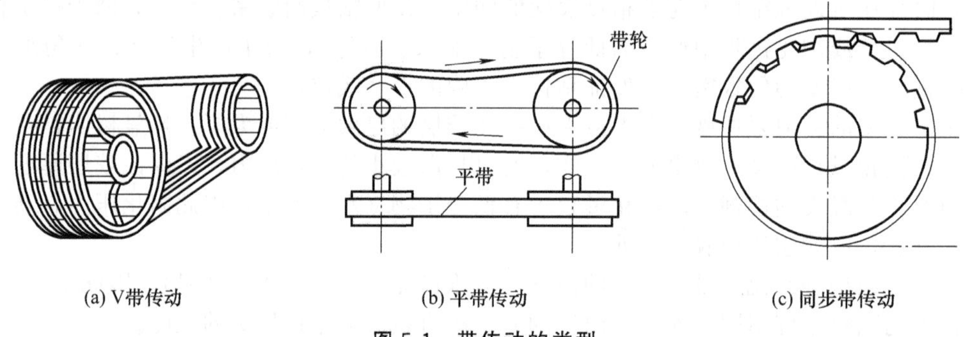

(a) V带传动　(b) 平带传动　(c) 同步带传动

图 5-1　带传动的类型

与齿轮传动相比，带传动具有工作平稳、噪声小、结构简单、不需要润滑、缓冲吸振、制造容易以及过载保护、能适应中心距较大的两轴传动等优点，因此得到较广泛的应用。其缺点是传动比不准确、传动效率低、带的寿命短。

5.1.1 带传动机构的装配技术要求

带传动主要由带和带轮组成，V 带是以其侧面与带轮的 V 形槽相接触的，故在同样的张紧力下，其摩擦力是平带传动的 3 倍左右，因此，所传递的动力比平带广泛。同步齿形带传动的传动力大，不会打滑、能保证同步运转，但制造成本较高，所以只能在要求传动比精确的场合。

由于 V 带传动、平带传动等带传动形式都是依靠带和带轮之间的摩擦力来传递动力的。为保证其工作时具有适当的张紧力，防止打滑、减小磨损及传动平稳，装配时必须按带传动机构的装配技术要求进行。装配后的带传动机构应满足以下要求。

① 表面粗糙度　带轮轮槽工作表面的表面粗糙度要适当，过细易使传动带打滑，过粗则传动带工作时易发热而加剧磨损。其表面粗糙度值一般取 $Ra3.2\mu m$，轮槽的棱边要倒圆或倒钝。

② 安装精度　带轮装在轴上后不应有歪斜和跳动，通常带轮在轴上的安装精度应不低于下述规定：带轮的径向圆跳动公差和端面圆跳动公差为0.2～0.4mm；安装后两轮槽的对称平面与带轮轴线的垂直度误差为±30′，两带轮轴线应互相平行，相应轮槽的对称平面应重合，其误差不超过±20′。

③ 包角　带在带轮上的包角 α 不能太小。因为当张紧力一定时，包角越大，摩擦力也越大。对V带来说，其小带轮的包角不能小于120°，否则造成带与轮的接触面小，容易打滑。

④ 张紧力　带的张紧力对其传动能力、寿命和轴向压力都有很大影响。张紧力不足，传递载荷的能力降低，效率也低，且会使小带轮急剧发热，加快带的磨损；张紧力过大则会使带的寿命降低，轴和轴承上的载荷增大，轴承发热，并加剧磨损。因此适当的张紧力是保证带传动正常工作的重要因素。

⑤ 平衡试验　当带的速度 $v>5m/s$ 时，应对带轮进行静平衡试验；当 $v>25m/s$，还需要进行动平衡试验。

5.1.2 带传动机构的装配与调整

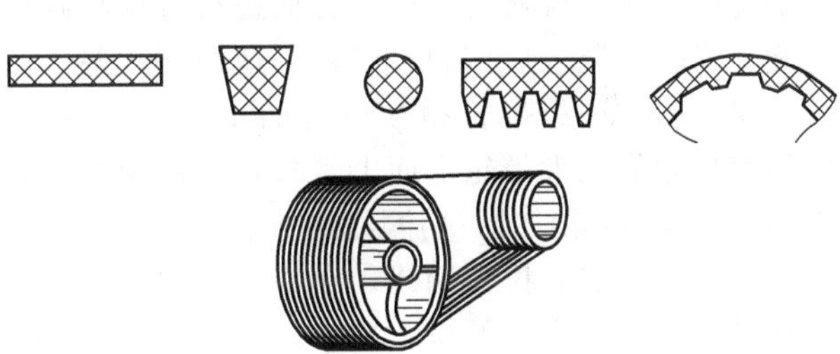

图5-2　带传动

带传动机构包括带轮、传动带和张紧装置等。因此，带传动机构的装配与调整主要是包含上述组件的装配与调整。带传动的种类，按带的剖面形状可分为平带、V带、圆带和齿形带传动（图5-2），另外还有圆形带、多楔带等。其中V带传动应用最为广泛，以下主要介绍V带传动的装配与调整。

(1) 带轮的装配

带轮孔与轴的连接为过渡配合（H7/k6），这种配合有少量过盈，对同轴度要求较高。为了传递较大的转矩，需用键和紧固件等进行周向固定和轴向固定。如图5-3所示为带轮与轴的几种连接方式。

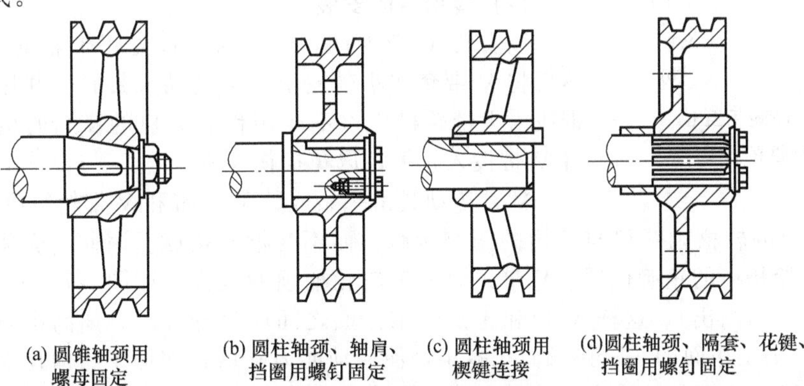

图5-3　带轮与轴的连接

带轮的装配可按以下方法及步骤进行。

① 装配前按轴和毂孔的键槽将键修配，除去安装面上污物并涂润滑油。

② 采用圆锥轴配合的带轮装配，只要先将键装到轴上，然后将带轮孔的键槽对准轴上的键套入，拧紧轴向固定螺钉即可。

③ 对直轴配合的带轮，装配前将键装在轴上，用木锤或螺旋压力机等工具，将带轮徐徐压到轴上，如图 5-4 所示。

④ 空转带轮，先将轴套或滚动轴承压在轮毂孔中，然后再装到轴上。

⑤ 带轮装在轴上后，应做以下两项重要检查。

首先，检查带轮在轴上安装的正确性，即用划线盘或百分表检查带轮的径向圆跳动和端面圆跳动误差是否在规定值的范围内，如图 5-5 所示。

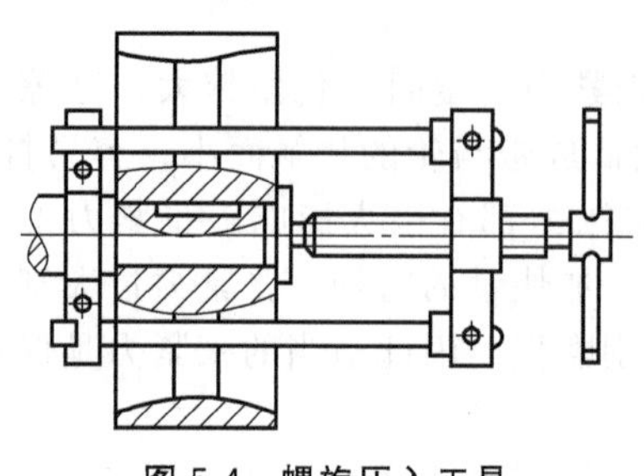

图 5-4 螺旋压入工具

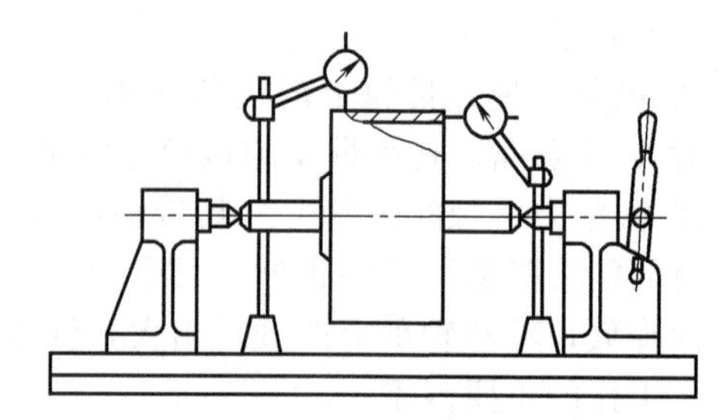

图 5-5 带轮跳动量的检查

如检验结果不合格可从以下方面进行检查和修整：轴是否弯曲或带轮安装不正；键槽修配不正确造成带轮装入后偏斜；带轮制造精度超差。

其次，检查一组带轮相互位置的正确性。具体方法是：当两轮中心距在 1000mm 以下，可以用直尺紧靠在大带轮端面上，检查小带轮端与直尺的距离 b，如图 5-6（a）所示。当两轮中心距大于 1000mm 时，用测线法来进行找正，方法是：把测线的一端系在大带轮的端面处（在Ⅰ的位置），然后拉紧测线，小心地贴住带轮的端面。当它接触到大带轮端面上的 A 点时，停止移动测线（即在Ⅱ的位置），再测量其与小带轮的距离 b，如图 5-6（b）所示。

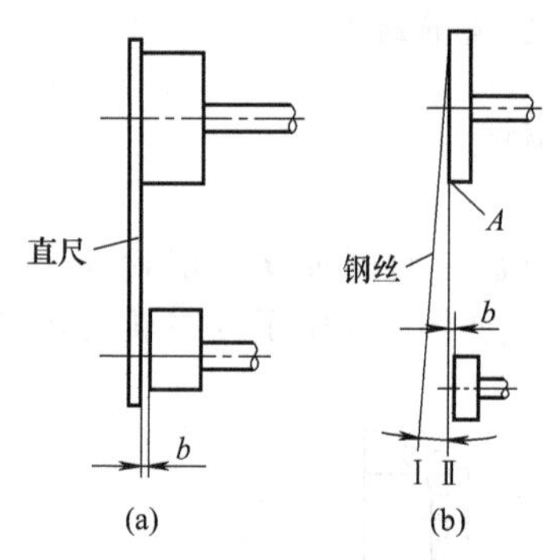

图 5-6 带轮相互位置正确性的检查

如检验结果不合格，则应调整带轮的安装位置，使之符合要求。

应该注意的是：对张紧轮和运输机的辊轮，它可以自由地在轴上转动，故又称为空转带轮，由于其轮毂中装有轴套或滚动轴承，故装配时应先将轴套或滚动轴承压在轮毂孔中，然后再按上述安装方法与步骤装到轴上。

（2）传动带的安装

以安装 V 带为例，安装时，首先将带轮的中心距调小，然后将 V 带套在小带轮上，再转动大带轮，并用螺钉旋具将带拨入大带轮槽中（不要用带有刃口的锋利的金属工具硬性将 V 带拨入轮槽，以免损伤 V 带）。

V 带传动是由一条或数条 V 带和 V 带轮组成的摩擦传动。V 带安装在相应的轮槽内，仅与轮槽的两侧接触，而不与槽底接触。因此，安装后应特别注意保证 V 带在轮槽中的正确位置。V 带顶面和带轮轮槽顶面取齐，如图 5-7（a）所示（新安装时 V 带顶面可略高出）。这样 V 带和轮槽的工作面之间可充分接触。如高出轮槽顶面太多［图 5-7（b）］，则工作面的实际接触面积减小，使传动能力降低；如低于轮槽顶面过多［图 5-7（c）］，会使 V 带底面与轮槽底面接触，从而导致 V 带传动因两侧工作面接触不良而使摩擦力锐减甚至丧失。

（3）传动带张紧力的调整

张紧力的大小是保证传动正常工作的重要因素，其张紧程度要适当，不宜过松或过紧。过松，不能保证足够的张紧力，传动时容易打滑，传动能力不能充分发挥；过紧，带的张紧力过大，传动中磨损加剧，使带的使用寿命缩短。V 带的张紧程度可通过以下方法检查。一是在

中等中心距情况下，V 带安装后，可通过图 5-8（a）所示的经验法检查，若用大拇指能将带按下 15mm 左右，则表明张紧合适。

V 带的张紧程度也可用图 5-8（b）所示的张紧力测量方法进行检查。正常张紧力时的下垂量 f 可通过下式计算。

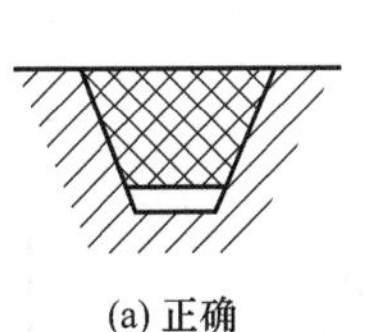

(a) 正确

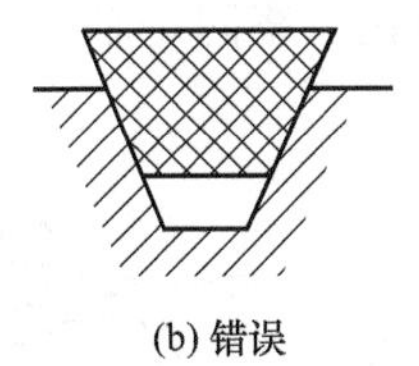

(b) 错误

(c) 错误

图 5-7　V 带在轮槽中的位置

$$f=\frac{PL}{2S}$$

式中　f——下垂度，mm；

P——作用力，N；

L——测量点距轮子中心的距离，mm；

S——带的初拉力，其大小可按表 5-1 选取，N。

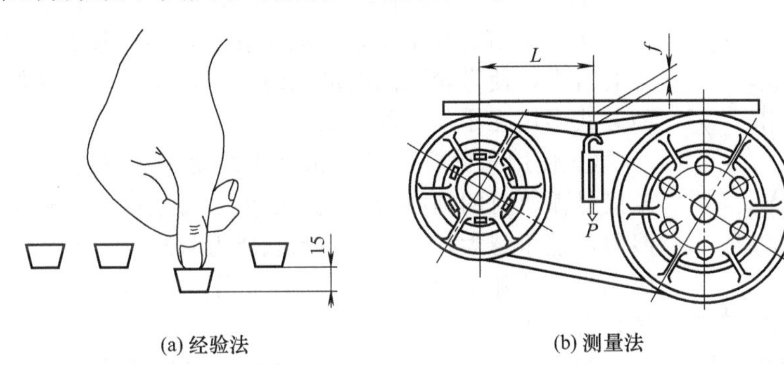

(a) 经验法　　(b) 测量法

图 5-8　V 带的张紧程度

表 5-1　V 带的初拉力 S

型号	Y		Z		A		B		C		D		E	
小带轮直径/mm	63～80	≥80	90～120	≥120	125～180	≥180	200～250	≥250	350	≥350	500	≥500	500～800	≥800
初拉力/N	5.5	7.0	10	12	15.5	21	27.5	35	58	70	85	105	140	175

注：表中型号栏为 V 带的型号，根据国标，依据 V 带的截面尺寸，普通 V 带可为 Y、Z、A、B、C、D、E 七种型号。

安装过程中，若发现张紧力过大或过小，则应进行调整。此外，对长期使用的带传动机构，由于带长期受到拉力的作用，会产生永久变形而伸长，带由张紧变为松弛，张紧力逐渐减小，导致传动能力降低，甚至无法传动，因此，必须将带重新张紧。如果发现有不宜继续使用的 V 带，应及时更换。更换时应一组同时更换，而且使一组 V 带中各根带的实际长度尽量接近相等，以使各根 V 带在传动时受力均匀。

在带传动机构中，一般都装有张紧力调整的拉紧装置。拉紧装置的形式很多，其基本原理是通过改变两个带轮的中心距来调整张紧力大小的。此外，还可以应用张紧轮来实现两个带轮中心距不可改变情况下带的张紧。

① 调整中心距　调整中心距的张紧装置有带的定期张紧和带的自动张紧两种。带的定期张紧装置一般利用调整螺钉来调整两带轮轴线间的距离。如图 5-9（a）所示，将装有带轮的电动机固定在滑座上，旋转调整螺钉使滑座沿滑槽移动，将电动机推到所需位置，使带达到预期的张紧程度，然后固定。这种张紧方式常见于水平传动或接近水平的传动。如图 5-9（b）所示为垂直或接近垂直传动时采用的定期张紧方式。装有带轮的电动机安装在可以摆动的托架

上，旋转调节螺母使托架绕固定轴摆动，达到调整中心距使带张紧的要求。

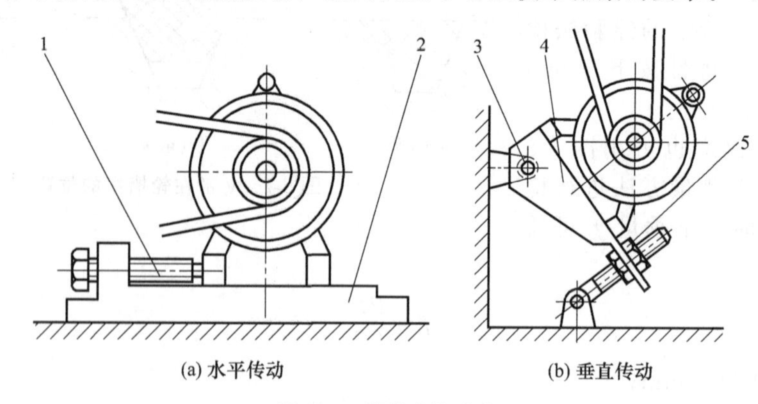

(a) 水平传动　　(b) 垂直传动

图 5-9　带的定期张紧

1—调整螺钉；2—滑槽；3—固定轴；4—托架；5—调节螺母

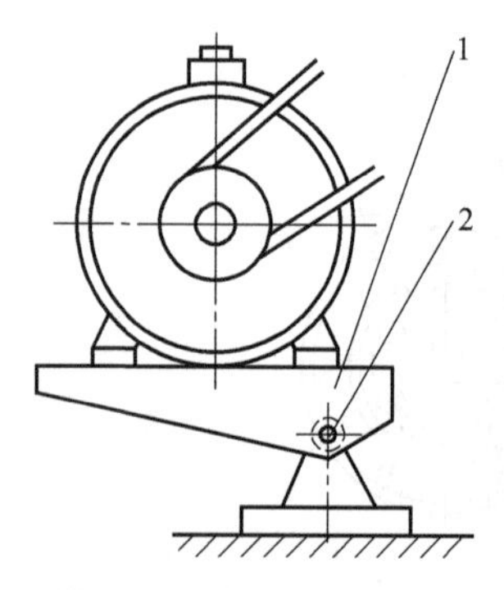

图 5-10　带的自动张紧

1—摆架；2—固定轴

此外，还可利用电动机及摆架的自重对带进行自动张紧。图 5-10 为将装有带轮的电动机固定在浮动的摆架上，利用电动机及摆架的自重，使带轮随同电动机绕固定轴摆动，自动保持张紧力。这种方式多用在小功率的传动中。

② 使用张紧轮　张紧轮是为改变带轮的包角（包角指带与带轮接触弧所对的圆心角，包角的大小直接影响接触面间所产生的摩擦力，包角越大，其传动的承载能力就越大）或控制带的张紧力而压在带上的随动轮。当两带轮中心距不能调整时，可使用张紧轮张紧装置。

图 5-11（a）为平带传动时采用的张紧轮装置，它是利用平衡重锤使张紧轮张紧平带的。平带传动时，张紧轮应安放在平带松边的外侧，并靠近小带轮处，以增大小带轮上的包角，提高平带传动的传动能力。图 5-11（b）为 V 带传动时采用的张紧轮装置。V 带传动中使用的张紧轮应安放在 V 带松边的内侧。

若张紧轮放在带外侧，则带在传动时受双向弯曲而影响使用寿命；若放在带的内侧，尽管传动时带只受单方向的弯曲，但会引起小带轮上包角的减小，影响带的传动能力，因此，应使张紧轮尽量靠近大带轮处，这样可使小带轮上的包角不致减小太多。

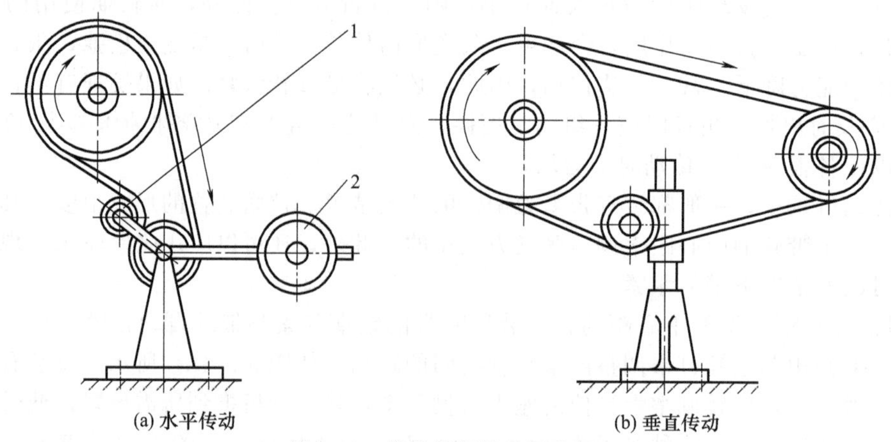

(a) 水平传动　　(b) 垂直传动

图 5-11　带的张紧轮装置张紧

1—张紧轮；2—平衡重锤

5.2 链传动机构的装配与调整

图 5-12 链传动

链传动是利用可屈伸的链作为传动元件的。如图 5-12 所示，通过链和链轮的啮合来传递运动和动力。链传动是啮合传动，既能保证准确的平均传动比，又能满足远距离传动要求，特别适合在温度变化大和灰尘较多的地方工作。链传动可传递数百千瓦的功率，传动比可达 6，中心距可达数米，链速一般为 12～15m/s，最高可达 40m/s，在机床、农业机械、矿山机械、纺织机械以及石油化工等机械中均有应用。

传动链主要有下列几种形式：套筒滚子链、套筒链、齿形链，如图 5-13 和图 5-14 所示。套筒链除没有滚子外，其他形式结构与套筒滚子链相同。套筒滚子链与齿形链相比，噪声较大，运动平稳性较差，传动速度不易过大，但制造成本低，所以应用广泛。

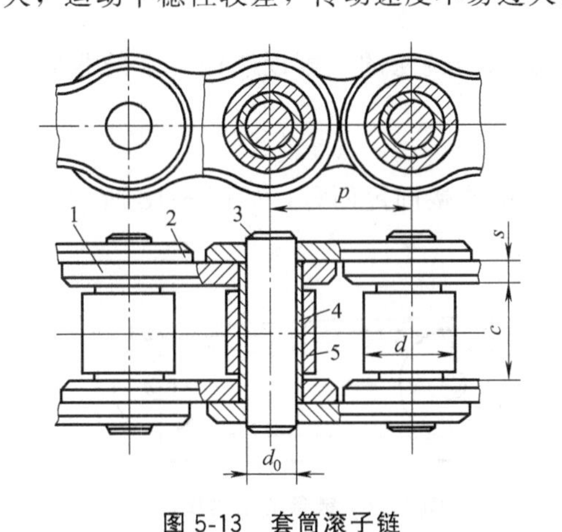

图 5-13 套筒滚子链

1—内链板；2—外链板；3—销轴；4—套筒；5—滚子

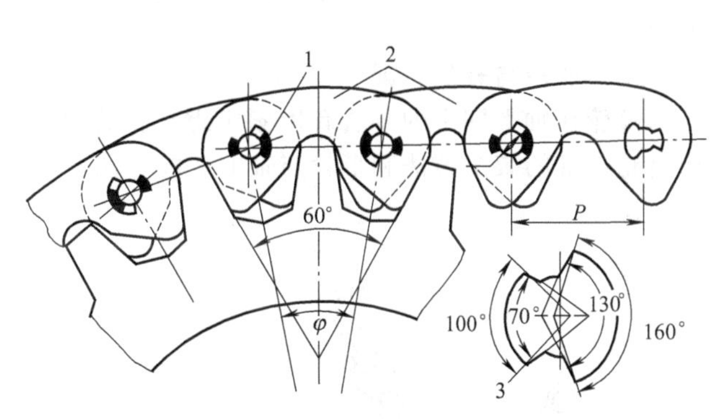

图 5-14 齿形链

1—衬瓦；2—链板；3—链板孔

5.2.1 链传动机构的装配技术要求

① 两链轮轴线必须平行，否则会加剧链轮和链的磨损，降低传动平稳性，增加噪声。两轴线平行度的检查如图 5-15 所示。通过测量 A、B 两尺寸来确定其误差。其调整可通过调整两轮轴两端支撑件的位置进行。

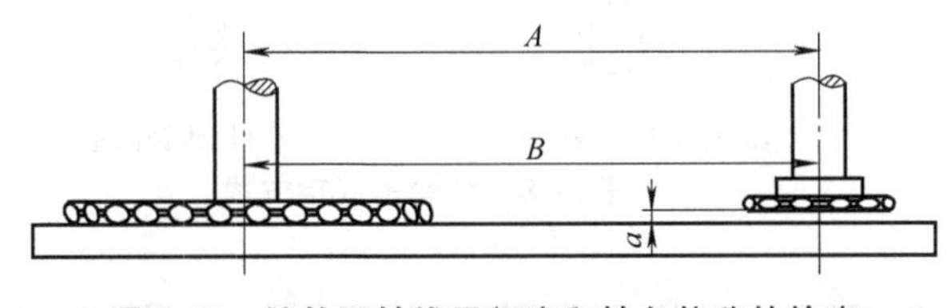

图 5-15 链轮两轴线平行度和轴向偏移的检查

② 两链轮的轴向偏移量必须在要求范围内。如无具体规定，一般当中心距小于 500mm 时，允许偏移量 a 为 1mm；当中心距大于 500mm 时，允许偏移量 a 为 2mm。其检查方法如图 5-15 所示。轴向偏移量可用直尺法或拉线法检查。

③ 链轮在轴上固定后，其径向和端面跳动量应符合规定要求。链轮的允许跳动量必须符合表 5-2 所列数值的要求。

链轮装配后的跳动量可用划针盘或百分表进行检查，如图 5-16 所示。

④ 链轮在轴上的固定方式一般有键连接加紧定螺钉、锥销固定以及轴侧端盖固定。

⑤ 链条的下垂度要适当。过紧会增加负荷、加剧磨损；过松则容易产生振动或脱链。对于水平

或倾斜45°以下的链传动，链的下垂度 f 不应大于 $0.02l$；对于垂直传动或倾斜45°以上的链传动，链的下垂度 f 不应大于 $0.002l$。如图5-17所示，图中 f 为下垂度；l 为两链轮的中心距。

表 5-2　链轮允许跳动量　mm

链轮的直径	套筒滚子链的链轮跳动量	
	径向(δ)	端面(a)
100以下	0.25	0.3
>100～200	0.5	0.5
>200～300	0.75	0.8
>300～400	1.0	1.0
400以上	1.2	1.5

⑥ 应定期检查润滑情况，良好的润滑有利于减少磨损、降低摩擦功率损耗、缓和冲击及延长使用寿命，常采用的润滑剂为HJ20～HJ40号机械油，温度低时取前者。

5.2.2 链传动机构装配与调整

链传动机构的装配主要包括：链轮与轴的装配、链条与链轮的装配以及链传动的张紧几方面。

(1) 链轮与轴的装配

链轮在轴上固定的方法有用紧定螺钉固定和用圆锥销连接固定两种，如图5-18所示。其中链轮与轴的装配方法和带轮与轴的装配方法基本类似。

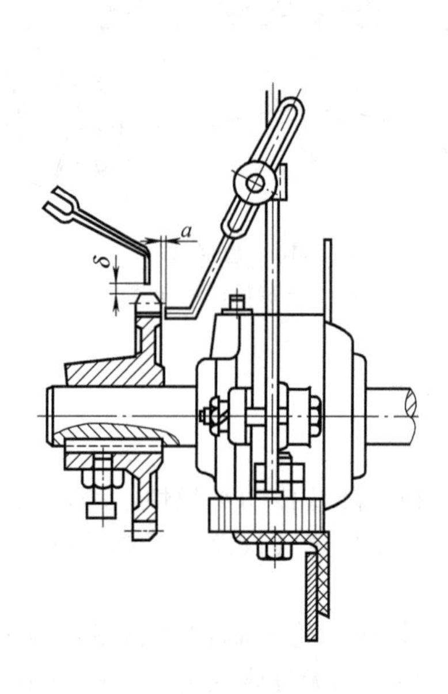

图 5-16　链轮跳动检查方法

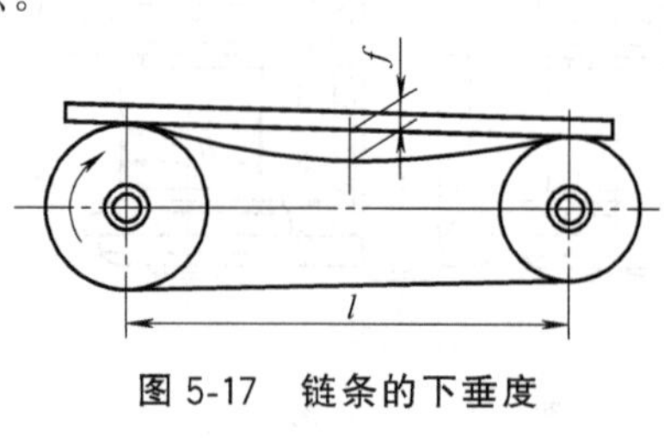

图 5-17　链条的下垂度

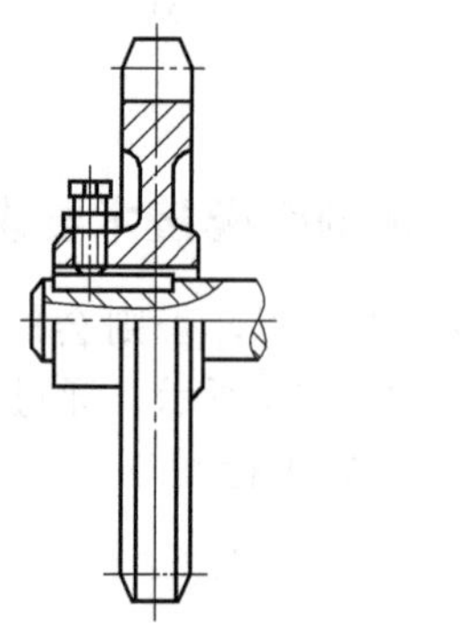

(a) 键与紧固螺钉固定

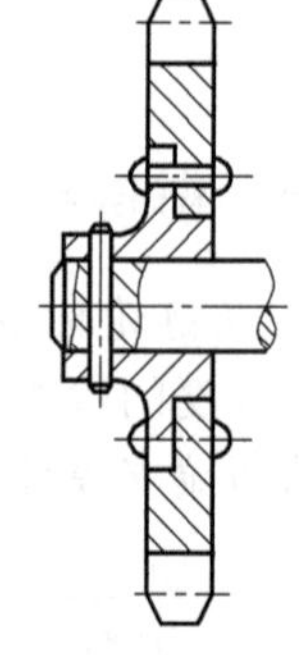

(b) 圆锥销固定

图 5-18　链轮的固定方式

(2) 链条的装配

链条的装配工作主要分为链条两端的连接和链条与链轮的装配两部分。其中，链条两端的连接主要有：开口销连接（主要适用于链节数为偶数的大节距链条）、弹簧卡片连接（适用于链节数为偶数的小节距链条）、过渡链节连接（适用于链节数为奇数的链条），如图5-19所示。

在用弹簧卡片将活动销轴固定时，应注意使其开口端的方向与链的速度方向相反（图5-20），不能与链的运动方向相同，否则在运转过程中易因受到碰撞而使开口销脱落。

在链条与链轮装配时，如两轴中心距可调且链轮在轴端时，可以预先接好，再装到链轮上

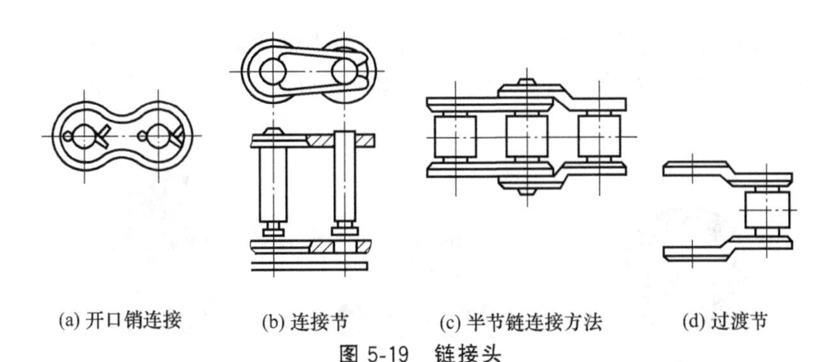

(a) 开口销连接　(b) 连接节　(c) 半节链连接方法　(d) 过渡节

图 5-19　链接头

去。如结构不允许，则必须先将链条套在链轮上再进行连接。此时须采用专用的拉紧工具。用于套筒滚子链的拉紧工具如图 5-21（a）所示。对于齿形链条必须先套在链轮上，再用拉紧工具拉紧后进行连接，用于齿形链的拉紧工具如图 5-21（b）所示。

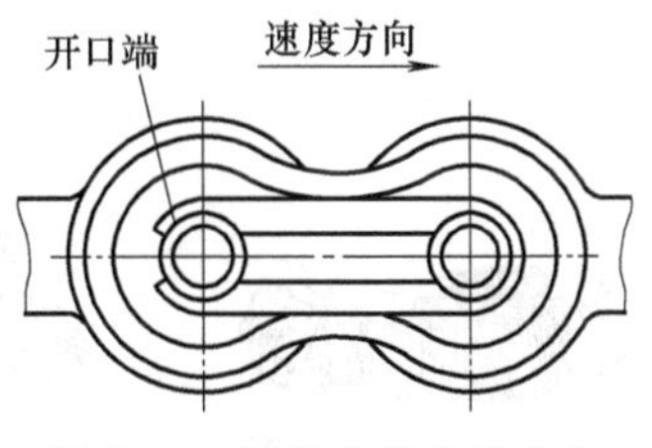

图 5-20　弹簧卡片安装方向

（3）链传动机构的拆卸

① 链轮拆卸时要求将紧定件（紧定螺钉、圆锥销等）取下，即可拆卸掉链轮。

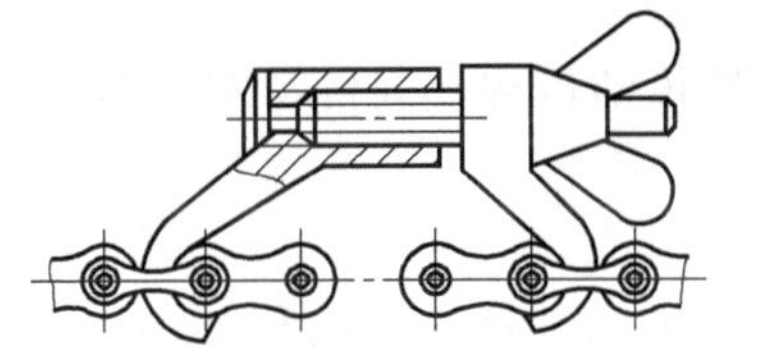

(a) 用于套筒滚子链的拉紧工具　(b) 用于齿形链的拉紧工具

图 5-21　拉紧链条的工具

② 拆卸链条时，套筒滚子链按其接头方式不同进行拆卸。开口销连接的在取下开口销、外连板和销轴后即可将链条拆卸；用弹簧卡片连接的应先拆卸弹簧卡片，然后取下外连板和两销轴即可；对于销轴采用铆合形式的，用小于销轴的冲头冲出销轴即可。

5.3 齿轮传动机构的装配与调整

齿轮传动是利用齿轮副来传递运动或动力的一种机械传动。齿轮副一对齿轮的齿依次交替接触，从而实现一定规律的相对运动的过程和形态称为啮合，齿轮传动属啮合传动。齿轮传动是现代机械中应用最广的一种机械传动形式。它可用来传递运动和转矩，改变转速的大小和方向，还可把转动变为移动。在工程机械、矿山机械、冶金机械、各种机床及仪器、仪表工业中被广泛地用来传递运动和动力。其具有能保证一定的瞬时传动比、传动准确可靠、传递功率和速度范围大、传递效率高、使用寿命长、结构紧凑、体积小等一系列优点，但齿轮传动也具有传动噪声大、传动平稳性比带传动差、不能进行大距离传动、制造装配复杂等缺点。

5.3.1 齿轮传动机构的精度要求

齿轮传动有渐开线圆柱齿轮传动、锥齿轮及准双曲面齿轮传动、圆弧齿轮传动、圆柱蜗杆传动等。齿轮传动的种类如图 5-22、图 5-23 所示。其中直齿［图 5-22（a）～（c）］、斜齿［图 5-22（d）］和人字齿圆柱齿轮［图 5-22（e）］用于两平行轴的传动；直齿［图 5-23（a）］、斜齿［图 5-23（b）］和弧齿锥齿轮［图 5-23（c）］用于两相交轴之间的传动；交错轴斜齿轮

［图 5-23（d）］和准双曲面齿轮［图 5-23（e）］用于相错轴之间的传动。此外还有可将旋转运动变为直线运动的齿轮齿条传动［图 5-22（c）］；轴间距离小时，可采用更为紧凑的内啮合齿轮传动［图 5-22（b）］等。

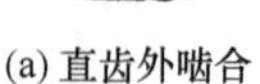

(a) 直齿外啮合

(b) 直齿内啮合

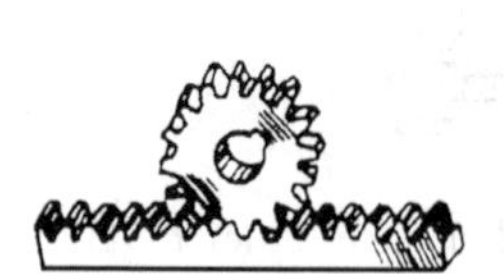

(c) 齿轮齿条啮合

(d) 斜齿啮合

(e) 人字齿啮合

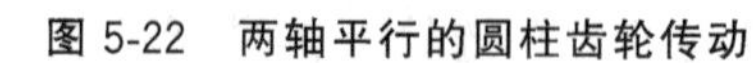

图 5-22　两轴平行的圆柱齿轮传动

(a) 直齿圆锥齿轮啮合

(b) 斜齿、锥齿轮啮合

(c) 曲线齿轮啮合

(d) 交错斜轴齿轮啮合

(e) 准双曲面齿轮啮合

图 5-23　两轴不平行的空间齿轮传动

不论是何种类型的齿轮以及何种形式的齿轮传动机构，其传动质量都可通过以下精度要求进行描述。

(1) 齿轮的加工精度

齿轮加工时，由于种种原因，加工出来的齿轮总是存在不同程度的误差。制造误差大了，精度就低，它将直接影响齿轮的运转质量和承载能力；而精度要求过高，将给加工带来困难。根据齿轮使用的要求，对齿轮制造精度提出下面四方面的要求。

① 运动精度　运动精度决定齿轮在转动一周范围内转角的全部误差数值，要求齿轮在一转范围内，最大转角误差限制在一定的范围内。规定齿轮的运动精度是为了保证齿轮传动时有正确的传动比。

② 工作平稳性　工作平稳性决定齿轮在转动一周内转角误差值中多次重复的数值。齿轮在转过一个很小的角度时（例如一个齿），它的转速也是忽快忽慢的，即也存在着理论转角和实际转角之差。这种转角差，在齿轮旋转一周中，变化的次数非常频繁，多次周期性的出现，因而引起冲击、振动和噪声，使齿轮转动不平稳。简言之，运动精度是指齿轮在转动一周中的最大转角误差，而工作平稳性则是指瞬时的传动比变化，两者是有区别的。

③ 接触精度　接触精度决定齿轮传动中啮合齿面接触斑点的比例大小。齿面接触是否良好直接影响齿轮的承载能力和齿轮工作的寿命。

④ 齿侧间隙　在齿轮传动中，相互啮合的一对轮齿在非工作齿面所留出的一定间隙称为齿侧间隙。齿侧间隙不是一项精度指标，而是需要按齿轮工作条件的不同，确定不同的齿侧间隙。齿侧间隙的作用是使润滑油流通、补偿齿轮制造和装配误差、防止因受热膨胀或受力变形而使齿轮运转时咬住。对于侧隙的要求按使用场合的不同来区分：仪器中读数齿轮的侧隙一般为零值；经常正反转、转速不高的齿轮侧隙可小些；一般传动齿轮采用标准侧隙；高速高温传动齿轮的侧隙可较大些。

(2) 齿轮的精度等级

根据 GB/T 10095.1—2008 和 GB/T 10095.2—2008 国家标准，对齿轮及齿轮副规定 13 个精度等级，其中 0 级精度最高，其余各级精度依次降低，12 级精度最低。齿轮副中两个齿轮的精度等级

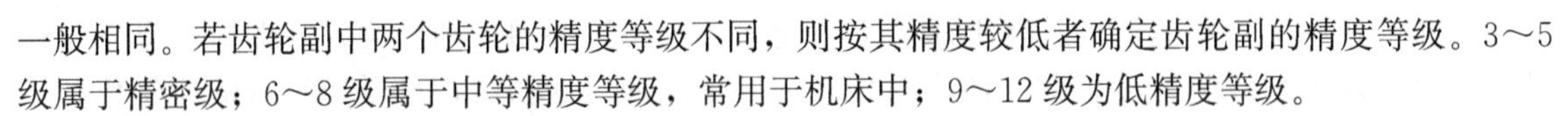
一般相同。若齿轮副中两个齿轮的精度等级不同，则按其精度较低者确定齿轮副的精度等级。3～5级属于精密级；6～8级属于中等精度等级，常用于机床中；9～12级为低精度等级。

齿轮的传动精度，按照要限制的各项公差和极限偏差，可分为三个公差组。第Ⅰ组为运动精度，影响传递运动的准确性，用限制齿圈径向圆跳动公差、公法线长度变动公差等来保证；第Ⅱ组为工作平稳性精度，影响传递运动的平稳性、噪声和振动，一般用限制齿距和基节极限偏差以及切向和径向综合公差来保证；第Ⅲ组为接触精度，影响齿面载荷分布的均匀性，一般用限制齿向公差、接触线公差等来保证。这三个组的精度标准指标，按使用要求的不同，允许采用相同的精度等级，也允许采用不同的精度等级。

(3) 齿轮副的接触精度

齿轮副的接触精度是用齿轮副的接触斑点和接触位置来评定的，如表5-3所示。所谓接触斑点就是装配好的齿轮副，在轻微的制动下运转后齿面上分布的接触擦亮痕迹。接触痕迹的大小是在齿面展开图上用百分比来计算的，如表5-4所示。接触斑点的分布位置应趋近齿面中部，齿顶和两端部棱边处不允许接触。

表5-3 齿轮副的接触斑点

接触斑点	精度等级											
	1	2	3	4	5	6	7	8	9	10	11	12
按高度不少于/%	65	65	65	60	55(45)	50(40)	45(35)	40(30)	30	25	20	15
接触长度不少于/%	95	95	95	90	80	70	60	50	40	30	30	30

注：括号内数值，用于轴向重合度>0.8的斜齿轮。

表5-4 接触斑点百分比计算

图例	接触痕迹方向	定义	计算公式
b'　b''　h'　h''　c	沿齿长方向	接触痕迹的长度b''(扣除超过模数值的断开部分c)与工作长度b'之比的百分数	$\frac{b''-c}{b'}\times100\%$
	沿齿高方向	接触痕迹的平均高度h''与工作高度h'之比的百分数	$\frac{h''}{h'}\times100\%$

(4) 齿轮副的侧隙

装配好的齿轮副，若固定其中一个齿轮，另一个齿轮能转过的节圆弧长的最大值，称为圆周侧隙。齿轮副的侧隙要求应根据工作条件，用最大极限侧隙与最小极限侧隙来规定。侧隙要求是通过选择适当的中心距偏差、齿厚极限偏差（或公法线平均长度偏差）等来保证。标准中规定了14种齿厚（或公法线长度）极限偏差，代号分别为C、D、E、F、G、H、J、K、L、M、N、P、R、S，其偏差值依次递增，如图5-24所示。

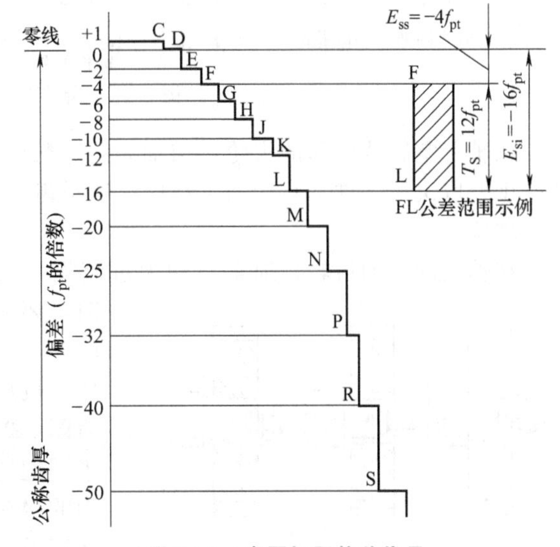

图5-24 齿厚极限偏差代号

5.3.2 齿轮传动机构的装配技术要求

齿轮传动机构是由齿轮副组成的啮合传动形式，其传动类型较多，但不论对何种齿轮传动机构，其基本要求主要是：传递运动准确，传动平稳均匀，冲击振动和噪声小，承载能力强以及使用寿命长等。具体装配一种特定

的齿轮传动机构时，其装配的技术要求主要决定于传动装置的用途和精度，并非对所有齿轮传动装置都要求一样。如分度机构中的齿轮传动主要是保证运动精度，而低速重载的齿轮传动主要要求是传动平稳等。一般对齿轮传动机构的装配要求主要有以下几方面。

① 配合　齿轮孔与轴的配合要满足使用要求。例如，对固定连接齿轮不得有偏心和歪斜现象；对滑移齿轮要在轴上滑动自如，不应有咬死和阻滞现象，且轴向定位准确；对空套在轴上的齿轮，不得有晃动现象。

② 中心距和侧隙　保证齿轮副有准确的中心距和适当的侧隙。侧隙过小则齿轮传动不灵活，热胀时会卡齿，从而加剧齿面磨损；侧隙过大，换向时空行程大，易产生冲击和振动。

③ 齿面接触精度　保证齿面有一定的接触斑点和正确的接触位置，这两者是相互联系的，接触斑点不正确同时也反映了两啮合齿轮的相互位置误差。

④ 齿轮定位　变换机构应保证齿轮准确的定位，其错位量不得超过规定值。

⑤ 平衡　对转速较高的大齿，一般应在装配到轴上后再作动平衡检查，以免振动过大。

5.3.3 圆柱齿轮传动机构的装配与调整

齿轮传动机构的装配，一般可分为齿轮与轴的装配；齿轮轴组件的装配；啮合质量检查与调整三个部分，在进行各部分的装配前，应做好以下检查工作：首先检查齿轮表面质量、齿轮表面毛刺是否去除干净、倒角是否良好；然后测量齿轮内孔与轴的配合是否适当；再检查键与键槽的配合是否符合要求；装配完成后，可用涂色法检查齿轮的啮合情况。检查时转动主动轮，被动轮加载使其轻微制动。双向工作的齿轮正反向都应进行检查。各部分的装配要点主要有以下方面。

(1) 齿轮与轴的装配

齿轮是装在轴上工作的，轴安装齿轮的部位应光洁并符合图样要求。齿轮在轴上可以空转、滑移或固定连接。常见的几种结合方法如图 5-25 所示。

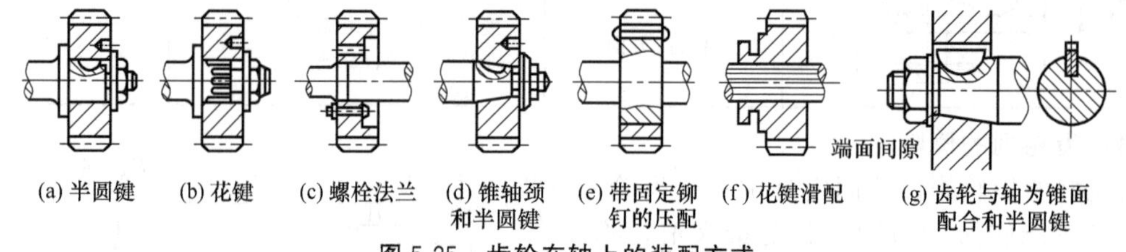

图 5-25　齿轮在轴上的装配方式

在轴上空转或滑移的齿轮，与轴为间隙配合，即齿轮孔与轴的装配是间隙配合。装配后的精度主要取决于零件本身的加工精度。这类齿轮的装配比较方便，装配后，齿轮在轴上不得有晃动现象。

在轴上固定的齿轮，通常与轴为过渡配合或少量过盈配合，装配时需加一定外力。压装时，要避免齿轮歪斜和产生变形等。若配合的过盈量较小，可用手工工具敲击压装，过盈量较大的，可用压力机压装或采用热装法进行装配。应该注意的是：对图 5-25（g）所示的齿轮与轴为锥面配合，并采用半圆键连接装配时，装配前，应用涂色法检查内外锥面的接触情况，贴合不良的应对齿轮内孔进行修正，装配后，轴端与齿轮端面应有一定的间隙。

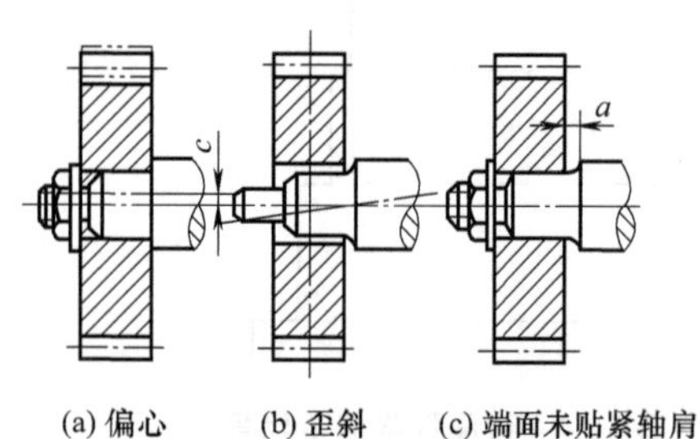

图 5-26　齿轮在轴上的安装误差

将齿轮安装在轴上，常见的误差是齿轮的偏心、歪斜和端面未贴紧轴肩（图 5-26）。精度要求高的齿

轮传动机构，在压装后需要检查，检查其径向圆跳动和端面圆跳动误差。

径向圆跳动误差的检查方法如图 5-27 所示。将齿轮轴支持在 V 形架或两顶尖上，使轴与平板平行，把圆柱规放在齿轮的轮齿间，将百分表测量头抵在圆柱规上，从百分表上得出一个读数。然后转动齿轮，每隔 3～4 个轮齿重复进行测量，测得百分表最大读数与最小读数之差，就是齿轮分度圆上的径向圆跳动误差。

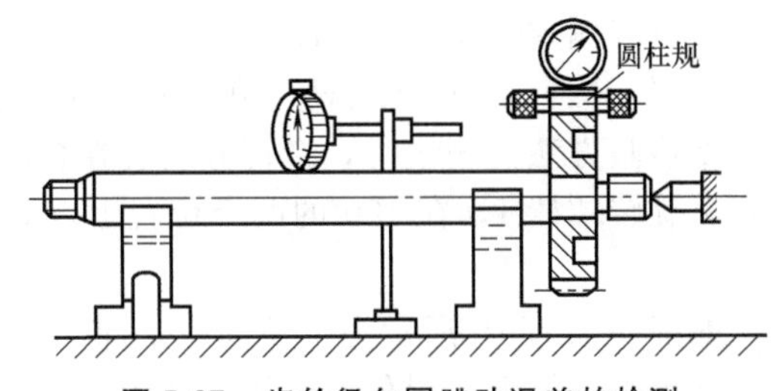

图 5-27　齿轮径向圆跳动误差的检测

端面圆跳动误差的检查方法（图 5-28）。用顶尖将轴顶在中间，使百分表测量头抵在齿轮端面上，在齿轮轴旋转一周范围内，百分表的最大读数与最小读数之差即为齿轮端面圆跳动误差。

应该指出的是，安装在非剖分式箱体内的传动齿轮，将齿轮先装在轴上后，不能安装进箱体中，齿轮与轴的装配是在装入箱体的过程中同时进行的。齿轮与轴为锥面配合时（图 5-29），常用于定心精度较高的场合。装配前，用涂色法检查内外锥面的接触情况，贴合面不良的可用三角刮刀进行修正，装配后，轴端与齿轮端面应有一定的间隙 Δ。

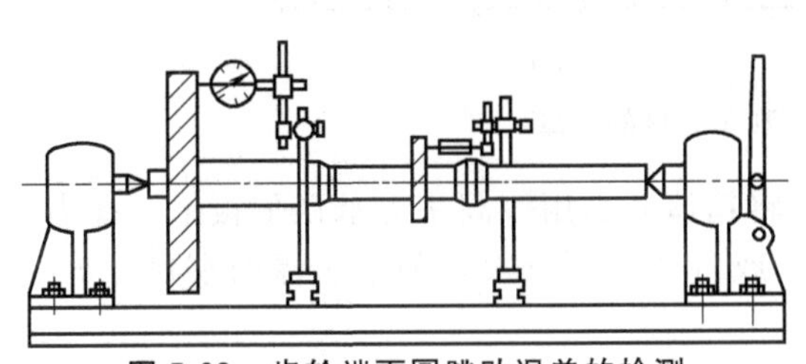
图 5-28　齿轮端面圆跳动误差的检测

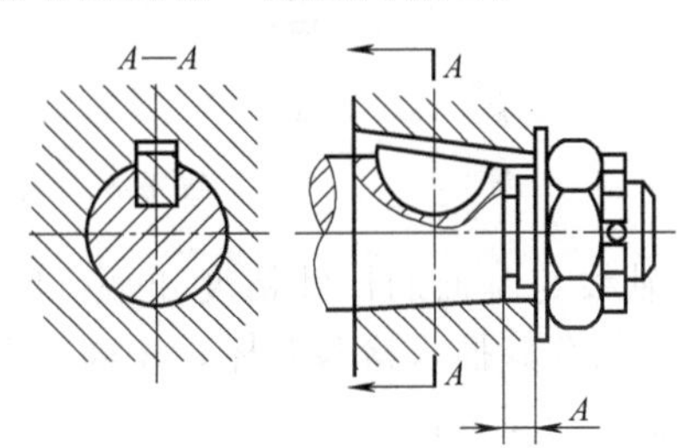

图 5-29　齿轮与轴为锥面配合

（2）齿轮轴组件的装配

将齿轮轴组件装入箱体应根据轴在箱体内的结构特点来选择合适的装配方式。为了保证装配质量，还应在齿轮轴部件装入箱体之前，对箱体的有关部位进行复核检验，作为装配时修配和选配的依据。其检验内容主要有以下几个方面。

① 同轴线孔的同轴度误差的检验　在成批生产中，可在各个孔中装入专用定位套，然后用通用检验芯棒检验，若芯棒能自由地推入几个同轴孔中，表示孔的同轴度误差在规定范围内。若要求测量出同轴度的偏差值，则应拆除待测孔的定位套，并把百分表装在芯棒上。转动芯棒，通过百分表的指针摆动范围即可测出同轴度的偏差值，如图 5-30 所示。

② 孔距精度和孔系相互位置精度的检验　根据箱体上各测量孔所处位置的不同，孔距精度和孔系相互位置精度的检验可分以下几种情况进行测量。

如图 5-31 所示为游标卡尺、专用轴套、检验芯棒测量孔距和孔的轴线平行度的检验方法。由图中可知：

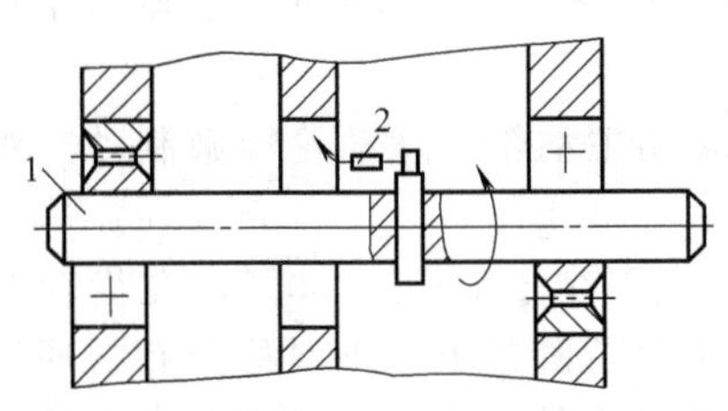

图 5-30　同轴线孔的同轴度检验

1—芯棒；2—百分表

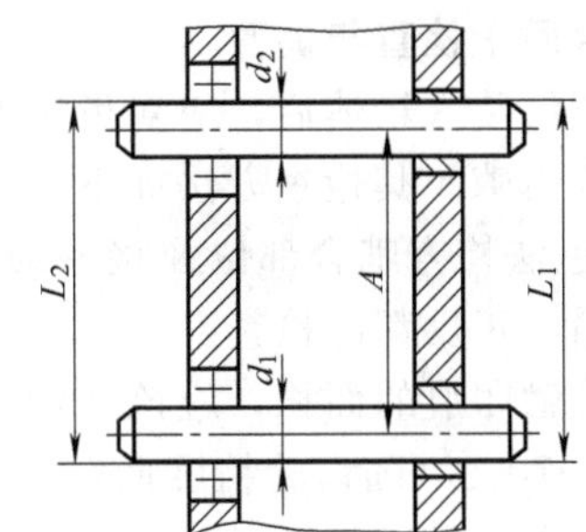

图 5-31　孔距精度及轴线平行度检验

孔距：$A=(L_1+L_2)/2-(d_1+d_2)/2$

平行度偏差：$\Delta=L_1-L_2$

如图 5-32（a）所示为两个孔的轴线垂直度的检验，即在同一平面内垂直相交的两个孔的垂直度检验方法。测量时，将百分表装在检验芯棒 1 上，为防止芯棒轴向窜动，芯棒上应有定位套。旋转芯棒 1，在 180°的两个位置上百分表的读数差值就是两个孔在 L 长度内的垂直度误差值。

如图 5-32（b）所示为不在同一平面内的两个垂直孔的轴线垂直度检验方法。箱体用千斤顶 3 支承在平板上，用角尺 4 找正芯棒 2 垂直。测量芯棒 1 与平板的平行度，即可得出两个孔轴线的垂直度误差。

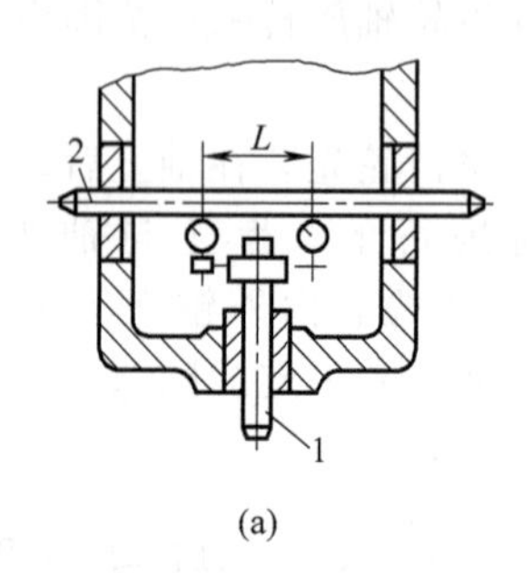

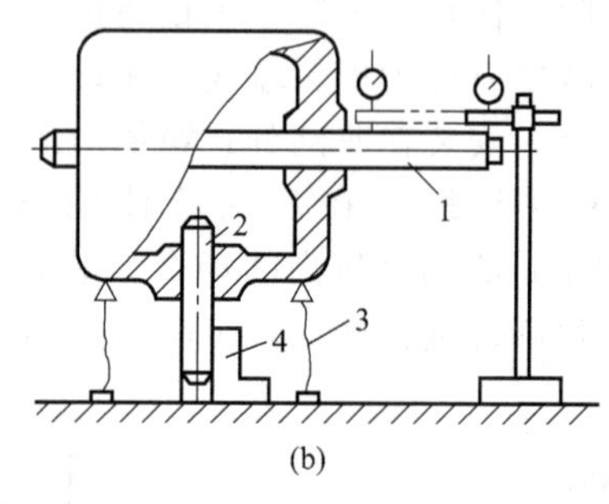

图 5-32 相互垂直的两孔垂直度的测量

③ 轴线与基面的尺寸精度和平行度的测量　将箱体基面用等高块支承在平板上，孔内装入专用定位套。插入检验芯棒，用高度游标卡尺（或量块与百分表）测量芯棒两端尺寸 h_1 和 h_2，其轴线与基面的距离为 h，如图 5-33 所示。

由图中可知：$h=(h_1+h_2)/2-d_1/2-a$

平行度偏差：$A=h_1-h_2$

④ 轴线和孔端面的垂直度测量　将芯棒插入装有专用定位套的孔中。轴的一端用角铁抵住，使轴不能轴向窜动。转动芯棒一周，百分表指针摆动的范围即为孔端面与轴线之间的垂直度误差，如图 5-34 所示。

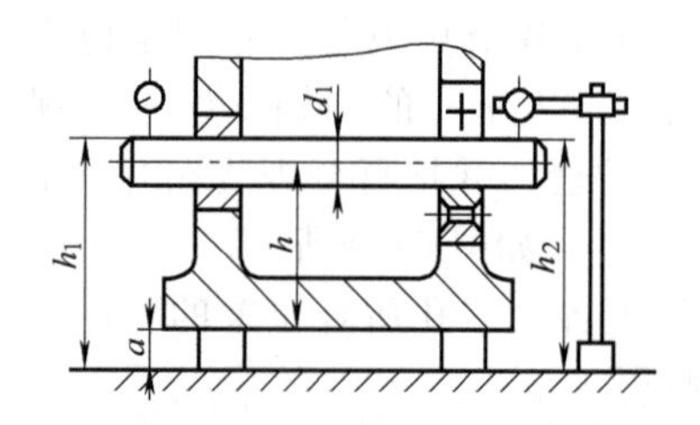

图 5-33 轴线与基面尺寸精度和平行度误差测量

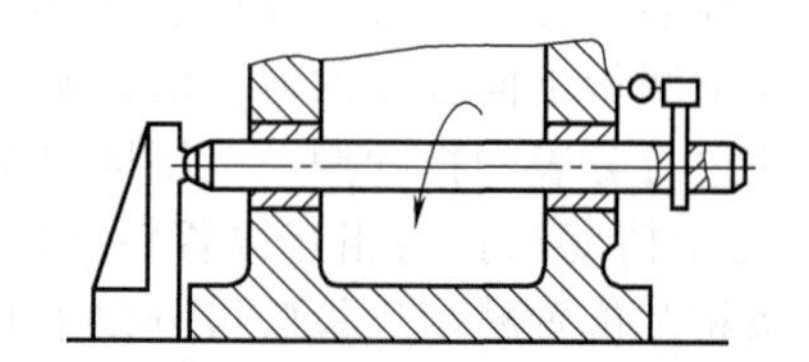

图 5-34 轴线与孔端面的垂直度测量

(3) 啮合质量检查与调整

齿轮轴部件装入箱体后，应对齿轮副的啮合质量进行检查，啮合质量包括：啮合部位及接触面积、啮合齿隙。其检查方法如下。

① 用涂色法检查啮合部位及接触面积　检查时，转动主动轮，从动轮轻微制动。对双向工作的齿轮副，正反都应检查。

齿轮上接触印痕的面积，应该在齿轮高度上接触斑点不少于 30%～60%，在齿轮宽度上不少于 40%～70%（随齿轮精度而定），分布的位置应是自节圆处上、下对称分布。通过印痕在齿面上的位置，可以判断误差的原因。表 5-5 给出了圆柱齿轮啮合后接触斑点产生偏向的原因及调整方法。

表 5-5 圆柱齿轮啮合后接触斑点产生偏向的原因及调整方法

接触斑点	原因分析	调整方法
正常接触		
同向偏接触	两齿轮轴线不平行	可在中心距允许的范围内,刮削轴瓦或调整轴承座
异向偏接触	两齿轮轴线歪斜	
单面偏接触	两齿轮轴线不平行,同时歪斜	
游离接触(在整个接触区由一边逐渐移至另一边)	齿轮端面与回转中心线不垂直	检查并校正齿轮端面与回转中心线的垂直度
不规则接触(有时齿面一个点接触,有时在端面边线上接触)	齿面上有毛刺或有碰伤隆起	去除毛刺,修整损伤
接触较好,但不太规则	齿圈径向圆跳动太大	检验并消除齿圈的径向圆跳动

② 用压丝法或百分表检查法测量啮合齿间隙　在齿轮沿齿长两端并垂直于齿长方向，放置两条铅丝，宽齿放 3～4 条，铅丝的直径不得大于齿轮副规定的最小极限侧隙的 4 倍。经滚动齿轮挤压后，测量铅丝最薄处的厚度，即为齿轮副的侧隙，如图 5-35（a）所示；对于传动精度要求高的齿轮副，可用百分表检查。检验时将一个齿轮固定，在另一个齿轮 1 上装上夹紧杆 2，然后倒顺转动与百分表 3 测头相接触的齿轮，得到表针摆动的读数 c。根据装夹紧杆齿轮的分度圆半径 R 及测量点的中心距 L，可求出侧隙 j_n，$j_n=cR/L$，如图 5-35（b）所示。如果被测齿轮为斜齿或人字齿时，其法面侧隙 j_n 按下式计算。

$$j_n=j_k\cos\beta\cos Z_n$$

式中　j_n——法面侧隙，mm；

j_k——端面侧隙，mm；

β——螺旋角，(°)；

Z_n——法面压力角，(°)。

另外，也可将百分表的测头直接抵在未固定的齿轮轮齿面上，将可动齿轮从一侧啮合迅速转到另一侧啮合，百分表上的读数差值即为齿轮副的侧隙值，如图 5-35（c）所示。

侧隙大小与中心距偏差有关，圆柱齿轮传动的中心距一般由加工保证。当侧隙不符合要求时，对于中心距可调的传动装置，调整其中心距即能改变齿侧间隙。由滑动轴承支承时，可刮削轴瓦调整侧隙大小。

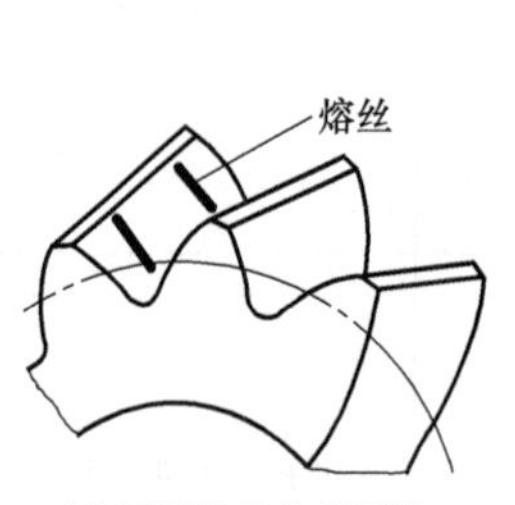

(a) 压铅丝法检查侧隙

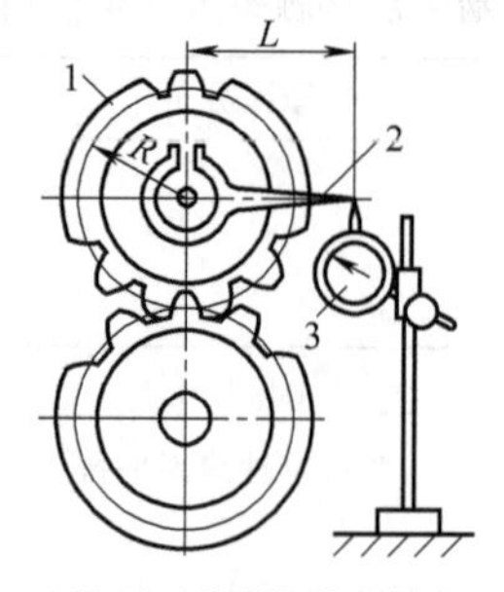

(b) 用百分表法检查侧隙

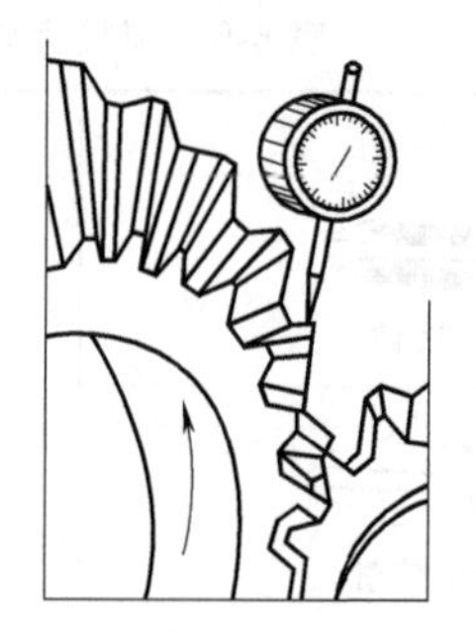
(c) 用百分表法检查侧隙

图 5-35 侧隙的检查

1—齿轮；2—夹紧杆；3—百分表

5.3.4 圆锥齿轮传动机构的装配与调整

装配圆锥齿轮传动机构的顺序与装配圆柱齿轮相似，但还应注意以下方面的事项。

(1) 装配前应对箱体孔的加工精度进行测量

因为圆锥齿轮属于相交轴线之间的传动，因此，箱体孔的测量属于同一平面内垂直相交的两个孔垂直度的测量，测量方法与安装圆柱齿轮箱体上的相互垂直两孔垂直度的测量方法相同，如图 5-32 所示。

(2) 应保证两个节锥的顶点重合在一起

当一对锥齿轮啮合传动时，必须使两锥齿轮分度圆锥相切，两锥顶重合。装配时以此来确定小齿轮的轴向位置，或者说这个位置是以“安全距离” x [小齿轮基准面 A 至大齿轮轴线的距离，如图 5-36 (a) 所示] 来确定的。若小齿轮轴与大齿轮轴不相交时，小齿轮的轴向定位同样也以“安全距离”为依据，用专用量规测量 [图 5-36 (b)]。若大齿轮尚未装好，那么可用工艺轴来代替，然后按侧隙要求决定大齿轮的轴向位置。

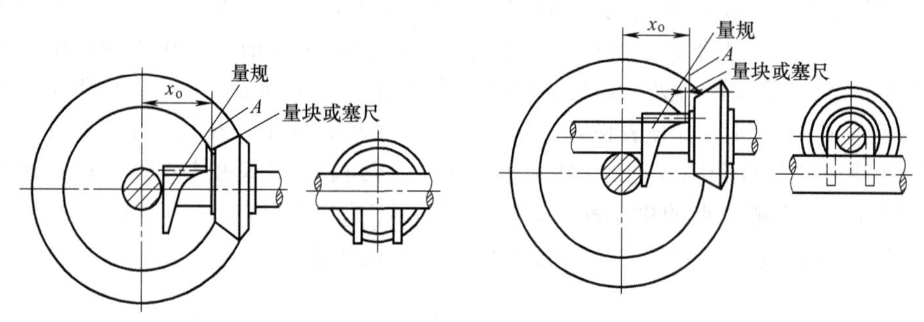

(a) 小齿轮安全距离的测量　　(b) 小齿轮偏置时安全距离的测量

图 5-36 小齿轮的轴向定位

用背锥作基准的锥齿轮，装配时将背锥面对成平齐，用来保证齿轮间正确的装配位置。也可使两齿轮沿各自的轴线方向移动，一直到其从假想锥顶重合为止。在轴向位置调整好后，通常用调整垫圈厚度的方法，将齿轮的位置固定，如图 5-37 所示。

(3) 检验与调整

装配后的圆锥齿轮传动机构仍必须进行精度检验，检验的项目主要为侧隙检验、啮合精度检验和跑合试车。

① 锥齿轮侧隙的检验　锥齿轮侧隙的检验方法与圆柱齿轮基本相同，也可用百分表测定。测定时，齿轮副按规定位置装好，固定其中一个齿轮，测量非工作齿面间的最短距离（以齿宽

中点处计量)，即为法向侧隙值。直齿锥齿轮的法向侧隙 j_n 与齿轮轴向调整量 x（图 5-38）的近似关系为

$$j_n = 2x\sin\alpha\sin\delta$$

式中 α——齿形角，(°)；

δ——节锥角，(°)；

x——齿轮的轴向调整量，mm。

由此可推出齿轮轴向调整量 $x = j_n/2\sin\alpha\sin\delta$。

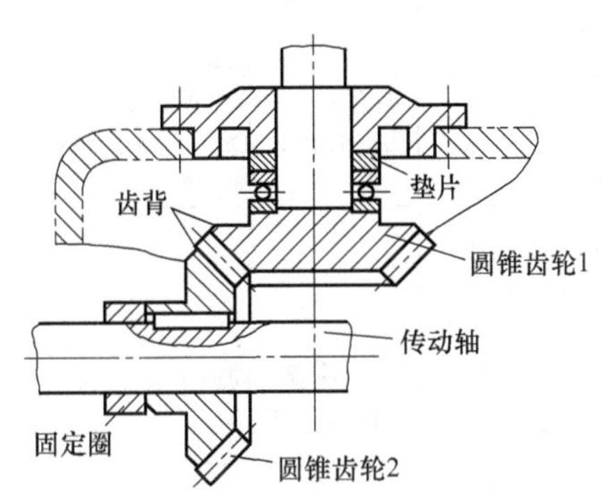

图 5-37 圆锥齿轮传动机构的装配调整

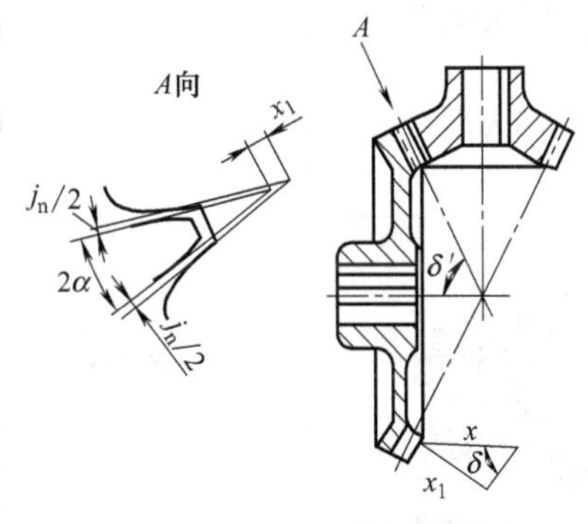

图 5-38 直齿锥齿轮轴向调整量与侧隙的近似关系

② 圆锥齿轮啮合的检验 圆锥齿轮啮合的检验通常采用涂色法进行。直齿锥齿轮接触斑点位置，在无或轻负荷时，应在齿宽的中部稍偏小端，目的是防止齿轮重载时，接触斑点移向大端，使大端应力集中，造成齿轮过早磨损，如图 5-39 所示。

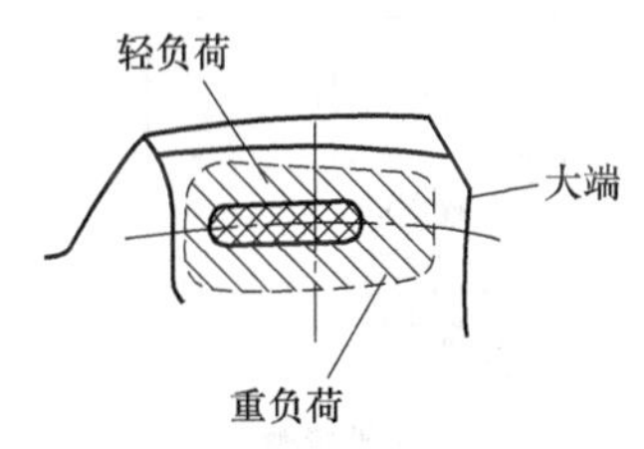

图 5-39 直齿锥齿轮接触斑点位置

表 5-6 给出了锥齿轮啮合后接触斑点不合理的原因及调整的方法。

③ 跑合试车 圆锥齿轮传动要求接触精度较高，噪声较小。若加工后达不到接触精度要求时，可在装配后进行跑合。因为跑合可以消除加工或热处理后的变形，能进一步提高齿轮的接触精度和减少噪声。对于高转速重载荷的齿轮传动副，跑合就显得更为重要。跑合方法有加载跑合和电火花跑合两种。

加载跑合是在齿轮副的输出轴上加一力矩，使齿轮接触表面相互磨合（需要时加磨料），以增大接触面积，改善啮合质量。用这种方法跑合需要较长的时间。

电火花跑合时在接触区域内通过脉冲放电，把先接触的部分金属去掉，使接触面积扩大，

表 5-6 锥齿轮啮合后接触斑点不合理的原因及调整的方法

接触斑点	齿轮种类	现象及原因	调整方法
正常接触(中部偏小端接触)	直齿及其他锥齿轮	在轻微负荷下，接触区在齿宽中部，略宽于齿宽的一半，稍近于小端，在小齿轮齿面上较高，大齿轮上较低但都不到齿顶	—

续表

接触斑点	齿轮种类	现象及原因	调整方法
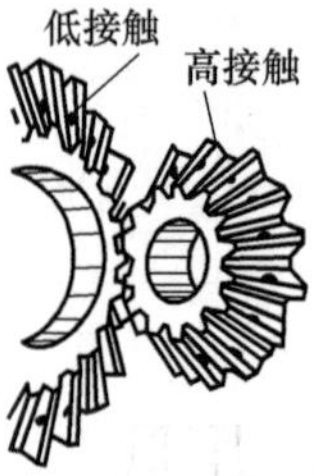 低接触 高接触 高低接触	直齿锥齿轮	小齿轮接触区太高，大齿轮太低；由于小齿轮轴向定位有误差	小齿轮沿轴向移出，如侧隙过大，可将大齿轮沿轴向移动
		小齿轮接触太低，大齿轮太高；由于小齿轮轴向定位有误差	小齿轮沿轴向移进，如侧隙过小，则将大齿轮沿轴向移出
		在同一齿的一侧接触区高，另一侧低，如小齿轮定位正确且侧隙正常，则为加工不良所致	装配无法调整，需调换零件。若只作单向传动，可将大齿轮沿轴向移动，但需考虑另一齿侧的接触情况
 小端接触 同向偏接触		两齿轮的齿两侧同在小端接触；由于轴线交角太大	应检查零件加工误差，必要时修刮轴瓦或修理箱体
		同在大端接触；由于轴线交角太小	
 大端接触 小端接触 异向偏接触		大小齿轮在齿的一侧接触于大端，另一侧接触于小端；由于两轴心线有偏移	应检查零件加工误差，必要时修刮轴瓦或修理箱体

达到要求的接触精度。但要注意，无论是用哪一种方法跑合，跑合合格后，应将箱体进行彻底清洗，以防磨料、铁屑等杂质残留在轴承等处。对于个别齿轮传动副，若跑合时间太长，还需重新调整间隙。

5.4 蜗杆传动机构的装配

蜗杆传动机构常用于传递空间交错轴间的运动及动力，通常交错角为 90°。它具有传动比大、工作较平稳、噪声低、结构紧凑、可以自锁等优点，主要缺点是传动效率较低、工作时发热大、需要有良好的润滑。

5.4.1 蜗杆传动的精度及装配要求

蜗杆传动机构主要由蜗杆及蜗轮组成。多以蜗杆作为主动件，蜗轮为从动件，其传动精度要求及装配技术要求应符合以下要求。

(1) 蜗杆传动的精度

按国家标准规定蜗杆传动有 12 个精度等级，第 1 级精度最高，第 12 级精度最低。按照能对传动性起到保证作用的公差特性，可将公差（或极限偏差）也分成三个公差组。每一公差组都分别对应蜗杆、蜗轮和传动副的安装精度而限制若干项公差（或极限偏差）。根据使用要求

不同，允许各公差组选用不同的精度等级组合，但在同一公差组中，各项公差与极限偏差应保持相同的精度等级。蜗杆与配对蜗轮的精度等级一般取成相同，但允许取成不同。

（2）蜗杆传动侧隙规定

按国家标准规定蜗杆传动的侧隙共分 8 种：a、b、c、d、e、f、g、h。最小法向侧隙值以 a 为最大，其他依次减小，一直到 h 为零。选择时应根据工作条件和使用要求合理选用传动的侧隙种类。各侧隙的最小法向侧隙 j_{nmin} 值如表 5-7 所示。

表 5-7　蜗杆传动的最小法向侧隙值 j_{nmin}

传动中心距/mm	侧隙种类及数值/μm							
	h	g	f	e	d	c	b	a
≤30	0	9	13	21	33	52	84	130
30～50	0	11	16	25	39	62	100	160
50～80	0	13	19	30	46	74	120	190
80～120	0	15	22	35	54	87	140	220
120～180	0	18	25	40	63	100	160	250
180～250	0	20	29	46	72	115	185	290
250～315	0	23	32	52	81	130	210	320
315～400	0	25	36	57	89	140	230	360
400～500	0	27	40	63	97	155	250	400
500～630	0	30	44	70	110	175	280	440
630～800	0	35	50	80	125	200	320	500
800～1000	0	40	56	90	140	230	360	560

注：传动的最小圆周侧隙 $j_{nmin} \approx j_{nmin}/(\cos\gamma'\cos\alpha_n)$，$\gamma'$ 为蜗杆节圆柱量程角，α_n 为蜗杆法向齿形角。

（3）蜗杆副的接触斑点要求

蜗杆副的接触斑点要符合表 5-8 的规定。

表 5-8　蜗杆副的接触斑点要求

图例	精度等级	接触面积/%		接触形状	接触位置
		沿齿高≥	沿齿长≥		
b′ b″ h″ h′ 沿齿长 $b''/b'\times100\%$ 沿齿高 $h''/h'\times100\%$	1 和 2	75	70	痕迹在齿高方向无断缺，不允许成带状条纹	痕迹分布位置趋近于齿面中部，允许略偏于啮合端。在齿顶和啮入、啮出端的棱边处不允许接触
	3 和 4	70	65		
	5 和 6	65	60		
	7 和 8	55	50	不作要求	痕迹应偏于啮出端，但不允许在齿顶和啮入、啮出端的棱边接触
	9 和 10	45	40		
	11 和 12	30	30		

（4）对蜗杆和蜗轮轴心线的要求

蜗杆轴心线与蜗轮轴心线必须相互垂直，且蜗杆的轴心线应在蜗轮轮齿的对称中心平面内，蜗杆、蜗轮间的中心距要准确，以保证有适当的啮合侧隙和正确的接触斑点。

（5）转动灵活性要求

蜗杆传动机构工作时应转动灵活；蜗轮在任意位置时旋转蜗杆手感应相同，无卡滞现象。

5.4.2　蜗杆传动机构的装配要点

蜗杆传动机构的装配步骤与圆柱齿轮机构基本相同。

(1) 装配前的检查

根据蜗杆传动机构的工作特点，主要应在完成蜗轮蜗杆箱体孔的中心距和轴线之间垂直度的检查后，再进行后续的装配操作。装配前的检查操作方法主要有以下方面。

① 蜗杆箱体孔的中心距的检查　测量检查时，可先将蜗杆箱体用3个千斤顶支承在平板上，检验芯棒1和芯棒2分别插入箱体的蜗轮轴和蜗杆轴的孔中，如图5-40（a）所示。再调整千斤顶使任一心棒与平板平面平行，然后再分别测量两个芯棒与平板平面的距离，即可计算出其中心距a。应该指出，当一个芯棒与平板平面平行时，另一个芯棒不一定平行于平板平面。这时应测量芯轴的两端到平板平面的距离，取其平均值作为该芯轴到平板平面的距离。

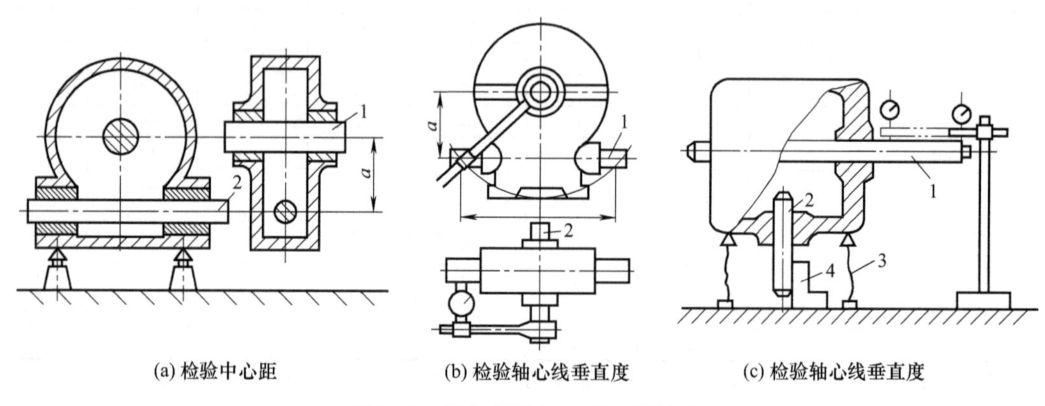

图5-40　蜗杆箱体加工精度的检查

1,2—芯棒；3—千斤顶；4—角尺

② 蜗杆箱体孔轴心线之间垂直度的检查　蜗杆箱体轴心线之间垂直度的测量方法如图5-40（b)所示。即：在芯棒2的一端套一个百分表，用螺钉固定。旋转芯棒2，根据百分表测量头在芯棒1两端的读数差，可以换算出轴线的垂直度误差值，也可按图5-40（c）的方法测量轴心线的垂直度误差值。若检验结果为另一芯轴对平板平面的平行度和两轴线的垂直度超差，则可在保证中心距误差的范围内，用刮削轴瓦或底座平面的方法予以调整。若超差太大无法调整，一般应予以报废。在成本分析有利的情况下，也可以采用扩孔、胶接套圈等补救办法予以修复。

(2) 蜗杆传动机构的装配操作要点

蜗杆传动机构的装配顺序，按其结构特点的不同，有的应先装蜗杆，后装蜗轮；有的则相反。一般情况下，装配工作从蜗轮开始，其步骤如下。

① 将蜗轮齿圈1压装在轮毂2上，并用螺钉加以紧固（图5-41)。

② 将蜗轮装在轴上，其安装及检验方法与圆柱齿轮相同。

③ 把蜗杆装入箱体，一般蜗杆轴心线的位置是由箱体安装孔所确定的。然后再将蜗轮轴装入箱体，蜗轮的轴向位置可通过改变调整垫圈厚度或其他方式进行调整，使蜗杆轴线位于蜗轮轮齿的对称中心平面内。

装配蜗杆传动过程中，可能产生的三种误差，如图5-42所示。

(3) 装配后的检查与调整

装配完成后，应检查接触斑点和侧隙，若不合适应进行调整。

① 蜗杆传动机构啮合质量的检查　一般说来，在轻负荷的条件下，蜗轮齿面接触斑点为齿长的25％～50％。不符合要求时应适当调整蜗杆座的径向位置。各精度等级蜗杆传动接触斑点的要求如表5-9所示。

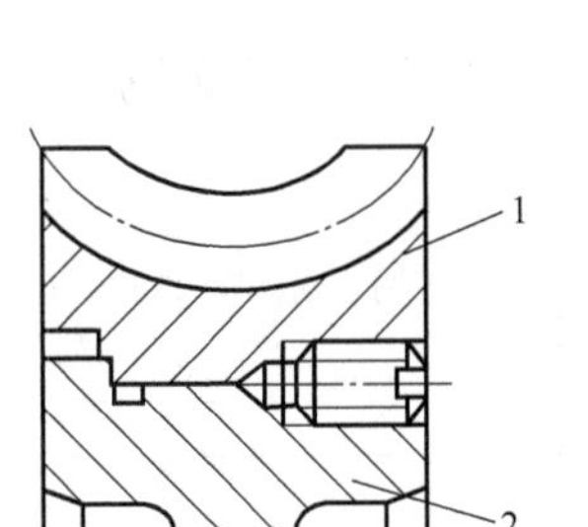

图 5-41 组合式蜗轮
1—齿圈；2—轮毂

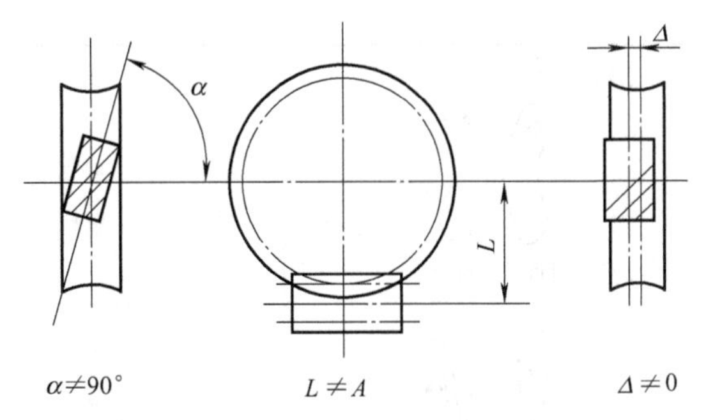

图 5-42 蜗杆传动机构不正确啮合情况

表 5-9 蜗杆传动接触斑点的要求

精度等级	接触面积的百分比/%		接触形状	接触位置
	沿齿高不小于	沿齿长不小于		
1、2	75	70	接触斑点在齿高无断缺，不允许成带状条纹	接触斑点痕迹的分布位置趋近齿面中部，允许略偏于啮入端。在齿顶和啮入、啮出端的棱边处不允许接触
3、4	70	65		
5、6	65	60		
7、8	55	50	不作要求	接触斑点痕迹应偏于啮出端，但不允许在齿顶和啮入、啮出端的棱边接触
9、10	45	40		
11、12	30	30		

在蜗杆传动机构装配完成后，可用涂色法来检查其啮合质量。检查时，可将红丹粉涂在蜗杆螺旋面上，给蜗轮加以轻微的阻尼，转动蜗杆，根据蜗轮齿上的痕迹来判断啮合质量。正确的接触斑点位置应在中部稍偏蜗杆旋出方向，如图 5-43（a）所示。如图 5-43（b）、（c）所示为蜗杆副两轴线不在同一平面内的情况，一般蜗杆位置已固定，则应调整蜗轮的轴向位置，使其达到正确位置。

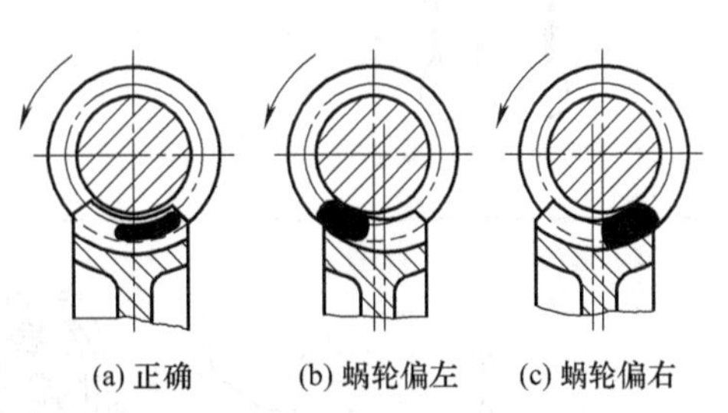

图 5-43 蜗轮齿面上的接触斑点

表 5-10 给出了蜗轮啮合后接触斑点不合理的原因及调整的方法。

表 5-10 蜗轮啮合后接触斑点不合理的原因及调整的方法

接触斑点	现象及原因	调整方法
齿面对角接触	蜗杆副在承受载荷时，出现左右齿面对角接触。说明中心距大或蜗杆轴线歪斜	调整蜗杆座位置（缩小中心距）或调整（修整）蜗杆基面
齿面中间接触	蜗杆副在承受载荷时，出现中心或下端接触。说明中心距小	向上调整蜗杆座位置，增大中心距，以达到正常接触
齿面下端接触		

续表

接触斑点	现象及原因	调整方法
齿面上端接触	蜗杆副在承受载荷时，如果出现上端接触。说明中心距大	向下调整蜗杆座，以达到正常接触
齿面带状接触	蜗杆副在承受载荷时，如果出现带状接触。表明蜗杆径向跳动及加工误差过大	调换蜗杆轴承(或刮轴瓦)，以及调换蜗轮或采取跑合的方法
齿面齿顶接触	蜗杆副在承受载荷时，如果出现齿顶或齿根接触。是因为蜗杆与终加工刀具齿形不一致造成的	调换蜗杆或蜗轮，或在中心距有充分保证的情况下重新加工
齿面齿根接触		

② 蜗杆传动机构侧隙的检查 蜗杆传动机构的侧隙用铅丝或塞尺测量都很困难。一般对不重要的蜗杆副，仅凭经验，用手转动蜗杆，根据空程角的大小判断侧隙大小。对运动精度要求高的蜗杆副，要用百分表测量，如图 5-44（a）所示。在蜗杆轴上固定一带万能角度尺的刻度盘 2，百分表的测头抵在蜗轮齿面上，用手转动蜗杆；在百分表指针不动的条件下，用刻度盘相对固定指针 1 的最大转角（空程角）来判断侧隙的大小。空程角与侧隙有以下近似关系（蜗杆升角影响忽略不计）。

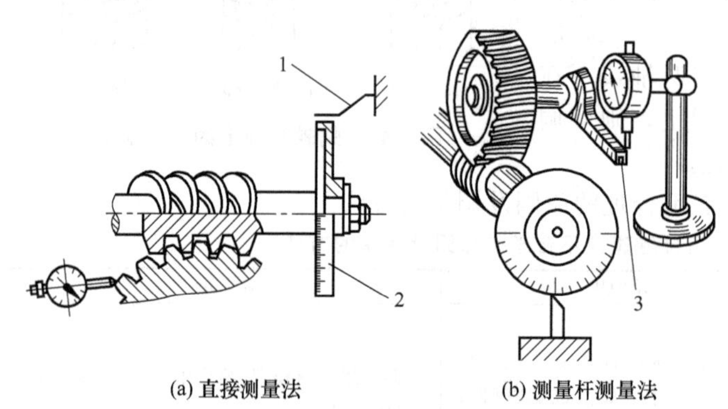

(a) 直接测量法　(b) 测量杆测量法

图 5-44　蜗杆传动机构侧隙的检验

1—固定指针；2—刻度盘；3—测量杆

$$\alpha = C_n \frac{360° \times 60}{1000\pi Z_1 m} = 6.8 \frac{C_n}{Z_1 m}$$

式中　α——空程角，(′)；

Z_1——蜗杆头数；

m——模数，mm；

C_n——侧隙，μm。

如用百分表直接与蜗轮接触有困难时，可在蜗轮轴上装一测量杆 3，如图 5-44（b）所示。

对于不重要的蜗杆机构，也可以用手转动蜗杆，根据空程量的大小判断侧隙的大小。

③ 转动灵活性　装配后的蜗杆传动机构，还要检查它的转动灵活性。蜗轮在任何位置上时，用手旋转蜗杆所需的转矩均应相同，没有“咬住”现象。

5.5 螺旋传动机构的装配与调整

螺旋传动机构主要由丝杠和螺母组成。其作用主要是把旋转运动变为直线运动，具有传动机构结构简单、制造方便、工作平稳、传动精度高、传递动力大、无噪声和易于自锁等优点，因而，螺旋传动机构在机械传动中应用比较广泛。但在普通的螺旋传动中，由于螺杆与螺母的牙侧表面之间的相对运动摩擦是滑动摩擦，因此，也存在摩擦阻力大、磨损较快、效率低等缺点。近年来，为了改善普通螺旋传动的功能，经常采用滚珠螺旋传动新技术，通过滚动摩擦来代替滑动摩擦，且在数控机床上得到了极为广泛的应用。

5.5.1 螺旋传动机构的装配技术要求

装配螺旋传动机构时，为提高丝杠传动精度和定位精度，必须认真调整丝杠螺母副的配合精度，一般应满足以下要求。

① 丝杠螺母副应有较高的配合精度和准确的配合间隙。

② 丝杠与螺母的同轴度以及丝杠支承轴线与基准面的平行度都必须符合规定要求。

③ 丝杠与螺母相互之间的转动应灵活，在旋转过程中无时松时紧和阻滞现象。

④ 丝杠的运动精度应在规定的范围内。

5.5.2 普通螺旋传动机构的装配与调整

(1) 丝杠螺母副配合间隙的测量及调整

丝杠螺母配合间隙是保证其传动精度的主要因素，分径向间隙和轴向间隙两种。由于测量时径向间隙更容易准确地反映丝杠螺母副的配合精度，所以其配合间隙常用径向间隙来表示。但轴向间隙却直接影响到丝杠螺母的传动精度，装配时可用选配法或用消隙机构进行轴向间隙的调整。

① 径向间隙的测量　测量螺旋传动机构的径向间隙时，其螺母应置于距丝杠一端（3～5）P 的距离，使百分表抵在螺母1上。轻轻地抬起螺母，此时百分表指针的摆动差值即为径向间隙值，如图5-45所示。

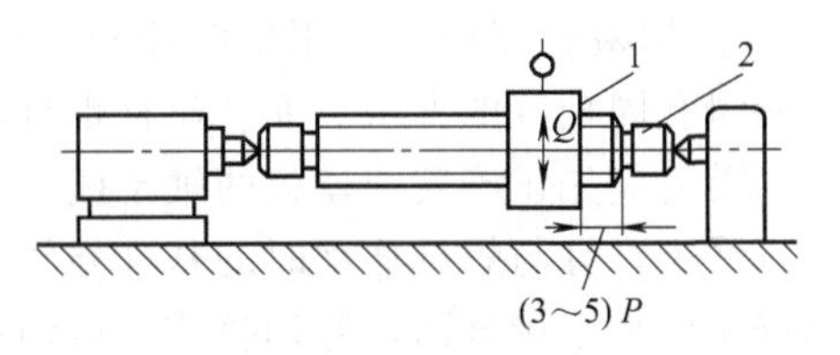

图5-45　径向间隙的测量

1—螺母；2—丝杠

② 轴向间隙的调整　没有消隙机构的丝杠螺母副，可用单配或选配法来保证规定的配合间隙；有消隙机构的丝杠螺母副应根据其消隙机构的形式，即单螺母或双螺母结构的不同而采用不同的调隙方法。

对于单螺母消隙机构，其是利用强制施加外力的手段，迫使螺母与丝杠始终保持单向接触的。如图5-46所示为磨削工具中常用的3种单螺母消隙机构。其作用的外力分别为油缸压力[图5-46 (a)]、弹簧力[图5-46 (b)]和重锤重力[图5-46 (c)]。装配时应注意分别调整和选择适当的油缸压力、弹簧拉力、重锤重量，以消除轴向间隙。必须使消隙机构的消隙作用力与切削力 F_r 方向一致，以防止在进给过程中产生爬行，影响进给精度。

对于双螺母消隙机构，其是通过调整两个螺母的轴向相对位置，以消除轴向间隙并实现预紧的。

如图5-47 (a) 所示为斜面消隙机构。其调整方法是拧松螺钉3，再拧动螺钉1使斜楔2向上移动，从而推动带斜面的螺母右移消除轴向间隙，调整好以后再将螺钉3拧紧固定。

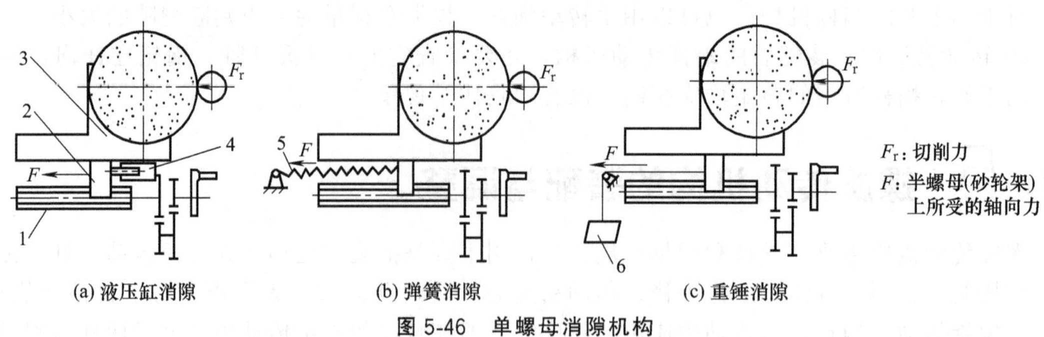

(a) 液压缸消隙　　(b) 弹簧消隙　　(c) 重锤消隙

图 5-46　单螺母消隙机构

1—丝杠；2—螺母；3—砂轮架；4—液压缸；5—弹簧

如图 5-47（b）所示为弹簧消隙机构。其调整方法是转动调节螺母 4，通过垫片 3 压缩弹簧 2，使螺母 1 轴向移动，以消除轴向间隙。

如图 5-47（c）所示为垫片消隙机构。其调整方法是通过修磨垫片 2 的厚度使螺母 1 轴向移动，以消除轴向间隙。

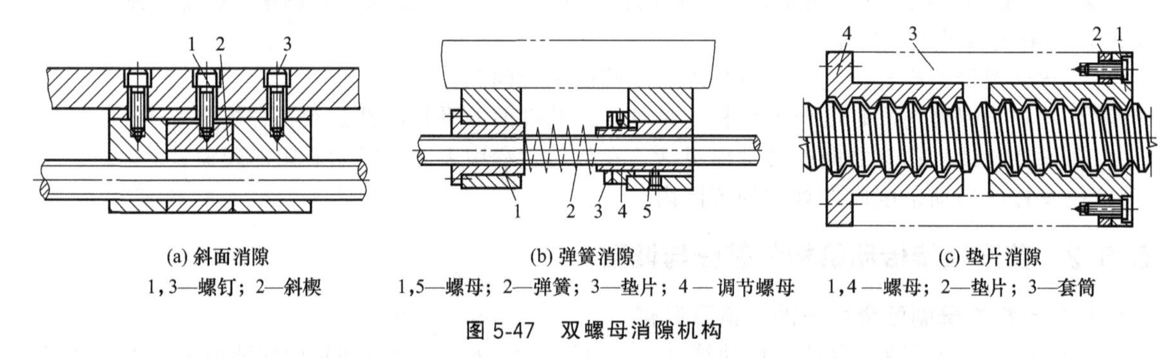

(a) 斜面消隙
1，3—螺钉；2—斜楔

(b) 弹簧消隙
1，5—螺母；2—弹簧；3—垫片；4 — 调节螺母

(c) 垫片消隙
1，4 —螺母；2—垫片；3—套筒

图 5-47　双螺母消隙机构

(2) 丝杠螺母副同轴度的校正

为了能准确而顺利地将旋转运动转换为直线运动，丝杠和螺母必须同轴，丝杠轴线必须与基准平行。丝杠螺母副同轴度的校正方法有检验棒校正和丝杠直接校正两种。

① 用检验棒校正　用检验棒校正是以平行于导轨面的丝杠两轴承孔的中心线为基准，校正螺母孔同轴度的方法。安装丝杠螺母时应按下列步骤进行。

首先应先正确安装丝杠两轴承座，用专用检验芯棒和百分表校正，使两轴承孔的轴线在同一直线上，且与螺母移动时的基准导轨平行，如图 5-48（a）所示。校正时，可以根据误差情况修刮轴承座接合面，并调整前、后轴承的水平位置，使其达到要求。

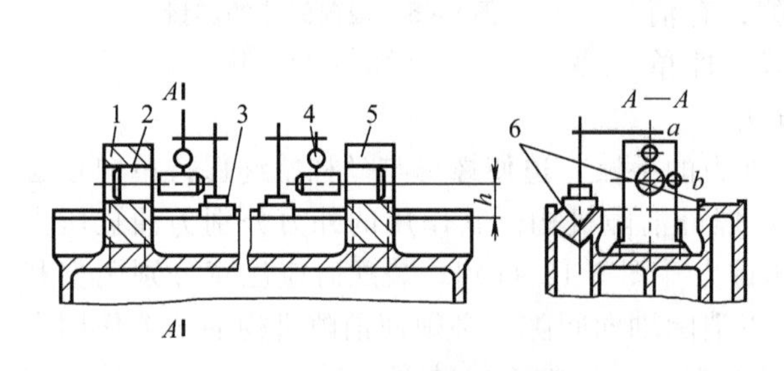

(a) 校正轴承孔中心位置
1，5—前后轴承座；2—检验棒；
3—检具；4—百分表；6—导轨面

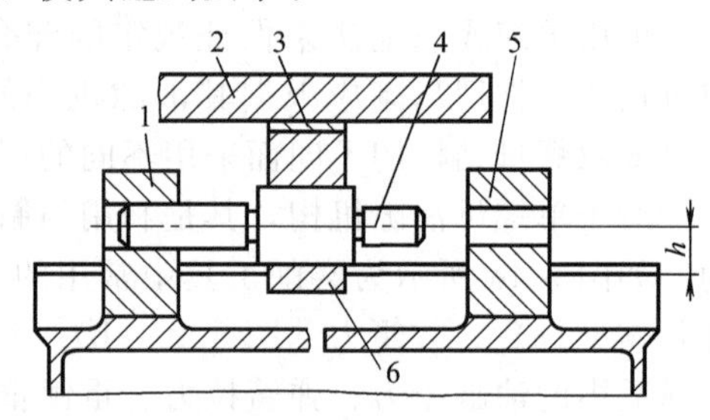

(b) 校正螺母中心
1，5—前后轴承座；2—工作台；
3—垫片；4—检验棒；6—螺母座

图 5-48　校正螺母孔与前后轴承孔的同轴度

利用芯轴上母线 a 校正垂直平面，侧母线 b 校正水平平面。

再以平行于基准导轨面的丝杠两轴孔的中心连线为基准，校正螺母与丝杠轴线的同轴度，如图 5-48（b）所示。校正时将检验棒 4 装在螺母座 6 的孔中，移动工作台 2，如检验棒 4 能顺利插入前、后轴承座孔中，即符合要求，否则应按 h 尺寸修磨垫片 3 的厚度。

在用检验棒校正过程中应注意：在校正丝杠轴心线与导轨面的平行度时，各支承孔中检验棒的“抬头”或“低头”的方向应一致；为消除检验棒在各支承孔中的安装误差，可将其转过 180°后再测量一次，取其平均值。

② 用丝杠直接校正　两轴承孔与螺母孔同轴度的方法如图 5-49 所示。校正的步骤及要点如下。

首先应调整水平位置，修刮螺母座 4 的底面，并调整其水平位置，使丝杠上母线 a 和侧母线 b 均与导轨面平行；然后再调整轴承座，修磨垫片 2、垫片 7，并在水平方向调整前、后轴承座，使丝杠两端的轴颈能顺利地插入轴承孔内，且丝杠 3 能够灵活地转动。

丝杠运动精度的调整是依据其径向圆跳动和轴向圆跳动的大小来进行的。当丝杠支承为滚动轴承时，可采用定向装配法来调整。为此装配前应先测出影响径向圆跳动的各零件最大径向圆跳动的方向，然后按最小累积误差进行定向装配，与此同时还要消除轴承间隙和采取预紧轴承的措施，使丝杠径向圆跳动和轴向圆跳动达到要求的运动精度。

为保证丝杠螺母副的装配精度，丝杠与螺母配合径向平均间隙不能过大，即应符合表 5-11 的规定。对于无消除间隙机构的丝杠螺母副一般用单配或选配的方法来保证。

表 5-11　丝杠与螺母配合径向平均间隙　μm

精度等级	4	5	6	7	8	9
径向间隙	20～40	30～60	60～100	100～150	120～180	160～240

当装配有消除间隙机构的丝杠螺母副时，如配合间隙过大，则应进行合理调整。对于单螺母结构，可利用液压缸使螺母与丝杠永久保持单面接触，消除轴向窜动。装配时适当调整液压缸压力，即可达到要求，如图 5-50 所示。

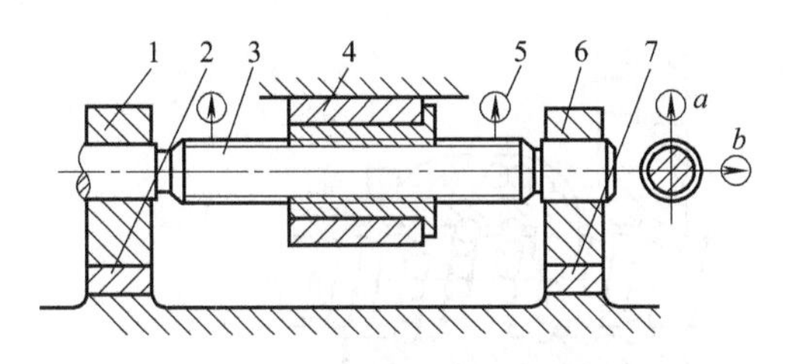

图 5-49　用丝杠直接校正两轴承孔与螺母的同轴度

1—前轴承座；2,7—垫片；3—丝杠；4—螺母座；5—百分表；6—后轴承座

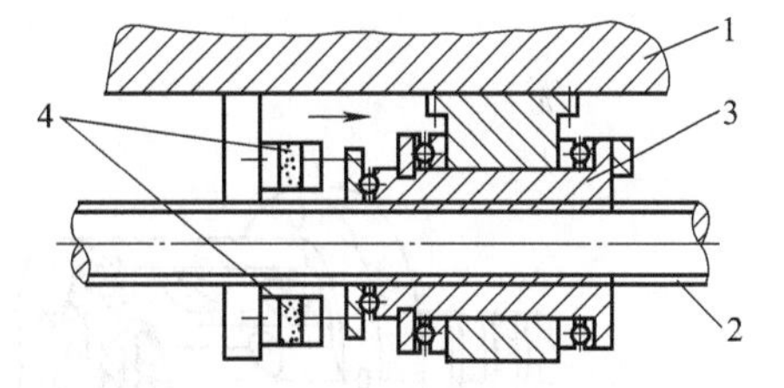

图 5-50　单螺母结构的丝杠螺母副装配

1—机架；2—丝杠；3—螺母；4—液压缸

5.5.3　滚珠螺旋传动的装配与调整

滚珠螺旋传动为滚珠丝杠螺母副，简称滚珠丝杠。滚珠丝杠螺母副具有摩擦损耗低、传动效率高、动静摩擦变化小、不易低速爬行及使用寿命长、精度保持性好等一系列优点，并可通过丝杠螺母的预紧消除间隙、提高传动刚度。此外，滚珠丝杠螺母副具有运动的可逆性，传动系统不能自锁，它一方面能将旋转运动转换为直线运动，反过来也能将直线运动转换为旋转运动。其制造工艺成熟、生产成本低、安装维修方便，因此，它是目前进给行程 6m 以下的中、小型数控机床使用最为广泛的传动形式。

(1) 结构原理

滚珠丝杠是一种以滚珠为滚动体的螺旋式传动元件，其外形和原理如图 5-51 所示。主要由丝杠、螺母和滚珠三大部分组成。按螺纹轨道的截面形状，滚珠丝杠可分为单圆弧和双圆弧两种，双圆弧截面滚珠丝杠的轴向刚度大于单圆弧截面滚珠丝杠，它是目前普遍采用的形式。

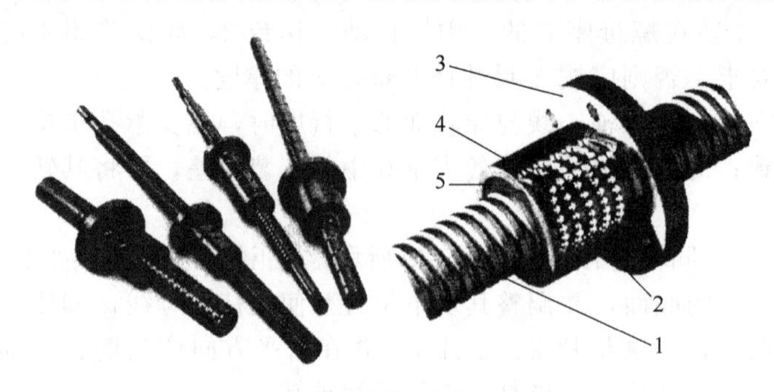

图 5-51　滚珠丝杠的外形和原理

1—丝杠；2—滚珠；3—螺母；4—反向器；5—密封圈

双圆弧截面滚珠丝杠的丝杠实际上是一根加工有半圆螺旋槽的螺杆。

滚珠丝杠的螺母上加工有和丝杠螺旋槽同直径的半圆螺旋槽，当它和丝杠套装在一起时，便成了圆形的螺旋滚道；螺母上还安装有滚珠的回珠滚道（反向器），它可将螺旋滚道的两端连接成封闭的循环滚道。

滚珠丝杠的滚珠安装在螺母滚道内，当丝杠或螺母旋转时，滚珠在滚道内自转的同时，又可沿滚道进行螺旋运动；运动到滚道终点后，可通过反向器上的回珠滚道返回起点，形成循环，使丝杠和螺母相对产生轴向运动。

因此，当丝杠（或螺母）固定时，螺母（或丝杠）可以产生相对直线运动，从而带动工作台做直线运动。

(2) 滚珠丝杠的循环方式

滚珠丝杠螺母上的回珠滚道形式称为滚珠丝杠的循环方式，它有图 5-52 所示的内循环和外循环两种。

内循环滚珠丝杠的回珠滚道布置在螺母内部，滚珠在返回过程中与丝杠接触，回珠滚道通常为腰形槽嵌块，一般每圈滚道都构成独立封闭循环。内循环滚珠丝杠的结构紧凑、定位可靠、运动平稳，且不易发生滚珠磨损和卡塞现象，但其制造较复杂。此外，也不可用于多头螺纹传动丝杠。

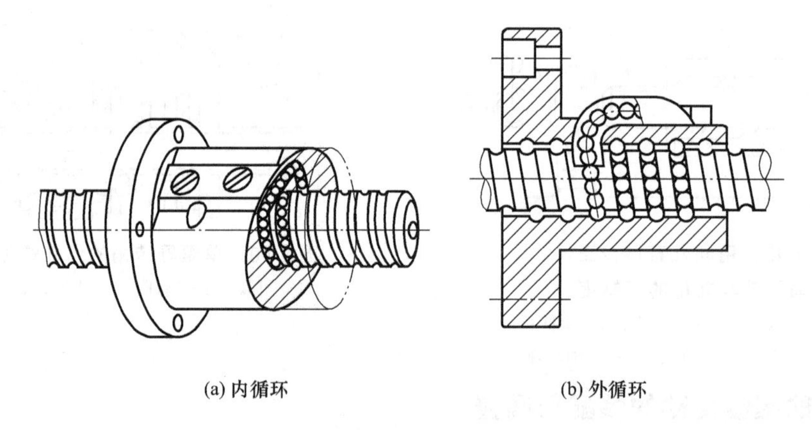

(a) 内循环　　(b) 外循环

图 5-52　滚珠丝杠的循环方式

外循环滚珠丝杠的回珠滚道一般布置在螺母外部，滚珠在返回过程中与丝杠无接触。外循环丝杠只要有一个统一的回珠滚道，因此，结构简单、制造容易。但它对回珠滚道的结合面要求较高，滚道连接不良，不仅影响滚珠平稳运动，严重时甚至会发生卡珠现象。此外，外循环丝杠运行时的噪声也较大。

(3) 滚珠丝杠的安装形式

滚珠丝杠的安装形式与传动系统的结构、刚度密切相关，常用的有丝杠旋转和螺母旋转两种基本安装形式，而滚珠丝杠本身则主要通过联轴器和同步带两种连接方式实现与驱动电动机的连接。

① 丝杠旋转　由于丝杠的直径小于螺母，可达到的转速高，因此，中小型数控机床的进给系统多采用丝杠旋转、螺母固定的安装方式。丝杠通过支承轴承，安装成轴向固定的可旋转结构；螺母固定在运动部件上，随同运动部件轴向运动。

② 螺母旋转　在行程很长、运动部件质量很大的立柱移动式机床或龙门加工中心上，为了保证传动系统的行程、刚性和精度，丝杠不仅长度长，而且必须增加丝杠的直径，以保证刚性和精度，从而导致丝杠质量、惯性的大幅度增加。为此，需要采用丝杠固定、螺母旋转的传动结构。

(4) 滚珠丝杠安装与调整

滚珠丝杠装配与调整时，除常规的直线度、跳动等安装要求外，最重要的工作是滚珠丝杠螺母副的预紧，它是提高丝杠刚度、减小传动间隙的重要措施。滚珠丝杠螺母副的预紧方法与螺母结构（单螺母或双螺母）有关，具体如下。

1) 单螺母丝杠预紧

单螺母结构的滚珠丝杠预紧主要有图 5-53 所示的增加滚珠直径、螺母夹紧、变位导程三种方法。

① 增加滚珠直径预紧　这是一种通过增加滚珠直径，消除间隙、实现预紧的方法，其原理如图 5-53（a）所示。它不需要改变螺母结构，预紧的实现容易，丝杠的刚度高。但当滚珠选配完成后，就不能再改变预紧力。增加滚珠直径的预紧方式，其预紧力在额定动载荷的 2%～5%时的性能为最佳，因此其预紧力一般不能超过额定动载荷的 5%。

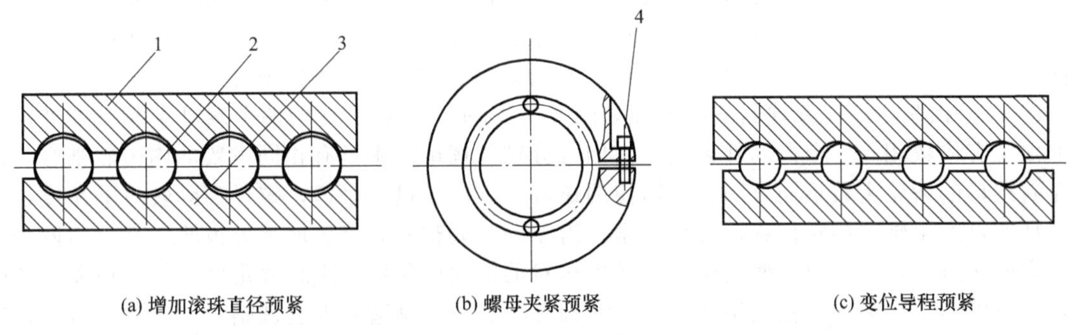

图 5-53　单螺母滚珠丝杠的预紧原理

1—螺母；2—滚珠；3—丝杠；4—螺栓

② 螺母夹紧预紧法　这是一种通过滚珠夹紧实现预紧的方法，其预紧力可调。螺母夹紧预紧的结构原理如图 5-53（b）所示。其螺母上开有一条小缝（0.1mm 左右），因此可通过螺栓 4 对螺母进行径向夹紧，以消除间隙、实现预紧。螺母夹紧预紧的结构简单、实现容易、预紧力调整方便，但它将影响螺母刚度和外形尺寸。螺母夹紧预紧的最大预紧力一般也以额定动载荷的 5%左右为宜。

③ 变位导程预紧法　如图 5-53（c）所示，这是一种通过螺母的整体变位，使螺母相对丝杠产生轴向移动的预紧方法。这种方法的特点是结构紧凑、工作可靠、调整方便；但单螺母的预紧力难以准确控制，故多用于双螺母丝杠。

2) 双螺母丝杠预紧

双螺母滚珠丝杠有两个螺母，它只要调整两个螺母的轴向相对位置，就可使螺母产生整体变位，使螺母中的滚珠分别和丝杠螺纹滚道的两侧面接触，从而消除间隙、实现预紧。双螺母结构的滚珠丝杠的预紧简单可靠、刚性好，其最大预紧力可达到额定动载荷的 10%左右或工

作载荷的33%。

双螺母丝杠的预紧原理和单螺母丝杠的变位导程预紧类似，预紧通过改变两个螺母的轴向相对位移实现，其常用的方法有垫片预紧、螺纹预紧和齿差预紧三种。

① 垫片预紧　垫片预紧原理如图5-54所示。垫片有嵌入式和压紧式两种，预紧时只要改变垫片厚度，就可改变左右螺母的轴向位移量，改变预紧力。垫片预紧的结构简单、可靠性高、刚性好，但预紧力的控制比较困难，而且预紧一般只能在丝杠生产厂家进行。

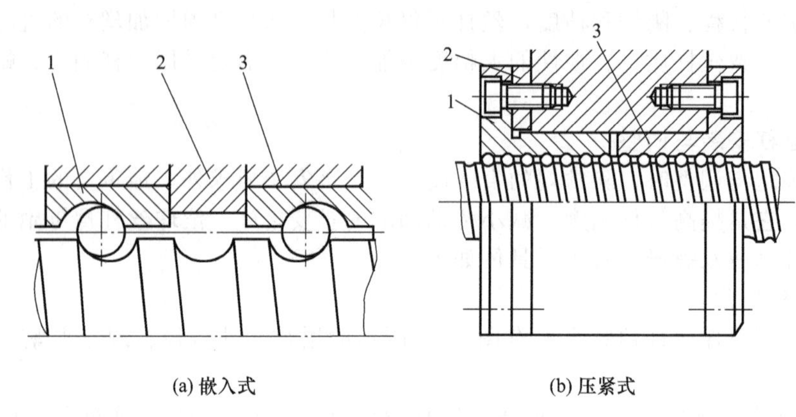

图5-54　垫片预紧原理

1,3—螺母；2—垫片

② 螺纹预紧法　螺纹预紧法的原理如图5-55所示。这种丝杠的一个螺母外侧加工有凸缘，另一螺母加工有伸出螺母座的螺纹，通过调整预紧螺母2，便可改变预紧力同时固定丝杠螺母。螺母1和3间安装有键4，它可防止预紧时的螺母转动。螺母预紧法的结构简单、调整方便，它可在机床装配、维修时现场调整，但预紧力的控制同样比较困难。

③ 齿差预紧法　齿差预紧法的原理如图5-56所示。这种丝杠的两个螺母1和4的外侧凸缘上加工有齿数相差一个齿的外齿轮，它们可分别与螺母座中具有相同齿数的内齿轮啮合。由于左右螺母的齿轮齿数不同，因此，即使两螺母同方向转过一个齿，螺母实际转过的角度也不同，从而可产生轴向相对位移，实现预紧。齿差预紧调整时，需要取下外齿轮，然后将两个螺母同方向转过一定的齿数，使两个螺母产生相对的轴向位移后，重新固定外齿轮。齿差预紧的优点是可以实现预紧力的精确调整，但其结构复杂、加工制造和安装调整烦琐，故在数控机床上实际使用较少。

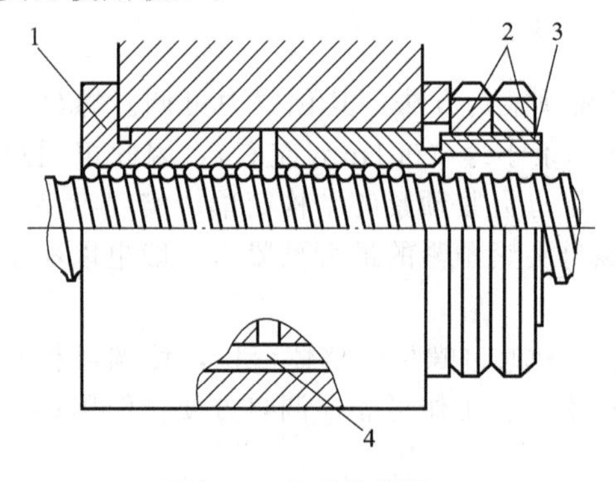

图5-55　螺纹预紧原理

1,3—丝杠螺母；2—预紧螺母；4—键

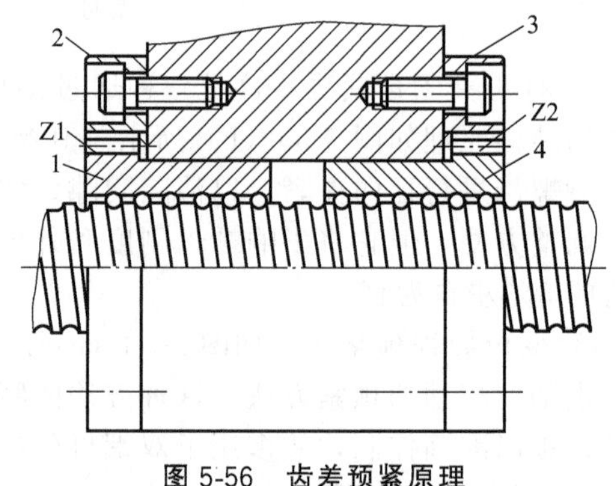

图5-56　齿差预紧原理

1,4—螺母；2,3—外齿轮

3）滚珠丝杠安装与使用

滚珠丝杠必须有良好的防护措施，以避免灰尘或切屑、冷却液进入。安装在机床上的滚珠丝杠，一般应通过图 5-57（a）所示的波纹管、螺旋弹簧钢带或伸缩罩套管等外部防护罩予以封闭。

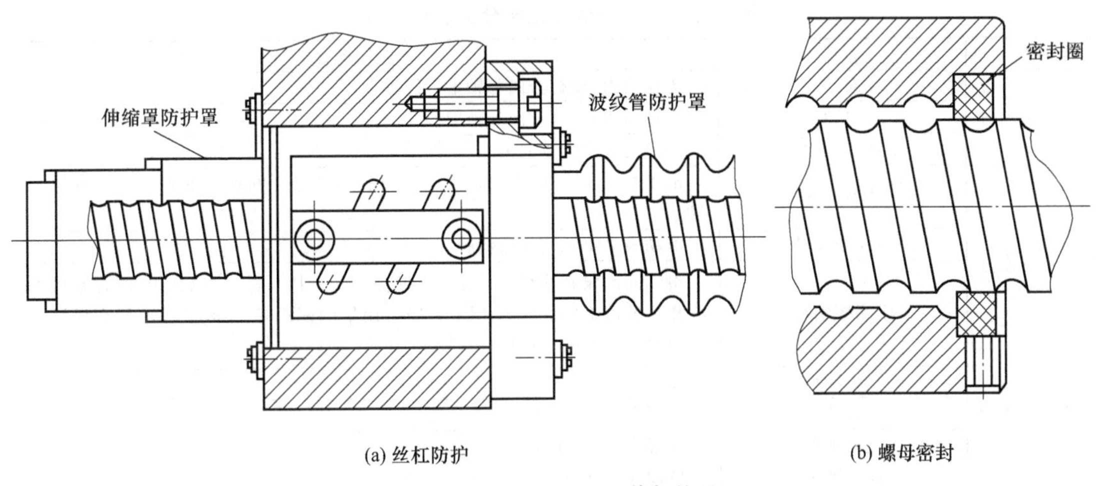

(a) 丝杠防护　　(b) 螺母密封

图 5-57　滚珠丝杠的安装与使用

如果丝杠安装在灰尘或切屑、冷却液不易进入的位置，也可采用图 5-57（b）所示的螺母密封防护措施，密封形式可以是接触式或非接触式。接触式密封可使用耐油橡胶或尼龙制成的密封圈做成与丝杠螺纹滚道相配的形状，接触式密封的防护效果好，但会增加丝杠的摩擦转矩。非接触式密封一般可用硬质塑料，制成内孔与丝杠螺纹滚道相反的形状，进行迷宫式密封，这种防护方式的防尘效果较差，但不会增加丝杠的摩擦转矩。

滚珠丝杠的润滑方式有油润滑和脂润滑两种。油润滑可采用普通机油、90 号～180 号透平油或 140 号主轴油，润滑油可经壳体上的油孔直接注入螺母。油润滑的润滑效果好，但对润滑油的清洁度要求高，且需要配套润滑系统。脂润滑一般可采用锂基润滑脂，润滑脂直接加在螺纹滚道内。脂润滑的使用简单，一次润滑可使用相当长时间，但其润滑效果稍差。

5.6 滑动轴承的装配

用来支承轴或轴上旋转零件的部件称为轴承。按轴承工作时的摩擦性质不同，轴承可分为滑动轴承、滚动轴承两种。滑动轴承是轴与轴承孔进行滑动摩擦的一种轴承。其中，轴被轴承支承的部分称为轴颈，与轴颈相配的零件称为轴瓦。为了改善轴瓦表面的摩擦性质而在其内表面上浇铸的减摩材料层称为轴承衬。轴瓦和轴承衬的材料统称为滑动轴承材料。常用的滑动轴承材料有轴承合金（又叫巴氏合金或白合金）、耐磨铸铁、铜基和铝基合金、粉末冶金材料、塑料、橡胶、硬木和炭-石墨、聚四氟乙烯（PTFE）、改性聚甲醛（POM）等。滑动轴承具有工作可靠、平稳、无噪声，能承受重载荷和较大的冲击载荷等优点，在液体润滑条件下，滑动表面被润滑油分开而不发生直接接触，还可以大大减小摩擦损失和表面磨损，油膜还具有一定的吸振能力，但启动摩擦阻力较大。因此，滑动轴承应用场合一般在低速重载工况条件下，或者是维护保养及加注润滑油困难的运转部位，如内燃机、轧钢机、大型电机及仪表、雷达、天文望远镜等方面。

5.6.1 滑动轴承的类型及选用

根据润滑情况，滑动轴承可分为液体摩擦轴承和非液体摩擦轴承两大类。而根据所受力方

向的不同，又可分为：径向轴承、推力轴承、径向-推力轴承等。

(1) 滑动轴承的分类

滑动轴承的主要分类及应用场合如表 5-12 所示。

表 5-12 滑动轴承的主要分类及应用场合

分类方法	类别	应用场合
按载荷方向分	径向轴承	受径向力，载荷方向与轴中心线垂直
	推力轴承	受轴向力，载荷方向与轴中心线平行
	径向-推力轴承	同时受径向和轴向力，如圆锥轴承、球面轴承等
按摩擦状态分	液体摩擦轴承	滑动面完全被油膜分开，摩擦只有在液体分子间产生的轴承称为液体摩擦轴承
	非液体摩擦轴承	滑动表面不能完全被油膜分开的轴承
	干摩擦轴承	滑动面间没有油存在的称为干摩擦轴承。用石墨、二硫化钼、酞菁颜料等粉末作为润滑剂的称为固体润滑轴承，用聚四氟乙烯，聚酰胺等本身有润滑作用的材料制造的轴承称自润滑轴承
按载荷大小分	轻载轴承	压强在 1MPa 以下
	中载轴承	压强在 1～10MPa
	重载轴承	压强大于 10MPa
按速度分	低速轴承	圆周速度在 5m/s
	中速轴承	圆周速度在 5～60m/s
	高速轴承	圆周速度大于 60m/s

(2) 滑动轴承类型的选用

对于转速低或做间歇回转，本身条件不能形成液体摩擦的轴承，可采用非液体摩擦轴承。对于精度要求不高和不甚重要的轴承，也没有必要采用液体摩擦轴承。

液体摩擦轴承根据滑动轴承两个相对运动表面油膜形成原理的不同，又可分为液体动压轴承和液体静压轴承。

凡是具备形成动压条件的，应尽量采用动压轴承。液体动压轴承是利用液体动压润滑方式实现轴承润滑的一种滑动轴承。所谓液体动压润滑是利用油的黏性和轴颈的高速旋转，把润滑油带进轴承楔形空间建立起压力油膜，从而使轴颈与轴承被油膜隔开，轴处于轴承的正中转动，图 5-58 给出了形成动压润滑的过程。

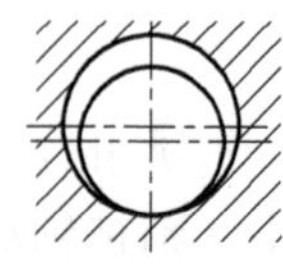

(a) 轴静止时

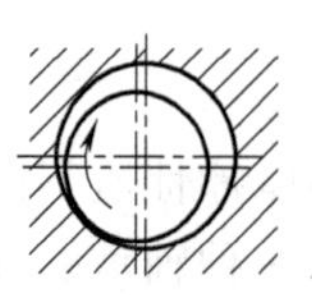

(b) 轴旋动初时

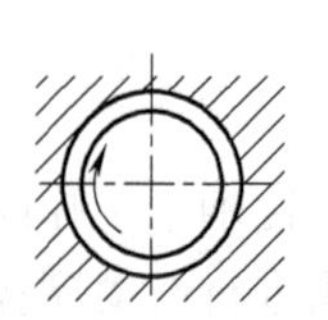

(c) 轴旋转达到一定速度时

图 5-58 液体动压润滑过程

图 5-58 (a) 为轴在静止时，由于自重而处于最低位置，润滑油被轴颈挤出，形成楔形油隙的状况。

当轴旋动时，由于油本身的黏性，轴就带着油层一起旋转，进入楔形油隙。由于油的分子受到挤压和本身的动能，对轴产生一定的压力，使轴在轴承中逐渐浮起，如图 5-58 (b)所示。

当轴旋转达到一定速度时，轴与轴承完全被油膜隔开，于是就形成了动压润滑，如图 5-58 (c)所示。

能否选用液体动压轴承，首先需判断是否有形成液体动压润滑的条件，所需条件如下。

① 轴承与轴颈配合后应有一定的间隙 [$(0.0001\sim0.0003)d$，d 为轴颈直径 (mm)]。

② 轴颈应保持一定的线速度，以建立足够的油楔压力。

③ 轴颈、轴承应具有精确的几何形状和较小的表面粗糙度值。

④ 多支撑的轴承应保证同轴度。

⑤ 润滑油的黏度选择要恰当。

对于只靠本身条件不能形成动压油膜，而又要求在液体摩擦下工作时，可采用液体静压轴承。静压润滑轴承具有如下特点：摩擦力小，启动和运转时功耗小，传动效率高；正常运转和频繁启动时，都不会发生金属之间的直接接触所造成的磨损；由于轴颈的浮起，是靠外来油的压力来实现的，因此能在极低的速度下正常工作；润滑油层具有良好的抗振性能，所以轴运转平稳；油膜具有补偿误差的作用，能减少轴承与轴本身制造误差的影响，轴的回转精度高；具有较高的承载能力，能适应于不同载荷的要求。

液体静压轴承是利用液体静压润滑原理制造出的一种轴承。所谓液体静压润滑是利用外界的油压系统供给一定压力的润滑油，将轴颈浮起，使轴与轴颈达到润滑的目的。液体静压轴承具有承载能力大、抗振性能好、摩擦系数小、寿命长、回转精度高、能在高速或极低转速下正常工作等优点，广泛用于高精度、重载、低速的场合。

如图5-59（a）所示给出了静压轴承的结构及工作原理。静压轴承在其内圆表面上开有4个对称且均匀分布的油腔，油腔与油腔之间开有回油槽，回油槽与油腔之间有封油面。两个相对的油腔与一个薄膜节流器连通，油压为p_s的润滑油经过节流器薄膜两侧的节流间隙h_c和h'_c，流入轴承相对的两个油腔中。当轴承空载时，两相对油腔压力相等，薄膜处于平直状态，轴浮在中间。当轴承受载荷W时，上油腔间隙增大，油压减小；下油腔间隙减小，油压升高，形成压力差。因此节流器中薄膜向上凸起，使上侧节流间隙减小，节流阻力增大；下侧节流间隙增大，节流阻力减小。此时，下油腔压力p_{r4}大于上油腔油压力p_{r2}，产生压力差$\Delta p=p_{r4}-p_{r2}$，于是将轴抬起，直至上下腔油压相等，使轴颈处于油膜的包围中，形成液体润滑。

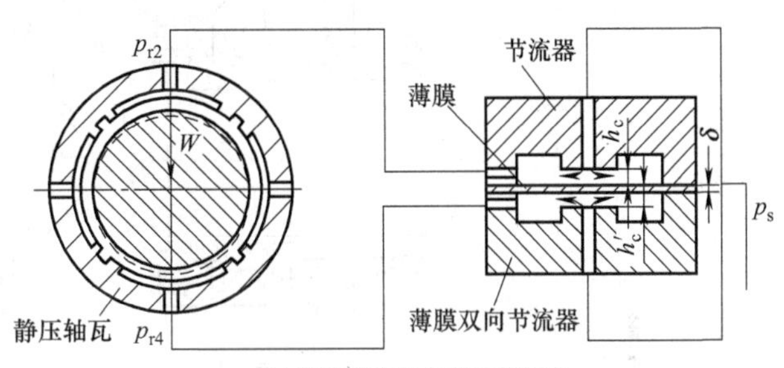

(a) 液体静压轴承的工作原理

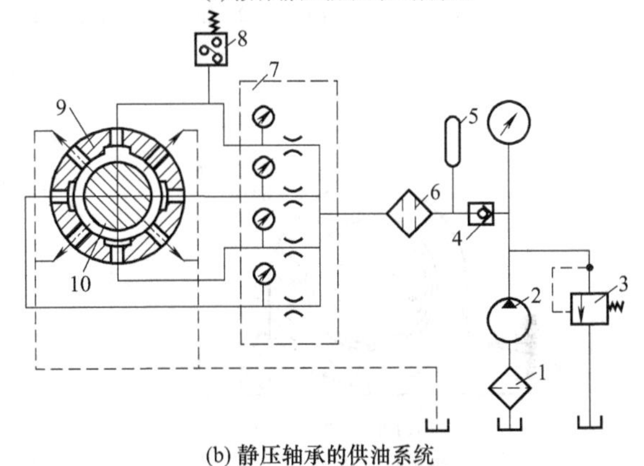

(b) 静压轴承的供油系统

图5-59 液体静压轴承

1—滤油器；2—油泵；3—溢流阀；4—单向阀；5—蓄能器；6—精滤油器；7—节流装置；8—压力继电器；9—轴承；10—轴颈

静压轴承需要单独的供油系统，图5-59（b）给出了静压轴承供油系统的结构。其主要元件及作用分别是：滤油器，防止油中杂质吸入油泵；油泵，向系统供给压力油；溢流阀，调节供油压力p_s；单向阀，使液流只能单向流动，不许反向；蓄能器，当突然停电或供油系统发生故障时，可保持仍有一定的压力油供给静压轴承，不致因断油而磨损、擦伤轴承；精滤器，防止节流器被堵塞，要求滤油精度高于0.02～0.03mm；节流装置，自动调节油腔压力，使相对油腔的压力，始终趋于相等；压力继电器，保证当油泵开动使轴承油腔建立一定压力后主轴才能启动。

5.6.2 滑动轴承装配的方法及要点

轴承分类的方法很多，结构形式也多种多样，不同类型、不同结构的滑动轴承其装配方法也有所不同，因此，要装配好滑动轴承，首先应了解其结构，下面以生产中应用较为广泛的液体动压轴承为例进行介绍。

(1) 液体动压轴承的结构形式

按照工作时形成油楔数目的不同，动压轴承可分为单油楔动压轴承和多油楔动压轴承。普通传动轴用的轴承，一般为单油楔动压轴承；机器设备的主轴，一般用多油楔动压轴承。常见的结构主要有以下形式。

① 单油楔动压轴承　单油楔动压轴承的结构如图 5-60 所示。其中：图 5-60（a）为内柱外锥式轴承，图 5-60（b）为外柱内锥式轴承，图 5-60（c）为整体固定式轴承，图 5-60（d）为剖分式轴承。

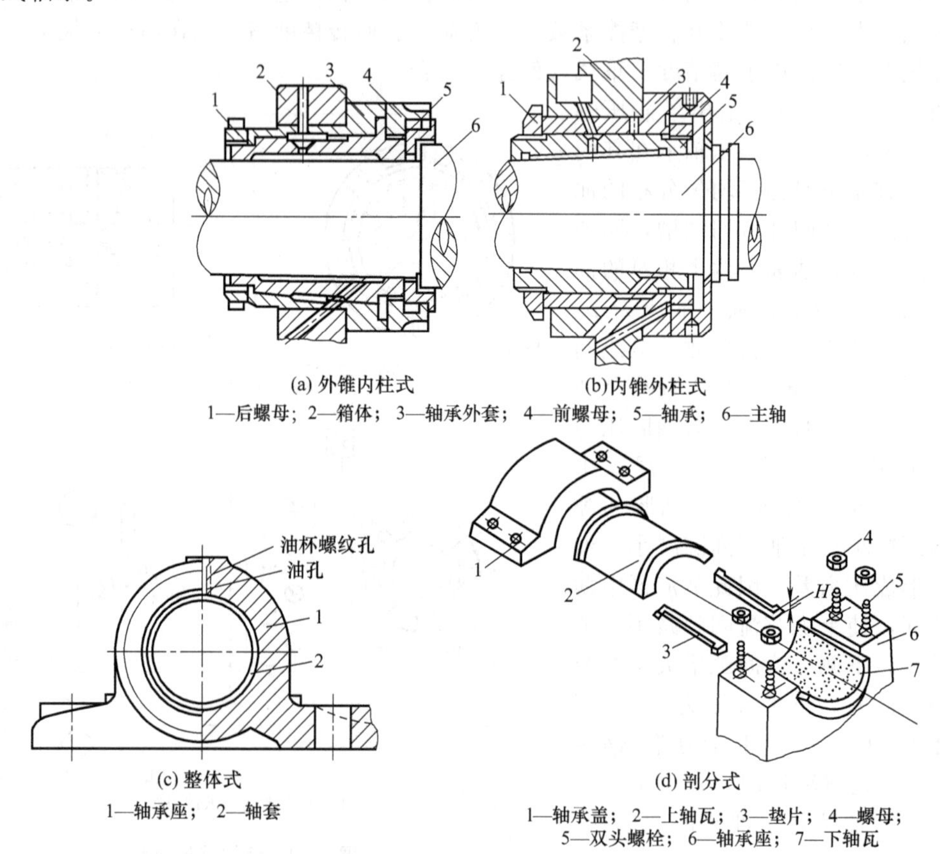

(a) 外锥内柱式　(b) 内锥外柱式

1—后螺母；2—箱体；3—轴承外套；4—前螺母；5—轴承；6—主轴

(c) 整体式

1—轴承座；2—轴套

(d) 剖分式

1—轴承盖；2—上轴瓦；3—垫片；4—螺母；5—双头螺栓；6—轴承座；7—下轴瓦

图 5-60　单油楔动压轴承

② 多油楔动压轴承　多油楔动压轴承的结构形式较多，其中：图 5-61（a）为外锥内柱式轴承，与单油楔的外锥内柱式的区别是轴承内表面加工出 3 个偏心圆弧槽，均匀分布在圆周上，深为 0.2mm，所以主轴无论正转或反转，都能形成 3 个油楔；图 5-61（b）为整体薄壁弹性变形式轴承，这种轴承的油楔是靠装配时，使薄壁轴承产生弹性变形而形成的；图 5-61（c）为阿基米德螺旋面轴承，经机械铲削轴承内壁上有 5 个油囊，油囊横断面的轮廓线为阿基米德螺旋线，有油泵供应的低压油，经 5 个进油孔 a 进入阿基米德螺旋线形成的油囊，从回流槽 b 流出，形成循环润滑；图 5-61（d）为多瓦自动调位轴承（短三瓦、长三瓦）。

(2) 液体动压轴承的装配步骤及要点

常用的径向滑动轴承有整体式滑动轴承和剖分式滑动轴承两大类。其装配要点主要有以下方面，应该说明的是，以下所述并不仅仅限于液体动压轴承的装配，其他种类滑动轴承的装配基本上也可参照进行。

1）整体式径向滑动轴承的装配

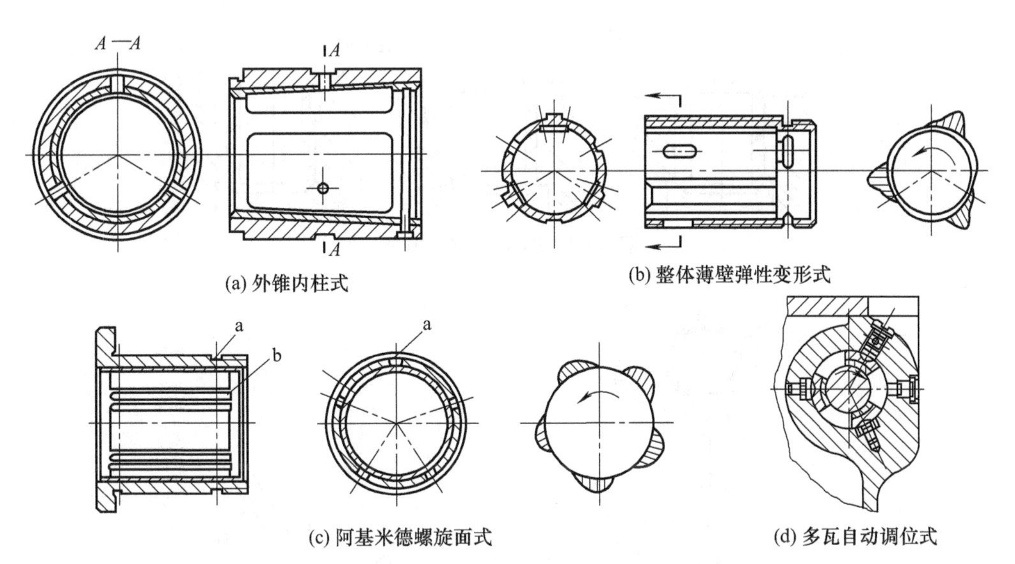

图 5-61　多油楔动压轴承

整体式径向滑动轴承由轴承座和轴套组成，其结构如图 5-60（c）所示。其装配步骤及要点如下。

① 装前应仔细检查机体内径与轴套外径尺寸是否符合规定要求。

② 对两配合件要仔细地倒棱和去毛刺，并清洗干净。

③ 装配前对配合件要涂润滑油。

④ 压入轴承套，过盈量小可用锤子在放好的轴套上，加垫块或芯棒敲入，如图 5-62（a）所示。如果过盈量较大，则宜用压力机或拉紧工具［图 5-62（b）］把轴套压入机体中。用压力机压入时要防止轴套歪斜，压入开始时可用导向环或导向芯轴导向。

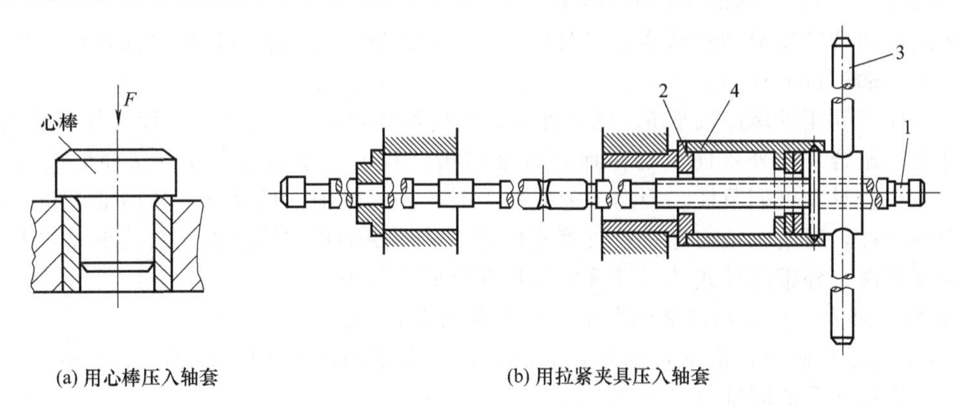

图 5-62　轴承套的压入

1—螺杆；2—挡圈；3—手柄；4—套筒

⑤ 负荷较大的滑动轴承压入后，还要安装定位销或紧定螺钉定位，常用的轴承的定位方式如图 5-63 所示。

⑥ 修整压入后轴套孔壁，消除装压时产生的内孔变形，如内径缩小、椭圆形、圆锥形等。

⑦ 最后按规定的技术要求检验轴套内孔。主要检验项目及方法有：用内径百分表在孔的两三处相互垂直方向上检查轴套的圆度误差，如图 5-64（a）所示；用塞尺检验轴套孔的轴线与轴承体端面的垂直度误差，如图 5-64（b）所示。

⑧ 在水中工作的尼龙轴承，安装前应在水中泡煮一定时间，约 1h 再安装，使其充分吸水

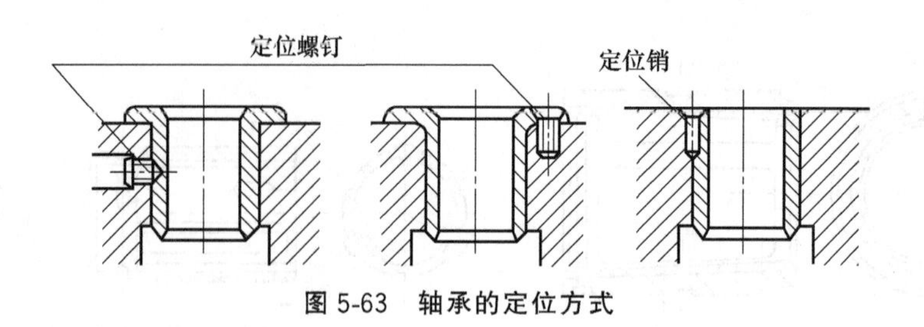

图 5-63 轴承的定位方式

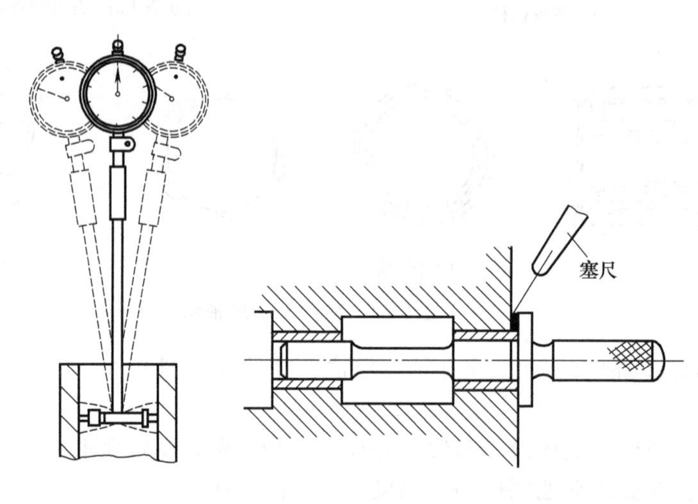

(a)用内径百分表检测轴套孔的圆度误差 (b) 用塞尺检验轴套装配的垂直度误差

图 5-64 轴套内孔的检验

膨胀，防止内径严重收缩。

2）整体式可调节径向滑动轴承的装配

整体式可调节径向滑动轴承通常有两种形式，即外锥内柱式和内锥外柱式轴承，其结构分别如图 5-60（a）、（b）所示。

外锥内柱式动压轴承由轴承 5、轴承外套 3 和前后螺母 4、1 构成。轴承 5 外表面为锥面，与轴承外套 3 贴合。在外锥面上对称地开有轴向槽，其中一条切穿，并在切穿处嵌入弹性垫片，使轴承小径具有可调节性。当调节前后螺母时，轴承轴向前后移动，利用轴承套的锥面和轴承自身的弹性，可使轴承内孔直径收缩或扩张，从而使轴承与轴颈的间隙减小或增大，以形成液体动压润滑。外锥内柱式动压轴承装配步骤及要点如下。

① 将轴承外套 3 压入箱体 2 的孔中，其配合为 H7/r6。

② 用专用芯轴研点，修刮轴承外套的内锥孔，至接触点为 12～16 点/(25mm×25mm)，并保证前、后轴承孔的同轴度。

③ 在轴承上钻进、出油孔，注意与箱体、轴承外套的油孔相对，与自身的油槽相接。

④ 以轴承外套 3 的内孔为基准，研点配刮轴承 5 的外锥面，接触点同上。

⑤ 把轴承 5 装入轴承外套 3 的孔内，两端分别拧入螺母 1、4，并调整轴承 5 的轴向位置。

⑥ 以主轴 6 为基准配刮轴承 5 的内孔，后轴承处以工艺套支撑，以保证前、后轴承孔的同轴度。轴承 5 内孔接触点为 12 点/(25mm×25mm) 且两端为“硬点”，中间为“软点”。油槽两边的点要“软”，以便形成油膜。油槽两端的点分布要均匀，以防漏油。

⑦ 清洗轴承和轴颈，重新装入并调整间隙。一般精度的机床主轴轴承间隙为 0.015～0.03mm。

调整的方法是先将调整螺母拧紧，使配合间隙消除，然后再拧松小端螺母 4 至一定角度 α，再拧紧大端螺母 1，使轴承 5 轴向移动，即可得到要求的间隙值。螺母拧松角 α 可按下式计算。

$$\alpha=\Delta\frac{L}{D-d}\times\frac{360^{\circ}}{S_0}$$

式中 $\frac{L}{D-d}$——轴承外锥面锥度倒数；

S_0——调整螺母导程，mm；

Δ——要求的间隙值，mm。

内锥外柱式滑动轴承的内孔是圆锥面，外表面是圆柱面，也是通过前后两螺母调节轴承的轴向位置来调节轴颈和轴承的间隙，以形成液体动压润滑的。其装配方法和步骤与内柱外锥式滑动轴承大体相同，不同点是这种轴承只需刮研内锥孔。可将轴承装入箱体，直接以轴为基准配刮研内锥孔达到要求的接触点，然后清洗轴套和轴，重新装入并调整轴承间隙达到要求。

3）剖分式滑动轴承的装配

典型的剖分式滑动轴承的结构如图5-60（d）所示。它由轴承座、轴承盖、剖分轴瓦、垫片及双头螺柱组成。剖分式滑动轴承装配要点如下。

① 清理　装配前，首先应清理轴承座、轴承盖、上瓦和下瓦的毛刺、飞边。

② 轴瓦与轴承座、盖的装配　上下轴瓦与轴承座、盖装配时，应使轴瓦背与座孔接触良好，可用涂色法检查轴瓦外径与轴承座孔的贴合情况，接触良好，着色要均匀。

如不符合要求时，厚壁轴瓦以座孔为基准修刮轴瓦背部。薄壁轴瓦不便修刮，需选配。为达到配合的紧密，保证有合适的过盈量，薄壁轴瓦的剖分面应比轴承座的剖分面 H 略高一些（图5-65），$\Delta h=\pi\delta/4$（δ 为轴瓦与轴承内孔的配合过盈），一般 $\Delta h=0.05\sim0.1$mm。同时，应保证轴瓦的阶台紧靠座孔的两端面，达到H7/f7配合，太紧可通过刮削修配。一般轴瓦装配时应对准油孔位置，应用木锤轻轻敲击，听声音判断，要保证贴实。

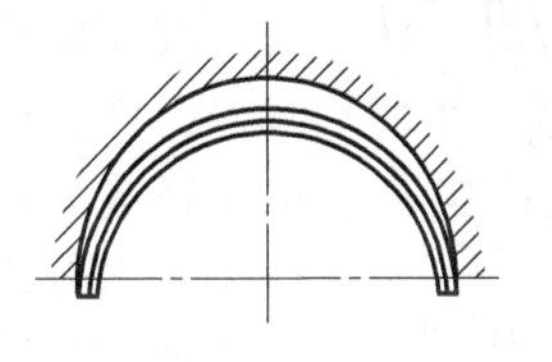

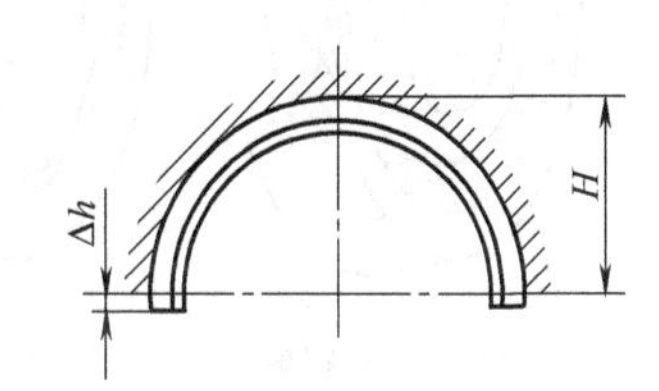

图5-65　薄壁轴瓦的选配

③ 轴瓦孔的配制　用与轴瓦配合的轴来显点，在上下轴瓦内涂显示剂，然后把轴和轴承装好，双头螺钉的紧固程度，以轴能转动为宜。当螺柱均匀紧固后，轴能轻松转动且无过大间隙，显点达到要求，即为刮削合格。

④ 装配与间隙调整　对刮好的轴瓦应进行仔细地清洗后再重新装入座、盖内，最后调整接合处的垫片，瓦内壁涂润滑油后细心装入配合件，保证轴与轴瓦之间的径向配合间隙符合设计要求后，再按规定拧紧力矩均匀地拧紧锁紧螺母。

（3）液体静压轴承的装配

1）操作步骤

① 装配前，必须将全部零件及油管系统用汽油彻底清洗，不允许用棉纱等去擦洗，防止纤维物质堵塞节流孔。

② 仔细检查主轴与轴承间隙，一般双边间隙为0.035～0.04mm，然后将轴承压入壳体中。

③ 轴承装入壳体孔后，应保证其前后轴承的同轴度要求和保证主轴与轴承间隙。

④ 试车前，液压供给系统需运转2h，然后清洗过滤器，再接入静压轴承中正式试车。

2）注意事项

① 将静压轴承压入轴承壳体时，要防止擦伤外圆表面，以免引起油腔互通。如大径较大或过盈量较大，尽量经冷缩后装入。

② 静压轴承压入壳体孔后，应进行研磨，使前、后轴承孔同轴，并保证与轴颈的间隙符合要求。必要时，按研磨后的孔径来研磨轴颈，以获得要求的间隙。研磨孔时，应使孔轴线处

于竖直方向，用同轴研磨棒竖直研磨，研磨棒既做旋转运动同时又做上下移动。

③ 装配后的静压轴承及供油系统，必须严格清理和清洗。

④ 静压轴承必须进行空运转试验，精心仔细调整，以获得良好的刚度和旋转精度。启动供油泵，调整节流器间隙，使四个油腔的压力相等并能保持稳定，要求供油压力与各油腔压力比值相等，比值一般为 2。这时主轴应能浮起，用手能轻便转动，表明主轴与轴承之间处于液体摩擦状态，空运转试验达到要求。如果空试验时主轴不能浮起，就不能进行工作试验。

⑤ 工作试验时，启动轴承供油泵后运转启动主轴。要求各油腔压力表读数相同，压力稳定，主轴旋转平稳无振动。不允许有压力下降和波动现象。如不符合要求，必须进一步调整。

5.7 滚动轴承的装配与调整

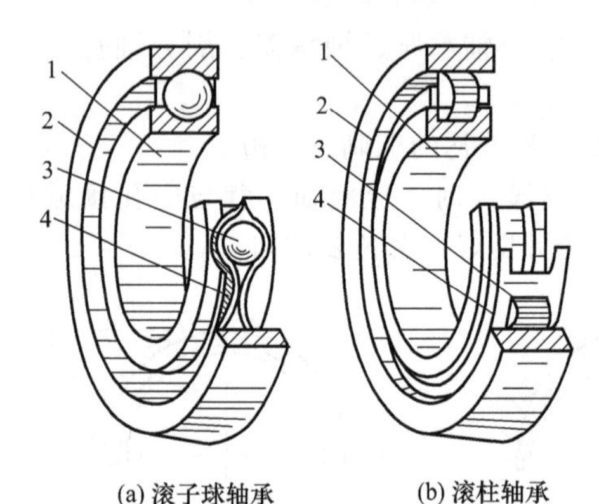

图 5-66 滚动轴承的结构

1—内圈；2—外圈；3—滚动体；4—保持架

工作时，由滚动体在内外圈的滚道上进行滚动摩擦的轴承，叫滚动轴承。它是一种已标准化的十分精密的运动支撑组件。具有摩擦阻力小、使用维护方便、工作可靠、轴向尺寸小、在中等速度下承载能力较强、维护简单、互换性强等优点。与滑动轴承比较，滚动轴承的径向尺寸较大、减振能力较差、高速时寿命低、声响较大。滚动轴承中的向心轴承（主要承受径向力）通常由内圈、外圈、滚动体和滚动体保持架 4 部分组成（图 5-66），按滚动体的种类，可分为球轴承和滚子轴承两大类。

安装使用时，滚动轴承的内圈紧套在轴颈上并与轴一起旋转，外圈装在轴承座孔中。在内圈的外周和外圈的内周上均制有滚道。当内外圈相对转动时，滚动体即在内外圈的滚道上滚动，它们由保持架隔开，避免相互摩擦；推力轴承分紧圈和活圈两部分。紧圈与轴套紧，活圈支承在轴承座上。套圈和滚动体通常采用强度高、耐磨性好的滚动轴承钢制造，淬火后表面硬度应达到 60～65HRC。保持架多用软钢冲压制成，也可以采用铜合金夹布胶木或塑料等制造。

5.7.1 滚动轴承的类型及选用

滚动轴承类型很多，而且各类轴承中又有不同的结构、尺寸、公差等级和技术要求。为了表示各类轴承不同的特点，国家标准给出了轴承基本代号的表示方法，轴承基本代号分别由类型代号、尺寸系列代号、内径代号三部分组成，如表 5-13 所示。其中，滚动轴承类型的表示方法如表 5-14 所示。

表 5-13 轴承的基本代号

类型代号	尺寸系列代号	内径代号

表 5-14 轴承类型表示法（GB/T 272—2017）

轴承类型	标准代号	轴承类型	标准代号
双列角接触球轴承	0	深沟球轴承	6
调心球轴承	1	角接触球轴承	7
调心滚子轴承	2	推力圆柱滚子轴承	8
推力调心滚子轴承	2	圆柱滚子轴承	N
圆锥滚子轴承	3	外球面球轴承	U
双列深沟球轴承	4	四点接触球轴承	QJ
推力球轴承	5		

选择滚动轴承，总的原则是：根据实际需要，首先应满足工作要求，其次是成本低、经济性好。一般可按轴承承受载荷的方向、大小、性质选择轴承类型。如果承受纯径向载荷，可选用深沟球轴承。如果承受纯轴向载荷，当转速不高时，可选用推力球轴承；当转速较高，可选用角接触球轴承。

若要求转速较高、载荷较小、旋转精度高时，宜选用球轴承；要求转速低时，载荷较大或有冲击、振动、要求有较大的支承刚度时，宜选用滚子轴承。但滚子轴承的价格高于球轴承，而且精度愈高，轴承的价格愈高。

5.7.2 滚动轴承的装配技术要求

① 根据滚动轴承国家标准的规定，滚动轴承内圈与轴的配合采用的是基孔制；外圈与轴承孔的配合采用的是基轴制。按标准规定，轴承内径尺寸只有负偏差，这与通用公差标准的基准孔尺寸只有正偏差不同；轴承外径尺寸只有负偏差，但其大小也与通用公差标准不同。

② 滚动轴承上带有标记代号的端面应装在可见方向，以便更换时查对。

③ 轴承装在轴上或装入轴承座孔后，不允许有歪斜现象。

④ 同轴的两个轴承中，必须有一个轴承在轴受热膨胀时有轴向移动的余地。

⑤ 装配轴承时，压力（或冲击力）应直接加在待配合的套圈端面上，不允许通过滚动体传递压力。

⑥ 装配过程中应保持清洁，防止异物进入轴承内。

⑦ 装配后的轴承应运转灵活，噪声小，工作温度不超过50℃。

5.7.3 滚动轴承的装配、调整与拆卸

滚动轴承的装配方法应根据轴承的结构、尺寸和轴承部件配合性质而定。一般滚动轴承的装配方法有锤击法、用螺旋或杠杆压力机压入法及热装法等。装配时，应注意其压力应直接加在待配合的套圈端面上，不能通过滚动体传递压力。通常其装配可按步骤和方法操作。

(1) 滚动轴承的装配要求

除两面带防尘盖或密封圈的滚动轴承外，其他的轴承均应在装配前进行清洗并加防锈润滑剂。应注意的是，清洗时不应影响轴承的间隙，清洗后轴承不能直接放在平板上，更不允许直接用手去拿或触摸。

装配时不应盲目操作，应以无字标的一面作为基准面，紧靠在轴肩处；滚动轴承上标有代号的端面应装在可见部位，以便于将来更换。装配后应保证轴承外圈与轴肩和壳体台肩紧贴（轴颈和壳体孔台肩处的圆弧半径，应小于轴承的圆弧半径），而不应在它们之间留有间隙，如图5-67所示。同时还应除去凸出表面的毛刺。

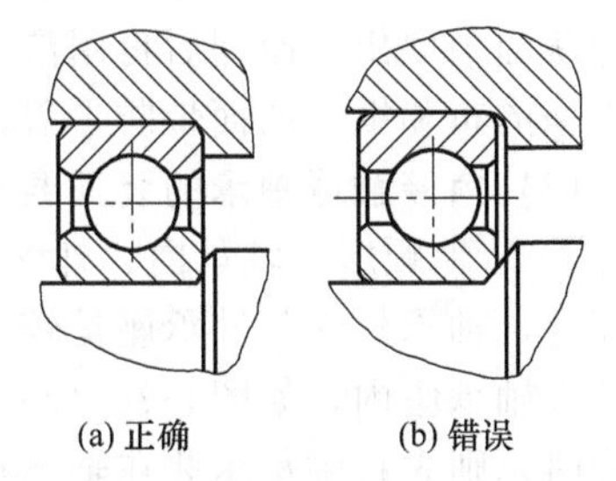

(a) 正确　　(b) 错误

图5-67　滚动轴承在台肩处的配合

轴承装配在轴上和壳体中后，不能有歪斜和卡住现象。为了保证滚动轴承工作时有一定的热胀余地，在同轴的两个轴承中，必须有一个轴承的外圈（或内圈）可以在热胀时产生轴向移动，以免轴承产生附加应力，甚至在工作中使轴承咬住。滚动轴承常见的轴向固定有两种基本形式。

① 两端单向固定方式　如图5-68所示，在轴的两端支承点上，用轴承端盖单向固定，分别限制两个方向的轴向移动。为了避免受热伸长而使轴承卡住，在右端轴承外圈与端盖之间留有不大的间隙（0.5～1mm），以便游动。

② 一端双向固定方式　如图 5-69 所示，右端轴承双向轴向固定，左端轴承可以随轴游动。这样工作时不会发生轴向窜动，受热膨胀又能自由地向另一端伸长，不致卡死。

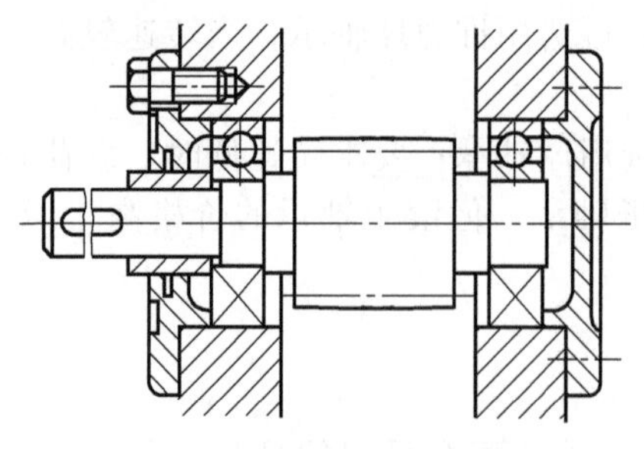

图 5-68　两端单向固定

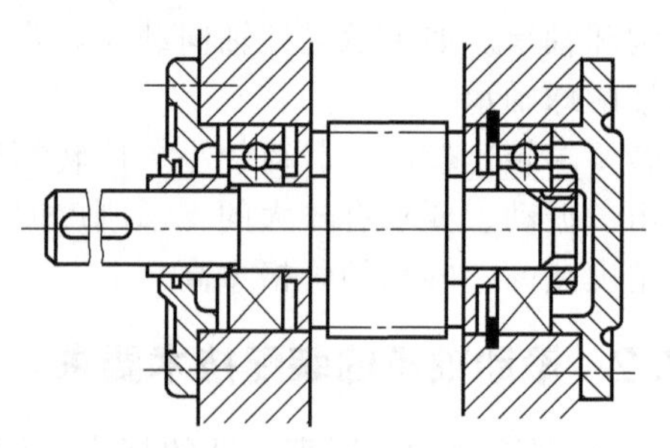

图 5-69　一端双向固定

此外，滚动轴承安装时应符合轴系固定的结构要求。轴承的固定装置应可靠，紧定程度应适中，防松装置应完善；轴承与轴、座孔的配合应符合图样要求；密封装置应严密，在沟式和迷宫式密封装置中，应按要求填入干油。

在装配滚动轴承过程中，应严格保持清洁、严防有杂物或污物进入轴承内。滚动轴承装配后运转应灵活、无噪声，工作温升应控制在图样的技术要求范围内，施加的润滑剂应符合图样的技术要求。

滚动轴承常用的润滑剂有润滑油、润滑脂和固体润滑剂三种。润滑油一般用于高速轴承润滑，润滑脂一般常用于转速和温度都不很高的场合。当一般润滑脂和润滑油不能满足要求时，可采用固体润滑剂。

(2) 装配前的准备工作

① 按所装的轴承准备好所需的工具和量具。

② 按图样的要求检查与轴承相配的零件，如轴、外壳、端盖等表面是否有凹陷、毛刺、锈蚀和固体的微粒。

③ 用汽油或煤油清洗与轴承配合的零件，并用干净的布仔细擦净，然后涂上一层薄油。

④ 检查轴承型号与图样要求是否一致。

⑤ 清洗轴承。用防锈油封存的轴承，可用汽油或煤油清洗；用厚油和防锈油脂防锈的轴承，可用轻质矿物油加热溶解清洗（油温不超过 100℃）。把轴承浸入油内，待防锈油脂溶化后即从油中取出，冷却后再用汽油或煤油清洗。经过清洗的轴承不能直接放在工作台上，应垫以干净的布和纸。两面带防尘盖、密封圈或涂有防锈润滑两用油脂的轴承不需进行清洗。

(3) 角接触球轴承的装配要点

① 装配顺序　轴承内、外圈的装配顺序应遵循先紧后松的原则进行。当轴承内圈与轴是紧配合，轴承外圈与轴承座是较松的配合时，应先将轴承安装在轴上，然后再将轴连同轴承一起装入轴承座内，如图 5-70（a）所示。当轴承外圈与轴承座孔是紧配合，轴承内圈与轴是松配合时，则先将轴承压装在轴承座孔内，然后再把轴装入轴承内圈内，如图 5-70（b）所示。当轴承内圈与轴和轴承外圈与轴承座孔配合的松紧相同时，可用安装套施加压力，同时作用在轴承内、外圈上，把轴承同时压入轴颈和轴承座孔中，如图 5-70（c）所示。

② 装配方法　装配方法的选用一般应根据所配合过盈量的大小确定。当配合过盈量较小时，用锤子敲击装配。当配合过盈较大时，可用压力机直接压入。当过盈量过大时，也可用温差法装配，如表 5-15 所示。应该说明的是：角接触球轴承是整体式圆柱孔轴承的典型类型，它的装配方法在圆柱孔轴承装配中具有代表性。其压入轴承时采用的方法和工具在其他圆柱孔轴承同样适用。

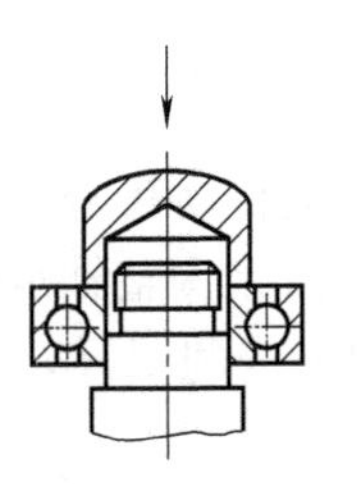

(a) 轴承内圈与轴为紧配合，轴承外圈与轴承座为较松配合的装配

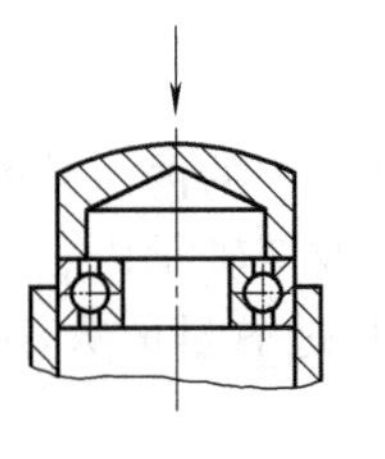

(b) 轴承外圈与轴承座孔为紧配合，轴承内圈与轴为松配合的装配

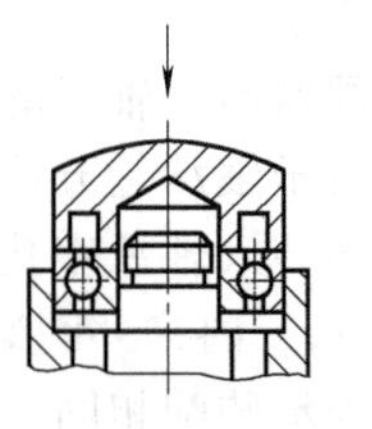

(c) 轴承内圈与轴和轴承外圈与轴承座孔的配合松紧相同的装配

图 5-70 角接触球轴承的装配

表 5-15 滚动轴承的常用装配方法

装配方法	图示	操作说明
敲入法		当配合过盈量较小时，可用套筒垫起来敲入，或用铜棒对称地敲击轴承内圈或外圈
压入法		当过盈量过大时，可用压力机直接压入，也可用套筒垫起来压轴承内、外圈或整体套筒一起压入壳体及轴上
温差法		当过盈量过大时，也可采用温差法，趁热(冷)将轴承装入轴颈处

温差法主要有热胀法及冷却法两种。常用的热胀法主要有油浴法、电感应法及其他加热方法。

油浴法是将轴承浸在闪点为 250℃以上的变压器油的油池内加热，加热温度为 80～100℃。加热时应使用网格或吊钩，搁置或悬挂轴承。装配前必须测量轴承内径，要求轴承内径比轴径大 0.05mm 左右。再用干净揩布擦去轴承表面的油迹和附着物，并用布垫托住端平装入轴颈，用手推紧轴承直至冷却固定为止，然后略微转动轴承，检查轴承装配是否倾斜或卡死。

电感应加热法是利用电磁感应原理的一种加热方法。目前普遍采用的有简易式感应加热器和手提式感应加热器。加热时将感应加热器套入轴承内圈，加热至 80～100℃时立即切断电源，停止加热进行安装；如果在现场安装还可以采用简易加热方法：一种是空气加热法，是把轴承放置于烘箱或干燥箱加热的一种方法；另一种是传热板加热法，适用于外径小于 100mm 的轴承，传热板的温度不高于 200℃。

应注意的是，热胀法不适用于内部充满润滑油脂带防尘盖或密封圈轴承的装配。

冷却法装配轴承是把轴承置于低温箱内。若是轴承与轴承座孔的装配，可先把轴承置于低温箱内冷却。箱内和低温介质一般多用干冰，通过它可以获得−78℃的低温。操作时将干冰倒入低温箱内即可。取出低温零件（轴或轴承）时不可用手直接拿取，应戴上石棉手套并立即测量零件的配合尺寸，如合适即刻进行装配，零件安装到位后不可立即松手，应直到零件恢复到

常温才能松手。

(4) 圆锥滚子轴承的装配要点

圆锥滚子轴承是分体式轴承中的典型。它的内、外圈可以分离，装配时可分别将内圈装入轴上，外圈装入轴承座孔中，然后再通过改变轴承内、外圈的相对位置来调整轴承的间隙，如图 5-71 所示。内、外圈装配时，仍然按其过盈量的大小来选择装配方法和工具，其基本原则与向心球轴承装配相同。

(5) 推力球轴承的装配与调整

推力球轴承装配时应注意区别紧环和松环，松环的内孔比紧环的内孔大，故紧环应靠在轴相对静止的面上，如图 5-72 所示。右端紧环靠在轴肩端面上，左端的紧环靠在螺母的端面上，否则使滚动体丧失作用，同时会加速配合零件间的磨损。

推力球轴承的游隙可用螺母来调整。

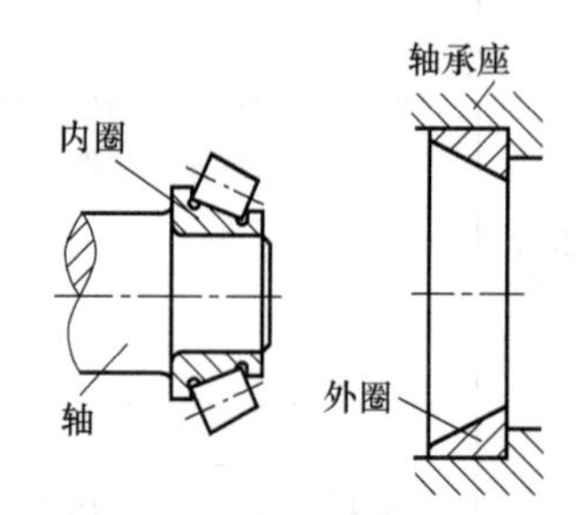

图 5-71 圆锥滚子轴承的装配方法

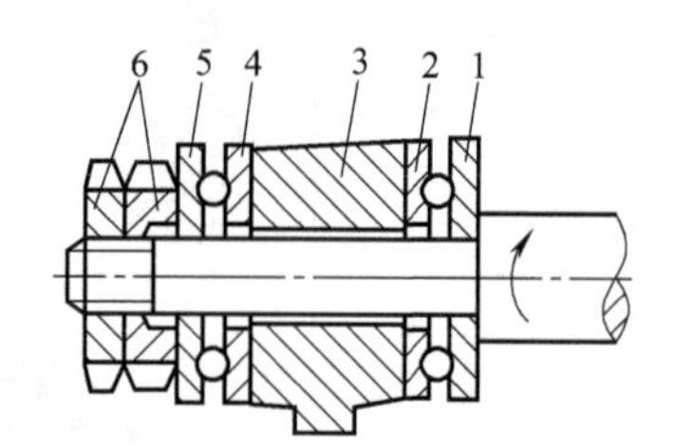

图 5-72 推力球轴承的装配和调整

1,5—紧环；2,4—松环；3—箱体；6—螺母

(6) 滚动轴承的定向装配

对精度要求较高的主轴部件，为了提高主轴的回转精度，常采用定向装配的方法。定向装配就是人为地控制各装配件径向圆跳动误差的方向，合理组合，以提高装配精度的一种装配方法。装配前需对主轴轴端锥孔中心线偏差及轴承的内外圈径向圆跳动进行测量，确定误差方向并做好标记。

1）滚动轴承装配件误差的检查

① 轴承外圈径向圆跳动检查（图 5-73） 测量时，转动外圈并沿百分表方向压迫外圈，百分表的最大读数则对应外圈最大径向圆跳动量的点。

② 轴承内圈径向圆跳动检查（图 5-74） 测量时外圈固定不转，内圈端面上加以均匀的测量载荷，载荷的数值根据轴承类型及直径而变化，然后使内圈旋转一周以上，便可测得轴承内圈内孔表面的径向圆跳动量及方向。

③ 主轴锥孔中心线偏差的测量（图 5-75） 测量时将主轴轴颈置于 V 形架上，在主轴锥孔中插入测量用芯轴，转动主轴一周以上，便可测得锥孔中心线的偏差数值及方向。

2）滚动轴承定向装配要点

如图 5-76 所示，δ_1 和 δ_2 分别为主轴前、后轴承内圈的径向圆跳动量；δ_3 为主轴锥孔中心线对主轴回转中心线的径向圆跳动量；δ 为主轴的径向圆跳动量。

由图 5-76 可以看出，虽然前后轴承的径向圆跳动量与主轴锥孔中心线径向圆跳动量随零件选定后其值不变。但随轴承径向圆跳动不同的方向装配时，主轴在其检验处的径向圆跳动量不一样。其中，如图 5-76（a）所示方案装配时，主轴的径向圆跳动量 δ 最小。此时，前后轴承内圈的最大径向圆跳动量 δ_1 和 δ_2 在旋转中心线的同一侧，且与主轴锥孔中心线最大径向圆跳动量的方向相反。后轴承的精度应比前轴承低一级，即 $\delta_1>\delta_2$，如果前后轴承精度相同，主轴的径向圆跳动量反而增大。

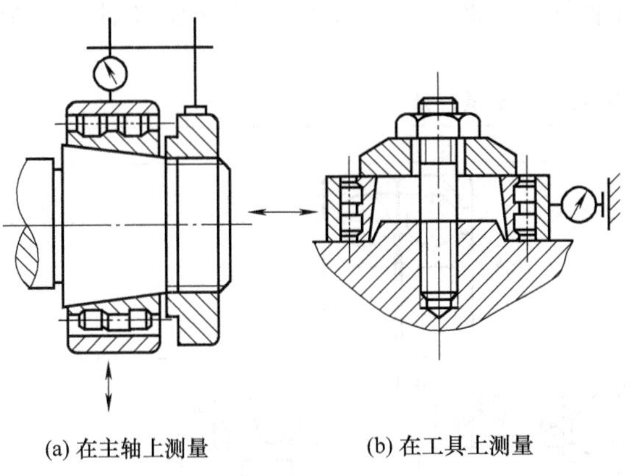

(a) 在主轴上测量　　(b) 在工具上测量

图 5-73　测量外圈径向圆跳动

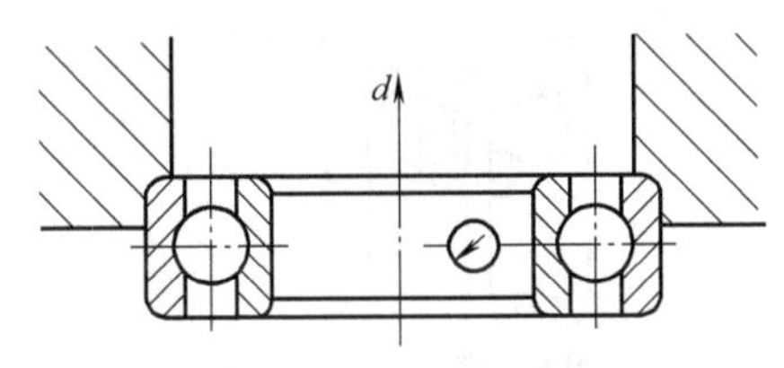

图 5-74　测量内圈径向圆跳动

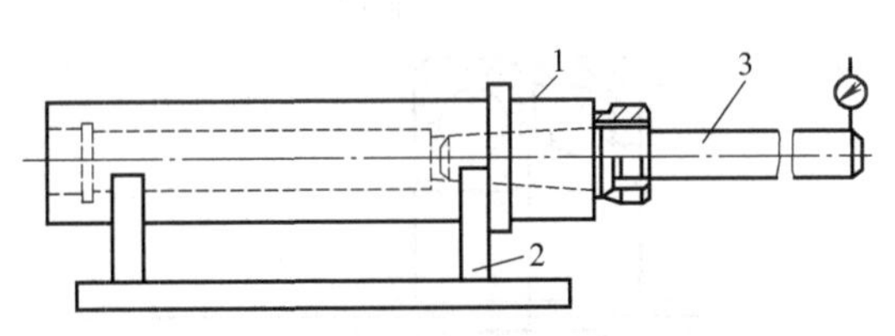

图 5-75　测量主轴锥孔中心线偏差

1—主轴；2—V 形架；3—芯轴

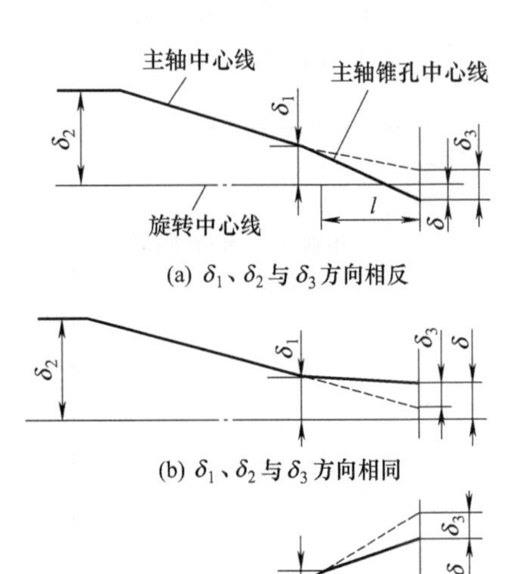

(a) δ_1、δ_2 与 δ_3 方向相反

(b) δ_1、δ_2 与 δ_3 方向相同

(c) δ_1与δ_2 方向相反，δ_3 在主轴中心线以内

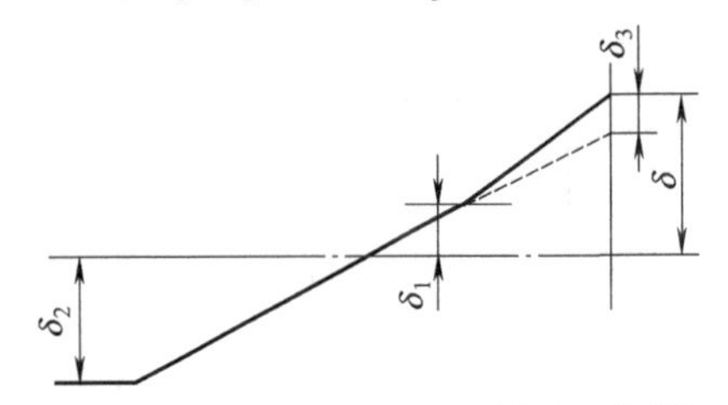

(d) δ_1 与 δ_2方向相反，δ_3 在主轴中心线外侧

图 5-76　滚动轴承定向装配示意图

同理，轴承外圈也应按上述方法定向装配。对于箱体部件，由于测量轴承孔偏差较费时间，可只将前后轴承外圈的最大径向圆跳动点在箱体孔内装成一条与轴承轴线平行的直线。

(7) 滚动轴承间隙的调整和预紧

在滚动轴承的装配过程中，有一项重要的工作就是滚动轴承间隙（又称游隙）的调整和预紧。所谓滚动轴承的游隙就是将滚动轴承的一内圈或一外圈固定，另一套圈沿径向或轴向的最大活动量。轴承游隙分径向和轴向两种。沿径向最大活动量称径向游隙，沿轴向最大活动量称轴向游隙。而根据轴承所处状态的不同，径向游隙有原始游隙、配合游隙和工作游隙三种。其中，原始游隙是指轴承在未安装时自由状态下的游隙；配合游隙是指轴承安装到轴上和壳体孔内以后的游隙；工作游隙是指轴承在工作状态时的游隙。

由于轴承存在游隙，在载荷作用下，内、外圈就要产生相对移动，这就降低了轴承的刚度，引起轴的径向和轴向振动。同时还会造成主轴的轴线漂移，从而影响加工精度及机床、设备的使用寿命。对于高精度和高速运行的机械，在安装轴承时，往往采用预紧的方法，即在安装轴承时预先给予一定的载荷，以消除轴承的原始游隙和使内外圈滚道之间产生一定的弹性变形，使滚动体受力均匀、刚度增加，达到提高轴的旋转精度和使用寿命、减少机器工作时轴的振动之目的。

1）调整滚动轴承间隙的方法

滚动轴承间隙的调整方法主要有径向预紧和轴向预紧两种，表 5-16 给出了滚动轴承间隙的调整和预紧方法。

表 5-16　滚动轴承间隙调整和预紧方法

轴承类型	方法	图示
角接触球轴承 70000	用轴承内、外圈垫环厚度差实现预紧	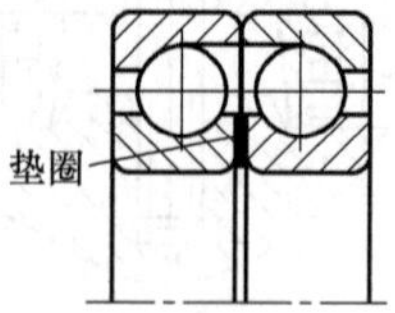 垫圈
	用弹簧实现预紧	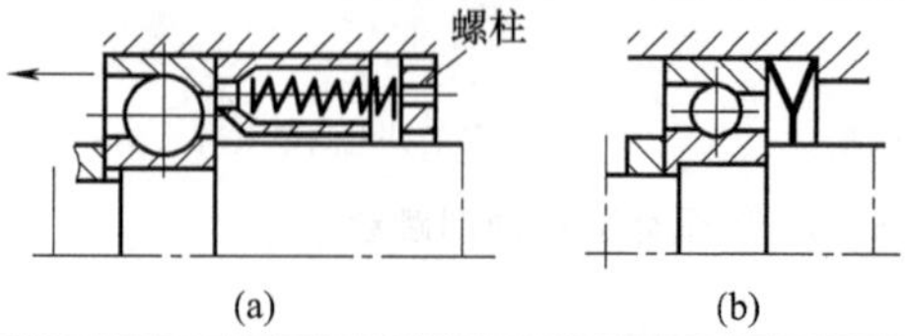 螺柱 (a) (b)
	磨窄内圈实现预紧	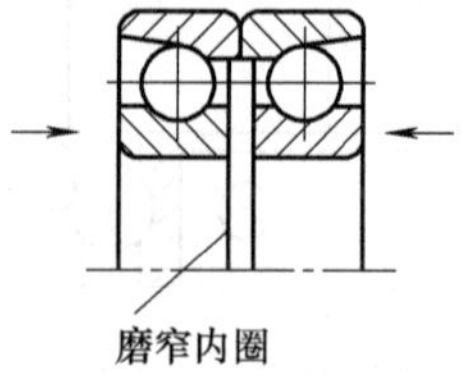 磨窄内圈
	磨窄外圈实现预紧	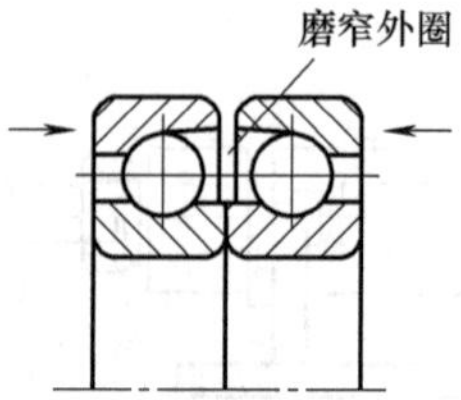 磨窄外圈
	外圈宽、窄两端相对安装实现预紧	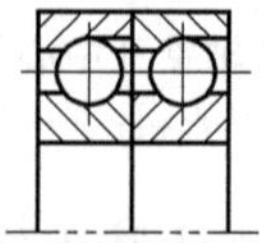
双列圆柱滚子轴承 NN3000K	调节轴承内圈锥孔轴向位置实现预紧	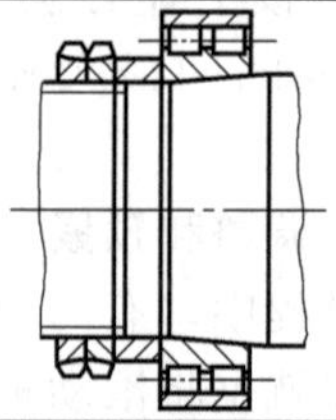
圆锥滚子轴承 30000	将内圈装在轴上，外圈装在壳体孔中，用垫片[图(a)]、螺钉[图(b)]、螺母[图(c)]调整	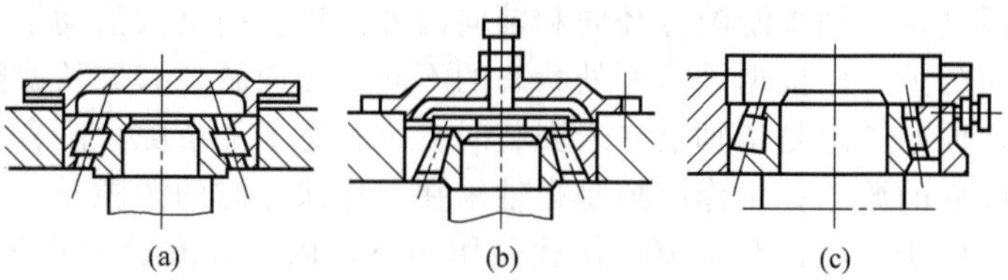 (a) (b) (c)
推力球轴承 50000	调节螺母实现预紧	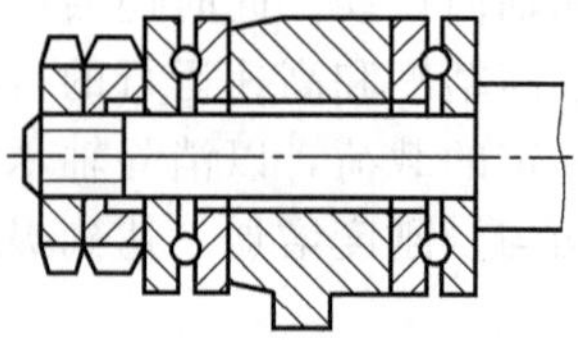

2）滚动轴承预紧量的测定

轴承的预紧量均是设计时确定的，安装时必须予以保证，为此在安装前必须准确地测定轴承的预紧量。轴承预紧量的测定应放置在平板上进行，目的是在规定的预紧负荷下，测定轴承内外圈或弹簧装置的位移量，以便确定垫环的厚度。根据轴承安装形式的不同，可用以下几种方法测定其预紧量。

① 外圈为定值，调整内圈的位移量　将成对的滚动轴承外圈分别装入带有肩距 A 的外套上，在轴承内圈上分别装入两只压盖，在压盖上均匀地施加规定的轴向力 P（即预紧负荷），用量具（量块、塞尺等）测量出两轴承内圈之间的距离 B，此值即为垫环的厚度。测定时要均匀地选取（如互成 120°）3 个测量位置，取其平均值，如图 5-77 所示。

② 内圈为定值，调整外圈的位移量　将成对的滚动轴承内圈分别装入带有肩距 A 的内套上，在轴承外圈上分别装入两只压盖，在压盖上均匀地施加预紧力 P，测量 3 个不同位置的外圈间距 B，取平均值，即为垫环厚度，如图 5-78 所示。

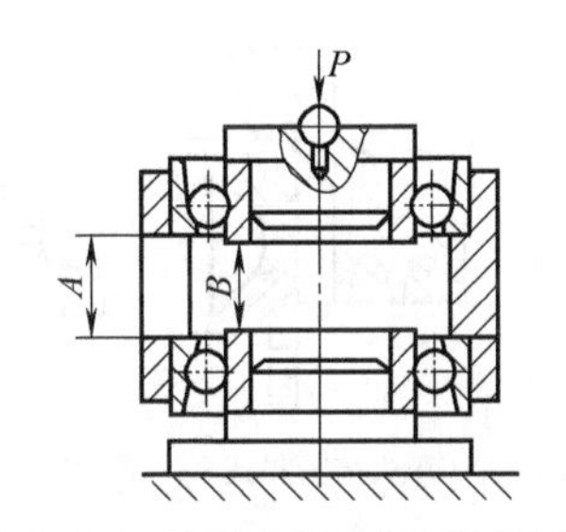

图 5-77　外圈一定时内圈位移量

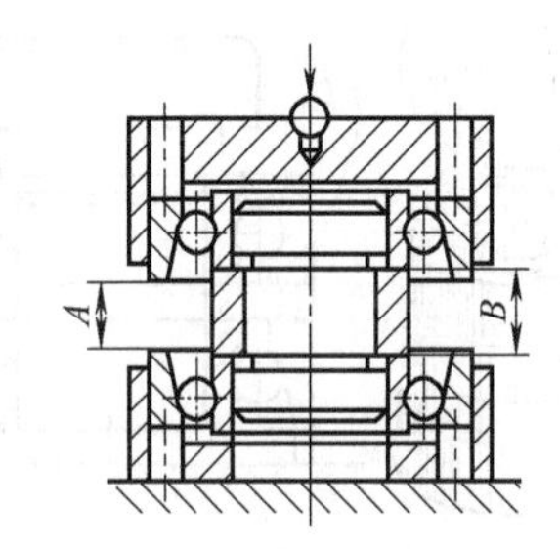

图 5-78　内圈一定时外圈位移量

③ 滚动轴承内外圈同时移位　轴承的内外圈同一面的给定值为 H_1 和 H_2，其位移量为 $K_1=H_2-H_1$。施加预紧力 P，轴承的另一面内外圈相对位移 $K_2=H_3-H_4$。测出 H_3、H_4 的值即可求得 K_2。这样就可以得到两组内外圈的差值 K_1 和 K_2 的垫环，如图 5-79 所示。

④ 通过测量弹簧的变形量确定　在平板上竖放着等待安装的弹簧组和套，测出其高度 H_1。加上预紧力，再测出其高度 H_2，得到差值 $\Delta H=H_1-H_2$。在安装轴承时，只要保证弹簧组的压缩量 ΔH，就能获得所需的预紧力。

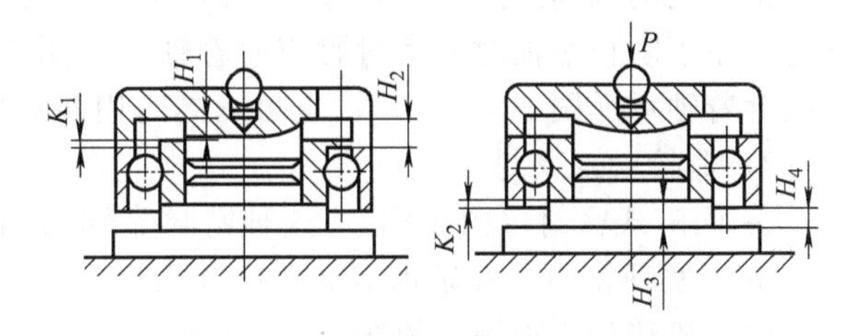

图 5-79　内外圈同时移动时位移量

⑤ 利用弹簧测量装置进行精密滚动轴承预紧量的测量　对于精密滚动轴承部件的装置，可采用弹簧测量装置进行滚动轴承预紧的测量。图 5-80（a）、（b）给出了当轴承外圈、轴承内圈分别为定值时，通过测量轴承内圈、外圈间距 B 来确定轴承预紧量的方法，轴承预紧量 $\Delta H=A-B$。其中，轴承的预紧力由弹簧尺寸 H 来确定。

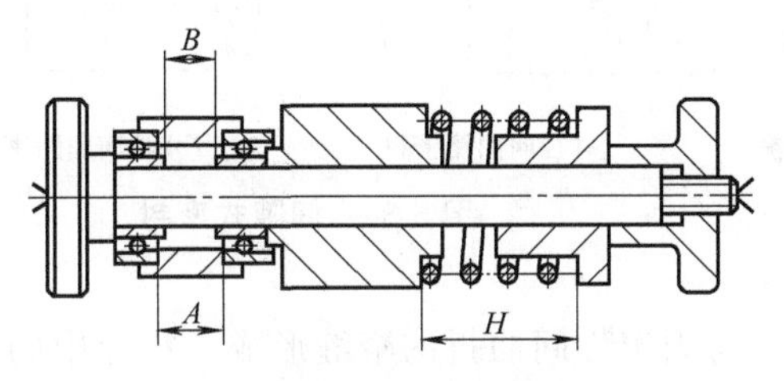

(a) 外圈定值时测内圈间距

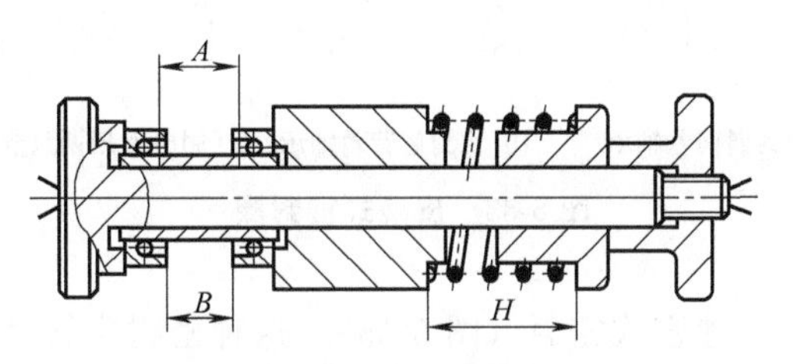

(b) 内圈定值时测外圈间距

图 5-80　精密滚动轴承预紧量的测量

⑥ 滚动轴承预紧量的感觉测量法　当预紧量较小或仅仅消除滚动轴承内部原始间隙时，可以凭手感得知。当两个轴承间的内外圈分别安装规定的隔套时，可以在上面用重物或手直接压住轴承内圈或外圈，另一只手拨动外隔套或内隔套，并随时修磨其厚度，直至感觉到其松紧程度一致，使隔套的厚度符合设计预紧的要求，如图 5-81 所示。

(8) 滚动轴承的密封

为了防止润滑剂的流失和外界灰尘、水分进入滚动轴承，必须采用合适的密封装置。用于滚动轴承的密封装置，有接触式和非接触式两种。

1）接触式密封

① 毡圈密封　如图 5-82 所示，这种密封装置结构简单，但因摩擦和磨损较大，高速时不能应用，主要在工作环境比较清洁的场合下密封润滑脂。密封处的圆周速度不应超过 4～5m/s，工作温度不得超过 90℃。

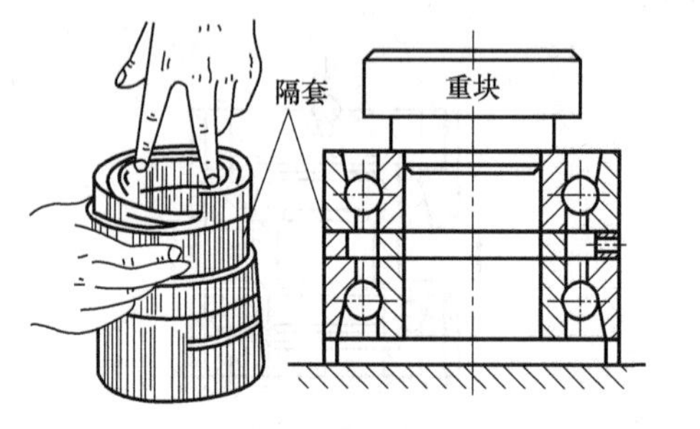

图 5-81　感觉测量法

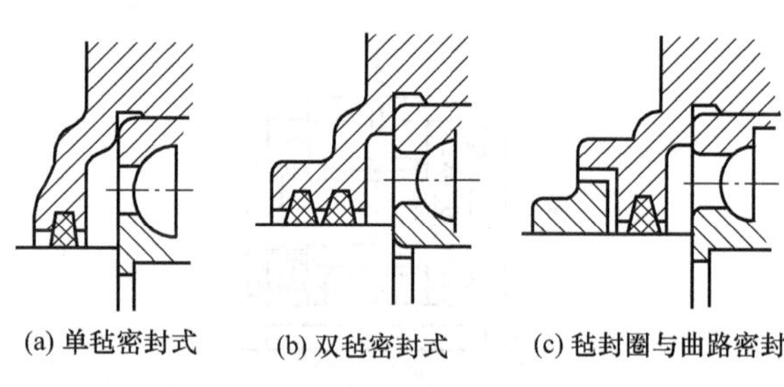

(a) 单毡密封式　(b) 双毡密封式　(c) 毡封圈与曲路密封

图 5-82　毡圈密封装置

② 皮碗式密封圈　如图 5-83 所示，这种密封圈用耐油橡胶制成，借本身的弹性并且用弹簧使之压紧在轴上，可以密封润滑脂或润滑油。

密封处的圆周速度不应超过 7m/s，工作温度为－40～100℃。安装皮碗时应注意密封唇的方向，用于防止漏油时，密封唇应向着轴承［图 5-83（a)］；用于防止外界污物进入时，密封唇应背着轴承［图 5-83（b)］；也可以同时用两只皮碗以提高密封效果［图 5-83（c)］。

2）非接触式密封

① 间隙式密封（图 5-84）　这种密封靠轴与轴承盖孔之间充满润滑脂的微小间隙（0.1～0.3mm）实现密封。在轴承盖的孔中开槽后［图 5-84（b)］，密封效果更好。这种装置常用于环境比较清洁和不很潮湿的场合。

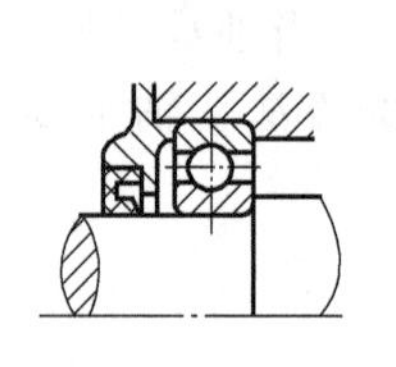

(a) 密封唇向着轴承

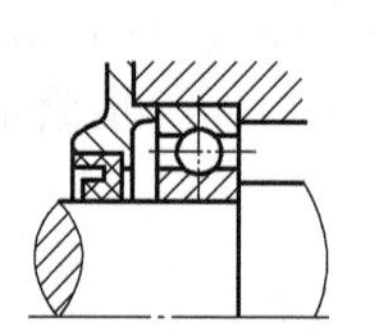

(b) 密封唇背着轴承

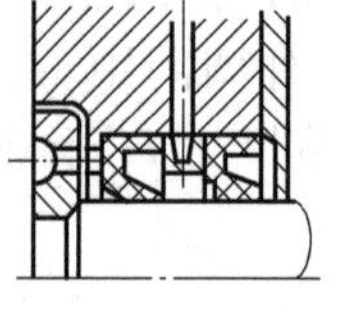

(c) 同时使用两只皮碗

图 5-83　皮碗式密封圈

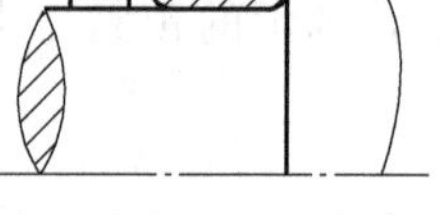

(a) 径向曲路密封

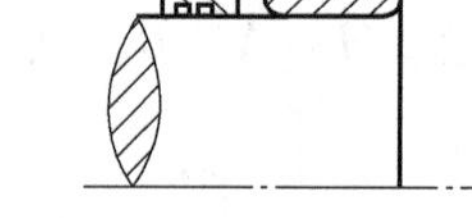

(b) 轴向曲路密封

图 5-84　间隙式密封

② 迷宫式密封（图 5-85）　这种密封由转动件与固定件间曲折的窄缝形成，窄缝中的径向间隙为 0.2～0.5mm，轴向间隙为 1～2.5mm，并注满润滑脂，工作时轴的圆周速度越高，其密封效果越好。

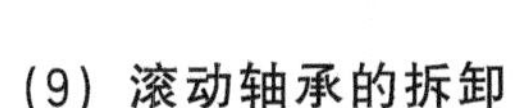

(9) 滚动轴承的拆卸

1) 圆柱孔轴承的拆卸方法

① 用压力机拆卸圆柱孔轴承的方法如图 5-86 所示。

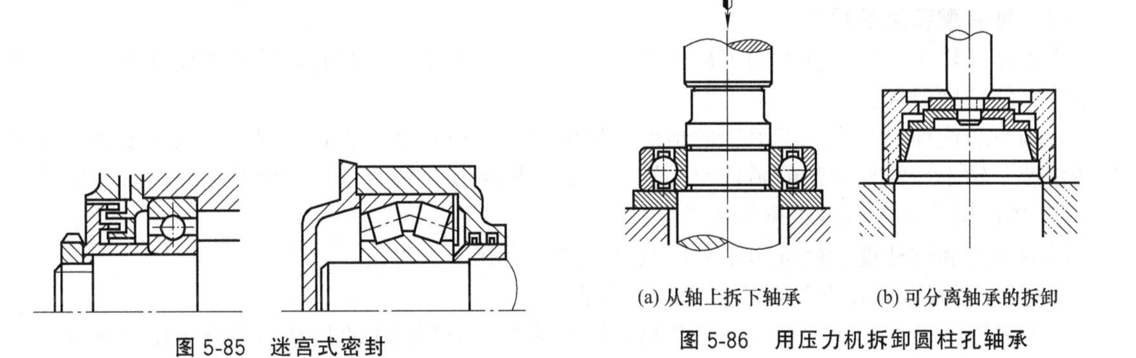

图 5-85 迷宫式密封

(a) 从轴上拆下轴承　(b) 可分离轴承的拆卸

图 5-86 用压力机拆卸圆柱孔轴承

② 用拉出器（拉模）拆卸圆柱孔轴承的方法如图 5-87 所示。

使用拉出器时应注意以下几点。

a. 拉出器两脚的弯角应小于 90°，两脚尖要钩在滚动轴承的平面上。

b. 拆轴承时，拉出器的两脚与螺杆保持平行。

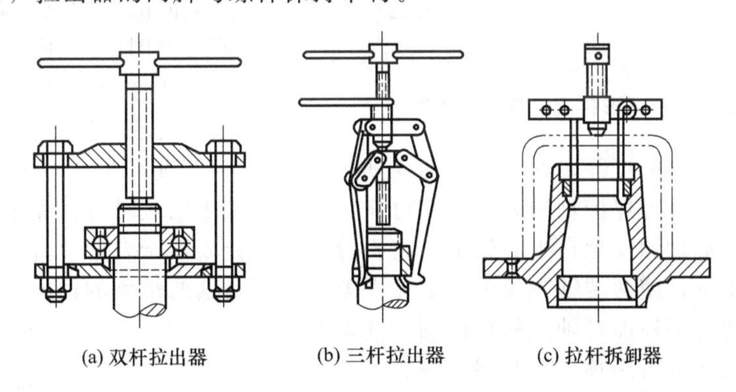

(a) 双杆拉出器　(b) 三杆拉出器　(c) 拉杆拆卸器

图 5-87 滚动轴承拉出器

c. 拉出器的螺杆头部应制成 90°尖脚或装有钢球。

d. 拉出器使用时，两脚与螺杆的距离应相等。

2) 圆锥孔轴承的拆卸

直接装在锥形轴颈上或装在紧定套上的轴承，可拧松锁紧螺母，然后利用软金属棒和锤子向锁紧螺母方向将轴承敲出（图 5-88）。装在退卸套上的轴承，可先将轴上的锁紧螺母卸掉，然后用退卸螺母将退卸套从轴承套圈中拆出，如图 5-89 所示。

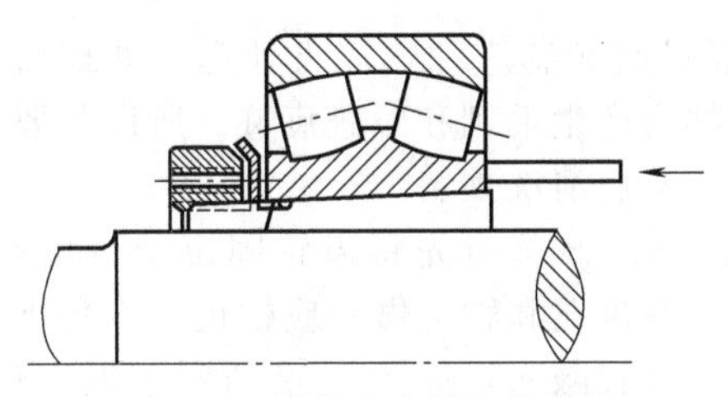

图 5-88 带紧定套轴承的拆卸

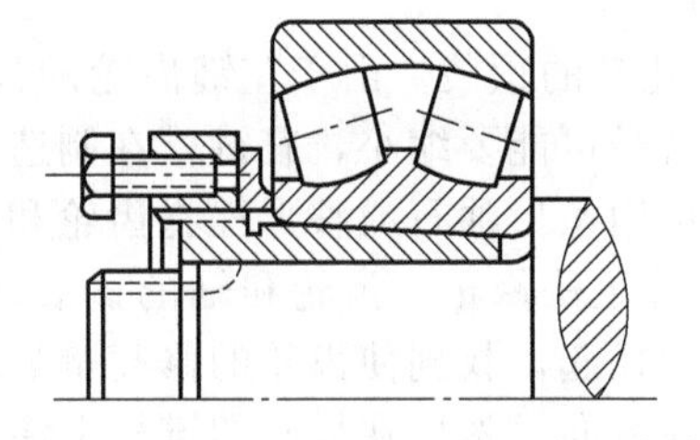

图 5-89 用特制螺母和螺钉拆卸退卸套

5.7.4 轴组的装配方法及要点

轴是机械中的零件，所有带内孔的传动零件（如齿轮、带轮、蜗轮等）以及一些工作零件（如叶轮、活塞等）都要装到轴上才能工作。轴、轴上零件与两端轴支承的组合称为轴组。

(1) 轴装配精度的检查

为了保证轴及装配在其上的零部件能正常运转，要求轴本身具有足够的强度和刚度，并需满足一定的精度要求。

在轴组装配前，首先要了解轴的精度。轴的精度主要包括：轴颈的圆度、圆柱度和径向圆跳动精度；轴上与零件相配的圆柱面对轴颈的径向圆跳动，轴上重要端面对轴颈的垂直度等。

1）轴的圆度和圆柱度精度检查

轴的圆度和圆柱度精度可用千分尺对轴颈进行直接测量得出。

2）径向圆跳动精度及端面垂直度精度检查

轴上各圆柱面对轴颈的径向圆跳动精度以及端面对轴颈的垂直度精度检查可用以下方法。

① 在V形架上检查　具体检查方法为：在平板上，将两个轴颈分别置于V形架上，轴左端中心孔内放一钢球，用角铁顶住钢球，防止在检查时产生轴向窜动。用百分表或千分表分别测量圆柱面及端面的圆跳动量，即可得到误差值，如图5-90所示。

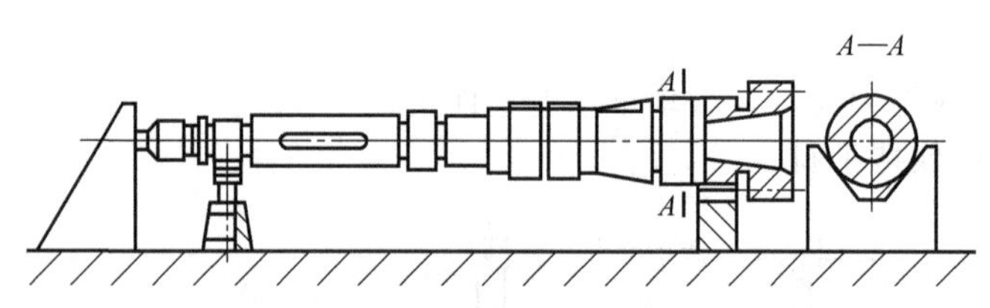

图5-90　在V形架上检查轴的精度

② 在车床上检查　选择一台精度较高的车床，如图5-91所示。用四爪单动卡盘夹住轴颈的尾部，在卡爪与轴表面接触处，垫以直径为2～3mm的纯铜丝，使其产生点接触。这样既可保护轴的表面，又可避免卡爪与轴表面接触过大而卡住轴，影响校正精度。将轴的另一端轴颈支承在中心架上，将百分表或千分表置于刀架上。转动轴并调整4个卡爪和中心架的支承，使两端轴颈校正到最小误差时，便是这两轴颈的径向圆跳动误差。随后即可分别检查其他各圆柱面对轴颈的径向圆跳动误差。

另外，轴的两端也可用顶尖支持轴的中心孔来检查，检查方法与上相同，但要求中心孔必须精确。

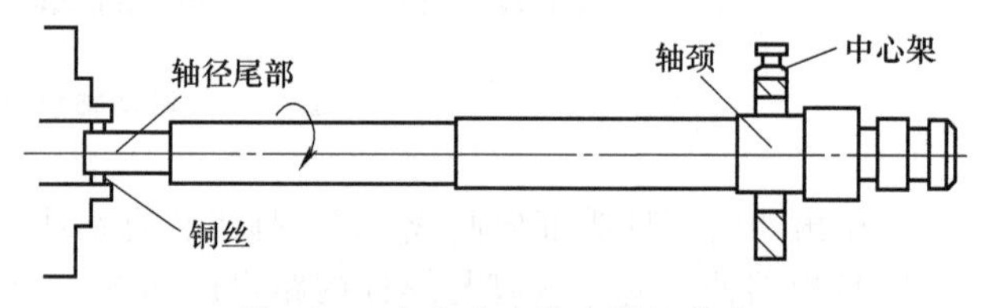

图5-91　在车床上检查轴的精度

(2) 轴组的装配要点

花键轴在金属切削机床上应用较为普遍，它能传递较大的力矩而且精度较高。下面以花键轴的装配讲述轴组的装配步骤与要点。

① 装配检查　装配前，首先要对参与装配的零部件进行清洗，去除毛刺，并按图样检查轴的精度。

② 花键的预装　由于花键齿轮的齿部一般都要经过高频感应加热淬火处理，处理后，花键孔的直径可能要缩小，花键槽在制造和运输过程中都会产生毛刺和磕碰痕迹。所以先要进行修整，可用条形油石或整形锉将齿轮和轴的棱边倒角，然后清洗预装。

③ 着色法修正　齿轮和轴的试装多采用着色法修整。修整时先将齿轮固定于台虎钳上，两手将轴托起，找到使齿轮的修复量最小的方向，同时在齿轮和轴上做相应标记，以免下次试装时变换方向。然后在齿轮的键槽上涂色，将轴用锤子轻轻敲入，如图5-92所示。退出轴后，根据色斑分布来修整键槽的两肩，使轴能在齿轮中沿轴向滑动自如，不忽紧忽松；沿径向转动

轴时不应感到有间隙为合格，然后再清洗。

④ 装配 如果在齿轮上装有变速用的滑块或拨叉，则也应该在装配前试装，不合适的要修整好。装配时，有的拨叉和滑块还要预先放置好。由于花键连接的精度较高，故在装配过程中对各种因素都要考虑周密并且要格外细心。如果在装配滑块或拨叉时，其阻力突然增大，应立即停止装配。检查一下是否由以下原因造成。

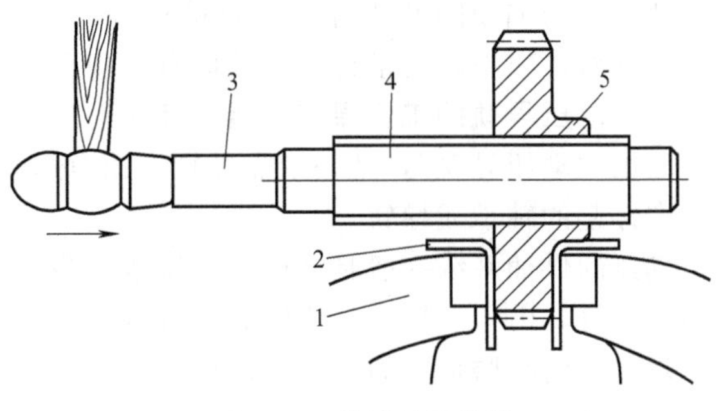

图 5-92 花键轴的试装

1—台虎钳；2—纯铜钳口；3—纯铜棒；4—花键轴；5—齿轮

a. 轴与轴承开始接触时，由于轴与轴承内环之间的过盈配合，造成阻力增大，属正常情况。

b. 齿轮花键和轴的花键槽没对正，可用手托起齿轮，以克服齿轮自重并缓慢转动齿轮使键槽对正，然后继续装配。

c. 拨叉和滑块的位置不正。可用手推动或转动滑块，观察它是否移动［图 5-93（a）］，如果能动，说明不是滑块产生的阻力；如果不能动，则考虑是否由于滑块或拨叉的尺寸过大，以及是否滑块或拨叉的支承过长，而造成尺寸 L 的不正确［图 5-93（b）］。此时，如果修整滑块，应尽量修整平面，不要修整曲面，除非曲面接触情况太差。

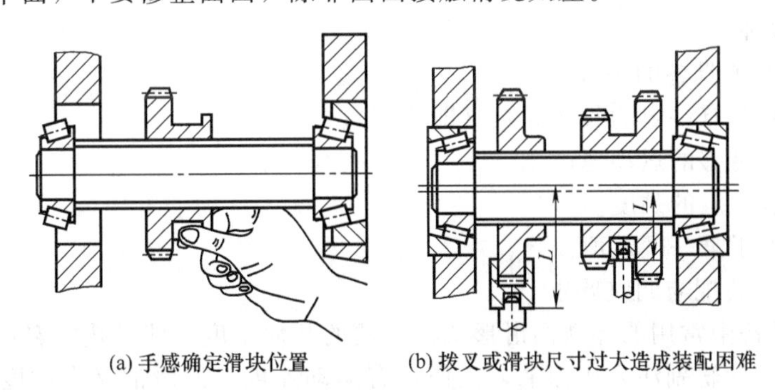

(a) 手感确定滑块位置 (b) 拨叉或滑块尺寸过大造成装配困难

图 5-93 花键轴的装配

拨叉和滑块的位置装配合适后，扳动手柄，轴上的齿轮应滑动自如，手感受力均匀。

在装配过程中，各零部件装配到位后，持锤子的手，应感到锤击中有很大的回弹力，并发出清脆的回声。

⑤ 装配检查 装配完成后，应检查轴承内环与轴肩贴合是否紧密，手柄的定位、齿轮的啮合是否正确等。

5.8 导轨的装配与调整

导轨是为机床直线运动部件提供导向和支承的重要传动机构，其性能对机床的运动速度和定位精度有着重要的影响。导轨的类型很多，按运动部件的运动轨迹分为直线运动导轨和圆周运动导轨；按导轨接合面的摩擦性又可分为滑动导轨、滚动导轨和静压导轨。由于不同种类的导轨具有不同的工作特性，因此，掌握好各类导轨的装配方法及调整要点是机械设备装配人员的必备技能。

5.8.1 动、静压导轨的装配及调整

动、静压导轨是机械设备中常见的零部件，所谓“动、静压导轨”是液体摩擦，由动压或

静压所形成的油膜隔开机件而不直接接触，显然，这种导轨摩擦小，甚至可做到基本上无磨损，从而对导轨材料要求低。导轨间有油膜存在，因而抗振性好，摩擦阻力也很小。

(1) 动压导轨的工作原理、装配及调整

所谓“动压导轨”，就是依靠导轨间相对运动速度达到一定值时，产生的压力油膜使运动件完全浮起的轴承或导轨。

动压的供油系统一般是低压、大流量。当导轨的运动速度达到一定值时，导轨间是纯液体摩擦。但是，由于动压本身所固有的特点，在低速、启动、停车或换向时，导轨间会出现直接接触现象而引起磨损。而且，即使处在纯液体摩擦状态下，油膜厚度也会随载荷和运动速度的变化而变化，这对加工精度要求较高的机床来说是不允许的。

1）动压润滑的基本原理

动压导轨的润滑均属于动压润滑。动压润滑在一个固定平板和一个直线运动的平板之间输入压力润滑油，使润滑油也随之流动，这种相对滑动速度的流动，称之速度流动。固定平板油层速度为零，运动平板油层速度与运动平板速度一致，形成一个三角形。这种条件下油膜各点的压力相同，不可能形成具有承载能力的油膜。当两平板间产生收敛间隙，即入口处间隙大于出口处间隙时，在油膜中各油层也形成三角形的速度流动，也就造成了入口处流量必然大于出口处流量。因润滑油不可压缩，若收敛间隙的内部形状和尺寸不发生变化，则油膜内部必然产生压力，并由此而产生压力流动来调整各截面上的流速分布。所以，在收敛间隙中各截面的流速实际上由速度流动和压力流动叠加而成，油膜的压力就具有平衡一定外载荷的能力，这就是动压润滑的基本原理。

2）动压润滑必须具备的条件

① 两滑动面间要有一定的收敛间隙（即油楔）。

② 移动件要有足够的运动速度。

③ 润滑油要有一定的黏度。

④ 外载荷不大于某一额定值。

3）动压导轨的装配与调整要求

动压导轨是设备中常用的导轨润滑形式。导轨的几何精度，即导轨的宏观直线度是自然的收敛间隙（油楔），导轨副注入压力油，工作台有运动速度，润滑油又有黏度，所以完全具备动压润滑的 4 个条件。

磨床床身导轨、较长的龙门刨床导轨等，其直线度只允许中凹，不允许中凸，它们也都是注入压力润滑油，目的是创造条件满足动压润滑的要求。

在机械设备装配时，床身导轨的安装、润滑油的牌号、润滑油的压力和流量的调整，都必须按照设备装配工艺要求执行。在装配工艺中规定了润滑油的压力实际上就是规定了动压润滑刚性油膜的厚度，所以润滑油的压力不能随意增大或减小，否则会影响动压润滑的性能。

(2) 静压导轨的工作原理、装配及调整

静压导轨压力油膜的形成是借助液压系统强制地把压力油送入运动副配合面间的油腔中，使运动件浮起将两导轨面隔开，以获得纯液体摩擦。这样静压导轨就避免了动压导轨那种油膜厚度会随载荷和运动速度变化而变化的缺点，使用寿命长，导轨面间摩擦系数小（一般为 0.005 左右），抗振性好。但结构复杂，需要一套专门的供油系统，对润滑油的清洁程度要求很高。因此仅用于高精度、高效率的大型机床上。

1）静压导轨的工作原理

静压导轨压力油膜的形成不像动压导轨那样要依赖于导轨的相对运动速度，而是将具有一定压力的润滑油通过节流器输入两导轨面的油腔中，形成压力油膜，使运动件浮起，将两导轨面隔开，获得纯液体摩擦。

静压导轨如同普通滑动导轨一样，也有开式与闭式两种。

采用固定节流器的开式静压导轨的工作原理如图5-94所示。来自液压泵的压力油 p_B 经过节流器节流，压力油降为 p_0，进入导轨的各个相应油腔。p_0 达到一定值，便使工作台（上导轨面）浮起一定高度 h_0，建立起纯液体摩擦。油腔中的压力油穿过各油腔的封油间隙流回油箱，压力降为零。当工作台在外载荷 F 作用力向下产生一个位移时，油腔中也产生相应的“憋油”现象，压力油 p_0 升高到 p_1，从而升高了工作台的承载能力。该承载能力始终抵抗工作台继续沿外载 F 方向移动，维持导轨仍处于纯液体摩擦下工作，即此时工作台微小移动后在新的位置上平衡下来。

开式静压导轨的特点是承受正方向载荷的能力较强，而承受偏载及颠覆力矩的能力差，不能防止两个导轨面的相互脱离。为了避免上述缺点，一般在开式静压导轨上增加一个副导轨，形成闭式静压导轨。

采用双面薄膜节流器的闭式静压导轨工作原理如图5-95所示。其基本原理与静压轴承原理相似。但因闭式静压导轨一对主、副导轨的油腔面积往往是不相等的，而静压轴承则是等油腔的，因此，其节流参数的选择比静压轴承要复杂一些，调整也较麻烦。

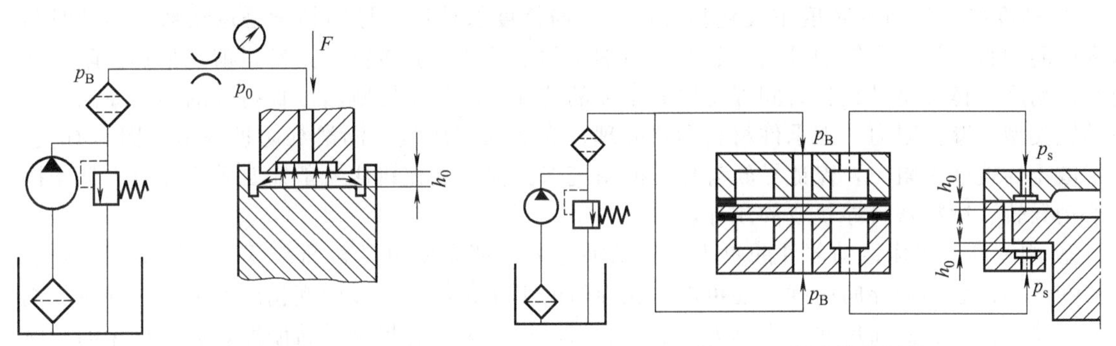

图5-94 开式静压导轨

图5-95 闭式静压导轨

静压导轨一般由V形与矩形导轨组合而成（也有双矩形组合而成的）。V形导轨便于导向，也便于回油；矩形导轨易于做成闭式导轨。

导轨的油腔形状一般为“H”或“川”条形，较窄导轨面上也有整穴形的。如果油腔的外形尺寸一样，则上述三种形式的油腔几乎有相同的承载面积。

2）静压导轨的安装与调整

装配静压导轨时，应注意如下几个问题。

① 保证静压导轨结合面的精度　要使静压导轨有较好的性能，导轨结合面的精度应尽可能提高。但受工艺条件的限制，实际应用中可根据结合面的尺寸和使用要求来确定结合面的精度。

当使用薄膜节流器节流时，对中、小型机床，导轨油膜厚度 h_0 一般为0.02～0.035mm，要求导轨面刮研显点数为16～20点/(25mm×25mm)；对重型机床，其导轨油膜厚度 h_0 一般为0.04～0.06mm，要求导轨面刮研显点数为12～16点/(25mm×25mm)。如使用固定节流器节流，油膜厚度应小些。

导轨面的平面度、扭曲度和平行度误差值均为 h_0 值的1/3～1/4。如超差，会引起大量油液的泄漏，导轨油腔不能建立足够的压力，上导轨面不能浮起。

② 保证支承的结构刚度　如静压导轨的上、下两个支承（如上导轨面和床身）本身结构刚度较差，工作时会产生较大的变形，造成导轨性能不稳定。对于闭式静压导轨、副导轨压板的刚度也很重要，如压板本身刚度太差，或是压板与床身连接强度不够，会导致导轨间隙增大，使油液泄漏，或者造成导轨面直接接触，使导轨面间不能形成液体摩擦。如静压导轨为双

矩形导轨，待导轨间隙调整好后再将楔铁锁紧，以免其变形或削弱刚度。

③ 调整各支承，使上导轨面均匀浮起　静压导轨是多支承系统，导轨上的每一个油腔都相当于一个支点，由于导轨的尺寸、形式及支承上载荷分配的不同，导轨上各处油膜厚度也不同，运动件就不会水平，这是不允许的。因此，在静压导轨装配完毕后要进行油膜厚度的测试，即对每个节流器进行调整，使上导轨均匀浮起。调整的方法是：当导轨面间建立起纯液体润滑后，应利用百分表测量上导轨面的浮起量（测量四个角或更多的点）。如上浮量不均匀可适当改变节流器的间隙或薄膜的厚度，直至符合设计要求。

5.8.2 常见数控机床用导轨的装配与调整

与普通机床用导轨一样，数控机床用导轨也是用来支承和引导运动部件沿着直线或圆周方向准确运动的重要传动机构。然而数控机床所具有的高精度、高效率、高自动化等特点，决定了数控机床用导轨具有一些不同于普通机床用导轨的要求，也决定其具有自身特性的装配及调整要点。

(1) 数控机床导轨的要求

① 精度好　导轨的精度主要包括导向精度与精度保持性。导向精度是运动部件移动时与基准面间的直线性，导轨的导向性越好，所加工的零件精度就越高，运动也就越平稳、阻力就越小。精度保持性是导轨长时间保持原始精度的特性，磨损是影响精度保持性的主要原因，它与导轨类型、摩擦阻力、支承件材料和热处理、表面加工质量、润滑和防护等诸多因素有关。为了减小导轨摩擦阻力，保证导轨有良好的精度保持性，数控机床一般需要采用高效、低摩擦的滚动导轨、镶粘塑料导轨或静压导轨等。

② 刚度高　机床运动部件的重力、切削加工力等都需要由导轨面来承受，导轨受力后引起的变形不仅会影响导向精度，还可能恶化导轨的工作条件，直接引起精度的下降。导轨的刚度与导轨的种类、截面尺寸、支承方式、受力情况等有关。为提高导轨刚度，数控机床的导轨截面通常比较大，大型机床有时还需要增加辅助支承导轨，来提高刚度。

③ 低摩擦　摩擦不仅会加剧导轨磨损，影响导轨的精度保持性，而且还将导致运动阻力的增加、产生摩擦死区误差、引起发热，从而影响机床的快速性和定位精度。因此，导轨的摩擦系数应尽可能小，动、静摩擦系数应尽量一致，以减小摩擦阻力和热变形，使运动轻便、平稳，低速无爬行。

(2) 导轨的基本形式

根据导轨接触面的摩擦性质，数控机床常用的导轨可分滑动导轨、滚动导轨和静压导轨3类。

① 滑动导轨　滑动导轨具有结构简单、制造方便、刚度高、抗振性好等优点，是传统数控机床使用最广泛的导轨形式。但是，普通机床所使用的铸铁/铸铁、铸铁/淬火钢的导轨摩擦系数大，且动摩擦系数随速度变化，低速运动易出现爬行，通常只用于国产普及型数控机床或数控化改造设备，正规生产的数控机床较少使用。滑动导轨通过表面镶粘塑料材料，可以大幅度降低摩擦阻力、提高耐磨性和抗振性，同时其制造成本低、工艺简单，故在数控机床上得到了广泛的应用。

② 滚动导轨　滚动导轨的导轨面上放置有滚珠、滚柱、滚针等滚动体，它可使导轨由滑动摩擦变为滚动摩擦。与滑动导轨相比，滚动导轨不仅可大幅度降低摩擦阻力，提高运动速度和定位精度，而且还可以减小磨损、延长使用寿命；但是，其抗振性相对较差，因此，多用于切削载荷较小的高速、高精度加工数控机床。

根据滚动体的形状，滚动导轨有滚珠导轨、滚柱导轨、滚针导轨三类。

滚珠导轨以滚珠作为滚动体，其摩擦系数最小，快速性和定位精度最高，但其刚度较低，承载能力较差，故多用于运动部件质量较轻、切削力较小的高速、高精度加工机床。

滚柱导轨的承载能力和刚度均比滚珠导轨大，但它的安装要求较高，故多制成标准滚动块，以镶嵌的形式安装在导轨上，这是大型、重载的龙门式、立柱移动式数控机床使用较多的导轨。

滚针导轨常用于数控磨床，其滚针比同直径的滚柱长度更长，支承性能更好，但对安装面的要求更高。

③ 静压导轨　静压导轨的滑动面开有油腔，当压力油通过节流口注入油腔后，可在滑动面上形成压力油膜，使运动部件浮起后成为纯液体摩擦。因此，其摩擦系数极低、运动磨损极小、精度保持性非常好，且其承载能力大、刚度和抗振性好、运动速度更高、低速无爬行。但其结构复杂、安装要求高，并且需要配套高清洁度的供油系统，因此，多用于高精度的数控磨削机床。

(3) 直线导轨的安装与调整

直线滚动导轨简称直线导轨或滚动导轨、线轨，它是高速、高精度数控机床目前最为常用的导轨，随着数控机床对运动速度要求的提高，其使用已经越来越普遍。

1）组成与特点

直线导轨是专业生产厂家生产的功能部件，其基本组成如图5-96所示。

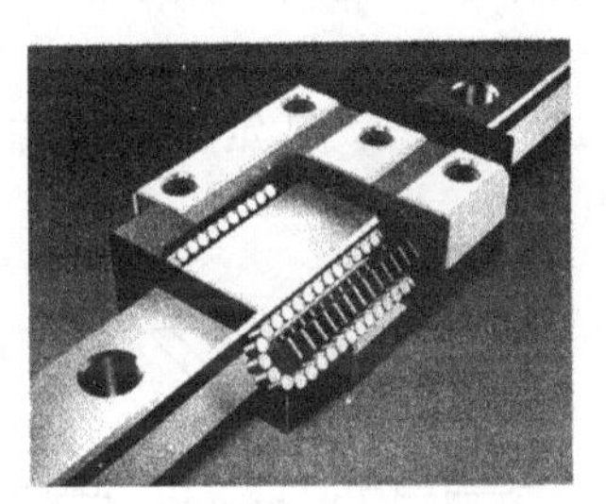
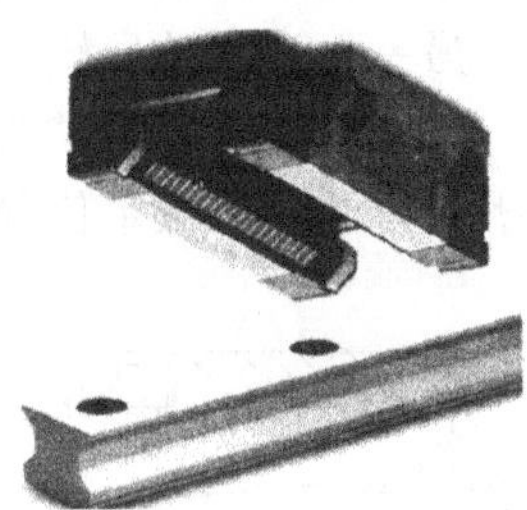

图5-96　直线滚动导轨的组成

直线导轨主要由导轨和滑块两部分组成，导轨一般固定安装在支承部件上；滑块内安装有滚珠或滚柱作为滚动体，滑块安装在运动部件上；导轨与滑块间可通过滚动体产生滚动摩擦。因此，它与其他形式的导轨比较，主要具有以下基本特点。

① 灵敏性好　直线导轨摩擦系数很小，且动、静摩擦系数基本一致。实验表明，驱动同质量的物体，使用直线导轨后的驱动电动机功率只需要普通导轨的1/10左右，其摩擦阻力仅为传统的V形十字交叉滚子导轨的1/40左右。

② 精度高　直线导轨的滚道截面采用了合理比值的圆弧沟槽，其接触应力小，承载能力及刚度比钢球点接触高。直线导轨可通过预载消除传动间隙、提高刚性；导轨表面可通过硬化处理工艺，减小磨损、提高精度保持性；直线导轨成对使用时，还具有误差均化效应，减小制造、安装误差的影响。

③ 使用简单　直线导轨的加工制造已经在专业生产厂家完成，用户使用时只需要直接固定到安装部位。由于它对基础件的导轨安装面加工精度要求较低，因此，其使用简单、安装调整方便、加工制造成本低。

2）结构原理

使用滚珠和滚柱的直线导轨原理相同，它都由导轨、滑块、滚动体、反向器、密封端盖、挡板等部分组成，其结构原理如图5-97所示。

直线型导轨2的上表面加工有一排等间距的安装通孔，可用来固定导轨；导轨上有经过表面硬化处理、精密磨削加工制成的四条滚道。

滑块1上加工有4～6个安装通孔，用来固定滑块；其内部安装有滚动体，当导轨与滑块发生相对运动时，滚动体可沿着导轨和滑块上的滚道运动。滑块1的两端安装有连接回珠孔4的反向器，滚动体3可通过反向器反向进入回珠孔，并返回滚道后循环滚动。

滑块的侧面和反向器的两端装均有防尘的密封端盖，可以防止灰尘、切屑、冷却水等污物

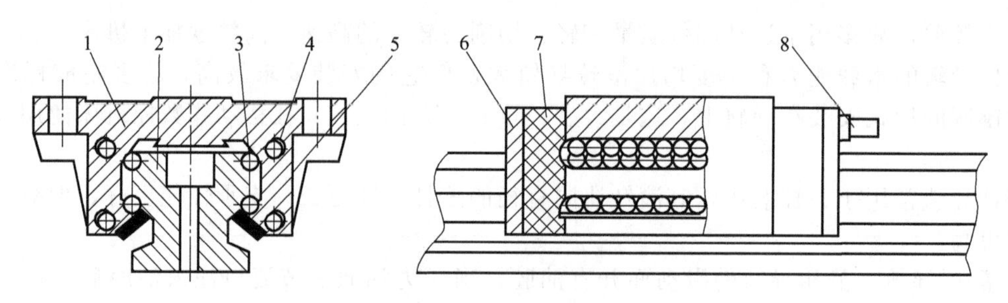

图 5-97　直线导轨的结构原理

1—滑块；2—导轨；3—滚动体；4—回珠孔；5—侧密封；6—密封盖；7—挡板；8—润滑油杯

的进入。滑块的端部还安装有润滑油管或加注润滑脂的油杯，以便根据需要通入液体润滑油或加注油脂。

由于直线导轨的特殊结构，使其可以承受上下、左右方向的载荷，其刚性较好，抗颠覆力矩能力较强，适用于各种方向载荷的直线运动轴。

3）安装与定位

数控机床的直线导轨通常成对使用，其中的一根为基准导轨，起运动部件的主要导向作用；另一根为从动导轨，主要用于支承。

基准导轨固定时需要进行定位，其定位方式主要有图 5-98 所示的螺栓定位、楔块定位、压板定位和定位销定位等。

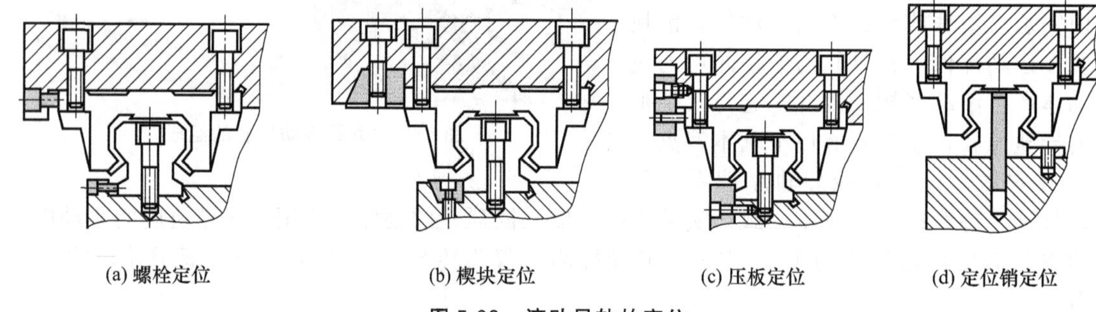

(a) 螺栓定位　(b) 楔块定位　(c) 压板定位　(d) 定位销定位

图 5-98　滚动导轨的定位

直线导轨的定位方式虽各不相同，但总原则是一致的，即：将基准导轨的定位面（图 5-97中为右侧）紧靠在安装基准面上，然后通过螺栓、斜楔块、压板或定位销来调整定位位置；调整完成后，再利用顶面螺钉固定导轨。直线导轨可以水平、竖直或倾斜安装，导轨也可接长使用。

直线导轨的滑块一般直接利用基准面定位，并固定在运动部件上；但是，如需要，滑块也可采用与基准导轨同样的方式定位。

4）主要技术参数

直线导轨是适用于高速运动的导向部件，其运动速度、加速度理论上可达到 500m/min、250m/s^2；但考虑到使用寿命，实际上在 300m/min、50m/s^2 以下使用较为合适。直线导轨的灵敏度好，其摩擦系数一般只有 0.002～0.003。

直线导轨主要技术参数有精度等级、预载荷、使用寿命、额定载荷等。其中，精度等级、预载荷与安装调整密切相关，说明如下。

直线导轨的精度分为 P1、P2、P3、P4、P5、P6 共 6 个等级，以 P1 级精度为最高；工业机器人的直线运动系统通常使用 P4、P5 级精度，高精度工业机器人可使用 P3、P4 级。

直线导轨需要根据承载要求进行预载，预载荷分 P0、P1、P2、P3 共 4 个等级，P0 为重

预载、P1为中预载、P2为普通预载、P3为无预载（间隙配合）。

根据不同的使用要求，直线导轨的精度和预加载荷等级一般按表5-17选用，表中的C为直线导轨的额定动载荷。

表5-17 推荐的精度和预载荷等级表

使用场合	精度等级	预载荷等级	预载荷值
刚度高、有冲击和振动的大型、重型进给	4、5	P0	0.1C
精度要求高、承受侧悬载荷、扭转载荷的进给	3、4	P1	0.05C
精度要求高、冲击和振动较小、受力良好的进给	3、4	P2	0.025C
无定位精度要求的输送机构	5	P3	0

5）使用与维护

良好的润滑可减少摩擦阻力和减轻导轨磨损，防止导轨发热。直线导轨的润滑可采用润滑脂润滑和润滑油润滑两种方式。

① 润滑脂润滑　润滑脂润滑不需要供油管路和润滑系统，也不存在漏油问题，一次加注可使用1000h以上，因此，对于运动速度小于15m/min或采用特殊设计的高速润滑系统，为了简化结构、降低成本，可使用脂润滑。

直线导轨的脂润滑应按照生产厂家提供的型号选用，数控机床以锂基润滑脂为常用。

② 润滑油润滑　润滑油的润滑均匀、效果好，可用于高速润滑系统；一般而言，对于常规的润滑系统设计，如果直线导轨的运动速度超过15m/min时，原则上需要油润滑。

直线导轨的润滑油可使用N32等油液；润滑系统可与轴承、丝杠等部件一起，采用集中润滑装置进行统一润滑。

使用直线导轨时，应注意工作环境与装配过程中的清洁，导轨表面不能有铁屑、杂质、灰尘等污物黏附。当安装环境可能有灰尘、冷却水等污物进入时，除导轨本身的密封外，还应增加防护装置。

6）直线导轨的安装与调整要点

① 直线导轨的安装　由于直线导轨有“均化误差”的作用，其运动部件的实际误差通常只有安装基面误差的1/3左右。因此，它对安装基面的精度和表面粗糙度要求并不高，一般只需进行精铣或精刨加工，便可满足要求。直线导轨安装一般可按照如下步骤进行。

a. 将直线导轨贴紧安装的侧基准面，然后，轻微固定导轨的顶面螺栓，使导轨的底面和支承面贴紧。

b. 调节侧向定位螺钉、斜楔块、压板或定位销，进行导轨的侧向定位，使导轨的导向面贴紧侧向基准面。

c. 按表5-18所示的参考值，从导轨中间位置开始，按交叉的顺序向两端用力矩扳手拧紧导轨的顶面安装螺钉。

表5-18 推荐的拧紧力矩

安装螺钉规格	M3	M4	M5	M6	M8	M10	M12	M14
拧紧力矩/N·m	1.6	3.8	7.8	11.7	28	60	100	150

② 直线导轨的滑块安装

a. 将工作台置于滑块座平面、对准安装螺钉孔，进行轻微固定。

b. 进行滑块的侧面定位，使滑块的定位面贴紧安装基准面。

c. 按对角线的顺序拧紧滑块上的安装螺钉。

安装完毕后，检查导轨是否在全行程内运行轻便、灵活，并检查工作台的直线度、平行度，使之符合要求。

③ 直线导轨的调整　不同精度等级的直线导轨，其安装、调整要求各不相同。如表5-19

所示是典型产品的安装要求和精度调整参照。

如果基准导轨的滑块数量超过 2 个，中间滑块不需要做表中第 3、5 项的检查，但其 W_1 值应小于首尾两滑块。

表 5-19 直线导轨的安装要求及允差

检验项目	示意图	允差				
		导轨长度/mm	精度等级			
			2	3	4	5
A：滑块顶面中心对导轨安装底面的平行度 B：导轨基准侧面同侧的滑块侧面，对导轨基准侧面的平行度		≤500	4	8	14	20
		>500～1000	6	10	17	25
		>1000～1500	8	13	20	30
		>1500～2000	9	15	22	32
		>2000～2500	11	17	24	34
		>2500～3000	12	18	26	36
		>3000～3500	13	20	28	38
		>3500～4000	15	22	30	40
滑块上顶面与导轨基准底面的高度 H 极限偏差		精度等级	2	3	4	5
		允差±/μm	12	25	50	100
滑块侧面与导轨侧面间距 W_1 的极限偏差（只适用基准导轨）		精度等级	2	3	4	5
		允差±/μm	15	30	60	150
同一平面多个滑块顶面高度 H 的变动量		精度等级	2	3	4	5
		允差/μm	5	7	20	40
同一导轨上多个滑块侧面与导轨侧面间距 W_1 的变动量（只适用基准导轨）		精度等级	2	3	4	5
		允差/μm	7	10	25	70

（4）滚动导轨块及使用

直线导轨具有灵敏性好、精度高、使用简单等优点，但其抗振性较差、支承刚度有限，用于大行程坐标轴时需要进行接长，因此，适合用于轻载、精密加工的高速、高精度数控机床。对于大载荷、高刚度，长行程的龙门加工中心、落地式加工中心或大型立柱移动式加工中心，需要用刚度更高、载荷更大、抗振性更好的滚动导轨块代替直线导轨。

① 结构原理　滚动导轨块（以下简称导轨块）的结构原理如图 5-99 所示。导轨块 2 通过安装螺钉 1 固定在拖板、工作台等运动部件 3 上；滚动体 5 在导轨块 2 与支承导轨间滚动，并经带有返回槽的两端挡板 4 和 7 返回，做循环滚动。

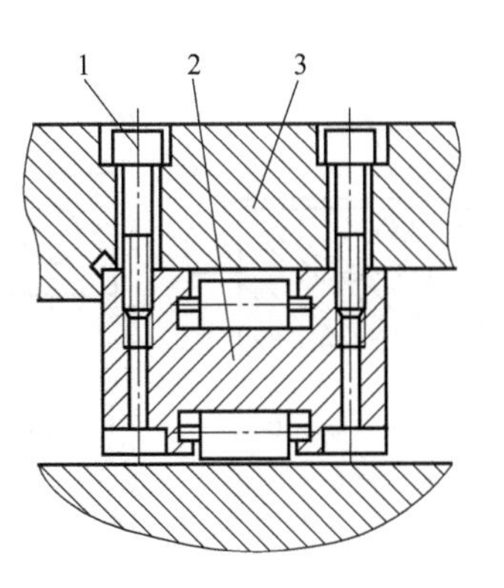

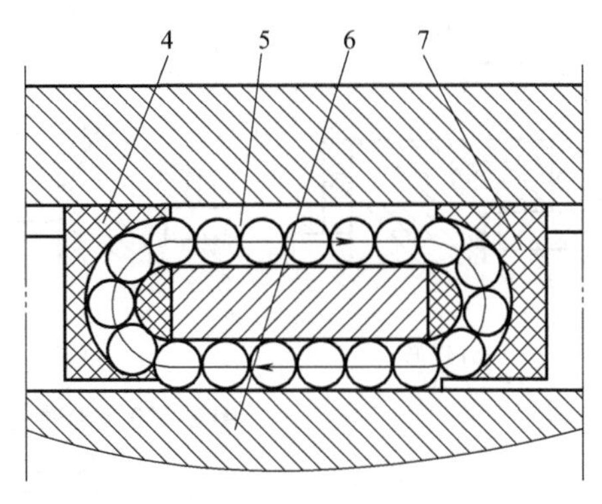

图 5-99　滚动导轨块的结构原理

1—安装螺钉；2—导轨块；3—运动部件；4,7—挡板；5—滚动体；6—支承导轨

导轨块的滚动体一般都为圆柱滚子，其承载能力、刚度都比直线滚动导轨副高，故用于大载荷、高刚度、长行程的大型机床，但其摩擦系数也比直线导轨稍高。

导轨块为专业生产厂家生产的独立部件，导轨块的滚动体可以在自身的封闭滚道中循环运动，它与运动部件的行程无关；导轨块的支承导轨由用户根据自己的要求加工制造，导轨块不但可用于矩形导轨，而且还能够用于三角形、燕尾形导轨，其使用比线滚动导轨更加灵活。

② 使用要点　导轨块的精度等级按照其高度误差进行划分，一般分为 C、D、E、F 共 4 级，C 级为最高，其高度误差在 2μm 以内；D、E、F 级的误差依次为 3μm、5μm、10μm；为了便于选配，每一精度等级的公差又分为若干组，以保证高度的一致性。

导轨块只能承受单侧载荷，根据运动部件的受力情况和进给系统的不同结构，每一运动轴需要安装多个导轨块，行程越长使用的滚动块数量越多。导轨块安装时，其滚柱轴线的倾斜度通常应控制在 0.02/1000 以内，以防止侧向偏移和打滑；为了使不同导轨块能均匀受力，运动部件上用来安装不同导轨块的基准面需要等高；安装基准面与支承导轨面间的平行度一般应控制在 0.02/1000 以内；机床精度、导轨块的精度等级越高，安装要求也越高。

为了保证导轨的运动精度和耐磨性，支承导轨的表面粗糙度一般应在 *Ra*0.63μm 以上；表面淬硬至 58HRC 以上，淬硬层深度不应小于 2mm。

为了提高支承刚度，导轨块使用时同样可进行预紧。导轨块的预紧可以通过在运动部件的安装面和导轨块间安装楔块、弹簧、垫片等方式实现；但是预紧力过大时，可能导致滚子不能转动，因此，预紧力原则上不应超过额定动载荷的 20%。

(5) 滑动导轨装配与调整

滑动导轨具有结构简单、制造方便、刚度高、抗振性好等优点，是传统数控机床使用最广泛的导轨形式。

1) 导轨的基本形式

滑动导轨的截面形状主要有图 5-100 所示的矩形、三角形、燕尾形和圆形 4 种，图示导轨均为上凸形，但有时也采用下凹形。

图中的 *M* 面是支承面，用来支承运动部件；*N* 面是主要导向面，用来保证直线度；*J* 面是用来防止运动部件抬起的固定面。

矩形导轨的加工制造容易、承载能力大、安装调整方便，导轨支承面、导向面的间隙可分别通过压板、镶条调整。这是数控机床最为常用的滑动导轨。

三角形导轨有两个导向面，其导向效果较好，且能够依靠重力自动补偿导向面磨损所产生的间隙，但导轨安装高度较高、加工制造相对复杂。三角形导轨多用于普及型数控车床的纵向进给系统。

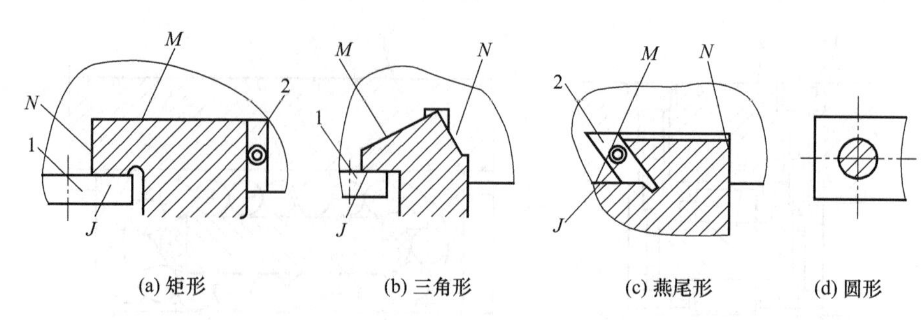

图 5-100 导轨的截面形状

1—压板；2—镶条

燕尾形导轨的安装高度小、接触面积最大，且能够承受颠覆力矩，导轨磨损间隙同样可通过镶条进行调整。燕尾形导轨多用于升降台数控铣床的十字进给系统。

圆形导轨的加工制造容易、导向精度高，但其间隙调整十分困难，故通常用于仅承受轴向载荷的压力机、注塑机等，在金属数控机床上，则多用于机械手、传送装置等辅助部件。

2）贴塑滑动导轨

贴塑滑动导轨又称镶粘塑料滑动导轨，简称贴塑导轨，它是通用型数控机床常用的导轨形式；导轨塑料镶粘有粘贴塑料软带和环氧树脂涂料涂敷两种方式。

① 镶粘塑料软带　镶粘塑料软带的导轨又称贴塑导轨，它通过专用黏结胶，按图 5-101 所示在滑动导轨的拖板、镶条、压板摩擦面上，镶粘一层复合塑料导轨软带的方式实现。

贴塑导轨可大幅度降低导轨摩擦系数，缩小动、静摩擦系数之差，且有良好的自润滑和抗震作用，可提高导轨的耐磨性和稳定性。贴塑导轨可与铸铁导轨或淬硬的钢导轨配合使用，常用的镶粘材料通常为聚四氟乙烯（PTFY）软带和环氧树脂涂料。

聚四氟乙烯的摩擦系数很小，且可在摩擦情况下使用，塑料软带还能吸收导轨面的硬粒、避免导轨拉伤和磨损。但是，由于聚四氟乙烯不耐磨，因此，实际的塑料软带在制造时，需要添加 663 青铜粉、石墨、MoS_2、铅粉等填充料，以提高抗磨性能。

聚四氟乙烯软带的安装要求如图 5-101（a）所示。图中的拖板 3 和床身 4 间采用了聚四氟乙烯-铸铁导轨，拖板及压板 5、镶条 2 的各滑动摩擦面都粘贴有聚四氟乙烯塑料软带，以保证所有摩擦面均为聚四氟乙烯-铸铁摩擦。塑料软带的粘贴尺寸及粘贴面的加工要求一般如图 5-101（b)所示。安装面应加工出 0.5～1mm 深的软带安装凹槽，安装面不宜过于光滑，但必须平整。塑料软带的厚度通常为 1～2.5mm，它需要通过专用黏结剂黏结在安装面；黏结层的厚度为 0.05～0.1mm。

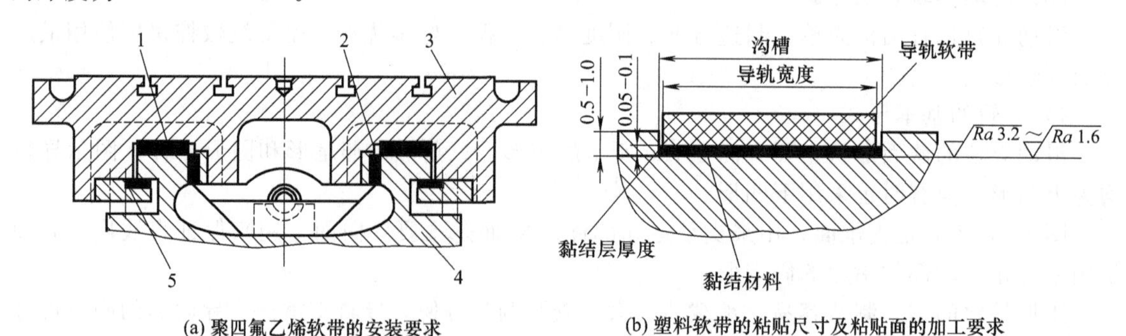

图 5-101 镶粘塑料软带导轨安装

1—软塑料带；2—镶条；3—拖板；4—床身；5—压板

塑料软带和导轨间是无间隙接触，因此，在采用油润滑的导轨上，为了保证润滑油能够渗

入导轨内部，通常需要在塑料软带粘贴完成后，在软带上加工相应的润滑油槽，润滑油槽多为连续、交叉的圆形图案。软带粘贴、油槽加工完成后，还需要通过磨削加工，使软带摩擦表面平整光滑。

② 环氧树脂涂料　环氧树脂涂料可通过涂敷工艺或压注成形工艺涂到预先加工成锯齿状的导轨上，涂层厚度为 1.5～2.5mm；涂料中同样需要添加 MoS_2、胶体石墨 TiO_2 等材料，提高抗磨性能。环氧树脂涂料的附着力强、成本低、使用简单；涂料和铸铁组成的导轨，其摩擦系数一般在 0.1～0.12，而且在无润滑的情况下仍有较好的防爬行效果，因此，多用于大型和重型机床。

3）滑动导轨的调整

导轨的结合面配合对数控机床定位精度、刚度的影响很大。配合过松时，将影响运动精度，甚至产生振动；配合过紧时则会增加摩擦力、加剧磨损。此外，机床经长期使用后，必然会引起导轨的磨损，导致间隙的增加，因此，数控机床需要安装导轨间隙调整机构。

滑动导轨的间隙调整一般通过镶条、压板进行，镶条有楔形镶条和平镶条两种，镶条安装在导轨受力较小的非导向面。

① 楔形镶条调整　楔形镶条一般用于矩形导轨的导向面间隙调整。楔形镶条有两个面分别与动导轨和支撑导轨接触，其刚度比平镶条更高。楔形镶条的斜度通常为（1∶100）～（1∶40），为了防止楔形镶条两端的厚度相差过大，镶条越长、斜度越小。

楔形镶条可通过图 5-102 所示的移动调整导向面间隙；导轨的支承面间隙可通过压板来调整。

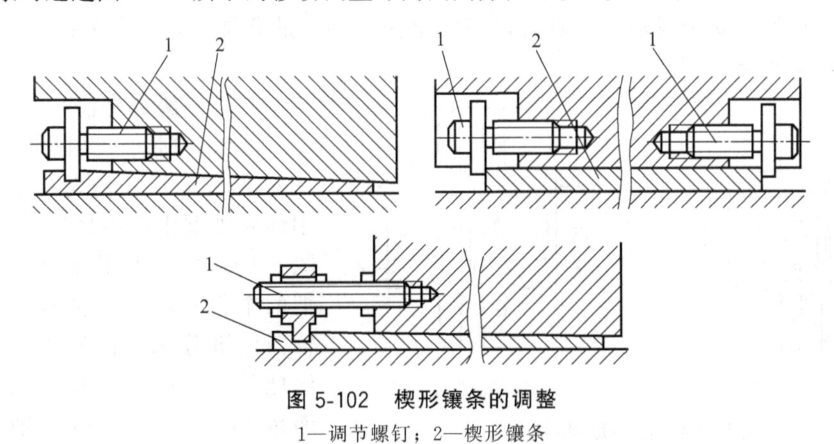

图 5-102　楔形镶条的调整

1—调节螺钉；2—楔形镶条

② 平镶条调整　常用的平镶条导轨间隙调整方法如图 5-103 所示。

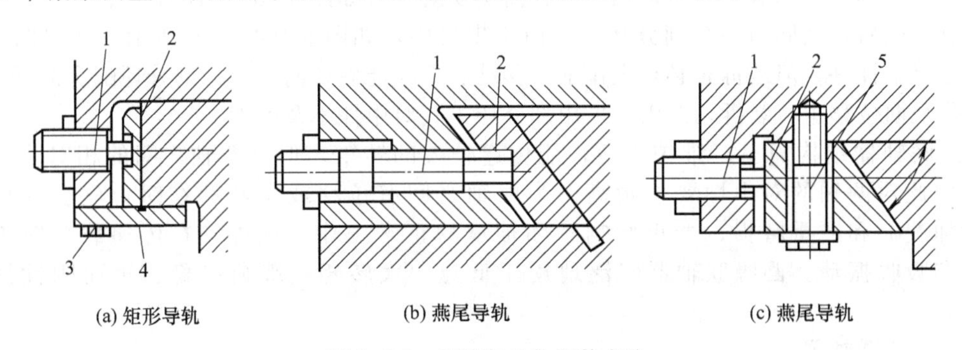

图 5-103　平镶条导轨调整方法

1,3,5—调节螺钉；2—镶条；4—压板

矩形导轨可通过图 5-103（a）所示的镶条 2 和侧面的调节螺钉 1 来调整导轨导向面的间

隙；利用压板 4 和调节螺钉 3 来调整导轨支承面的间隙。

下表面为支承的燕尾导轨通常使用图 5-103（b）所示的菱形平镶条调整间隙。菱形镶条兼有压板的作用，利用镶条压紧时所产生的侧向力和压紧力，可同时调整导轨的导向面和支承面间隙。

上表面为支承的燕尾导轨通常使用图 5-103（c）所示的梯形平镶条调整间隙。梯形镶条可通过调节螺钉 1 调整导轨的导向面间隙；利用调节螺钉 5 调整导轨的支承面间隙。

5.9 联轴器的装配

联轴器用来连接两根轴或轴和回转件，使它们一起回转，传递转矩和运动，在机器运转过程中，两轴或轴和回转件不能分开，只有在机器停止转动后用拆卸的方法才能将它们分开。有的联轴器还可以用作安全装置，保护被连接的机械零件不因过载而损坏。

5.9.1 联轴器的结构及使用

联轴器的种类较多，根据工作条件不同，联轴器分为刚性联轴器、挠性联轴器和安全联轴器三大类。刚性联轴器适用于两个轴能严格对中并在工作中不发生相对位移的场合，常用的有凸缘联轴器、套筒联轴器等；挠性联轴器适用于两个轴有偏斜或在工作中有相对位移的场合，又分为无弹性元件挠性联轴器和弹性联轴器（包括金属弹性元件弹性联轴器和非金属弹性元件弹性联轴器）两类；安全联轴器是具有过载安全保护功能的联轴器，又分为挠性安全联轴器和刚性安全联轴器两类。

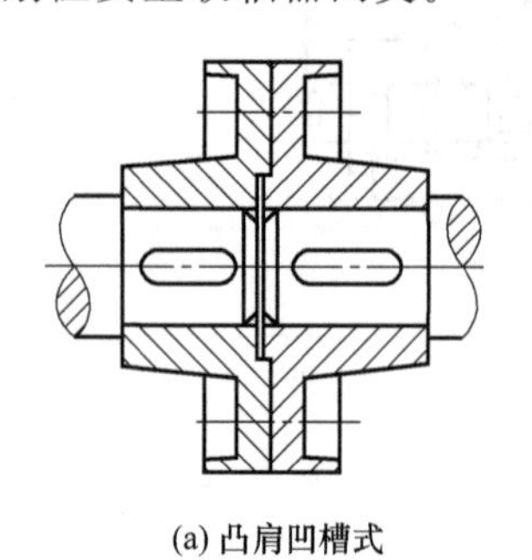

(a) 凸肩凹槽式

(b) 凸肩剖分环式

图 5-104 凸缘联轴器

(1) 凸缘联轴器

凸缘联轴器利用螺栓连接两半联轴器的凸缘，以实现两轴的连接，是刚性联轴器中应用最广的一种联轴器。图 5-104（a）是其基本的结构形式，把两个带有凸缘（俗称法兰）的半联轴器用键分别与两轴连接，然后用螺栓把两个半联轴器连接成一体，以传递转矩和运动。凸缘联轴器要求严格对中，其对中方法有两种：一是在两半联轴器上分别制出凸肩和凹槽，互相配合而实现对中，如图 5-104（a）所示；二是两半联轴器上都制出凸肩，共同与一个剖分环配合而实现对中，如图 5-104（b）所示。凸肩凹槽配合的联轴器对中性好，但装拆时必须先作轴向移动后，才能做径向位移；剖分环配合的联轴器则可直接作径向位移进行装拆，但由于采用剖分环，其对中性不及前者。

凸缘联轴器结构简单、维护方便，能传递较大的转矩，但对两轴之间的相对位移不能补偿，因此对两轴的对中性要求很高。当两轴之间有位移或偏斜存在时，就会在机件内引起附加载荷和严重磨损，严重影响轴和轴承的正常工作。此外，在传递载荷时不能缓和冲击和吸收振动。凸缘联轴器广泛地用于低速、大转矩、载荷平稳、短而刚性好的轴的连接。

(2) 套筒联轴器

套筒联轴器通过公用套筒以某种方式连接两轴（图 5-105）。公用套筒与两轴连接的方式常采用键连接或销连接。套筒联轴器属刚性联轴器，结构简单、径向尺寸小，装拆时一根轴需做轴向移动。常用于两轴直径较小、两轴对中性精度高、工作平稳的场合。

(3) 鼓形齿联轴器（齿式联轴器）

鼓形齿联轴器通过内外齿啮合，实现两半联轴器的连接（图 5-106），属无弹性元件挠性联轴器，由两个带有外齿的凸缘内套筒 1 和两个带有内齿的外套筒 2 所组成。两内套筒分别用键与两轴连接，两外套筒用螺栓 4 连接，通过内、外齿的啮合传递转矩和运动。外齿的齿顶部分呈鼓状，使啮合时具有适当的间隙。当两轴传动中产生轴向、径向和偏角等位移时，可以得到补偿。注油孔 3 用于注入润滑油，以减少磨损；联轴器两端装有密封圈 5，以防止润滑油泄漏。

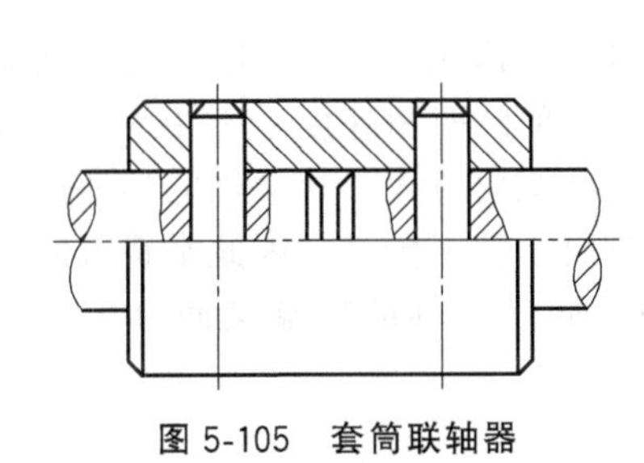

图 5-105　套筒联轴器

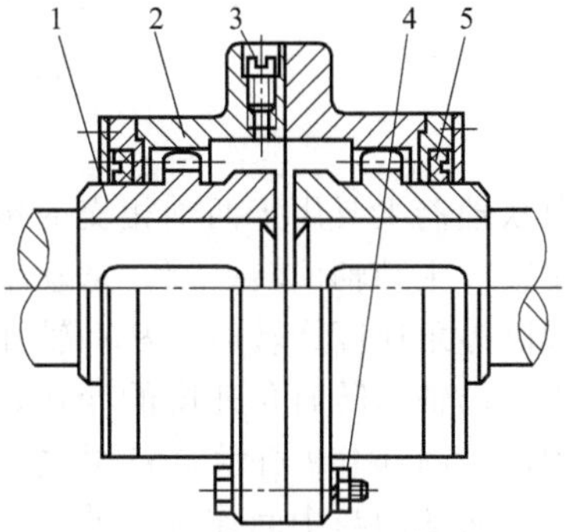

图 5-106　鼓形齿联轴器

1—内套筒；2—外套筒；3—注油孔；4—螺栓；5—密封圈

鼓形齿联轴器的优点是转速高（可达 3500r/min），能传递很大的转矩（可达 10^6N・m），并能补偿较大的综合位移，工作可靠，对安装精度要求不高。其缺点是质量大、制造较困难、成本高，因此多用在重型机械中。

(4) 滑块联轴器

滑块联轴器通过中间滑块在两半联轴器端面的径向槽内滑动，实现两半联轴器的连接。如图 5-107（a）所示的十字滑块联轴器，由左套筒 1、右套筒 3 和十字滑块 2 组成。左、右套筒用键分别与两轴连接。十字滑块两端面带有互相垂直的凸肩，分别嵌入左、右套筒端面相应的凹槽中，将两轴连接为一体。如果两轴的轴线不重合，回转时十字滑块的凸肩将沿套筒的凹槽滑动，从而实现对两轴相对位移的补偿［图 5-107（b）］。

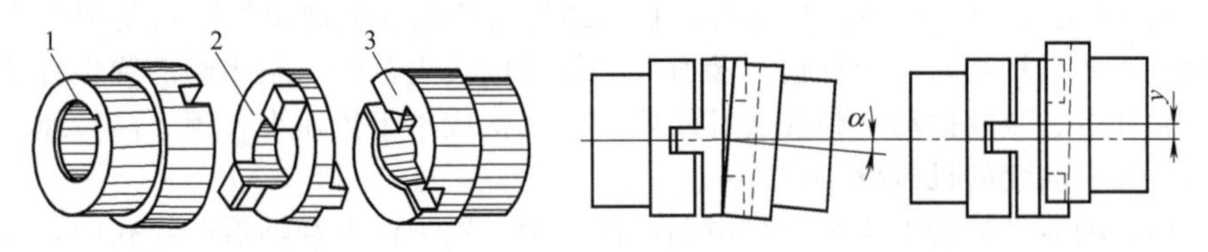

(a) 十字滑块联轴器的结构　　(b) 十字滑块联轴器的工作原理

图 5-107　十字滑块联轴器

1—左套筒；2—十字滑块；3—右套筒

十字滑块联轴器属无弹性元件挠性联轴器，结构简单、径向尺寸小，但耐冲击性差、易磨损。在转速较高时，由于十字滑块的偏心（补偿两轴相对位移）将会产生较大的离心惯性力，而给轴和轴承带来附加载荷。因此，滑块联轴器适用于刚性大、转速低、冲击小的场合。

(5) 万向联轴器

万向联轴器允许在较大角位移时传递转矩，属无弹性元件挠性联轴器。如图 5-108 所示为一种应用广泛的万向联轴器——十字轴式万向联轴器。它通过十字轴式中间件实现轴线相交的两轴连接，由两个具有叉状端部的万向接头 1、3 和一个十字轴 2 组成。两轴与两万向接头用

销连接，通过中间件十字轴传递转矩。

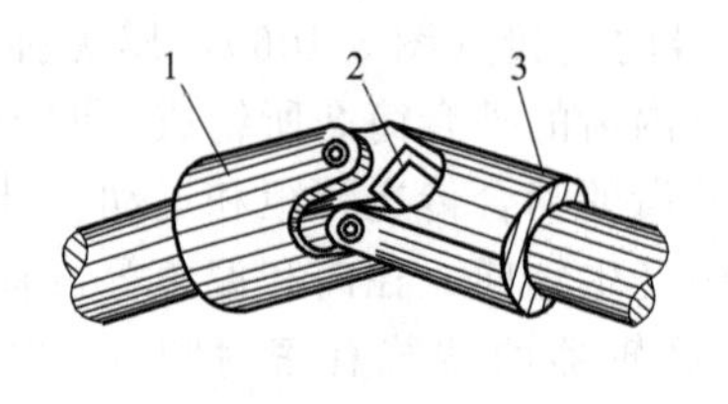

(a) 十字轴式万向联轴器的结构

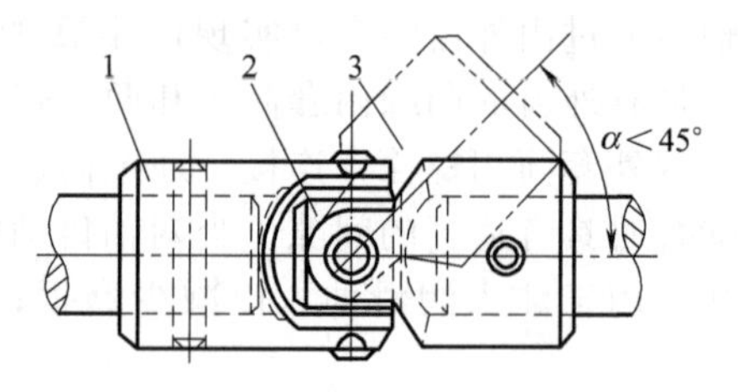

(b) 十字轴式万向联轴器的工作原理

图 5-108　十字轴式万向联轴器

1,3—万向接头；2—十字轴

万向联轴器主要用于两轴相交的传动。两轴的交角最大可达 35°～45°。用万向联轴器连接的两相交轴，主动轴回转一周，从动轴也回转一周，但两轴的瞬时角速度是不相等的。也就是说主动轴以等角速度回转时，从动轴作变角速度回转。两轴交角愈大，从动轴的角速度变化愈大。由于从动轴回转时角速度的变化，会产生附加动载荷而不利于传动，因此常将万向联轴器成对使用，如图 5-109 所示。采用这种方式时，必须使中间连接轴的两端叉面位于同一平面内，且主、从动轴与中间连接轴的两个夹角必须相等。

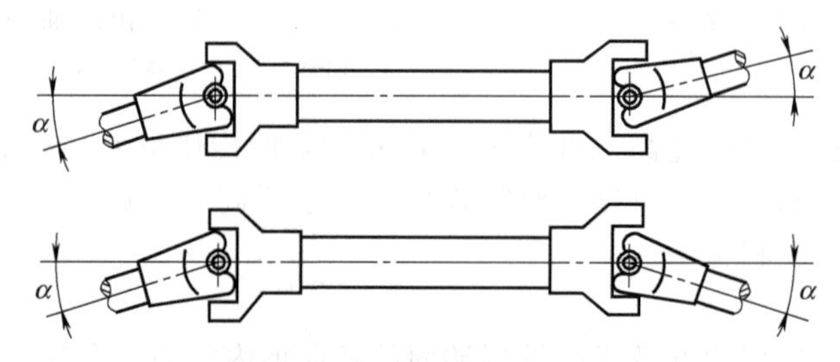

图 5-109　万向联轴器的成对使用

(6) 弹性套柱销联轴器和弹性柱销联轴器

弹性套柱销联轴器是将一端带有弹性套的柱销装在两半联轴器凸缘孔中，从而实现两半联轴器的连接。

如图 5-110 所示为弹性套柱销联轴器，它的结构与凸缘联轴器相似，只是两个半联轴器的连接不是螺栓，而是柱销，每个柱销上装有几个橡胶圈或皮革圈，利用圈的弹性补偿两轴的相对位移并缓和冲击、吸收振动。弹性套柱销联轴器通常应用于传递小转矩、高转速、启动频繁和回转方向需经常改变的机械设备中。

弹性柱销联轴器是将若干非金属材料制成的柱销，置于两半联轴器凸缘孔中，而实现两半联轴器连接的，如图 5-111 所示。

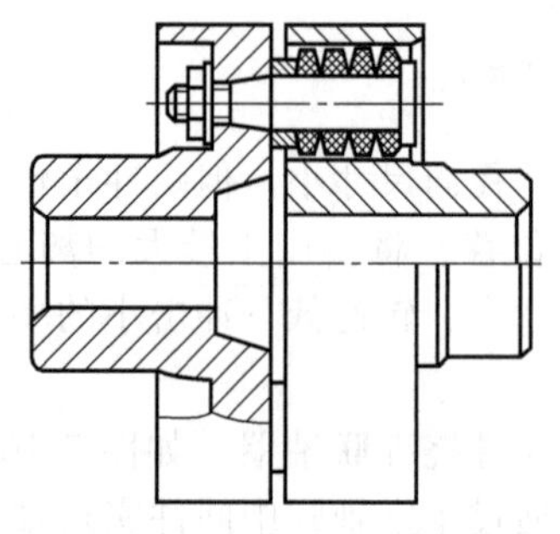

图 5-110　弹性套柱销联轴器

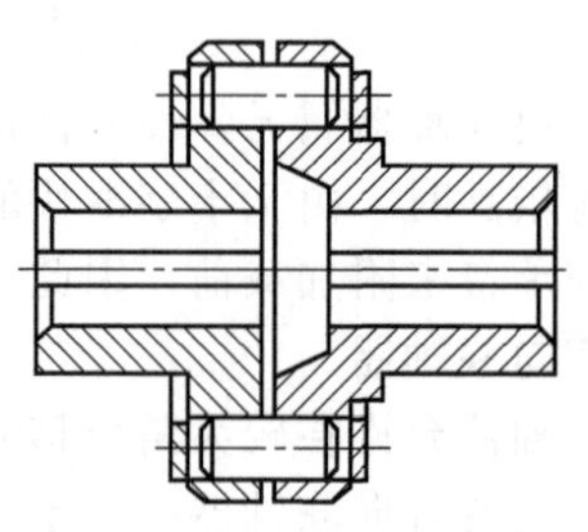

图 5-111　弹性柱销联轴器

其柱销材料常用尼龙，其他具有弹性的非金属材料也可应用，如酚醛、榆木、胡桃木等。弹性柱销联轴器可允许较大的轴向窜动，但径向位移和偏角位移的补偿量不大。其具有结构简单、制造容易和维护方便等优点，一般多用于轻载的场合。

弹性套柱销联轴器和弹性柱销联轴器均属于非金属弹性元件弹性联轴器。

(7) 安全联轴器

安全联轴器即具有过载安全保护功能的联轴器。当机器过载或受冲击时，联轴器中的连接件自动断开，中断两轴的联系，从而避免机器重要零、部件受到损坏。安全联轴器分为钢棒式、摩擦片式和永磁式三种。如图 5-112 所示为常用的钢棒安全联轴器。钢棒（销）用作凸缘联轴器或套筒联轴器的连接件，其直径根据传递极限转矩时所受剪力确定，即当传动转矩超过极限数值时，钢棒被剪断。为了改善或加强剪切效果，在钢棒预定剪断处，通常切有环槽或在钢棒外面安装钢套，以免损伤联轴器的其他零件。由于钢棒更换不便，因此，钢棒安全联轴器主要用于偶然性过载的机器设备中。

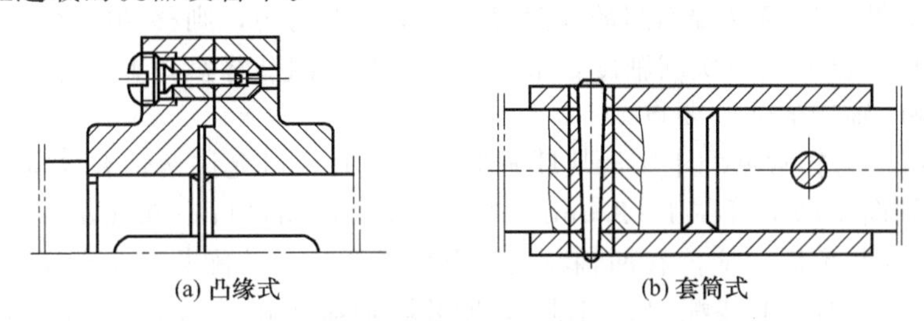

(a) 凸缘式　　(b) 套筒式

图 5-112　钢棒安全联轴器

5.9.2　联轴器的装配方法及要点

(1) 联轴器的装配要求

无论哪一种形式的联轴器，装配的主要技术要求是保证两轴的同轴度。联轴器装配时两轴线的同轴度偏差有 3 种情况，如图 5-113 所示。即轴线径向偏移；轴线扭斜；轴线同时偏移和扭斜。过大的偏差将使联轴器、传动轴及轴承产生附加负荷，引起发热、加速磨损，甚至发生疲劳而断裂。

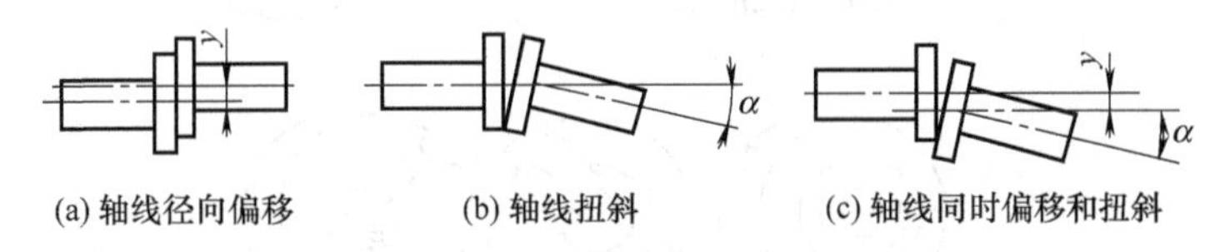

(a) 轴线径向偏移　　(b) 轴线扭斜　　(c) 轴线同时偏移和扭斜

图 5-113　联轴器装配的偏差

(2) 联轴器的装配要点

由于联轴器的种类较多，并且其装配质量直接影响到机器的运转平稳性，因此，针对不同的联轴器，装配时应相应地采取不同的装配方法，操作要点主要有以下方面。

1）凸缘式联轴器的装配要点

图 5-114 为较常见的凸缘式联轴器，其装配步骤及要点如下。

① 首先将凸缘盘 2、3 用平键分别装在轴 1 和轴 4 上，并固定齿轮箱，如图 5-114（a）、（c）所示。

② 再将百分表固定有凸缘盘 3 上，并使百分表的测头顶在凸缘盘 2 的外圆上，找正凸缘盘 2 和 3 的同轴度。当两轴处于不同轴线时，两联轴器的外圆或端面之间将产生相对误差，此时可参照图 5-114（b）所示的方法进行找正测量，即可算出两轴轴心线的误差值。

③ 移动电动机，使凸缘盘 2 的凸台少许插进凸缘盘 3 的凹孔内。

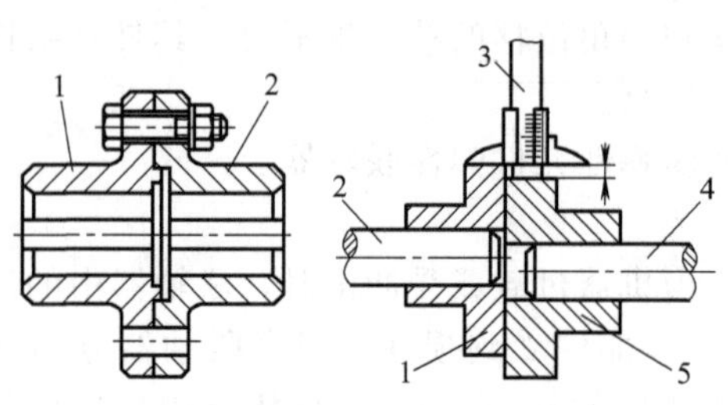

(a) 凸缘式联轴器的结构
1—轴；2—凸缘盘

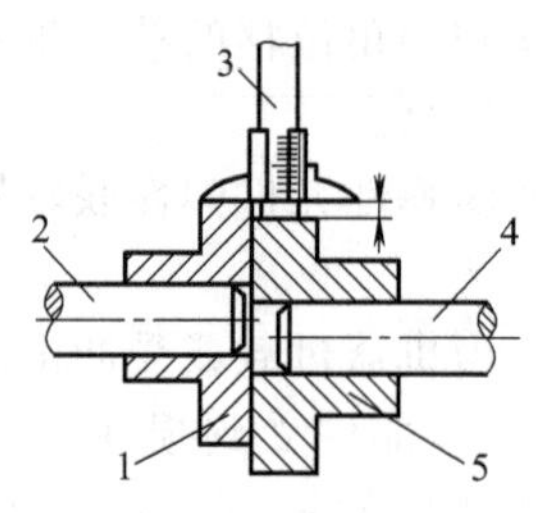

(b) 凸缘式联轴器的找正方法
1,5—联轴器；2—传动轴；
3—深度尺；4—电动机轴

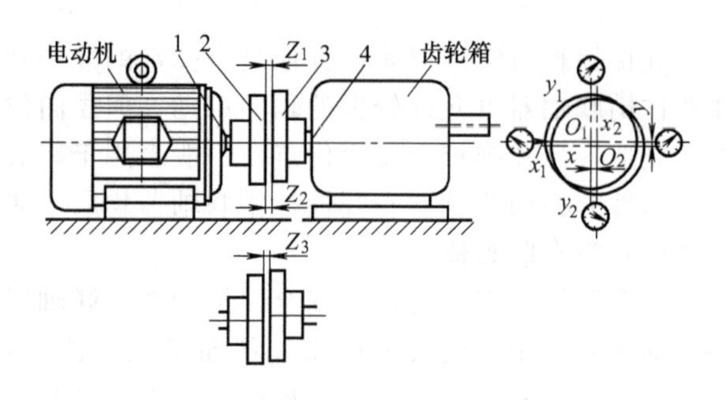

(c) 凸缘式联轴器的装配检测
1,4—轴；2,3—凸缘盘

图 5-114　凸缘式联轴器的装配

④ 转动轴 4，测量凸缘盘端面间的间隙 Z。如果间隙均匀，则移动电动机使两凸缘盘端面靠近，固定电动机，再复检一次同轴度，最后用螺栓紧固两凸缘盘，如图 5-114（c）所示。

2）十字滑块联轴器的装配要点

如图 5-115 所示为较常见的十字滑块联轴器，装配时，可允许两轴有少量的径向偏移和倾斜，一般情况下轴向摆动量可在 1～2.5mm 之间，径向摆动量可在 $0.01d+0.25$mm 左右（d 为轴直径）。中间盘装配后，应能在两轴盘之间自由滑动。其装配装配步骤及要点如下。

① 分别在轴 1 和轴 7 上装配键 3 和键 6，安装联轴盘 2 和 5。用直尺作检查工具，检查直尺是否与 2 和 5 的外圆表面均匀接触，并在垂直和水平两个方向都要均匀接触。

② 找正后，安装中间盘 4，并移动轴，使联轴盘和中间盘留有少量间隙 z，以满足中间盘的自由滑动。

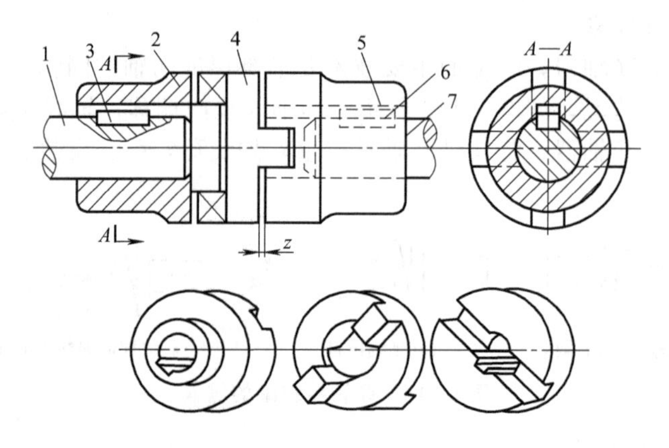

图 5-115　十字滑块联轴器
1,7—轴；2,5—联轴盘；3,6—键；4—中间盘

5.10 离合器的装配

离合器是主、从动部分在同轴线上传递动力或运动时，具有接合或分离功能的装置。与联轴器的作用一样，离合器可用来连接两轴，但不同的是离合器可根据工作需要，在机器运转过程中随时将两轴接合或分离，而联轴器在工作时是不允许脱开的。此外，联轴器还可能具有补偿两轴的相对位移、缓冲和减振以及安全防护等功能；而离合器可以作为启动或过载时控制传递转矩的安全保护装置。

5.10.1 离合器的结构及应用

按控制方式不同，离合器可分成操纵离合器和自控离合器两大类。必须通过操纵接合元件才具有接合或分离功能的离合器称为操纵离合器。按操纵方式不同，操纵离合器分机械离合器、电磁离合器、液压离合器和气压离合器四种。自控离合器是指在主动部分或从动部分某些性能参数变化时，接合元件具有自行接合或分离功能的离合器。自控离合器分为超越离合器、离心离合器和安全离合器三种。在机械机构直接作用下具有离合功能的离合器称为机械离合器。机械离合器有嵌合式和摩擦式两种类型。

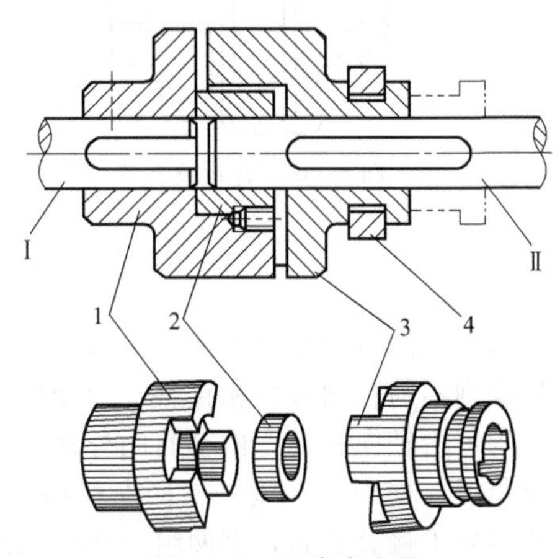

图 5-116 牙嵌离合器
1—固定套筒；2—对中环；
3—滑动套筒；4—滑环

（1）牙嵌离合器

牙嵌离合器是用爪牙状零件组成嵌合副的离合器。如图 5-116 所示的牙嵌离合器，由端面上制有凸牙的套筒组成。固定套筒 1 固定在主动轴Ⅰ上，滑动套筒 3 用导向平键（或花键）与从动轴Ⅱ连接，并可由操纵杆通过滑环 4 使其轴向移动，以实现离合器主、从动部分的接合或分离。为了使两个套筒对中，主动轴Ⅰ的固定套筒上安装有对中环 2，从动轴Ⅱ在对中环中可自由转动。

牙嵌离合器通过凸牙的啮合来传递转矩和运动。常用的凸牙形状（沿圆周展开）如图 5-117 所示。其中，正梯形凸牙强度高，易于接合，能传递较大的转矩并自动补偿凸牙的磨损与间隙，应用较广；锯齿形凸牙只能传递单向转矩。

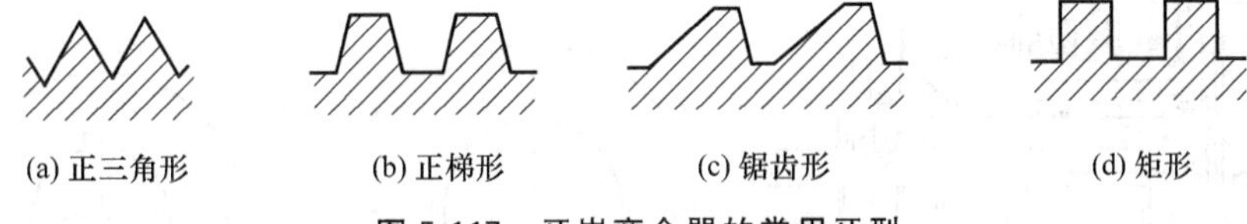
(a) 正三角形　(b) 正梯形　(c) 锯齿形　(d) 矩形

图 5-117 牙嵌离合器的常用牙型

牙嵌离合器结构简单、外廓尺寸小，两轴接合后不会发生相对移动，但接合时有冲击，只能在低速或停车时接合，否则凸牙容易损坏。

（2）齿形离合器

齿形离合器是用内齿和外齿组成嵌合副的离合器（图 5-118），多用于机床变速箱内。

（3）片式离合器

片式离合器又称盘式离合器，是用圆环片的端平面组成摩擦副的离合器。如图 5-119 所示，离合器主要由两个圆盘组成。主动圆盘 2 固定在主动轴 1 上，从动圆盘 3 用导向平键（或花键）与从动轴 6 连接，并可以在轴上做轴向移动。利用弹簧 5 可将两圆盘压紧。工作时，依靠两盘间的摩擦力传递转矩和运动。杠杆 4 用来控制离合器的接合或分离。

这种离合器需要较大的轴向力，传递的转矩较小，但在任何转速条件下，两轴均可以分离或接合，且接合平稳，冲击和振动小，过载时两摩擦面之间打滑，起保护作用。为了提高离合器传递转矩的能力，通常采用多片离合器。

如图 5-120（a）所示为多片离合器的结构。外鼓轮 2 和内套筒 4 分别用平键与主动轴 1 和从动轴 3 连接。离合器有两组摩擦片，一组为外摩擦片 6，其形状如图 5-120（b）所示。外摩擦片外缘上有 3 个凸齿，与外鼓轮内孔的 3 条轴向凹槽相配，其内孔则不与任何零件接触。外摩擦片随主动轴一起回转。另一组为内摩擦片 7，其形状如图 5-120（c）所示。内摩擦片内孔

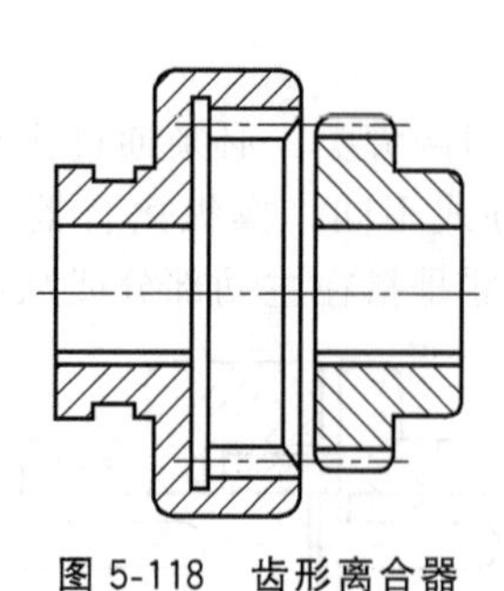

图 5-118 齿形离合器

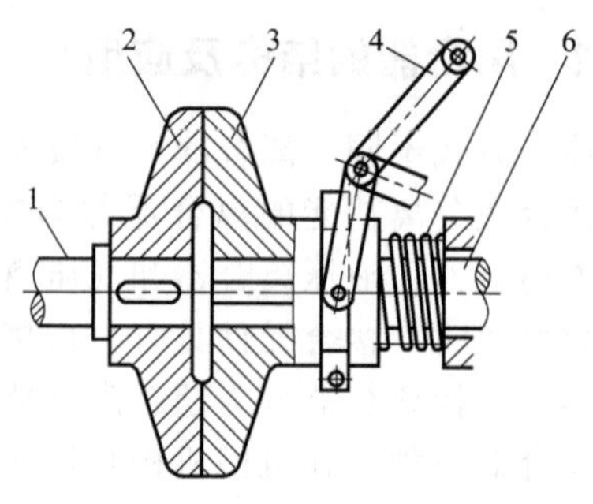

图 5-119 片式离合器

1—主动轴；2—主动圆盘；3—从动圆盘；4—杠杆；5—弹簧；6—从动轴

壁上有 3 个凹槽（也可制成凸齿），与内套筒外缘上 3 个轴向凸齿（也可制成凹槽）相配，而其外缘则不与任何零件相接触。内摩擦片随从动轴一起回转。内、外摩擦片相间安装，两组摩擦片均可沿轴向移动。内套筒的外缘上与凸齿相间另开有 3 个轴向凹槽，槽中装有可绕销轴转动的角形杠杆 10，当滑环 9 向左移动时，角形杠杆通过压板 5 将两组摩擦片压向调节螺母 8，离合器处于接合状态，靠两组摩擦片间的摩擦力传递转矩和运动。调节螺母用以调节摩擦片之间的压力。当滑环向右移动时，弹簧片 11 顶起角形杠杆，使两组摩擦片松开，主动轴与从动轴间的传动被分离。内摩擦片也可以制成碟形摩擦片，如图 5-120（d）所示，在承压时被压平而与外摩擦片贴合，松开时由碟形摩擦片弹性变形（弹力）的作用，可迅速与外摩擦片分离。

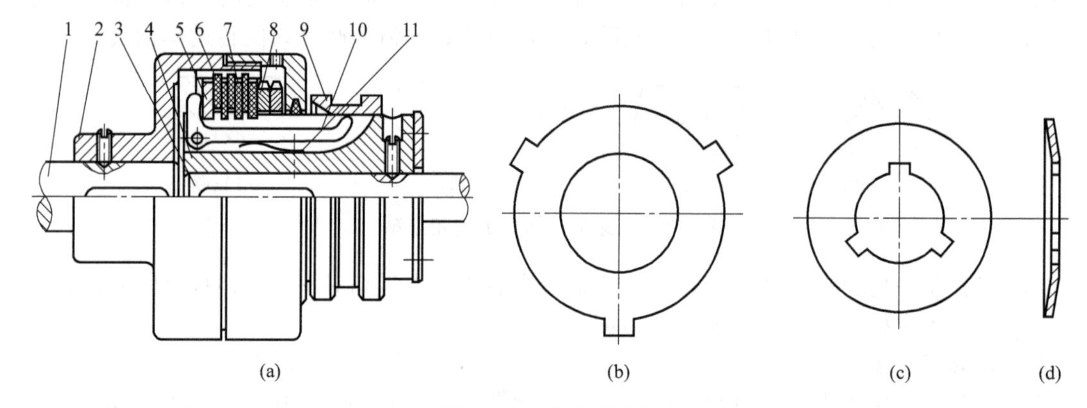

图 5-120 多片离合器

1—主动轴；2—外鼓轮；3—从动轴；4—内套筒；5—压板；6—外摩擦片；7—内摩擦片；8—调节螺母；9—滑环；10—角形杠杆；11—弹簧片

摩擦式离合器除上述机械操纵方式外，还有电磁、液压、气压等操纵方式，由此而形成的离合器结构各有不同，但其主体部分的工作原理是相同的。

图 5-121 为一种电磁操纵的摩擦式离合器，是利用电磁力来操纵摩擦片接合与分离的。当电磁绕组 2 通电时，电磁力使电枢顶杆 1 压紧摩擦片组 3，离合器处于接合状态；当电磁绕组不通电时，电枢顶杆放松摩擦片组，离合器处于分离状态。

(4) 超越离合器

超越离合器是通过主、从动部分的速度变化或旋转方向的变化，而具有离合功能的离合器。超越离合器属于自控离合器，有单向和双向之分。

如图 5-122 所示为滚柱式单向超越离合器，由星轮 1、外圈 2、滚柱 3、顶杆 4 和弹簧 5 等

组成。星轮通过平键与轴6连接，外圈外轮廓通常为齿轮，空套在星轮上。在星轮的3个缺口内，各装有1个滚柱，每个滚柱被弹簧、顶杆推向由外圈与星轮的缺口所形成的楔缝中。当外圈以慢速逆时针方向回转时，滚柱在摩擦力的作用下，被楔紧在外圈与星轮之间，这时外圈通过滚柱带动星轮（轴）以慢速逆时针方向同步回转。

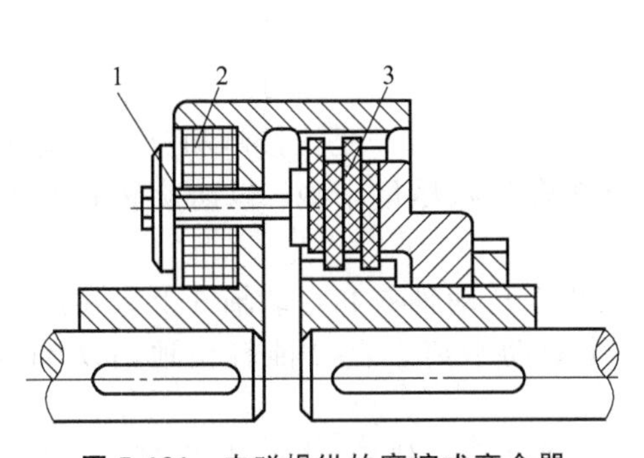

图 5-121　电磁操纵的摩擦式离合器

1—电枢顶杆；2—电磁绕组；3—摩擦片组

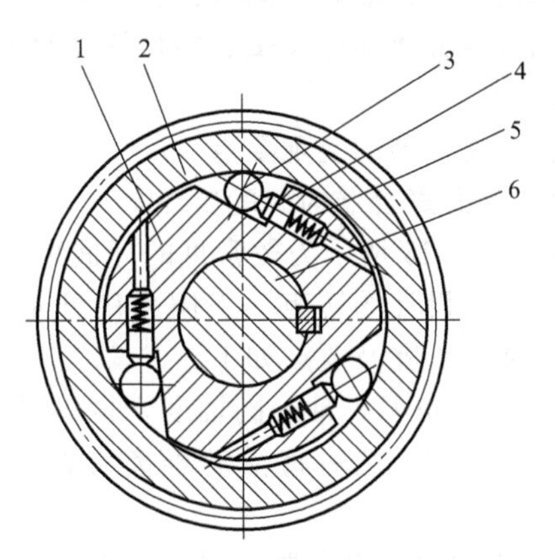

图 5-122　滚柱式单向超越离合器

1—星轮；2—外圈；3—滚柱；4—顶杆；5—弹簧；6—轴

在外圈以慢速逆时针方向回转的同时，若轴由另外一个运动源（如电动机）带动快速作同方向回转，此时由于星轮的回转速度高于外圈，滚柱从楔缝中松回，使外圈与星轮脱开，按各自的速度回转而互不干扰。当电动机不带动轴快速回转时，滚柱又被楔紧在外圈与星轮之间，使轴随外圈作慢速回转。

图5-123为棘轮单向超越离合器。盘4活套在轴2上，棘轮1用平键与轴连接，当盘以一定的转速逆时针方向回转时，棘爪3推动棘轮使轴同步逆时针方向回转。当轴在电动机驱动下快速逆时针方向回转时，棘爪在棘轮齿面滑过，盘仍保持原速回转。

图5-124为滚柱式双向超越离合器，星轮1用平键与轴5连接，当空套的外圈3顺时针方向慢速回转时，摩擦力使滚柱2楔紧在外圈与星轮之间，外圈通过滚柱带动星轮，使轴以同样的转速顺时针方向回转。此时，内圈4随着一起回转。当内圈在可逆电动机驱动下快速回转时，由图中可以看出，无论内圈朝哪个方向快速回转时，都能通过星轮使轴快速回转，从而满足了正、反两个方向均能超越的要求。此时，滚柱从楔缝中退出，外圈仍维持原来的转速回转。

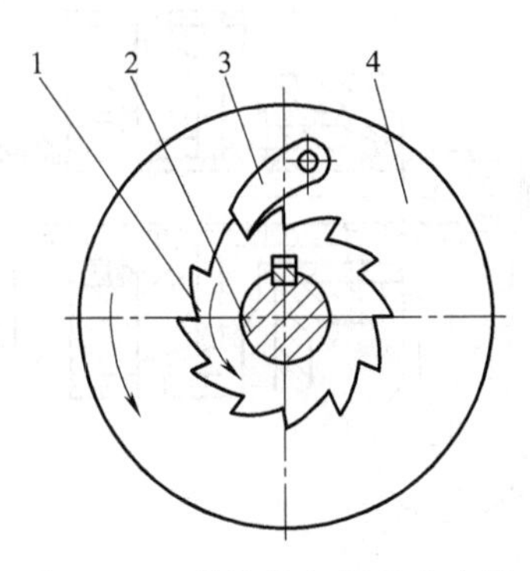

图 5-123　棘轮单向超越离合器

1—棘轮；2—轴；3—棘爪；4—盘

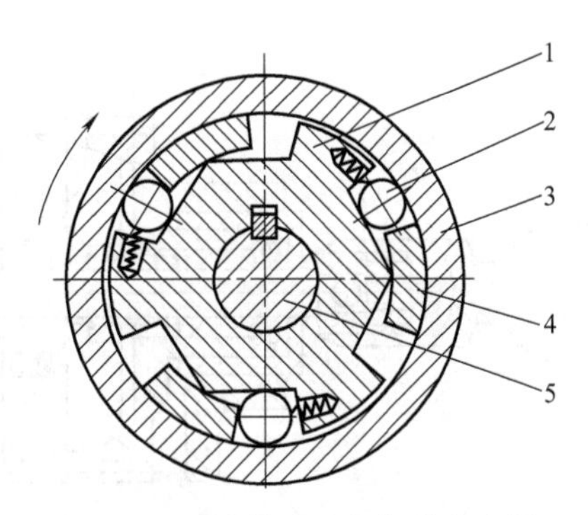

图 5-124　滚柱式双向超越离合器

1—星轮；2—滚柱；3—外圈；4—内圈；5—轴

5.10.2 离合器的装配方法及要点

(1) 离合器的装配要求

无论哪一种形式的离合器，离合器装配的主要技术要求是应保证两个轴的同轴度，此外，还应结合与分离动作灵敏、能传递足够的扭矩、工作平稳。对摩擦离合器，应解决发热和磨损补偿问题。

(2) 离合器的装配要点

1）牙嵌离合器的装配要点

如图 5-125 所示为较常见的牙嵌离合器，牙嵌离合器的装配要求是：接触和分开时动作灵敏、能传递设计的转矩、工作平稳可靠。离合器齿形啮合间隙尽量小些，以防旋转时产生冲击。其装配步骤及要点如下。

① 先找正两个轴的同轴度，再将平键、滑键分别装入从动轴 5 和主动轴 6 上，并用沉头螺钉固定滑键，然后将活动半离合器 2 装在轴上，使活动半离合器 2 能轻快地沿从动轴 5 移动。

② 将固定半离合器 1 用压配或敲击的方法装在主动轴 6 上，然后再装入导向环 3，并用螺钉固定。

③ 将装有活动半离合器 2 的从动轴 5 装入固定离合器 1 的定心环内，对正中心后，再装上拨叉 4。装配时在保证顺利啮合的前提下，应使啮合间隙尽量小些，以免啮合时产生冲击。

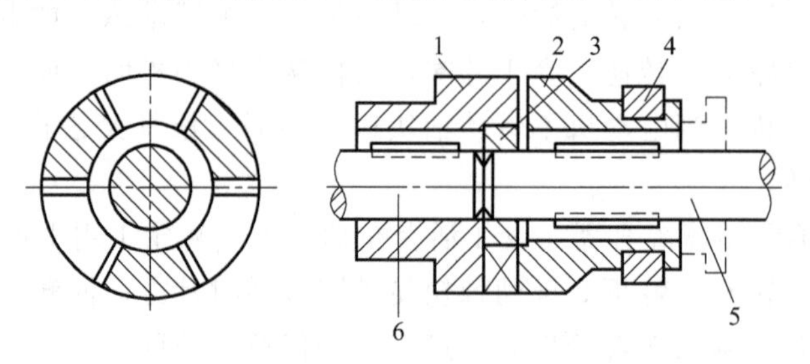

图 5-125 牙嵌式离合器

1—固定半离合器；2—活动半离合器；3—导向环；4—拨叉；5—从动轴；6—主动轴

2）圆锥摩擦离合器的装配要点

如图 5-126 所示为较常见的圆锥摩擦离合器，装配圆锥摩擦离合器时，主要工作是修配锥体和调整开合装置。其装配步骤及要点如下。

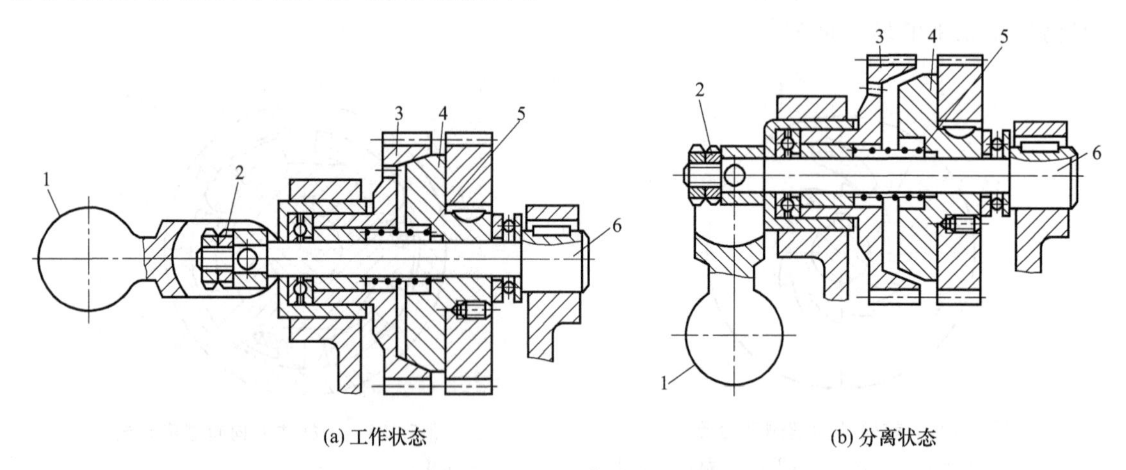

图 5-126 圆锥摩擦离合器

1—手柄；2—螺母；3—齿轮；4—摩擦轮；5—弹簧；6—轴

① 锥体的修配　圆锥摩擦离合器装配前，必须检查齿轮 3 的内锥与摩擦轮 4 的外锥锥度是否一致。可通过涂色法检查两锥面的接触情况，接触良好时，其色斑应均匀地分布在整个圆锥表面上，如图 5-127（a）所示。如色斑靠近锥底［图 5-127（b）］或靠近锥顶［图 5-127（c）］都表示锥体的角度不正确，必须用刮研和磨削的方法修整。

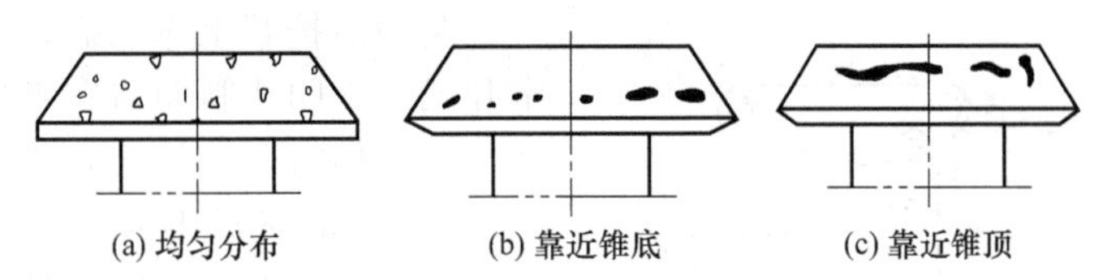

图 5-127　锥体上色斑分布情况

② 装配调整开合装置　开合装置必须调整到手柄 1 成水平位置时［图 5-126（a）］，才能使齿轮 3 的内锥与摩擦轮 4 的外锥两个锥面之间能产生足够的摩擦力，以保证能够传递一定的转矩。摩擦力的大小可调整轴 6 左端的螺母 2 实现，调整方法为：首先固定齿轮 3，然后在摩擦轮 4 上绕一根细绳，绳端吊一重物，使其产生一定的扭矩，然后旋动调节螺母 2 调节摩擦力的大小，直到使摩擦轮 4 不能自由地转动为止。

锥面脱开是由弹簧 5 产生的弹力推动摩擦轮 4 的外锥实现的，如图 5-126（b）所示。

5.11 制动器的装配

制动器是利用摩擦力矩降低机器运动部件的转速或使其停止回转的装置。

(1) 制动器的结构及应用

制动器按其结构特征的不同，可分为锥形制动器、带状制动器和蹄鼓制动器。

① 锥形制动器　如图 5-128 所示为锥形制动器。外锥体 3 固定在箱体壁 4 上，内锥体 2 用导向平键与传动轴 1 连接。通过操纵手柄将内锥体向右推向外锥体，使两内、外锥面贴紧，依靠两锥面间的摩擦力矩对传动轴实现制动。

锥形制动器一般应用在转矩较小的机构制动。

② 带状制动器　如图 5-129 所示为带状制动器，主要由制动轮 1、制动带 2 和杠杆 3 组成。制动轮用平键与轴连接，在其外缘圆周上包一条内衬橡胶（或石棉、皮革、帆布）材料的制动钢带。当杠杆 3 受外力 F 作用时，收紧制动带，通过制动带与制动轮之间的摩擦力实现对轴的制动。

带状制动器结构简单、制动效果好、容易调节，但磨损不均匀、散热不良。

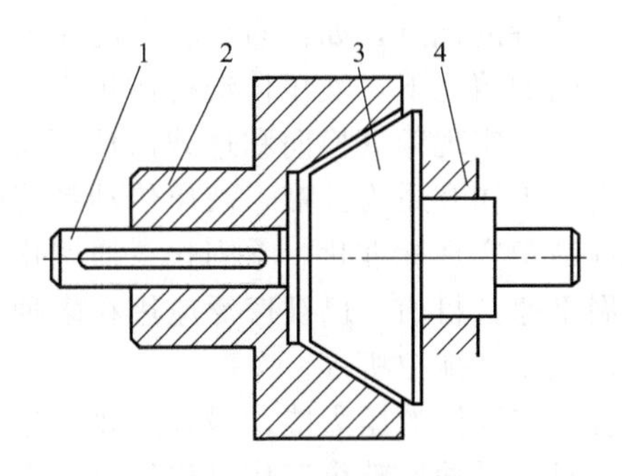

图 5-128　锥形制动器

1—传动轴；2—内锥体；3—外锥体；4—箱体壁

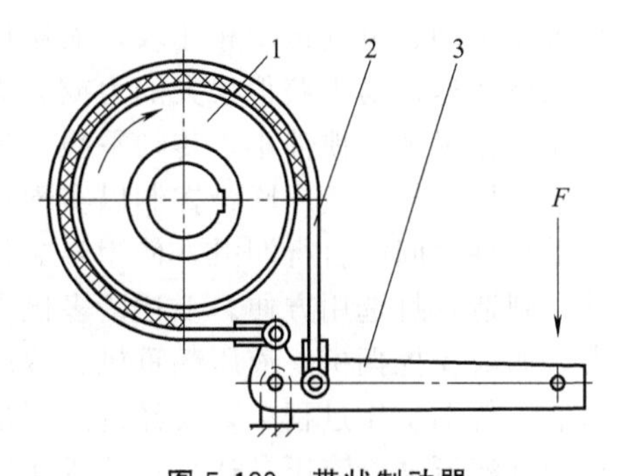

图 5-129　带状制动器

1—制动轮；2—制动带；3—杠杆

③ 蹄鼓制动器　如图 5-130 所示为蹄鼓制动器，由位于制动鼓 1 两旁的两个制动臂 4 和两个制动蹄 2 组成。在弹簧 3 的作用下，制动臂及制动蹄抱住制动鼓，制动鼓处于制动状态。当松闸器 6 通入电流时，在电磁力的作用下，通过推杆 5 松开制动鼓两边的制动蹄。松闸器也可以用人力、液压、气压操纵。

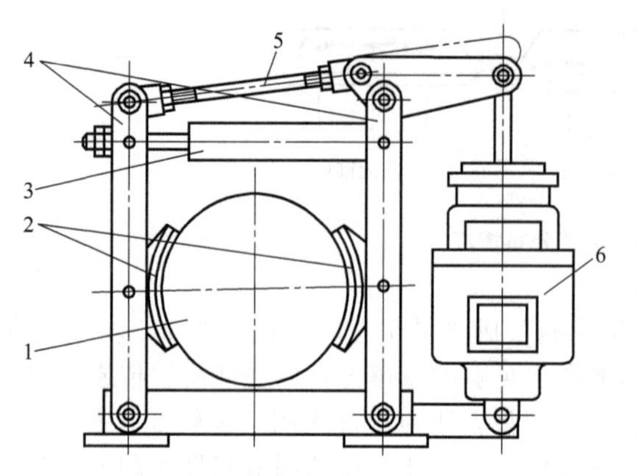

图 5-130　蹄鼓制动器

1—制动鼓；2—制动蹄；3—弹簧；4—制动臂；5—推杆；6—松闸器

制动器按其工作状态，可以分为常闭式和常开式。常闭式制动器在未操纵时处于制动状态，当机构需要运转时，使制动器松开。如图 5-130 所示的蹄鼓制动器就是常闭式制动器。常开式制动器在未操纵时处于非制动状态，只有需要时才使它制动，图 5-128 和图 5-129 的锥形制动器和带状制动器都是常开式制动器。

(2) 制动器的装配要求

尽管制动器的结构形式较多，但不论何种结构，制动器装配后均应满足以下要求：制动迅速、平稳、可靠；能产生足够的制动力矩；制动器零件有足够的强度和刚度，制动带、鼓应具有较高的耐磨性和耐热性。

(3) 制动器的装配方法及要点

制动器一般设置在机构中转速较高的轴上（转矩小），以减小制动器的尺寸。其具体的操作步骤及方法需依据其结构选定，但总体的装配方法与要点与联轴器、离合器基本相似。如装配图 5-128 所示锥形制动器，则也应先用涂色法检查锥体的接合情况，再根据锥体上色斑分布情况（图 5-127）调整制动器的制动性能，使传动轴能立即停止转动。

5.12 液压传动系统的装配

液压传动及机械传动是工作机械最常用的两种传动形式，且液压传动与机械传动有着本质的区别，液压传动是以液体（通常是油液）作为工作介质，利用液体压力来传递动力和进行控制的一种传动方式。它通过液压泵，将电动机的机械能转换为液体的压力能，又通过管路、控制阀等元件，经液压缸（或液压马达）将液体的压力能转换成机械能，驱动负载和实现执行机构的运动。

5.12.1 液压传动系统的组成及工作原理

与机械传动、电气传动相比较，液压传动具有很多独特的优点，如：易在较大的速度范围内实现无级变速；易于获得很大的力或力矩；在功率相同的情况下，液压传动构体积小、质量轻，因而动作灵敏、惯性小；传动平稳、吸振能力强，便于实现频繁换向和过载保护；操纵简便，易于采用电气、液压联合控制以实现自动化；又由于工作介质为油液，液压传动系统的一些部（零）件之间能自行润滑，使用寿命长；液压元件易于实现标准化、系列化、通用化，便于设计、制造，且选用方便。上述诸多优点使得其发展迅速，目前，已被广泛应用在多种机械设备中，如液压挖掘机、液压起重机、液压自控机床、汽车、拖拉机等。

但液压传动工作过程中，要经过液压泵把机械能转变成液体的压力能，最终还要经过液压执行机构（液压缸、液压马达）把液压能转化为机械能对外做功，整个工作过程经过两次能量转换，因而能量损失较大，降低了系统的总效率。液压系统一般总效率为 70%～80%左右，而某些机械转动形式，如齿轮转动最高可达 99%；由于工作液体存在着可压缩性，以及系统

中存在泄漏现象，因此，液压传动不能保证准确的传动比。此外，液压传动系统故障比较隐蔽，不易查找；由于液压件制造加工精度要求高，所以，液压传动的成本也比较高。

(1) 液压传动系统的组成

液压传动系统除工作介质油液外，一般由动力部分、执行部分、控制部分和辅助部分等四部分组成。

动力部分主要由液压泵组成。其作用是把原动机（如电动机）的机械能转变为液压能，提供给液压工作系统，也就是向液压工作系统提供压力油。

执行部分则主要由液压缸或液压马达组成。其作用是把系统的液压能转变为机械能，带动外负载做功。

控制部分主要由各类液压控制阀组成。其作用是控制和调节系统的压力、流量和方向，以满足执行部分对力、速度和运动方向的要求。

辅助部分主要包括油箱、油管、管接头、滤油器、压力表等。其作用是储油、滤油、检测等，并把液压系统的各元件按要求连接起来，构成一个完整的液压系统。

(2) 液压传动的工作原理

概括地讲，液压传动是以液体作为工作介质，通过密封容积的变化来传递运动，通过液体内部的压力来传递动力的。如图5-131所示为某液压传动系统的原理图，其工作原理是：当电动机带动油泵运转时，油泵从油箱经滤油器吸油，并从其排油口排油，也就是把经过油泵获得了液压能的油液排入液压系统。

在图示状态，即换向阀手把位于中位时，油泵排出的油液经排油管→节流阀→换向阀P口→换向阀O→回油箱。如果把换向阀手把推向左位，则该阀阀芯把P、A两口沟通，同时，B、O两口也被沟通，油泵排出的油液经P→A→液压缸上腔；同时，液压缸下腔的油液→B→O→油箱，这样液压缸上腔进油，下腔回油，活塞在上腔油压的作用下带动活塞杆一起向下运动。当活塞向下运行到液压缸下端极限位置时，运行停止，而后可根据具体工作需要或者保压，或者使活塞杆返回原位。

如果需要活塞杆向上运动返回原位，则应把换向阀手把推向右位，这时P、B被阀芯通道沟通，油泵排出的油液经P→B→液压缸下腔；同时液压缸上腔的油液经A→O(当换向阀沟通P、B时，也同时沟通了A、O)→油箱，这样，液压缸下腔进油，上腔回油，活塞在下腔油压的作用下，连同活塞杆一起向上运动返回原位，通过操纵换向阀手把的左、中、右位置，可以分别实现液压缸活塞杆的伸、停、缩三种运动状态。手把不断左右换位，活塞带动活塞杆就不停地做往复直线运动。

系统中的节流阀可用来调节液压缸活塞杆运动速度的快慢；溢流阀用于稳压和限制系统压力；压力表用来观测系统压力；滤油器用于过滤液压泵吸的油；油箱用于储油和沉淀油液杂质等。

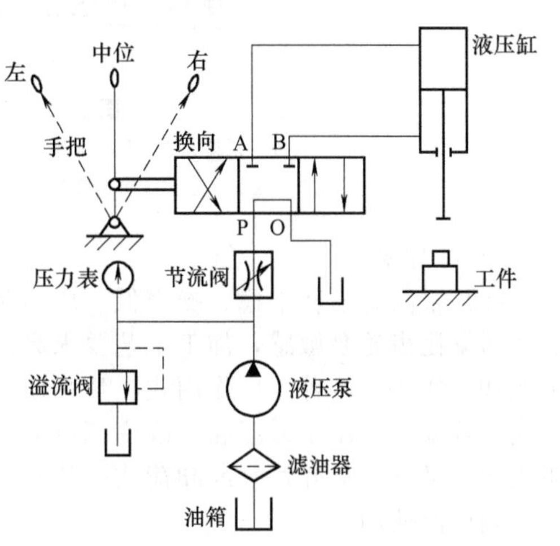

图5-131 液压传动系统原理图

5.12.2 常见液压元件的结构及应用

一个完整液压系统的传动必须通过各类液压元件组成的动力部分、执行部分、控制部分和辅助部分等的共同作用来完成，常见的液压元件主要有以下方面。

(1) 液压泵

液压泵俗称油泵，是液压系统的动力源。其作用是把原动机（如电动机）的机械能转变为液

体的压力能，以便向液压系统执行机构提供压力油。液压泵的类型很多。按泵的结构特点可分为齿轮式、叶片式、螺杆式和柱塞式；按泵的流量特点可分为定量式和变量式。

1）齿轮泵

齿轮泵由一对参数相同的外啮合齿轮装入泵体内，每个齿轮轴由一对轴承（滑动轴套）以及泵的端盖等零部件组成。泵体上开有一个吸油口和一个排油口，齿轮的齿顶与泵体内圆表面的间隙很小（间隙密封），泵盖或轴承端面与齿轮端面的间隙也很小（仍为间隙密封）。由于这两处密封的作用，使得泵体内的吸、排油区被隔开。吸油区经吸油口、吸油管、接入油箱油面以下适当深度；排油区经排油口、排油管、控制阀等接入液压执行机构。

齿轮泵的工作原理如图 5-132 所示。当电动机带动泵轴使齿轮按图示方向转动时，油液就不断地被吸入，由齿谷不断地带入排油区；轮齿连续地进入啮合，泵就连续不断地排油。

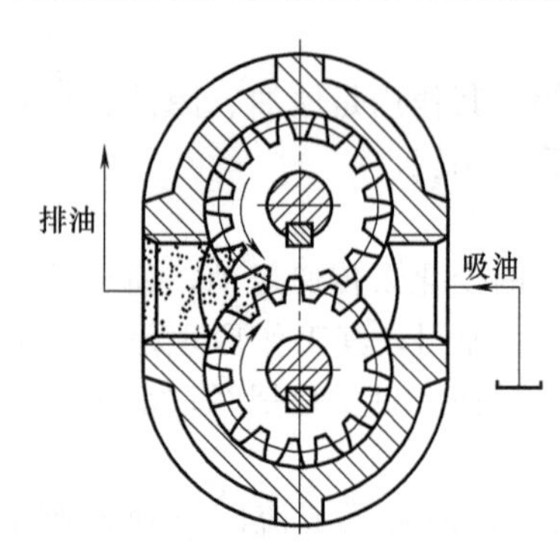

图 5-132　外啮合齿轮泵原理示意图

齿轮泵流量（单位时间内的排油体积 L/min）的大小取决于齿轮旋转的快慢。当电动机转速确定后，油泵的流量固定不变，所以齿轮泵属于定量泵。

齿轮泵的特点是结构简单、零部件少，且加工制造容易、价格低廉。但其流量均匀性差、压力脉动大、高压能力差。所以，齿轮泵只广泛应用于中、低压系统。

图 5-133 为某企业生产的 YBC 型齿轮泵的结构图。该泵采用了浮动轴套液压自动补偿端面泄漏的结构（排油区的液体从齿轮端面与轴套端面相接触的间隙面向吸油区泄漏，称为端面泄漏，它是齿轮泵的主要内泄漏途径），其端面泄漏得到了良好的控制，即使压力较高时，其内泄漏也不至于很大。

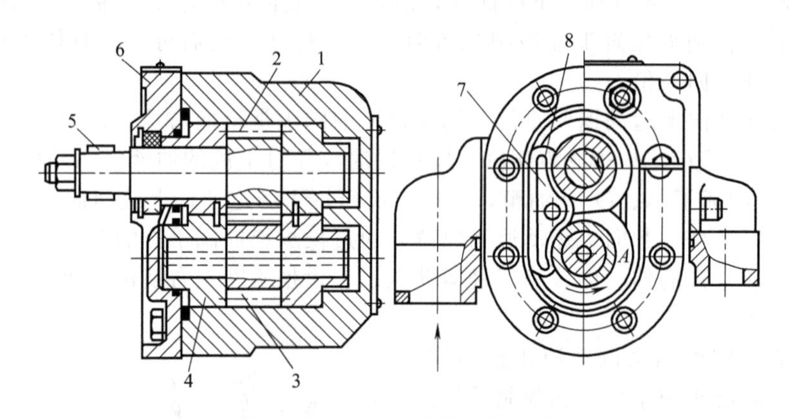

图 5-133　YBC 型齿轮泵的结构

1—泵体；2—主动轴齿轮；3—被动轴齿轮；4—滑动轴承；5—键；6—端盖；7—弓形板；8—橡胶密封环

2）叶片泵

叶片泵具有运转平稳、噪声低、压力脉动小、流量大等特点。但其结构比齿轮泵复杂，对油液污染比齿轮泵敏感，加工工艺要求高，所以成本也较高。按其工作方式不同，可分为单作用式和双作用式两种。单作用式叶片泵压力较低，输出流量可以改变，又称变量叶片泵或非卸荷式叶片泵，常用于低压和需改变流量的液压系统中；双作用式叶片泵压力较高，输出流量不能改变，又称定量叶片泵或卸荷式叶片泵，较单作用式叶片泵使用更为普遍，特别在精密机床中得到广泛使用。

① 单作用式叶片泵　单作用式叶片泵工作原理如图 5-134 所示。主要由泵体 5、转子 2、

定子 3、叶片 4、配油盘（端盖）等组成。转子上面开有均匀分布的径向倾斜沟槽，装在沟槽内的叶片能在槽内自由滑动。转子装在定子内，两者轴线有一偏心距 e。转子的两侧装有固定的配油盘。当转子回转时，由于惯性力和叶片根部的压力油的作用，使叶片顶部紧靠在定子的内表面上，这样就在定子、转子、叶片和配油盘、端盖间形成了若干个密封容积。配油盘上开有两个互不相通的油窗，吸油窗与泵的吸油口相通，压油窗与泵的压油口相通。工作时，配油盘的作用：当转子按图示方向回转时，在吸油区一侧（右侧）叶片逐渐伸出，密封容积逐渐增大，形成局部真空，从吸油窗吸油；在压油区一侧（左侧），叶片逐渐被定子内表面压进转子沟槽内，密封容积逐渐缩小，将油液从压油窗压出。在吸油区和压油区之间，有一段封油区将它们分开。

这种叶片泵，由于转子每回转 1 周，每个密封容积完成一次吸油和压油，所以称为单作用式叶片泵；另一方面转子单向承受压油腔油压的作用，径向压力不平衡，转子轴与轴承受到较大的径向力，故又称非卸荷式叶片泵，工作压力不宜过高。这种泵的最大特点是输出流量可以调节，只要改变转子中心与定子中心的偏心距 e 和偏心方向，就能改变输出流量的大小和输油方向。如增大偏心距，密封容积的变化量增大，输出流量随之变大。

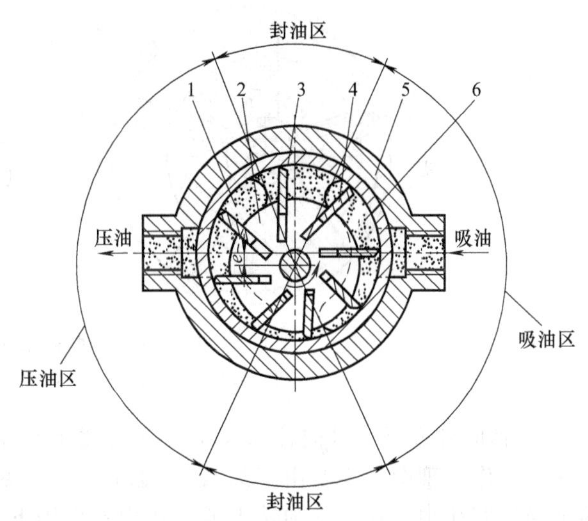

图 5-134　单作用式叶片泵工作原理图

1—配油盘压油窗；2—转子；3—定子；4—叶片；5—泵体；6—配油盘吸油窗

② 双作用式叶片泵　图 5-135 为双作用式叶片泵的工作原理图，也是由泵体、转子、定子、叶片、配油盘（端盖）等组成。同单作用式叶片泵的主要区别是转子与定子中心重合（同轴），且定子内表面呈近似的椭圆形（由两段长半径 R、两段短半径 r 的圆弧和 4 段过渡曲线组成），两侧的配油盘（端盖）上各开有两个油窗。双作用式叶片泵的吸油和压油工作原理与单作用式叶片泵相同，只是转子每回转 1 周时，每个密封容积完成两次吸油和压油，所以称为双作用式叶片泵。同样由于这种泵有两个对称设置的吸油区和压油区，作用在转子上的液压力互相平衡，因此又称为卸荷式叶片泵，可以提高工作压力。由于转子与定子同轴，所以这种泵不能改变输出流量，只能作定量泵用。

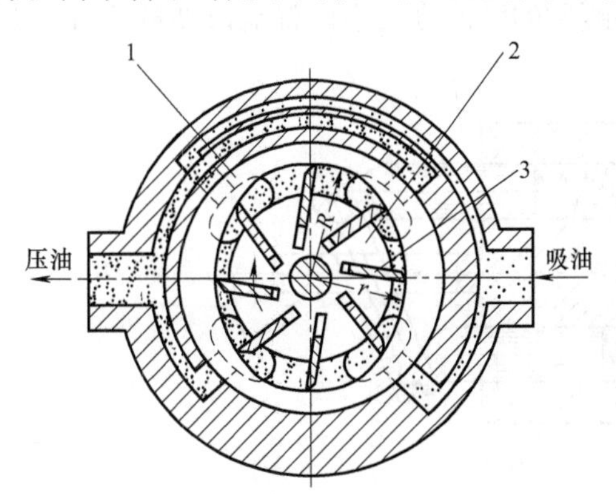

图 5-135　双作用式叶片泵工作原理图

1—定子；2—转子；3—叶片

3）柱塞泵

柱塞泵是利用柱塞在有柱塞孔的缸体内做往复运动，使密封容积发生变化而实现吸油和压油的。柱塞泵具有：泵的内泄漏小、容积效率高；柱塞与缸体的刚性好、承压能力强；柱塞工作时，受力情况较好，柱塞与缸孔磨损小、运转噪声小、使用寿命长等诸多优点，因此，柱塞泵一般用于高压及高压大功率液压系统。按柱塞排列方向的不同，分为径向柱塞泵和轴向柱塞泵两类。

① 径向柱塞泵　径向柱塞泵柱塞轴线垂直于转子轴线。图 5-136 为径向柱塞泵工作原理图，主要由定子 3、转子 2、柱塞 4 和配油轴 5 等组成。转子

上有沿周向均匀分布的径向柱塞孔，孔中装有柱塞。青铜衬套 1 与转子紧密配合，套装在固定不动的配油轴上。转子连同柱塞由电动机带动一起回转，柱塞靠惯性力（或低压油液作用）紧压在定子内表面上。由于定子和转子中心之间有偏心距 e，所以当转子按图示方向回转时，柱塞在上半周内逐渐向外伸出，柱塞底部与柱塞孔间的密封容积（经衬套上的孔与配油轴相连通）逐渐增大，形成局部真空，从而通过固定不动的配油轴上面两个轴向吸油孔吸油；柱塞在下半周内逐渐向柱塞孔内缩进，密封容积逐渐减小，通过配油轴下面两个轴向压油孔将油液压出。转子每回转 1 周，每个柱塞吸油、压油各一次。改变定子与转子之间的偏心距，可以改变输出流量。若偏心方向改变（偏心距 e 由正值变为负值），则液压泵的吸、压油腔互换，成为双向变量径向柱塞泵。

径向柱塞泵输油量大、压力高、性能稳定、工作可靠、耐冲击性能好，但结构复杂、径向尺寸大、制造困难，且柱塞顶部与定子内表面为点接触，易磨损，因而限制了它的使用，已逐渐被轴向柱塞泵替代。

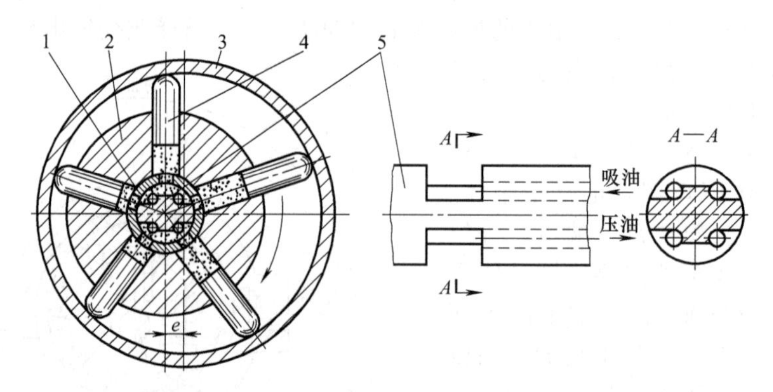

图 5-136　径向柱塞泵工作原理图

1—衬套；2—转子；3—定子；4—柱塞；5—配油轴

② 轴向柱塞泵　轴向柱塞泵是柱塞轴线平行于缸体轴线的一种柱塞泵。图 5-137 为轴向柱塞泵工作原理图，主要由配油盘 1、缸体 2、柱塞 3 和斜盘 4 等组成。柱塞装在回转缸体上的轴向柱塞孔中，在根部弹簧力或液压力的作用下，柱塞的球形端头与斜盘紧密接触。斜盘轴线与缸体轴线间有交角 γ。当缸体回转时，由于斜盘和弹簧的作用，迫使柱塞在缸体的柱塞孔内做往复运动，并通过配油盘上的配油窗（弧形沟槽）进行吸油和压油。缸体按图示方向回转时，在转角 $0\sim\pi$ 范围内，柱塞向外伸出，柱塞孔密封容积逐渐增大，吸入油液；在转角 $\pi\sim 2\pi$ 范围内，柱塞向缸体内压入，柱塞孔密封容积逐渐减小，向外压出油液。缸体每回转 1 周，每个柱塞分别完成吸油、压油各一次。若改变斜盘倾斜角度 γ 的大小，就能改变柱塞往复运

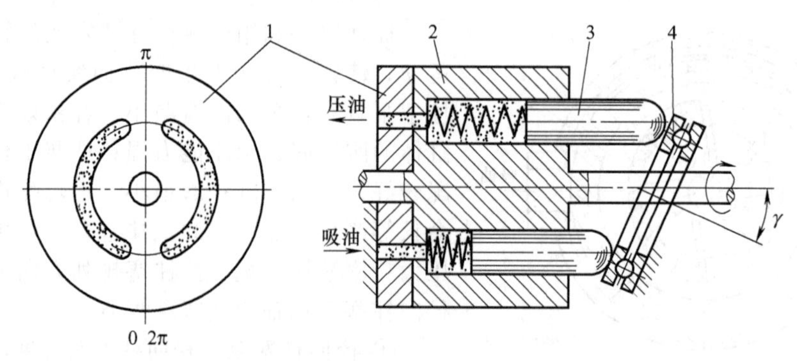

图 5-137　轴向柱塞泵工作原理图

1—配油盘；2—缸体；3—柱塞；4—斜盘

动的行程，也就改变了泵的输出流量；若改变斜盘倾斜角度方向，则泵的吸油口和压油口互换，成为双向变量轴向柱塞泵。

这种结构的轴向柱塞泵用于高压时，往往采用如图 5-138 所示的滑靴式结构。柱塞的球形头与滑靴的内球面接触，而滑靴的底平面与斜盘接触。这样，便将点接触改变成面接触，从而大大降低了柱塞球形头的磨损。

(2) 液压缸

液压缸通常称为油缸，其作用是把系统的液压能，转变为往复直线运动的机械能来带动外负载。它主要以推、拉和顶压的形式对外负载工作。液压缸的种类较多，但其工作原理基本相同。

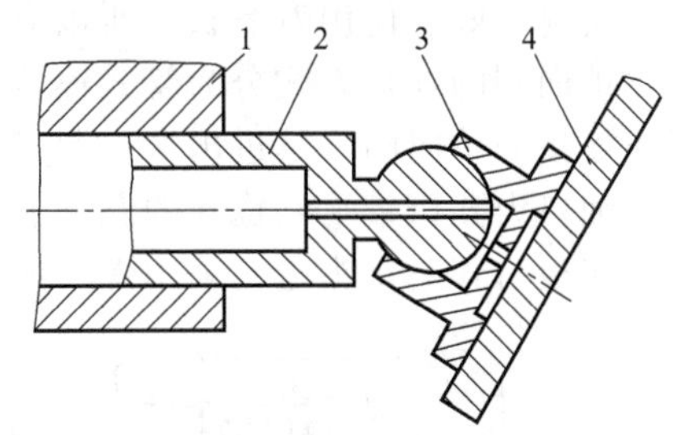

图 5-138 柱塞与斜盘的滑靴式结构

1—缸体；2—柱塞；3—滑靴；4—斜盘

图 5-139 为单杆双作用活塞式液压缸示意图，其工作原理为：当油缸 A 口进油，B 口回油时，压力油推动活塞使活塞及活塞杆向左运动，输出推力和运动；当 B 口进油、A 口回油时，活塞及活塞杆返回。油缸的工作就是靠控制 A、B 口的交替进、回油来实现往复运动对外做功的。

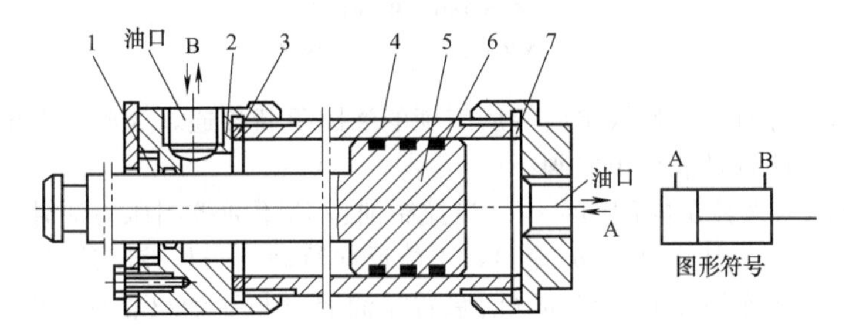

图 5-139 单杆、双作用活塞式液压缸示意图

1,6—密封圈；2,7—端盖；3—垫圈；4—缸体；5—活塞

(3) 液压马达

液压马达习惯上又称为油马达。它同液压缸一样，也是将液压能转化为机械能对外做功的，不同的是，液压马达是把液压能转变为旋转运动的机械能，来带动需要做旋转运动的工作机械。

液压马达与液压泵，在理论上说可以互逆使用，即具有可逆性。所以，马达的种类与泵相同，常用的液压马达有齿轮式、叶片式和柱塞式三大类。需要注意的是，油马达与油泵虽有可逆性，但实际上由于使用目的的不同，其结构是有差别的。所以，实际上一般泵与马达是不能直接互逆使用的。

(4) 液压控制阀

液压控制阀是用来控制液流方向、系统压力和流量的液压元件。其控制的目的在于使执行机构（液压缸、马达）输出所需要力的方向、力矩、速度以及实现系统保护。液压控制阀的种类很多，根据其用途不同，可分为方向控制阀、压力阀和流量阀三大类。

1）方向控制阀

方向控制阀是用来控制系统内液流方向的。以达到控制执行机构（液压马达的正反转、油缸的正反向运行等）的运动方向。常用的方向控制阀有：单向阀、手动换向阀和电磁换向阀等。

① 单向阀　单向阀是保证通过阀的液流只向一个方向流动而不能反向流动的方向控制阀，一般由阀体、阀芯和弹簧等零件构成，如图 5-140 所示。

单向阀工作原理为：当压力油从进油口 p_1流入时，顶开阀芯 2，经出油口 p_2流出。当液流反向时，在弹簧 3 和压力油的作用下，阀芯压紧在阀体 1 上，截断通道，使油液不能通过。

单向阀的阀芯分为钢球式［图 5-140（a）］和锥式［图 5-140（b）、（c）］两种。钢球式阀芯结构简单、价格低，但密封性较差，一般仅用在低压、小流量的液压系统中。锥式阀芯阻力小、密封性好、使用寿命长，所以应用较广，多用于高压、大流量的液压系统中。

单向阀的连接方式分为管式连接［图 5-140（a）、（b）］和板式连接［图 5-140（c）］两种。管式连接的单向阀，其进出油口制成管螺纹，直接与管路的接头连接；板式连接的单向阀，其进出油口为孔口带平底锪孔的圆柱孔，用螺钉固定在底板上。平底锪孔中安放 O 形密封圈密封，底板与管路接头之间采用螺纹连接。其他各类控制阀也有管式连接和板式连接两种结构。

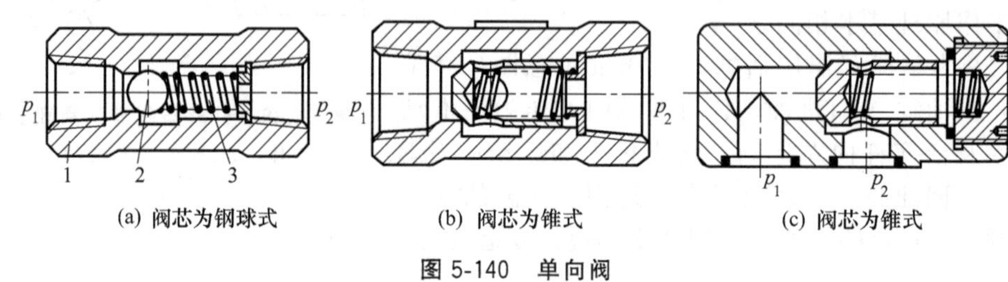

图 5-140 单向阀

1—阀体；2—阀芯；3—弹簧

在液压系统中，有时需要使被单向阀所闭锁的油路重新接通，为此可把单向阀做成闭锁方向能够控制的结构，这就是液控单向阀。

如图 5-141 所示为液控单向阀的结构。当控制油口 K 不通控制压力油时，油液只能从进油口 p_1进入，顶开阀芯 3，从出油口 p_2流出，不能反向流动。当从控制油口 K 通入控制压力油时，活塞 1 左端受油压作用而向右移动（活塞右端油腔盘与泄油口相通，图中未画出），通过顶杆 2 将阀芯向右顶开，使进油口 p_1与出油口 p_2接通，油液可在两个方向自由流通。控制用的最小油压约为液压系统主油路油液压力的 0.3～0.4 倍。

液控单向阀也可以做成常开式结构，即平时油路畅通，需要时通过液控闭锁一个方向的油液流动，使油液只能单方向流动。

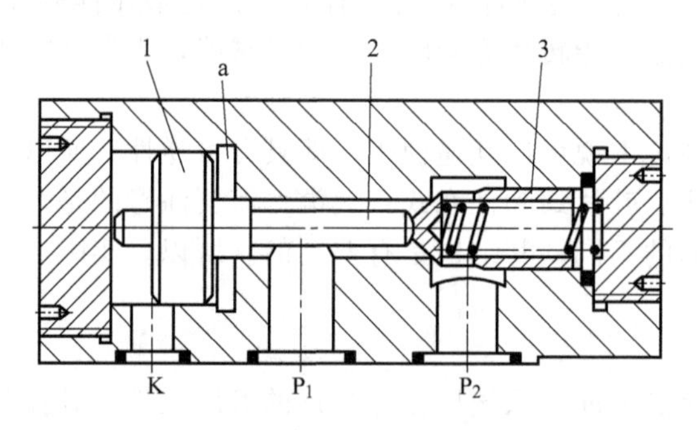

图 5-141 液控单向阀

1—活塞；2—顶杆；3—阀芯

② 手动换向阀　手动换向阀是用人力控制方法改变阀芯工作位置的换向阀，有二位二通、二位四通和三位四通等多种形式。如图 5-142 所示为一种三位四通自动复位手动换向阀。当手柄上端向左扳时，阀芯 2 向右移动，进油口 P 和油口 A 接通，油口 B 和回油口 O 接通。当手柄上端向右扳时，阀芯左移，这时进油口 P 和油口 B 接通，油口 A 通过环形槽、阀芯中心通孔与回油口 O 接通，实现换向。松开手柄时，右端的弹簧使阀芯恢复到中间位置，断开油路。这种换向阀不能定位在左、右两端位置上。如需滑阀在左、中、右三个位置上均可定位，可将

弹簧换成定位装置。

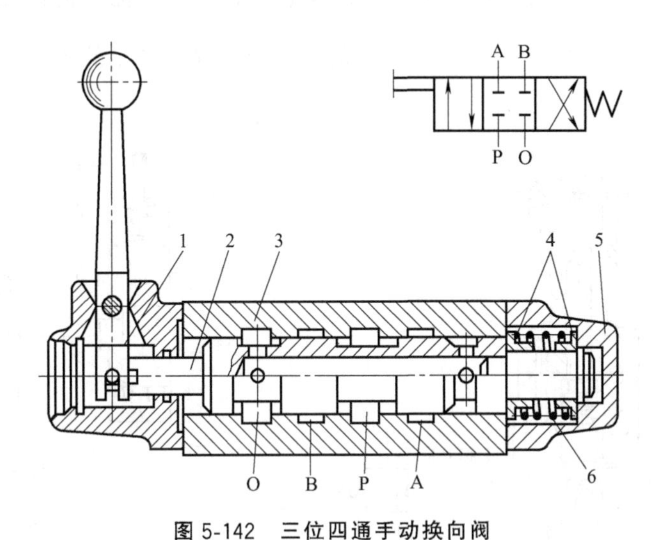

图 5-142 三位四通手动换向阀

1—手柄；2—滑阀（阀芯）；3—阀体；4—套筒；5—端盖；6—弹簧

③ 电磁换向阀 电磁换向阀简称电磁阀，是用电气控制方法改变阀芯工作位置的换向阀。如图 5-143 所示为二位三通电磁换向阀。当电磁铁通电时，衔铁通过推杆 1 将阀芯 2 推向右端，进油口 P 与油口 B 接通，油口 A 被关闭。当电磁铁断电时，弹簧 3 将阀芯推向左端，油口 B 被关闭，进油口 P 与油口 A 接通。

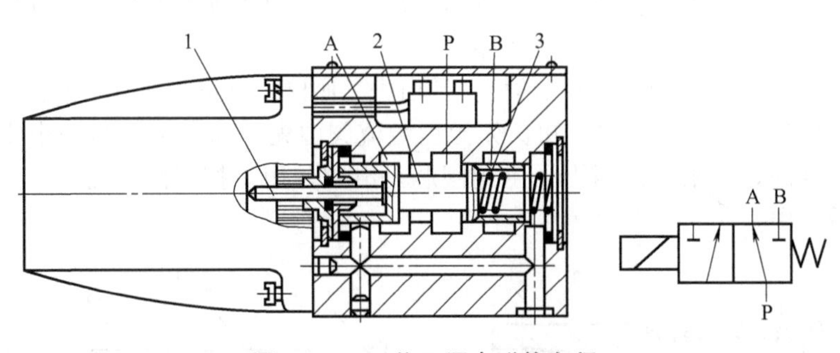

图 5-143 二位三通电磁换向阀

1—推杆；2—阀芯；3—弹簧

除二位三通电磁换向阀外，还有二位二通、二位四通、二位五通、三位三通等多种形式的电磁换向阀，由于其电磁铁可用按钮开关、行程开关、压力继电器等电气元件控制，无论位置远近，控制均很方便，且易于实现动作转换的自动化，因而得到广泛的应用。根据使用电源的不同，电磁换向阀分为交流和直流两种。电磁换向阀用于流量不超过 $1.05\times10^{-3}m^3/s$ 的液压系统中。

2）压力控制阀

压力控制阀是用来控制、调节系统压力的。目的是调节液压缸或马达的输出作用力或调节运动顺序以及系统过载保护等。常用的压力控制阀有：如溢流阀、减压阀和顺序阀等。

① 溢流阀 溢流阀在液压系统中的功用主要有两个方面：一是起溢流和稳压作用，保持液压系统的压力恒定；另外是起限压保护作用，防止液压系统过载。溢流阀通常接在液压泵出口处的油路上。

图 5-144（a）为直动型溢流阀的结构；其工作原理如图 5-144（b）所示。当作用于阀芯底面的液压作用力 $pA<F_{簧}$ 时，阀芯 3 在弹簧力作用下往下移并关闭回油口，没有油液流回

油箱。当系统压力 $pA>F_{\text{簧}}$ 时，弹簧被压缩，阀芯上移，部分油液流回油箱，限制压力继续升高，使液压泵出口处压力保持 $p=\dfrac{F_{\text{簧}}}{A}$ 恒定值。调节弹簧力 $F_{\text{簧}}$ 的大小，即可调节液压系统压力的大小。

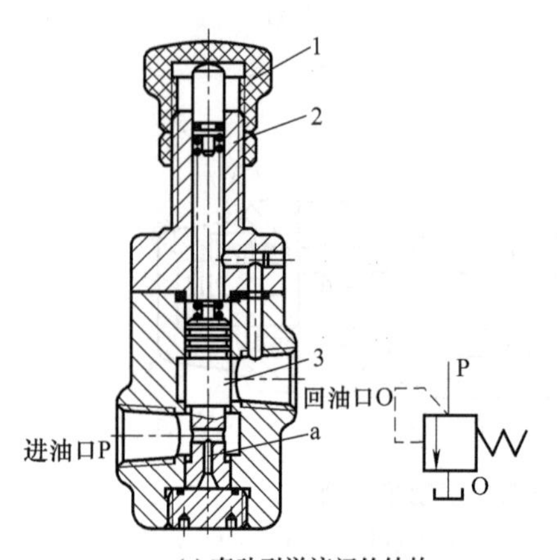

(a) 直动型溢流阀的结构

1—调节螺母；2—弹簧；3—阀芯

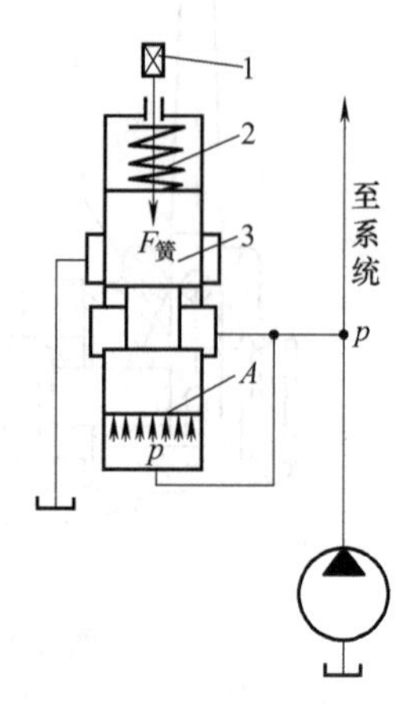

(b) 直动型溢流阀的工作原理

1—调压零件；2—弹簧；3—阀芯

图 5-144 直动型溢流阀

直动型溢流阀结构简单、制造容易、成本低，但油液压力直接靠弹簧平衡，所以原理稳定性较差，动作时有振动和噪声；此外，系统压力较高时，要求弹簧刚度大，使阀的开启形能变坏，所以直动型溢流阀只能用于低压液压系统中。

如图 5-145（a）所示先导型溢流阀结构，其由先导阀Ⅰ和主阀Ⅱ两部分组成。图 5-145（b）为先导型溢流阀的工作原理图。由图可知：先导型溢流阀中先导阀实际上是一个小流量的直动型溢流阀，阀芯是锥阀，用来控制压力；主阀阀芯是滑阀，用来控制溢流流量。先导型溢流阀可用于中压液压系统中。

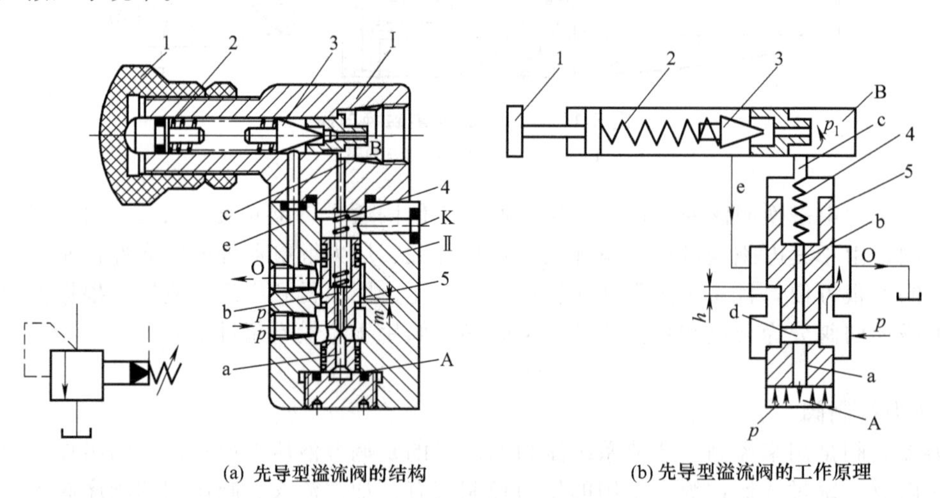

(a) 先导型溢流阀的结构　　(b) 先导型溢流阀的工作原理

图 5-145 先导型溢流阀

1—调节螺母；2—调压弹簧；3—锥阀；4—主阀弹簧；5—主阀芯

② 减压阀　减压阀是用来降低液压系统中某一分支油路的压力，使之低于液压泵的供油压力，以满足执行机构（如夹紧、定位油路，制动、离合油路，系统控制油路等）的需要，并保持基本恒定。根据结构和工作原理不同，减压阀可分为直动型和先导型两类。一般采用先导

型减压阀。

先导型减压阀的结构如图 5-146 所示。其结构与先导型溢流阀的结构相似，也是由先导阀Ⅰ和主阀Ⅱ两部分组成，两阀的主要零件可互相通用。其主要区别是：减压阀的进、出油口位置与溢流阀相反；减压阀的先导阀控制出口油液压力，而溢流阀的先导阀控制进口油液压力。由于减压阀的进、出口油液均有压力，所以其先导阀的泄油不能像溢流阀一样流入回油口，而必须设有单独的泄油口。减压阀主阀芯在结构上中间多一个凸肩（即三节杆），在正常情况下，减压阀阀口开得很大（常开），而溢流阀阀口则关闭（常闭）。

③ 顺序阀　顺序阀是控制液压系统各执行元件先后顺序动作的压力控制阀，实质上是一个由压力油液控制其开启的二通阀。根据结构和工作原理的不同，可分为直动型顺序阀和先导型顺序阀两类，一般使用直动型顺序阀。

直动型顺序阀的结构如图 5-147 所示，其结构和工作原理都和直动型溢流阀相似。压力油液自进油口 p_1 进入阀体，经阀芯中间小孔流入阀芯底部油腔，对阀芯产生一个向上的液压作用力。当油液的压力较低时，液压作用力小于阀芯上部的弹簧力，在弹簧力作用下，阀芯处于下端位置，p_1 和 p_2 两油口被隔开。当油液的压力升高到作用于阀芯底端的液压作用力大于调定的弹簧力时，在液压作用力的作用下，阀芯上移，使进油口 p_1 和出油口 p_2 相通，压力油液自 p_2 口流出，可控制另一执行元件动作。

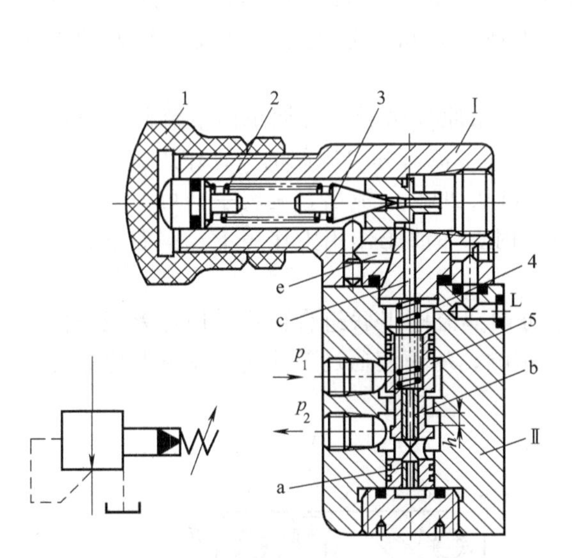

图 5-146　先导型减压阀的结构

1—调节螺母；2—调压弹簧；3—锥阀；4—主阀弹簧；5—主阀芯

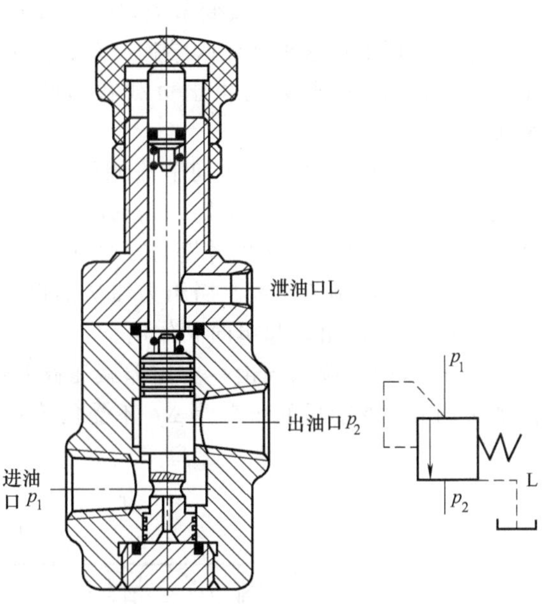

图 5-147　直动型顺序阀的结构

3）流量控制阀

流量控制阀是用来调节进入液压缸或马达流量的，目的是调节其输出运动的速度。流量控制阀是根据以下流量控制原理设计制造的，即：油液流经小孔、狭缝或毛细管时，会产生较大的液阻，通流面积越小，油液受到的液阻越大，通过阀口的流量就越小。所以，改变节流口的通流面积，使液阻发生变化，就可以调节流量的大小。常用的流量控制阀有：节流阀和调速阀等。

① 节流阀　常用的节流阀有：可调节流阀、可调单向节流阀和不可调节节流阀等。

图 5-148（a）为可调节流阀的结构图。其节流口采用轴向三角槽形式，压力油从进油口

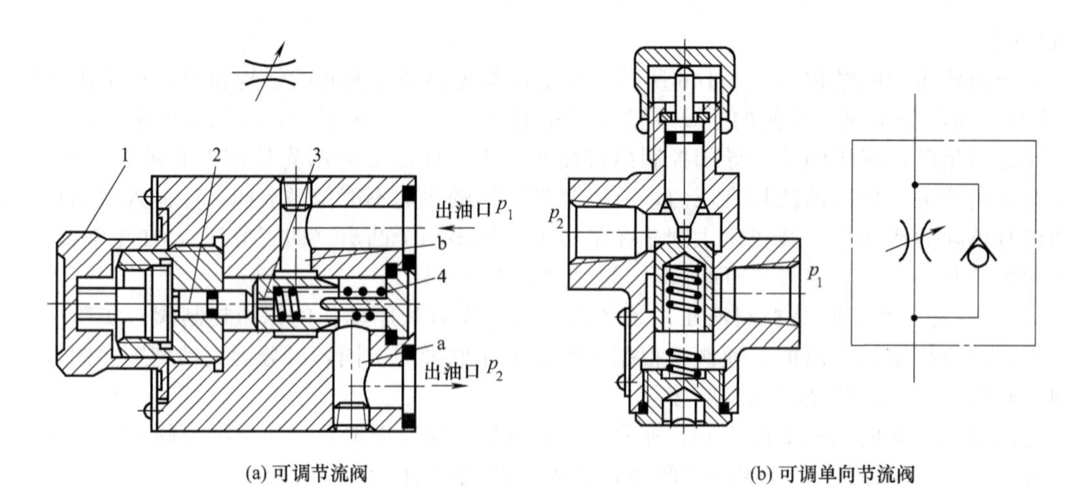

(a) 可调节流阀　　(b) 可调单向节流阀

图 5-148　节流阀的类型

1—手柄；2—推杆；3—阀芯；4—弹簧

p_1流入，经通道 b、阀芯 3 右端的节流沟槽和通道 a 从出油口 p_2流出。转动手柄 1，通过推杆 2 使阀芯做轴向移动，可改变节流口通流截面积，实现流量的调节。弹簧 4 的作用是使阀芯向左抵紧在推杆上。这种节流阀结构简单、制造容易、体积小，但负载和温度的变化对流量的稳定性影响较大，因此只适用于负载和温度变化不大或执行机构速度稳定性要求较低的液压系统。

图 5-148（b）为可调单向节流阀的结构图。从作用原理来看，可调单向节流阀是可调节流阀和单向阀的组合，在结构上是利用一个阀芯同时起节流阀和单向阀的两种作用。当压力油从油口 p_1流入时，油液经阀芯上的轴向三角槽节流口从油口 p_2流出，旋转手柄可改变节流口通流面积大小而调节流量。当压力油从油口 p_2流入时，在油压作用力作用下，阀芯下移，压力油从油口 p_1流出，起单向阀作用。

② 调速阀　调速阀由一个定差减压阀和一个可调节流阀串联组合而成。用定差减压阀来保证可调节流阀前后的压力差 Δp 不受负载变化的影响，从而使通过节流阀的流量保持稳定。

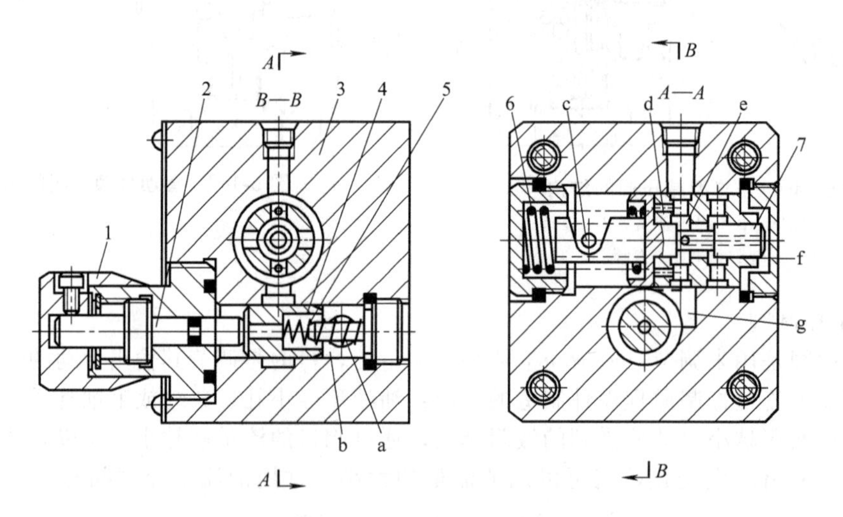

图 5-149　调速阀的结构

1—调速手柄；2—调节杆；3—阀体；4—节流阀阀芯；5—节流阀弹簧；6—减压阀弹簧；7—减压阀阀芯

图5-149为调速阀的结构，由阀体3、减压阀阀芯7、减压阀弹簧6、节流阀阀芯4、节流阀弹簧5、调节杆2和调速手柄1等组成。压力油 p_1 从进油口进入环形通道f，经减压阀阀芯处的狭缝减压为 p_2 后到环形槽e，再经孔g的节流阀阀芯的轴向三角槽节流后变为 p_3，由油腔b、孔a从出油口流出（图中未示出）。节流阀前后的压力油 p_2 经孔d进入减压阀阀芯大端的右腔，并经阀芯的中心通孔流入阀芯小端的右腔。节流阀后的压力油 p_3 经孔a和孔c（孔a到孔c的通道图中未示出）进入减压阀阀芯大端的左腔。转动调速手柄通过调节杆可使节流阀阀芯轴向移动，调节所需的流量。

其他常用的调速阀还有与单向阀组合成的单向调速阀和可减小温度变化对流量稳定性影响的温度补偿调速阀等。

5.12.3 液压传动系统的装配方法及要点

液压传动是以液体（通常是油液）作为工作介质，通过各种液压元件、辅件及管件等零部件组成的液压传动系统来实现液体的压力能转换成机械能，从而驱动负载和实现执行机构的运动。液压传动系统的装配内容往往是将多种液压元件、辅件及管件等零部件按液压系统原理图、电气原理图、管道布置图等资料进行的组装。尽管液压传动系统与机械传动系统有许多相似的地方，但液压传动系统毕竟有它自身的特性。因此，液压传动系统也具有其自身的装配步骤、方法与要点，介绍如下。

(1) 安装前的准备

1）熟悉技术资料

装配前，应熟悉液压系统原理图，电气原理图，管道布置图，液压元件、辅件、管件清单和有关元件样本等参与装配的液压传动系统资料。

2）物资准备

按照液压系统图和液压件清单，核对液压件的数量，确认所有液压元件的质量状况。尤其要严格检查压力表的质量，查明压力表交验日期，对检验时间过长的压力表要重新进行校验，确保准确可靠。

3）质量检查

液压元件在运输或库存过程中极易被污染和锈蚀，库存时间过长会使液压元件中的密封件老化而丧失密封性，有些液压元件由于加工及装配质量不良使性能不可靠，所以必须对元件进行严格的质量检查。

① 液压元件质量检查　液压元件的质量检查内容主要有以下方面：各类液压元件型号必须与元件清单一致；要查明液压元件保管时间是否过长，或保管环境是否符合要求，应注意液压元件内部密封件老化程度，必要时要进行拆洗、更换，并进行性能测试；每个液压元件上的调整螺钉、调节手轮、锁紧螺母等都要完整无损；液压元件所附带的密封件表面质量应符合要求，否则应予更换；板式连接元件连接平面不准有缺陷，安装密封件的沟槽尺寸加工精度要符合有关标准；板式阀安装底板的连接平面不准有凹凸不平缺陷，连接螺纹不准有破损和断扣现象；管式连接元件的连接螺纹口不准有破损和断扣现象；检查电磁阀中的电磁铁芯及外表质量，若有异常不准使用；各液压元件上的附件必须齐全。

② 液压辅件质量检查　液压辅件的质量检查内容主要有以下方面：油箱要达到规定的质量要求，油箱上附件必须齐全，油箱内部不准有锈蚀，装油前油箱内部一定要清洗干净；所领用的滤油器型号规格与设计要求必须一致，确认滤芯精度等级，滤芯不得有缺陷，连接螺口不准有破损，所带附件必须齐全；各种密封件外观质量要符合要求，并查明所领密封件保管期限。有异常或保管期限过长的密封件不准使用；蓄能器质量要符合要求，所带附件要齐全。查明保管期限，对存放过长的蓄能器要严格检查质量，不符合技术指标和使用要求的蓄能器不准

使用；应注意液压油的清洁情况，避免任何污物进入油箱。加油时必须经过过滤器，油箱内部如果涂有涂层的话，必须与所使用的油液相容。

③ 管料和接头质量检查　管料和接头的质量检查内容主要有以下方面：管料的材料、通径、壁厚和接头的型号规格及加工质量都要符合设计要求。所用管料不准有缺陷，有下列异常，不准使用：管料内、外壁表面已腐蚀或有显著变色；管料表面伤口裂痕深度为管料壁厚的10%以上；管料壁内有小孔；管料表面凹入程度达到管料直径的10%以上。使用弯曲的管料时，有下列异常不准使用：管料弯曲部位内、外壁表面曲线不规则或有锯齿形，管料弯曲部位其椭圆度大于10%以上，扁平弯曲部位的最小外径为原管料外径的70%以下。所用接头不准有缺陷，若有下列异常，不准使用：接头体或螺母的螺纹有伤痕、毛刺或断扣等现象；接头体各结合面加工精度未达到技术要求；接头体与螺母配合不良，有松动或卡涩现象；安装密封圈的沟槽尺寸和加工精度未达到规定的技术要求。软管和接头有下列缺陷的不准使用：软管表面有伤皮或老化现象；接头体有锈蚀现象；螺纹有伤痕、毛刺、断扣和配合有松动、卡涩现象。法兰件有下列缺陷不准使用：法兰密封面有气孔、裂缝、毛刺、径向沟槽，法兰密封沟槽尺寸、加工精度不符合设计要求。法兰上的密封金属垫片不准有各种缺陷，材料硬度应低于法兰硬度。

(2) 液压泵的装配

安装液压泵前，应先检查其性能，检查方法为：用手转动主动轴（齿轮泵）或转子（叶片泵），应转动灵活、无阻滞现象；在额定压力下工作时，能达到额定的输出量；压力从零逐渐升到额定值，各结合面不准漏油和异响；在额定压力下工作时，其压力波动值不准超过规定值。液压泵的装配方法及要点如下。

① 在安装时，油泵、电动机、支架、底座各元件相互结合面上必须无锈、无凸出斑点和油漆层。在这些结合面上应涂一薄层防锈油。

② 安装液压泵、支架和电动机时，液压泵与原动机轴线应有较高的同轴度，同轴度误差要求不大于0.1mm，倾斜角不大于1°，一般可采用挠性联轴器连接。在安装联轴器时不可敲打泵轴，以免损坏泵的转子。

③ 直角支架安装时，泵支架的支口中心允许比电动机的中心略高0～0.8mm，这样在安装时，调整泵与电动机的同轴度时，可只垫高电动机的底面。允许在电动机与底座的接触面之间垫入图样未规定的金属垫片（垫片数量不得超过3个，总厚度不大于0.8mm）。一旦调整好后，电动机一般不再拆动。必要时只拆动泵支架，而泵支架应有定位销定位。

④ 液压泵一般不得用V带传动，最好由电动机直接传动。

⑤ 调整完毕后，在泵支架与底板之间钻、铰定位销孔，再装入联轴器的弹性偶合件，然后用手转动联轴器，此时，电动机、泵和联轴器都应能轻松、平滑地转动，无异常声响。

(3) 液压缸的装配

液压缸主要应保证液压缸和活塞相对运动时既无阻滞又无泄漏。主要应注意以下几点。

① 严格控制液压缸与活塞之间的配合间隙，这是防止泄漏和保证运动可靠的关键。活塞上没有O形密封圈时，其配合间隙应为0.02～0.04mm；带O形密封圈时配合间隙应为0.05～0.10mm。

② 保证活塞与活塞杆的同轴度及活塞杆的直线度。为保证活塞或液压缸直线运动的准确和平稳，活塞与活塞杆的同轴度应小于0.04mm；活塞杆在全长范围内，直线度不大于0.20mm。装配时，可将活塞和活塞杆连成一体，放在V形铁上，用百分表检验、并校正，如图5-150所示。

③ 活塞与液压缸配合表面应保持清洁，装配前要用纯净煤油清洗液压缸、活塞及活塞杆。

④ 装配后，活塞在液压缸全长内移动时应灵活无阻滞。

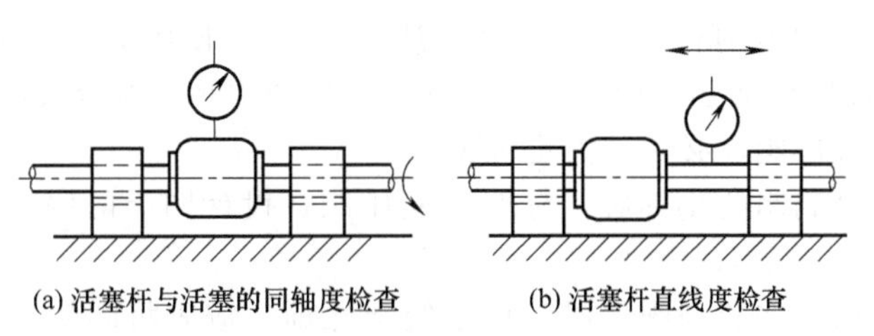

图 5-150　校正活塞杆的方法

⑤ 液压缸两端盖装上后，应均匀拧紧螺钉，使活塞杆能在全长范围内移动时，无阻滞和轻重不一现象。在设备上安装液压缸时，还应保证液压缸的运行能满足安装技术要求。如在机床上安装液压缸，则必须注意液压缸和机床导轨的直线度和平行度误差是否超差，测量方法如图 5-151 所示。将专用百分表放在机床导轨上，测量油缸上母线和侧母线，要求不平度在规定的技术要求范围之内，如果超差，则可修刮液压缸的支架底面，或修刮机床的接触面。

⑥ 液压缸装配后应做如下性能试验：在规定压力下，观察活塞杆与液压缸端盖、端盖与液压缸体结合处是否有渗漏；油封装置是否过紧，而使活塞或液压缸移动时阻滞，或过松而造成漏油；测定活塞或液压缸移动速度是否均匀。

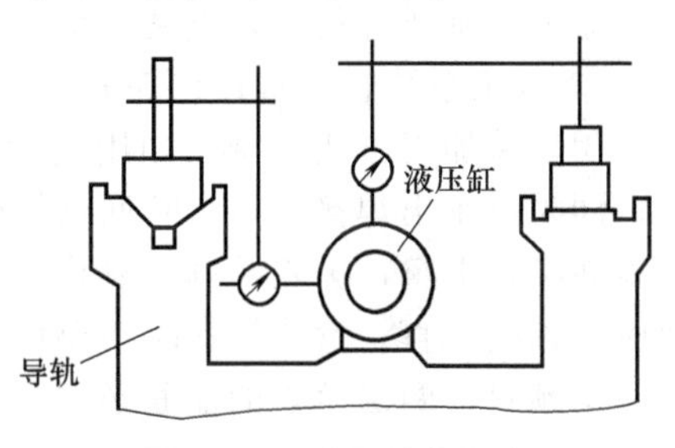

图 5-151　液压缸在机床上的安装要求

(4) 压力阀的装配

用于液压传动的阀类较多，按其功用分有压力阀、流量阀和方向阀等；按其连接方式分有板式连接、管式连接等。但就其装配要点而言，则大同小异。压力阀装配的要点有：

① 压力阀在装配前，应仔细清洗零件，特别是阻尼孔道应用压缩空气清除污物。

② 阀芯与阀座的密封应良好，可用汽油试漏。

③ 弹簧两端须磨平，使两端与中心线垂直。

④ 阀体接合面应加耐油纸垫，以确保密封。

⑤ 阀芯与阀体的配合间隙应符合要求，在全程上移动灵活无阻滞。

⑥ 压力阀装配后应做如下性能试验：将压力调节螺钉尽可能全部松开，然后从最低数值逐渐升高到系统所需的压力，要求压力平稳改变，工作正常，压力波动不超过 $\pm 1.5\times 10^5$ Pa；当压力阀在机床中作循环试验时，观察其运动部件换向时工作平稳性，应无明显的冲击和噪声；在最大压力下工作时，不允许接合处漏油；溢流阀在卸荷状态时，其压力不超过 1.5～2Pa。

(5) 集成块的安装

① 阀块所有各油流通道内，尤其是孔与孔贯穿交叉处，都必须仔细去净毛刺，并仔细检查。阀块外周及各周棱边必须倒角去毛刺。加工完毕的阀块与液压阀、管接头、法兰相贴合的平面上不得留有伤痕，也不得留有划线的痕迹。

② 阀块加工完毕后必须用防锈清洗液反复加压清洗。各孔流道，尤其是对盲孔应特别注意洗净。清洗应分粗洗和精洗。清洗后的阀块，如暂不装配，应立即将各孔口盖住，可用大幅的胶纸封在孔口上。

③ 往阀块上安装液压阀时，要核对它们的型号、规格。各阀都必须有产品合格证，并确认其清洁度合格。

④ 核对所有密封件的规格、型号、材质及出厂日期（应在使用期内）。

⑤ 装配前再一次检查阀块上所有的孔道是否与设计图一致、正确。

⑥ 检查所用的连接螺栓的材质及强度是否达到设计要求以及液压件生产厂规定的要求。阀块上各液压阀的连接螺栓都必须用测力扳手拧紧。拧紧力矩应符合液压阀制造厂的规定。

⑦ 凡有定位销的液压阀，必须装上定位销。

⑧ 阀块上应钉上金属制的小标牌，标明各液压阀在设计图上的序号、各回路名称、各外接口的作用。

⑨ 阀块装配完毕后，在装到阀架或液压系统上之前，应先将阀块单独进行耐压试验和功能试验。

(6) 管道的连接

管道是由管料、接头、法兰盘、衬垫等，与液压系统中各元件连接起来，以保证液体的循环和传递液体能量的辅助装置。管道连接的主要技术要求如下。

① 油管必须根据压力和使用场所进行选择，应有足够的强度，而且要求内壁光滑、清洁、无砂眼、锈蚀、氧化皮等缺陷。在配管作业时，对有腐蚀的管料应进行酸洗、中和、清洗、干燥、涂油、试压等处理，直到合格才能使用。

② 液压系统管料直径在 50mm 以下的可用砂轮切割机切割，直径 50mm 以上的管子一般应采用机械加工方法切割。如用气割，则必须用机械加工方法车去因气割形成的组织变化部分，同时可车出焊接坡口。除回油管外，压力油管道不允许用滚轮式挤压切割器切割。管料切割表面必须平整，去除毛刺、氧化皮、熔渣等。切口表面与管料轴线应垂直。切断管料时，断面应与轴线垂直；弯曲管料时不要把管料弯扁。带有法兰盘连接的管道，为了保证管道中心线不发生倾斜，两法兰盘的端面必须与管子中心线垂直，如图 5-152 所示。

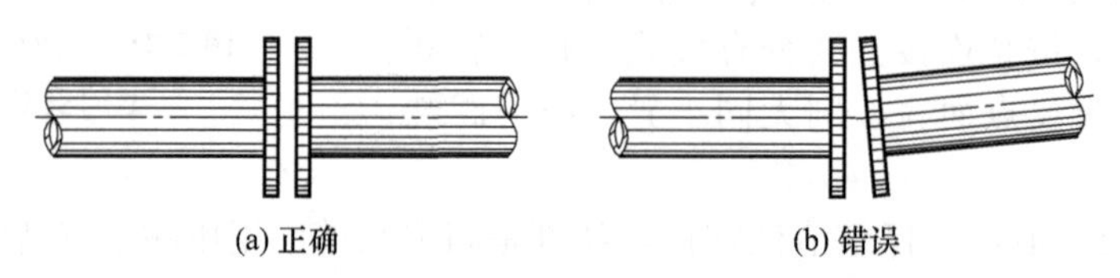

图 5-152 管道连接的准确性

③ 在安装管道时，应保证最小的液压损失。管道及其连接部分必须有足够的通流截面、最短的距离、光滑的管壁，转弯次数要少，应尽量避免管道方向的急剧变化及截面的突变，并使管道受温度影响时，有伸缩变形的余地；系统中任意一段管道或元件，应能单独拆装而不影响其他元件，以便于修理，在管路的最高部分应装有排气装置；较长的管道各段应有支承，管道用管夹牢固固定，以免振动。

④ 一条管路由多段管段与配套件组成时应依次逐段接管，完成一段组装后，再配置后一段，以避免一次焊完产生累积误差；对碳钢管壁厚度小于等于 2mm 的管料一般可选用乙炔气焊；对碳钢管壁厚大于 2mm 的管料可采用电弧焊，最好用氩弧焊；对壁厚大于 5mm 的管子应采用氩弧焊打底，电弧焊填充。必要的场合应采用管孔内充保护气体的方法焊接。

⑤ 管道与法兰的焊接、管道与管接头的焊接均应采用对接焊，不可采用插入式的形式。

⑥ 管道与管道的焊接应采用对接焊，不允许用插入式的焊接形式，对接焊时，焊缝内壁必须比管道高出 0.3～0.5mm，不允许出现凹入内壁的现象。在焊完后，再用锉或手提砂轮把内壁中高出的焊缝修平，去除焊渣、毛刺，达到光洁程度。

⑦ 管道配管焊接以后，所有管道都应按所处位置预安装一次，将各液压元件、阀块、阀架、泵站连接起来。各接口应自然贴合、对中，不能强扭连接。当松开管接头或法兰螺钉时，相对结合面中心线不许有较大的错位、离缝或翘角，如发生此种情况可用火烤整形消除。

⑧ 正确装配管接头　液压传动中，常用的油管有钢管、紫铜管、尼龙管、塑料管、橡胶软管等。其中：钢管能承受高压，油液不易氧化、价格低廉，但装配弯形较困难，常用的有

10、15冷拔无缝钢管，主要用于中、高压系统中；紫铜管装配时弯形方便，且内壁光滑、摩擦阻力小，但易使油液氧化、耐压力较低、抗振能力差，一般适用于中、低压系统中；尼龙管弯形方便、价格低廉，但寿命较短，可在中、低压系统中部分替代紫铜管；橡胶软管由耐油橡胶夹以1～3层钢丝编织网或钢丝绕层做成。其特点是装配方便，能减轻液压系统的冲击、吸收振动，但制造困难、价格较贵、寿命短，一般用于有相对运动部件间的连接。耐油塑料管价格便宜、装配方便，但耐压力低，一般用于泄漏油管。

管接头主要用于油管与油管、油管与液压元件间的连接，其必须符合结构简单、连接方便、工作可靠等要求。管接头的种类很多，如图5-153所示为几种常用的管接头结构。

图5-153（a）为扩口式薄壁管接头，适用于铜管或薄壁钢管的连接，也可用来连接尼龙管和塑料管，在一般的压力不高的机床液压系统中，应用较为普遍。

图5-153（b）为焊接式钢管接头，用来连接管壁较厚的钢管，用在压力较高的液压系统中。

图5-153（c）为夹套式管接头，当旋紧管接头的螺母时，利用夹套两端的锥面使夹套产生弹性变形来夹紧油管。这种管接头装拆方便，适用于高压系统的钢管连接，但制造工艺要求高，对油管要求严格。

图5-153（d）为高压软管接头，多用于中、低压系统的橡胶软管的连接。

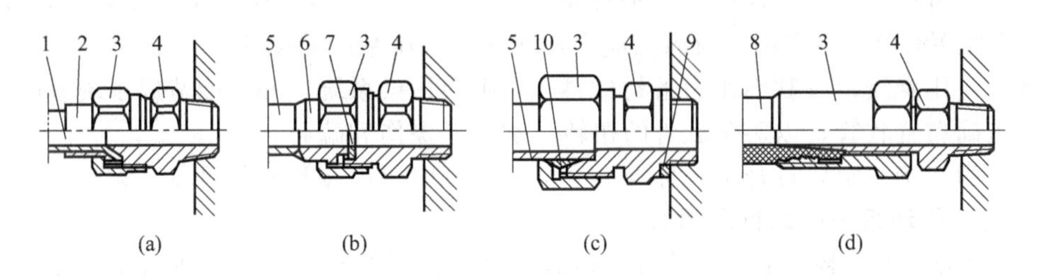

图5-153 管接头

1—扩口薄管；2—管套；3—螺母；4—接头体；5—钢管；6—接管；7—密封垫；8—橡胶软管；9—组合密封垫；10—夹套

⑨ 全部管道都进行二次安装，即安装好后，再拆开管道。经过汽油清洗（或进行酸洗，用10%的苏打水中和，再用温水清洗）、干燥、涂油及试压，再进行安装，这样可防止污物进入管道。

⑩ 管道装配后，必须具有高度的密封性。为此，管道装配后需经过压力试验，以保证没有泄漏现象。当用螺纹连接时，螺纹处添加密封填料以加强密封作用，常用的为聚四氟乙烯生料带、麻丝或石棉等。当用法兰连接时，则需在结合面间垫以衬垫，衬垫可用石棉胶板、橡皮或软金属制成。

（7）各类油管的安装要求

尽管管料的种类、规格较多，但根据油管内压力高低及安装部位的不同，油管可分为高压管、吸油管及回油管等，各类油管安装时应满足以下要求。

① 高压管的安装要求　高压管安装时，应满足以下要求：相互垂直或交叉的管子之间，及管子与设备机体零件之间的距离，应大于10mm，避免干扰、敲击；管子安装应牢靠，连接处紧固，振动处应以木块或橡胶制成减振垫，以减振或消振；细长管应以管夹固定好，严禁振动；管路应尽量短，布管整齐，减少直角拐弯，力求减少压力损耗，并使布局美观；对复杂的管路系统，拆卸前应分别编号，避免重新装配时搞错。

② 吸油管的安装要求　吸油管安装时，应满足以下要求：吸油管与液压泵吸油口连接应密封良好，避免吸入空气，影响液压系统工作性能；各液压泵吸油高度要求不同，一般不得大

于500mm。吸油管处应设置滤油器，齿轮泵为80～100目；叶片泵为100～50目；柱塞泵为150～200目；精密机床可再高些。吸油管进口处斜切45°角，可增加吸油管进口处的面积。

③ 回油管的安装要求　回油管安装时，应满足以下要求：回油管应伸至油液液面之下，以防止飞溅形成气泡，但不得贴近油箱底部；回油管与进油管在油箱中应隔开，或相距远些；回油管伸入油箱的头部切成45°角，斜面朝向箱壁安装，避免回油直冲箱底；溢流阀的回油不许和泵的入口连通，应单独与回油箱或冷却器连接避免往复加温使油液过热；凡具有外部泄漏的各种阀，如减压阀、直控顺序阀等，其泄油口与回油口连通时，不许有背压，否则应单独接油箱。

(8) 过滤器的安装

安装过滤器可使系统液压元件得到保护，但安装在不同部位，其安装要求是不同的。

通常在安装吸油口过滤器时，网的底面不宜同油管的吸油口靠得太近，这样会使吸油不畅。一般油管吸入口是网的底面的三分之二高，并使过滤器全部浸入在油面以下，以使油液在四周和上、下都能进入网内。

在液压泵的出油口安装过滤器，可使液压泵之外的元件都有保护作用，但过滤器外壳在高压作用时，必须有足够的强度，促使过滤器重量加大。

(9) 安装注意事项

① 在安装过程中，一定要注意保护管路系统。禁止使用强力作用于液压系统，以避免管路系统和元器件承受横向作用力及内部应力，而导致液压系统的损坏。

② 禁止使用麻线、胶黏剂作为密封材料，否则会污染系统，并可能造成系统故障。

③ 应正确布置软管，以避免软管的扭转、别劲、擦伤和磕碰。

④ 系统的连接一定要符合推荐标准，全部系统管路要连接和密封可靠，无渗漏现象出现。

(10) 液压传动系统的运行及调试

液压系统按要求安装完毕，并检查合格后，就可以开始投入运行，进行液压系统的调试。液压系统的安装与调试是液压系统安装后投入正常运行的最后一环，只有按照正确的操作方法进行，才能充分地保护泵、马达等液压元件，使其发挥最大功能，通常调试的步骤及要求主要有以下方面。

在调试前，液压油箱中要加入尽可能多的干净液压油，同时要对泵、马达壳体、主系统管路等进行注油，这是因为若油的黏度大、管道长，油泵吸油管路中的空气就排不出去；如果再加上调试时安装工人在30s内将柴油机的速度从启动急升速到最高转速，补油泵的早期磨损就不可避免。

在系统最初启动时，最好按下述的规程进行操作，以便最大限度地保护泵、马达等液压元件。

① 在补油压力测压口安装适当量程的压力表，以便在启动调试过程中检测补油压力。

② 断开泵的输入控制信号，如机械连杆、液控管路、电控插头等，以确保泵处在中位状态。

③ 采取必要的方式卸掉系统载荷（架起主机使驱动轮离开地面，断开马达负载的连接等）。

④ 以转速尽可能低的方式启动原动机，直至建立起补油压力。

⑤ 补油压力建立起来之后，将原动机增至额定转速，检测补油压力数值，如果补油压力不符合要求，要立即关掉原动机，查明原因并予以解决；如补油压力正常，则关掉原动机，连接好泵的控制信号并重新启动原动机，检查泵的中位状态是否良好。

⑥ 将原动机增至额定转速，向泵输入控制信号，使系统尽可能慢地投入工作并检查系统的正反向工作状况。

⑦ 连续慢慢地让系统正反向交替工作至少5min。

⑧ 关掉原动机，检查油箱油面，如有必要，加油至规定值。

⑨ 如果油液中气泡较多，需等待气泡消失后，再次启动原动机，让系统正反向交替工作几分钟，然后再关掉原动机。如有必要，这个过程要反复进行多次，直至气泡完全消失。

⑩ 检查所有的管路和接头，确保无渗漏和松动现象，确保油箱不会进水和其他杂质。

5.13 气压传动系统的组成和工作原理

气压传动是以气体（通常是空气）作为工作介质，利用压缩空气的静压能来传递动力的一种传动方式。它通过空气压缩机所提供的足够流量和压力的压缩空气作为动力源，又通过管路、控制阀等元件，经气缸（或气压马达）将空压机的压力能转换成机械能，驱动负载和实现执行机构的运动。

(1) 气压传动的特点

与液压传动相比，气压传动具有如下一些独特的优点。

① 空气可以从大气中吸取，且无介质成本的问题。介质泄漏后除引起部分功率损失外，不会严重影响工作，也不会污染环境。

② 空气的黏度很小，在管路中的压力损失远远小于液压传动系统，因此压缩空气便于集中供应和远程传输。

③ 压缩空气的工作压力较低（一般为 0.3～0.8MPa），因此对元件材料制造精度的要求较低。

④ 维护简单、使用安全，没有防爆问题，并且便于实现过载保护。

⑤ 气动元件采用相应材料后，能够在恶劣环境下进行正常工作。

但气压传动也有以下缺点。

① 气压传动装置的信号传递较慢，仅限制在声速范围内，所以它的工作频率和响应速度远不如电子装置，并且信号要产生较大的失真和迟滞，不便于构成较复杂的回路，也难以实现生产过程的远程控制。

② 空气的压缩性远大于液压油的压缩性，因此在动作的响应能力、速度的平稳性上不如液压传动。

③ 气压传动输出力较小，且传动频率较低。

(2) 气压传动系统的组成

与液压传动系统一样，气压传动系统除工作介质空气外，一般也可划分为动力部分、执行部分、控制部分和辅助部分四部分。

动力部分主要由气压泵组成。其作用是把原动机（如电动机）的机械能转变为气压能，提供给气压工作系统，也就是向气压工作系统提供压力空气。

执行部分则主要由气压缸或气压马达组成。其作用是把系统的气压能转变为机械能，带动外负载做功。

控制部分主要由各类气压控制阀组成。其作用是控制和调节系统的压力、流量和方向，以满足执行部分对力、速度和运动方向的要求。

辅助部分主要包括干燥器、空气过滤器、气管、管接头、油雾器、压力表等。其作用是干燥空气、滤气、检测等，并把气压系统的各元件按要求连接起来，构成一个完整的气压系统。

(3) 气压传动的工作原理

气压传动与液压传动的基本工作原理是相似的，只是二者的工作介质不同。气压传动是以空气作为工作介质，通过气源装置压缩空气所获得的静压能来传递动力的。

气源装置的作用是为气动系统的正常工作提供足够流量和压力的压缩空气，它是气动系统

的重要组成部分。气源装置包括气压发生、压缩空气净化、储存和传输管道等装置，如图5-154所示。

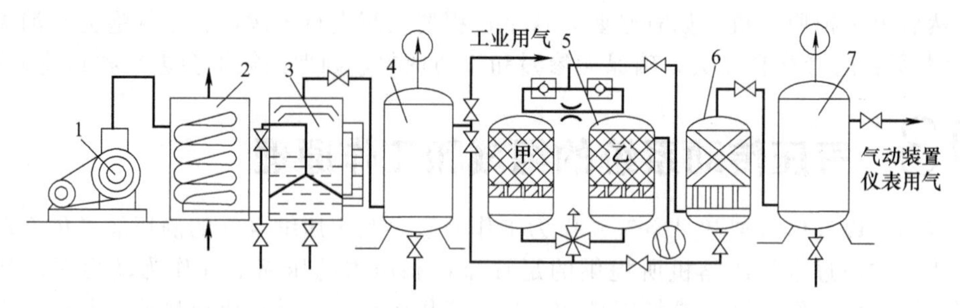

图 5-154　气源装置组成和布置示意图

1—空气压缩机；2—冷却器；3—油水分离器；4，7—储气罐；5—干燥器；6—过滤器

① 空气压缩机　空气压缩机是产生压缩空气的气压发生装置，是组成压缩空气站气源系统的主要设备。它的结构形式很多，工作压力范围很广，按结构形式的不同可分为容积式、回转式两种类型，如表 5-20 所示。

表 5-20　空气压缩机结构类型

类型		结构形式
容积型	往复式	活塞式
		膜片式
	回转式	叶片式
		螺杆式
		罗茨式
速度型		离心式
		轴流式
		混流式

容积型空气压缩机气体压力的提高是靠周期地改变气体容积的方法，即通过缩小气体的容积增大气体的密度，来提高气体压力的。如图 5-155（a）、（b）所示的活塞式及转子式压缩机就属于这种类型。

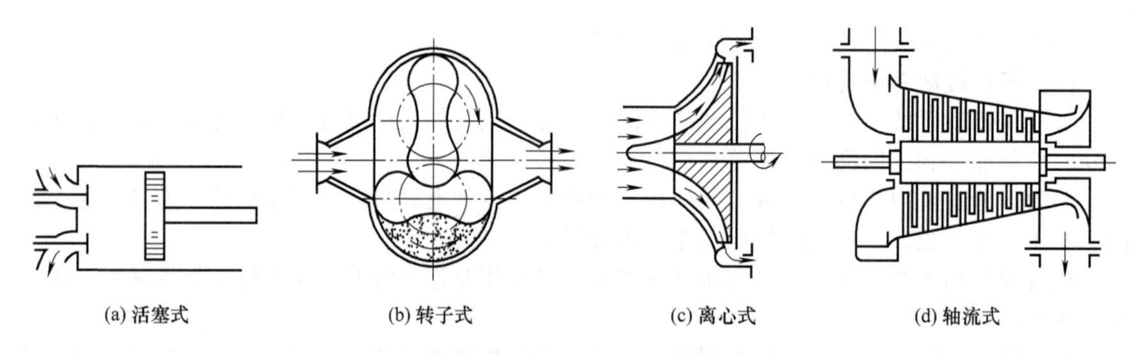

(a) 活塞式　(b) 转子式　(c) 离心式　(d) 轴流式

图 5-155　空气压缩机的类型

速度型空气压缩机气体压力的提高是以改变气体速度的方法，即先使气体分子到一个高速度而具有较大的动能，然后将动能转化为压力能而达到提高气体压力的目的。如图 5-155（c）、（d）所示的离心式和轴流式压缩机属于这种类型。

空气压缩机的选用可根据表 5-21 所列空气压缩机的形式与性能及表 5-22 空气压缩机的特点及应用来考虑。

表 5-21 空气压缩机的形式与性能

额定压力/MPa	形式	排气量/(L/min)	驱动动力/kN
1.0	单级往复式	20～10000	0.2～75
1.5	单级往复式	50～10000	0.7～75
0.7～0.85	油冷螺杆式	180～12000	1.5～75
0.75～0.85	无油单级往复式	20～8000	0.2～75
0.9	无油双级螺杆式	2000～300000	20～1800
0.7	离心式	10000 以上	500 以上

表 5-22 空气压缩机特点比较及应用

类型	优 点	缺 点	应用范围
容积型	①背压稳定，输出压力范围大 ②效率高 ③适应性强，单机能适应多种流量，排气量可在较广范围内选择	①尺寸大，占地面积大 ②结构复杂，易损件多，维修量大 ③气流脉动大，有振动 ④排气不连续，输出压力有脉动	高压力 中小流量
速度型	①机体内不需润滑，压缩气体可不被润滑油污染 ②外形尺寸小，占地少 ③供气均匀，振动小 ④易损件少，维修费用低 ⑤易实现自动调节	①效率低 ②冷却水消耗量大 ③运转欠稳定 ④制造困难	压力不太高 大流量

② 气动执行元件　与液压执行元件一样，气压传动系统动作的执行是通过气动执行元件完成的，与液压执行元件相比，没有什么本质不同，但是，由于其工作流体黏性小、可压缩，与液压油差别较大，因此在使用方法和具体结构上两者有差异。

按运动方式不同，气动执行元件分为气缸、摆动缸和气马达等。气动执行元件的分类如表5-23所示。

表 5-23 气动执行元件的分类

类别	作用方式	结构形式	类别	作用方式	结构形式
气缸	单作用式	柱塞式 活塞式 膜片式	气缸	特殊型(多为双作用式)	冲击式 缆索式 数字式 伺服式
	双作用式	活塞式 膜片式	摆动缸	双作用式	叶片式 齿轮、齿条式 曲柄式 活塞式 螺杆式
	特殊型(多为双作用式)	无杆式 皮老虎式 伸缩式 串联式 薄形 带开关式 带阀式 带制动机构 带锁紧机构	气马达	单作用式	薄膜式
				双作用式	齿轮式 叶片式 活塞式

气缸以压缩空气为动力驱动执行机构做直线往复运动，是气动系统中应用最广的执行

元件。

图 5-156 为单活塞杆双作用气缸结构图，在气压作用下，它可以实现双向运动。活塞与活塞杆相连，活塞上除装有密封圈 4、导向环 5 外，还装有磁性环 6（不需要的缸可不装）。磁性环用于产生磁场，使活塞接近缸筒外的磁性开关时发出电信号，用于控制其他元件动作。装上磁性开关的气缸便成了开关气缸。

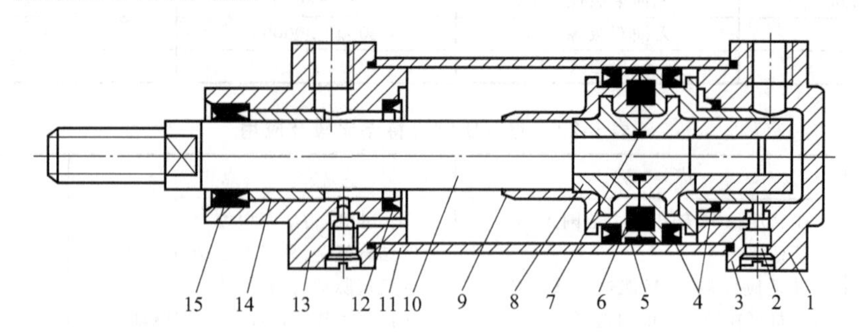

图 5-156 单活塞杆双作用气缸

1—后缸盖；2—缓冲节流针阀；3,4,7,12—密封圈；5—导向环；6—磁性环；8—活塞；9—缓冲柱塞；10—活塞杆；11—缸筒；13—前缸盖；14—导向套；15—防尘组合密封圈

如图 5-157 所示为单活塞杆单作用气缸结构原理。其结构基本与双作用气缸相同，所不同的是在活塞 5 的一侧装有使活塞杆 9 退回的复位弹簧 7，在前缸盖 10 上开有呼吸孔。弹簧装在有杆腔，气缸初始位置处于退回的位置，故这种缸也称为预缩缸。

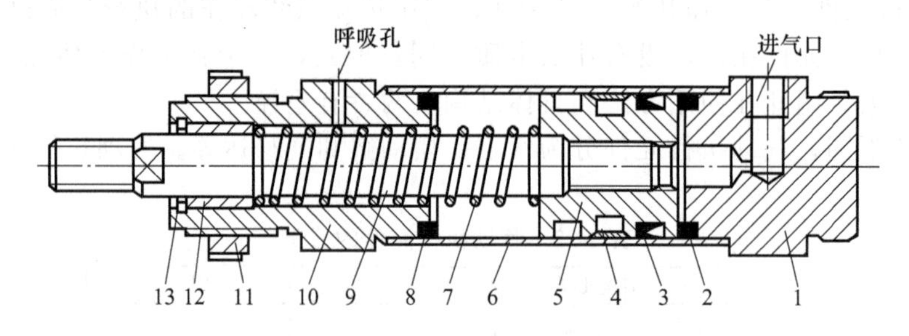

图 5-157 单活塞杆单作用气缸结构原理

1—后缸盖；2,8—弹性垫；3—密封圈；4—导向环；5—活塞；6—缸筒；7—弹簧；9—活塞杆；10—前缸盖；11—螺母；12—导向套；13—卡环

(4) 气压传动系统的装配

装配气压传动系统，应在熟悉气压传动系统原理图，电气原理图，管道布置图，气压元件、辅件、管件清单和有关元件样本等参与装配的气压传动系统资料基础上进行，其装配方法及要点可参照液压传动系统的装配方法及要点。

第6章

机械设备部件及整机的装配

6.1 机械设备的装配方式

一台机器设备是由许多零件组成的，根据其不同结构和作用，可分为若干部分或分系统，而各部分又是由若干零部件组成的。如一台机床可分为主轴箱部分、进给机构部分、液压和电气等部分。

通常，所说的装配就是根据机械设备的不同结构，依次完成上述各个工作部分的装配。而在机械设备的具体装配时，为了便于组织装配工作，往往又必须将机器以及机器的各工作部分分解为若干个可以独立进行装配的装配单元，以便按照单元次序进行装配缩短装配周期。

(1) 机械设备的装配单元

机械设备的装配单元通常可划分为5个等级。

① 零件　零件是组成机械和参加装配的最基本单元。大部分零件都是预先装成合件、组件和部件再进入总装。

② 合件　合件是比零件大一级的装配单元。下列情况皆属合件。

a. 两个以上零件，由不可拆卸的连接方法（如铆、焊、热压装配等）连接在一起。

b. 少数零件组合后还需要合并加工，如齿轮减速箱体与箱盖、柴油机连杆与连杆盖，都是组合后镗孔的，零件之间对号入座，不能互换。

c. 以一个基准零件和少数零件组合在一起。

③ 组件　组件是一个或几个合件与若干个零件的组合。

④ 部件　部件由一个基准件和若干个组件、合件和零件组成，如主轴箱、进给箱等。

⑤ 机械设备　机械设备是由上述全部装配单元组成的整体。

(2) 机械设备的装配过程

机器的装配就是依照机器的结构依次完成机器组件装配、部件装配、总装配和运行调试的过程。

① 组件装配　组件装配就是将若干个零件装配在一个基础零件上面构成组件的过程。组件可作为基本单元进入装配。例如，齿轮减速箱中的大轴组件就是由大轴及其轴上的各个零件构成的一个组件，其装配顺序如图6-1所示。装配操作步骤如下。

a. 将各零件修毛刺、洗净、上油。

b. 将键配好，压入大轴键槽。

c. 压装齿轮。

d. 装上垫套，压装右端轴承。

e. 压装左端轴承。

f. 在透盖内孔油毡槽内放入毡圈，然后套进轴上，完成组件的装配。

② 部件装配　部件装配就是将若干个零件、组件装配在另一个基础零件上而构成部件的过程。部件是装配中比较独立的部分，例如齿轮减速箱。

③ 总装配　总装配就是将若干个零件、组件、部件装配在产品的基础零件上而构成产品的过程，例如一台机器。

如图 6-2 所示，为一台中等复杂程度的圆柱齿轮减速箱。可以把轴、齿轮、键、左右轴承、垫套、透盖、毡圈的组合视为大轴组装，而整台减速箱则可视为若干其他零件、组件装配在箱体这个基础零件上的部装。减速箱经过调试合格后，再和其他部件、组件和零件组合后装配在一起，就组成了一台完整的机器，这就是总装配。

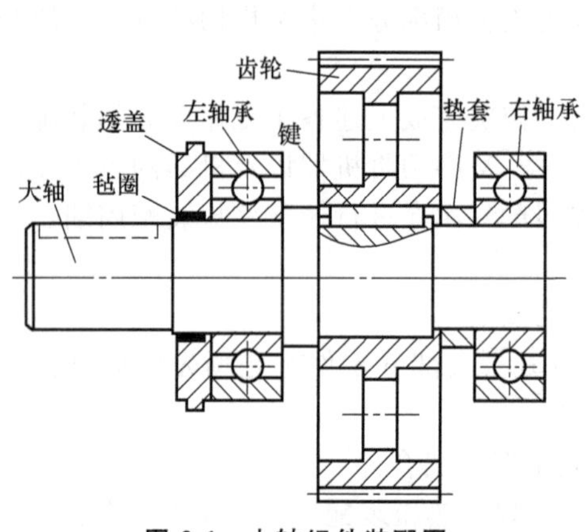

图 6-1　大轴组件装配图

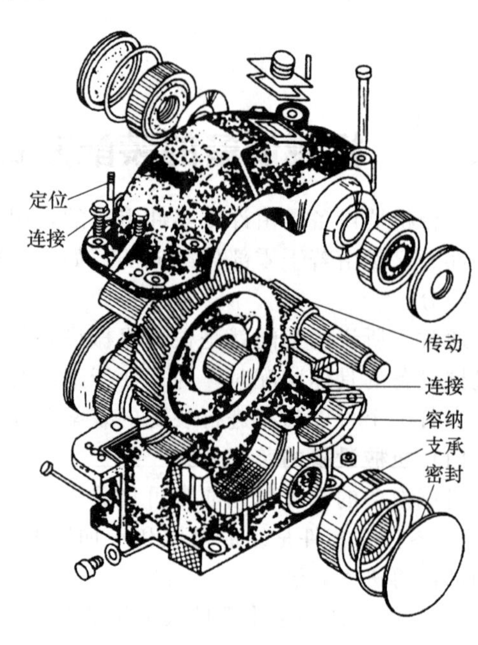

图 6-2　减速箱

6.2 装配的操作过程及组织形式

按照规定的技术要求，将若干个零件组装成部件或将若干个零件和部件组装成产品的过程，称作装配。更明确地说：把已经加工好，并经检验合格的单个零件，通过各种形式，依次将零部件连接或固定在一起，使之成为组件、部件或产品的过程叫装配。

就生产过程来说，产品的质量主要取决于产品的结构设计（设计水平）、零件的加工（加工质量）和机器的装配（装配精度）三个阶段，装配是整个机器制造工艺过程中的最后一个环节，通过装配才能形成最终的产品，它主要包括装配、调整、检验和试验等工作，并保证所装配的机器具有规定的精度和设计确定的使用功能以及质量要求等。

(1) 装配的操作过程

装配的操作过程称为装配工艺过程，一般由装配前的准备，装配，调整、精度检验及试

车，喷漆、涂油及装箱四个阶段组成。各阶段的操作内容通常由装配工艺规程给出具体的指导，因此，从一定程度来说，装配操作就是一个按照装配工艺规程的具体内容进行规范操作的过程。在各阶段的工作主要有以下方面的内容。

1）装配前的准备

① 研究和熟悉产品装配图及有关的技术资料，了解产品的结构、各零件的作用、相互关系及连接方法。

② 确定装配方法、装配顺序。

③ 清理装配时所需的工具、量具和辅具。

④ 对照装配图清点零件、外购件、标准件等。

⑤ 对装配零件进行清理和清洗。除去零件上的毛刺、锈蚀、切屑、油污以及其他污物等，以获得所需的清洁度。这些处理对提高装配质量、延长零件使用寿命都很有必要。

⑥ 对重要部件的尺寸和形状、位置公差进行检查测量。对某些零件还需进行装配前的钳加工（如：刮削、修配、平衡试验、配钻、铰孔等）。有的要进行平衡试验、渗漏试验和气密性试验等。

2）装配工作

一般说来，装配工作只需操作人员在掌握一定的操作技能之后按装配工艺规程的要求进行装配即可。但对于比较复杂的产品，在生产加工中，装配工作则划分为组件、部件装配和总装配等多个操作阶段。

① 组件、部件装配　组件、部件装配指产品在进入总装配之前的装配工作。把产品划分成若干个装配单元是保证缩短装配工作周期的基本措施。因为划分成若干个装配单元，不仅可以在装配工作中组织平行装配作业、扩大装配工作面，而且还能使装配工作按流水线组织生产或组织协作生产。同时各处装配单元能够预先调整试验，各部分可以以比较完善的状态参与总装配，有利于保证产品的装配质量。

② 总装配　总装配是把零件、组件和部件装配成最终产品的工艺过程，简称总装。产品的总装通常在工厂的装配车间（或装配工段）内进行。但是在有些情况下（如重型机床、大型汽轮机和大型泵等），产品在制造厂内只能进行部装工作，而最终的产品必须在产品的使用现场完成总装工作。

3）调整、精度检验及试车

① 调整工作就是调节零件或机构的相互位置，配合间隙，结合松紧等，目的是使机构或机器工作协调（如轴承间隙、镶条位置、齿轮轴向位置的调整等）。

② 精度检验就是用量具或量仪对产品的工作精度、几何精度进行检验，直至达到技术要求为止。精度检验包括工作精度检验、几何精度检验等。如车床总装后要检验主轴中心线和床身导轨的平行度误差、中滑板导轨和主轴中心线垂直度误差以及前后两顶尖的等高度误差等。工作精度检验一般指切削试验，如车床进行车圆柱面、车端面及车螺纹试验。

③ 试机包括机构或机器运转的灵活性、工作温升、密封性、振动、噪声、转速、功率和寿命等方面的检查。

4）喷漆、涂油及装箱

喷漆是为了防止不加工面锈蚀和使产品外表美观。涂油是使产品工作表面和零件的已加工表面不生锈。装箱是为了便于运输。具体的操作内容及要求需要结合装配工序进行。

（2）装配的组织形式

一台机械产品往往由成千至上万个零件组成，为便于装配生产工作的有序进行，企业必须按照一定的装配组织形式进行生产，装配作业组织的好坏，不但影响到装配效率和周期，有时还直接影响到机械设备的装配质量。

通常企业根据生产类型的不同，会针对性地采用不同的装配组织形式。生产类型一般可分为三类：单件生产、成批生产和大量生产。各类生产类型及其装配组织形式具有以下特点。

1）单件生产

单件生产指生产件数很少，甚至完全不重复生产的、单个制造的一种生产方式。单件生产装配组织形式具有以下特点。

① 地点固定。

② 用人少（从开始到结束只需一个或一组工人即可），从开始到结束把产品的装配工作进行到底。

③ 装配时间长、占地面积大。

④ 需要大量的工具和装备，要求修配和调整的工作较多，互换性较少。

⑤ 要求工人具有较全面的技能。

2）成批生产

成批生产指每隔一定时期后，成批地制造相同产品的生产方式。成批生产装配组织形式具有以下特点。

① 一般可分部装和总装，每个部件由一个或一组工人来完成，然后进行总装。

② 装配工作常采用移动式。

③ 对零件可预先经过选择分组，达到部分零件互换的装配。

④ 可进入流水线生产，装配效率较高。

3）大量生产

大量生产指产品的制造数量很庞大，各工作地点经常重复地完成某一工序，并有严格的、节奏性的一种生产方式。大量生产装配组织形式具有以下特点。

① 每个工人只需完成一道工序，这样对质量有可靠的保证。

② 占地面积小，生产周期短。

③ 工人并不需要有较全面的技能，但对产品零件的互换性要求高。

④ 可采用流水线、自动线生产，生产效率高。

表 6-1 列出了三种生产类型装配工艺的特点。

表 6-1 三种生产类型装配工艺的特点

项目	单件生产	成批生产	大量生产
基本特征	产品经常变换，不定期重复生产，生产周期较长	产品在系列化范围内变动，分批交替投产，或多品种同时投产，生产活动在一定时期内重复	产品固定，生产活动长期重复
组织形式	多采用固定装配，也可采用固定流水线装配	笨重而批量不大的产品，多采用固定流水线装配、多品种可变节拍流水装配	多采用流水装配线；有间歇、变节拍等移动方式，还可采用自动装配线
工艺方法	以修配法及调整法为主，互换件比例较小	主要采用互换法，同时也灵活采用调整法、修配法、合并法等节约装配费用	完全互换法装配，允许有少量简单调整
工艺过程	一般不制订详细工艺文件，工序与工艺可灵活调度与掌握	工艺过程划分须适合批量大小，尽量使生产均衡	工艺过程划分较细，力求达到高度均衡性
工艺装备	采用通用设备及通用工装，夹具多采用组合夹具	通用设备较多，但也采用一定数量的专用工装，目前多采用组合夹具和通用可调夹具	专业化程度高，宜采用专用高效工装，易于机械化、自动化
手工操作要求	手工操作比重大，要求工人有较高的技术水平和多方面的工艺知识	手工操作占一定比重，技术水平要求较高	手工操作比重小，熟练程度易于提高，便于培训新人
应用实例	重型机床和重型机器、大型内燃机、汽轮机、大型锅炉、水泵、模夹具、新产品试制	机床、机车车辆、中小型锅炉、飞机、矿山采掘机械、中小型水泵等	汽车、拖拉机、滚动轴承、自行车、手表

6.3 装配的工作内容及步骤

一台机械设备往往是由上千至上万个零件所组成的，装配则是按照规定的技术要求，将若干个零件组装成组件、部件或将若干个零件和部件组装成产品的过程。因此，装配又分为组件装配、部件装配及总装配，但不论何种形式的装配，其装配的步骤及工作内容基本上都是相同的。

(1) 装配步骤

一般说来，装配的步骤都是按以下顺序进行的：研究和熟悉产品装配图及技术要求，了解产品结构、工作原理、零件的作用及相互连接关系→准备所用工具→确定装配方法、顺序→对装配的零件进行清洗，去掉油污、毛刺→小部件装配→部件装配→总装配→调整、检验、试车→油漆、涂油、装箱。

(2) 装配的工作内容

① 清洗　目的是去除零件表面或部件中的油污及机械杂质。

② 连接　连接的方式一般有两种，可拆连接和不可拆连接。可拆连接在装配后可以很容易拆卸而不致损坏任何零件，且拆卸后仍重新装配在一起，例如螺纹连接、键连接等。不可拆连接，装配后一般不再拆卸，如果拆卸就会损坏其中的某些零件，例如焊接、铆接等。

③ 调整　包括校正、配作、平衡等。

a. 校正：是指产品中相关零、部件间相互位置找正，并通过各种调整方法，保证达到装配精度要求等。

b. 配作：是指两个零件装配后确定其相互位置的加工，如配钻、配铰，或为改善两个零件表面结合精度的加工，如配刮及配磨等。配作是与校正调整工作结合进行的。

c. 平衡：为防止使用中出现振动，装配时，应对其旋转零、部件进行平衡。包括静平衡和动平衡两种方法。

④ 检验和试验　机械产品装配完后，应根据有关技术标准和规定，对产品进行较全面的检验和试验工作，合格后才准出厂。

除上述装配工作外，油漆、包装等也属于装配工作。

6.4 零部件装配的一般工艺要求

一部庞大复杂的机械设备都是由许多零件和部件所组成的。因此，设备的装配需要按照规定的技术要求，先将若干个零件组合成零部件，最后由所有的部件和零件组合成整台机械设备。

机械设备的装配工艺是一个复杂细致的工作，是按技术要求将零、部件连接或固定起来，使机械设备的各个零、部件保持正确的相对位置和相对关系，以保证机械设备所应具有的各项性能指标。若装配工艺不当，即使有高质量的零件，机械设备的性能也很难达到要求，严重时甚至还可造成机械设备或人身事故。

零部件的装配是设备总装的前提及基础，机械设备质量的好坏，与零部件装配质量的高低有密切的关系。因此，机械零部件装配必须依照机械设备性能指标的要求，根据零、部件的结构特点，采用合适的工具或设备，严格仔细地按顺序装配，并注意零、部件之间的相互位置和配合精度要求。零部件装配的一般工艺要求为。

① 做好零部件装配前的准备工作。主要内容有：研究和熟悉机械设备及各部件总成装配图和有关技术文件与技术资料。了解机械设备及零、部件的结构特点，各零、部件的作用，各

零、部件的相互连接关系及其连接方式。对于那些有配合要求、运动精度较高或有其他特殊技术条件的零、部件，尤应引起特别的重视；根据零、部件的结构特点和技术要求，确定合适的装配工艺、方法和程序。准备好必备的工、量、夹具及材料；按清单清理检测各待装零部件的尺寸精度与制造或修复质量，核查技术要求，凡有不合格者一律不得装配。对于螺柱、键及销等标准件有损伤者，应予以更换，不得勉强留用；零部件装配前必须进行清洗。对于经过钻孔、铰削、镗削等机械加工的零件，要将金属屑末清除干净；润滑油道要用高压空气或高压油吹洗干净；有相对运动的配合表面要保持洁净，以免因脏物或尘粒等杂质侵入其间而加速配合件表面的磨损。

② 对于过渡配合和过盈配合零件的装配，如滚动轴承的内、外圈等，必须采用相应的铜棒、铜套等专门工具和工艺措施进行手工装配，或按技术条件借助设备进行加温加压装配。如遇有装配困难的情况，应先分析原因，排除故障，提出有效的改进方法，再继续装配，千万不可乱敲乱打鲁莽行事。

③ 对油封件必须使用芯棒压入，对配合表面要经过仔细检查和擦净，如若有毛刺应经修整后方可装配；螺柱连接按规定的扭矩值分次序均匀紧固；螺母紧固后，螺柱的露出螺牙不少于两个且应等高。

④ 凡是摩擦表面，装配前均应涂上适量的润滑油，如轴颈、轴承、轴套、活塞、活塞销和缸壁等。各部件的密封垫（纸板、石棉、钢皮、软木垫等）应统一按规格制作。自行制作时，应细心加工，切勿让密封垫覆盖润滑油、水和空气的通道。机械设备中的各种密封管道和部件，装配后不得有渗漏现象。

⑤ 过盈配合件装配时，应先涂润滑油脂，以利于装配和减少配合表面的初磨损。另外，装配时应根据零件拆卸下来时所做的各种装配记号进行装配，以防装配出错而影响装配进度。

⑥ 对某些有装配技术要求的零、部件，如装配间隙、过盈量、灵活度、啮合印痕等，应边装配边检查，并随时进行调整，以避免装配后返工。

⑦ 在装配前，要对有平衡要求的旋转零件按要求进行静平衡或动平衡试验，合格后才能装配。这是因为某些旋转零件如皮带轮、飞轮、风扇叶轮、磨床主轴等新配件或修理件，可能会由于金属组织密度不匀、加工误差、本身形状不对称等原因，使零、部件的重心与旋转轴线不重合，在高速旋转时，会因此而产生很大的离心力，引起机械设备的振动，加速零件磨损。

⑧ 每一个部件装配完毕，必须严格仔细地检查和清理，防止有遗漏或错装的零件，特别是对工作环境要求固定装配的零、部件要检查。严防将工具、多余零件及杂物留存在箱体之中，确信无疑之后，再进行手动或低速试运行，以防机械设备运转时引起意外事故。

6.5 装配工艺规程

在装配操作过程中，操作人员必须按照装配工艺规程的要求进行。装配工艺规程是规定产品或零部件装配工艺过程和操作方法等的一种工艺文件。按装配工艺规程进行生产与操作具有以下方面的作用：①执行工艺规程能使生产有条理地进行；②执行工艺规程能合理使用劳动力和工艺设备、降低成本；③执行工艺规程能提高产品质量和劳动生产率。

(1) 装配工艺规程的内容

① 规定所有的零件和部件的装配顺序。

② 对所有的装配单元的零件，规定出既能保证装配精度，又是生产效率最高和最经济的装配方法。

③ 划分工序，确定装配工序内容、装配要点及注意事项。

④ 选择完整的装配工作所必需的工夹具及装配用的设备。

⑤ 确定验收方法和装配技术条件。

(2) 编制装配工艺规程所需的原始资料

装配工艺规程的编制，必须依照产品的特点和要求以及生产规模来制订。编制的装配规程，在保证装配质量的前提下，必须是生产效率最高而又最经济的。所以它必须根据具体条件来选择装配方案和制订装配工艺，尽量采用最先进的技术。编制装配工艺规程时，通常需要下列原始资料。

① 产品的总装配图和部件装配图以及主要零件的工作图　产品的结构，在很大程度上决定了产品的装配程序和方法。分析总装配图、部件装配图及零件工作图，可以深入了解产品的结构和工作性能，同时了解产品中各零件的工作条件以及它们相互之间的配合要求。分析装配图还可以发现产品装配工艺性是否合理，从而给设计者提出改进意见。

② 零件明细表　零件的明细表中列有零件名称、件数、材料等，可以帮助分析产品结构，同时也是制订工艺文件的重要原始资料。

③ 产品验收技术条件　产品的验收技术条件是产品的质量标准和验收依据，是编制装配工艺规程的主要依据。为了达到验收条件的技术要求，还必须对较小的装配单元提出一定的技术要求，才能达到整个产品的技术要求。

④ 产品的生产规模　生产规模基本上决定了装配的组织形式，在很大程度上决定了所需的装配工具和合理的装配方法。

(3) 编制装配工艺规程的步骤

掌握了充足的原始资料以后，就可以着手编制装配工艺规程。简单地说，装配工艺规程是按工序和工步的顺序来编制的。在一个工作地对同一个或同时对几个工件所连续完成的那部分操作，称工序，而在加工表面（或装配时的连接表面）和加工（或装配）工具不变的情况下，所连续完成的那一部分工序，称工步。编制装配工艺规程就是根据产品的结构特点及装配要求，确定合理的装配操作顺序，编制的步骤及要点主要有以下内容。

① 分析装配图　了解产品的结构特点，确定装配方法（有关尺寸链和选择解尺寸链的方法）。

② 决定装配的组织形式　根据工厂的生产规模和产品结构特点，决定装配的组织形式。

③ 确定装配顺序　装配顺序基本上由产品的结构和装配组织形式决定。产品的装配总是从基准件开始，从零件到部件，从部件到产品；从内到外、从下到上，以不影响下道工序的进行为原则，有次序地进行。

④ 划分工序　在划分工序时，首先要考虑安排预处理和预装配工序，其次，先行工序应不妨碍后续工序的进行：要遵循“先里后外”“先下后上”“先易后难”的装配顺序。通常装配基准件应是产品的基体、箱体或主干零部件（如主轴等），它们的体积和质量较大，有足够的支承面。开始装配时，基准件上有较开阔的安装、调整、检测空间，有利于装配作业的需要，并可满足重心始终处于最稳定的状态，再次，后续工序不应损坏先行工序的装配质量，如具有冲击性、有较大压力、需要变温的装配作业以及补充加工工序等，应尽量安排在前面进行；处于与基准同一方向的装配工序尽可能集中连续安排，使装配过程中部件翻、转位的次数尽量少些。

在安排加工工序时，对使用同一装配工装设备，以及对装配环境有相同特殊要求的工序尽可能集中安排，以减少待装件在车间的迂回和重复设置设备。

在工序的安排上应及时安排检验工序，特别是在产品质量和性能影响较大的装配工序之后，以及各部件在总装之前和装成产品之后，均必须安排严格检验以至做必要的试验。对易燃、易爆、易碎、有毒物质或零部件的装配，尽可能集中在专门的装配工作地进行，并安排在最后装配，以减少污染、减少安全防护设备和工作量。

在采用流水线装配时，整个装配工艺过程划分为多少道工序，必须取决于装配节奏的长短。

部件的重要部分，在装配工序完成后必须加以检查，以保证所需质量。在重要而又复杂的装配工序中，不易用文字明确表达时，还必须画出部件局部的指导性装配图。

⑤ 选择工艺装备　工艺装备应根据产品的结构特点和生产规模来选择，要尽可能选用最先进的工具和设备。如对于过盈连接，要考虑选用压配法还是热装或冷装法；校正时采用何种找准方法，如何调整等。

⑥ 确定检查方法　检查方法应根据产品的结构特点和生产规模来选择，要尽可能选用先进的检查方法。

(4) 装配操作实例

如图 6-3 所示为车床主轴部件，是组成车床的重要部件之一。对车床总装来说，它的总装要在如车床主轴部件之类部件组装完成之后才能进行，而根据车床主轴部件与车床床身之间的连接关系，车床主轴部件是装入箱体后才能形成的，因此，要完成车床主轴部件的组装，首先应在完成车床主轴部件小组件的组装［图 6-4（a）、（b）］之后进行，为保证车床主轴部件的装配质量，还需进行相应的调整及检测，在装配完成后还需进行试车检验。

应该说明的是，在实际装配操作中，各种装配操作步骤及所用的工艺装备等内容在装配工艺规程中均有较简明的说明，为便于详细叙述，以下操作步骤及顺序等内容不按装配工艺规程的形式进行，具体的装配工艺规程格式及内容可参照本书“6.11　减速器的装配”。

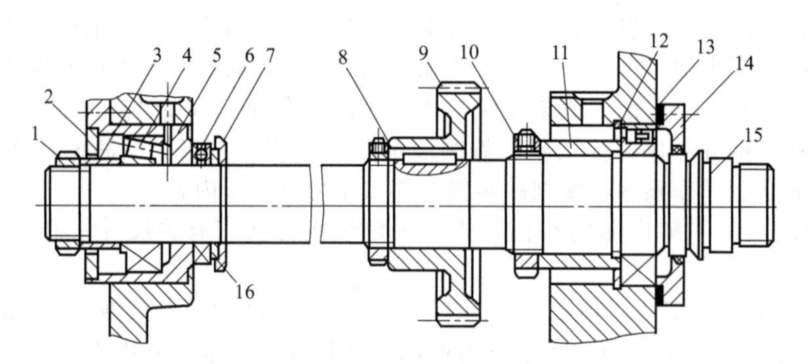

图 6-3　车床主轴部件

1，10—圆螺母；2—盖板；3，11—衬套；4—圆锥滚子轴承；5—轴承座；6—推力轴承；7，16—垫圈；8—螺母；9—大齿轮；12—卡环；13—滚动轴承；14—前法兰盘；15—主轴

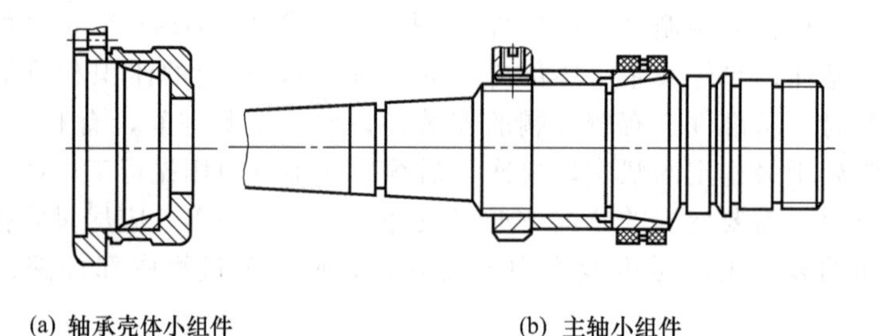

(a) 轴承壳体小组件　　(b) 主轴小组件

图 6-4　主轴装配的小组件

1）装配顺序

车床主轴部件的装配顺序如下。

① 预装　在主轴箱未装其他零件之前，首先将主轴按图 6-3 进行一次预装，其目的是：一方面检查一下主轴部件上各零件加工之后，是否能达到组装的要求，另一方面空箱便于翻

转，修刮箱体底面比较方便，以保证底面与床身结合面的接触精度以及主轴轴线对床身导轨的平行度要求。主轴前后轴承的调整顺序，一般应先调整后轴承，因为后轴承为圆锥滚子轴承，在未调整之前，主轴可以任意翘动，不能定心，影响前轴承调整的准确性。

预装时，当需调整后端轴承，可按以下方法进行：先将圆螺母1松开。旋转圆螺母1，逐渐收紧圆锥滚子轴承和推力球轴承，用百分表触及主轴前肩台面，用适当的力前后推动主轴，保证轴向间隙在0.01mm之内。同时用手转动大齿轮，若感觉不太灵活，可能是由于圆锥滚子轴承内、外圈尚未装正，可用大木锤在主轴前后振一下，直到感觉主轴旋转灵活自如，无阻滞，最后将圆螺母锁紧。

当需调整前端轴承时，由于前端为双列圆柱滚子轴承，其特点是：轴承内孔具有1∶12的锥度，轴承内、外滚道之间具有原始轴向间隙，供使用时调整。因此，可按以下方法进行调整：逐渐拧紧圆螺母10，通过衬套11使轴承内圈在主轴锥部做轴向移动，迫使内圈胀大，保持轴承内外圈滚道的间隙在0～0.005mm之内为宜，其检查方法如图6-5所示。将主轴箱压紧在床身上，把百分表座置于箱体上，使百分表触及主轴轴颈处，撬动杠杆，使主轴受200～300N的力。检查百分表的数值是否符合要求，用手旋转大齿轮，感觉灵活自如，无阻滞现象。

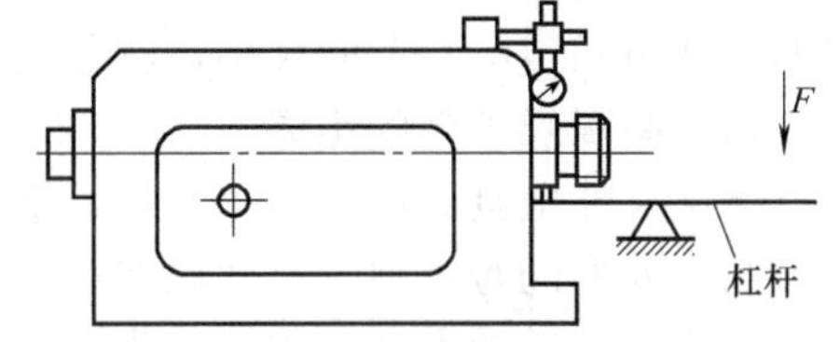

图6-5 检查主轴轴承间隙

此外，预装前还应注意检查一下轴承内锥孔与主轴轴承颈的接触精度，一般接触面积不低于50%。如锥面配合不良，收紧轴承时，会使轴承内滚道发生变形，破坏轴承精度，缩短轴承的使用寿命。

② 装配 预装及调整合格后，可进行正式装配，此时的装配顺序为：

a. 将卡环12和滚动轴承13的外圈装入箱体的前轴承孔中。

b. 将图6-4（b）所示的小组件（装入箱体前组装好），从前轴承孔中穿入，在此过程中，从箱体上面依次将键、大齿轮9、螺母8、垫圈7、16和推力轴承6装在主轴上，然后把主轴移动到规定位置。

c. 从箱体后端，把图6-4（a）所示的后轴承壳体小组件装入箱体并拧紧螺钉。

d. 将圆锥滚子轴承4的内圈装在主轴上，敲击时用力不要过大，以免主轴移动。

e. 依次装入衬套3、盖板2、圆螺母1及前法兰盘14，并拧紧所有螺钉。

③ 调整、检查。

2）试车

主轴部件完成装配后，还应进行主轴试车调整，以便检验机构的运转状态、温度变化，以保证其装配质量。调整方法为：打开箱盖，按油标位置加入润滑油，适当旋松主轴圆螺母10和圆螺母1（图6-3），旋松圆螺母前，最好用划针在圆螺母边缘和主轴上做一记号，记住原始位置，以供高速时参考。用木锤在主轴的前后端适当振击，使轴承回松，保持间隙在0～0.02mm之内。从低速到高速空转不超过2h，而在最高速下，运转不应少于30min，一般油温不超过60℃。

6.6 装配尺寸链

机器是由许多零件装配而成的，这些零件加工误差的累积将影响装配精度。在机器的装配过程中，为解决机器装配的某一精度问题，不可避免地要涉及各零件的许多有关尺寸。如：齿轮孔与轴配合间隙A_0的大小，与孔径A_1及轴径A_2的大小有关［图6-6（a）］；又如齿轮端面和机体孔端面配合间隙B_0的大小，与机体孔端面距离尺寸B_1、齿轮宽度B_2及垫圈厚度B_3的大小有关［图6-6（b）］；再如机床溜板和导轨之间配合间隙C_0的大小，与尺寸C_1、C_2及C_3

的大小有关［图 6-6（c）］。

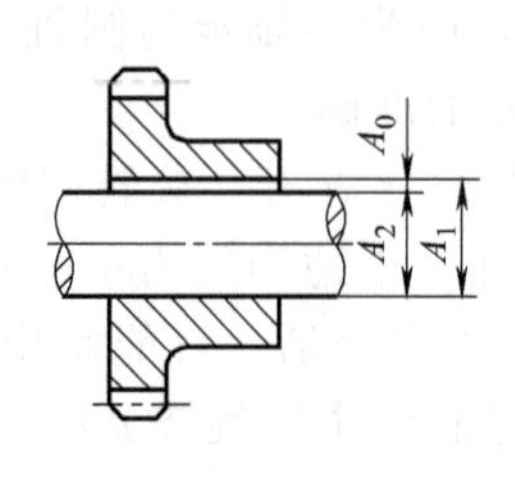

(a) 齿轮孔与轴的配合

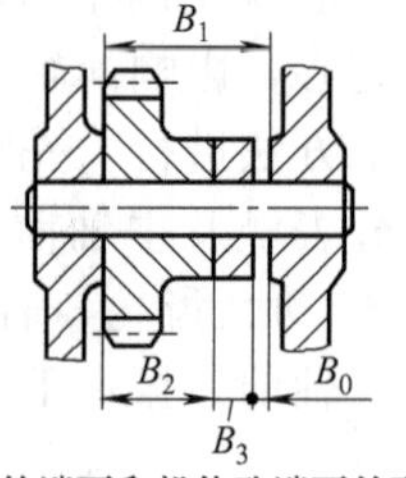

(b) 齿轮端面和机体孔端面的配合

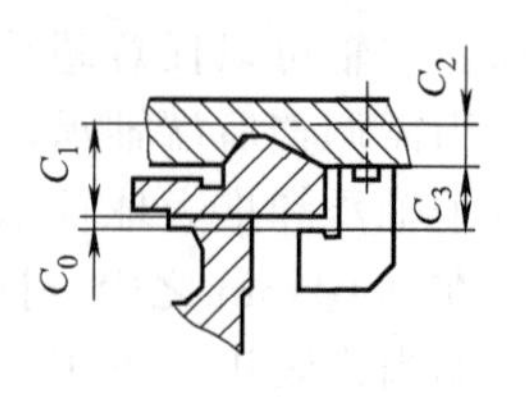

(c) 机床溜板和导轨之间配合

图 6-6　装配尺寸链

如果把这些影响某一装配精度的有关尺寸彼此顺序地连接起来，就能构成一个封闭的尺寸组，且各部分尺寸是相互关联的，这种由各有关装配零件的装配尺寸相互连接而形成的封闭尺寸组，称为装配尺寸链（所谓装配尺寸链，就是指相互关联尺寸的总称），如图 6-6（a）～(c) 中的尺寸 A_0、B_0、C_0的大小，就分别与 A_1、A_2、B_1、B_2、B_3、C_1、C_2、C_3的大小有关。

(1) 装配尺寸链的组成

装配尺寸链具有以下两个特征：第一，各有关尺寸连接起来构成封闭的外形；第二，构成这个封闭外形的每个独立尺寸误差都影响着装配精度。

组成尺寸链的各个尺寸简称为环［如图 6-6 中的 A_0、A_1、A_2；B_0、B_1、B_2、B_3；C_0、C_1、C_2、C_3，都称为环］。

在每个尺寸链中至少有三个环［如图 6-6（a）中共有 A_0、A_1、A_2三个环；图 6-6（b）中共有 B_1、B_2、B_3和 B_0四个环；图 6-6（c）中共有 C_0、C_1、C_2、C_3四个环］。

在尺寸链中，当其他尺寸确定后，新产生的一个环，叫做封闭环。一个尺寸链中只有一个封闭环（如图 6-6 中的 A_0、B_0、C_0均为封闭环）。

在每个尺寸链中除一个封闭环外，其余尺寸叫作组成环。

(2) 装配尺寸链的表现形式

尺寸链的表现形式，由其结构特征所决定，按应用场合的不同，可分为零件尺寸链和装配尺寸链；按尺寸链在空间位置的不同，可分为线性尺寸链、平面尺寸链、空间尺寸链及角度尺寸链。其中，线性尺寸链由长度尺寸组成，且各尺寸彼此平行；平面尺寸链由构成要点角度关系的长度尺寸及相应的角度尺寸（或角度关系）组成，且处于同一或彼此平行的平面内；空间尺寸链由位于空间相交平面的直线尺寸和角度尺寸（或角度关系）构成；角度尺寸链由角度、平行度、垂直度等构成，如车床精车端面的平面度要求：工件直径不大于 200mm 时，端面只允许凹 0.015mm。该项要求可简化为图 6-7 所示的角度尺寸链，图中 O-O 为主轴回转轴线，Ⅰ-Ⅰ为山形导轨中线，Ⅱ-Ⅱ为下溜板移动轨迹，α_0 为封闭环，α_1 为主轴回转轴线与床身前山形导轨水平面内的平行度，α_2 为溜板的上燕尾导轨对床身棱形导轨的垂直度。该项装配精度要求可表示为：$\alpha_0=(\pi/2)^{+\frac{0.015}{100}}_{0}$。

此外，尺寸链的表现形式按尺寸链之间联系方式的不同，还可分为并联尺寸链、串联尺寸链及混合尺寸链，在实际装配加工过程中，通常针对其不同的特点进行分析，以确定装配方法。

① 并联尺寸链　几个尺寸链具有一个或几个公共环的联系状态，叫并联尺寸链。如图 6-8 所示，是在垂直平面内保证车床丝杠两端轴承中心线和开合螺母中心线对床身导轨等距问题的尺寸链 A 和 B。其中，公共环 $A_1=B_1$、$A_2=B_2$，这两个尺寸链之间即形成了并联状态。

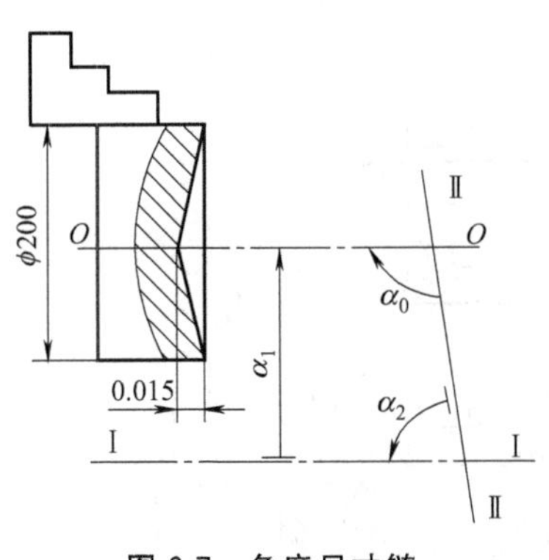

图 6-7 角度尺寸链

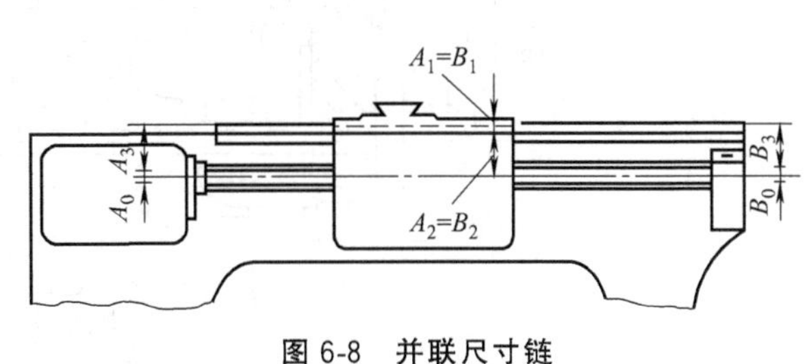

图 6-8 并联尺寸链

并联尺寸链的特点是：尺寸链中只要有一个公共环的尺寸发生变化，就会同时将这种影响带入所有相关的尺寸链中。因此，在装配并联尺寸链时，先要从公共环开始，保证每一尺寸链能分别达到其所需的精度，不致相互牵连。故图 6-8 所示的装配顺序，应先装溜板与溜板箱，确定公共环 A_1、B_1；A_2、B_2。调整或修配组成环 A_3 和 B_3，然后装进给箱和挂脚，以达到预期的精度，否则会增加工作量和修配难度。

② 串联尺寸链　串联尺寸链指尺寸链的每一后继尺寸链，是从前一尺寸链的基面开始的，这两个尺寸链有一个共同的基面。如图 6-9 所示为外圆磨床头架主轴轴线对工作台移动方向（O-O 方向）平行度误差的串联尺寸链。

串联尺寸链的特点是：如果 A 尺寸链中任一环的大小有所改变，后一尺寸链的基面也将相应地改变。因此装配串联尺寸链时，必须先保证 A 尺寸链的精度，得出基准面 a-a 的正确位置（即先保证 a-a 面与 O-O 方向的平行度要求），然后再由 a-a 面控制后一尺寸链 B，得出 b-b 轴线的必要位置（即保证头架主轴轴线与 O-O 方向的平行度要求）。如果不考虑尺寸链 A 的精度，直接控制尺寸链 B，即使能在某一位置上保证 b-b 轴线与 O-O 方向的平行度要求，但只要头架绕其垂直轴线回转时，其平行度误差就可能超差。

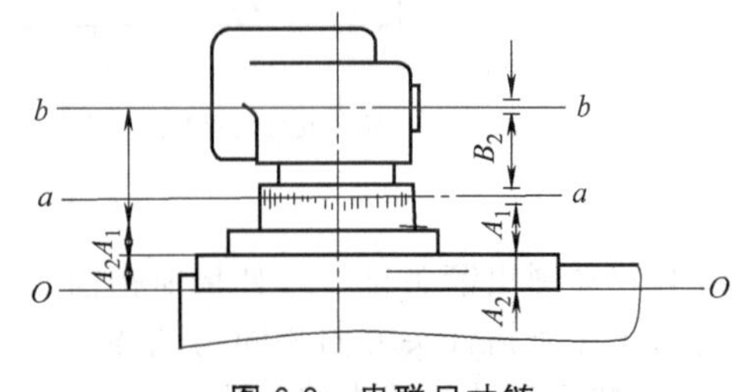

图 6-9 串联尺寸链

③ 混合尺寸链　混合尺寸链是并联尺寸链与串联尺寸链的组合。该尺寸链中既有公共环的存在，又有公共基准的存在。如图 6-10 所示为混合尺寸链示例。

从图 6-10 所示的混合尺寸链简图中可以看出，该尺寸链既有公共环 A_2、B_1；B_2、C_1；D_1、C_2；又有公共基准。

(3) 装配尺寸链的求解

运用装配尺寸链来分析机械的装配精度问题，是一种有效的方法。通常装配尺寸链可直接由装配图中找出，绘制装配尺寸链简图时，为了方便，可不绘出该装配部分的具体结构，也不必按照严格的比例，而只需依次绘出各有关尺寸，排列成封闭外形的尺寸链简图即可，图 6-11（a)、(b）分别为图 6-6（a)、(b）所示装配尺寸链的尺寸链简图。

在装配尺寸链中，封闭环通常就是装配技术要求。同一尺寸链中的组成环，用同一字母表示，如：A_1、A_2、A_3；B_1、B_2、B_3 等。

各组成环的变动，对封闭环所产生的影响往往不同。在其他各组成环不变的条件下，当某组成环增大时，如果封闭环随之增大，那么该组成环就称为增环（如图 6-11 中的 A_1、B_1 就是增环）；反之则为减环（如图 6-11 中的 A_2、B_2、B_3）。

增环、减环的区分，可采用在尺寸链简图中，由任一环的基面出发，顺时针或逆时针方向

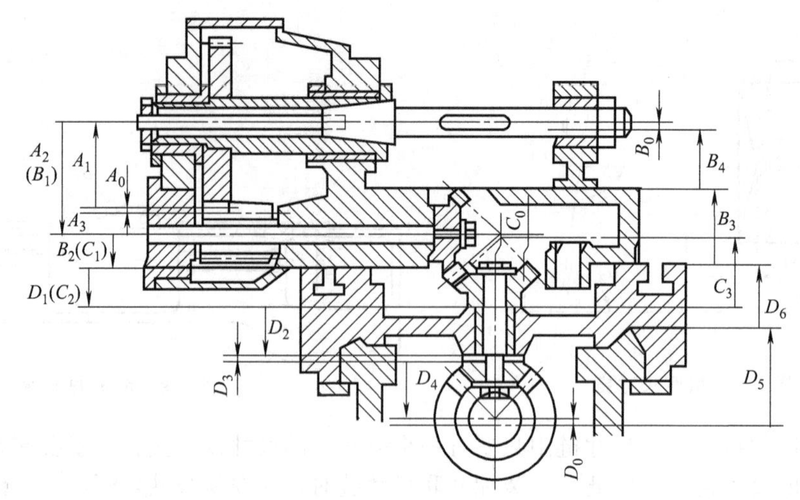

图 6-10 混合尺寸链

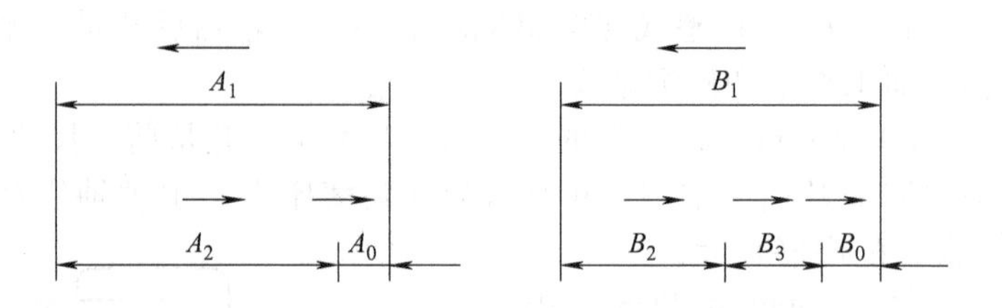

(a) 齿轮孔与轴间配合的尺寸链　　(b) 齿轮端面和机体孔端面配合的尺寸链

图 6-11 尺寸链简图

环绕其轮廓画出箭头符号。如果所指箭头方向与封闭环所指箭头方向相反为增环，所指箭头方向与封闭环所指针头方向相同为减环。

1）装配尺寸链的查明方法

装配后的精度或技术要求是通过零、部件装配好后才形成的，是由相关零部件上的有关尺寸和角度位置关系所间接保证的。因此，在装配尺寸链中，装配精度是封闭环，相关零件的设计尺寸是组成环。而要对装配尺寸链进行求解，进而选择合理的装配方法和确定这些零件的加工精度，首先应建立正确的装配尺寸链，为此，正确查找出对所求装配精度有影响的相关零件，便成为建立正确装配尺寸链的关键。

一般说来，对于每一个封闭环，通过装配关系的分析，都可查明其相应的装配尺寸链组成。查明的方法主要是：取封闭环两端的那两个零件为起点，沿着装配精度要求的位置方向，以装配基准面为联系线索，分别查明装配关系中影响装配精度要求的那些有关零件，直至找到同一个基准零件或同一个基准表面为止。所有有关零件上直接连接两个装配基准面间的位置尺寸或位置关系，便是装配尺寸链的全部组成环。

如图 6-12（a）所示为车床主轴锥孔轴线和尾座顶尖套锥孔轴线对床身导轨的等高度的装配尺寸链。从图中可以很容易地查找出等高度整个尺寸链的各组成环，如图 6-12（b）所示。在查找装配尺寸链时，应注意以下原则。

① 装配尺寸链的简化原则　机械产品的结构通常都比较复杂，对某项装配精度有影响的因素很多，查找装配尺寸链时，在保证装配精度的前提下，可略去那些影响较小的因素，使装配尺寸链的组成环适当简化。

如图 6-12（b）所示的车床主轴与尾座中心线等高尺寸链中，其组成环包括 e_1、e_2、e_3、A_1、A_2、A_3等 6 个。由于e_1、e_2、e_3的数值相对于A_1、A_2、A_3的误差较小，故装配尺寸链可简化为如图 6-12（c）所示的结果。但在精密装配中，应计入对装配精度有影响的所有因素，不可随意简化。

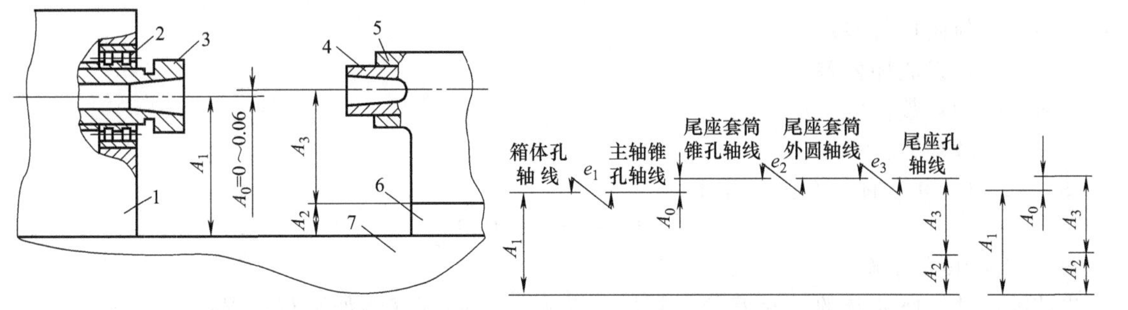

(a) 车床主轴锥孔轴线和尾座顶尖套锥孔轴线对床身导轨的等高度的装配尺寸链　(b) 装配尺寸链图　(c) 简化后的装配尺寸链图

图 6-12　车床主轴锥孔轴线与尾座顶尖套锥孔轴线等高度装配尺寸链

1—主轴箱；2—主轴轴承；3—主轴；4—尾座套筒；5—尾座；6—尾座底板；7—床身；
e_1—主轴轴承外环内滚道与外圆的同轴度；e_2—尾座套筒锥孔对外圆的同轴度；
e_3—尾座套筒锥孔与尾座孔间隙引起的偏移量；A_0—主轴锥孔轴线和尾座顶尖套锥孔轴线高度差；
A_1—主轴箱孔心轴线至主轴箱底面距离；A_2—尾座底板厚度；A_3—尾座孔轴线至尾座底面距离

② 装配尺寸链组成的最短路线原则　由尺寸链的基本理论可知，在装配精度要求给定的条件下，组成环数目越少，则各组成环所分配到的公差值就越大，零件的加工就越容易和经济。因此，在机器结构设计时，应使对装配精度有影响的零件数目越少越好，即在满足工作性能的前提下，应尽可能使结构简化。在结构已定的条件下，组成装配尺寸链的每个相关零、部件只能有一个尺寸作为组成环列入装配尺寸链，这样组成环的数目就应等于相关零、部件的数目，即一件一环，这就是装配尺寸链的最短路线原则。

2）尺寸精度的求解

当装配尺寸链所涉及的是尺寸精度问题，在求解该类尺寸链方程时，可直接按“同方向的环用同样的符号表示（＋或－）”的计算原则进行求解。

例如，图 6-11（a）中的尺寸链方程为 $A_1-A_2-A_0=0$ 或 $A_0=A_1-A_2$

图 6-11（b）的尺寸链方程为 $B_1-B_2-B_3-B_0=0$ 或 $B_0=B_1-(B_2+B_3)$

由尺寸链简图及其方程可以看出，尺寸链封闭环的公称尺寸就是其各组成环公称尺寸的代数和。

此外，封闭环与组成环的极限尺寸具有以下的关系。

① 当所有增环都为最大极限尺寸，而减环是最小极限尺寸时，则封闭环必为最大极限尺寸。如图 6-11（b）可用下式表示为

$$B_{0\max}=B_{1\max}-(B_{2\min}+B_{3\min})$$

式中　$B_{0\max}$——封闭环最大极限尺寸；
$B_{1\max}$——增环最大极限尺寸；
$B_{2\min}$，$B_{3\min}$——减环最小极限尺寸。

② 当所有增环都为最小极限尺寸，而减环都为最大极限尺寸时，则封闭环为最小极限尺寸。如图 6-11（b）可用下式表示为

$$B_{0\min}=B_{1\min}-(B_{2\max}+B_{3\max})$$

式中　$B_{0\min}$——封闭环最小极限尺寸；
$B_{1\min}$——增环最小极限尺寸；
$B_{2\max}$，$B_{3\max}$——减环最大极限尺寸。

③ 封闭环的公差等于各组成环的公差之和。即

$$\delta_0 = \sum_{m+n} \delta_i$$

式中 δ_0——封闭环公差；

δ_i——各组成环公差；

m——增环数；

n——减环数。

图 6-11（b）求封闭环公差可用下式

$$\delta_0 = B_1\delta + B_2\delta + B_3\delta$$

3）位置精度的求解

当装配尺寸链所涉及的是相互位置精度的装配工艺问题（例如平行度误差、垂直度误差等）时，可按以下方法求解。

如图 6-13 所示是为了保证铣床主轴中心线对于工作台面平行的有关尺寸链。与此装配技术要求有关的零件有：升降台 1、转台 2、底座 3、工作台 4、床身 5。

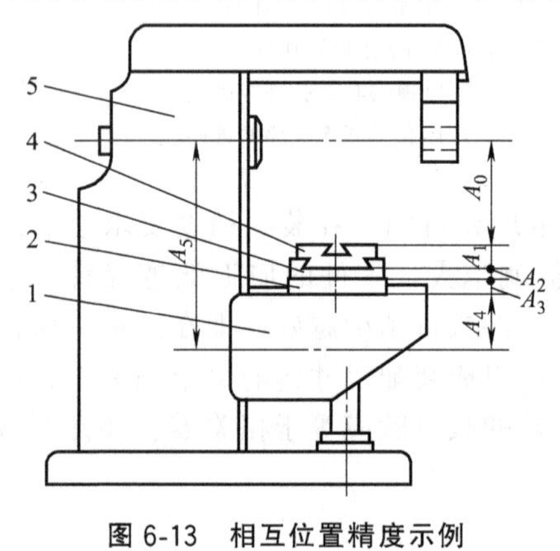

图 6-13 相互位置精度示例

在建立该装配尺寸链时，要涉及平行度误差和垂直度误差的有关精度。为此，可先进行适当的误差变换，以统一误差的性质（即都化为平行环），然后就可列出尺寸链图及其方程。

为进行统一误差性质的变换，在图 6-13 中，可作床身导轨面的理想垂线，并以此作为该装配尺寸链的基准线。这样便可使各个组成环都化为平行环，即工作台面对其导轨的平行度误差为 A_1，转台导轨对其支承平面的平行度误差为 A_3，底座平面对其导轨的平行度误差为 A_2，升降台水平导轨对床身理想垂线的平行度误差为 A_4（未变换前为升降台水平导轨对其垂直导轨的垂直度误差），主轴中心线对床身理想垂线的平行度误差为 A_5（未变换前为主轴中心线对床身导轨的垂直度误差），装配精度要求为封闭环 A_0。至此，即可列出其尺寸链图及其尺寸链方程为

$$A_0 = A_5 - (A_1 + A_2 + A_3 + A_4)$$

经过这样变换之后，任何带有垂直度误差、平行度误差等环的装配尺寸链与尺寸的装配尺寸链之间并无本质的区别，所以分析方法也基本相同。

6.7 保证装配精度的方法

机器或部件装配后的实际几何参数与理想几何参数的符合程度称为装配精度。装配精度通常根据机器的工作性能来确定，它既是制订装配工艺规程的主要依据，也是选择合理的装配方法和确定零件加工精度的依据。一般机械产品的装配精度包括零、部件间的距离精度、相互位置精度、相对运动精度以及接触精度等。

① 距离精度 指相关零件间距离的尺寸精度和装配中应保证的间隙。如卧式车床主轴轴线与尾座孔轴线不等高的精度、齿轮副的侧隙等。

② 相互位置精度 包括相关零、部件间的平行度、垂直度、同轴度、跳动等。如主轴莫氏锥孔的径向圆跳动、其轴线对床身导轨面的平行度等。

③ 相对运动精度 指产品中有相对运动的零、部件间在相对运动方向和相对速度方面的

精度。相对运动方向精度表现为零、部件间相对运动的平行度和垂直度，如铣床工作台移动对主轴轴线的平行度或垂直度。相对速度精度即传动精度，如滚齿机主轴与工作台的相对运动速度等。

④ 接触精度　零、部件间的接触精度通常以接触面积的大小、接触点的多少及分布的均匀性来衡量。如主轴与轴承的接触、机床工作台与床身导轨的接触等。

装配工作的主要任务是保证产品在装配后达到规定的各项精度要求，由于机械设备都是由零件组成的，各项装配精度与相关零、部件制造误差的累积，特别是关键零件的加工精度有关。例如卧式车床尾座移动对床鞍移动的平行度，就主要取决于床身导轨面 A 与 B 的平行度。又如车床主轴锥孔轴心线和尾座套筒锥孔轴心线的等高度，主要取决于主轴箱、尾座及座板的尺寸精度。因此，为保证机械设备的装配精度，首先应保证零件的加工精度，但装配精度也取决于装配方法，在单件小批生产及装配精度要求较高时装配方法尤为重要。例如车床主轴锥孔轴心线和尾座套筒锥孔轴心线的等高度要求是很高的，如果靠提高尺寸精度来保证是不经济的，甚至在技术上也是很困难的。比较合理的办法是在装配中通过检测，对某个零部件进行适当的修配来保证装配精度。

由此可见，机械的装配精度不但取决于零件的精度，而且取决于装配方法。在机械设备装配过程中，采取合理的装配方法有助于装配精度的保证。通常保证装配精度的方法主要有以下几种。

(1) 完全互换装配法

在装配时各配合零件不经修理、选择或调整即可达到装配精度的方法称为完全互换装配法。

互换装配法具有装配工作简单、生产率高、便于协作生产和维修、配件供应方便等优点，但应用有局限性，仅适用于参与装配的零件较少、生产批量大、零件可以用经济加工精度制造的场合，如汽车、中小型柴油机的部分零、部件等。

采用完全互换装配法时，装配尺寸链采用极值法计算。即尺寸链各组成环公差之和应小于封闭环公差（即装配精度要求）

$$\sum_{i=1}^{n-1} T_i \leqslant T_0$$

式中　T_0——封闭环公差；

T_i——第 i 个组成环公差；

n——尺寸链总环数。

进行装配尺寸链正计算（即已知组成环的公差，求封闭环的公差）时，可以校核按照给定的相关零件的公差进行完全互换式装配是否能满足相应的装配精度要求。

进行装配尺寸链反计算（即已知封闭环的公差 T_0，来分配各相关零件的公差 T_i）时，可以按照“等公差法”或“相同精度等级法”来进行。常用的方法是“等公差法”。

“等公差法”按各组成环公差相等的原则分配封闭环公差的方法，即假设各组成环公差相等，求出组成环平均公差

$$\overline{T} = \frac{T_0}{n-1}$$

然后根据各组成环尺寸大小和加工难易程度，将其公差适当调整。但调整后的各组成环公差之和仍不得大于封闭环要求的公差。在调整时可参照下列原则。

① 当组成环是标准件尺寸（如轴承环或弹性挡圈的厚度等）时，其公差值和分布位置在相应的标准中已有规定，为已定值。

② 当组成环是几个尺寸链的公共环时，其公差值和分布位置应由对其要求最严的那个尺

寸链先行确定。而对其余尺寸链来说该环尺寸为已定值。

③ 当分配待定的组成环公差时，一般可按经验视各环尺寸加工难易程度加以分配。如果尺寸相近，加工方法相同，则取其公差值相等；难加工或难测量的组成环，其公差可取较大值。

在确定各组成环极限偏差时，对相当于轴的被包容尺寸，按基轴制（h）决定其下偏差；对相当于孔的包容尺寸，按基孔制（H）决定其上偏差；而对孔中心距尺寸，按对称偏差，即$\pm\frac{T_i}{2}$选取。

必须指出，如有可能，应使组成环尺寸的公差值和分布位置符合《极限与配合》国家标准的规定，这样可以给生产组织工作带来一定的好处。例如，可以利用标准极限量规（卡规、塞规等）来测量尺寸。

显然，当各组成环都按上述原则确定其公差值和分布位置时，往往不能恰好满足封闭环的要求。因此，就需要选取一个组成环，其公差值和分布位置要经过计算确定，以便与其他组成环相协调，最后满足封闭环的公差值和分布位置的要求，这个组成环称为协调环。协调环应根据具体情况加以确定，一般应选用便于加工和可用通用量具测量的零件尺寸。

如图 6-14（a）所示为齿轮与轴部件的装配位置关系，轴是固定的，齿轮在轴上回转，要求保证齿轮与挡圈之间的轴向间隙为 0.10～0.35mm。已知 $A_1=30$mm、$A_2=5$mm、$A_3=43$mm、$A_4=3_{-0.05}^{\ 0}$mm（标准件）、$A_5=5$mm。现采用完全互换法装配，则各组成环公差和极限偏差可按以下步骤确定。

① 画装配尺寸链，判断增、减环，校验各环基本尺寸。根据题意，轴向间隙为 0.10～0.35mm，则封闭环尺寸 $A_0=0_{+0.10}^{+0.35}$mm，公差 $T_0=0.25$mm。装配尺寸链如图 6-14（b）所示，尺寸链总环数 $n=6$，其中 A_3 为增环，A_1、A_2、A_4、A_5 为减环。封闭环的基本尺寸 $A_0=A_3-(A_1+A_2+A_4+A_5)=43-(30+5+3+5)=0$(mm)。

由计算可知，各组成环基本尺寸的已定数值是正确的。

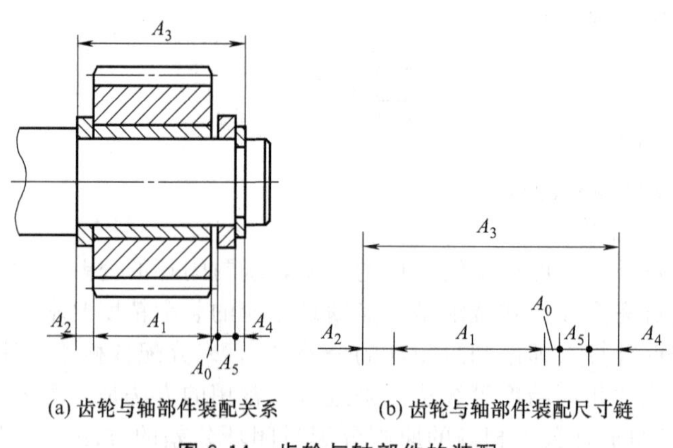

图 6-14 齿轮与轴部件的装配

② 确定协调环 A_5是一个挡圈，易于加工，而且其尺寸可以用通用量具测量，因此选它作为协调环。

③ 确定各组成环公差和极限偏差 按照"等公差法"分配各组成环公差

$$\overline{T}=\frac{T_0}{n-1}=\frac{0.25}{5}=0.05\ (\text{mm})$$

参照《极限与配合》国家标准，并考虑各零件加工的难易程度，在各组成环平均极值公差$\overline{T}$的基础上，对各组成环的公差进行合理的调整。

轴用挡圈 A_4 是标准件，其尺寸为 $A_4=3_{-0.05}^{0}$ mm。其余各组成环的公差按加工难易程度调整为 $A_1=30_{-0.06}^{0}$ mm、$A_2=5_{-0.02}^{0}$ mm、$A_3=43_{0}^{+0.1}$ mm。

④ 计算协调环公差和极限偏差　协调环公差 T_5 为

$$T_5=T_0-(T_1+T_2+T_3+T_4)=0.25-(0.06+0.02+0.1+0.05)=0.2(\text{mm})$$

协调环的下偏差 EI_5，根据装配尺寸链的关系，$ES_0=ES_3-(EI_1+EI_2+EI_4+EI_5)$

$$0.35=0.1-(-0.06-0.02-0.05+EI_5)$$

可求得 $EI_5=-0.12$mm

协调环的上偏差 ES_5，根据装配尺寸链的关系，$ES_5=T_5+EI_5=0.02+(-0.12)=-0.10(\text{mm})$

因此，协调环的尺寸为 $A_5=5_{-0.12}^{-0.10}$ mm

各组成环尺寸和极限偏差为 $A_1=30_{-0.06}^{0}$ mm、$A_2=5_{-0.02}^{0}$ mm、$A_3=43_{0}^{+0.1}$ mm、$A_4=3_{-0.05}^{0}$ mm、$A_5=5_{-0.12}^{-0.10}$ mm。

(2) 选择装配法

选择装配法是在保证尺寸链中已确定的封闭环公差的前提下，将组成环基本尺寸的公差，同方向扩大 N 倍，达到经济加工精度要求。然后按实际尺寸大小分成 N 组，根据大配大、小配小的原则，选择相对应的组别进行装配，以求达到规定装配精度要求的装配方法称为选配法。选配法又可分为直接选配法和分组选配法两种。其中：直接选配法由装配工人直接从一批零件中选择“合适”的零件进行装配。这种方法比较简单，零件不必事先分组。但在装配过程中挑选零件的时间长，产品装配质量取决于工人的技术水平，不宜用于节奏要求较严的大批量生产。分组选配法则是将一批零件逐个进行测量后，按其实际尺寸的大小分成若干组，然后将尺寸大的包容件（如孔、槽等）与尺寸大的被包容件（如轴、块等）对应相配；将尺寸小的包容件与尺寸小的被包容件对应相配。这种装配方法的配合精度取决于分组数，增加分组数可以提高装配精度。分组选配法常用于成批或大批量生产，配合件的组成数少、装配精度高，又不便于采用调整装配法的情况，如柴油机的活塞与缸套、活塞与活塞销、滚动轴承的内外圈与滚子等。

分组装配法装配前须对加工合格的零件逐件测量，并进行尺寸分组，装配时按对应组别进行互换装配，每组装配具有互换装配法的特点，因此在不提高零件制造精度的条件下，仍可以获得很高的装配精度。

如一批直径为30mm的孔、轴配合副，装配间隙要求为0.005～0.015mm。若采用互换装配法，设孔径加工要求为 $\phi30_{0}^{+0.005}$ mm，则轴径加工要求应为 $\phi30_{-0.010}^{-0.005}$ mm，显然精度要求很高，加工困难、成本高。若采用分组装配法，将孔、轴零件的制造公差向同一方向扩大三倍；孔径加工要求改为 $\phi30_{0}^{+0.015}$ mm，轴径加工要求改为 $\phi30_{-0.010}^{+0.005}$ mm，然后对加工后的孔径、轴径逐个进行精确测量，按实测尺寸分成三组，再将对应组别的孔、轴零件进行互换装配，仍能保证0.005～0.015mm的间隙要求。分组与配合的情况如表6-2所示。

表6-2　轴、孔的分组尺寸及配合间隙　　mm

组别	标记颜色	孔径尺寸	轴径尺寸	配合情况	
				最大间隙	最小间隙
1	白	$\phi30_{+0.010}^{+0.015}$	$\phi30_{0}^{+0.005}$	0.005	0.015
2	绿	$\phi30_{+0.005}^{+0.010}$	$\phi30_{-0.005}^{0}$	0.005	0.015
3	红	$\phi30_{0}^{+0.005}$	$\phi30_{-0.010}^{-0.005}$	0.005	0.015

(3) 修配装配法

在装配过程中，修去某配合件上的预留修配量，以消除其积累误差，使配合零件达到规定的装配精度，这种装配方法称修配装配法。修配装配法将尺寸链组成环仍按经济公差加工，并规定一个组成环预留修配量。装配时，用机械加工或钳工修配等方法对该环进行修配来达到装配的精度要求。这个预先规定要修配的组成环称为补偿环。如图 6-15 所示，为使前后两个顶尖的中心线达到规定的等高度（即允差为 A_0），可通过修刮尾座底板的尺寸 A_2（尺寸 A_2即为补偿环）的预留量来满足装配的要求。

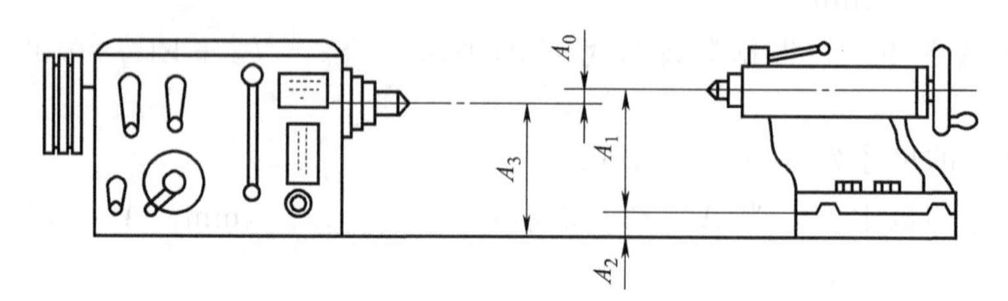

图 6-15 修配装配法

修配装配法具有以下特点：零件的加工精度要求可以降低；不需要高精度的加工设备，而又能获得较高的装配精度；使装配工作复杂化、装配时间增加，故只适用于单件、小批量生产或成批生产中精度要求较高的产品装配。

如图 6-16 所示为卧式车床主轴轴线与尾座孔轴线等高的装配尺寸链。要求装配精度 A_0为 0.04mm（只许尾座高），影响其精度的有关组成环很多，且加工都较复杂。此时，各环可按经济公差来制造，并选定较易修配的尾座底板作为补偿。装配时，用刮削的方法来修配改变 A_2的实际尺寸，使之达到装配的精度要求。

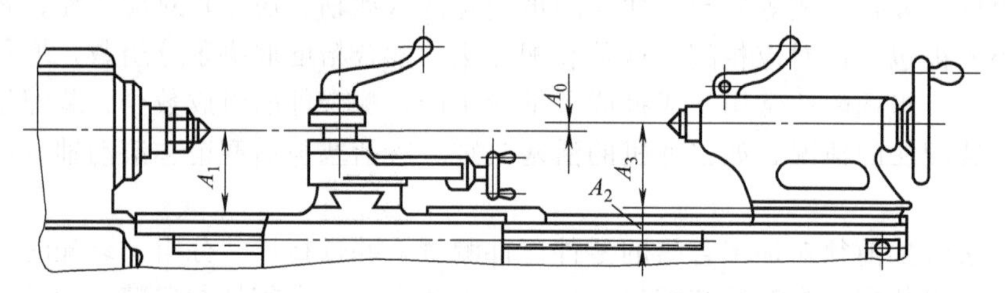

图 6-16 车床前后顶尖等高示例

对补偿环的修配加工，有时在被装配机床自身上进行。如图 6-17 所示，为装配时取得转塔车床旋转刀架装刀杆孔轴线与主轴旋转轴线的等高精度，预选 A_1作为补偿环，并将刀杆孔做小些。当装配好后，在主轴上安装镗杆，用镗刀加工刀杆孔，即可使封闭环达到规定要求。

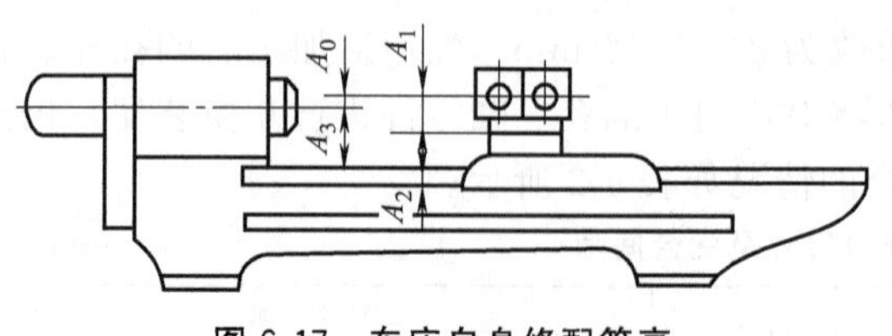

图 6-17 车床自身修配等高

(4) 调整装配法

在装配时改变产品中可以调整的零件相对位置或选用合适的调整零件，以达到要求装配精度的方法称为调整装配法。调整装配法的特点是：装配时零件不需要进行任何修配加工，靠调整零件就能达到装配精度的要求；可以随时或定期进行调整，故较容易恢复配合精度要求，这对容易磨损或因工作环境的变化（如温度变化等）而需要改变尺寸、位置的结构是比较有利的；调整零件容易降低配合副的连接刚度和位置精度，因此，要认真仔细地调整，调整后的调整零件固定要坚实牢固。

用调整法解尺寸链与修配法基本类似，也是将组成环公差增大，便于零件加工。两者区别

在于调整法不是用去除补偿环的多余部分来改变补偿环的尺寸，而是用调整的办法来改变补偿环的尺寸，以保证封闭环的精度要求。

常用补偿件有以下两种。

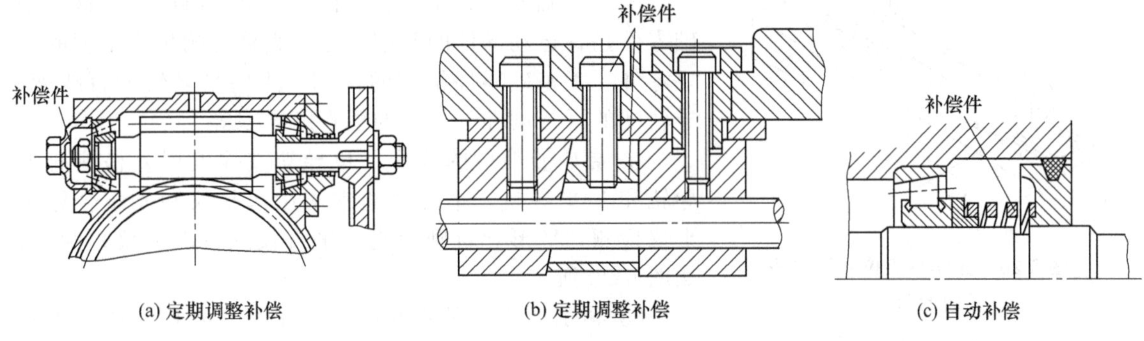

图 6-18 可动补偿的方式

① 可动补偿件 可动补偿件就是在尺寸链中能改变其位置（借移动、旋转或移动旋转同时进行）的零件，定期地或自动地进行调整，可使封闭环达到规定的精度。在机器中作为可动补偿件的有螺钉、螺母、偏心杆、斜面件、锥体件和弹性件等。如图 6-18（a）所示为利用带螺纹的端盖定期地调整轴承所需的间隙；如图 6-18（b）所示为通过转动中间螺钉使楔块上下移动来调整丝杠和螺母的轴向间隙；如图 6-18（c）所示为利用弹簧来消除间隙的自动补偿装置。

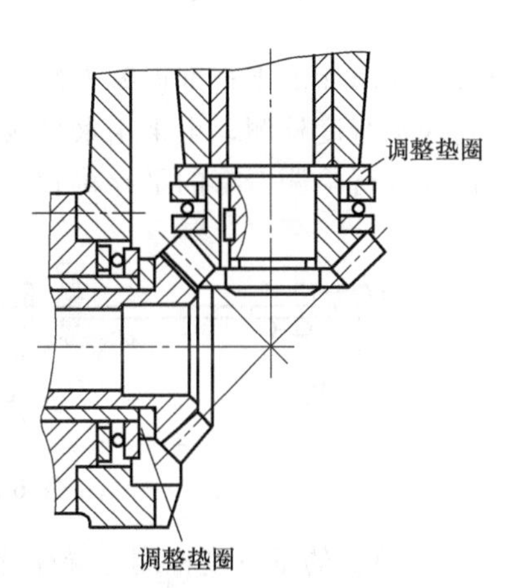

图 6-19 锥齿轮啮合间隙调整

② 固定补偿件 固定补偿件是按一定尺寸制成的，以备加入尺寸链的专用零件。装配时选择其不同尺寸，可使封闭环达到规定的精度。如图 6-19 所示，两固定补偿件用于使锥齿轮处于正确的啮合位置。装配时根据所测得的实际间隙大小，选择合适的补偿环尺寸，即可使间隙增大或减小到所要求的范围。在机器中作为固定补偿件的零件有垫圈、垫片、套筒等。

6.8 装配机械设备的工艺方法

装配精度是指产品装配后几何参数实际达到的精度，装配精度是衡量机械设备装配质量的一个重要指标。为保证机械设备的装配质量，操作人员除了在装配时选用合理的装配方法外，常常还需要针对机械设备的具体结构，以及机械设备各零部件的连接形式、组装特点，采用合理的装配工艺方法，并能灵活运用。如：在设备装配过程中，应能根据装配构件的结构选用正确合理的检测方法经常性地对所装配零部件的装配精度进行检测；在装配大型、复杂构件时，若采用空箱定位装配工艺，则应掌握其装配特点及操作要点。

6.8.1 装配精度的检测

装配中的精度检测是很重要的一关，如果仅有装配技术而缺少正确的测量方法，是很难达到理想的质量的。所以一定要以熟练的操作技能和正确的测量方法相结合，应用较先进的适合实际需要的检测器具进行检测，才能保证装配质量。机床装配精度检测项目较多，但其主要内容有各相关零件配合面之间的相互位置精度、相对运动精度以及装配中零件配合面形状的改

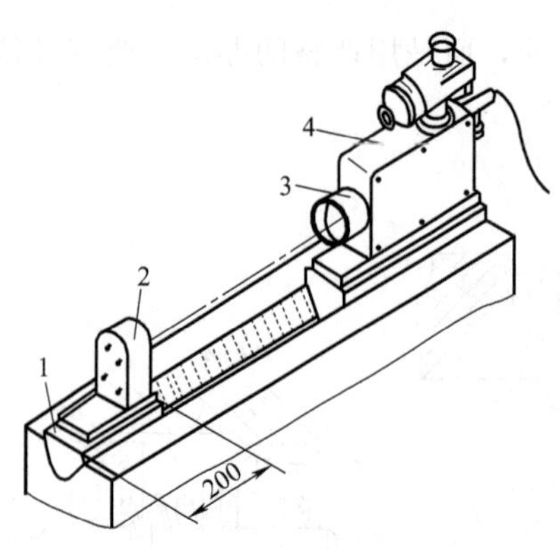

图 6-20　光学平直仪测量 V 形导轨的示意图

1—垫板；2—反光镜；3—望远镜；4—光学平直仪本体

变，还有形状精度和零件自身的形状及尺寸精度等。这些精度检测可分以下几种。

(1) 基础零件精度的检测

机床基础零件有床身、立柱、横梁、滑座等。这些基础零件是各运动部件的基础，也是直接影响机床精度的主要零件。对基础零件精度的检测，主要是导轨的直线度、导轨间的平行度和导轨间的垂直度误差等。

① 导轨直线度的检测　单导轨直线度误差检测有平导轨和 V 形导轨，平导轨通常采用水平仪和光学合像水平仪检测，V 形导轨则用光学平直仪（自准直仪）测量，如图 6-20 所示。

② 导轨平行度误差的检测　床身、立柱、滑座等零件，一般均由三条以上的导轨表面组成，而导轨面之间则要求相互平行，这样才能使机床运动部件得到平稳。检测导轨与导轨面的平行度误差方法较多，具体应以导轨的形状结构而定。如平面导轨与 V 形导轨副的平行度检测，可采用水平仪和平行平尺进行测量。图 6-21 为采用百分表对各导轨间的平行度进行检测。有的平导轨和 V 形导轨还能用外径千分尺对平行度进行检测。

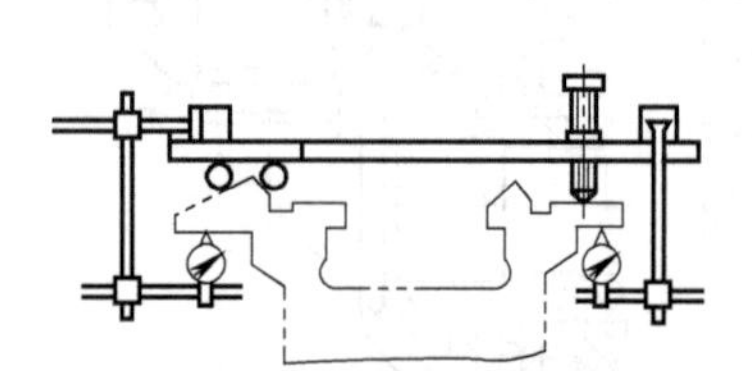

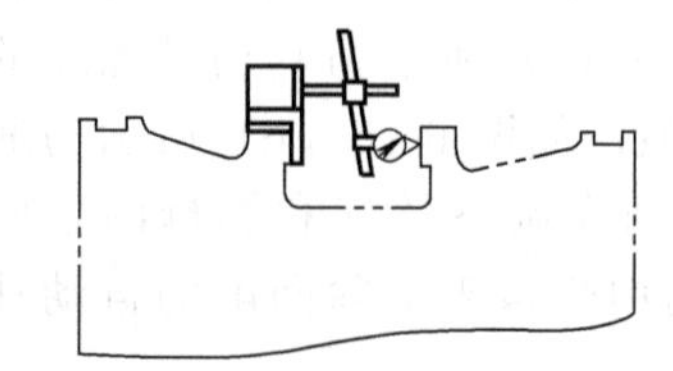

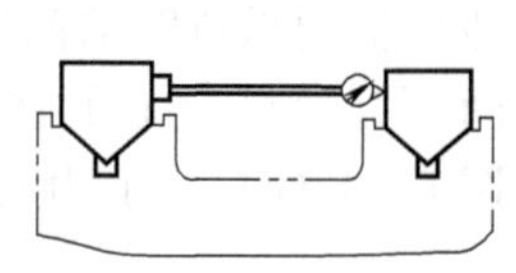

图 6-21　用百分表检测导轨平行度误差

③ 导轨的垂直度检测　导轨之间、导轨和表面之间的垂直度误差检测，同样可用百分表或框式水平仪进行检测，也能用矩形角尺、百分表检测磨床两组导轨间的垂直度误差。如利用框式水平仪两边互成直角这一特性，对牛头刨床床身导轨的垂直度误差进行检测等。

④ 导轨（或端面）对轴线垂直度误差的检测　如图 6-22 所示，利用百分表回转对端面与轴线的垂直度和平行度误差进行检测。

⑤ 圆导轨平面度误差与轴线垂直度误差的检测　立式车床、卧式镗床、滚齿机等都有环形圆导轨。导轨平面必须与轴线垂直，这样才能保证工作台的回转精度，而不使工作台端面圆跳动超差。检测时，可用芯轴和百分表对环形圆导轨进行平面度和垂直度误差的检测。

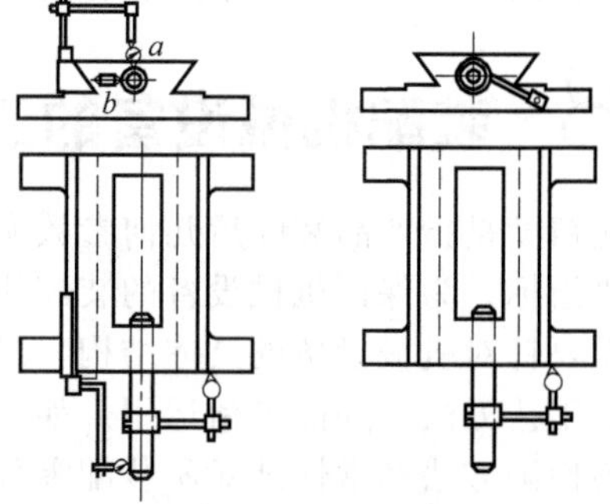

(a) 平行度误差　　(b) 端面对轴线的垂直度误差

图 6-22　用百分表检测导轨对轴线的垂直度和平行度

(2) 机床部件之间相互位置精度的检测

组、部件装配后，进行部件之间的装配或总装配，这必须在基础零件各项精度合格后进行。但是，部件装配后，常会产生部件装配间的累积误差，有时甚至超过总装配所规定要求。因此部件装配时，必须对部件之间的位置精度及影响总装配精度的零部件作出规定。例如：卧式镗床立柱导轨的误差分布，就得在立柱导轨的单件加工中消除总装配的累积误差。

① 立柱导轨对底座表面或工作台的垂直度误差检测　设有立柱导轨的机床较多，如龙门刨床、立式车床、卧式镗床、摇臂钻床等。这些机床都属大中型或超重型设备，有的立柱导轨的重量有几吨，甚至更重。对这类立柱导轨的装配需要格外细心和选择正确的检测方法。但是，就其精度检测的内容，同中小型机床基本相同。

立式车床立柱导轨对工作台面垂直度误差的检测如图 6-23 所示。在车床工作台面上，放置两个等高垫块和平行平尺，使水平仪置于平尺中间，然后用水平仪在立柱导轨面与横梁成平行和垂直的两个方向进行检测。水平仪的测量位置，分别在立柱导轨面的上部和下部。这时，平尺上的水平仪和立柱导轨面上水平仪的读数最大代数差，即为立柱导轨对工作台的垂直度误差。

② 机床横梁导轨的移动刀架对工作台面的平行度误差检测　设有横梁导轨的机床，通常都有刀架或主轴箱等部件，在横梁上的水平方向做左右移动，如立式车床、龙门铣床和双柱式坐标镗床等。为了保证被加工零件的精度，这些移动部件对工作台面间的平行度误差均有较高要求。如图 6-24 所示的龙门刨床，检测时应将横梁固定在距工作台的适当位置，并使工作台相应移至床身导轨的中间。这时，工作台上放置两个等高垫块和平行平尺，而用千分表固定在横梁的刀架上，将千分表测头触及平行平尺表面或工作台表面，刀架则自左向右在工作台全部宽度上进行移动。千分表在刀架每米行程上和工作台全部宽度上读数的最大差值，即横梁导轨与工作台面的平行度误差。

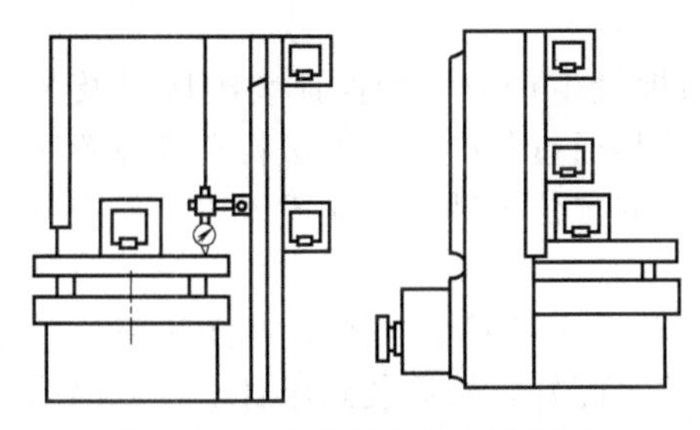

图 6-23　立式车床立柱导轨对工作台面垂直度误差的检测

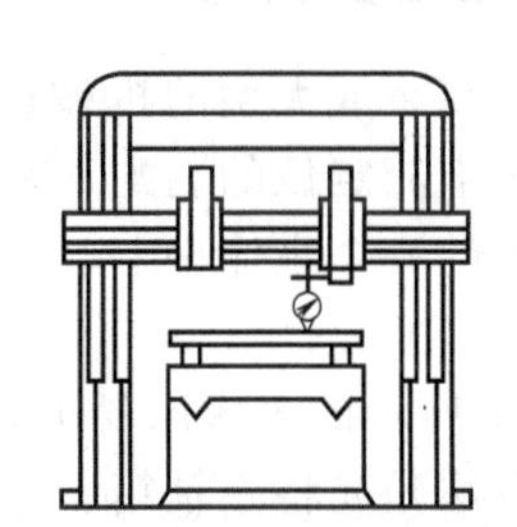

图 6-24　移动刀架对工作台面的平行度检测

③ 轴线与轴线平行度误差的检测　如图 6-25 所示为无心磨床砂轮中心线与导轮中心线的平行度误差检测。检测时，可通过托架定位槽的导向面作为两中心线的基准面，以此分别检测两个轮轴中心线与导向面的平行度误差。

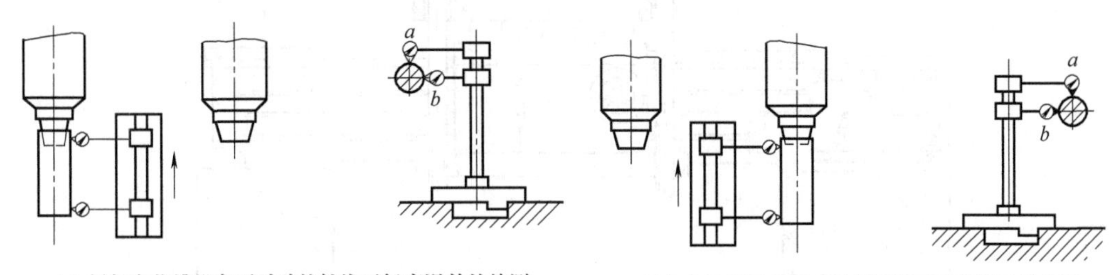

(a) 托架定位槽导向面对砂轮轴线平行度误差的检测　(b) 托架定位槽导向面对导轮轴线平行度误差的检测

图 6-25　无心磨床砂轮中心线与导轮中心线平行度误差的检测

图 6-25（a）为托架定位槽导向面对砂轮轴线平行度误差的检测。首先应预制一根装在砂轮定心锥轴上与其相密配的检验轴套，及一块托架定位槽上检测用的专用垫板。然后将千分表固定在专用垫板上，并使千分表测头触及轴套表面。这时即可左右移动专用垫板，分别在 a 上母线和 b 侧母线上检测，并记下千分表读数的最大差值。然后将砂轮轴转向 180°，用同样方

法再次检测，其值应是两次测量结果代数和之半，此值即是托架定位槽导向面对砂轮轴线的平行度误差。

图 6-25（b）为托架定位槽导向面对导轮轴线平行度误差的检测。测量和平行度误差的计算方法均与以上相同。

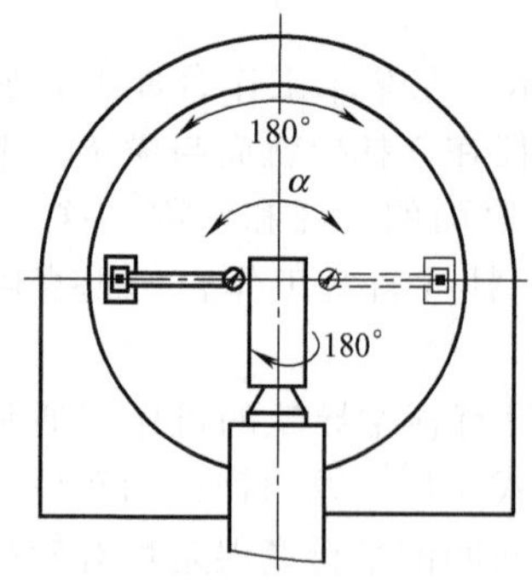

图 6-26 轴线对称度的检测

④ 轴线对称度误差的检测 卧轴圆台平面磨床，其回转工作台的中心，应与主轴中心相交且垂直，其检测方法如图 6-26 所示。先在砂轮轴定心锥面上套置一个紧密配合的筒形检验棒，使千分表固定在工作台面上。把千分表测头触及检验棒侧母线的 a 点上，此点应在通过工作台回转中心线并垂直于主轴中心线的这个平面上。为了确定这个点 a，必须将工作台做正反方向回转一个角度，此时千分表指针的摆动，是先使指针按逆时针摆到某个最低值后，随即按顺时针摆回，并记下指针反向时的数值（通常将此数作为零位）。然后退回滑体，使检验棒离开千分表测头。这时，应将工作台和砂轮轴都转向 180°后，仍将滑体恢复原位，用千分表按上述相同方法做两次检测，并记下千分表指针反向时的数值。千分表在同一截面上读数的最大差值之半，即对称度误差。

6.8.2 空箱定位装配

在装配较复杂或大型的机械设备以及机械设备的批量生产时，为保证装配质量及装配效率，常常采用空箱定位的装配工艺方法。空箱定位装配是通过各种定位方法将空箱体置于所需装配机械设备的一个主体件上，然后借助空箱体上所带的定位辅助工具完成该主体件上零部件的装配。

如图 6-27 所示的车床床身上，需装配床鞍、溜板箱、进给箱、挂架等零件和部件。通常的单件装配方法是先将主轴箱、进给箱、溜板箱等部件装配好，然后装到床身上，并以床鞍为基准，用螺杆和压板夹持床鞍和溜板箱，然后以床身导轨来校正进给箱、溜板箱、挂架的装配位置。将床鞍的螺钉光孔配划溜板箱，同时将进给箱和挂架的螺钉光孔配划于床身，然后拆下各部件，按配划线的样冲孔、钻螺纹底孔和钻定位锥销孔等。

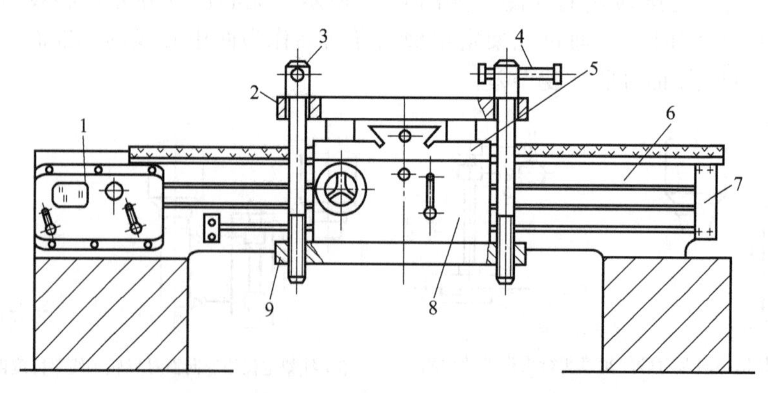

图 6-27 床身确定溜板箱等部件装配位置图

1—进给箱；2—压板；3,4—螺杆；5—床鞍；6—床身；7—挂架；8—溜板箱；9—螺母压板

若采用空箱定位装配法，则可在床身的各装配位置，利用空箱体的辅助定位工具，校正各空箱体的尺寸位置。将空箱体上的螺钉光孔配划于床身上，并做好配划标记，再进行各箱体部件的装配。

空箱定位装配的特点是轻便灵活、易于调整，对各箱体的定位装配能及时发现各箱体的制造误差，便于纠正。

(1) 空箱定位装配实例分析

B558型插床的工作台部分是由下床身、下滑板和上滑板三个主体件组成，并在这三个主体上装配箱体、附件、支架等部件，形成一个有纵向、横向、回转移动的传动系统。其下床身的各部传动原理如图6-28所示。

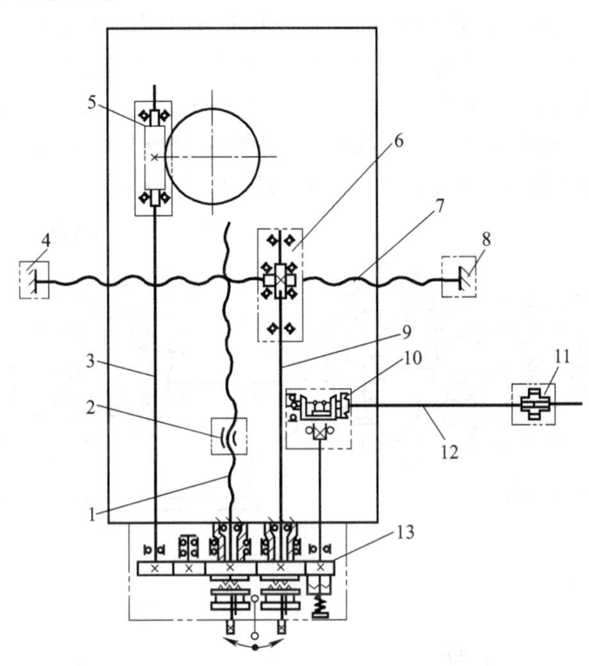

图6-28 下床身各部件传动原理

1—横向进给丝杆；2—横向进给螺母；3，9—光杠；4—前支架；5—蜗杆支架；6—纵体附体；7—纵向进给丝杆；8—后支架；10—反向附体；11—进给箱；12—花键轴；13—齿轮箱

1) 各空箱体在主体件上的装配位置

各空箱体在下床身、上滑板、下滑板的装配位置和各空箱之间的尺寸连接关系如图6-29所示。

① 下床身装配空箱体　利用该装配空箱体可完成以下装配任务。第一，可在下床身右侧凸台上装进给箱（图6-29中K向视图），其孔中心距离床身导轨平面48.5mm、侧面100mm（主视图），其余对齐装配台的毛坯边缘；第二，可在下床身正面的中间凸台装前后支架，支架中心距离床身导轨侧面394mm，两支架相互位置距离1200mm（俯视图），其余对齐装配台的毛坯边缘。

② 下滑板装配空箱体　利用该装配空箱体可完成以下装配任务。第一，在下滑板的底平面上装反向附体（主视图），其定位尺寸与下床身右侧装进给箱相同，距离导轨平面48.5mm、侧面100mm。因用同一花键轴连接，所以它的定位基面应是下床身与下滑板的贴合面K；第二，在下滑板的右端面上装配齿轮箱（主视图与K向视图），齿轮箱Ⅰ、Ⅱ、Ⅲ孔中心与下滑板内侧导轨面的距离为100mm，Ⅰ孔与反向附体系同一根传动轴，所以用48.5mm来调整进给箱的高低位置；第三，在下滑板底平面的中间凹处，装配纵向进给附体（主视图），纵向进给附体有相互垂直的十字孔Ⅰ和Ⅱ，Ⅱ孔与齿轮箱的Ⅱ孔共一根传动轴，故其装配尺寸应根据齿轮箱上的Ⅱ孔来调整垫片厚度。纵向进给附体的Ⅰ孔中心与下床身前后支架的中心通过纵向进给丝杆，所以它的Ⅰ孔定位仍为394mm（与下床身正面的中间凸台装前后支架的尺寸相同）。

③ 上滑板装配空箱体　利用该装配空箱体可完成以下装配任务。第一，在上滑板右侧凸台上装横向进给螺母（主视图），横向进给螺母的中心与齿轮箱的Ⅲ孔用横向进给丝杆传动，所以横向进给螺母须根据上滑板的下平面，与侧导轨面（图 6-29 的 A—A 视图）来决定，平面的尺寸即为下滑板上下平面的厚度为（199＋48.5）－（97.5＋120）＝30(mm)（图 6-29 主视图），侧面尺寸为 100mm（图 6-29 的 A—A 视图）；第二，上滑板空腔内的台子装配蜗杆支架（图 6-29 俯视图），支架孔的中心应以齿轮箱的第Ⅳ孔来定位，齿轮箱的Ⅳ孔距离Ⅰ、Ⅱ、Ⅲ孔为 215.47mm（K 向视图）。横向进给螺母的中心距离上滑板侧面导轨为 1000mm（A—A 视图）。所以在上滑板装配蜗杆支架时，应以 215.47－100 ＝115.47（mm）来定位。蜗杆支架与上下滑板接触面的高低位置为：接触面距离装配蜗杆支架的台面 36mm、垫片 4mm、蜗杆支架高 50mm（图 6-29 的 B—B 视图），它们的和为 90mm。

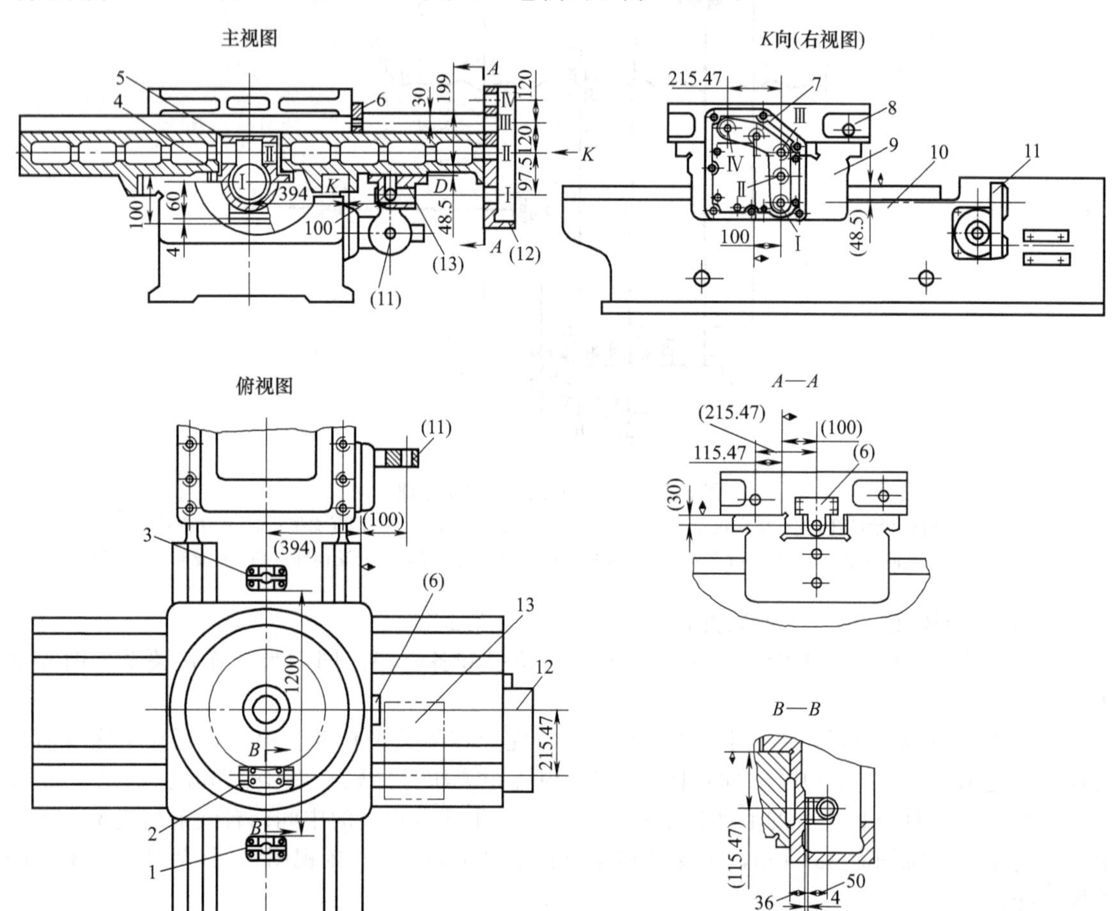

图 6-29　各空箱体的装配位置及尺寸连接图

1—前支架；2—蜗杆支架；3—后支架；4—调整垫；5—纵向进给附体；6—横向进给螺母；7,12—齿轮箱；8—上滑板；9—下滑板；10—下床身；11—进给箱；13—反向附体

2）各空箱体的定位方法

上述各位置上的装配空箱体定位方法主要有以下方面。

① 下床身装配空箱体的定位方法　图 6-30 为下床身侧面定位进给箱示意图。将定位辅具装在下床身平面导轨的两个定位基面上，拧紧调整螺钉，然后将床身侧放。进给箱置于下床身台上，在进给箱的 ϕ80H7 孔中装定位套（定位套的作用主要是代替所装的轴承，这样可以减小定位轴的直径，使轴通用）。将定位轴通过定位辅具的 ϕ45H7 孔及进给箱的定位套，调整进

给箱的纵向位置，使毛坯边缘与下床身台的毛坯边缘平齐，并使定位轴轻松转动，无偏心现象，这样就可配制进给箱的螺钉孔与床身。

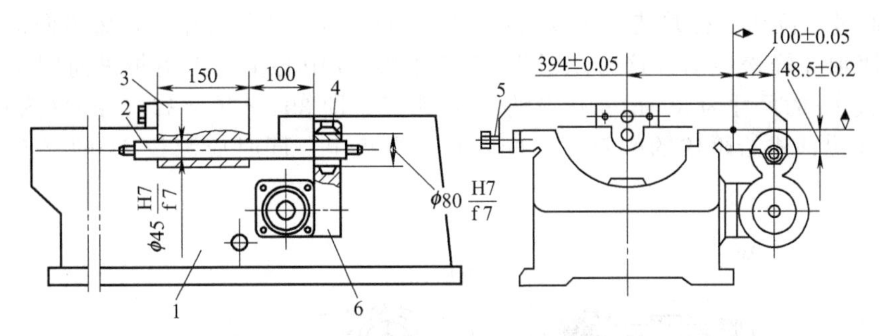

图 6-30　下床身侧面定位进给箱示意图

1—下床身；2—定位轴；3—定位辅具；4—定位套；5—调整螺钉；6—进给箱

图 6-31 为下床身正面定位前、后支架示意图。将定位辅具置于下床身平面导轨中段位置与定位基面贴合，拧紧调整螺钉。定位辅具 ϕ45H7 孔装入定位轴。在定位轴的两端 ϕ40H6 阶台上装前、后支架，并用量块测量前、后支架对台子的尺寸 H。用测出的尺寸 H 来确定调整垫片的厚度，这时即可配划前、后支架的螺钉孔。前、后支架的中心，距离床身侧导轨面 394mm，由定位辅具来保证。床身平面距离前、后支架底面的尺寸为：36＋60＋4＝100（mm）(其中 36mm 为纵向进给附体的尺寸，60mm 为前、后支架的尺寸，4mm 为调整垫片的厚度)。所以定位时要调整垫片的厚度，床身平面与台子的加工误差以及前、后支架的加工误差，都集中到调整垫片上来消除。前、后支架的装配距离 1200mm 由定位轴的轴肩来保证。

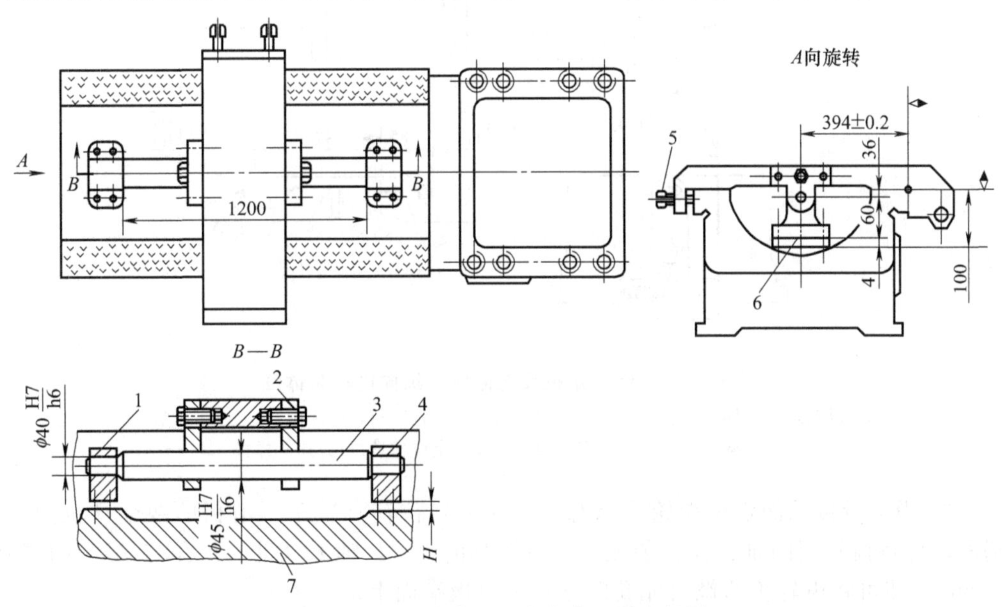

图 6-31　下床身正面定位前、后支架图

1—前支架；2—定位辅具；3—定位轴；4—后主架；5—调整螺钉；6—垫片；7—下床身

② 下滑板装配空箱体的定位方法　图 6-32 为下滑板定位反向附体、纵向进给附体示意图。将反向附体置于装配位置，装上定位套 5、6 和轴 13。以反向附体 48.5mm 为基准，校正定位辅具的上下位置及与侧导轨面贴合。移动反向附体的位置，调整轴 4，使轻松转动时即可将定位螺钉适当拧紧。这时用样板 14 校正轴 13 中心至下滑板纵向侧导轨平行距离 100mm，样板 14 的尺寸为 100mm 减去轴 13 的半径，即 100－15＝85(mm)，校正后配划反向附体的螺

钉光孔。

在纵向进给附体的两个相互垂直的孔中，分别装上定位套 7、9 及轴 16，并置于装配位置。将轴 3 通过定位辅具孔并装配到纵向进给附体的定位套 9 的孔中。调整纵向进给附体上的调整螺钉，使轴 3 轻松转动，这时用样板 15 校正轴 16 中心至与下滑板纵向侧导轨平行距离 394mm，样板 15 的尺寸为 394mm 减去轴 16 的半径，即 394－20＝374(mm)(图 6-32 中 *A*—*A*)。校正后将纵向进给附体的螺钉光孔配划在下滑板上，同时应测量 *H* 的厚度来配磨调整垫片。

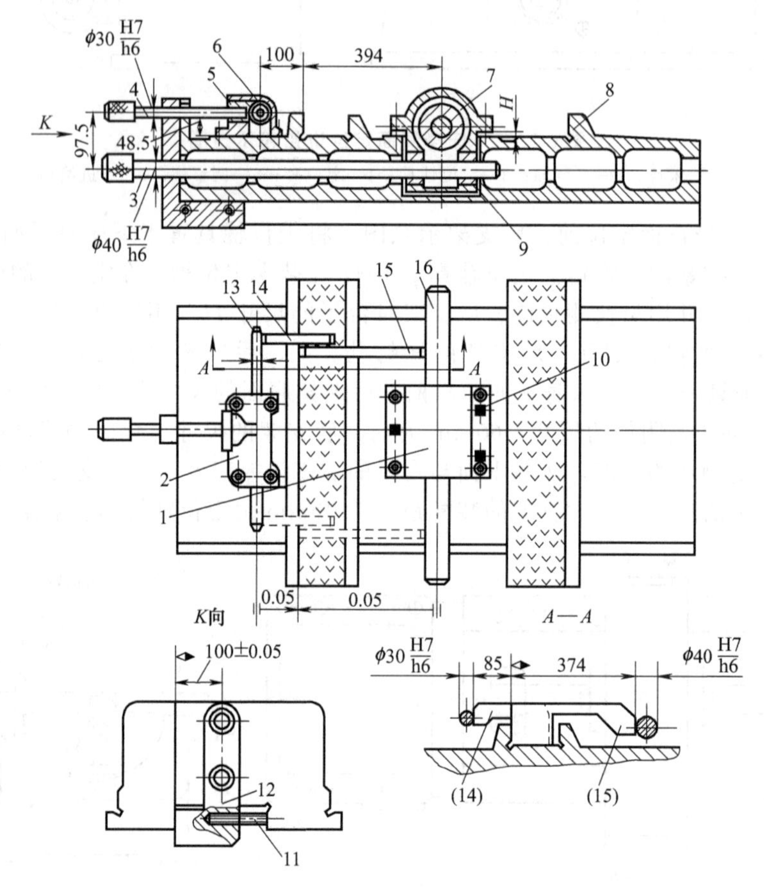

图 6-32　下滑板定位反向附体、纵向进给附体图

1—纵向进给附体；2—反向附体；3,4,13,16—轴；5～7,9—定位套；8—下滑板；10—调整螺钉；11—定位螺钉；12—定位辅具；14,15—样板

图 6-33 为下滑板端面定位齿轮箱示意图。先将定位辅具置于下滑板的两个导轨面上，紧贴两基面，再将齿轮箱的Ⅲ、Ⅳ孔装配在定位辅具的 A、B 轴上（Ⅲ、Ⅳ孔与 A、B 轴的配合为 H7/h6)，即可将齿轮箱的螺钉光孔配划在下滑板端面上。

③ 上滑板装配空箱体的定位方法　图 6-34 为上滑板端面定位横向进给螺母示意图。把定位辅具贴合在上滑板横向导轨的两基面，将横向进给螺母置于装配位置，定位轴通过定位辅具 ϕ34H7 孔与横向进给螺母的 Tr40×6 螺纹底孔，横向进给螺母的台肩紧贴上滑板端面，调整横向进给螺母位置，使定位轴轻松转动，即可在滑板上配划螺母的螺钉光孔。两基面距离横向进给螺母的中心为 100mm 和 30mm，均由定位辅具来保证。

图 6-35 为上滑板定位蜗杆支架示意图。将定位辅具置于图 6-34 所示的同一基面，用 C 字形定位辅具夹牢，贴合在两基面上。定位轴通过定位辅具 ϕ40H7 孔，并装配到蜗杆支架的定

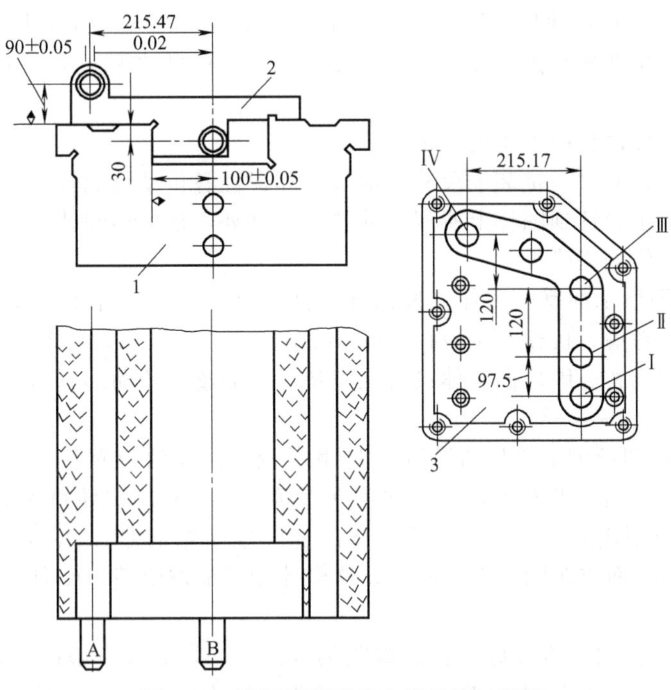

图 6-33　下滑板端面定位齿轮箱示意图

1—下滑板；2—定位辅具；3—齿轮箱

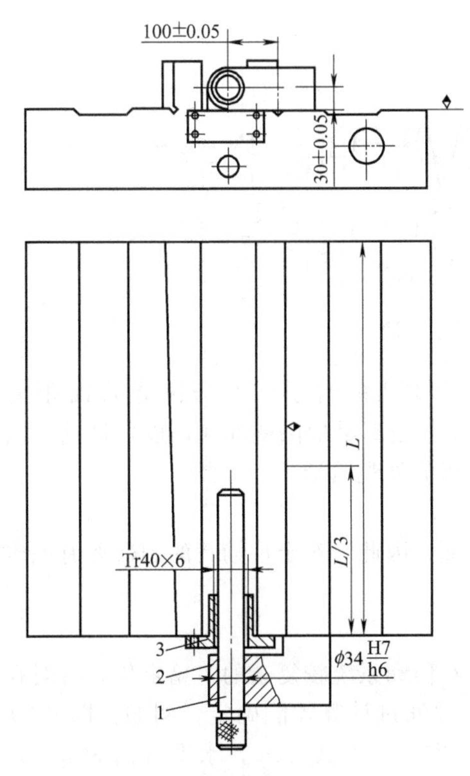

图 6-34　上滑板端面定位横向进给螺母示意图

1—定位轴；2—定位辅具；3—横向进给螺母

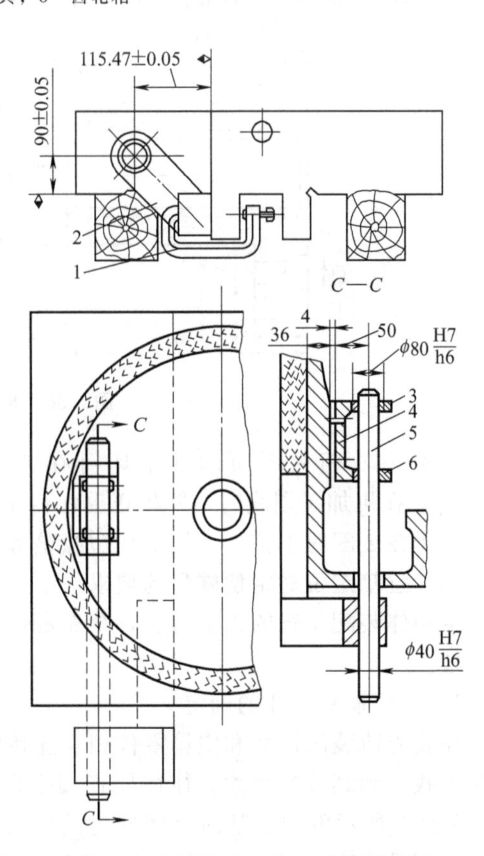

图 6-35　上滑板定位蜗杆支架示意图

1—C形夹；2—定位辅具；3—蜗杆支架；4—调整垫片；5—定位轴；6—定位套

位套内（图 6-35 中 $C—C$）。调整蜗杆支架的高低，使定位轴轻松转动，即可确定调整垫片的厚度。然后将蜗杆支架的螺钉光孔配划在上滑板上，其定位尺寸为 115.47mm 和 90mm，均由定位辅具来保证。

(2) 空箱定位零件对机械加工的要求

空箱的装配位置，必须满足装配尺寸的准确性和保证各传动链能轻松地转动。因此空箱零件在机械加工时，除了要达到图样上所规定的技术条件外，还要达到装配所提出的各项精度要求，才能保证空箱定位的正确性。

如图 6-29 主视图所示的反向附体，按图样标注，D 平面与孔中心距离为 48.5mm，如果从空箱定位的要求来考虑，机械加工应控制在 48.5mm±0.05mm，公差太大或过小都会影响其他空箱体的定位和调整。因反向附体没有调整垫片，而整个传动部分的空箱位置又必须以反向附体为准。

又如图 6-29 主视图所示下滑板的导轨面 K 和装反向附体的台面 D。在机械加工中要求一刀切削加工，以保证在同一平面上，其直线度允差为 0.10mm（如导轨面 K 机加工后还需刮削，则应留有适当的刮削余量）。因为下床身在定位进给箱时是以 K 面为基准，其尺寸是 48.5mm，所以 K、D 面应在同一水平面上，这样才能保证进给箱和反向附体的传动轴装在同一轴心线。

如图 6-36 所示的横向进给螺母，它的螺距为 Tr40×6，如按一般的螺纹精度加工，底孔可加工成 ϕ34H8，表面粗糙度值为 Ra6.3μm，但为了减少定位误差，要求机械加工在工艺上改为 ϕ34H7，表面粗糙度值为 Ra3.2μm，精度和表面粗糙度都要相应提高一级。

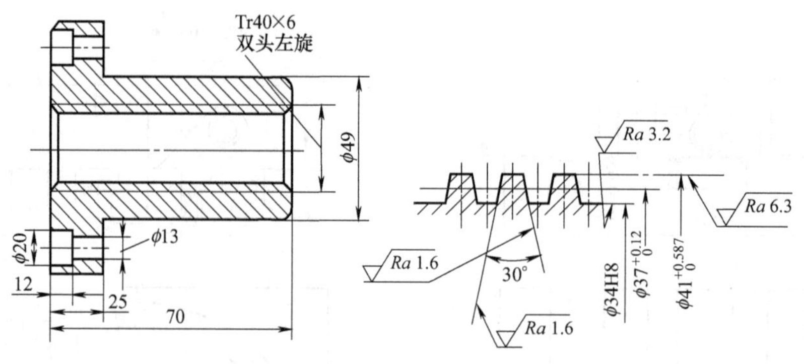

图 6-36 横向进给螺母示意图

如图 6-29 俯视图所示的下床身在装配时，前后支架的台子中心与侧导轨面距离为 394mm。在机加工划线时，要校正毛坯台子，使 394mm 距离尽量保持准确，以保证前、后支架与台子在装配时不错位，使毛坯边缘整齐，提高机床的外观质量。

(3) 空箱定位对定位辅具的要求

空箱体装配位置的正确与否，全靠定位辅具来保证。因此，对定位辅具的制造要有一定尺寸精度。

1) 定位辅具尺寸的确定

先要弄清装配尺寸和空箱零件相互连接的关系。对传动系统较复杂的空箱定位，有时在装配图上找不到其装配尺寸，往往要查阅空箱零件图，并通过计算才能确定。例如：图 6-29 中 $A—A$ 视图所示的两个基面至横向进给螺母的中心，垂直方向 100mm，水平方向 30mm，下滑板内侧导轨宽 200mm。上述尺寸如标在装配图上，其意义并不大，而定位横向进给螺母时又必须根据这些尺寸，所以必须把它和其他零件的关系弄清楚，才能确定定位辅具的尺寸。图 6-32 所示的齿轮箱Ⅲ、Ⅳ孔的距离在垂直方向为 120mm，水平方向为 215.47mm，Ⅲ孔是通

过横向进给丝杠来传动横向进给螺母，Ⅳ孔是通过光杠连接蜗杆支架。其装配尺寸关系如下。

① 上、下滑板导轨结合的平面，距上滑板装蜗杆支架的台子为36mm（图6-29中B—B视图），垫片厚4mm，垫片距蜗杆支架孔中心为50mm，它们的和为90mm，而齿轮箱Ⅲ、Ⅳ孔垂直方向的距离为120mm。故上、下滑板导轨的结合平面，距横向进给螺母的轴线为120－90＝30(mm)（即横向进给螺母水平方向的定位尺寸）。

② 如图6-29中A—A所示，下滑板内侧导轨宽为200mm，横向进给螺母装在内侧导轨的中心。齿轮箱安装横向进给丝杠的Ⅲ孔和安装蜗杆支架的Ⅳ孔之间距离为215.47mm。在定位横向进给螺母时，其中心与内侧导轨的距离为100mm（即横向进给螺母垂直方向的定位尺寸）。内侧导轨与装蜗杆支架的中心距离为115.47mm，当横向进给螺母的上述定位尺寸确定后，定位辅具就按这个尺寸来制造。

2）定位辅具的制造精度

确定定位辅具的制造精度应注意以下方面。

① 定位辅具的导向　定位辅具的导向即辅具体与定位轴配合的长度。一般是导向部分长，定位精度就高。但也要从实际出发，如图6-30下床身侧面定位进给箱，定位辅具离进给箱100mm，辅具体的导向长1500mm，如果单从这个定位考虑，似乎辅具体偏长了，原因是它与图6-31所示下床身定位前、后支架时能够通用。前、后支架的距离为1200mm，辅具体导向为1500mm，两者都能达到定位要求。对于辅具体与基面的导向长度，一般以总长的三分之一为宜，如图6-34所示。但不是绝对的，还需以基面的平面度决定。

② 孔与轴的公差配合　定位辅具孔与定位轴的配合，一般为H8/f7(基孔制)、F8/h7(基轴制)。因为空箱定位只配作空箱的螺钉孔，实箱后还要校正配钻定位销孔，所以定位辅具的制造精度达到上述要求即可满足装配需要。辅具的定位基面与定位孔距的要求，在基本尺寸上允差为±0.05mm，平行度允差为0.02/300。

③ 定位套的要求　在空箱定位中，定位套主要用来代替装配孔中的轴承、衬套等。如图6-37所示，图6-37（a）为实箱装配图，图6-37（b）为空箱定位图。用定位套代替实箱的轴承、衬套，可减小定位轴的直径。定位轴、套的配合为H7/h6和H8/f7等。

(4) 空箱定位的优越性

空箱定位经过长期的实践，证明较实箱定位装配有以下优点。

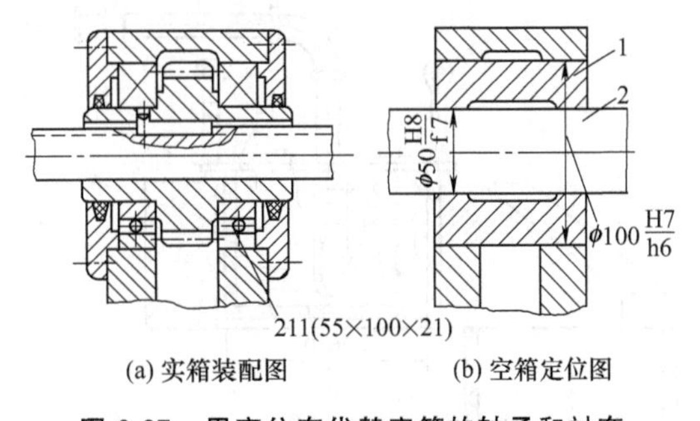

(a) 实箱装配图　(b) 空箱定位图

图6-37　用定位套代替实箱的轴承和衬套

1—定位套；2—定位轴

① 部件的定位精度高，与基准面的平行度和垂直度都比较好。以B558型插床下床身总装配后的试验证明，用弹簧秤检查其纵向、横向、回转手轮的转矩力，均比实箱装配的要小三分之一，手动时很轻松，减轻了操作工人的劳动强度。

② 对定位后的螺钉配作孔，可以单件吊往钻床上钻孔和攻螺纹，代替用电钻配钻孔的操作，提高钻孔质量和劳动生产率。

③ 适应范围较广，不论新产品试制或批量生产都很实用。空箱定位的零件在机械加工时，可按经济的精度要求制造，相应减少机加工的工艺装备。

④ 定位辅具的制造精度要求不高，简单易行，对空箱之间连接尺寸不复杂的，只需几根通用的定位轴和定位套即可实现。

⑤ 由于空箱定位能单件配划钻孔，而不是实箱后多件配划钻，所以装配的作业面积小，并能防止事故发生。

6.8.3 过盈连接装配

过盈连接是以包容件（孔）和被包容件（轴）配合后的过盈值来达到紧固连接的目的的，是机械设备装配中常见的装配形式。采用过盈连接装配后，由于材料的弹性变形，在包容件和被包容件配合面间产生压力。工作时，依靠此压力产生的摩擦力传递转矩、轴向力或两者均有的复杂载荷。这种连接的结构简单、对中性好、承载能力强，能承受交变载荷和冲击力，还可避免零件由于加工键槽等原因而削弱其强度。但过盈连接的配合面加工精度要求较高。

(1) 过盈连接装配的要点

① 过盈连接装配的配合表面，应具有足够细的表面粗糙度，并要十分注意配合面的清洁处理。零件经加热或冷却后，配合面要擦拭干净。

② 在压合前，配合面必须用机油润滑，以免装配时擦伤表面。

③ 对于细长的薄壁件，要特别注意其过盈量和形状偏差，装配时最好垂直压入，以防变形和倾斜。

(2) 过盈连接装配的方法

过盈连接的装配方法主要有：直接压入法、热胀压入法及冷缩压入法三种。当过盈量及配合尺寸较小时，一般采用在常温下压入配合法装配；当过盈量及配合尺寸较大时，则可考虑选用热胀压入法或冷缩压入法。

(3) 红套装配

红套装配就是过盈配合装配，又称热配合，它是利用金属材料热胀冷缩的物理特性，在孔与轴有一定过盈量的情况下，把孔加热胀大，然后将轴套入胀大的孔中。待自然冷却后，轴与孔就形成能传递轴向力、扭矩或两者同时作用的结合体。

红套装配的优点是结构简单，比追击配合和挤压配合能承受更大的轴向力和扭矩，所以应用较为广泛。对又重又大的零件或结构复杂的大型工件，为了解决缺乏大型加工设备的困难，也可采用红套装配的方法。如万匹柴油机的曲轴，就是将主轴颈和曲柄分别制造后，将它们红套组合成一个整体的曲轴。红套装配必须掌握两个因素：一是红套的加热方法和温度；二是配合的过盈量。

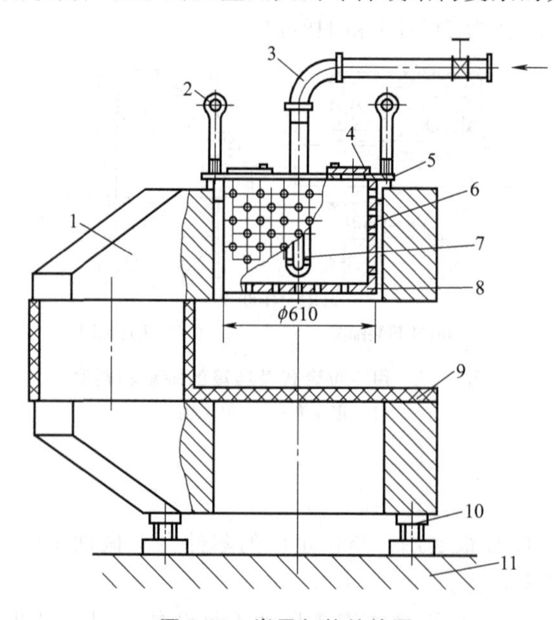

图 6-38 炭风加热炉简图

1—工件；2—吊环；3—进风管；4—炉盖；5—上盖；6—炉壁；7—炉心；8—炉底；9—石棉；10—调整顶；11—平台

1）红套装配的加热方法

工件红套时可根据其尺寸及过盈量，采用不同的加热方法。

① 一般中小型零件选用 HG38、52、62 等过热气缸油（它们的闪点分别是 290℃、300℃、315℃）。将过热气缸油倒入与红套零件大小相适应的容器内，加热到所需的温度，并保温一段时间，即可取出零件与轴套合。这种加热方法能使零件得到整体加热，其受热均匀，产生的内应力小，可以不变形或少变形，表面不会产生氧化皮，故应用较广。

② 大型零件红套时，往往受到加热油池的容积限制，零件必须竖放。如果用过热气缸油加热的方法不适应时，可采用“炭风加

热炉”立式红套法（如图 6-38 炭风加热炉简图），这种方法目前已广泛应用。但是，采用炭风加热炉加热还有一定缺点，如操作不当易使零件受热不匀，加热后孔径不圆，影响红套质量。采用“炭风加热炉”加热应控制好恰当的温度，力求加热均匀。对厚薄不均匀的零件更应注意温度的控制。在有条件的单位，也可采用煤气加热、中频电加热和感应加热器等。

2）红套装配的过盈量

红套装配是依靠轴、孔之间的摩擦力来传递转矩的，摩擦力的大小与配合过盈量的大小有关。过盈量太小，传递转矩时孔与轴就会松动，过盈量越大则摩擦力越大。但当过盈量过大时，孔的附近会产生过大的配合应力，增加了配合的塑性变形。如加热温度高，更容易产生塑性变形，使实际过盈量并不增加多少。因此，红套装配的过盈量是个至关重要的因素。

表 6-3 红套直径过盈公差表 mm

公称直径	轴的偏差	孔的偏差	公称直径	轴的偏差	孔的偏差
25	+0.06 +0.04	+0.015 0	400	+0.69 +0.64	+0.040 0
50	+0.10 +0.08	+0.015 0	425	+0.73 +0.68	+0.040 0
75	+0.14 +0.12	+0.015 0	450	+0.77 +0.72	+0.050 0
100	+0.18 +0.16	+0.016 0	475	+0.81 +0.76	+0.050 0
125	+0.23 +0.20	+0.016 0	500	+0.85 +0.80	+0.050 0
150	+0.27 +0.24	+0.018 0	525	+0.89 +0.84	+0.050 0
175	+0.31 +0.28	+0.018 0	550	+0.93 +0.88	+0.060 0
200	+0.35 +0.32	+0.020 0	575	+0.97 +0.92	+0.060 0
225	+0.40 +0.36	+0.020 0	600	+1.02 +0.96	+0.060 0
250	+0.44 +0.40	+0.025 0	625	+1.06 +1.00	+0.060 0
275	+0.48 +0.44	+0.025 0	650	+1.10 +1.04	+0.060 0
300	+0.52 +0.48	+0.030 0	675	+1.14 +1.08	+0.070 0
325	+0.57 +0.52	+0.030 0	700	+1.18 +1.12	+0.070 0
350	+0.61 +0.56	+0.035 0	725	+1.22 +1.16	+0.070 0
375	+0.65 +0.60	+0.035 0	750	+1.26 +1.20	+0.070 0

红套过盈量 δ 的经验公式为 $\delta=\dfrac{d}{25}\times 0.04$（mm）

式中 δ——轴与孔间的过盈量，mm；

d——轴或孔的基本直径，mm。

即每 25mm 直径需要 0.04mm 的过盈量。表 6-3 所列为公称直径 ϕ25～750mm 红套配合的轴、孔过盈公差表。

3）风机转子红套装配实例

风机转子组，是人字齿轮轴与叶轮装配而成的，如图 6-39 所示。这种风机是单侧单级离心鼓风机，转子轴是悬臂的，叶轮为后弯式透平叶轮，

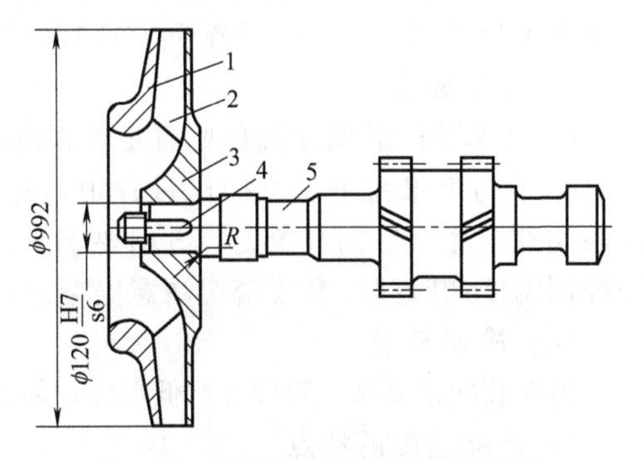

图 6-39 风机转子轴与叶轮装配图

1—后盘；2—U 形叶片；3—前盘；4—平键；5—转子轴

由 20 片 U 形叶片与前、后盘铆接而成。转子轴由电动机驱动，工作转速为 4350r/min。叶轮外径为 ϕ992mm，转子轴基本直径为 ϕ120mm，转子轴与叶轮的材料均为 30CrMnSiA 合金钢。叶轮与转子轴的配合过盈量为＋0.11～＋0.15mm。该工件的红套装配工艺过程为：

① 做好红套前的准备工作　主要准备工作有：第一，做好叶轮和转子的清洁整理工作；第二，检查孔径与轴颈的过盈尺寸，特别要注意轴颈的过渡 R 与孔口倒角 3×45°是否合适（图 6-40），并检查键与键槽尺寸的配合情况及对称度；第三，准备好吊装用的辅助卡具并进行试吊；第四，准备垫放叶轮的平台，并用水平仪校正。

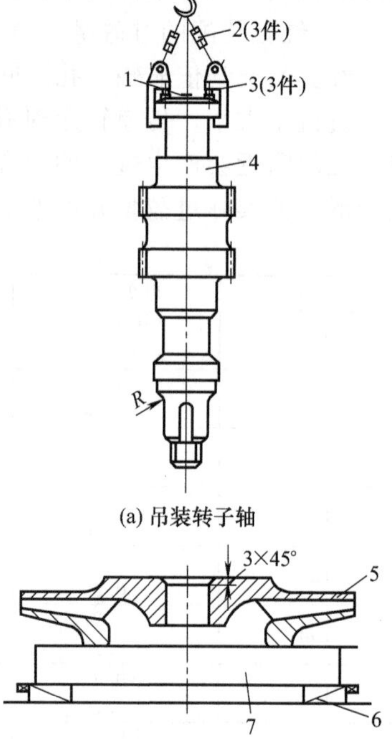

(a) 吊装转子轴

(b) 叶轮孔的垂直校正

图 6-40　叶轮与转子轴的套合图

1—调整水平；2—反、顺螺母（3 件）；3—夹具（3 件）；4—转子轴；5—叶轮；6—调整铁；7—平台

② 红套工件（叶轮）的加热　根据叶轮的最大直径 ϕ992mm，可按图 6-41 所示的加热方法，用过热气缸油加热。过热气缸油选用 HG38、52、62 中任何一种均可。将过热气缸油倒入油池内，接通螺旋加热器的电源，使其加热。电子继电器和温度导电表是用来控制油温的。

先计算出叶轮孔膨胀所需的温度如下

$$T_{热}=\frac{\delta_{\max}+\delta_0}{\alpha d}+t_0=\frac{0.15+0.015}{11\times10^{-6}\times120}+30=145\ (℃)$$

式中　$T_{热}$——红套所需温度；

$\delta_{\max}$——最大配合过盈量，mm；

δ——红套时表面摩擦所需的最小间隙，一般取工件基本直径的 IT6 或 IT7 两种公差等级中的最小间隙，mm；

α——零件的线胀系数，$℃^{-1}$；

d——红套零件基本直径，mm；

t_0——红套时的环境温度，℃。

根据上式计算出油的加热温度 145℃，这个温度值能使孔膨胀至轴的最大配合过盈量。在红套装配时，实际油温应高于计算油温，因为加热零件从油池中取出到吊往工作平台，包括零件的冷缩过程。在与轴颈套合时，因轴、孔两者温差大，冷缩将会更快些，这个经验应掌握好，所以实际油温需达 200℃左右为好。

③ 套合　按图 6-41 所示的叶轮加热方法，当油温热到约 150℃时，吊进叶轮。待升温到 200℃后，保温 0.5～1h，而后吊出叶轮，用图 6-42 所示的量规测量孔径。如已胀大至量规这一数值，即可将叶轮吊至校正好的平台上，随后吊装转子轴，使键槽对准叶轮孔进行套合。图中量规的尺寸 A＝轴颈＋装配间隙＝120.15＋0.25＝120.40（mm）。

4）工作要求

① 红套装配后的连接件要有足够强度，其各表面间均应保持良好的位置精度和尺寸精度。

② 在红套装配的整个操作过程中，对零件的尺寸、形状、毛刺、过渡角半径、倒棱等应严格注意。套合后如有角度、方向要求的，则需事前做好角度定位夹具。加热与冷却，既要合理控制温度和时间，又要密切注意安全。

（4）冷缩装配

冷缩装配是将被包容件进行低温冷却使之缩小，然后装入包容件中，待其受常温膨胀后结合。

1）冷缩装配的特点

操作简便、生产率高，与热胀法相比收缩变形小，且产生的内应力较小，表面不易产生杂质和化合物。因此，冷缩装配适用于精密轴承的装配；中小型薄壁衬套的装配；金属与非金属

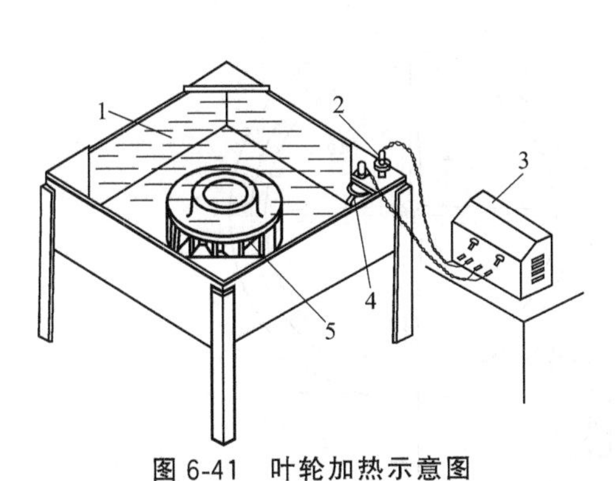

图 6-41 叶轮加热示意图

1—油箱；2—温度导电表；3—电子继电器；4—螺旋加热器；5—工件

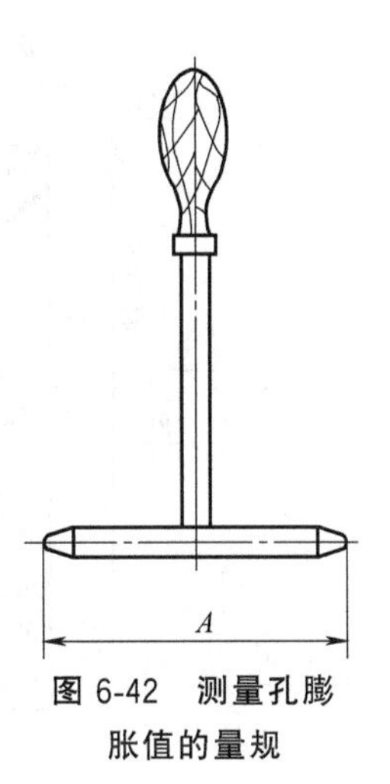

图 6-42 测量孔膨胀值的量规

物件之间的紧密配合等。冷缩装配较多用于过渡配合和轻型过盈配合。

2）冷缩装配时制冷剂的选用

工件进行冷缩装配时，可以根据工件材料和过盈量的大小选用相应的制冷剂。

① 对过渡配合或小过盈量配合的中小型连接件，如薄壁衬套、尼龙、塑料、橡胶制品等，均可采用干冰制冷剂，它的制冷温度可达－78℃。方法是将干冰置于一密闭的保温箱内，再将工件放入干冰箱，待保温一段时间后，取出工件即可进行配合装配。

② 对于过盈量较大的连接件和厚壁衬套，发动机主、副连杆衬套等，可用氮制冷剂（液氮），它的制冷温度可达－195℃。方法是将工件放入液氮箱中，保温一定时间（时间的多少要以过盈的大小及液氮箱的温度而定），取出工件即可进行配合装配（切忌加热催化）。

3）冷缩装配的过盈量确定

一般冷缩装配的构件，并不用来传递大转矩和大轴向力，较多用于过渡配合和小过盈量配合。但是，在冷缩装配时，也要正确选用其过盈量。实际上，冷缩装配时的过盈量，也可采用红套装配的过盈量，因为两者都是利用材料的热胀冷缩的物理特性，因此其材料的线胀系数是一致的。冷缩装配的过盈量可采用红套过盈量的经验公式计算。

4）连杆球面垫的冷缩装配实例

连杆球面垫由垫座（45 钢）与衬垫（尼龙）装配而成，如图 6-43 所示。这种连杆球面垫经冷缩装配后，可进行切削加工。45 钢垫座的内孔尺寸为 ϕ120H8，尼龙衬垫的外径尺寸为 ϕ120×9，垫座与衬垫的配合过盈量为＋0.297～＋0.156mm。该工件的冷缩装配工艺过程为：

① 冷缩前的准备工作　主要准备工作有：第一，做好垫座和衬垫的清洁整理工作；第二，检查衬垫外径与垫座孔的过盈尺寸及两工件的厚度深浅尺寸；第三，准备好防冻手套和夹钳尼龙衬垫的工具，并将垫座孔向上平放在工作台上。

② 冷缩与套合　根据垫座和衬垫的最大过盈量（＋0.297），计算出尼龙衬垫所需的冷冻温度，如下式

$$T_{冷}=-\left(\frac{\delta_{\max}+\delta_0}{\alpha d}+t_0\right)=-\left(\frac{0.297+0.015}{100\times10^{-6}\times120}+30\right)=-56\ (℃)$$

式中　$T_{冷}$——过盈配合件所需的红套所需温度；

$\delta_{\max}$——过盈配合件的最大配合过盈量，mm；

δ_0——冷缩时，配合件所需的最小间隙，一般取工件基本直径的 IT6 或 IT7 两种公差等级中的最小间隙，mm；

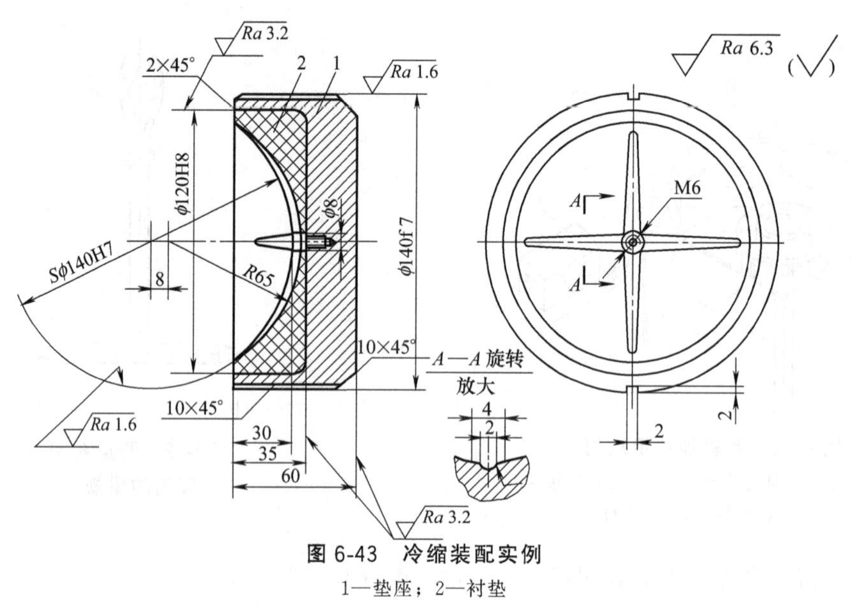

图 6-43 冷缩装配实例

1—垫座；2—衬垫

α——零件的线胀系数，℃$^{-1}$；

d——红套零件基本直径，mm；

t_0——冷缩时的环境温度，℃。

根据上式计算出冷缩温度为−56℃，这个温度值能使衬垫冷缩到最大的配合过盈量。但在实际冷缩时，冷缩箱的温度应低于计算温度，一般取（1.2～1.5）T 冷为宜，即−70℃左右。因冷缩工件从冷冻箱取出后经清洗，再与垫座配合需用一定时间，所以工件套合时速度要快，减少环境温度的影响，并用深度千分尺或量规检查其底面的接触情况。根据上述工件套合所需的冷缩温度，可以选用干冰制冷剂，但是要用密封性较好的保温箱。对于非金属材料工件，如尼龙、塑料、有机玻璃等，由于其导热性差，故其保温时间宜长些，一般保温时间为 3～4h。对于金属工件，如钢、铁、铜、铝等，由于其导热性较好，所以保温时间相应可短些，一般为 1h 左右。

当尼龙衬垫在于冰保温箱内保温 3～4h 后，即可取出，并迅速用卡规或千分尺测量其外径。当已符合缩小要求，即可套入垫座孔内，待其在常温下膨胀结合。切忌加温，防止衬垫膨胀不均匀，影响结合质量。

5）冷缩装配的几点要求

① 冷缩装配前根据配合过盈量和被冷缩工件材料的线膨胀系数，先计算出零件冷缩所需的温度（$T_{冷}$），并取（1.2～1.5）$T_{冷}$，然后确定相应制冷剂。

② 冷缩装配的两结合体，其表面间均应保持良好的位置精度和尺寸精度。

③ 在冷缩装配的整个操作过程中，对工件的尺寸、形状、毛刺、过渡角半径、倒棱等应严格注意。套合后如有角度、方向等要求的工件，则需在套前作好角度定位夹具。

④ 冷缩套合中，既要合理控制温度和保温时间，又要密切注意操作安全，因为干冰和液氮都是强制冷剂，极易灼伤皮肤，所以必须戴好防护器具。

6.9 装配、调试工作中的注意事项

（1）做好零件的清理和清洗工作

在装配过程中，必须保证没有杂质留在零件或部件中，否则，就会迅速磨损机器的摩擦表面，严重的会使机器在很短的时间内损坏。零件在装配前的清理和清洗工作对提高产品质量，延长其使用寿命有着重要的意义。特别是对于轴承精密配合件、液压元件、密封件以及有特殊

清洗要求的零件等很重要。

一般说来，在不同装配加工过程中，零件的清理和清洗工作内容也有所不同，各阶段的主要工作有：在装配前，应清除零件上的残存物，如型砂、铁锈、切屑、油污及其他污物；装配后，则应清除在装配时产生的金属切屑，如配钻孔、铰孔、攻螺纹等加工的残存切屑；部件或机器试车后，洗去由摩擦而产生的金属微粒及其他污物。

清理和清洗零件时，对于非加工表面的型砂、毛刺的清除，可用錾子、钢丝刷；清除铁锈可用旧锉刀、刮刀和砂布；对于有些零件清理后还需涂漆，如箱体内部、手轮、带轮的中间部分。在单件和小批量生产中，零件可在洗涤槽内用抹布擦洗或进行冲洗；在成批或大批量生产中，常用洗涤槽清洗零件，如用固定式喷嘴来喷洗成批小型零件，利用超声波来清洗精度要求较高的零件，如精密传动的零件、微型轴承、精密轴承等。

常用清洗液主要有汽油、煤油、轻柴油和化学清洗液等。其中：汽油主要适用于清洗较精密的零部件上的油脂、污垢和一般黏附的杂质；煤油和轻柴油的应用与汽油相似，清洗效果比汽油差，但比汽油安全；化学清洗液（又称乳化剂清洗液）具有配制简单、稳定耐用、无毒、不易燃烧、使用安全、成本低等特点，如 105 清洗剂、6051 清洗剂可用于喷洗钢件上以机油为主的油污和杂质。

(2) 做好润滑工作

相配零件的表面在配合或连接前，一般都需要涂油润滑。不可在配合或连接后再加润滑油，因为如果在配合或连接之后再加润滑油，不仅操作不便，而且还加不进润滑油。这将导致机器在启动阶段因不能及时供油润滑而加剧磨损。对于过盈配合的连接件，配合表面如缺乏润滑，则在敲入或压合时更容易发生拉毛现象。当活动连接件的配合表面缺乏润滑时，即使配合间隙准确，也常常会因有卡滞而影响正常的活动性能，有时还会被误认为是配合不符合要求。

(3) 相配零件的配合尺寸要准确

装配时，对某些较重要的配合尺寸进行复检或抽检是很必要的，尤其是当需要知道实际的配合是间隙或过盈时。过盈配合的连接一般都不宜在装配后再拆卸下来重新装配，所以，过盈配合的装配更要十分重视实际过盈量的准确性。

(4) 做到边装配边检查

当所装配的产品比较复杂时，每装完一部分应检查一下是否符合要求，而不要等大部分或全部装配完以后再检查，因为此时若发现问题往往为时已晚，有些情况下甚至不易查出问题产生的原因。在对螺纹连接件进行紧固的过程中，还应注意对其他有关零部件的影响，即随着螺纹连接件的逐渐拧紧，有关零部件的位置也可能随之变动，此时不能发生卡住、碰撞等情况，否则会产生附加应力而使零部件变形或损坏。

(5) 试车前的检查和启动过程的监视

试车意味着机器将开始运动并经受负荷的考验，这是最有可能出现问题的阶段，试车前应做一次全面的检查。例如，检查装配工作的完整性、各连接部分的准确性和可靠性、活动件之间运动的灵活性、润滑系统是否正常等。在确保准确无误和安全的条件下，才可开机运转。当机器启动后，应立即全面观察一些主要工作参数和各个运动件的运动是否正常。主要工作参数包括润滑油的压力和温度、振动和噪声、整个机器的有关部位的温度等。只有当启动阶段各个运行指标均正常稳定时，才有条件进行下一阶段的试机内容。而一次启动成功的关键在于装配全过程的严密和认真地工作。

6.10 平口钳的装配

图 6-44 为平口钳的装配图。平口钳是用来夹持工件的通用夹具，在装配时，其往往带有

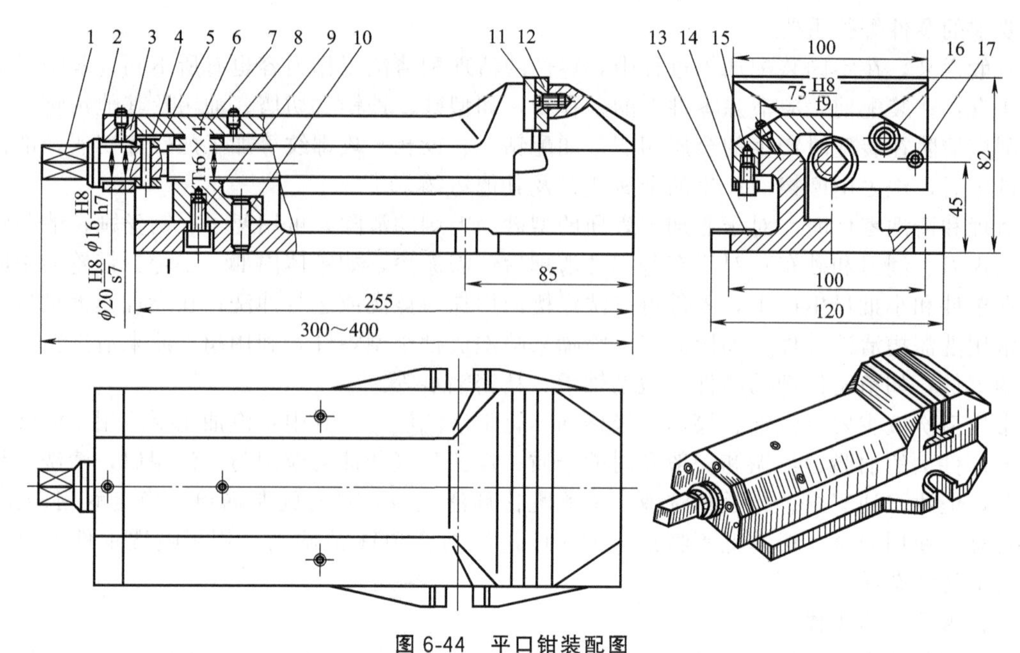

图 6-44　平口钳装配图

1—螺杆；2—轴衬；3—挡板；4—锥销（$\phi4\times25$）；5—挡圈；6—活动钳身；7—螺母；8—油杯；9—螺钉（M8×6）；10—锥销（$\phi4\times28$）；11—螺钉（M6×12）；12—钳口板；13—钳座；14—压板；15—螺钉（M6×16）；16—螺钉（M8×20）；17—锥销（$\phi6\times25$）

一定的加工工作量，即固定钳身（钳座）及活动钳身的刮削工作。在装配前先要做此工作，这实际上也是装配工作的一部分。

(1) 装配

平口钳的装配可按以下顺序进行。

① 刮削固定钳身　使用直角刮研模板［图 6-45（a）］，刮削要求是每 25mm×25mm 面积内有 16～18 点，刮研操作过程如图 6-45（b）所示。然后以上平面为基准，刮导轨下滑面及底平面，达到平行度误差小于 0.01mm，在每 25mm×25mm 面积内有 6～8 个研点就可以了。再刮导轨两侧面，达到相互平行度误差小于 0.01mm（只许钳口处大），在每 25mm×25mm 面积内有 12～16 个研点。

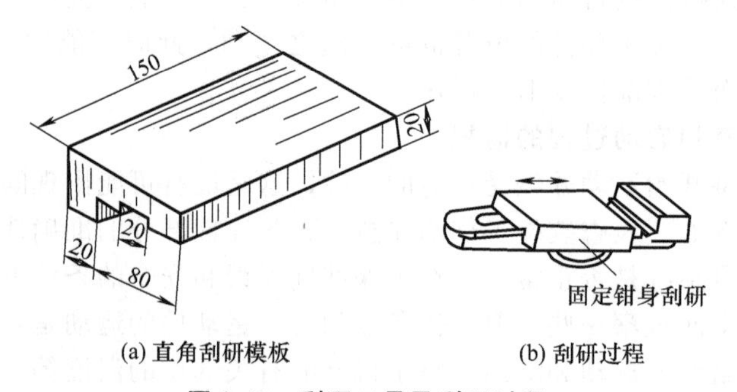

图 6-45　刮研工具及刮研过程

② 底盘加工　刮研底盘上、下表面，达到研点和平行度误差要求后装定位块，可用等高垫铁和百分表测量，达到定位块与孔的对称度要求，如图 6-46 所示。

③ 活动钳身的加工和配刮。

a. 检查来料尺寸，进行倒角、倒棱。

b. 按尺寸划线，钻铰 $\phi3$～6mm 油杯孔。

c. 与压板配钻 M6 螺孔，要求压板与活动钳身外形平齐。

d. 按图开油槽。

e. 用刮研模板研刮凹面，达到每 25mm×25mm 面积内有 12～16 点。

f. 研刮活动钳身两侧面，达到配入钳座内滑动轻便均匀，用 0.04mm 塞尺在端部检查，其塞入深度不超过 10mm，且要求接触点在每 25mm×25mm 面积内有 8～12 点，其操作过程如图 6-47 所示。

④ 试装　以钳口铁、滑板配作各连接孔，试装活动钳身与滑板，达到滑动轻快，无向上或左右的松动感。试装钳身与滑铁，以一块钳口铁为基准，修整另一块钳口铁与钳身的接触面，达到两钳口铁装配后的间隙要求，如图 6-48 所示。

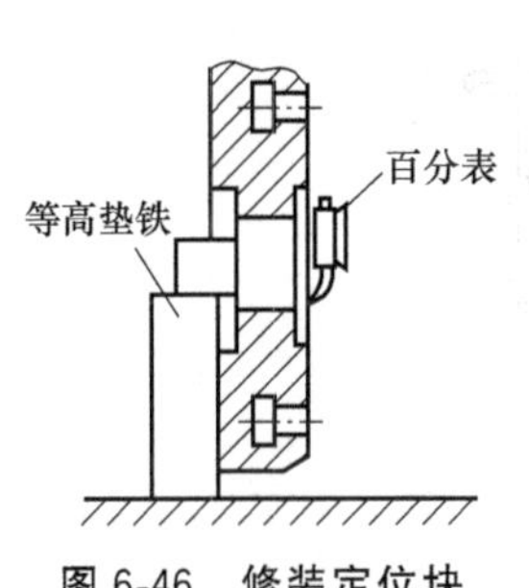

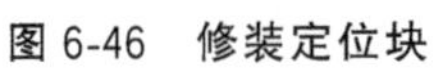

图 6-46　修装定位块

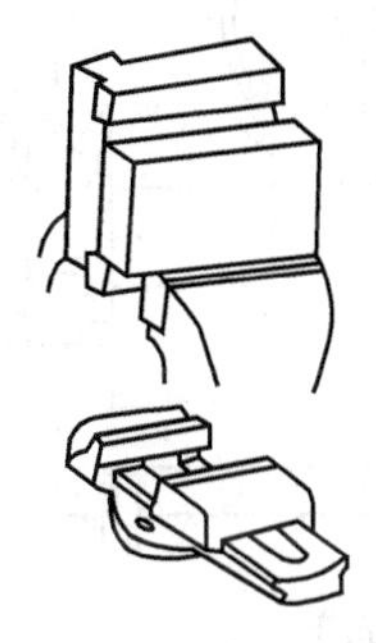

图 6-47　配刮活动钳身

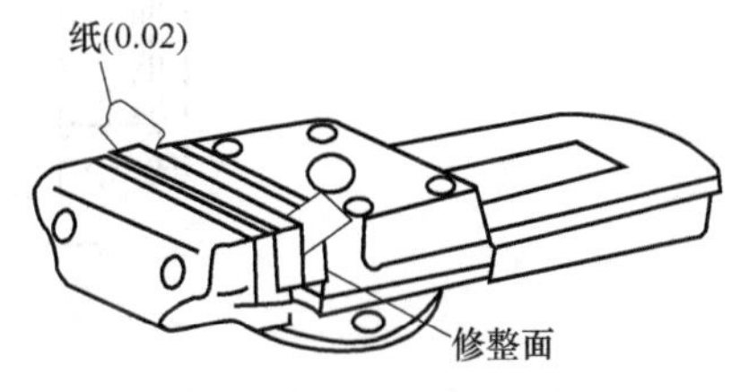

图 6-48　试装滑板与钳口铁

⑤ 总装配　以上准备工作做好后，可以进行总装配，其顺序为：装传动螺母→装螺杆［图 6-49（a）］→装活动钳身［图 6-49（b）］→装滑板→装垫圈→装钳口铁→将钳口铁重合，配作挡圈锥销孔，装入锥销［图 6-49（c）］→摇动螺杆，达到活动钳身滑动轻快→精修两钳口间隙，达到活动钳身移动任意位置时两钳口保持平行→全部拆卸清洗，涂油后再重新组装→以定位块为基准靠紧工作台 T 形槽内一侧，用百分表找正钳口铁，打“0”线［图 6-49（d）］。

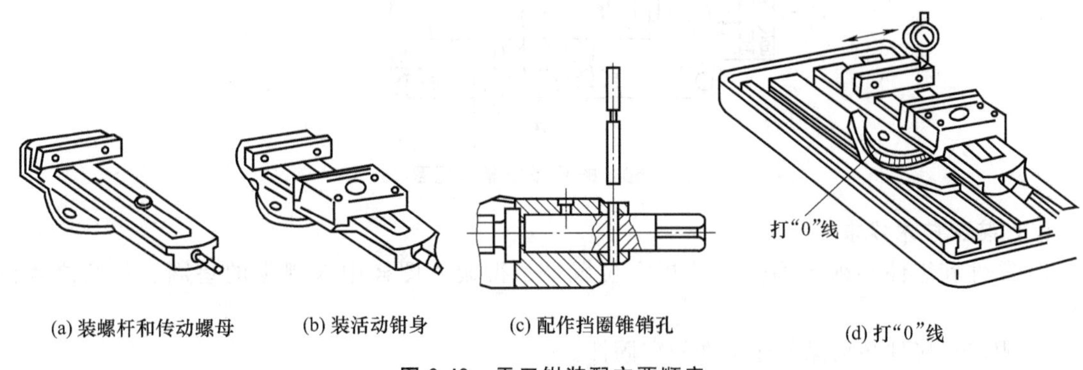

(a) 装螺杆和传动螺母　(b) 装活动钳身　(c) 配作挡圈锥销孔　(d) 打“0”线

图 6-49　平口钳装配主要顺序

(2) 检验

装配操作完成后，应对照装配图样、各项技术要求进行检验，若合格后，则可整理并擦干净工具和量具，然后清洁装配平台和场地。若有不合格项，应在分析原因后，重新进行装配调试或进行相关的技术处理。

6.11 减速器的装配

图 6-50 为一蜗轮减速器装配图。减速器是用来降低输出转速并相应地改变其输出转矩的

机械设备。减速器的运动通过联轴器输入，经蜗杆轴传至蜗轮，蜗轮的运动通过其轴上的平键传给圆锥齿轮副，最后由安装在锥齿轮轴上的齿轮输出。各传动轴采用圆锥滚子轴承支承，各轴承的游隙分别采用调整垫片和螺钉进行调整。蜗轮的轴向装配位置，可通过修整轴承端盖台肩的厚度尺寸来控制。箱盖上设有观察孔，可检视齿轮的啮合情况及箱体内注入润滑油的情况。

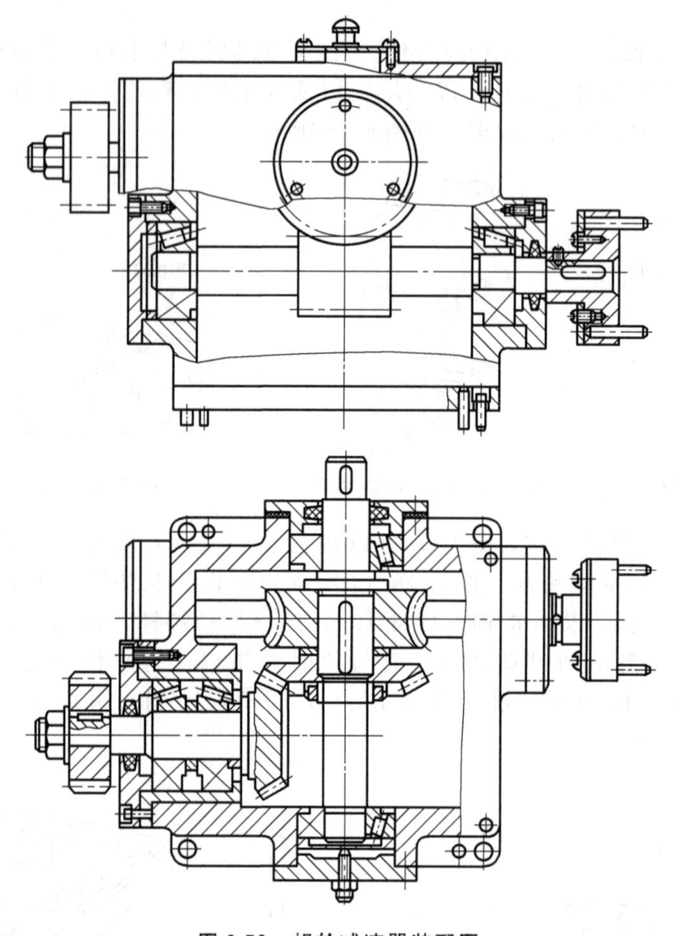

图 6-50　蜗轮减速器装配图

(1) 装配技术要求

① 零件和组件必须正确安装在规定位置，不得装入图样中未规定的垫圈、衬套之类的零件。

② 固定连接件必须保证连接件的牢固性。

③ 旋转件转动灵活，轴承间隙合适，润滑良好，各密封处不得有漏油现象。

④ 各轴线之间应有正确的位置，如平行度、垂直度等。

⑤ 圆锥齿轮副、蜗轮与蜗杆的啮合侧隙和接触斑痕必须达到规定的技术要求。

⑥ 运转平稳，噪声小于规定值。

(2) 装配的操作步骤

减速器装配的主要工作是零件的清洗、整形和补充加工，零件的预装、组装和调整等。具体操作步骤如下。

① 零件的清洗、整形和补充加工　为了保证部件的装配质量，在装配前必须对所要装配的零件进行清洗、整形和补充加工。

a. 零件的清洗主要是清除零件表面的防锈油、灰尘、切屑等污物。

b. 零件的整形主要是修锉箱盖、轴承盖等铸件的不加工表面，使其与箱体结合后外形一致，同时修锉零件上的锐角、毛刺、因碰撞而产生的印痕等。

c. 装配时的补充加工，主要是配钻、配攻螺纹、配铰，如箱盖与箱体、轴承与箱体、轴与轴上相对固定的零件等。

② 零件的预装　零件预装又称试装。为了保证装配工作的顺利，有些相配合的零件或相啮合的零件应先进行试装，待配合达到要求后再拆下。在试装过程中，有时需进行修锉、刮削、调整等工作。

③ 组件的装配　从图 6-50 可看出减速器由蜗杆轴组、蜗轮轴组和锥齿轮轴组 3 部分组成。虽然它们是 3 个独立的部分，但从装配角度分析，除锥齿轮轴组外，其余两根轴及其轴上所有零件，均不能单独进行装配。

④ 锥齿轮轴组件的装配　根据锥齿轮轴组件的装配顺序可制订出表 6-4 所示的装配工艺卡。

表 6-4　锥齿轮轴组件装配工艺卡

(锥齿轮轴组件装配图,参见图 6-51)			
工序号及其内容	工步号及其内容	设备	工艺装备
① 锥齿轮与衬垫的装配	以锥齿轮轴为基准,将衬套套装在轴上		
② 轴承盖与毛毡的装配	将已剪好的毛毡塞入轴承盖槽内	锥度芯轴	
③轴承套与轴承外圈的装配	①用专用量具分别检查轴承套孔及轴承外圆尺寸		塞规卡板
	②在配合面上涂上全损耗系统用油		
	③以轴承套为基准,将轴承外圆压入孔内至底面	压力机	塞规卡板
④轴承套组件装配	①以锥齿轮组件为基准,将轴承套分组件套装在轴上		
	②在配合面上加油,将轴承内圈压装在轴上,并紧贴衬垫		
	③套上隔圈,将另一轴承内圈压装在轴上,直至与隔圈接触		
	④将另一轴承外圈涂上油,轻压至轴承套内		
	⑤装入轴承盖分组件,调整端面的高度使轴承间隙符合要求后,拧紧 3 个螺钉		
	⑥安装平键,套装齿轮、垫圈,拧紧螺母,注意配合面加油		
	⑦检查锥齿轮转动的灵活性及轴向窜动		
⑤装配后检验	①组装时,各装入零件应符合图样要求		
	②组装后圆锥齿轮应转动灵活,无轴向窜动		

根据上述锥齿轮轴组件装配工艺卡的装配要求，可先进行分组件装配，即先将衬垫装在锥齿轮轴上；再将轴承外圈按要求装在轴承套内；最后将剪好的毛毡嵌入轴承盖槽内。

完成上述操作后，可按表 6-4 工艺卡的要求，将轴组零件一一装上。其中，螺钉若能在装好直齿轮后放入轴承盖螺钉孔内，则螺钉可最后与箱体结合时再安装。图 6-51 给出了锥齿轮组件装配的顺序。

⑤ 减速器的总装与调试　在完成减速器各组件的装配后，即可进行总装工作。减速器的总装是从基准零件——箱体开始的。根据减速器的结构特点，采用先装蜗杆、后装蜗轮的装配顺序，表 6-5 给出了减速器的总装配工艺卡。

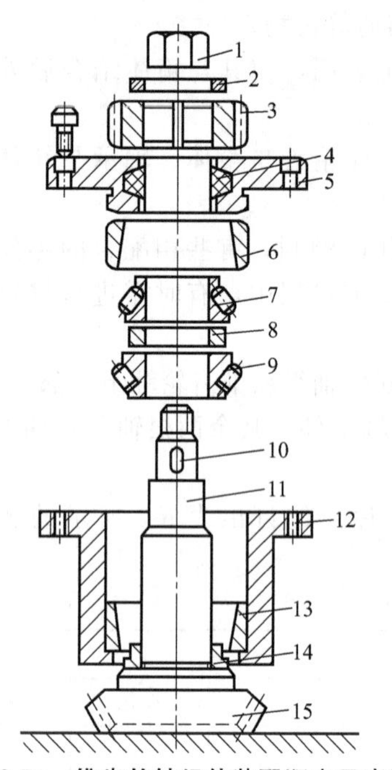

图 6-51 锥齿轮轴组件装配顺序示意图

1—螺母；2—垫圈；3—齿轮；4—毛毡；5,12—轴承盖；6,13—轴承外圈；7,9—轴承内圈；8—隔圈；10—键；11,15—锥齿轮；14—衬垫

(3) 装配要点

① 装配蜗杆轴　先将蜗杆轴组件（蜗杆与两端轴承内圈的组合）装入箱体，然后从箱体孔两端装入轴承外圈、再装上蜗杆伸出端的轴承盖组件，并用螺钉拧紧。这时轻敲蜗杆轴另一端，使伸出端的轴承消除间隙并与轴承盖贴紧。然后在另一端装入调整垫圈和轴承盖，并测量间隙Δ，以确定垫圈的厚度，最后将上述零件装入，用螺钉拧紧，如图 6-52 所示。

为了使蜗杆装配后保持 0.01～0.02mm 的轴向间隙，可用百分表在轴的伸出端进行检查，符合要求后，蜗杆轴可不必拆下。

② 蜗轮轴组件及锥齿轮组件的装配　装配蜗轮和锥齿轮是减速器装配的关键，装配后应满足两个基本要求：一是为了保证蜗杆副和锥齿轮副的正确啮合，蜗轮齿轮的对称平面应与蜗杆轴心线重合，两锥齿轮的轴向位置必须正确。从装配图可知，蜗轮轴向位置由轴承盖的预留调整量来控制。二是锥齿轮的轴向位置由调整垫圈的尺寸来控制，装配工作分两步进行。

第一步为预装：先将圆锥滚子轴承的内圈压入轴的大端，通过箱体孔，装上已试配好的蜗轮及轴承外圈，再在另一端装上代替圆锥滚子轴承的轴套 3（为便于拆卸）。移动蜗轮轴，在蜗轮与蜗杆正确啮合的位置（可用涂色法来检查）测量尺寸 H'，并以此来调整轴承盖的台肩尺寸（台肩尺寸为 $H_{-0.02}^{\ 0}$），此处即为蜗轮轴在减速器中的正确啮合位置，如图 6-53 所示。

表 6-5　减速器总装配工艺卡　　mm

（减速器总装图，参见图 6-50）			
工序号及其内容	工步号及其内容	设备	工艺装备
①装配蜗杆轴	①将蜗杆组件装入箱体		卡规、塞尺、百分表表架
	②用专用量具分别检查箱体孔和轴承外圈尺寸		
	③从箱体孔两端装入轴承外圈	压力机	
	④装上右端轴承盖组件，并用螺钉旋紧，轻敲蜗杆轴端，使右端轴承消除间隙		
	⑤装入调整垫圈的左端轴承盖，并用百分表测量间隙确定垫圈厚度，最后将上述零件装入，用螺钉旋紧，保证蜗杆轴向间隙为 0.01～0.02mm		
②预装	①用专用量具测量轴承、轴等相配零件的外圆及孔尺寸		卡规、塞尺、深度游标卡尺、内径千分尺
	②将轴承装入蜗轮轴两端	压力机	
	③将蜗轮轴通过箱体孔，装上蜗轮、锥齿轮、轴承外圈、轴承套、轴承盖组件		
	④移动蜗轮轴，调整蜗杆与蜗轮正确啮合位置，测量轴承端面至孔端面距离 H' 并调整轴承盖台肩尺寸（台肩尺寸＝$H_{-0.02}^{\ 0}$）		
	⑤装入轴承套组件，调整两锥齿轮正确的啮合位置（使齿背齐平）		
	⑥分别测量轴承套肩面与孔端面的距离 H_1，以及锥齿轮端面与蜗轮端面距离 H_2，并配磨好垫圈尺寸，然后卸下各零件		

续表

工序号及其内容	工步号及其内容	设备	工艺装备
（减速器总装图，参见图 6-50）			
③最后装配	①从大轴孔方向装入蜗轮轴，同时依次将键、蜗轮、垫圈、锥齿轮、带翅垫圈和圆螺母装在轴上，然后箱体轴承孔两端分别装入滚动轴承及轴承盖，用螺钉旋紧并调好间隙，装好后，用手转动蜗杆时，应灵活无阻滞现象	压力机	
	②将轴承套组件与调整垫圈一起装入箱体，并用螺钉紧固		
	③安装联轴器及箱盖零件		
④装配后检验	①零、组件必须正确安装，不得装入图样未规定的垫圈		
	②固定连接件必须保证将零、组件紧固在一起		
	③旋转机构必须转动灵活，轴承间隙合适		
	④啮合零件的啮合必须符合图样的要求		
	⑤各轴线之间应有正确的相对位置		
⑤运转试验	清理内腔，注入润滑油，连上电动机。接上电源，进行空转试车。运转 30min 左右，要求齿轮无明显噪声、轴承温度不超过规定要求以及符合装配后各项技术要求		

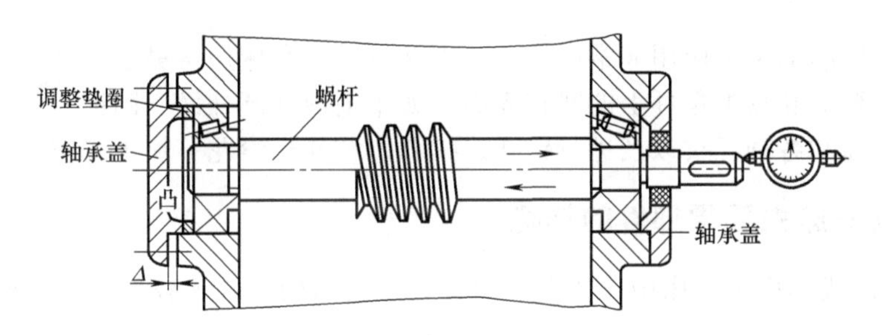

图 6-52　调整蜗杆轴轴承的轴向间隙

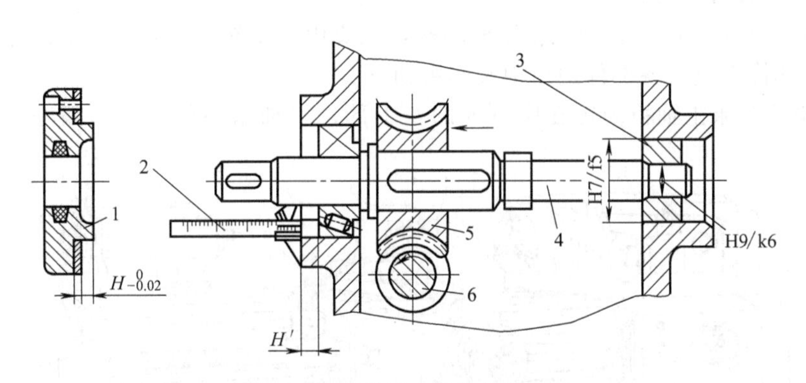

图 6-53　调整蜗轮轴的安装位置

1—轴承盖；2—深度游标卡尺；3—轴承套（代替轴承）；4—轴；5—蜗轮；6—蜗杆

其次，将蜗轮轴上各有关零部件装入（后装锥齿轮轴组件），调整两锥齿轮轴向位置使其正确啮合。然后分别测量 H_1 和 H_2 的相关间隙值，然后卸下各零件，按 H_1 和 H_2 的尺寸分别配磨垫圈，如图 6-54 所示。

第二步为最后装配：首先从大轴承孔方向将蜗轮轴装入，同时依次将键、蜗轮、调整垫圈、锥齿轮、止退垫圈、圆螺母装在轴上。从箱体两端轴承孔分别装入滚动轴承和轴承盖，用螺钉拧紧并调好间隙。装好后用手转动蜗杆轴，应灵活无阻滞现象。

其次，将锥齿轮轴组件和调整垫圈装入箱体，并用螺钉拧紧；再安装联轴器，用涂色法空

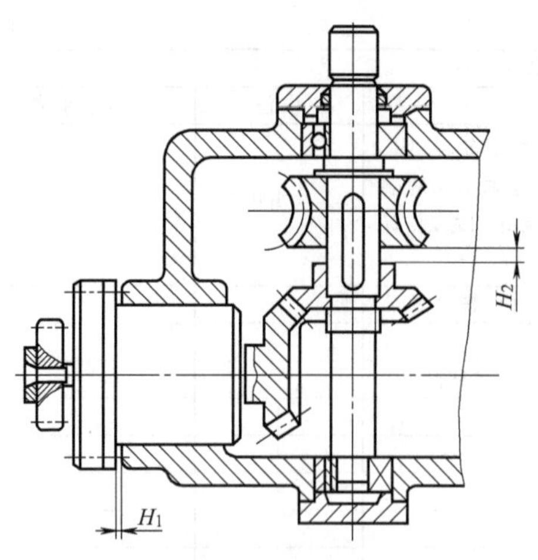

图 6-54 调整两圆锥齿轮的安装位置

盘转动检验传动副的啮合情况，并做必要的调整；然后清理箱体内腔，安装箱盖，注入润滑油，最后上盖板，连接电动机。

最后空转试机：减速器装配完后要进行运转试验，首先应先清理内腔，注入润滑油，转动联轴器，使润滑油均匀分配至轴承等处。而后装上箱盖，连上电动机，并用手转动联轴器试转，经检查一切符合要求后，接上电源，用电动机带动空转。试机 30min 左右后，观察运转情况。运转后，若各项指标符合技术要求，且达到热平衡时，轴承的温度及温升值不超过规定要求，齿轮和轴承无明显噪声并符合其他各项装配技术要求，则总装工作就算符合技术要求。

6.12 车床的装配

车床在金属切削加工中应用非常广泛，其中又以卧式车床用得最多。卧式车床一般适用于加工各种轴类、套类和盘类零件上的回转表面，如车削内外圆柱面、圆锥面、环槽及成形回转面，还能车削端面和各种螺纹以及进行钻孔、扩孔、铰孔、滚花等加工工作。

6.12.1 卧式车床主要零部件的结构

CA6140 型卧式车床是车床中比较典型的类型，其结构形式比较典型，下面就以这种车床为例介绍车床的装配。

(1) 卧式车床的总体结构

图 6-55 给出了 CA6140 型卧式车床的结构，主要由主轴箱、滑板部件、进给箱、溜板箱、尾座、床身等部件组成，各部件的结构及作用如下。

① 主轴箱　车床主轴箱固定在床身 8 的左上部，主轴箱中包括主轴部件及其传动机构，

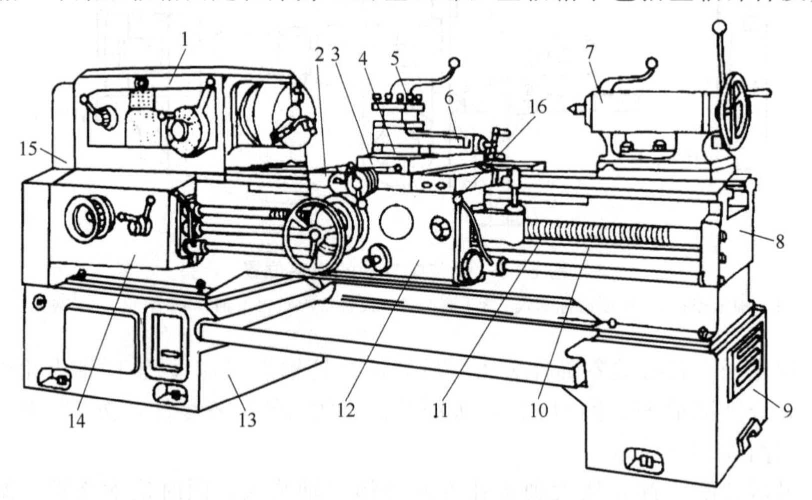

图 6-55 CA6140 型卧式车床的组成

1—主轴箱；2—床鞍；3—中滑板；4—转盘；5—方刀架；6—小滑板；7—尾座；8—床身；9—右床脚；10—光杠；11—丝杠；12—溜板箱；13—左床脚；14—进给箱；15—交换齿轮架；16—操纵手柄

启动、停止、变速、换向和制动装置，操纵机构和润滑装置等。主轴箱的功能是支承主轴，并将动力从电动机经变速机构和传动机构传给主轴，使主轴带动工件按一定的转速旋转，实现主运动。

② 滑板部件　它由床鞍 2、中滑板 3、转盘 4、小滑板 6 和方刀架 5 等组成。其主要功能是安装车刀，并使车刀做进给运动和辅助运动。床鞍 2 可沿床身上的导轨做纵向移动，中滑板 3 可沿床鞍上的燕尾形导轨做横向移动，转盘 4 可使小滑板和方刀架转动一定角度。用手摇小滑板使刀架做斜向移动，以车削锥度大的短圆锥体。

③ 进给箱　它固定在床身的左前侧，是进给系统的变速机构。其主要功能是改变被加工螺纹的螺距或机动进给的进给量。

④ 溜板箱　它固定在床鞍 2 的底部，与滑板部件合称为溜板部件，可带动刀架一起运动。实际上刀架的运动是由主轴箱传出的，经交换齿轮架 15、进给箱 14、光杠 10（或丝杠 11）、

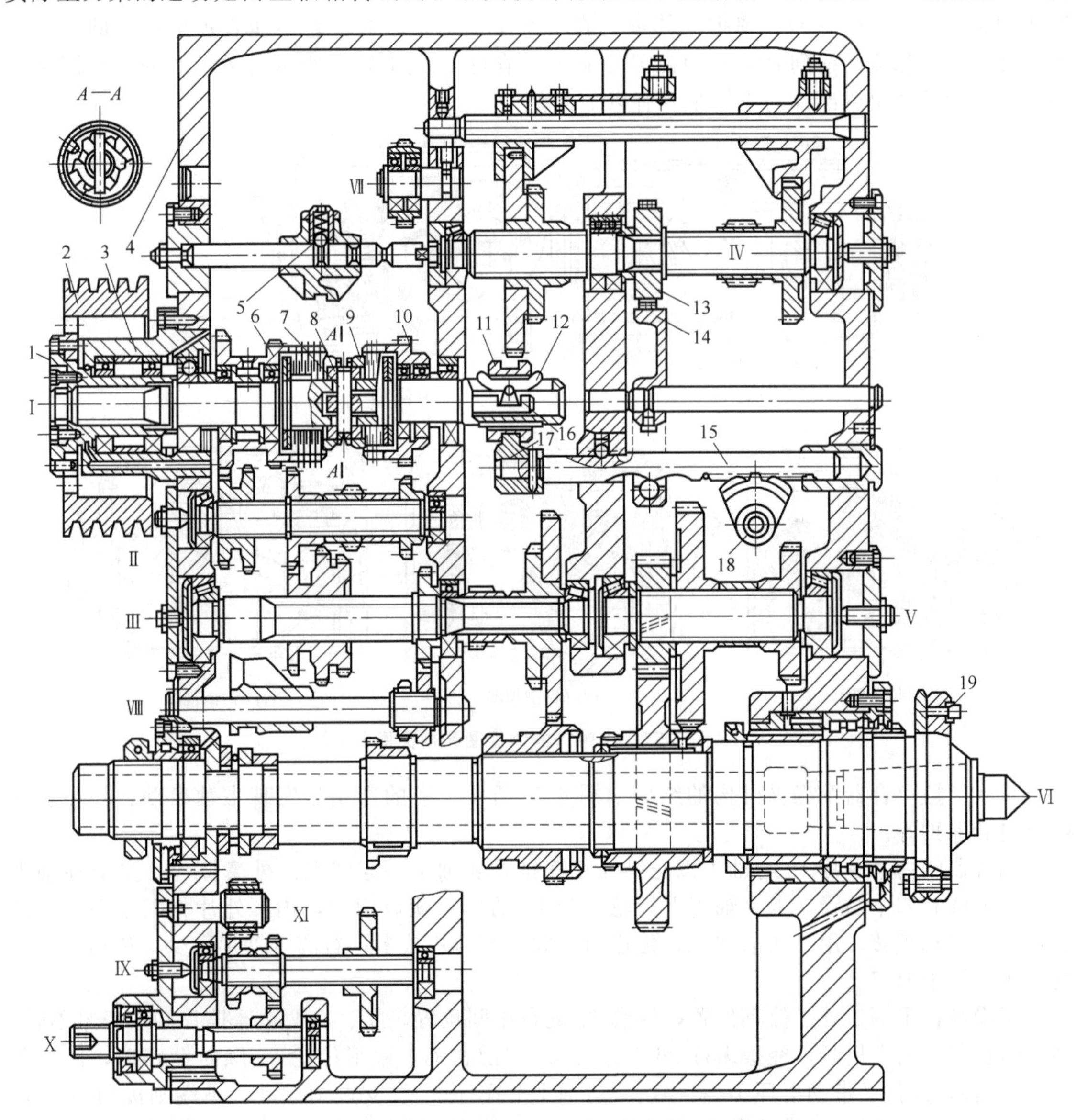

图 6-56　CA6140 型卧式车床主轴箱展开图

1—花键轴套；2—带轮；3—法兰；4—箱体；5—钢球；6—双联齿轮；7—定位销；8—轴套；9—螺母；10—空心套齿轮；11—滑套；12—摆杆；13—制动盘；14—杠杆；15—齿条轴；16—杆；17—拨叉；18—齿扇；19—主轴部件

溜板箱 12 并经溜板箱内的控制机构，接通或断开刀架的纵、横向进给运动或快速移动或车削螺纹运动。

⑤ 尾座　它装在床身的尾座导轨上，可沿此导轨做纵向调整移动并夹紧在需要的位置上。其主要功能是用后顶尖支承工件。尾座还可以相对于底座做横向位置调整，便于车小锥度的长锥体。尾座套筒内也可以安装钻头、铰刀等孔加工工具。

⑥ 床身　床身固定在左、右床脚 13、9 上，是构成整个机床的基础。在床身上安装机床的各部件，并使它们在工作时保持准确的位置，床身也是机床的基本支承件。

（2）主要零部件的结构

1）主轴箱

主轴箱是用于安装主轴、实现主轴旋转及变速的部件。CA6140 型卧式车床主轴箱结构的展开图如图 6-56 所示。它是将传动轴沿轴心线剖开，即沿轴Ⅳ-Ⅰ-Ⅱ-Ⅲ（Ⅴ）-Ⅵ-Ⅺ-Ⅸ-Ⅹ的轴线剖展开而形成的。展开图把立体展开在一个平面上，因此，它不能表示出各轴的实际位置，必须配合相应的横剖面图和侧视图才能表达清楚。如图 6-57 所示为主轴箱的侧视图和剖面图，主轴箱各组成部件的结构主要有以下部分。

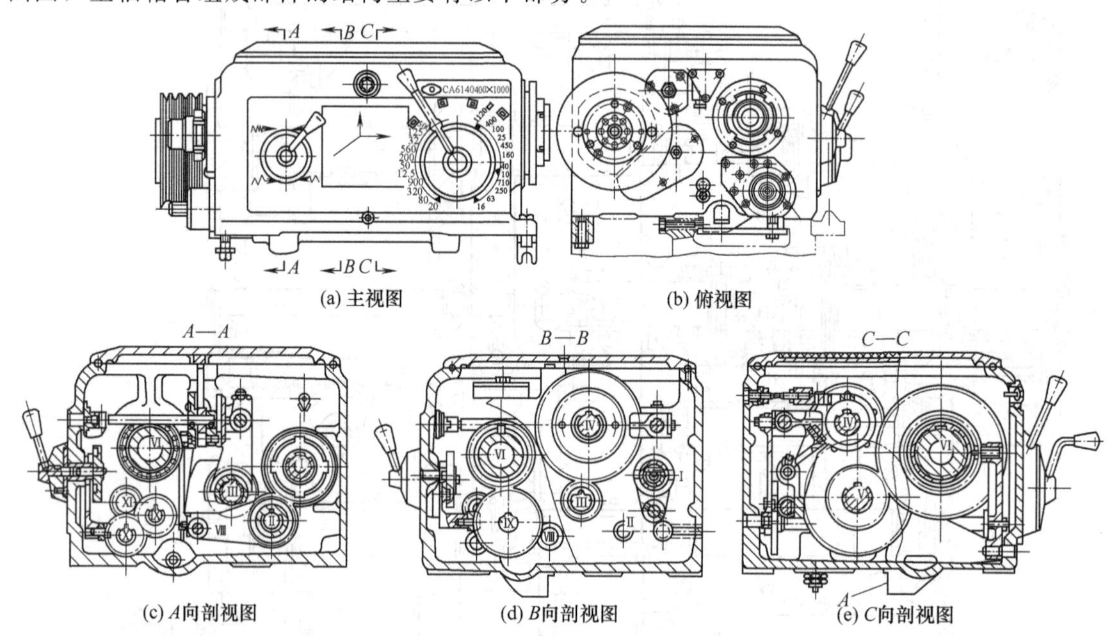

图 6-57　主轴箱的侧视图和剖面图

片式摩擦离合器及操纵机构的结构如图 6-58 所示。它的作用是实现主轴启动、停止、换向及过载保护等。

离合器的内摩擦片 10 与轴Ⅰ以花键孔相连接，随轴Ⅰ一起转动。外摩擦片 9 空套在轴Ⅰ上，其外圆有四个凸缘，卡在轴Ⅰ上齿轮 7 和 14 的四个缺口槽中，内、外片相间排叠。左离合器传动主轴正转，用于切削加工，传递扭矩大，因而片数多；右离合器片数少，传动主轴反转，主要用于退刀。

当操纵杠手柄 1 处于停车位置，滑套 12 处在中间位置，左、右两边摩擦片均未压紧不转。当操纵杠手柄向上抬起，经操纵杠 26 及连杆 25 向前移动，扇形齿轮 23 顺时针转动，使齿条轴 24 右移，经拨叉带动滑环 16 右移，压迫轴Ⅰ上摆杆 17 绕支点销摆动，下端则拨动拉杆 15 右移，再由拉杆上销 13 带动滑套 12 和螺母 11 左移，从而将左边的内、外摩擦片压紧，则轴Ⅰ的转动使通过内外片摩擦力带动空套齿轮 7 转动，使主轴实现正转。同理，若操纵杠手柄向下压时，使滑环 16 左移，经摆杆 17 使拉杠 15 右移，便可压紧右边摩擦片，则轴Ⅰ带动右边

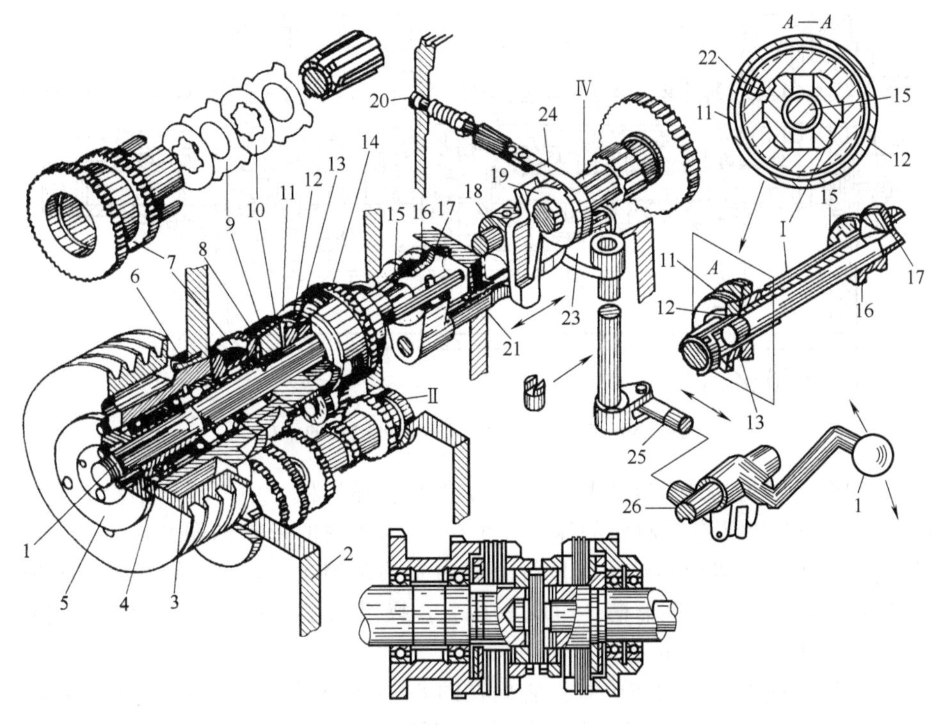

图 6-58 片式摩擦离合器及操纵机构的结构

1—操纵杠手柄；2—箱体；3—带轮；4—回油槽；5—端盖；6—轴承；7,14—齿轮；8—套；9—外摩擦片；10—内摩擦片；11—螺母；12—滑套；13—销；15—拉杆；16—滑环；17—摆杆；18—杠杆；19—制动盘；20—调节螺钉；21—制动带；22—定位销；23—扇形齿轮；24—齿条轴；25—连杆；26—操纵杠

空套齿轮 14 转动，使主轴实现反转。

离合器摩擦片松开时的间隙要适当，当发生间隙过大或过小时，必须进行调整。调整的方法如图 6-57 中 A—A 剖面所示，将定位销 22 压入螺母 11 的缺口，然后转动左侧螺母 11，可调整左侧摩擦片间隙；转动右侧螺母，可调整右边摩擦片间隙。调整完毕，让定位销 22 自动弹出，重新卡住螺母缺口，以防止螺母在工作中松脱。

为了缩短辅助时间，使主轴能迅速停车，轴Ⅳ上装有钢带式制动器。制动器由杠杆 18、制动盘 19、调节螺钉 20 及弹簧、制动带 21 组成。当操纵杠手柄 1 使离合器脱开时，齿条轴 24 处于中间位置，此时轴 24 凸起部分恰好顶住杠杆 18，使杠杆逆时针转动，将制动带拉紧，使轴Ⅳ和主轴停止转动。若摩擦离合器接合，主轴转动时，杠杆 18 则处于齿条轴中间凸起部分的左边或右边的凹槽中，使制动带放松，主轴不再被制动。制动带的制动力可由螺母 20 进行调节。

2）进给箱

CA6140 型卧式车床进给箱的结构如图 6-59 所示。进给箱的功用是将主轴箱经挂轮传来的运动进行各种速比的变换，使光杠、丝杠得到不同的转速，以取得不同的进给量和加工不同螺距的螺纹。主要由基本组、增倍组及各种操纵机构组成。

进给箱中的基本组由XV轴上四个滑移齿轮和XIV轴上八个固定齿轮组成。每个滑移齿轮依次与XIV轴相邻的两个固定齿轮中的一个啮合，而且要保证在同一时刻内，基本组中只能有一对齿轮啮合。而这四个齿轮滑块是由一个手柄集中操纵的，进给箱基本组的操纵机构如图 6-60 所示。

基本组的四个滑移齿轮分别由四个拨块 2 来拨动，每个拨块的位置由各自的销子 4 通过杠

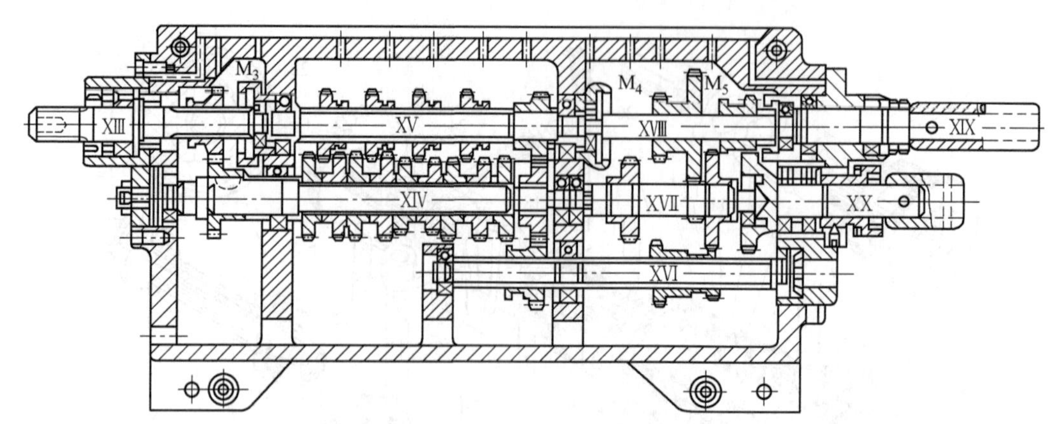

图 6-59　CA6140 型卧式车床进给箱的结构

杆 3 来控制。四个销子均匀地分布在操纵手轮 6 背面的环形槽 e 中。环形槽上有两个间隔 45°的孔 a 和孔 b，孔中分别装有带斜面的压块 7 和 7′。两压块的形状如图 6-60（a）所示。安装时压块 7 的斜面向外斜，以便与销子 4 接触时能向外抬起销 4；压块 7′的斜面向里斜，与销 4 接触时向里压销 4。这样利用环形槽、压块 7 和 7′，操纵销子 4 及杠杆 3，使每个拨块及其滑移齿轮依次有左、中、右三种位置。

手轮 6 在圆周方向有八个均布位置。它处在图 6-60（b）所示位置时，只有左上角的销 4′在压块 7′的作用下靠在孔 b 的内侧壁上。此时，杠杆将拨动滑移齿轮右移，使轴 XV 上第三个滑移齿轮 $Z=28$ 左移，与 $Z=26$ 齿轮啮合。其余三个销子因在环形槽 e 中，相应的滑移齿轮都处在中间位置，保证 XV 轴、XIV 轴之间只有一对齿轮啮合。如需改变基本组的传动比时，先将手轮 6 向外拉，由图 6-60（a）可知，螺钉 9 尖端沿固定轴 5 的轴向槽移动到环形槽 e 中，这时手轮 6 可以自由转动选位变速。由于销 4 还有一小段保留在槽 e 及孔 b 中，转动手轮 6 时，销 4 回倒并沿槽 e 及孔 a、b 中滑过，所有滑移齿轮都在中间位置。当手轮转到所需位置后，例如，从图 6-60（b）所示位置逆时针转过 45°（这时孔 a 正对销 4′），将手轮重新推入，孔 a 中压块 7 的斜面将销 4′向外抬起，通过杠杆将 XV 轴第三个滑移齿轮推向右端，使 $Z=26$ 与 $Z=28$ 齿轮啮合，从而改变基本组传动比。手轮 6 沿圆周转一周时，则会使基本组八个速比依次实现。

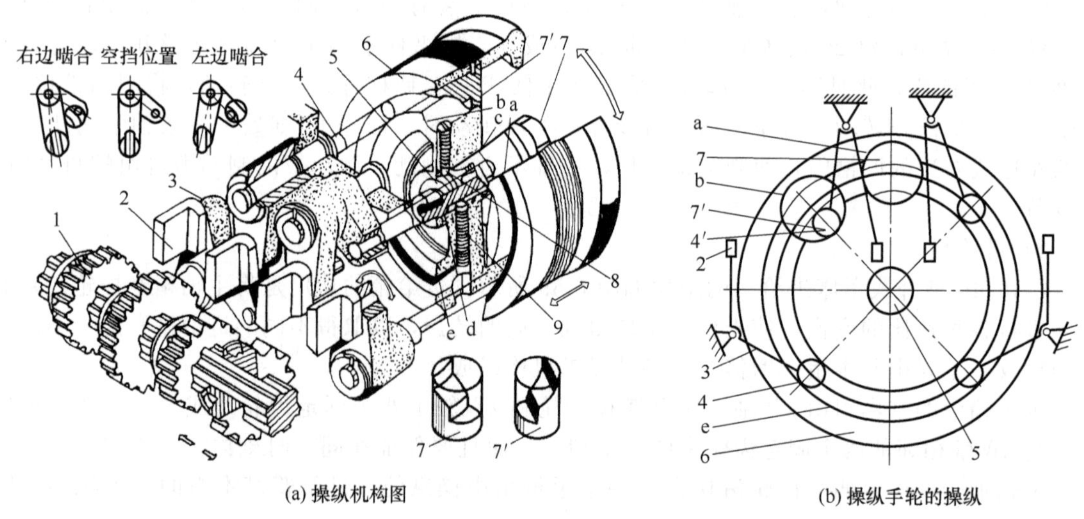

(a) 操纵机构图　　(b) 操纵手轮的操纵

图 6-60　进给箱基本组的操纵机构图

1—滑移齿轮；2—拨块；3—杠杆；4,4′—销；5—弹簧；6—操纵手轮；7,7′—压块；8—钢珠；9—螺钉

3）滑板箱

CA6140型卧式车床滑板箱展开图如图6-61所示。表示滑板箱中各轴装配关系。滑板箱的作用是将进给箱运动传给刀架，并做纵向、横向机动进给及车螺纹运动的选择，同时有过载保护作用。

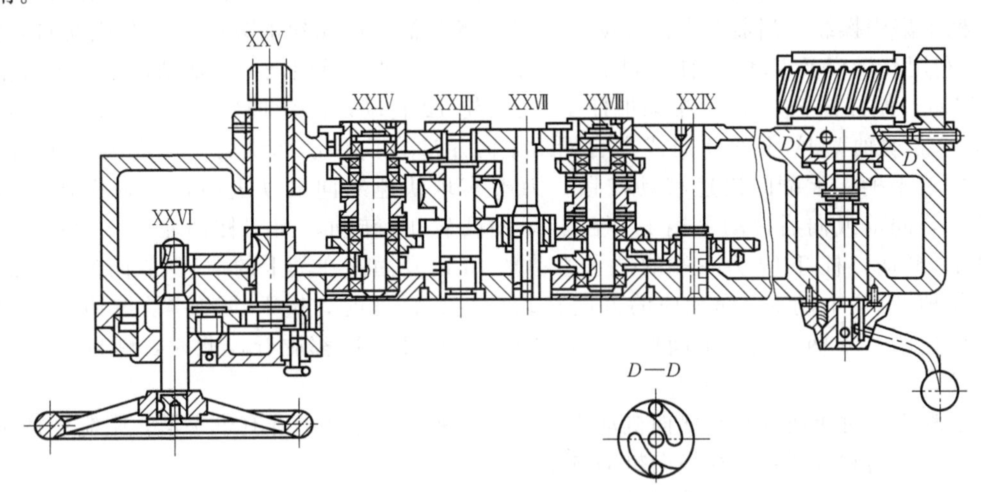

图6-61 CA6140型卧式车床滑板箱展开图

CA6140型卧式车床滑板箱传动操纵机构如图6-62所示。

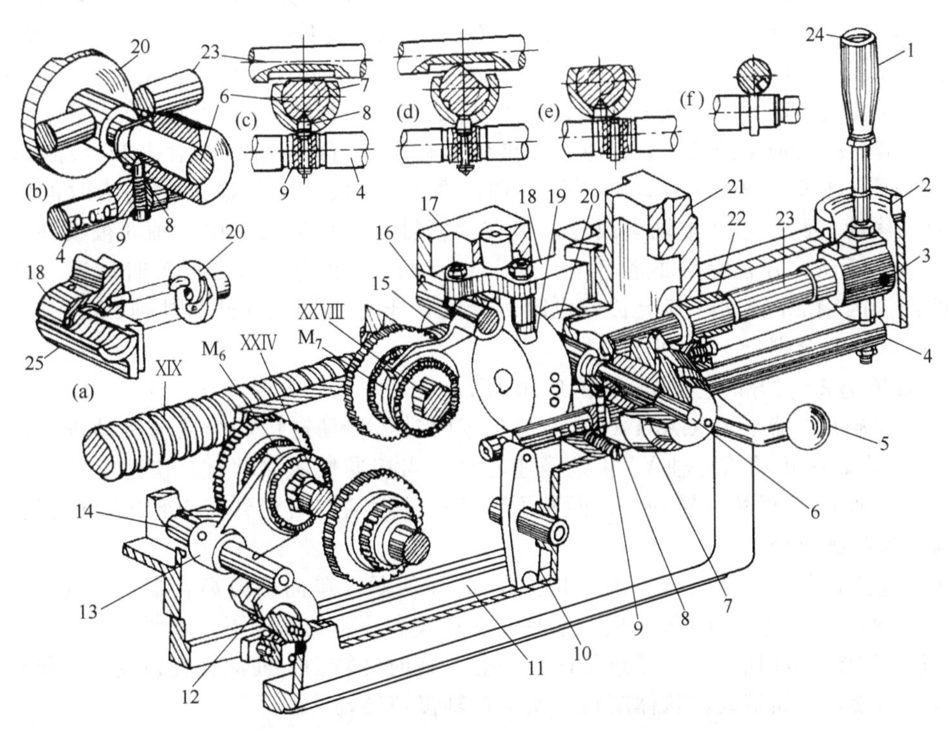

图6-62 CA6140型卧式车床滑板箱操纵机构图

1,5—手柄；2—盖；3—销；4,6,14,16,23—轴；7—端盖；8—销；9—弹簧；10,17—杠杆；11—推杆；12,19—凸轮；13,15—拨叉；18—上半螺母；20—曲线槽盘；21—滑板箱体；22—卡环；24—快速按钮；25—下半螺母

① 开合螺母的操纵机构 开合螺母（因螺母做成开合的上下两部分而得名）机构如图6-62（a）所示。用来接通和断开切削螺纹运动，顺时针转动手柄5，通过轴6带动曲线槽盘

20转动。利用其上曲线槽，通过圆柱销带动上半螺母18、下半螺母25在滑板箱体21后面的燕尾形导轨内上下移动，使其相互靠拢，即开合螺母与丝杠啮合。若逆时针方向转动手柄5，则两半螺母相互分离，开合螺母与丝杠脱开。

② 纵向、横向机动进给及快速移动操纵机构　CA6140车床纵向、横向机动进给及快速移动由手柄1集中操纵。当需要纵向移动刀架时，将手柄1向相应的方向（向左或向右）扳动，因轴23利用其轴肩及卡环22轴向固定在箱体上，故手柄1只能绕销3摆动，于是下端推动轴4轴向移动。使杠杆10摆动，推动推杆11使凸轮12转动。凸轮曲线槽迫使轴14上的拨叉13移动，带动轴ⅩⅫⅤ上的牙嵌式离合器M_6向相应方向移动而啮合，刀架实现纵向进给。此时，按下手柄1上端的快速移动按钮，刀架实现快速纵向机动进给，直到松开快速按钮时为止。若向前或向后扳动手柄1，经轴23使凸轮19转动，而圆柱凸轮19上的曲线槽迫使杠杆17摆动，杠杆17另一端的销子拨动轴16以及固定在其上的拨叉15向前或向后轴向移动，使轴ⅩⅩⅦ上的M_7向相应的方向移动而啮合。此时，按下快速移动按钮，刀架实现快速横向进给。手柄1处于中间位置时，离合器M_6和M_7都脱开，此时，断开机动进给及快速移动。

为了避免同时接通纵向和横向机动进给，在手柄1的盖2上开有十字槽，限制手柄1的位置，使它不能同时接通纵向和横向机动进给。

③ 互锁机构　互锁机构的作用是当接通机动进给或快速移动时，开合螺母不能合上；合上开合螺母时，则不允许接通机动进给或快速移动。

开合螺母操纵手柄5和刀架进给与快速移动操纵手柄1之间的互锁机构，如图6-62（b）所示。图6-62（c）～(f）为互锁机构原理图。图6-62（c）为停车位置状态，即开合螺母脱开，机动进给也未接通，此时可任意扳动手柄1或手柄5。图6-62（d）为合上开合螺母时状态，由于手柄轴6转过一定角度，它的凸肩进入轴23的槽中，将轴23卡住而不能转动。同时，凸肩又将圆柱销8压入轴4的孔中，使轴4不能轴向移动。由此可知，如合上开合螺母，手柄1被锁住，因而机动进给和快速移动就不能接通。图6-62（e）为接通纵向进给时的情况，此时，因轴4移动，圆柱销8被轴4顶住，卡在手柄轴6凸肩的凹坑中，轴6被锁住，开合螺母手柄5不能扳动，开合螺母不能合上。图6-62（f）为手柄1前后扳动时情况，这时为横向机动进给。因轴23转动，其上长槽也随之转动，于是手柄轴6凸肩被轴23顶住，轴6不能转动，所以，开合螺母不能闭合。

④ 单向超越离合器和安全离合器的应用如下。

a. 单向超越离合器：在CA6140型卧式车床的进给传动链中，当接通机动进给时，光杠ⅩⅩ的运动经齿轮副传动蜗杆轴ⅩⅩⅡ做慢速转动。当接通快速移动时，快速电动机经一对齿轮副传动蜗杆轴ⅩⅩⅡ做快速转动。这两种不同转速的运动同时传到一根轴上，而使轴不受损坏的机构称为超越离合器。

单向超越离合器和安全离合器的结构如图6-63所示。单向超越离合器由齿轮6、星状体9、滚柱8、弹簧14和顶销13等组成。滚柱8在弹簧和顶销的作用下，楔紧在齿轮6和星状体9的楔缝里，如图6-64所示。机动进给时，齿轮6逆时针转动，使滚柱在齿轮6及星状体9的楔缝中越挤越紧，从而带动星状体旋转，使蜗杆轴慢速转动。

假若同时接通快速移动，星状体则直接随蜗杆轴一起做逆时针快速转动。此时由于星状体9比齿轮6转得快，迫使滚柱8压缩弹簧滚到楔缝宽端。则齿轮6的慢速转动不能传给星状体，即断开了机动进给。当快速电动机停止时，蜗杆轴又恢复慢速转动，刀架重新获得机动进给。

b. 安全离合器：也称为过载保护机构。它的作用是在机动进给过程中，当进给力过大或进给运动受到阻碍时，可以自动切断进给运动，保护传动零件在过载时不发生损坏。

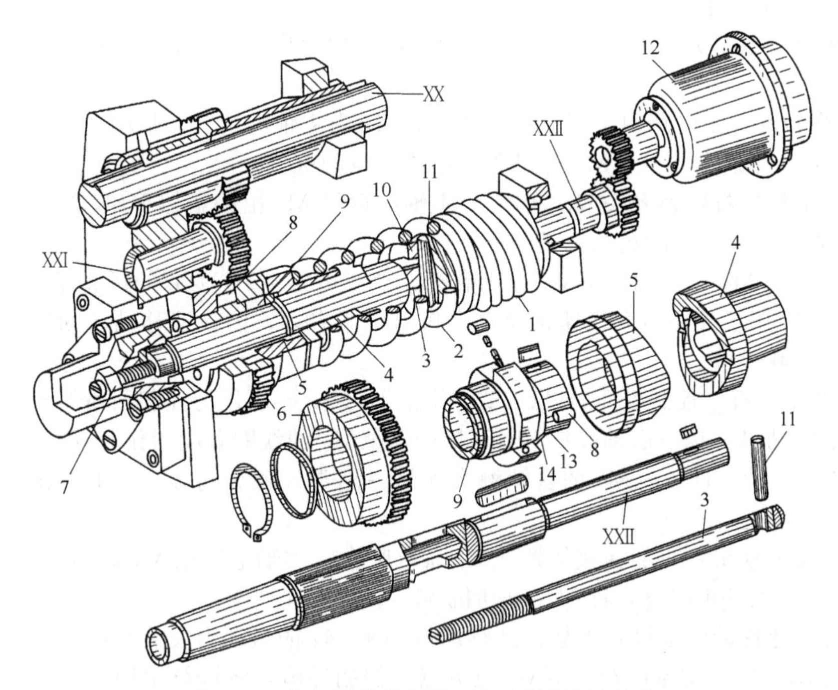

图 6-63 单向超越离合器和安全离合器的结构

1,2,14—弹簧；3—拉杆；4—左端面接合子；5—右端面接合子；6—齿轮；7—螺母；8—滚柱；9—星状体；10—止推套；11—圆柱销；12—快速电动机；13—顶销

安全离合器由两个端面接合子 4 和 5 组成，左接合子 5 和单向超越离合器的星状体 9 连在一起，而且空套在蜗杆轴ⅩⅩⅡ上；右接合子 4 和蜗杆轴有花键连接，可在该轴上滑移，靠弹簧 2 的弹簧力作用，与左接合子 5 紧紧地啮合。

安全离合器的工作原理如图 6-65 所示。在正常进给情况下，运动由单向超越离合器及左接合子 5 带动右接合子 4，使蜗杆轴转动，如图 6-65（a）所示。当出现过载或阻碍时，蜗杆轴转矩增大并超过了许用值，两接合端面处产生的轴向力超过弹簧 2 的压力，则推开右接合子 4，如图 6-65（b）所示。此时，左接合子 5 继续转动，而右接合子 4 却不能被带动，于是两接合子之间产生打滑现象，如图 6-65（c）所示。这样，切断进给运动可保护机构不受损坏。当过载现象消除后，安全离合器又恢复到原来的正常工作状态。

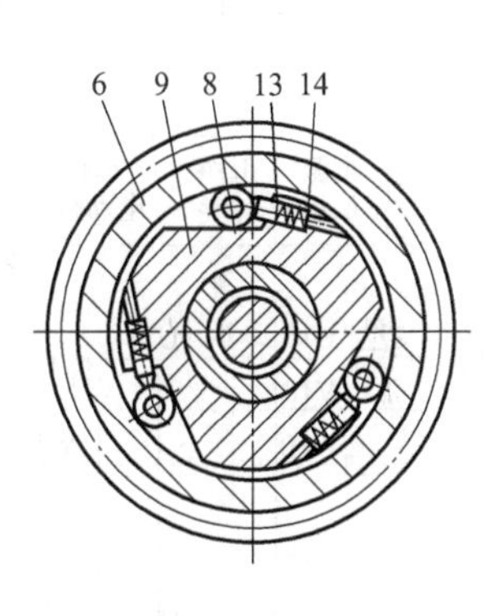

图 6-64 单向超越离合器的工作原理（图注同图 6-63）

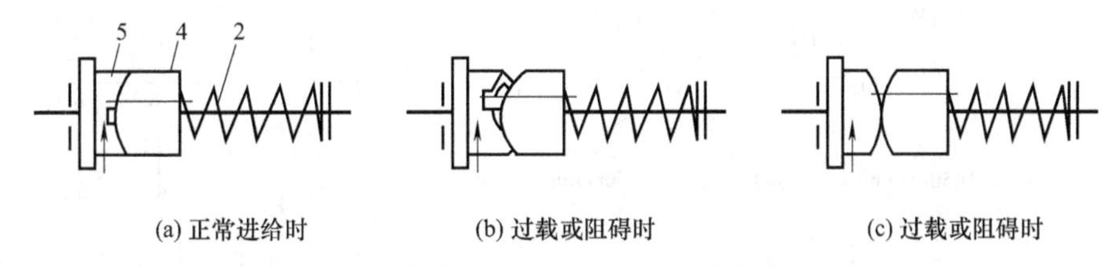

图 6-65 安全离合器的工作原理（图注同图 6-63）

机床许用的最大进给力由弹簧 2 的弹簧力大小来决定。拧动螺母 7，通过拉杆 3 和圆柱销 11 即可调整止推套 10 的轴向位置，从而调整弹簧的弹力。

4）卧式车床电气系统

卧式车床电气系统分主电路、控制电路和照明、信号电路。CA6140 型卧式车床电路图如图 6-66 所示。

① 主电路分析　主电路中共有三台电动机，M_1 为主轴电动机，带动主轴旋转和刀架做进给运动；M_2 为冷却泵电动机；M_3 为刀架快速移动电动机。

三相交流电源通过转换开关 QS_1 引入，主轴电动机 M_1 由接触器 KM_1 控制启动，热继电器 KH_1 为主轴电动机 M_1 的过载保护。

冷却泵电动机 M_2 由接触器 KM_2 控制启动，热继电器 KH_2 为它的过载保护。

接触器 KM_3 用于控制刀架快速移动电动机 M_3 的启动，因快速移动电动机 M_3 是短时工作，故可不设过载保护。

② 控制电路分析　控制变压器 TC 二次侧输出 110V 电压作为控制回路的电源。

控制主轴电动机：按下启动按钮 SB_2，接触器 KM_1 的线圈获电动作，其三副主触头闭合，主轴电动机 M_1 启动。同时 KM_1 的自锁触头和另一副常开触头闭合。按下停止按钮 SB1，主轴电动机 M_1 停止运转。

控制冷却泵电动机：只能在接触器 KM_1 获电吸合，主轴电动机 M_1 启动后，合上开关 SA 使接触器 KM_2 线圈获电吸合，冷却泵电动机 M_2 才能启动。

控制刀架快速移动电动机：刀架快速移动电动机 M_3 的启动由安装在进给操纵手柄顶端的按钮 SB_3 来控制，它与交流接触器 KM_3 组成点动控制环节，将操纵手柄扳向所需的位置，压下按钮 SB_2，接触器 KM_3 获电吸合，电动机 M_3 启动，刀架就向指定方向快速移动。

③ 照明、信号灯电路分析　控制变压器 TC 的二次侧分别输出 24V 和 6V 电压，作为机床低压照明灯和信号灯的电源。EL 为机床的低压照明灯，由开关 QS_2 控制；HL 为电源的信号灯。

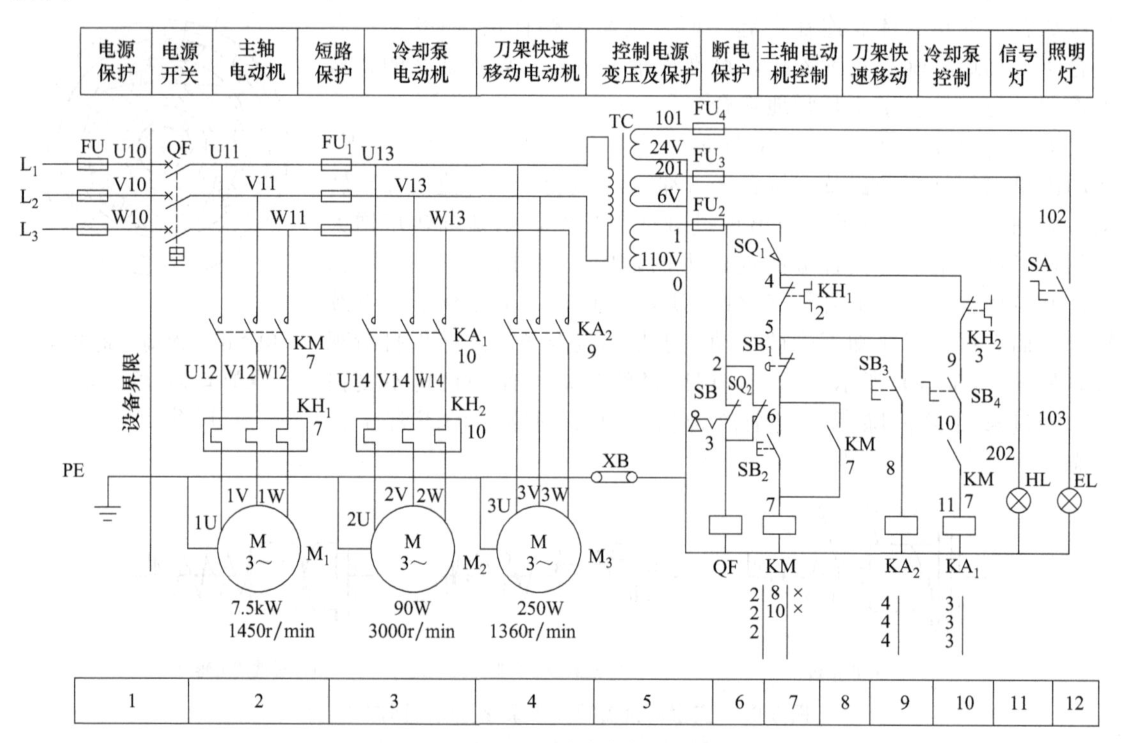

图 6-66　CA6140 型卧式车床电路图

5）卧式车床润滑系统

卧式车床润滑是设备保养工作的重要环节。因此，机床零件的所有摩擦面应当全面按期进行润滑，以保证机床工作的可靠性，并减少零件的磨损及功率的损失，CA6140 型卧式车床的润滑系统如图 6-67 所示。

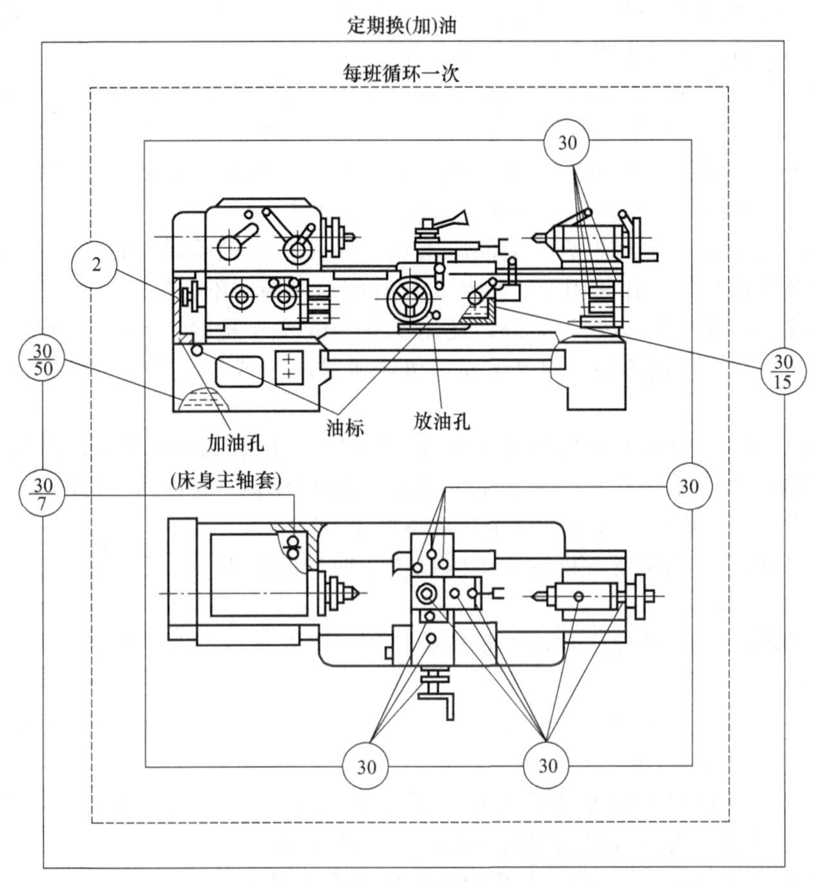

图 6-67　CA6140 型卧式车床的润滑系统

机床采用 L-AN 全损耗系统用油的润滑，其黏度为 3.18～4.59°Et，使用人员可按工作环境的温度适当调节。主轴箱及进给箱采用箱外循环强力润滑。床腿内油箱和滑板箱的润滑油在两班制的车间约 50～60 天更换一次，但第一次和第二次应为 10 天和 20 天，以便排除试车时未能洗净的污物。废油放净后储油箱和油线要用干净煤油彻底洗净，注入的油应经过过滤。

主轴箱和进给箱的润滑油泵由电动机经 V 带带动。把润滑油打到主轴箱和进给箱，启动车床后应检查主轴箱油窗油液流动是否正常。启动主电动机 1min 后主轴箱内形成油雾，各润滑点得到润滑油，才能启动主轴。进给箱箱体上部有储油槽，使油泵泵来的油润滑各点。润滑油最后流回油箱。

滑板箱下部是个油箱，应把油注到油标的中心，滑板箱上有储油槽，用羊毛线引油润滑各轴承、蜗杆，部分齿轮浸在油中，当转动时造成油雾润滑各齿轮，当油位低于油标时应打开加油孔向滑板箱内注油。

床鞍和床身导轨的润滑是由床鞍内油盒供给润滑油的，每班加油一次，加油时旋转床鞍手柄将滑板移至床鞍前后方，在床鞍中部油盒中加油。刀架和横向丝杠是用油枪加润滑油的。床鞍两端防护油毡每周用煤油清洗一次，并及时更换已磨损的油毡。

交换齿轮轴头有一螺塞，每班转动螺塞一次，使箱内的 28 钙基润滑脂供给轴与套之间润滑。

尾座套筒和丝杠转动的润滑可用油枪每班加油一次。

丝杠、光杠及变向杠的轴颈润滑是用后托架的储油池内的羊毛线引油。

6.12.2 车床装配的技术要求

① 机床应严格按工艺规程进行装配。装配到机床上的零件、部件（包括外购件）均应符合质量要求，不应放入图样未规定的垫片和套等。

② 机床上的滑动、转动部位，应运转轻便、灵活、平稳、无阻滞现象。变换机构保证准确可靠的定位。啮合齿轮轮缘宽度小于20mm时，轴向位错不得超过1mm；啮合齿轮轮缘大于20mm时，轴向位错不应超过轮缘宽度的5%，且不得超过5mm。可调齿轮、齿条和蜗杆副等传动件，装配后的接触斑点和侧隙应符合相应的标准。

③ 重要固定结合面应紧密贴合，紧固后用0.04mm塞尺检验时不得插入；特别重要固定结合面除用涂色法检验外，在紧固前后用0.04mm塞尺检验均不得插入。

④ 滑动导轨表面除用涂色法检验外，还用0.04mm塞尺检验，塞尺在导轨、镶条，压板端部的滑动轴承间插入深度不得超过20mm（机床质量小于或等于10t）或25mm（机床质量大于等于10t）。

⑤ 装配可调节的滑动轴承和镶条等零件或机构时，应留有调整或修理的必须余量。

⑥ 机床主轴、套筒的锥孔和与其相配的芯轴、顶尖等零件的锥体，装配后应用量规做涂色法检验。锥孔的接触应靠近大端，接触长度不低于75%。

⑦ 装配时对刮削面不应留有机械加工的痕迹和明显的扎刀痕。刮削各表面的接触点应符合规定要求。

⑧ 高速旋转的零件、部件，应做平衡试验校正。主要运动部件装配后应进行跑合，跑合时间按技术文件规定。

⑨ 机床的滑（滚）动配合面、结合缝隙、变速箱的润滑系统、滚动轴承和滑动轴承等，在装配过程中应仔细清洗干净。

⑩ 采用两根或两根以上的V带传动时，其松紧程度应基本一致，无明显的脉动现象。

⑪ 手轮、手柄操纵力在行程范围内应均匀，并符合规定。

⑫ 有刻度装置的手轮（手柄），其反向空行程应符合规定。

⑬ 机床的外观表面，不应有图样未规定的凸起、凹陷、粗糙不平和其他损伤。

⑭ 机床运转时不应有不正常的尖叫声和不规则的冲击声。

6.12.3 车床总装的顺序

在参与装配的车床零件完成组件、部件（如主轴箱、进给箱、溜板箱）装配后即进入总装配。卧式车床总装的顺序一般可按以下步骤和原则进行。

(1) 工具和量具的准备

① 平尺　平尺主要用做导轨的刮研和测量的基准，主要有桥形平尺、平行平尺及角形平尺三种。

② 方箱和直角尺　方箱和直角尺是用来检查机床部件之间的垂直度误差的重要工具。

③ 垫铁　在机床制造和修理工作中，垫铁是一种检验导轨精度的通用工具，主要用做水平仪及百分表架等测量工具的垫铁。

④ 检验棒　检验棒主要用来检查机床主轴套筒类零件的径向圆跳动误差、轴向窜动误差、同轴度误差、平行度误差、主轴与导轨的平行度误差等，是机床维修工作中常备的工具之一。检验棒按主轴的结构及检验项目不同，可以做成不同的结构形式。

⑤ 检验桥板　检验桥板是检查导轨面间相互位置精度的一种工具，一般与水平仪结合使用。根据不同形状的导轨可以做成不同结构的检验桥板。

⑥ 水平仪　水平仪是机床维修中最常用的测量仪器，主要用来测量导轨在垂直平面内的直线度误差、工作台面的平面度误差及零件间垂直度和平行度等误差。主要有条形水平仪、框式水平仪和合像水平仪等类型。

(2) 装配顺序的确定原则

① 首先选出正确的装配基准。这种基准大部分是床身的导轨面，因为床身是机床的基本支承件，其上安装着机床的各主要部件，而且床身导轨面是检验机床各项精度的检验基准。因此，机床的装配，应从所选基面的直线度、平行度及垂直度等精度着手。

② 在解决没有相互影响的装配精度时，其装配先后以简单方便来定。一般可按先下后上、先内后外的原则进行。例如在装配车床时，是先解决车床的主轴箱和尾座两顶尖的等高度误差，还是先解决丝杠与床身导轨的平行度误差，在装配顺序上是没有多大关系的，问题是在于能简单方便地顺利进行装配就行。

③ 在解决有相互影响的装配精度时，应先装配好一个公共的装配基准，然后再按次达到各有关精度。

④ 关于导轨部件，在通过刮削来达到其装配精度时，其装配顺序可按以下原则。

对于单件刮削，应先刮大面后刮小面或先刮削修刮困难的面，后刮削加工容易的面。

对于两件配刮，应先刮大作用面；或先刮大工件，后配刮小工件；先刮刚度好的、精度稳定、能保证修配的精度；先刮便于用标准工具验刮的作用面。

(3) 控制装配精度时应注意的几个因素

① 装配刚度对装配精度的影响　由于零件刚度不够，装配后受到机件的重力和紧固力而产生变形。例如在车床装配时，将进给箱、溜板箱和溜板装上床身后，床身导轨的精度会受到重力影响而变形，因此，必须再次校正其精度，才能继续进行其他的装配工序。

② 工作温度变化对装配精度的影响　机床主轴与轴承的间隙，将随温度的变化而变化，一般都应调整到使主轴部件达到热平衡时具有合理的最小间隙为宜。又如机床精度一般都是指机床在冷车或热车（达到机床热平衡的状态）状态下都能满足的精度。由于机床各部位受热温度的不同，将使机床在冷车下的几何精度与热车下的几何精度有所不同。实验证明，机床的热变形状态主要决定于机床本身的温度场情况。对车床受热变形影响最大的是主轴轴心线的抬高和在垂直面内的向上倾斜，其次是由于机床床身略有扭曲变形，使主轴轴心线在水平面向内倾斜。因此，在装配时必须掌握其变形规律，对其公差带进行不同的压缩。

③ 磨损的影响　在装配某些组成环的作用面时，其公差带中心坐标，应适当偏向有利于抵偿磨损的一面，这样可以延长机床精度的使用期限。例如车床主轴顶尖和尾座顶尖对溜板移动方向的等高性，就只许尾座高。车床床身导轨在垂直平面内的直线度，只许凸。

(4) 车床总装的一般顺序

① 床脚与床身连接前，必须先做好结合面的清理工作。连接后，如果导轨的几何精度有较小的误差，可用床脚下的楔铁或螺栓来消除。

② 当床身的几何精度，要由刮削来达到时，此时应进行导轨的刮削工作。

③ 刮削床鞍的配合面，用角铁和百分表检查横进给导轨，对床面导轨的垂直度误差，参见图6-68，如有超差可修刮床鞍三角槽的小斜面，即可消除垂直误差。

④ 在床鞍下面安装前后压板，安装后应保证滑板在全部行程上滑动均匀，并按规定要求用塞尺检查配合间隙。

⑤ 用装配夹具把溜板箱初步夹紧在安装部位上，如图6-69所示。

⑥ 安装齿条时，先检查横进给传动齿轮与齿条的啮合间隙，如果间隙不符合规定要求，应对齿条进行修磨或调整。只到符合要求后，即可将齿条用装配夹具夹持在床身上，钻、攻床身螺孔和钻、铰定位销孔，对齿条进行定位固定。

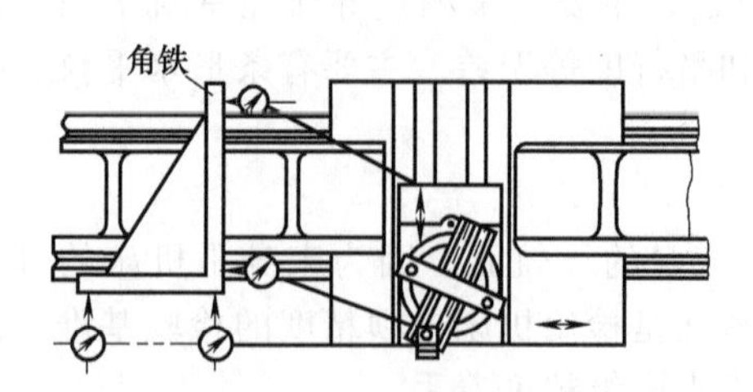

图 6-68 横进给导轨对床身导轨垂直度的检验

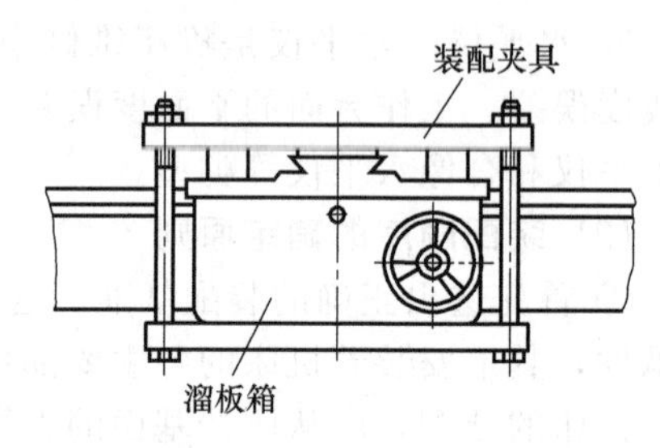

图 6-69 溜板箱的安装

⑦ 初步安装、调整进给箱、溜板箱、丝杠、光杠及后支架。将溜板箱移至进给箱附近，插入丝杠，闭合开合螺母。以丝杠中心线为基准，来确定进给箱的高低初装位置，然后使溜板箱移至后支架附近。以后支架位置来确定溜板箱进出的初装位置，调整和安装的误差严格控制在国家规定的范围内。

⑧ 当初步安装好后，即可进行钻孔、攻螺纹，并用螺钉固定。然后对其各项精度再复校一次，确认无误，即可钻、铰定位销孔并进行定位。

⑨ 安装操纵机构，应保证操纵杆对床身导轨在两垂直平面内的平行度误差，达到规定值。

⑩ 安装主轴箱，应保证主轴中心线对溜板移动方向在两垂直平面内的平行度误差达到规定值。

⑪ 安装尾座，各项精度检查都应达到规定值。

⑫ 安装小刀架时，小刀架在移动方向对主轴中心线在垂直平面内和水平面内的平行度误差值，应控制在规定范围内。

⑬ 安装电动机，调整两 V 带轮中心平面的位置精度及 V 带预紧程度。

⑭ 安装交换齿轮架及其安装防护装置。

⑮ 完成操纵杆与主轴箱的传动连接系统。

⑯ 按技术要求对机床进行全面检验。

⑰ 清洗机床的各部位，并注好润滑油。

⑱ 用水平仪调整机床的安装水平位置，并检查各连接部分是否紧固。

⑲ 接通电源，检查电路是否齐全。

⑳ 机床空运转试验时，运转速度应由低到高，各级转速都应试到，最高转速运转时间不得少于半小时。空运转试验要达到如下要求。

a. 各种转速下，机床工作机构应正常。

b. 各种转速都不应有不正常的振动和噪声。

c. 轴承的温度和温升不得超过规定值。

d. 各变换机构应灵活、准确、可靠。

e. 各润滑系统应正常、可靠。

㉑ 机床负荷试验时，应严格按国家标准规定进行各项负荷试验。

㉒ 全面复验机床的几何精度，复验应注意如下事项。

a. 复验应在各项负荷试验完成之后，在机床还处于热平衡状态下进行。

b. 复验时不允许对机床各部位进行调整。

㉓ 安装冷却系统。

㉔ 整机清理、清洗、喷漆。

6.12.4 车床典型部件的装配操作

以下通过车床主轴箱中Ⅰ轴、Ⅳ轴等典型部件，简述其装配操作方法。

(1) 车床主轴箱Ⅰ轴的装配

① Ⅰ轴的结构 卧式车床主轴箱中Ⅰ轴的结构如图6-70所示。Ⅰ轴位于主轴箱上方，动力由带轮经花键套传给Ⅰ轴。Ⅰ轴上装有双向多片式摩擦离合器，通过操纵机构分别压紧左、右摩擦片，即可带动正转齿轮3和反转齿轮5，将动力传动Ⅱ，使Ⅱ轴获得正反方向的旋转。再经变速齿轮经Ⅲ、Ⅴ轴，最后带动主轴旋转。

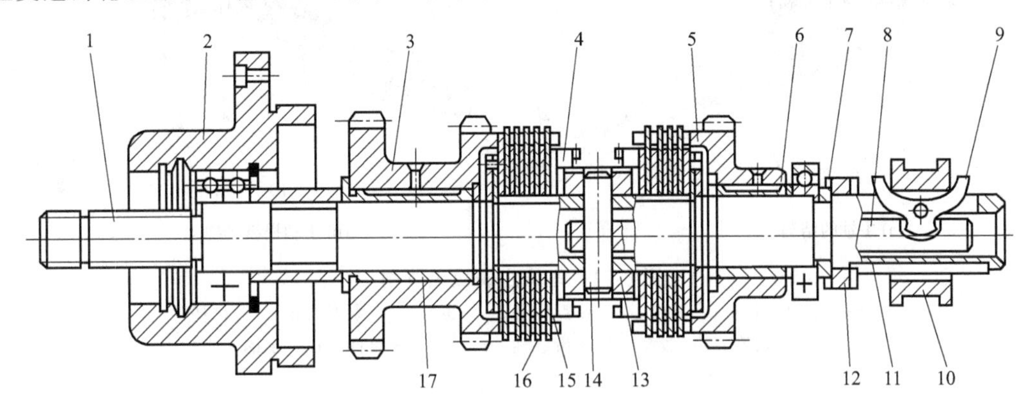

图6-70 卧式车床主轴箱中Ⅰ轴的结构

1—Ⅰ轴；2—轴承座套；3—正转齿轮；4—调整环；5—反转齿轮；6—反转齿轮铜套；7—对开定位垫；8—拉杆；9—摆杆；10—滑套；11—键；12—偏心套；13—花键套；14—圆柱销；15—静摩擦片；16—动摩擦片；17—正转齿轮铜套

车床主轴操纵机构如图6-71所示。向上扳动手柄13时，通过由连接件12和11组成的杠杆机构使扇形齿轮6顺时针转动，带动齿条轴10及固定在其左端的拨叉9右移，拨叉又带动滑套8右移。滑套右移时，依靠其内孔的锥形部分将摆杆2的右端压下，使它绕销子顺时针摆动。其下部凸起部分便推动装在Ⅰ轴内孔中的杆3向左移动，再通过固定在杆3左端的销1，使花键压套4和螺母5向左压紧左面一组摩擦片，将空套双联齿轮与Ⅰ轴连接，于是主轴启动沿正向旋转。向下扳动手柄13时，齿条轴10带动滑套8左移，摆杆2逆时针摆动；杆3向右移动，带动花键压套4和螺母5向右压紧右面一组摩擦片。将右端空套齿轮与Ⅰ轴连接，于是主轴启动沿反向旋转。手柄13扳至中间位置时，齿条轴10和滑套8也都处于中间位置，双向摩擦离合器的左右两组摩擦片都松开，不起传动作用。此时，齿条轴10上的凸起部分压着制动器杠杆7的下端，将制动带拉紧，于是主轴被制动，迅速停止旋转。而当齿条轴10移向左端或右端位置，使离合器接合，主轴启动时，其上圆弧形凹入部分与杠杆7接触，制动带松开，主轴不受制动器作用。

② Ⅰ轴的装配 Ⅰ轴的装配可按以下步骤及方法进行（图6-70）：首先清洗参与装配的各零件，套入花键套13、拉杆8后，用铜棒敲入固定销14，再按装配图样要求依次分别装入花键套13两端的内、外摩擦片和挡片、正转齿轮铜套、轴承座套、反转齿轮反转齿轮铜套等零件，最后，装入摆杆9、滑套10后，打入固定销。

(2) 车床主轴箱主轴的装配

车床主轴箱主轴的结构如图6-72所示。装配时可按以下步骤和方法进行。

清洗参与装配的各零件，按图样装配要求，分别套入图示右端的各零件，用木锤或锤子轻轻敲击使主轴组件插入主轴箱体，机床及调整无误后，同时拧紧右端紧固螺钉6及法兰盘7，再按图样装配要求依次装入左端的各零件。

用挡圈装卸钳装配弹性挡圈时，应按照图6-73所示的方法，用右手持挡圈装卸钳，把弹性挡圈胀开后，沿轴向用左手手指将弹性挡圈做轴向移动，两手应配合动作，使挡圈装卸钳在

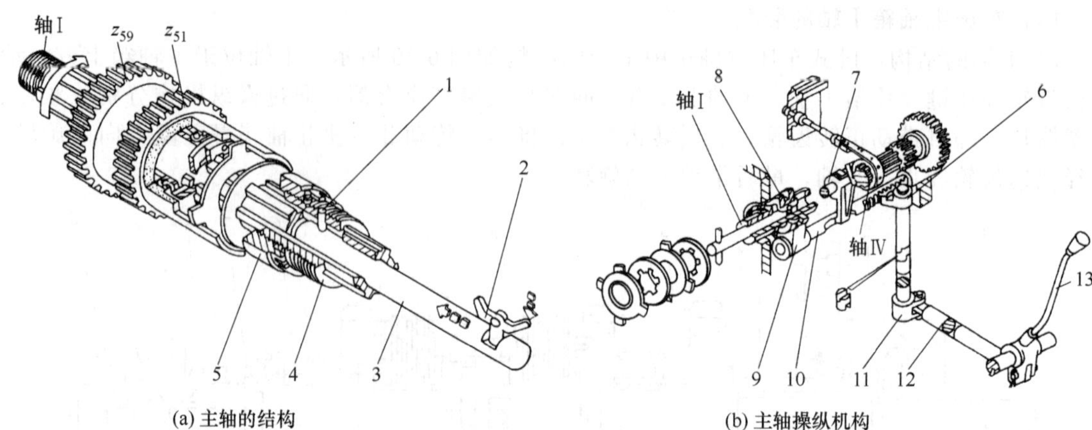

(a) 主轴的结构　　(b) 主轴操纵机构

图 6-71　车床主轴操纵机构

1—销；2—摆杆；3—杆；4—花键压套；5—螺母；6—扇形齿轮；7—杠杆；8—滑套；9—拨叉；10—齿条轴；11，12—连接件；13—手柄

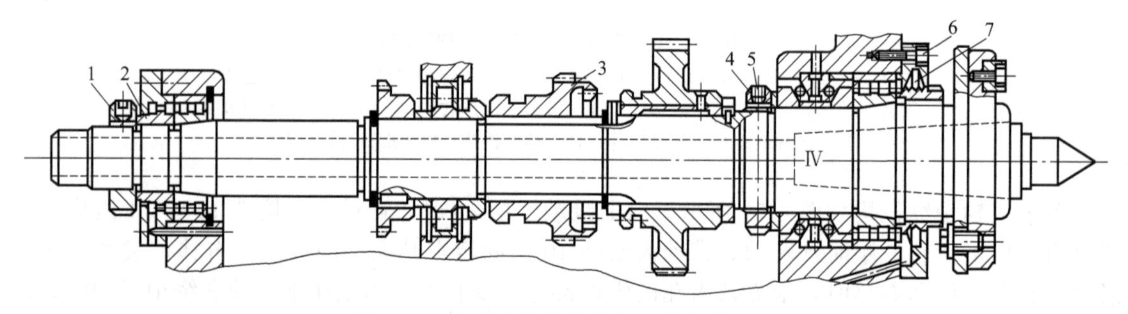

图 6-72　卧式车床主轴箱中主轴的装配图

1,4—圆螺母；2,5—紧定螺钉；3—内齿轮离合器；6—内六角螺钉；7—法兰盘

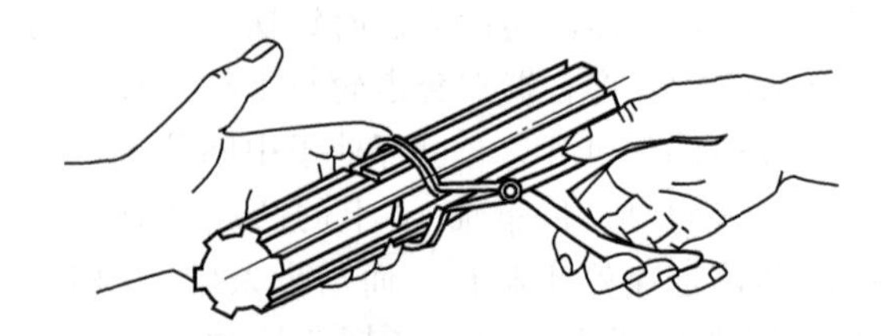

图 6-73　用挡圈装卸钳松开弹性挡圈后的移动方法

移动过程中，始终与轴心线相垂直。不能用旋具撬，也不能用锤子敲，否则会损伤轴的表面。

装配右端双排短圆柱滚子轴承时，先装外圈于箱体孔中，内圈及滚子则装在主轴外锥部位。装配后，先调整后轴承，再调整前轴承，调整时应注意前轴承因靠锥孔胀大而消除间隙，故不可调得太紧，否则主轴工作时会发热产生变形，情况严重时，会造成轴承内圈碎裂。当用手转动主轴而无阻滞现象时，拧紧前端锁紧螺母。

主轴装配调整后需进行测量，测量主轴轴承间隙的方法如图 6-74 所示。在床身平导轨上和主轴下垫木块，中间插入铁棒，一端加力 500～800N 时，从主轴上方用千分表测量，间隙应小于 0.005mm。测量主轴的回转精度、主轴定心轴颈的径向圆跳动时，要将百分表测量头垂直压在主轴表面上，如图 6-75 所示，以减少测量误差。测量主轴轴肩支承面的端面圆跳动时，要检查对应的两点，以反映真实的最大综合误差，取上、下两数据的平均值。主轴的回转精度为：定心轴颈的径向圆跳动

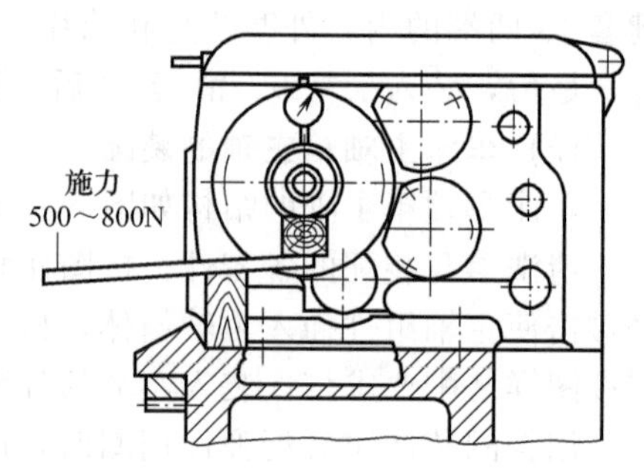

图 6-74　测量主轴的回转精度

允差为 0.01mm；轴肩支承面的端面圆跳动允差为 0.015mm；主轴的轴向窜动量为 0.01～0.02mm。

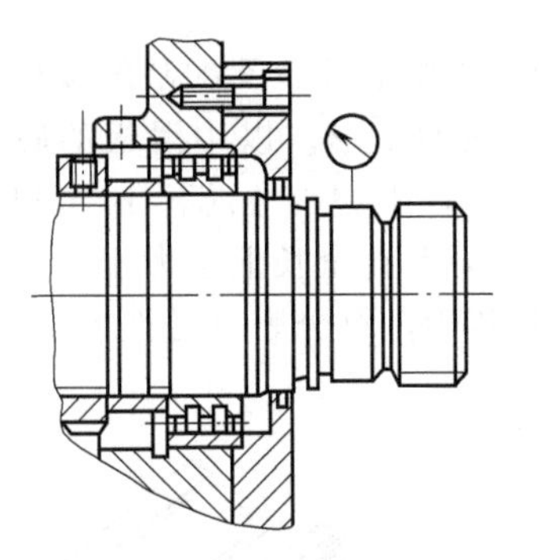

(a) 测量主轴定心轴颈的径向圆跳动

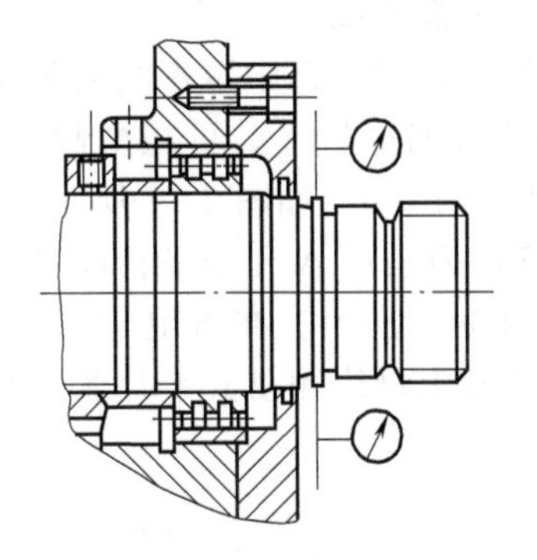

(b) 测量主轴轴肩支承面的端面圆跳动

图 6-75 测量主轴轴承间隙的方法

主轴莫氏 5 号锥孔的精度需进行检验，在车床总装配时测量发现问题，一般采用研磨锥孔的方法来纠正。

6.12.5 车床总装的工艺要点

(1) 在床腿上装置床身

将床身装到床腿上时，必须先做好结合面的去毛刺倒角工作，以保证两零件的平整结合，避免在紧固时产生床身变形的可能，同时在结合面间加入 1～2mm 厚纸垫，可防止漏油。

当床身已由磨削来达到精度时，为了避免在安装时引起机床的变形，可在机床脚下合理分布可调垫铁。各垫铁受力均匀，使整个机床搁置稳定。用水平仪指示读数来调整床身处于自然水平位置，并使床鞍导轨的扭曲误差至最小值，如图 6-76 所示。

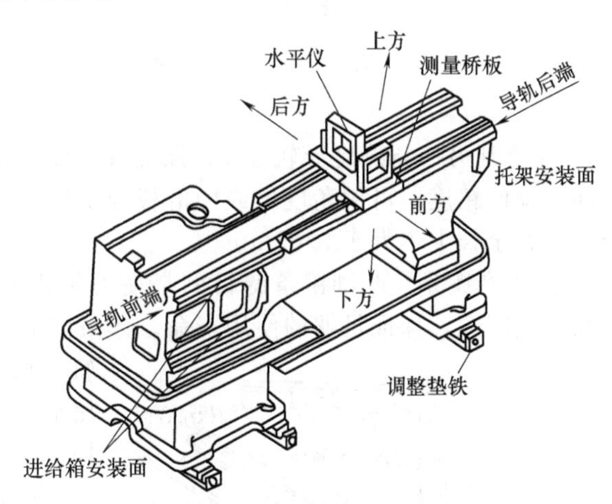

图 6-76 床身床脚安装后的测量

当床身的几何精度由刮削来达到时，可按导轨刮研的步骤和方法刮削床身导轨，并用水平仪、百分表等量具测量导轨的直线度和平行度误差。

(2) 床身导轨的精度要求

床身导轨是确立车床主要部件位置和刀架运动的基准，也是总装配的基准部件，其精度应满足以下要求。

① 溜板用导轨的直线度允差，在垂直平面内，全长为 0.02mm，在任意 250mm 测量长度上的局部允差为 0.0075mm，只许凸。

② 溜板用横向导轨应在同一平面内，水平仪在全长 1000mm 内的变化允差为 0.04mm。

③ 尾座移动对溜板移动的平行度允差，在垂直和水平面内全长均为 0.03mm，在任意 500mm 测量长度上的局部允差均为 0.02mm。

④ 床身导轨在水平平面内的直线度允差在全长上为 0.02mm。

⑤ 溜板用导轨与下滑面的平行度允差全长为 0.03mm，在任意 500mm 测量长度的局部允差为 0.02mm，只许车头处厚。

⑥ 导轨面的表面粗糙度值，用磨削时小于 $Ra1.6\mu m$，用刮削时每 25mm×25mm 面积内不少于 10 点。

(3) 床鞍上导轨面的配刮

床鞍的上导轨面是与刀架中滑板配刮而成的。床鞍上导轨面配刮的步骤如下。

① 将床鞍放在床身导轨上，可减少刮削时床鞍的变形。以中滑板的底面 2、斜面 3 为基准，配刮床鞍导轨面 5、6，如图 6-77 所示。推研时，手握工艺芯棒 B，以保证安全。表面 5、6 刮好后应满足横进刀丝杆 A 孔的平行度要求，其公差在全长上不大于 0.02mm。

测量方法如图 6-78 所示。在 A 孔中插入检验芯棒，百分表以磁性表架吸附在角度平尺上，分别在芯棒侧母线和上母线测量其平行度误差。

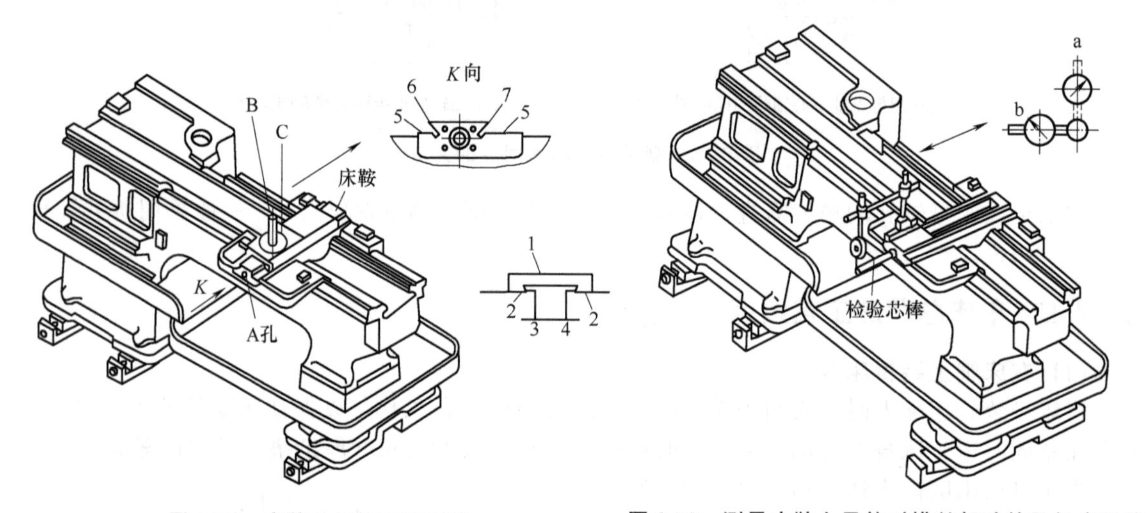

图 6-77　床鞍上导轨面的刮研　　图 6-78　测量床鞍上导轨对横丝杆孔的平行度误差

② 修刮另一条燕尾导轨面 7，保证其表面与表面 6 的平行度要求（图 6-77），以保证刀架横向运动的精度，可用角度尺或中滑板为研具刮研。用两圆柱和千分尺测量燕尾导轨的平行度误差，在全长上不大于 0.02mm。

③ 配刮镶条　配刮镶条的目的是使刀架横向进给时有准确的间隙，并能在使用过程中，不断调整间隙，保证足够的使用寿命。镶条按上导轨和中滑板配刮，使刀架中滑板在床鞍上导轨全长上移动时，无轻重或松紧不均匀的现象。燕尾形导轨与中滑板配合表面除用涂色法检查外，应用 0.04mm 塞尺检查，插入深度不大于 20mm。

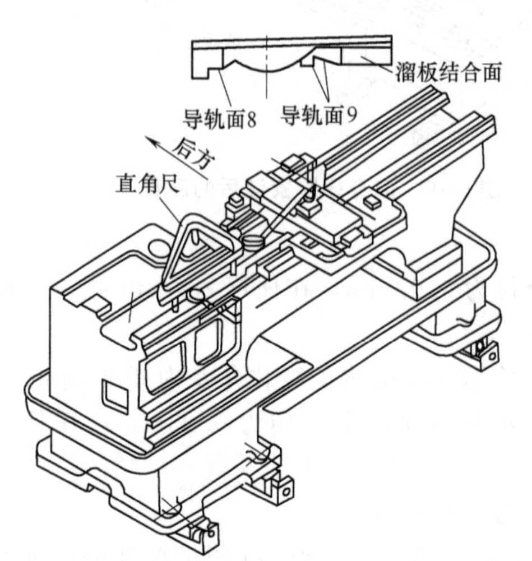

图 6-79　测量床鞍上、下导轨面的垂直度误差

(4) 床鞍下导轨面的配刮

以床身导轨为基准，刮研床鞍与床身导轨的配合面，应使其两端的接触点在每 25mm×25mm 的面积内有 12 点以上，逐步过渡到中间有 8 点以上，这样可得到较好的接触和良好的储油条件。配刮时应检查床鞍上、下导轨的垂直度误差，其检查方法如图 6-79 所示。

测量时，先纵向移动滑板，校正床头放的三角形直角尺的一个边与溜板移动方向平行。然后将百分表移放在刀架下滑座上，沿燕尾导轨向后方移动，要求百分表读数由小到大，即在 300mm 长度上允差

为 0.02mm。超过公差时，刮研溜板下导轨面达到垂直度要求的同时，还要保证溜板箱安装面的两项要求。

① 在横向与进给箱、托架安装面垂直，要求公差为每 100mm 长度上为 0.03mm。

② 在纵向与床身导轨平行，要求在溜板箱安装面全长上百分表最大读数差不得超过 0.06mm。

(5) 床鞍与床身导轨的拼装

床鞍与床身导轨的拼装，主要是刮研床身的下导轨面及配刮床鞍两侧压板。保证床身上下导轨面的平行度要求，使床鞍与床身导轨在全长上能均匀结合、平稳地移动。

如图 6-80 所示，装上两侧压板并调整到适当的配合，推研床鞍，根据接触情况刮研两侧压板，要求压板的刮研点在每 25mm×25mm 的面积内为 6～8 点，安装后应保证床鞍在全部行程上滑动均匀，而且用 0.04mm 塞尺检验，插入深度不大于 20mm。然后安装外侧压板 4，通过镶条 3 和调整螺钉 2 调整至上述要求。

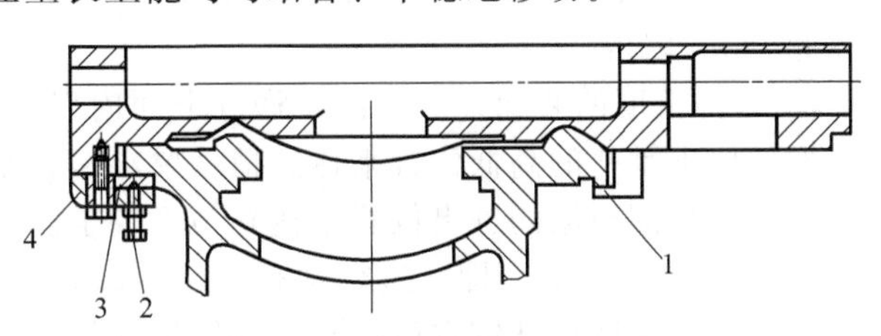

图 6-80 床鞍与床身导轨的拼装

1—内侧压板；2—调整螺钉；3—镶条；4—外侧压板

(6) 安装齿条

齿条的安装可用夹具把溜板箱试装在装配位置，塞入齿条，检验溜板箱纵向进给，用小齿轮与齿条的啮合侧隙大小来检验。正常的啮合侧隙应在 0.08mm。

在侧隙大小符合要求后，即可将齿条用夹具夹持在床身上，钻、攻床身螺纹和钻、铰定位销孔，对齿条进行固定。此时要注意两点。

① 齿条在床身上的左右位置，应保证溜板箱在全部行程上能与齿条啮合。

② 由于齿条加工工艺的限制，车床整个齿条大多数由几根短齿条拼接装配而成。为保证相邻齿条接合处的齿距精度，必须用标准齿条进行跨接校正。校正后在两根相接齿条的接合端面处应有 0.1mm 左右的间隙。

(7) 安装进给箱、溜板箱、丝杠、光杠及后支架

装配时应使丝杠两端支承孔中心线和开合螺母中心线对床身导轨的等距误差小于 0.15m。用丝杠直接装配校正，工艺要点如下。

① 初装方法　首先用装配夹具初装溜板箱在溜板下，并使溜板箱移至进给箱附近，插入丝杠，闭合开合螺母，以丝杠中心线为基准来确定进给箱初装位置的高低。然后使溜板箱移至后支架附近，以后支架位置来确定溜板箱进出的初装位置。

② 进给箱的丝杠支承中心线和开合螺母中心线，与床身导轨面的平行度误差，可由校正各自的工艺基面与床身导轨面的平行度误差而取得。

③ 溜板箱左右位置的确定，应保证溜板箱齿轮与横丝杠齿轮具有正确的啮合侧隙，其最大侧隙量应使横进给手柄的空转量不超过 1/3 转为宜。同时，纵向进给手柄空转量也不超过 1/3 转为宜。

④ 安装丝杠、光杠时，其左端必须与进给箱轴套端面紧贴，右端与支架端面露出轴的倒角部位紧贴。当用手旋转光杠时，能灵活转动，然后再用百分表检验调整。

⑤ 装配精度的检验如图 6-81 所示。开合螺母放在丝杠中间位置，闭合螺母，用专用检具和百分表，在Ⅰ、Ⅱ、Ⅲ位置（近丝杠支承和开合螺母处）的上母线和侧母线上检验。为消除丝杠弯曲误差对检验的影响，可旋转丝杠 180°再检验一次，各位置两次读数代数和之半就是该位置对导轨的相对距离。3 个位置中任意两位置对导轨相对距离之最大差值，就是等距的误差值。

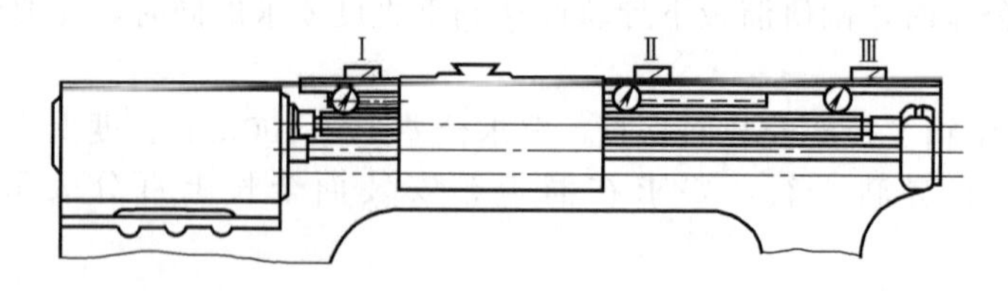

图 6-81 用丝杠直接装配校正

⑥ 装配时公差的控制，应尽量压缩在精度所规定公差的 2/3 以内，即最大等距误差应控制在 0.1mm 之内。

⑦ 取得精度的装配方法是：在垂直平面内以开合螺母孔中心线为基准，用调整进给箱和后支架丝杠支承孔的高低位置来达到精度要求；在水平面内以进给箱的丝杠支承孔中心线为基准，前后调整溜板箱的进出位置来达到精度要求。

⑧ 当达到要求后，即可进行钻孔、攻螺纹，并用螺钉作连接固定。然后对其各项精度再复校一次，最后即可钻铰定位销孔，用锥销定位。

(8) 安装操纵杆前支架、操纵杆及操纵杆手柄

要保证操纵杆对床身导轨在两垂直平面内的平行度要求，就要以溜板箱中的操纵杆支承孔为基准，通过调整前支架的高低位置和修刮前支架与床身结合的平面来取得。后支架中操纵杆中心位置的误差变化，以增大后支架操纵杆支承孔与操纵杆直径的间隙来补偿。

(9) 安装主轴箱

安装主轴箱时，在工艺上有两点必须引起注意。

① 将主轴箱安装在床身上后，应重新校正床身导轨的水平和扭曲变形。这是因为床身通过各部件装配连接后，由于受力的变化，或因装配过程中的振动使机床的调整垫铁有所走动，都可能引起机床导轨面的扭曲变形。

② 必须掌握机床受热后的精度变化规律，将其允许偏差向变形方向的另一侧压缩。例如主轴中心线对溜板部件在垂直平面内的平行度误差，在冷态装配精度可控制在向上偏(0.003～0.012) /300；在水平面内可控制在向前偏 (0.002～0.01)/300 为宜，以保证热态时的精度要求。

当主轴箱的精度达到后，用紧固螺钉和一组压板，将主轴箱紧固在床身上。

(10) 尾座的安装

尾座的安装精度主要通过刮研尾座底板来获得。安装尾座主要应保证以下的精度要求。

① 顶尖套伸出方向对溜板移动方向的平行度允差，在垂直平面内 100mm 长度上为 0.015mm；在水平平面内 100mm 长度上为 0.01mm；且顶尖套端部只许向上偏和向前偏。

② 顶尖套锥孔中心线，对溜板移动方向的平行度允差，在垂直平面内 300mm 长度均为 0.03mm。

③ 主轴锥孔中心线和尾座顶尖套锥孔中心线，对溜板移动的等高度允差为 0.06mm，只许尾座高。

(11) 安装刀架

小滑板部件装配在刀架下滑座上，用如图 6-82 所示方法测量小滑板移动时对主轴中心线的平行度。测量时，先横向移动滑板，使百分表触及主轴锥孔中插入的检验芯轴上母线最高点。再纵向移动小滑板测量，误差在 300mm 测量长度上为 0.04mm。若超差，通过刮削小滑板与刀架下滑座的结合面来修整。

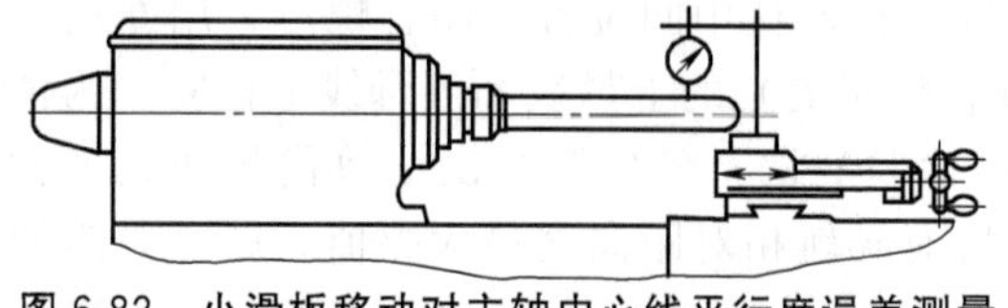

图 6-82 小滑板移动对主轴中心线平行度误差测量

(12) 电动机的安装

安装电动机时，主要应调整好两带轮中心平面的位置精度及V带的预紧程度。

6.12.6 车床总装后的精度检验

机床总装配完成后，必须先进行静态检查、空转试验、负荷试验，确认所有机构正常，且主轴等部件已达到稳定温度再进行精度检验。精度检验的内容分工作精度及几何精度两种。

(1) 车床的静态检查

车床的静态检查是进行性能检查之前的检查，主要是检查机床各部传动机构、检查操纵机构是否转动灵活、定位准确、安全可靠，以保证试机不出事故。主要检查内容有以下方面。

① 检查各传动件及操纵手柄，做到运转灵活、操纵安全、准确可靠。手柄转动力可用拉力器检查，应符合规定要求。

② 检查各连接件应固定可靠。

③ 各滑动导轨在行程范围内移动时，轻重应均匀平稳。

④ 开合螺母机构应开合准确，无阻滞和过松感觉。

⑤ 安全离合器应灵活可靠。

⑥ 润滑系统畅通、油线清洁、标记清楚。

⑦ 电器设备启动、停止安全可靠。

(2) 车床的空转试验

车床的空运转是在无载荷条件下运转机床。目的是检验各机构的运转状态、温度变化、功率消耗，操纵机构动作的灵活性、平稳性、可靠性和安全性。机床空运转试验，在达到热平衡温度时，再进一步对有关项目进行检验和校正，为负荷试验奠定良好的基础。空转之后，车床应满足以下要求。

① 机床主运动机构从最低转速起，依次升速运转，每级速度的运转时间不少于2min，在最高转速时应运转足够时间（不少于1h），使主轴轴承达到稳定温度。

② 机床的进给机构同样做低、中、高进给量的空运转。

③ 在所有转速下，机床传动机构工作正常，无显著冲击振动，各操纵机构工作平稳可靠，噪声不超过规定标准。

④ 润滑系统正常、可靠，无泄漏现象。

⑤ 电气装置、安全保护装置和保险装置正常、可靠。

⑥ 在主轴轴承达到稳定温度时（即热平衡状态），轴承的温度和温升都不得超过如下规定，即滑动轴承温度60℃，温升30℃；滚动轴承温度70℃，温升40℃。

(3) 车床的负荷试验

车床负荷试验的目的是考核车床主传动系统能否承受设计所允许的最大扭转力矩和功率。

(4) 机床工作精度的检验

机床的工作精度检验，是通过对规定的试件和工件进行加工，来检验机床是否符合规定的设计要求。卧式车床的检验内容主要包括：精车外圆试验、精车端面试验和车槽试验、车螺纹试验。各种试验的目的及试验方法主要如下。

① 精车外圆试验　精车外圆试验的目的是检验车床在正常工作温度下，主轴轴线与溜板移动方向是否平行，主轴的旋转精度是否合格。

试验方法是：在车床卡盘上夹持尺寸为480mm×250mm的中碳钢（一般为45钢）试件，不用尾座顶尖。采用高速钢车刀，切削用量取转速$n=400$r/min，切削量$a_p=0.15$mm，进给量$f=0.1$mm/r精车外圆表面。

精车后，若试件圆度误差不大于0.01mm，圆柱度误差不大于0.01/100，表面粗糙度Ra值不大于3.2μm，则为合格。

② 精车端面试验　精车端面试验的目的是检查车床在正常工作温度下，刀架横向移动对主轴轴线的垂直度和横向导轨的直线度误差。

试验方法是：取ϕ250mm的铸铁圆盘，用卡盘夹持，用YG8硬质合金45°右偏刀精车端面，切削用量取转速$n=250$r/min，切削量$a_p=0.2$mm，进给量$f=0.15$mm/r。

精车端面后试件的平面度误差不大于0.02mm（只许凹）为合格。

③ 车槽试验　车槽试验的目的是考核车床主轴系统的抗振性能，检查主轴部件的装配精度、主轴旋转精度，溜板刀架系统刮研配合面的接触质量及配合间隙的调整是否合格。

车槽试验的试件为ϕ80mm×150mm的中碳钢棒料，用前角$\gamma_0=6°\sim10°$，后角$\alpha_0=5°\sim6°$的YT15硬质合金车刀（切削用量为：车削速度$V_c=40\sim70$m/min，进给量$f=0.1\sim0.2$mm/r。车刀宽度为5mm)，在距卡盘端（1.5～2)d处车槽（d为工件直径)，不应有明显的振动和振痕。

④ 车螺纹试验　车螺纹试验的目的是检查车床上加工螺纹传动系统的准确性。

试验规范为：取ϕ40mm×500mm的中碳钢工件；高速钢60°标准螺纹车刀；切削用量为转速$n=20$r/min，切削量$a_p=0.02$mm，进给量$f=6$mm/r；两端用顶尖顶车。

精车螺纹试验精度，要求螺距累积误差应小于0.025/100，表面粗糙度不大于Ra3.2μm，无振动波纹为合格。

（5）机床几何精度的检验

机床的几何精度检验，是指最终影响机床精度的那些零部件精度检验，包括尺寸、形状、位置和相互之间的运动精度（如平面度、重合度、相交度、平行度和垂直度等）。卧式车床的几何精度检验主要包括以下内容：导轨在垂直平面内的直线度误差及在垂直平面内的平行度误差；溜板移动在水平面内的直线度误差；尾座移动对溜板移动的平行度误差；主轴的轴向窜动和主轴轴肩支承面的端面圆跳动误差；主轴定心轴颈的径向圆跳动误差；主轴锥孔轴线的径向圆跳动误差；主轴轴线对溜板移动的平行度误差；顶尖的斜向圆跳动误差；尾座套筒轴线对溜板移动的平行度误差；尾座套筒锥孔轴线对溜板移动的平行度误差；主轴和尾座两顶尖的等高度误差；小刀架移动对主轴轴线的平行度误差；横刀架横向移动对主轴轴线的垂直度误差；丝杆的轴向窜动误差；由丝杆产生的螺距累积误差。

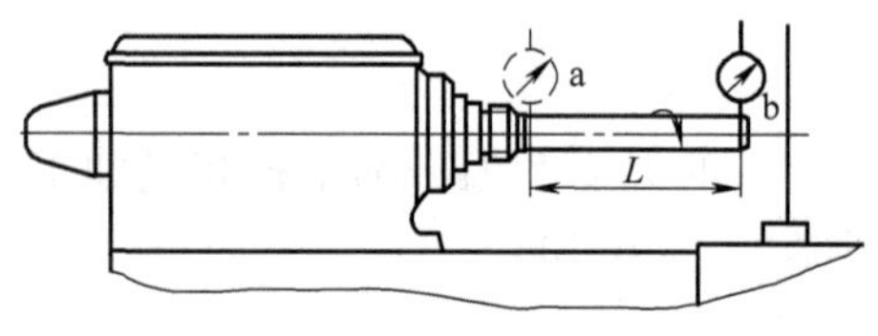

图6-83　主轴锥孔轴线径向圆跳动的检验

① 主轴锥孔轴线的径向圆跳动误差　卧式车床主轴锥孔轴线的径向圆跳动误差检验方法如图6-83所示。将检验棒插入主轴锥孔内，将百分表固定在机床上，使其测量头触及检验棒表面，旋转主轴，分别在靠近主轴端部的a处和距轴端L的b处检验。a、b的误差分别计算。主轴转一转，百分表读数的最大差值，就是主轴锥孔中心线的径向圆跳动误差。L的距离按$D_a/2$选取（D_a为工件最大回转直径）或不超过300mm。对于$D_a>800$mm的车床，测量长度应增加至500mm。规定在a、b两个位置上进行检验，这是因为检验棒的轴线有可能在测量平面内与旋转轴线相交叉。

为了消除检验棒误差和检验棒插入孔内时的安装误差对主轴锥孔径向圆跳动误差起的叠加或抵偿作用，因此应将检验棒相对于主轴每隔90°插入一次试验，共检验4次，4次测得结果的平均值就是主轴锥孔轴线的径向圆跳动误差。a、b的误差分别计算。

② 主轴锥孔轴线的轴向窜动误差　卧式车床主轴锥孔轴线的轴向窜动误差检验方法如图6-84所示。在主轴锥孔中心紧密地插入一根锥柄短检验棒，中心孔中装入钢球，平头百分表

固定在床身上，使百分表测头顶在钢球上（钢球用黄油粘上），旋转主轴检查。百分表读数最大差值，就是轴向窜动误差值。

③ 尾座套筒轴线对溜板移动的平行度误差　卧式车床尾座套筒轴线对溜板移动的平行度误差检验方法如图 6-85 所示。将尾座紧固在检验位置，当 D_c 小于或等于 500mm 时（D_c 为机床的工件最大加工长度）应紧固在床身导轨末端；当 D_c 大于 500mm 时，应紧固在 $D_c/2$ 处，但最大不大于 2000mm。尾座顶尖套筒伸出量，约为最大伸出量的一半，并锁紧。

将指示器固定在溜板上，使其测量头触及尾座套筒表面：a 位置在垂直平面内；b 位置在水平面内，移动溜板进行检验。指示器读数的最大差值，就是尾座套筒轴线对溜板移动的平行度误差，a、b 的位置分别计算。

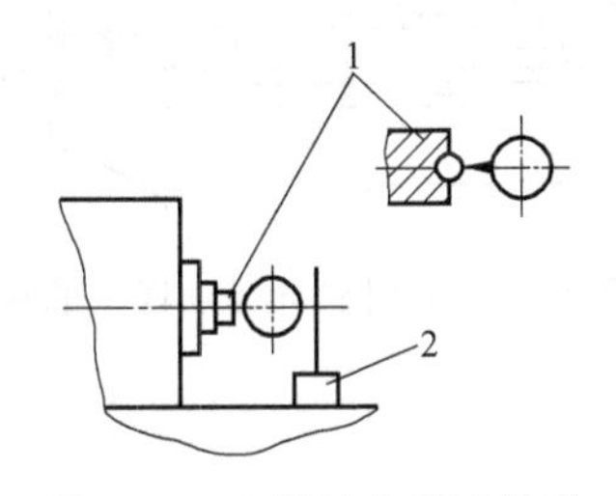

图 6-84　主轴轴向窜动检验

1—钢球短检验棒；2—磁性表座

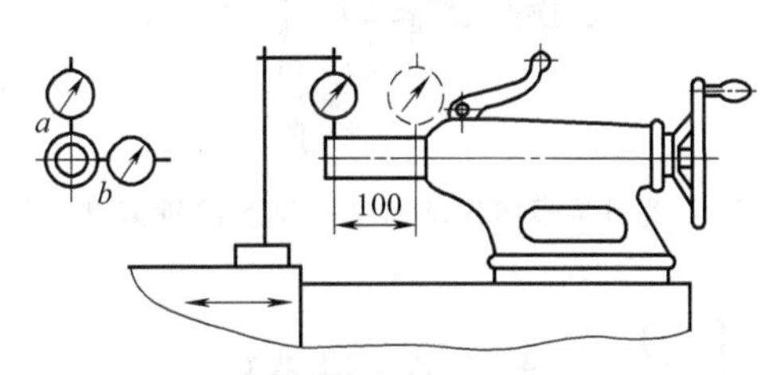

图 6-85　尾座套筒轴线对溜板移动的平行度误差检验

④ 尾座套筒锥孔轴线对溜板移动平行度误差　卧式车床尾座套筒锥孔轴线对溜板移动平行度误差的检验方法如图 6-86 所示。检验尾座的位置同检验尾座套筒轴线对溜板移动的平行度误差，将顶尖套筒退入尾座孔内，并锁紧。

在尾座套筒锥孔中，插入检验棒。将指示器固定在溜板上，使其测量头触及测量头表面。a 位置在垂直平面内；b 位置在水平面内，移动溜板进行检验。一次检验后，拔出检验棒，旋转 180°后重新插入尾座顶尖套锥孔中，重复检验一次。两次检验结果的平均值，就是尾座套筒孔轴线对溜板移动平行度误差，a、b 的位置误差分别计算。

⑤ 主轴尾座两顶尖的等高度误差　卧式车床主轴尾座两顶尖的等高度误差检验方法如图 6-87 所示。在主轴与尾座顶尖间装入检验棒将指示器固定在溜板上，使其测量头在垂直平面内触及检验棒，移动溜板在检验棒的两个极限位置上进行检验，指示器在检验棒两端读数的差值就是主轴尾座两顶尖的等高度误差。检验时，尾座顶尖套应退入尾座孔内，并锁紧。

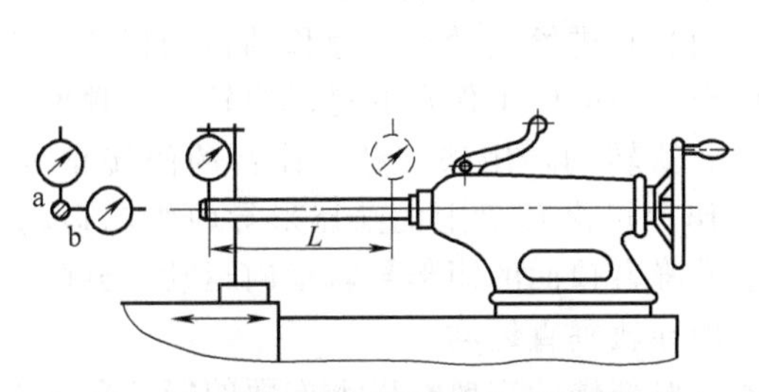

图 6-86　尾座套筒锥孔轴线对溜板移动平行度误差的检验

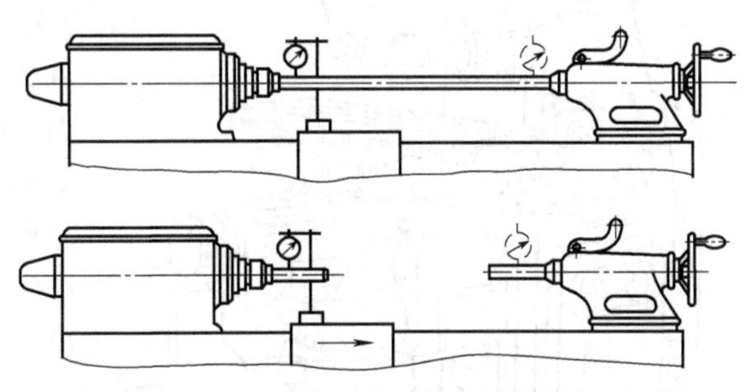

图 6-87　主轴尾座两顶尖的等高度误差检验

⑥ 横刀架横向移动对主轴轴线的垂直度误差　卧式车床横刀架横向移动对主轴轴线的垂直度误差检验方法如图 6-88 所示。将平面圆盘固定在主轴上，指示器固定在横刀架上，使其测量头触及平盘，移动横刀架进行检验。

将主轴旋转 180°，再同样方法检验一次，两次结果的平均值，就是横刀架横向移动对主

轴轴线的垂直度误差。

⑦ 丝杆轴向窜动误差　卧式车床丝杆轴向窜动误差的检验方法如图 6-89 所示。固定指示器，使其测量头触及丝杆顶尖孔内用黄油粘住的钢球。在丝杆中段处闭合开合螺母，旋转丝杆进行检验。检验时，有托架的丝杆应在装有托架的状态下检验。指示器读数的最大差值，就是丝杆的轴向窜动误差。正转、反转均应检验，但由正转变换到反转时的游隙不计入误差内。

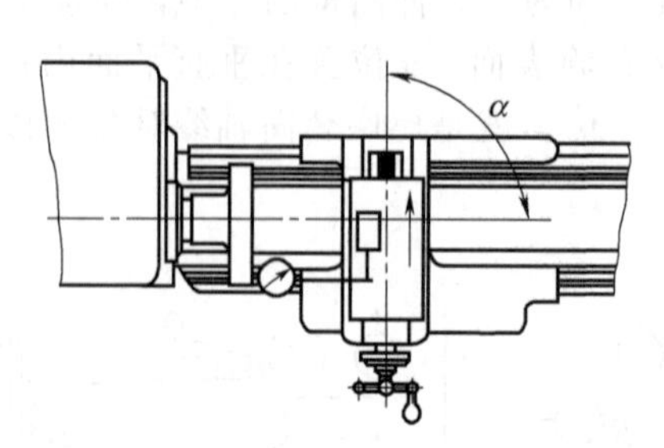

图 6-88　横刀架横向移动对主轴轴线的垂直度误差检验

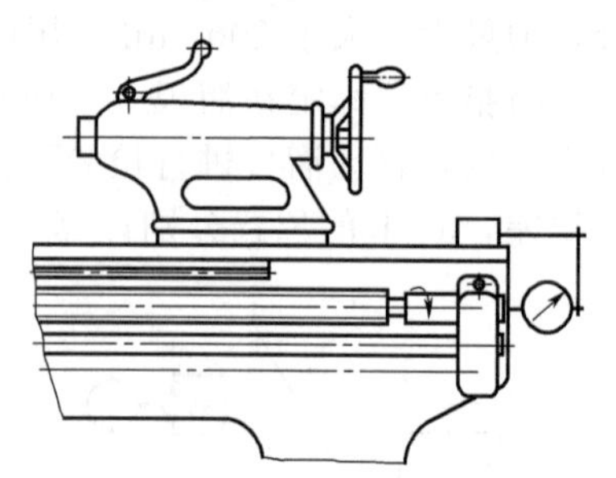

图 6-89　丝杆轴向窜动误差的检验

6.13 铣床的装配

铣床是利用铣刀进行金属切削加工的机床设备，可加工水平的和垂直的平面、沟槽、键槽、T 形槽、燕尾槽、螺纹、螺旋槽，以及有局部表面的齿轮、链轮、棘轮、花键轴，各种成形表面等。加工时，铣刀的旋转运动为主体运动，工作台对刀具的直线运动为进给运动。

6.13.1 卧式铣床的结构

X62W 卧式万能铣床是生产中常用的一种卧式铣床，卧式万能铣床的工艺特点：主轴水平布置，工作台可沿纵向、横向和垂直三个方向做进给运动或快速移动。工作台可在水平面内做正负 45°的回转，以调整需要角度，适应于螺旋表面的加工。机床刚度好、生产率高、工艺范围广。

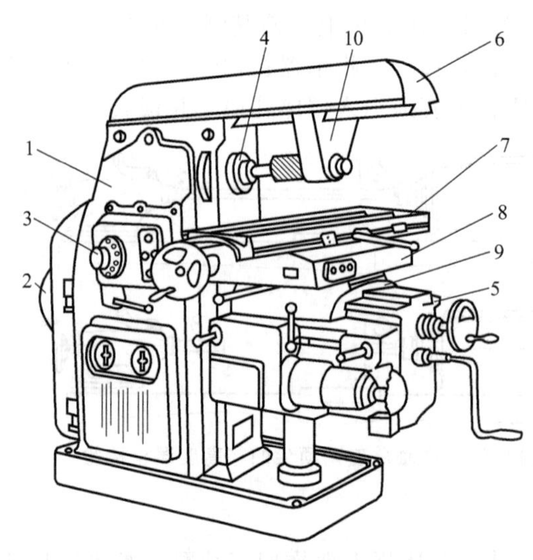

图 6-90　X62W 型铣床外形图

1—床身；2—电动机；3—变速操纵机构；4—主轴；5—升降台；6—横梁；7—纵向工作台；8—转台；9—横向工作台；10—吊架

图 6-90 给出了 X62W 卧式万能铣床的外形结构，主要部件有床身 1、电动机 2、变速操纵机构 3、主轴 4、升降台 5、横梁 6、纵向工作台 7 及转台 8 等。床身内装有主体运动传动机构。升降台内装有进给运动和快速移动传动机构。纵向工作台 7 与横向工作台 9 可以绕转台 8 顶面上的圆形导轨转动，用来调整工作台的回转角度。纵向工作台可沿转盘上的燕尾形导轨纵向运动，床鞍沿升降台顶面的矩形导轨横向运动，升降台沿床身侧导轨垂直运动。

各主要部件的主要有以下方面的安装要求及作用。

① 床身　床身用来固定和支承铣床上所有的部件和机构。电动机 2、变速箱的变速操纵机构 3、主轴 4 等均安装在它的内部；升降台 5、横梁 6 等分别安装在它的下部和顶部。

对床身的整体要求是结构坚固、配合紧密，

受力后所产生的变形极微。供升降台升降的垂直导轨、装横梁的水平导轨和各轴孔都应该经过精细的加工，以保证机床的刚性。

② 主轴　主轴的作用是紧固铣刀刀杆并带动铣刀旋转。主轴为空心结构，其前端为锥孔。刀杆的锥柄恰好与之紧密配合，并用长螺杆穿过主轴通孔从后面将其紧固。

主轴的轴颈与锥孔应该非常精确，否则，就不能保证主轴在旋转时的平稳性。

③ 变速操纵机构　变速操纵机构用来变换主轴的转速。变速齿轮均安装在床身内部。

④ 横梁　横梁上可安装吊架10，用来支承刀杆外伸的一端以加强刀杆的刚性。横梁可在床身顶部的水平导轨中移动，以调整其伸出的长度。

⑤ 升降台　升降台可以使整个工作台沿床身的垂直导轨上下移动，以调整台面到铣刀的距离。升降台内装有进给运动的变速传动装置、快速传动装置及其操纵机构。升降台的水平导轨上装有床鞍，可沿主轴轴线方向移动（亦称横向移动）。床鞍上装有回转盘，回转盘上面的燕尾导轨上又装有工作台。

⑥ 工作台　工作台包括三个部分，即纵向工作台7、横向工作台9和转台8。

纵向工作台可以在转台的导轨槽内做纵向移动，以带动台面上的工件做纵向送进。

台面上有三条T形直槽，槽内可放置螺栓以紧固夹具或工件。一些夹具或附件的底面往往装有定位键，在装上工作台时，一般应使键侧在中间的T形槽内贴紧，夹具或附件便能在台面上迅速定向。在三条T形直槽中，中间一条的精度较高，其余的两条精度较低。

横向工作台9安装在在升降台上面的水平导轨上，可带动纵向工作台一起做横向移动。

在横向工作台9上的转台8，其唯一的作用是将纵向工作台在水平面内旋转一个角度（正、反最大均可转过45°），以便铣削螺旋槽。

工作台的纵、横移动或升降可以通过摇动相应的手柄实现，也可以由装在升降台内的进给电动机带动作自动送进，自动送进的速度可操纵进给变速机构加以变换。需要时，还可做快速运动。

6.13.2 卧式铣床典型部件的装配

总地说来，卧式铣床的装配技术要求、总装顺序可参照卧式车床进行，此处不再详述。下面以卧式铣床为例，简述其主要部件的装配要点。

(1) 主轴的装配

主轴是铣床的关键零件，其工作性能的好坏直接影响机床的精度。图6-91为主轴部件结构图。主轴1有三个支承，前支承2、中间支承3均为圆锥滚子轴承，后支承4为单列深沟球轴承。前两个轴承是决定主轴工作精度的主要轴承，装配时可采用定向装配的方法来提高装配精度。在主轴的后两个支承中间，装有飞轮5，它利用惯性储存能量，以消除铣削时的振动，使主轴更加平稳。

为了使主轴得到理想的回转精度，在装配时应注意两圆锥滚子轴承径向和轴向间隙的调整。在转动调整螺母6之前，先松开紧固螺钉7，调整完毕后，再把它拧紧，防止螺母松动。轴承的预紧量应根据机床工作要求来决定，当机床进行负荷不大的精加工时，轴承的预紧量可稍大些，但应保证在1500r/min的转速下，运转30～60min后轴承的温度不超过60℃。

主轴上调整螺母的端面圆跳动应在0.05mm以内，调整螺母与轴承端面圆间的垫圈两平面平行度应在0.01mm以内，否则将对主轴的径向圆跳动产生影响。

主轴装配精度的检查，应按机床几何精度检验标准的要求验收。

(2) 主传动变速箱的装配

主轴传动机构的结构如图6-92所示。

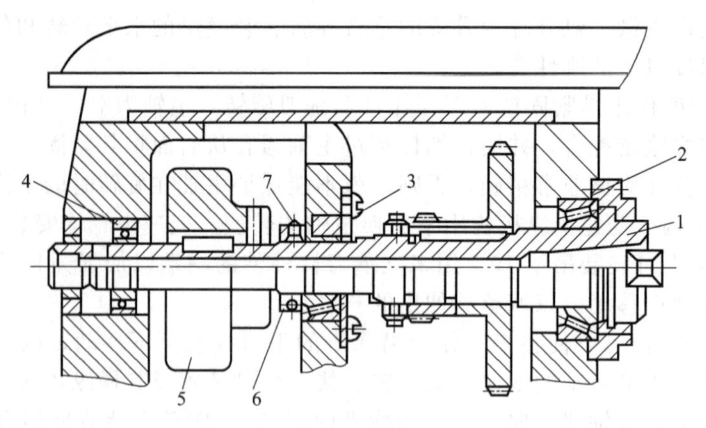

图 6-91　主轴部件

1—主轴；2—前支承；3—中间支承；4—后支承；5—飞轮；6—调整螺母；7—紧固螺钉

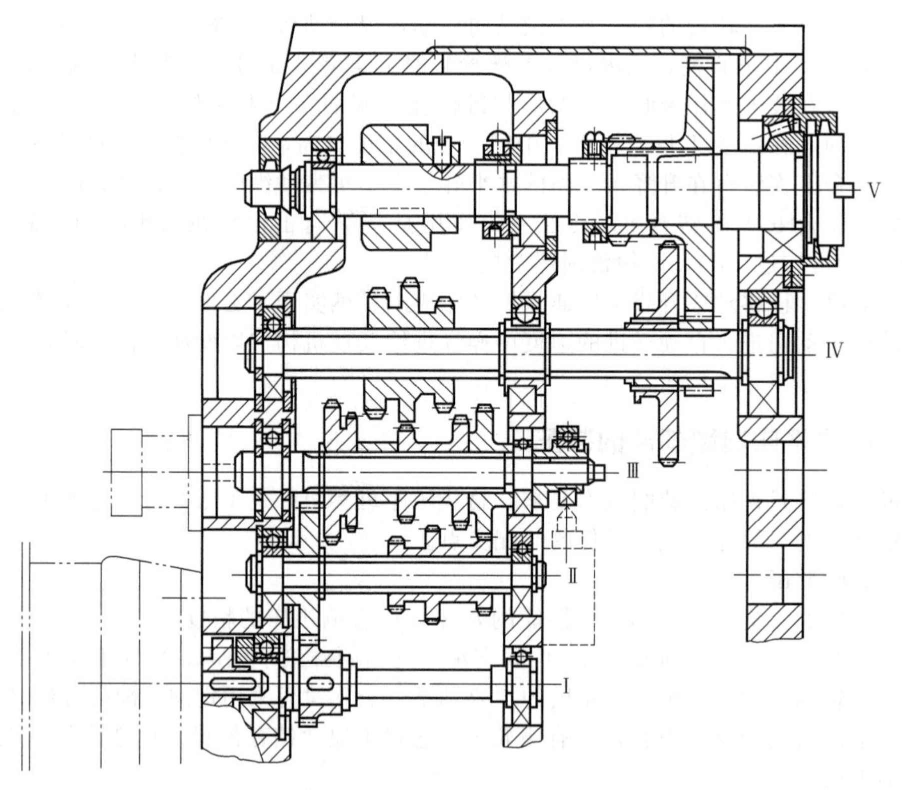

图 6-92　主传动变速箱展开图

① 变速操纵机构的工作原理　变速操纵机构（图 6-93）是通过一个手柄和一个转盘来操纵的。扳动手柄 1，扇形齿轮 2 转动，经拨叉 3、轴 4 使变速盘 5 左移。在变速盘端面上有很多通孔、半通孔和不通孔，可使齿条轴 6、7 移动而得到三个不同位置（也有单片的变速圆盘，但原理与双片的相同）。这些齿条轴上装有变速拨叉，拨动滑移齿轮，实现变速。旋转胶木变速转盘 8，可得 18 种不同位置。经锥齿轮 9、10，使变速盘 5 也得到 18 个不同位置，每个位置对应一种转速。

图 6-93 中齿条杆尾部带有弹簧的销子，其作用是当滑移齿轮与前面的齿端相碰时，弹簧被压缩，并利用弹簧力把齿轮向前推。当轮齿落入齿槽时弹簧张开，并使滑移齿轮的轮齿很快地滑进另一齿轮的齿间。变速孔盘在转换过程中达到最终位置后，利用手柄榫块进入环的凹口

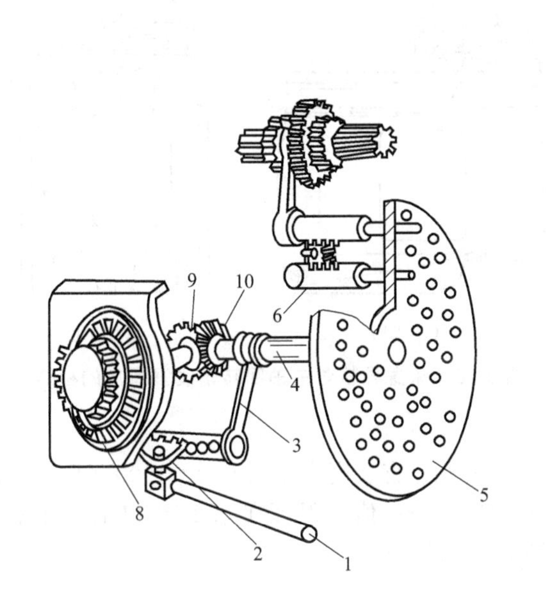

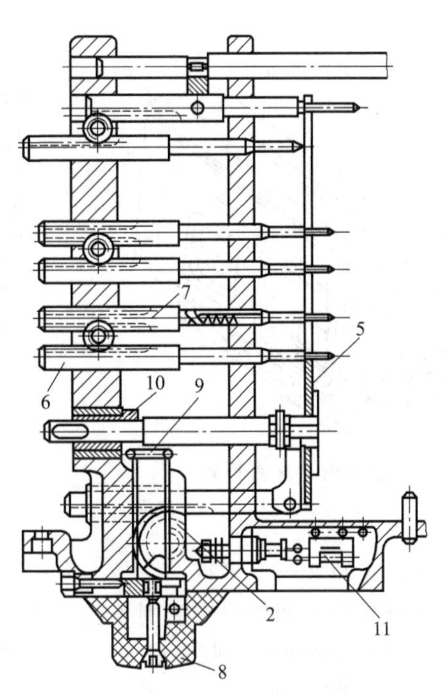

图 6-93　主轴变速操纵系统

1—手柄；2—扇形齿轮；3—拨叉；4—轴；5—变速盘；6,7—齿条轴；8—变速转盘；9,10—锥齿轮；11—冲动开关

来定位。此时齿条杆上的全部弹簧被压缩，而销子肩部就靠在齿条杆的端面上。这样就保证了拨叉和齿可靠定位，消除弹簧的影响。

变速时，为使齿轮容易进入啮合位置，机构上装有冲动开关 11。一经扳动变速手柄，通过定杆推动开关，使电动机短时间点动，便于齿轮啮合。

② 变速操纵机构的调整　为了避免装错，可先变速转盘转到 $n=30$r/min 位置上，再按装配图样要求进行装配。装配后，扳动手柄使孔盘定位，应保证转动齿轮中心至孔盘内端面的距离为 231mm，如图 6-94 所示。若尺寸不符，说明扇形齿轮与孔盘移动齿条轴啮合位置不正确，此时可将孔盘转至 $n=30$r/min 位置定位，使各齿条轴顶紧孔盘，重新装入转动齿轮，然后再检查各变速位置。

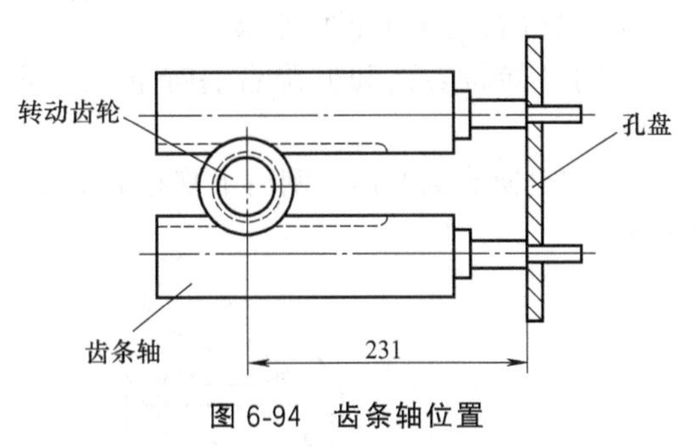

图 6-94　齿条轴位置

当变速操纵机构的手柄合上定位槽后，如发现齿条轴上的拨叉又来回窜动或变速后齿轮错位的现象，则应检查与其相应的齿条轴与齿轮的相对啮合位置是否正确。如有误差，可拆除该齿轮，用力推紧该组齿条轴，使其顶端碰至变速盘端面，然后再装入齿轮。

(3) 升降台与下拖板、床身的组装

升降台与下拖板、床身组装之前，先要对床身、升降台各导轨面进行检查，根据检测结果，不符合要求的还需进行修刮，以达到总装要求。

1) 床身导轨的检查

床身导轨如图 6-95 所示，可采用磨削或刮削的方法完成加工，加工后的要求如下。

① 床身导轨表面时应以主轴回转轴线 A 为基准，保证导轨 1 在纵向垂直度允差为 0.015/300，且只许主轴回转轴线向下偏；横向垂直度允差为 0.01/300，检查方法如图 6-96 所示。

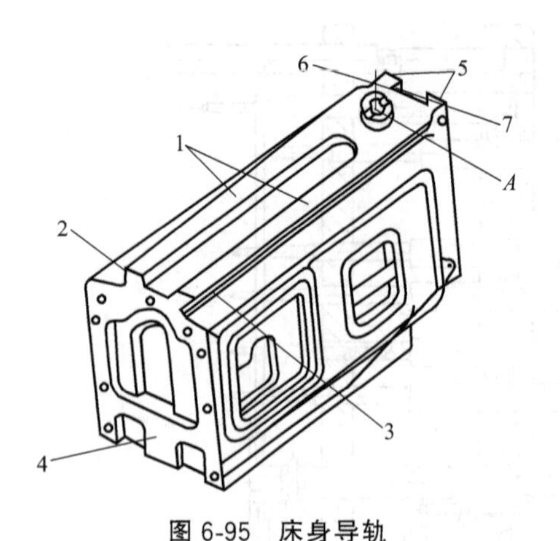

图 6-95　床身导轨

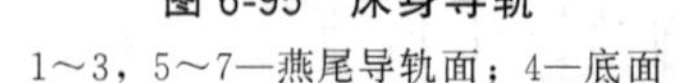

1～3，5～7—燕尾导轨面；4—底面

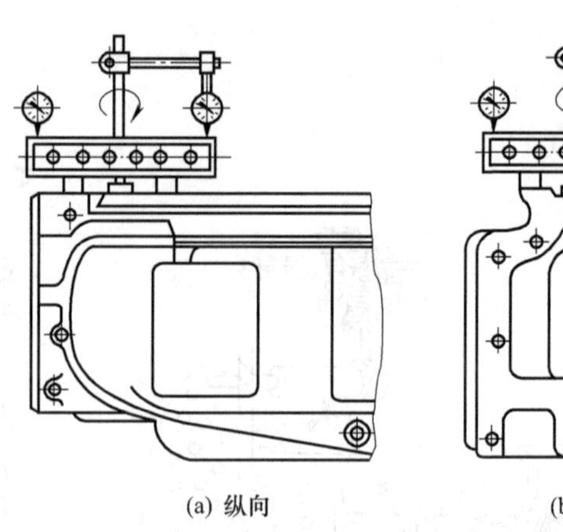

图 6-96　床身导轨对主轴回转轴线垂直度的检查

② 保证导轨 2 与 3 平行，全长上允差为 0.02mm，直线度允差为 0.02/1000（只许中凹）。

③ 床身导轨表面如采用磨削工艺，各表面粗糙度 *Ra* 值应保证在 0.8μm 以上。如采用刮削工艺，导轨表面的接触点要求 8～10 点/(25mm×25mm)。

2）升降台的检查

与床身各导轨面一样，升降台各导轨及装配面也是采用磨削或刮削的方法完成加工的，装配前，也需对其各导轨面（图 6-97）的加工进行检查，具体应满足如下要求。

① 检测时，以升降台导轨 C 孔为基准，插入芯轴检查其与表面 1、2 的平行度。

② 表面 1 的平面度误差在整个表面上不大于 0.01mm（只许中凹）。表面 2、3 的平行度允差在全长上为 0.02mm，直线度允差为 0.02/1000（只许中凹）。

③ 使表面 4、5 与表面 1 平行，其允差在全长上为 0.02mm。

3）升降台与下拖板的组装

床身各导轨表面和升降台各导轨及装配面检测合格后，升降台与下拖板可按以下步骤组装。

① 以升降台为基准，刮研下拖板表面 2，如图 6-98 所示。要求接触点为 6～8 点/(25mm×25mm)。

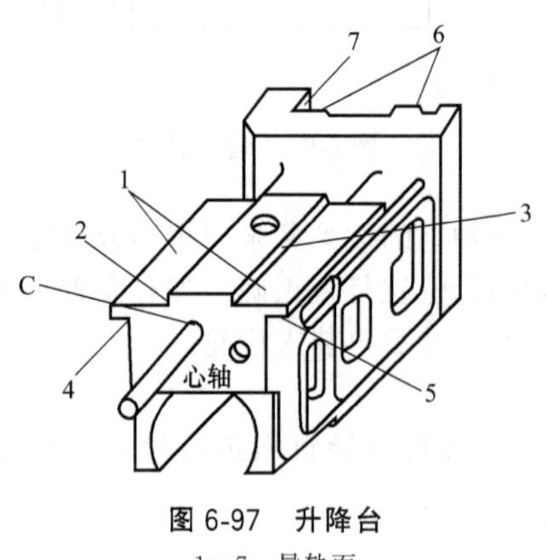

图 6-97　升降台

1～7—导轨面

图 6-98　升降台与下拖板的配刮

1～3—拖板表面

② 用平板刮研下拖板表面 1，保证表面 1 与表面 2 平行，在全长上允差为 0.02mm（只许前端厚），其接触点为 6～8 点/(25mm×25mm)。

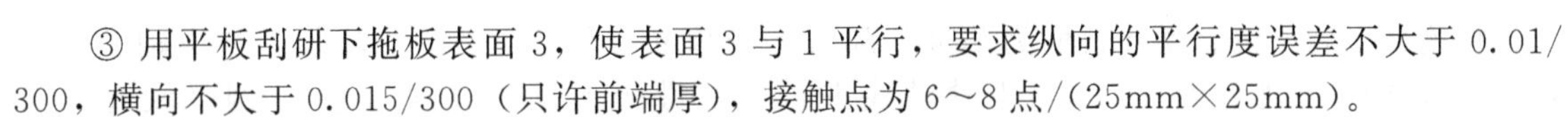

③ 用平板刮研下拖板表面 3，使表面 3 与 1 平行，要求纵向的平行度误差不大于 0.01/300，横向不大于 0.015/300（只许前端厚），接触点为 6～8 点/(25mm×25mm)。

④ 将配刮好的塞铁与压板装在下拖板上，修刮和调整松紧。同时用塞尺检查塞铁及压板与导轨表面密合程度，在两端用 0.03mm 塞尺检查，插入深度应小于 20mm。

4）升降台与床身的组装

升降台与床身的组装可按以下步骤及方法进行。

① 升降台导轨面 2 与床身表面 1 的垂直度允差为（0.02～0.03)/300，如图 6-99（a）所示。要求升降台前端向主轴方向倾斜，以补偿因升降台重力及切削力作用引起的下垂。

② 升降台导轨面 3 与床身表面 1 的垂直度允差为 0.02/300，如图 6-99（b）所示。

③ 将在平板上粗刮过的塞铁及压板装在升降台上，调整松紧，研刮至接触点为 6～8 点/(25mm×25mm)。用 0.04mm 塞规检查与导轨表面的密合度，要求塞入深度≤20mm。

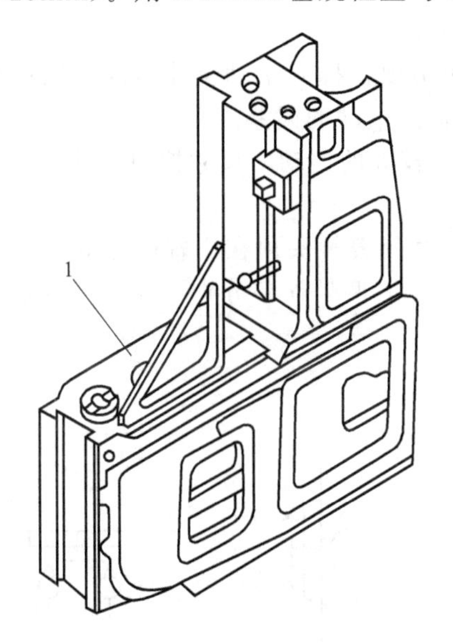

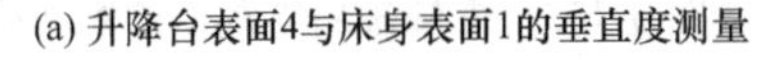
(a) 升降台表面4与床身表面1的垂直度测量

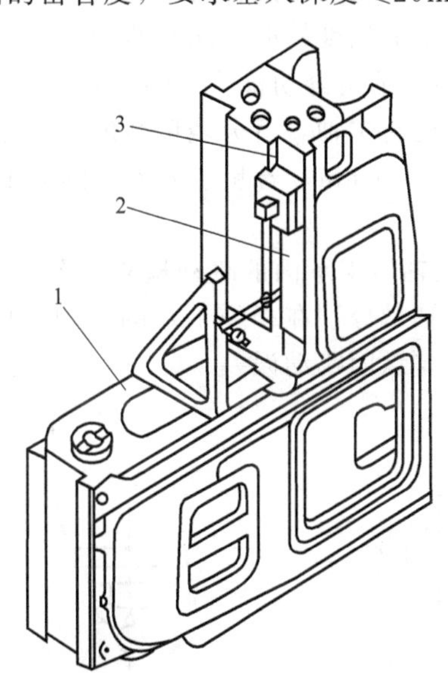

(b) 升降台表面5与床身表面1的垂直度测量

图 6-99　升降台与床身组装时的测量

1—床身表面；2,3—导轨面

(4) 悬梁和床身顶面燕尾形导轨的装配

悬梁和床身顶面燕尾形导轨装配前，应对悬梁导轨及各装配表面进行检测，应保证悬梁表面 1 的直线度为 0.015/1000，并保证表面 2 与表面 3 平行，其允差为 0.03/400，如图 6-100 所示。

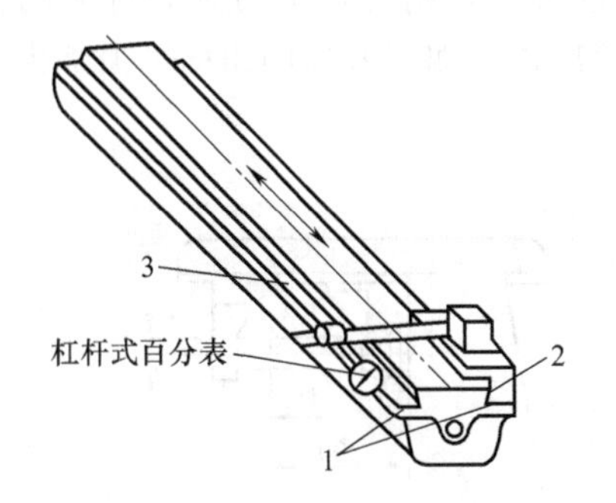

图 6-100　悬梁导轨的精度检查

1—燕尾导轨平面；2,3—燕尾导轨斜面

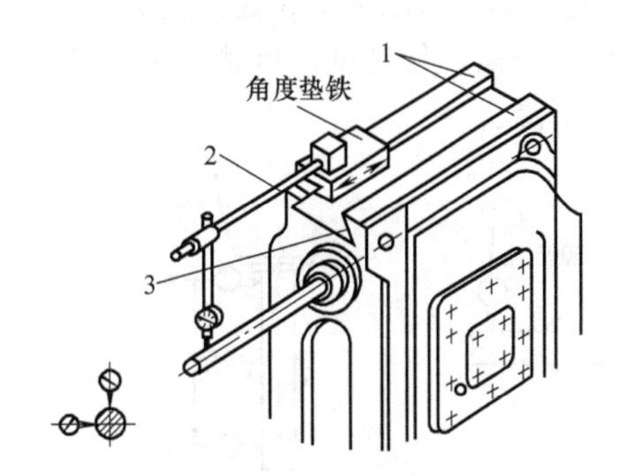

图 6-101　床身顶面导轨与主轴轴线平行度的检查

1—燕尾导轨平面；2,3—燕尾导轨斜面

检测合格后，以悬梁导轨面为基准，刮研床身顶面导轨表面 1，要求表面与主轴轴线平行，床身顶面导轨表面 2、3 与主轴轴线平行（上母线允差为 0.025/300，侧母线允差为 0.025/300），配刮面的接触点为 6～8 点/(25mm×25mm)。检验方法如图 6-101 所示。

6.13.3 铣床总装后的精度检验

影响零件加工精度的因素很多，其中机床精度是主要因素之一。机床精度检验包括机床的几何精度和工作精度。所谓几何精度，就是指机床在运转时各部件相互间的位置精度和主要零件的形位精度。工作精度检验是指通过对试件的精度检验，达到对机床工作部件运动的均匀性和协调性检验以及机床部件相互位置的正确性检验。下面以卧式铣床和立式铣床为例简述其精度的检验项目与方法，其余类型的铣床也可参照执行。

(1) 铣床主轴的精度检验

铣床主轴的精度检验方法与步骤主要有以下几方面。

① 主轴的轴向窜动检验（图 6-102） 百分表触头顶在插入主轴锥孔内的专用检验棒的端面中心处，旋转主轴，百分表读数的最大差值就是轴向窜动的误差。

公差为 0.01mm，若超过公差，则加工时会产生较大的振动，尺寸控制不准，还会出现拖刀现象。

② 主轴轴肩支承面的跳动检验（图 6-103） 将百分表触头顶在主轴前端面靠近边缘的位置，旋转主轴，分别在相隔 180°的 a、b 两处检验，a、b 两处误差分别计算。百分表读数的最大差值就是支承面跳动误差。

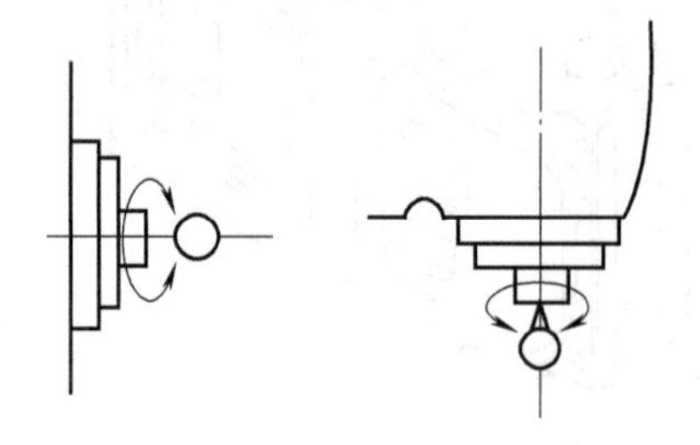

图 6-102 主轴的轴向窜动检验

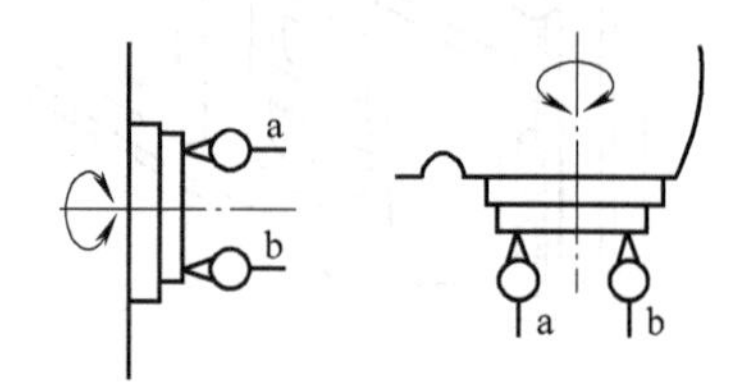

图 6-103 主轴轴肩支承面的跳动检验

公差为 0.02mm，若超过公差，则会引起以主轴轴肩定位安装的铣刀产生端面跳动现象，影响加工尺寸精度和表面粗糙度，并会使铣刀的刀齿磨损不均匀（即部分刀刃加快磨损），铣刀使用不经济。

③ 主轴锥孔中心线的径向跳动检验（图 6-104） 将百分表触头顶在插入主轴锥孔内的检验表面上。旋转主轴，分别在 a、b 两处检验。百分表读数的最大差值就是径向跳动误差。

a 处公差为 0.01mm，b 处公差为 0.02mm。若超过公差，则会造成刀轴和铣刀的径向跳动以及铣刀振摆，使铣削的键槽加宽，使所镗孔的孔径扩大、加工表面的粗糙度值加大和刀具的耐用度下降。

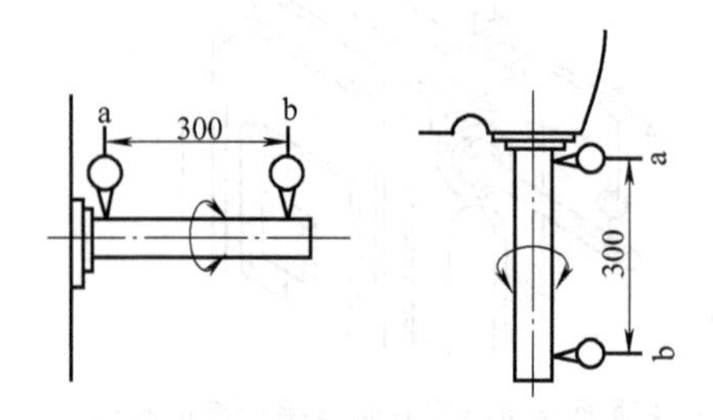

图 6-104 主轴锥孔中心线的径向跳动检验

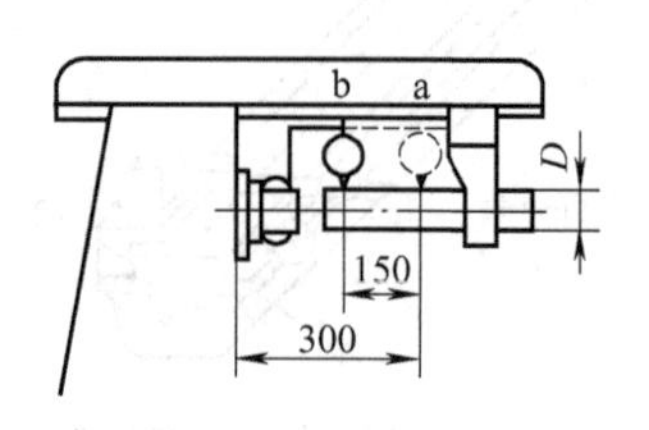

图 6-105 刀杆挂架孔对主轴回转中心线的同轴度检验

④ 刀杆挂架孔对主轴回转中心线的同轴度检验（卧铣）（图6-105） 在主轴锥孔中插入一根带百分表的角形表杆，并使百分表触头顶在插入刀杆挂架孔中的检验棒表面上。转动主轴，在a、b两处检验。a、b两处误差分别计值，百分表读数最大值的一半就是同轴度的误差。检验时，横梁和挂架都要固紧。

公差为0.03mm，若超过公差，则会使刀歪斜，以至铣刀产生振摆及挂架孔加速磨损。严重者将使刀杆弯曲，且影响加工面的平行度。

⑤ 主轴回转中心线对工作台面的垂直度检验（立铣）（图6-106） 工作台处于纵向行程的中间位置。在工作台面上放置两等高量块，在量块上放一平尺。在主轴锥孔中插入一根带百分表的角形表杆，使百分表的触头顶在平尺的检验面上。分a、b两处进行测量。a处平尺与中央T形槽平行；b处平尺与中央T形槽垂直。a、b两处分别计值。百分表读数的最大差值，就是垂直度误差。检验时，垂直、横向两工作台及主轴套筒都要紧固。

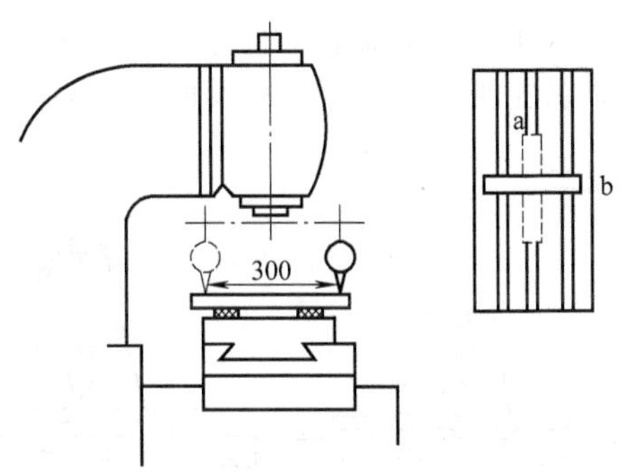

图6-106 主轴回转中心线对工作台面的垂直度检验

工作台面外侧只许向上偏，在300mm的测量长度上，a处公差为0.02mm，b处公差为0.03mm。若超过公差，则会影响加工面的平面度、平行度以及加工孔的圆度、轴线的倾斜度等精度。

(2) 铣床工作台的精度检验

① 工作台面的平面度检验 工作台面的平面度检验如图6-107所示。检验时，工作台处于纵向和横向行程的中间位置，在工作台面上，按图6-107中规定的方法，放置两高度相等的量块，在量块上放一平尺，然后用块规和塞尺检验工作台面和平尺之间的距离。

工作台面纵向只许凹，在每1000mm长度上公差为0.03mm。若超过公差，则会影响夹具或工件底面的安装精度，从而影响加工面的平行度和垂直度。

② 工作台纵向和横向移动的垂直度检验 工作台纵向和横向移动的垂直度检验如图6-108所示。检验时，将角度尺放在工作台面纵向中间位置，并使角度尺的一个检验面和横向（或纵向）平行，纵向（或横向）移动工作台用百分表检验，百分表读数的最大差值，就是垂直度的误差。检验时，垂直工作台应紧固。

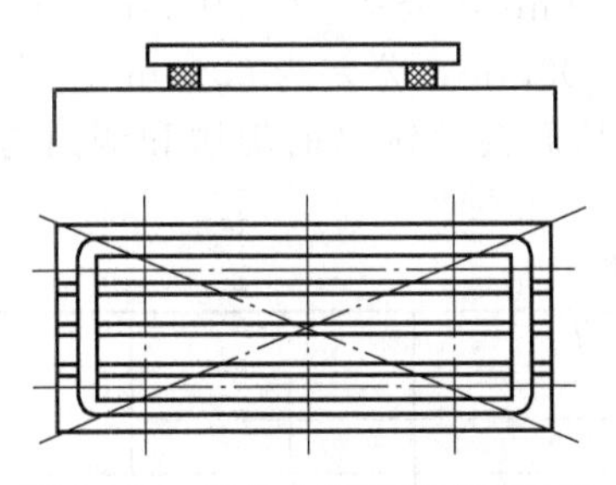
图6-107 工作台面的平面度检验

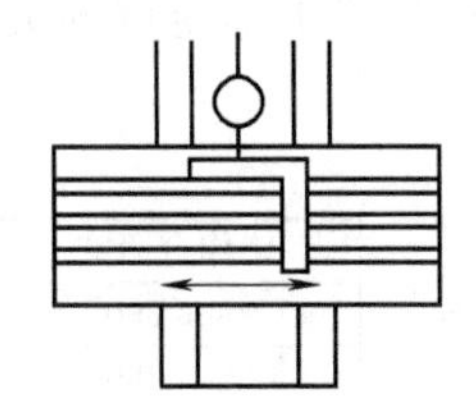
图6-108 工作台纵向和横向移动的垂直度检验

在300mm的测量长度上公差为0.02mm。若超过公差，则会影响水平面内两加工垂直面的垂直度。另外，若夹具的定位面与横向平行，则使纵向进给铣削出的沟槽和侧面与基准不垂直。

③ 工作台纵向移动对工作台面的平行度检验 工作台纵向移动对工作台面的平行度检验如图6-109所示。检验时，工作台处于横向行程的中间位置，在工作台面上，跨中央T形槽放两等高量块，平尺放在量块上。将百分表触头顶在平尺的检验面上，纵向移动工作台检验。百

分表读数的最大差值，就是平行度误差。检验时，横向和垂直两工作台均应锁紧。

在工作台全部行程上测量，行程等于或小于500mm，公差为0.02mm；行程大于500mm且小于1000mm，公差为0.03mm；行程大于1000mm，公差为0.04mm。若超过公差，则将影响工件的平行度和垂直度（在铅垂面内）。

④ 工作台横向移动对工作台面的平行度检验　工作台横向移动对工作台面的平行度检验如图6-110所示。检验时，在工作台面上和工作台横向移动方向平行放置两等高量块，平尺放在量块上，百分表触头位于主轴中央处，并使其顶在平尺的检验面上。百分表读数的最大差值，就是平行度误差。检验时，垂直工作台应锁紧。

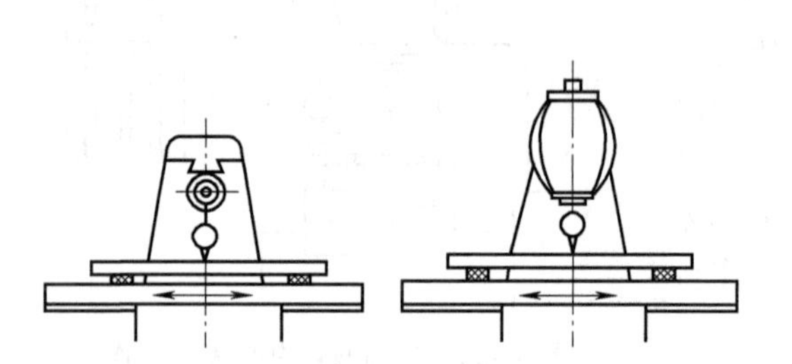

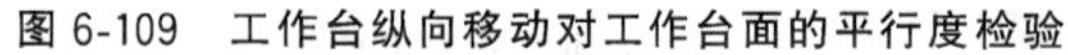

图6-109　工作台纵向移动对工作台面的平行度检验

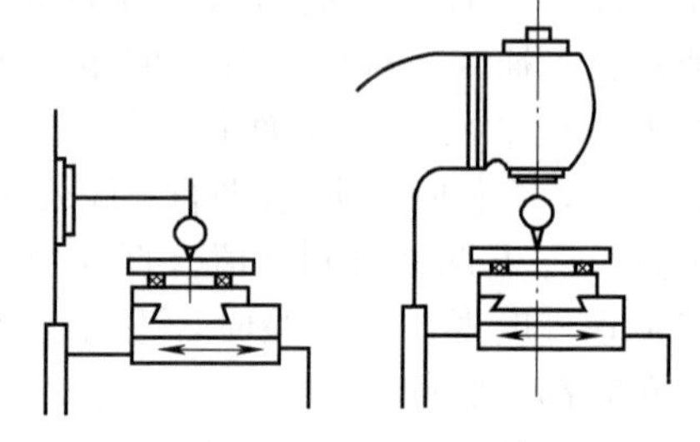

图6-110　工作台横向移动对工作台面的平行度检验

在工作台全部行程上测量，行程等于或小于300mm，公差为0.02mm；行程大于300mm，公差为0.03mm。若超过公差，则会影响工件的平行度和垂直度。

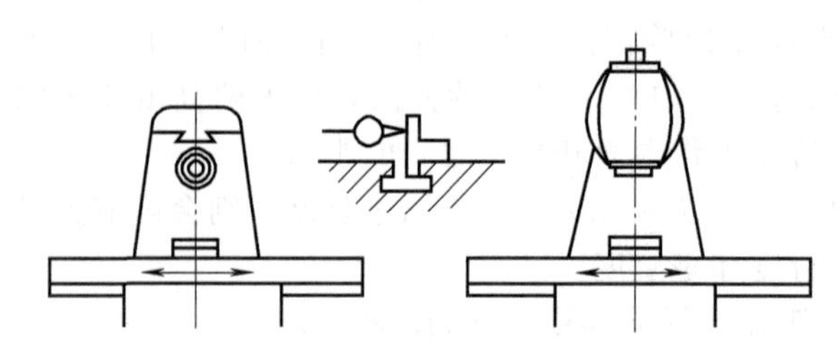

图6-111　工作台中央T形槽侧面对工作台纵向移动的平行度检验

⑤ 工作台中央T形槽侧面对工作台纵向移动的平行度检验　工作台中央T形槽侧面对工作台纵向移动的平行度检验如图6-111所示。检验时，工作台处于横向行程中间位置，百分表触头顶在紧靠中央T形槽侧面的专用滑块的检验面上，纵向移动工作台检验。百分表读数的最大差值，就是平行度误差，中间T形槽两侧面均需检验。检验时垂直、横向工作台均应锁紧。

在工作台的全部行程上测量，行程等于或小于500mm，公差为0.03mm；行程大于500mm且小于1000mm，公差为0.035mm；行程大于1000mm，公差为0.04mm。若超过公差，则会影响以T形槽定位的夹具或工件的定位精度，从而会使铣出的沟槽和侧面与导向基准不平行。

表6-6　试件尺寸及公差　　mm

试件尺寸/mm	工作台面宽度	B	L	H	b
	≤250	100	250	100	20
	>250	150	400	150	
检验项目 \ 公差级别			1级	2级	3级
平面度(图6-112(a)中 C 面、图6-112b)中 S 面)			0.02	0.03	0.04
S 面对基面的平行度/mm			0.03	0.045	0.06
C、D、S 三面间的垂直度	测量长度	100	0.02	0.03	0.04
		150	0.025	0.037	0.05
		250	0.03	0.045	0.06
		400	0.05	0.075	0.10
加工面表面粗糙度/μm			Ra1.6	Ra3.2	Ra6.3

(3) 铣床工作精度检验

铣床工作精度的检验，是通过对标准试件的铣削，在工作状态下对机床的综合性检验。图 6-112 所示为试件的形状和尺寸，试件的尺寸和公差要求如表 6-6 所示。

试件及铣削条件：

① 试件材料　灰铸铁（HT150）。

② 切削刀具　高速钢铣刀。

③ 切削用量　$v \geqslant 50$m/min；$v_f = 40 \sim 60$mm/min；$a_p = 0.1 \sim 0.4$mm。

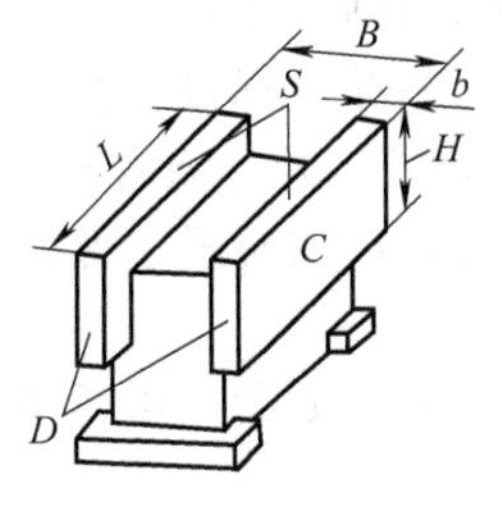

(a) 卧铣试件

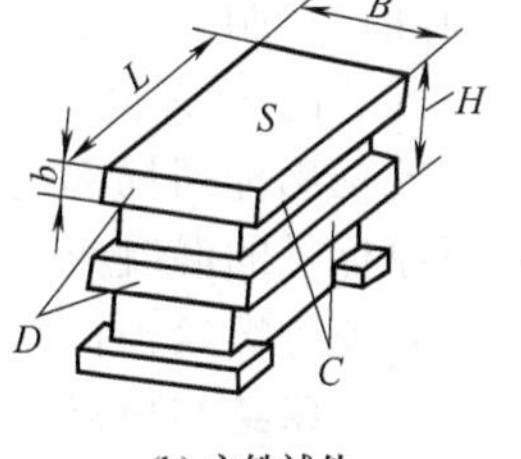

(b) 立铣试件

图 6-112　试件形状和尺寸

6.14 精密大型设备的安装要点

精密大型设备是一种能完成大型工件加工的精密设备，具有外形尺寸大、精度高等特点。为了保证设备的精度和使用寿命，对其安装有一些特殊的要求，主要有以下几方面。

(1) 安装基础的要求

机械设备都需要一个坚固稳定的基础。设备的基础，除了要承受机械本身的重量和运转时所产生的冲击力和振动力以外，还要消减、吸收本身运转时的振动和隔离其他机床工作时产生的振动，并防止发生共振现象。如果设备基础不按设备的要求进行精心设计，或施工时不按设计要求进行建造，就会产生倾斜、沉陷、振动甚至破坏。这就必然使设备遭到损害、精度降低甚至不能运转。对于大型、精密设备安装基础必须做到合理设计、精心施工、严格检查，以保证基础的质量，同时还要注意以下方面的事项。

① 基础的结构要合理　为了保证大型设备基础的承载能力，一般采用钢筋混凝土整体浇灌的结构。为了保证基础的尺寸准确和设备地脚螺栓位置正确，采用预浇基础的方法浇灌基础并预留地脚螺栓孔。精密设备的基础应有防振槽。

② 基础的强度要足够　保证设备安装后，基础不变形、不下沉、不产生疏松和断裂。因此，基础的施工应由土建单位进行，确保混凝土的标号达到设计要求。在安装设备前应对基础进行强度测定。一般中、小型基础用钢球撞痕法进行测定；而对于大型基础除了用钢球撞痕法测定基础混凝土标号是否达到要求外，还要进行预压处理，即在基础上均匀地放置重物（如钢材、铸件、砂子等），其总重量为设备自重和最大加工件重量之和的 2 倍。加压后基础应均匀下沉，不产生裂纹。加压工作应进行到基础不再下沉为止（可用水准仪进行观察）。混凝土强度和撞痕直径的关系如表 6-7 所示。

表 6-7　混凝土强度和撞痕直径的关系　mm

钢球直径/mm	落距/m	混凝土强度/MPa				
		4	6	8	11	14
		钢球撞痕直径/cm				
50.8	2	1.4	1.3	1.2	1.10	1.02
(2″)	1.5	1.25	1.17	1.10	1.00	0.92
38.1	2	1.08	0.96	0.90	0.80	0.74
(1½″)	1.5	0.96	0.88	0.83	0.75	0.71

设备的落位必须在混凝土强度达到设计强度的 60%以上方可进行。设备的精平调整，则必须等基础强度达到设计要求强度，地脚螺栓孔浇灌的混凝土完全凝固后，才可进行。

③ 设备基础各部尺寸和位置必须达到质量要求。

④ 对于自动化联动设备的基础标高和基础之间中心线位置有严格的要求。必须在基础的表面埋设钢制的中心标板和基准点标钉，并根据厂房的标准零点测定其标高符合设计要求。

⑤ 当基础标高不符合要求，及地脚螺栓预留孔位置偏差太大时，其处理方法如下。

若基础标高局部过高时，可用錾子铲低；过低时，可将原基础铲成麻面，用水冲洗后，再补灌原标号的混凝土。

若地脚螺栓预留孔位置偏差太大，用錾子扩孔至能正确安放地脚螺栓即可。

(2) 床身的拼接

大型机床床身通常由几段拼接而成，每段之间的接合面用螺栓连接，并加定位销定位。拼接时应注意以下事项。

① 对床身接合面的要求　为防止床身接合面渗油、漏油而污染工作环境并造成结合段基础的水泥疏松，要求对接合面进行刮研，研点数大于 4 点/(25mm×25mm)，接合后 0.04mm 塞尺周边不能塞入。刮削后接合面对导轨面的垂直度小于 0.03mm。刮削时将接合面一端用枕木垫高，以便刮削和研点。

对于大型设备，位于床身接合面下面的基础应满足要求：垫铁安放后，水平面内纵向、横向直线度允差为 0.2/1000；相邻垫铁同一平面内允差为 0.3/1000。

② 床身的拼接　床身拼接吊装时，接合面处很难通过吊装贴平，因此，严禁用连接螺栓直接强行拉拢并紧固，以免床身因局部受力过大而变形或损坏。应在床身的另一端，用千斤顶等工具使其逐渐推动拼合，并用百分表找正，然后再用螺栓紧固。紧固后用塞尺检查，0.04mm 塞尺不能插入接合面。用千分表检查，相邻导轨表面接头处高度差不应大于 0.003mm。对于三段以上的床身导轨拼接，应先将中段导轨床身安装调平后，再从中段向两端顺次拼接。床身各段全部拼接完成后，对导轨全长进行精平，导轨几何精度必须全部达到要求。然后，在各段床身接合面处用定位销定位。

(3) 立柱与床身、横梁与立柱的连接

对龙门刨床、龙门铣床、龙门立式车床等大型设备的双立柱安装时，为保证立柱与床身、横梁与立柱间的连接精度，应使两立柱顶面等高度误差小于 0.1mm，两立柱导轨面的同一平面度误差小于 0.04mm。经调整并检验合格后，才能连接顶梁和安装横梁。

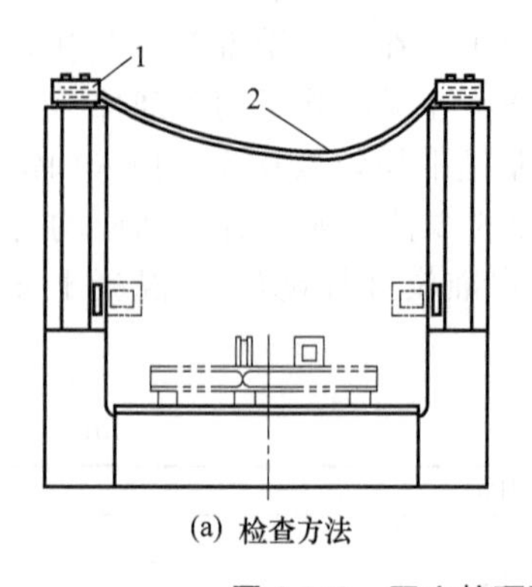

(a) 检查方法

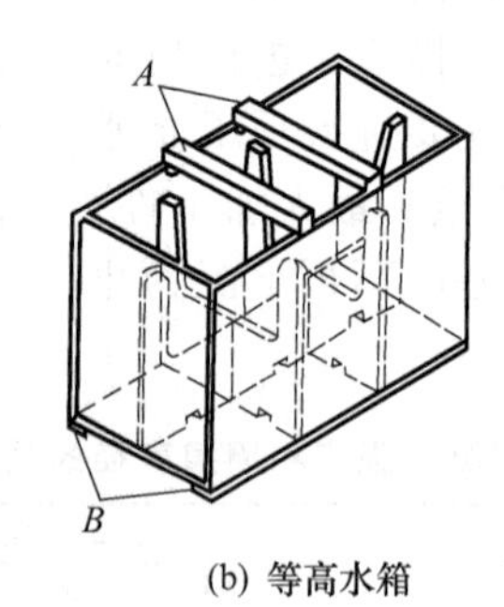

(b) 等高水箱

图 6-113　双立柱顶面等高度的检查

1—水箱；2—软管

① 双立柱顶面等高度的检查　双立柱顶面等高度的检查方法如图 6-113 (a) 所示。先按图 6-113 (b) 所示制作两只等高水箱，其 A、B 两面的平面度要求为 0.01mm。两只水箱的等高度为 0.03mm。将两支等高水箱 1 分别置于立柱顶面，箱内盛适量的水，用软管 2 将两水箱连通，这样两水箱水位便保持等高。然后，用深度千分尺测量水平面至水箱顶面的距离。两水箱顶面至水平面距离的差值即为立柱顶面等高度的误差。

② 两立柱导轨面同一平面度的检查　两立柱导轨面同一平面度的检查方法如图 6-114 所示。

由于两立柱间距离较大，采用拉钢丝法进行测量。将左右钢丝架 3、4 分别装夹在两立柱的同一高度上，用砝码将 ϕ0.3mm 的钢丝拉直，并使钢丝刚好接触于小轴 6 的端面，以保证钢丝两端与立柱导轨面 1、2 等距。用测量装置分别在 a、b、c、d 四处进行测量。在两立柱上部导轨面之间和下部导轨面之间分别进行测量后，便可确定其导轨面的平面度误差。调整其平面度误差小于允差值后，才将横梁与立柱进行连接。

(4) 大型设备安装倾斜度的调整

大型设备几乎都是在现场将部件进行总装配的，其安装的程序及工艺都有严格的要求。对于机床的床身导轨、立柱、横梁、顶梁、工作台等的倾斜量、相互位置精度都有精确的要求，这是为了保证机床设备本身的正常运行和加工件的精度。

现以B2012A龙门刨床为例，来说明大型设备安装倾斜度的调整。

1）安装床身

在清理好基础、放置好全部调整垫铁并找平后，即可将床身分段按顺序落位，并使接合面相互贴平。然后在床身连接孔内穿入连接螺栓，并借助调整垫铁使床身接合面的定位销孔正确对中，推入定位销，逐步按顺序拧紧连接螺栓。最后以着色法检查定位销与孔的接触情况，然后对床身的几何尺寸和安装精度进行检验。

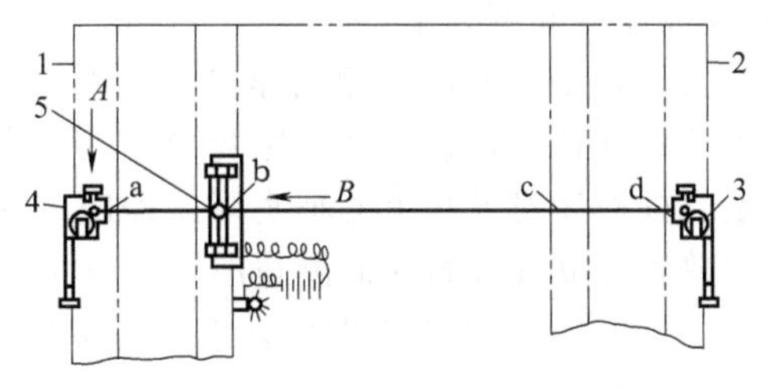

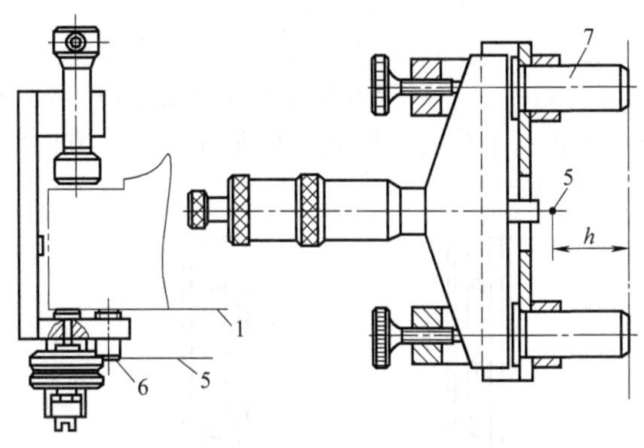

图6-114 双立柱导轨面同一平面度的检查

1,2—导轨面；3—左钢丝架；4—右钢丝架；5—钢丝；6—小轴；7—胶木杆

① 床身导轨在连接立柱处的水平面内直线度偏差不可超过0.04/1000，这可在导轨上按纵向、横向放置等高块、平行平尺，用水平仪来进行测量。

② 床身导轨在垂直平面内的直线度、在水平平面内的直线度和导轨间的平行度误差，应符合表6-8、表6-9的要求。检验直线度时按每500mm测量一次，并作误差曲线图。在每1m长度上误差曲线和它的两端点连线间的最大坐标值，就是每1m长度上的直线度误差；检验导轨平行度误差时，在V形导轨和平导轨之间进行，如有三根导轨，两侧导轨均应相对中间导轨分别检验。其误差以导轨每米长度和全长上横向水平仪读数的最大代数差计。

表6-8 床身导轨在垂直平面内和水平面内的直线度误差

导轨长度/mm	≤4	4～8	8～12	12～16	16～20	20～24	24～32	32～46
每米导轨直线度误差不应超过/mm	0.02							
导轨全长直线度误差不应超过/mm	0.03	0.04	0.05	0.06	0.08	0.10	0.15	0.25

表6-9 床身导轨的平行度

导轨长度/m	平行度不应超过	全长平行度不应超过
＜4	0.02/1000	0.04/1000
＞4～8		0.05/1000
＞8～12		0.06/1000
＞12～16		0.07/1000
＞16～20		0.08/1000
＞20～24		0.10/1000
＞24～32		0.12/1000
＞32～46		0.14/1000

2）安装立柱和侧刀架

立柱安装在垫座上，其侧面紧贴床身接合面，对准定位销孔，插入定位销，锁紧连接螺钉。先安装右立柱，检查立柱与床身导轨的垂直度误差，然后以右立柱为基准安装左立柱。左立柱、右立柱对床身导轨上的垂直度误差应方向一致，而两立柱的上端距离应比下端距离小。将水平仪放置在立柱导轨表面测量时，应在上、中、下三个位置分别测量，均应符合要求。

① 立柱与床身导轨垂直度误差的检查如图 6-115 所示。在床身导轨上放置检具（ϕ100mm 圆柱、垫铁、平尺）和水平仪，在立柱正导轨表面放置水平仪。垂直度误差以立柱上水平仪读数和平尺上水平仪读数的代数差计，不大于 0.04/1000。

② 立柱表面平行度误差的检查如图 6-116 所示。在立柱中部的正侧导轨上靠贴水平仪检查立柱相互平行度，两立柱只允许向同一方向倾斜，且只允许上端靠近，水平仪读数不许超过 0.04/1000。

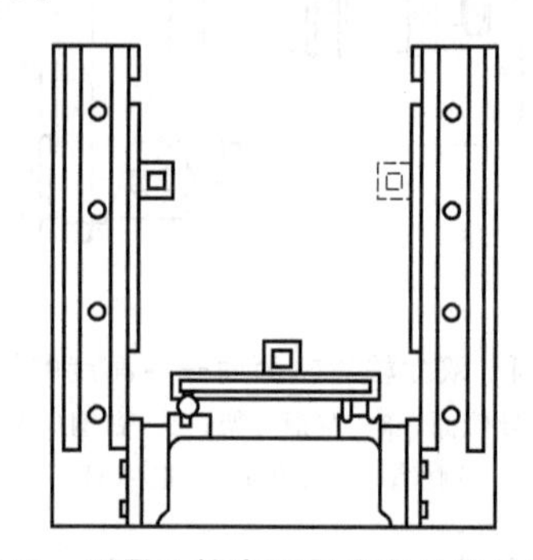

图 6-115 测量立柱表面与床身导轨的垂直度

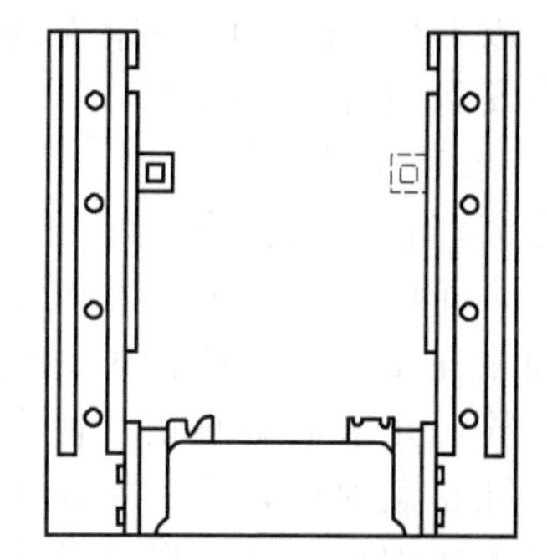

图 6-116 测量立柱表面相互平行度

③ 两立柱正导轨面的相对位移量，可用平尺（或横梁）靠贴两立柱的正导轨面测量，如图 6-117 所示。用 0.04mm 塞尺检验，不得插入。用百分表测量，90°角尺工作面应与床身导轨平行。

④ 侧刀架通过溜板导轨面与立柱导轨相接合，安装在左右立柱上。侧刀架的升降丝杠两端支座紧固在立柱上。应调整丝杠螺母和支座孔的同轴度，并保证丝杠与立柱导轨平行度的要求。检查方法如图 6-118 所示。

检验侧刀架垂直移动对工作台面的垂直度（图 6-119）。侧刀架上下移动 500mm，内误差不应超过 0.02mm。这应在工作台安装后，将工作台移至床身中间位置时进行。

3）安装龙门顶和连接梁

应在上述立柱安装合格，立柱等高度符合要求后进行。不允许强制锁紧，导致改变已有的立柱精度。

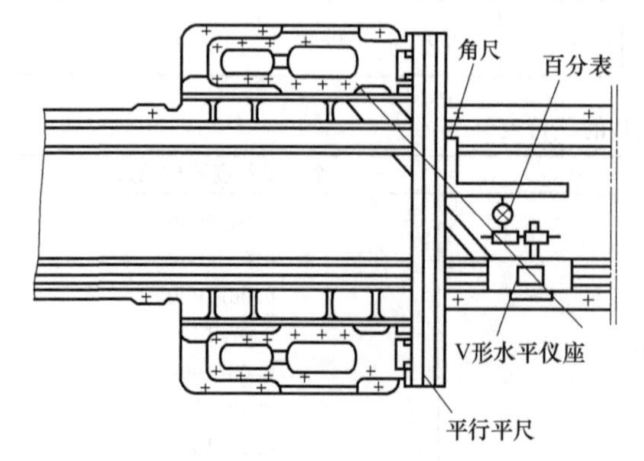

图 6-117 测量两立柱导轨表面相对位移量

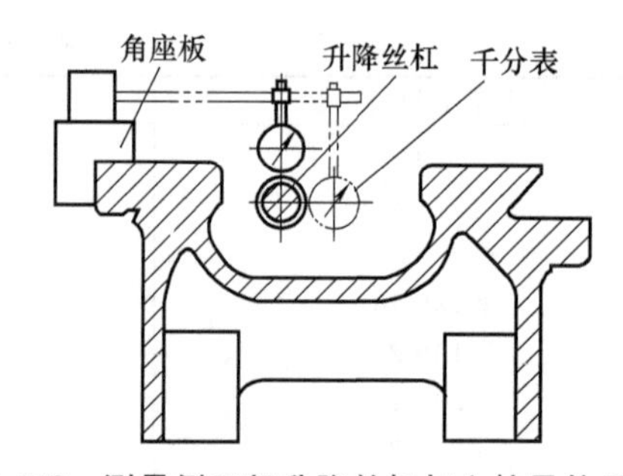

图 6-118 测量侧刀架升降丝杠与立柱导轨平行度

4）安装主传动装置

应保证蜗杆轴、连接轴、变速箱传出轴之间的同轴度小于0.2mm，以免影响工作台运行平稳性。

5）安装横梁部件

保证其位置移动过程倾斜度符合要求。

安装横梁时，先将导轨擦净，并涂以润滑油，再装横梁于立柱前导轨，其下部垫千斤顶或枕木，粗调使其上导轨面基本处于水平。然后将龙门顶上的蜗杆传动箱的箱盖拆下，穿下横梁升降丝杠，旋入横梁螺母之中，再将横梁压板镶条固定。应注意边装配边调整，使横梁导轨上平面倾斜量符合表6-10的要求。

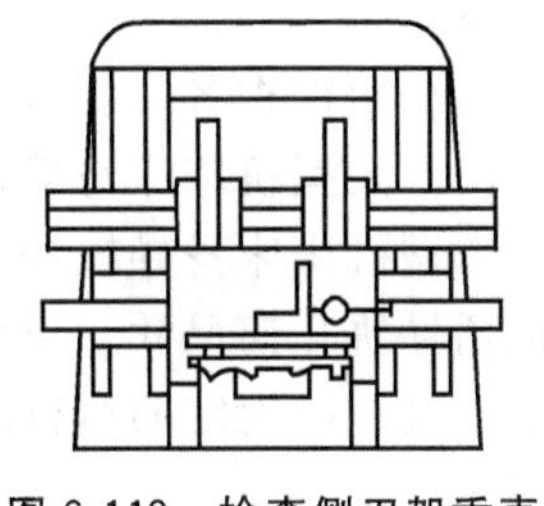

图6-119　检查侧刀架垂直移动时对工作台的垂直度

表6-10　横梁移置的倾斜

横梁行程/m	≤2	>2～3	>3～4
每米内倾斜不应超过/mm	0.03	0.04	0.05

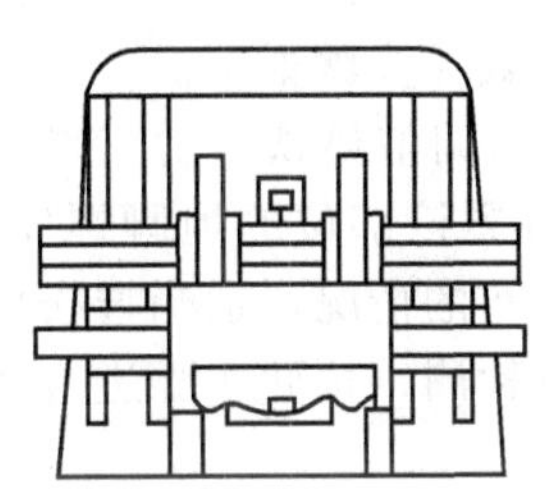

图6-120　检验横梁位置移动时的倾斜

当横梁全部调整完毕后，即可盖上减速器，拧紧螺母。对横梁移动时位置倾斜量进行检验，如图6-120所示。将两垂直刀架移至分别与立柱中心线等距的位置，在横梁导轨中央沿横梁导轨方向放水平仪，移动横梁，在全行程每隔500mm测量一次，全行程至少测三个位置，倾斜量以水平仪读数的最大代数差计。

6）安装工作台

保证工作台移动时的倾斜符合要求。工作台放至床身之前，应取出通往导轨油孔的油塞，并试验主传动系统的润滑是否良好。再将导轨仔细擦净，用机油润滑。安装时，应注意使工作台的导轨和床身导轨互相吻合，工作台蜗条应啮合在蜗杆上，并对工作台各项安装精度进行检测。

检验工作台移动在垂直平面内的直线度和工作台移动的倾斜时，应达到下列要求。

① 在工作台面中央在纵横方向各放一个水平仪，移动工作台，在全行程上每隔500mm测一次。

② 直线度（以纵向水平仪读数计，画直线度误差曲线确定）应符合表6-11的要求。

表6-11　工作台移动在垂直平面内和水平面内的直线度

工作台行程/m	≤2	2～3	3～4	4～6	6～8	8～10	10～12	12～16	16～22
每米行程内直线度不应超过/mm	0.015								
全行程内直线度不应超过/mm	0.02	0.03	0.04	0.05	0.06	0.07	0.08	0.10	0.14

③ 倾斜量（以每米行程内和全程内横向水平仪读数的最大代数差值计）应符合表6-12的规定。

表6-12　工作台移动时的倾斜

工作台行程/m	≤2	2～3	3～4	4～6	6～8	8～10	10～12	12～16	16～22
每米行程内倾斜不应超过/mm	0.02								
全行程内倾斜不应超过/mm	0.02	0.03	0.04	0.05	0.06	0.07	0.08	0.10	0.14

此外，还应检验工作台水平平面内直线度、垂直刀架水平移动对工作台面的平行度等要求

符合规定。

当全面检查各部安装调整符合要求后，即可进行空运转试验。

(5) 大型机床床身导轨精度的调整和精度测量

大型机床床身导轨按接触方式可分为滑动导轨、滚动导轨和静压导轨三种，床身导轨的精度包括导轨几何尺寸、导轨直线度、导轨平行度和接触精度等方面。机床床身拼接安装完成或机床经过一段规定的运行时间后，都必须进行检测，如果不符合规定的精度要求，就必须进行调整。

1）导轨精度的调整

大型机床的床身是整个设备的基础件，它全靠水平安放在每个地脚螺钉处的可调整垫铁来支承和调平。在未拧紧地脚螺栓之前，床身处于自然状态，通过调整可调垫铁，使各垫铁和床身底面贴平，再拧紧地脚螺栓，并对导轨进行精平，使导轨直线度、导轨间平行度达到设计要求。

当机床正常使用一段时间之后，由于工作负载的作用，机床受到冲击和振动，床身导轨的精度会发生一定的变动。这时可通过测量检查，重新绘出导轨在垂直平面内的直线度误差曲线，测出导轨的平行度误差。根据误差分布的情况，确定调整的方法，具体步骤如下。

① 首先调整基准导轨的直线度达到要求。先收紧误差曲线下凹处的调整垫铁，适当增加其垫铁的厚度，使摆放在该导轨部位的水平仪刻度值适当地偏移，再拧紧该部位的地脚螺栓。然后进行直线度的检查，如果还未达到精度要求，则根据调整后误差分布的情况，适当拧松导轨凸起处的调整垫铁，减少其厚度，再拧紧该处的地脚螺栓。重复进行检测，按此步骤进行调整，直到达到精度要求。

② 基准导轨的直线度达到要求后，再用桥板置于基准导轨和辅助导轨之间进行导轨平行度的检查，并做出误差分布的记录。根据误差分布情况，首先拧紧相对于基准导轨下倾处导轨下方的垫铁，增加其厚度，再拧紧该处的地脚螺栓，复验平行度误差情况。如果还未达到要求，则适当拧松相对基准导轨上倾的辅助导轨部位下方的调整垫铁，适当减少其垫铁厚度，再拧紧该处的地脚螺栓，直到导轨间平行度达到要求。

③ 复验基准导轨的直线度和辅助导轨的直线度。

2）导轨精度的测量

大型机床床身导轨的结构尺寸都比较大，为了保证导向的平稳，都是采用组合导轨的形式。图 6-121 为长度 5m 的 V 形平面直导轨精度测量的方法示意图。

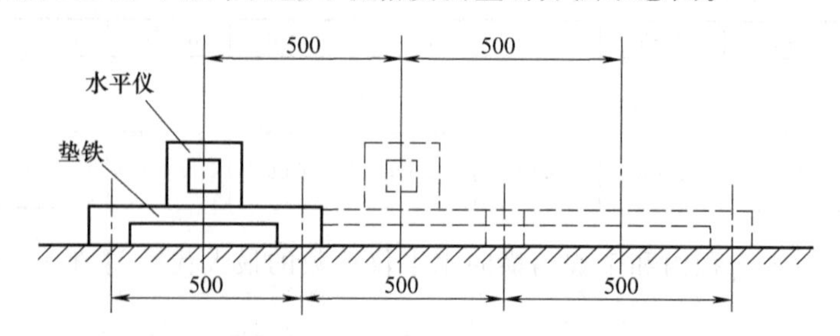

图 6-121　测量节距为 500mm 的 5m 长导轨时水平仪的摆放

① 平面导轨在垂直平面内直线度误差的测量　平面导轨在垂直平面内直线度误差的测量方法及计算要点主要如下 。

a. 测量方法：采用等节距有限点测量法测量平面导轨的直线度误差。由于导轨较长，按每一个测量节距为 500mm 进行测量，读出水平仪气泡偏移的格数。测量时，所用水平仪精度为 0.02/1000，水平仪垫铁长度取 500mm。沿测量方向移动水平仪垫铁时，要注意将垫铁首尾支承点相接，符合测量数据连续性，如图 6-122 所示。依次实测的水平仪读数如表6-13

所示。

$$角度值=in$$

$$线值=inl$$

式中 i——水平仪刻度值，rad/格；

n——格数，格；

l——测量节距，mm。

表 6-13 水平仪读数

测量位置顺序/mm	0～500	500～1000	1000～1500	1500～2000	2000～2500	2500～3000	3000～3500	3500～4000	4000～4500	4500～5000
水平仪读数/格	+2	+1	+1	+0.5	−0.5	−1	0	+1	−2	−1
角度值/rad	$\frac{+0.04}{1000}$	$\frac{+0.02}{1000}$	$\frac{+0.02}{1000}$	$\frac{+0.01}{1000}$	$\frac{-0.01}{1000}$	$\frac{-0.02}{1000}$	0	$\frac{+0.02}{1000}$	$\frac{-0.04}{1000}$	$\frac{-0.02}{1000}$
线值/mm	0.02	0.01	0.01	0.005	−0.005	−0.01	0	0.01	−0.02	−0.01

b. 画直线度误差曲线与计算：根据上述测量的数据，可画出直线度误差曲线并估读其误差大小。作图方法为：以 x 轴表示导轨长度方向，y 轴表示导轨误差方向，把各测点对导轨水平方向的误差值标在坐标图上，连接各点的折线 o-a-b-c-d-e-f-g-h-i-j，该折线称为直线度误差曲线。由于这种曲线可以反映导轨上移动部件运动轨迹的情况，所以这条曲线又称为运动曲线，如图 6-122 所示。

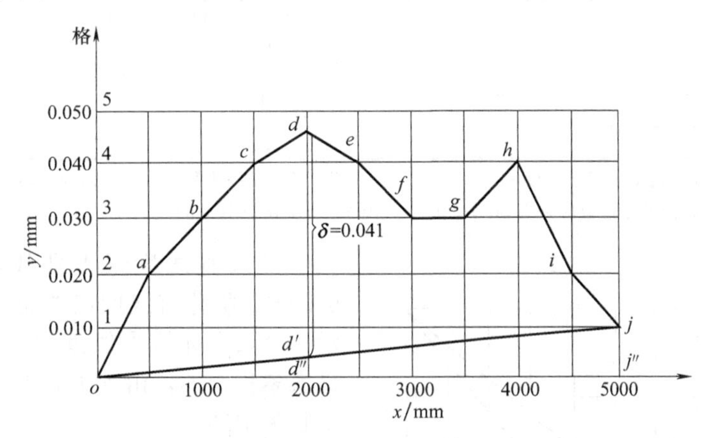

图 6-122 平面导轨在垂直平面内的直线度误差曲线

将曲线首尾两点连接得 oj 直线，称导轨直线度评定基准，该曲线在连线 oj 的上方，是凸形，找出曲线与直线之间最大坐标值 dd''，其值估读为 $\delta=0.041$mm，即为导轨在全长上的直线度误差。

② V 形导轨在垂直平面内的直线度误差和在水平面内直线度误差的测量 V 形导轨在垂直平面内的直线度误差和在水平面内直线度误差的测量方法及计算要点主要如下。

a. 建立测量直线度光学基准：直线度测量基准用光学平直仪（分度值为 0.001/200）和置于 V 形架上长度为 500mm 的反光镜配合来建立，如图 6-123 所示。将光学平直仪主体和反光镜分别置于被测导轨的两端，垫上 V 形架。随后移动反光镜垫铁，使其接近光学平直仪主体，左右摆动反光镜，同时观察目镜，直至反射回来的亮十字像位于视场中心为止。然后将反光镜移至远端原位处，再观察十字像应仍在视场中即可。否则，需重新调整光学平直仪主体和反光镜的相互位置。调整好以后，光学平直仪主体应固定不动，反光镜和垫铁则用橡皮泥粘连固定，然后一起移动至导轨起始位置。

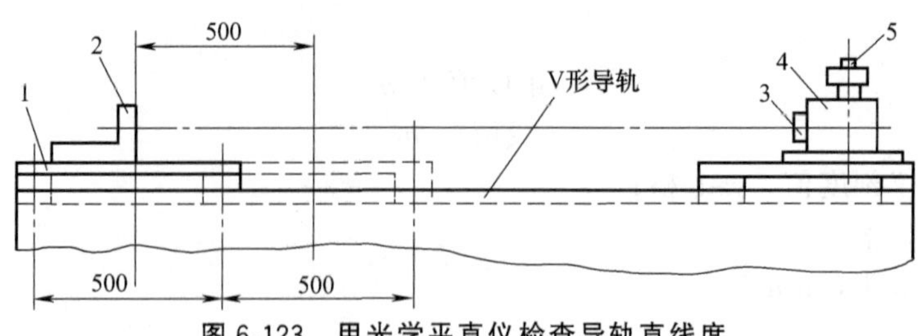

图 6-123　用光学平直仪检查导轨直线度

1—V 形架；2—反光镜；3—望远镜；4—光学平直仪主体；5—目镜

b. 测量数据：直线度的光学基准建立后，即可开始测量数据。首先转动手轮，使目镜中的准线在亮十字像中间，记下第一个读数（手轮刻度的数值）。然后每隔 500mm 长将目镜准线对准亮十字线后读数一次，记下手轮刻度的数值，直至测完导轨全长。实测的数据如表6-14所示。

表 6-14　光学平直仪读数

测量位置/mm	0～500	500～1000	1000～1500	1500～2000	2000～2500	2500～3000	3000～3500	3500～4000	4000～4500	4500～5000
直读数值/μm	11.2	12.4	12.4	13.6	14.4	15.6	15.6	15.6	16.4	16.8
直读数值$\times\frac{500}{200}$/μm	28	31	31	34	36	39	39	39	41	42
简化后测量值/μm	0	3	3	6	8	11	11	11	13	14
算术平均值/μm	$\frac{0+3+3+6+8+11+11+11+13+14}{10}=8$									
相对值/μm	−8	−5	−5	−2	0	3	3	3	5	6
累积误差/μm	−8	−13	−18	−20	−20	−17	−14	−11	−6	0
导轨直线度/μm	20									

注：光学平直仪、反光镜基坐标准长度为 200mm，当反光镜放置于长度为移动量 500mm 的基座上进行测量时，则每次基座移动量为 500mm，微分鼓轮读数应乘以 500/200，坐标图按 500mm 划分间隔。

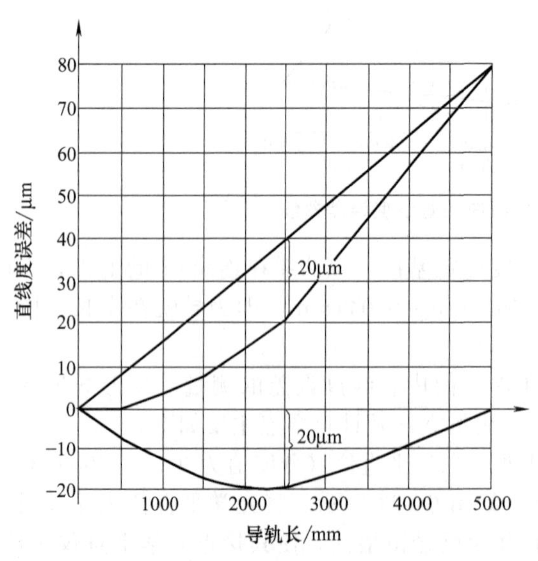

图 6-124　V 形导轨在垂直平面内直线度误差曲线

c. 画直线度误差曲线与计算：根据表6-11中数据作直线度误差曲线，如图 6-124 所示。全长上导轨直线度误差等于导轨直线度最大累积误差，由表中看出为 0.02mm，导轨形状为中凹。

d. 测量导轨水平面内的直线度误差时，只要将目镜按顺时针方向转 90°，使微动手轮与望远镜垂直即可测得，读数方法与测量垂直面内的直线度误差相同。

③ V 形导轨与平面导轨之间平行度误差的测量　常用的导轨平行度测量方法主要如下。

a. 拉表测量法：借助专用垫铁和千分表配合来测量导轨间平行度误差，如图 6-125 所示。在导轨全长上，千分表读数的最大差值就是被测导轨间的平行度误差。

b. 千分尺测量法：用千分尺在导轨全长测量，如图 6-126 所示。其最大读数与最小读数之差即为导轨的平行度误差。

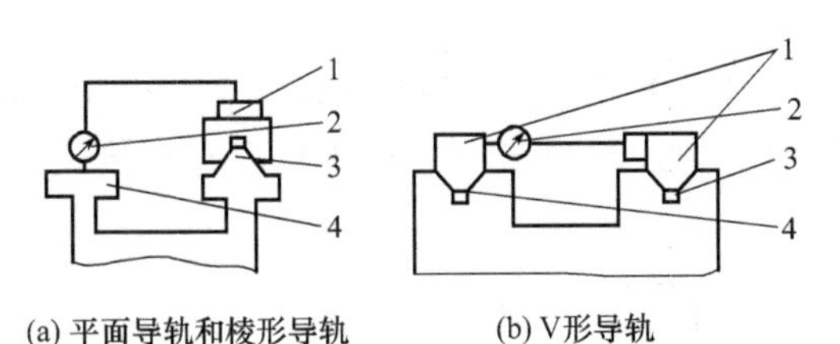

图 6-125 拉表测量导轨间平行度误差

1—专用垫铁；2—千分表；3—基准导轨；4—被测导轨

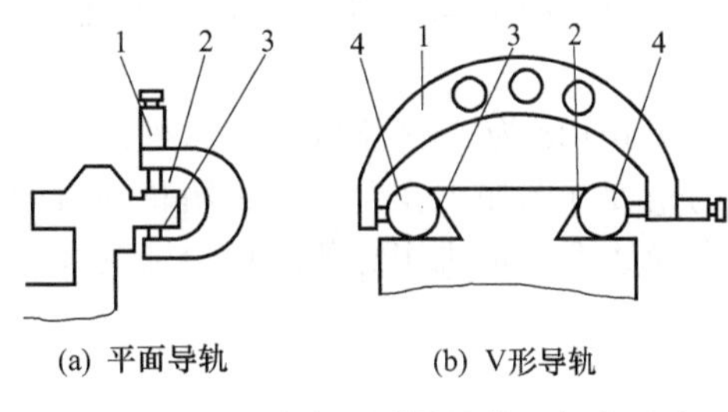

图 6-126 用千分尺测量导轨平行度误差

1—千分尺；2—被测导轨；3—基准导轨；4—检测棒

c. 水平仪测量法：用水平仪检查导轨面间的平行度一般需测量桥板进行测量，检查时应将测量桥板横跨在两条导轨上，在垂直于导轨的方向上放水平仪，如图 6-127 所示。将桥板沿导轨移动，逐段检查，水平仪读数的最大代数差即为导轨的平行度误差。

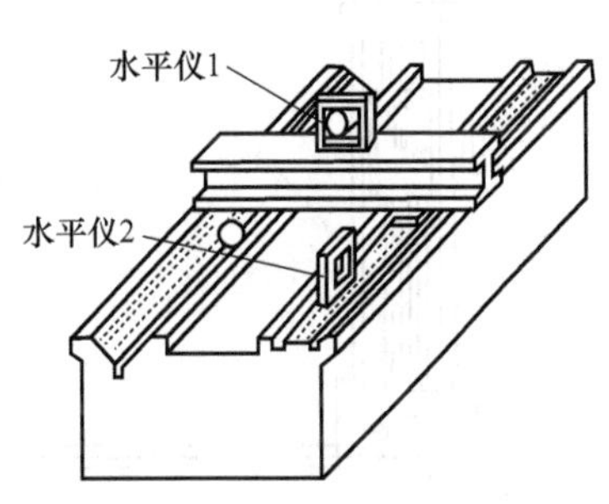

图 6-127 用水平仪测量 V 形导轨与平面导轨的平行度

如测量某 2m 长的导轨时，水平仪原始读数如表 6-15 所示。水平仪刻度值为 0.02/1000，测量桥板长为 1000mm。

则全长内导轨平行度误差值为：$\frac{0.008}{1000}-\left(-\frac{0.008}{1000}\right)=\frac{0.016}{1000}$（mm）

即在导轨横向每 1m 长度上的平行度误差为 0.016mm。

表 6-15 水平仪原始读数表　　mm

测量长度	0～250	250～500	500～750	750～1000
水平仪格数	+0.4	+0.2	+0.3	0
误差值	$+\frac{0.008}{1000}$	$+\frac{0.004}{1000}$	$+\frac{0.006}{1000}$	0
测量长度	1000～1250	1250～1500	1500～1750	1750～2000
水平仪格数	+0.2	−0.1	−0.4	−0.3
误差值	$+\frac{0.004}{1000}$	$-\frac{0.002}{1000}$	$-\frac{0.008}{1000}$	$-\frac{0.006}{1000}$

注：每段误差值等于水平仪测得格数×水平仪刻度值。

(6) 大型直导轨测量、修刮后的预装配

大型机床的直导轨，通常是机床总装后各部件相对位置的基准，它的精度直接决定其被导向部件移动时的直线度、倾斜量。大型直导轨通常和床身成整体结构，以提高其导向精度的稳定性。

大型机床的各主要部件，例如机床的立柱、移动立柱、主轴箱、横梁、工作台等，均属重大部件。倘若床身、立柱等带有直导轨的零件，在总装配之前，单独将其导轨表面按总装配后规定的要求，修刮并测量达到规定允差值后，就直接进行总装配。那么，待各重大部件装上之后，由于其重力的作用，将使床身变形，导致床身导轨扭曲；立柱因床身变形而倾斜；立柱装上主轴箱后，在主轴箱重力形成的偏心力矩的作用下弯曲和倾斜。当机床精度要求较高时，往往因此而不能达到总装配的要求。

针对上述情况，大型直导轨在修刮、测量达到总装配提出的直线度、平行度的要求后，还应进行预装配。根据预装配后导轨精度变化情况，再针对性地修刮，其刮削量应以能抵消因装

配后重力作用引起的变形为宜。下面以 T68 型卧式镗床为例，讲述床身导轨预装配的基本方法。

图 6-128 为 T68 型卧式镗床外形及主要部件示意图。床身是机床的基准件，各部件相对位置的精度（例如工作台、主轴箱移动时的直线度和倾斜量）均与床身导轨的精度有直接关系。床身导轨表面是机床总装时检验的基准。

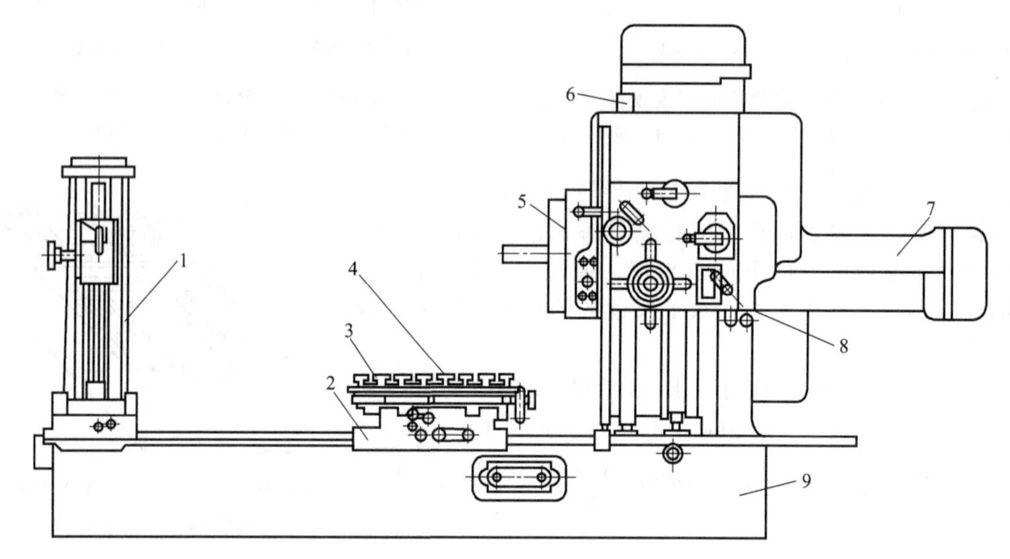

图 6-128　T68 型卧式镗床外形及主要部件示意图

1—后立柱；2—下滑座；3—上滑座；4—回转工作台；5—平旋盘；6—前立柱；7—尾部箱；8—主轴箱；9—床身

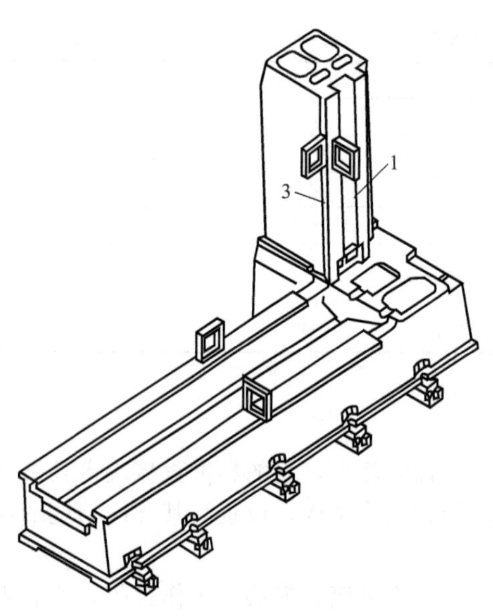

图 6-129　立柱预装测量

床身导轨和立柱导轨按总装配后应达到的直线度、平行度精刮合格后，进行预装配，然后检查立柱导轨对床身导轨的垂直度，按倾斜的方向，确定修刮量的大小和方位，以便修刮床身接合面，如图 6-129 所示。

锁紧立柱于床身接合面处，预装配主轴箱于立柱导轨上。此时，前立柱近似一个悬臂梁，立柱对床身的垂直度会因主轴箱悬重而引起变化，使导轨面 1 朝操作者方向倾斜，导轨面 3 向尾部倾斜。拆卸主轴箱，分别测量前后立柱的倾斜量，取其差值作为进一步刮研立柱的依据。其刮削量应能抵消因主轴箱悬重引起的变形量，数值可达 0.01～0.02mm 左右。修刮部位为立柱与床身的接合面。

立柱和主轴箱装至床身上时，要测量床身导轨的几何精度变化，取其差值作为进一步修刮床身导轨的依据。

工作台、后立柱预紧使床身变形情况比较单一，一般按经验考虑即可。

按预装配测得的变形量修刮导轨或接合面之后，再正式进行机床的总装。总装后还会有微小的超差情况，用平尺研点进行修刮，即可达到稳定的几何精度。

第7章

数控机床类设备的装配

7.1 数控机床概述

数控机床是采用数字控制技术（numerical control technology，是指用数字量及字符发出指令并实现自动控制的技术，简称数控或NC）进行控制的机床，由于现代数控都采用了计算机进行控制，因此，也可称为计算机数控（computer numerical control，CNC），因而，数控机床又称NC机床或CNC机床。

与普通机床加工不同的是，由于数控机床采用了数控加工技术，因而，它能将零件加工过程所需的各种操作和步骤（如主轴变速、主轴启动和停止、松夹工件、进刀退刀、冷却液开或关等）以及刀具与工件之间的相对位移量都用数字化的代码来表示，由编程人员编制成规定的加工程序，通过输入介质（磁盘等）送入计算机控制系统，由计算机对输入的信息进行处理与运算，发出各种指令来控制机床的运动，使机床自动地加工出所需要的零件。采用数控机床加工具有加工质量高且稳定、生产效率高、操作人员劳动强度减轻等特点。

(1) 数控机床的组成

数控机床可分为机械部件（包括液压、气动装置等）与电气控制两大部分。

机械部件是用来实现刀具运动的机床结构部件，它包括基础部件、主轴系统、进给系统以及相关的防护罩、冷却系统等；此外，与机械部件直接关联的液压、气动部件、冷却系统等附属装置，通常也归入机械部件的范畴。数控机床的机械部件在功能和作用上与普通机床没有太大的区别，但其性能要求有所不同。

数控机床的电气控制系统与普通机床相比，有很大的区别。它不仅包括了普通机床的低压电气控制线路、开关量逻辑控制装置（PLC），还具有实现数字化控制与信息处理的数控装置（CNC）、操作/显示装置（MDI/LCD面板）、运动控制装置（伺服驱动器、主轴驱动器）、执行装置（伺服电动机、主轴电动机）、测量装置（光栅与编码器）等组成部件。如图7-1所示给出了数控铣床的组成。

(2) 数控机床的工作过程

数控机床的种类尽管多样，但其工作过程基本上是一样的，即：首先根据零件图样制订工艺方案，采用手工或计算机进行零件的程序编制，把加工零件所需的机床各种动作及全部工艺参数变成机床数控装置能接受的信息代码，然后将信息代码通过输入装置（操作面板）的按

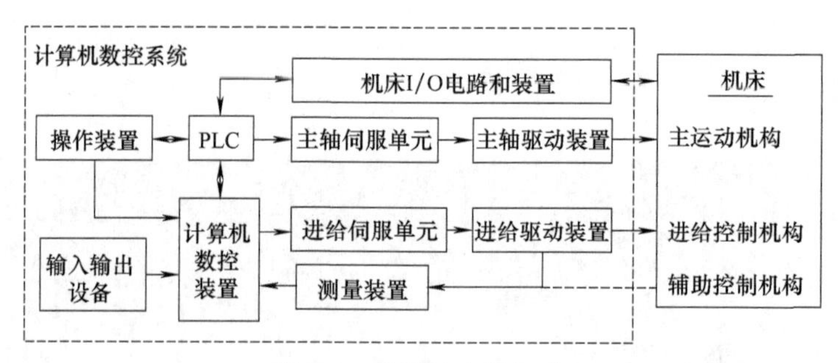

图 7-1　数控铣床的组成

键，直接输入数控装置。另一种方法是利用计算机和数控机床的接口直接进行通信，实现零件程序的输入和输出。进入数控装置的信息，经过一系列处理和运算转变成脉冲信号。有的信号送到机床的伺服系统，通过伺服机构对其进行转换和放大，再经过传动机构驱动机床有关部件。还有的信号送到可编程序控制器中，用以顺序控制机床的其他辅助动作，如实现刀具的自动更换与变速、松夹工件、开关切削液等动作，最终加工出所要求的零件。

如图 7-2 所示给出了数控车床的工作过程。

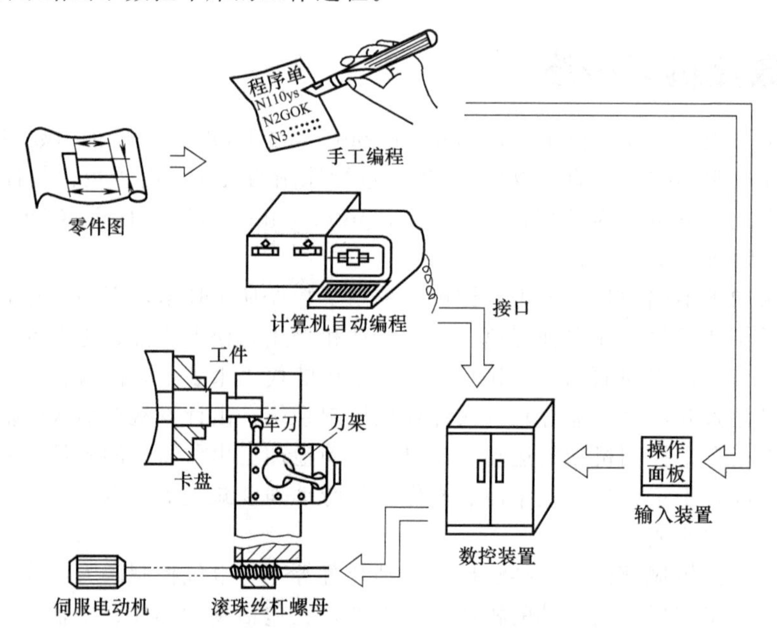

图 7-2　数控车床的工作过程

(3) 数控机床的数控原理

数控系统是数控机床的核心。根据数控机床功能和性能要求的不同，可配置不同的数控系统。常用的数控系统有日本 FANUC、德国 SIEMENS、美国 ACRAMATIC、西班牙 FAGOR 等；此外，国产普及型数控系统产品有：广州数控设备厂 GSK 系列软件、华中数控公司的世纪星 HNC 系列等。

数控机床运用数控技术的根本目的是解决刀具运动轨迹控制的问题，将工件加工成所要的轮廓形状。为了能将工件加工成所需要的轮廓形状，传统的金属切削机床，必须由操作者按图样要求，通过手动操作来改变刀具的运动轨迹；而数控机床的刀具运动轨迹控制，实质上是应用了图 7-3 所示的微分原理，数控系统的工作原理如下。

① 数控装置按坐标轴、以最小移动量 ΔX、ΔY（称脉冲当量），对运动轨迹进行微分处理，并计算出各坐标轴需要移动的脉冲数。

② 通过插补软件或插补运算器，以脉冲折线拟合轨迹，并根据不同的插补算法，找出最接近理论轨迹的拟合折线。

③ 根据拟合折线，给相应的坐标轴分配进给脉冲，并通过伺服驱动系统的放大，控制机床坐标轴运动。

因此，只要脉冲当量足够小，拟合折线就可以等效代替理论曲线；只要改变各坐标轴的脉冲分配方式，就可改变拟合折线的形状、改变刀具运动轨迹；只要改变脉冲的分配频率，即可改变运动速度。这样就实现了数控机床刀具移动轨迹的控制。

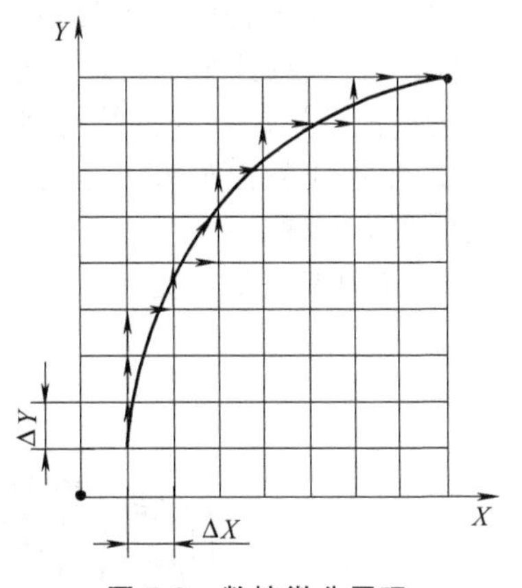

图 7-3　数控微分原理

以上根据给定的曲线，在理想轨迹（轮廓）的已知点之间，通过数据点的密化（微分处理），来确定其他中间点的方法称为插补；数控机床能同时参与插补的坐标轴数，称为联动轴数。显然，联动轴越多，加工轮廓的性能就越好。例如，通过 X、Y 两轴联动就可生成平面曲线；通过 X、Y、Z 三轴联动，就可加工空间曲线等。因此，联动轴数是衡量数控机床性能的重要技术指标之一。

7.2 数控机床的种类及结构

数控机床的种类繁多，从加工工艺上可以分为车削类、铣削类、磨削类、电加工类、锻压类、激光加工类以及当代的复合加工机床和其他特殊用途的专用数控机床等；从结构上又可分为普通 NC 机床、加工中心和车削中心、FMC、FMS 等；从 CNC 功能上还有经济型、普及型、全功能型之说，下面以常用的数控车床、数控铣床为例进行说明。

7.2.1 数控车床的种类及结构

(1) 数控车床的种类

1）按车床主轴位置分类

① 卧式数控车床　卧式数控车床如图 7-4（a）所示。卧式数控车床用于轴向尺寸较长或小型盘类零件的车削加工。其车床又分为数控水平导轨卧式车床和数控倾斜导轨卧式车床。其倾斜导轨结构可以使车床具有更大的刚性，并易于排除切屑。相对而言，卧式车床因结构形式多、加工功能丰富而应用广泛。

② 立式数控车床　立式数控车床简称为数控立车，如图 7-4（b）所示。其车床主轴垂直于水平面，一个直径很大的圆形工作台，用来装夹工件。这类机床主要用于加工径向尺寸大、轴向尺寸相对较小的大型复杂零件。

(a) 卧式数控车床

(b) 立式数控车床

图 7-4　数控车床

2）按加工零件的基本类型分类

① 卡盘式数控车床　这类车床没有尾座，适合车削盘类（含短轴类）零件。夹紧方式多为电动或液动控制，卡盘结构多具有可调卡爪或不淬火卡爪（即软卡爪）。

② 顶尖式数控车床　这类车床配有普通尾座或数控尾座，适合车削较长的零件及直径不太大的盘类零件。

3）按刀架数量分类

(a) 平行交错双刀架

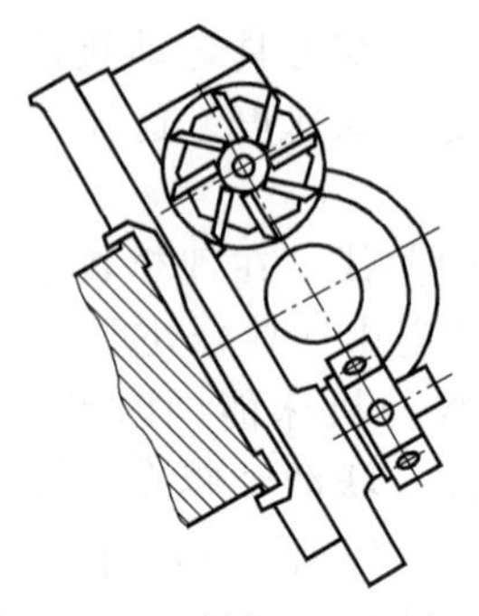

(b) 垂直交错双刀架

图 7-5　双刀架数控车床

① 单刀架数控车床　数控车床一般都配置有各种形式的单刀架，如四工位卧动转位刀架或多工位转塔式自动转位刀架。

② 双刀架数控车床　这类车床其双刀架的配置可以是如图 7-5（a）所示的平行分布，也可以是如图 7-5（b）所示的相互垂直分布。

4）按功能分类

图 7-6　经济型数控车床

① 经济型及国产普及型数控车床　采用步进电动机和单片机对普通车床的进给系统进行改造后形成的数控车床，成本较低，一般采用开环或半闭环伺服系统，但自动化程度和功能都较差，车削加工精度也不高，适用于要求不高的回转类零件的车削加工。如图 7-6 所示为经济型数控车床。

② 全功能型数控车床　这类车床是根据车削加工要求在结构上进行专门设计并配备通用数控系统而形成的数控车床，数控系统功能强，自动化程度和加工精度也比较高，适宜加工精度高、形状复杂、工序多、品种多变的单件或中小批量工件的车削加工。这种数控车床可同时控制两个坐标轴，即 X 轴和 Z 轴。如图 7-7 所示为全功能型数控车床。

(a) 中小型全功能型数控车床

(b) 大型全功能型数控车床

图 7-7　全功能型数控车床

③ 车削加工中心　在普通数控车床的基础上，增加了 C 轴和动力头，更高级的数控车床带有刀库，可控制 X、Z 和 C 三个坐标轴，联动控制轴可以是（X、Z）、（X、C）或（Z、C）。由于增加了 C 轴和铣削动力头，这种数控车床的加工功能大大增强，除可以进行一般车削外还可以进行径向和轴向铣削、曲面铣削、中心线不在零件回转中心的孔和径向孔的钻削等加工。

数控车削中心和数控车铣中心可在一次装夹中完成更多的加工工序，提高了加工质量和生产效率，特别适用于复杂形状的回转类零件的加工。如图 7-8 为车削加工中心。

④ FMC 车床　FMC 是英文 flexible manufacturing cell（柔性加工单元）的缩写。FMC 车床实际上就是一个由数控车床、机器人等构成的系统。它能实现工件搬运、装卸的自动化和加工调整准备的自动化操作。图 7-9 为 FMC 车床示意图。

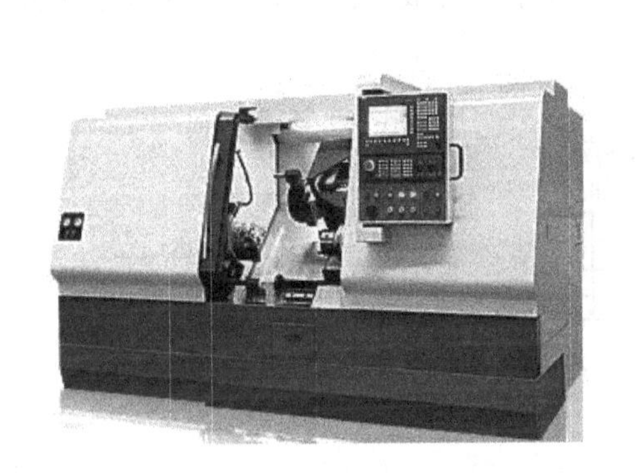

图 7-8　车削加工中心

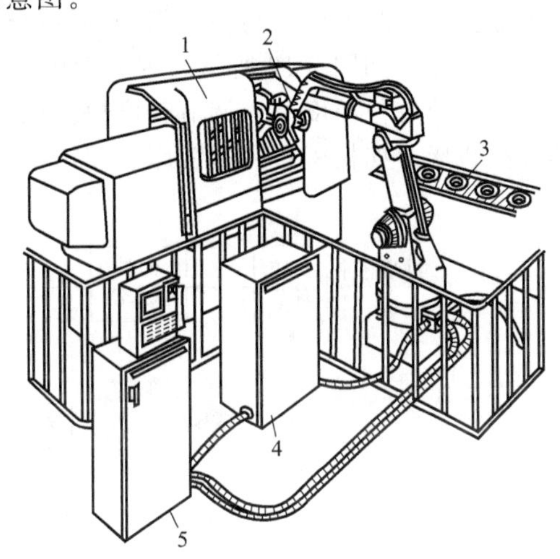

图 7-9　FMC 车床

1—NC 车床；2—卡爪；3—工件；
4—NC 控制柜；5—机械手控制柜

5）按进给伺服系统控制方式分类

① 开环控制数控车床　开环控制系统是指不带反馈的控制系统。开环控制具有结构简单、系统稳定、容易调试、成本低等优点。但是系统对移动部件的误差没有补偿和校正，所以精度低。一般适用于经济型数控机床和旧机床数控化改造。

开环控制系统如图 7-10 所示。部件的移动速度和位移量是由输入脉冲的频率和脉冲数决定的。

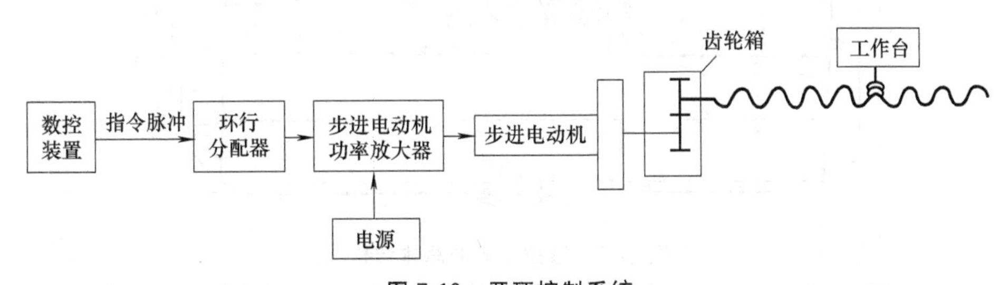

图 7-10　开环控制系统

② 半闭环控制　半闭环控制系统是在开环系统的丝杠上装有角位移测量装置，通过检测丝杠的转角间接地检测移动部件的位移，反馈到数控系统中，由于惯性较大的机床移动部件不包括在检测之内，因而称作半闭环控制系统，如图 7-11 所示。系统闭环环路内不包括机械传动环节，可获得稳定的控制特性。机械传动环节的误差，可用补偿的办法消除，可获得满意的

精度。中档数控机床广泛采用半闭环数控系统。

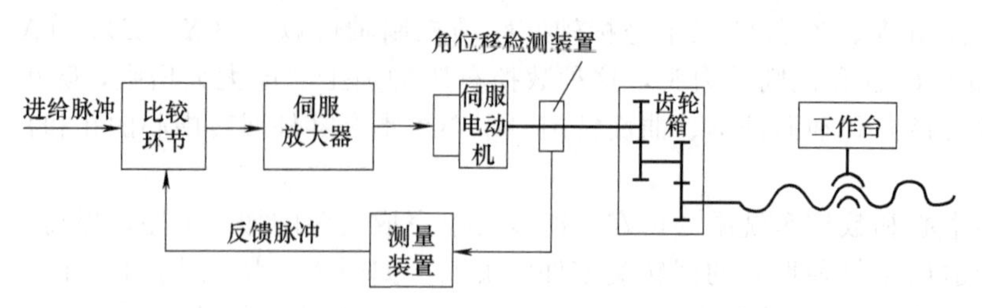

图 7-11 半闭环控制系统

③ 闭环控制　闭环控制系统在机床移动部件上直接装有位置检测装置，将测量的结果直接反馈到数控装置中，与输入指令进行比较控制，使移动部件按照实际的要求运动，最终实现精定位，原理如图 7-12 所示。因为把机床工作台纳入了位置控制环，故称为闭环控制系统。

该系统定位精度高、调节速度快。但调试困难、系统复杂并且成本高，故适用于要求很高的数控机床，如精密数控镗铣床、超精密数控车床等。

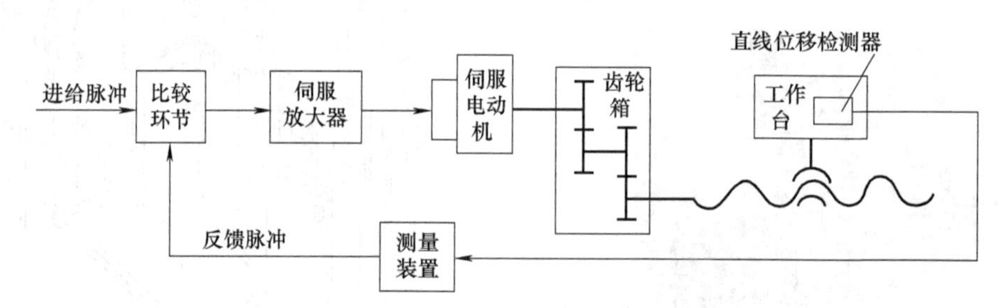

图 7-12 闭环控制系统

(2) 数控车床的结构

尽管不同功能配置的数控车床，其结构有所不同，但均离不开床身、主轴箱、刀架、进给系统、冷却和润滑系统等基本结构部件。如图 7-13 所示给出了配置了 FANUC-0i 数控系统的数控车床总体结构。

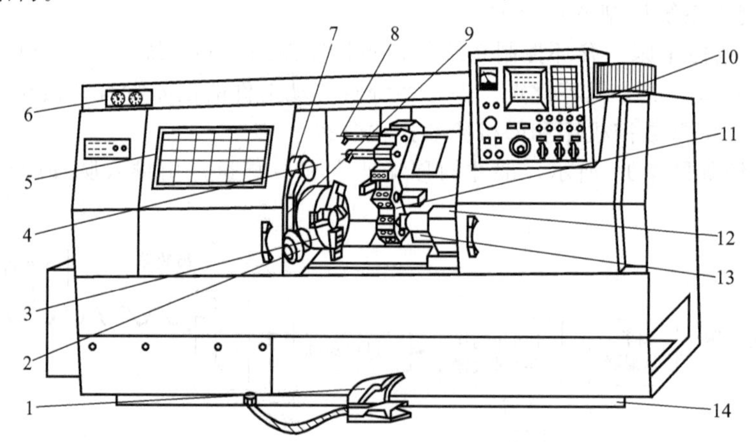

图 7-13 数控车床的总体结构

1—脚踏开关；2—对刀仪；3—主轴卡盘；4—主轴箱；5—防护门；6—压力表；7,8—防护罩；9—转臂；10—操作面板；11—回转刀架；12—尾座；13—滑板；14—床身

经济型数控车床的外形与普通车床相似，即由床身、主轴箱、刀架、进给系统、冷却和润滑系统等部分组成，但其进给系统与普通车床有质的区别。普通车床有进给箱和交换齿轮架，而经济型数控车床使用开环步进驱动的数控系统。

从一般意义上说，普及型和经济型数控机床的区别仅在于所使用的进给驱动系统有所不同，普及型数控车床采用的是通用伺服驱动，直接用伺服电动机通过滚珠丝杠驱动溜板和刀架实现进给运动，因而进给系统的结构大为简化。

全功能数控车床一般采用斜床身结构，其结构形式有尾架固定和尾架移动两种，通常中小规格的全功能数控车床多采用尾架固定结构，如图 7-7（a）所示；大型全功能数控车床多采用尾架移动结构，如图 7-7（b）所示。为了适应高速、自动加工的需要，全功能数控车床需要配套专用伺服驱动器，结构上一般有全封闭防护罩、液压自动夹具、自动排屑和自动冷却系统等部件。

刀架是数控车床的基本组成部件，因此，不能以是否具有自动换刀功能来划分数控车床和车削中心。车削中心和数控车床的主要结构区别在刀架的结构和主轴控制上。刀架可安装动力刀具并能够进行 Y 轴运动、主轴具有 C_S 轴功能，这是车削中心区别于数控车床的主要标志。

普通数控车床的刀架如图 7-14（a）所示。其车削刀具不能旋转。车削中心的刀架如图 7-14（b）所示。它不但可安装普通车刀，而且还可安装钻、镗、铣加工用的旋转刀具（live tool，又称动力刀具），车削中心的刀具不但需要进行径向（X 轴）、轴向（Z 轴）运动，而且还需要有垂直方向的运动，即具备垂直轴（Y 轴）控制功能，从而实现零件侧面、端面孔加工和轮廓铣削加工。

(a) 数控车床的刀架

(b) 车削中心的刀架

图 7-14　数控车床刀架与车削中心刀架的比较

数控车床主轴只需要进行图 7-15（a）所示的旋转运动，车削中心的主轴不但需要旋转，而且还必须如图 7-15（b）所示能够在任意位置定位，并能参与 X、Y、Z 等基本坐标轴的插补运算，这一功能称为 C_S 轴控制。

(a) 数控车床的主轴

(b) 车削中心的主轴

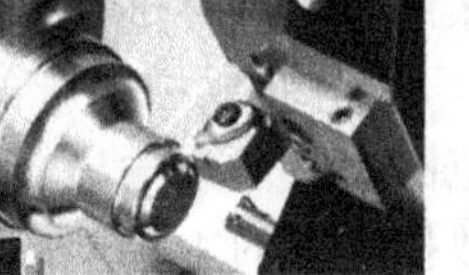

图 7-15　数控车床主轴与车削中心主轴的比较

(3) 数控车床结构的特点

按功能及配置的不同，数控车床的结构也有所不同，同时呈现出以下不同的特点。

1) 国产普及型和经济型

国产普及型和经济型数控车床一般都是在传统的普通卧式车床的基础上，通过数控化改造而成的简单数控机床。经济型数控车床使用步进驱动，其结构与普通卧式车床非常类似。普及型数控车床采用的是通用伺服驱动，且根据数控的要求，对普通车床的相关机械部件进行了部分改进，其床身、尾座、拖板等基本部件及冷却、照明、润滑等部件的结构与普通车床并无太大的区别。此外，普及型数控车床的主要部件结构具有以下特点。

① 主传动系统　普通车床的主电动机一般不具备电气调速功能，主轴变速需要通过主轴箱内的齿轮变速装置实现，此外，还需要考虑刀架的轴向、径向机动进给的动力传递问题，因此，其主轴箱和变速机构较为复杂。

普及型数控车床的主传动系统一般有机械变速和主电动机变频调速两种结构。前者和普通车床的主传动系统类似；后者由于可通过变频器实现主电动机无级变速，主轴箱的结构相对较

简单，但是，由于变频调速的主电动机低频输出转矩较小，故仍需要通过机械齿轮变速来提高主轴低速转矩，但其变速挡少于普通车床。

数控车床的进给由伺服电动机驱动，其进给速度和位置可直接通过 CNC 控制；螺纹加工时的纵向进给与主轴回转的同步也可通过 CNC 实现。因此，普及型数控车床无进给箱，也不需要考虑机动进给问题。

普及型数控车床的结构简单、价格低廉，它对加工效率的要求不高，故卡盘一般使用与普通车床完全相同的手动卡盘。

② 进给传动系统　数控车床的进给传动系统和普通车床截然不同。普通车床无独立的进给驱动电动机，其进给动力来源于主电动机。主电动机需要经主轴箱、进给箱、光杠和丝杠、溜板箱转换为刀具（刀架）的纵向、横向进给运动，其机械传动装置结构复杂、传动链长、传动部件众多。

普及型数控车床的刀具纵向、横向进给具有独立的 Z 轴、X 轴进给驱动系统，驱动电动机和进给丝杠连接，它们可在 CNC 的控制下进行定位或插补，其刀具位置、速度和运动轨迹可任意改变。因此，其进给传动系统的结构十分简单，无需使用进给箱和光杠、溜板箱等传动部件。

图 7-16　电动刀架

③ 换刀装置　数控机床具有灵活适应工件变化的柔性，它可通过 CNC 的加工程序自动控制零件的加工过程。普及型数控车床的自动换刀装置一般比较简单，常用的自动换刀装置为电动刀架，如图 7-16 所示。电动刀架的结构简单、控制容易，但可安装的刀具数量少、定位精度低，且只能单向回转选刀，其换刀时间长、加工效率低，因此，一般不能用于全功能型数控车床。

除以上主要部件外，为了适应自动加工的需要，数控车床的冷却、润滑等辅助部件一般也可通过 CNC 的辅助功能进行自动控制。

2）全功能型

全功能数控车床的主要部件结构具有以下特点。

① 主传动系统　全功能数控车床的主轴需要采用专用的交流主轴驱动系统，与通用变频调速相比，其调速范围宽、低速输出转矩大、最高转速高，且可实现主轴位置的控制。正因为如此，多数全功能数控车床的主传动一般只需要有一级同步皮带减速，就可保证主轴具有良好的性能，故其主轴箱的结构较为简单。在现代高速、高精度机床上，还经常使用高速主轴单元或电主轴代替主轴箱，使主轴具有很高的转速和精度。

② 进给驱动系统　全功能数控车床的进给机械传动系统结构和普及型数控车床并无区别，但它采用的是真正通过 CNC 实现闭环位置控制的专用交流伺服驱动，CNC 可以对进给速度、位置、轮廓误差进行实时监控，保证刀具运动轨迹的准确。因此，其轮廓加工精度要远高于普及型数控车床。

③ 刀架　全功能数控车床适用于复杂零件的高速、高精度加工。因此，它对刀具容量、精度和换刀速度提出了较高的要求，机床需要采用图 7-17 所示的液压刀架。

图 7-17　液压刀架

全功能数控车床的液压刀架一般采用液压松夹、齿牙盘定位的结构，刀架可安装的刀具数量多，能双向回转、捷径选刀，分度精度高、定位刚性好、动作迅捷。现代数控车床还经常采用双主轴、多刀架的结构形式。

④ 卡盘与尾座　为了提高机床的加工效率和自动化程度，减小装夹误差，全功能数控车床的卡盘和尾座一般采用液压控制，工件松夹、尾座的伸缩均可自动进行。

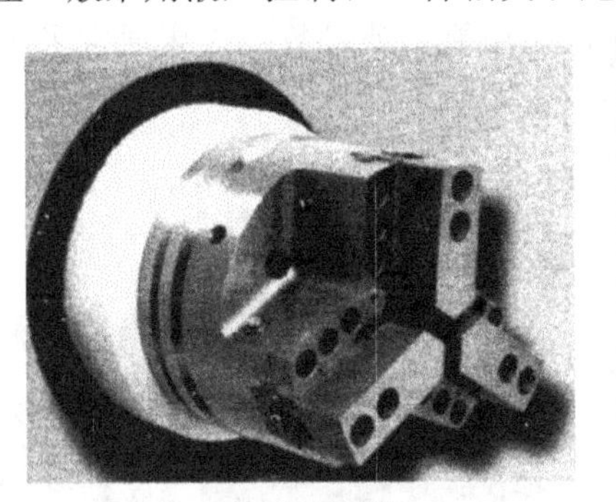
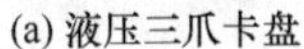
(a) 液压三爪卡盘

(b) 弹簧夹头

图 7-18　全功能数控车床的卡盘

全功能数控车床的卡盘结构根据机床有所区别，通用型机床一般采用图 7-18（a）所示的液压三爪卡盘；棒料加工的机床则采用图 7-18（b）所示的弹簧夹头；而非圆零件加工的机床则需要采用专用卡盘。

3）车削中心

车削中心是一种全功能、高效、自动加工的机床。目前，我国的国家标准尚未规定车削中心型号的命名方法，目前所使用的车削中心多数来自进口，为了区别同规格的数控车床，国外一般通过型号上的后缀辅助特性代号来加以区别，例如，车削中心加后缀“Y”、双主轴车床加后缀“S”等。

7.2.2　数控铣床的种类及结构

数控铣床是在普通铣床的基础上发展起来的金属切削机床，其加工工艺与普通铣床基本相似，其结构组成分为不带刀库和带刀库两大类。其中：不带刀库的数控铣床称为一般数控铣床，简称数控铣床；带刀库的数控铣床又称为数控加工中心，简称加工中心。

(1) 一般数控铣床的种类及结构

数控铣床是在普通铣床上集成了数字控制系统，可以在程序代码的控制下较精确地进行铣削加工的机床（尽管某些数控铣床既有铣床的铣削加工特性，还具有钻镗类机床的孔加工特性，通常习惯上又称为数控镗铣床，但从其用途、功能和结构上来看，数控镗铣床仍属于数控铣床的范畴，国标也无明确的划分标准）。数控铣床形式多样，是目前广泛采用的数控机床之一，尽管不同类型的数控铣床在具体的组成结构上虽有所差别，但却有许多相似之处。

1）数控铣床的分类

数控铣床种类很多，按其体积大小可分为小型、中型和大型数控铣床，其中规格较大的，其功能已向加工中心靠近，进而演变成柔性加工单元。通常，数控铣床按主轴布置形式的不同可分为立式、卧式、龙门式及立卧两用数控铣床等；按数控系统功能的不同可分为经济型、全功能型及高速铣削型等几种数控铣床。

① 立式数控铣床　立式数控铣床的主轴轴线与工作台面垂直，是数控铣床中最常见的一种布局形式，如图 7-19 所示。立式数控铣床一般为三坐标（X、Y、Z）联动，其各坐标的控制方式主要有以下两种。

a. 工作台纵、横向移动并升降，主轴只完成主运动。目前小型数控铣床一般采用这种方式。

b. 工作台纵、横向移动，主轴升降。这种方式一般运用在中型数控铣床上。

立式数控铣床结构简单，工件安装方便，加工时便于观察，但不便于排屑。

② 卧式数控铣床　与通用卧式铣床相同，数控卧式铣床的主轴轴线平行于水平面，其外形结构如图 7-20 所示。为了扩大加工范围和扩充功能，卧式数控铣床通常采用增加数控回转工作台来实现四轴或五轴的加工。

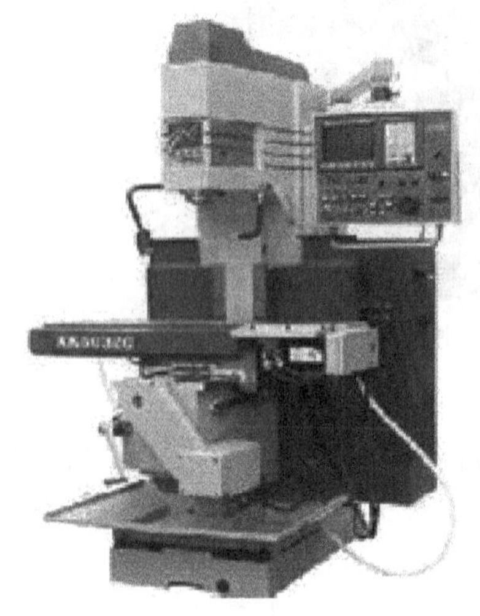

图 7-19　立式数控铣床

图 7-20　卧式数控铣床

③ 龙门式数控铣床　大型立式数控铣床多采用龙门式布局，在结构上采用对称的双立柱结构，以保证机床整体刚性、强度。主轴可在龙门架的横梁与溜板上运动，而纵向运动则由龙门架沿床身移动或由工作台移动实现，其中工作台床身特大时多采用前者。其结构如图 7-21 所示。

龙门式数控铣床适合加工大型零件，主要在汽车、航空航天及机床等行业使用。

④ 立、卧两用数控铣床　立、卧两用数控铣床主轴的方向可以更换，在一台机床上既能进行立式加工，又能进行卧式加工。其结构如图 7-22 所示。

图 7-21　龙门式数控铣床

图 7-22　立、卧两用数控铣床

立、卧两用数控铣床的使用范围更广，功能更全，可选择加工的对象和选择余地更大，能给用户带来很多方便。特别是当生产批量较少、品种较多，又需要立、卧两种方式加工时，用

户可以通过购买一台这样的立、卧两用数控铣床解决很多实际问题。

立、卧两用数控铣床主轴方向的更换有手动与自动两种。采用数控万能主轴头的立、卧两用数控铣床，其主轴头可以任意转换方向，可以加工出与水平面呈各种不同角度的工件表面。如果立、卧两用数控铣床增加数控转盘，就可以实现对工件的“五面加工”。即除了工件与转盘贴合的定位面外，其他表面都可以在一次安装中进行加工。

⑤ 经济型数控铣床　经济型数控铣床一般是在普通立式铣床或卧式铣床的基础上改造而来的，采用经济型数控系统，成本低，机床功能较少，主轴转速和进给速度不高，主要用于精度要求不高的简单平面或曲面零件加工。

⑥ 全功能数控铣床　全功能数控铣床一般采用半闭环或闭环控制，控制系统功能较强，数控系统功能丰富，一般可实现四坐标或以上的联动，加工适应性强，应用最为广泛。

⑦ 高速铣削数控铣床　一般把主轴转速在8000～40000r/min的数控铣床称为高速铣削数控铣床，其进给速度可达10～30m/min。

高速铣削是数控加工的一个发展方向。目前，该技术正日趋成熟，并逐渐得到广泛应用，但机床价格昂贵，使用成本较高。

2）数控铣床的结构

数控铣床一般由数控系统、主传动系统、进给伺服系统、冷却润滑系统等几大部分组成，下面以图7-23所示的XK5040A型数控铣床为例进行说明。

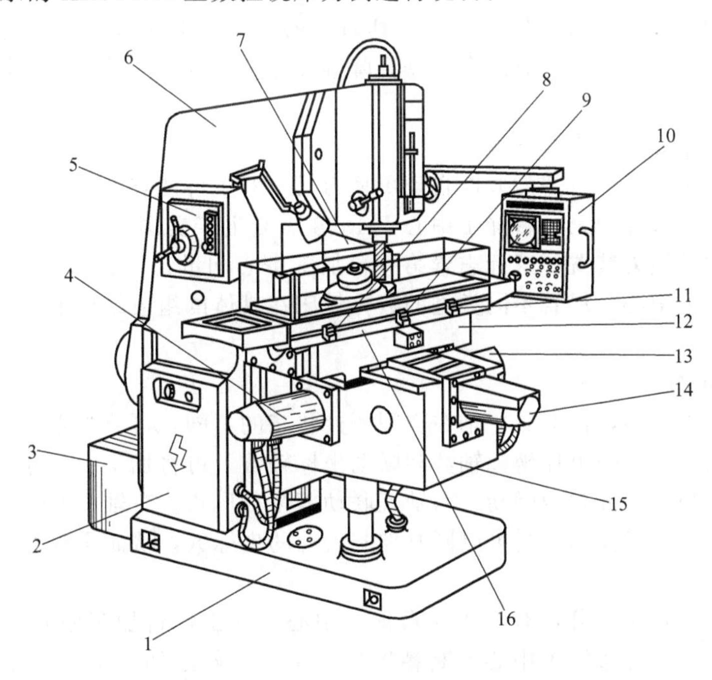

图7-23　XK5040A型数控铣床

1—底座；2—强电柜；3—变压器箱；4—升降进给伺服电动机；5—主轴变速手柄和按钮板；6—床身立柱；7—数控柜；8,11—纵向行程限位保护开关；9—纵向参考点设定挡铁；10—操纵台；12—横向溜板；13—纵向进给伺服电动机；14—横向进给伺服电动机；15—升降台；16—纵向工作台

① 主轴箱　包括主轴箱体和主轴传动系统，用于装夹刀具并带动刀具旋转。主轴转速范围和输出转矩对加工有直接的影响。

② 进给伺服系统　由进给电动机和进给执行机构组成，按照程序设定的进给速度实现刀具和工件之间的相对运动，包括直线进给运动和旋转运动。

③ 控制系统　数控铣床运动控制的中心，执行数控加工程序，控制机床进行加工。

④ 辅助装置　如液压、气动、润滑、冷却系统和排屑、防护等装置。

⑤ 机床基础件　通常是指底座、立柱、横梁等，它是整个机床的基础和框架。

3）数控铣床结构的特点

与普通铣床相比，数控铣床的主要部件结构具有以下特点。

① 主传动系统　普通升降台铣床的主电动机一般无电气调速功能，主轴变速需要通过床身内的齿轮变速机构实现，因此，主轴只能实现机械有级变速。数控铣床的主电动机一般采用交流主轴驱动或变频调速，主轴可无级变速，其最高转速通常也高于普通铣床。

为了提高主轴低速输出转矩和功率，数控铣床的主轴一般仍需要安装少量的变速齿轮，但其变速挡较少，变速箱的结构也较简单。

② 进给系统　数控铣床的主轴轴向进给（Z 轴）、工作台的纵向进给（X 轴）、床鞍的横向进给（Y 轴）都由伺服电动机驱动，刀具可在 CNC 控制下定位或插补，其位置、运动速度和轨迹可任意控制，进给驱动电动机和丝杠通常可采用同步皮带连接或直接连接，其传动系统结构简单，不再需要进给箱。

中、小规格数控铣床的轴向进给通过主轴套筒实现，工作台升降只用于轴向行程的大范围调整，因此，它仍采用手动升降的方式；规格较大的数控铣床则采用固定主轴和升降台进给方式，以增强主轴刚性。

③ 其他　数控铣床的加工效率、精度要求通常高于普通铣床。因此，机床一般配套有较为完善的自动冷却、自动润滑等辅助系统，其刀具的松夹可通过液压或气动控制系统自动实现。但是为了方便工件的装卸、升降台手动升降等操作，升降台数控铣床一般较少使用全封闭防护罩。

(2) 数控加工中心的种类及结构

数控加工中心是一种带有刀库并能自动更换刀具，对工件能够在一定的范围内进行多种加工操作的数控机床。世界上第一台加工中心于 1958 年诞生于美国（卡尼·特雷克公司在一台数控镗铣床上增加了换刀装置，这标志着第一台加工中心问世）。随着技术的发展，多年来出现了各种类型的加工中心，尽管不同类型的数控铣床在具体的组成结构上有所差别，但却有许多相似之处。

1）加工中心的分类

加工中心的种类很多，根据其主轴在空间所处状态的不同，可分为立式、卧式及复合加工中心几种；根据加工中心的可控坐标轴数和联动坐标轴数，可将加工中心分为三轴二联动、三轴三联动、四轴三联动、五轴四联动、六轴五联动等多种形式。三轴、四轴是指加工中心具有的运动坐标数，联动是指控制系统可以同时控制运动的坐标数，从而实现刀具相对工件的位置和速度控制。

按工作台的数量和功能分：有单工作台加工中心、双工作台加工中心和多工作台加工中心；按加工精度分：有普通加工中心和高精度加工中心。普通加工中心，分辨率为 1μm，最大进给速度为 15～25m/min，定位精度为 10μm 左右。高精度加工中心、分辨率为 0.1μm，最大进给速度为 15～100m/min，定位精度为 2μm 左右。介于 2～10μm 的，以 $\pm$5μm 较多，可称精密级。

① 立式加工中心　立式加工中心的主轴在空间处于垂直状态，它能完成铣、镗、钻、扩、铰、攻螺纹等加工工序，最适合加工 Z 轴方向尺寸相对较小的工件，一般情况下除底面不能加工外，其余五个面都可以用不同的刀具进行轮廓加工和表面加工，其外形结构如图 7-24 所示。

② 卧式加工中心　卧式加工中心主轴在空间处于水平状态。一般的卧式加工中心有三至五个坐标轴，常配有一个数控分度回转工作台。其刀库容量一般较大，有的刀库可存放几百把

刀具。卧式加工中心的刀库形式很多，结构各异。常用的刀库有鼓轮式和链式刀库两种，其结构分别如图 7-25（a）、（b）所示。鼓轮式刀库的结构简单、紧凑，应用较多，一般存放刀具不超过 32 把；链式刀库多为轴向取刀，适用于一切刀库容量较大的数控加工中心。

卧式加工中心的结构较立式加工中心复杂，体积和占地面积较大，价格也较昂贵。卧式加工中心适合于箱体类零件的加工，特别是箱体类零件上的系列组孔和型腔间有位置公差时，通过一次性装夹在回转工作台上，即可对箱体（除底面和顶面之外）的四个面进行铣、镗、钻、攻螺纹等加工。如图 7-26 所示给出了 XH754 型卧式加工中心的外形结构。

图 7-24　立式加工中心

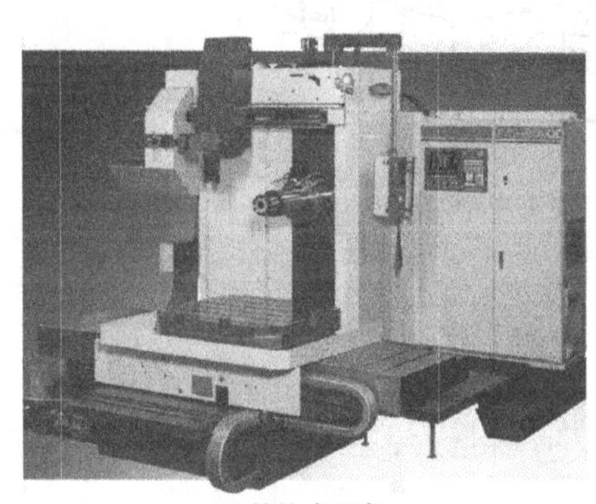

(a) 鼓轮式刀库

(b) 链式刀库

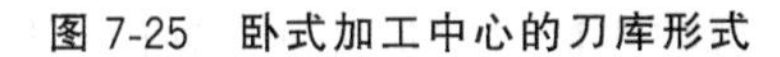

图 7-25　卧式加工中心的刀库形式

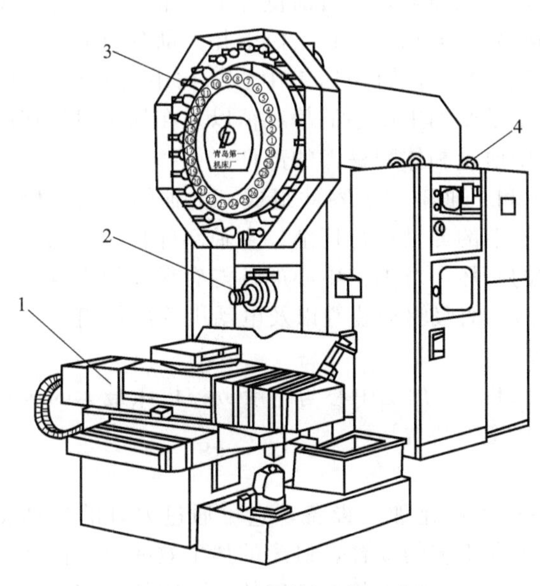

图 7-26　XH754 型卧式加工中心

1—工作台；2—主轴；3—刀库；4—数控柜

③ 复合加工中心　复合加工中心（图 7-27）又称五面加工中心，其主轴在空间可作水平和垂直转换，故又称立卧式加工中心。这种加工中心兼有立式和卧式加工中心的功能，在加工过程中，零件通过一次装夹，即能够完成对五面（除底面外）的加工，并能够保证得到较高的加工精度。但这种加工中心结构复杂、价格昂贵。

④ 单工作台加工中心　单工作台加工中心，即机床上只有一个工作台。这种加工中心与其他加工中心相比，结构较简单，价格及加工效率均较低。

⑤ 双工作台加工中心　双工作台加工中心即机床上有两个工作台，这两个工作台可以相互更换。一个工作台上的零件在加工时，在另一个工作台上可同时进行零件的装、卸。当一个工作台上的零件加工完毕后，自动交换另

一个工作台，并对预先装好的零件紧接着进行加工。因此，这种加工中心比单工作台加工中心的效率高。

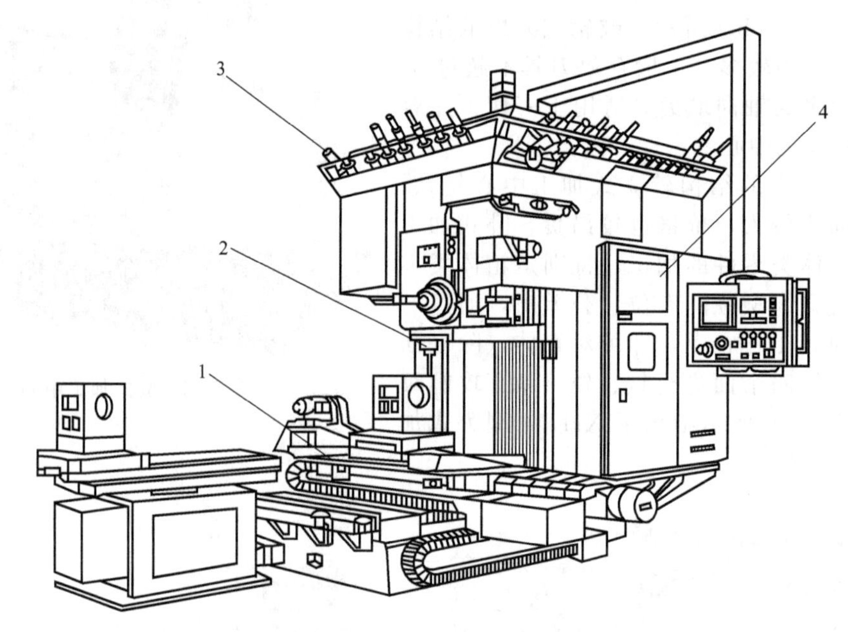

图 7-27 复合加工中心

1—工作台；2—主轴；3—刀库；4—数控柜

⑥ 多工作台加工中心　多工作台加工中心又称为柔性制造单元（FMC），有两个以上可更换的工作台，实现多工作台加工。工作台上的零件可以是相同的，也可以是不同的，这些可由程序进行处理。多工作台加工中心结构较复杂、刀库容量大、控制功能多，一般都是采用先进CNC 系统，所以其价格昂贵。

2）加工中心的结构

加工中心是一种功能较全的数控机床，它集铣削、钻削、铰削、镗削、攻螺纹和切螺纹等多种加工形式于一身，具有多种工艺手段，综合加工能力强，是目前世界上产量最高、应用最广泛的数控机床之一。虽然种类较多，外形结构各异，但总体上是由以下几大部分组成的。

① 基础部件　由床身、立柱和工作台等大件组成，它们是加工中心结构中的基础部件。这些大件有铸铁件，也有焊接的钢结构件，它们要承受加工中心的静载荷以及在加工时的切削负载，因此必须具备极高的刚度，也是加工中心中质量和体积最大的部件。

② 主轴部件　由主轴箱、主轴电动机、主轴和主轴轴承等零件组成。主轴的启动、停止等动作和转速均由数控系统控制，并通过装在主轴上的刀具进行切削。主轴部件是切削加工的功率输出部件，是加工中心的关键部件，其结构的好坏，对加工中心的性能有很大的影响。

③ 数控系统　由 CNC 装置、可编程序控制器、伺服驱动装置以及电动机等部件组成，是加工中心执行顺序控制动作和控制加工过程的中心。

④ 自动换刀装置（automatic tool changer，ATC）　加工中心与一般数控机床最大的区别是具有对零件进行多工序加工的能力，有一套自动换刀装置。

3）加工中心结构的特点

加工中心是在数控铣床基础上发展起来的一种自动化加工设备，它可通过刀具的自动交换，一次装夹完成多工序加工，实现了工序的集中和工艺的复合，机床的加工效率比数控铣床更高、功能更强、适用范围更广。自动换刀是加工中心区别于数控铣床的主要特征，其中，刀库的容量、刀具最大尺寸和质量、刀柄规格等参数间接反映了机床的切削加工能力，而换刀时

间既体现了机床的加工效率，也在一定程度上体现了机床的性能和水平。

7.3 数控机床传动装置的装配与调整

数控机床的传动系统主要有主传动系统及进给传动系统。

数控机床的主轴传动系统简称主传动系统，是数控机床的重要组成部分，待加工工件（数控车床）或刀具（数控铣床）直接安装在主轴上，通过主轴系统的旋转产生刀具的切削运动，其性能将直接影响机床的加工能力、加工效率和加工精度。

数控机床的进给传动系统简称进给系统，它用来产生刀具和工件相对运动、实现定位和轮廓加工，其精度、灵敏度、稳定性将直接影响数控机床的加工精度。数控机床的进给以直线运动为主，滚珠丝杠螺母副是最常用的传动部件。

7.3.1 主传动系统的装配与调整

数控机床主传动系统的精度直接影响机床的加工精度。控制数控机床主传动系统的装配与调整质量是保证整台数控机床加工精度和工作可靠性的一个重要因素。

(1) 主传动系统的形式

数控机床的主轴多采用高性能、大范围电气调速的主轴驱动系统驱动，其结构比普通机床要简单得多，主电动机和主轴间多为固定连接或通过简单变速机构连接。

如图7-28所示的直接传动和机械辅助变速传动是数控机床主传动的两种基本形式。

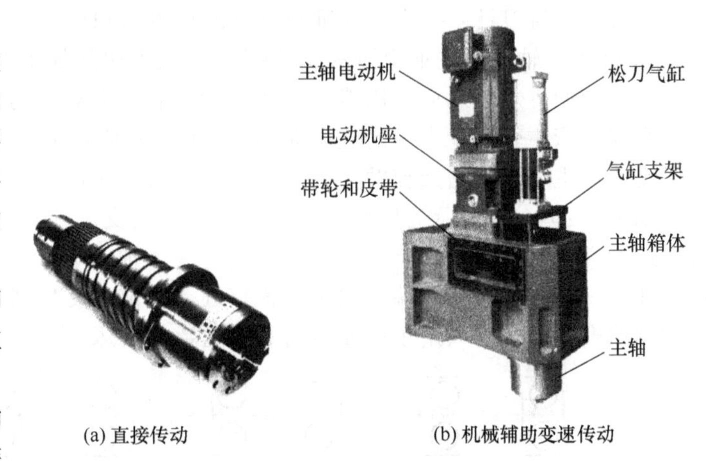

图7-28 主传动的形式

① 直接传动 采用直接传动的主传动系统无机械齿轮变速装置，主轴和主电动机间利用联轴器、同步带固定连接或直接使用电主轴。直接传动的主传动系统无中间环节，系统结构简单、质量轻、噪声和振动小，故可在高速情况下稳定运行，它是高速加工机床常用的结构形式。

采用直接传动的主传动系统变速完全由主电动机电气变速实现，对主轴驱动系统的要求很高，它不仅要求主轴驱动系统有足够高的转速、足够大的调速范围，而且还需要有大范围的恒功率输出，以保证加工效率。因此，直接传动的主传动系统一般需要配套调速范围大、精度高、恒功率输出范围宽的高性能交流主轴驱动系统。

② 机械辅助变速传动 主电动机的电气变速通常只能在额定转速以上区域实现恒功率调速，在额定转速以下区域则只能保证额定输出转矩。因此，主轴低速时的输出转矩、功率均较小，机床的低速切削能力较弱。机械辅助变速传动系统在主电动机电气变速的基础上，增加了机械齿轮变速装置，以提高低速输出转矩、扩大主轴的恒功率输出范围，满足低速强力的要求，其通用性较强。

(2) 主传动部件

主轴系统的机械零部件称为主传动部件，它一般包括主轴、轴承、传动件及密封、润滑、紧固件等，主轴和轴承是最主要的传动部件。

① 主轴 主轴是带动工件（车削类）或刀具（铣削类）旋转的部件，其前端需要安装固

定工件的卡盘或刀具；后端需要安装与主电动机连接的齿轮、带轮等传动部件以及卡盘、刀具松夹装置、冷却部件等。主轴一般安装在箱体上，它需要有前后轴承支承。

直接传动主传动系统的齿轮、带轮等传动部件，通常安装在后支承的后端；机械辅助变速主传动系统的齿轮、带轮等传动部件，则可安装在后支承后端或前后支承之间。

传动件安装于后端的主轴，其安装、调整和维修较方便，并利于主轴前端的模块化、系列化，它是数控机床最常见的结构形式。

数控车床的主轴内孔用来通过棒料或安装液压卡盘、夹头，数控铣床的主轴内孔用来安装刀具夹紧装置；内孔越大，可通过的棒料或可安装的卡盘、夹头、刀具的直径也越大，主轴的质量和惯性也越小；但内孔受主轴外径和刚度的制约，通常不应超过外径的50%。

主轴材料与刚度、载荷、耐磨性和热处理等因素有关，主轴的常用材料有ST45、20Cr、40Cr、38CrMoAl、GCr15、9Mn2V等；常用的热处理方式为调质、氮化和淬火等。低价位、普及型数控机床，多采用ST45调质处理；在载荷较大或需要轴向运动的主轴上，可采用20Cr、40Cr等合金钢增加耐磨性；高精度机床则可选用38CrMoAl等材料进行氮化处理。

主轴的加工精度很大程度上取决于机床的精度指标。通常而言，数控机床主轴的前后轴颈、内锥孔和轴颈的同轴度公差应控制在5μm以内；前后轴颈应按轴承内径配磨，并过盈1～2μm；内锥孔与刀具、夹头，外锥与卡盘的接触面积应大于85%，且保证大端接触等。

② 轴承　轴承是主轴旋转的支承部件，机床切削加工时，主轴需要承受轴向和径向切削力，故主轴的支承轴承应使用能同时承受轴向和径向载荷的组合轴承或轴承组合。

数控机床主轴轴承常用的安装形式有图7-29所示的4种。当传动件安装于主轴后端时，一般需要在主轴尾部增加辅助支承，辅助支承可采用深沟球轴承。

如图7-29（a）所示为后端定位支承方式，后支承配置双向推力轴承，以承受双向轴向载荷。这种安装结构简单、调整方便，但其前端无轴向定位，主轴受热时，将引起主轴的前端伸长；此外，由于主轴支承端离加工位置较远，当前端受切削力时，容易引起主轴弯曲变形，影响主轴精度；故通常只用于精度不高的普通数控机床。

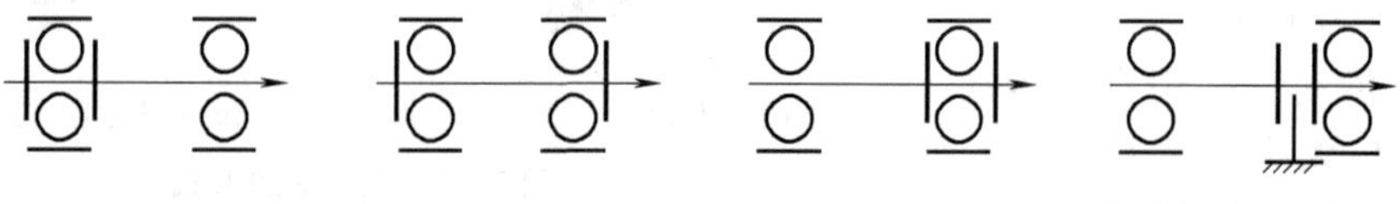
(a) 后端定位支承　(b) 前、后两端定位支承　(c) 前端定位支承　(d) 前端定位支承

图7-29　轴承配置示意图

如图7-29（b）所示为前、后两端定位支承方式，推力轴承布置在前、后支承外侧，由前支承承受轴向载荷、后支承调整轴向间隙。这种配置方式的支承刚度好、承载能力强，但在主轴受热伸长时，会增加轴向和径向间隙，影响主轴精度，故在安装调试时需要进行预紧。

如图7-29（c）、（d）所示为前端定位支承方式，其双向推力轴承布置在前支承。这两种配置方式的结构刚度较高，主轴受热时向后端伸长，不会影响主轴精度。

图7-29（c）的推力轴承安装在前支承两侧，主轴前端悬伸较长，对刚度有一定影响；图7-29（d）的两只推力轴承均布置在前支承内侧，可避免主轴前端的悬伸，提高刚度，但前支承的结构较复杂，故多用于高速、高精度数控机床。

通常而言，为保证主轴的刚度和精度，数控机床主轴以前端定位支承方式居多，前端轴承往往是承受轴向载荷的主要支承，因此，后轴承轴径等于或略小于前轴承轴径，但为确保主轴刚度，两者之比一般不超过1∶0.7，前后轴承轴径差越小，主轴的刚度就越好。

(3) 主传动系统的结构

下面以常见的全功能数控车床、数控铣床为例，分别对其主传动系统结构进行介绍。

1）全功能数控车床的主传动系统结构

全功能数控车床的主轴采用的是数控系统生产厂家配套提供的交流主轴驱动系统驱动。交流主轴驱动系统采用的是专门设计的特殊感应电动机（又称交流主轴电动机），并配套有高性能、全闭环矢量控制变频调速装置（又称交流主轴驱动器），主轴电动机不仅输出转速高、调速范围大，而且还具有良好的低速恒转矩输出特性和较宽的恒功率输出范围，因此，可以直接用于数控车床主轴驱动。

由于电气调速具有结构简单、运行噪声低、转速调节连续无级等诸多优点，因此，全功能数控车床的主传动系统结构相当简单，主轴电动机和主轴间通常只使用皮带连接，无其他传动部件。在现代高速、高精度机床上，有时还使用电动机和主轴集成一体的高速主轴单元或电主轴直接驱动系统，其主轴转速更高、结构更紧凑。

① 皮带传动系统　图7-30是采用皮带连接的全功能数控车床的主传动系统典型结构图。机床的主轴和主轴电动机采用了V带连接，带轮位于主轴后端，带轮和主轴通过连接盘2连接，主轴电动机可安装在床身的下部。

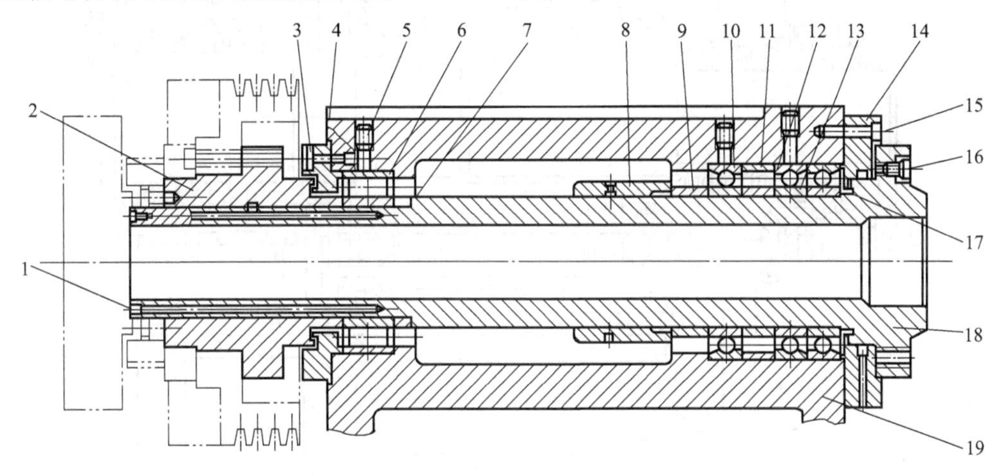

图7-30　皮带传动系统结构图

1,5—螺钉；2—连接盘；3,15,16—螺钉；4—端盖；6,10,13,17—轴承；
7,9,11,12—隔套；8—热套；14—过渡盘；18—主轴；19—箱体

图示的主轴采用了双支承方式，前支承采用3个角接触球轴承的不对称组合，后支承采用双列圆柱滚子轴承。由于前支承轴承中的2个轴承的大端向主轴前端，故可承受较大的、切削加工产生的轴向压力；另一个轴承的大端向主轴后端，以承受较小的、切削加工产生的轴向拉力。

为了保证主轴高速时的动平衡，主轴无键槽和螺纹，隔套9、11、12，热套8等旋转零件，均采用了完全对称和平衡的结构设计。部件装配时，需要采用热套工艺，利用热套8加热膨胀的方法，固定主轴前端支承轴承；这样不但可增强主轴的刚度，同时还可有效保证主轴高速时的平衡，降低振动和噪声。

机床的主轴前支承轴承的间隙调整，需通过隔套11、12的轴向位置移动进行，其调整需要有专门的工艺与设备；为了方便调整，热套8的内孔及主轴外圆一般需要以很小的锥度进行配合。主轴的后支承为双列圆柱滚子轴承，其间隙调整可通过调整带轮连接盘2的轴向位置、修磨隔套7来实现。

② 电主轴直接驱动系统　电主轴直接驱动系统用于高速、高精度加工的全功能数控车床或车削中心，其典型结构如图7-31所示。

电主轴一般由带冷却槽的外套4、中空转子5，带绕组的定子6、内套7等部件组成，外

套及定子通过轴承座3、10与箱体连接；中空转子、内套与主轴9连接后，使主轴和电动机转子成为一体。

为了保证高速性能，主轴的前后支承轴承均采用了角接触球轴承组合。前支承为4只角接触球轴承对称组合，后端为2只角接触球轴承支承。同样，为了保证高速时的动平衡，主轴上无键槽和螺纹，传动系统的所有旋转零件均需要采用完全对称和平衡的结构设计。

电主轴直接驱动系统不仅结构简单，而且，所有部件都经过严格调节动平衡，故可在极高的转速下运行。但是，由于主轴和电动机集成为一体，因此，电动机运行时的发热，将直接影响主轴精度，为此，主轴的轴承座、电主轴外套等均需要通入高压冷却水强制冷却。

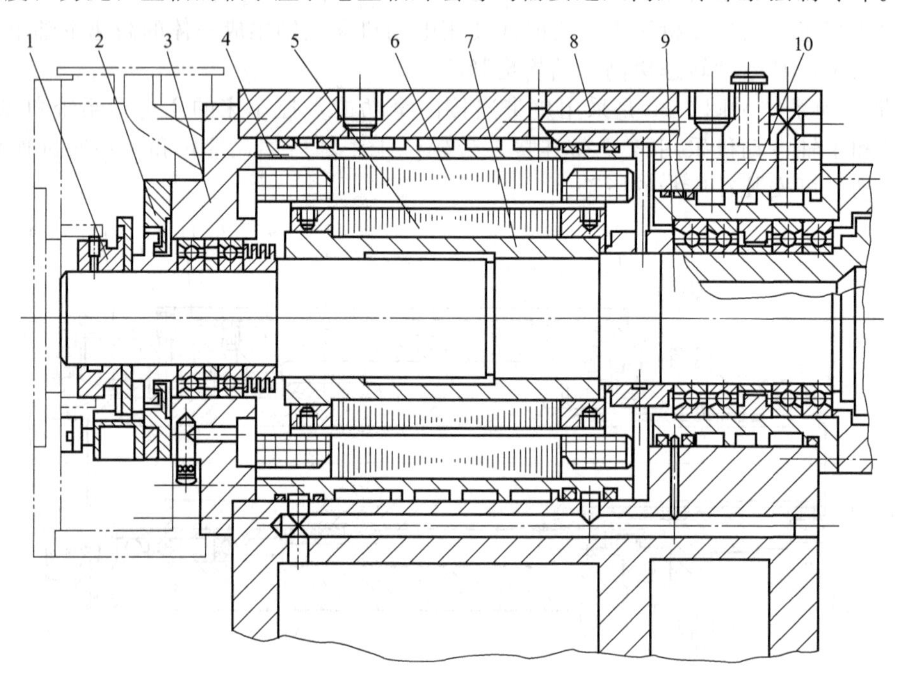

图7-31 电主轴直接驱动系统结构

1—连接盘；2—密封盖；3,10—轴承座；4—电主轴外套；5—中空转子；6—定子；7—内套；8—箱体；9—主轴

2）数控铣床主传动系统

数控铣床的主传动系统通常有皮带传动和带机械辅助变速齿轮传动两种形式。在高速加工机床上，有时也采用主电动机直连或电主轴结构。

① 皮带传动 皮带传动通常用于配套交流主轴驱动系统的高速加工机床。皮带传动的结构简单、主轴转速高、噪声低、振动小、安装调试方便，但主轴的输出特性完全决定于主电动机。因此，主轴驱动系统需要配套调速范围大、低速性能好、恒功率调速区宽的交流主轴驱动系统。

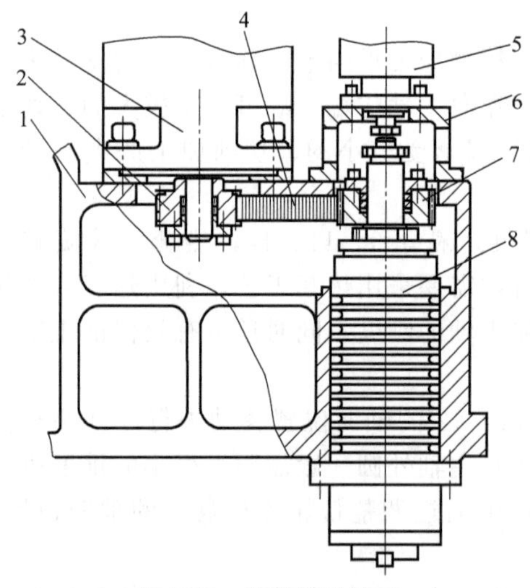

图7-32 皮带传动结构

1—箱体；2,7—带轮；3—主电动机；4—皮带；5—松刀气缸；6—支架；8—主轴单元

皮带传动的典型结构如图7-32所示。它通常用于最高转速为6000～10000r/min的高速数控镗铣加工机床。

皮带传动的主轴箱结构十分简单，它只需要安装主电动机3和主轴单元8间的传动皮带4和带轮2、7以及松刀气缸5。在多数地区生产的产品上，

主轴单元8一般是直接选配专业生产厂家生产的功能部件，其结构如图7-33所示。

主轴单元轴体6的外侧加工有冷却槽和安装、定位面，可直接安装主轴箱。主轴7的前、后端分别用3只和2只角接触球轴承支承，以适应高速加工的要求。主轴后端用来安装同步带轮12，带轮可通过锁紧螺母14固定。

主轴7为中空结构，内部安装有松刀拉杆19；拉杆19的前端通过连接杆20连接弹性卡爪21，中间通孔用于内冷刀具的冷却。刀具22夹紧时，拉杆19将在碟形弹簧17的作用下，将卡爪21拉入收缩孔内，固定刀柄上的拉钉；刀具松开时，通过松刀气缸，使得拉杆19下移，将卡爪21顶入松开孔内，松开刀柄拉钉。

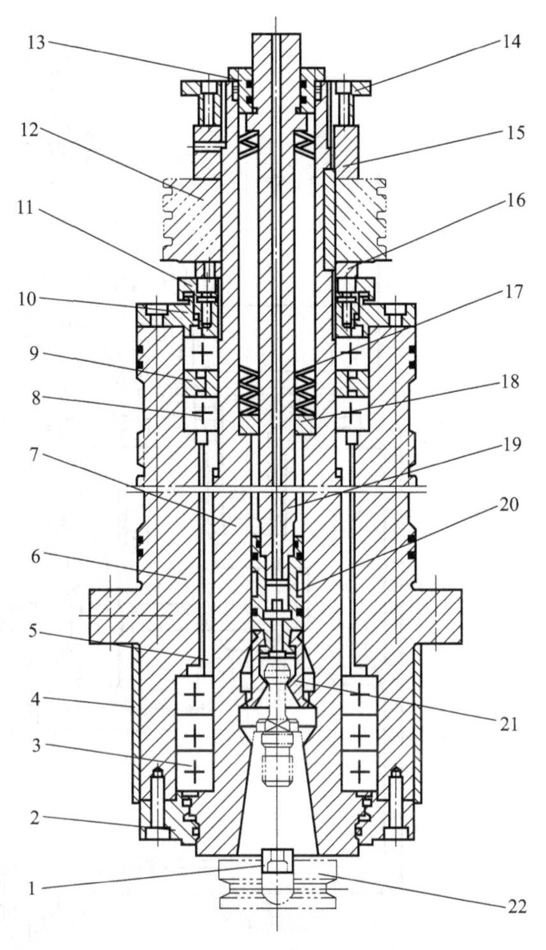

图7-33 主轴单元结构

1—键；2,10,11—端盖；3,8—轴承；4—罩；5,9—隔套；6—轴体；7—主轴；12—带轮；13—调整螺母；14—锁紧螺母；15,16—套；17—碟形弹簧；18—垫；19—拉杆；20—连接杆；21—卡爪；22—刀具

② 齿轮传动 皮带传动的主轴系统结构简单、主轴转速高、安装调试方便，但主轴的低速输出转矩小、恒功率调速范围较窄，因此，部分机床采用带有机械齿轮变速的齿轮传动主轴箱。

图7-34为齿轮变速主传动系统的典型结构，它一般用于主轴转速6000r/min以下、对低速输出转矩有要求的立式数控镗铣床。

如图7-34所示的主传动系统使用了2级齿轮变速，变速挡交换可通过气缸8、拨叉9、双联滑移齿轮2实现。在需要刚性攻螺纹功能的机床上，主轴需要安装1∶1连接的位置检测主轴编码器5，实现Z轴和主轴的同步进给；编码器和主轴间多采用同步皮带7连接，这样的主轴系统也可直接用于立式加工中心，实现刀具自动交换所需要的主轴定向准停功能。

(4) 主传动系统装配与调整要点

下面以普及型数控车床为例，对其主传动系统的装配与调整要点进行简单介绍。

1) 主轴箱结构

普及型数控车床的主传动系统结构不同于普通车床，主轴箱只需要实现主轴变速，无需考虑刀架的轴向、径向机动进给的动力传递问题，其结构相对简单。CK6150普及型数控车床用的主轴箱结构如图7-35所示。

CK6150的主轴箱采用的是模块化结构设计，它可根据用户要求，选用机械有级变速或选配变频器实现主轴无级调速。采用机械有级变速时，主电动机应使用双速电动机，主轴最高转速为2000r/min，最低转速为45r/min，通过操作手柄和电气控制，可实现12级变速，以满足绝大多数加工要求。选配变频调速时，主电动机的变频范围为20～100Hz，主轴的输出转速范围为20～2000r/min。为了保证主轴的最高转速和提高低速时的输出转矩，主轴箱采用两级机械变速，高速挡的减速比为1∶1.45，低速挡的减速比为1∶5.89；高速和低速挡的速比为4∶1。

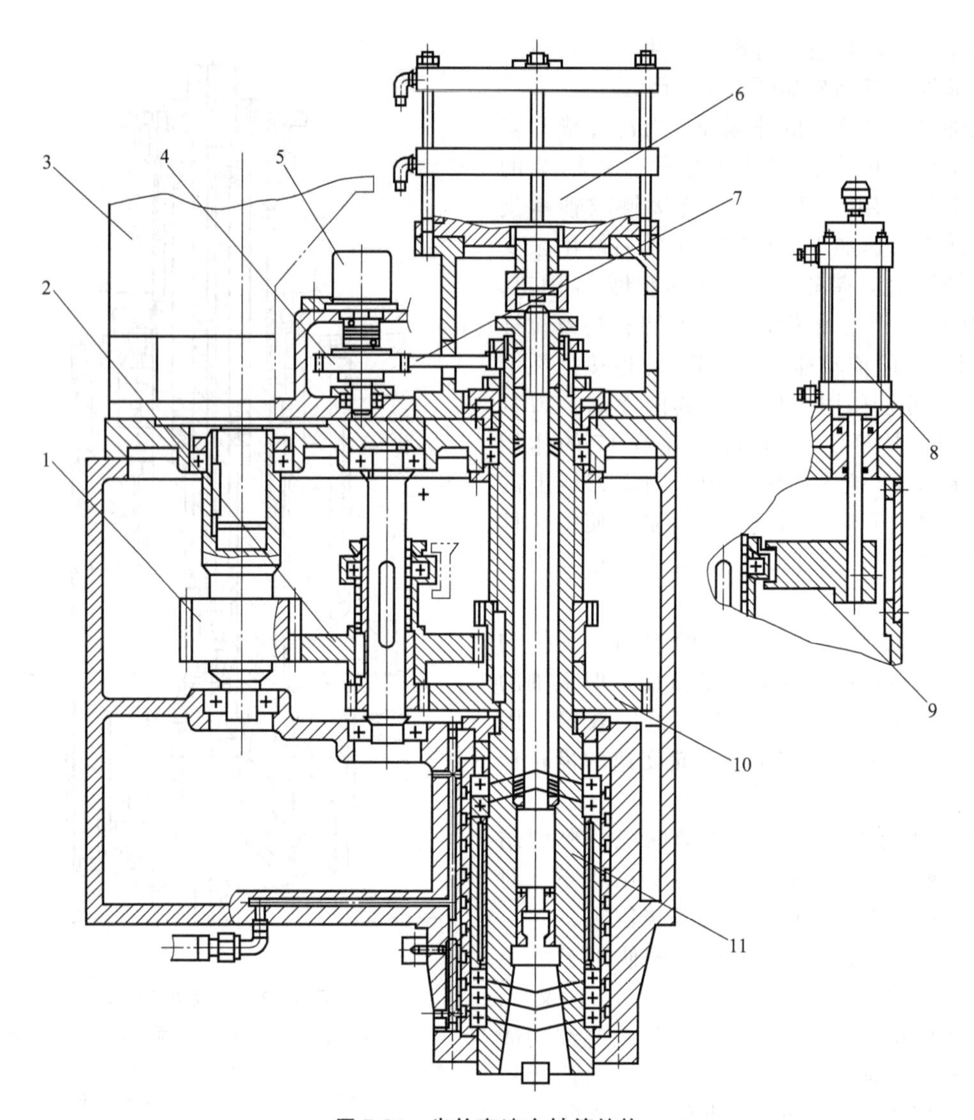

图 7-34　齿轮变速主轴箱结构

1—齿轮；2—双联滑移齿轮；3—主电动机；4—同步带轮；5—主轴编码器；6—松刀气缸；7—同步皮带；8—换挡气缸；9—拨叉；10—双联齿轮；11—主轴

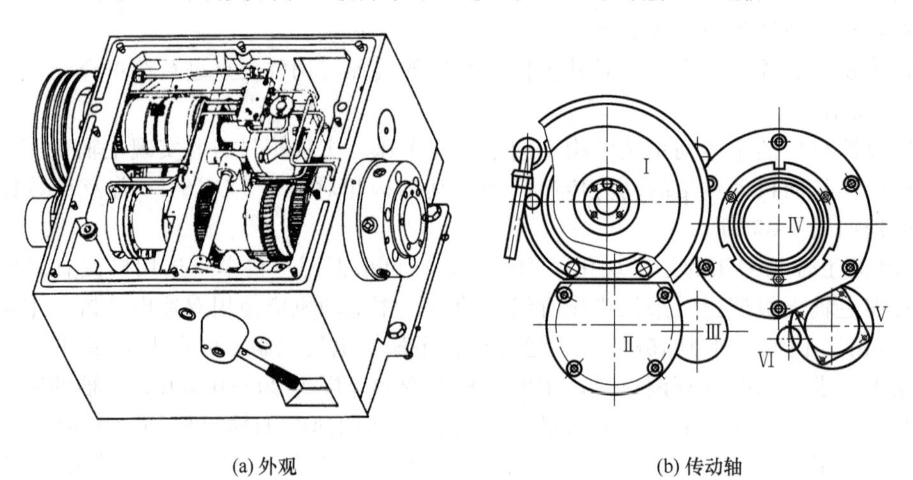

(a) 外观　　(b) 传动轴

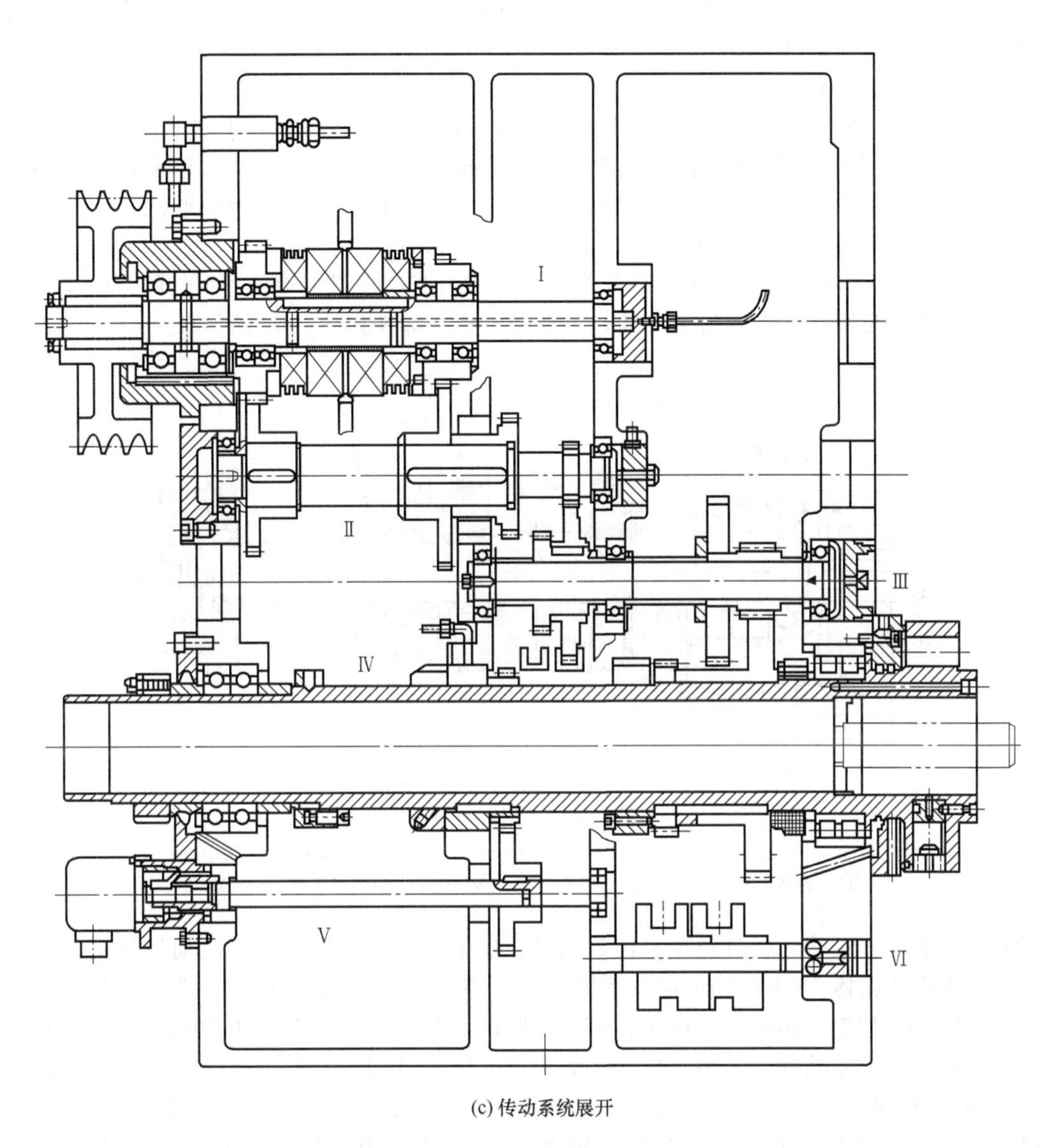

(c) 传动系统展开

图 7-35　CK6150 普及型数控车床主轴箱

主轴箱内布置有 6 个主要的传动轴Ⅰ～Ⅵ。其中，Ⅰ轴为主动轴、Ⅳ轴为主轴、Ⅱ轴和Ⅲ轴为中间传动轴；Ⅴ轴与主轴 1∶1 连接，用来安装螺纹加工用的主轴编码器；Ⅵ用来固定机械变速的拨叉。

CK6150 的主轴箱内部结构展开如图 7-35（c）所示。传动系统结构如下。

Ⅰ轴通过 V 带和主电动机连接，皮带轮的减速比为 1∶2（112∶224）。当机床采用机械变速时，Ⅰ轴上需要安装两套电磁离合器和变速齿轮；通过离合器的控制，可使Ⅰ/Ⅱ轴的减速比为 1∶1（55∶55）或 1∶1.44（45∶65），以改变轴Ⅱ的转速。

Ⅲ轴为手动变速轴，用来实现主轴转速的手动调整。采用机械变速时，Ⅲ轴上需要安装两只双联滑移齿轮，左侧的滑移齿轮用来改变Ⅲ轴和Ⅱ轴的传动比，通过手柄操作，可使Ⅱ/Ⅲ轴的减速比为 1∶0.73（44∶32）或 1∶2.95（19∶56）；右侧的滑移齿轮用来改变Ⅳ轴（主轴）和Ⅲ轴的传动比，通过手柄操作，可使Ⅲ/Ⅳ轴的减速比为 1∶1（50∶50）或 1∶4（17∶68）。

机床采用变频调速时，作为简单的方法，可直接取消电磁离合器，使得Ⅰ/Ⅱ轴的减速比

固定为 1∶1；并取消Ⅲ轴左侧滑移齿轮，将Ⅱ/Ⅲ轴的减速比固定为 1∶0.73；然后，通过Ⅲ轴右侧滑移齿轮实现 1∶1 或 1∶4 的手动变速。

2）主轴箱各组件的结构及组装

与其他机械设备的组装一样，组装数控机床前，所有零件也应根据不同零件的要求，利用汽油、棉纱、卫生纸等，清洗零件，去除油污、锈斑、毛刺等异物，并涂抹少许润滑油；同时，还需要认真检查零件的外观质量，及时处理不影响零件使用与性能的硬点、伤痕等瑕疵；如发现不合格零件应立即予以更换，以免造成部件、整机的不合格。

下面以机械齿轮变速的 CK6150 普及型数控车床为例，介绍主轴箱各组件的结构及组装。

① Ⅰ轴结构与组装　Ⅰ轴为主动轴，其结构与相关部件如图 7-36 所示。

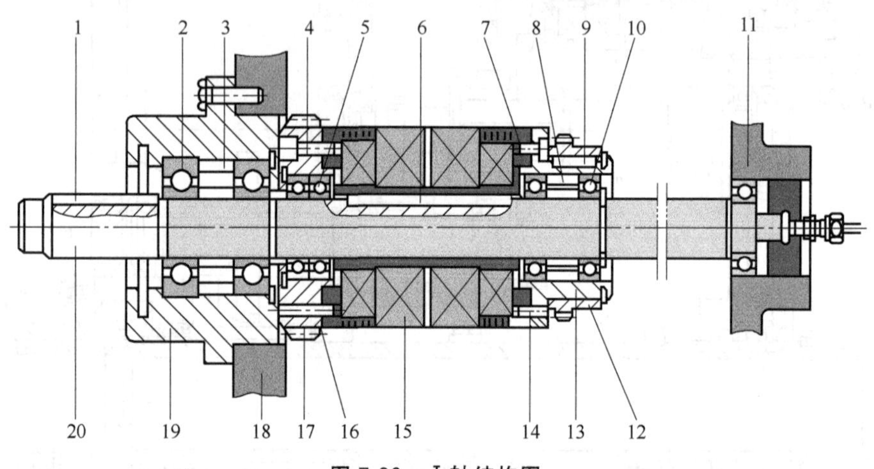

图 7-36　Ⅰ轴结构图

1,6,9—键；2,5,10,11—轴承；3,8—隔套；4,7—螺钉；12,17—齿轮；13—连接套；14,16—销；15—离合器；18—箱体；19—安装座；20—轴

轴 20 的前端（左端）通过键 1 及锁紧螺母、皮带轮、皮带等件和主电动机连接；并通过安装座 19 固定于箱体 18 上；轴的前支承轴承 2 安装在安装座 19 上；轴后端（右侧）安装有辅助支承轴承 11 和轴承润滑用的接头、油管等件；轴中间部分安装有两对电磁离合器 15。

离合器 15 用于Ⅱ轴变速，两对离合器的其中一侧通过键 6 与轴 20 连接，可跟随轴 20 旋转；另一侧分别通过定位销 14、16 及螺钉 4、7，连接齿轮 17、连接套 13，连接套 13 上安装有齿轮 12。齿轮 17 和连接套 13 上安装有轴承 5、10；当其中一对离合器脱开时，与之连接的齿轮 17 或 12 将与轴 20 脱开，并跟随Ⅱ轴空转；离合器啮合时，齿轮 17 或 12 将与Ⅰ轴啮合，驱动Ⅱ轴旋转。

Ⅰ轴（不含前端带轮及尾部润滑件）的组装步骤如下。

a. 将齿轮 17、连接套 13 分别装到离合器 15 上，用螺钉 4、7 紧固后，配钻和铰柱销孔、打上定位销 14、16。

b. 将齿轮 12 装入连接套 13，并安装挡圈。

c. 清洗轴 20 的油孔，保证油路畅通；配键 6，依次装入离合器 15 及中间隔套。

d. 装入离合器后端连接套 13 的支承轴承 10、隔套 8，并用挡圈固定。

e. 装入离合器前端齿轮 17 的支承轴承 5 和隔套。

f. 将前轴承 2、隔套 3、挡圈等装入安装座 19 内，然后，将安装座 19 装到轴 20 上。

g. 检查离合器是否动作可靠、间隙合理，轴是否转动灵活。

h. 安放Ⅰ轴组件于待总装位置。

② Ⅱ轴结构与预装　Ⅱ轴为第 1 传动轴，其结构较为简单，相关部件如图 7-37 所示。

Ⅱ轴利用前后支承轴承1和9固定于箱体。齿轮2、5可通过Ⅰ轴上的电磁离合器和Ⅰ轴啮合，得到两种不同的输入转速。齿轮7、8可通过变速手柄，分别和Ⅲ轴前端的输入双联滑移齿轮啮合，变换变速挡、改变Ⅲ轴转速。

Ⅱ轴实际上需要装入主轴箱后，才能完成装配，但为了避免齿轮配合不良，装配前需要按照以下步骤，进行齿轮的预装。

a. 配前后齿轮键10、11。

b. 将挡圈3、齿轮2、隔套12依次装入轴前端（左端）。

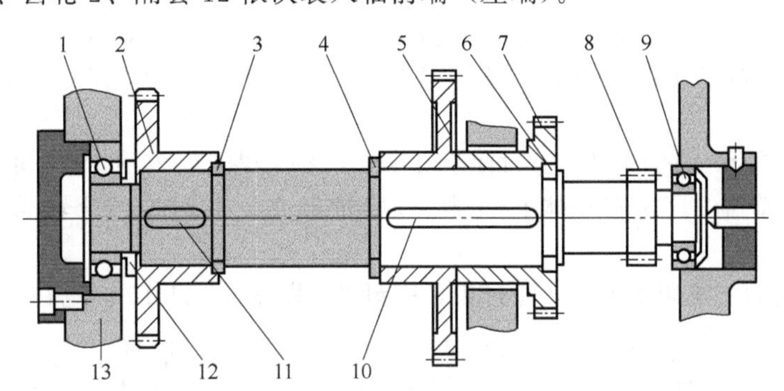

图7-37 Ⅱ轴结构图

1,9—轴承；2,5,7,8—齿轮；3,4,6—挡圈；10,11—键；12—隔套；13—箱体

c. 将挡圈4、齿轮5和7、挡圈6依次装入轴后端（右端）。

d. 检查齿轮是否啮合可靠、间隙合理；然后，分解轴，待总装。

③ Ⅲ轴结构与预装　Ⅲ轴为第2传动轴，其结构与相关部件如图7-38所示。

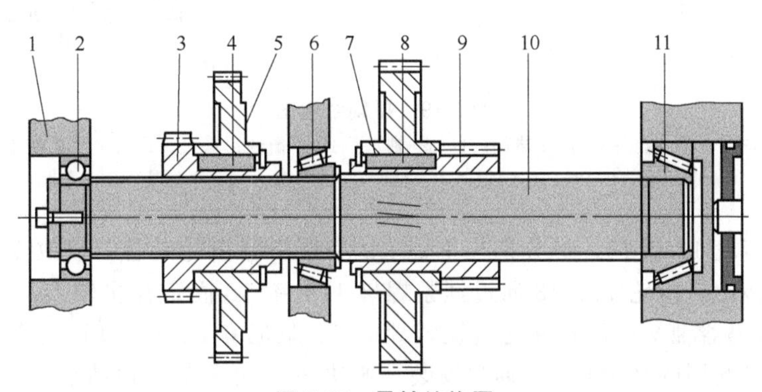

图7-38 Ⅲ轴结构图

1—箱体；2,6,11—轴承；3,5,7,9—滑移齿轮；4,8—键；10—轴

Ⅲ轴上安装有两对双联滑移齿轮3、5、7、9。前端（左侧）双联滑移齿轮3、5和Ⅱ轴啮合，改变Ⅲ轴输入转速；后端（右侧）双联滑移齿轮7、9和Ⅳ轴（主轴）啮合，用来改变Ⅲ、Ⅳ轴传动比，Ⅳ轴转速。由于双联滑移齿轮移动时，轴需要承受一定的轴向力，因此，轴后端（右）及中部，使用锥轴承11和6支承，可承受双向推力；轴前端用球轴承2支承。

Ⅲ轴同样需要装入主轴箱后，才能完成装配，但为了避免齿轮配合不良，装配前需要按照以下步骤，进行齿轮的预装。

a. 齿轮3配键4、安装齿轮5，并用挡圈组合为双联齿轮后，装入轴前端（左侧）。

b. 齿轮9配键8、安装齿轮7，并用挡圈组合为双联齿轮后，装入轴后端（右侧）。

c. 检查齿轮是否啮合可靠、间隙合理；取下滑移齿轮组件，待总装。

④ Ⅳ轴结构与预装　Ⅳ轴实际上就是机床的主轴，它是主传动系统的关键部件，对精度

的要求较高，且需要承受切削加工时的轴向和径向力，其结构较为复杂。CK6150 的主轴与相关部件的结构如图 7-39 所示。

CK6150 机床主轴利用前后轴承支承，中间阻尼套作为辅助支承。主轴的前端（右端）采用的是内孔为 1∶12 锥形的双列圆柱滚珠轴承 15 支承，允许转速较高、径向刚度好，主要用来承受车削加工时的径向力。主轴的后端（左端）采用一对“背对背”组合的推力角接触球轴承 4 支承，允许转速高、轴向刚度好，并可承受双向轴向载荷，主要用来承受车削加工时的轴向力。中部利用油润滑的阻尼套 8 作为辅助支承。

主轴前轴承 15 的 1∶12 锥形内圈，通过隔套 17、锁紧螺母 14，固定在轴 10 的前轴径上；外圈通过前端盖 16 固定在箱体上。调整锁紧螺母 14，可改变轴承 15 锥形内圈的轴向位置、调整轴承间隙。

主轴后端组合轴承 4 的内圈，通过隔套 1 和 5、锁紧螺母 22，固定在轴 10 的后轴径上；外圈通过隔套 3、端盖 2 固定在箱体上。调整锁紧螺母 22，可改变组合轴承内圈的轴向位置、调整轴承间隙。

主轴中间的辅助支承阻尼套 8，通过锁紧螺母 7、齿轮 9、键 19 固定在轴 10 上。

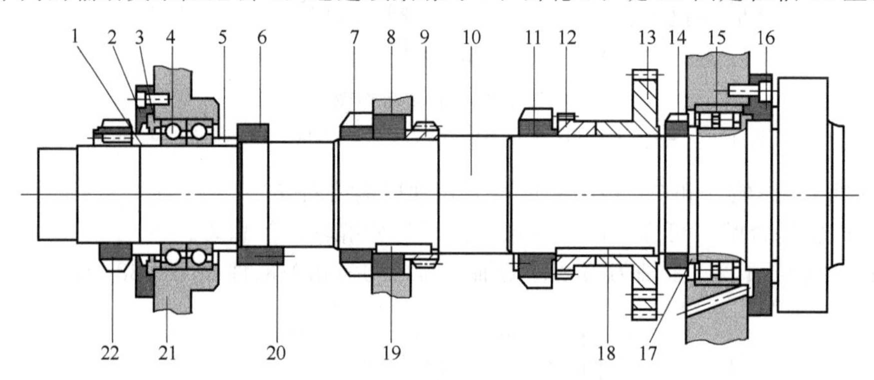

图 7-39　Ⅳ轴结构图

1,3,5,17—隔套；2,16—端盖；4,15—轴承；6—平衡环；7,11,14,22—锁紧螺母；8—阻尼套；9,12,13—齿轮；10—轴；18,19—键；20—平衡块；21—箱体

主轴前端的齿轮 12 和 13，可分别与Ⅲ轴上的双联滑移齿轮啮合，以改变Ⅲ、Ⅳ轴的传动比和Ⅳ轴的输入转速；齿轮 12、13 通过锁紧螺母 11、键 18 固定在主轴上。轴中部的齿轮 9，用来 1∶1 连接编码器轴Ⅴ；齿轮 9 通过锁紧螺母 7、阻尼套 8、键 19 固定在主轴上。主轴后部安装有调节动平衡用的平衡环 6，通过安装平衡块 20，可调节主轴动平衡。

主轴前端与卡盘连接部位为短锥法兰结构，卡盘以锥面和后端面作为定位面，用 6 个螺钉和主轴连接，并可通过端面键和卡盘啮合，以传递转矩。

主轴同样需要装入主轴箱后，才能完成装配，但为了检查部件配合和调节动平衡，装配前需要按照以下步骤，进行主轴的预装。

a. 安装前端的卡盘连接短锥法兰及法兰上的弹簧、凸轮等件（图中未画出）。

b. 安装前轴径上的轴承 15、隔套 17、锁紧螺母 14 等件。

c. 配键，安装前端齿轮 12、13 和锁紧螺母 11；齿轮应靠实轴肩，锁紧螺母与主轴的相对位置做好标记。

d. 配键，安装中部齿轮 9、阻尼套 8 和锁紧螺母 7 等件；锁紧螺母与主轴的相对位置做好标记。

e. 安装后端的平衡环 6、轴承 4、隔套 1 和 5、锁紧螺母 22 等件；锁紧螺母与主轴的相对位置做好标记。

f. 调节主轴动平衡，并通过安装平衡块 20，保证不平衡量小于 5g·cm 后，做好平衡环的安装位置标记。

g. 分解主轴，待总装。

⑤ Ⅴ轴结构与预装　Ⅴ轴为编码器连接轴，用来连接主轴位置检测编码器，保证加工螺纹时 Z 轴能跟随主轴同步进给，其结构与相关部件如图 7-40 所示。编码器 1 和轴 7 利用连接套 4、键 2 和 5 连接；轴 7 利用齿轮 9、键 8、定位螺钉 11 和主轴进行 1∶1 连接。编码器 1 通过连接座 13 安装在箱体 12 上，轴 7 的后支承（左侧）轴承 3 安装在连接座 13 内孔中，前支承（右侧）轴承 10 安装在箱体内壁上。

Ⅴ轴装入主轴箱前，需要按以下步骤进行预装。

a. 配键 8，预装齿轮 9，定位螺钉 11。

b. 在连接套 4 上安装前轴承 3，装入连接座 13，安装密封圈 6。

c. 配键 2，安装编码器 1 及隔套 14，完成编码器组件安装；并保证连接套 4 啮合可靠、转动灵活，编码器和连接套间的传动间隙应尽可能小。

d. 轴 7 配键 5，预装编码器组件，保证啮合可靠、转动灵活，传动间隙尽可能小。

e. 分离编码器组件、齿轮 9，待总装。

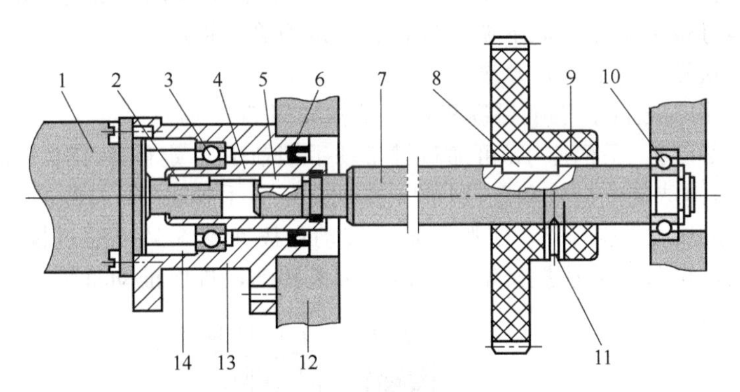

图 7-40　Ⅴ轴结构图

1—编码器；2,5,8—键；3,10—轴承；4—连接套；6—密封圈；7—轴；
9—齿轮；11—定位螺钉；12—箱体；13—连接座；14—隔套

⑥ 手动变速部件与装配　手动变速机构是普及型数控车床主传动系统特有的辅助部件。普及型数控车床的价格低、性能要求不高，为了节约生产制造成本，其主轴可直接使用机械变速或通用型变频器等经济型调速方案。由于通用型变频器的有效调速范围一般在 1∶10 左右，且其低频输出不具备恒转矩特性，为了提高主轴低速输出转矩和功率，主传动系统仍需要保留Ⅲ/Ⅳ轴滑移齿轮手动变速机构，以扩大调速范围、提高主轴低速转矩。

采用机械变速的 CK6150 有Ⅱ/Ⅲ轴、Ⅲ/Ⅳ轴两套手动变速机构；采用通用型变频器调速时，一般只保留Ⅲ/Ⅳ轴手动变速机构。手动变速机构的结构类似，它由拨叉轴和手柄操纵机构组成，其结构与装配调整方法如下。

a. Ⅵ轴结构与装配　Ⅵ轴（拨叉轴）用来安装滑动拨叉，以推动Ⅲ轴上的滑移齿轮移动，其结构如图 7-41 所示。

拨叉轴为花键轴，轴上加工有高、低和空挡 3 个定位孔，滑动拨叉 2 可在手柄操纵机构的操纵下移动。滑动拨叉 2 的定位通过钢球 5、弹簧 4 实现，调节螺钉 3 用来调整钢球定位压力。拨叉轴无旋转运动，故可直接固定于箱体 1，为了防止轴转动，其前侧（右侧）设计有钢球涨紧定位机构，当轴调整完成后，通过调节螺钉 8，可推动钢球 7 轴向运动，进而推动钢球 6 涨紧。

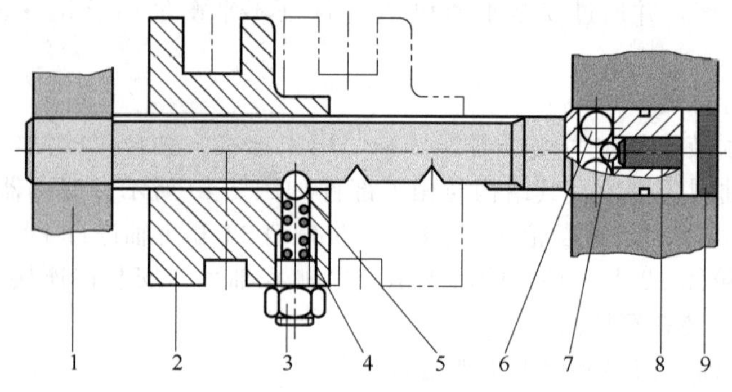

图 7-41 Ⅵ轴结构图

1—箱体；2—滑动拨叉；3,8—调节螺钉；4—弹簧；5,6,7—钢球；9—堵

Ⅵ轴装入主轴箱前，需要按以下步骤进行预装。

- 将滑动拨叉 2 装入花键轴，使钢球 5 的安装孔与轴上的定位孔对准。
- 依次将钢球 5、弹簧 4、调节螺钉 3 等件装入滑动拨叉 2。
- 调整调节螺钉 3，使钢球定位可靠、拨叉滑动轻便；固定调节螺钉上的定位螺母。
- 保持定位螺母位置不变，取下调节螺钉、定位弹簧、钢球。
- 将滑动拨叉从轴上取下，待总装。

b. 手柄操纵机构与装配。手柄操纵机构的结构如图 7-42 所示。

操作变速手柄 20 时，手柄座 18 可通过键带动手柄轴 11、定位套 15、凸轮板 10 转动；并利用定位套 15 上的钢球定位机构和定位板 14 实现定位。手柄轴 11 内侧的凸轮板 10 转动时，可通过凸轮轴 8、拨块 9、连杆 7，使拨叉轴 6 转动；拨叉轴 6 又可通过拨杆 3，使拨块 1 运动。拨块 1 的运动，可带动前述拨叉轴上的滑动拨叉移动，进而推动Ⅲ轴上的滑移齿轮运动。

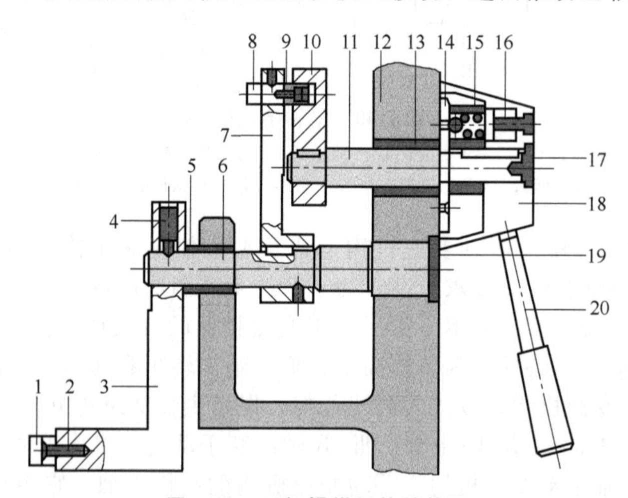

图 7-42 手柄操纵机构结构图

1,9—拨块；2,4—定位螺钉；3—拨杆；5,13—轴套；6,8,11—轴；7—连杆；10—凸轮板；12—箱体；14—定位板；15—定位套；16—调节螺钉；17,19—盖；18—手柄座；20—手柄

手柄操纵机构装入主轴箱前，需要按以下步骤进行预装。

- 在拨杆 3、连杆 7 上安装拨块 1、9 及轴 8，并固定。
- 手柄轴 11 配键，预装凸轮板 10、定位套 15、手柄座 18、轴套 13；保证轴套转动轻便、间隙合理。
- 拨叉轴 6 配键，预装连杆 7、拨杆 3、轴套 5；保证轴套转动轻便、间隙合理。

· 分离组件，待总装。

3）主轴箱总装、试车与测试

主传动部件组装（预装）完成后，可进行主轴箱总成的装配（总装）、调整与试车工作，其步骤如下。

① 主轴箱总装　总装前，需要用汽油、棉纱、卫生纸等，清洗箱体及零部件，去除箱体安装孔等上的油污、锈斑、毛刺等异物，及时处理不影响零件使用与性能的硬点、伤痕等瑕疵；零部件表面需要涂抹少许润滑油。然后，根据轴的安装位置，由下至上依次进行主轴箱的总装。

a. Ⅲ轴装配：Ⅲ轴为滑移齿轮安装轴，它可按以下步骤装入主轴箱（图7-38）。

· 将图7-38中的中间支承轴承11，安装到箱体壁的内孔上。

· 将轴装入轴承11内孔，并安装组装好的前后滑移齿轮组件、轴承11挡圈。

· 安装后轴承11及轴端的顶盖、密封圈、堵等件，并进行堵安装定位、顶盖调整，固定后轴承11。

· 将前轴承2装入轴和箱体孔中，并安装轴端固定螺钉和轴承压板。

· 检查轴是否转动灵活、齿轮是否滑移轻便；并调整轴承顶盖，使轴向窜动不超过0.08mm。

b. Ⅱ轴装配：Ⅱ轴为中间传动轴，它可按以下步骤装入主轴箱（图7-37）。

· 将轴装入箱体，并安装齿轮2、5、7及挡圈。

· 安装后轴承9及轴端顶盖、密封圈、堵等件，并进行堵安装定位、顶盖调整，固定后轴承9。

· 安装隔套12、前轴承1及端盖，并将端盖固定到箱体上。

· 将前轴承1装入轴和箱体孔中，并安装轴端固定螺钉和轴承压板。

· 检查轴是否转动灵活，并调整轴承顶盖，使轴向窜动不超过0.08mm。

c. Ⅵ轴装配：Ⅵ轴为拨叉轴，它可按以下步骤装入主轴箱（图7-41）。

· 将轴装入箱体轴孔，并套入滑动拨叉2，装入钢球、弹簧，并稍拧调节螺钉。

· 调整轴和滑动拨叉2的位置，将滑动拨叉卡入Ⅲ轴的滑移齿轮。

· 将调节螺钉3重新调到预装的螺母定位位置。

· 从后端压紧轴，并利用调节螺钉8，涨紧钢球、固定轴；装上堵。

· 检查钢球是否定位可靠、拨叉是否滑动轻便。

d. 主轴装配：Ⅳ轴为主轴，它可按以下步骤装入主轴箱（图7-39）。

· 前轴承15涂抹润滑脂后，装入箱体轴孔。

· 清理主轴头上的润滑油孔、加注润滑油，套入轴承15前端盖16及密封垫。

· 将主轴装入前轴承15，并从箱体的前腔依次装入隔套17、锁紧螺母14、齿轮13和12、锁紧螺母11、齿轮9等件；然后，从箱体的后腔依次装入阻尼套8、锁紧螺母7、平衡环6。

· 按照调节动平衡所标记的位置，拧紧全部锁紧螺母、固定平衡环。

· 安装主轴后端的隔套5、轴承4、隔套1和3、后端盖2、密封圈、锁紧螺母22等件，并按照调节动平衡所标记的位置，拧紧锁紧螺母22。

· 调整前后端盖16、2及密封垫位置，固定主轴。

e. Ⅴ轴装配：Ⅴ轴为编码器连接轴，它可按以下步骤装入主轴箱（图7-40）。

· 轴套入齿轮9、安装后轴承10及挡圈后，将后轴承装入箱体轴孔。

· 使齿轮9和主轴（Ⅳ轴，如图7-39所示）上的齿轮9准确啮合，锁紧定位螺钉11。

· 安装轴前端的密封圈、键，并将预装好的编码器组件装入轴和箱体孔中。

· 将连接座13固定到箱体上。

f. 手动变速部件装配：手动变速部件可按以下步骤装入主轴箱（图 7-42）。

· 拨叉轴 6 套入预装的连杆 7 组件、装入箱体轴孔。

· 紧固连杆 7 的定位螺钉，固定连杆。

· 装入轴套 5，将预装的拨杆组件和Ⅵ轴上的滑动拨叉 2（图 7-41）准确啮合后，套入拨叉轴。

· 将轴套 13 装入箱体孔，手柄轴 11 装入隔套，并将凸轮板 10 和拨块 9 啮合后，套入手柄轴。

· 将定位板 14 固定到箱体上。

· 安装手柄定位套 15、手柄座 18 及定位弹簧、钢球、调节螺钉等件，并通过轴端螺钉连接手柄座和手柄轴。

· 紧固全部定位螺钉，调整调节螺钉 16，使得手柄转动灵活、定位可靠。

· 检查手柄变速机构是否动作轻便、定位准确、啮合可靠。

g. Ⅰ轴装配：Ⅰ轴为主轴箱的输入轴，它可在组装完成后，按以下步骤装入主轴箱（图 7-36）。

· 轴 20 安装后轴承 11 后，将预装好的Ⅰ轴组件装入箱体轴孔中。

· 安装箱体 18 和安装座 19 的连接螺钉，固定Ⅰ轴组件的前端支承。

· 安装轴后端的堵、润滑管接头等件。

· 安装轴前端的隔套、键、皮带轮、锁紧螺母等件（图中未画出）；通过锁紧螺母锁紧皮带轮后，安装端盖。

· 检查轴是否转动灵活、离合器是否定位可靠。

h. 其他：根据机床实际要求，安装好主轴箱内的润滑油管、接头、分油器、电气检测开关等附件；并选配箱盖、修整错位部分，安装油窗、压盖等件，完成主轴箱部件总装。

② 主轴箱试车与测试　主轴箱试车前原则上需要利用清洗机进行清洗，去除污物；然后，通过专门的试车台进行试车，试车台应配有主电动机、皮带、电磁离合器电源及操作、控制开关等器件。利用集中润滑泵润滑的主轴箱，试车时需要连接润滑油管、检查油路，并调整分油器流量，确保润滑良好。

主轴箱运转前应手动转动皮带轮，确认各轴旋转正常、负载均匀，才能启动主电动机进行空运行试验。

试验准备工作完成后，按照从低到高的转速，逐级进行空运行试验。主轴每级变速挡的运行时间应不少于 2min，如运行噪声过大，或存在异常声音，则应立即停止主电动机，并进行相关检查；待查明原因、进行相关处理后，重新进行空运行试验。

空运行试验完成后，应进行主轴箱温升试验，一般要求如下。

a. 将主轴转速调整到 1000r/min，运行 1h 以上，测量前后轴承温升，温差应小于 5℃，且只允许前轴承温升高于后轴承。

b. 将主轴转速调整到 2000r/min，运行 1h 以上，测量噪声和轴承温升；运行噪声应小于 81dB，轴承最高温度不得超过 70℃，温升不得超过 35℃。

空运行、温升试验完成后，复查主轴精度，一般要求如下。

· 主轴定心轴颈径向跳动：不超过 0.008mm。

· 主轴轴肩支承面跳动：不超过 0.016mm。

· 主轴轴向窜动：不超过 0.008mm。

· 主轴锥孔径向跳动：安装检测芯棒，检查根部不超过 0.008mm，300mm 处不超过 0.016mm。

· 变速手柄操纵力：小于 100N。

7.3.2 进给传动装置的装配与调整

数控机床进给系统的精度与动特性影响到机床的加工、定位精度和运动稳定性。控制数控机床进给传动系统的装配与调整质量是保证整台数控机床加工精度和工作可靠性的一个重要因素。

(1) 进给传动的基本形式

数控机床的进给运动可分为直线运动和圆周运动两类。实现直线进给运动的主要有丝杠螺母副（通常为滚珠丝杠）、齿轮齿条副等；在高速加工机床上，有时还采用直线电动机直接驱动。数控机床的圆周进给运动以蜗轮蜗杆副为主，在高速加工机床上，有时还采用转台直接驱动电动机驱动。

① 滚珠丝杠螺母副　滚珠丝杠螺母副具有摩擦损耗低、传动效率高、动静摩擦变化小、不易低速爬行及使用寿命长、精度保持性好等一系列优点，并可通过丝杠螺母的预紧消除间隙、提高传动刚度。因此，在数控机床上得到了极为广泛应用，它是目前中、小型数控机床最常见的传动形式。

滚珠丝杠螺母副具有运动的可逆性，传动系统不能自锁，它一方面能将旋转运动转换为直线运动，反过来也可能将直线运动转换为旋转运动。因此，当用于受重力作用的垂直进给轴时，进给系统必须安装制动器和重力平衡装置。此外，为了防止安装、使用时的螺母脱离丝杠滚道，机床还必须有超程保护。

② 静压丝杠螺母副　静压丝杠螺母副可通过油压，在丝杠和螺母的接触面产生一层有一定厚度，且有一定刚度的压力油膜，使丝杠和螺母由边界摩擦变为液体摩擦，通过油膜推动螺母移动。

静压丝杠螺母的摩擦系数仅为滚珠丝杠的 1/10，其灵敏更高、间隙更小；同时，由于油膜层还具有吸振性，油液具有流动散热效果，因此，其运动更平稳、热变形更小；此外，介于螺母与丝杠间的油膜层对丝杠的加工误差有“均化”作用，可以部分补偿丝杠本身的制造误差，提高传动系统的精度。静压丝杠螺母副的成本高，而且还需要配套高清洁度、高可靠性的供油系统，因此，多用于高精度加工的磨削类数控机床。

③ 静压蜗杆蜗条副和齿轮齿条副　大型数控机床不宜采用丝杠传动，因长丝杠制造困难，且容易弯曲下垂，影响传动精度；同时其轴向刚度、扭转刚度也难提高，惯量偏大。因此，需要采用静压蜗杆蜗条副、齿轮齿条副等方式传动。

静压蜗杆蜗条副的工作原理与静压丝杠螺母副基本相同，蜗条实质上是螺母的一部分，蜗杆相当于一根短丝杠，由于蜗条理论上可以无限接长，故可以用于对定位精度、运动速度要求较高的落地式、龙门式等大型数控机床的进给驱动。

齿轮齿条传动一般用于工作行程很长或定位精度要求不高的大、中型数控机床进给传动，例如，龙门式数控火焰切割机床或大型数控镗铣床的进给传动、数控平面或导轨磨床的往复运动工作台的进给传动、数控龙门刨床的进给传动等。齿轮齿条传动具有结构简单、传动比大、刚度好、效率高、进给形式不受限制、安装调试方便等一系列优点，齿条理论上也可无限接长；但它与滚珠丝杠等传动方式相比，其传动不够平稳、定位精度较低，传动结构也不能实现自锁。为了提高传动系统的定位精度，用于数控机床进给传动的齿轮齿条传动系统需要“消隙”机构，消除齿轮侧隙。

④ 直线电动机和转台直接驱动　直线电动机和转台直接驱动是近年来发展起来的代表性技术之一，它已经被广泛用于现代高速、高精度机床。利用直线电动机和转台直接驱动电动机驱动直线轴和回转轴，可完全取消传动系统中将旋转运动变为直线运动的环节，从而大大简化机械传动系统的结构，实现所谓的“零传动”。使用直线电动机和转台直接驱动电动机的进给

系统，可从根本上消除机械传动对精度、刚度、快速性、稳定性的影响，故可获得比传统进给驱动系统更高的定位精度、速度和加速度。

（2）进给传动系统的结构

下面以常见的普及型数控车床、全功能数控车床、通用型数控铣床为例，分别对其进给传动系统结构进行介绍。

1）普及型数控车床的进给传动系统结构

普及型数控车床一般只有纵向（*Z* 轴）、横向（*X* 轴）两套进给系统，用来驱动刀架的进给，进给系统的典型结构如下。

① 纵向进给系统　普及型数控机床的纵向（*Z* 轴）进给传动系统位于机床前侧、拖板下部，其典型结构如图 7-43 所示。

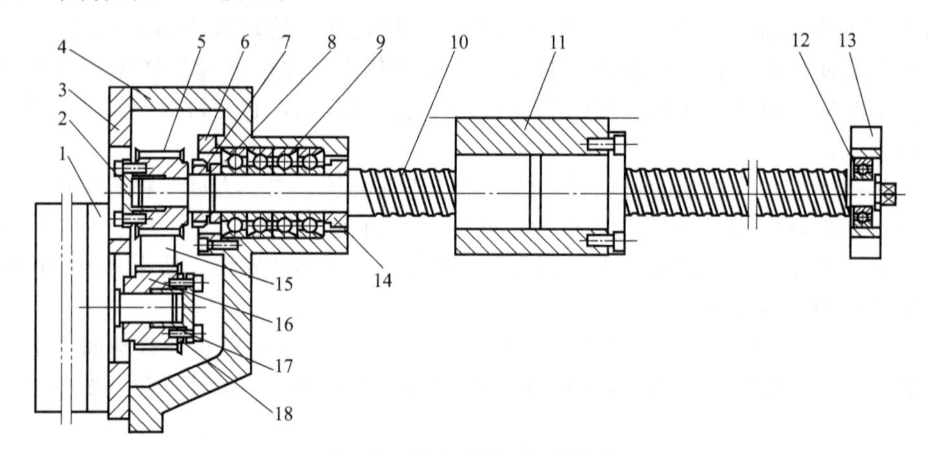

图 7-43　纵向进给系统结构图

1—电动机；2,17—压紧盖；3—电动机安装板；4—箱体；5,16—带轮；6—端盖；7—锁紧螺母；8,14—隔套；9—前轴承；10—丝杠；11—拖板；12—后轴承；13—辅助支座；15—同步带；18—胀紧套

图 7-43 中的电动机和丝杠，采用了同步带传动方式，其安装、调整和消隙都十分方便。电动机 1 通过带轮 5、16，同步带 15 和丝杠 10 连接，带轮与轴间通过胀紧套 18、压紧盖 17 连接，实现了无间隙传动。

由于 *Z* 轴行程较长，纵向进给滚珠丝杠采用了一端固定、一端游动的支承方式。丝杠的支承端，通过 4 只可承受双向推力和径向载荷的角接触球前轴承 9，用来承受拖板移动和切削加工时的进给力；轴承内圈通过隔套 8、14 及锁紧螺母 7 和丝杠连接，轴承外圈安装在箱体 4 上，并通过端盖 6 和箱体固定。丝杠的游动端采用向心球轴承 12 进行径向支承，以防止丝杠高速旋转时的弯曲和变形。丝杠螺母和拖板 11 连接，以带动拖板做进给运动。

② 横向进给系统　普及型数控机床的横向（*X* 轴）进给系统安装在纵拖板上，它可带动刀架进行径向进给运动，其典型结构如图 7-44 所示。

横向进给系统结构和纵向进给系统基本相同，它同样采用同步带传动方式，以方便安装、调整和消隙。安装有伺服电动机、丝杠等部件的箱体 4 固定在纵拖板上，可随纵拖板在床身上做 *Z* 向移动；丝杠螺母与横拖板连接，以带动刀架径向移动。

由于 *X* 轴行程较短，加上后端加工、安装和调整均有所不便，故进给滚珠丝杠采用了一端固定、一端自由的支承方式。丝杠的支承端也使用了 4 只可承受双向推力和径向载荷的角接触球前轴承 9，以承受横拖板移动和切削加工时的进给力，另一端则无支承。

2）全功能数控车床的进给传动系统结构

全功能数控车床的进给系统和普及型数控车床基本相同，它多采用同步皮带传动或电动机/丝杠直连结构。在先进的全功能数控车床上，为了提高可靠性、防止机床碰撞，进给系统

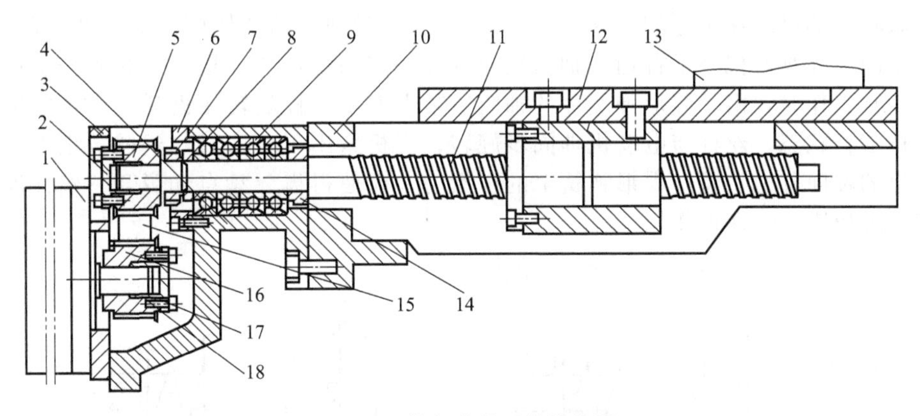

图 7-44 横向进给系统结构图

1—电动机；2,17—压紧盖；3—电动机安装板；4—箱体；5,16—带轮；6—端盖；7—锁紧螺母；8,14—隔套；9—轴承；10—纵拖板；11—丝杠；12—横拖板；13—刀架；15—同步带；18—胀紧套

有时采用带过扭矩保护的安全联轴器连接，进给系统的结构如下。

① 纵向进给系统　带安全联轴器的纵向进给系统结构如图 7-45 所示。电动机和丝杠间通过安全联轴器直接连接。

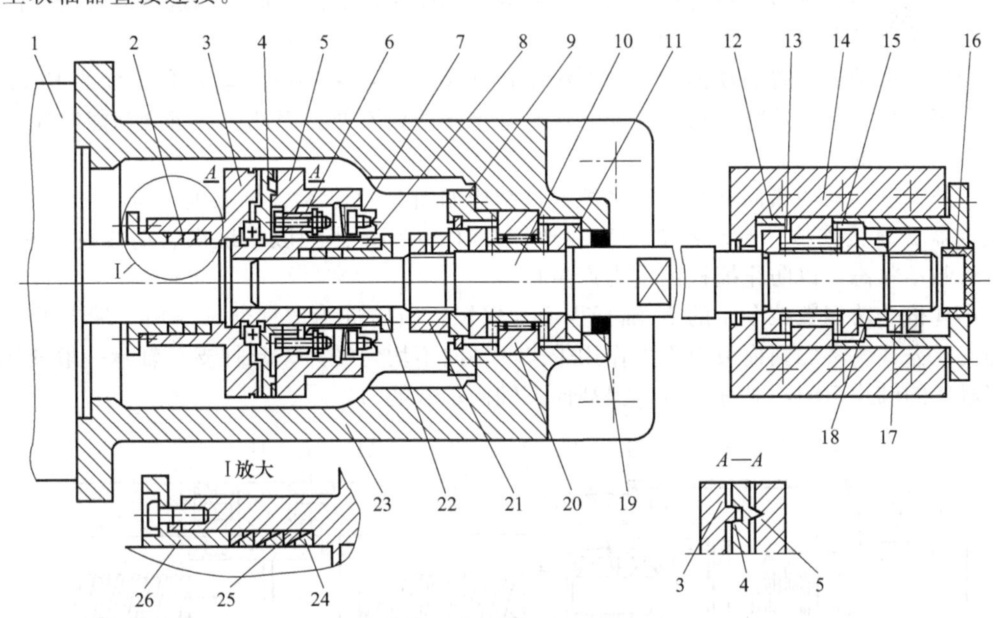

图 7-45 纵向进给系统结构

1—伺服电动机；2,22—锁紧套；3,5—固定盘；4—滑环；6—弹性片；7—碟形弹簧；8—内套；9—端盖；10—丝杠；11,12,18—隔套；13—后轴承；14—后支座；15—后盖；16—堵；17,21—锁紧螺母；19—密封圈；20—前轴承；23—前支座；24—内锥环；25—外锥环；26—压紧盖

为了提高进给系统刚度，纵向进给丝杠采用了双端固定的支承方式，前后支承轴承 20、13 都为滚针/推力圆柱滚子组合轴承。组合轴承的内外圈径向、两侧端面均安装有圆柱滚针，可承受很大的径向载荷和双向轴向载荷，传动系统的轴向和径向刚性均很高，但其允许转速稍低于球轴承，因此，较少用于高速加工机床。

电动机和丝杠间通过安全联轴器直接连接。联轴器两侧的固定盘 3、5 分别通过锁紧套 2、22 和电动机轴、丝杠连接；锁紧套内安装有内、外锥环 24、25，当压紧盖 26 压紧时，内锥环将径向收缩，锁紧电动机轴和丝杠，实现电动机轴和丝杠间的无间隙连接。

安全联轴器的过载保护原理如图 7-46 所示。这种联轴器的两侧固定盘 3 和 5 间，以碟形弹簧 7 压紧的齿牙盘，代替了普通联轴器径向刚性固定的柔性片连接，以起到安全保护作用。进给系统正常工作时，由于碟形弹簧 7 的轴向压紧力大于丝杠旋转在齿牙上产生的轴向分力，齿牙盘保持啮合状态，丝杠与电动机轴同步旋转；当机床出现碰撞时，丝杠转矩大幅度增加，齿牙上产生的轴向分力将超过碟形弹簧 7 的压紧力，而使得齿牙盘自动脱开，丝杠停止转动，从而起到了过扭矩安全保护作用。

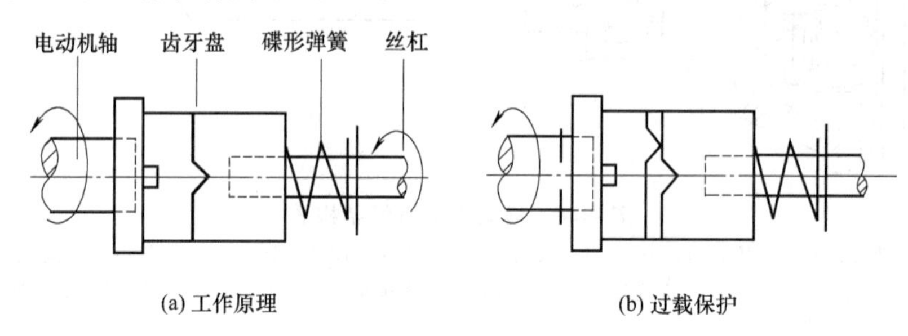

图 7-46 安全联轴器的工作原理

② 横向进给系统　全功能数控车床的横向进给（X 轴）系统倾斜布置在床身上，且其刀架的重量重，为防止拖板因重力产生自落，需要使用带制动器的伺服电动机（内置制动器）或在丝杠上安装制动器（外置制动器）。

使用伺服电动机内置制动器的传动系统结构简单，但如果伺服电动机和丝杠的连接脱开，拖板同样将产生自落，这将给机床的安装调整和维修造成不便。因此，进口全功能数控车床以使用外置制动器的情况居多。

使用外置制动器的横向进给传动系统典型结构如图 7-47 所示。伺服电动机 1 和丝杠 10 间通过联轴器 2 直接连接，制动器 3 安装在丝杠 10 的端部，当伺服系统未启动或机床断电时，制动器为制动状态，以防止拖板因重力产生自落。

中小规格全功能数控车床的 X 轴行程通常较短，横向进给丝杠通常采用一端支承、一端自由的支承方式。考虑到拖板因重力作用带来的轴向不均匀受力，丝杠支承轴承一般使用了 3 只角接触球的轴承 7 的不对称组合，提高向下轴向承载能力。

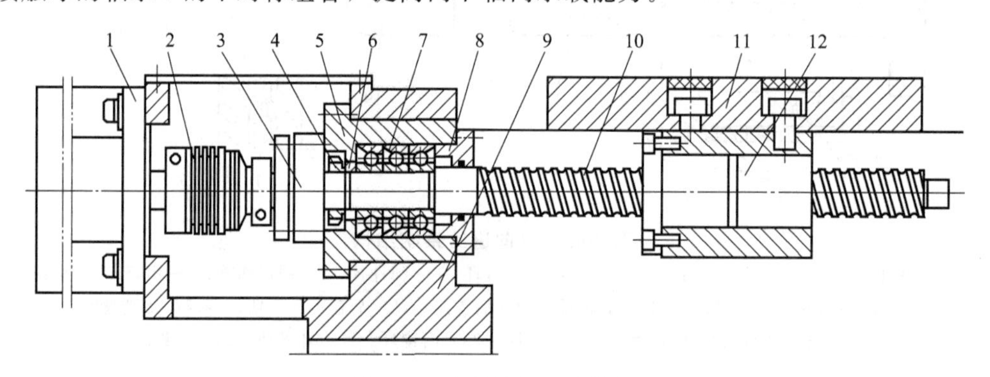

图 7-47 横轴进给系统结构

1—伺服电动机；2—联轴器；3—制动器；4—锁紧螺母；5—轴承座；6—隔套；7—轴承；8—端盖；9—支承座；10—丝杠；11—拖板；12—螺母

3）通用型数控铣床的进给传动系统结构

通用型数控铣床的适用范围广，机床既可用于精加工，也能够用于半精加工，甚至粗加工，它要求进给系统具有足够高的刚性，其快进速度通常在 24m/min 以下，故标准设计的产品一般采用贴塑滑动导轨。

贴塑滑动导轨的加工精度要求高、工艺复杂，机床生产厂家需要配备高精度导轨磨床等大型、精密加工设备，其制造难度大、生产周期长，因此，目前也有较多的机床生产厂家开始采用直线导轨。

采用贴塑滑动导轨的机床和采用直线导轨的机床，只是导向部件的不同，进给系统及其他结构并无太大的区别。以采用贴塑滑动导轨的标准设计产品为例，其 X、Y、Z 轴进给系统的典型结构分别如下。

① X 轴进给传动系统　工作台移动式数控镗铣床的 X 轴进给系统典型结构如图 7-48 所示。

X 轴进给系统用来驱动工作台运动，进给系统的驱动电动机 1、滚珠丝杠 7 及其支承部件均安装在拖板 12 上。为了简化传动系统结构、减少传动部件、提高定位精度，进给驱动电动机 1 和滚珠丝杠 7 一般采用联轴器 3 直接连接。

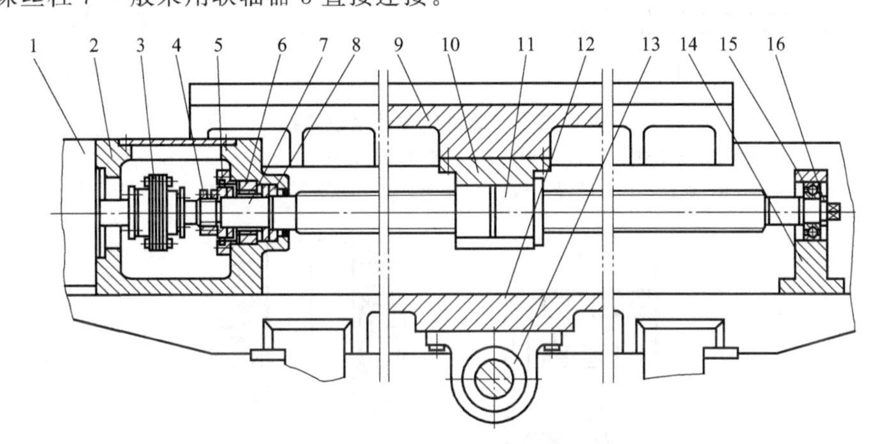

图 7-48　X 轴进给系统结构

1—X 轴电动机；2—电动机座；3—联轴器；4,16—锁紧螺母；5—端盖；6,15—轴承；7—丝杠；8—隔套；9—工作台；10—螺母座；11—丝杠螺母；12—拖板；13—Y 轴螺母座；14—辅助支承座

工作台移动式数控镗铣床的 X 轴行程通常较短，滚珠丝杠多采用一端固定、一端游动的支承方式，丝杠固定端的支承轴承 6 安装在电动机座 2 上；游动端的支承轴承 15 安装在辅助支承座 14 上；丝杠螺母 11 通过螺母座 10 连接工作台。

为了提高进给系统的刚性，在标准设计的数控镗铣床上，丝杠的固定端一般采用滚针/圆柱组合轴承 6 支承，轴承 6 可通过调节锁紧螺母 4 预紧。但采用直线导轨的机床也常采用双向推力组合角接触球轴承进行支承。游动端支承主要用来防止丝杠高速旋转时的弯曲变形，仅起径向支承作用；辅助支承轴承 15 通常为深沟球轴承，并可轴向游动。

② Y 轴进给系统　工作台移动式数控镗铣床的 Y 轴进给系统典型结构如图 7-49 所示。

Y 轴进给系统用来驱动拖板运动，进给系统的驱动电动机 1、滚珠丝杠 9 及其支承部件均安装在床身上；丝杠螺母 10 通过螺母座 8 与拖板 7 连接。

Y 轴进给系统的结构与 X 轴进给系统基本相同。进给驱动电动机 1 和滚珠丝杠 9 同样通过联轴器 3 直接连接，丝杠固定端采用滚针/圆柱组合轴承 14 支承，游动端通过深沟球轴承 11 径向辅助支承。Y 轴的行程比 X 轴更短，因此，Y 轴进给丝杠也经常采用一端固定、一端自由的支承方式，而无辅助支承轴承 11、支承座 12 等部件。此外，在采用直线导轨的机床上，丝杠固定端支承也常采用双向推力组合角接触球轴承。

③ Z 轴进给系统　Z 轴进给系统用来驱动主轴箱的垂直升降运动，其典型结构如图 7-50 所示。

Z 轴进给系统的滚珠丝杠 5 及其支承部件均安装在立柱 3 上，丝杠固定端支承轴承 7 的安

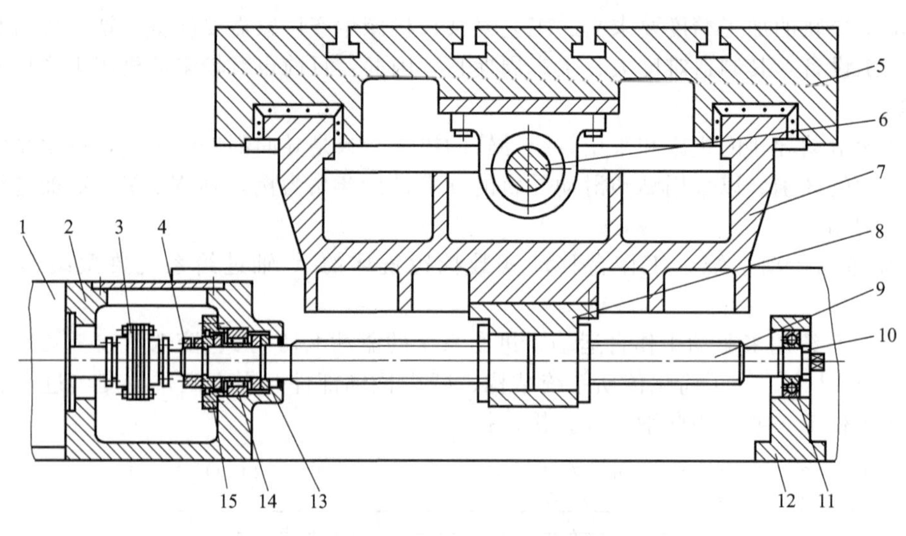

图 7-49　*Y* 轴进给传动系统结构

1—*Y* 轴电动机；2—电动机座；3—联轴器；4—锁紧螺母；5—工作台；6—*X* 轴丝杠；7—拖板；8—螺母座；9—丝杠；10—螺母；11,14—轴承；12—辅助支承座；13—隔套；15—端盖

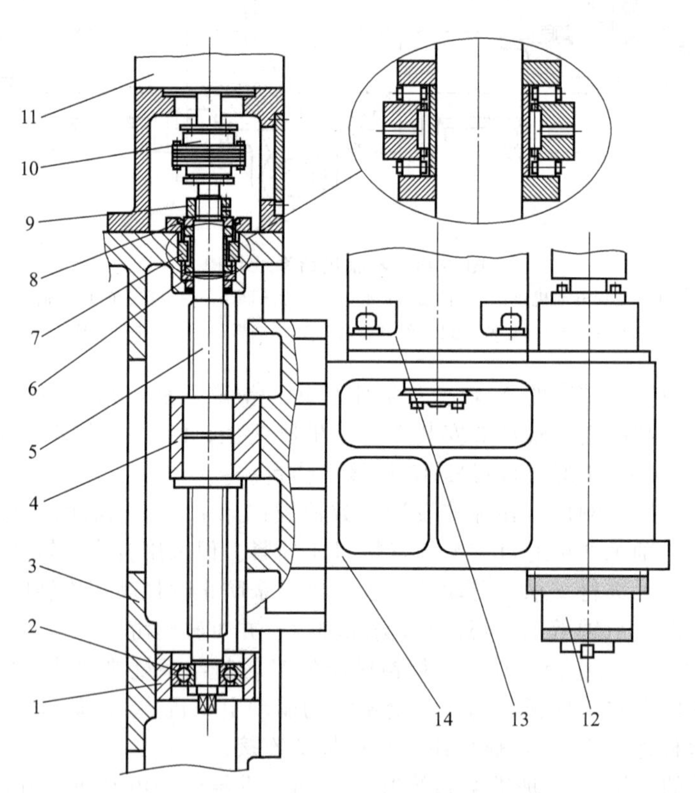

图 7-50　*Z* 轴进给系统结构

1—辅助支承座；2,7—轴承；3—立柱；4—螺母座；5—丝杠；6—隔套；8—端盖；9—锁紧螺母；10—联轴器；11—*Z* 轴电动机；12—主轴；13—主电动机；14—主轴箱

装孔直接加工在立柱 3 上；驱动电动机 11 利用电动机座与立柱 3 连接；丝杠螺母通过螺母座 4 与主轴箱 14 连接。

Z 轴不但需要承受切削加工产生的轴向力，而且还受到主轴箱重力的作用，它对进给系统的刚性有较高要求，其快进速度可略低于 *X*、*Y* 轴。因此，虽然行程较短，但进给丝杠也需要

采用一端固定、一端游动的G-Y支承方式，且多使用高刚性的滚针/圆柱组合轴承7进行支承；如采用双向推力组合角接触球轴承支承，则宜采用3只角接触球轴承的不对称组合，以增强向下的轴向承载能力。

驱动电动机11和滚珠丝杠5多采用联轴器直接连接式结构。由于主轴箱存在重力作用，因此，Z轴驱动电动机11必须采用带内置制动器的伺服电动机，或者直接在丝杠上安装外置制动器。如果主轴箱的质量较大，还需要安装重力平衡块或液压平衡油缸，以平衡重力。

(3) 进给传动系统装配与调整要点

由于不同数控机床的结构及精度、速度等技术指标的不同，因此，其装配调整方法及部件装配精度的要求也有所不同。下面以普及型数控车床及通用型数控铣床为例分别介绍其进给系统的装配与调整要点。

1）普及型数控车床进给系统的装配与调整

普及型数控车床进给系统的装配与调整，通常分滚珠丝杠支座安装调整、传动系统总装两步进行，其一般方法如下。

① 支承座安装与调整　对于图7-43所示的数控车床，其纵向进给（Z轴）滚珠丝杠，采用的是前端固定、后端游动的支承方式，以床身前部左侧的箱体4为主支承、右侧的支座13辅助支承；如图7-44所示的横向进给（X轴）滚珠丝杠，采用了一端固定、一端自由的支承方式，以纵拖板后侧的箱体4为支承。

由于纵、横向进给驱动电动机和滚珠丝杠间均采用了同步皮带连接，电动机与丝杠间只需要控制箱体、电动机安装板的轴孔、结合面加工精度，便可保证滚珠丝杠和电动机轴的平行度要求，两者的间距（同步皮带松紧）可通过电动机安装板的位置移动调节，其装配要求较低；因此，进给系统的支承安装与调整，主要是Z、X轴支承箱体及Z轴辅助支座的安装。

普及型数控车床Z、X轴支承箱体的装配调整的一般方法如下。

a. 清理床身、拖板、支承箱体、Z轴辅助支座的安装结合面，去除油污、锈斑、毛刺等异物；并用压缩空气吹净，保证安装面、安装孔内无残留的铁屑和残渣。

b. 将Z、X轴支承箱体及Z轴辅助支座初步安装到床身、拖板上。

c. 如图7-51所示，分别在Z、X轴支承箱体和Z轴辅助支座的内孔上安装检测芯棒，芯棒应与定位孔配合良好、松紧恰当；Z轴支承箱体和Z轴辅助支座的芯棒直径应相同。

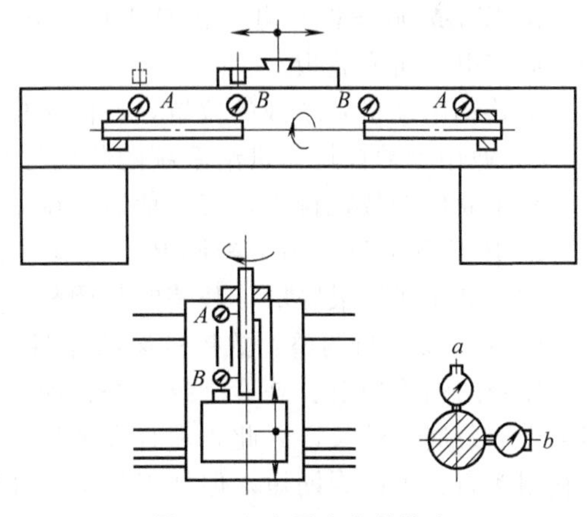

图7-51　支承座安装检查

d. 将千分表（或百分表）安装到纵、横拖板上，缓慢旋转芯棒，分别检查芯棒在靠近支承端A处、距离A处300mm的B处的径向跳动。

e. 根据机床要求的不同，芯棒A处的径向跳动应在0.005～0.015mm；B处的径向跳动应在0.02～0.03mm；超差时，应调整Z、X轴支承箱体、Z轴辅助支座的安装位置，使径向跳动符合要求。

f. 拖动纵、横拖板，分别测量检查上母线a、侧母线b的平行度。

g. 根据机床要求的不同，300mm长度上的上母线、侧母线平行度通常应在0.02～0.03mm；超差时，应调整Z、X轴支承箱体、Z轴辅助支座的安装位置，使母线平行度符合要求、箱体内孔轴线和导轨面平衡。

h. 在Z轴支承箱体、辅助支座的两同直径芯棒间移动拖板，检查Z轴支承箱体芯棒和辅助支座芯棒间的上母线等高度和侧母线等距度；误差应不超过0.01mm。超差时，应进行辅助

支座的安装位置调整、安装面铲刮等处理。

i. 紧固 Z、X 轴支承箱体、Z 轴辅助支座的连接螺钉；并配作定位销孔，安装支承箱体、辅助支承座定位销。

② 总装　由于滚珠丝杠和电动机轴的平行度通过箱体、电动机安装板的轴孔、结合面加工精度保证，同步皮带松紧可通过电动机安装板的位置移动调节。因此，进给传动系统的总装，主要是滚珠丝杠的装配，其一般方法如下。

a. 清理 Z、X 轴螺母座及拖板的安装结合面，去除油污、锈斑、毛刺等异物；并用压缩空气吹净，保证安装面、安装孔内无残留的铁屑和残渣；然后，安装螺母座连接螺钉，将 Z、X 轴螺母座初步固定到各自的拖板上。

b. 在 Z、X 轴螺母座上，分别安装端面定位的螺母座检测芯棒，并用连接螺钉将芯棒固定在螺母座的螺母安装端面上。然后，将千分表（或百分表）分别固定到纵、横拖板上，拖动拖板，检查 Z、X 轴螺母座检测芯棒的上母线、侧母线平行度；保证 300mm 长度上的上母线、侧母线平行度均在 0.02～0.03mm 以内；超差时，应进行螺母座的安装位置调整、安装面铲刮等处理。

c. 分别在 Z、X 轴支承箱体的内孔中安装检测芯棒；将测量表固定到检测芯棒上，测头与螺母座检测芯棒外圆接触；缓慢转动支承箱体上的检测芯棒，检查两根芯棒的同轴度误差，误差应不超过 0.01mm；超差时，应进行螺母座的安装位置调整、安装面铲刮等处理。

d. 紧固 Z、X 轴螺母座的连接螺钉；并配作定位销孔、安装螺母座定位销。

e. 将丝杠插入螺母座和箱体内孔中，并按进给系统结构图，安装支承轴承、隔套、锁紧螺母、端盖等件，固定丝杠；安装完成后，检查丝杠是否转动灵活、负载均匀。

f. 将千分表（或百分表）安装到纵、横拖板上，拖动拖板分别检查 Z、X 轴丝杠的跳动以及上母线、侧母线的平行度；并根据机床要求的不同，调整锁紧螺母、端盖等，保证丝杠的径向跳动、母线平行度不超过 0.03～0.05mm。

g. 旋转丝杠螺母、移动拖板，使螺母座与丝杠螺母端面完全啮合后，安装螺母连接螺钉，紧固螺母和螺母座。

h. 安装紧固丝杠和电动机轴上的同步皮带轮、电动机和电动机安装板，安装同步皮带，初步固定电动机安装板。

i. 移动电动机安装板的位置，使同步皮带涨紧恰当后完全固定电动机安装板。

2）通用型数控铣床进给系统的装配与调整

对于通用型数控铣床，其一般装配调整方法与精度要求如下。

① 床身及 Y 轴导轨装配调整　工作台移动数控镗铣床的 Y 轴导轨安装（或加工）在床身上，它们处于机床最底层，其装配与调整需要首先进行。

a. 床身安装与调整：数控铣床的床身有铸铁床身、焊接床身两类。铸铁床身通过铸造成形，床身的结构稳定、外形一致性好、加工方便，但需要制造木模，并对铸件进行时效处理，其生产准备周期较长，因此，适合大批量生产的产品。焊接床身直接通过钢板焊接成形，材料的利用率高、生产周期短，但加工复杂、外形一致性较差，故适合单台或小批量机床生产。

通用型数控铣床通常批量生产，主要使用铸铁床身。铸造成形的床身经时效处理进入装配现场后，可按以下步骤进行装配和调整。

• 外观检查，确认床身无铸造及加工缺陷，铸件的全部表面加工均已完成。

• 清理铸造残渣、修理毛刺，并用压缩空气吹净，保证安装面、安装孔内无残留的铁屑和残渣。

• 检查地脚螺钉安装孔、安装面，去除毛刺，安装地脚螺钉或调整垫。

• 如图 7-52 所示，在床身中间部位的直线导轨安装面或滑动导轨面上，沿导轨方向放置水平仪 1。

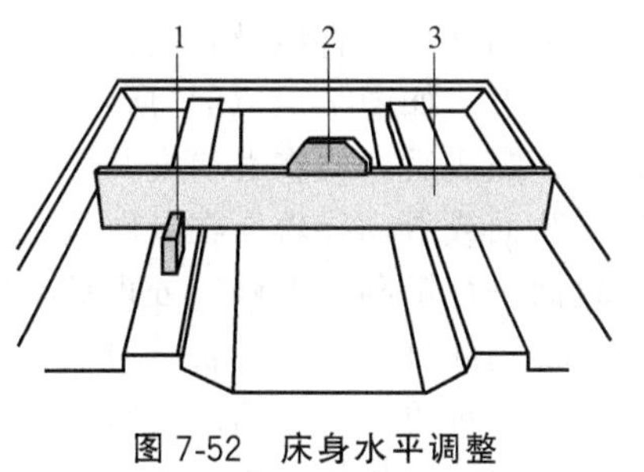

图 7-52　床身水平调整

1,2—水平仪；3—平尺

· 在床身中部的直线导轨安装面或滑动导轨面上，用等高块搁置垂直于导轨方向的大理石平尺 3，并在平尺的中间位置，放置水平仪 2。

· 调节地脚螺钉或调整垫，使床身水平在 0.03/1000 以内。

· 保持水平仪 1 的方向不变，沿导轨方向移动水平仪，检查导轨安装面或滑动导轨面的直线度，确认全长误差不超过 0.01mm，任意 300mm 长度上的误差不超过 0.005mm。用同样方法，检查另一导轨安装面或滑动导轨面的直线度，要求相同。

· 保持大理石平尺 3、水平仪 2 的相对位置和方向不变，移动等高块到导轨安装面或滑动导轨面的不同位置，检查导轨扭曲度，确认全长误差不超过 0.02mm，任意 500mm 长度上的误差不超过 0.01mm。如直线导轨安装面或滑动导轨面的直线度、扭曲度误差超过允差，应进行导轨安装面或滑动导轨面的铲刮、返修等处理。

b. *Y* 轴导轨装配与调整：使用滑动导轨的机床，导轨直接加工在床身上，只需要进行导轨的检查；使用直线导轨时，导轨的装配与调整方法如下。

· 首先将直线导轨贴紧安装的侧基准面，然后，轻微固定导轨的顶面螺栓，使导轨的底面和支承面贴紧；再调节侧向定位螺钉、斜楔块、压板或定位销，进行导轨的侧向定位，使导轨的导向面贴紧侧向基准面；按表 7-1 所示的参考值，从导轨中间位置开始，按交叉的顺序向两端用力矩扳手拧紧导轨的顶面安装螺钉，完成直线导轨的安装。

表 7-1　推荐的拧紧力矩

安装螺钉规格	M3	M4	M5	M6	M8	M10	M12	M14
拧紧力矩/N·m	1.6	3.8	7.8	11.7	28	60	100	150

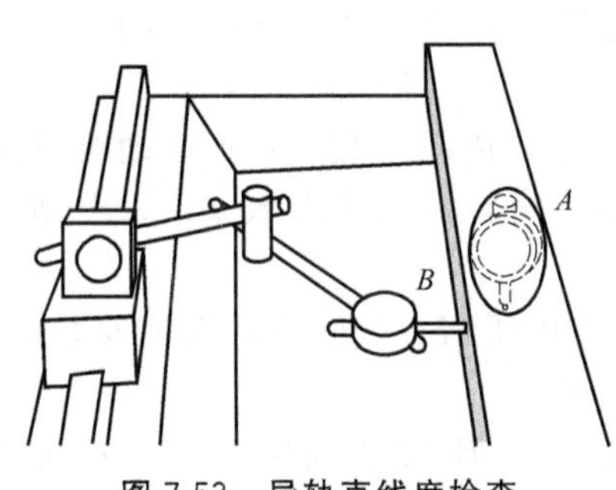

图 7-53　导轨直线度检查

· 如图 7-53 所示，用等高块将大理石平尺沿导轨平行方向搁置在床身上，并使平尺水平。

· 使用直线导轨时，将千分表固定在直线导轨的滑块上，移动滑块，检查图 7-53 中 *A* 方向的直线度；对于滑动导轨，可直接将表座搁置在导轨面上，移动表座检查。

· 确认导轨在 *A* 方向的全程直线度误差不超过 0.012mm，任意 300mm 长度上的误差不超过 0.006mm。超差时，应对直线导轨安装面或滑动导轨面进行铲刮、返修等处理后，重新安装导轨和测量检查。

· 将测量表调整到 *B* 方向，滑动导轨以导轨侧面定位表座；移动直线导轨滑块或表座（滑动导轨），调整大理石平尺的左右位置，使测量表在导轨两侧端点的 *B* 向误差为 0，使平尺与导轨侧面平行。

· 移动滑块或表座（滑动导轨），确认导轨在 *B* 方向的全程直线度误差不超过 0.012mm，任意 300mm 长度上的误差不超过 0.006mm。超差时，应对直线导轨安装侧面或滑动导轨侧面进行铲刮、返修等处理后，重新安装导轨和测量检查。

· 保持大理石平尺的位置不变，用同样的方法，对另一侧的导轨分别进行 *A*、*B* 两方向检查，确认全程直线度误差不超过 0.012mm，任意 300mm 长度上的误差不超过 0.006mm。超差时，同样需要对直线导轨安装面或滑动导轨面进行铲刮、返修等处理后，重新安装导轨和测量检查。

·用红丹对直线导轨的滑块安装面或滑动导轨面上色，直线导轨的滑块应移动到实际安装位置附近。如图 7-54（a）所示，用方筒分别对平行位置的两对滑块接触面或滑动导轨面进行研磨；完成后，检查滑块安装面或滑动导轨面被去色的面积，如去色面积大于 80%，表明滑块安装面或滑动导轨面在导轨垂直方向的平行度符合要求；否则，应对直线导轨安装面或滑动导轨面进行铲刮、返修等处理后，重新安装导轨和测量检查。

·用红丹对直线导轨的滑块安装面或滑动导轨面重新上色，并按图 7-54（b）所示，用方筒分别对对角线位置的两对滑块接触面或滑动导轨面进行研磨；完成后，检查滑块安装面或滑动导轨面被去色的面积，如去色面积大于 80%，表明滑块安装面或滑动导轨面在对角线方向的平行度符合要求；否则，应对直线导轨安装面或滑动导轨面进行铲刮、返修等处理后，重新安装导轨和测量检查。

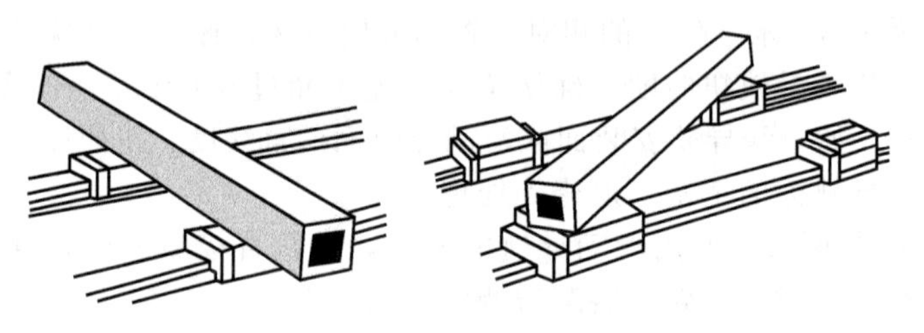

(a) 垂直方向　　(b) 对角线方向

图 7-54　导轨平行度检查

② Y 轴传动部件及拖板装配调整　Y 轴电动机、滚珠丝杠及支承部件均安装在床身上，运动部件为拖板，其装配调整一般在床身及 Y 轴导轨装配完成后进行。Y 轴滚珠丝杠的螺母座位于拖板背面（下方），固定螺母座的连接螺钉、定位销可位于拖板背面（下方）或拖板上方。螺母座背面固定的机床，需要先完成拖板上的螺母座安装，然后，以螺母座为基准，来安装 Y 轴滚珠丝杠及支承部件，其装配调整方法可参见后述的 X 轴传动部件装配；螺母座上方固定的机床，螺母座装配可在拖板装配调整完成后进行，其 Y 轴传动部件装配调整的一般方法如下。

a. Y 轴支承座装配与调整：电动机和丝杠是直接连接的进给传动系统，Y 轴电动机及滚珠丝杠的固定支承部件一般安装在电动机座上，辅助支承轴承安装在辅助支承座上，电动机座、辅助支承座均安装在床身上，其装配调整步骤如下。

·清理电动机座、辅助支承座的铸造残渣，修理毛刺，并用压缩空气吹净，保证安装面、安装孔内无残留的铁屑和残渣。

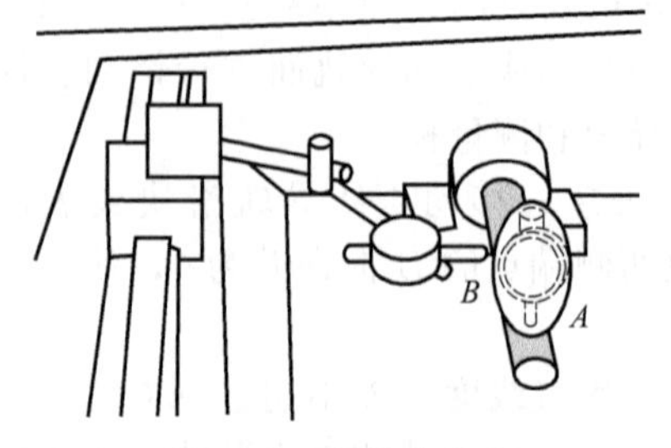

图 7-55　支承座检查

·将电动机座、辅助支承座安装到床身上，并初步固定。

·在电动机座、辅助支承座的定位内孔上各安装 1 根直径相同的检测芯棒，芯棒应与定位孔配合良好、松紧恰当。

·按照图 7-55 所示，安装千分表，测头接触侧母线（位置 B）；对于直线导轨，表座可直接固定在滑块上；对于滑动导轨，则应同时用顶面、侧面定位表座。

·移动滑块或表座（滑动导轨）、缓慢旋转芯棒，分别检查芯棒在靠近支承端处的径向跳动应小于 0.007mm、距离支承端 300mm 处的径向跳动应小于 0.015mm。超差时，应在进行支承座位置调整、安装面铲刮等处理后，重新安装电动机座、辅助支承座和测量检查。

·移动滑块或表座（滑动导轨），分别检查主、辅支承座芯棒侧母线（位置 B），上母线

（位置 A）的平行度；确认 150mm 长度上的误差不超过 0.01mm。超差时，应对支承座进行位置调整、安装面铲刮等处理后，重新安装电动机座、辅助支承座和测量检查。

·在电动机座、辅助支承座芯棒间移动滑块或表座（滑动导轨），检查 2 根芯棒的侧母线（位置 B）等距度和上母线（位置 A）等高度；保证误差不超过 0.01mm。误差超过时，应对辅助支承座的调整垫进行修磨、铲刮等处理后，重新安装电动机座、辅助支承座和测量检查。

·紧固电动机座、辅助支承座的连接螺钉，钻、铰定位销孔，安装定位销。

b. 拖板装配与调整：拖板是 Y 轴运动部件，它安装在 Y 轴导轨上，并通过螺母座与 Y 轴滚珠丝杠连接，拖板的装配与调整步骤如下。

·外观检查，确认拖板无铸造及加工缺陷，铸件的全部表面加工均已完成；铸造残渣、毛刺已清理和修整；安装面、安装孔内无残留的铁屑和残渣；拖板背面的润滑管路、接头等附件均已安装、检查完成。

·用压缩空气、抹布、卫生纸等清洁拖板的导轨滑块安装面或滑动导轨结合面。

·在床身上安放 4 只千斤顶，千斤顶应尽可能位于拖板的四角，千斤顶的顶面应高于床身上 Y 轴导轨滑块安装面或滑动导轨面。

·用起吊设备将拖板搁置到千斤顶上，调整拖板、Y 轴导轨滑块的位置，保证 Y 轴导轨滑块或滑动导轨面能够与拖板准确配合。

·在 Y 轴直线导轨滑块上放置调整块，调节千斤顶，将拖板缓慢放置到 Y 轴导轨滑块上，然后，以滑块的侧向定位面为基准固定滑块；滑动导轨可直接放置工作台，并通过压板、镶条固定。

·用等高块、大理石平尺、水平仪按照与床身 Y 轴导轨安装面检查同样的方法，检查拖板上的 X 轴导轨安装面或滑动导轨面的直线度、扭曲度。确认导轨安装面或滑动导轨面的全长直线度误差不超过 0.02mm、任意 300mm 长度上的误差不超过 0.005mm；全长扭曲度误差不超过 0.03mm、任意 500mm 长度上的误差不超过 0.01mm。超差时，应对滑块调整垫、拖板进行修磨、铲刮、返修等处理后，重新安装和测量检查。

c. Y 轴丝杠装配与调整。

·将 Y 轴螺母座初步固定到拖板上，并在螺母座上安装端面定位的螺母座检测芯棒、用连接螺钉固定芯棒。

·将千分表（或百分表）固定到床身上，拖动拖板，检查螺母座检测芯棒的上母线、侧母线平行度，保证 150mm 长度上的上母线、侧母线平行度不超过 0.01mm。超差时，应对螺母座进行安装位置调整、安装面铲刮等处理后，重新安装和测量检查。

·在电动机座上安装检测芯棒，并将测量表固定在电动机座检测芯棒上，测头与螺母座检测芯棒外圆接触，缓慢转动电动机座的检测芯棒，检查两根芯棒的同轴度，误差超过 0.01mm 时，应对螺母座进行安装位置调整、安装面铲刮等处理后，重新安装和测量检查。

·紧固螺母座的连接螺钉，并配作定位销孔、安装定位销。

·将滚珠丝杠插入螺母座内孔，并按进给传动系统结构要求，安装轴承、隔套、锁紧螺母等件后，将 Y 轴丝杠安装到电动机座和辅助支承座上。安装完成后，检查丝杠是否转动灵活、负载均匀。

·将千分表安装到拖板上，拖动拖板、旋转丝杠，复查滚珠丝杠的径向跳动以及上母线、侧母线的平行度，保证丝杠的径向跳动、母线平行度不超过 0.03mm。

·旋转丝杠螺母，使之与螺母座端面完全啮合后，安装螺母连接螺钉、紧固螺母和螺母座。

·利用套筒扳手等工具，手动旋转丝杠，检查丝杠是否转动灵活、负载均匀、拖板运动平稳；并调整锁紧螺母、预紧丝杠，使得丝杠轴向窜动小于 0.01mm。

③ X 轴传动部件及工作台装配调整　立式工作台移动数控镗铣床的 X 轴进给传动部件主要安装在拖板上，运动部件为工作台，其装配调整通常在 Y 轴装配完成后进行。X 轴传动部件装配前，应在 Y 轴导轨、丝杠、支承座等部件上覆盖保护装置，工作时不得踩踏、碰撞 Y 轴导轨、丝杠等传动部件。

X 轴传动部件及工作台装配调整的一般方法如下。

a. X 轴导轨装配与调整：X 轴滑动导轨直接加工在拖板上，只需要进行导轨的检查。使用直线导轨的机床导轨装配与调整方法如下。

· 用等高块、大理石平尺、千分表复查拖板两侧直线导轨安装面或滑动导轨面的直线度、扭曲度，确认误差不超过允差；否则需要再次对拖板进行铲刮。

· 按照 Y 轴直线导轨同样的装配方法与步骤，完成 X 轴直线导轨的安装。

· 用等高块、大理石平尺、千分表，按照与 Y 轴导轨检查同样的方法，分别检查 X 轴两侧导轨的上表面、侧面的直线度。确认导轨上表面和侧面的全程直线度误差不超过 0.02mm、任意 300mm 长度上的误差不超过 0.006mm。超差时，应对直线导轨安装面、侧定位面或滑动导轨面、侧面进行铲刮、返修等处理后，重新安装和测量检查。

· 用红丹对直线导轨的滑块安装面或滑动导轨面上色，按照与 Y 轴导轨检查同样的方法，通过方筒研磨检查导轨垂直方向、对角线方向的平行度。如滑块安装面（或滑动导轨面）的去色面积小于 80%，应对直线导轨安装面或滑动导轨面进行铲刮、返修等处理后，重新安装和测量检查。

b. 工作台预装与调整：工作台是 X 轴的运动部件，带动工作台运动的 X 轴螺母座安装在工作台的背面（底面），它需要以工作台背面的直线导轨滑块或滑动导轨的侧向定位面为基准，进行事先装配。因此，X 轴螺母座装配前，需要通过工作台预装，保证工作台的直线导轨滑块或滑动导轨的侧向定位面装配正确。工作台预装与调整步骤如下。

· 外观检查，确认工作台无铸造及加工缺陷，铸件的全部表面加工均已完成；铸造残渣、毛刺等已清理修整；安装面、安装孔内无残留的铁屑和残渣；工作台背面的润滑管路、接头等附件均已安装、检查完成。

· 在拖板上安放 4 只千斤顶，千斤顶应尽可能位于拖板的四角，千斤顶的顶面应高于床身上 X 轴导轨滑块安装面（或滑动导轨面）。

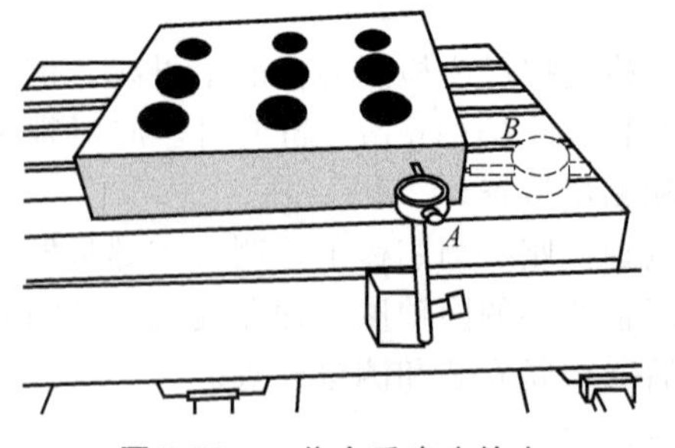

图 7-56　工作台垂直度检查

· 用起吊设备将工作台搁置到千斤顶上，调整工作台、X 轴导轨滑块位置，保证 X 轴导轨滑块（或滑动导轨面）能够与工作台准确啮合。

· 调节千斤顶，将工作台缓慢放置到 X 轴导轨滑块上，以滑块的侧向定位面为基准固定滑块。滑动导轨可直接放置工作台，并用压板、镶条定位工作台。

· 按照图 7-56 所示，在工作台上放置大理石方尺（或角尺），并将表座固定在床身上，测量表与方尺的侧边（位置 B）接触；然后，沿 Y 方向移动拖板，调整方尺，使侧边（位置 B）与 Y 轴平行。

· 将测量表座固定到拖板上，然后，沿 X 轴拖动工作台，检查 X 轴运动轴线与 Y 轴的垂直度，确认 500mm 长度上的垂直度误差不超过 0.015mm。超差时，应对直线导轨滑块或滑动导轨的侧向定位面进行修磨、铲刮等处理后，重新安装和测量检查。

· 将测量表座固定在拖板上；测头与工作台 T 形槽的侧面接触，检查 T 形槽与 X 轴的平行度，确认 500mm 长度上的平行度误差不超过 0.015mm。超差时，应对 T 形槽进行修磨、铲刮等处理后，重新测量检查。

· 松开直线导轨滑块或滑动导轨压板、镶条，用千斤顶顶起工作台后，再用起吊设备移出

工作台，进行下一步的 X 轴螺母座装配。

c. X 轴螺母座装配与调整：X 轴螺母座的安装调整部位均位于工作台的背面，螺母座安装需要在工作台正式装配前完成。X 轴螺母座装配调整的一般方法如下。

• 确认工作台已完成预装，直线导轨滑块或滑动导轨的侧向定位面已和 Y 轴垂直。

• 清理螺母座的铸造残渣，修理毛刺，并用压缩空气吹净，保证安装面、安装孔内无残留的铁屑和残渣。

• 将工作台翻转后，搁置到合适的平台上，并保证台面不受损伤。

• 将螺母座初步固定到工作台上，并在螺母座上安装端面定位的螺母座检测芯棒，用连接螺钉将芯棒固定在螺母座的螺母安装端面上。

• 以直线导轨滑块或滑动导轨的侧向定位面为基准，安放检测方筒，并保证方筒与基准面紧贴。

• 将千分表安装在检测方筒上，表座需要同时用方筒的顶面、侧面进行定位。移动表座，分别检查螺母座检测芯棒侧母线、上母线的平行度，确认 150mm 长度上的误差不超过 0.01mm。超差时，应对螺母座进行位置调整、安装面铲刮、返修等处理后，重新安装和测量检查。

• 紧固螺母座的连接螺钉，并配作定位销孔。

d. 工作台装配与调整：工作台装配与调整可按以下步骤进行。

• 在 X 轴导轨滑块安装面上安放调整垫，用起吊设备、千斤顶再次将安装好螺母座的工作台，搁置到 X 轴导轨滑块（或导轨）上，并以滑块的侧向定位面为基准固定滑块；滑动导轨可直接放置工作台，并通过压板、镶条定位。

• 复查 T 形槽与 X 轴的平行度，确认 500mm 长度上的平行度误差不超过 0.015mm。

• 将测量表固定在床身上，测头与台面接触，沿 X、Y 方向移动工作台和拖板，检查台面 X、Y 向平行度。台面中间允许凹、不许凸，否则，应进行台面铲刮、返修等处理。

• 分别在台面的 X、Y 方向放置大理石平尺，将测量表固定在床身上，测头与平尺上表面接触，沿 X、Y 方向移动工作台和拖板，检查台面 X、Y 向平行度，确认平行度误差不超过 0.01mm。超差时，应对直线导轨滑块上的调整垫进行修磨、台面铲刮、返修等处理后，重新安装和测量检查。

• 紧固导轨滑块连接螺钉，固定导轨滑块和工作台。

e. X 轴支承座装配与调整：支承 X 轴滚珠丝杠的电动机座、辅助支承座安装在拖板上，由于 X 轴螺母座已事先安装完成，因此，它们一般需要以螺母座为基准进行装配调整，其方法如下。

• 清理电动机座、辅助支承座的铸造残渣，修理毛刺，并用压缩空气吹净，保证安装面、安装孔内无残留的铁屑和残渣。

• 将电动机座安装到拖板上，并初步固定；在电动机座定位内孔上安装检测芯棒，芯棒应与定位孔配合良好、松紧恰当。

• 用与 Y 轴支承座装配、调整同样的方法，检查电动机座芯棒径向跳动。确认在靠近支承端处的径向跳动小于 0.007mm、距离支承端 300mm 处的径向跳动小于 0.015mm。超差时，应进行电动机座位置调整、安装面铲刮等处理。

• 用与 Y 轴支承座装配、调整同样的方法，检查电动机座芯棒侧母线、上母线的平行度，确认 150mm 长度上的误差不超过 0.01mm。超差时，应进行电动机座位置调整、支承座安装面铲刮、返修等处理。

• 在螺母座上安装端面定位的螺母座检测芯棒，并用连接螺钉将芯棒固定在螺母座的螺母安装端面上；然后，将测量表固定在电动机座检测芯棒上，测头与螺母座检测芯棒外圆接触，

缓慢转动电动机座的检测芯棒，检查两根芯棒的同轴度，误差应不超过 0.01mm。超差时，应进行支承座位置调整、支承座安装面铲刮、返修等处理。

· 紧固电动机座的连接螺钉；并配作定位销孔、安装定位销。

· 用与电动机座装配调整同样的方法，安装辅助支承座；检查辅助支承座芯棒侧母线、上母线的平行度以及辅助支承座芯棒与螺母座检测芯棒间的同轴度；确认 150mm 长度上的母线平行度误差不超过 0.01mm、芯棒间的同轴度误差不超过 0.01mm。超差时，应进行辅助支承座调整、调整垫修磨、安装面铲刮等处理。

· 用与 Y 轴支承座装配、调整同样的方法，检查电动机座芯棒与辅助支承座芯棒间的侧母线等距度和上母线等高度，保证误差不超过 0.01mm。超差时，应进行辅助支承座调整、调整垫修磨、安装面铲刮等处理。

· 紧固辅助支承座的连接螺钉，并配作定位销孔、安装定位销。

f. X 轴丝杠装配与调整：X 轴丝杠装配与调整可按以下步骤进行。

· 将滚珠丝杠插入螺母座内孔，并按进给系统结构要求安装轴承、隔套、锁紧螺母等件后，将 X 轴丝杠安装到电动机座和辅助支承座上。安装完成后，检查丝杠是否转动灵活、负载均匀。

· 将千分表安装到工作台上，拖动工作台、旋转丝杠，复查滚珠丝杠的径向跳动以及上母线、侧母线的平行度。保证丝杠的径向跳动、母线平行度不超过 0.03mm。

· 旋转丝杠螺母，使之与螺母座端面完全啮合后，安装螺母连接螺钉、紧固螺母和螺母座。

· 利用套筒扳手等工具，手动旋转丝杠，检查丝杠是否转动灵活、负载均匀、工作台运动平稳，并调整锁紧螺母、预紧丝杠，使得丝杠轴向窜动小于 0.01mm。

④ 立柱及 Z 轴传动部件装配调整　立柱安装在床身上，它是机床垂直运动部件的支承。立式数控镗铣床的立柱用来安装 Z 轴进给传动部件，实现主轴箱的上下运动，其装配调整的一般方法如下。

a. Z 轴导轨装配与调整：为了简化结构、提高精度、增强刚性，Z 轴滚珠丝杠的固定支承座一般直接加工在立柱顶部，其位置无法改变，因此，它应作为直线导轨装配与调整的基准。Z 轴滑动导轨直接加工在拖板上，无需进行导轨的安装。Z 轴导轨装配调整的一般方法如下。

· 外观检查，确认立柱无铸造及加工缺陷，铸件的全部表面加工均已完成；清理铸造残渣、修理毛刺，并用压缩空气吹净，保证安装面、安装孔内无残留的铁屑和残渣。

· 将立柱导轨安装面朝上搁置到调整垫上；并按照与床身水平调整同样的方法，利用等高块、大理石平尺、水平仪，将立柱的水平调节在 0.02/1000 以内。

· 按与床身 Y 轴导轨安装面（导轨面）同样的检查方法，检查两侧导轨安装面或滑动导轨面，确认直线度全长误差不超过 0.01mm、任意 300mm 长度上的误差不超过 0.005mm；导轨扭曲度全长误差不超过 0.02mm、任意 500mm 长度上的误差不超过 0.01mm。超差时，应进行导轨安装面或滑动导轨面的铲刮、返修等处理。

· 按照 Y 轴直线导轨同样的装配方法与步骤，完成 Z 轴直线导轨的安装。

· 按照与 Y 轴导轨检查同样的方法，分别检查 Z 轴两侧导轨的上表面、侧面的直线度。确认导轨上表面和侧面的全程直线度误差不超过 0.02mm、任意 300mm 长度上的误差不超过 0.006mm。超差时，应对直线导轨安装面、侧定位面或滑动导轨面、侧面进行铲刮、返修等处理后，重新安装导轨和进行测量检查。

· 用红丹对直线导轨的滑块安装面或滑动导轨面上色，按照与 Y 轴导轨检查同样的方法，通过方筒研磨检查导轨垂直方向、对角线方向的平行度。如滑块安装面（或滑动导轨面）的去

色面积小于80%，应对直线导轨安装面或滑动导轨面进行铲刮、返修等处理后，重新安装导轨和进行测量检查。

· 在立柱的 Z 轴滚珠丝杠固定支承座内孔上安装检测芯棒，芯棒应与内孔配合良好、松紧恰当。

· 将测量表固定在滑块上，对于滑动导轨，则应同时用顶面、侧面定位表座；移动滑块或表座，检查芯棒侧母线、上母线的平行度，确认150mm长度上的误差不超过0.01mm。超差时，应对直线导轨安装面或滑动导轨面进行铲刮、返修等处理后，重新安装导轨和进行测量检查。

b. 立柱预装与调整：立柱预装与调整可按以下步骤进行。

· 检查床身、立柱的安装面，修理毛刺，并用压缩空气吹净，保证安装面、安装孔内无残留的铁屑和残渣。

· 按与床身 Y 轴导轨安装面（导轨面）同样的检查方法，检查立柱安装面，确认直线度全长误差不超过0.01mm、任意300mm长度上的误差不超过0.005mm；扭曲度全长误差不超过0.02mm、任意500mm长度上的误差不超过0.01mm。超差时，应对立柱安装面进行铲刮、返修等处理后，重新测量检查。

· 用红丹对床身上的立柱安装面上色，通过平板研磨检查安装面平行度。如安装面的去色面积小于80%或为中凸状，则应对安装面进行铲刮等处理后，重新测量检查。

· 用起吊设备将立柱放置到床身上，检查床身与立柱无错位、结合面局部（宽度不超过5mm、长度不超过1/5）间隙不超过0.03mm后，再利用连接螺钉初步固定立柱。

· 在工作台中间放置检测面与 X、Y 轴平行的大理石角尺，将测量表的表座吸在 Z 轴导轨滑块或导轨面（滑动导轨）上，测头接触角尺检测面；在表座贴紧导轨面的情况下，上下移动测量表，分别检查 Z 轴导轨 X、Y 方向的垂直度，确认500mm长度上的误差在0.02mm以内。超差时，应对立柱进行安装位置调整、安装面铲刮、返修等处理后，重新安装立柱和测量检查。

· 紧固立柱和床身的连接螺钉，并配作定位销孔、安装定位销。

· 预装完成后，再用起吊设备移出立柱，进入下一步的装配。

c. 主轴箱预装与调整：主轴箱是 Z 轴运动部件，它安装在 Z 轴导轨上，并通过螺母座与 Z 轴滚珠丝杠连接；装配到立柱的主轴箱应是部装已完成的总成。主轴箱与立柱的装配调整步骤如下。

· 将预装完成的立柱重新搁置到调整垫上，并调整水平。

· 利用起吊设备、千斤顶等，将主轴箱安装到直线导轨滑块上，并以滑块的侧向定位面为基准固定滑块。滑动导轨可直接放置工作台，并通过压板、镶条定位。

· 在主轴箱的主轴锥孔上安装检测芯棒，并用拉钉拉紧、固定芯棒。

· 将测量表固定在立柱上，拖动主轴箱，检查芯棒侧母线、上母线的平行度，确认150mm长度上的误差不超过0.01mm。超差时，应对主轴箱的直线导轨滑块安装面或滑动导轨结合面进行铲刮、返修等处理后，重新安装和测量检查。

· 用起吊设备、千斤顶等，将主轴箱从立柱上取下后，利用与 X 轴螺母座装配调整同样的方法，以直线导轨的滑块安装面或滑动导轨结合面为基准，完成 Z 轴螺母座的初步安装；并检查螺母座检测芯棒侧母线、上母线的平行度，确认150mm长度上的误差不超过0.01mm。

· 再次将主轴箱安装到立柱导轨上，并在螺母座上安装、固定端面定位的螺母座检测芯棒。

· 在立柱的 Z 轴滚珠丝杠固定支承座内孔上安装检测芯棒，将测量表固定在支承座检测芯棒上，测头与螺母座检测芯棒外圆接触，缓慢转动电动机座的检测芯棒，检查两根芯棒的同

轴度，误差应不超过0.01mm。超差时，应将主轴箱从立柱上取下，对螺母座安装位置、安装面、调整垫进行修磨、铲刮、返修等处理后，重新安装和测量螺母座。

·将主轴箱从立柱上取下，紧固螺母座的连接螺钉，并配作定位销孔、安装定位销，固定螺母座。

d. Z 轴丝杠装配与调整。

·将螺母座安装、调整完成的主轴箱，再次安装到立柱上。

·按照与 Y 轴辅助支承座安装同样的方法，完成 Z 轴辅助支承座安装；并检查固定支承座芯棒与辅助支承座芯棒间的侧母线等距度和上母线等高度，保证误差不超过0.01mm。超差时，应对辅助支承座进行位置调整、调整垫修磨、安装面铲刮等处理后，重新安装和测量检查。

·将滚珠丝杠插入主轴箱螺母座内孔，并按进给传动系统结构要求，安装轴承、隔套、锁紧螺母等件后，将 Z 轴丝杠安装到固定支承座和辅助支承座上。安装完成后，检查丝杠是否转动灵活、负载均匀。

·将千分表安装到主轴箱上，拖动主轴箱、旋转丝杠，复查滚珠丝杠的径向跳动以及上母线、侧母线的平行度。保证丝杠的径向跳动、母线平行度不超过0.03mm。

·旋转丝杠螺母，使之与螺母座端面完全啮合后，安装螺母连接螺钉、紧固螺母和螺母座。

·利用套筒扳手等工具，手动旋转丝杠，检查丝杠是否转动灵活、负载均匀、主轴箱运动平稳，并调整锁紧螺母、预紧丝杠，使得丝杠轴向窜动小于0.01mm。

e. 立柱装配。

·安装机床运输时的主轴箱运输保护装置，将主轴箱与立柱固定为一体。

·用起吊设备将立柱（连同主轴箱）重新安装到床身上，安装定位销、紧固连接螺钉，完成立柱装配。

·安装立柱上的重力平衡装置支架、导向轮（或链轮）以及主轴箱侧的吊环、钢丝绳（或链条）等件，保证两侧导向轮轴线平行、轴向位置一致。

·用起吊设备将重力平衡块放入立柱框内的合适位置，安装好平衡块侧的吊环、连接钢丝绳（或链条）后，再将平衡块缓缓放至钢丝绳（或链条）胀紧位置，调整吊环螺钉，使平衡块保持水平（目测）。

·取下主轴箱保护部件，利用套筒扳手等工具，手动旋转丝杠，检查丝杠是否转动灵活、负载均匀、主轴箱运动平稳，平衡块是否无碰撞、钢丝绳（或链条）运动顺畅。

⑤ 整机精度测试与验收　数控铣床的整机精度测试与验收的主要检测项目、检查内容、测量方法、允差要求分别如表7-2所示，由于不同机床的精度要求有所不同，其允差值也有所差异。

表7-2　数控铣床整机精度测试与验收内容

检查内容	测量方法	测量示意图	一般允差/mm
机床水平度	①完成机床水平调整后，将工作台移动至 X、Y 轴的中间位置 ②在工作台中间放置方尺，用水平仪分别检查 X、Y 向，方尺中心线左、右、前、后4处的水平度，最大读数值即为机床水平度		0.04/1000

续表

检查内容	测量方法	测量示意图	一般允差/mm
X 轴运动轴线直线度	水平方向直线度： ①大理石平尺沿 X 向放置在工作台中间 ②调整平尺，使平尺 X 向侧边两端的误差为 0、平尺与 X 轴平行 ③全程移动 X 轴，测量表读数的最大差值即为 X 轴水平方向的直线度	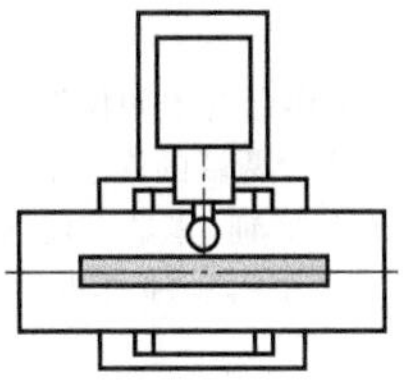	全长：0.025 任意 300：0.01
	垂直方向直线度： ①大理石平尺位置不变，测量表与平尺顶面接触 ②全程移动 X 轴，测量表读数的最大差值即为 X 轴垂直方向的直线度	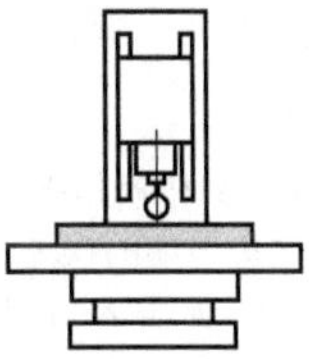	
Y 轴运动轴线直线度	水平方向直线度： ①大理石平尺沿 Y 向放置在工作台中间 ②调整平尺，使平尺 Y 向侧边两端的误差为 0、平尺与 Y 轴平行 ③全程移动 Y 轴，测量表读数的最大差值即为 Y 轴水平方向的直线度	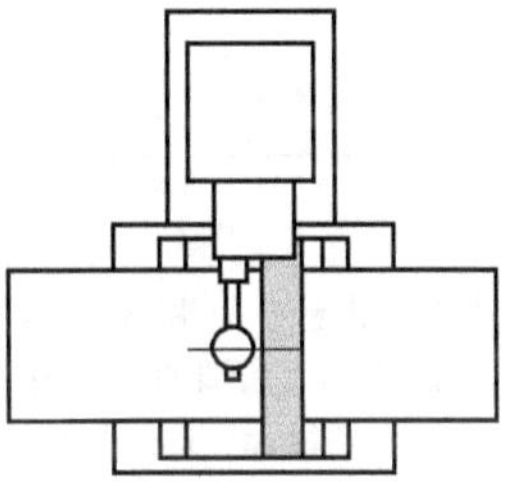	全长：0.015 任意 300：0.01
	垂直方向直线度： ①大理石平尺位置不变，测量表与平尺顶面接触 ②全程移动 Y 轴，测量表读数的最大差值即为 Y 轴垂直方向的直线度	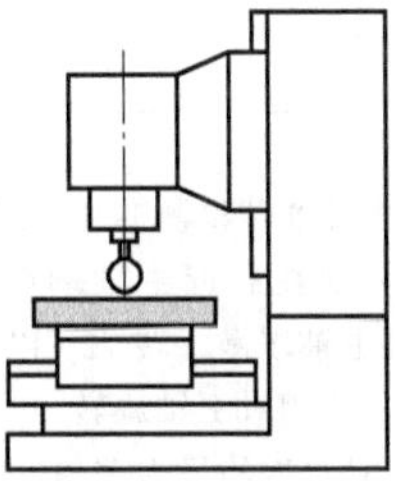	
Z 轴运动轴线直线度	X 方向直线度： ①大理石角尺沿 X 向放置在工作台中间，测量表与平尺垂直面接触 ②调整角尺，使 Z 向侧边上下两端的误差为 0、角尺侧边与 Z 轴平行 ③全程移动 Z 轴，测量表读数的最大差值即为 Z 轴在 X 向的直线度	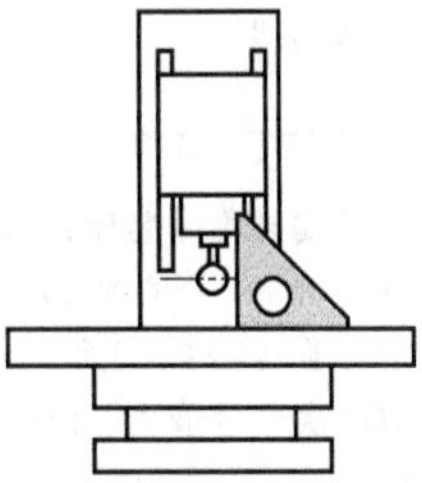	全长：0.025 任意 300：0.01
	Y 方向直线度： ①大理石角尺沿 Y 向放置在工作台中间，测量表与平尺垂直面接触 ②调整角尺，使 Z 向侧边上下两端的误差为 0、角尺侧边与 Z 轴平行 ③全程移动 Z 轴，测量表读数的最大差值即为 Z 轴在 Y 向的直线度	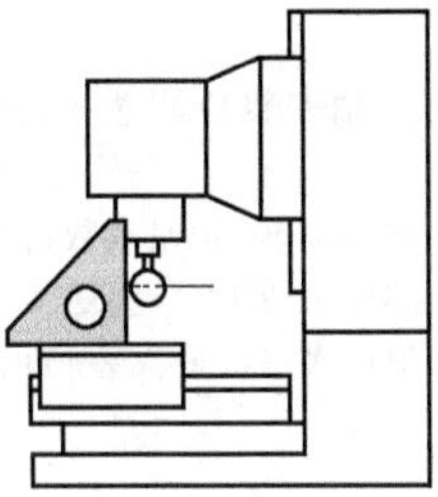	

续表

检查内容	测量方法	测量示意图	一般允差/mm
X、Y 轴运动轴线垂直度	①在工作台的中间位置放置大理石方尺；并使方尺 Y 向侧边两端的误差为 0、方尺与 Y 轴平行 ②移动 X 轴，测量方尺 X 向侧边，读数的最大差值即为 X、Y 轴轴线垂直度	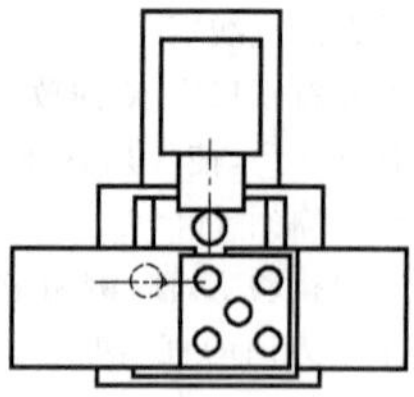	0.02/300
Y、Z 轴运动轴线垂直度	①在工作台中间沿 Y 向放置大理石方尺；并使方尺 Z 向侧边两端的误差为 0、方尺与 Z 轴平行 ②移动 Y 轴，测量方尺 Y 向侧边，读数的最大差值即为 Y、Z 轴轴线垂直度	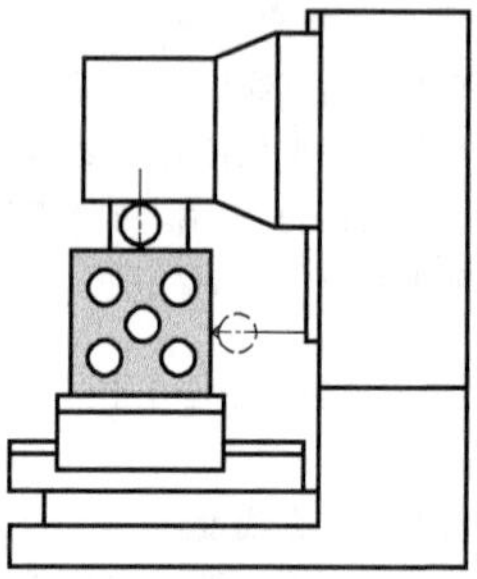	0.02/300
Z、X 轴运动轴线垂直度	①在工作台中间沿 X 向放置大理石方尺；并使方尺 X 向侧边两端的误差为 0、方尺与 X 轴平行 ②移动 Z 轴，测量方尺 Z 向侧边，读数的最大差值即为 Z、X 轴轴线垂直度	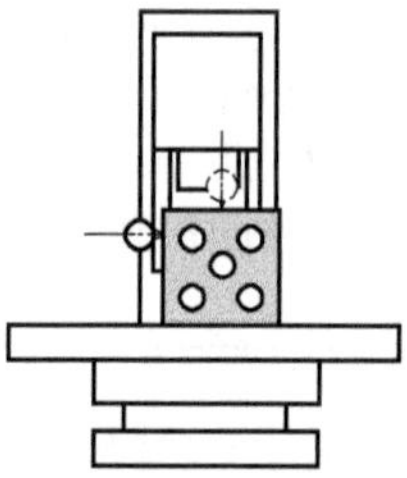	0.02/300
主轴径向跳动	①主轴安装检测芯棒，测量表检查芯棒外圆 ②分别在靠近主轴端面及距主轴端面 300mm 处，将主轴缓慢旋转 720°以上，记录最大差值 ③芯棒相对主轴旋转 90°、180°、270°，重复上述测量，记录每次的最大差值 ④取 4 次测量值的平均值，即为两处的主轴锥孔轴线径向跳动	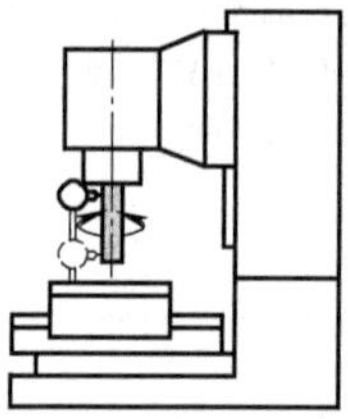	主轴端面处：0.01 距端面 300 处：0.02
Y 向主轴轴线平行度	①主轴安装检测芯棒，测量表检查芯棒 Y 向母线 ②移动 Z 轴、记录读数的最大差值 ③芯棒旋转 180°，重复以上检查 ④取两次测量最大差值的平均值，即为 Y 向主轴平行度	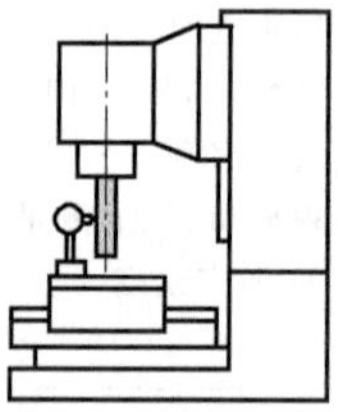	0.02/300
X 向主轴轴线平行度	①主轴安装检测芯棒，测量表检查芯棒 X 向母线 ②移动 Z 轴、记录读数的最大差值 ③芯棒旋转 180°，重复以上检查 ④取两次测量最大差值的平均值，即为 X 向主轴平行度	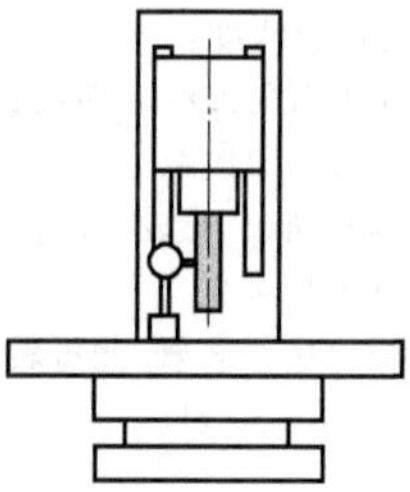	0.02/300

续表

检查内容	测量方法	测量示意图	一般允差/mm
主轴轴线对 X/Y 平面的垂直度	①工作台上放置方尺，主轴上固定测量表，测量半径150mm ②旋转主轴、记录读数的最大差值，即为主轴轴线对 X/Y 平面的垂直度		0.02/300
T形槽平行度	①测量表固定在主轴箱上，检查T形槽侧边 ②全程移动 X 轴，读数的最大差值，即为T形槽平行度		全长:0.04 任意300:0.02
X、Y、Z 轴定位精度	①对机床进行48h以上连续空运行试验 ②利用激光测距仪检测，并按VDI3441或ISO 230标准测量、计算	按规定安装激光测距仪；选定测量、计算标准，自动测量、计算定位精度	X/Y:0.015 Z:0.02
X、Y、Z 轴重复定位精度			X/Y:0.012 Z:0.016
试切件加工	①对图示的铝合金零件进行切削加工 320 200 15° ϕ220 A A 200 320 A A 3° 10 10 10 20 4×ϕ20 ϕ50 ②测量各加工部位的加工误差	中心孔孔径、圆度误差	0.015
		正方形尺寸、平行度误差	0.015
		菱形尺寸、平行度误差	0.015
		3°斜面尺寸、平行度误差	0.02
		ϕ220圆直径、圆度误差	0.02
		4×ϕ20孔孔径、圆度误差	0.015
		台阶面平面度	0.02

7.4 数控机床自动换刀装置的装配与调整

为满足数控机床自动、高效加工的需要，多数数控机床均配置有自动换刀装置。但对于不同类型及功能配置的数控机床，其配置的自动换刀装置的结构及功用都有所不同。下面以数控车床及数控铣床为例，对其常见的几种自动换刀装置的装配与调整进行介绍。

7.4.1 数控车床换刀装置的装配与调整

国产普及型数控车床通常配置的是最简单的自动换刀装置——电动刀架，它具有结构简单、控制容易、价格低廉等特点，是国产普及型数控车床使用最为广泛、最简单的车床自动换刀装置。

(1) 电动刀架的结构

四刀位电动刀架的结构原理如图 7-57 所示。

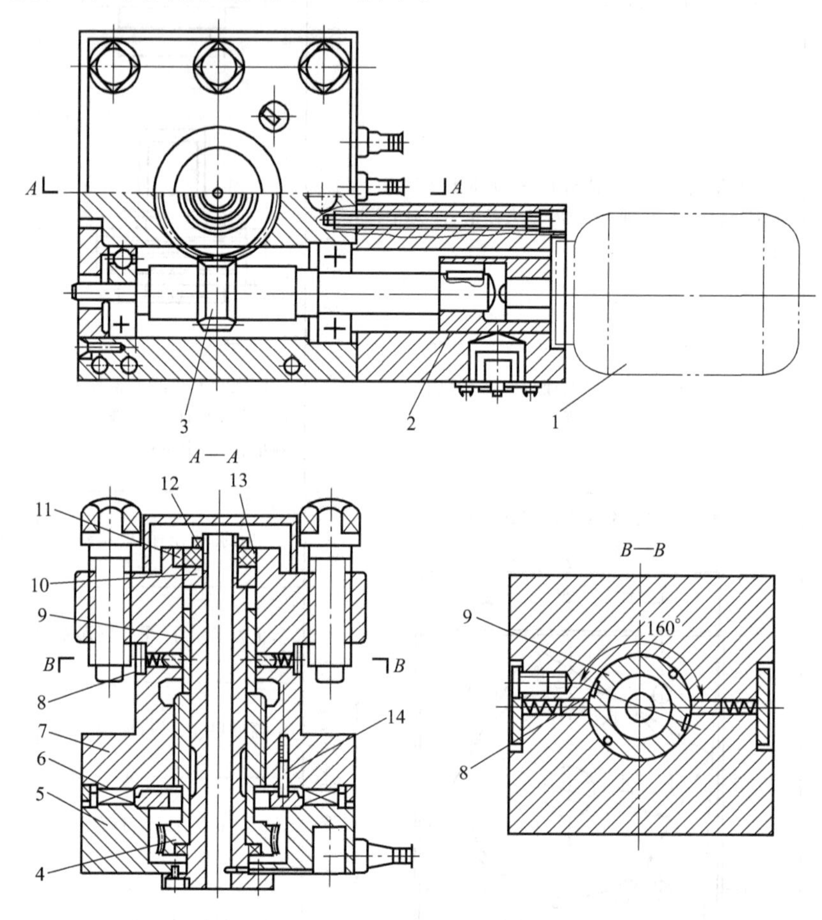

图 7-57 电动刀架结构原理

1—电动机；2—联轴器；3—蜗杆；4—蜗轮轴；5—底座；6—粗定位盘；7—刀架体；8—球头销；9—转位套；10—检测盘安装座；11—发信磁体；12—固定螺母；13—刀位检测盘；14—粗定位销

电动刀架由电动机、蜗轮蜗杆副、底座、刀架体、转位套、刀位检测盘等基本部件所组成。方柄车刀可通过安装在刀架体上部的 9 个固定螺钉，将刀具夹紧于刀架体上。电动机正转时，刀架体可在蜗轮蜗杆的带动下抬起、回转，进行换刀；电动机反转时，刀架体可通过蜗轮蜗杆、粗定位盘落下、夹紧。刀架的刀位检测一般使用霍尔元件，刀架的精确定位利用齿牙盘实现。

(2) 工作原理

电动刀架各部件的作用与换刀的动作原理如下。

① 刀架抬起　当 CNC 执行换刀指令 T 时，如现行刀位与 T 指令要求的位置不符，CNC 将输出刀架正转信号 TL+，刀架电动机 1 将启动并正转。电动机可通过联轴器 2、蜗杆 3，带动上部加工有外螺纹的蜗轮轴 4 转动。

蜗轮轴 4 的内孔与中心轴外圆采用动配合，外螺纹与刀架体 7 的内螺纹结合；中心轴固定在底座 5 上，用于刀架体的回转支承。当电动机正转时，蜗轮轴 4 将绕中心轴旋转，由于正转刚开始时，刀架体 7 上的端面齿牙盘处在啮合状态，故刀架体不能转动。因此，蜗轮轴的转动，将通过其螺纹配合，使刀架体 7 向上抬起，并逐步脱开端面齿牙盘而松开。

② 刀架转位　当刀架体 7 抬到一定位置后，端面齿牙盘将被完全脱开，此时，与蜗轮轴 4 连接的转位套 9 将转过 160°左右，使转位套 9 上的定位槽正好移动至与球头销 8 对准的位置，因此，球头销 8 将在弹簧力的作用下插入转位套 9 的定位槽中，从而使得转位套带动刀架体 7 进行转位，实现刀具的交换。

刀架正转时，由于粗定位盘 6 上端面的定位槽沿正转方向为斜面退出，因此，正转时刀架体 7 上的粗定位销 14 将被逐步向上推出，而不影响刀架的正转运动。

③ 刀架定位　刀架体 7 转动时，将带动刀位检测的发信磁体 11 转动，当发信磁体转到 T 代码指定刀位的检测霍尔元件上时，CNC 将撤销刀架正转信号 TL＋、输出刀架反转信号 TL－，使得刀架电动机 1 反转。

电动机反转时，粗定位销 14 在弹簧的作用下将沿粗定位盘 6 上端面的定位槽斜面反向进入定位槽中，刀架体的反转运动将被定位销所禁止，刀架体粗定位并停止转动。此时，蜗轮轴 4 的回转，将使刀架体 7 通过螺纹的配合，垂直落下。

④ 刀架锁紧　随着电动机反转的继续，刀架体 7 的端面齿牙盘将与底座 5 啮合，并锁紧。当锁紧后，电动机被堵转停止。CNC 经过延时，撤销刀架反转信号 TL－，结束换刀动作。

电动刀架为机床附件专业生产厂家提供的功能部件，无需机床生产厂家组装、部装。

7.4.2　加工中心换刀装置的装配与调整

自动换刀装置是加工中心特有的部件，所有的加工中心均配有自动换刀装置，但对不同功能及配置的加工中心其配备的自动换刀装置结构有较大的差别。下面以斗笠式刀库换刀、凸轮机械手换刀为例分别对其内部结构和装配调整方法进行介绍。

(1) 斗笠式刀库换刀

为了实现自动换刀，加工中心需要有安放刀具的刀库，以及进行主轴刀具装卸的机构。在刀库容量不大、换刀速度不高的普通中小规格加工中心上，图 7-58 所示的悬挂式刀库移动换刀是最常用的形式，由于其刀库形状类似斗笠，故又称斗笠式刀库。

图 7-58　斗笠式刀库的加工中心

斗笠式刀库的换刀动作可直接通过刀库、主轴的移动实现，无需机械手；换刀前后，刀具在刀库中的安装位置不变，自动换刀装置的结构简单、控制容易、动作可靠。斗笠式刀库换刀时，需要先将主轴上的刀具取回刀库，然后，通过回转刀库选择新刀具，并将其装入主轴，其

换刀时间通常大于5s，换刀速度较慢。此外，斗笠式刀库必须与主轴平行安装；换刀时，整个刀库与刀具都需要移动，故刀库容量不能过大、刀具长度和重量受限；在全封闭防护的机床上，刀库的刀具安装和更换也不方便。因此，多用于20把刀以下、对换刀速度要求不高的普通中小规格加工中心。

在采用斗笠式刀库的加工中心上，主轴上的刀具装卸既可通过刀库的上下移动实现（刀库移动式），也可通过主轴箱（*Z* 轴）的上下移动实现（主轴移动式）。

1）刀库的结构

斗笠式刀库典型结构如图7-59所示。它由前后移动机构、回转定位机构和刀具安装盘三大部分组成。

刀库的前后移动机构主要由导向杆和气缸组成，刀库通过安装座悬挂在导向杆15、16上，通过气缸14的控制，整个刀库可在导向杆上进行前后移动。

刀具安装盘组件用来安装刀具，它主要由刀盘1、端盖3、平面轴承4、弹簧8、卡爪9等部件组成。平面轴承4是刀盘的回转支承，它与刀库轴连接成一体；刀盘1和定位盘6连成一体，定位盘6回转时，可带动刀盘1、端盖3绕刀库轴回转；刀盘1和弹簧8、卡爪9用来安装和固定刀具。

刀具18垂直悬挂在刀盘1上，并可利用刀柄上的V形槽和键槽进行上下和左右定位。刀盘的每一刀爪上都安装有一对卡爪9和弹簧8，卡爪可在弹簧8的作用下张开和收缩。当刀具18插入刀盘1时，卡爪9通过插入力和刀柄上的圆弧面强制张开；刀具安装到位后，卡爪自动收缩，以防止刀具在刀盘回转过程时，由于离心力的作用产生位置偏移。

刀库的回转定位机构主要由回转电动机13、联轴器12以及由定位盘6、滚珠11、定位块7组成的槽轮定位机构组成。当刀库需要进行回转选刀时，刀库回转电动机13通过联轴器12带动槽轮回转，槽轮上的滚珠11将插入定位盘6上的直线槽中，拨动定位盘回转；槽轮每回转一周，定位盘将拨过一个刀位。当滚珠11从定位盘的直线槽中退出时，槽轮上的半圆形定位块7将与定位盘上的半圆槽啮合，使得定位盘定位。由于定位块7与定位盘上的半圆槽为圆弧配合，即便定位块7的位置稍有偏移，定位盘也可保持定位位置不变。

槽轮定位机构结构简单、定位可靠、制造容易，但定位盘的回转为间隙运动，回转开始和结束时存在冲击和振动。另外，其定位块和半圆槽的定位也存在间隙，因此，它只能用于转位速度慢、对定位精度要求不高的普通加工中心刀库。

接近开关2用于刀库的计数参考位置检测，该位置一般为1号刀位。接近开关5用于刀位计数，槽轮转动1周，刀库转过1个刀位，开关输出1个计数信号。接近开关17用于换刀位刀具检测，如换刀位有刀，刀库前移将与主轴碰撞，必须禁止刀库的前移运动。

2）刀库装配与调整

目前，在我国生产的普通中小规格加工中心上，斗笠式刀库大多数采用专业生产厂家的功能部件，它可以整体安装到机床的立柱上，其使用较为简单。斗笠式装配的一般方法如下。

① 检查立柱上的刀库安装面，确认安装面无铸造及加工缺陷，安装面的全部加工均已完成；并对安装面的铸造残渣、毛刺进行清理、修理后，用压缩空气吹净，保证安装面、安装孔内无残留的铁屑和残渣。

② 检查立柱上的刀库安装面对水平面的垂直度，确认安装面的垂直度误差不大于0.03/300。

③ 检查刀库，确认包装外观完好，刀库在运输、装卸时未出现进水、锈蚀、碰撞与损坏现象；刀库部件安装牢固、连接螺钉无松动与脱落。

④ 取下刀库运输、防锈等附加保护装置，检查刀库支架安装面无铸造及加工缺陷，安装面的全部加工均已完成；并清理刀库、取下防锈纸、清洗防锈油和污物；保证安装面、安装孔清洁。

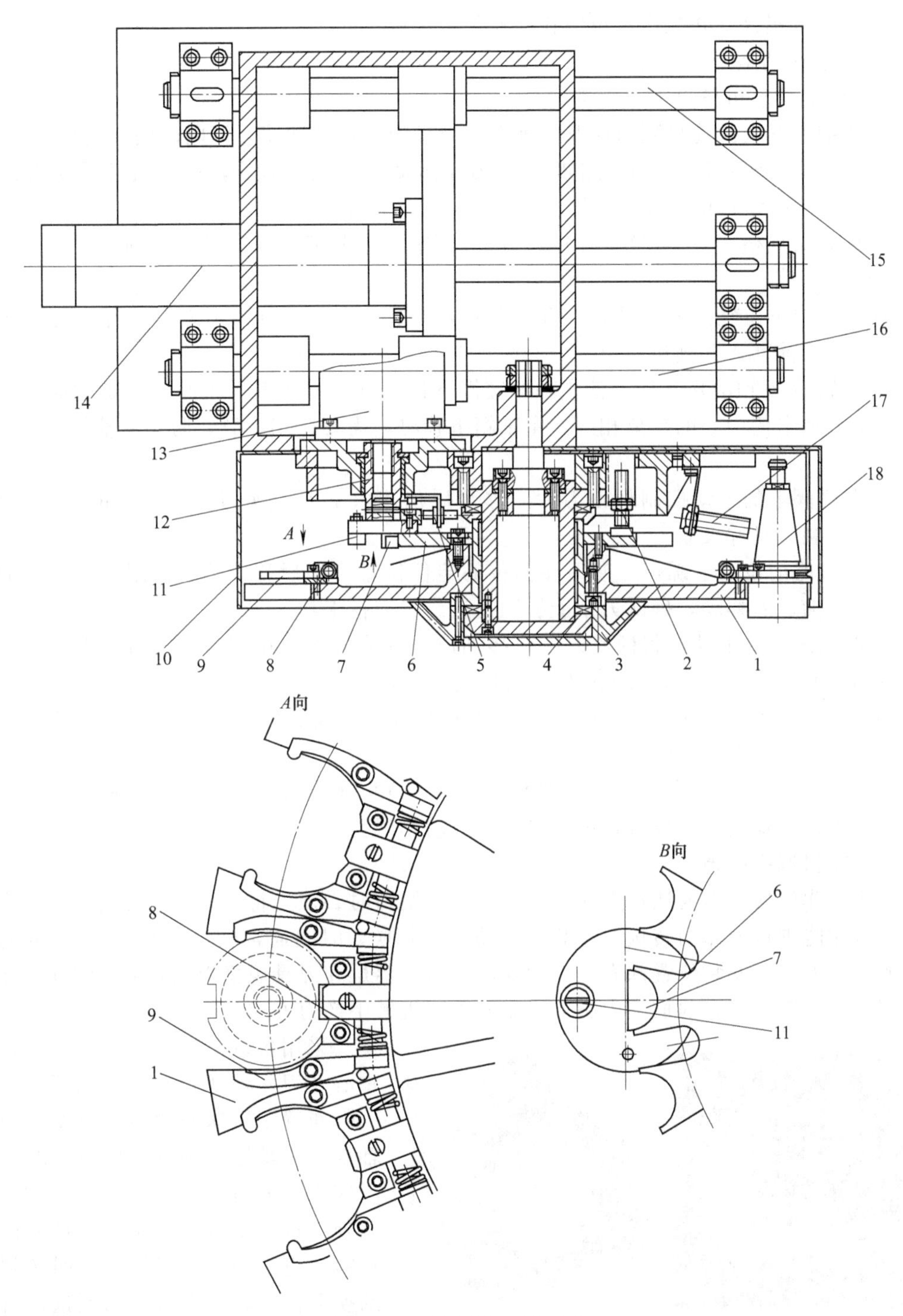

图 7-59　斗笠式刀库结构图

1—刀盘；2,5,17—接近开关；3—端盖；4—平面轴承；6—定位盘；7—定位块；8—弹簧；9—卡爪；10—罩壳；11—滚珠；12—联轴器；13—回转电动机；14—气缸；15,16—导向杆；18—刀具

⑤ 整体吊装刀库，使支架安装面与立柱安装面良好配合后，用规定的连接螺钉，将刀库初步固定到立柱上，保证结合面紧密、无缝接触。

⑥ 检查刀库整体的水平度和刀库导轨面对水平面的垂直度，通过安装位置的调整，使刀库水平度和刀库导轨面对水平面的垂直度误差不大于 0.03/300。

⑦ 紧固连接螺钉，并配作定位销孔、安装定位销。

3）换刀动作调整

换刀动作的调整可按以下步骤进行。

① 将压缩空气气源连接到刀库及主轴上的刀具松夹控制回路，用电磁阀上的手动控制杆，试验刀库前后、上下动作；动作正常后，将刀库运动到上位、后位，然后通过手动旋转 Z 轴滚珠丝杠，上下移动 Z 轴，确认主轴箱与刀库间无运动干涉。

② 根据刀具规格，查得主轴端面至刀柄卡槽中心的距离；或通过在主轴上安装刀具夹紧后测量得到这一值。

③ 松开并取下主轴上的刀具后，将 Z 轴移动到换刀位置的上方；然后，用电磁阀上的手动控制杆使刀库前移，并到达前位。

④ 手动旋转 Z 轴滚珠丝杠，使主轴箱缓慢下移，直至刀库卡爪中心到主轴端面的距离和主轴端面至刀柄卡槽中心的距离相等。主轴箱下移时，需要密切注意，防止主轴箱和刀库罩壳碰撞。

⑤ 用电磁阀上的手动控制杆使刀库后移至后位，取下刀库换刀位刀爪上的键槽定位块；并在主轴上安装刀具并夹紧。

⑥ 利用刀库前位调节螺钉，使刀库前位的定位位置适当后移；然后，用电磁阀上的手动控制杆使刀库前、后移动，确认刀爪能够顺畅进、出刀柄卡槽。

⑦ 用电磁阀上的手动控制杆使刀库前移到位；调节刀库前位螺钉，使刀爪上的刀具定位块和刀柄间的间隙为 0.1～0.3mm；固定刀库前位挡块。

⑧ 用电磁阀上的手动控制杆使主轴上的刀具松开，手动旋转 Z 轴滚珠丝杠，使主轴箱缓慢上、下移动，确认刀具能够顺畅进、出主轴锥孔。

⑨ 重新安装刀库换刀位刀爪上的键槽定位块，待机床主轴、Z 轴工作正常后，调整主轴定向准停位置、Z 轴换刀点位置，进行自动换刀动作试验。

(2) 凸轮机械手换刀

斗笠式刀库的换刀需要通过刀库的移动实现，换刀时必须先将主轴上的刀具放回刀库的原刀位，然后才能进行刀库回转选刀、装刀等动作，其换刀时间通常较长（大于 5s）；同时，它对刀库的安装方式、安装位置都有一定的要求，刀具容量和刀具规格受到局限。因此，在要求换刀时间短或刀库容量大的加工中心上，需要采用机械手换刀方式。

(a) 机床

(b) 刀库

图 7-60　机械手换刀加工中心

采用机械手换刀的中小型立式加工中心及刀库外观如图 7-60 所示。其刀库一般布置于机床的侧面；刀库上的刀具轴线和主轴轴线垂直，故刀库的容量可以较大、允许安装的刀具长度也较长。此外，这种换刀方式还可在换刀前，先将需要更换的下一刀具提前回转到刀库的换刀位上，实现刀具的预选；自动换刀时只需要执行换刀位刀套翻转、机械手回转和伸缩等运动，就可一次性完成主轴和刀库侧的刀具交换，其换刀速度非常快。因此，它是目前高速加工中心常用的自动换刀方式。

机械手换刀装置的机械手运动，可通过机械凸轮或液压、气动系统控制。机械凸轮驱动的换刀装置结构紧凑、换刀快捷、控制容易，但它对机械部件的安装位置、调整有较高的要求，故多用于中小规格加工中心。液压、气动控制的换刀装置，需要配套相应的液压或气动系统，

其结构部件较多、生产制造成本较高，但其使用方便、动作可靠、调试容易，且可满足不同结构形式的加工中心换刀要求，多用于中、大型加工中心。

立式加工中心的机械手换刀装置，目前已经有专业生产厂家将其作为功能部件专业生产，机床生产厂家一般直接选用标准部件。

1）凸轮机械手换刀装置的结构

中小规格加工中心常用的机械凸轮驱动换刀装置的内部结构如图 7-61 所示。应该说明的是：由于凸轮机械手换刀装置对各部件动作的配合要求较高，其装配与调整原则上需要由经验

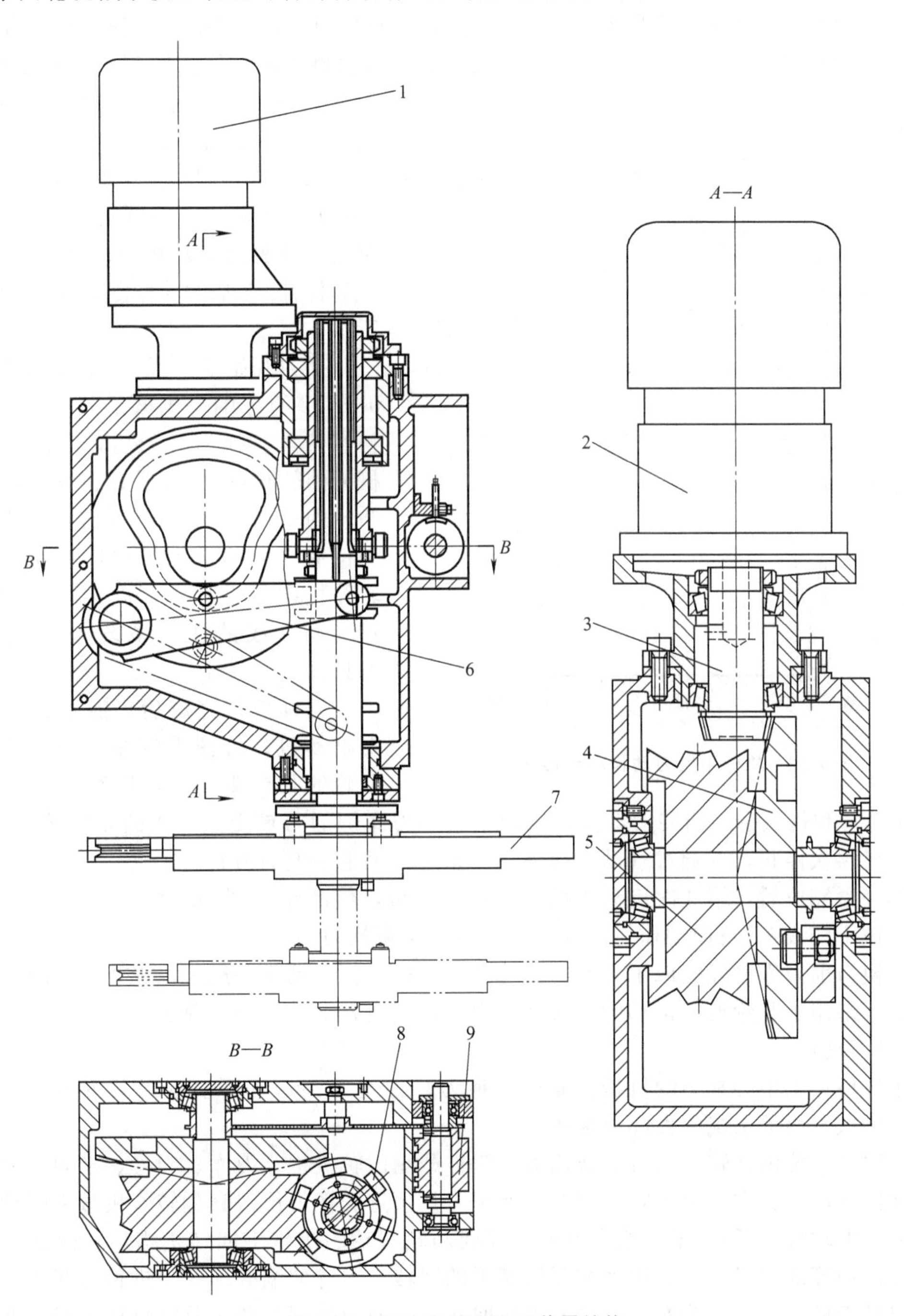

图 7-61　凸轮机械手换刀装置结构

1—电动机；2—减速器；3—齿轮轴；4—平面凸轮；5—弧面凸轮；6—连杆；7—机械手；8—分度盘；9—发信盘

丰富的专业人员进行，下面仅对其结构进行简要的介绍。

机械手运动由两组凸轮运动机构组成。其中，平面凸轮 4 和连杆 6 组成的机构用来实现机械手的伸缩动作；弧面凸轮 5 和分度盘 8 组成的机构用来实现机械手的转位动作；电动机 1 通过减速器 2 与凸轮换刀装置相连，为机械手的运动提供动力。

当电动机回转时，平面凸轮机构和弧面凸轮机构，可将电动机的连续回转运动，转化为机械手的间隙换刀动作。其中，平面凸轮 4 通过圆锥齿轮轴 3 和减速器 2 连接，当电动机 1 转动时，通过连杆机构 6 带动机械手 7 在垂直方向做上、下伸缩运动，实现卸刀和装刀动作。弧面凸轮 5 和平面凸轮 4 相连，当驱动电动机回转时，通过分度盘 8 上的 6 个滚珠带动花键轴转动，花键轴带动机械手 7 在水平方向做旋转运动，实现机械手的转位。发信盘 9 中安装有若干接近开关，以检测机械手实际运动情况，进行电气互锁控制。

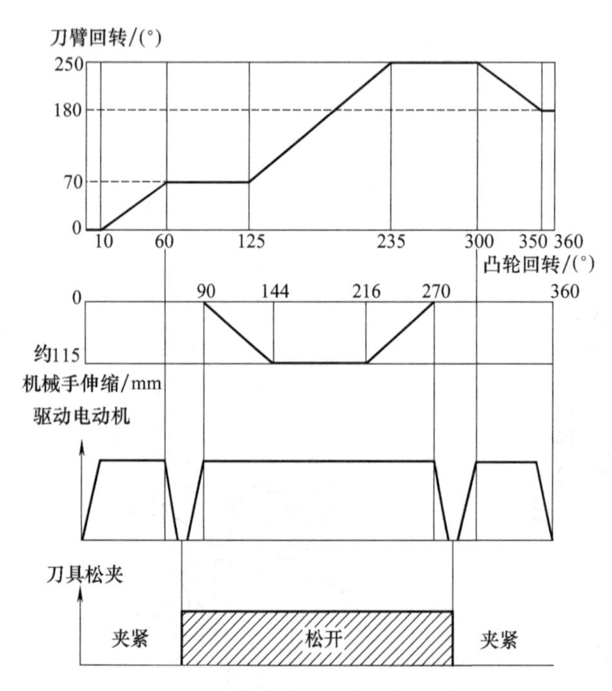

图 7-62　机械手换刀动作配合曲线

以上机械手换刀装置的刀臂回转（弧面凸轮驱动）、刀臂伸缩（平面凸轮驱动）及驱动电动机启动/停止、主轴上刀具松开/夹紧的动作配合曲线如图 7-62 所示。

换刀开始前，弧面/平面凸轮停止在 0°±10°的范围，机械手处于上位、0°的初始位置。换刀开始后，启动驱动电动机使凸轮转过 60°左右；机械手将在弧面凸轮的驱动下，完成 70°转位动作。回转到位后，驱动电动机立即停止，保证凸轮停止在 60°～90°范围内。此时，可通过气动（或液压）系统松开主轴上的刀具。

刀具松开完成后，需要再次启动驱动电动机，机械手将在平面凸轮、弧面凸轮的联合驱动下，连续执行机械手伸出、180°回转和机械手缩回装刀动作，实现主轴和刀库侧的刀具交换。当凸轮回转到 270°后，驱动电动机再次停止，并通过气动（或液压）系统夹紧主轴上的刀具。

刀具夹紧完成后，第 3 次启动机械手驱动电动机，使凸轮转到 360°±10°位置，弧面凸轮将驱动机械手完成 70°返回动作，回到 180°位置，结束换刀动作。

由于换刀前刀库已经完成了刀具的预选动作，以上整个动作一般可以在 1～2s 的时间内完成。因此，采用了凸轮换刀机构的立式加工中心，其换刀动作十分快捷。

2）换刀动作

中小规格加工中心常用的机械凸轮驱动换刀装置如图 7-63 所示。换刀装置主要由刀库回转系统和机械手驱动系统两大部分组成。

刀库回转系统由回转电动机、减速器、蜗杆凸轮回转机构、刀库、刀套、换刀位刀套翻转机构等部件组成，它主要用于安装刀具、实现刀具预选和换刀位刀套翻转。机械手驱动系统由机械手驱动电动机、弧面/平面组合凸轮、弧面凸轮驱动的机械手回转机构、平面凸轮驱动的刀臂伸缩机构等部件组成，它用来实现机械手的回转、刀臂伸缩等动作，进行刀库换刀位和主轴上的刀具交换。机械凸轮换刀装置的刀库回转，一般通过蜗杆凸轮分度机构进行分度定位。

机械手驱动系统的换刀动作如图 7-64 所示。换刀时机械手的动作过程如下。

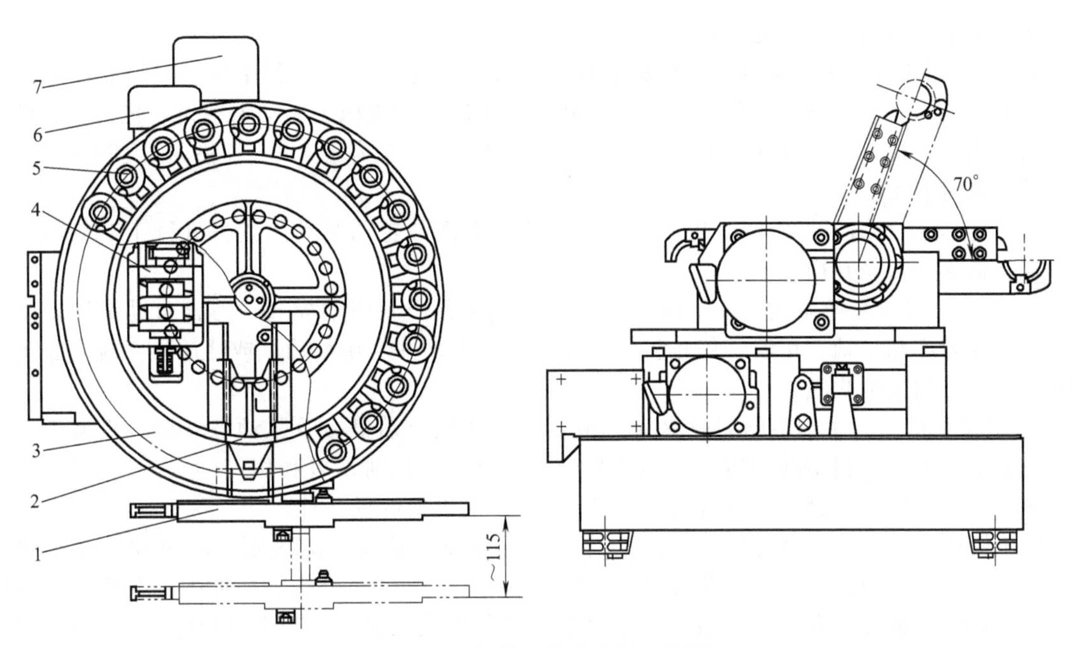

图 7-63 机械凸轮驱动换刀装置

1—刀臂；2—刀套翻转机构；3—刀库；4—回转机构；5—刀套；6—回转电动机；7—机械手驱动电动机

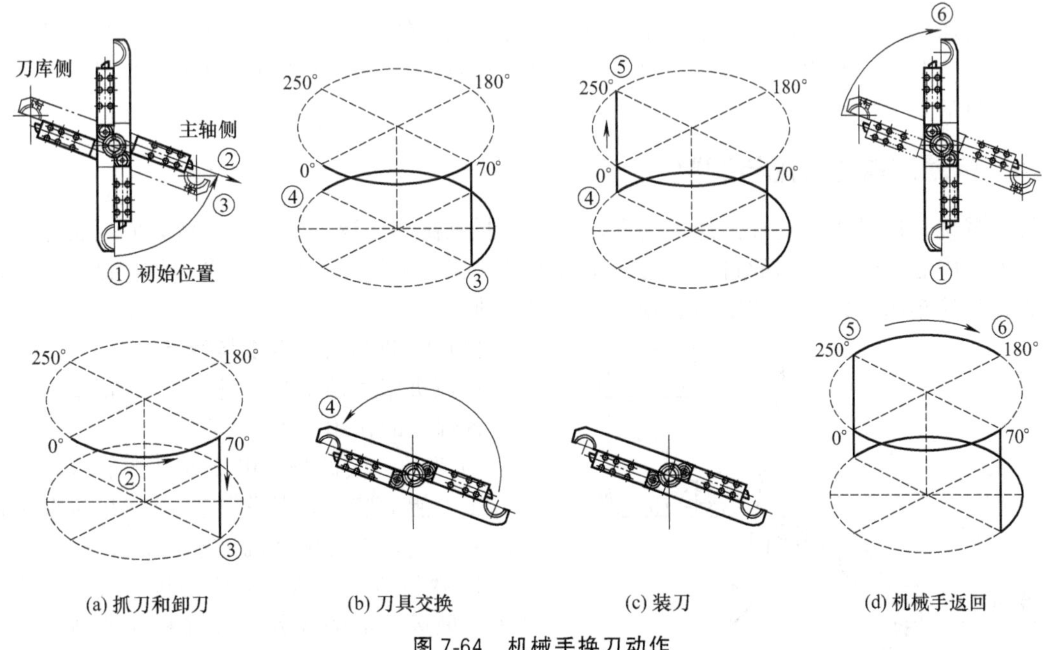

图 7-64 机械手换刀动作

① 刀具预选 在刀具交换前，机械手应位于上位、0°的初始位置，机床可以在加工的同时，通过 T 代码指令，将刀库上安装有下一把刀具的刀座（刀套）事先回转到刀库的刀具交换位上，做好换刀准备，完成刀具预选动作。执行自动换刀指令（M06）前，主轴应先进行定向准停；Z 轴应快速运动到换刀位置。

② 机械手回转抓刀 换刀开始后，首先通过气动（或液压）系统，将刀库换刀位的刀套连同刀具翻转 90°，使刀具轴线和主轴轴线平行。然后，启动机械手驱动电动机，机械手可在弧面凸轮的驱动下进行 70°左右的回转（不同机床有所区别），使两侧的手爪同时夹持刀库换

刀位和主轴上的刀具刀柄，完成抓刀动作。

③ 卸刀　机械手完成抓刀后，机械手驱动电动机停止；然后，利用气动（或液压）系统松开主轴上的刀具、进行主轴吹气。刀具松开后，再次启动机械手驱动电动机，机械手将转换到平面凸轮驱动模式，刀臂在平面凸轮的驱动下伸出（SK40 为 115mm 左右），刀库和主轴上的刀具被同时取出。

④ 刀具交换　卸刀完成后，机械手重新转换到弧面凸轮的驱动模式，进行 180°旋转，将刀库和主轴侧的刀具互换。

⑤ 装刀　刀具交换完成后，机械手又将转换到平面凸轮驱动模式，刀臂自动缩回，将刀具同时装入刀库和主轴。接着，停止机械手驱动电动机，并利用气动（或液压）系统夹紧主轴上的刀具，关闭主轴吹气。

⑥ 机械手返回　主轴上的刀具夹紧完成后，第 3 次启动机械手驱动电动机，机械手在弧面凸轮的驱动下返回到 180°位置，机械手换刀动作结束。此时，可利用气动（或液压）系统，将刀库刀具交换位的刀套连同刀具向上翻转 90°，回到水平位置。

由于机械手的结构完全对称，因此，其 180°位置和 0°位置并无区别，故可在 180°位置上继续进行下一刀具的交换。在部分机床上，换刀位刀套的 90°翻转动作有时还可在预选完成后直接进行，但这种控制方式，在加工程序中连续指令 T 代码时，会产生刀套翻转的多余动作。

7.5 数控机床气动与液压装置的装配与调整

数控机床的气动、液压系统主要用于自动换刀、主轴辅助变速、工件和刀具的松夹等辅助部件的运动控制。这些都是保证机床自动、安全、高效、可靠运行的重要部件，也是数控机床装配和调整的重要内容。

7.5.1 气动装置的装配与调整

气动系统是通过压缩空气传递运动和动力、控制机械部件运动的控制系统，它通常用于小型立式加工中心、钻削中心的自动换刀、主轴辅助变速、工件和刀具的松夹等的控制，卧式加工中心、数控车床、大中型加工中心则较少采用气动系统。

(1) 气动系统的组成与特点

数控机床气动系统的基本组成如图 7-65 所示，各部分的作用如下。

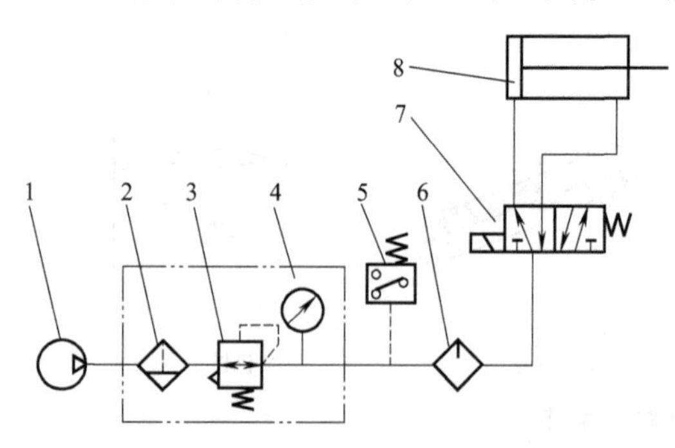

图 7-65　气动系统的基本组成

1—气源；2—过滤器；3—调压阀；4—压力表；5—压力继电器；6—油雾器；7—气动阀；8—气缸

① 气源　气源是将电能或其他能量转换为空气压力能的装置，其作用是产生并向系统提供压缩空气，空气压缩机是常用的气源。

② 执行装置　执行装置是将空气压力能转换为机械运动能的部件，气缸和气动马达是常用的直线和回转运动执行装置。

③ 控制装置　控制装置是对系统压力、流量或方向进行调节、控制的器件，它可改变运动部件的速度、位置和方向。控制装置的种类繁多，常用的有调压阀、流量阀、方向阀、逻辑阀、压力继电器等，每类阀还可根据其结构和控制形式分为多种。

④ 辅助装置　辅助装置是保证气压系统正常工作的其他装置，如干燥器、过滤器、消声器、压力表、油雾器等。

气压系统的结构简单、安装容易、维护方便，它与液压系统相比，具有气源容易获得、集中供气方便、工作介质不污染环境，执行元件反应快、动作迅速，管路不容易堵塞、无需补充介质，使用维护简单、运行成本低等优点。此外，气压系统的压缩空气流动损失小、可远距离输送，气动系统的工作压力低且能用于易燃易爆的场合，故其环境适应性、清洁性和安全性好。

气动系统的工作压力一般为0.4～0.8MPa，远低于液压系统可达到的工作压力（20MPa以上），加上执行元件的出力较小，故较少用于车床刀架、数控转台、交换工作台等要求夹紧力大、压力高的场合。此外，由于空气比油液更容易压缩和泄漏，负载变化对工作速度的影响和工作时的噪声均较大；由于压缩空气本身不具润滑性，故需要另加油雾器进行润滑。

(2) 常用气动元件

① 空气压缩机和辅助装置　空气压缩机是将电能转换成气体压力能的装置，其工作压力一般应比系统工作压力高20%左右，系统的工作压力可通过减压阀减压后获得。空气压缩机的额定工作压力分为低压（0.7～1MPa）、中压（1～10MPa）、高压（10～100MPa）3类，数控机床的系统压力一般为0.5～0.8MPa，故多采用低压空气压缩机。

由于空气压缩机产生的压缩空气所含的杂质较多，一般不能直接用于数控机床，故通常还配套压力调节、过滤、干燥、油雾分离的辅助装置。系统的压力可通过调压阀的调节旋钮调节；过滤出的凝结水存放在下部的储水杯里，需要经常排放，以免重新吸入。

② 气动执行元件　气动执行元件是将压缩空气的压力能转化为机械运动的器件，它可驱动机械部件进行直线或回转运动，气缸和气动马达是基本的气动执行元件。

数控机床常用的气缸主要有图7-66所示的直线气缸、旋转气缸和气动卡爪3类。直线气缸可用于刀库移动、机械手升缩等直线往复运动控制；旋转气缸用于刀库、机械手回转摆动控制；气动卡爪用于刀具、工具装夹控制。

(a) 直线气缸

(b) 旋转气缸

(c) 气动卡爪

图7-66　数控机床常用的气缸

气动马达是用于连续回转运动控制的器件，属于转速高、输出转矩小的执行器件，在数控机床上使用较少。

③ 控制元件　气动控制元件用于压力、流量、方向控制或检测，其种类繁多。数控机床常用的控制元件有调节阀、控制阀及辅助元件。

调节阀包括调压阀和节流阀，调压阀用于压缩空气的压力控制，由于气源压力高于工作压力，因此，它又称减压阀；节流阀用于压缩空气的流量控制，以起到调节运动部件速度等的目的。控制阀有单向阀和换向阀等，它们可用来控制压缩空气的流通方向，以控制机械部件的运动和方向。辅助元件可用来检测压力、分离油雾、消除噪声等。

(3) 数控机床气动控制系统的工作原理

不同种类及功能的数控机床，其气动控制系统的复杂程度有很大的不同。下面以数控铣床及加工中心为例，分别对其气动控制系统进行简单介绍。

1) 数控铣床气动控制系统

数控铣床无自动换刀装置，其辅助动作比较简单，故通常使用气动系统进行控制。数控镗

铣床的气动系统一般用于主轴吹气、刀具的夹紧松开、防护门开关等控制，其典型回路如图7-67所示。

机床的气动系统由主轴吹气、刀具夹紧松开、防护门控制三部分组成，系统还带有两只连接清洁用气枪的接头，气枪用来清理工件和工作台面的铁屑。气动系统的原理如下。

① 主轴吹气　主轴吹气由二位三通电磁换向阀控制，换刀时接通气动阀，便可在主轴锥孔内通入压缩空气，对刀柄、锥孔进行清洁。

② 刀具松开　刀具松开由二位五通电磁换向阀控制，气动阀接通时，在刀具松开腔通入压缩空气，气缸可顶开主轴上的碟形弹簧、松开刀具；气动阀断开时，刀具夹紧腔通入压缩空气，气缸复位，主轴上的刀具通过碟形弹簧自动夹紧。

③ 防护门开关　防护门开关由三位五通电磁换向阀控制，当电磁阀不通电时，防护门可手动移动；门的打开、关闭由两侧的电磁线圈控制；开门、关门的速度可通过2只单向节流阀独立调节。

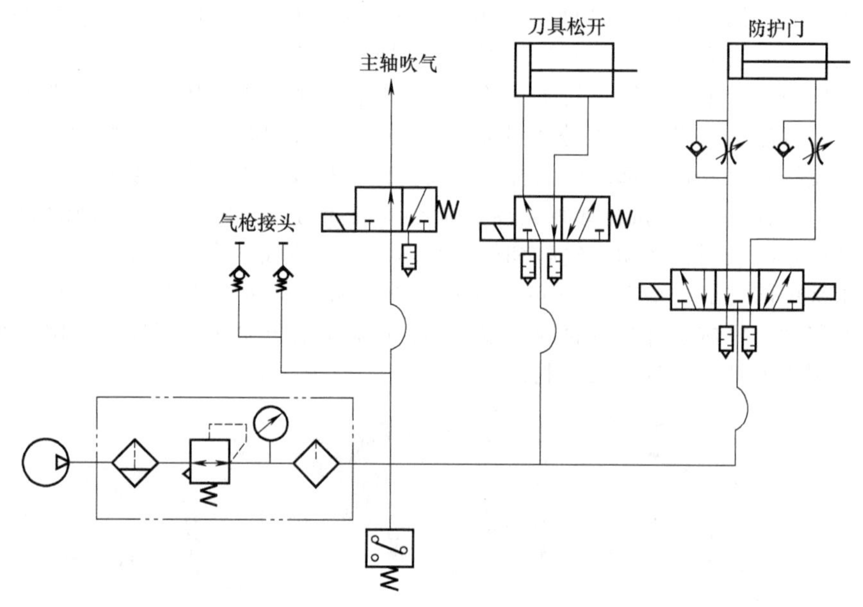

图7-67　数控镗铣床气动原理图

2）加工中心气动控制系统

立式加工中心的气动系统主要用于主轴吹气、刀具夹紧松开及无机械手直接换刀机床的刀库移动控制等。

图7-68为某立式加工中心的气动系统原理图，该加工中心采用无机械手直接换刀方式换刀，其主轴定向准停带有机械插销定位机构，刀具的装、卸动作利用 *Z* 轴的上下运动实现。气动系统原理说明如下。

① 主轴吹气　主轴吹气由二位二通电磁换向阀控制，换刀时接通气动阀，便可在主轴锥孔内通入压缩空气，对刀柄、锥孔进行清洁。

② 主轴定位插销　主轴定位插销用于定向准停位置的机械锁定，防止换刀时出现主轴位置偏移，它由二位三通电磁换向阀控制。在自动换刀前，主轴首先通过电气控制完成定向准停，然后接通气动阀、插销定位，固定主轴位置，随后便可执行刀库前移等换刀动作。换刀结束后，拔出插销、主轴可重新旋转。

③ 刀具松开　刀具松开由二位五通电磁换向阀控制，气动阀接通时，在刀具松开腔通入压缩空气，气缸可顶开主轴上的碟形弹簧、松开刀具；气动阀断开时，刀具夹紧腔通入压缩空气

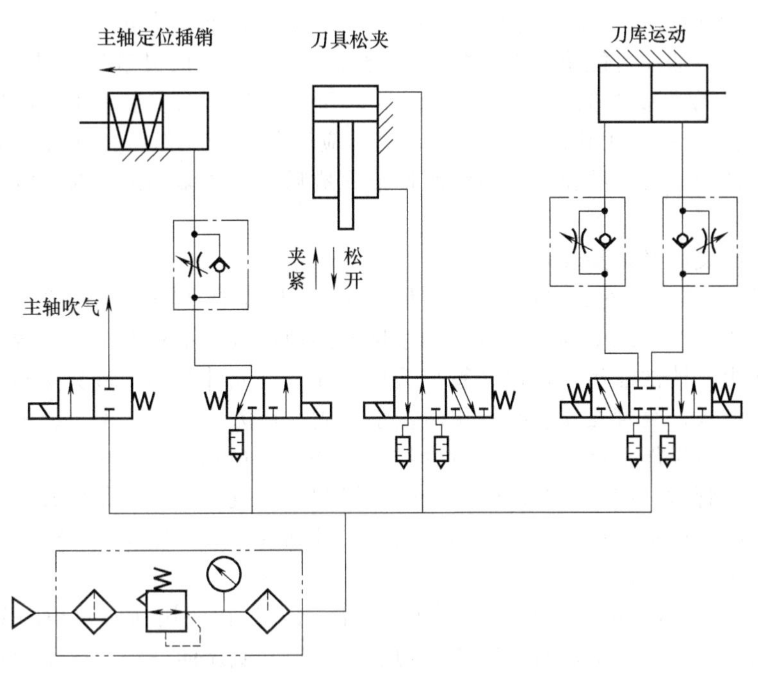

图 7-68 立式加工中心气动原理图

气，气缸复位，主轴上的刀具通过碟形弹簧自动夹紧。

④ 刀库运动　无机械手直接换刀的立式加工中心，一般需要通过刀库的前后移动，使刀库换刀位和主轴同轴，在此基础上，通过 Z 轴的上下装卸刀具。本机床的刀库前后移动由三位五通电磁换向阀控制，运动速度可通过两只单向节流阀独立调节。

(4) 气动系统安装与使用要求

① 空气压缩机的流量（供气量）应根据机床要求的压缩空气消耗量选用，并留有足够的余量，流量一般可按下式计算

$$Q_c = \psi K_1 K_2 \sum Q_f$$

式中　Q_c——空气压缩机供气量，L/min；

Q_f——单台设备的平均消耗，L/min；

ψ——设备利用系数，通常取1；

K_1——漏损系数，一般可取1.15～1.5；

K_2——备用系数，一般取1.3～1.6。

② 保证压缩空气洁净和润滑　压缩空气中可能含有水、油和粉尘等杂质，导致管道、阀和气缸腐蚀，密封件的老化和变质，造成阀体动作失灵。因此，系统需要配套选用过滤、干燥和净化装置。

一般而言，大多数气动元件都要求适度的润滑，润滑不良将会导致摩擦阻力增大而造成推力不足、阀芯动作失灵，或造成密封件的磨损产生泄漏，或引起元件锈蚀损伤。因此，压缩空气中应含有适量的润滑油。气动系统的润滑一般采用油雾器进行喷雾润滑，油雾器通常安装在过滤器和减压阀之后；油雾器的供油量不宜过多，通常情况以每 $10m^3$ 的自由空气含油 1mL（即40～50滴）为宜。

③ 保持系统的密封性　漏气不仅增加能量的消耗，也会导致气压下降，造成气动系统运行的停止或气动元件工作的异常。气动系统的明显泄漏会有较大的声音，故较容易发现；对于轻微的漏气，则需要利用仪表或肥皂水进行检查。

④ 保证气动元件运动零件的灵敏性　从空气压缩机输出的压缩空气，一般含有粒度 0.01～

0.08μm的压缩机油微粒，当排气温度到达120～220℃时，油粒会迅速氧化变色、增大黏性，并逐步固化成油泥。油泥可能附着在换向阀的阀芯上，降低阀的灵敏度，甚至可能动作失灵。压缩机油微粒一般无法通过过滤器滤除，因此，需要在过滤器后安装油雾分离器、分离油泥。

⑤ 保证系统有合适的工作压力和运动速度　应调节系统工作压力在规定的范围内，压力表应工作可靠、读数准确。减压阀与节流阀调节完成后，必须紧固调压阀盖或锁紧螺母，以防止松动。

(5) 气动系统装配及调整要点

① 气管和气管接头　安装时应根据气动元件对气体流量和安装方式的不同要求，使用适配气管和气管接头，在系统中的气管接头和连接器的使用数量不宜太多。连接气管前应吹净管内的金属屑、灰尘，清洁油污，连接气管与管接头和气动元件时不能将灰尘和油污及密封带的碎屑或黏结剂等混入；气管在安装时，用活扳手紧固，用力应适当，不然会爆裂，损坏气动元件、伤人或造成密封性能不良；在用密封生料带缠绕时，应留出1.5～2螺距螺纹；在往单触式管接头上连接气管时，应把气管的管头端面用锋利的刀或专用切管器切成垂直的平面，往管接头内装入气管时，应适当用力将气管切过的平面推到管接头的尽头，不得在稍遇阻力时就停止，以免插不到头造成泄漏。

② 节流阀　节流阀在安装之前，必须仔细地清除阀门在使用前所累积的灰尘，在安装过程中也要保持清洁；节流阀安装时，阀体上的箭头应与介质流向一致。节流阀是精密元件，如果它们受到管道变形的应力，将无法正常工作。因此，气管安装应垂直并且位置准确以避免管道的变形，而且管道要适当支撑或拉直，以防止它在其他重量作用下发生弯曲变形。

③ 分水排水器　安装时应该根据气动系统对气源质量、压力、流量、安装方式、排水方式的不同，选择适合的分水排水器。安装时应垂直安装，水杯朝下，阀体上箭头为压缩空气的流向。

④ 油雾器　安装时应根据气动系统的使用压力和流量选用油雾器。安装时应注意阀体上箭头的方向与系统空气流向一致。使用时加装规定的润滑油，并按需要调节滴油量。加注润滑油时一般应停气。

⑤ 换向阀　安装时应根据换向阀所控制负载的工作压力、流量，工作环境，控制方式，安装方式，动作方式，供电电压，功率，接线方式等选用。电磁线圈应固定牢固，不应朝下。使用中要经常检查换向阀动作是否正常；是否污损、漏气，有无异常的声响；特别是交流电磁阀是否有嗡嗡的交流声（电压低，内部污损所致）。电磁线圈使用中发热是正常现象，只要温升不超过阀的规定值就能正常使用，发现问题应该及时更换新换向阀。

⑥ 减压阀　安装时应根据气动系统对流量、进口压力、出口压力的不同选用相应的减压阀。安装时减压阀的旋钮可朝上或朝下，阀体上的箭头为压缩空气的流向。使用中应确认进口压力高于出口压力，并定期检查是否漏气及压力调节、压力表指示是否正常。

⑦ 气缸　安装时应根据推动负载所需要的力、速度（一般在50～500mm/s），气缸输出力及损耗系数，选择使用压力和缸径，并根据工作条件选择气缸的类型和安装方式。气缸的使用温度一般在5～60℃，超出该范围应特殊订货。安装时应将气缸固定牢固，活塞不应承受径向力和偏心力。使用时应经常检查固定是否牢固，进排气口、活塞杆密封处是否漏气，活塞杆有无划伤、生锈、变形，气缸动作是否异常、缓冲调节是否合适等。需要调速的气缸应加装调整节流阀。如果有磁性开关，要按使用要求调整磁性开关。

(6) 气动系统的装配调试

数控机床气动系统装配完成后，都应进行调试，下面以立式加工中心气压装置为例，对其装配后的调试要求进行说明。

调试前将立式加工中心气压柜的三联件接好，接口处密封好后接上气源，调整好进气的压

力不低于规定的技术要求，并调整好每个单向节流阀。接上电磁阀电线，开启电源检查每个管道是否有漏气现象，接下来在主轴上进行吸刀和松刀测试，测试是否能正常吸刀和松刀。在测试前可以将主轴下降至工作面一定距离，然后进行吸刀，检查是否吸住刀柄。再测试松刀，按下机床上松刀按钮后检查是否能正常能取下刀柄。进行刀库换刀功能检查，可以编一个单段单步运行换刀程序，当气缸移动位置和刀具中心不垂直时，停止换刀，调整行程开关。经过几次换刀调试无故障后，可以将刀库和主轴外罩装上。

空载运行 1h，观察温度、压力、流量等变化情况，如果发现问题应该立即停止工作进行维修。最后进行负载运行加工工件，运行 2h 各方面没有问题，则调试完毕。

7.5.2 液压装置的装配与调整

液压系统是通过矿物油作为传动介质传递动力、控制机械部件运动的控制系统。与其他机械设备的液压系统组成一样，数控机床的液压传动系统也是由动力装置、执行装置、控制和调节装置、辅助装置 4 部分组成的，各组成部分的液压元件通过管道、接头和通道块等连接件连接成一个整体。因此，作为基本要求，液压器件、管道、连接件必须安装准确、牢固、可靠和整洁，才能确保液压系统的正常运行。

(1) 数控机床液压系统的工作原理

不同种类及功能的数控机床，其液压控制系统的复杂程度有很大的不同。下面以数控车床及加工中心为例，分别对其液压控制系统进行简单介绍。

1）数控车床液压控制系统

全功能数控车床、车削中心等性能先进的车削机床，由于机床功能强、自动化程度高、适应范围广、辅助动作多、刀库容量大，通常都需要配套液压系统。车削数控机床的液压系统一般用于刀架夹紧/松开、卡盘夹紧/松开、尾架伸出/退回等动作的控制。

图 7-69 是一种典型的全功能数控车床液压系统原理图，它包括卡盘松夹、刀架松夹和回转、尾架伸缩四部分，系统还安装有压力表、压力继电器等辅助检测元件，说明如下。

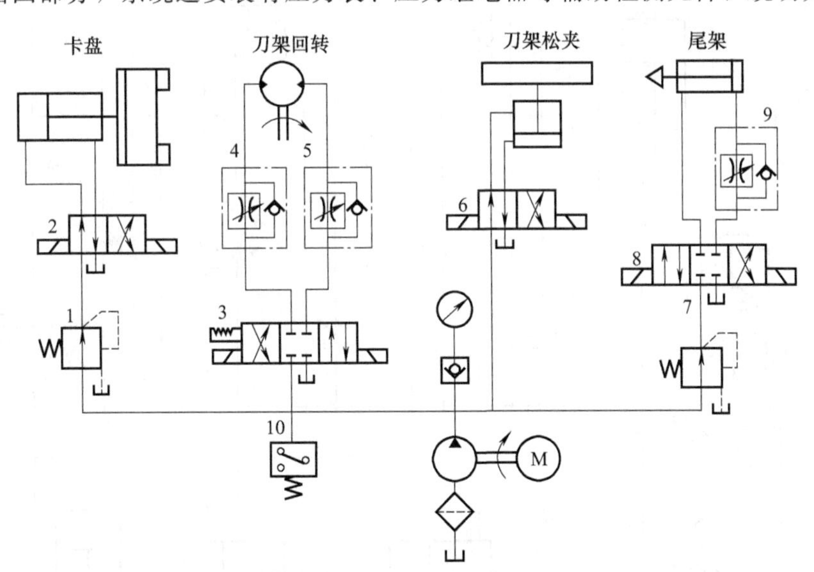

图 7-69 数控车床液压系统原理图

① 卡盘 卡盘液压系统由减压阀 1、二位四通换向阀 2 控制，通过油缸的伸缩，实现卡盘松夹。减压阀 1 用来调整卡盘夹紧压力；二位四通换向阀 2 用来控制油缸的伸缩，实现卡盘的夹紧/松开动作。系统工作时，可通过电气控制系统对换向阀 2 控制，改变卡盘油缸的进/出油

腔，使卡盘夹紧和松开工件。

② 刀架回转　刀架回转系统由三位四通换向阀 3、单向减速阀 4 和 5 控制，通过液压回转油缸实现回转。刀架回转必须在刀架松开后进行，其动作由电气控制系统控制。利用三位四通换向阀 3，可改变液压回转油缸的转向，实现刀架的正反转动作；液压回转油缸的回转速度，可通过单向减速阀 4 和 5 调节进油口的流量改变。

③ 刀架松夹　刀架的夹紧、松开液压系统由二位四通换向阀 6 控制，通过液压油缸的抬起/落下动作实现。利用电气控制系统对换向阀 6 的切换，可以改变油缸的进/出油腔，实现刀架的抬起（松开）和落下（夹紧）动作。

④ 尾架控制　尾架伸缩系统由减压阀 7、三位四通换向阀 8、单向减速阀 9 控制，伸缩油缸的前后运动实现。减压阀 7 用来调整尾架夹紧（顶尖伸出）的压力；单向减速阀 9 用来调节尾架夹紧的流量，控制顶尖伸出的速度；三位四通换向阀 8 用来改变尾架油缸的进油、出油腔，控制伸缩油缸的顶尖伸出（夹紧）/退回（松开）动作。

2）加工中心液压控制系统

加工中心的液压系统一般用于自动换刀、刀具夹紧/松开、主轴传动级交换、转台夹紧松开、工作台自动交换、垂直轴重力平衡等部件的控制。卧式加工中心的适用范围广、刀库容量和刀具规格大、自动换刀动作复杂、Y 轴运动部件质量大，且还经常配套有主轴辅助机械变速、数控转台或分度台、工作台自动交换等部件，一般都需要配套液压系统。立式加工中心的动作相对简单，其自动换刀一般通过机械凸轮换刀、无机械手直接换刀等方式实现，重力平衡可通过安装平衡块解决，故多采用气动控制系统。

图 7-70 是一种典型的卧式加工中心液压系统原理图，它包括垂直轴平衡，机械手的伸缩、

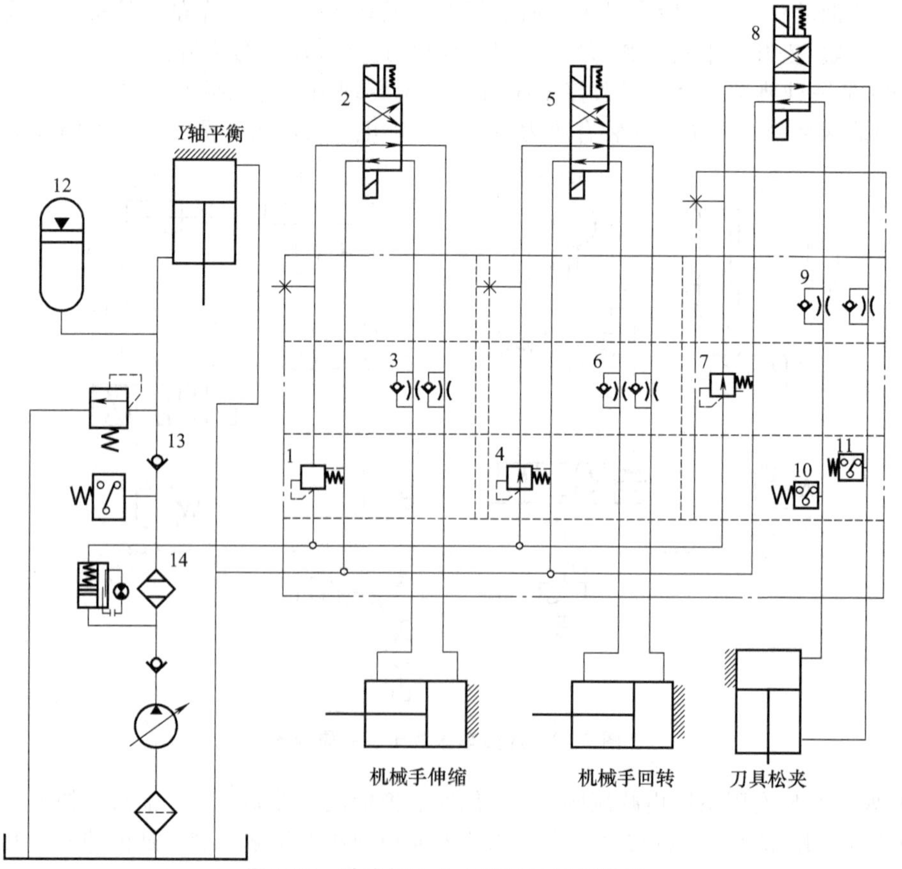

图 7-70　卧式加工中心液压系统原理图

回转，主轴上刀具的松夹4部分，系统还安装有压力表、压力继电器、过滤器等检测元件；出口过滤器14还带有堵塞报警指示灯，说明如下。

① 垂直轴平衡　卧式加工中心的主轴箱需要进行 Y 轴上下运动，由于主轴箱的自重一般较大，卧式机床的平衡块安装难度较大，故一般需要使用液压油缸进行重力平衡，防止伺服电动机断电时的自落，平衡上下运动转矩。本机床的 Y 轴的平衡油缸压力与系统压力一致，可直接通过系统减压阀调节；利用蓄能器12和单向阀13，可使得平衡油缸在液压系统关闭时仍具有平衡压力。

② 机械手伸缩　机械手伸缩系统由减压阀1、二位四通换向阀2、单向减速阀3控制，通过油缸伸缩实现。减压阀1用来调整机械手伸缩的推力；两只单向减速阀3可分别用来调节机械手伸出、缩回的速度；二位四通换向阀2用来改变伸缩油缸的进油、出油腔，控制机械手的伸缩动作。

③ 机械手回转　自动换刀的机械手回转角度固定，为了简化机械结构、降低制造成本，一般直接通过油缸推动齿轮/齿条的方式实现。本机床的机械手回转系统由减压阀4、二位四通换向阀5、单向减速阀6控制，通过油缸推动齿条、带动齿轮和机械手进行定量回转。图7-70中的减压阀4用来调整油缸推力；两只单向减速阀6可以分别用来调节机械手的正转和反转速度；二位四通换向阀5用来改变齿条油缸的进油、出油腔，控制机械手的转向。

④ 刀具松夹　刀具松夹系统由减压阀7、二位四通换向阀8、单向减速阀9、压力继电器10和11及松刀油缸等部件组成。减压阀7用来调整刀具的夹紧压力；两只单向减速阀9可以分别用来调节刀具松开、夹紧速度；二位四通换向阀8用来改变松刀油缸的进、出油腔，实现刀具的松开和夹紧动作；利用压力继电器10和11对刀具夹紧、松开时的压力检测，可输出夹紧、松开完成信号。

(2) 液压系统安装与使用要求

① 液压泵的安装　虽然液压泵的结构有所不同，但安装的基本要求类似。安装时必须确保传动轴（驱动电动机）的转向正确，泵轴和电动机传动轴的同轴度误差应控制在0.1mm以内，倾斜角度不得大于1°。

安装联轴器等部件时，不能敲击泵轴，以免损伤液压泵的内部器件。液压泵、电动机、传动部件的安装要紧固、牢靠；安装完成后，需要手动转动联轴器，确认液压泵转动灵活、无卡阻等现象。

② 液压缸安装　液压缸的安装要严格按照机械设计要求和制造厂规定进行，必须安装牢固、连接可靠，并保证活塞杆运动时无弯曲、卡阻，机械部件的移动要灵活，负载要均匀。若结构允许，油缸的进出油口应尽可能位于上方或外侧，以方便检查维修。

③ 液压管道的安装　液压管道的安装要规范、整齐、接头连接必须牢固、可靠，管道应特别注意防振、防漏处理。管道连接一般应在液压元件安装、固定完毕后进行，管道安装前需要进行管道的酸洗和清洁，管道应先进行预安装和耐压试验，确认工作可靠后，才能正式安装，安装完毕后原则上还需要进行循环冲洗。

④ 日常维护　日常维护时，应注意检查液压泵有无异常噪声，压力表指示是否正常，油箱工作油面是否在允许的范围内，各管道的接头、各类阀控制接口有无泄漏和明显的振动。

(3) 液压系统装配及调整要点

1）液压管道装配

液压硬管的安装长度和管径要合适，以便于元件调整、修理和更换。油液通道应有足够的通流面积，否则会因流速加快而损失能量。接头材料一般为金属，管道材料一般为金属、耐油橡胶编织软管，树脂高压软管及其他与工作介质相容的材质。为便于拆装，应避免紧拉。弯曲处应圆滑，不应有明显的凹痕及压偏现象，如图7-71（a）所示。管料的弯管半径取大值，其

最小弯管半径约为硬管外径的2.5倍。接管端处应留出直管部分，其距离为管接头螺母高度的2倍以上。建议不要太多的90°弯曲，流体经过一个90°弯曲管的压降比经过两个45°弯曲管要大。布置管道时，尽量使管道远离需经常维修的部件。管道排列应有序、整齐，便于查找故障、保养和维修。如图7-71（b）所示，管道排列应尽量采用水平或垂直布管，平行或交叉的管系之间应有10mm以上的空隙。

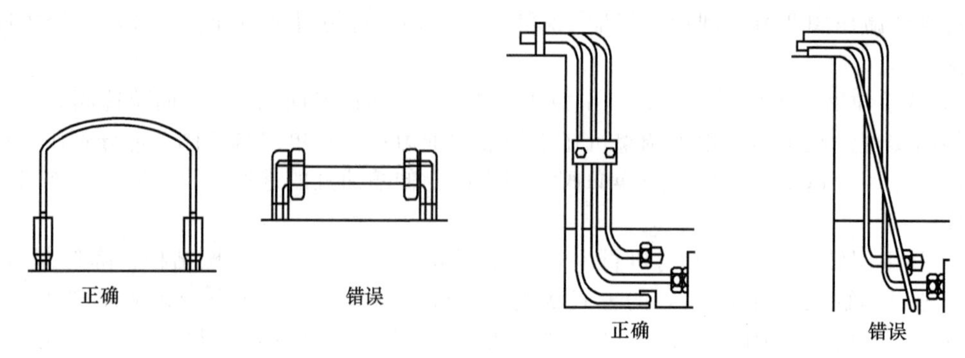

(a) 液压管道接口间连接方式　　(b) 液压管道布置方式

图7-71　液压管道装配

软管在保证有足够的弯曲半径情况下，其长度应尽可能短，可以避免在安装或设备运行中软管发生严重扭曲和变形，必要时应设软管保护装置，过小的弯曲半径会大大降低软管的使用寿命。扭曲的软管同时还会松脱接头的连接。软管要有一定的松弛，来补偿受压时发生的软管收缩现象。使用管夹可以保证软管的定位。在安装胶管时，管道的长度、角度、螺纹均要合适，不能强行进行装配，否则会使管道变形，产生安装应力，导致其强度下降。

① 扩口式接头装配　液压系统管料在安装前应先垂直锯下钢管后去掉内外径毛刺，清除里面的脏物，有需要时套上衬套、螺母后在专用设备上扩口。安装时应该使钢管、扩口轴线与接头体锥面轴线同心。将管料扩口面与接头体锥面对准贴紧后，用手拧紧螺母，再用扭力扳手扳紧。如无扭力扳手，可用普通扳手再拧紧1～2圈，一般按照经验大规格拧紧1圈，小规格拧紧2圈，特殊情况可以加大。在使用扩口式接头时候，应注意以下几点。

a. 钢管轴线与接头体锥面轴线必须同轴，如果不是同轴，禁止强行将管料扳到位。

b. 拧紧力矩不能过大或过小。过大管料有开裂，若出现，必须更换，不然会造成漏油。

c. 接头体或管料处的密封面上不能有影响密封的杂质、凹坑等。

② 55°密封管螺纹接头装配。

a. 检查油口及连接螺纹，保证无脏物、毛刺及其他异物。

b. 在外螺纹上加密封胶水或密封带，但是在第1、2牙螺纹上不要覆盖密封料，以避免污染系统油液。加生料带时应按顺时针方向（从管端看）在外螺纹上缠绕1.5～2圈。

c. 用手拧紧，然后再用扳手扳紧1.5～3圈，一般按照经验小规格扳紧2.5圈左右，大规格扳紧2圈左右，特殊情况可以加大。

2）液压元件装配

① 泵和各种阀以及指示仪表等的安装位置，应注意使用及维修的方便。液压泵的安装入口、出口和旋转方向，一般在泵上均有标明，不得反接。

②安装各种阀时，应注意进油口与回油口的方位，如果将各种阀进油口与回油口装反，将会造成事故，请加强重视。

③ 在安装时如果阀及某些连接件购置不到时，可以代用，但应相适应和通用，一般油的耗量不得大于技术性能内所规定的40%。

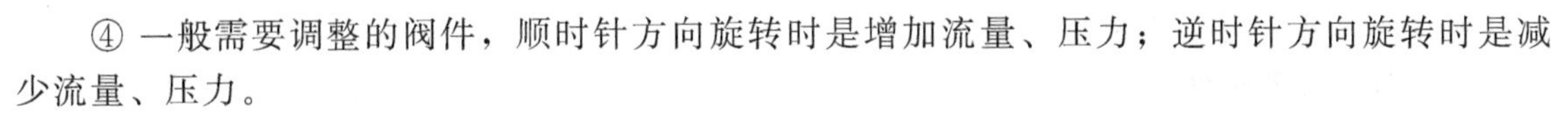

④ 一般需要调整的阀件，顺时针方向旋转时是增加流量、压力；逆时针方向旋转时是减少流量、压力。

⑤ 方向阀安装时，一般应使其轴线在水平位置上，否则会造成方向阀不正常工作。

⑥ 液压缸安装应牢固可靠。如果在工作温度高的场合使用，为了防止热膨胀的影响，缸的一端必须保持浮动。配管连接不得松弛。

⑦ 液压缸的安装面和活塞杆的滑动面，应保持足够的平行度和垂直度。

⑧ 移动缸的中心线与负载作用力的中心线同轴。

⑨ 为了避免空气渗入阀内，连接处应保证密封良好。

⑩ 有些阀件为了安装方便，制造的时候开有同作用的两个孔，安装后不用的一个注意要堵死，否则会产生喷油现象。

⑪ 用法兰安装的阀件，螺钉不能拧得过紧，因为有时过紧反而会造成密封不良。原来的密封件或材料如不能满足密封时，应更换密封件的形式或材料。

(4) 液压系统的装配调试

数控机床液压系统装配完成后，都应进行调试，在准备调试前，应先检查各管道是否连接到位，弯曲度是否适当，再调节每个液压阀，检查电磁换向阀是否全部接上线路，然后在油箱中加入设计要求的工作液压油，接好液压站的电动机线，如果情况可以的话，在附近设置一个断路器以便出现情况时可以快速启闭液压站电动机。然后测试电动机转向是否符合要求，用堵头将液压站放油口封上。调试要求主要有以下方面。

① 调试液压回路　开启电动机，低压运行 20min 以排气和冲洗液压管道系统。用吸水性好的纸擦拭干净各密封处，然后注意观察有无渗漏现象。调节减压阀逐次升高压力，每次提高 5MPa，时间控制在 3min 看有无渗漏，直至压力升到设计压力的 1.2 倍时止，时间控制在 10min。最后全面检查，必须保证所有焊缝、接口和密封处无漏油，管道无永久变形。在试压中注意观察调节减压阀时压力表显示的压力升降是否平稳和灵敏。

② 调试液压泵　在工作压力下运行，液压站液压泵不能有异常噪声，如为变量泵，其调节装置应该灵活可靠。液压泵发热在规定的技术要求内。然后调试换向阀，反复操纵换向阀 3～5 次，要求换向阀换向灵敏、可靠和无卡滞现象。

③ 调试节流阀　将单向节流阀全开，顺时针旋转，操作换向阀，用秒表计算液压缸的伸缩速度，统计 10 次后按公式计算系统流量是否符合设计要求，同时注意观察溢流阀中不得有溢流现象，然后观察压力表显示压力不得超过系统设计压力。拧松单向节流阀，记录液压缸的伸缩速度，观察单向节流阀调节流量是否平稳可靠，如果都符合要求说明节流阀正常。

调试完毕后需要检查系统的过滤器。如果在过滤器滤芯背面能看到明显的铁屑、焊渣等异物，去除异物后按照上述调试液压回路中的方法再次冲洗 10min，然后再次检查，直到目视无杂物为止。已污染的滤芯需要换成新滤芯。

7.6 数控机床的辅助装置

为提高机床加工效率和自动化程度以及保证机床能够安全、可靠地运行，数控机床一般还需配置自动卡盘、自动润滑与冷却、自动排屑、全封闭防护罩等辅助装置。

7.6.1 自动卡盘的结构

卡盘是机床上用来夹紧工件的机械装置，数控机床为满足高效、自动加工的需要，常配置有自动卡盘，如全功能数控车床，其工件的夹紧/松开通常需要采用液压三爪卡盘、弹簧夹头等自动夹具。此外，数控外圆磨床、数控内圆磨床等机床也配备有自动卡盘。其中，数控车床自动夹具的典型结构有以下几种。

(1) 液压三爪卡盘

简单的自定心液压三爪卡盘结构如图 7-72 所示。它主要由安装在主轴尾部的液压驱动部件和安装在主轴前端的自定心卡爪组成。

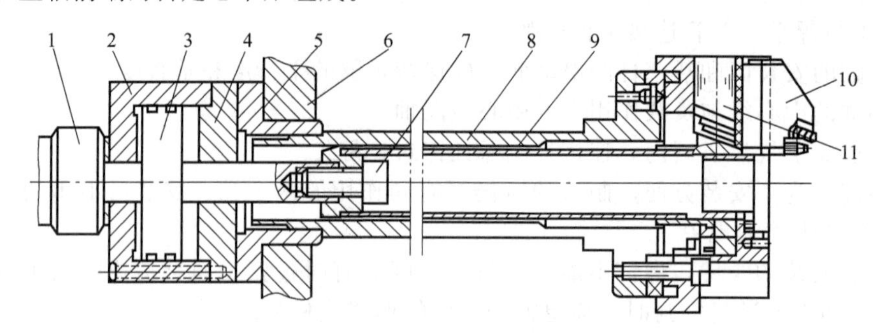

图 7-72 自定心液压三爪卡盘结构图

1—调整块；2—油缸体；3—活塞；4—油缸盖；5—连接盘；6—箱体；7—连接螺钉；8—主轴；9—拉杆；10—卡爪；11—驱动爪

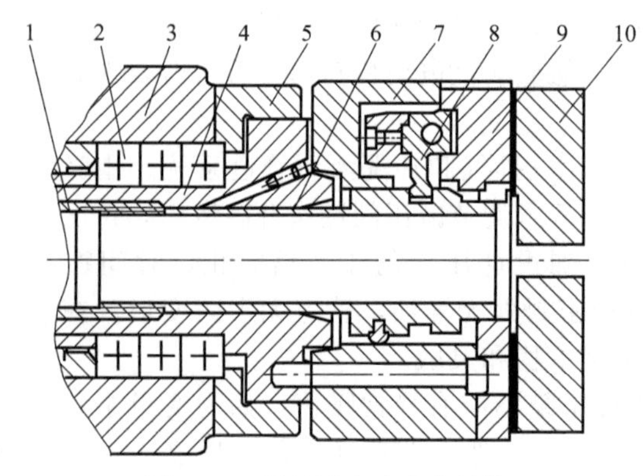

图 7-73 通用型自动卡盘结构

1—接杆；2—轴承；3—箱体；4—主轴；5—端盖；6—拉杆；7—卡盘体；8—杠杆；9—驱动爪；10—卡爪

液压油缸主要由油缸体 2、活塞 3、油缸盖 4 组成，当油缸的前、后腔分别通入压力油时，活塞将前后移动，活塞行程可通过后端的调整块 1 调节。活塞的前端通过连接螺钉 7 和安装在主轴 8 内孔中的拉杆 9 连接，拉杆 9 前后运动可带动驱动爪 11 径向运动，驱动爪 11 通过齿牙带动卡爪 10 内外运动，以实现卡盘的自动松夹。

(2) 标准自动卡盘

自定心液压三爪卡盘的结构简单、制造容易，但弹簧夹头安装、卡盘更换较困难。因此，进口全功能数控车床一般采用图 7-73 所示的通用型自动卡盘。

通用型自动卡盘同样可通过主轴后端的液压缸驱动，但主轴采用了前端内侧为锥孔、外侧为短锥的标准结构形式，锥孔可用来安装弹簧夹头，外锥用来安装自动卡盘。拉杆 6 和接杆 1 采用螺纹连接，连接螺纹位于主轴前侧，拉杆的安装、调整非常方便。

当机床安装自动卡盘时，卡盘体 7 的锥孔和主轴的短锥面定位固定；拉杆 6 可在液压油缸的推动下前后移动，并通过杠杆 8 带动驱动爪 9 径向运动，驱动爪 9 通过齿牙带动卡爪 10 松夹。

主轴弹簧夹头的安装方法如图 7-74 所示。小直径弹簧夹头可直接用主轴的内锥孔定位松夹；大直径弹簧夹头可选配内锥孔转换盘。

由于弹簧夹头和自动卡盘的拉杆连接尺寸统一，夹具的更换非常方便。

7.6.2 润滑与冷却装置

为提高和保证数控机床的加工精度、延长机床的使用寿命，数控机床一般均配置有自动润滑与冷却装置。下面对其结构及工作原理进行简要说明。

(1) 数控机床润滑系统

数控机床的润滑系统主要用于轴承、丝杠、导轨、齿轮箱等传动部件的润滑，它可起到减

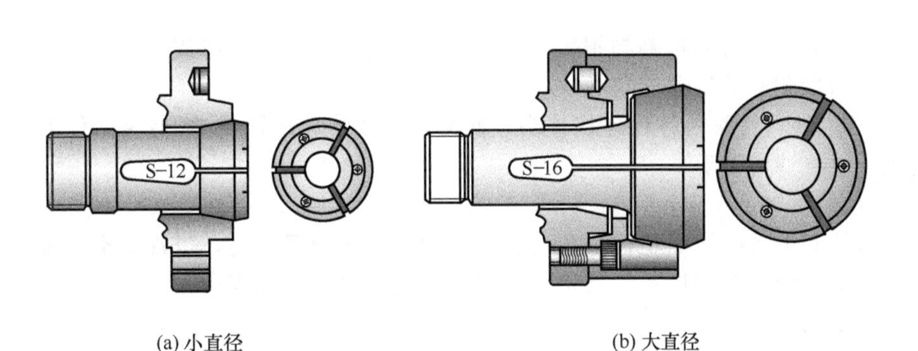

(a) 小直径　　(b) 大直径

图 7-74　标准弹簧夹头

小摩擦阻尼、降低发热、减少零件磨损及防锈、减振等作用，对提高机床的加工精度、延长机床的使用寿命等都起着十分重要的作用。

1）润滑系统组成

采用润滑油润滑的系统一般组成如图 7-75 所示。系统通常由供油装置、过滤装置、油量分配装置、控制装置、管路及附件等部件组成。

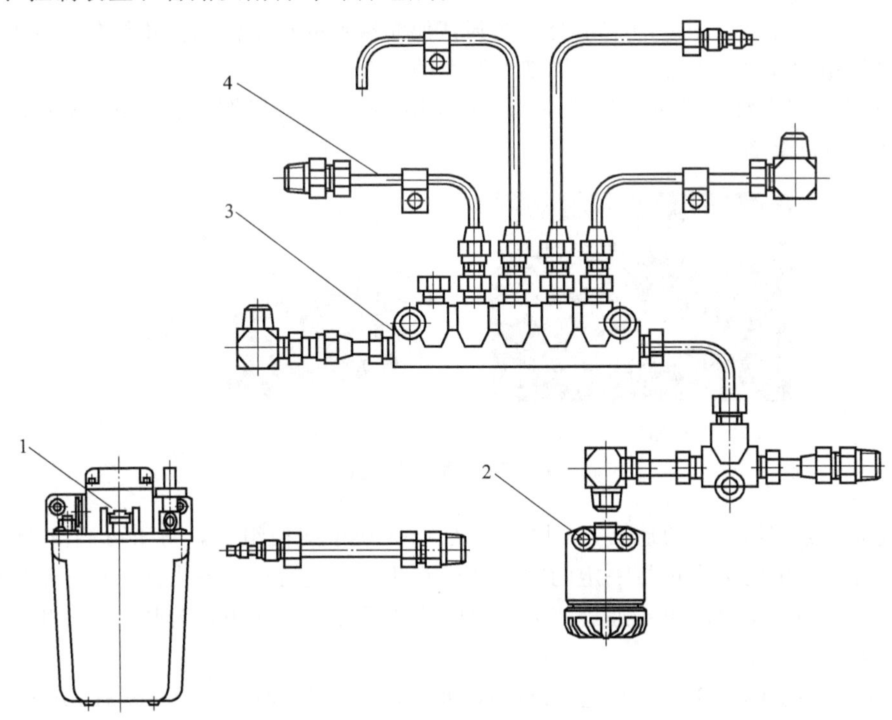

图 7-75　润滑系统的组成

1—供油及控制装置；2—过滤装置；3—油量分配装置；4—管路与附件

① 供油装置　供油装置可为润滑系统提供一定流量和压力的润滑油。国产普及型数控机床有时直接采用手动润滑泵供油，但正规设计的数控机床需要采用电动润滑泵、气动润滑泵、液动润滑泵等自动供油装置。

② 过滤装置　过滤装置用于油或油脂的过滤。油润滑系统使用滤油器；脂润滑系统采用滤脂器。

③ 油量分配装置　油量分配装置可将供油装置提供的润滑油按不同润滑部件实际所需的油量，定量分配到各润滑点。油量分配装置包括计量件、控制件等。

④ 控制装置　润滑控制装置通常具有润滑时间、润滑周期、润滑压力等参数的自动控制

以及润滑油位、润滑压力的检测与报警等功能。控制装置通常由润滑周期和时间的调节、控制器，液位、压力检测开关等器件组成。

⑤ 管路及附件　管路由各种连接接头、润滑管（软管和硬管）、管夹等器件组成；润滑附件有压力表、空气滤清器等。

2）润滑系统类型

数控机床的润滑系统按照工作介质可分为油润滑和脂润滑两类，以油润滑系统为常用。油润滑系统按油量分配装置的形式，又可分单线阻尼式、递进式和容积式三类。数控机床以容积式润滑系统为常用。

① 单线阻尼式润滑系统　单线阻尼式系统简称 SLR 系统，它可把油泵提供的润滑油按一定的比例分配到各润滑点，这种系统以图 7-76（a）所示的阻尼式计量控制器件作为油量分配装置，润滑点的供油量由计量控制件控制，按比例供油，其控制比可达 1∶128。

单线阻尼式润滑系统多用于低压润滑，油润滑时的润滑工作压力通常为 0.17～2.5MPa、油液的黏度范围为 20～750mm^2/s；脂润滑的润滑工作压力一般在 4MPa 以下，可设的润滑点为 1～50 个。

单线阻尼式润滑系统结构紧凑、使用灵活、操作维护方便，其润滑点数量可根据机床的实际需要增减，且某点发生阻塞时，不会影响到其他润滑点的正常使用。单线阻尼式润滑系统适合机床润滑量相对较少，并需要进行周期性润滑的场合。

② 递进式润滑系统　递进式润滑系统简称 PRG 系统，它以图 7-76（b）所示的递进式分配器作为油量分配装置。

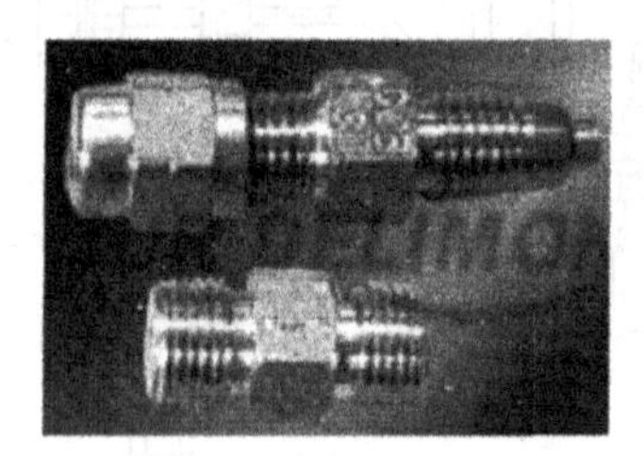

(a) 阻尼式

(b) 递进式

图 7-76　油量分配器

递进式油量分配器由 1 块底板、1 块端板及 3～8 块中间板组成，每组可润滑 18 个点。系统供油时，分配器中的活塞可按一定的顺序进行差动、往复运动，各出油点按一定顺序依次出油，润滑点的出油量主要取决于递进式分配器中活塞行程与截面积，若某一点产生堵塞，则下一个出油口就不会动作。

递进式润滑系统的工作压力可达 40MPa，润滑油液的黏度范围为 20～1600mm^2/s，流量范围为 0.05～20mL/次，可设润滑点 1～200 个，故可用于高压润滑系统。

递进式润滑系统定量准确、压力高，系统可配备给油指示杆和堵塞报警器，对各注油点供油状况进行实时监控，一旦系统堵塞或某点不出油，指示杆便停止运动，报警装置立即发出报警信号。指示杆还可通过控制器实现计时或计数，实现周期或近似连续润滑。递进式系统多用于矿山机械、钢铁、冶金机械、港口机械等设备的润滑，在数控机床上使用相对较少。

③ 容积式润滑系统　容积式润滑系统简称 PDI 系统，它是一种用于周期性自动润滑的集中润滑系统，系统以图 7-77 所示的定量分配器作为油量分配装置，控制润滑点的供油量。

容积式润滑系统可根据实际需要，对各润滑点进行精确的定量供油，其每次供油量为 0.016～0.4mL，误差可控制在 5%以内，可设的润滑点为 1～200 个，系统的工作压力可达 25MPa 左右，故可广泛用于机床、轻工机械、纺织机械、包装印刷机械等设备的润滑控制，

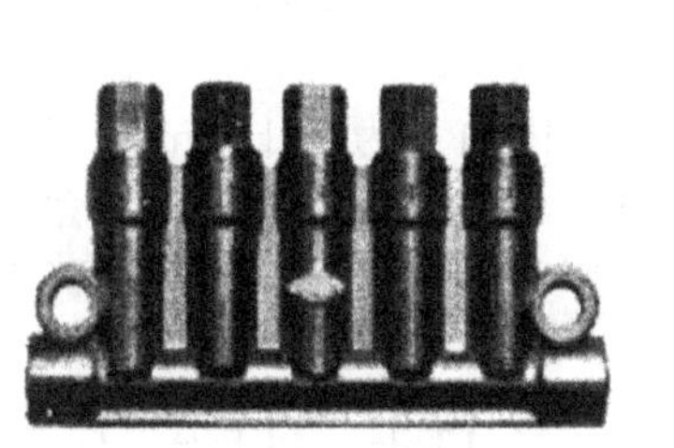

图 7-77 容积式定量分配器

它是数控机床使用最为广泛的润滑系统。

3）集中润滑装置

数控机床需要进行润滑的传动部件主要有导轨、丝杆、齿轮箱、轴承等，为了简化结构、便于使用维修，大多数机床都采用集中润滑装置进行统一的润滑。集中润滑系统具有定时、定量、准确、高效和工作可靠、使用调整方便、安装维护容易等特点，它是数控机床目前广泛采用的润滑装置。

根据润滑系统要求和类型的不同，常用的集中润滑装置主要有图 7-78 所示的三类。

(a) 柱塞泵润滑站

(b) 齿轮泵润滑站

(c) 大型润滑站

图 7-78 常用的集中润滑装置

① 柱塞泵润滑站　柱塞泵润滑站由微型电动机驱动的弹簧柱塞泵进行供油，它适用于前述的单线阻尼式润滑系统。柱塞泵润滑站的油箱容量一般为 1～5L，油压通常在 0.3～0.45MPa，可用于管路长度 10m 以内、高度不超过 5m 的中小型数控机床的集中润滑供油。润滑站一般配套有可设定和选择注油周期的控制器，每行程的注油量可调，并带有润滑液位过低报警输出等检测功能。

② 齿轮泵润滑站　齿轮泵润滑站由电动机驱动的齿轮泵供油，它适用于前述的容积式润滑系统。齿轮泵润滑站的油箱容量一般为 2～20L，油压可达 0.8～2.5MPa，其管路长度和高度均比柱塞泵润滑站大，可满足绝大多数数控机床的润滑要求，是数控机床当前最常用的集中润滑装置。润滑站通常配套有液位开关和简单的润滑程序控制器，可对油箱的油位、供油系统的压力等参数进行监控，并进行润滑周期、时间的设置和控制。

③ 大型润滑站　大型润滑站用于大型数控机床、注塑机等大型机械设备的高压、大流量润滑，它可用于前述的单线阻尼系统、递进式润滑系统、容积式润滑系统。大型润滑站的油箱容量可达 200L 以上，油压可超过 40MPa，故可用于远距离、大流量润滑。大型润滑站的控制和检测系统更加完善，它不但具有常规的压力、液位检测装置，且可根据需要选配利用压力检测自动控制润滑工作时间的功能。对于大流量的润滑系统，还可通过配套磁性过滤器等器件，进行润滑油的循环利用。

4）润滑系统的工作原理

数控机床的润滑系统通常比较简单，图 7-79 是某立式加工中心润滑系统原理图，该润滑系统采用的是润滑站供油的容积式润滑系统。

润滑站所提供的润滑工作压力为 1.6MPa，供油量为 0.1L/min，润滑泵为周期性间隙工作，其工作周期可通过控制器进行设定和调整。润滑站安装有油液的液位检测开关、过滤器、压力表和溢流阀等控制元件，系统的最大工作压力可通过溢流阀进行调节，润滑泵的断开由压力继电器进行控制。

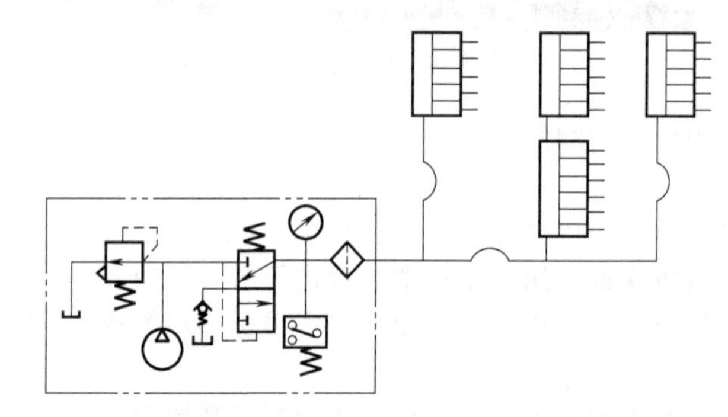

图 7-79 立式加工中心润滑系统原理图

机床的润滑系统连接有 X、Y、Z 三路工作台的定量分配器，定量分配器安装在工作台上，可同时向丝杠和导轨供油。当润滑电动机工作时，润滑泵输出的油压上升，二位三通阀自动打开，润滑泵开始向润滑系统供油，各定量分配器的油腔同时进油。当所有定量分配器的油腔注满油后，润滑系统的压力将升高，一旦到达最大压力 1.6MPa，系统中的压力继电器动作，通过控制器可自动关闭润滑泵，并通过单向阀保持系统压力。

与此同时，定量分配器开始向各润滑点注油，完成一次工作循环。

图 7-80 冷却系统的组成

1—水箱；2—滤油器；3—过滤器；4—排屑器；5—液位指示；6—水泵

(2) 数控机床冷却系统

传统意义上的机床冷却系统一般是指刀具及工件加工部位的冷却系统。数控机床是用于高速、高精度加工的高效、自动化加工设备，它对切削速度、加工精度的要求比普通机床更高。机床不仅需要有高压、大流量冷却系统，而且还需要通过刀具中心内冷等措施提高冷却性能。此外，电主轴、高速主轴单元等高速传动部件有时也需要配套强制水冷系统。在高精度机床上，为了减小机床热变形，床身、滚珠丝杠等部件有时也需要进行恒温控制，它们需要用制冷剂、恒温冷却油进行冷却。

① 冷却系统的组成　数控机床的冷却系统通常需要与数控机床的排屑系统进行一体化设计，系统由图 7-80 所示的水箱、水泵、过滤器、排屑器、液位指示、滤油器等基本部件以及

安装在机床上的冷却通断控制电磁阀、喷嘴、喷枪、手动阀等组成。

水泵是冷却系统的基本部件，它可为冷却系统提供一定流量和压力的冷却水；过滤器用于铁屑分离，为了去除冷却水的油污，精密加工机床有时需要增加滤油器；液位检测、压力检测等控制器件用来防止系统缺水、压力不足，保证系统正常运行。

② 冷却系统的工作原理　数控机床的冷却系统通常比较简单，图7-81是某立式加工中心的冷却系统原理图，系统设计有刀具冷却、床身冲洗和手动喷枪三路冷却。

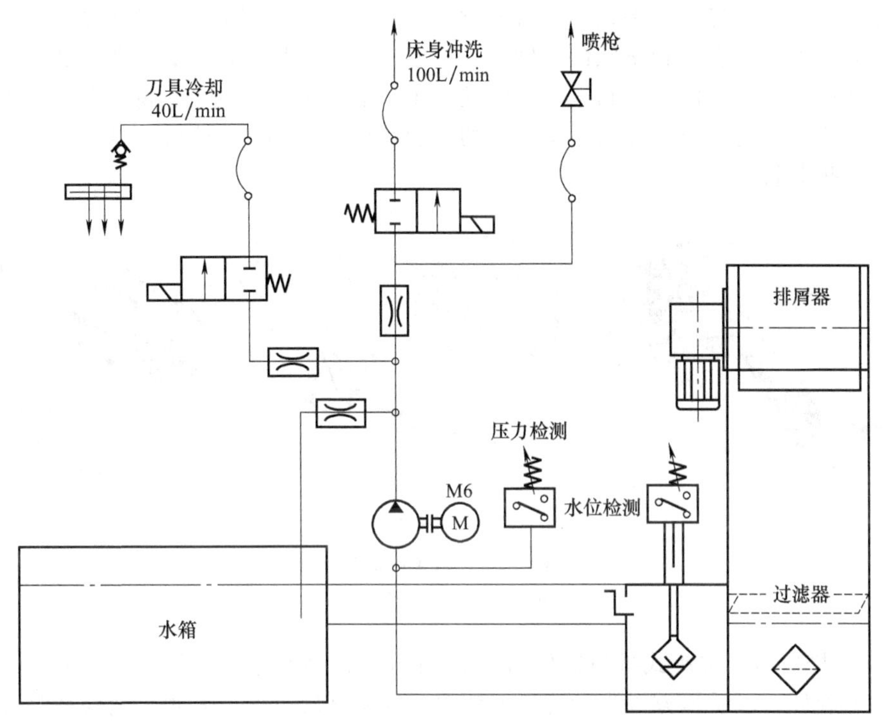

图7-81　立式加工中心冷却系统原理图

该冷却系统的刀具冷却、床身冲洗各采用了1只二位二通电磁阀进行独立控制，并可进行流量的分别调节；手动喷枪使用手动阀。系统安装有水位检测、压力检测和过滤装置，当冷却水不足、压力下降时可通过电气控制系统发出报警。

7.6.3　排屑与防护装置

为保证数控机床的高效、自动加工以及机床安全、可靠地工作，数控机床一般均配置有自动排屑与全封闭防护装置。下面对其结构及工作原理进行简要说明。

(1) 排屑系统

排屑系统的主要作用是将加工过程中产生的切屑迅速、有效地从加工区排出。数控机床在高效、自动加工时将产生大量的铁屑，出于安全保护的需要，机床一般需要安装全封闭的防护罩，加工铁屑不能像普通机床那样，直接在加工过程中进行手动去除。因此，数控机床一般都配套有自动排屑装置，它是保证数控机床高效、自动加工的重要条件。

数控机床的排屑系统通常需要与数控机床的冷却系统进行一体化设计。如图7-80所示为某数控机床的排屑与冷却系统，由排屑器、水箱、水泵、过滤器等基本部件组成。

1）排屑器

数控机床的排屑器多采用专业生产厂家生产的成套装置，常用的有链式、螺旋式、磁性分离排屑器、纸过滤排屑器等。数控车削、镗铣类机床多使用链式、螺旋式排屑器；磁性分离排

屑器和纸过滤排屑器通常用于磨削类数控机床。

① 链式排屑器 链式排屑器的排屑能力强、排屑速度快，并可用于各种材料的排屑，它是车、铣、镗类数控机床使用最多的排屑器。

链式排屑器由图 7-82 所示的驱动电动机、减速器、输送带及传动部件、控制装置等组成。排屑器工作时，驱动电动机可通过减速器及传动部件（链轮）牵引输送带在封闭的外壳中循环回转，将铁屑带出加工区，并通过倾斜提升等方法来分离冷却水。

链式排屑器的链板形状有平板、刮板两种。平板链式排屑器对钢、铝合金等中、长切屑的排除效果较好，但不适合于粉末状的铸铁加工、磨削加工铁屑的清除；刮板式排屑装置适合用于短、小切屑的排除，也能用于粉末状的铸铁加工、磨削加工铁屑的清除，其适用面较广、排屑能力较强，但工作时的负载较大，中、长切屑容易卡阻，故需采用较大功率的驱动电动机，并带有过载保护装置。

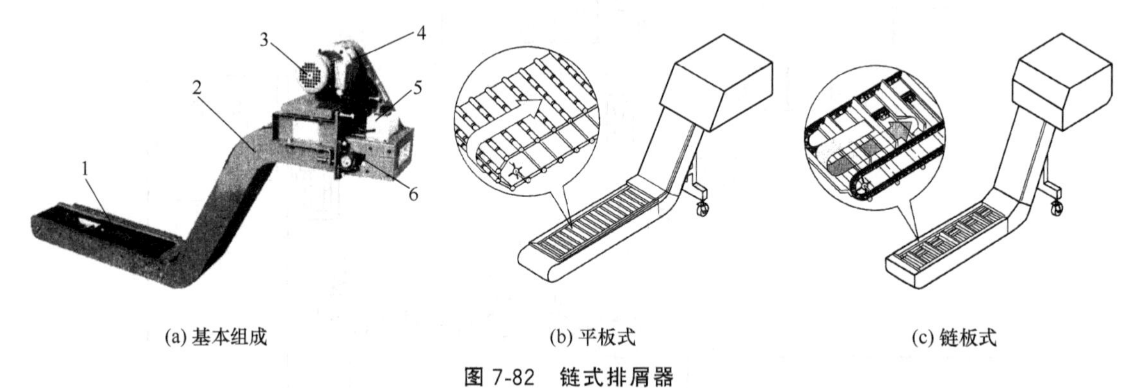

(a) 基本组成 (b) 平板式 (c) 链板式

图 7-82 链式排屑器

1—输送带；2—外壳；3—电动机；4—减速器；5—控制装置；6—传动部件

② 螺旋式排屑器 螺旋式排屑器如图 7-83 所示。它是通过电动机、减速装置驱动安装在沟槽中的长螺旋杆，以挤压方式进行排屑的装置。螺旋杆转动时，沟槽中的切屑将在螺旋杆的推动下连续向前运动，最终排入切屑收集箱。螺旋式排屑器可用于各种材料的排屑，其结构简单、体积小，可用于空隙狭小的排屑场合，但其排屑能力较差，不适合用于长条状、纤维状的排屑。此外，螺旋式排屑器的切屑提升以挤压方式实现，因此，只能用于水平或小角度切屑排屑，而不能用于大角度提升的场合。

螺旋式排屑器分无芯推进和有芯推进两类。前者采用的是扁形钢条卷成的螺旋弹簧状螺旋杆，其体积较小、重量轻，但对小切屑、特别是粉末状切屑的排屑效果较差；后者采用的是轴上焊接螺旋形钢板的螺旋杆，其排屑性能相对较好，也能用于粉末状和小切屑的排屑。

③ 磁性分离和纸过滤排屑器 数控磨削类机床的切屑多为粉末状铁屑和砂轮灰，机床对加工精度、表面加工质量、冷却水的清洁度要求高，因此，需要采用图 7-84 所示的磁性分离

图 7-83 螺旋式排屑器

(a) 磁性分离

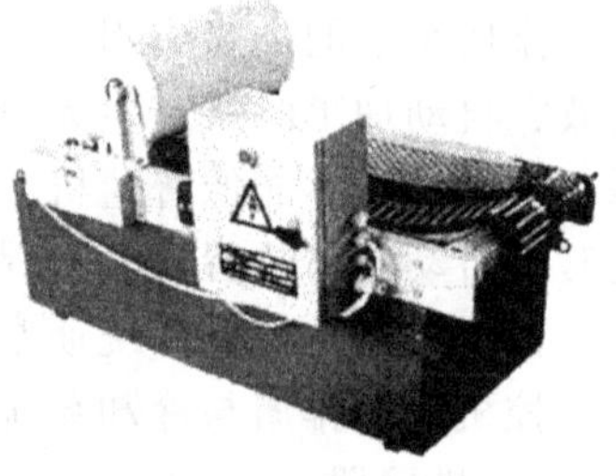

(b) 纸过滤

图 7-84 磨削机床的冷却排屑系统

器、纸过滤排屑器。

磁性排屑器的输送带由不锈钢面板和磁性材料组成，它可利用永磁材料所产生的磁力，将铁屑吸附在输送带的不锈钢面板上，实现排屑。磁性分离器可用于干式、湿式金属导磁材料的排屑，其工作可靠、运行稳定、噪声低、不易过载，但通常只能用于粉状、颗粒状及长度小于100mm 的导磁金属的排屑，故多用于数控磨削类机床。

纸过滤排屑器的输送带为链式网状，上部覆盖有一层过滤纸，这种排屑器的冷却水过滤效果非常好，它不但可排除各种铁屑，且能有效过滤油污等杂质，但体积大，过滤纸需要不断更换，使用成本较高，同时，由于滤纸具有可燃性，只能用于湿式排屑，故多用于高精度数控磨床的排屑。

2）排屑系统

排屑系统需要根据机床的不同加工要求选配。一般而言，数控车削类、镗铣类机床的通用性较强，其加工零件的材料种类多，切屑的形状不规范，因此，宜采用通用性强、排屑速度快的链式排屑器；刮板链式排屑器在使用时容易因切屑的卡阻产生过载现象，因此，需要考虑相应的过载保护措施，并且能够通过反向回转退出。

在排屑器安装空间受到限制的机床或加工区行程长且不需要进行大角度提升分离冷却水的龙门机床上，也可采用螺旋式排屑器。排屑器的外壳一般需要与机床的冷却箱连成一体，以便冷却水能够直接返回冷却箱，进行循环利用。

排屑器的安装位置需要合理选择。为了简化结构、减小占地面积、提高排屑效率，机床的排屑装置应尽量靠近刀具的切削区域安装。例如，数控车床的排屑装置一般需要安装在主轴的下方，数控镗铣床和加工中心的排屑装置一般安装在床身的回水槽上或工作台侧面。排屑器的出口处安装切屑收集的切屑箱或小车，需要留有一定的空间等。

(2) 防护装置

数控机床的防护装置按功能可分为安全防护和设备防护。安全防护就是保护操作者和维修人员等工作人员的人身安全。随着现代数控技术的发展，机床的进给速度、主轴速度、主轴功率大大提高，万一设备故障，危害极大。设备防护装置是指保护机床及其零部件的表面不受外界的腐蚀和破坏的装置，主要由各种机床防护罩组成。数控机床的防护装置应该是数控机床设计时的重要内容。

1）安全防护

在一台高速和复杂的数控机床中要保证高效生产，安全可靠性是一个必要条件。所以，评价一台机床的优劣，不仅需要看其功能有多强大，同时也需要关注其安全性能有多高。

广义的安全防护应包括安全工作区设置、电气安全接地、操作者个人防护、切削液的安全回收等，常采用以下方法保证安全。

① 采用紧急停止按钮，保证在危险的情况下，机器能够快速停止。

② 采用安全门防护装置，防止人员随意进入危险的区域。

③ 采取技术措施保证人员在打开安全门的情况下安全地调试机器。

④ 对于有防护罩的机床，选择带有锁定功能的机械插片式防护门开关。

⑤ 对于没有防护罩的机床，最简便的方法是使用安全光幕。该类机床结构的设计要保证人员一定要穿越光幕，切断光束，才能接近危险区域。此外，无论人员以何种速度进入危险区域。机床会在光束被切断时立刻停止工作。

⑥ 对于刀库操作区域，也应该选择带有锁定功能的机械插片式防护门开关。当刀库防护门打开时，刀库的旋转必须停止。操作人员同时使用双手才可以对刀库的部分功能进行操作。

2）设备防护

设备防护主要是各种机床防护罩和拖链。

① 防护罩　防护罩是数控设备防护的重要形式之一，常见防护罩的类型主要有以下几种。

a. 风琴式防护罩，又名皮老虎，外用尼龙布，内加聚氯乙烯板支撑，边缘则用不锈钢板夹护，如图 7-85 所示。此护罩具有压缩小、行程长、可耐油、耐腐蚀、硬物冲撞不变形、寿命长、密封好、行走平稳、坚固耐用等特点。

b. 钢质伸缩式导轨防护罩是机床的传统防护形式，被广泛地应用，对防止切屑及其他尖锐东西进入起着有效防护作用，通过一定的结构措施及合适的刮屑板也可有效降低切削液的渗入，如图 7-86 所示。

c. 卷帘防护罩在空间小且不需严密防护的情况下，可以代替其他护罩。它可水平、竖直或任意方向上安装使用。它具有占用空间小、行程长、速度快、无噪声、寿命长等特点，是一种理想的防护部件，如图 7-87 所示。

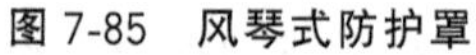
图 7-85　风琴式防护罩

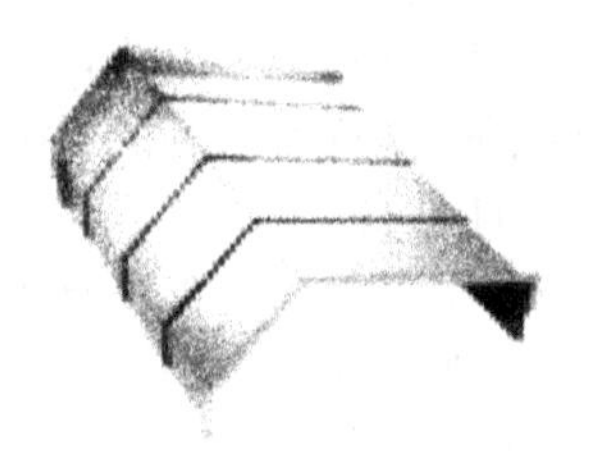

图 7-86　钢质伸缩式导轨防护罩

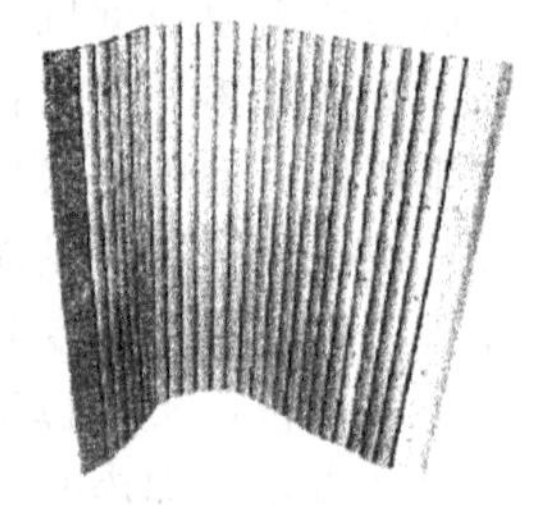

图 7-87　卷帘防护罩

② 拖链　拖链适合于使用在往复运动的场合，能够对内置的电缆、油管、气管、水管等起到牵引和保护作用；拖链每节都能打开，便于安装和维修，运动时噪声低、耐磨、可高速运动。按材质可分为钢拖链、钢铝拖链、塑料拖链、尼龙拖链等；按形式可分为桥式拖链、多联桥式拖链、封闭拖链、消音拖链、开口拖链、万向拖链等；按使用环境和使用要求的不同可分为桥式拖链、全封闭拖链、半封闭拖链三种；钢铝拖链可分为 TL 型、TGA 型、TGB 型。塑料拖链可分为重型、轻型。

表 7-3 给出了常见拖链的示意图及说明。

表 7-3　拖链示意图及说明

名　称	示 意 图	说　明
桥式工程塑料拖链		它由玻璃纤维强尼龙注塑而成，移动速度快，允许温度为−40～130℃，耐磨、耐高温、低噪声、装拆灵活、寿命特长，适用于短距离和承载轻的场合
全封闭式工程塑料拖链		它的材料与性能均与桥式工程塑料拖链相同，不过是在外形上改成了全封闭式
加重型工程塑料拖链、S 形工程塑料拖链		加重型工程塑料拖链由玻璃纤维强尼龙注塑而成，强度较大，主要用于运动距离较长、较重的管线。S 形拖链主要用于机床设备中多维运动的线路
钢拖链		它是由碳钢侧板和铝合金隔板组装而成的，主要用于重型、大型机械设备管线的保护

7.7 数控机床的安装与调试

数控机床的安装调试是指设备从生产厂家托运到用户后，安装到生产车间直到能正常使用所需完成的工作。对于机电一体化设计的小型机床，它的整体刚性很好，对地基没有什么要求，而且机床到达之后，也不必再去组装或进行任何的连接。一般来说，只要接通电源，调整好床身的水平后，就可以投入使用；而对于大、中型设备，由于托运的需要，生产厂家常把设备分解成几部分分别包装，因此，用户收货后需重新对设备进行组装连接，然后再进行精度和功能的调试等工作。

7.7.1 数控机床各部件的组装连接

数控机床是典型的机电一体化设备，其具有许多普通机床不具备的优点，在数控机床各部件的组装与连接时，应做好以下方面的工作。

(1) 数控设备的就位

在组装与连接数控设备之前，用户应按照生产厂家提供的机床基础图，事先做好机床的地基，在要安装地脚螺栓的部位做好预留孔。对已做好整体地基的车间，应在整体地基上打出安装地脚螺栓的预留孔。

一般说来，重型机床和精密机床都必须要有稳定的机床基础，否则，无法调整机床精度，即使调整后也会反复变化。因此，机床制造厂一般也会向用户提供机床基础地基图，用户应事先做好机床基础，且经过一段时间的保养，等基础进入稳定阶段，然后才能安装机床。而一些中小型数控机床，对地基则没有特殊要求。

在数控设备到达，拆开机床包装箱后，首先应找到随机的文件资料，找出机床的装箱单，按照装箱单逐样清点各包装箱内的零部件、电缆、附件、备件及各种随机工具等，看是否齐全。然后，按照机床说明书规定把组成机床的各大部件分别在地基上就位。同时，垫铁、调整垫板和地脚螺栓等也相应对号入座。至此，数控设备的初始就位就已基本完成。

(2) 组装连接的步骤与要求

机床各部件组装就是把初始就位的各部件连接起来。连接前，应首先去除安装连接面、导轨和各运动面上的防锈涂料，做好各部件外表清洁工作。然后把机床各部件组装成整机，组装时要使用在厂里调试时的定位销、定位块等原先的定位元件，使机床装配后恢复到拆卸前的状态，以利于下一步的调整。

部件组装完成后，再进行电缆、油管、气管的连接，机床说明书中有电气、液压管路、气压管路等连接图，根据连接图把它们做好标记，逐件对号入座并连接好。连接时要特别注意保持清洁、可靠的接触及密封，并要随时检查有无松动与损坏。电缆插上后，一定要拧紧紧固螺钉以保证接触可靠。在油管与气管的连接中，要注意防止异物从接口进入管路，而造成液压或气压系统出现故障，以致机床不能正常工作。在连接管路时，每个接头都要拧紧，以免在试车时漏液、漏气。电缆和管道连接完毕后，要做好各管线的固定就位，然后装上防护罩，保证机床外观整齐。

7.7.2 数控机床数控系统的连接与调试

完成数控设备各部件的组装连接之后，便可进入数控系统的连接与调试。

(1) 数控系统的连接步骤与要点

① 数控系统的开箱检查　检查包括系统本体和与之配套的进给速度控制单元以及伺服电动机、主轴控制单元和主轴电动机。检查它们的包装是否完整无损，实物与订单是否相符。此

外，还应检查数控柜内各插件有无松动，接触是否良好等。

② 外部电缆的连接　外部电缆连接是数控装置与外部 MDI/CRT 单元、强电柜、机床操作面板、进给伺服电动机动力线与反馈线、主轴电动机动力线与反馈信号线的连接以及手摇脉冲发生器等的连接，应使这些连接符合机床手册的规定。最后还应进行地线的连接。图 7-88 为数控机床接地的示意图。

③ 数控系统电源线的连接　应在切断数控柜电源开关的情况下连接数控柜电源变压器原边的输入电缆，检查电源变压器与伺服变压器的绕组抽头连接是否正确，尤其是进口的数控设备与数控机床更要注意这一点。

④ 设定确认　数控系统内的印制电路板上有许多用短路棒来短路的设定点，这项工作已由机床制造厂家完成，用户只需确认并记录。但对于单个购入的数控装置，用户则必须根据需要自行设定，因为数控装置出厂时，是按标准方式设定的，不一定能满足每个用户的要求。设定确认的内容一般包括以下几方面。

a. 确认控制部分印制线路板上的设定：主要确认主板 ROM 连接单元、附加轴控制板以及旋转变压器或感应同步器控制板上的设定。这些设定与机床返回基点的方法、速度返回的检测元件、检测增益调节及分度精度调节等有关。

b. 确认速度控制单元印制电路板上的设定：直流速度控制单元和交流速度控制单元上都有许多的设定点，用于选择检测元件的种类、回路增益以及各种报警等。

c. 确认主轴控制单元印制电路板上的设定：无论是直流还是交流主轴控制单元上，均有一些用以选择主轴电动机电流极限和主轴转速的设定点。但数字式交流主轴控制单元上已经用数字设定代替短路棒的设定，故只能在通电时才能进行设定与确认。

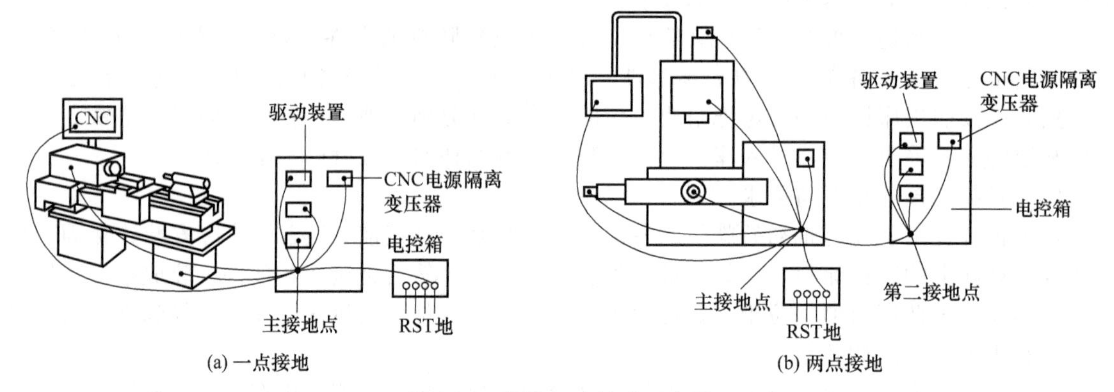

图 7-88　数控机床接地示意图

⑤ 输入电源电压、频率及相序的确认。

a. 检查确认变压器的容量，确认是否满足控制单元伺服系统的电能消耗。

b. 检查电源电压波动范围，确认是否在控制系统允许的范围内。

c. 检查相序：对于采用晶闸管控制元件的速度和主轴控制单元的供电电源，一定要检查相序。在相序不正确的情况下接通电源，可能使速度控制单元的输入熔丝烧断，这是误导通造成的大电流引起的。

相序检查方法有两种：一种方法是用相序表测量，当相序接法正确时（即与表上的端子标记的相序相同时），相序表按顺时针方向旋转。另一种可用示波器测量两相之间的波形，两相看一下，确定各相序。

⑥ 确认直流电源单元电压输出端　各种数控系统内部都有直流稳压电源单元，为系统提供＋5V、±15V、±24V 等直流电压。因此，在系统通电前，应检查这些电源的负载是否有

对地短路现象，可用万用表来确认。

⑦ 接通数控柜电源，检查各输出电压　在接通电源之前为了确保安全，可先将电动机动力线断开。接通电源之后，首先应检查数控柜内各风扇是否旋转，也借此确认电源是否接通。

检查各印制电路板上的电压是否正常，各种直流电源是否在允许的范围内波动。一般来说，对+5V电源的电压要求较高，波动范围在±5%范围内，因为它是供给逻辑电路的。

⑧ 确认数控系统中各种参数的设定　设定系统参数（包括PLC参数）的目的，就是当数控装置与机床相连接时能使机床具有最佳的工作性能。即使是同一种数控系统，其参数设定也随机而异。随机附带的参数表是机床的重要技术资料，应妥善保管，不得丢失，否则将给机床的维修和性能恢复带来困难。

⑨ 确认数控系统与机床的接口　现代的数控系统一般都有自诊断功能，荧光屏CRT画面上可以显示出数控系统与机床接口以及数控系统内部的状态。在带有可编程序控制器（PLC）时，可以反映出从PLC到NC（数控装置）、从PLC到MT（机床）以及从MT到PLC的各种信号状态。

完成上述步骤，可以认为数控系统已调试完毕，具备了与机床联机通电试车的条件。此时，可以切断数控系统电源，连接电动机的动力线，恢复报警的设定。

（2）通电试车

机床调试前，应按机床说明书要求，给机床润滑油油箱、各润滑点灌注规定的油液和油脂，用煤油清洗液压油箱及过滤器，装入规定标号的液压油，接通外界输入气源。液压油事先要经过过滤。

机床通电试车可以是一次各部件全面供电，或各部件分别供电，然后再做总供电试验。分别供电比较安全，但时间长。通电后，首先观察有无故障报警，然后用手动方式陆续启动各部件。检查安全装置是否起作用，能否正常工作，能否达到额定的工作指标。

调整机床的床身水平，粗调机床的主要几何精度，再调整重新组装的主要运动部件与主机的相对位置，如机械手、刀库与主机换刀位置的调整与校正。这些工作完成后，就可以用快干水泥灌注主机与各附件的地脚螺钉，把各预留孔灌平，等水泥完全干涸以后，就可以进行下一步工作了。

在数控系统与机床联机通电试车时，虽然数控系统已经确认，工作正常无任何报警，但为了预防万一，应在接通电源的同时，做好按压急停按钮的准备，以便随时切断电源。

在检查机床各轴运动情况时，应在手动模式下连续进给移动各轴，通过CRT的显示值检查机床部件移动方向是否正确。如果方向相反，则应将电动机动力线及检测信号线反接才行。然后，检查各轴移动距离是否与指令中所给数值相符。如不符，应检查有关指令、反馈参数以及位置环增益等参数设定是否正确。

随后，再用手轮进给，以低速移动各轴，并使它们压下超程限位开关，用以检查超程限位是否有效以及系统在超程时是否报警。

最后，还应进行一次返回参考点的操作。参考点是机床坐标系的原点，也是以后执行程序进行加工的基准点。因此，必须检查机床有无返回参考点的功能，并检查每一次返回参考点的位置是否完全一致。

7.7.3 数控机床精度和功能的调试

数控系统的连接与调试工作完成后，便可进入机床精度和功能的调试阶段，其主要工作内容与操作要点如下。

① 在已经固化的地基上用地脚螺栓和垫铁精调机床主床身的水平，找正水平后，移动床身的各运动部位（立柱、溜板和工作台等），观察各坐标全行程内机床水平的变化情况，并相

应地调整机床几何精度，使之在允许范围之内。使用的检测工具有精密水平仪、标准方尺、平尺、平行光管等。在调整时，主要以调整垫铁为主，必要时，可稍微改变导轨上的镶条和预紧滚轮等。一般来说，只要机床质量稳定，通过上述调整就可将机床调整到出厂的精度。

② 让机床自动运动到刀具交换位置（可用 G28、Y0、Z0 或 G30、Y0、Z0 等程序），用手动方式调整装刀机械手和卸刀机械手相对主轴的位置。在调整中使用校对芯棒进行检测，有误差时可调整机械手的行程，移动机械手支座和刀库位置等，必要时还可修改换刀位置点的设定。调整完毕后紧固各调整螺钉及刀库地脚螺钉，然后装上几把接近规定允许重量的刀柄，进行多次从刀库到主轴的往复自动交换，要求动作准确无误，不撞击、不掉刀。

③ 带自动托盘交换（APC）工作台的机床要把工作台运动到交换位置，调整托盘站与交换台面的相对位置，达到工作台自动变换时工作平稳、可靠、正确。然后在工作台面上装上70%～80%的许用负载，进行多次自动交换动作，达到正确无误后，紧固各有关螺钉。

④ 仔细检查数控系统和 PLC 装置中参数设定值是否符合随机资料中规定数据，然后试验各主要操作动作、安全措施、常用指令执行情况等。

⑤ 检查辅助功能及附件的正常工作　如机床的照明灯、冷却液防护罩是否完整；向冷却液箱中加满冷却液后，试验喷管是否能正常喷出冷却液；排屑器能否正常工作；机床主轴的恒温油箱能否正常工作等。

⑥ 设备试运行　数控机床安装完后，要求整机在一定负载条件下，经过一段较长时间的自动运行，全面检查机床功能及工作可靠性。运行时间尚无统一规定，一般为每天运行 8h 连续运行 2～3 天或每天运行 24h 连续运行 1～2 天，这个过程称作安装后的试运行。试运行中采用的程序叫作考机程序，可以直接采用机床厂调试时用的考机程序或自行编制一个程序。

第8章

机械设备装配的检验

8.1 装配质量的检验内容与要求

机械设备装配质量的检验主要从零件和部件安装位置的正确性、连接的可靠性、滑动配合的平稳性、外观质量以及几何精度（几何精度的检测参见本书上述各章相关机械设备的检测方法进行）等方面进行综合检查。对于重要的零件和部件应单独进行检查。为调整及检验设备的装配总质量，还须对设备进行空运转试验、负荷试验及工作精度的检验，以确保出厂的设备能满足设计要求。

(1) 组件、部件的装配质量

装配后的组件及部件应满足设备相应的技术要求，对于机床的操纵联锁机构，装配后，应保证其灵活性和可靠性；离合器及其控制机构装配后，应达到可靠的结合与脱开；对主传动和进给传动系统，装配后，主传动箱啮合齿轮的轴向错位量为：当啮合齿轮轮缘宽度小于或等于20mm时，不得大于1mm；当啮合齿轮轮缘宽度大于20mm时，不得超过轮缘宽度的5%且不得大于5mm，此外，可应从以下几方面进行检验。

① 变速机构的灵活性和可靠性。

② 运转应平稳，不应有不正常的尖叫声和不规则的冲击声。

③ 在主轴轴承达到稳定温度时，其温度和温升应符合机床技术要求的规定。

④ 润滑系统的油路应畅通、无阻塞，各结合部位不应有漏油现象。

⑤ 主轴的径向跳动和轴向窜动应符合各类型机床精度标准的规定。

(2) 机械设备的总装配质量

机械设备的总装配质量要求，也是总装配调整、检验与出厂前必须达到的要求。具体对于机床来说，主要可从以下几方面进行。

① 机床水平的调整　在总装前，应首先调整好机床的安装水平。

② 结合面的检验　配合件的结合面应检查刮研面的接触点数，刮研面不应有机械加工的痕迹和明显的刀痕。两配合件的结合面均是刮研面，用配合面的结合面（研具）进行涂色法检验时，刮研点应均匀。按规定的计算面积平均计算，在每25mm×25mm的面积内，接触点数不得少于技术要求规定的点数。

③ 机床导轨的装配　滑动、移置导轨除用涂色法检验外，还应用0.04mm塞尺检验，塞

尺在导轨、镶条、压板端的滑动面间插入深度不大于10～15mm。

④ 带传动装配　带传动机构装配后，应具有足够的调整量，两带轮的中心平面应重合，其倾斜角和轴向偏移量不应过大，一般倾斜角不超过1°。传动时带应无明显的脉动现象，对于两个以上的V带传动，装配后带的松紧应基本一致。

⑤ 机床装配后必须经过试验和验收　机床运转试验一般包括空运转试验、负荷试验和工作精度试验等。

8.2 机床装配质量的检验

装配质量直接影响机床的工作性能及使用寿命，其装配质量的检验要求，主要从机床的装配质量、液压系统、润滑系统、电气系统的装配质量以及机床外观质量、各类运转试验进行，以确保机床工作精度能达到设计要求。

8.2.1 机床装配质量

① 机床应按图样和装配工艺规程进行装配，装配到机床上的零件和部件（包括外购件）均应符合质量要求。

② 机床上的滑动配合面和滚动配合面、结合缝隙、变速箱的润滑系统、滚动轴承和滑动轴承等，在装配过程中应仔细清洗干净。机床的内部不应有切屑和其他污物。

③ 对装配的零件，除特殊规定外，不应有锐棱和尖角。导轨的加工面与不加工面交接处应倒棱，丝杠的第一圈螺纹端部应修钝。

④ 装配可调节的滑动轴承和镶条等零件或机构时，应留有调整和修理的规定余量。

⑤ 装配时的零件和部件应清理干净，在装配过程中，加工件不应磕碰、划伤和锈蚀，加工件的配合面及外露表面不应有修锉和打磨等痕迹。

⑥ 螺母紧固后各种止动垫圈应达到止动要求，根据结构需要可采用在螺纹部分加低强度、中强度防松胶带代替止动垫圈。

⑦ 装配后的螺栓、螺钉头部和螺母的端面，应与被固定的零件平面均匀接触，不应倾斜和留有间隙；装配在同一部位的螺钉，其长度应一致；紧固的螺钉、螺栓和螺母不应有松动现象；影响精度的螺钉，紧固力应一致。

⑧ 机床的移动、转动部件装配后，运动应平稳、灵活轻便、无阻滞现象。变位机构应保证准确、可靠地定位。

⑨ 高速旋转的零件和部件应进行平衡试验。

⑩ 机床上有刻度装置的手轮、手柄装配后的反向空程量应按各类机床技术条件中的要求进行调整。

⑪ 采用静压装置的机床其节流比应符合设计要求。静压建立后，运动应轻便、灵活。

8.2.2 机床液压系统的装配质量

液压系统由动力装置、控制装置、执行装置及辅助装置四部分组成。液压系统的装配质量，直接影响到机床的工作性能及精度，应给予足够的重视。

1）动力装置的装配

① 液压泵传动轴与电动机驱动轴的同轴度偏差应小于0.1mm。液压泵用手转动应平稳、无阻滞感。

② 液压泵的旋转方向和进、出油口不得装反。泵的吸油高度应尽量小些，一般泵的吸油高度应小于500mm。

2）控制装置的装配

① 不要装错外形相似的溢流阀、减压阀与顺序阀，调压弹簧要全部放松，待调试时再逐步旋紧调压。不要随意将溢流阀的卸荷口用油管接通油箱。

② 板式元件安装时，要检查进、出油口的密封圈是否合乎要求，安装前密封圈要凸出安装表面，保证安装后有一定的压缩，以防泄漏。

③ 板式元件安装时，几个固定螺钉要均匀拧紧，最后使安装元件的平面与底板平面全部接触。

3）执行装置的装配

液压缸是液压系统的执行机构，安装时应校正作为液压缸工艺用的外圆上母线、侧母线与机座导轨导向的平行度，垂直安装的液压缸为防止自动下滑，应配置好机械配重装置的重量和调整好液压平衡用的背压阀弹簧力。长行程缸的一端固定另一端游动，允许其热伸长。液压缸的负载中心与推动中心最后重合，免受颠覆力矩，保护密封件不受偏载。为防止液压缸缓冲机构失灵，应检查单向阀钢球是否漏装或接触不良。密封圈的预压缩量不要太大，以保证活塞杆在全程内移动灵活，无阻滞现象。

4）辅助装置的装配

① 吸油管接头要紧固、密封、不得漏气。在吸油管的结合处涂以密封胶，可以提高吸油管的密封性。

② 采用扩口薄壁管接头时，先将钢管端口用专用工具扩张好，以免紧固后泄漏。

③ 回油管应插入油面之下，防止产生气泡。系统中泄漏油路不应有背压现象。

④ 溢流阀的回油管口不应与泵的吸油口接近，否则油液温度将升高。

5）液压系统的清洗

液压系统安装后，对管路要进行清洗，要求较高的系统可分两次进行。

① 系统的第一次清洗　油箱洗净后注入油箱容量60%～70%的工作用油或试车油。油温升至50～80℃时进行清洗效果最好。清洗时在系统回油口处设置80目的滤油网，清洗时间过半时再用150目的滤油网。为提高清洗质量，应使液压泵间断转动，并在清洗过程中轻击管路，以便将管内的附着物洗掉。清洗时间长短随液压系统的复杂程度、过滤精度及系统的污染情况而定，通常为十几小时。

② 系统的第二次清洗　将实际使用的工作油液注入油箱，系统进入正式运转状态，使油液在系统中进行循环，空负荷运转1～3h。

8.2.3　润滑系统的装配质量

设备润滑系统的装配质量，直接影响到机床精度、寿命等方面的问题。因此要引起足够的重视。

① 润滑油箱　油箱内的表面防锈涂层应与润滑剂相适应。在循环系统的油箱中，管子末端应当浸入油的最低工作面以下，吸油管和回油管的末端距离应尽可能远些，使泡沫和乳化的影响减至最小。全损耗性润滑系统的油箱，至少应装有工作50h后才加油的油量。

② 润滑管　润滑管应符合以下要求。

a. 软管材料与润滑剂不得起化学作用，软管的机械强度应能承受系统的最大工作压力，并且在不改变润滑方式的情况下，软管应能承受偶然的超载。

b. 硬管的材料应与润滑剂相适应，机械强度应能承受系统的最大工作压力。在管子可能受到热源影响的地方，应避免使用电镀管。此外，如果管子要与含活性硫的切削液接触，则应避免使用铜管。

c. 在油雾润滑系统中，所有类型的管子均应有平滑的管壁，管接头不应减小管子的横截

面积。

d. 在油雾润滑系统中，所有管路均应倾斜安装，以便使油液回到油箱，并应设法防止积油。

e. 管子应适当地紧固和防护，安装的位置应不妨碍其他元件的安装和操作。管路不允许用来支撑系统中的其他大元件。

③ 润滑点、作用点的检查　润滑点是指将润滑剂注入摩擦部位的地点。作用点是指润滑系统内一般要进行操作才能使系统正常工作的位置。

各润滑部位都应有相应的注油器或注油孔，并保持完善齐全。润滑标牌应完整清晰，润滑系统的油管中油孔、油道等所有的润滑元件必须清洁。润滑系统装配后，应检查各润滑点、作用点的润滑情况，保证润滑剂到达所需润滑的位置。

8.2.4　电气系统的装配质量

(1) 外观质量

① 机床电气设备应有可靠的接地措施，接地线的截面积不小于 $4mm^2$。

② 所有电气设备外表要清洁，安装要稳固可靠，而且要方便拆卸、修理和调整。元件按图样要求配备齐全，如有代用，需经有关设计人员研究后在图样上签字。

(2) 外部配线

① 全部配线必须整齐、清洁、绝缘、无破损现象，绝缘电阻用500V绝缘电阻表测量时应不低于0.5MΩ，电线管应整齐完好、可靠固定，管与管的连接采用管接头，管子终端应设有管扣保护圈。

② 敷设在易被机械损伤部位的导线，应采用铁管或金属软管保护；在发热体上方或旁边的导线，要加瓷管保护。

③ 连接活动部分，如箱门、活动刀架、溜板箱等处的导线，严禁用单股导线，应采用多股或软线。多根导线应用线绳、螺旋管捆扎，或用塑料管、金属软管保护，防止磨伤、擦伤。对于活动线束，应留有足够的弯曲活动长度，使线束在活动中不承受拉力。

④ 接线端应有线号，线头弯曲方向应和螺母拧紧方向一致，分股线端头应压接或烫焊锡。压接导线螺钉应有平垫圈和弹簧垫圈。

⑤ 主电路、控制电路，特别是接地线颜色应有区别，备用线数量应符合图样要求。

(3) 电气柜

① 盘面平整、油漆完好、箱门合拢严密、门锁灵活可靠。柜内电器应固定牢固，无倾斜不正现象，应有防振措施。

② 盘上电器布置应符合图样要求，导线配置应美观大方、横平竖直。成束捆线应有线夹可靠地固定在盘上，线夹与线夹之间距离不大于200mm，线夹与导线之间应填有绝缘衬垫。

③ 盘上的导线敷设，应不妨碍电器拆卸，接线端头应有线号，字母清晰可辨。

④ 主电路和控制电路的导线颜色应有区别，地线与其他导线的颜色应绝对分开。压线螺钉和垫圈最好采用镀锌的。

⑤ 各导电部分，对地绝缘电阻应不小于1MΩ。

(4) 接触器与继电器

① 外观清洁无油污、无尘、绝缘、无烧伤痕迹。触头平整完好、接触可靠，衔铁动作灵活、无粘卡现象。

② 可逆接触器应有可靠的联锁；交流接触器应保证三相同时通断，在85%的额定电压下能可靠地动作。

③ 接触器的灭弧装置应无缺损。

(5) **熔断器及过电流继电器**

① 熔体应符合图样要求，熔管与熔片的接触应牢固，无偏斜现象。

② 继电器动作电流应与图样规定的整定值一致。

(6) **各种位置开关或按钮、调速电阻器**

① 安装牢固，外观良好，调整时应灵活、平滑、无卡住现象。接触可靠，无自动变位现象。

② 绝缘瓷管、手柄的销子、指针、刻度盘等附件均应完整无缺。

(7) **电磁铁**

行程不超过说明书规定距离，衔铁动作灵活可靠，无特殊响声，在85%额定电压下能可靠地动作。

(8) **电气仪表**

表盘玻璃完整，盘面刻度字码清楚，表针动作灵活、计量准确。

8.2.5 机床的运转试验

机床的运转试验包括空运转及负荷运转。空运转是在无负荷状态下运转机床，检查各机构的运转状态、温度变化、功率消耗、操纵机构的灵活性、平稳性、可靠性及安全性；负荷运转是检验机床在负荷状态下运转时的工作性能及可靠性，即加工能力、承载能力及其运转状态，包括速度的变化、机床振动、噪声、润滑、密封等。试验的步骤及要点主要有以下方面。

(1) **运转前的准备**

① 机械设备周围应清扫干净，机械设备上不得有任何工具、材料及其他妨碍机械运转的物品。

② 机械设备各部分的装配零件、附件必须完整无缺，检查各固定部位有无松动现象。所有减速器、齿轮箱、滑动面以及每个应当润滑的润滑点都要按机床说明书规定加润滑油。

③ 设备开动前应先开动液压泵将润滑油循环一次，检验整个润滑系统是否畅通，各润滑点的润滑情况是否良好。

④ 检查安全罩、栏杆、围绳等各安全防护措施是否安设妥当，并在设备启动前做好紧急停车准备，确保设备运转时的安全。

(2) **设备运转的基本要求**

① 设备运转前，电动机应单独试验，以判断电力拖动部分是否正常，并确定其正确的回转方向，其他如电磁制动器、电磁阀限位开关等各种电气配置都必须提前做好试验调整工作。

② 设备运转时，能手动的部位应先手动，后机动，对大型设备可用盘车器或吊车转动两圈以上，在一切正常的情况下，方可通电运转。

③ 运转时应按先无负荷后有负荷、先低速后高速、先单机后联动的原则进行试验。

④ 对于数台单机连成一套的机组，要每台分别试验，合格后再进行整台机组的联动试运转。

(3) **空运转试验的内容及检验项目**

空运转试验前，应使机床处于水平位置，一般不采用地脚螺栓固定。设备运转前，应按润滑图表将机床所有润滑之处注入规定的润滑剂，然后方可进行，主要进行以下方面的试验。

① 主运动试验　试验时，机床的主运动机构应从最低速依次运转，每级转速的运转时间不得少于2min。用交换齿轮、皮带传动变速和无级变速的机床，可做低、中、高速运转。在最高速时运转时间不得少于1h。使主轴轴承（或滑枕）达到稳定温度。

② 进给运动试验　试验时，进给机构应依次变换进给量或进给速度进行空运转试验，检

查自动机构（包括自动循环机构）的调整和动作是否灵活、可靠。有快速移动的机构，应进行快速移动试验。

③ 其他运动试验　试验时，检查转位、定位、分度、夹紧及读数装置和其他附属装置是否灵活可靠；与机床连接的随机附件应在机床上试运转，检查其相互关系是否符合设计要求；检查其他操纵机构是否灵活可靠。

④ 电气系统试验　试验时，检查电气设备的各项工作情况，包括电动机的启动、停止、反向、制动和调速的平稳性，磁力启动器、热继电器和限位开关工作的可靠性。

⑤ 整机连续空运转试验　对于自动和数控机床，应进行连续空运转试验，整个运动过程中不应发生故障，连续运转时间应符合表 8-1 的规定。试验时，应包括机床所有功能和全部工作范围，各次自动循环之间休止时间不得超过 1min。

表 8-1　机床连续运转时间表

机床自动控制形式	机械控制	电液控制	数字控制	
			一般数控机床	加工中心
时间/h	4	8	16	32

(4) 负荷试验的内容及检验项目

① 机床主传动系统的扭矩试验　试验时，在小于或等于机床计算转速范围内选一适当转速，逐渐改变进给量或切削深度，使机床达到规定扭矩，检验机床传动系统各元件和变速机构是否可靠以及机床是否平稳、运动是否准确。

② 机床切削抗力试验　试验时，选用适当的几何参数的刀具，在小于或等于机床计算转速范围内选一适当转速，逐渐改变进给量或切削深度，使机床达到规定的切削抗力。检验各运动机构、传动机构是否灵活、可靠，过载保护装置是否可靠。

③ 机床传动系统达到最大功率的试验　选择适当的加工方式、试件（包括材料和尺寸的选择）、刀具（包括刀具材料和几何参数的选择）、切削速度、进给量，逐步改变切削深度，使机床达到最大功率（一般为电动机的额定功率）。检验机床结构的稳定性、金属切除率以及电气等系统是否可靠。

④ 有效功率试验　一些机床除进行最大功率试验外，由于工艺条件限制而不能使用机床全部功率，还要进行有限功率试验和极限切削宽度试验。根据机床的类型，选择适当的加工方法、试件、刀具、切削速度、进给量进行试验，检验机床的稳定性。

(5) 设备运转中的注意事项

① 机床运转中应随时检查轴承的温度，最高转速时，主轴滚动轴承的温度不得超过 70℃，滑动轴承不得超过 60℃，而在传动运动箱体内的轴承温度应不高于 50℃。

② 运转时应注意倾听机器的转动声音。以主轴变速箱为例，如果运转正常，则发出的声音应当是平稳的呼呼声；如果不正常，则会发出各种杂音，如齿轮噪声、轻微的敲击声、嘶哑的摩擦声、金属撞击的铿锵声等。

③ 检查各传动机构的运转是否正常、动作是否合乎要求、自动开关是否灵敏、机床是否有振动现象、各密封装置是否有漏油现象。如有不正常现象应立即停车，进行检查和处理。

④ 机床运转时，静压导轨、静压轴承、静压丝杠等液体静压支承的部件必须先开动液压泵，待部件浮起后，才能将它启动。停车时，必须先停止部件的运动，再停止液压泵。

⑤ 参加机床运转试验的人员，应穿戴好劳动保护用品；容易被机器卷入部分应扎紧；对有害于身体健康的操作，还必须穿戴防护用品。

8.2.6　机床工作精度的检验

机床的工作精度，是在动态条件下对工件进行加工时所反映出来的。工作精度检验应在标

准试件或由用户提供的试件上进行。与实际在机床上加工零件不同，实行工作精度检验不需要多种工序。工作精度检验应采用该机床具有的精加工工序。

(1) 试件要求

工件或试件的数目或在一个规定试件上的切削次数，需视情况而定，应使其得出加工的平均精度。必要时，应考虑刀具的磨损。除有关标准已有规定外，用于工作精度检验试件的原始状态应予确定，试件材料、试件尺寸和应达到的精度等级以及切削条件应在制造厂与用户达成一致。

(2) 工作精度检验中试件的检查

工作精度检验中试件的检查，应按测量类别选择所需精度等级的测量工具。在机床试件的加工图纸上，应反映用于机床各独立部件几何精度的相应标准所规定的公差。

在某些情况下，工作精度检验可以用相应标准中所规定的特殊检查来代替或补充，例如在负载下的挠度检验、动态检验等。

不同机床设备，其工作精度的检验项目及检验方法也不同，一般可按相应的国家标准及制造厂说明进行。例如，卧式车床的工作精度检验一般应进行精车外圆试验、精车端面试验、切槽试验、精车螺纹试验等。

8.3 数控机床精度的检测

数控机床的高加工精度是靠机床本身的精度来保证的。数控机床精度分为几何精度、定位精度和切削精度三类。

(1) 几何精度检验

数控机床的几何精度检验，又称为静态精度检验。几何精度是综合反映机床的各关键零件及其组装后的几何形状误差。数控机床的几何精度检验和普通机床的几何精度检验在检测内容、检测工具及检测方法上基本类似，只是检测要求更高。

目前，国内检测机床几何精度的常用检测工具有精密水平仪、精密方箱、直角尺、平尺、平行光管、千分表、测微仪、高精度检验棒及一些刚性较好的千分表杆等。每项几何精度的具体检测办法见各机床的检测条件及标准，但检测工具的精度等级必须比所测的几何精度高一个等级，否则测量的结果将是不可信的。以下是一台普通立式加工中心几何精度检验的主要项目。

① 工作台的平面度。

② 沿各坐标方向移动的相互垂直度。

③ 沿 X 坐标轴方向移动时工作台面 T 形槽侧面的平行度。

④ 沿 Y 坐标轴方向移动时工作台面 T 形槽侧面的平行度。

⑤ 沿 Z 坐标轴方向移动时工作台面 T 形槽侧面的平行度。

⑥ 主轴的轴向窜动。

⑦ 主轴孔的径向跳动。

⑧ 主轴回转轴心线对工作台面的垂直度。

⑨ 主轴箱沿 Z 坐标轴方向移动的直线度。

⑩ 主轴箱沿 Z 坐标轴方向移动时主轴轴心线的平行度。

卧式机床要比立式机床多几项与平面转台有关的几何精度。

由上述可以看出，第一类精度要求是机床各运动大部件，如床身、立柱、溜板、主轴等运动的直线度、平行度、垂直度的要求；第二类是对执行切削运动主要部件如主轴的自身回转精度及直线运动精度（切削运动中进刀）的要求。因此，这些几何精度综合反映了该机床机械坐

标系的几何精度，以及执行切削运动的部件主轴的几何精度。

工作台面及台面上T形槽相对机械坐标系的几何精度要求，反映了数控机床加工中的工件坐标系对机械坐标系的几何关系，因为工作台面及定位基准T形槽都是工件定位或工件夹具的定位基准，加工工件用的工件坐标系往往都以此为基准。

几何精度检测对机床地基有严格要求，必须在地基及地脚螺栓的固定混凝土完全固化后才能进行。精调时先要把机床的主床身调到较精密的水平面，然后再调其他几何精度。考虑到水泥基础不够稳定，一般要求在使用数个月到半年后再精调一次机床水平。有些几何精度项目是互相联系的，如立式加工中心中Y轴和Z轴方向的相互垂直度误差，因此，对数控机床的各项几何精度检测工作应在精调后一气呵成，不允许检测一项调整一项，分别进行，否则会造成由于调整后一项几何精度而把已检测合格的前一项精度调成不合格。

在检测工作中，要注意尽可能消除检测工具和检测方法的误差，如检测主轴回转精度时检验芯棒自身的振摆和弯曲等误差；在表架上安装千分表和测微仪时由表架刚性带来的误差；在卧式机床上使用回转测微仪时重力的影响；在测头的抬头位置和低头位置的测量数据误差等。

机床的几何精度在机床处于冷态和热态时是不同的，应按国家标准的规定在机床稍有预热的状态下进行检测，所以通电以后机床各移动坐标往复运动几次，检测时，让主轴按中等的转速转几分钟之后才能进行检测。

(2) 定位精度检验

数控机床定位精度，是指机床各坐标轴在数控系统控制下运动所能达到的位置精度，数控机床的定位精度又可以理解为机床的运动精度。普通机床由手动进给，定位精度主要取决于读数误差，而数控机床的移动是靠数字程序指令实现的，故定位精度决定于数控系统和机械传动误差。机床各运动部件的运动是在数控装置的控制下完成的，各运动部件在程序指令控制下所能达到的精度直接反映加工零件所能达到的精度，所以，定位精度是一项很重要的检测内容。定位精度检测的主要内容如下。

① 直线运动定位精度。

② 直线运动重复定位精度。

③ 直线运动各轴机械原点的复归精度。

④ 回转运动的定位精度。

⑤ 回转运动的重复运动定位精度。

⑥ 回转运动矢量动量的检测。

⑦ 回转轴原点的复归精度。

测量直线运动的检测工具有测微仪、成组块规、标准刻度尺、光学读数显微镜和双频激光干涉仪等，标准长度测量以双频激光干涉仪为准。回转运动检测工具有360齿精确分度的标准转台或角度多面体、高精度圆光栅及平行光管等。

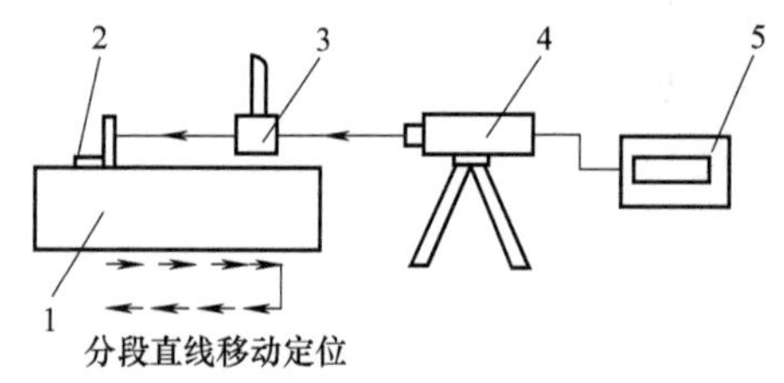

图8-1 直线运动定位精度检测
1—工作台；2—反光镜；3—分光镜；4—激光干涉仪；5—数显及记录器

1）直线运动定位精度的检测

机床直线定位精度检测一般都在机床空载条件下进行。常用检测方法如图8-1所示。

按照ISO（国际标准化组织）标准规定，对数控机床的检测，应以激光测量为准，但目前国内拥有这种仪器的用户较少，因此，大部分数控机床生产厂的出厂检测及用户验收检测还是采用标准尺进行比较测量。这种方法的检测精度与检测技巧有关，较好的情况下可控制到(0.004～0.005)/1000，而激光测量，测量精度可比标准尺检测方法高一倍。

机床定位精度反映该机床在多次使用过程中都能达到的精度。实际上机床定位时每次都有一定散差，称允许误差。为了反映出多次定位中的全部误差，ISO 标准规定每一个定位测量点按 5 次测量数据算出平均值和散差 $\pm 3\sigma$ 所以，这时的定位精度曲线已不是一条曲线，而是由各定位点平均值连贯起来的一条曲线再加上 3σ 散带构成的定位点散带，如图 8-2 所示。

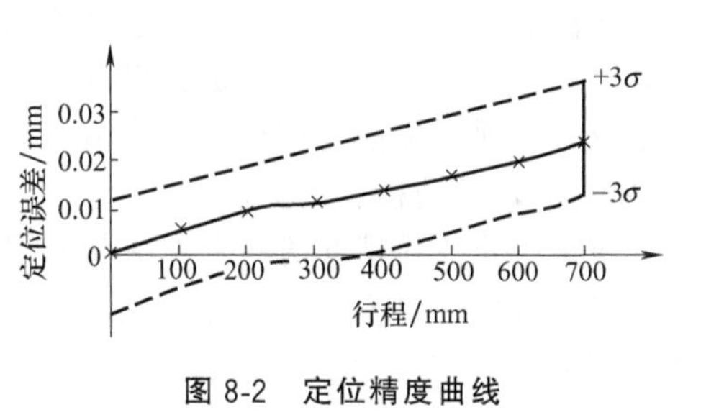

图 8-2　定位精度曲线

此外，机床运行时正、反向定位精度曲线由于综合原因，不可能完全重合，甚至出现图 8-3 所示的几种情况。

① 平行形曲线　即正向曲线和反向曲线在垂直坐标上很均匀地拉开一段距离，这段距离即反映了该坐标的反向间隙。这时可以用数控系统间隙补偿功能修改间隙补偿值来使正、反向曲线接近。

② 交叉形与喇叭形曲线　这两类曲线都是由于被测坐标轴上各段反向间隙不均匀造成的。例如，滚珠丝杠在行程内各段的间隙过盈不一致和导轨副在行程内各段负载不一致等，造成反向间隙在各段内也不均匀。反向间隙不均匀现象较多表现在全行程内运动时，一头松一头紧，结果得到喇叭形的正、反向定位曲线。如果此时又不适当地使用数控系统反向间隙补偿功能，造成反向间隙在全行程内忽紧忽松，就会形成交叉形曲线。

测定的定位精度曲线还与环境温度和轴的工作状态有关。目前大部分数控机床都是半闭环的伺服系统，它不能补偿滚珠丝杠热伸长，热伸长能使在 1m 行程上相差 0.01～0.02mm。为此，有些机床采用预拉伸丝杠的方法，来减少热伸长的影响。

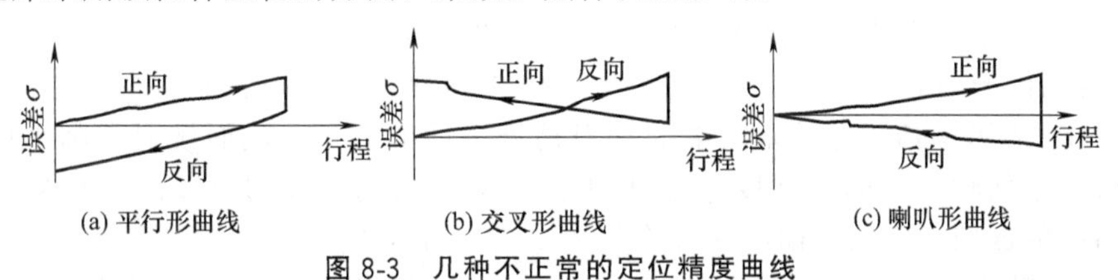

图 8-3　几种不正常的定位精度曲线

2）直线运动重复定位精度的检测

检测用的仪器与检测定位精度所用的仪器相同。一般检测方法是在靠近各坐标行程的中点及两端的任意三个位置进行测量，每个位置用快速移动定位，在相同的条件下重复做 7 次定位，测出停止位置的数值并求出读数的最大差值。以 3 个位置中最大差值的 1/2 附上正负符号，作为该坐标的重复定位精度，它是反映轴运动精度稳定性的最基本指标。

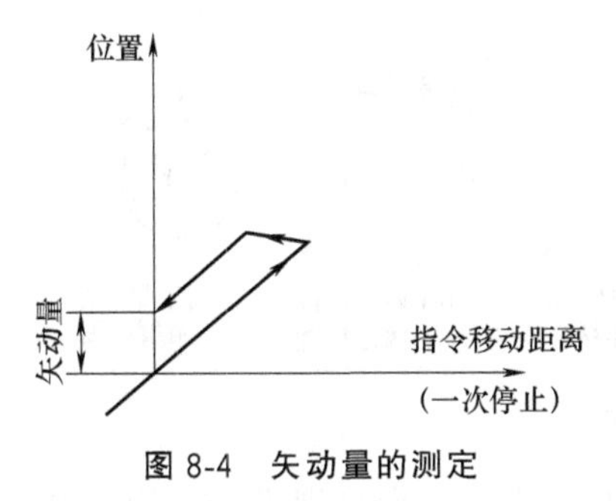

图 8-4　矢动量的测定

3）直线运动各轴机械原点的复归精度的检测

各轴机械原点的复归精度，实质上是该坐标轴上一个特殊点的重复定位精度，因此，它的测量方法与重复定位精度相同。

4）直线运动矢动量的测定

矢动量的测定方法是在所测量坐标轴的行程内，预先向正向或反向移动一个距离并以此停止位置为基准，再在同一方向上给予一个移动指令值，使之移动一段距离，然后再向相反方向上移动相同的距离。测量停止位置与基准位置之差如图 8-4 所示。在靠近行程中点及两端的 3 个位置上分别进行多次（一般为 7 次）测定，求出各位置上的平均值，以所得到平均值中的最大值为矢动量测定值。

坐标轴的矢动量是该坐标轴进给传动链上驱动部件（如伺服电动机、伺服液压电动机和步进电动机等）的反向死区，是各机械运动传动副的反向间隙和弹性变形等误差的综合反映。此误差越大，则定位精度和重复定位精度也越差。

5）回转运动精度的测定

回转运动各项精度的测定方法与上述各项直线运动精度的测定方法相同，但用于回转精度的测定仪器是标准转台、平行光管（准直仪）等。考虑到实际使用要求，一般对 0°、90°、180°、270°等几个直角等分点做重点测量，要求这些点的精度较其他角度位置精度提高一个等级。

(3) 机床切削精度检验

机床切削精度检测实质是在切削条件下对机床的几何精度与定位精度的一项综合考核。一般来说，进行切削精度检查的加工，可以是单项加工或加工一个标准的综合性试件。对于加工中心，主要单项精度有如下几项。

① 镗孔精度。

② 端面铣刀铣削平面的精度（X/Y 平面）。

③ 镗孔的孔距精度和孔径分散度。

④ 直线铣削精度。

⑤ 斜线铣削精度。

⑥ 圆弧铣削精度。

对于卧式机床，还有箱体掉头镗孔同心度、水平转台回转 90°铣四方加工精度。

镗孔精度试验如图 8-5（a）所示。这项精度与切削时使用的切削用量、刀具材料、切削刀具的几何角度等都有一定的关系，主要是考核机床主轴的运动精度及低速走刀时的平稳性。在现代数控机床中，主轴都装配有高精度带有预负荷的成组滚动轴承，进给伺服系统带有摩擦系数小和灵敏度高的导轨副及高灵敏度的驱动部件，所以这项精度一般都不成问题。

图 8-5（b）表示用精调过的多齿端面铣刀精铣平面的方向，端面铣刀铣削平面精度主要反映 X 轴和 Y 轴两轴运动的平面度及主轴中心对 X-Y 运动平面的垂直度（直接在台阶上表现）。一般精度的数控机床的平面度和台阶差在 0.01mm 左右。

镗孔的孔距精度和孔径分散度检查按图 8-5（c）所示进行，以快速移动进给定位精镗 4 个孔，测量各孔位置的 X 坐标和 Y 坐标的坐标值，以实测值和指令值之差的最大值作为孔距精度测量值。对角线方向的孔距可由各坐标方向的坐标值计算求得，或各孔插入配合紧密的检验芯轴后，用千分尺测量对角线距离。而孔径分散度则由在同一深度上测量各孔 X 坐标方向和 Y 坐标方向的直径最大差值求得。一般数控机床 X、Y 坐标方向的孔距精度为 0.02mm，对角线方向孔距精度为 0.03mm，孔径分散度为 0.015mm。

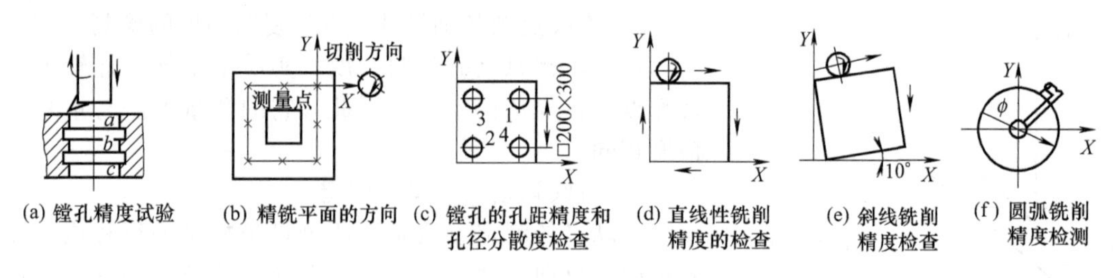

(a) 镗孔精度试验　(b) 精铣平面的方向　(c) 镗孔的孔距精度和孔径分散度检查　(d) 直线性铣削精度的检查　(e) 斜线铣削精度检查　(f) 圆弧铣削精度检测

图 8-5　各种单项切削精度试验

直线性铣削精度的检查，可按图 8-5（d）进行。由 X 坐标及 Y 坐标分别进给，用立铣刀侧刃精铣工件周边，测量各边的垂直度、对边平行度、邻边垂直度和对边距离尺寸差。这项精度主要考核机床各向导轨运动的几何精度。

斜线铣削精度检查是用立铣刀侧刃来精铣工作周边，如图 8-5（e）所示。它是用同时控制 X 和 Y 两个坐标来实现的，所以该精度可以反映两轴直线插补运动品质特性。进行这项精度检查时，有时会发现在加工面上（两直角边上）出现一边密一边稀的很有规律的条纹，这是由于两轴联动时，其中一轴进给速度不均匀造成的，这可以通过修调该轴速度控制和位置控制回路来解决。少数情况下，也可能是负载变化不均匀造成的。导轨低速爬行、机床导轨防护板不均匀摩擦及位置检测反馈元件传动不均匀等也会造成上述条纹。

圆弧铣削精度检测是用立铣刀侧刃精铣如图 8-5（f）所示外圆表面，然后在圆度仪上测出圆度曲线的。一般加工中心类机床铣削 ϕ200～300mm 工件时，圆度可达到 0.03mm 左右，表面粗糙度可达到 Ra3.2μm 左右。

在测试件测量中常会遇到如图 8-6 所示的图形。

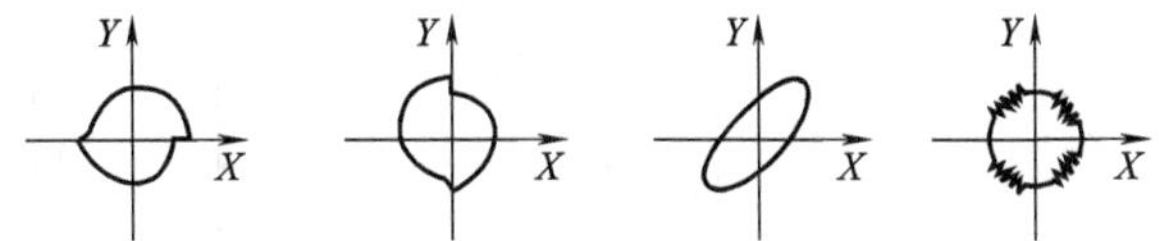

图 8-6　有质量问题的铣圆图形

对于两半错位的图形一般都是由于一个坐标或两个坐标的反向矢动量造成的，这可以通过适当地改变数控系统矢动量的补偿值或修调该坐标的传动链来解决。出现斜椭圆是由于两坐标实际系统误差不一致造成的，此时，可通过适当地调整速度反馈增益、位置环增益得到改善。常用的数控机床切削精度检测验收内容如表 8-2 所示。

表 8-2　常用的数控机床切削精度检测验收内容

检测内容		检测方法	允许误差/mm
镗孔精度	圆度		0.01
	圆柱度		0.01/100
端铣刀铣平面精度	平面度		0.01
	阶梯度		0.01
端铣刀铣侧面精度	垂直度		0.02/300
	平行度		0.02/300
镗孔孔距精度	X 轴方向		0.02
	Y 轴方向		0.02
	对角线方向		0.03
	孔径偏差		0.01

续表

检测内容		检测方法	允许误差/mm
立铣刀铣削四周面精度	直线度	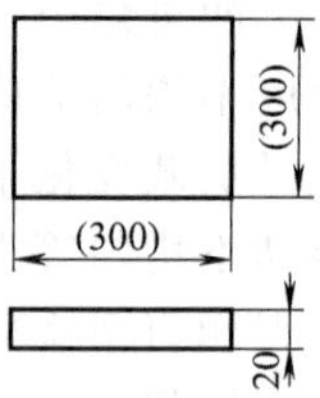	0.01/300
	平行度		0.02/300
	垂直度		0.02/300
两轴联动铣削直线精度	直线度	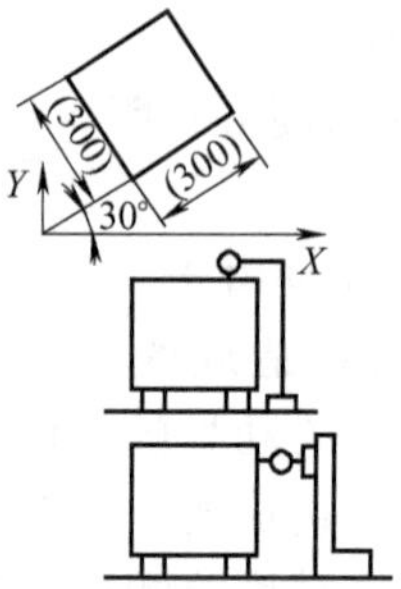	0.015/300
	平行度		0.03/300
	垂直度		0.03/300
立铣刀铣削圆弧精度	圆度	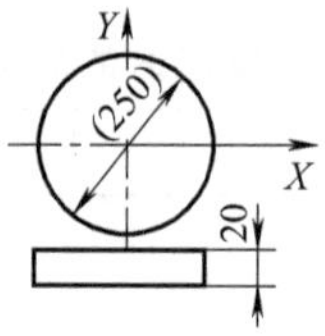	

8.4 数控设备性能的检查

随着数控技术日趋完善，数控机床的功能也越来越多样化，而且在单机基本配置前提下，可以有多项选择功能，少则几项，多则几十项。下面以一台相对复杂的立式加工中心为例，说明数控设备装配后一些主要应检查的项目。

(1) 主轴系统性能检查

① 用手动方式选择高、中、低 3 种主轴转速，连续进行 5 次正转和反转的启动和停止动作，试验主轴动作的灵活性和可靠性。

② 用数据输入方式，逐步从主轴的最低转速到最高转速，进行变速和启动，实测各种转速值，一般允差为定值的 10%或 15%，同时观察主轴在各种转速时有没有异常噪声，观察主轴在高速时主轴箱振动情况，主轴在长时间高速运转后（一般为 2h）温度变化情况。

③ 主轴准停装置连续操作 5 次，检验其动作可靠性和灵活性。

④ 一些主轴附加功能的检验，如主轴刚性攻螺纹功能、主轴刀柄内冷却功能、主轴扭矩自测定功能（用于适应控制要求）等。

(2) 进给系统性能检查

① 分别对各运动坐标进行手动操作，检验正、反方向的低、中、高速进给和快速驱动的启动、停止、点动等动作平稳性和可靠性。

② 用数据输入方式测定 G00 和 G01 方式下各种进给速度，并验证操作面板上倍率开关是否起作用。

(3) 自动刀具交换系统检查

① 检查自动刀具交换动作的可靠性和灵活性，包括手动操作及自动运行时刀库满负载条

件下（装满各种刀柄）的运动平稳性、机械抓取最大允许重量刀柄时的可靠性及刀库内刀号选择的准确性等。检验时，应检查自动刀具交换系统（ATC）操作面板各手动按钮功能，逐一呼叫刀库上各刀号，如有可能逐一分解操纵自动换刀各单段动作，检查各单段动作质量（动作快速、平稳、无明显撞击、到位准确等）。

② 检验自动交换刀具的时间，包括刀具纯交换时间、离开工件到接触工件的时间，应符合机床说明书规定。

（4）机床噪声检查

机床噪声标准已有明确规定，测定方法也可查阅有关标准规定。一般数控机床由于大量采用电调速装置，机床运行的主要噪声源已由普通机床上较多见的齿轮啮合噪声转移到主轴电动机的风扇噪声和液压油泵噪声。总的来说，数控机床要比同类的普通机床的噪声小，要求噪声不能超过标准规定（80dB）。

（5）机床电气装置检查

在试运转前后分别进行一次绝缘检查，检查机床电气柜接地线质量、绝缘的可靠性、电气柜清洁和通风散热条件。

（6）数控装置及功能检查

检查数控柜内外各种指示灯、输入输出接口、操作面板各开关按钮功能、电气柜冷却风扇和密封性是否正常可靠，主控单元到伺服单元、伺服单元到伺服电动机各连接电缆连接的可靠性。外观质量检查后，根据数控系统使用说明书，用手动或程序自动运行方法检查数控系统主要使用功能的准确性及可靠性。

数控机床功能的检查不同于普通机床，必须在机床运行程序时检查有没有执行相应的动作，因此检查者必须了解数控机床功能指令的具体含义，及在什么条件下才能在现场判断机床是否准确执行了指令。

（7）安全保护措施和装置的检查

数控机床作为一种自动化机床，必须有严密的安全保护措施。安全保护在机床上分两大类：一类是极限保护，如安全防护罩、机床各运动坐标行程极限保护自动停止功能、各种电压电流过载保护、主轴电动机过热超负荷紧急停止功能等；另一类是为了防止机床上各运动部件互相干涉而设定的限制条件，如加工中心的机械手伸向主轴装卸刀具时，带动主轴箱的 Z 轴干涉绝对不允许有移动指令，卧式机床上为了防止主轴箱降得太低时撞击到工作台面，设定了 Y 轴和 Z 轴干涉保护，即该区域都在行程范围内，单轴移动可以进入此区域，但不允许同时进入。保护的措施可以有机械式（如限位挡块、锁紧螺钉）、电气限位（以限位开关为主）、软件限位（在软件参数上设定限位参数）。

（8）润滑装置检查

各机械部件的润滑分为脂润滑和定时定点的注油润滑。脂润滑部位如滚珠丝杠螺母副的丝杠与螺母、主轴前轴承等。这类润滑一般在机床出厂一年以后才考虑清洗更换。机床验收时主要检查自动润滑油路的工作可靠性，包括定时润滑是否能按时工作，关键润滑点是否能定量出油，油量分配是否均匀，检查润滑油路各接头处有无渗漏等。

（9）气液装置检查

检查压缩空气源和气路有无泄漏以及工作的可靠性，如气压太低时有无报警显示，气压表和油水分离等装置是否完好，液压系统工作噪声是否超标，液压油路密封是否可靠，调压功能是否正常等。

（10）附属装置检查

检查机床各附属装置的工作可靠性。一台数控机床常配置许多附属装置，在新机床验收时对这些附属装置除了一一清点数量之外，还必须试验其功能是否正常，如冷却装置能否正常工作，排屑器的工作质量，冷却防护罩在大流量冲淋时有无泄漏，APC 工作台是否正常，在工作台上加上额定负载后检查工作台自动交换功能，配置接触式测头和刀具长度检测的测量装置能否正常工作，相关的测量宏程序是否齐全等。

（11）机床工作可靠性检查

判断一台新数控机床综合工作可靠性的最好办法，就是让机床长时间无负载运转，一般可运转 24h。数控机床在出厂前，生产厂家都进行了 24～72h 的自动连续运行考机，用户在进行机床验收时，没有必要花费如此长的时间进行考机，但考虑到机床托运及重新安装的影响，进行 8～16h 的考机还是很有必要的。实践证明，机床经过这种检验投入使用后，很长一段时间内都不会发生大的故障。

在自动运行考机程序之前，必须编制一个功能比较齐全的考机程序，该程序应包含以下各项内容。

① 主轴运转应包括最低、中间、最高转速在内的 5 种以上的速度，而且应该包含正转、反转及停止等动作。

② 各坐标轴方向运动应包含最低、中间和最高进给速度及快速移动，进给移动范围应接近全行程，快速移动距离应在各坐标轴全行程的 1/2 以上。

③ 一般编程常用的指令尽量都要用到，如子程序调用、固定循环、程序跳转等。

④ 如有自动换刀功能，至少应交换刀库之中 2/3 以上的刀具，而且都要装上中等以上重量的刀柄进行实际交换。

⑤ 已配置的一些特殊功能应反复调用，如 APC 和用户宏程序等。

参 考 文 献

[1] 钟翔山. 机械设备装配全程图解 [M]. 北京：化学工业出版社，2014.
[2] 钟翔山. 机械设备维修全程图解 [M]. 北京：化学工业出版社，2014.
[3] 钟翔山，等. 实用钣金操作技法 [M]. 北京：机械工业出版社，2013.
[4] 陈宏钧，等. 钳工操作技能手册 [M]. 北京：机械工业出版社，1998.
[5] 盛永华. 钳工工艺技术 [M]. 沈阳：沈阳科学技术出版社，2009.
[6] 张应龙. 机械设备的装配与检修 [M]. 北京：化学工业出版社，2010.
[7] 周兆元，等. 钳工实训 [M]. 北京：化学工业出版社，2010.
[8] 吴清. 钳工基础技术 [M]. 北京：清华大学出版社，2011.
[9] 李桐林，等. 装配钳工 [M]. 北京：化学工业出版社，2005.
[10] 马鹏飞. 钳工与装配技术 [M]. 北京：化学工业出版社，2005.
[11] 杨叔子. 机械加工工艺师手册 [M]. 北京：机械工业出版社，2002.
[12] 朱为国. 钳工技师培训教材 [M]. 北京：机械工业出版社，2001.
[13] 肖前蔚，等. 机电设备安装维修工实用技术手册 [M]. 沈阳：辽宁科学技术出版社，2007.
[14] 乐为. 机电设备装调与维护技术基础 [M]. 北京：机械工业出版社，2010.
[15] 魏康民. 机械制造工艺装备 [M]. 重庆：重庆大学出版社，2007.
[16] 郭庆荣. 中级钳工技术 [M]. 北京：机械工业出版社，1999.
[17] 钱昌明，等. 钳工工作技术禁忌实例 [M]. 北京：机械工业出版社，2006.
[18] 王金荣，等. 钳工看图学操作 [M]. 北京：机械工业出版社，2011.
[19] 黄祥成，等. 钳工技师手册 [M]. 北京：机械工业出版社，2002.
[20] 常宝珍，等. 钳工钻孔问答 [M]. 北京：机械工业出版社，1998.
[21] 龚仲华. 数控机床装配与调整 [M]. 北京：高等教育出版社，2017.
[22] 谢尧，等. 数控机床机械部件装配与调整 [M]. 北京：机械工业出版社，2017.
[23] 付承云. 数控机床安装调试及维修现场实用技术 [M]. 北京：机械工业出版社，2011.